Systematische Phylogenie.

Entwurf eines

Natürlichen Systems der Organismen

auf Grund ihrer Stammesgeschichte

von

Ernst Haeckel
(Jena).

Zweiter Theil:

Systematische Phylogenie
der
wirbellosen Thiere
(Invertebrata).

Berlin
Verlag von Georg Reimer.
1896.

Systematische Phylogenie

der

Wirbellosen Thiere

(Invertebrata).

Zweiter Theil

des Entwurfs einer systematischen

Stammesgeschichte.

Von

Ernst Haeckel
(Jena).

Berlin
Verlag von Georg Reimer.
1896.

Vorwort.

(Abdruck des Vorworts zum ersten Theil.)

Der erste Entwurf zu der vorliegenden Systematischen Phylogenie wurde vor dreissig Jahren niedergeschrieben und lieferte die Grundlage zu der »Systematischen Einleitung in die allgemeine Entwickelungsgeschichte«, welche bald darauf (1866) im zweiten Bande meiner Generellen Morphologie erschien (»Genealogische Uebersicht des natürlichen Systems der Organismen«). Da dieser erste Versuch, die neu begründete Descendenz-Theorie auf das gesammte Gebiet der organischen Formenlehre und Systematik anzuwenden, unter den Fachgenossen sehr wenig Anklang fand, versuchte ich, die wichtigsten Theile derselben in mehr populärer Form einem grösseren Leserkreise in meiner »Natürlichen Schöpfungsgeschichte« vorzulegen (1868). Der Erfolg dieses populären Buches, welches in acht Auflagen und zwölf verschiedenen Uebersetzungen erschien, bewies das lebhafte Interesse weiterer Kreise an unserer neuen Entwickelungslehre. Ein Vergleich der beträchtlichen Veränderungen, welche das phylogenetische System in jeder der acht Auflagen erfuhr, kann zugleich als Zeugniss für das schnelle Wachsthum unserer Erkenntnisse angesehen werden.

Indessen musste sich die dort gegebene Uebersicht des natürlichen Systems auf die kurze Darstellung der wichtigsten Verhältnisse beschränken; nur für die Hauptgruppen der organischen Formen (die Classen und Ordnungen) konnte der vermuthliche historische Zusammenhang angedeutet werden. Dagegen musste ich auf die nähere Begründung der zahlreichen, dabei aufgestellten phylogenetischen Hypothesen verzichten. Diese B e g r ü n d u n g versucht nun das vorliegende Werk zu geben; ich habe darin die bedeutendsten Resultate der stammesgeschichtlichen Forschungen zusammengefasst, welche inzwischen an der Hand ihrer drei wichtigsten empirischen Urkunden, der Palaeontologie, Ontogenie und Morphologie, in grosser Ausdehnung angestellt worden sind.

Selbstverständlich ist und bleibt unsere Stammesgeschichte ein Hypothesen-Gebäude, gerade so wie ihre Schwester, die historische Geologie. Denn sie sucht eine zusammenhängende Einsicht in den Gang und die Ursachen von längst verflossenen Ereignissen zu gewinnen, deren unmittelbare Erforschung uns unmöglich ist. Weder Beobachtung noch Experiment vermögen uns directe Aufschlüsse über die zahllosen Umbildungs-Processe zu gewähren, durch welche die heutigen Thier- und Pflanzen-Formen aus langen Ahnen-Reihen hervorgegangen sind. Nur ein kleiner Theil der Erzeugnisse, welche jene phylogenetischen Transformationen hervorgebracht haben, liegt uns in greifbarer Form vor Augen; der weitaus grössere Theil bleibt uns für immer verschlossen. Denn die empirischen Urkunden unserer Stammesgeschichte werden immer in hohem Maasse lückenhaft bleiben, wie sehr sich auch im Einzelnen ihr Erkenntniss-Gebiet durch fortgesetzte Entdeckungen erweitern mag.

Aber die denkende Benutzung und kritische Vergleichung jener drei Stammes-Urkunden ist dennoch im Stande, uns schon jetzt einen klaren Einblick in den allgemeinen Gang jenes historischen Entwickelungs-Processes und in die Wirksamkeit seiner wichtigsten Factoren, der Vererbung und Anpassung, zu gewähren. Auf ihrer Wechselwirkung im Kampf um's Dasein beruht der phyletische Zusammenhang der mannichfaltigen organischen Formen. Den einfachsten und klarsten Ausdruck desselben liefert uns die Aufstellung ihres hypothetischen Stammbaums. Als ich 1866 in der Generellen Morphologie den ersten Entwurf der organischen Stammbäume unternahm, und als ich dieselben in den verschiedenen Auflagen der Natürlichen Schöpfungsgeschichte beständig zu verbessern mich bemühte, stiessen diese schwierigen ersten Versuche ein Decennium hindurch fast allgemein auf lebhaften Widerspruch. Erst allmählig brach sich das Verständniss ihrer Bedeutung als heuristischer Hypothesen langsam Bahn. Im Laufe der letzten beiden Decennien sind fast in allen Gebieten des zoologischen und botanischen Systems so werthvolle Versuche zu einer genaueren Erforschung des phylogenetischen Zusammenhangs der verwandten Formen-Gruppen gemacht worden, dass ich unter kritischer Benutzung derselben die neuen, in dieser Systematischen Phylogenie aufgestellten Stammbäume für wesentlich verbessert halten darf. Natürlich bleiben aber auch diese Schemata, ebenso wie die neuen, Hand in Hand damit vervollkommneten systematischen Tabellen, immer nur Versuche, tiefer in die Geheimnisse der Stammesgeschichte einzudringen; sie sollen nur den Weg andeuten, auf welchem — nach dem jetzigen beschränkten Zustande unserer empirischen Kenntnisse — die weitere phylogenetische Forschung wahrscheinlich am besten vorzudringen hat. Ich brauche daher hier wohl kaum die Versicherung zu wiederholen, dass ich meinen Entwürfen von Stammbäumen und System-Tabellen keinen dogmatischen Werth beimesse; jeder einzelne Zweig des Stammbaums bedeutet nur eine bestimmte Frage nach dem vermuthlichen genealogischen Zusammenhang der verknüpften Formengruppen. Wo dieser Zusammenhang heute noch unsicher oder ganz zweifelhaft erscheint, habe ich häufig zwei concurrirenden Hypothesen gleichzeitig einen neutralen Ausdruck gegeben; dadurch erklären sich die Widersprüche, welche der aufmerksame Leser öfter bei Vergleichung verschiedener Tabellen und Stammbäume einer und derselben Formengruppe antreffen wird.

Wie weit es möglich ist, für einen einzelnen Organismus die ganze Reihe seiner Vorfahren im historischen Zusammenhang zu erkennen, habe ich vor zwanzig Jahren in meiner Anthropogenie zu zeigen mich bemüht. Die thierische Ahnenkette des Menschen, welche ich dort aufstellte, versuchte ich durch die Bildungsgeschichte der einzelnen Organe an der Hand des biogenetischen Grundgesetzes zu erläutern. Dadurch glaubte ich am besten die vielbestrittene Berechtigung zur Aufstellung meiner Stammbäume begründen zu können. Der Leser, welcher die unvollkommene Darstellung der ersten Auflage der Anthropogenie (1874) mit der ausgeführten Umarbeitung der letzten Auflage (1891) vergleicht, wird sich leicht überzeugen, wie sehr sich gerade in diesem wichtigen Special-Gebiete der Phylogenie unsere Erkenntnisse geklärt und gefestigt haben.

Dass der vorliegende Entwurf einer systematischen Phylogenie kein Lehrbuch sein kann und will, braucht wohl kaum hervorgehoben zu werden. Ich habe daher auch auf alle Litteratur-Hinweise und Abbildungen verzichtet; um so mehr, als jetzt an guten und reich illustrirten Lehrbüchern der Zoologie und Botanik kein Mangel ist. Zur Zeit sind die einzelnen Theile unserer Stammesgeschichte doch noch zu ungleichmässig bearbeitet, und die Hypothesen der einzelnen Geschichtsforscher noch zu widerspruchsvoll, um eine ausgeführte und einigermaassen abgerundete Darstellung derselben in Form eines Lehrbuchs geben zu können. Vielmehr trägt mein »Entwurf« noch durchweg den Character eines subjectiven Geschichts-Bildes, welches in knappem Rahmen einen Ueberblick über das Gesammtgebiet der organischen Stammesgeschichte nach meiner persönlichen Auffassung geben soll. Dass die einzelnen Theile desselben sehr ungleich ausgeführt sind, bald kaum angedeutet, bald im Einzelnen weiter ausgearbeitet, erklärt sich aus zwei Gründen: objectiv durch den sehr ungleichen Grad des Interesses und der Reife, welchen die bereits gewonnenen Resultate der phylogenetischen Forschung in den verschiedenen Abtheilungen des Thier- und Pflanzen-Reichs darbieten; subjectiv durch das sehr ungleiche Maass der Kenntnisse, welche ich selbst in den verschiedenen Abtheilungen dieses endlos ausgedehnten Gebiets besitze. Trotz dieser empfindlichen, mir wohl bewussten Mängel hoffe ich dennoch, dass dieser neue Entwurf zur Förderung und Ausbreitung jener wahren »Natur-Geschichte« beitragen wird, die nach meiner Ueberzeugung zur Lösung der höchsten wissenschaftlichen Aufgaben berufen ist.

Jena, den 18. October 1894.

Ernst Haeckel.

Inhaltsverzeichniss.

Zweites Kapitel.

Systematische Phylogenie der Spongien.

Drittes Kapitel.

Systematische Phylogenie der Cnidarien.

Viertes Kapitel.

Systematische Phylogenie der Platoden.

Fünftes Kapitel.

Systematische Phylogenie der Vermalien.

Sechstes Kapitel.

Systematische Phylogenie der Echinodermen.

Siebentes Kapitel.

Systematische Phylogenie der Mollusken.

Achtes Kapitel.

Systematische Phylogenie der Articulaten.

Erklärung der Zeichen in den palaeontologischen Tabellen,

betreffend die historische Stammfolge der grösseren Gruppen.

V bedeutet, dass die betreffende Formen-Gruppe noch heute lebende Vertreter besitzt;

+ bedeutet, dass die betreffende Formen-Gruppe erloschen und nur durch fossile Vertreter bekannt ist;

——— (fetter Strich) bedeutet, dass die betreffende Formen-Gruppe in der angegebenen Periode stark entwickelt war;

——— (dünner Strich) bedeutet, dass dieselbe zur angegebenen Zeit schwach entwickelt war;

? bedeutet, dass dieselbe zur angegebenen Zeit wahrscheinlich existirte, obwohl versteinerte Ueberreste aus dieser Periode nicht bekannt sind;

⊙ bedeutet, dass die betreffende Formen-Gruppe in der angegebenen Periode sicher (oder doch höchst wahrscheinlich) existirte, obwohl fossile Documente dafür fehlen.

Erstes Kapitel.

Generelle Phylogenie der Metazoen.

§ 1. Begriff der Metazoen.

Das Reich der *Metazoen* umfaßt alle vielzelligen und gewebebildenden Thiere, alle *Histones animales.* Es entspricht mithin dem Begriffe des Thierreiches im engeren Sinne, wenn man die einzelligen, nicht gewebebildenden *Protozoen* ausschliesst und zu dem Protisten-Reiche stellt (vergl. Theil I, §§ 35—44). Die systematische Grenze dieser beiden grossen Gruppen ist sowohl anatomisch als ontogenetisch fest und scharf bestimmt. Der entwickelte Körper aller Metazoen besteht aus Geweben, und zwar mindestens aus zwei verschiedenen epitelialen Zellschichten: *Exoderm* und *Entoderm.* Diese histologische Zusammensetzung fehlt noch sämmtlichen Protozoen; ihr Körper bleibt entweder zeitlebens eine einfache Zelle (*Monobion*), oder er erreicht nur die Bildungsstufe eines lockeren, aus gleichartigen Zellen bestehenden Zellvereines (*Coenobion*). Ebenso fehlt den Protozoen allgemein der bedeutungsvolle Process der Gastrulation, jener Modus der Keimbildung, durch welchen die „zweiblättrige", ausschliesslich den Metazoen zukommende Keimform der *Gastrula* entsteht.

Der Inhalt des *Metazoen*-Begriffes wird demnach ganz klar und scharf durch die ontogenetische Bildung der Gastrula (— phylogenetisch *Gastraea* —) bestimmt, eines vielzelligen Organismus, dessen Körper ursprünglich aus zwei einfachen, unter sich verschiedenen Zellenschichten besteht (Exoderm und Entoderm) und eine einfache Höhlung umschliesst (Urdarm und Urmund). Nachdem wir in unserer Gastraea-Theorie (1872) den Nachweis geführt hatten, dass die so mannichfaltigen jüngsten Keimformen sämmtlicher Thiere (— mit Ausnahme der einzelligen *Protozoen* —) trotz bedeutender Verschiedenheiten sich auf dieselbe gemeinsame Urform der Gastrula zurückführen lassen, war damit zugleich der Inhalt des *Metazoen*-Begriffes, sowie sein absoluter Gegensatz gegen den *Protozoen*-Begriff gegeben: „Die Protozoen oder „Urthiere" sind entweder permanent einfache Zellen oder lockere Zellvereine (Zellgemeinden, *Coenobien*), also „Individuen erster oder zweiter Ordnung"; sie besitzen keinen Darm und bilden keine Keimblätter und Gewebe. Die Metazoen oder „Gewebthiere" dagegen sind vielzellige Thiere, welche im entwickelten Zustande als Personen oder Cormen erscheinen, als „Individuen dritter oder vierter Ordnung"; sie besitzen ursprünglich eine ernährende Darmhöhle und bilden Keimblätter und Gewebe. Wenn in einigen niederen Gruppen der Metazoen die Darmhöhle fehlt, so liegt nachweislich Rückbildung derselben vor, kein ursprünglicher Mangel (wie bei den Protozoen).

Der Umfang des *Metazoen*-Begriffes wird ebenso scharf und klar durch die Gastraea-Theorie bestimmt, wie sein Inhalt. Die Grenzlinie des Metazoen-Reiches wird nach unten gegen das Protozoen-Reich unzweideutig durch die *Gastrula* festgesteckt; alle Thiere, oder alle Plasmophagen (Theil I, § 37), welche einen Gastrula-Keim und zwei „primäre Keimblätter" bilden (Exoderm und Entoderm), sind echte Metazoen, und ebenso alle diejenigen „darmlosen Thiere" (Cestoden, Acanthocephalen, Rhizocephalen u. A.), welche nachweisbar aus darmführenden Metazoen durch Rückbildung hervorgegangen sind. Dagegen bringt es kein einziges Protozoon zur Bildung einer wirklichen Darmhöhle und von zwei differenten Keimblättern. Nur eine einzige Gruppe der Protozoen zeigt hier eine bedeutungsvolle Annäherung und einen unmittelbaren phylogenetischen Anschluss an die Metazoen, jene „Zellvereine" nämlich, welche die characteristische Form einer Hohlkugel annehmen, deren Wand eine einfache Zellenschicht bildet (die *Catallacten* und *Polycyttarien* unter den plasmophagen Protozoen, und ebenso die morphologisch gleichen *Volvocinen* und *Halosphaereen* unter den plasmodomen Protophyten; vergl. Theil I, § 49). Diese Sphaeral-Coenobien der Protisten sind von höchstem Interesse für die Phylogenie der Metazoen; denn sie haben genau dieselbe typische Form und Zusammensetzung, wie die ontogenetischen Hohlkugeln, welche vorübergehend als wichtige Keimform in der Ontogenese der Metazoen auftreten: Blastula oder *Blastosphaera* (vergl. § 14). Ebenso wie sich vor unseren Augen noch heute die *Gastrula* der Metazoen durch Invagination aus der *Blastula* entwickelt, ebenso ist vor vielen Jahr-Millionen die erste Gastraea, die gemeinsame Stammform aller Metazoen, durch Invagination aus einem plasmophagen Sphaeral-Coenobium entstanden (*Blastaea*). Diese fundamentalen Betrachtungen ergeben zugleich die Berechtigung unserer monophyletischen Auffassung des Metazoen-Reiches, unserer Annahme, dass sämmtliche Metazoen aus einer und derselben gemeinsamen Stammform hervorgegangen sind (vergl. Theil I, §§ 44, 157).

§ 2. Classification der Metazoen.

Die genauere Kenntniss der Organisation und Entwickelung der Metazoen, welche wir den ausgedehnten Forschungen der letzten dreissig Jahre verdanken, hat unsere Anschauungen von der natürlichen Verwandtschaft ihrer grossen Hauptgruppen und deren systematischer Classification wesentlich verändert. Wir können in der Geschichte derselben im Laufe unseres Jahrhunderts drei Hauptabschnitte unterscheiden, nämlich A. die ältere und B. die neuere Typen-Theorie, endlich C. die Gastraea-Theorie.

A. Die ältere Typen-Theorie (1812); *anatomische Classification:* Das Thierreich besteht aus vier selbständigen, im inneren Körper-Bau wesentlich verschiedenen Hauptgruppen oder Typen, welche unter sich keinerlei Zusammenhang haben: I. Strahlthiere (*Radiata*), II. Weichthiere (*Mollusca*), III. Gliederthiere (*Articulata*), IV. Wirbelthiere (*Vertebrata*). Die characteristische Bildung und Lagerung der wichtigsten Organ-Systeme (besonders des Nerven-Systems, des Skelet-Systems und des Gefäss-Systems) ist in allen Thieren eines und desselben Typus wesentlich dieselbe, aber ganz verschieden von derjenigen in den drei anderen Typen. Innerhalb jedes Typus giebt es niedere und höhere Thiere von sehr verschiedener Stufe der Vollkommenheit.

B. Die neuere Typen-Theorie (1848); *morphologische Classification.* Neben der vergleichenden Anatomie ist auch die Histologie und die Entwickelungsgeschichte als Grundlage der Eintheilung zu verwerthen und dabei besonders die Differenzen der Organisations-Höhe in den niederen und höheren Typen der Thiere zu berücksichtigen. Der Typus der „Radiata“ ist als eine unnatürliche Vereinigung von drei ganz verschiedenen Hauptgruppen zu betrachten: Urthiere (*Protozoa*), Pflanzenthiere (*Coelenterata*) und Stachelthiere (*Echinoderma*). Auch der Typus der „Articulata“ wird aufgelöst und in zwei Typen getrennt, Würmer (*Vermes*) und Gliederfüsser (*Arthropoda*). Neben diesen fünf Typen bleiben die beiden Hauptgruppen der Mollusken und Vertebraten als gleichwerthige Zweige des Thierreichs bestehen, so dass die Zahl der selbständigen Typen nunmehr von vier auf sieben gestiegen ist. Diese Classification des Thierreichs war die herrschende während 25 Jahren, von 1848 bis 1872.

C. Die Gastraea-Theorie (1872); *phylogenetische Classification.* Nachdem die reformirte Descendenz-Theorie (1859) das Species-Dogma zerstört und den genealogischen Zusammenhang aller Lebensformen erwiesen hatte, musste die Typen-Theorie aufgegeben und an ihrer Stelle ein neues „Natürliches System" auf Grund der Stammesgeschichte errichtet werden. Der erste unvollkommene Versuch eines solchen „genealogischen Systems", den wir (1866) in unserer „Generellen Morphologie" unternommen hatten, wurde bald dadurch wesentlich verbessert, dass wir die Homologie der Keimblätter im ganzen Thierreiche nachwiesen und die verbesserte Keimblätter-Theorie, unter Anwendung des biogenetischen Grundgesetzes, für die Construction eines „Stammbaumes des Thierreiches" verwertheten. Als die „wichtigste und bedeutungsvollste Embryonal-Form des Thierreichs" erkannten wir die Gastrula und schlossen „aus der Identität der Gastrula bei Repräsentanten der verschiedensten Thierstämme, von den Spongien bis zu den Vertebraten, nach dem biogenetischen Grundgesetze auf eine gemeinsame Descendenz der animalen Phylen von einer einzigen unbekannten Stammform, welche im Wesentlichen der Gastrula gleichgebildet war: Gastraea" (Biologie der Kalkschwämme, 1872, p. 467). Indem wir hier zugleich den einzelligen *Protozoen* die gewebebildenden *Metazoen* gegenüberstellten, und unter den letzteren die niederen *Acoelomien* von den höheren *Coelomaten* schieden, gelangten wir zu jener phylogenetischen Gruppirung von acht Metazoen-Stämmen, deren ontogenetische Begründung wir in unseren „Studien zur Gastraea-Theorie" (1873—1877) weiter ausgeführt haben. Die fundamentalen Ansichten über den Ursprung und die Verwandtschaft der verschiedenen Metazoen-Stämme, die wir damals (vor 24 Jahren) zuerst geltend machten, sind seitdem von den meisten Zoologen im Wesentlichen acceptirt worden; sie sind auch in der nachstehenden „Systematischen Phylogenie der Metazoen" in allen Hauptpunkten dieselben geblieben und nur insofern vielfach verbessert worden, als die grossen Fortschritte der vergleichenden Anatomie und Ontogenie während der letzten beiden Decennien viele wichtige, damals noch dunkle Punkte aufgeklärt und werthvolle neue Gesichtspunkte eröffnet haben.

§ 3. Coelenterien und Coelomarien.

(Acoelomien und Bilaterien.)

Als zwei Hauptabtheilungen der Metazoen unterscheiden wir zunächst auf Grund unserer Gastraea-Theorie die beiden Subregna der *Coelenterien* und *Coelomarien.* Die Coelenteria oder Niederthiere entsprechen den *Coelenterata* im weiteren Sinne; sie umfassen erstens die „eigentlichen Coelenteraten“ (im engeren Sinne!), *Spongien* und *Cnidarien*, und zweitens die beiden Stämme der *Gastraeaden* und *Platoden*. Alle übrigen Metazoen gehören zu dem zweiten Unterreiche, den Coelomaria oder Oberthieren. Als gemeinsame Stammgruppe dieser letzteren betrachten wir die *Vermalien* („Wurmthiere oder Helminthen“, im engeren Sinne!); aus verschiedenen Zweigen derselben sind die fünf höheren, typischen Thierstämme hervorgegangen, einerseits die *Mollusken* und *Articulaten*, anderseits die *Echinodermen, Tunicaten* und *Vertebraten*.

Beide Subregna der Metazoen unterscheiden sich durch eine Anzahl von anatomischen Merkmalen, deren wichtigste folgende sind: I. Den Coelenterien fehlt allgemein eine echte Leibeshöhle (*Coeloma*); diese kommt erst bei den Coelomarien zur Ausbildung. Alle Hohlräume im Körper der Coelenterien hängen direct oder indirect mit der Darmhöhle zusammen und bilden mit ihr das „Gastrocanal-System oder Gastrovascular-System“. Die Leibeshöhle der Coelomarien dagegen ist ein selbständiger Hohlraum zwischen Darmwand und Leibeswand, welcher mit der Darmhöhle in keiner Verbindung steht. II. Ebenso allgemein fehlt allen *Coelenterien* das Blutgefäss-System (Vasculat oder *Vasarium*), jenes geschlossene System von communicirenden Hohlräumen oder Röhren, welches die ernährende Blut-Flüssigkeit in allen Theilen des Körpers umherführt und im Stoffwechssl aller höheren Thiere eine so bedeutende Rolle spielt. Dagegen ist ein solches Vasarium bei allen fünf typischen Phylen der Coelomarien mehr oder weniger entwickelt, und ebenso auch schon bei einem Theile ihrer gemeinsamen Stammgruppe, den *Vermalien*; nur bei den niedersten Gruppen der letzteren ist dasselbe noch nicht zur Ausbildung gelangt. III. Ein dritter, allen *Coelenterien* gemeinsamer, negativer Character ist der Mangel des Afters; diese zweite, für die vollkommene Form der Verdauung so wichtige Darm-Oeffnung kommt auch erst bei den *Vermalien* zur Ausbildung und hat sich von diesen auf die fünf typischen höheren Thierstämme vererbt. Allerdings fehlt ein After auch in einzelnen kleineren Formen-Gruppen der *Coelomarien*; allein dann liegt nachweislich Verlust desselben durch Rückbildung vor (z. B. die Testicardines unter den Brachiopoden, die Ophiuren unter den Echinodermen). In anderen Fällen kann ja auch der Darm selbst mit beiden Oeffnungen rückgebildet werden (Acanthocephalen, Rhizocephalen, männliche Rotiferen u. A.).

Abgesehen von diesen drei Hauptmerkmalen, unterscheiden sich die tiefer stehenden *Coelenterien* von den höher entwickelten *Coelomarien* auch dadurch, dass die typischen Stamm-Charactere der letzteren den ersteren vollständig fehlen. Bei keiner einzigen Gruppe der

Coelenterien findet sich eine Spur von der typischen Mantel-Bildung der Mollusken, von dem gegliederten Bauchmark der Articulaten, von dem Ambulacral-System der Echinodermen, von der Chorda und dem Medullar-Rohr der Chordonier (Tunicaten und Vertebraten). Auch fehlt den „unvollkommenen Niederthieren" noch allgemein jene höhere morphologische Differenzirung der Organe und Gewebe, welche von den „vollkommeneren Oberthieren" erst später durch weiter gehende physiologische Arbeitstheilung derselben allmählich erworben wurde.

In engem causalen und historischen Zusammenhange mit den angeführten Differenzen beider Metazoen-Gruppen steht endlich noch der wichtige histologische und ontogenetische Unterschied, welcher sich im Verhalten ihrer Keimblätter zeigt. Die *Coelenterien* bilden im Laufe ihrer Ontogenese entweder nur zwei oder drei Blastophylle. Diploblastica (oder *Diblasteria*, mit zwei permanenten Keimblättern) sind die Gastraeaden, Spongien (?) und die niederen Cnidarien; Triploblastica (oder *Triblasterien*, mit drei Keimblättern) die höheren Cnidarien und die Platoden. Dagegen sind alle *Coelomarien* Tetrablastica (oder *Tetrablasteria*, mit vier Keimblättern). Indem sich zwischen Darmwand und Leibeswand die Leibeshöhle entwickelt, legt sich das äussere (parietale) Blatt der Coelom-Taschen an die Leibeswand an, das innere (viscerale) an die Darmwand.

§ 4. Stämme der Coelenterien.

(*Coelenterata* ss. ampl. = *Anaemaria* = *Acoelomia*, Niederthiere.)

Die vier Hauptgruppen der Niederthiere oder *Coelenterien*, welche wir als selbständige Stämme oder Phylen in diesem Unterreiche betrachten, besitzen alle gemeinsam drei negative Merkmale, durch welche sich dieselben von den höher organisirten „Oberthieren" (*Coelomaria*) unterscheiden, den Mangel der Leibeshöhle, des Blutgefäss-Systems und des Afters. Unter sich aber weichen die vier Stämme der Coelenterien sehr bedeutend von einander ab. Nach unserer Ansicht bilden die Gastraeaden die gemeinsame Stammgruppe, aus welcher die drei anderen Phylen divergent hervorgegangen sind. Die Haupt-Eigenschaften derselben lassen sich kurz in folgender Characteristik zusammenfassen.

I. Stamm: **Gastracades,** Urdarmthiere. Der länglich-runde, höchst einfach gebaute Körper bleibt zeitlebens auf der primitiven Bildungsstufe der Gastraea stehen und besteht bloss aus den beiden primären Keimblättern: Exoderm und Entoderm. Der einfache Hohlraum des Körpers ist der Urdarm, die Oeffnung an einem Pole seiner

Axe der Urmund. Den Gastraeaden fehlen noch sämmtliche differenzirte Organe der übrigen Thier-Stämme, insbesondere Nerven und Muskeln, ebenso fehlen ihnen die Dermal-Poren der Spongien, die Tentakeln der Cnidarien, die Nephridien der Platoden.

II. Stamm: **Spongiae** (= *Porifera*), Schwammthiere. Der Körper des Schwammes ist ursprünglich ein einfacher Schlauch vom Bau der Gastraea (= *Olynthus*), gewöhnlich aber ein voluminöser Cormus, welcher aus zahlreichen derartigen Olynthen (— oder „Geisselkammern" —) zusammengesetzt ist. Zahlreiche mikroskopische Poren öffnen sich an der äusseren Oberfläche und gestatten den Eintritt von Wasser, welches den Körper durchströmt. Wie bei den Gastraeaden fehlen noch alle differenzirten Organe der höheren Thierstämme, namentlich Nerven und Muskeln; ebenso fehlen die Nesselorgane der Cnidarien, die Nephridien der Platoden.

III. Stamm: **Cnidaria** (= *Acalephae*), Nesselthiere. Der Körper der ältesten und einfachsten Cnidarien (*Hydra, Protohydra, Haleremita*) ist ein einfacher Schlauch, der sich von einer primitiven *Gastraea* und einem *Olynthus* nur sehr wenig unterscheidet, hauptsächlich durch Besitz von Nesselorganen (Cnidocysten) in der Haut, und durch Tentakeln, welche den Mund umgeben. Von diesen primitiven *Hydrarien* aus entwickeln sich in grösster Mannichfaltigkeit zwei mächtige divergente Stämme, die Hydrozoen (mit einfachem Gastralraum) und die Scyphozoen (mit gastralen Taeniolen); in jedem der beiden Stämme bleibt eine festsitzende Gruppe auf niederer Bildungsstufe stehen, in Form von *Polypen*, während eine freischwimmende Gruppe einen hohen Grad organologischer und histologischer Ausbildung erlangt, in Form von *Medusen*.

IV. Stamm: **Platodes** (= *Plathelminthes*), Plattenthiere. Dieses Phylon theilt zwar noch mit den drei vorhergehenden Stämmen den Mangel der Leibeshöhle, des Blutgefäss-Systems und des Afters; es entfernt sich aber von ihnen und bildet den Uebergang zu den Coelomarien (*Vermalien*) durch die vollkommene Ausbildung der bilateralen Symmetrie, die Differenzirung von Rücken und Bauch, den Besitz von Rechts und Links; ferner durch die Erwerbung von ein Paar Nephridien und einem Scheitelhirn (Acroganglion). Die ältesten Formen dieses Stammes, die epitelialen *Platodarien*, leiten wir direct von bilateralen Gastraeaden ab, durch Anpassung an kriechende Lebensweise. Aus ihnen haben sich die mesenchymalen *Turbellarien* entwickelt, und aus diesen durch Anpassung an parasitische Lebensweise die *Trematoden*, weiterhin die *Cestoden*.

§ 5. Stämme der Coelomarien.

(*Coelomata* = *Bilateria* ss. str. = *Bilaterata*, Oberthiere.)

Die sechs Hauptgruppen der Oberthiere oder *Coelomarien*, welchen wir den Werth selbständiger Stämme in diesem Unterreiche zugestehen, haben alle ursprünglich gemeinsam den Besitz einer Leibeshöhle (*Coeloma*); dieser wichtige, vom Darmcanal geschiedene Hohlraum des Körpers fehlte den „Niederthieren" (*Coelenteria*) noch vollständig. Ferner besitzen die Coelomarien gewöhnlich auch ein selbständiges, mit Blut gefülltes Blutgefäss-System, sowie zwei Oeffnungen des Darmcanals: Mund und After. Sodann ist die geometrische Grundform der Person bei allen *Coelomarien* ursprünglich dipleurisch oder bilateral-symmetrisch (— daher *Bilateria* oder *Bilaterata* —), wenn auch in einem Stamme (bei den Echinodermen) dieselbe später radial umgebildet wird. Abgesehen von diesen gemeinsamen Merkmalen aller Bilaterien, entfernen sich aber die sechs Stämme dieses Unterreiches beträchtlich von einander in ihrer typischen Organisation. Nur ein einziges Phylum erscheint mehr indifferent und schliesst sich zugleich eng an die Coelenterien (— Platoden —) an, der Stamm der Wurmthiere (Vermalia); er bildet nach unserer Ansicht die gemeinsame Stammgruppe, aus welcher sich die fünf anderen, typischen Stämme divergent entwickelt haben. Die Hauptmerkmale derselben können wir kurz in folgender Characteristik zusammenfassen:

I. Stamm: **Vermalia** (= *Helminthes* im engeren Sinne!), Wurmthiere. Diese gemeinsame Stammgruppe der Coelomarien schliesst sich unmittelbar an die Platoden (Turbellarien) an, aus welchen sie durch Ausbildung einer Leibeshöhle und eines Afters hervorgegangen ist. Der Stamm umfasst einen grossen Theil der sogenannten Würmer (*Vermes*) im Sinne der neueren Systematik, jedoch mit Einschluss der (höchst unpassend so genannten) *Molluscoiden*, dagegen mit Ausschluss der *Platoden* und *Anneliden*. In dem so begrenzten Umfange gehören zu den Vermalien die wichtigen Cladome der Rotatorien, Strongylarien, Prosopygier und Rhynchelminthen. Gemeinsamer Character derselben ist der relativ einfache Bau des bilateralen Coelomarien-Körpers, und die Abwesenheit der typischen Stamm-Charactere, welche die fünf höheren (typischen) Stämme der Coelomarien auszeichnen. Es fehlen allen Vermalien: 1) der dorsale Mantel (*Pallium*) und die von diesem ausgeschiedene Schale (*Conchylium*) der Mollusken; 2) die äussere Metamerie, der gegliederte Chitin-Panzer und das metamere Bauchmark der Articulaten; 3) das Ambulacral-System und das radiale, ein Kalkskelet einschliessende Perisom der Echinodermen; 4) die Chorda und das dorsale Medullar-Rohr der Chordonier; 5) die innere Gliederung und Wirbelbildung der Vertebraten. Das Central-Nerven-System der Vermalien besteht entweder nur aus einem einfachen Scheitelhirn oder einem von diesem ausgehenden Schlundring.

II. Stamm: **Mollusca** (= *Malacozoa*), Weichthiere. Der Körper der ungegliederten bilateralen Person bildet am Rücken einen Mantel (*Pallium*), welcher eine cuticulare Kalkschale (*Conchylium*) ausscheidet. Zur Locomotion dient eine ventrale Muskel-Platte (Fuss, *Podium*). Nerven-Centrum ein Schlundring mit drei Knoten-Paaren.

III. Stamm: **Articulata** (= *Arthrozoa*), Gliederthiere. Der bilaterale Körper der langgestreckten Person ist äusserlich gegliedert und scheidet eine cuticulare Chitinhülle aus. Locomotion meistens durch segmentale Anhänge (Borsten oder Füsse). Nerven-Centrum ein Schlundring mit Hirnknoten und gegliedertem Bauchmark.

IV. Stamm: **Echinoderma** (= *Astronia*), Sternthiere. Die jugendliche Larve der Person (Astrolarve) ist bilateral, von Vermalien-Bau, das Reifethier dagegen (Astrozoon) radial, meistens pentaradial. Nerven-System des letzteren ein Schlundring mit 3—5 oder mehr Perradial-Stämmen. Ein eigenthümliches, aus dem Coelom entstandenes Ambulacral-System führt Wasser in den Körper und füllt hohle Tentakeln und locomotorische Füsschen.

V. Stamm: **Chordonia** (= *Chordata*), Chordathiere. Aus der Rückenwand des Darmrohrs entwickelt sich ein eigenthümlicher Axenstab (*Chorda*), welcher zwischen diesem und dem dorsalen Nervenrohr (Medullar-Rohr) liegt. Der vordere Darm-Abschnitt wird von Spalten durchbrochen (Kiemen-Darm). Der formenreiche monophyletische Stamm der Chordathiere spaltet sich schon an der Wurzel in zwei divergente Stämme von sehr verschiedenem Werthe: *Tunicaten* und *Vertebraten*. Bei den tief stehenden **Tunicata** (*Urochorda* oder Mantelthiere) bleibt die bilaterale Person ungegliedert und wird von einem eigenthümlichen Cellulose-Mantel (*Tunica*) umhüllt. Bei den hoch aufstrebenden **Vertebrata** dagegen (*Cephalochorda*) erfährt der Körper eine durchgreifende innere Gliederung (Metamerie der Muskeln, Nerven, Wirbel etc.)

(§§ 6 und 7 auf S. 10 und 11.)

§ 8. Phylogenetische Urkunden der Metazoen.

Die empirischen Urkunden, auf welchen wir das umfassende Hypothesen-Gebäude unserer Stammesgeschichte der Metazoen aufbauen, entnehmen wir in erster Linie drei mächtigen Erkenntniss-Gebieten:

§ 6. System der Metazoen.

Subregna der Metazoen	Typischer Stamm-Character	Typisches Nerven-System	Stämme oder Phylen:
Erstes Unterreich: **Coelenteria,** Niederthiere (*Coelenterata*) = **Anaemaria,** (*Acoelomia*). Metazoen ohne Leibeshöhle, ohne Blut, ohne After. (Zwei oder drei Keimblätter.)	1. Person ein Bläschen, nur aus den beiden primären Keimblättern gebildet	Ohne Nerven und Muskeln, ohne Hautporen und Nesselorgane.	**1. Gastraeades** Stammthiere (= *Prometazoa*)
	2. Person monaxon, ohne Tentakeln und Nesselorgane, mit Hautporen	Ohne Nerven u. Muskeln, ohne Sinnes-Organe und Nephridien.	**2. Spongiae** Schwamm-thiere (= *Porifera*)
	3. Person radial, ohne Hautporen, ohne Nephridien, mit Tentakeln und Nesselorganen	Nerven-System und Muskel-System radiär, bald sehr einfach, bald hoch entwickelt.	**3. Cnidaria** Nesselthiere (= *Acalephae*)
	4. Person bilateral, mit Nephridien, oft mit Nesselorganen, ohne Hautporen	Nerven-System bilateral, ein Scheitelhirn und ein Paar Längsfäden.	**4 Platodes** Plattenthiere (= *Plathelminthes*)
Zweites Unterreich: **Coelomaria,** Oberthiere (*Bilaterata*) = **Bilateria** (*Haemataria*). Metazoen mit Leibeshöhle, gewöhnlich auch mit Blut und mit After. (Meist vier secundäre Keimblätter: Zwischen Exoderm und Entoderm die beiden Blätter des Mesoderms, der Coelom-Taschen).	5. Person ungegliedert mit Hautmuskelschlauch, ohne die positiven Charactere der übrigen Stämme	Nerven-System bilateral, ein Scheitelhirn oder Schlundring, mit ein Paar Längsfäden.	**5. Vermalia** Wurmthiere (= *Helminthes*)
	6. Person ungegliedert mit Dorsal-Mantel und Kalkschale, mit ventralem Podium	Nerven-System ein Schlundring und zwei Paar Längsstämme.	**6. Mollusca** Weichthiere (= *Malacozoa*)
	7. Person mit äusserer Gliederung und cuticularem Hautskelet	Nerven-System ein gegliedertes Bauchmark mit Schlundring.	**7. Articulata** Gliederthiere (= *Arthrozoa*)
	8. Person als Larve bilateral, später radial. Ambulacral-System. Dermal-Skelet im Corium	Nerven-System ein radiales (meist fünfstrahliges) Sternmark, mit Mundring.	**8. Echinoderma** Sternthiere (= *Astronia*)
	9. Person ungegliedert mit Chorda und Kiemen-Darm. Ventral-Herz	Nerven-System ein dorsaler Hirnknoten (rückgebildetes Medullar-Rohr).	**9. Tunicata** Mantelthiere (= *Urochorda*)
	10. Person mit innerer Gliederung, mit Chorda und Kiemen-Darm. Ventral-Herz	Nerven-System ein gegliedertes dorsales Medullar-Rohr, meist in Gehirn und Rückenmark gesondert.	**10. Vertebrata** Wirbelthiere (= *Cephalochorda*)

§ 7. Stammbaum der Metazoen.

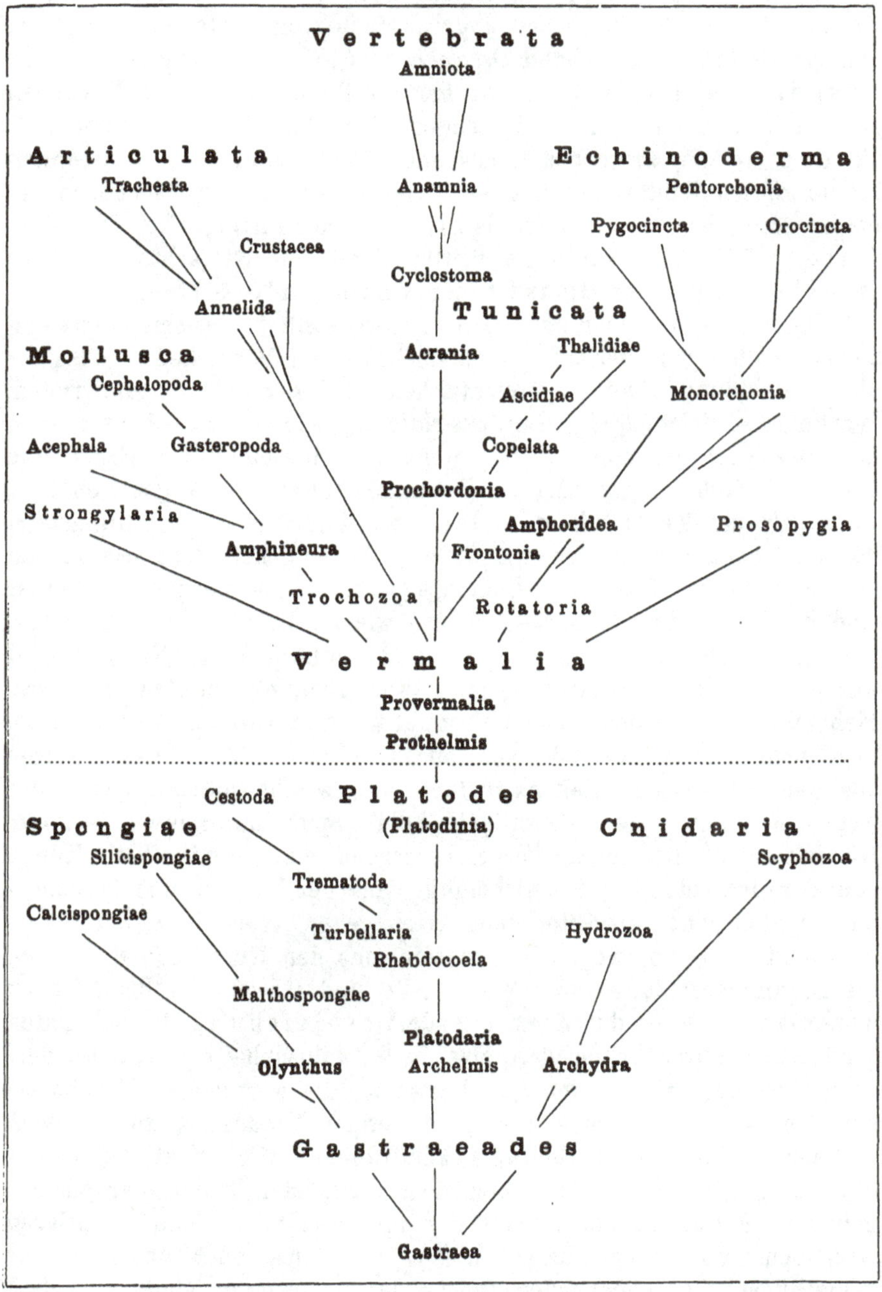

Palaeontologie, Ontogenie und Morphologie. Ausser diesen drei grossen Haupt-Urkunden des *„phylogenetischen Archives"* können wir in zweiter Linie (— besonders bei der Erforschung kleinerer Gruppen —) auch Thatsachen anderer biologischer Gebiete benutzen, namentlich der *Chorologie* und *Oecologie* oder *Bionomie.* Die allgemeinen Grundsätze, nach welchen wir bei der Benutzung dieser Urkunden zu verfahren haben, sowie die empirischen und philosophischen Methoden, welche wir dabei anzuwenden haben, sind bereits im ersten Theile dieses Werkes auseinander gesetzt worden (vergl. insbesondere dessen erstes Kapitel: „Generelle Principien der Phylogenie", §§ 2—15, ferner §§ 176—199, sowie im dritten Theile die Betrachtungen über die „Phylogenetischen Urkunden der Vertebraten", §§ 17—150).

Indem wir uns hier auf die dort festgestellten Gesichtspunkte beziehen, wollen wir hier nur nochmals besonders hervorheben, dass für die Begründung einer „Systematischen Phylogenie" von dauerndem Werthe die gleichmässige Berücksichtigung aller drei Urkunden die erste Vorbedingung ist. Nur wenn wir die empirischen Ergebnisse aller drei Archive beständig im Zusammenhange vor Augen behalten, wenn wir sie kritisch vergleichen und zur gegenseitigen Ergänzung benutzen, dürfen wir hoffen, befriedigende Einblicke in den geheimnissvollen Gang der Stammesgeschichte zu gewinnen. Leider sind im Reiche der *Metazoen*, ebenso wie im Reiche der Metaphyten, alle drei Archive reich an Lücken und Fehlerquellen. Niemals wird uns die Palaeontologie irgend Etwas sagen können über die grosse Mehrzahl der Metazoen, welche einst auf unserem Erdballe gelebt haben, über jene Hunderttausende von ausgestorbenen Thier-Arten, welche vor der cambrischen Zeit existirten, oder welche später lebten, aber wegen Mangels fester Skelettheile keine Spur hinterlassen konnten. Niemals wird uns die Ontogenie irgend eine unmittelbare Kunde von der individuellen Entwickelung, von den Larven und Metamorphosen aller jener ausgestorbenen Arten geben. Niemals wird die vergleichende Anatomie im Stande sein, uns den Körperbau derselben, die Zusammensetzung ihrer Weichtheile und Gewebe, vollständig zu demonstriren. Aber durch umfassende Vergleichung der bekannten Thatsachen, durch kritische Analyse und philosophische Synthese derselben werden wir in den Stand gesetzt, die werthvollen Ergebnisse der drei grossen Archive zur gegenseitigen Ergänzung zu benutzen und ihre vielen Lücken theilweise auszufüllen. Hier öffnet sich in der Stammesgeschichte der Metazoen dem denkenden Beobachter ein ungeheures Forschungsgebiet voll der interessantesten und wichtigsen Aufgaben. Es genügt, darauf hinzuweisen, dass auch unser eigener menschlicher Organismus dem Reiche der Metazoen angehört, und dass der Mensch, ebenso wie durch den anatomischen Körperbau und die embryonale Entwickelung, auch durch seine Stammesgeschichte sich als ein Glied des Vertebraten-Stammes erweist (vergl. Theil III, §§ 444—460).

Wenn heute noch viele Zoologen die Phylogenie als ein werthloses Hypothesen-Gebäude betrachten oder ihren Ergebnissen einen bleibenden Werth absprechen, so liegt dies nur theilweise an der modernen Zersplitterung der wissenschaftlichen Thierkunde, an der übermässigen Arbeitstheilung ihrer zahlreichen Zweige und dem bedauerlichen Mangel an philosophischer Vorbildung. Zum grösseren Theile liegt jene Unterschätzung der Stammesgeschichte an der einseitigen oder falschen Behandlung derselben; den meisten Palaeontologen sind die werthvollen Schätze der vergleichenden Anatomie und Ontogenie zu wenig bekannt, die meisten Embryologen ignoriren die Thatsachen der Palaeontologie und unterschätzen den Werth der vergleichenden Anatomie, aber auch unter den Anatomen und Systematikern ist die Mehrzahl nicht genügend vertraut mit den bedeutungsvollen Erfahrungen der Palaeontologie und Ontogenie. Es ist daher für die Fortschritte der systematischen Phylogenie unerlässlich, dass die Arbeiter auf diesem hochinteressanten Gebiete sich mit allen empirischen Hülfsmitteln desselben genau bekannt machen, und dass sie alle drei Urkunden gleichmässig und zusammenhängend kritisch verwerthen.

§ 9. Palaeontologie der Metazoen.

Versteinerte Ueberreste und Abdrücke von ausgestorbenen Thieren sind uns in allen Sediment-Gesteinen, vom Cambrium an bis zur Gegenwart, massenhaft erhalten; sie liefern unmittelbar den handgreiflichen Beweis, dass das Thierleben auf unserem Erdball sich seit vielen Millionen von Jahren höchst mannichfaltig entwickelt hat, und dass in den grösseren und kleineren Perioden dieser organischen Erdgeschichte viele verschiedene Formen-Gruppen nach einander auftreten. Indem die Descendenz-Theorie diesen historischen Formenwechsel durch langsame, ununterbrochene Umbildung oder Transformation erklärt, benutzt sie zugleich die Petrefacten als die wichtigsten „Denkmünzen der natürlichen Schöpfungsgeschichte“, als die zuverlässigsten empirischen Urkunden für die Construction der hypothetischen Stammesgeschichte und für die Unterscheidung ihrer einzelnen Abschnitte. Die fossilen *Metazoen* besitzen in dieser Beziehung eine weit höhere Bedeutung als die fossilen *Protisten* und *Metaphyten* (vergl. Theil I, §§ 3—5, 46, 177—179). Indessen darf auch in diesem Reiche der Organismen die Benutzung der positiven Daten, welche uns die

Palaeontologie in die Hand giebt (§ 10), immer nur mit stetem Hinblick auf die störenden negativen Lücken geschehen (§ 11), und mit möglichster Ergänzung der letzteren durch die Urkunden der vergleichenden Anatomie und Ontogenie. Unter dieser Voraussetzung werden wir durch kritische und denkende Verwerthung der *Palaeontologie* der Metazoen unmittelbar die sichersten und werthvollsten Aufschlüsse über den geheimnissvollen Gang ihrer *Phylogenie* erhalten; wir werden die hohe Bedeutung der ersteren für die letztere dabei ebenso wenig unterschätzen (gleich vielen Zoologen), als überschätzen (gleich vielen Geologen).

Als wir im ersten Theile dieses Werkes die „Generellen Principien der Phylogenie" erörterten und dabei die „Zeitrechnung der Stammesgeschichte" (§ 18) kritisch beleuchteten, unterschieden wir im „System der geologischen Formationen" (§ 19) vier über einander liegende Geosysteme, und diesen entsprechend vier auf einander folgende „Zeitalter der organischen Erdgeschichte" (§ 20—24). Indem wir die dort angenommene Eintheilung der geologischen Perioden und Formationen auch hier beibehalten, möchten wir noch besonders auf die allgemeine Characteristik derselben verweisen, sowie auf die sehr verschiedene Länge der vier Zeitalter. Wir führten dort an (§ 20), dass nach neueren geologischen Schätzungen die durchschnittliche Mächtigkeit der vier grossen Schichten-Systeme ungefähr innerhalb folgender Grenzen schwankt:

IV.	Caenolith-System	: 1000— 1200	Meter
III.	Mesolith-System	: 3000— 5000	„
II.	Palaeolith-System	: 15000—20000	„
I.	Archolith-System	: 20000—33000	„
Runde Summe ungefähr		: 40000—60000	Meter

Die beiden archozoischen Perioden (*Laurentische* und *Cambrische*) waren demnach länger als die vier palaeozoischen Perioden (*Silurische*, *Devonische*, *Carbonische*, *Permische*); diese letzteren zusammen hatten wiederum eine viel grössere Länge als die nachfolgenden drei mesozoischen Perioden (*Trias*, *Jura*, *Kreide*); viel kürzer dagegen waren die beiden jüngsten, caenozoischen Perioden (*Tertiäre* und *Quartäre*). Nun ergiebt sich aber aus der allgemeinen Uebersicht der Metazoen-Entwickelung in diesen vier Haupt-Perioden, dass die Stammesgeschichte ihrer zehn Stämme innerhalb derselben sehr ungleichmässig verlief. In den ältesten Petrafacten-haltigen Sedimenten, welche wir bis jetzt kennen, in der Cambrischen Formation, finden sich nicht allein die niederen Coelenterien-Classen bereits vertreten (*Spongien* und *Cnidarien*), sondern auch bereits verschiedene Stämme der höheren Coelomarien: die Vermalien durch *Brachiopoden*, die Articulaten durch Crustaceen (*Trilobiten*), die Echinodermen durch *Amphorideen* und *Cystoideen*; ja von den *Mollusken* treten sogar alle drei Hauptgruppen (Muscheln, Schnecken und Kracken) im Cambrium schon neben einander auf. Sowohl diese Cephalopoden, als jene Triboliten gehören bereits zu den vollkommensten und höchst organisirten wirbellosen Thieren. Schon diese eine Thatsache beweist (neben vielen anderen), dass der Entstehung dieser Cambrischen Metazoen eine lange Reihe von niederen Ahnen-Formen vorausging, deren historische Entwickelung viele Hunderttausende, wenn nicht Millionen von Jahren in Anspruch annahm. Es ist daher durchaus unzulässig, wie es selbst noch in manchen der besten und neuesten palaeontologischen Lehrbücher geschieht, die Cambrischen Petrefacten als die ältesten Zeugen organischen Lebens zu betrachten, und z. B. von den *Trilobiten* zu sagen: „Sie gehören überhaupt zu den ersten Organismen, welche unseren Planeten bewohnt haben." Vielmehr liegen die fossilen Reste unzähliger älterer Organismen (*Protisten, Metaphyten* und *Metazoen*) in den mächtigen Schichten der Laurentischen Formation oder der „*archaeischen Gruppe*" begraben, welche oft (ganz unpassend!) als „*azoische*" bezeichnet wird. Leider sind nur die Sediment-Schichten dieses „Urschiefer- und Gneiss-Systems" durch Metalithose oder Gestein-Metamorphismus so sehr verändert worden, dass die Formen der darin enthaltenen „laurentischen Petrefacten" nicht mehr zu erkennen sind.

§ 10. Positive Daten der Palaeozoologie.

Die zahlreichen versteinerten Reste und Abdrücke, welche uns die Metazoen von der cambrischen Zeit bis zur Gegenwart hinterlassen haben, besitzen einen sehr verschiedenen Werth für die Phylogenie. Wir können in dieser Beziehung drei Gruppen unterscheiden:

I. Höchst wichtig für die Stammes-Geschichte sind die massenhaft erhaltenen Petrefacten nur in drei von den zehn Stämmen der Metazoen, nämlich 1) den *Mollusken*, 2) den *Echinodermen* und 3) den *Vertebraten* (von den Fischen aufwärts bis zum Menschen). II. Zahlreiche und gut erhaltene fossile Reste, aber von geringerer oder gar keiner Bedeutung für die Erkenntniss der Phylogenie, haben uns ausserdem drei andere Stämme hinterlassen, nämlich: 1) die *Spongien*, 2) die *Cnidarien* (Hydropolypen, Korallen) und 3) die *Articulaten* (besonders die Crustaceen). III. Von den vier übrigen Stämmen ist nur ein Theil der Vermalien (die *Bryozoen* und *Brachiopoden*) durch sehr zahlreiche Versteinerungen bekannt, welche jedoch auch keinen besonderen Werth für deren Stammesgeschichte besitzen; die grosse Mehrzahl der Vermalien bestand aus weichen und skeletlosen Thieren, die keine fossilen Reste hinterlassen konnten, und dasselbe gilt für die drei Stämme der *Gastraeaden, Platoden* und *Tunicaten.*

Hieraus geht hervor, dass die grosse Mehrzahl der Thiere, welche seit Jahr-Millionen auf unserem Erdballe gelebt haben, keine fossilen Urkunden oder auch nur Spuren ihrer Existenz hinterlassen hat. Aber auch die positiven Daten, welche uns die bekannten Petrefacten der Minderzahl liefern, besitzen für deren Stammesgeschichte einen sehr ungleichen Werth; in dieser Beziehung sind folgende Unterschiede hervorzuheben: 1) Die fossilen Spongien sind zwar zahlreich und gut conservirt, geben aber keine wichtigen Aufschlüsse über die Organisation dieser niedersten Coelenterien, welche wir als „*Gastraea-Cormen*“ auffassen (vergl. § 32). — 2) Die versteinerten Cnidarien haben nur in einer Classe dieses formenreichen Stammes ein bedeutendes historisches Interesse, in der Classe der Korallen; die palaeozoischen Vertreter derselben (Tabulaten, Tetracorallen) sind wesentlich verschieden von den mesozoischen Epigonen (Hexacorallen etc.); auch unter diesen lässt sich die historische Umbildung der Formen-Reihen theilweise verfolgen. Bei den übrigen fossilen Cnidarien (Hydropolypen) ist dies nicht der Fall. — 3) Die wohl erhaltenen Kalkschalen der *Bryozoen* und *Brachiopoden*, der einzigen versteinerten Glieder des Vermalien-Stammes, sind zwar in palaeozoischen und mesozoischen Formationen massenhaft und durch mehrere Tausend Arten vertreten; sie sind auch von hohem geologischen Interesse, geben aber über die Organisation und Geschichte dieser Thiere wenig Auskunft. — 4) Die Versteinerungen von Articulaten, die wir kennen (wenige *Anneliden*, zahlreiche *Crustaceen* und *Tracheaten*), bilden jedenfalls nur einen kleinen Bruchtheil von der ungeheuren Arten-Zahl dieses formenreichsten Stammes; sie sind aber theilweise von hohem phylogenetischen Interesse, besonders die Aspidonien (*Trilobiten* und *Merostomen*), auch die palaeozoischen und mesozoischen Insecten. — 5) Die fossilen Mollusken besitzen unter allen Versteinerungen die grösste Wichtigkeit für die Geologie, da sich Tausende von Arten wohlerhalten in allen Petrefacten-führenden Sedimenten, vom Cambrium bis zur Gegenwart finden; viele derselben dienen als wichtige „Leitmuscheln“ zur Characteristik der einzelnen Schichten, indem sie eine ausgedehnte horizontale, aber nur beschränkte verticale Verbreitung besitzen. Dies gilt von allen drei Hauptgruppen der Weichthiere, von den Muscheln (*Conchades*), den Schnecken (*Cochlides*) und den Kracken (*Teuthodes*). Viel geringer ist der Werth der fossilen Mollusken-Schalen für die Phylogenie dieses Stammes; denn erstens ist deren äussere Form oft nicht characteristisch für den inneren Körperbau und die systematische Stellung, und zweitens treten alle drei Hauptgruppen schon im Cambrium neben einander auf; ihre Entstehungsgeschichte fällt also in die praecambrische Zeit. — 6) Die versteinerten Echinodermen dagegen, welche ebenfalls sehr zahlreich in allen Sediment-Gebirgen vom Cambrium an sich finden, sind von höchster Wichtigkeit für die Phylogenie dieses Stammes; denn ihr vortrefflich erhaltenes Dermal-Skelet giebt uns unmittelbar die wichtigsten Aufschlüsse über ihre innere Organisation und systematische Verwandtschaft; auch sind von den acht Classen dieses Stammes die drei ältesten (Amphorideen, Cystoideen, Blastoideen) nur aus palaeozoischen Schichten bekannt. — 7) Noch wichtiger endlich, und die bedeutungsvollsten aller Versteinerungen, sind die fossilen Vertebraten (vergl. Theil III, §§ 18—21).

§ 11. Negative Lücken der Palaeozoologie.

Die bedauerliche Unvollständigkeit der palaeontologischen Urkunden, welche deren Werth für die Phylogenie so bedeutend herabsetzt, ist im Reiche der Metazoen durch dieselben biologischen und geologischen Ursachen bedingt, wie sie auch für alle übrigen Organismen gelten; wir haben dieselben bereits im Allgemeinen betrachtet, als wir die „Generellen Principien der Phylogenie" erörterten (Theil I, § 5). Für die verschiedenen Gruppen der Metazoen ist hier noch Folgendes zu bemerken. Gar keine Versteinerungen haben uns drei von den zehn Stämmen der Metazoen hinterlassen, nämlich 1) die *Gastraeaden*, 2) die *Platoden* und 3) die *Tunicaten*; alle Angehörigen dieser drei Phylen haben einen weichen Körper und schliessen keine festen, der Versteinerung fähigen Skelet-Gebilde ein. Dasselbe gilt aber auch von vielen Gruppen der sieben übrigen Thier-Stämme, nämlich: 1) unter den Spongien die zahlreichen Formen ohne Mineral-Skelet (*Malthosa*); — 2) unter den Cnidarien viele zarte *Hydropolypen* und *Korallen* ohne Mineral-Skelet, ferner die *Medusen*, sämmtliche *Siphonophoren* und *Ctenophoren* (— von einzelnen Medusen haben sich ausnahmsweise Abdrücke im lithographischen Jura-Schiefer erhalten —); — 3) unter den Vermalien alle Classen, mit nur zwei Ausnahmen: *Bryozoen* und *Brachiopoden*; — 4) unter den Mollusken alle skeletlosen Formen, die „Nacktschnecken" und die nackten Cephalopoden; — 5) unter den Articulaten die grosse Mehrzahl der *Anneliden*, viele kleine und zarthäutige *Crustaceen*, die grosse Mehrzahl der *Tracheaten* (Onychophoren, Myriapoden, Arachniden, Insecten); bei den landbewohnenden und luftathmenden Tracheaten, deren Arten-Zahl diejenige aller anderen Metazoen übertrifft, war schon durch die Lebensweise meistens die Möglichkeit der Versteinerung ausgeschlossen, abgesehen von der geringen Grösse und zarten Beschaffenheit des Körpers; — 6) unter den Echinodermen die meisten *Holothurien*, sowie die cambrische Stammgruppe dieses Phylon, die weichhäutigen *Eocystiden*; — 7) unter den Vertebraten alle *Acranier* und *Cyclostomen*, sowie von den Fischen die ältesten *Selachier*.

Schon aus dieser kurzen Uebersicht der Hauptgruppen ergiebt sich die zweifellose Thatsache, dass die grosse Mehrzahl der ausgestorbenen Thier-Arten keine fossilen Reste hinterlassen hat; aber auch von der Minderzahl, deren Körper feste Skelettheile besass und an sich der Versteinerung fähig war, blieben viele Arten (— wahrscheinlich die meisten! —) nicht erhalten, aus den geologischen und biologischen Gründen, die wir früher bereits erörtert haben (Theil I, §§ 3—5, 177—179, Theil III, §§ 18—21). Besonders ist noch hervorzuheben, dass uns die zahllosen Jugendformen, Embryonen und Larven der ausgestorbenen Metazoen wegen ihrer zarten Consistenz fast niemals fossil erhalten bleiben konnten; diese empfindliche Lücke ist um so mehr zu bedauern, als deren Kenntniss für die Phylogenie von höchstem Werthe sein würde.

(§ 12 auf S. 19.)

§ 13. Ontogenie der Metazoen.

Die Ontogenie oder individuelle Entwickelungsgeschichte besitzt bei allen Metazoen einen unschätzbaren Werth für die Erkenntniss ihrer Phylogenie, — und zwar ganz besonders für diejenigen frühesten Stufen der historischen Entwickelung, über welche uns die Palaeontologie, der Natur der Sache nach, keinerlei Auskunft geben kann. Dies gilt in erster Linie von denjenigen Anfangs-Stadien der individuellen oder biontischen Entwickelung, welche wir unter dem Begriff der Gastrulation zusammenfassen („Eifurchung und Keimblätter-Bildung"). Die principielle Uebereinstimmung sämmtlicher Metazoen in diesem ersten Hauptabschnitte der Ontogenese, bis zur Ausbildung der Gastrula, ist eine phylogenetische Thatsache ersten Ranges; sie lässt sich am einfachsten durch die monophyletische Auffassung dieses Reiches erklären, durch die Annahme einer Abstammung aller Metazoen von einer ursprünglichen gemeinsamen Stammform: Gastraea.

Von nicht geringerer Bedeutung ist aber auch weiterhin die Kenntniss der nachfolgenden Keimformen, welche sich aus der Gastrula zunächst entwickeln, seien es frei lebende Larven, oder seien es Embryonen, welche innerhalb der Eihüllen oder des mütterlichen

§ 12. Historische Succession der Metazoen.

Thier-Stämme	Eozoa Laurent.	Archozoa Cambr.	Palaeozoa Si. Dv. Cb. Pm.	Mesozoa Tr. Ju. Cr.	Caenozoa Ec.Mc.Plc.	Nynozoa Praesentia
1. Gastraeades						
1 A. Gastremaria	⊙	⊙	⊙	⊙	⊙	—
1 B. Cyemaria	⊙	⊙	⊙	⊙	⊙	—
2. Spongiae						
2 A. Malthosa	⊙	⊙	⊙	⊙	⊙	━
2 B. Silicosa	⊙	—	—	━	—	━
2 C. Calcarosa	0	?	—	━	—	—
3. Cnidaria						
3 A. Hydrozoa	⊙	━	━	—	—	—
3 B. Scyphozoa	0	0	—	━	━	━
4. Platodes						
4 A. Platodaria	⊙	⊙	⊙	⊙	⊙	—
4 B. Platodinia	0	0	?	⊙	⊙	━
5. Vermalia						
5 A. Rotatoria	⊙	⊙	⊙	⊙	⊙	—
5 B. Strongylaria	?	?	⊙	⊙	⊙	—
5 C. Prosopygia	?	—	━	—	—	—
5 D. Frontonia	?	⊙	⊙	⊙	⊙	—
6. Mollusca						
6 A. Cochlides	?	—	—	━	━	━
6 B. Conchades	?	—	—	━	━	━
6 C. Teuthodes	?	—	━	━	—	—
7. Articulata						
7 A. Annelida	0	—	—	━	━	━
7 B. Crustacea	0	—	━	━	━	━
7 C. Tracheata	0	0	—	—	━	━
8. Echinoderma						
8 A. Monorchonia	?	—	━	—	—	—
8 B. Pentorchonia	0	?	━	━	━	━
9. Tunicata						
9 A. Copelata	0	⊙	⊙	⊙	⊙	—
9 B. Acopeta	0	?	?	⊙	⊙	━
10. Vertebrata						
10 A. Acrania	0	⊙	⊙	⊙	⊙	—
10 B. Craniota	0	0	—	━	━	━

Körpers sich ausbilden. Sowohl die eigentliche *Embryologie*, welche die Umbildung der Embryonen, als die *Metamorphologie*, welche die Verwandlung der Larven verfolgt, werden in den verschiedenen Stämmen der Metazoen zu phylogenetischen Urkunden ersten Ranges. Dasselbe gilt auch von dem Generationswechsel (*Metagenesis*), welcher besonders in den niederen Stämmen der Metazoen so mannichfaltige und merkwürdige Erscheinungen darbietet; er wirft oft noch hellere Streiflichter in das Dunkel der Stammesgeschichte, als die *Hypogenesis* (oder die sogenannte „directe Entwickelung"), welche in den höheren Stämmen überwiegt. So hoch wir aber auch, gestützt auf das biogenetische Grundgesetz, im Allgemeinen den phylogenetischen Werth aller dieser ontogenetischen Erscheinungen anschlagen dürfen, so müssen wir doch jenes Gesetz stets mit scharfer Kritik anwenden und beständig im Sinne behalten, dass dasselbe zwei verschiedene Seiten hat, eine cenogenetische und eine palingenetische. Nur die palingenetischen Processe, welche durch zähe Vererbung in der Kette der Generationen sich bis heute getreu erhalten haben, liefern uns unmittelbar die wichtigsten Aufschlüsse über entsprechende Vorgänge in der Stammesgeschichte der Ahnen; dies ist aber nicht oder nur in beschränktem Maasse der Fall bei den cenogenetischen Processen, bei jenen „secundären Erscheinungen" in der Keimesgeschichte, welche durch Anpassung der Embryonen oder Larven an die besonderen Bedingungen der Keimes-Entwickelung bewirkt worden sind (vergl. Theil I, §§ 6—8, 180—183; Theil III, §§ 22—38).

§ 14. Palingenetische Gastrulation.

Als ursprüngliche Bildungsstufen sämmtlicher Metazoen, welche in den empirisch erkannten Erscheinungen ihrer Ontogenese uns noch heute einen Auszug oder eine „Recapitulation" von entsprechenden Vorgängen ihrer hypothetischen Phylogenese geben, betrachten wir vor Allem die Thatsachen der primordialen Gastrulation oder der ursprünglichen „archiblastischen Eifurchung"; sie erscheinen in vollkommen reiner und typischer Form noch heute bei manchen niederen Metazoen, welche kleine Eier ohne besonderen Nahrungsdotter besitzen, so z. B. bei pelagischen Medusen, Chaetognathen, Echinodermen, Tunicaten, unter den Vertebraten nur bei Amphioxus. Wir unterscheiden folgende Hauptstufen: I. Cytula oder Stammzelle (— sogenannte „erste Furchungszelle oder befruchtete Eizelle" —), eine einfache kugelige Zelle mit Kern, das Product der Befruchtung oder geschlechtlichen Zeugung (Copulation von mütterlicher Eizelle und väterlicher Spermazelle). II. Morula oder Maulbeerkeim; durch wiederholte regelmässige Zweitheilung sind aus der einfachen Cytula 2, 4, 8, 16, 32 Zellen u. s. w. (in geometrischer Progression) hervorgegangen; das Ergebniss ist die Bildung eines kugeligen, dichten Keimes von der Form einer Maulbeere oder Brombeere, zusammengesetzt aus lauter gleichartigen, kugeligen oder polyedrischen Zellen. III. Blastula oder *Blastosphaera* (Blasenkeim oder Keimblase, *Vesicula blastodermica*); im Inneren der Morula sammelt sich Gallerte oder Flüssigkeit an, während die Zellen derselben sämmtlich an die Oberfläche treten und sich in eine einfache zusammenhängende Schicht ordnen; der innere, mit Gallerte oder Wasser erfüllte Raum der Hohlkugel ist die „Keimhöhle" oder Furchungshöhle (*Blastocoel*); die einfache Zellenschicht, welche die Wand der Hohlkugel bildet, ist die Keimhaut oder das „Urkeimblatt", *Blastoderma*. Diese wichtige Keimstufe ist morphologisch gleich den Sphaeral-Coenobien von Protisten (*Volvocina, Halosphaera, Catallacta, Ophrydia*; vergl. Theil I, S. 59). IV. Depula oder Becherkeim (*Gastrula invaginata*). Die Hohlkugel der Blastula verwandelt sich in eine Halbkugel oder einen glockenförmigen Körper, indem an einer Stelle ihrer Oberfläche eine grubenförmige Vertiefung entsteht; indem diese Grube tiefer wird, bildet sie die Anlage des Urdarms; gleichzeitig wird dadurch die ursprüngliche Keimhöhle der Blastula reducirt, doch können beide Höhlen neben einander bestehen bleiben (so z. B. bei vielen Echinodermen-Keimen). V. Gastrula oder Becherkeim (Darmlarve); die Einstülpung des Urdarms, welche bei der Depula noch nicht vollständig war, wird complet, so dass die ursprüngliche Keimhöhle (Blastocoel) ganz verschwindet. Zugleich differenziren sich die beiden Theile des Blastoderms, die nunmehr ohne Zwischenraum an einander liegen: der innere, eingestülpte Theil wird zum inneren oder vegetalen Keimblatt (Entoderm, *Endoblast* oder *Hypoblast*, Darmblatt); der äussere, nicht eingestülpte Theil wird zum äusseren oder animalen Keimblatt (Exoderm, *Ectoblast* oder *Epiblast*, Hautblatt). Der Hohlraum des becherförmigen oder eiförmigen Körpers, welchen diese beiden primären Keimblätter umschliessen, ist nunmehr der Urdarm (*Progaster* oder *Archenteron*); seine Oeffnung ist der Urmund (*Prostoma* oder *Blastoporus*). Die näheren Verhältnisse dieser bedeutungsvollen *Gastrulation* sind im III. Theile näher besprochen (§§ 22—28), und ausführlicher im 8. und 9. Vortrage unserer Anthropogenie (1891). Ebendaselbst haben wir auch die phylogenetische Bedeutung dieser ontogenetischen Thatsachen eingehend gewürdigt. Die *Cytula* recapitulirt den einzelligen Urzustand der ältesten Metazoen-Ahnen (Protozoen); die *Morula* den einfachsten vielzelligen Zustand, ein solides Coenobium von Protozoen; die *Blastula* den wichtigen Zustand des schwimmenden Coenobiums von Hohlkugel-Form (Volvox,

Magosphaera); die *Gastrula* endlich jenen bedeutungsvollen „zweiblätterigen“ Zustand des Thierkörpers, mit welchem die einfachste Bildungsstufe des wahren *Metazoon* erreicht ist. Von dieser sind nur wenig verschieden die einfachsten Formen der niedersten Metazoen-Classen, welche noch heute existiren: Rhopalura unter den *Gastraeaden,* Olynthus unter den *Spongien*; Protohydra, Haleremita und Hydra unter den *Cnidarien.* Die *Gastrula* ist die höchste und letzte Bildungsstufe auf dem Wege der Ontogenese, welche sämmtlichen Metazoen gemeinsam zukommt. Sobald die Umbildung derselben zu einer weiteren Keimform beginnt, scheiden sich die Wege der biontischen Entwickelung in den verschiedenen Stämmen.

§ 15. Cenogenetische Gastrulation.

Die ursprüngliche Form der Gastrulation, welche wir vorstehend geschildert und in ihrer hohen phylogenetischen Bedeutung erklärt haben, findet sich ganz rein nur bei wenigen Metazoen heute noch vor. Bei der grossen Mehrzahl derselben ist sie im Laufe der Zeit mehr oder weniger abgeändert worden, bei vielen Thieren so sehr, dass es schwer hält, ihre einzelnen Hauptstufen wieder zu erkennen und die wesentliche Identität des Vorganges nachzuweisen. Dennoch haben wir in unseren „Studien zur Gastraea-Theorie“ den Nachweis führen können, dass aus dem befruchteten Ei aller Metazoen (ohne Ausnahme) eine wahre Gastrula entsteht, dass die beiden sie zusammensetzenden, primären Keimblätter überall homolog sind, und dass auch der Process der Gastrulabildung selbst (— durch Invagination der Blastula —) ursprünglich überall derselbe gewesen ist (vergl. Theil III, §§ 22—32).

Die bedeutenden und mannichfaltigen cenogenetischen Veränderungen, welche die Gastrulation im Laufe vieler Jahr-Millionen allmählig erlitten hat, sind zum weitaus grössten Theile durch Anpassung an veränderte Ernährungs-Bedingungen des Embryo bewirkt, der sich aus dem befruchteten Ei entwickelt. Die wichtigste Rolle spielt dabei die verschiedenartige Ausbildung eines Nahrungsdotters (*Tropholecithus, Vitellus nutritivus, Deutoplasma*). Dieses leblose Gebilde, eine passive Emulsion von Fett und Eiweisskörpern, dient lediglich als Proviant oder Nahrungs-Vorrath für den Embryo; dieser selbst entwickelt sich nur aus dem lebendigen *Protoplasma* der Eizelle, aus dem Bildungsdotter (*Morpholecithus, Vitellus formativus, Ovoplasma*). Ist der Nahrungsdotter gleichmässig im Cytoplasma der Eizelle vertheilt oder nur in geringer Menge einseitig angesammelt, so bleibt die Eifurchung oder die wiederholte Theilung der Cytula vollständig und total; die Eier sind ganzfurchend oder holoblastisch. Wenn dagegen die Masse des trägen Nahrungsdotters so gross wird, dass das active Cytoplasma bei der Theilung denselben nicht mehr zu durchdringen vermag, so bleibt er ungetheilt liegen und wird erst allmählig aufgezehrt; die Eier sind dann theilfurchend oder meroblastisch; wesentliche Verschiedenheiten zeigen die letzteren dann insofern, als der Nahrungsdotter bald im Inneren des Bildungsdotters liegt (*Centrolecithale* Eier), bald an einem Pole seiner Axe (*Telolecithale* Eier).

Als die drei Hauptformen der cenogenetischen Gastrulation haben wir (1875) die *inäquale*, *discoidale* und *superficiale* unterschieden. Von diesen schliesst sich die inäquale Eifurchung, deren Product die Amphiblastula ist, unmittelbar an die ursprüngliche palingenetische Form der äqualen (oder primordialen) an; beide stimmen darin überein, dass die Eifurchung total oder holoblastisch ist. Während aber bei den *archiblastischen* Eiern die Producte der äqualen Furchung, die Blastomeren oder Segmentellen, sämmtlich Zellen von gleicher Grösse und Form sind, treten bei den *amphiblastischen* Eiern früher oder später auffallende Unterschiede darin hervor. Die Producte dieser inäqualen Furchung sondern sich frühzeitig in zwei Hauptgruppen: eine grössere Zahl von kleineren Furchungszellen, ohne Nahrungsdotter: Micromeren (oder animale Furchungszellen), und eine kleinere Zahl von grösseren Segmentellen, mit Nahrungsdotter: Macromeren (oder vegetale Furchungszellen); erstere bilden das äussere oder animale Keimblatt, letztere das innere oder vegetale Keimblatt. Wenn die letzeren sehr gross werden und eine voluminöse Masse bilden, wird diese scheinbar von der flach gewölbten Kappe der Micromeren umwachsen; die *Invagination* der Blastula erscheint dann unter dem Bilde der *Epibolie*. Der Gegensatz beider Keimhälften, der animalen und vegetalen Hemisphäre, welcher bei der palingenetischen *Archigastrula* erst während der Invagination sich geltend macht, kann bei der cenogenetischen *Amphigastrula* so weit zurückverlegt werden, dass die Cytula schon beim Beginne der Eifurchung in zwei ungleiche Zellen zerfällt, eine kleine Micromere (die Mutterzelle des Exoderms) und eine grosse Macromere (die Mutterzelle des Entoderms); so z. B. bei manchen Vermalien. In anderen Fällen erfolgt die Differenzirung der beiderlei Blastomeren auf dem Stadium von 4 Zellen (viele Amphibien und Mollusken), von 8 Zellen (Platoden, Vermalien, Mollusken), von 16 Zellen (einzelne Cnidarien und Vermalien), von 32 Zellen (Geryoniden). Im letzten Falle findet scheinbar eine ganz andere Keimbildung statt, die sogenannte Delamination der Keimblätter; an der kugeligen Blastula, deren einschichtiges Blastoderm aus 32 gleichen Furchungszellen besteht, spaltet sich jede dieser Segmentellen in eine äussere Micromere und eine innere Macromere; indessen ist der Nachweis gelungen, dass auch die Entstehung dieser eigenthümlichen *Coeloplanula* von Geryonia auf den ursprünglichen Process der Invagination sich zurückführen lässt.

Die discoidale Eifurchung, deren Product die typische Discogastrula oder „Keimscheibe" (*Blastodiscus*) ist, lässt sich unmittelbar von der inäqualen Furchung ableiten. Wenn die Masse des Nahrungsdotters an dem einen (vegetalen) Pole der Ei-Axe so gross wird, dass die Kraft des sich theilenden Bildungsdotters nicht mehr zu seiner Spaltung ausreicht, bleibt der ungetheilte Rest desselben als ungefurchter Nahrungsdotter liegen und wird allmählich aufgezehrt. Am entgegengesetzten (animalen) Pole breitet sich dann die Gastrula scheibenförmig aus. Unter den wirbellosen Metazoen kommt diese Form der Discogastrula nur selten zur Ausbildung, so bei den Cephalopoden und einzelnen grösseren Thieren höherer Stämme (Articulaten). Sehr verbreitet ist sie dagegen bei den Wirbelthieren (Fischen, Sauropsiden, Monotremen); hier lässt sich nicht nur klar der Nachweis führen, wie die discoidale Gastrulation aus der inäqualen, und diese wieder aus der äqualen Eifurchung hervorgegangen ist; sondern es lässt sich auch zeigen, wie durch veränderte Bedingungen der Keimung der Nahrungsdotter wieder rückgebildet werden und die partielle (discoidale) Segmentation in die totale (inäquale) zurück verwandelt werden kann (*Epigastrula* der Säugethiere, vergl. Theil III, § 28).

Die superficiale Eifurchung, deren Product die Perigastrula ist, besteht in der partiellen Furchung von *centrolecithalen* Eiern. Nachdem der centrale Eikern mit der umgebenden Portion des Bildungsdotters durch wiederholte äquale Theilung in mehrere (8—16) Bastomeren zerfallen ist, wandern diese centrifugal in die Rindenschicht ein und vermehren sich hier weiter in dem Bildungsdotter, welcher die Masse des Nahrungsdotters blasenförmig umschliesst. Erst nachdem ringsum das Blastoderm vollständig gebildet ist, erfolgt auch hier die Invagination des Urdarms. Dieser eigenthümliche oberflächliche Modus der Gastrulation ist fast ausschliesslich auf die höheren *Articulaten* beschränkt (Crustaceen und Tracheaten); selten scheint er auch bei einzelnen Thieren anderer wirbelloser Stämme vorzukommen.

Nachdem es gelungen ist, die zahlreichen, scheinbar sehr verschiedenen Keimungsformen der Metazoen auf die angeführten vier Hauptformen der Gastrulation und diese wieder auf die eine, gemeinsame Urform der archiblastischen Keimung (— *Archigastrula* —) zurückzuführen, kann die Homologie der beiden primären Keimblätter, *Exoderm* und *Entoderm*, bei sämmtlichen Metazoen als festgestellt gelten. Die weitere Entwickelung derselben schlägt aber dann in den verschiedenen Stämmen der Metazoen sehr divergente Wege ein.

§ 16. Synopsis der Gastrulations-Moden.

Zwei Hauptmoden der Eifurchung	Vier Moden der Eifurchung	Vier Hauptformen der Gastrula	Gruppen der Metazoen
I. **Totale Eifurchung** *Ovula holoblasta.* Product: **Hologastrula.**	1. **Primordiale Gastrulation** *Ovula archiblasta, alecithalia.* Totale äquale Eifurchung. Dotter gleichmässig vertheilt	1. **Archigastrula** Glocken-Gastrula Furchungs-Product eine gewölbte „Keimglocke“, deren Wand zwei einfache Zellschichten bilden	a) *Gastraeaden* b) Aeltere *Spongien* c) Viele *Cnidarien* d) Viele *Vermalien* e) Die meisten *Echinodermen* f) Viele *Tunicaten* g) *Acranier*
Eier klein oder mittelgross, mit geringer Menge von Nahrungsdotter, welcher bei der Furchung vollständig mit getheilt wird. (— Kein getrennter „Bildungsdotter“ —)	2. **Inäquale Gastrulation** *Ovula amphiblasta, telolecithalia.* Totale inäquale Eifurchung. Dotter am einen Pole angehäuft	2. **Amphigastrula** Hauben-Gastrula. Furchungs-Product eine gewölbte „Keimhaube“, deren beide Zellschichten sich schon frühzeitig und stark differenziren	a) Die meist. *Spongien* b) Viele *Cnidarien* c) Viele *Platoden* d) Viele *Vermalien* e) Die meist. *Mollusken* f) Niedere *Articulaten* g) Manche *Echinodermen* h) Viele *Tunicaten* i) *Cyclostomen, Ganoiden, Amphibien, Placentalien*
II. **Partielle Eifurchung.** *Ovula meroblasta.* Product: **Merogastrula.**	3. **Discoidale Gastrulation.** *Ovula discoblasta, telolecithalia.* Partielle, scheibenartige Eifurchung. Dotter polständig	3. **Discogastrula** Scheiben-Gastrula. Furchungs-Product eine flache „Keimscheibe“ (Blastodiscus), an einem Pole der Ei-Axe; am anderen Pole der Nahrungsdotter	a) Die meisten *Cephalopoden* b) Einige *Articulaten* c) Die meisten *Fische*, alle *Sauropsiden*, die *Monotremen*
Eier sehr gross, mit voluminösem Nahrungsdotter, welcher bei der Furchung nicht ganz getheilt wird. (— Daher ein separater „Bildungsdotter“ —)	4. **Superficiale Gastrulation** *Ovula periblasta, centrolecithalia.* Partielle, periphere Eifurchung. Dotter mittelständig	4. **Perigastrula** Blasen-Gastrula Furchungs-Product eine geschlossene „Keimblase“, deren Blastoderm die ungefurchte Dottermasse rings umschliesst	a) Einige *Vermalien* und *Anneliden* (?) b) Die meisten *Arthropoden* (sowohl *Crustaceen* als *Tracheaten*).

§ 17. Morphologie der Metazoen.

Seitdem die vergleichende Anatomie der Thiere im Anfange unseres Jahrhunderts zum Range einer selbständigen Wissenschaft erhoben und durch die ältere Typen-Theorie (1812) zur Grundlage des „Natürlichen Systems" geworden war, hat dieselbe mit glänzendem Erfolge an der Aufgabe gearbeitet, die unendliche Mannichfaltigkeit der einzelnen Thierformen auf allgemeine Bildungsgesetze zurückzuführen. Zunächst war das Bestreben der meisten Morphologen im Sinne der vitalistischen Teleologie darauf gerichtet, in der Organisation der einzelnen Typen verschiedene Baupläne nachzuweisen, während Andere die Einheit der Organisation im ganzen Thierreiche begründen oder einen gemeinsamen Bauplan für Alle erkennen wollten. Der Widerstreit der Meinungen hierüber konnte erst gelöst werden, nachdem die Descendenz-Theorie (1859) neu begründet und damit die ideale „Formverwandtschaft" der Metazoen als ihre wahre „Blutsverwandtschaft" nachgewiesen war. Die Homologie der Organe oder die *morphologische* Uebereinstimmung erklärte sich nunmehr als die natürliche Folge der Vererbung von einer gemeinsamen Ahnenform; die Analogie der Bildung hingegen, oder die *physiologische* Aehnlichkeit, als die Wirkung der Anpassung an die gleichen Lebensbedingungen. Indem wir Vererbung und Anpassung als physiologische Functionen der Organismen erkannten, trat an die Stelle der dualistischen *Teleologie* die monistische *Mechanik*; die übernatürlichen „Zweck-Ursachen" oder *Causae finales* der älteren Morphologie wurden jetzt durch natürliche „Werk-Ursachen" ersetzt, durch *Causae efficientes*.

Der gewaltige Aufschwung, welchen die moderne Morphologie in Folge dieser fundamentalen Reform seit dreissig Jahren genommen, hat dieselbe zum Range der wichtigsten phylogenetischen Urkunde erhoben. Die innige Beziehung, welche wir in unserer „Generellen Morphologie" (1866) zwischen der vergleichenden Anatomie und Ontogenie, wie auch der Palaeontologie herzustellen versuchten, hat sich als äusserst fruchtbar erwiesen. Insbesondere konnten wir die morphologischen Grundlagen des natürlichen Systems wesentlich verbessern, nachdem wir in der Gastraea-Theorie (1872) das Mittel gefunden hatten, die scharf gesonderten „Typen" der Metazoen in naturgemässer Weise zu verknüpfen und Alle auf die gemeinsame Stammform der Gastraea zurückzuführen. Der monophyletische Stammbaum der Metazoen, den wir damals errichteten, ist in dem vorliegenden Werke weiter ausgeführt (vergl. §§ 2—7).

Als wir die „Generellen Principien der Phylogenie“ im ersten Theile dieses Werkes erörterten und auf die Morphologie der Metaphyten anwendeten, haben wir bereits die allgemeine Bedeutung der morphologischen Urkunden und ihre innigen Wechsel-Beziehungen zu den anderen Urkunden, der Ontogenie und Palaeontologie, hervorgehoben (Theil I, §§ 9—17, 184—199). Auch haben wir daselbst auf den hohen Werth hingewiesen, welchen für die systematische Phylogenie die Divergenz und Convergenz der Formen besitzt, die physiologische Arbeitstheilung (*Ergonomie*) und die eng damit verknüpfte Formspaltung (*Polymorphismus*), ferner der Arbeitswechsel (oder „Functionswechsel“, *Metergie*). Nicht minder haben wir daselbst (§ 280) die fundamentale Bedeutung betont, welche für die naturgemässe mechanische Auffassung der Stammesgeschichte die cumulative und functionelle Anpassung besitzt, sowie die überall wirksame, unzertrennlich damit verbundene progressive Vererbung (oder die „Vererbung erworbener Eigenschaften“; vergl. auch Theil III, §§ 39—41, ferner § 448). Da wir ausserdem bei der Systematischen Phylogenie jedes einzelnen Stammes der Metazoen die morphologische Urkunde als wichtigste Erkenntniss-Quelle zu verwerthen haben, verzichten wir hier auf eine weitere Erörterung derselben und beschränken uns auf eine kurze Beleuchtung der beiden wichtigsten Aufgaben der allgemeinen Anatomie, der Lehre von der Individualität und von der Grundform.

§ 18. Individualität der Metazoen.

Als actuelles Bion, d. h. als geschlechtsreifer und vollkommen ausgebildeter Vertreter der *Species*, tritt uns die grosse Mehrzahl der Metazoen in einer bestimmt organisirten Form entgegen, die wir als Person bezeichnen. Die einfachste und älteste Form der Person ist jener typische, einaxige und aus zwei einfachen Keimblättern zusammengesetzte Organismus, welchen wir ontogenetisch als *Gastrula*, phylogenetisch als *Gastraea* bezeichnen. Indem aus den beiden einfachen Zellenschichten ihres Körpers durch Umbildung und Arbeitstheilung die verschiedensten Organe hervorgehen, und indem diese polymorphen Körpertheile sich nach bestimmten Grundformen ordnen, entsteht eine unbegrenzte Mannichfaltigkeit der Personen-Form. Doch lassen sich, mit Rücksicht auf die Axen-Differenzirung und die später eintretende Gliederung des Körpers, vier Hauptstufen in der Ausbildung der Thier-Person unterscheiden: I. die monaxone Person (*Gastraea, Olynthus*); II. die stauraxone Person (A. regulär-pyramidal: *Medusa, Omphyma*; B. amphithect-pyramidal: *Ctenophora*, viele *Anthozoa*); III. die centroplane inarticulate Person (A. amphipleurisch: *Echinoderma*, B. dipleurisch: *Platodes*, *Mollusca*, *Tunicata*); IV. die dipleure (oder bilateral-symmetrische) gegliederte Person (mit äusserer Gliederung: *Articulata*; mit innerer Gliederung: *Vertebrata*).

Wenn der morphologische Begriff der Person im Allgemeinen das „einfache Individuum" der Metazoen umfasst, so kann ihr als „zusammengesetztes Individuum" jene höhere Einheit gegenübergestellt werden, die wir als Stock oder *Cormus* bezeichnen („Thier-Colonie"). Der Stock ist stets aus mehreren Personen (oft aus Tausenden) zusammengesetzt, welche bald in engerer, bald in weiterer organischer Verbindung stehen; er entsteht gewöhnlich durch ungeschlechtliche Vermehrung (Sprossung, Theilung) einer ursprünglichen Person; seltener durch Verwachsung oder Concrescenz von mehreren, ursprünglich getrennten Personen. *Cormosis* oder Stockbildung kommt niemals vor in den vier höheren Thierstämmen der *Mollusken*, *Echinodermen*, *Articulaten* und *Vertebraten*; sie erscheint um so häufiger und mannichfaltiger in den niederen Phylen der Metazoen. Mit Bezugnahme auf die vier, vorstehend unterschiedenen Hauptstufen der Person-Bildung können wir auch die mannichfaltigen Stockbildungen auf vier Hauptstufen zurückführen: I. Spongocoen-Cormen (Spongien-Stöcke, zusammengesetzt aus monaxonen Personen, den Olynthen oder Geisselkammern); II. Hydrocoen-Cormen (Hydropolypen-Stöcke, gebildet aus stauraxonen Personen); III. Siphocoen-Cormen (Stöcke der Siphonophoren und vieler Korallen, zusammengesetzt aus centroplanen amphipleuren Personen); IV. Bryocoen-Cormen (Stöcke der Bryozoen und Tunicaten, zusammengesetzt aus dipleuren oder bilateral-symmetrischen Personen).

Die mannichfaltige Gestaltung und Differenzirung der Cormen bietet bei den niederen *Metazoen* (besonders Siphonophoren, Korallen und anderen Cnidarien) ganz ähnliche Verhältnisse wie bei den höheren *Metaphyten* (besonders den phanerogamen Cormophyten). Indem sich an grösseren Stöcken besondere Personen-Gruppen sondern, entstehen Stöckchen oder Cormidien, so besonders bei *Siphonophoren* und *Synascidien* (vergl. Theil I, § 187). Indem ferner die physiologische Arbeitstheilung (*Ergonomie*) eine weitgehende Formspaltung (*Polymorphismus*) der associirten Personen bedingt, und indem dann wieder der ganze Stock stärker centralisirt wird, entsteht die höhere Einheit des polymorphen oder politischen Cormus. Bei den frei beweglichen höheren Thieren (besonders den höchst entwickelten *Articulaten* und *Vertebraten*) tritt an die Stelle der Cormose die Staatenbildung; das materielle Band der Verdauungs-Gemeinschaft (welches bei den stockbildenden *Cormozoen* durch die communicirenden Darmhöhlungen hergestellt wird), erscheint bei den *Politozoen*, den staatbildenden Thieren, durch das ideelle Band der Interessen-Gemeinschaft ersetzt. Die Vergleichung dieser Associationen der höheren Metazoen mit denenigen des Menschen ist von höchster Bedeutung für die Sociologie.

Die verwickelten Erscheinungen, welche uns die Tectologie und Sociologie der Metazoen in den zahlreichen verschiedenen Bildungsstufen ihrer Individualität vor Augen führt, können nur dann richtig verstanden werden, wenn man erstens scharf unterscheidet zwischen den Bionten (= *physiologischen Individuen*) und den Morphonten (= *morphologischen Individuen*); zweitens zwischen den actuellen und virtuellen Bionten, und drittens zwischen den Morphonten verschiedener Ordnung (Zelle, Zellverein, Person, Stock). Da wir bei den einzelnen Stämmen die Verhältnisse ihrer Individualität noch besonders betrachten wollen, begnügen wir uns hier mit dem Hinweis auf die nachstehende Uebersicht der Hauptstufen (§ 19, S. 30).

§ 20. Grundformen der Metazoen.
(Strahlthiere und Keilthiere.)

Die geometrischen Grundformen, welche durch die Symmetrie-Verhältnisse in der Zahl und Lagerung der Organe bestimmt werden, zeigen im Reiche der Metazoen kaum weniger Mannichfaltigkeit, als wir im Protistenreiche und im Pflanzenreiche realisirt antreffen (vergl. Theil I, §§ 50–55 und §§ 188—192). Allerdings wird gewöhnlich angegeben, dass die actuelle Person (oder das „eigentliche Individuum") der Metazoen nur in zwei verschiedenen Grundformen erscheine, in der „*radiären* und *bilateralen* Architectonik"; die meisten niederen Thiere seien Strahlthiere (*Radiata* oder *Actinota*), die meisten höheren dagegen Keilthiere (*Bilaterata* oder *Sphenota*), Genauere Untersuchung der geometrischen Promorphen, ihrer Axen und Pole, lehrt jedoch bald, dass in diesen beiden Hauptgruppen der Grundformen eine Anzahl von sehr verschiedenen tektonischen Bildungen zu unterscheiden ist. Noch viel grösser aber wird die Zahl und Mannichfaltigkeit derselben, wenn wir nicht bloss die Grundform der einzelnen Personen ins Auge fassen, sondern auch diejenigen der Cormen, welche sich aus vielen Personen zusammensetzen, sowie der Organe und der Zellen, aus welchen sich der Körper der Person aufbaut. Alle Gestalten, welche sich in diesen morphologischen Individuen verschiedener Ordnung realisirt finden, lassen sich schliesslich auf jene vier Hauptgruppen der Grundformen zurückführen, welche wir bereits im ersten Theile dieses Werkes nach mathematischen Principien unterschieden und bestimmt characterisirt haben (vergl.

§ 19. Individualitäts-Stufen der Metazoen.

Acht Stufen	Character	Noten	Classen
I. Stufe: **Monaxone Person,** Typus: *Gastraea*	I. Körper eiförmig, mit einer Hauptaxe und zwei verschiedenen Polen	Querschnitt der monaxonen Person kreisrund	*Gastraeaden.* Einfachste Spongien (*Olynthus*).
II. Stufe: **Stauraxone Person,** Typus: *Medusa*	II A. Grundform regulär pyramidal	Querschnitt ein Quadrat, Hexagon oder Octagon	Die meisten *Medusen*, die regulären *Monocorallen* und *Polypen*.
	II B. Grundform amphithect pyramidal	Querschnitt ein Rhombus	*Ctenophoren*, viele *Korallen*.
III. Stufe: **Centroplane ungegliederte Person,** Typus: *Sagitta*	III A. Grundform amphipleurisch	Combination von Radial-Structur und Bilateral-Bau	Viele *Korallen*, fast alle *Echinodermen*.
	III B. Grundform zygopleurisch oder dipleurisch	Nur ein Antimeren-Paar	*Platoden*, viele *Helminthen*, alle *Mollusken*, *Tunicaten*.
IV. Stufe: **Dipleure gegliederte Person,** Typus: *Homo*	IV A. Grundform dipleurisch, mit externer Metamerie	Aeussere Gliederung (im Haut-Skelet)	Alle *Articulaten*.
	IV B. Grundform dipleurisch, mit interner Metamerie	Innere Gliederung (im Muskel-System)	Alle *Vertebraten*.
V. Stufe: **Spongocoen-Cormus,** Typus: *Euspongia*	Stöcke von monaxonen Personen (der I. Stufe)	Stockbildung meist ganz irregulär, mit massigem Coenenchym	Alle *Spongien*, mit einziger Ausnahme des *Olynthus*.
VI. Stufe: **Hydrocoen-Cormus,** Typus: *Campanaria*	Stöcke von stauraxonen Personen (der II. Stufe)	Stockbildung sehr mannichfaltig, mit oder ohne Polymorphismus	Die meisten *Hydropolypen*, einzelne *Medusen*, die *Disconanthen*.
VII. Stufe: **Siphocoen-Cormus,** Typus: *Physalia*	Stöcke von centroplanen amphipleuren Personen (der Stufe III A.)	Stockbildung oft durch weitgehenden Polymorphismus der Personen ausgezeichnet	Die meisten *Korallen*, die meisten *Siphonophoren*.
VIII. Stufe: **Bryocoen-Cormus,** Typus: *Flustra*	Stöcke von centroplanen dipleuren Personen (der Stufe III B.)	Stockbildung bei den Bryozoen oft mit Polymorphismus, bei den Tunicaten mit Generations-Wechsel verknüpft	Strobila der *Cestoden*, die meisten *Bryozoen*, alle socialen *Tunicaten*.

die „Grundformen der Protisten", in I. Theil, §§ 50—54, und besonders die „Synopsis der geometrischen Grundformen", § 55). Hier können wir uns darauf beschränken, einige Beispiele davon anzuführen.

Erste Hauptgruppe der Grundformen: **Centrostigma** (*Homaxonia* und *Polyaxonia*); die geometrische Mitte des Körpers ist ein Punkt (*Stigma*); es lässt sich keine Hauptaxe unterscheiden. Diese absolut regulären Formen, Kugeln und endosphärische Polyeder, kommen unter den Metazoen niemals als Grundform der actuellen Person vor. Manche Thiere werden zwar als „kugelig" beschrieben (*Tethya, Trochosphaera, Echinosphaera, Sphaerechinus* u. a.) — oder es wird als ideale Grundform die „Kugel" angegeben (z. B. die „regulären Echinideen"); indessen bezieht sich dieser Vergleich nur auf die allgemeine äussere Erscheinung. Genauere Beobachtung der Zusammensetzung des Körpers lehrt alsbald, dass derselbe entweder radial oder bilateral gebaut ist. Dagegen erscheint die wirkliche Grundform der reinen Kugel nicht selten realisirt in potentiellen Individuen der Metazoen, in pelagischen Eizellen (z. B. von *Medusen*, *Sagitten*), und namentlich in der bedeutungsvollen Keimform der Blastula (§ 14). Diese schwimmende Hohlkugel, deren Wand eine einfache Zellenschicht bildet, ist um so interessanter, als wir sie als palingenetische Recapitulation einer uralten Ahnen-Form aus dem Protisten-Reiche betrachten dürfen (Sphaeral-Coenobien von *Volvox*, *Magosphaera* etc., vergl. Theil I, § 51).

Zweite Hauptgruppe der Grundformen: **Centraxonia** (*Monaxonia* und *Stauraxonia*); die geometrische Mitte des Körpers ist eine gerade Linie (die *Hauptaxe*); es lässt sich aber keine Median-Ebene unterscheiden; mithin fehlt der Gegensatz von Rechts und Links, von Rücken und Bauch. Als zwei Abtheilungen der Centraxonien haben wir die Monaxonien (mit kreisrundem Querschnitt) und die Stauraxonien (mit elliptischem oder polygonalem Querschnitt) unterschieden; bei letzteren wird die Hauptaxe von einer bestimmten Zahl von transversalen Nebenaxen oder Kreuzaxen geschnitten, bei ersteren nicht (vergl. Theil I, §§ 52 und 190). Die einaxige Grundform (*Monaxonia*), und zwar die allopole Form (mit ungleichen Polen der Hauptaxe) finden wir verkörpert in der glockenförmigen Gastrula der meisten Metazoen, und schreiben sie dementsprechend auch deren gemeinsamer hypothetischer Stammform zu, der Gastraea. Aber auch der nächstverwandte *Olynthus*, die bedeutungsvolle Stammform der Spongien, zeigt dieselbe monaxone Grundform; und ebenso beurtheilen wir auch die „Geisselkammern" der übrigen Schwammthiere, welche wir als *Olynthus-Cormen* auffassen (vergl. § 32). Sehr häufig ist die Monaxon-Form ferner in den einzelnen Organen vieler Metazoen realisirt, und ebenso in vielen Zellen. Sowohl die *isopole* Cylindral-Form (Ellipsoid, Linse, Cylinder), als auch die *allopole* Conoidal-Form (Kegel, Eiform) sind in zahlreichen Organen und Zellen-Individuen verkörpert. Viel wichtiger ist jedoch die kreuzaxige Grundform (*Stauraxonia*); sie ist die Promorphe der actuellen Person in der grossen Mehrzahl der sogenannten „Strahlthiere" (*Radiata* oder *Actinozoa*).

Dritte Hauptgruppe der Grundformen: **Centroplana** (*Amphipleura* und *Zygopleura*); die Zygomorphe oder *Zeugiten*-Form, oder die Bilateral-Form (im weiteren Sinne!): die geometrische Mitte des Körpers ist eine Ebene (*Planum medianum*) und diese wird bestimmt durch drei verschiedene, auf einander senkrechte Richtaxen oder Dimensiv-Axen (*Euthyni*). Von diesen ist die Hauptaxe oder Längsaxe ungleichpolig (der orale Pol vom aboralen verschieden), und ebenso auch die Sagittal-Axe oder Dicken-Axe (der dorsale Pol vom ventralen verschieden); dagegen ist die Frontal-Axe oder Transversal-Axe gleichpolig, der rechte Pol dem linken symmetrisch gleich. Die Sagittal-Ebene oder Median-Ebene, welche durch die principiale und sagittale Axe gelegt wird, theilt jeden centroplanen Körper in zwei spiegelgleiche Hälften, die beiden Antimeren, rechte und linke Körperhälfte. Da die Last bei diesem Bilateral-Bau auf beide Hälften gleichmässig vertheilt wird, finden wir sie nicht nur in allen unseren künstlichen Transport-Mitteln (Wagen, Schiffen u. s. w.) realisirt, sondern auch bei der grossen Mehrzahl der actuellen, freibeweglichen Personen der Metazoen, und besonders den *Coelomarien*; sie ist die Promorphe der sogenannten „Keilthiere" (*Bilaterata* oder *Sphenozoa*). Als zwei Haupt-Abtheilungen derselben unterscheiden wir die Amphipleura (*bilateral-radiale* Formen), und die Zygopleura (*bilateral-symmetrische* Formen); erstere sind vorherrschend bei den *Cnidarien* und *Echinodermen*, letztere bei den *Platoden* und der grossen Mehrzahl der *Coelomarien*. Die Person der *Amphipleuren* besteht aus mehreren, mindestens drei, Antimeren-Paaren und wird gleichzeitig durch eine Median-Ebene in rechte und linke Hälfte zerlegt. Die Person der *Zygopleuren* oder *Dipleuren* dagegen besteht nur aus einem Antimeren-Paar. Die wichtigsten Modificationen derselben, (— welche wir im vierten Buche unserer Generellen Morphologie ausführlich erörtert haben —) sind übersichtlich zusammengestellt in § 21 (vergl. auch Theil I, §§ 63, 191, Theil III, §§ 43—46).

Vierte Hauptgruppe der Grundformen: **Acentronia** (oder *Anaxonia*), absolut irreguläre Grundformen, ohne geometrische

Mitte des Körpers; weder ein Punkt, noch eine Axe, noch eine Ebene ist zu unterscheiden, zu welchen die verschiedenen Körpertheile eine bestimmte topographische Beziehung besitzen. Solche acentrische oder atypische Formen sind in den meisten Cormen der Metazoen verkörpert, ebenso in vielen Organen und Zellen, aber niemals in den actuellen Personen (vergl. Theil I, §§ 54, 192).

(§ 21 auf S. 34.)

§ 22. Phylogenie der Metazoen-Organe.

Die Stammesgeschichte der Organe bietet uns im Reiche der Metazoen eine unendliche Fülle der verschiedensten und mannichfaltigsten Verhältnisse. Ausgehend von dem einfachen sackförmigen Urdarm der *Gastraeaden* und von den beiden einfachen Zellenschichten, welche dessen Wand bilden, erhebt sich die Differenzirung der Organe und Gewebe schon in dem niederen Subregnum der *Coelenterien* (— und besonders bei den *Cnidarien* —) zu einer ausserordentlichen Mannichfaltigkeit und Höhe der Organisation. Noch viel mehr ist dies in dem höheren Unterreiche der *Coelomarien* der Fall, wo drei wichtige, den Coelenterien noch ganz fehlende, neue Einrichtungen hinzutreten, das Coelom-System, das Blut-System und der After. Wollten wir hier den Versuch machen, auch nur in gedrängter Uebersicht eine zusammenhängende „Stammesgeschichte der Metazoen-Organe“ zu geben, so würde daraus ein „Lehrbuch der vergleichenden Anatomie“ werden. Da dasselbe den Rahmen dieser „Systematischen Phylogenie“ weit überschreiten würde, und da wir ohnehin bei der Geschichte jedes einzelnen Stammes einen Blick auf die phyletische Entwickelung seiner einzelnen Organ-Systeme werfen müssen, beschränken wir uns hier auf die tabellarische Synopsis, welche in §§ 23 und 24 gegeben ist. Wir fügen zur Erläuterung derselben folgende kurze Bemerkungen über die einzelnen acht Organ-Systeme hinzu.

I. **Das Decken-System** (*Tegmentum* — Hautdecke oder *Integumentum* —) zeigt im Reiche der Metazoen eine aufsteigende Reihe von phyletischen Entwickelungs-Stufen: 1) Bei den *Coelenterien* eine einfache Zellenschicht (Exoderm oder „Aussen-Epitel“); ganz einfach bei den *Gastraeaden*, mit Poren bei den *Spongien*, mit Nesselzellen bei den *Coelenterien*; 2) zwei discrete, ontogenetisch verschiedene Decken bei den *Coelomarien*, eine äussere Oberhaut oder *Epidermis* (ectodermal) und eine darunter liegende Lederhaut oder *Corium* (mesodermal); dazu kommt häufig 3) eine oberflächliche Schutzhaut oder *Cuticula* (peridermal) als Ausscheidung der Epidermis; sie

§ 21. Grundformen der Personen.

Hauptgruppen	Gruppen	Untergruppen	Beispiele
Erste Hauptgruppe: **Radiata**, „Strahlthiere“ Grundform eine reguläre oder amphithecte Pyramide, mit einer verticalen und allopolen Hauptaxe, zwei oder mehreren isopolen Kreuzaxen. = **Actinomorpha** [= Centraxonia allopola]	I. Gruppe: **Actinota**. Regulär-pyramidale Grundformen: Alle Kreuzaxen gleich. Parameren congruent	1. Tetractinota Regulär-vierstrahlige Formen	Die grosse Mehrzahl der Medusen, die regulären Tetracorallen
		2. Hexactinota Regulär-sechsstrahlige Formen	Viele reguläre Hexacorallen, einzelne Medusen (Geryoniden)
		3. Octactinota Regulär-achtstrahlige Formen	Die regulären Octocorallen und octoradialen Medusen
		4. Multactinota Regulär-vielstrahlige Formen	Medusen mit zahlreichen Parameren (Aequoriden)
Keine Median-Ebene. Keine Richtaxen. Kein Gegensatz von Rechts und Links, von Rücken und Bauch.	II. Gruppe: **Amphithecta**. Zweischneidig-pyramidale Grundformen: Sagittale und transversale Kreuzaxen verschieden; Parameren nicht alle congruent	1. Tetraphragma Zweischneidig-Vierstrahlige	Ctenophoren, Dissonemale Medusen
		2. Hexaphragma Zweischneidig-Sechsstrahlige	Viele Hexacorallen (Flabellum und Amphiglyphen)
		3. Octophragma Zweischneidig-Achtstrahlige	Die meisten Octocorallen (Alcyonarien), viele Mesocorallen
Zweite Hauptgruppe: **Bilaterata**, „Keilthiere“ Grundform ein Keil oder Halbkeil (Hemisphen). = **Zygomorpha** [= Sphenota vel Zeugita, = Centroplana]	III. Gruppe: **Amphipleura**: Bilateral-radiale Grundformen. Drei oder mehr Antimeren-Paare	1. Triradiale (3) Amphipleuren	Aeltere Echinodermen (Amphorideen und Cystoideen)
		2. Tetraradiale (4) Amphipleuren	Die Mehrzahl der Siphonophoren und Tetracorallen
		3. Pentaradiale (5) Amphipleuren	Die Mehrzahl der Echinodermen
		4. Hexaradiale (6) Amphipleuren	Die Mehrzahl der Hexacorallen
		5. Octoradiale (8) Amphipleuren	Viele Mesocorallen
		6. Multiradiale (x) Amphipleuren	Echinodermen mit zahlreichen, 7—40 Parameren
Median-Ebene durch drei constante, auf einander senkrechte Richtaxen bestimmt; Gegensatz von Rechts und Links, von Rücken und Bauch.	IV. Gruppe: **Zygopleura** Bilateral-symmetrische Grundformen (= *Dipleura*) Nur ein Antimeren-Paar	1. Perfect-Symmetrische Beide Antimeren spiegelgleich, (*Eudipleura*)	Die grosse Mehrzahl der Coelomarien (besonders Articulaten)
		2. Imperfect-Symmetrische Beide Antimeren äusserlich gleich, innerlich ungleich (*Pardipleura*)	Viele Vermalien. Die Mehrzahl der Tunicaten und Vertebraten
		3. Asymmetrische Beide Antimeren äusserlich u. innerlich sehr ungleich (*Dysdipleura*)	Die Mehrzahl der Gastropoden, viele Acephalen und Ascidien, Pleuronectiden.

entwickelt sich zu äusseren Kalkschalen bei den *Mollusken* und einigen Vermalien (*Bryozoen, Brachiopoden*), zu einem „Chitin-Panzer" bei den *Articulaten*, zu einem „Cellulose-Mantel" bei den *Tunicaten*.

II. **Das Skelet-System** (*Skleradium*), der Complex von schützenden und stützenden Hartgebilden des Körpers, fehlt vollständig in drei Stämmen der Metazoen, bei den *Gastraeaden, Platoden* und *Tunicaten*; es fehlt ebenso den meisten *Vermalien* (— nur die *Bryozoen* und *Brachiopoden* ausgenommen —), sowie auch den älteren Gruppen der Spongien, Cnidarien, Articulaten und Vertebraten. Die mannichfaltigen Skelet-Bildungen der übrigen Gruppen können nach ihrer verschiedenen Entstehung in zwei Abtheilungen gebracht werden: 1) Cuticular-Skelete, äussere erhärtete Abscheidungen der Epidermis (hornige oder kalkige Periderm-Skelete der *Cnidarien* und der *Bryozoen*, Kalkschalen der *Brachiopoden* und *Mollusken*, Chitin-Panzer der *Articulaten*); 2) Mesenchym-Skelete oder Dermal-Skelete, Ablagerungen von Kalksalzen in das Bindegewebe des Mesoderms oder des Coriums (Spicula der *Spongien* und *Alcyonarien*, Kalk-Skelete der *Echinodermen* und *Vertebraten*). Eine ganz eigenthümliche innere Skelet-Bildung geht bei den Wirbelthieren von der entodermalen Chorda aus, einem Urdarm-Theile, welcher ausserdem nur bei den Tunicaten sich findet.

III. **Das Muskel-System** (*Muscularium*) fehlt als selbständiges Organ-System den beiden niedersten Stämmen, *Gastraeaden* und *Spongien*. Es erscheint auf verschiedenen Stufen der phyletischen Ausbildung in den Stämmen der *Cnidarien, Platoden* und *Vermalien*. Eine starke subdermale Musculatur ist in dem „Hautmuskelschlauch" vieler *Vermalien* und aller *Mollusken* entwickelt, ursprünglich auch bei den *Echinodermen* (— stark bei den Holothurien —) und bei den *Tunicaten*. Die *Articulaten* zeichnen sich durch ein differenzirtes und stark gegliedertes Muskel-System aus, welches innen in den äusseren Chitin-Röhren der Körper-Glieder eingeschlossen ist; bei den *Vertebraten* schliesst dasselbe umgekehrt die festen inneren Skelet-Theile ein.

IV. **Das Nerven-System** (*Neuradium*) entwickelt sich als selbständiges Organ-System erst in Correlation mit differenzirten Sinnes-Organen und Muskeln, es fehlt daher noch den beiden niedersten Stämmen der Metazoen, den *Gastraeaden* und *Spongien*. Dagegen bieten die *Cnidarien* eine hoch interessante Stufenleiter in der allmählichen Ausbildung des Nerven-Systems, von den einfachsten Anfängen (Hydropolypen) bis zu hoch differenzirten Stufen (Hydromedusen). — Bei den bilateralen Metazoen finden wir auf den niedersten

Stufen nur einen einfachen Hirnknoten, ein suprapharyngales, in der Epidermis (oder unter derselben) gelegenes Acroganglion (Scheitelhirn, Urhirn, Cerebral-Ganglion); von ihm gehen meistens ein Paar laterale Nerven-Stämme aus (Platoden, Vermalien). Schon bei vielen *Vermalien* umwächst das Acral-Ganglion den Schlund und wird zum Schlundring (Neurocircus). Bei den *Mollusken* steht der Schlundring mit drei typischen Ganglien-Paaren in Verbindung, bei den *Articulaten* mit einem characteristischen Bauchmark, bei den *Echinodermen* mit einem radialen (meist fünfstrahligen) Sternmark. Dagegen fehlt der Schlundring vollständig den beiden Stämmen der *Chordonien* (Tunicaten und Vertebraten); hier entwickelt sich ein eigenthümliches Rückenmark aus einer medianen Medullar-Rinne der Epidermis.

V. **Das Darm-System** (*Enterium*) bleibt bei allen Coelenterien im Wesentlichen als Urdarm bestehen (*Progaster* oder *Archenteron*), mit nur einer grösseren Oeffnung, dem Urmunde (*Prostoma* oder *Blastoporus*). Bei den *Gastraeaden* behält der Urdarm seine ursprüngliche einfache Schlauchform bei; bei den *Spongien* wird er von zahlreichen, diesem Stamme eigenthümlichen Poren durchbrochen („Gastroporen der *Porifera*"). In den beiden Stämmen der *Cnidarien* und *Platoden* bleibt der Urdarm auf den niederen Stufen ganz einfach (Hydra, Rhabdocoela), während er auf den höheren Stufen durch Verästelung ein differenzirtes „Gastrocanal-System" bildet. — Das Darm-System der Coelomarien erhebt sich über dasjenige ihrer Coelenterien-Ahnen durch zwei wichtige neue Erwerbungen, After und Coelom; doch geht der After bisweilen durch Rückbildung wieder verloren (selten auch der Mund). Der Darm-Canal der Chordonien (Tunicaten und Vertebraten) zeichnet sich wiederum durch zwei bedeutungsvolle neue Erwerbungen aus, Kiemenspalten im Schlunde und Chorda-Bildung; diese fehlen den vier übrigen Stämmen der Coelomarien, den Vermalien (— mit Ausnahme der Enteropneusten —), den Mollusken, Articulaten und Echinodermen.

VI. **Das Blut-System** (*Vasarium* oder *Haemarium*, Blutgefäss-System) fehlt noch vollständig den vier Stämmen der *Coelenterien*; es fehlt auch noch einem Theile der *Vermalien*, der Stammgruppe der Coelomarien. Bei einem anderen Theile derselben zeigen sich die Anfänge des Blut-Systems in einfachster Form, als communicirende Gewebe-Lücken oder Lacunen im Mesoderm, oder als contractile Canäle, in welchen sich die ernährende Blutflüssigkeit (aus dem Darme transsudirt) ansammelt. Es fehlt jedoch noch ein selbständiges Herz als contractiles Central-Organ des Kreislaufes (Brachiopoden, Echinodermen). Ein solches autonomes Herz findet sich nur bei vier von den zehn Metazoen-Stämmen und zwar in characteristisch entgegengesetzter Lage; die *Mollusken* und *Articulaten* besitzen ein Dorsal-Herz, oberhalb des Darmes, die ganz verschieden organisirten Chordonien (*Tunicaten* und *Vertebraten*) ein Ventral-Herz, unterhalb des Darmes).

VII. **Das Coelom-System** (*Coelomium*) fehlt vollständig den vier Stämmen der *Coelenterien*; jedoch haben Manche in deren bilateralem Stamme, in den *Platoden*, die paarigen Nephridien als Anfänge einer Leibeshöhle aufgefasst. Dagegen findet sich bei allen *Coelomarien* eine selbständige Leibeshöhle (*Coeloma*) als ein discreter, mit Lymphe gefüllter Hohlraum zwischen Darmwand und Leibeswand. Bei der grossen Mehrzahl der Coelomarien (— ursprünglich vielleicht bei allen? —) entsteht das Coelom auf eine und dieselbe Weise; es schnüren sich vom Darm ein paar laterale Säcke ab, die Coelom-Taschen; diese können entweder durch eine mediane Scheidewand (*Mesenterium*) getrennt bleiben oder zu einem einfachen grossen Hohlraum zusammenfliessen (*Enterocoel*, *Megacoel*). Wahrscheinlich sind alle Coelomarien ursprünglich solche „Enterocoelier"; zweifelhaft ist dies nur noch bei einem Theile der niedersten Vermalien (*Bryozoen*, *Rotatorien*). Bei den meisten Coelomarien öffnen sich die Coelom-Taschen (secundär) nach aussen, indem ein paar flimmernde (später drüsige) Canäle die Leibeswand durchbrechen: Urnieren oder Nephridien (— bei den *Echinodermen*: Hydrocoelien! —). Das phylogenetische Verhältniss dieser Nephridien zu den ähnlichen „Protonephridien" der *Platoden* (und einiger niederen *Vermalien*-Classen) bedarf noch näherer Aufklärung.

VIII. **Das Genital-System** (*Gonarium* oder *Sexual-System*, Geschlechts-Organe). In den beiden niedersten Stämmen der Coelenterien, *Gastraeaden* und *Spongien*, fehlen noch selbständige Geschlechts-Organe; die Sexual-Zellen (Eizellen und Spermazellen) entwickeln sich hier einzeln (— selten gruppenweise vereinigt —) aus einzelnen Epitel-Zellen der beiden primären Keimblätter (durch „Arbeitswechsel"). Dasselbe ist auch noch der Fall bei den niedersten Gruppen der *Cnidarien* (Hydropolypen u. A.); dagegen localisiren sich bei den meisten Thieren dieses Stammes schon besondere Geschlechtsdrüsen (*Gonades*), in Gestalt von Taschen des Gastrocanal-Systems, oder von Verdickungen in dessen Wand. Bei den *Platoden* findet sich gewöhnlich schon eine stärkere Differenzirung der einzelnen Geschlechts-Organe. — Die Coelomarien unterscheiden sich von den Coelenterien wesentlich dadurch, dass die Gonaden-Entwickelung mit der Ausbildung der Leibeshöhle verknüpft wird. Nach unserer Auffassung sind bei

§ 23*). Phylogenie der animalen Organe.

I. **Decken-System** (*Tegmentum*)	II. **Skelet-System** (*Skleradium*)	III. **Muskel-System** (*Muscularium*)	IV. **Nerven-System** (*Neuradium*)
G. Einfaches Exoderm (Aeusseres Epitel)	**G.** fehlt	**G.** fehlt	**G.** fehlt
S. Einfaches Platten-Epitel der Oberfläche	**S.** Spicular-Skelet im connectiven Mesenchym	**S.** fehlt	**S.** fehlt
C. Exoderm mit Cnidoblasten	**C.** fehlt, oder Periderm (selten Mesenchym-Skelet)	**C.** in langer, phylogenetischer Stufenleiter!	**C.** in langer, phylogenetischer Stufenleiter!
P. Einfache Exoderm-Schicht, darunter oft Mesenchym	**P.** fehlt	**P.** subdermal (im Mesenchym)	**P.** Acroganglion (Cerebral-Knoten über dem Schlunde)
H. Einfache Epiderm-Schicht, Corium verschieden	**H.** fehlt meistens ganz (bisweilen Periderm)	**H.** subdermal, in Scala verschieden	**H.** Acroganglion oder Schlundring
M. Einfache Epiderm-Schicht, Corium dick	**M.** Cuticulare Kalkschale (ungegliedert)	**M.** subdermal („Hautmuskel-Schlauch“)	**M.** Schlundring und drei Paar Ganglien
A. Einfache Hypoderm-Schicht, Corium dünn	**A.** Cuticulare Chitin-Decke (gegliedert!)	**A.** in den Chitin-Röhren eingeschlossen (gegliedert)	**A.** Schlundring mit Bauchmark (gegliedert)
E. Einfache Exoderm-Schicht; Corium stark, mesenchymal	**E.** Kalkstücke im Corium, meist ein Platten-Panzer	**E.** aus der Wand der Coelom-Taschen, meist pentaradial	**E.** Schlundring mit Sternmark (meist pentaradial)
T. Cuticulare Cellulose-Tunica über der Epidermis	**T.** Chorda! (meist rückgebildet)	**T** aus der Wand der Coelom-Taschen, ungegliedert	**T.** Rückenmark (meist reducirt) ungegliedert
V. Epidermis einfach oder geschichtet; Corium stark, mesodermal	**V.** Chorda! bei den Gnathostomen Wirbelsäule	**V.** aus der Wand der Coelom-Taschen, sehr entwickelt, metamer	**V.** Rückenmark (Medullar-Rohr) verlängert, segmentirt

*) NB. In dieser und der folgenden Tabelle sind die Namen der zehn Stämme durch die Anfangs-Buchstaben angedeutet: **G.** = *Gastraeades*, **S.** = *Spongiae*, **C.** = *Cnidaria*,

§ 24*). Phylogenie der vegetalen Organe.

V. **Darm-System** (*Enterium*)	VI. **Blut-System** (*Vasarium*)	VII. **Coelom-System** (*Coelomium*)	VIII. **Genital-System** (*Gonarium*)
G. Einfaches Entoderm (Urdarm mit Urmund) Kein After	**G.** fehlt	**G.** fehlt	**G.** Sexual-Zellen einzeln im Epitel
S. Poröser Urdarm (Geissel-Kammern) Kein After	**S.** fehlt	**S.** fehlt	**S.** Sexual-Zellen einzeln im Mesenchym
C. Gastrocanal-System in langer phylogen. Stufenleiter!	**C.** fehlt	**C.** fehlt	**C.** Gonaden in der Wand des Gastrocanal-Systems
P. Urdarm mit Urmund (niemals After)	**P.** fehlt	**P.** fehlt	**P.** Gonaden ursprünglich ein Paar Darm-Anhänge
H. Gewöhnlich mit Mund und After	**H.** in phylogen. Stufenleiter! (oft fehlend)	**H.** einfach; meist ein Paar Nephridien	**H.** Gonaden ursprünglich ein Paar Darm-Anhänge
M. Stets mit Mund und After, mit Leber	**M.** stark entwickelt, mit Dorsal-Herz	**M.** einfach; ursprünglich mit ein Paar Nieren	**M.** Gonaden, meistens ein Paar (oft verwickelt)
A. Fast immer mit Mund und After (mit Drüsen)	**A.** verschieden entwickelt, mit Dorsal-Herz	**A.** ursprünglich metamere Coelom-Taschen und Nephridien	**A.** Gonaden ursprünglich metamer, später oft ein Paar
E. Ursprünglich mit Mund und After	**E** lacunär, sehr entwickelt, ohne Herz	**E.** verwickelt, mit Ambulacral-System, ohne Nephridien	**E.** Gonaden anfangs ein Paar, später fünf Paare
T. Kiemendarm! mit Mund und After (— Chorda! —)	**T.** einfach, mit Ventral-Herz	**T.** einfach, meist reducirt (Nieren meist fehlend)	**T.** Gonaden nur ein Paar (oder ganz einfach)
V. Kiemendarm! mit Mund und After, mit Leber (— Chorda! —)	**V.** vollkommen entwickelt, mit Ventral-Herz	**V.** ursprünglich metamere Coelom-Taschen und Nephridien	**V.** Gonaden ursprünglich metamer, später ein Paar

P. = *Platodes*, **H.** = *Helminthes* (vel *Vermalia*), **M.** = *Mollusca*, **A.** = *Articulata*, **E.** = *Echinoderma*, **T.** = *Tunicata*, **V.** = *Vertebrata*.

allen *Coelomarien* (— vielleicht mit Ausnahme eines Theils der niedersten *Vermalien*? —) die Gonaden ursprünglich ein Paar laterale Darmtaschen gewesen (— ähnlich wie sie es bei acraspeden und und craspedoten Medusen noch heute sind —). Indem sich dieselben vom Darme frühzeitig ganz abschnürten und blasenförmig aufblähten, indem ferner die Production der Sexual-Zellen auf einzelne kleine Theile dieser beiden Coelom-Taschen localisirt wurde, entstand die bedeutungsvolle Differenzirung von *Coelom* und *Gonarium*.

§ 25. Phylogenie der Metazoen-Gewebe.

Die Gewebe der Metazoen zeigen uns in ähnlicher Weise wie ihre Organe eine lange Stufenleiter phyletischer Entwickelung. Entsprechend dem hohen Grade der Arbeitstheilung (*Ergonomie*), welche die socialen Zellen im Lauf vieler Jahr-Millionen durchgeführt haben, ist auch ihre Formspaltung (*Polymorphismus*) in mannichfaltigster Weise ausgebildet worden. Dennoch gelingt es leicht, alle verschiedenen Modificationen der Gewebe auf eine und dieselbe Stammform zurückzuführen, auf die einfachen Epitelien der beiden primären Keimblätter. Denn erstens lehrt uns noch heute die Ontogenie jedes höheren Metazoon, dass auch die höchst entwickelten und differenzirten Gewebe der Nerven, Muskeln, Sensillen u. s. w. ursprünglich aus den einfachen Epitel-Zellen der Keimblätter hervorgegangen sind; und zweitens existiren noch heute niederste Metazoen (Gastraeaden, Hydrozoen), deren Körper zeitlebens nur aus den Epitelien der beiden primären Blastophylle sich zusammensetzt. Auf Grund der Gastraea-Theorie ziehen wir daraus den Schluss, dass auch der entwickelte Organismus der ältesten Metazoen (*Gastremarien*) zeitlebens nur aus jenen beiden einfachen Epitel-Schichten bestand, welche uns noch heute im *Exoderm* und *Entoderm* jeder archiblastischen Gastrula entgegentreten. Die ontogenetische Entstehung dieser letzteren, durch Invagination der Blastula (§ 13), zeigt uns zugleich den Weg, auf welchem ursprünglich die beiden Blastophylle der *Gastraea* aus der einfachen Blastoderm-Wand einer Hohlkugel (*Blastaea*) entstanden sind.

Alle anderen Gewebe-Arten, welche ausser den Epitelien noch im Körper der Metazoen vorkommen, sind demnach *secundär* aus ersteren entstanden; wir können sie als Apotelien oder abgeleitete Gewebe den *primären* Epitelien gegenüberstellen. Unter den Apotelien unterscheiden wir als zwei Hauptgruppen das Mesenchym-Gewebe (mit Intercellar-Substanz) und das Neuromuskel-Gewebe (ohne Intercellar-Substanz); beide entstehen in wesentlich verschiedener Weise und besitzen sowohl in morphologischer als in physiologischer Beziehung einen sehr verschiedenen Werth. Das Mesenchym-Gewebe, aus welchem die Bindegewebe (*Connectiva*) und Blutgewebe (*Lymphoida*) hervorgehen, wird dadurch gebildet, dass einzelne isolirte Zellen (Mesocyten oder Mesenchym-Keime) aus dem Platten-Verbande von Epitelien austreten, Zwischen-Substanz zwischen sich ausscheiden und sich innerhalb derselben vermehren (daher auch „Secret-Gewebe"). Die Neuromuskel-Gewebe dagegen, aus welchen die verschiedenen Formen des Muskel-Gewebes und Nerven-Gewebes sich differenziren, entstehen dadurch, dass die Epitelien entweder durch Faltung oder durch Spaltung besondere Zellschichten bilden, in deren Verbande die Zellen durch Arbeitstheilung besondere animale Functionen übernehmen; sowohl die Muskeln als die Nerven entstehen dergestalt aus Epitelien, bald *ptychoblastisch* (durch Faltung), bald *schizoblastisch* (durch Spaltung). Will man die Classification der Gewebe bei den höheren Metazoen, den Coelomarien, auf Grund ihrer Ontogenese noch weiter führen, so kann man folgende Hauptgruppen unterscheiden:

A. Primäre Gewebe: **Epitelien.** 1) Exoderm (Hautdecken-Gewebe), 2) Entoderm (Darmdecken-Gewebe), 3) Mesoderm (Coelomdecken-Gewebe). B. Secundäre Gewebe: **Apotelien.** 1) Nerven-Gewebe, 2) Muskelgewebe, 3) Bindegewebe oder Connective; unter diesen: 3a) Stützgewebe (Skelet), 3b) Füllgewebe (Maltha), 3c) Blutgewebe (Lymphe). (Vergl. unsere Anthropogenie, 1891, S. 784.)

Der allgemeine histologische Character der Metazoen zeigt zwei verschiedene Bildungs-Richtungen. Bei den niederen, conservativen Gruppen (— in den verschiedensten Stämmen! —) bleibt der ursprüngliche epiteliale Character der Gewebe rein erhalten; es wird wenig oder gar kein Mesenchym gebildet (so z. B. die Hydrozoen, Sagitta, Amphioxus). Bei den höheren, progressiven Gruppen hingegen wird reichliches Mesenchym gebildet und damit Gelegenheit zu stärkerer Differenzirung der Gewebe und Organe gegeben (so z. B. die Ctenophoren, Platoden, Mollusken). Natürlich ist zwischen jenen Epitelarien und diesen Mesenchymarien keine scharfe Grenze zu ziehen; aber dennoch ist ihre Unterscheidung, zugleich mit Beziehung auf die Zahl der constituirenden Keimblätter, von phylogenetischem Interesse, wie die folgende Uebersicht zeigt (§ 26).

Die Zahl der epitelialen Keimblätter, aus welchen sich alle verschiedenen Gewebe der Metazoen entwickeln, ist verschieden in den beiden Hauptgruppen dieses Reiches. Die Coelenterien (§ 4) behalten zeitlebens entweder die beiden primären Keimblätter bei (*Diploblastica*), oder es entwickelt sich zwischen diesen beiden noch

§ 26. Keimblätter und Gewebe.

Zahl der Keimblätter	Epitelarien und Mesenchymarien	Hauptgruppen der Metazoen	Character-Gewebe
I. **Diploblastica** (= Diblasteria) Zweischichtige Thiere. Kein Mesoderm. Zwischen beiden primären Keimblättern kein autonomes Mesenchym	I A. **Gastraeades** (**Epitelaria**)	Stammgruppe der Metazoen	Beide Keimblätter ganz einfache Epitel-Schichten
	I B. **Spongiae** (**Mesenchymaria**)	**Porifera** (Gewebe-Bau ganz eigenartig)	Entoderm einfaches Geissel-Epitel; Exoderm in Connectiv verwandelt
	I C. **Cnidaria epitelaria**	*Hydrozoa* (Hydropolypi, Hydromedusae, Siphonophorae)	Apotelien behalten den Epitel-Character
	I D. **Platodes epitelares**	*Platodaria* (Hypothetisch im Cambrium)	Stammgruppe der Platoden
II. **Triploblastica** (= Triblasteria) Dreischichtige Thiere Einfaches Mesoderm. Zwischen beiden primären Keimblättern entsteht ein autonomes Mesenchym	II A. **Cnidaria mesenchymaria** (Radiale Triblastica)	*Alcyonaria* *Scyphomedusae* *Ctenophorae*	Mesenchym radial vertheilt, entsprechend der Radiaten-Grundform
	II B. **Platodes mesenchymares** (= *Platodinia*) Bilaterale Triblastica	*Turbellaria* *Trematoda* *Cestoda*	Mesenchym bilateral vertheilt, entsprechend der Sphenoten-Grundform
III. **Tetrablastica** (= Tetrablasteria) Vierschichtige Thiere = Coelomaria vel *Bilateria*. Zweifaches Mesoderm. Zwischen beide primäre Keimblätter wachsen (als Ausstülpungen des Darmrohrs) ein paar Coelom-Taschen hinein, jede mit einem äusseren Parietal-Blatt und einem inneren Visceral-Blatt (— daher vier secundäre Keimblätter —)	III A. **Tetrablastica epitelaria** Die Gewebe behalten ganz oder überwiegend den Epitel-Character (Mesenchym fehlt oder ist unbedeutend)	a) **Vermalia** (*epitelaria*)	Mesenchym fehlt
		b) **Articulata** (*parva*)	Cuticulare Chitin-Panzer
		c) **Tunicata** (*planctonica*)	Cuticularer Cellulose-Mantel
		d) **Acrania** (*Vertebrata archaeica*)	Amphioxus ohne Dermal-Skelet
	III B. **Tetrablastica mesenchymaria** Die Gewebe behalten nur zum Theile den ursprünglichen Epitel-Character; zum anderen Theile bilden sie ansehnliche Mesenchym-Massen (Connective)	a) **Vermalia** (*mesenchymaria*)	Mesenchym gut entwickelt
		b) **Mollusca** (*omnia*)	Cuticulare Kalkschalen
		c) **Articulata** (*magna*)	Cuticulare Chitin-Panzer
		d) **Echinoderma** (*omnia!*)	Dermales Kalk-Skelet im Corium
		e) **Tunicata** (*benthonica*)	Connectiver Cellulose-Mantel
		f) **Craniota** (*Vertebrata palaeica et recentia*)	Dermales Kalk-Skelet im Corium, später auch in der Perichorda (Wirbelsäule)

ein drittes, mesenchymares Blatt (*Triploblastica*). Die Coelomarien dagegen (§ 5) unterscheiden sich durch den Besitz von vier secundären Keimblättern; sie sind *Tetrablastica.* Die beiden lateralen Coelomtaschen, welche zwischen inneres und äusseres Keimblatt hineinwachsen, liefern hier das mittlere Keimblatt (*Mesoderm*); sie legen sich mit ihrer äusseren Lamelle (*Parietal-Blatt*) an das Exoderm an, mit der inneren Lamelle (*Visceral-Blatt*) an das Entoderm. Die ersteren beiden bilden zusammen die Leibeswand, die letzteren beiden die Darmwand; beide Wände sind durch das Coelom getrennt. Auch die beiden Mittelblätter (*Coelotelia*) sind ursprünglich einfache Epitel-Schichten, ebenso wie die beiden Grenzblätter (*Metoria*). Sowohl die ersteren als die letzteren können secundär Apotelien verschiedener Art erzeugen.

§ 27. Erster Stamm der Metazoen:

Gastraeades. Urdarmthiere.

Gemeinsame Stammgruppe aller Metazoen.

Coelenterien ohne Dermal-Poren, ohne Tentakeln, ohne Nessel-Organe. Grundform der Person monaxon.

Der Stamm der *Gastraeaden*, Stammthiere oder Urdarmthiere, bildet die gemeinsame Stammgruppe sämmtlicher Metazoen und zugleich die connectente Uebergangsgruppe von den *Protozoen* zu den *Metazoen.* Allerdings sind die Gastraeaden in der Gegenwart nur noch durch sehr wenige und unansehnliche Lebensformen vertreten; aber diese besitzen das höchste phylogenetische Interesse. Denn sie bleiben zeitlebens auf jener ältesten und einfachsten Bildungsstufe der Metazoen-Organisation stehen, welche die Gastrula der palingenetischen Metazoen noch heute in ihrer Ontogenese vorübergehend darstellt. Auf Grund der Gastraea-Theorie haben wir (1872) gezeigt, dass die Homologie der *Gastrula* in allen Stämmen der Metazoen nur palingenetisch erklärt werden kann, durch die Annahme, dass diese typische zweiblätterige Keimform die erbliche Wiederholung einer entsprechenden uralten Stammform darstellt, der *Gastraea.* Wahrscheinlich existirten während der laurentischen Periode sehr zahlreiche und verschiedenartige Formen von Gastraeaden; aber wegen ihrer geringen Grösse und vielleicht auch wegen Mangels harter Skelettheile konnten sie uns keine fossilen Reste hinterlassen. Bei den ältesten und einfachsten Gastraeaden ist der frei bewegliche

Körper wahrscheinlich ein eiförmiges oder glockenförmiges Bläschen von wenigen Millimetern Durchmesser gewesen, wie bei der reinen Form der typischen *Archigastrula*; sein Querschnitt kreisrund, die Axe an beiden Polen verschieden, am Oral-Pol offen, am Aboral-Pol geschlossen. Die einzige Oeffnung des Bläschens oder Schlauches bildet der Urmund (*Prostoma* oder *Blastoporus*); er führt in die einfache eiförmige Urdarmhöhle (*Progaster* oder *Archenteron*); seine dünne Wand wird bloss durch zwei einfache Zellenschichten gebildet, die beiden primären Keimblätter, Exoderm und Entoderm. Diese waren vermuthlich bei den ältesten Gastraeaden beide aus einer einfachen Schicht von gleichartigen Geisselzellen gebildet; später differenzirten sich beide mehr oder weniger; einzelne Zellen aus einer von beiden Schichten (— oder aus beiden? —) übernahmen die Function der Fortpflanzung, gingen sexuelle Arbeitstheilung ein und wurden zu Geschlechtszellen.

Vergleichen wir diese typischen Gastraeaden mit den drei übrigen Stämmen der Coelenterien, so unterscheiden sie sich von diesen wesentlich durch negative Merkmale; es fehlen ihnen die Dermal-Poren der *Spongien*, die Tentakeln und Nesselzellen der *Cnidarien*, die differenzirten Gewebe und Organe der *Platoden*. Dagegen ist sehr wichtig die Uebereinstimmung, welche einzelne noch heute lebende Gastraeaden mit einigen der primitivsten Formen der übrigen Coelenterien zeigen, mit *Olynthus* unter den Spongien, mit *Hydra*, *Protohydra* und *Halcremita* unter den Cnidarien.

Der Ursprung der Gastraeaden wird nach unserer Gastraea-Theorie durch die empirischen Processe der Gastrulation aufgeklärt, und zwar jener primären *palingenetischen* Form derselben, welche uns noch heute die uralten Epitelarien (§ 25) in verschiedenen Stämmen vor Augen führen: *Monoxenia* unter den Korallen, *Sagitta* unter den Vermalien, *Amphioxus* unter den Vertebraten. Ebenso wie bei diesen conservativen Urformen die *Gastrula* noch heute durch Invagination der *Blastula* entsteht, ebenso ist vor vielen Millionen von Jahren, während der laurentischen Periode, die erste *Gastraea* durch Invagination einer *Blastaea* entstanden, eines Sphaeral-Coenobiums von Protozoen, welches den heutigen Protisten-Vereinen der *Catallacta*, *Volvocina* u. s. w. ähnlich war.

Die Gastraeaden der Gegenwart haben wir (1876) auf drei Classen oder Ordnungen vertheilt: 1) die frei beweglichen Gastremarien (*Gastraea*, *Trichoplax*); 2) die parasitischen Cyemarien (*Orthonectida*, *Dicyemida*); 3) die festsitzenden, Olynthus-ähnlichen Physemarien (*Prophysema*, *Gastrophysema*).

§ 28. Erste Ordnung der Gastraeaden: Gastremaria.

Freischwimmende Gastraeaden mit einfachem Urdarm, der sich durch einen Urmund öffnet. Exoderm und Entoderm einschichtige Flimmer-Epitelien. Sexual-Zellen in einem dieser beiden Keimblätter entwickelt.

Die Ordnung (oder Classe) der Gastremarien (1876) bildet die gemeinsame Stammgruppe aller *Gastraeaden*, und somit auch aller *Metazoen*; sie umfasst jene ältesten und einfachsten Formen der gewebebildenden Thiere, aus welchen alle übrigen sich ohne Zwang ableiten lassen. Der Körper der Gastraea, als des hypothetischen Typus dieser ältesten Stammgruppe, hat nach unserer Gastraea-Theorie den einfachen Bau der Archigastrula, des einfachsten primären Typus der Gastrula, besessen; er unterscheidet sich von dieser wesentlich nur durch die Entwickelung von Sexual-Zellen in einer der beiden Zellenschichten (oder in beiden). Demgemäss dürfen wir uns die typische ursprüngliche Gastraea als eine freischwimmende, einaxige (eiförmige, glockenförmige oder subcylindrische) Person vorstellen, deren Körperwand aus zwei einfachen, flimmernden Epitel-Schichten bestand, den beiden primären Keimblättern. Das äussere Hautblatt (*Exoderma*) vermittelte die Bewegung und Empfindung, das innere Darmblatt (*Entoderma*) die Ernährung und den Stoffwechsel. In einem dieser beiden Epitelien (oder in beiden) übernahmen einzelne Zellen die Function der Fortpflanzung und entwickelten sich zu Eizellen oder zu Spermazellen. Durch den Urmund (*Prostoma*) wurde Nahrung aufgenommen und im Urdarm (*Progaster*) verdaut. Aus dem befruchteten Ei dieser ältesten Gastraeaden entwickelte sich durch aequale Furchung eine typische *Archiblastula*, eine Hohlkugel, deren Wand aus einer einfachen Schicht von gleichartigen Geisselzellen bestand. Indem diese *Blastoderm*-Zellen sich in die animalen und vegetalen Arbeiten des Lebens theilten, differenzirte sich die animale Hemisphäre der Blastula (mit locomotorischen und sensiblen Zellen) von der vegetalen Hemisphäre (mit nutritiven und reproductiven Zellen). Die Verdauungs- und Zeugungs-Thätigkeit der letzteren wurde dadurch begünstigt, dass die Hohlkugel am vegetalen Pole eine Grube (Darm-Anlage) bildete; durch weitere Vertiefung derselben wurde die Einstülpung bewirkt, welche mit der vollständigen Ausbildung des Urdarms und der Gastrula-Form endigte. Wahrscheinlich haben viele von diesen primitiven, im Urmeere mittelst ihres Geissel-Epitels umherschwimmenden Gastremarien auch schon schützende cuticulare Hüllen gebildet, ähnlich den leichten Schalen der pelagischen Infusorien (*Tintinnoiden* u. A.).

Als einen isolirten lebenden Ueberrest dieser uralten Gastremarien betrachten wir die merkwürdige Gruppe der Trichoplaciden (*Trichoplax*, *Treptoplax*). Diese kleinen Gastraeaden leben kriechend auf marinen Algen und erscheinen im entwickelten Ruhe-Zustande als flache kreisrunde Scheiben von wenigen (2—4) Millimetern Durchmesser, ohne alle äusseren Anhänge. Der weiche Körper besteht aus drei Zellenschichten; die untere Schicht, welche die ebene Bauchfläche der Scheibe überzieht, besteht aus hohen cylindrischen Geisselzellen und ist nach unserer Ansicht das Entoderm; dagegen betrachten wir die obere Schicht, welche die flachgewölbte Rückenfläche bedeckt und aus platten (bei *Treptoplax* nicht flimmernden) Epitelzellen besteht, als Exoderm. Zwischen diesen beiden primären Keimblättern liegt eine dünne dritte Schicht, welche man entweder als Anlage eines primitiven Mesoderms ansehen oder mit dem Exoderm in ähnlicher Weise vereinigen kann, wie bei den Spongien. Diese Mittelschicht besteht bei *Treptoplax* aus grossen grobkörnigen Zellen, bei *Trichoplax* aus kleinen spindelförmigen Zellen, welche gallertige Zwischensubstanz ausgeschieden haben. Einige dieser „Mesoderm-Zellen" (— rückgebildete Eizellen? —) umschliessen eine grosse „Glanzkugel" (Reserve-Stoff), andere (gelbliche Knollen) sind vielleicht rückgebildete Spermatoblasten (?). Sexuelle Fortpflanzung wurde bei den Trichoplaciden noch nicht beobachtet, wohl aber häufig Vermehrung durch wiederholte gleichmässige Zweitheilung (*Architomie*). Wir betrachten diese primitiven Metazoen als abgeplattete Gastremarien, deren verticale Axe stark verkürzt ist, die Urdarmhöhle flach ausgebreitet; der Rand der kreisrunden Scheibe (die beim Kriechen ihre Gestalt amöbenartig verändert) ist der Urmundrand (*Properistoma*). Wie die Discogastrula der Sauropsiden flach auf dem Nahrungsdotter aufliegt, so *Trichoplax* auf der Unterlage, auf welcher sie kriecht und von der sie ihre Nahrung aufnimmt.

§ 29. Zweite Ordnung der Gastraeaden:

Cyemaria (= Mesozoa).

Parasitische Gastraeaden ohne Urdarm-Höhle und ohne Urmund. Exoderm ein einschichtiges Flimmer-Epitel. Entoderm entweder ein solider, vielzelliger Strang (Orthonectida) oder eine einzige, sehr grosse, vielkernige Zelle (Dicyemida). Sexual-Zellen (oder Sporen) im Entoderm entwickelt.

Die Ordnung (oder Classe) der Cyemarien (1876) wird durch freibewegliche Gastraeaden gebildet, welche parasitisch im Inneren von niederen Seethieren (Würmern, Echinodermen und Mollusken) leben. Der wesentlichste Unterschied von den vorhergehenden *Gastremarien*, aus denen sie wahrscheinlich durch Anpassung an schmarotzende Lebensweise entstanden sind, besteht in der Abwesenheit der Magenhöhle und Mundöffnung; das Entoderm bildet entweder eine solide Zellenmasse (*Orthonectida*) oder eine einzige, sehr grosse, vielkernige Zelle (*Dicyemida*). Den Ueberzug dieses soliden (eiförmigen, spindelförmigen oder cylindrischen) *Entoderm*-Körpers bildet eine einfache Schicht von flimmernden *Exoderm*-Zellen; durch die Bewegungen ihrer langen Flimmerhaare schwimmen die kleinen, ciliaten Infusorien ähnlichen Parasiten in dem Körper ihrer Wohnthiere umher. Im Entoderm werden Eizellen gebildet, welche eine reguläre Gastrulation eingehen.

Die Familie der Orthonectiden (*Rhopalura*), welche parasitisch in der Leibeshöhle von Helminthen und Echinodermen lebt, steht den *Gastremarien* näher und besitzt ein vielzelliges Entoderm (Urdarm mit rückgebildeter Höhlung und Mundöffnung); sie ist gonochoristisch, und aus den befruchteten Eiern entwickelt sich durch reguläre totale Furchung eine kugelige *Blastula*, darauf eine *Gastrula*.

Die Familie der Dicyemiden (*Dicyema*) lebt als Schmarotzer in den Nieren der Cephalopoden; sie ist weiter rückgebildet als die *Orthonectiden*; denn das Entoderm wird nur durch eine einzige, sehr grosse Zelle vertreten, die sich nicht mehr theilt. In dieser entstehen später Eizellen (oder parthenogenetische Keimzellen?).

Die Organisation der *Cyemarien* ist sehr verschieden beurtheilt worden: Einige hielten sie für Infusorien (*Opalina* ähnlich), Andere für Mesozoen (Mittelformen zwischen *Protozoen* und *Metazoen*), noch Andere für rückgebildete Platoden (*Trematoden*) oder Helminthen (*Rotatorien*). Nach unserer Auffassung sind die Cyemarien echte Gastraeaden, und zwar reducirte Parasiten, welche die Darmhöhle und Mundöffnung durch Anpassung an die veränderte Ernährungsweise verloren haben; sie verhalten sich zu ihren Gastremarien — Ahnen ähnlich, wie die *Cestoden* zu den *Turbellarien*.

§ 30. Dritte Ordnung der Gastraeaden:

Physemaria.

Festsitzende Gastraeaden mit einfachem Urdarm, der sich durch einen Urmund öffnet. Exoderm durch Verschmelzung der Epitelzellen ein Syncytium und durch Aufnahme fremder Körper zugleich ein Pseudo-Skelet bildend. Entoderm ein einschichtiges Flimmer-Epitel. Sexualzellen im Entoderm entwickelt.

Die Ordnung (oder Classe) der Physemarien (1876) wird durch kleine, schlauchförmige Personen gebildet, welche auf dem Meeresboden festsitzen und die grösste Aehnlichkeit mit den einfachsten Formen der Spongien (*Olynthus*) besitzen; sie unterscheiden sich von diesen allein durch den Mangel der Dermal-Poren, der äusseren Hautporen, welche für die Schwammthiere ganz characteristisch sind. Im Uebrigen ist bei den typischen Physemarien (*Prophysema,* früher *Haliphysema*) die äussere Gestalt und der innere Körperbau der sessilen Person gleich denjenigen des einfachen Olynthus (besonders des *Ammolynthus*). Die dünne Wand des einfachen, spindelförmigen oder urnenförmigen Schlauches besteht aus zwei Zellenschichten, den beiden primären Keimblättern. Die Zellen des Entoderms sind Geisselzellen, welche die characteristische Form der entodermalen „Kragenzellen" der Spongien besitzen; sie kleiden die Urdarmhöhle aus, die sich am oberen Pol durch den Urmund öffnet. Die Zellen des Exoderms dagegen scheinen zu einem *Syncytium* verschmolzen oder durch Ausscheidung von Zwischen-Substanz zu einem *Connectiv* umgebildet zu sein, in welches Massen von Fremdkörpern aufgenommen und zu einem *Pseudoskelet* zusammengekittet werden. Dasselbe besteht bei den abyssalen Formen aus den Bestandtheilen des Tiefsee-Schlammes (Kieselschalen der Radiolarien, Kalkschalen der Thalamophoren), bei den Küsten-Bewohnern aus Sand-Stückeln oder Spongien-Nadeln. Die befruchteten Eier (welche im Entoderm entstehen?) unterliegen einer regulären Gastrulation; durch totale äquale Furchung wird eine reguläre Hohlkugel (*Blastula*) gebildet, und durch Invagination von deren Wand eine typische *Archigastrula.* Diese verlässt später die Urdarmhöhle des Mutterthieres, schwimmt frei umher und scheint sich später (mit dem Aboral-Pole?) festzusetzen.

Da die *Physemarien* nicht allein in der äusseren Gestalt und Zusammensetzung, sondern auch in der feineren histologischen Structur mit den primitivsten Formen der *Spongien* übereinstimmen, ist die Möglichkeit nicht ausgeschlossen, dass sie wahre Olynthus-Formen sind, deren Dermal-Poren zur Zeit der Beobachtung geschlossen waren. Anderenfalls würden sie connectente Brückenformen sein, welche die Verbindung herstellen zwischen den Gastremarien und den Spongien.

Zweites Kapitel.

Systematische Phylogenie der Spongien.

§ 31. Zweiter Stamm der Metazoen: **Spongiae (= Porifera).**

(Spongiadae, Schwammthiere oder animale Schwämme.)

PHYLON DER PORIFEREN COELENTERATEN.

Coelenterien mit Dermal-Poren, ohne Tentakeln, ohne Nesselorgane. Grundform der Person monaxon.

Der Stamm der *Spongien* oder Schwammthiere bildet eine selbständige formenreiche Hauptgruppe der *Coelenterien*, welche sich von allen anderen Stämmen der Metazoen durch mehrfache eigenthümliche Einrichtungen entfernt. Nachdem die Schwämme früher bald zu den Pflanzen, bald zu den Protisten (— Protozoen —) gestellt wurden, hat die neuere Erkenntniss ihrer Ontogenie und Histologie definitiv festgestellt, dass dieselben echte Metazoen sind. Aus dem befruchteten Ei aller Spongien entsteht zunächst eine schwärmende, mit Flimmerhaaren bedeckte Blastula, und aus dieser durch *Invagination* eine Gastrula. Diese setzt sich — abweichend von allen übrigen Metazoen — mit dem *Prostoma* fest und verwandelt sich durch Porenbildung der Leibeswand in einen Olynthus. Diese höchst characteristische Jugendform der Schwämme ist ein eiförmiger oder cylindrischer Schlauch, dessen dünne Wand aus zwei Zellenschichten — den beiden primären Keimblättern — besteht und von zahlreichen kleinen kreisrunden Poren durchbrochen wird. Das innere Keimblatt (Entoderm) wird durch eine einfache Schicht von eigenthümlichen Geisselzellen gebildet, deren schwingende einfache Geissel von einem Plasma-Kragen (Collare) umgeben ist (ebenso wie bei den

Conomonaden. Das äussere Keimblatt (Exoderm) ist ursprünglich aus einer einfachen Schicht von geissellosen (?) Zellen zusammengesetzt; gewöhnlich differenzirt sich dasselbe schon sehr frühzeitig in zwei Schichten, die dann als (secundäres) Exoderm und als connectives Mesoderm unterschieden werden. Das secundäre Exoderm oder die „*Epidermis*" wird immer nur durch eine sehr dünne, einfache Schicht von zartem Platten-Epitel gebildet. Das connective Mesoderm hingegen, welches nachher bei der grossen Mehrzahl der Spongien die Hauptmasse des ganzen Körpers bildet, entsteht dadurch, dass zwischen den beiden primären Keimblättern eine gallertige Stützplatte (Fulcrum) abgeschieden wird, und einzelne Zellen des Exoderms in diese hineinwandern. Diese exodermalen Planocyten vermehren sich durch Theilung, scheiden neue Massen von Zwischensubstanz zwischen sich aus und differenziren sich durch Arbeitstheilung in verschiedene Formen von indifferenten Connectivzellen und Geschlechtszellen (Eier und Spermablasten); bei den meisten Schwämmen wird ein Theil derselben zu Scleroblasten, indem sie verschiedene Skelet-Formen bilden. Die Intercellar-Substanz zwischen den Planocyten differenzirt sich in ähnlicher Weise, wie das Bindegewebe höherer Thiere. Das connective Mesoderm der Spongien ist mithin ein echtes Mesenchym; es bleibt jedoch mit seiner Matrix, dem Exoderm, in so innigem Zusammenhang, dass es anatomisch nicht davon zu trennen ist.

Die wichtigste physiologische Eigenthümlichkeit der Spongien, welche ihre ganze Organisation bestimmt, ist der beständige Durchtritt des Wasserstroms durch ihren Körper. Die Bewegung desselben wird durch die schlagenden Geisseln der Entodermzellen vermittelt. Die kleinen organischen Körperchen, welche mit dem Wasser durch die mikroskopischen Poren der Oberfläche eintreten, werden von den Geisselzellen des Entoderms als Nahrung aufgenommen. Das Wasser tritt entweder durch einen Theil der Poren wieder aus (bei den inosculaten Spongien) oder durch eine grössere Oeffnung, das Osculum (bei der grossen Mehrzahl der Schwämme, den Osculaten).

§ 32. Individualität der Spongien.

Die erste Frage, welche bei der kritischen Betrachtung jedes Organismus beantwortet werden muss, ist diejenige nach seiner Individualität. Die Vernachlässigung derselben hat gerade in der Spongiologie zu der grössten Verwirrung geführt. Sehr characteristisch dafür ist die Thatsache, dass selbst noch in den meisten zusammenfassenden Darstellungen der ganzen Spongien-Gruppe aus neuester Zeit diese erste Hauptfrage entweder ganz „ausser Betracht gelassen" oder nur oberflächlich gestreift wird. Und doch kann die ganze eigenthümliche Organisation der Spongien erst dann richtig verstanden werden, wenn die Vorfrage von der Zusammensetzung ihres Körpers aus Individuen verschiedener Ordnung naturgemäss beantwortet ist.

Nach unserer Ueberzeugung ist das „eigentliche Schwamm-Individuum" — oder genauer ausgedrückt, die *Spongien-Person* — nicht Anderes als der Olynthus, jener einfache allopol-monaxone, dünnwandige Schlauch, der sich zunächst aus der Gastrula nach ihrem Festsetzen entwickelt. Einerseits ist nach unserer Auffassung dieser typische Olynthus homolog sowohl der *Gastraea* (wesentlich nur durch die Porosität der Wand verschieden), als auch der einfachen *Hydra*-Person (welche sich durch die Nesselzellen und Tentakeln unterscheidet). Andererseits ist der *Olynthus* homolog der Geisselkammer (*Camaroma*), jenem typischen „Organ", welches bei den meisten Spongien in sehr grosser Zahl den wichtigsten Bestandtheil des Gastrocanal-Systems bildet. Nur diejenigen Schwämme, welche auf der einfachen Olynthus-Stufe stehen bleiben, sind wahre Monospongien oder einfache „Schwamm-Personen"; alle übrigen Spongien sind Coenospongien oder „Schwamm-Stöcke"; ihr *Cormus* oder Stock ist aus so viel Personen zusammengesetzt, als Geisselkammern (— oder beim Syconal-Typus entsprechende Radial-Tuben —) in denselben enthalten sind.

Alle *Coenospongien* oder „Schwammstöcke" sind ursprünglich aus einfachen *Monospongien* oder „Schwammpersonen" durch laterale Knospung oder Gemmation entstanden. Wenn der jugendliche, aus der Gastrula entstandene Schwammkörper durch „Ausbuchtung oder Ausstülpung" zahlreiche Geisselkammern bildet, so ist jede von diesen als ein secundärer Olynthus zu betrachten und der ganze Vorgang als eine „ungeschlechtliche Vermehrung" des primären Olynthus durch Gemmation. Die dreifach verschiedene Art, in welcher diese Sprossung stattfindet, bedingt die drei verschiedenen Typen des Gastrocanal-Systems. Wenn die secundären Olynthen einzeln und in weiten (meist unregelmässigen) Abständen aus dem primären (parentalen) Olynthus hervorsprossen, so entsteht der Asconal-Typus (*Ammoconiden* und *Asconiden*). Wenn die Knospen dagegen dicht gedrängt und regelmässig aus der ganzen Oberfläche (strobiloid) hervorwachsen, so bildet sich der Syconal-Typus aus (*Syconiden* und *Hexactinellen*). Wenn die Olynthus-Knospen endlich durch reiche Coenenchym-Entwickelung auseinandergedrängt und mit besonderen Einfuhr- und Ausfuhr-Canälen ausgestattet werden, so entwickelt sich in mannichfaltigster Weise der Rhagonal-Typus (*Leuconiden, Euspongiden* und die meisten übrigen Schwämme).

Als Coenenchym betrachten wir bei den Spongien ebenso wie bei den Cnidarien (Hydroiden und Corallen) die gemeinsame Stockmasse, welche die einzelnen Personen (= Geisselkammern) vereinigt. Bei den meisten grösseren Spongien (— ebenso wie bei vielen Corallen —) ist das mesodermale Bindegewebe des Coenenchyms und das in demselben entstandene Skelet so massenhaft entwickelt, dass die kleinen Personen, welche in demselben zerstreut liegen, dagegen zurücktreten und nur als „Organe" des scheinbar einfachen Schwammkörpers erscheinen.

Als Cormidien oder „Stöckchen erster Ordnung" können wir die einzelnen „Personen-Gruppen" unterscheiden, welche bei vielen Schwämmen, oft in sehr regelmässiger Anordnung, den ganzen Cormus oder den grossen Stock zweiter Ordnung zusammensetzen. Die Individualität des Cormidiums wird meistens durch einen gemeinsamen Ausführgang bestimmt, in welchen viele benachbarte Geisselkammern einmünden; am auffallendsten tritt sie hervor, wenn dessen Mündung (*Osculum*) sich in einen cylindrischen „Schornstein" (*Caminus*) verlängert.

§ 33. Grundformen der Spongien.

Unter allen Metazoen zeigen die Schwämme die grösste Unregelmässigkeit und Unbeständigkeit der äusseren Gestalt. Allbekannt ist diese Thatsache vom Badeschwamm (*Euspongia officinalis*), bei dem thatsächlich kein Individuum dem anderen völlig gleich ist. Bei diesen wie bei den meisten anderen Spongien erklärt sich der Mangel einer bestimmten Grundform sehr einfach daraus, dass das sogenannte „Schwamm-Individuum" nicht eine animale Person, sondern ein polyzoischer Stock oder Cormus ist. Auch in anderen Thierclassen ist das Wachsthum der Stöcke oft so unregelmässig, dass eine bestimmte geometrische Grundform nicht zu erkennen ist, so bei den Cormen vieler Cnidarien (Hydroiden, Corallen) Bryozoen u. s. w.; dasselbe gilt von vielen Pflanzenstöcken (Bäumen, Sträuchern u. s. w.). Wie in diesen Gruppen, so ist auch bei den Schwämmen das Wachsthum der Stöcke in hohem Maasse von der Anpassung an die Umgebung abhängig und oft höchst unregelmässig; dagegen haben die Personen, welche den irregulären Cormus zusammensetzen, eine bestimmte reguläre oder symmetrische Grundform, die sich durch zähe Vererbung beständig erhält.

Auch bei den Spongien hat demnach die Promorphologie zunächst nicht den Stock, sondern die einzelne Person ins Auge zu fassen, und als solche haben wir den einfachen Olynthus erkannt, oder die einzelne Geisselkammer, welche diesem homolog ist. Die geometrische Grundform dieses wahren „Schwamm-Individuums" ist stets monaxon-allopol; es ist nur eine einzige Axe ausgeprägt (die Hauptaxe des Olynthus), und deren beide Pole sind stets verschieden; diese Heteropolie ist schon durch die wichtigste physiologische Eigenthümlichkeit der Spongien bedingt, durch den Wasserstrom, welcher ihren porösen Körper beständig durchzieht. Da die Gastrula, aus welcher der Olynthus hervorgeht, sich mit ihrem Urmunde festsetzt, entspricht hier der Prostomalpol dem Basalpol der Axe; der entgegengesetzte Acralpol oder Scheitelpol bezeichnet die Stelle, an welcher das primitive Osculum durchbricht. Da hier der Wasserstrom austritt, kann der Scheitelpol oder Oscularpol auch als Ausfuhrpol bezeichnet werden; und da jede Geisselkammer eine Ausfuhr-Oeffnung (entweder Gastral-Ostium oder Aphodal-Ostium) besitzt, bestimmt dieselbe auch hier den Scheitelpol der Axe. Dabei ist es gleichgültig, ob die Form der Geisselkammer die ursprüngliche eiförmige oder cylindrische, ob sie halbkugelig oder rein kugelig ist.

Radial-Structuren und Kreuzaxen, sowie diesen entsprechende reguläre Grundformen, wie sie die Cnidarien in so grosser Mannichfaltigkeit besitzen, kommen bei den Personen der Spongien niemals vor. Denn es fehlen ihnen die Tentakeln, welche bei den Nesselthieren einen Kranz um den Mund bilden und dadurch die erste Veranlassung zur Ausbildung der radialen oder stauraxonen Grundform gegeben haben. Daher ist auch die radiale Grundform, die in den Cormen einiger Spongien zur Ausbildung gelangt, gar nicht mit derjenigen der Cnidarien-Personen zu vergleichen. Die Ursachen der beiden ähnlichen „Strahligen Formen" sind in beiden Fällen gänzlich verschieden. Der spiralige oder reguläre Radialbau der Syconen und der syconalen Hexactinellen-Stöcke ist durch die regelmässige strobiloide Gemmation der secundären Olynthen (= Radial-Tuben) bedingt, wie bei den ähnlichen Coniferen-Zapfen. Die radiale Gruppirung der Oscula, welche bei manchen blattförmigen Schwämmen (Phyllospongia u. A.) zu beobachten ist, erscheint als die secundäre Folge der regelmässigen Richtung des radial getheilten Wasserstroms, ebenso die reguläre Form von *Coeloptychium* u. s. w.; sie besitzt keine weitere morphologische Bedeutung.

§ 34. Organologie der Spongien.

Die Organisation der Schwämme unterlag früher den verschiedenartigsten Beurtheilungen. Erst in neuerer Zeit hat uns die genauere Erkenntniss ihrer vergleichenden Anatomie und Ontogenie zu einer naturgemässen, einheitlichen und verhältnissmässig einfachen Auffassung derselben geführt. Maassgebend ist dabei nach unserer Ansicht vor Allem der morphologische Gesichtspunkt, dass der einfache Olynthus den wahren *Prototypus des Spongien-Organismus* darstellt, und dass alle Formen dieses Stammes sich aus ihm phylogenetisch ableiten lassen. In physiologischer Beziehung ist dabei stets im Auge zu behalten, dass die Schwämme in Folge ihrer festsitzenden Lebensweise und eigenthümlichen Ernährungsform auf der tiefsten Stufe der Metazoen-Organisation stehen bleiben. Ihre Lebensthätigkeit beschränkt sich zum grössten Theile auf die vegetalen Functionen der Ernährung und Fortpflanzung.

Als selbständige Organsysteme, welche sämmtlichen Spongien gemeinsam sind und das Wesen ihrer typischen Organisation begründen, können wir eigentlich nur zwei Hauptbestandtheile ihres Organismus bezeichnen, das innere *Gastrocanal-System* und das äussere *Gonodermal-System*; das erstere entsteht aus dem inneren, das letztere aus dem äusseren Keimblatt der Gastrula (ebenso wie bei den Hydroiden). Die beiden primären Keimblätter der Gastrula sind also auch in diesem Falle wahre „Primitiv-Organe“, ebenso in morphologischem und histologischem, wie in physiologischem Sinne.

Das Gastrocanal-System, ursprünglich nur vom *Entoderm* gebildet, vermittelt ausschliesslich die Ernährung des Schwamm-Körpers. Seine Poren lassen den Wasserstrom eintreten, während die Kragenzellen seines einfachen Epiteliums die (flüssige und feste) Nahrung aufnehmen und verdauen. Zugleich wird dadurch die Function der Respiration und Excretion vermittelt. Bei den Asconaten (§ 37) besteht die gesammte Auskleidung des Gastrocanal-Systems nur aus der einfachen Schicht des entodermalen Geissel-Epitels; der einzige Hohlraum desselben ist der Urdarm, und die Poren-Canäle seiner dünnen Wand sind einfache Sieblöcher oder „Loch-Canäle“ (ohne eigene Wand). Bei der grossen Mehrzahl der Schwämme hingegen, bei den Camaroten (§ 38) haben sich aus dieser primitiven Einrichtung des ernährenden „Gastrovascular-Systems“ differenzirte Verhältnisse entwickelt. Das entodermale Geissel-Epitel hat sich auf die Geisselkammern (oder Secundär-Olynthen) beschränkt, auf der Innenfläche der ursprünglichen Magenhöhle dagegen in ein gastrales Platten-Epitel verwandelt. Ferner haben sich, in Folge der Verdickung des Mesoderms und massenhaften Ausbildung des Coenenchyms zahlreiche verästelte Canäle (mit Platten-Epitel) entwickelt, welche theils die Einfuhr, theils die Ausfuhr des Wasserstroms vermitteln.

Das Gonodermal-System, als das Product des *Exoderms*, vermittelt alle übrigen Functionen des Spongien-Organismus; vor

Allem die Deckung und Stützung des Körpers, sodann die sexuelle Fortpflanzung. Dasselbe bildet bei den Asconaten eine ganz dünne Platte von gallertigem exodermalem Bindegewebe, an deren äusserer Oberfläche die Exoderm-Zellen ein sehr zartes, einfaches Platten-Epitel zusammensetzen. Unter diesem „*secundären Exoderm*-Epitel" liegt das sogenannte „*Mesoderm*", eine dünne, structurlose Gallertplatte („Basal-Membran"), in welche eine Anzahl Exoderm-Zellen eingewandert sind. Die amoeboiden Planocyten, oder die *Mesocyten* (— die Mutterzellen des Mesenchyms —) differenziren sich in verschiedene mesodermale Zellen-Arten: indifferente „sternförmige" und amoeboide Connectiv-Zellen, Scleroblasten (skeletbildende Zellen) und beiderlei Geschlechtszellen (Eier und Spermablasten). Bei den Camaroten entwickeln sich diese Mesoderm-Producte und vor Allem das Skelet in so voluminöser Form, dass sie später die Hauptmasse des Schwamm-Körpers bilden.

Differenzirte Muskeln, Nerven und Sinnesorgane kommen bei den Spongien nicht vor. Dieselben könnten den festsitzenden Thieren, die nur einen sehr geringen Grad von Empfindung und Bewegung besitzen, auch von keinem Nutzen sein. Das Seelenleben der Spongien steht auf der tiefsten Stufe unter allen Metazoen.

§ 35. Histologie der Spongien.

Für die naturgemässe Beurtheilung der Gewebe der Spongien sind ebenso wie für diejenige ihrer Organe in erster Linie maassgebend die Thatsachen ihrer Ontogenie (§ 43). Daraus ergiebt sich zunächst mit voller Sicherheit, dass sich der ganze Körper aller Schwämme aus zwei einfachen Zellenschichten aufbaut, und dass diese den beiden primären Keimblättern der übrigen Metazoen homolog sind. Die innere, aus Geisselzellen zusammengesetzte Epitel-Schicht bildet als Entoderm ursprünglich die Auskleidung des *Gastrocanal-Systems* (§ 36); die äussere, aus geissellosen Zellen bestehende Schicht bildet als Exoderm das *Gonodermal-System* (§ 41). Die Spongien sind demnach Diploblastica (§ 25). Während aber das Entoderm ausschliesslich und permanent nur das Canal-Epitel herstellt, producirt dagegen das Exoderm (ähnlich wie bei den Cnidarien) durch Ergonomie der Zellen verschiedenartige Gewebe: Epidermis, Bindegewebe, Skelet, contractile Faserzellen, beiderlei Geschlechtszellen u. s. w. Nur bei den *Asconaten* (§ 37) bleibt das Exoderm dünn und einfach; bei den *Camaroten* (§ 38) wächst das Exoderm zu einer voluminösen Connectiv-Masse heran, welche als selbständiges Mesoderm imponiren kann. Indessen ist dasselbe nicht mit dem echten Mesoderm der übrigen Metazoen vergleichbar.

A. **Entoderm.** Dasselbe zeigt bei allen Spongien ursprünglich das gleiche einfache Verhalten, indem es beim *Olynthus*, der gemeinsamen Ausgangsform aller Schwamm-Entwickelung, den einfachen Gastralraum oder Urdarm als zusammenhängende einfache Schicht von Geisselzellen auskleidet. Diese besitzen stets den characteristischen Geisselkragen (*Collare* oder *Choanium*), einen zarten, kegelförmigen Fortsatz des Ectoplasma, welcher die Basis der einfachen schwingenden Geissel umgiebt. Da dieselbe specifische Bildung der Kragenzellen (*Choanocyta*) sich auch bei einer Ordnung der Flagellaten wiederfindet, den Choanoflagellaten oder Conomonaden, so hatte man daraus irrthümlich auf einen unmittelbaren Zusammenhang beider Gruppen geschlossen. Dass dieser nicht existirt, ergiebt sich schon aus der Gastrulation der Spongien (§ 43), und besonders aus dem Umstande, dass gerade die Geisselzellen ihrer *Gastrula* jenen Halskragen nicht besitzen (vergl. Theil I, § 158)).

Die beiden Hauptgruppen der Schwämme, die wir als *Asconaten* und *Camaroten* unterschieden haben (§ 36), zeigen im weiteren Verhalten ihres Entoderms einen bedeutungsvollen Unterschied. Bei allen Asconaten oder „Röhrenschwämmen" (= *Protospongiae* oder *Homocoela*) bleibt das Geissel-Epitel in seiner ursprünglichen Einfachheit erhalten und bildet den gesammten inneren Ueberzug des tubulösen Gastrocanal-Systems. Bei den Camaroten oder „Kammerschwämmen" dagegen (= *Metaspongiae* oder *Heterocoela*) findet frühzeitig eine Differenzirung des Asconaten-Entoderms in zwei verschiedene Theile statt. Das ursprüngliche Kragen-Geissel-Epitel bleibt bloss erhalten in den Camaromen oder „Geisselkammern"; dasselbe verwandelt sich dagegen in ein einfaches, geisselloses Platten-Epitel in demjenigen Theile des Canal-Systems, der nach innen von den Geissel-Kammern liegt (Aphodal-Canäle, Ausfuhrhöhle und Osculum).

B. **Exoderm.** Auch das äussere Keimblatt bildet bei allen Spongien ursprünglich eine einfache Zellenschicht; diese scheidet aber schon frühzeitig eine dünne Gallertplatte zwischen ihrer Innenfläche und dem Entoderm aus. Indem einzelne Exodermzellen in diese Stützplatte (*Fulcrum*) hineinwandern und sich vermehren, entsteht eine dünne Lage vom Bindegewebe, und diese sondert sich nun als Mesoderm von dem secundären Exoderm oder der einfachen Schicht von Platten-Epitel, welches die äussere Oberfläche bekleidet. Jedoch ist ausdrücklich zu betonen, dass diese letztere als „Epidermis" niemals eine weitere selbständige Ausbildung erlangt, sondern mit dem darunter liegenden, von ihr ausgeschiedenen *Mesenchym* stets in continuirlichem Zusammenhang bleibt. Auch bleibt bei den *Asconaten* die connective Mesoderm-Platte stets sehr dünn und unbedeutend. Nur bei den *Camaroten* gelangt dieselbe zu selbständiger und oft sehr voluminöser Ausbildung, in Zusammenhang mit den mächtigen, von ihr ausgeschiedenen Skelet-Massen. Die mannichfaltigen Modificationen, in denen hier die Intercellar-Substanz des Bindegewebes sich entwickelt (gallertiges, knorpeliges, faseriges, blasiges Bindegewebe u. s. w.), erinnern an die ähnlichen Differenzirungen im Connectiv der höheren Metazoen. Indessen besteht zwischen diesem Mesenchym und dem echten Mesoderm der höheren Metazoen ebenso wenig eine wirkliche Homologie, als zwischen der Epidermis der letzteren und dem äusseren Platten-Epitel der Spongien.

C. **Mesoderm.** Die Zellen, welche in der Grundsubstanz dieses „Mesenchyms" zerstreut sind, und welche ursprünglich vom *Exoderm* abstammen, nehmen durch Arbeitstheilung verschiedene Formen an; die wichtigsten Formen derselben sind folgende: 1) *Planocyten*, amoeboide Wanderzellen von indifferenter Art, breiten sich, kriechenden Amoeben ähnlich, im ganzen Schwamm-Körper aus, vermehren sich und scheiden nun Zwischensubstanz aus; 2) *Desmocyten*, spindelförmige und sternförmige Bindesubstanz-Zellen, bilden verästelte Ausläufer und durch deren Verbindung ein Netzwerk; 3) *Chromocyten*, Pigmentzellen, verursachen durch Anhäufung von Pigmentkörnern die Färbung vieler Spongien; 4) *Myocyten*, Contractile Faserzellen von Spindelform, legen sich in den contractilen Wänden der Einfuhr- und Ausfuhr-Oeffnungen (besonders im Osculum) bündelweise neben einander und verursachen durch ihre Contraction deren Schluss (*Sphincteren*); 5) *Endotelien*, mesodermale dünne Plattenzellen, welche eine epiteliale Auskleidung innerer Höhlen bilden (Bruthöhlen mancher Schwämme und secundär entstandene Canalräume); 6) *Adenocyten*, Drüsenzellen, sondern bei manchen Spongien an der Oberfläche einen Schleimüberzug ab; 7) *Spongoblasten*, Zellen, welche Spongin ausscheiden und rings um die von ihnen gebildeten Hornfasern eine epitel-ähnliche Hülle bilden; 8) *Scleroblasten*, die Mesenchym-Zellen, welche die autogonen Mineral-Skelete der Spongien abscheiden: Kalknadeln der Calcispongien, Kieselnadeln der Silicispongien; 9) Amoeboide nackte *Eizellen*; 10) *Spermablasten*, Männliche Samenmutterzellen, welche in zahlreiche bewegliche Zoospermien zerfallen. Ausserdem sind auch Nervenzellen im Mesoderm der Spongien beschrieben worden; indessen scheinen wirkliche differenzirte Nerven und Muskeln bei den Schwämmen ebenso zu fehlen, wie specifische Sinnesorgane.

§ 36. Gastrocanal-System der Spongien.

Die vergleichende Anatomie des Gastrocanal-Systems der Schwämme lässt zwar im Einzelnen eine grosse Mannichfaltigkeit in dessen Configuration und Differenzirung erkennen. Allein im Grossen und Ganzen bleibt die typische Einrichtung desselben, ebenso wie die eigenthümliche Ernährung der „Poriferen", überall dieselbe. Ausserdem beweist die vergleichende Ontogenie, dass alle die verschiedenen Typen derselben sich auf die gemeinsame Stammform des *Olynthus* zurückführen lassen, ebenso wie dieser auf die *Gastrula*.

Wir unterscheiden nur zwei verschiedene Hauptformen des Gastrocanal-Systems bei den Poriferen; sie entsprechen den beiden Hauptgruppen der *Asconaten* und *Camaroten*. Zu den Asconaten oder „Röhrenschwämmen" gehören die gemeinsamen ältesten Stammformen aller Schwämme, die hypothetischen ausgestorbenen *Archispongien*; ferner die *Ammoconiden* (unter den Malthospongien) und die *Asconiden* oder *Homocoelen* (unter den Calcispongien). Bei allen diesen Asconaten behält der Gastral-Raum die ursprüngliche einfache Beschaffenheit bei und ist in seiner ganzen Ausdehnung vom Kragen-Epitel des Entoderms ausgekleidet. Die Canäle, welche seine dünne, zarte Wand durchbohren, sind einfache kurze Loch-Canäle oder Sieblöcher (*Ascoporen* oder *Prosopylen*), ohne besondere Wand und Epitel-Decke; wenn dieselben sich schliessen, wird die continuirliche Epitellage beider Keimblätter wieder vollkommen hergestellt. Das Wasser strömt durch die Lochcanäle (in Folge des Stroms, welchen die Geisselzellen des inneren Kragen-Epitels erzeugen) unmittelbar in den cylindrischen Schlauchkörper der Asconaten ein und tritt bei dem einfachen *Olynthus* durch eine, bei den verästelten Asconaten-Stöcken durch mehrere grössere Oeffnungen wieder aus. Ein solches *Osculum* oder eine „Ausströmungs-Oeffnung" liegt am Scheitel-Pol einer jeden Olynthus-Axe (oder am Distal-Ende eines jeden Astes); sie ist als eine secundäre Durchbrechung der Körperwand aufzufassen, welche der Wasserstrom bewirkt hat.

Die Camaroten oder „Kammerschwämme" besitzen die zweite Hauptform des Gastrocanal-Systems; zu dieser Abtheilung gehören sämmtliche lebenden Schwämme (mit Ausnahme der *Ammoconiden* und *Asconiden*), sowie die Hauptmasse der fossilen Spongien. Jedoch müssen wir annehmen, dass diese Hauptgruppe in der ersten Periode der Spongien-Phylogenie ganz gefehlt und erst später aus der niederen Vorstufe der Asconaten sich entwickelt hat. Der Körper der Camaroten enthält stets zahlreiche Geisselkammern (*Camarome*) und hat nur in diesen das ursprüngliche Kragen-Epitel des Entoderms conservirt; im übrigen Theile des Canal-Systems, in der primären Centralhöhle (Urdarm), sowie in den secundär entwickelten Ausführ-Canälen hat sich das flimmernde Geissel-Epitel in ein flimmerloses Platten-Epitel verwandelt; es ist also eine characteristische Differenzirung des Entoderms eingetreten. Zugleich hat sich das Mesoderm bedeutend verdickt und meistens zu einem massigen Coenenchym entwickelt, in welches die Geisselkammern eingebettet sind. In Folge dessen mussten sich auch im Exoderm besondere „Einfuhr-Canäle" entwickeln, die von exodermalem Platten-Epitel ausgekleidet sind. Oft erweitern sich diese unter der äusseren Oberfläche zu grossen „Subdermalhöhlen". Bei vielen höheren Camaroten entwickeln sich diese exodermalen Hohlräume und die zwischen ihnen befindlichen Skeletmassen zu einer besonderen Rindenschicht des Schwammkörpers, die sich von der inneren, die Geisselkammern enthaltenden Markschicht scharf absetzt. Man kann dann die Rinde (die nur exodermale und mesodermale Gewebe enthält) als *Cortex, Ectosom* oder *Sklerosom* bezeichnen, dagegen das Mark (in welchem alle entodermalen Gewebe liegen) als *Medulla, Endosom* oder *Camarosom*.

Die beiden Hauptgruppen der Asconaten und Camaroten repräsentiren die beiden Hauptstufen in der Phylogenie des Gastrocanal-

Systems der Spongien; sie wurden bisher nur bei den Kalkschwämmen unterschieden, als Homocoela (= *Ascones*) und Heterocoela (= *Leucones* und *Sycones*). Sie besitzen aber die gleiche Geltung auch für die übrigen Spongien, indem überall die Camaroten-Bildung erst secundär aus der Asconaten-Bildung entstanden ist.

§ 37. Gastrocanal-System der Asconaten.

Die Hauptgruppe der Asconaten oder „Röhrenschwämme" (auch als *Protospongien* unterschieden) enthält nur zwei kleine Gruppen von lebenden Spongien, nämlich die Ammoconiden (unter den *Malthospongien*) und die Asconiden (oder Homocoelen, unter den *Calcispongien*). Trotzdem besitzt diese kleine Hauptgruppe den grössten phylogenetischen Werth; denn wir können nicht daran zweifeln, dass der ganze formenreiche Spongien-Stamm in der ersten (praecambrischen) Periode seiner Existenz nur durch diese Abtheilung vertreten war. Vermuthlich sind Jahrhunderte, vielleicht Jahrtausende verflossen, ehe sich aus der primitiven *Asconaten*-Form die höhere *Camaroten*-Form entwickeln konnte. Die Palaeontologie kann uns darüber keine Auskunft geben; denn der kleine Organismus der Asconaten ist wegen seiner zarten Beschaffenheit der Erhaltung in versteinertem Zustande nicht fähig.

Vier characteristische Eigenthümlichkeiten zeichnen alle *Asconaten* aus und stellen sie in Gegensatz zu allen *Camaroten*: 1) Das Entoderm bekleidet das tubulöse System in seiner ganzen Ausdehnung als gleichartiges Geissel-Epitel (*Homocoela*). 2) Das Exoderm umschliesst die cylindrischen Röhren des Entoderms als dünnwandige Gallertplatte, in welcher das oberflächliche Platten-Epitel (= Epidermis oder secundäres Exoderm) von dem unbedeutenden connectiven Mesoderm noch nicht scharf geschieden ist. 3) Ein besonderes Coenenchym, als gemeinsame connective Stockmasse, fehlt ganz. 4) Die Einfuhr-Canäle, welche die dünne Wand des schlauchförmigen Schwammkörpers durchbohren, sind einfache Ascoporen oder Prosopylen (Sieb-Canäle ohne besondere Wandung); Dermal-Poren und Gastral-Poren sind die einfachen Oeffnungen dieser kurzen Sieb-Canäle.

Wir unterscheiden im *Asconal-Typus* des Gastrocanal-Systems nur zwei Hauptformen, eine einfache und eine zusammengesetzte. Das einfache Asconal-System repräsentirt der Olynthus, die typische „Spongien-Person" einfachster Art. Das zusammengesetzte Asconal-System — oder der Asconal-Cormus — entsteht aus dem primitiven Olynthus durch laterale Knospung; jeder Ast dieses Stockes — als Wachsthumsproduct mit einer selbständigen Seiten-Axe — repräsentirt eine secundäre Person, von derselben Structur wie der primäre parentale Olynthus. Je nach dem Modus der Verästelung unterscheiden wir vier Hauptformen von Asconal Stöcken: 1) Arboral-Cormen: die cylindrischen Schläuche verästeln sich unregelmässig, gleich Baumästen, und fliessen nicht zusammen; jeder Ast hat sein terminales Osculum (die gewöhnlichste Stockform der Asconen: *Soleniscus*). 2) Reticular-Cormen: die unregelmässigen Aeste der Schläuche fliessen zusammen und bilden ein Netzwerk (in einer Fläche) oder ein Geflecht; oft haben dann mehrere Aeste ein gemeinsames Osculum, und zuletzt können selbst alle Aeste zusammenfliessen, so dass nur ein einziges acrales Central-Osculum als „Ausfuhr-Oeffnung" dient (*Nardorus*-Form). 3) Auloplegmal-Cormen: der netzförmige Stock bildet ein Röhren-Geflecht ohne Osculum (das Wasser tritt durch einen Theil der Ascoporen ein, durch einen anderen Theil aus). 4) Homodermal-Cormen: Die lateralen Aeste des Olynthus entstehen dicht neben einander aus dessen ganzer Oberfläche, sind von gleicher Grösse und Form und erscheinen als reguläre „Radial-Tuben" (Uebergang zu den Syconen, *Homoderma sycandra*).

Die Structur der Aeste (oder der „*Secundär-Olynthen*") in diesen Asconal-Cormen ist überall dieselbe, wie bei dem parentalen *Primär-Olynthus*, aus dessen Oberfläche sie hervorgesprosst sind. Wir kennen diese Structur jetzt ganz genau von Calcolynthus, der Stammform der *Calcispongien*. Der merkwürdige, erst neuerdings entdeckte Ammolynthus der Tiefsee (— den man als Stammform der *Psammospongien* betrachten kann —) scheint nicht wesentlich verschieden zu sein; nur besteht bei letzterem das primitive Skelet aus Sand (Xenophyen), bei ersterem aus Kalknadeln. Der ähnliche Archolynthus (die hypothetische, praecambrische Stammform aller Spongien) besass gar kein Skelet.

§ 38. Gastrocanal-System der Camaroten.

Die Hauptgruppe der Camaroten oder „Kammerschwämme" (auch als *Metaspongien* unterschieden) umfasst sämmtliche lebenden Spongien, mit Ausnahme der *Ammoconiden* und *Asconiden*; auch alle fossilen Schwämme, die wir kennen, gehören in diese Abtheilung. Alle diese Kammerschwämme besitzen zahlreiche Geisselkammern und und sind als Cormen zu betrachten, da jedes einzelne *Camaroma* einem secundären *Olynthus*, — oder einer einfachen „Spongien-Person" entspricht. Auch geht aus der Ontogenie aller Camaroten unzweifelhaft hervor, dass ihre *Gastrula* sich zunächst in einen einfachen *Olynthus* verwandelt und dass aus diesem durch laterale Knospung die Kammern hervorwachsen. Dieser Vorgang der ungeschlechtlichen Vermehrung ist ganz analog demjenigen, durch welchen aus einer einfachen Polypen-Person ein Polypen-Stock entsteht.

Vier characteristische Eigenschaften sind allen *Camaroten* gemeinsam und stellen sie ihren *Asconaten*-Ahnen gegenüber: 1) Das Entoderm ist stets in zwei verschiedene Theile differenzirt; das ursprüngliche Geissel-Epitel der Asconaten hat sich hier nur noch in den Geisselkammern erhalten; dagegen hat es sich auf der Gastralfläche des primären Olynthus in flimmerloses Platten-Epitel verwandelt (*Heterocoela*). 2) Das Exoderm ist ebenfalls allgemein differenzirt, indem sich das oberflächliche Platten-Epitel (als „Epidermis") von dem stark entwickelten connectiven Mesoderm scheidet. 3) Die Bindegewebsmasse dieses Mesoderms entwickelt sich gewöhnlich zu einem voluminösen Coenenchym, einer gemeinsamen Stockmasse, deren Connectiv-Gewebe vielfach differenzirt wird. 4) In Folge dessen entwickeln sich besondere, vom Platten-Epitel des Exoderms bekleidete Einfuhr-Canäle oder Prosodal-Röhren, und erst aus diesen tritt das Wasser durch die Ascoporen oder Prosopylen in die Geisselkammern ein.

Die mannichfaltigen Formen, in denen das Gastrocanal-System der Camaroten differenzirt ist, lassen sich zunächst in zwei Hauptgruppen bringen, die wir als *Syconal-Typus* und *Rhagonal-Typus* unterscheiden. Beide sind auf verschiedene Weise aus dem *Asconal-Typus* der Asconaten entstanden; der erstere durch regulär-strobiloide Knospung mit schwacher Coenenchym-Bildung, der letztere durch irregulär-adenoide Knospung, mit starker Coenenchym-Entwickelung. Der *Syconal-Typus* oder Zapfen-Bau ist besonders rein ausgeprägt bei den Syconen unter den Kalkschwämmen, bei den Hexactinellen unter den Kieselschwämmen. Der *Rhagonal-Typus* oder „Trauben-Bau" kommt dagegen der grossen Mehrzahl aller Spongien zu und ist selbst wieder vielen Modificationen unterworfen. Uebrigens sind beide Typen nicht scharf getrennt, sondern durch Uebergangsformen verbunden. Ebenso kommen natürlich auch unmittelbare Uebergangsformen von beiden Typen zum Asconal-Typus vor, aus welchem ja beide phylogenetisch entstanden sind.

§ 39. Syconal-Typus der Camaroten.

Der regelmässige Syconal-Typus oder „Zapfen-Bau" des Canal-Systems findet sich in ganz gleicher und sehr characteristischer Weise ausgebildet bei den Syconen unter den *Calcispongien* und bei den Hexactinellen unter den *Silicispongien*; er tritt aber auch bei einigen anderen Camaroten mehr oder weniger deutlich hervor.

Bei den jungen Syconen wachsen aus der Oberfläche des cylindrischen oder eiförmigen primären *Olynthus* zahlreiche Knospen von gleicher Grösse und Gestalt hervor, in derselben Anordnung, wie die Blüthen am Coniferen-Zapfen (*Strobilus*). Wir bezeichnen daher diese reguläre Form der Knospenbildung als die strobiloide Gemmation. Indem die secundären Olynthen als echte „Ausstülpungen" aus der dünnen Asconal-Wand des primären Olynthus hervorwachsen, nehmen natürlich beide Keimblätter an diesem Gemmations-Process Theil. Im einfachsten Falle, so z. B. bei *Sycetta sagittifera* und *Sycaltis conifera*, bleiben die einzelnen Knospen getrennt; solche primitive Sycon-Formen schliessen sich noch unmittelbar an die Ascon-Stöcke von *Homoderma sycandra* an. Während aber bei diesen letzteren, wie bei allen echten Asconaten, das entodermale Geissel-Epitel gleichmässig und ununterbrochen den ganzen Hohlraum des Canal-Systems mit allen seinen Ausstülpungen auskleidet, zieht sich dasselbe bei den Syconen in die Gastral-Höhlen der secundären Olynthen zurück, verwandelt sich dagegen im Urdarm des primären Olynthus in Plattenepitel und verliert seine Geisseln nebst Kragen. Die ursprüngliche Urdarmhöhle (*Progaster*) wird dadurch zur „Cloakenhöhle" (*Proctocoelum*).

Bei den ursprünglichsten Formen der Syconen bleibt auch das Exoderm der dünnen Röhrenwand noch so einfach wie bei ihren Ascon-Ahnen, und das Wasser tritt unmittelbar durch einfache Ascoporen oder Sieblöcher in die Gastralhöhlen der kegelförmigen oder fingerförmigen Secundär-Olynthen hinein; durch die Oeffnungen an deren Basis, die „Gastral-Ostien", tritt das Wasser in die Progastral-Höhle des primären Olynthus hinein und durch deren Osculum nach aussen. Bei der grossen Mehrzahl der Syconen aber (und ebenso bei den Hexactinellen) findet frühzeitig eine Verdickung des gallertigen Mesoderms statt und eine partielle oder totale Verwachsung der Radial-Knospen, welche dicht neben einander aus dem primären Olynthus hervorgesprosst sind. Gewöhnlich geschieht (bei der Mehrzahl der Syconen) diese Concrescenz nur an den Berührungskanten der cylindrischen Knospen, welche durch gegenseitigen Druck prismatisch abgeplattet sind; die Concrescenz schreitet von der proximalen Basis gegen die distale Spitze der radial gestellten Knospenschläuche fort. Wenn sich frühzeitig das gallertige Mesoderm stark verdickt und als Coenenchym die sprossenden secundären Olynthen von Anfang an verbindet, so erscheinen dieselben nunmehr als radiale Geisselkammern oder „Radial-Tuben", als radiale Organe einer scheinbar einfachen Sycon-Person; in Wahrheit ist diese letztere ein strobiloides Ascon-Cormidium — genau so wie ein Coniferen-Zapfen ein sexuelles Anthophyten-Cormidium ist, zusammengesetzt aus zahlreichen Culmen oder

„Blüthensprossen“. Gewöhnlich ist jedoch die Concrescenz der „Radial-Tuben“ keine complete, sondern es bleiben zwischen ihnen enge radiale Canäle übrig, die vom Exoderm ausgekleidet sind. Diese Intercanäle (deren inneres Proximal-Ende zwischen den Basen der benachbarten Radial-Kammern blind geschlossen ist) werden gewöhnlich als „Einfuhr-Canäle“ (Incurrent-Röhren) bezeichnet, ihre äusseren Distal-Mündungen als „Einfuhr-Oeffnungen“ (Dermal-Poren). Je nachdem die verwachsenden cylindrischen Radial-Tuben (durch gegenseitigen Druck) verschiedene prismatische Formen annehmen, wechselt auch die Gestalt der zwischen ihnen liegenden Intercanäle. So sind z. B. bei *Sycandra elegans* die Querschnitte der Radial-Kammern achteckig, bei *Sycandra setosa* sechseckig, bei *Sycandra Schmidtii* viereckig; entsprechend werden die Querschnitte der Intercanäle bei der ersten und dritten Form viereckig, bei der zweiten Form dreieckig.

Die einfache Sycon-Person, welche demnach ursprünglich einen strobiloiden Ascon-Stock darstellt, kann sich durch Knospung vermehren und baumförmige Stöcke zweiter Ordnung bilden. Die einzelnen Sycon-Personen oder die Aeste derselben können dann als Cormidien oder Stöckchen erster Ordnung bezeichnet werden. Grössere Complication in der Ausbildung der Individualität tritt bei vielen Hexactinellen ein. Hier entstehen durch fortgesetzte Vermehrung der syconalen Cormidien zusammengesetzte Stöcke zweiter, dritter und höherer Ordnung. Gewöhnlich erscheinen dieselben als geschlossene „Schwamm-Individuen“, da reichliches Coenenchym und Skelet sich zwischen den einzelnen Cormidien entwickelt und oft auch an der inneren und äusseren Fläche des cylindrischen, hohlen Schwammkörpers eine ansehnliche Deckschicht bildet; in dieser können sich secundär sowohl gastrale als dermale Canäle und Ostien ausbilden. Bisweilen erhält dann die ganze Spongie eine auffallend regelmässige Radial-Structur, wie bei *Coeloptychium*.

§ 40. Rhagonal-Typus der Camaroten.

Die grosse Mehrzahl der bekannten Spongien zeigt in der Ausbildung ihres Gastrocanal-Systems die characteristische Anordnung der Geisselkammern, welche wir unter dem Begriffe des Rhagonal-Typus oder *racemosen Typus* („Trauben-Bau“) zusammenfassen. Man kann denselben am besten mit dem Bau einer traubenförmigen oder acinösen Drüse vergleichen; wie bei dieser die einzelnen Drüsenbläschen, den Beeren einer Weintraube ähnlich, als kugelige oder rundliche *Acini* an den Endästen des verzweigten Ausführgangs sitzen, so befinden sich bei den Rhagonal-Schwämmen die zahlreichen einzelnen „Geisselkammern" als kugelige oder rundliche *Camarome* an den Endästen der verzweigten Ausfuhr-Canäle, welche in die ursprüngliche Gastralhöhle einmünden. Dieser Vergleich ist nicht nur durch die äussere Aehnlichkeit in Gestalt und Zusammensetzung gerechtfertigt, sondern auch durch die histologische und physiologische Analogie. Denn gleich den Acini einer racemosen Drüse sind auch die Camarome der Rhagonal-Spongien die wichtigsten Organe ihres Stoffwechsels und von Entoderm-Epitel ausgekleidet; dagegen gehört die Bindegewebsmasse, welche die Bläschen umhüllt und die Lücken zwischen ihnen ausfüllt, dem Mesoderm an. Dieses entwickelt sich bei den meisten Camaroten zu einem mächtigen Mesenchym mit reicher Skeletbildung, welches dem ganzen Schwammkörper die Gestalt und Consistenz verleiht. Indem bei den höheren Formen das protective Mesoderm mit seinem Skelet sowohl an der inneren als an der äusseren Seite des Körpers zu einer voluminösen Deckmasse heranwächst, entstehen besondere Einfuhr- und Ausfuhr-Canäle, wie sie den Asconaten und den meisten Syconaten fehlen.

Gleich dem *Syconal*-Typus hat sich auch der *Rhagonal*-Typus des Canalsystems aus dem primitiven *Asconal*-Typus historisch entwickelt, und dieser phylogenetische Process wiederholt sich noch heute in der Ontogenie der Camaroten, entsprechend den Gesetzen der progressiven Vererbung, auf der Basis des biogenetischen Grundgesetzes. Gemeinsam ist für beide Canal-Typen der Camaroten die Entstehung der Geisselkammern durch Knospung aus der asconaten Urform des Olynthus und die damit verknüpfte Differenzirung des Entoderms. Während aber bei den *Syconaten* diese laterale Gemmation sehr regelmässig erfolgt und zahlreiche Secundär-Olynthen von gleicher Grösse und Form in Zapfen-Ordnung dicht gedrängt aus der Wand des primären Olynthus hervorwachsen, findet dieser Knospungs-Process bei den *Rhagonaten* in mehr unregelmässiger Weise statt; die lateralen Knospen sind kleiner, weiter von einander entfernt und nicht so regelmässig geordnet, vielmehr in Trauben-Form gruppirt. Damit in enger Correlation steht der weitere Unterschied, dass das Bindegewebe des Mesoderms sich bei den Rhagonaten weit stärker entwickelt als bei den Syconaten, und dass dem entsprechend besondere Einfuhr- und Ausfuhr-Canäle (Prosodal- und Aphodal-Röhren) in mannichfaltiger Weise sich entwickeln. Je weiter sich diese Differenzirung ausbildet desto grösser wird die Zahl der Geisselkammern, desto geringer aber auch ihre Grösse. An die Stelle der grossen cylindrischen oder kegelförmigen „Radial-Tuben" der Syconaten treten bei den Rhagonaten viele kleine, kugelige oder halbkugelige „Geisselkammern"; und während die Zahl der Ascoporen oder Prosodal-Poren in der Wand der ersteren stets sehr gross bleibt, sinkt sie bei den letzteren stark herab. Bei vielen hochorganisirten Rhagonaten ist jedes der äusserst zahlreichen und kleinen Camarome nur mit 2—4, ja bisweilen sogar nur mit einem einzigen Ascoporus versehen. Die Geisselkammern, deren jede ursprünglich den individuellen Personen-Werth eines „secundären Olynthus" hat, verlieren demnach (— mit Abnahme ihrer Grösse und Zunahme ihrer Zahl —) immer mehr ihre individuelle Autonomie; sie erscheinen immer mehr nur als untergeordnete Organe einer Rhagonal-Person (eigentlich eines Cormidiums). Gleichzeitig differenziren sich immer mehr die Einfuhr- und Ausfuhr-Canäle.

Die Prosodal-Canäle oder Einfluss-Röhren (*Canales afferentes s. inhalantes*, Einfuhr-Canäle, Einströmungs-Gefässe) sind bei den Rhagonaten theilweise bloss Intercanäle, wie bei vielen Syconaten. Indem die traubenförmigen Gruppen der Geisselkammern (als knospende Cormidien) mit ihrer Mesoderm-Hülle an der Aussenfläche des primären Olynthus in Form von Lappen und Höckern vorwachsen, bleiben zwischen ihnen Hohlräume übrig, durch welche das Wasser zu den Ascoporen tritt. Gewöhnlich aber bilden sich schon während des ungleichmässigen Wachsthums des Mesoderms in diesem zahlreiche, senkrecht zur Oberfläche stehende Einsenkungen, welche vom exodermalen Platten-Epitel ausgekleidet sind; diese können sich verästeln und als „Intercanäle" kleine Aeste abgeben, welche als Prosodal-Canäle in die einzelnen Kammern einführen. Bei vielen Camaroten bilden sich ausserdem unter der äusseren Oberfläche des Spongien-Körpers grössere uuregelmässige Subdermal-Höhlen. Diese sind ebenfalls von Platten-Epitel des Exoderms ausgekleidet und entstehen entweder durch Faltenbildung der äussersten Hautschicht des Mesoderms oder durch nachträgliche Erweiterung von Einflussröhren. Bei manchen Rindenschwämmen (*Geodia* u. A.) entwickeln sich unter der Rinde noch besondere Subcortical-Crypten. Bei vielen Camaroten differenziren sich ausserdem noch besondere Einrichtungen zur Regulirung des Wasserstroms und zum zeitweiligen Verschluss der Einfuhr-Canäle. Häufig ordnen sich auch dieselben sehr regelmässig, so dass auf einem Durchschnitt des Schwammkörpers (senkrecht zur Oberfläche) zahlreiche parallele Radial-Canäle erscheinen, von denen abwechselnd der eine prosodal, der andere aphodal ist, und zwischen beiden eine Reihe von gleichen kugeligen Kammern, deren jede einen Einfuhr-Ast vom ersteren erhält und einen Abfuhr-Ast an den letzteren abgiebt. Der regelmässig radiale Bau dieser Modification des Rhagonal-Typus erinnert oft an den Syconal-Typus, zu welchem auch vielfach Uebergänge existiren.

Die Aphodal-Canäle oder Abfluss-Röhren (*Canales efferentes s. exhalantes*) sind stets von entodermalem Platten-Epitel ausgekleidet und entwickeln sich um so stärker, je mehr die innere (medullare) Schicht des Mesoderms heranwächst. Sie dürfen nicht mit den Intercanälen verwechselt werden, welche bei vielen Camaroten (— ebenso wie bei den geflechtbildenden Asconaten —) durch secundäre Verwachsung von ursprünglich getrennten Stockästen entstehen. Die echten Aphodal-Canäle (welche den Ausführgängen der acinösen Drüse entsprechen) münden ursprünglich in die Proctalhöhle, die sich durch das Osculum nach aussen öffnet. Auch diese unterliegt vielfachen Umbildungen.

§ 41. Gonodermal-System der Spongien.

Wie das Gastrocanal-System der Schwämme in seinen wichtigsten Theilen (— und ursprünglich ganz allein —) vom Entoderm gebildet wird, so wird das zweite Organ-System dieses Stammes, das Gonodermal-System, vom Exoderm aufgebaut. Gleich dem ersteren erscheint auch dieses letztere in zwei verschiedenen Hauptformen der Entwickelung, von denen die ältere und einfachere durch die *Asconaten* repräsentirt wird, die jüngere und vollkommenere durch die *Camaroten*. In der dünnen röhrenförmigen Körperwand der Asconaten ist das äussere Platten-Epitel des Exoderms noch kaum geschieden von der dünnen darunter liegenden Gallertplatte des Mesoderms; und die kleinen Ascoporen, welche die Wand durchbohren, sind einfache „Sieblöcher"; sie haben noch nicht den Werth von selbständigen Prosodal-Canälen. Auch entwickelt sich bei den Stöcken der Asconaten noch kein Coenenchym.

Bei den Camaroten dagegen, bei der grossen Mehrzahl der Schwämme, gelangt das Gonodermal-System zu starker Entwickelung, vor Allem dadurch, dass das connective Mesoderm mächtig wächst und in selbständiger Weise sich sehr mannichfach differenzirt. Das zarte Platten-Epitel des Exoderms, aus welchem es hervorgegangen ist, erscheint nur noch als ein unbedeutender Ueberzug seiner äusseren Oberfläche. In Folge des beträchtlichen Dickenwachsthums des Mesoderms entwickeln sich in ihm besondere Prosodal-Röhren oder Zufuhr-Canäle, mit exodermalen „Einströmungslöchern" an der Oberfläche. Erst durch diese „corticalen", von exodermalem Platten-Epitel ausgekleideten Prosodal-Canäle (— welche den Asconaten fehlen —) gelangt das Wasser zu den porösen „Geisselkammern", die nunmehr tiefer in der „medullaren" Körperschicht liegen. Ausserdem entwickelt sich das wuchernde bindegewebige Mesoderm bei der Mehrzahl der

Camaroten zu einem ansehnlichen Coenenchym; und dieses verbindet gewöhnlich die zahlreichen Geisselkammern durch Ausfüllung der Lücken zwischen denselben und Umhüllung mit einer äusseren gemeinsamen Hautdecke so innig, dass der ganze Schwammstock als ein einfaches „Individuum" erscheint.

Die histologische Differenzirung des Gonodermal-Systems vollzieht sich übrigens bei allen Spongien in wesentlich derselben Weise; die Asconaten zeigen in dieser Beziehung keinen Unterschied von den Camaroten (§ 35). Die einzelnen Organe, welche in demselben hier wie dort zur Sonderung gelangen, zerfallen in folgende fünf Kategorien: 1) Das einfache Platten-Epitel der ganzen äusseren Oberfläche, als „Epidermis". 2) Die connective Grundsubstanz, welche die Hauptmasse des Mesoderms bildet und von dessen Mesocyten ausgeschieden wird: Maltha. 3) Das feste Skelet, welches in mannichfaltigster Weise von den Mesocyten gebildet wird (§ 42). 4) Die Endotelien oder die mesodermalen Platten-Epitelien, welche secundär im Inneren des Mesoderms gebildet werden, als Auskleidung der Prosodal-Canäle, der Bruthöhlen u. s. w. 5) Die beiderlei Sexual-Zellen, die nackten amoeboiden Eier und die Spermablasten.

In einzelnen Gruppen der Spongien können ausserdem, in Anpassung an besondere Functionen, noch besondere locale Organe, als specielle Producte des Gonodermal-Systems zur Ausbildung gelangen. Dazu gehören namentlich die sogenannten Muskeln vieler Schwämme, besonders die Ringmuskeln, welche als Sphincteren den Verschluss der Oscula und der Dermal-Poren besorgen können.

§ 42. Skeletbildungen der Spongien.

In auffallendem Gegensatze zu der Einförmigkeit und Unvollkommenheit ihrer übrigen Organisation bilden die allermeisten Spongien ein festes Skelet von der grössten Mannigfaltigkeit in Form und Zusammensetzung. Nur sehr wenigen Schwämmen fehlt ein festes Gerüste des Weichkörpers vollständig; wir fassen diese unter dem Begriffe der Malacospongien oder Myxospongien zusammen und lassen einstweilen die Frage offen, ob dieselben alle ursprünglich skeletlos sind, oder ob bei einem Theile der Skeletmangel auf Rückbildung beruht. Jedenfalls besassen die Archispongien, die gemeinsame Stammgruppe aller Schwämme, noch kein Skelet.

Die Skeletospongien, wie wir im Gegensatze dazu alle übrigen Schwämme nennen können, bilden ihr Skelet auf sehr verschiedene Art; gemeinsam ist allen nur, dass die Hartgebilde stets in der Maltha, in der bindegewebigen Grundsubstanz des Mesoderms abgelagert werden, niemals als äussere Cuticular-Abscheidung an der Oberfläche des Körpers. Mit Bezug auf das chemische Material, aus dem dieselben gebildet sind, unterschied man schon seit langer Zeit drei verschiedene Hauptformen der Skelete: 1) Hornskelete, aus Fibroin oder Spongin (einer stickstoffhaltigen, chitinartigen, organischen Substanz). 2) Kieselskelete, aus Kieselerde, und 3) Kalkskelete, aus Nadeln von kohlensaurem Kalk gebildet. Dazu kommt noch 4) eine Gruppe von Sandskeleten, die aus Xenophyen oder Fremdkörpern zusammengesetzt sind (Radiolarien-Schlamm, Globigerinen-Schlamm, Fragmenten von Kalk- oder Kiesel-Nadeln anderer Schwämme u. s. w.).

Diese vier Hauptformen der Skelete finden sich theils allein für sich, theils in verschiedener Weise combinirt vor; sie können daher nicht ohne Weiteres zur Unterscheidung von vier Classen oder Ordnungen der Spongien benutzt werden. Auch sind sie ihrer Entstehung und ihrem morphologischen Werthe nach sehr verschieden. Sowohl die Kalknadeln der Kalkschwämme, als die Kieselnadeln der Kieselschwämme entstehen in besonderen einzelnen Zellen des Mesoderms, die man geradezu als Nadelbildner, Scleroblasten oder Spiculoblasten, bezeichnen kann. Dagegen sind die Hornfasern der Hornschwämme (wenigstens die grösseren) Abscheidungen von Spongoblasten, von Zellenschichten oder Zellenreihen, die sich ähnlich Osteoblasten verhalten. Feinere Hornfasern können auch als fadenförmige Ausscheidungen einer einzigen Mesoderm-Zelle entstehen (ähnlich einem Dentinröhrchen, das von einem Odontoblasten abgeschieden wird). Da sich die Hornfasern oft sehr ähnlich den elastischen Fasern im Bindegewebe höherer Metazoen verhalten, ist auch nicht ausgeschlossen, dass sie theilweise gleich diesen durch einen chemischen Process in der connectiven Grundsubstanz selbst entstehen (so z. B. die feinen Fibrillen-Bündel von Hirciniden und Stannomiden).

Gegenwärtig ist die Ansicht herrschend geworden, dass alle „Hornschwämme" von Kieselschwämmen abstammen und durch Verlust der Kieselnadeln aus letzteren entstanden sind. Diese Ansicht kann für einen Theil derselben richtig sein; sicherlich hat sie aber keine allgemeine Geltung. Denn es giebt zahlreiche Spongien mit Horngerüsten, deren vergleichende Morphologie keinen Grund für die Annahme liefert, dass irgend einer ihrer Vorfahren autogene Kieselnadeln besessen habe; so die Pharetrellen unter den Kalkschwämmen, die Stannomiden unter den Sandschwämmen. Wir nehmen daher an, dass die Ausbildung von H o r n s k e l e t e n p o l y p h y l e t i s c h sich entwickelt hat. Den ersten Anlass dazu kann häufig der Reiz gegeben haben, welchen die Anhäufung fester Ablagerungen in der weichen Maltha ausübte, gleichviel ob dieselben Xenophyen oder Fremdkörper waren (bei den Sandschwämmen), Kieselnadeln (bei den Kieselschwämmen) oder Kalkspikeln (bei den Kalkschwämmen). Gruppen von Planocyten legten sich um die angehäuften Hartgebilde herum und schieden als „Spongoblasten" eine Sponginhülle um dieselben aus. Die grossen Vorzüge, welche die Ausbildung eines solchen festen und doch sehr elastischen Spongin- oder Horn-Gerüstes gewährt, waren die Ursache, dass die natürliche Zuchtwahl — mit Hülfe der progressiven Vererbung — sie in verschiedenen Ordnungen der Spongien zu bedeutender Vollkommenheit entwickelte.

A. **Phylogenie der Kieselspikeln.** Die Kieselkörper, welche die Classe der Silicosen oder *Silicispongien* characterisiren, treten in unzähligen Modificationen auf; je nach ihrer Grundform, Gruppirung und Zusammensetzung werden zahlreiche Familien, Gattungen und Arten in dieser grossen Classe unterschieden. Jedoch können dieselben auf wenige Hauptformen zurückgeführt werden.

1) **Monaxillen** oder *Rhabdillen,* Stabnadeln. Kieselkörper mit einer einzigen Axe; sie finden sich bei der grossen Mehrzahl der Kieselschwämme vor. Phylogenetisch sind zu unterscheiden: a) Primäre Stabnadeln mit einfachem Axencanal, welche von Anbeginn an einfach waren (bei vielen Monactinellen, bei einem Theile der Lithistiden: Megamorinen); b) Secundäre Stabnadeln, welche durch Rückbildung von zwei lateralen Strahlen aus Dreistrahlern entstanden sind; c) Secundäre Stabnadeln, welche durch Rückbildung von drei Strahlen aus Vierstrahlern entstanden sind; d) Secundäre Stabnadeln, welche durch Rückbildung von vier kreuzständigen Schenkeln aus Sechsstrahlern hervorgegangen sind; oft ist noch in der Mitte der einfachen Nadel das rudimentäre Axenkreuz erhalten (viele Hexactinellen).

2) **Trigonillen** oder *Trisceles,* Dreistrahler, mit drei Schenkeln, die von einem Mittelpunkt ausgehen. Phylogenetisch unterscheiden wir: a) Primäre Dreistrahler, die von Anbeginn triradial waren und deren drei Strahlen in einer Ebene liegen (entweder regulär oder sagittal oder irregulär), mit drei Axencanälen; b) Secundäre Dreistrahler, welche aus Vierstrahlern durch Rückbildung eines Schenkels entstanden sind (bei sehr vielen Tetractinellen); c) Secundäre Dreistrahler, welche durch Rückbildung von drei Strahlen aus Hexactillen entstanden sind.

3) **Tetraxillen** oder *Tetrasceles,* Vierstrahler, mit vier Schenkeln, welche von einem Mittelpunkt ausgehen, mit vier Axenfäden oder Centralcanälen. a) Primäre Vierstrahler, von Anbeginn tetraradial, ursprünglich mit vier Strahlen, welche Tetraeder-Axen entsprechen (bei den meisten Tetractinellen); b) Secundäre Vierstrahler, welche aus Dreistrahlern durch nachträgliche Entwickelung eines vierten Strahles entstanden sind; c) Secundäre Vierstrahler, welche aus Hexactillen durch Rückbildung von zwei gegenständigen Strahlen entstanden sind (bei manchen Hexactinellen).

4) **Hexactillen** oder *Hexasceles*, Sechsstrahler, mit sechs Schenkeln, welche in drei auf einander senkrechten Axen liegen, entsprechend den drei Axen des Octaeders und des regulären Krystall-Systems. (Sie werden daher auch als „*Triaxile Spicula*" bezeichnet; „dreiaxig"

sind aber auch die Trigonillen, Nr. 2.) a) *Primäre Hexactillen*, von Anbeginn an hexaradial, characteristisch für die Legion der Hexactinellen; b) *Secundäre Hexactillen*, entstanden aus vierstrahligen Gebilden oder *Pollaxillen*, so bei Vetulina und anderen Lithistiden.

5) **Pollaxillen** oder *Polysceles*, Vielstrahler, mit zahlreichen Schenkeln, welche in grosser und unbestimmter Zahl von einem gemeinsamen Mittelpunkt ausstrahlen. a) *Primäre Pollaxillen* oder „Kugelsterne", von Anbeginn an vielstrahlig, entstanden durch Auswachsen von konischen Spitzen oder Strahlen aus der Oberfläche einer kleinen Kieselkugel (so bei den Anomocladinen und bei Chondrilla; ähnlich auch die Sternchen von Tetractinellen); b) *Secundäre Pollaxillen* oder „Drusensterne", entstanden durch Verwachsung vieler einfacher Stabnadeln, die von einem gemeinsamen Mittelpunkt ausstrahlen; ihre Zwischenräume können später ganz mit Kieselmasse ausgefüllt werden, so dass Kieselkugeln mit Radial-Structur entstehen (Geodia).

6) **Anomaxillen** oder *Anomosceles*, Irreguläre Kieselkörper, die entweder gar keine regelmässige Gestalt erkennen lassen oder beliebig verästelt sind. Auch hier können vielleicht primäre und secundäre Anomaxillen unterschieden werden, je nachdem der unregelmässige Kieselkörper selbständig entstanden oder durch spätere Umbildung aus einem der genannten fünf regulären Typen entstanden ist; solche kommen namentlich unter den Lithistiden vor.

Die Phylogenie der sechs Hauptgruppen von Kiesel-Scleriten, die wir vorstehend unterschieden haben, ist noch sehr in Dunkel gehüllt; und die Schlüsse, welche man aus dem versuchten Nachweise ihres Zusammenhanges auf die Systematik der Legionen und Ordnungen der Kieselschwämme gezogen hat, erscheinen auch sehr unsicher. Weder die vergleichende Anatomie und Ontogenie der Silicosen, noch ihre Palaeontologie, geben darüber bis jetzt sichere Auskunft. Nach unserer Ansicht erscheint am vorsichtigsten und bestbegründetsten vorläufig die polyphyletische Hypothese, dass in mehreren verschiedenen Gruppen von praecambrischen Malthospongien die Ausscheidung von stützenden Kieselkörpern, unabhängig von einander, begonnen hat. Dabei kann die Anordnung der Weichtheile, der Geisselkammern, der Poren, der Einfuhr- und Ausfuhr-Canäle, von Anfang an die Lagerung, Gestaltung und Verbindung der ausgeschiedenen Kieselkörper bedingt haben. Nach dieser polyphyletischen Ansicht könnten z. B. in praecambrischer Zeit bei einer ältesten Gruppe von Silicosen nur Monaxillen, bei einer zweiten nur Tetraxillen, in einer dritten Combinationen von beiden, in einer vierten Hexactillen, ganz unabhängig von einander entstanden sein.

Die monophyletische Hypothese vom Ursprunge der Kiesel-Scleriten, welche dem gegenüber von den meisten Spongologen jetzt angenommen wird, könnte fast auf jede der sechs angeführten Hauptformen (— vielleicht nur die Hexactillen oder auch die Trigonillen ausgenommen —) zurückgehen, und die übrigen davon als von einer gemeinsamen Ausgangsform ableiten. Unter den sechs möglichen monophyletischen Hypothesen dürften folgende drei am meisten Gründe für sich anführen können. A. Monaxillen-Ursprung: Die ältesten Kieselkörper waren einfache Stabnadeln, und die anderen fünf Hauptformen sind entweder durch Verästelung oder durch Verwachsung aus ihnen hervorgegangen (ähnlich wie bei vielen Korallen). B. Tetraxillen-Ursprung: Die ältesten Kieselkörper waren Vierstrahler oder „Spanische Reiter", ähnlich wie bei gewissen Korallen und Echinodermen; von den übrigen fünf Hauptformen sind die Monaxillen durch stärkere Ausbildung eines Schenkels und Rückbildung der drei anderen entstanden, hingegen die Hexactillen und Polyactillen durch Vermehrung der Strahlen. C. Anomaxillen-Ursprung: Die ältesten Kieselkörper waren von unregelmässiger Bildung mit einer wechselnden Zahl von Aesten oder Schenkeln; erst allmählig sind aus diesen die übrigen Hauptformen in Folge divergenter Entwickelung hervorgegangen, wahrscheinlich in Correlation zu der Richtung des Wasserstroms und der verschiedenen Bildung der Weichtheile, besonders des Canal-Systems. Für diese letztere Hypothese (C) dürfte namentlich die variable und irreguläre Gestalt der Spikeln bei einem grossen Theile der älteren fossilen Schwämme sprechen. Die zweite Hypothese (B) wird mehr durch die allgemeine Erwägung gestützt, dass auch bei vielen anderen Skeleten (Radiolarien, Echinodermen) die Tetraxillen den gemeinsamen Ausgangspunkt für sehr verschiedene Formen abgeben. Die erste Hypothese endlich (A) könnte sich auf die Thatsache berufen, dass auch bei vielen anderen Thieren der Aufbau eines Mineral-Skelets mit der Ausscheidung zerstreuter einfacher Stabnadeln beginnt und dass aus diesen durch Verästelung oder Verwachsung alle möglichen Formen abgeleitet werden können.

Weniger Gründe würden sich anführen lassen, wenn man sämmtliche Kiesel-Spikeln der Silicosen von einer der drei anderen Hauptformen ableiten wollte, den *Trigonillen*, *Hexactillen* oder *Pollaxillen*. Zwar sind auch von jeder dieser drei Gruppen Uebergänge zu jeder anderen Formengruppe aufzufinden; insbesondere stehen die Hexactillen keineswegs so isolirt, wie neuerdings oft angenommen wird. Allein aus anderen Gründen ist es wenig wahrscheinlich, dass eine dieser drei Hauptgruppen die gemeinsame Stammgruppe für alle übrigen Kieselbildungen abgiebt.

Die monophyletische Tendenz, in jeder der grossen natürlichen Hauptgruppen der Silicosen alle vorkommenden Kieselkörper von einer einzigen ursprünglichen Form abzuleiten (z. B. bei den Tetractinellen vom Vierstrahler, bei den Hexactinellen vom Sechsstrahler), scheint uns nicht begründet; denn es ist nicht ausgeschlossen, dass an besonderen Körperstellen auch andere Formen, verursacht durch locale Bildungs-Verhältnisse, selbständig ausgeschieden werden.

B. **Phylogenie der Kalkspikeln.** Die Kalkkörper, welche der Classe der Calcarosen oder *Calcispongien* eigenthümlich sind, zeigen vielfach eine ähnliche Entwickelung wie die Kieselkörper der *Silicosen*; sie sind aber weit weniger differenzirt und nicht so mannichfaltig ausgebildet. Von den sechs Hauptformen der Scleriten, die wir bei den Kieselschwämmen unterschieden haben, kommen bei den Kalkschwämmen nur drei vor, die Stabnadeln, Dreistrahler und Vierstrahler; dagegen fehlen hier die Sechsstrahler, die sternförmigen vielstrahligen und die unregelmässig verästelten Scleriten. Als die wichtigste Form tritt bei den Calcispongien der Dreistrahler in den Vordergrund, während dagegen die Vierstrahler und Stabnadeln eine mehr untergeordnete Rolle spielen.

Trigonillen oder *Triacten*, *Trisceles*, Dreistrahler. Diese Spikelform, und zwar die besondere Form des regulären Dreistrahlers ist wahrscheinlich bei den Kalkschwämmen als die ursprünglichste Nadelform anzusehen — vorausgesetzt, dass man überhaupt alle verschiedene Spikel-Formen dieser Classe monophyletisch auf eine gemeinsame Urform zurückführen will. Bei den Asconiden, die wir als die Stammgruppe sämmtlicher Calcispongien betrachten müssen, ist auch der erste Ursprung ihres Kalk-Skelets zu suchen, und zwar bei jener primitiven Stammform, welche als *Calcolynthus* den Prototypus der ganzen Classe bildet. Die dünne Wand dieses einfachen cylindrischen oder eiförmigen Schlauches ist siebförmig durchlöchert, und die Ascoporen oder Sieblöcher erscheinen als kreisrunde Löcher von gleicher Grösse und gleichem Abstand. Wenn die dünne Platte dieser Wand zwischen den Löchern durch Ablagerung von Kalk gestützt werden soll, so geschieht das am zweckmässigsten in der Weise, dass zwischen je drei benachbarten Löchern ein dreieckiges Kalkplättchen ausgeschieden wird, und dass die drei Ecken desselben in drei radiale Schenkel auswachsen, deren jeder die dünne Wandbrücke zwischen je zwei Löchern stützt. Die Dreistrahler, welche so als die zweckmässigste Stütze der dünnen Wand durch „functionelle Anpassung" entstehen, können in doppelter Weise regelmässig gelagert sein. Entweder wird in jedem Knotenpunkt zwischen je drei benachbarten Poren ein Dreistrahler abgelagert; oder es wird nur die Hälfte der Knoten von einem (doppelt so grossen) Dreistrahler eingenommen, während in jedem Knoten der anderen Hälfte die drei Endspitzen der convergenten Schenkel von drei benachbarten Dreistrahlern zusammentreffen. Diese letztere Anordnung erscheint für die Stützung des zarten Olynthus-Baues als die zweckmässigere, weil die doppelt so grossen Nadeln stärker sind und zugleich der hintere (basale) Schenkel jedes Dreistrahlers parallel der Olynthus-Axe verläuft, während die beiden anderen, lateralen Schenkel nach vorn divergiren und den davor gelegenen Porus stützend umfassen. Thatsächlich ist denn auch diese denkbar zweckmässigste Form der Asconiden-Stützung bei der Mehrzahl dieser primitiven Schwämme, und gerade bei den ältesten Formen, in lehrreichster Weise realisirt (Ascetta primordialis).

Tetraxillen oder *Tetracten* (*Tetrasceles*), Vierstrahler, kommen bei den Kalkschwämmen viel seltener vor, als Dreistrahler; sie sind wahrscheinlich ursprünglich aus diesen dadurch entstanden, dass ein vierter Schenkel aus deren Mittelpunkte hervorwuchs. Gewöhnlich springt dieser secundär entstandene vierte Schenkel oder „Apical-Strahl" frei in das Lumen der Gastralhöhle oder des Canals vor, in dessen Wand die drei anderen Strahlen eingeschlossen liegen; oft entspricht der freie Apical-Strahl der Axe einer dreiseitigen Pyramide, deren Basis durch die drei Facial-Strahlen gebildet wird. Viel seltener, und nur bei höher differenzirten Kalkschwämmen treten Vierstrahler auch als Stütznadeln im Parenchym auf. Die vergleichende Morphologie der Calcispongien liefert keinen Anhaltspunkt für die Hypothese, dass der Vierstrahler auch in dieser Classe die ursprüngliche Form des Skelet-Elementes darstelle, von welcher alle übrigen abzuleiten seien. Vielmehr müssen wir die Tetraxillen bei den Kalkschwämmen als Schutzwaffen der inneren Gastralfläche betrachten, welche erst secundär, und zwar polyphyletisch, aus Trigonillen entstanden sind.

Monaxillen oder einfache Stabnadeln (*Monacten* oder *Monosceles*) spielen ebenfalls bei den Kalkschwämmen eine untergeordnete Rolle; sie besitzen in dieser Classe bei weitem nicht die ausgedehnte Verbreitung Mannichfaltigkeit der Gestaltung und physiologische Bedeutung, welche sie in der Classe der Kieselschwämme zeigen. Meistens erscheinen die Stabnadeln bei den Calcispongien nur als äussere Schutzwaffen an der Dermalfläche und (als Nadelkranz) am Osculum. Gewöhnlich scheinen sie sich hier selbständig, durch protective Anpassung, entwickelt zu haben. Jedoch giebt es auch einfache einaxige Kalknadeln, welche nachweislich aus Dreistrahlern hervorgegangen sind, durch Rückbildung der beiden lateralen und stärkere Ausbildung des unpaaren basalen Strahles. Solche Formen, und zwar alle Uebergänge vom primären Dreistrahler zur secundären Stabnadel, kommen z. B. in den Stielen mancher Kalkschwämme vor, in den Nadelbüschen, welche die Distal-Enden der Radial-Tuben von Syconen schützen, u. s. w. Wenn sich bei einzelnen (und zwar bei höher differenzirten) Calcispongien Stabnadeln in grösserer Menge entwickeln, und wenn sie in einzelnen Fällen sogar das ganze Skelet zusammensetzen, so ist diese Erscheinung nicht als eine ursprüngliche zu betrachten, sondern als spätes Product besonderer Anpassungs-Verhältnisse.

Die monophyletische Hypothese, dass alle verschiedenen Spikel-Formen aus einer ursprünglichen gemeinsamen Urform entstanden seien, erscheint demnach für die Kalkschwämme viel besser begründet, als für die Kieselschwämme. Diese Urform würde hier wahrscheinlich der reguläre Dreistrahler sein; von dieser könnten nicht nur alle übrigen Formen der Trigonillen abgeleitet werden, sondern auch diejenigen der Tetraxillen und Monaxillen. Indessen muss auch hier (besonders für die Stabnadeln) die Möglichkeit eines polyphyletischen Ursprunges offen gehalten werden.

§ 43. Ontogenie der Spongien.

Obgleich die Keimesgeschichte erst von sehr wenigen Schwämmen genauer untersucht ist, und obwohl die Angaben der Autoren über die Entwickelung selbst sehr nahe verwandter Spongien sich auffallend widersprechen, sind dennoch gewisse bedeutungsvolle Thatsachen jetzt definitiv festgestellt. Diese embryologischen Facta, aus welchen wir nach dem biogenetischen Grundgesetze die wichtigsten Rückschlüsse auf die Stammesgeschichte der Schwämme, sowie auf ihre Verwandtschaft und Stellung im Thier-System ziehen, sind folgende: 1) Das befruchtete Ei unterliegt stets einer totalen Furchung; diese scheint meistens äqual, seltener inäqual zu sein. 2) Aus dem so entstandenen Zellcomplex (*Morula*) entsteht eine echte Blastula oder *Blastosphaera*, welche ganz oder theilweise mit Flimmerhaaren bekleidet ist und mittelst deren Bewegung frei umherschwimmt. 3) Durch Invagination entsteht aus dieser *Blastula* eine echte Gastrula, deren Körper nur aus den beiden primären Keimblättern zusammengesetzt ist; die Differenzirung dieser letzteren erfolgt oft schon im Blastula-Stadium, indem die Zellen des Blastoderms in der einen Halbkugel zu cylindrischen hellen Geisselzellen werden, in der anderen Halbkugel zu rundlichen, dunkeln, flimmerlosen Zellen (*Amphiblastula*). 4) Die schwimmende Gastrula setzt sich mit dem Urmunde fest und verwandelt sich so in einen zweischichtigen, halbkugeligen oder kappenförmigen Sack, dessen Höhle (Urdarm) geschlossen ist (*Protascus*). 5) Die zweiblätterige Magenwand dieses Sackes wird von zahlreichen kleinen Poren durchbrochen, durch welche Wasser ein- und ausströmt (*Clistolynthus*); diese Sieblöcher (Ascoporen oder *Prosopylen*) sind einfache Durchbrechungen der Urdarmwand (Intercellar-Gänge). 6) Am Scheitelpol dieses monaxonen Clistolynthus — gegenüber dem Basalpol der Axe, welcher dem angehefteten Urmunde entspricht — bildet sich eine grössere Ausfuhröffnung, das Osculum; — entweder durch Erweiterung eines scheitelständigen Ascoporus oder durch Zusammenfliessen von mehreren Sieblöchern. Dieses primäre Osculum ist eine typische, den Poriferen eigenthümliche Bildung und fungirt nunmehr als „Ausströmungs-Oeffnung" (Apopyle), während die Ascoporen die „Einströmungslöcher" für den Wasserstrom bilden. Der junge Schwamm hat damit die bedeutungsvolle Stufe des Olynthus erreicht (— oder, ontogenetisch betrachtet, der *Olynthula* —).

Dieses typische Bild der Spongien-Ontogenie, welches uns den Schlüssel für das Verständniss ihrer Phylogenie und ihrer Organisation liefert, erscheint nach den gegenwärtig vorliegenden Beobachtungen am reinsten erhalten bei einigen Kalkschwämmen (*Asculmis armata*, *Sycandra rhaphanus*) und einigen Korkschwämmen (*Ammolynthus gastrophysema*, *Oscarella lobularis*). Auch manche Kieselschwämme (z. B. *Plakina monolopha*, *Chalinula fertilis*) entfernen sich nur wenig von diesem palingenetischen Typus; häufig nimmt bei diesen und anderen Camaroten der *Clistolynthus* (— oder die mit dem Urmunde angeheftete *Gastrula* —) die Form einer flachen Kappe oder hohlen Scheibe an, indem die Axe des eiförmigen monaxonen Körpers sich verkürzt und die Mundfläche sich auf der Unterlage flach ausbreitet. Dann bildet der Urdarm oft schon frühzeitig an der convexen Scheitelfläche zahlreiche kleine Ausbuchtungen oder „laterale Knospen", die Anlagen der „Geisselkammern". In diese zieht sich das Geissel-Epitel zurück, während das Entoderm der übrigen Gastralfläche sich in Platten-Epitel verwandelt (Typus des *Rhagon*).

Einige Angaben über die Ontogenie anderer Spongien widersprechen in auffallender Weise dem *palingenetischen* Bilde, welches uns in jener typischen Gastrulation der Spongien und der Entstehung ihrer Olynthus-Larve erhalten erscheint. Diese Widersprüche erklären sich theilweise (— wie so häufig in der vergleichenden

Ontogenie! —) durch Beobachtungsfehler und Kritikmangel, theilweise durch *cenogenetische* Störungen des ursprünglichen Entwickelungsganges. Wenn z. B. bei manchen Kieselschwämmen schon in der freischwimmenden Larve sich mesodermales Bindegewebe und Skeletnadeln entwickeln, so ist diese Erscheinung als eine cenogenetische *Heterochronie* zu deuten; die praecocine Entstehung dieser Mesoderm-Gebilde, die ursprünglich sicher erst im jungen Schwamme nach Ausbildung der Olynthus-Stufe angelegt wurden, ist hier durch abgekürzte Vererbung in ein früheres Larven-Stadium verlegt worden.

§ 44. Palaeontologie der Spongien.

Die zahlreichen fossilen Schwämme, deren versteinerte Ueberreste wir genau kennen, und deren Structur uns erst seit den letzten 20 Jahren näher bekannt geworden ist, bilden jedenfalls nur einen geringen Bruchtheil von der reichen Spongien-Fauna, welche seit der Archolith-Aera, Millionen von Jahren hindurch, die Meere bevölkert hat. Denn erstens ist ein grosser Theil dieser Thiere der Versteinerung nicht fähig, vor Allen die zarten *Asconaten* mit ihrem dünnwandigen Röhrenleib; ferner die skeletlosen *Malthospongien*, welche keine Kiesel- oder Kalk-Scleriten bilden; endlich auch alle jene weichen Kiesel- und Kalk-Schwämme, deren Mineral-Spikeln leicht auseinanderfallen. Zweitens sind diese Mineral-Stücke oft metalithisch verwandelt; ursprüngliche Kalknadeln sind gelöst und durch Kieselerde ersetzt; aber auch der umgekehrte Process ist nachgewiesen, an die Stelle von ursprünglichen Kieselnadeln ist später Kalkerde getreten. Daher ist ihre Deutung oft zweifelhaft. Drittens lehrt auch hier wieder die auffallende Ungleichmässigkeit in der Vertheilung und Erhaltung der fossilen Reste, wie lückenhaft die palaeontologische Urkunde immer bleibt; so finden sich zahlreiche fossile Spongien (besonders Lithistiden und Hexactinellen) schon im Silur, später im Carbon, dann massenhaft im Jura und der Kreide; aber die mächtigen, zwischen diesen Formationen abgelagerten Schichten des Devon, Perm und Trias enthalten theils gar keine, theils nur sehr unbedeutende und werthlose Reste von fossilen Spongien. Dazu kommt viertens noch, dass schon unter den ältesten fossilen Schwämmen die hoch entwickelten Formen mit stark differenzirten Kiesel-Nadeln (Lithistiden und Hexactinelliden) vertreten sind. Daraus müssen wir schliessen, dass der ältere und interessantere Theil ihrer Stammesgeschichte in die frühe Archolith-Aera, in die cambrische und praecambrische Zeit fällt.

Die Palaeontologie der Spongien hat demnach für die grossen allgemeinen Züge ihrer Stammesgeschichte fast gar keinen

Werth; ihre lückenreichen positiven Daten können nur auf die historische Entwickelung einiger kleinen Formengruppen ein unvollkommenes Licht werfen. Immerhin geht daraus das hohe Alter dieses unvollkommensten Metazoen-Stammes positiv hervor. Für die Erkenntniss der wichtigsten Phasen seiner Geschichte, die Entstehung und Fortbildung des *Olynthus*, die Geschichte aller *Asconaten* und aller *skeletlosen Camaroten*, sind wir ganz allein auf die Urkunden der vergleichenden Anatomie und Ontogenie angewiesen.

§ 45. Classification der Spongien.

Die systematische Gruppirung der zahlreichen Poriferen und die Unterscheidung natürlicher Abtheilungen ist einerseits einfacher, anderseits schwieriger als in allen übrigen Stämmen der Metazoen. Es fehlen diesen niedersten Coelenterien noch die meisten differenzirten Gewebe und Organe, deren characteristische Gestaltung und Lagerung bei den übrigen den Entwurf eines „Natürlichen Systems“ ermöglicht. Es fehlen den Schwämmen noch Nerven und Muskeln, Gliedmaassen und Sinnesorgane. Die äussere Körperform ist bei der grossen Mehrzahl der Poriferen von gar keiner Bedeutung, da sie bloss durch das Wachsthum des Cormus bestimmt wird (§ 33). Nahe verwandte Spongien einer und derselben Familie können ganz verschiedene Gestalt besitzen; umgekehrt können zwei Schwämme, die ganz verschiedenen Familien oder Ordnungen angehören, äusserlich zum Verwechseln ähnlich sein. Mithin bleiben für die Classification der Spongien nur diejenigen Merkmale übrig, welche aus dem feineren Bau ihres Gastrocanal-Systems und ihres Skeletes sich ergeben.

Der Bau des Gastrocanal-Systems ist jedenfalls insofern von grösster phylogenetischer Bedeutung, als die beiden Hauptformen desselben (§ 36) zwei verschiedenen Perioden in der Stammesgeschichte der Spongien entsprechen. Der „Röhrenbau“ der Asconaten, der vom *Olynthus* ausgeht und sich unmittelbar an die *Gastraea* anschliesst, ist jedenfalls der ältere und ursprüngliche Typus. Erst später kann aus diesem der verwickeltere „Kammerbau“ der Camaroten hervorgegangen sein; die beiden Typen dieses letzteren, der strobiloide *Syconal-Typus* und der racemose *Rhagonal-Typus*, sind unabhängig von einander aus dem älteren *Asconal-Typus* hervorgegangen; der „Zapfenbau“ der Syconaten durch reguläre strobiloide Gemmation, der „Traubenbau“ der Rhagonaten durch irreguläre racemose Knospung, unter gleichzeitiger Coenenchym-Wucherung. Unter dem Rhagonal-Typus, der die mannichfaltigste Ausbildung zeigt, können allenfalls noch einige untergeordnete Haupt-Modificationen unterschieden worden, der eurypyle, diplodale u. s. w.

Jedoch besitzen diese und andere Differenzirungs-Formen im Bau des Canal-Systems an sich keine hohe Bedeutung, und für die Aufstellung natürlicher Gruppen können sie für sich allein deshalb nicht verwerthet werden, weil sie polyphyletisch entstanden sind, und in verschiedenen Ordnungen der Schwämme, unabhängig von einander, in ähnlicher Weise sich entwickelt haben.

Als wichtigste Grundlage für die Systematik der Spongien bleibt demnach nur der Bau ihres mannichfaltigen Skelet-Systems übrig; und dieser wird denn auch in der That neuerdings allgemein zur Unterscheidung der grösseren und kleineren Formengruppen benutzt. Insbesondere dienen die unzähligen feinen Abänderungen in der speciellen Form und Verbindung der einzelnen Skelettheile zur Unterscheidung der Species. Unstreitig giebt es auch mehrere natürliche Hauptgruppen in dem formenreichen Spongien-Stamme, die schon allein durch die characteristische Beschaffenheit ihres Skelets als selbständige, monophyletische Hauptzweige des Stammbaums erkennbar sind, vor Allen die Calcarosen, und unter den Silicosen die Hexactinellen. Weniger sicher erscheint schon die phylogenetische Einheit der Tetractinellen; und am wenigsten diejenige der Monaxinellen und der „Hornschwämme" (Ceratosa). Eine unbefangene Kritik der grossen Hauptgruppen, welche darauf hin neuerdings unterschieden wurden, stösst auf erhebliche Zweifel an ihrer Berechtigung. So müssen wir z. B. die Annahme für irrig halten, dass alle Hornschwämme ursprünglich von Kieselschwämmen abstammen und durch Verlust der Kiesel-Spikeln aus diesen entstanden sind. Ebenso halten wir für ganz unlogisch und irreführend die jetzt herrschende Zweitheilung des ganzen Spongien-Stammes, die künstliche Unterscheidung von *Calcarea* und *Non-Calcarea*. Ebenso gut könnte man *Silicea* und *Non-Silicea* gegenüberstellen. Die Kalkschwämme sind ebenso gut aus älteren skeletlosen Spongien entstanden, wie die Kieselschwämme; und die skeletlosen Asconaten (*Archispongien*) sind ebenso nothwendige Vorstufen für die Phylogenese der *Silicea*, wie der *Calcarea*. Der Parallelismus in der Stammesgeschichte der beiden Classen von Mineral-Schwämmen zeigt sich weiterhin nicht allein in der Ausbildung gleicher Formen von Kiesel- und Kalk-Spikeln (Stabnadeln, Dreistrahler, Vierstrahler), sondern auch darin, dass in einer Abtheilung beider Classen die Bündel der Mineral-Nadeln nachträglich durch hornähnliche Spongien-Fasern umschlossen werden (*Chalinellen* unter den Kieselschwämmen, *Pharetronen* unter den Kalkschwämmen). Dieselbe Bildung von Sponginfasern wiederholt sich — ganz unabhängig von den ersteren — bei einem Theile der Sandschwämme (Spongeliden, Stannomiden),

§ 46. System der Spongien.

Classen	Legionen	Ordnungen	Familien
I. **Malthosa** **Malthospongiae.** Korkschwämme *Porifera malthosa* Skelet niemals aus Mineralstücken gebildet, welche in Skeletoblasten des Mesoderms entstehen	I. **Myxospongiae** Ohne Skelet	Asconal-Typus	Archolynthida
		Rhagonal-Typus	Halisarcida
	II. **Psammospongiae** Mit Sandskelet	Asconal-Typus	Ammoconida
		Rhagonal-Typus	Psamminida
	III. **Cornuspongiae** Mit Hornskelet (mit oder ohne Sand) Rhagonal-Typus	Spongin-Skelet und Sandskelet combinirt Reines Spongin-Skelet ohne Sandskelet	Stannomida Spongelida Euspongida Aplysinida Darwinellida
II. **Silicosa** **Silicispongiae.** Kieselschwämme *Porifera silicea* Skelet ganz oder theilweise aus Kieselstücken zusammengesetzt, welche in mesodermalen Skeletoblasten entstehen	IV. **Monactinella** Primäre Spicula einaxig, stabförmig	**Suberitella** Ohne Horngerüst	Suberitida Renierida
		Chalinella Mit Horngerüst	Halichondrina Chalinida
	V. **Pollactinella** Primäre Spicula irregulär ästig oder vielstrahlig	**Rhizomorina** Spikeln irregulär verästelt, wurzelförmig	Rhizomorina Megamorina
		Anomocladina Spikeln sternförmig	Chondrillida
	VI. **Tetractinella** Primäre Spicula vierstrahlig (Tetraeder-Typus)	**Lithistida** Tetractillen zu einem Gerüst verflochten	Tetramorina Tetracladina
		Choristida Tetractillen isolirt, nicht verschmolzen	Plakinida Geodinida
	VII. **Hexactinella** Primäre Spicula sechsstrahlig (mit der Grundform des regulären Hexaeders)	**Lyssacina** Hexactillen nicht verschmolzen	Hyalonemida Euplectellida Receptacellida
		Dictyonina Hexactillen durch secundäre Kieselhüllen zu einem festen Gerüst verschmolzen	Inuncinata Clavularia Scopularia
III. **Calcarosa** **Calcispongiae.** Kalkschwämme *Porifera calcarea* Skelet ganz oder theilweise aus Kalkstücken zusammengesetzt, welche in mesodermalen Skeletoblasten entstehen	VIII. **Leuconella** (*Calcarea malthosa*) Kein Hornfasergerüst	Asconal-Typus (Arborale Gemmation)	Asconidae (Ascones)
		Syconal-Typus (Strobiloide Gemmation)	Syconidae (Sycones)
		Rhagonal-Typus (Racemose Gemmation)	Leuconidae (Leucones)
	IX. **Pharetrella** (*Calcarea ceratosa*) Hornfaser-Gerüst (Kalknadeln in Bündeln vereinigt)	Rhagonal-Typus	Pharetrones
		Syconal-Typus?	Procyathones (Archaeocyathida)

§ 47. Stammbaum der Spongien.

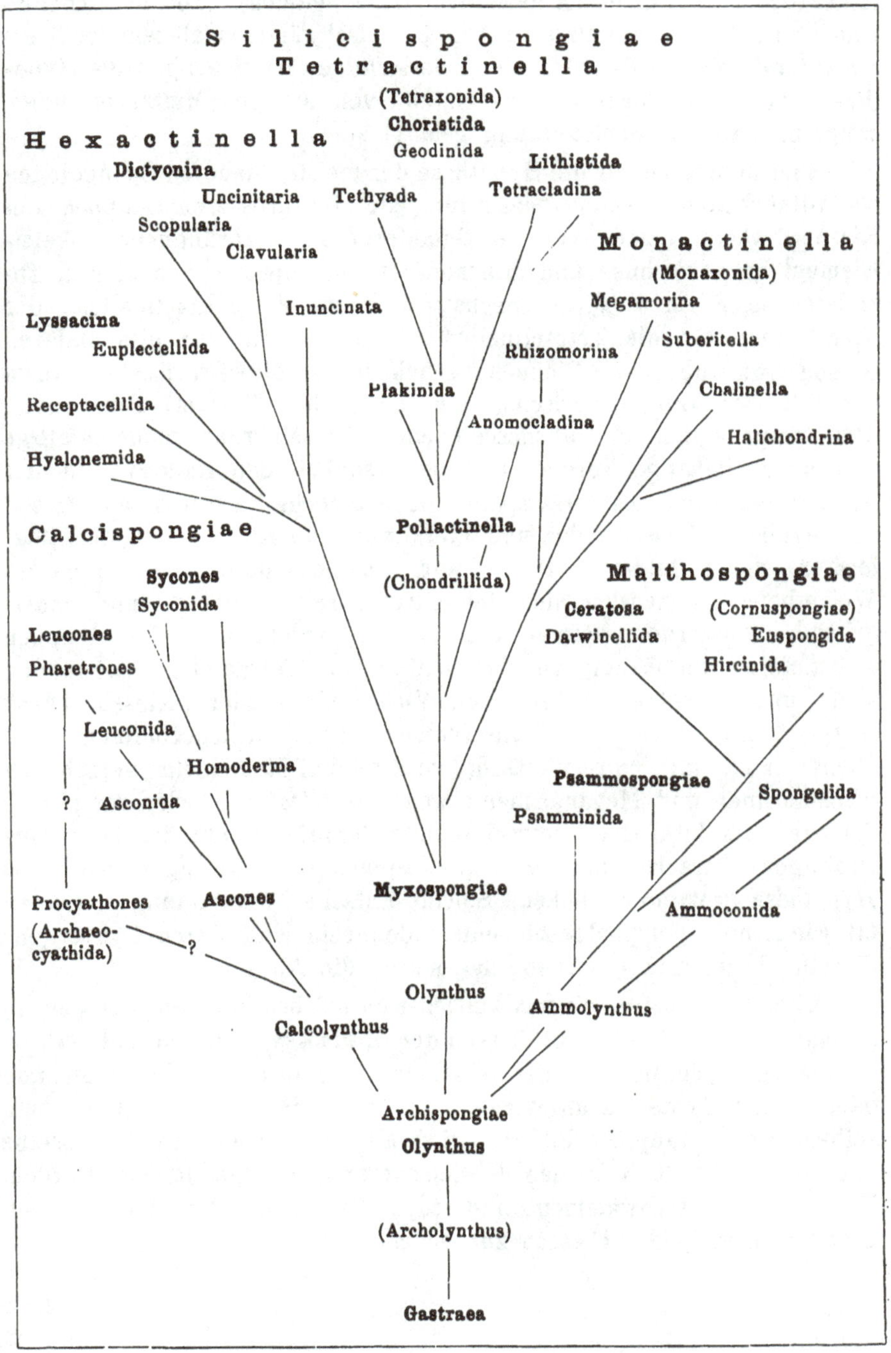

ebenso bei einigen „reinen Hornschwämmen“, die weder Sandskelet noch Mineral-Skelet besitzen (Aplysiniden, Darwinelliden). Die herrschende Annahme, dass diese letzteren von Kieselschwämmen abstammen, erscheint uns ganz willkürlich. Viel vorsichtiger ist jedenfalls die Hypothese, dass die Ahnen von diesen und von anderen Malthosen überhaupt niemals zur Skeletbildung gelangt sind.

Ebenso müssen wir die Hypothese der meisten neueren Spongologen als willkürlich bezeichnen, dass für jede der grösseren Gruppen der Kieselschwämme eine typische Nadelform als ursprüngliches Skelet-Element zu bezeichnen und alle anderen Spikelformen von diesem abzuleiten seien, so z. B. der Sechsstrahler für die Hexactinellen, der Vierstrahler für die Tetractinellen (— oder sogar für alle anderen Kieselschwämme! —). Vielmehr scheinen die ältesten fossilen Reste der Silicosen (im cambrischen und silurischen System) anzudeuten, dass ursprünglich die ausgeschiedenen Kieselkörper mannichfaltige und unregelmässige Formen besassen (ähnlich den Kalk-Spikeln der Alcyonarien), und dass erst später die natürliche Zuchtwahl aus diesen die regulären Sechsstrahler und Vierstrahler als zweckmässigste Stützformen weiter bildete. Dabei war die besondere Anordnung der Weichtheile, namentlich der Geisselkammern, in erster Linie maassgebend. Ausserdem können einfache Stabnadeln in vielen Gruppen selbständig, unabhängig von Hexactillen und Tetractillen, entstanden sein; und dasselbe gilt von den Vielstrahlern oder „Kieselsternen“ (vergl. § 42). Wenn jetzt alle (pollactinellen!) Anomocladinen, und ebenso alle, mit unregelmässig verästelten Stabnadeln versehenen Rhizomorinen und Megamorinen, wegen der festen Verflechtung ihrer Scleriten, als Lithistiden betrachtet und darauf hin mit den echt vierstrahligen Tetracladinen vereinigt werden, so unterliegt auch diese Hypothese grossen Bedenken. Solche einfache Skeletbildungen können oft wiederholt polyphyletisch entstanden sein und durch Convergenz dieselbe Form erlangt haben; das lehren die Alcyonarien.

Demnach müssen wir uns zunächst darauf beschränken, den ganzen Spongien-Stamm in die drei Classen der *Malthosen*, *Silicosen* und *Calcarosen* einzutheilen, und in jeder derselben eine Anzahl natürlicher Stämme oder Stamm-Aeste zu unterscheiden. Dass die Kalkschwämme einen selbständigen Hauptast bilden, wird allgemein anerkannt. Dasselbe könnte aber auch von den Kieselschwämmen angenommen werden. Unter den Korkschwämmen sind jedenfalls die ältesten gemeinsamen Stammformen beider Classen zu suchen.

§ 48. Erste Classe der Spongien:

Malthosa = Malthospongiae.

Korkschwämme. Spongiae ceratosae s. ampl. *Cornacuspongiae.*

SPONGIEN OHNE SELBSTGEBILDETES MINERAL-SKELET.

Spongien ohne autogene Kalk- oder Kiesel-Nadeln; mit oder ohne Hornfaser-Gerüst.

Die Classe der Malthospongien (Korkschwämme) oder *Malthosen* umfasst alle jene Schwämme, welche keine Mineral-Nadeln selbständig ausscheiden. Da wir die autogene Production von Kiesel- oder Kalk-Scleriten nicht als eine ursprüngliche Eigenschaft der ältesten Spongien betrachten können, müssen wir annehmen, dass unter den Malthosen sich die ältesten Stammformen aller Schwämme befinden, die hypothetischen, praecambrischen Archispongiae. Das Gastrocanal-System dieser ältesten skeletlosen Spongien kann nur den Asconal-Bau besessen haben, und ihr ältester Vertreter, *Archolynthus*, wird eine Olynthus-Person von einfachstem Körperbau gewesen sein. Noch heute leben zwei verschiedene Asconaten, welche uns eine vollkommene Vorstellung von dieser ausgestorbenen gemeinsamen Stammform aller Schwämme geben können, und welche sich nur durch den Besitz eines Skelets von ihr unterscheiden: *Calcolynthus*, die Urform der Kalkschwämme, und *Ammolynthus*, der Urtypus der Sandschwämme. Denken wir uns die Kalknadeln aus dem ersteren, die Sandkörner aus dem letzteren entfernt, so erhalten wir den Organismus des *Archolynthus*: einen eiförmigen oder cylindrischen Schlauch, dessen zweiblätterige dünne Wand einer festsitzenden *Gastraea* gleicht, sich aber durch den Besitz der Poren und des Osculums von ihr unterscheidet.

Aus dem Asconal-Typus des Gastrocanal-Systems, welchen die ältesten Malthosen besassen, haben sich erst später die beiden anderen Typen desselben entwickelt, der *Syconal-Typus* durch regelmässige strobiloide Knospung, der *Rhagonal-Typus* durch unregelmässige acinöse Gemmation unter reichlicher Ausbildung von Maltha (oder Intercellar-Substanz des Mesenchyms). Dieser letztere Typus ist unter den lebenden Malthosen ganz vorherrschend. Verschiedene Modificationen seines „Traubenbaues“, — oft unter starker Ausbildung von Prosodal- und Aphodal-Canälen — entwickeln sich unter den Malthosen, wie unter den Silicosen und Calcarosen.

Das autogene Mineral-Skelet, welches die beiden anderen Classen der Spongien auszeichnet — die Kieselkörper der *Silicosen* und die Kalkscleriten der *Calcarosen* — fehlt den *Malthosen* vollständig; sie können zwar grosse Massen solcher Spikeln enthalten, aber diese stammen von anderen Schwämmen und sind von aussen aufgenommen, ebenso wie Sand, Fragmente von Mollusken- und Echinodermen-Skeleten, Rhizopoden-Schalen u. s. w. Das Sandskelet, welches durch die Aufnahme und Verkittung solcher „Fremdkörper" (*Xenophya*) von vielen Malthosen gebildet wird, hat natürlich eine ganz andere Bedeutung, als das echte, in Scleroblasten entstandene Mineral-Skelet der Kiesel- und Kalkschwämme.

Die Mehrzahl der lebenden Malthosen bildet ausserdem ein Horn-Skelet oder Ceratin-Skelet, wesshalb auch die ganze Classe oft unter dem Namen der Hornschwämme aufgeführt wird (*Ceratosa* oder *Cornuspongiae*). Indessen betrachten wir auch hier — ebenso wie bei den „Hornkieselschwämmen" (den Chalinellen unter den Silicosen) — die Hornfasern oder Fibroinfasern als secundäre Producte, welche entweder selbständig in der Maltha entstehen (ähnlich elastischen Fasern) oder um die angehäufte Masse der Fremdkörper herum von Spongoblasten abgeschieden werden. Die nahen Beziehungen, welche zwischen einigen dieser Hornschwämme und jenen Hornkieselschwämmen zu bestehen scheinen, haben zu der irrthümlichen Annahme geführt, dass alle Ceratospongien von monaxillen Kieselschwämmen abstammen; man hat sogar beide in einer gemeinsamen Ordnung der Cornacuspongiae vereinigt. Allerdings ist es wahrscheinlich, dass einige Gruppen der „Ceratina" (namentlich Spongelida) ursprünglich durch Rückbildung der Kiesel-Spikeln aus Halichondrien oder ähnlichen „Kieselhornschwämmen" entstanden sind. Allein für andere Gruppen (Aplysinida, Darwinellida) erscheint diese Annahme keineswegs begründet. Vielmehr nehmen wir an, dass die Bildung eines Ceratin-Skelets polyphyletisch erfolgt ist, unabhängig von einander bei den meisten Malthosen, den Halichondrien (Chalinellen) und den Pharetrellen (Calcispongien).

Die phylogenetische Classification der Malthosen ist äusserst schwierig und hat noch nicht zur Aufstellung eines einigermaassen natürlichen Systems derselben geführt. Künstlich lassen sich — mit Rücksicht auf die Skeletbildung — folgende Ordnungen in dieser Classe unterscheiden: 1) *Myxospongiae* (ohne alle Hartgebilde); 2) *Psammospongiae* (mit Sandskelet, ohne Hornskelet); 3) *Cornuspongiae* (mit Horn-Gerüste, mit oder ohne Fremdkörper). Das Canal-System ist bei den letzteren stets nach dem Rhagonal-Typus gebaut, während in den beiden ersteren daneben noch der Asconal-Typus sich erhalten hat.

A. **Myxospongiae** (Gummischwämme). Erste Legion der Malthosa. Sie umfasst alle weichen und völlig skeletlosen Schwämme, ohne Scleriten und ohne Xenophyen. Die Maltha derselben ist bald gallertig-weich (*Halisarca*), bald gummiartig oder selbst knorpelartig-fest (*Chondrosia*). Bei diesen und einigen anderen lebenden Myxospongien (— die vielleicht theilweise durch Verlust des Kieselskelets aus Silicosen entstanden sind —) ist das Canal-System nach dem Rhagonal-Typus gebaut. Die ältesten Myxospongien, die wir als die Stammgruppe aller Schwämme betrachten, die *Archispongien*, besassen jedenfalls den Asconal-Typus (*Archolynthus*).

B. **Psammospongiae.** Zweite Legion der Malthosa. Die Gruppe der „Sandschwämme“ wird durch jene Malthosen gebildet, deren Skelet sich bloss aus angehäuften Massen von aufgenommenen Fremdkörpern zusammensetzt, ohne Abscheidung von Hornfasern. Es gehören dazu theils sehr grosse massige Formen, mit Canalsystem nach dem Rhagonal-Typus (*Psamminida*), theils sehr kleine und zarte Formen, welche noch den *Asconal-Typus* conservirt haben (*Ammoconida*); unter diesen letzteren ist von hohem Interesse der einfache Ammolynthus der Tiefsee, ein eiförmiger oder cylindrischer Schlauch mit dünner, siebförmig durchbrochener Wand, der sich von unserem hypothetischen Archolynthus nur durch den Besitz der aufgenommenen Fremdkörper (Xenophya) unterscheidet. Diese letzteren sind verschieden je nach der Beschaffenheit des schlammigen Bodens, auf dem der kleine Schwamm zufällig wächst: Radiolarien-Schlamm bei *Ammolynthus prototypus*, Globigerinen-Schlamm bei *A. haliphysema*, Kieselnadeln von Silicispongien bei *A. gastrophysema* (— früher als *Haliphysema* beschrieben, vergl. § 30 —).

C. **Cornuspongiae.** Dritte Legion der Malthosa. Sie umfasst die eigentlichen „Hornschwämme“ im engeren Sinne, nämlich alle jene Malthosen, welche im Mesoderm Spongoblasten besitzen und mit deren Hülfe ein Ceratin-Skelet abscheiden (daher Ceratosa oder Ceratina genannt). Die „Hornfasern“, welche ihr elastisches Fibroin-Skelet zusammensetzen, enthalten bei den *Spongeliden* oft sehr viel Sand (Uebergang zu den Psamminiden); auch die *Euspongiden* können noch mehr oder weniger Fremdkörper einschliessen (— so auch der Badeschwamm, *Euspongia officinalis* —). Bei den *Stannomiden* besteht die Hauptmasse des Skelets aus Fremdkörpern, und dazwischen verlaufen überall feine Fibrillen-Bündel. Dagegen sind die Hornfasern stets sandfrei bei den *Aplysiniden* und *Darwinelliden*; bei den letzteren bildet die hornartige Sponginsubstanz bisweilen viele einzelne vielstrahlige „Horn-Spikeln“ (*Darwinella*), andermale einen einzigen, vielverästelten Baum, dessen Aeste nicht anastomosiren. Die phylogenetischen Beziehungen, welche zwischen diesen verschiedenen Gruppen der Malthosen, sowie zwischen ihnen und den Silicosen

(Chalinellen) einerseits, den Calcarosen (Pharetronen) anderseits existiren, sind sehr verwickelt und zur Zeit noch ganz unklar.

§ 49. Zweite Classe der Spongien:

Silicosa = Silicispongiae.

Kieselschwämme. Spongiae siliceae. Porifera silicosa.

SPONGIEN MIT SELBSTGEBILDETEM KIESEL-SKELET.

Spongien, deren Skelet aus autogenen Scleriten von Kieselerde zusammengesetzt ist, mit oder ohne Hornfaser-Gerüst.

Die Classe der Silicosen (= *Silicispongien*) oder Kieselschwämme umfasst alle Spongien, welche durch das Mesoderm Kiesel-Scleriten ausscheiden. Das Skelet kann im einfachsten Falle bloss aus diesen autogenen Kieselkörpern gebildet werden, die entweder einzeln in der mesodermalen Maltha zerstreut liegen, oder zu einem festen Gerüste verbunden sind. Ausserdem kann aber dieses Gerüst dadurch verstärkt und befestigt werden, dass Hornscheiden um die bündelweise gelagerten Kieselnadeln abgeschieden werden (durch Spongoblasten), oder dass Fremdkörper (Xenophyen) von aussen mit in die Grundsubstanz aufgenommen werden. Sowohl die Gestalt der Kieselkörper (die in besonderen Mesoderm-Zellen, den Scleroblasten, zu entstehen scheinen), als auch ihre Gruppirung und Zusammensetzung sind den mannichfaltigsten Umbildungen durch Anpassung unterworfen. Es umfasst daher diese Classe eine weit grössere Anzahl von Familien, Gattungen und Arten als die beiden übrigen Classen des Spongien-Stammes.

Die Systematik und Phylogenie dieser formenreichen Classe bietet die grössten Schwierigkeiten und hat noch bis heute zu keinem befriedigenden Resultate geführt. Das Gastrocanal-System unterliegt zwar sehr mannichfaltigen Modificationen im Einzelnen; diese sind aber von keiner grossen Bedeutung für die Unterscheidung grösserer Gruppen und stehen nicht in Correlation zu den typischen Differenzen der Skeletbildung, mit deren Hülfe die grösseren Gruppen der Silicosen unterschieden werden. Asconaten sind unter den fossilen und den heute lebenden Kieselschwämmen nicht bekannt; diese gehören sämmtlich zu den Camaroten; und zwar ist das Gastrocanal-System fast nur bei den Hexactinellen nach dem Syconal-Typus gebaut, bei den übrigen gewöhnlich nach dem Rhagonal-Typus (§ 40). Dennoch ist es sehr wahrscheinlich, dass unter den älteren palaeozoischen und archozoischen Silicosen ähnliche Asconaten existirten, wie noch heute die Ammoconiden unter den Malthosen sind, und die Asconiden unter den Calcarosen. Allein die asconaten Kieselschwämme (— welche wir als die Ahnen der camaroten betrachten —) scheinen gänzlich ausgestorben zu sein und konnten wegen der zarten Beschaffenheit ihres dünnwandigen, porösen Röhrenkörpers keine fossilen Reste hinterlassen. Aber auch die verschiedenen Formen des Camaroten-Typus, die in dieser Classe zur divergenten Ausbildung gelangen, geben nur in einzelnen Fällen Aufschluss über die Stammesgeschichte einiger Gruppen.

Die Morphologie des Kieselskelets, welche demnach fast ausschliesslich (— oder doch ganz überwiegend —) für die Classification der Silicosen verwerthet wird, ist sehr verwickelt. Zwar unterscheidet man gewöhnlich als zwei „natürliche" Subclassen derselben die Hexactinellen oder Hyalospongien (mit sechsstrahligen Scleriten) und die Demospongien (ohne Hexactillen); und unter den letzteren wieder die Tetractinellen (mit vierstrahligen Kieselnadeln) und die Monaxinellen (ohne Tetraxillen). Allein die Verwandtschafts-Beziehungen dieser drei Legionen unterliegen sehr verschiedenen Deutungen; und als vierte Legion könnte man ihnen noch die Pollactinellen anschliessen, die sich durch vielstrahlige oder irregulär verästelte Kieselkörper auszeichnen.

D. **Monactinella.** Erste Legion der Silicosa. Sie umfasst diejenigen Kieselschwämme, welche bloss Monaxillen oder Stabnadeln (Rhabden) bilden, weder Vierstrahler und Vielstrahler noch Sechsstrahler. Man kann sie künstlich in zwei Ordnungen theilen: *Suberitellen* (ohne Hornfasern) und Halichondrien oder *Chalinellen* (mit Hornfasern); bei den letzteren sind nachträglich Sponginhüllen um die bündelweise gelagerten Kiesel-Spikeln ausgeschieden worden, bei den ersteren nicht.

E. **Tetractinella.** Zweite Legion der Silicosa. Sie ist die umfangreichste unter den Hauptgruppen des ganzen Stammes und umfasst alle diejenigen Kieselschwämme, welche typische Vierstrahler oder von diesen ableitbare Kieselkörper besitzen. Es lassen sich auch hier zwei Ordnungen unterscheiden: bei den *Choristiden* bleiben die einzelnen Nadeln getrennt (Familien der Sigmatophora, Asterophora, Corticophora u. A.); bei den *Lithistiden* dagegen legen sich die Schenkel der benachbarten Nadeln fest an einander, verflechten sich oft mit ihren Aesten und bilden ein festes Gerüst. Vermöge dieser compacten, oft steinartigen Gerüstbildung eignen sich die Kiesel-Skelete der Lithistiden ganz vorzüglich zur Erhaltung in fossilem Zustande; sie finden sich, ebenso wie die Hexactinellen, massenhaft versteinert schon in älteren Formationen vor, im Unter-Silur beginnend. Ihre Blüthezeit fällt in die Kreide; in der Gegenwart sind sind sie nur spärlich vertreten. Man pflegt die grosse Ordnung der Lithistiden gewöhnlich als einen einzigen Stamm zu betrachten, der durch die Familie der *Tetracladinen* sich eng an die *Choristiden* (oder die *Tetractinellen* im engeren Sinne) anschliesst. Indessen muss hervorgehoben werden, dass bei der Mehrzahl der Lithistiden keineswegs der typische „Vierstrahler" als das ursprüngliche und maassgebende Skelet-Element nachgewiesen werden kann. Vielmehr könnte man die alte Familie der *Anomocladina* (mit vielen unregelmässig verästelten Schenkeln der Nadeln) eher von alten Pollaxillen ableiten, und die beiden Familien der *Rhizomorinen* und *Megamorinen* von Monaxinellen, deren Stabnadeln sich unregelmässig verästelten. Die Neigung der Kieselnadeln, sich mit ihren Schenkeln an einander zu legen und fest zu verbinden, ist allerdings den verschiedenen Familien der Lithistiden gemeinsam, kann aber keineswegs als Beweis ihrer Stammverwandtschaft angesehen werden; denn sie wiederholt sich in gleicher Weise bei den Hexactinellen und den Pharetronen.

F. **Pollactinella.** Dritte Legion der Silicosa. Sie würde diejenigen Kieselschwämme umfassen, die sich durch vielstrahlige Spikeln auszeichnen. Diese *Pollaxillen* sind vielleicht als eine sehr ursprüngliche Bildung aufzufassen. Schon im Silur treten die merkwürdigen *Anomocladinen* auf, welche sich durch alle Formationen bis zur Gegenwart erhalten haben, besonders aber in der Jura- und Kreide-Zeit entwickelt waren. Ihre Kiesel-Scleriten sind Sterne, von deren kugeligem Centrum eine wechselnde und unbestimmte Zahl von Strahlen abgeht. Durch stärkere Arme hängen diese Kieselsterne zusammen und bilden ein festes Gerüst. Gewöhnlich werden die Anomocladinen zu den Lithistiden gestellt und an die Tetracladinen angeschlossen, obwohl die typische Tetraxillen-Bildung ihnen fehlt. Das Gleiche gilt auch von den Rhizomorinen und Megamorinen, deren unregelmässig verästelte Scleriten einaxig sind und nur durch die festere Verbindung ihrer Aeste sich von den Monaxinellen unterscheiden. Ihre Verwandtschaft mit den echten Tetractinellen ist sehr zweifelhaft.

G. **Hexactinella.** Vierte Legion der Silicosa. Diese formenreiche Gruppe bildet eine sehr selbständige und scharf umschriebene Hauptgruppe der Kieselschwämme. Sie sind characterisirt durch den Besitz der typischen *Hexactillen* oder Sechsstrahler, Kiesel-Scleriten, deren sechs ursprüngliche Schenkel in drei auf einander senkrechten Axen liegen. Uebrigens kommen solche sechsstrahlige Nadeln gelegentlich auch (ebenso wie vierstrahlige) bei Pollaxinellen zur Ausbildung, und gerade bei sehr alten Formen der Lithistiden. Es ist daher wohl möglich, dass der typische Sechsstrahler der ersteren ebenso wie der typische Vierstrahler der letzteren erst durch Selection aus den unregelmässigen Pollaxillen der Anomocladinen oder anderer ältester Kieselschwämme entstanden ist. Als eine sehr alte Gruppe der Silicosen erweisen sich die Hexactinellen auch durch die Bildung ihres Canalsystems, in dem der Syconal-Typus mehr oder weniger scharf ausgeprägt und eigenthümlich fortgebildet ist. Von den beiden Ordnungen dieser Legion sind die *Lyssacinen*, mit lockerer Verbindung der Hexactillen, als die älteren zu betrachten. Aus ihnen sind die *Dictyoninen* dadurch entstanden, dass die an einander gelagerten Sechsstrahler durch nachträglich ausgeschiedene Kieselerde zu einem festen Gerüste verbunden wurden.

§ 50. Dritte Classe der Spongien:

Calcarosa = Calcispongiae.

Kalkschwämme. Spongiae calcareae. Grantiae.

SPONGIEN MIT SELBSTGEBILDETEM KALK-SKELET.

Spongien, deren Skelet aus autogenen Scleriten von Kalkerde zusammengesetzt ist, mit oder ohne Hornfaser-Gerüst.

Die Classe der Calcarosen (= *Calcispongien*) oder Kalkschwämme ist weit weniger formenreich und namentlich in Bezug auf die Skeletbildung weniger mannichfaltig entwickelt, als die vorhergehende Classe der Kieselschwämme. Sie ist aber von besonderem morphologischen und phylogenetischen Interesse 1) wegen der ausserordentlichen Variabilität der Formen; 2) wegen des engen phylogenetischen Zusammenhanges, welchen alle Formen zeigen; 3) wegen der vollkommenen Stufenleiter in der Ausbildung ihres Gastrocanal-Systems; alle verschiedenen Hauptformen desselben, beginnend vom einfachsten Olynthus, und alle Modificationen des *Asconal*-Typus, bis hinauf zu den vollkommensten Formen des *Syconal*-Typus einerseits, des *Rhagonal*-Typus anderseits, kommen in dieser Classe neben einander vor. 4) Endlich ist diese Classe auch insofern von allgemeiner Bedeutung, als hier zuerst von uns (1872) der Nachweis geführt wurde, dass sich der Spongien-Organismus wie bei allen anderen Metazoen aus zwei primären Keimblättern entwickelt und dass auch für ihn der Gastrula-Keim den Ausgangspunkt darstellt. Indem wir damals den einfachen Olynthus als Urtypus der Spongien aufstellten und diesen porösen, allopol-monaxonen Schlauch einerseits mit dem Gastrula-Keim der Metazoen, anderseits mit dem zweiblätterigen Becherkörper der Hydra verglichen, gelangten wir zur morphologischen Begründung unserer Gastraea-Theorie (§§ 13—15).

Wir theilen die Classe der Kalkschwämme in zwei Subclassen oder Legionen, von denen jedoch die eine nur in fossilem Zustande unvollständig bekannt ist. Alle lebenden Calcarosen gehören zur Legion der Leuconellen oder *Grantien* und bilden kein Horn-Skelet; ihre Kalknadeln liegen einzeln im Parenchym und sind nicht bündelweise durch Hornsubstanz vereinigt; sie eignen sich daher auch nicht zur Erhaltung in fossilem Zustande. Degegen finden sich die Kalkschwämme der zweiten Legion, Pharetrellen (oder *Pharetronen* im weiteren Sinne) in grosser Zahl versteinert vor, von den silurischen Schichten aufwärts bis zur Kreide; ihre Erhaltung in fossilem Zustande war dadurch möglich, dass ihre Kalkspikeln (— ähnlich den Kieselnadeln der Chalinellen —) bündelweise an einander gelagert und von gemeinsamen Hornscheiden (oder Fibroin-Fasern) umschlossen waren; diese verästelten und anastomosirenden Hornfasern bildeten ein derbes, oft ansehnliches Gerüst.

H. **Leuconella.** Erste Legion der Calcarosa (= *Grantiae*). Diese Gruppe enthält alle Kalkschwämme ohne Hornfasern; sie zeigt alle drei Typen des Gastrocanal-Systems in reicher Stufenfolge neben einander entwickelt. Wir unterscheiden danach die drei Ordnungen der *Asconiden*, *Syconiden* und *Leuconiden*. Die gemeinsame Wurzelgruppe der ganzen Classe bilden die Ascones oder *Asconidae* (= *Homocoela*). Der ursprüngliche einfache Asconal-Typus des Gastrocanal-Systems, wie ihn die ältesten praecambrischen Spongien besessen haben müssen, erscheint in dieser Ordnung noch heute am reinsten ausgeprägt. Hier finden wir noch in typischer Einfachheit erhalten den primitiven Calcolynthus, jene bedeutungsvolle Stammform der Kalkschwämme, die sich vom hypothetischen *Archolynthus*, dem gemeinsamen Stammvater des ganzen Spongien-Stammes, nur durch den Besitz der Kalknadeln principiell unterscheidet. Die meisten Asconiden bilden kleine Stöckchen, indem aus dem primären Calcolynthus laterale Aeste hervorknospen (*Soleniscus*). Durch Verwachsung dieser cylindrischen Röhren entstehen die geflechtartigen Stöcke von *Auloplegma* u. s. w.

Die Ordnung der Sycones oder *Syconidae* (= *Heterocoela radiata*) zeigt in zahlreichen Formen die reine Ausbildung des characteristischen Syconal-Typus. Zahlreiche gleiche Knospen wachsen dichtgedrängt, in strobiloider Anordnung, aus der dünnen Röhrenwand des einfachen Calcolynthus hervor und erscheinen auf dem Querschnitt des eiförmigen oder cylindrischen Schwammkörpers als „Radial-Tuben". Ursprünglich getrennt, verwachsen später diese „secundären Olynthen" mit einander und erscheinen als radiäre, schlauchförmige „Geisselkammern“, als Organe einer Sycon-Person, die eigentlich als ein Cormidium zu betrachten ist. Homoderma Sycandra zeigt noch heute den unmittelbaren Uebergang von dem strobiloiden Ascon-Cormidium zu der einfachen Sycon-Person.

Die Ordnung der Leucones oder *Leuconidae* (= *Heterocoela acinosa*) repräsentirt unter den Kalkschwämmen den Rhagonal-Typus, diejenige Form des Gastrocanal-Systems, welche unter den übrigen Spongien die herrschende ist (vergl. § 40). An die Stelle der grossen conischen oder cylindrischen „Radial-Tuben“ der Syconen treten bei den Leuconen zahlreiche kleine, kugelige oder rundliche „Geisselkammern“; und indem zwischen diesen „secundären Olynthen“ reichliche Massen von Coenenchym gebildet werden, entwickeln sich zugleich Prosodal- und Aphodal-Canäle in mannichfaltiger Ausbildung. Das connectente Genus *Leucopsis* zeigt noch heute den Weg an, auf welchem dergestalt aus den tubulösen *Asconiden* die acinösen *Leuconiden* entstanden sind. Die *Tichoniden* (Eilhardia, Tichonella) sind echte Leuconiden, bei denen nur das eigenthümliche Wachsthum des Cormus eine scheinbare Umkehrung in der Lage der Einfuhr- und Abfuhr-Canäle bewirkt hat.

J. **Pharetrella.** Zweite Legion der Calcarosa. Diese Gruppe umfasst eine grosse Zahl von fossilen Kalkschwämmen, welche seit Ende der Kreidezeit ausgestorben sind; sie unterscheiden sich von allen lebenden Calcarosen dadurch, dass ihre Kalknadeln nicht einzeln in die weiche Maltha des Mesenchyms eingelagert, sondern dichtgedrängt zu Bündeln vereinigt waren, die von secundär gebildeten Ceratin-Röhren oder „Hornfasern“ umgeben wurden. Die verästelten Hornfasern bildeten durch vielfache Anastomosen feste Gerüste. Die *Pharetrellen* nehmen demnach unter den Kalkschwämmen dieselbe Stellung ein wie die *Chalinellen* (oder Halichondrien) unter den Kieselschwämmen; sowohl bei jenen wie bei diesen sind die verästelten und netzbildenden Hornfasern als secundäre (von Spongoblasten abgeschiedene) Bildungen zu betrachten, welche als „Hornscheiden“ um die Bündel der primären (in Scleroblasten entstandenen) Mineral-Nadeln sich herumlegten.

Das Gastrocanal-System der Pharetrellen ist nur unvollständig erkannt, scheint aber bei den eigentlichen Pharetronen nach dem *Leuconal*-Typus, dagegen bei den Procyathonen (oder Archaeocyathiden) nach dem *Syconal*-Typus gebaut zu sein. Wir dürfen daher vermuthen, dass die ersteren von den *Leuconiden*, die letzteren von den *Syconiden* abstammen. Die Pharetronen, mit unregelmässigem, nicht radiärem Canalsystem, schliessen sich unmittelbar an jene Formen der Leuconiden an, bei denen massenhaftes Coenenchym entwickelt ist. Sie kommen einzeln schon im Devon vor (*Peronella*), zahlreich und weit verbreitet in den mesozoischen Formationen, von der Trias an bis zur Kreide.

Die Sphinctozoen (oder *Sphinctospongien*) scheinen eine besondere Gruppe der Pharetrellen zu bilden, deren Canal-System sich dem Syconal-Typus nähert. Ihr cylindrischer Cormus ist gegliedert, aus einer Reihe von Segmenten zusammengesetzt, welche durch transversale Böden oder Dissepimente geschieden werden (*Sollasia* im Carbon, *Colospongia* in der Trias, *Barroisia* in der Kreide). Eine ähnliche Segmentirung kommt auch bei einigen Lithistiden vor; sie besitzt keine besondere Bedeutung.

Die Procyathonen (oder *Archaeocyathiden*) sind noch älter; sie kommen schon in den cambrischen und silurischen Ablagerungen vor und scheinen schon vor Beginn der Trias-Zeit ausgestorben zu sein. Ihr cylindrischer oder becherförmiger Körper scheint sich am nächsten an die Syconiden anzuschliessen; zwischen der fein porösen Dermalfläche und der parallelen, gröber porösen Gastralfläche liegen zahlreiche Fächer, welche durch radiale Septen getheilt sind („Radial-Tuben?"). Auch diese Septen sind von Poren durchbrochen, die Interseptal-Räume von Querbalken durchsetzt. Man hat die Archaeocyathiden wegen dieser Radial-Structur (— die ganz ähnlich auch bei manchen syconaten Kieselschwämmen vorkommt —) wohl irrthümlich als Corallen gedeutet, oder als eine „Uebergangs-Gruppe" von den Corallen zu den Spongien. Indessen sind gerade die characteristischen inneren Structur-Verhältnisse der Corallen an ihnen nicht zu erkennen; die Aehnlichkeit mit den *Madreporaria perforata* ist nur äusserlich. Eine ähnliche Anordnung der Skelet-Gerüste findet sich auch in den becherförmigen oder trichterförmigen Cormen von einigen Halichondrinen und anderen Spongien.

Drittes Kapitel.

Systematische Phylogenie der Cnidarien (Nesselthiere).

§ 51. Dritter Stamm der Metazoen: **Cnidaria** (= **Acalephae**).

(*Zoophyta. Coelenterata* ss. str. *Nematophora.*)

PHYLON DER URTICANTEN COELENTERATEN.

Coelenterien ohne Dermal-Poren, mit Tentakeln, mit Nessel-Organen. Grundform der Person radiär oder stauraxon (ursprünglich vierstrahlig).

Der Stamm der *Cnidarien* oder Nesselthiere bildet die formenreichste und wichtigste Hauptgruppe der *Coelenterien.* Trotz der grossen Mannichfaltigkeit der hierher gehörigen Metazoen, und trotz des bedeutenden Unterschiedes, welcher in der Organisation der niederen und höheren Formen des Stammes uns entgegentritt, legt dennoch die vergleichende Anatomie und Ontogenie derselben klares Zeugniss ab für seine morphologische und phylogenetische Einheit. Als gemeinsame Stammform des monophyletischen Stammes ist ein tetranemaler *Hydropolyp* von einfachster Organisation anzusehen, eine diploblastische Person, die sich von ihren Gastraea-Ahnen wesentlich nur durch den Besitz von vier einfachen kreuzständigen Tentakeln unterschied. Diese *Archydra*, die hypothetische praecambrische Stammform aller Cnidarien, hat in dem gemeinen Süsswasser-Polypen (*Hydra*), sowie in der marinen *Haleremita*, ein nur wenig modificirtes Abbild ihrer Organisation hinterlassen, einen morphologischen Prototypus von unschätzbarem Werthe. Selbst wenn wir für die Nesselthiere einen polyphyletischen Ursprung annehmen wollten, würde uns dennoch die vergleichende Anatomie und Ontogenie ihrer Stämme immer wieder auf eine und dieselbe Ausgangsform zurückführen, auf eine *Archydra* oder eine Gastraea-ähnliche monaxone Person, welche sich mit dem Aboral-Pol festgesetzt und am Oral-Pol einen Kranz von vier Tentakeln entwickelt hat, den Ausgangspunkt des vierstrahligen Körperbaues der Cnidarien.

Für die Frage vom Ursprung des Cnidarien-Stammes ist es wichtig, die morphologischen Beziehungen ihrer einfachsten und ältesten Formen zur Ahnen-Gruppe der Gastraeaden festzustellen. Die Archydrarien, als die ältesten Wurzelformen der Nesselthiere, haben von ihren nächsten Ahnen, den *Gastraeaden*, durch Vererbung erhalten: 1) den Urdarm oder die einfache Magenhöhle (*Progaster*); 2) dessen einfache Oeffnung, den Urmund (*Prostoma*); 3) die beiden primären Keimblätter, welche als einfache Epitelien die Wand des Urdarms zusammensetzen (*Entoderm* und *Exoderm*). Diese wesentlichen Bestandtheile der ursprünglichen Gastraeaden-Organisation übertrugen sich durch Vererbung von den einfachsten Stammformen der Cnidarien auf alle Glieder dieses formenreichen Stammes; während sie aber bei dessen Wurzel-Ahnen, den Archydrarien, in sehr primitiver und einfacher Form bestehen blieben, unterlagen sie bei den meisten Gliedern einer weitgehenden Fortbildung und Differenzirung.

Die Nesselorgane (*Cnidia*), welche dem Stamme der *Cnidarien* den Namen gegeben haben, waren vermuthlich schon bei jenem Zweige der Gastraeaden vorhanden, welche wir als die unmittelbaren Vorfahren der ersteren anzusehen haben (§ 27). Dagegen ist als die wichtigste Eigenthümlichkeit der Cnidarien, durch deren Erwerbung sie sich über den Ahnen-Stamm der Gastraeaden erhoben, die Ausbildung von Tentakeln anzusehen, als physiologisch wichtigen Greif- und Tast-Organen. Wahrscheinlich waren dieselben schon bei der Wurzelgruppe der *Archydrarien* vorhanden, entweder in erster Anlage als „Nesselwarzen" über den Körper zerstreut, oder bereits als Kranz von (vier) kurzen Armen um den Mund gruppirt. Als die primäre Ursache dieser wichtigen Erwerbung ist wohl in erster Linie die Anpassung an die festsitzende Lebensweise anzusehen. Die Tentakeln, welche den Mund umgeben, und welche den Gastraeaden sowohl als den Spongien fehlen, sind physiologisch ebenso als Fühler wie als Fänger vom grössten Nutzen für die festsitzende Polypen-Form. Morphologisch sind sie von grösster Bedeutung als die ersten, selbständig aus dem monaxonen Gastraea-Körper vortretenden Organe; sie characterisiren die Kreuzaxen, welche auf der Hauptaxe des Urdarms senkrecht stehen. Die strahlige Anordnung der Tentakeln ist somit die älteste Ursache der Radial-Form (*Stauraxonia*).

§ 52. Hydrozoen und Scyphozoen.

Der vielgestaltige Stamm der Cnidarien spaltete sich schon an seiner ältesten Wurzel in zwei grosse Hauptstämme oder Cladome, *Hydrozoen* und *Scyphozoen*. Beide Cladome entwickelten sich, neben einander aufstrebend, in ähnlicher Weise, so dass die zahlreichen Aeste ihrer Hauptzweige viele interessante Analogien und Parallelen darbieten. Die Convergenz der äusseren Körperform, die Angleichung auch im inneren Körperbau, wird oft durch Anpassung an die gleichen Lebensbedingungen so gross, dass bis vor Kurzem Angehörige beider Cladome verwechselt oder als nächstverwandt betrachtet wurden. Trotzdem erhalten sich in beiden Stämmen durch zähe Vererbung zwei characteristische Eigenthümlichkeiten, welche jederzeit die scharfe Unterscheidung derselben gestatten. Die Scyphozoen sind *Taeniolata*, ausgezeichnet durch den constanten Besitz von inneren Magenleisten oder Taeniolen, ursprünglich 4 interradialen Leisten des Entoderms, welche Längsmuskeln einschliessen und 4 perradiale Magenrinnen zwischen sich lassen. Diese characteristischen Taeniolen oder „Gastral-Filamente" fehlen dem älteren Stamme der Hydrozoen, die desshalb auch als *Intaeniola* bezeichnet werden können. Ein zweiter wesentlicher Unterschied beider Cladome besteht in dem verschiedenen Ursprung ihrer Progonidien oder „Urkeimzellen"; dieselben entstehen bei den Hydrozoen aus dem Exoderm, bei den Scyphozoen aus dem Entoderm; man hat desshalb auch die ersteren als *Ectocarpae* bezeichnet, die letzteren als *Endocarpae*. Da die ältesten Scyphozoen (— *Scyphostomarien* —) von den ältesten Hydrozoen (— *Archydrarien* —) abzuleiten sind, und nur durch Ausbildung der Taeniolen von ihnen abweichen, müssen wir bei monophyletischer Auffassung der Cnidarien annehmen, dass dabei entweder eine Verschiebung der Keimstätte stattgefunden hat (Wanderung der Progonidien aus dem äusseren in das innere Keimblatt); oder dass die gemeinsamen Wurzel-Ahnen beider Hauptstämme Keimzellen in beiden primären Keimblättern producirten (vielleicht weibliche im inneren, männliche im äusseren Keimblatte).

§ 53. Polypen und Medusen.

In beiden Hauptlinien des Cnidarien-Stammes, in den *Hydrozoen* und *Scyphozoen*, erscheint der reife Organismus unter zwei verschiedenen Hauptformen, als festsitzender Polyp und als freischwimmende

Meduse. Der Parallelismus, welcher sich bei der Phylogenese der letzteren aus der ersteren Hauptform in beiden Linien zeigt, ist von grösstem Interesse für die Descendenz-Theorie. Die freien *Hydromedusen*, welche sich aus den sessilen *Hydropolypen* entwickeln, sind ganz ähnlich organisirt, wie die freien *Scyphomedusen*, welche sich (ganz unabhängig von jenen) aus sessilen *Scyphopolypen* entwickeln; die Convergenz der Medusen-Bildung ist in beiden parallelen Entwickelungs-Reihen so vollständig, dass bis vor Kurzem beide Reihen in einer Classe der Medusen vereinigt, ja sogar einzelne *Craspedoten* (Narcomedusen) mit *Acraspeden* (Discomedusen) in einer Ordnung zusammengestellt wurden. Aber auch für die allgemeine Histogenie und Organogenie ist diese Erscheinung von grösster Bedeutung; denn in beiden parallelen Reihen bleibt die ältere festsitzende Polypenform auf einer sehr tiefen Stufe der Organisation stehen, während die freischwimmende Medusenform sich durch Bildung von Nerven, Sinnesorganen, Muskeln etc. hoch über die erstere erhebt.

Die vergleichende Morphologie und Ontogenie des Polypen und der Meduse lehrt in beiden parallelen Reihen übereinstimmend, dass die Anpassung an die schwimmende Lebensweise die primäre Ursache ist, welche die letztere Form so hoch über die erstere erhoben hat. Der Gastraea-Leib, welcher beim Polypen den grössten Theil des Personen-Körpers bildet, bleibt bei der Meduse bloss als Central-Magen bestehen und tritt zurück hinter dem characteristischen Schwimm-Organ, der Umbrella, und den secundären Organen, die in der Peripherie der letzteren hervorsprossen. Bei allen Cnidarien wird die Oberfläche der Person durch den primär entstandenen Tentakel-Kranz in zwei ungleiche Hemisphären getheilt, in orale und aborale Hälfte. Die grössere aborale Fläche bildet bei den Polypen den Kelch oder Becher, bei den Medusen den convexen Oberschirm (Exumbrella); die kleinere orale Fläche hingegen erscheint bei den Polypen als Mundscheibe oder Peristom, bei den Medusen als concaver Unterschirm (Subumbrella). Die Entwickelung der mächtigen Musculatur an der letzteren, des Nervenringes und der Sinnesorgane am Schirmrande ist lediglich als die Folge der Schwimmbewegung anzusehen.

Classen der Cnidarien. Aus der Scheidung von *Hydrozoen* und *Scyphozoen* einerseits, sowie anderseits aus der Sonderung von *Polypen* und *Medusen* in beiden Hauptgruppen, ergeben sich zunächst vier verschiedene Classen von Nesselthieren; zwei Classen von sessilen Polypen (*benthonisch*) und zwei Classen von schwimmenden Medusen (*planktonisch*). Aus der gemeinsamen Stammgruppe der *Hydropolypen* haben sich zunächst einerseits schwimmende *Hydromedusen*, anderseits taeniolate *Scyphopolypen* entwickelt; aus diesen letzteren sind wieder schwimmende *Scyphomedusen* hervorgegangen.

Zu diesen vier primären Classen der Cnidarien gesellen sich noch drei andere, die sich weiter von der Stammgruppe entfernen. An die Scyphopolypen schliessen sich unmittelbar die *Anthozoen* oder Corallen an, unterschieden durch Einstülpung eines exodermalen Schlundrohres und damit verknüpfte Bildung von radialen Gastral-Taschen. Von den Hydromedusen anderseits stammen die *Siphonophoren* ab, schwimmende Medusen-Stöcke mit weitgehender Arbeitstheilung. Wahrscheinlich haben sich aus einem Zweige der Hydromedusen auch die *Ctenophoren* entwickelt; doch steht diese Classe weiter von den übrigen Cnidarien entfernt, und ihr Ursprung ist noch zweifelhaft.

Uebersicht über die sieben Classen der Cnidarien:

I. Cladom: **Hydrozoa.** (*Ectocarpa*) Cnidarien ohne Taeniolen, mit exodermalen Gonaden	I A. *Polypoide Hydrozoen*, festsitzend, ohne Umbrella		1. **Hydropolypi**
	I B. *Medusoide Hydrozoen*, schwimmend, mit Umbrella	Medusen-Personen ohne Polymorphismus	2. **Hydromedusae** (*Craspedotae*)
		Medusen-Stöcke mit Polymorphismus	3. **Siphonophorae**
		Modificirte Medusen-Personen mit acht Wimperkämmen	4. **Ctenophorae**
II. Cladom: **Scyphozoa.** (*Endocarpa*) Cnidarien mit Taeniolen, mit entodermalen Gonaden	II A. *Polypoide Scyphozoen*, festsitzend, ohne Umbrella	Polypen ohne Schlundrohr und Magentaschen	5. **Scyphopolypi**
		Polypen mit exodermalem Schlundrohr und radialen Magentaschen	6. **Anthozoa** (*Corallia*)
	II B. *Medusoide Scyphozoen*, schwimmend, mit Umbrella		7. **Scyphomedusae** (*Acraspedae*)

§ 54. Körperbau der Cnidarien.

Die ausserordentliche Mannichfaltigkeit, welche der Körperbau der Nesselthiere darbietet, erfordert zunächst eine kurze Betrachtung der allgemeinsten anatomischen Verhältnisse, insbesondere der Individualität, der Grundform und des Gewebe-Baues.

A. **Individuum der Cnidarien.** Die Individualität der reifen Nesselthiere erscheint in höchst mannichfaltigen Formen entwickelt und zeigt ähnliche Verhältnisse der Differenzirung wie diejenige der *Phanerogamen.* Jedoch lassen sich alle Formen auf zwei primäre Stufen zurückführen, die Person und den Cormus. Die Person (oder das solitäre *Zooid*) bleibt einfach bestehen bei folgenden Gruppen: 1) Eine geringe Zahl von Hydropolypen (*Hydra*, *Monocaulus*, *Corymorpha* etc.); 2) Die meisten Hydromedusen; 3) Alle Ctenophoren; 4) Ein kleiner Theil der Scyphopolypen und Corallen (*Monoxenia, Actinia*, *Fungia* etc.); 5) Alle Scyphomedusen. Hingegen bildet die reife Individualität einen Cormus (einen aus vielen socialen *Zooiden* zusammengesetzten Stock oder „Colonie") bei folgenden Gruppen: 1) Die grosse Mehrzahl der Hydropolypen; 2) Einzelne Hydromedusen (*Codonium, Sarsia*, *Gastroblasta* etc.); 3) Alle Siphonophoren; 4) Die grosse Mehrzahl der Scyphopolypen und Corallen. Die Stöcke oder Cormen entwickeln sich aus den Einzel-Personen gewöhnlich durch Knospung, selten durch unvollständige Theilung.

B. **Grundform der Cnidarien.** Im Grossen und Ganzen betrachtet, sind die Personen der Nesselthiere typische Strahlthiere (*Radiata*); sie unterscheiden sich somit schon durch ihre characteristische Grundform von den übrigen Coelenterien (den monaxonen *Gastraeaden*, den irregulären *Spongien* und den dipleurischen *Platoden*). Die radiäre Grundform der Nesselthiere ist bald eine reguläre, bald eine amphithecte, bald eine amphipleure oder irreguläre Pyramide. Eine wechselnde Zahl von congruenten oder ähnlichen Parameren ist um die gemeinsame verticale Hauptaxe gruppirt und bestimmt die Zahl der Kreuzaxen. Die ursprüngliche (und zugleich die minimale) Grundzahl ist Vier; oft ist dieselbe verdoppelt (bei vielen Medusen und den Alcyonarien); nicht selten tritt an ihre Stelle die Sechszahl (Geryoniden, Hexacorallen etc.); seltener ist die Zahl der Parameren stark vermehrt und dann variabel (Aequoriden, viele Hydropolypen). Da jedes Paramer oder Strahlstück ursprünglich aus zwei spiegelgleichen Hälften, Antimeren oder Gegenstücken besteht, sind bei den vierstrahligen primären Personen acht Antimeren vorhanden. Die primären Kreuzaxen (in der Median-Ebene jedes Parameres) sind die Perradien; mit ihnen alterniren die Interradien, als secundäre Kreuzaxen (in der Grenz-Ebene zwischen je zwei benachbarten Parameren). Zwischen Perradien und Interradien liegen die Adradien, als Strahlen dritter Ordnung, und zwischen letzteren und ersteren die Subradien (Strahlen vierter Ordnung). Als die primäre Ursache der radialen Grundform ist die Anpassung der ursprünglichen Stammform an die festsitzende Lebensweise, und die Bildung eines Tentakel-Kranzes um der Mund zu betrachten. Die vier Primär-Tentakeln der *Archydra* bedingen den vierstrahligen Bau der ältesten und meisten Cnidarien.

C. **Ergonomie und Polymorphismus.** Die physiologische Arbeitstheilung (*Ergonomia*) und die dadurch bewirkte morphologische Formspaltung der Personen (*Polymorphismus*) spielen im Stamm der Nesselthiere eine höchst bedeutende Rolle; sie gehören zu den wichtigsten Ursachen der mannichfaltigen Differenzirung dieses formenreichen Stammes. Folgende Hauptstufen der phylogenetischen Ausbildung dieses wichtigen Verhältnisses können unterschieden werden: I. Monozoe Personen ohne Arbeitstheilung: Hydra, solitäre Hydropolypen (Monocaulus), solitäre Scyphopolypen und Corallen, die meisten Medusen (sowohl Craspedoten als Acraspeden). II. Polyzoe Cormen ohne Arbeitstheilung, mit lauter gleichwerthigen Personen (A. mit völlig gleichen hermaphroditen Personen, B. mit gonochoristen Personen, welche sich nur durch die verschiedene Bildung der Gonaden unterscheiden): Claviden und wenige andere Hydropolypen, die meisten Corallen. III. Polyzoe Cormen mit Arbeitstheilung der Personen, in sehr mannichfaltigen Formen; die wichtigsten Formen sind folgende: A. Dimorphismus von Nährpersonen (mit Mund und Tentakeln) und Geschlechtspersonen (meistens ohne Mund und Tentakeln): die meisten Hydropolypen. B. Trimorphismus; zu jenen beiden Formen kommen noch Wehrpersonen oder Fangpersonen (Dactylanthen, Nematophoren): mit Tentakeln oder Nesselwaffen, ohne Mund (viele Sertularien, Hydractinien, Hydrocorallen); C. Dimorphismus von grossen fertilen Polypen (mit Mund, Tentakeln und Gonaden), und kleinen sterilen Polypen, welche Wasser aufnehmen und abgeben (mit Mund, aber ohne Tentakeln und Gonaden): viele Alcyonarien und andere Corallen. D. Polymorphismus der Siphonophoren, bei denen im höchsten Grade elf verschiedene Personen-Formen unterschieden werden können, nämlich 1) der Stamm, 2) die Pneumatophore, 3) die Aurophore, 4) die Nectophoren, 5) die Siphonen, 6) die Palponen, 7) die Cystonen, 8) die Bracteen, 9) die Gonostyle, 10) die Androphoren, 11) die Gynophoren (vergl. § 92).

D. **Histologie und Stratologie.** Ebenso wie für die Phylogenie der Organe, besitzen die Cnidarien auch für diejenige der Gewebe eine hervorragende Bedeutung; insbesondere wird durch die vergleichende Betrachtung der niederen und höheren Formen der Schichtenbau des Körpers und seine historische Entwickelung verständlich. Die einfacher gebauten *Hydropolypen* und *Scyphopolypen*, die Stammgruppen beider Hauptzweige des Stammes, sind Diploblastica; hier besteht der kleine Körper zeitlebens nur aus zwei einfachen Epitelschichten, den wenig modificirten primären Keimblättern: Exoderm und Entoderm.

§ 55. System der Cnidarien.

Classen	Legionen	Ordnungen	Stammgattungen
I. **Hydropolypi** (*Hydroida*) Festsitzende Polypen mit einfachem Magen, ohne Gastral-Taeniolen, ohne Schlundrohr	I A. **Hydromenae** Mit Hypogenese	1. **Archydrariae**	*Archydra*
		2. **Hydrusae**	*Sertularia*
	I B. **Hydrophaenae** Mit Metagenese	3. **Tubulariae**	*Cordylophora*
		4. **Campanariae**	*Campanularia*
II. **Hydromedusae** (*Craspedotae*) Freischwimmende Medusen ohne Gastral-Filamente, mit Velum	II A. **Leptolinae** Ohne Cordylien	5. **Anthomedusae**	*Codonium*
		6. **Leptomedusae**	*Tetranema*
	II B. **Trachylinae** Mit Cordylien	7. **Trachomedusae**	*Petasus*
		8. **Narcomedusae**	*Cunantha*
III. **Siphonophorae** Freischwimmende Stöcke von polymorphen Hydromedusen	III A. **Siphonanthae** Truncus bilateral (Manubrium-Gemmen)	9. **Calyconectae**	*Eudoxia*
		10. **Physonectae**	*Circalia*
		11. **Auronectae**	*Stephalia*
		12. **Cystonectae**	*Cystalia*
	III B. **Disconanthae** Truncus octoradial (Subumbrella-Gemmen)	13. **Disconectae**	*Discalia*
IV. **Ctenophorae** Freischwimmende Personen mit acht adradialen Flimmer-Rippen	IV A. **Cannocteniae** Rippen-Canäle einfach	14. **Cydippeae**	*Haeckelia*
		15. **Cestoideae**	*Cestus*
		16. **Bolinaceae**	*Bolina*
	IV B. **Dendrocteniae** Rippen-Canäle dendritisch verästelt	17. **Ctenoplaneae**	*Ctenoplana*
		18. **Beroideae**	*Beroë*
V. **Scyphopolypi** Festsitzende Polypen mit Gastral-Taeniolen, ohne Schlundrohr	V A. **Scyphostomaria** Ohne Kalk-Röhren	19. **Scyphostomaria**	*Scyphostomium*
	V B. **Tabulata** Mit Kalk-Röhren	20. **Favositaria**	*Aulopora*
VI. **Anthozoa** (*Corallia*) Festsitzende Polypen mit Gastral-Taeniolen und Taschen-Kranz, mit Schlundrohr	VI A. **Alcyonaria** (Stephocorallia) Ohne Stern-Platten	21. **Staurocorallia**	*Protocorallium*
		22. **Octocorallia**	*Monoxenia*
		23. **Anticorallia**	*Cladopathes*
	VI B. **Zoantharia** (Astrocorallia) Mit Stern-Platten	24. **Tetracorallia**	*Cyathaxonia*
		25. **Mesocorallia**	*Edwardsia*
		26. **Hexacorallia**	*Actinia*
VII. **Scyphomedusae** (*Acraspedae*) Freischwimmende Medusen mit Gastral-Filamenten, mit Randlappen, ohne Velum	VII A. **Tesseroniae** (Tessomedusae) Keine oder 4 Rhopalien, Schirm pyramidal	27. **Stauromedusae**	*Tessera*
		28. **Peromedusae**	*Pericolpa*
		29. **Cubomedusae**	*Procharagma*
	VII B. **Ephyroniae** (Discomedusae) 8—32 Rhopalien, Schirm discoidal	30. **Cannostomae**	*Ephyra*
		31. **Semostomae**	*Pelagia*
		32. **Rhizostomae**	*Archirhiza*

§ 56. Stammbaum der Cnidarien.

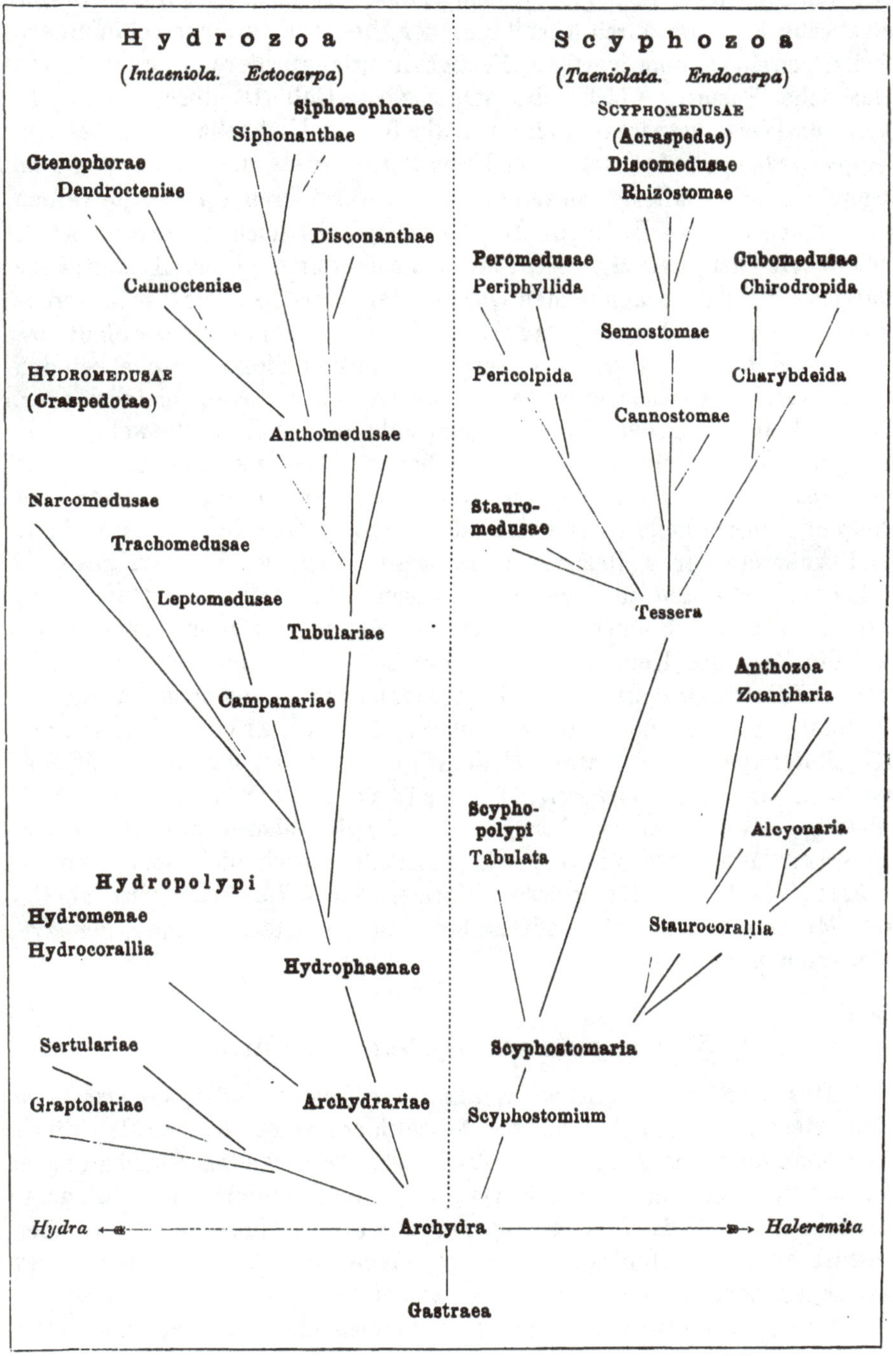

Beide sind durch eine Stützplatte getrennt, ein structurloses Fulcrum. Bei den *Hydromedusen* und *Siphonophoren* entwickelt sich dieses dünne elastische Fulcrum durch Ausbildung der Umbrella zu einer voluminösen Gallertscheibe; eine gewisse Festigkeit erlangt dieselbe durch feine elastische Fasern, welche die structurlose Gallerte durchsetzen. In gleicher Weise entwickelt sich auch die festere Umbrella der grösseren *Scyphomedusen*, jedoch mit dem Unterschiede, dass hier Zellen aus dem Epitel in die Gallerte einwandern, sich vermehren und so derselben den Character des Bindegewebes verleihen. In noch höherem Maasse entwickelt sich das Mesoderm, welches durch dieses Bindegewebe dargestellt wird, in den beiden Classen der *Anthozoen* und *Ctenophoren*; diese sind echte Triploblastica. Bei den Ctenophoren enthält das Mesoderm auch Muskeln und Nerven, während diese Gewebe bei den sechs übrigen Classen entweder im Epitel selbst liegen bleiben oder, unmittelbar unter demselben liegend (als subepiteliale Gewebe), den innigen Zusammenhang mit ihm erhalten. Bei den ältesten Formen der Nesselthiere, Hydropolypen und Scyphopolypen, sind Muskeln und Nerven grossentheils noch keine selbständigen Gewebe, sondern Theile und Anhänge der Epitelzellen; sie lassen sich hier in statu nascendi erkennen. In den übrigen fünf Classen lässt sich ihre stufenweise Fortbildung und Sonderung Schritt für Schritt verfolgen. Mit Bezug auf die Zahl der Keimblätter oder der Zellenschichten, aus denen sich der Cnidarien-Organismus aufbaut, lassen sich demnach in diesem Stamme zwei Gruppen unterscheiden: I. Cnidaria Diblasteria (Zweiblättrige Nesselthiere): *Hydropolypen* und *Scyphopolypen*, *Hydromedusen* und *Siphonophoren*; II. Cnidaria Triblasteria (Dreiblättrige Nesselthiere): *Ctenophoren*, *Scyphomedusen* und *Anthozoen*. Indessen lässt diese stratologische Eintheilung sich nicht scharf durchführen; denn bei den grössten Formen der *Diblasterien* tritt bereits ein Mesoderm auf, während es bei den kleinsten Formen der *Triblasterien* noch fehlt.

§ 57. Gastrocanal-System der Cnidarien.

Das ernährende Gastrovascular- oder Gastrocanal-System zeigt in dem vielverzweigten Stamme der Nesselthiere einen grossen Reichthum von mannichfaltigen und zum Theil sehr verwickelten Einrichtungen. Trotzdem überzeugt uns die vergleichende Anatomie und Ontogenie derselben leicht, dass sie phylogenetisch alle aus einem und demselben höchst einfachen Hohlraum hervorgegangen sind, aus dem monaxonen Urmagen oder Urdarm der *Hydra*, welcher sich von dem der *Gastraea* in keiner wesentlichen Beziehung unterscheidet. Dieser monaxone, becherförmige Urdarm (*Progaster*) ist von einer einfachen Schicht entodermaler Geisselzellen ausgekleidet und öffnet sich am Oralpole der Körperaxe durch einen Urmund (*Prostoma*).

Während sich bei allen *Hydropolypen* diese einfache primäre Form der Gastralhöhle erhält, wird dagegen bei den *Scyphopolypen* ihr peripherer Theil in vier Magenrinnen (*Gastroglyphae*) getheilt, indem sich an der Innenwand des Polypenkelchs durch Faltenbildung des Entoderms vier longitudinale Magenleisten (*Taeniola*) entwickeln; diese letzteren alterniren mit den vier primären (perradialen) Tentakeln des Scyphostoma, stehen also interradial. Der Querschnitt dieser primären Scyphopolypen-Form (*Scyphula*) bildet mithin ein regelmässiges Kreuz mit vier perradialen Schenkeln (den Gastroglyphen); der Querschnitt der primären Hydropolypen-Form hingegen (*Hydra*) ist kreisrund. Durch diesen bedeutungsvollen Unterschied, der sich durch zähe Vererbung auf alle Glieder beider Hauptstämme der Cnidarien überträgt, ist bereits in den frühesten Entwickelungs-Stadien die divergente Bildungsrichtung der Hydrozoen und Scyphozoen angedeutet.

Bis vor Kurzem war die Ansicht herrschend, dass zwischen beiden Cladomen der Nesselthiere noch ein zweiter wesentlicher Unterschied in der Bildung des Gastrocanal-Systems von Anfang an sich geltend mache; das exodermale Schlundrohr, welches bei der Planula der Anthozoen durch Einstülpung entsteht, sollte in gleicher Weise auch bei allen übrigen Scyphozoen (Scyphopolypen und Scyphomedusen) gebildet werden. Indessen geht aus sorgfältigen Untersuchungen der neuesten Zeit hervor, dass dies nicht der Fall ist. Das wichtige äussere Mundrohr dieser letzteren (das sich bei den meisten Acraspeden in 4 oder 8 lange Mundarme spaltet) ist von Anfang an vom Entoderm ausgekleidet und dem inneren Schlundrohr der Corallen ebensowenig homolog, als der grossen Schlundhöhle der Ctenophoren; die Auskleidung dieser letzteren gehört zum Exoderm. Bei den Ctenophoren entspricht die innere „Trichterpforte“ (*Pylorus*), bei den Anthozoen die innere Schlundpforte (*Pylorus*) dem wahren Urmunde (*Prostoma*) der Gastrula; bei allen übrigen Cnidarien liegt die äussere bleibende Mundöffnung an derselben Stelle, wo bei der *Gastrula* ursprünglich der Urmund sich befand; derselbe wird in dem schwärmenden Uebergangs-Stadium der *Planula* nur vorübergehend geschlossen.

§ 58. Gastrocanal-System der Personen und Cormen.

Die Ernährung des Cnidarien-Organismus ist immer ein einheitlicher physiologischer Process, gleichviel ob das entwickelte Individuum durch eine solitäre Person oder durch einen socialen Stock repräsentirt wird. Auch im letzteren Falle stehen die Gastralhöhlen der sämmtlichen Personen, welche den Cormus zusammensetzen, direct oder indirect mit einander in Communication, und die Nahrung, welche von den einzelnen Personen aufgenommen und verdaut wird, kommt dem ganzen Stocke zu Gute. Die Canäle, welche diesen Communismus im socialistischen Cnidarien-Staate vermitteln und die ernährende Flüssigkeit (*Hydrochymus*) im ganzen Stocke vertheilen, nennen wir Cormal-Canäle oder „Coenenchym-Gefässe". Je ausgedehnter die gemeinsame Gewebemasse des Stockes, das *Coenenchym* oder Coenosark, entwickelt ist (besonders bei den grossen Corallen), desto mehr ist auch das ernährende Gefässsystem derselben zusammengesetzt. Die besonderen Einrichtungen, welche hier für gleichmässige Ernährung und Vertheilung des Chymus, sowie für Regulirung der Circulation sich ausbilden, sind meistens von keinem besonderen morphologischen Interesse. Für viele Corallen-Stöcke scheint die wechselnde Aufnahme und Abgabe von Wasser sehr wichtig zu sein; bei den meisten Alcyonarien hat sich in Folge dessen ein eigenthümlicher Polymorphismus entwickelt; nur die grösseren Geschlechtsthiere oder Hauptpolypen (Anthozoide, mit 8 Tentakeln und Septen) nehmen die Nahrung auf und verdauen; die zahlreicheren Nebenpolypen (Siphozoide) sind steril, haben keine Tentakeln, nur 2 Septen, und scheinen nur die Regulirung der Wasser-Circulation zu besorgen. Die beständige Fortbewegung der Flüssigkeit im Gastrocanal-System wird hauptsächlich durch das Geissel-Epitel des Entoderms besorgt; doch sind auch die wechselnden Contractionen der musculösen Körpertheile dabei sehr wirksam.

§ 59. Centraldarm und Coronaldarm.

Das Gastrocanal-System der einzelnen Cnidarien-Person bleibt eine einfache Höhle nur in der ersten und ältesten Classe, bei den Hydropolypen. Im einfachsten Falle, bei den *Archydrarien*, lassen sich hier an dem eiförmigen oder cylindrischen Gastralraum der schlauchförmigen Person gar keine Abschnitte unterscheiden. Bei den meisten *Hydropolypen* jedoch gliedert sich derselbe in drei Abschnitte: einen vorspringenden Rüssel oder Mundrohr (*Proboscis*), eine erweiterte mittlere Magenhöhle (*Stomachus*) und einen engen Stielcanal (*Stylenteron*).

Dieselben drei Abschnitte lassen sich auch an der einfachen Gastralhöhle der *Scyphopolypen* unterscheiden, nur mit der Abweichung, dass hier ausserdem der periphere Theil des Gastralraums durch die 4 Taeniolen in 4 longitudinale Magenrinnen oder Gastroglyphen getheilt wird. Es fehlt denselben aber noch die exodermale Invagination, welche das Schlundrohr bei den nahe verwandten Corallen bildet.

Bei den übrigen fünf Classen der Nesselthiere lassen sich zwei Hauptabschnitte des Gastrocanal-Systems, der axiale Centraldarm und der periphere Coronaldarm, deutlich unterscheiden. Dieser letztere besitzt stets einen radiären (ursprünglich vierstrahligen) Bau; die characteristischen Verhältnisse seiner Structur lassen sich jedoch nicht ohne Weiteres auf einen und denselben Typus zurückführen, da sie auf verschiedene Weise entstehen. Zunächst steht den vier übrigen Classen die formenreiche Classe der *Anthozoen* gegenüber. Sehr frühzeitig bildet sich bei ihnen, im Zusammenhang mit der Einstülpung des exodermalen Schlundrohrs, ein Kranz von radialen Magentaschen (ursprünglich vier, meistens sechs oder acht). Dieselben werden durch radiale Septen (oder Parieten) getrennt, welche gleichzeitig mit jener Pharynx-Invagination als Falten des Entoderms zwischen den primären Tentakeln entstehen (— wenn bei vielen Corallen die Septen früher als die Tentakeln in der Larve erscheinen, so ist dieser Process als cenogenetisch zu beurtheilen und durch Heterochronie zu erklären —). Als Centraldarm oder Hauptdarm ist demnach bei allen *Corallen* das exodermale Schlundrohr und der entodermale Basalmagen zu betrachten (beide durch die Schlundpforte, Pylorus, communicirend). Dagegen wird der Coronaldarm oder Kranzdarm von den radialen Magentaschen gebildet, welche den Schlund kranzförmig umgeben und sich oben in die Höhlen der Tentakeln fortsetzen.

Auf andere Weise entsteht der radiäre Kranzdarm der Medusen; und zwar übereinstimmend in den drei Classen der *Hydromedusen*, der *Siphonophoren* und der *Scyphomedusen*. Indem bei der Umbildung des Polypen zur Meduse die Hauptaxe verkürzt und die ausgedehnte Mundscheibe zur Umbrella wird, nimmt die becherförmige Gastralhöhle eine flache Glocken- oder Scheibenform an. Nur ihr centraler Theil bleibt einfach und bildet mit dem Mundrohr zusammen den Centraldarm. Der periphere Theil dagegen zerfällt in eine Anzahl (ursprünglich vier) radiale Taschen oder Canäle; diese bleiben als Zwischenräume übrig zwischen ebenso vielen Septen oder Cathammal-Platten, welche durch Verlöthung der oralen und aboralen Wand entstehen (— in Folge des Druckes der Schirmgallerte, die aus der Stützplatte des Polypen sich entwickelt —). Bei den Scyphomedusen erfolgt die Verwachsung mittelst der Taeniolen. Der eigenthümliche Kranzdarm der *Ctenophoren* ist entweder von demjenigen der Hydromedusen abzuleiten oder selbständig auf andere Weise entstanden.

§ 60. Neurodermal-System der Cnidarien.

Die animalen Organe der Nesselthiere, die Werkzeuge der Empfindung und Bewegung, kann man zweckmässig unter einem Begriffe zusammenfassen, unter dem Complex des „Neurodermal-Systems“. Diese Auffassung ist für das phylogenetische Verständniss der Organogenese nicht allein in diesem Stamme, sondern bei den Metazoen überhaupt, von grosser Bedeutung; denn bei den niedersten und ältesten Formen der Cnidarien, den primitiven Polypen (*Archydra*, *Hydra*, *Protohydra*), treffen wir noch heute jenes ursprüngliche Verhältniss an, welches bei ihren unmittelbaren Vorfahren, den Gastraeaden (§ 27) bestand: das ganze Neurodermal-System wird nur durch ein einfaches Epitel repräsentirt, durch die einfache (— oder mehrfache, aber nur wenig differenzirte —) Zellenschicht des Exoderms. Auf der anderen Seite finden wir bei den höchst entwickelten Formen des Stammes, bei den vollkommensten Medusen, bereits dieselben Organe und Gewebe differenzirt, wie bei den meisten übrigen Metazoen: Nerven und Sinnesorgane, Hautdecke und Muskeln. Die zahlreichen Abstufungen phylogenetischer Vervollkommnung und Differenzirung, welche zwischen jenen ältesten einfachsten und diesen jüngsten vollkommensten Cnidarien sich vorfinden, werfen ein höchst interessantes Licht auf die Phylogenese der Organe und Gewebe im Allgemeinen. Dabei ist besonders lehrreich der offenkundige Causal-Nexus zwischen der physiologischen Höhe der Lebensthätigkeit und dem morphologischen Ausbildungs-Grade der Lebenswerkzeuge. Die *benthonischen* Polypen, auf dem Meeresgrunde festsitzend, entbehren differenzirter Sinnesorgane und centralisirter Nerven. Die *planktonischen* Medusen hingegen, frei im Meere schwimmend, haben durch diese Lebensweise selbst differenzirte Sensillen und Muskeln, centralisirte Nerven und Ganglien erworben. Und doch stehen beide Hauptformen der Nesselthiere, der vegetale Polyp und die animale Meduse, im engsten phylogenetischen Zusammenhang, wie noch heute ihre Ontogenese beweist; zugleich liefert dieser Generationswechsel eine Fülle von interessanten Beweisen für die Macht der progressiven Vererbung.

Nerven-System. Den Hydropolypen, als den ältesten und niedersten Nesselthieren, fehlt ein selbständiges Nerven-System noch vollständig, ebenso wie den *Gastraeaden* und *Spongien*. Als primitives Empfindungs-Organ müssen wir hier das gesammte Exoderm betrachten, dessen indifferente Zellen wohl sämmtlich sensibel sein dürften; doch sind vorzugsweise die frei vorragenden Cnidocilien der Nesselzellen zur Empfindung äusserer Reize (und zugleich zur Reaction gegen dieselben) befähigt. Da die Mundöffnung der primitiven Stammformen am meisten activ und sensibel war, entwickelte sich in deren Umgebung als erstes selbständiges Tastorgan (— und zugleich Fangorgan —) der Kranz der vier primären (perradialen) Tentakeln. Die allgemeine Verbreitung der Tentakeln bei den Nesselthieren (— nur sehr wenige Gruppen ausgenommen, § 61 —) sowie ihre mannichfaltige Differenzirung, beweist die hohe physiologische Bedeutung, welche diesen primitiven Sinnesorganen zukommt. Sie sind fast ausschliesslich die Werkzeuge der Empfindung bei den benthonischen Polypen, ebenso wohl den Corallen und Scyphopolypen, als den Hydropolypen. Während aber einzelne diffuse Ganglien-Zellen, welche einen lockeren exodermalen Plexus bilden, bei den *Hydropolypen* noch kein autonomes Nerven-System darstellen, beginnt dessen Bildung bei den *Corallen*; hier sondert sich an der Mundscheibe vom Exoderm eine ziemlich dicke subepiteliale Schicht solcher Ganglien-Zellen und bildet einen breiten „Mundring".

Die Medusen zeigen dagegen (— zuerst unter allen Metazoen! —) ein autonomes Nerven-System, in Zusammenhang mit höher entwickelten Muskeln und Sinnes-Organen (§§ 62, 63). Bei den *Acraspeden* erscheinen diese letzteren noch als selbständige Nerven-Centren, die unter sich nur in lockerem Zusammenhang stehen. Die *Craspedoten* anderseits besitzen schon einen gesonderten Nervenring, welcher am Rande der Umbrella verläuft und sowohl die Ganglien der marginalen Sensillen in Verbindung setzt, als auch motorische Nerven an die Muskeln sendet. Die Ctenophoren haben statt dessen ein Apical-Ganglion (in Verbindung mit dem aboralen Sinneskörper) und 8 adradiale Nerven, welche unter den 8 Flimmer-Rippen verlaufen.

§ 61. Tentakeln der Cnidarien.

Die Tentakeln, als die characteristischen, in Structur und Anordnung typischen Gliedmaassen der Nesselthiere, sind durch ihre mannichfaltige morphologische Entwickelung für das System dieses Stammes von hervorragender Bedeutung. Nur in sehr wenigen Gruppen fehlen sie ganz, und dann liegt wahrscheinlich immer Verlust durch Rückbildung vor, so bei den *Amalthaeiden* unter den Craspedoten, bei den *Rhizostomen* unter den Acraspeden und bei den *Beroideen* unter den Ctenophoren. Alle übrigen Nesselthiere besitzen mehr oder weniger entwickelte Tentakeln, welche für sie als Fangarme, Greiforgane und Tastorgane von sehr hoher physiologischer Bedeutung sind. Morphologisch erscheinen dieselben stets als directe Fortsätze oder Auswüchse der Leibeswand, deren beide Schichten, Exoderm und Entoderm (— und zwischen ihnen das Fulcrum —) sich an ihrer Zusammensetzung betheiligen. Stets sind im Exoderm als Waffen die typischen „Nesselzellen" zu finden (*Cnidoblasten*); bei den Ctenophoren zu eigenthümlichen „Greifzellen" (*Haptoblasten*) umgebildet.

Stets findet sich in den Tentakeln eine mehr oder weniger entwickelte Musculatur, welche deren Bewegungen vermittelt.

Die Zahl und Stellung der Tentakeln ist im Stamme der Cnidarien äusserst mannichfaltig und zum Theil sehr characteristisch. Als die ursprüngliche Bildung betrachten wir ein Kreuz von vier circoralen Fangfäden, welche um die Mundöffnung herum in zwei auf einander senkrechten Durchmessern stehen. Diese beiden primären Kreuzaxen (*sagittale* und *transversale*) sind gleichpolig, ursprünglich gleich (und wohl auch anfangs gleichzeitig entstanden), und bestimmen die reguläre vierstrahlige Grundform der Cnidarien, die wir als die ursprüngliche betrachten, und von der wir alle übrigen Promorphen als secundär entstandene ableiten. Für diese Annahme spricht vor Allem die Thatsache, dass bei vielen Vertretern verschiedener Cnidarien-Gruppen (— und gerade bei solchen von besonders einfacher Organisation! —) die Gastrula (oder die aus ihr entstandene Planula) den ersten Schritt weiterer Entwickelung durch die Ausbildung von vier kreuzständigen Tentakeln thut; so bei *Hydra* und vielen anderen Hydropolypen, bei dem *Scyphostoma* vieler Acraspeden u. A. Gewöhnlich wird die Zahl bald vermehrt; es giebt jedoch auch viele Nesselthiere, bei denen sich die primäre Vierzahl constant erhält; solche permanent tetranemale Cnidarien sind: *Haleremita* unter den Archydrarien, *Stauridium* unter den Tubularien. ferner viele Hydromedusen (*Codonium*, *Eucopium*, *Petasus*, *Cunantha*, als Stammformen der vier Ordnungen!). Stets bezeichnen diese 4 primären Tentakeln die Perradien, oder die „Strahlen erster Ordnung“.

Die secundäre Vermehrung der Tentakeln geschieht in vielen Fällen sehr regelmässig und zwar zunächst dadurch, dass in den Zwischenräumen der 4 primären Tentakeln 4 secundäre auftreten; sie liegen ursprünglich genau in der Mitte zwischen den ersteren. Die beiden transversalen, auf einander senkrechten Axen, in denen sie liegen, schneiden die Perradien unter Winkeln von 45 ^{0} und sind die Interradien oder die „Strahlen zweiter Ordnung“. Bei vielen Nesselthieren bleibt dieser achtstrahlige Zustand zeitlebens bestehen; er kann auch bei der *Actinula*-Jugendform als der ursprüngliche erscheinen, indem am Oralpole der festgehefteten Gastrula (oder der schwimmenden Planula) acht Tentakeln gleichzeitig auftreten (in Folge abgekürzter Vererbung). Solche permanent octonemale Cnidarien sind viele Hydropolypen und Hydromedusen, alle Octocorallen (oder Alcyonarien), sowie die ursprünglichen Formen der Scyphomedusen (*Tessera* u. A.). Bei den letzteren gesellen sich zu diesen acht Principal-Tentakeln meistens bald noch andere (tertiäre) Tentakeln, die wir im Gegensatze zu jenen als succursale bezeichnen. Oft geschieht deren Vermehrung sehr regelmässig, indem in der Mitte zwischen den 8 principalen 8 tertiäre Tentakeln hervorsprossen; sie bezeichnen die Adradien oder die „Strahlen dritter Ordnung“. Wenn nun die Vermehrung noch weiterhin regelmässig fortschreitet und zwischen den 8 adradialen und 8 principalen Tentakeln 16 Tentakeln vierten Ranges, oder statt deren am Schirmrande der Acraspeden 16 Randlappen auftreten, so liegen diese in den Subradien, den „Strahlen vierter Ordnung“.

Für einen grossen Theil der Cnidarien (namentlich die frei schwimmenden Medusen) bildet diese regelmässige Multiplication der ursprünglich in

Vierzahl kreuzständigen Tentakeln die herrschende Regel. Indessen erleidet dieselbe viele Ausnahmen, und bei den meisten festsitzenden Polypen entwickeln sich secundär andere Verhältnisse ihrer Zahl und Stellung, welche zugleich auch ihre Grundform modificiren. Durch Rückbildung von 2 gegenständigen Tentakeln entstehen bei vielen Craspedoten dissonemale Formen, die bloss 2 gegenüberstehende Tentakeln besitzen: *Dinema* unter den Codoniden, *Amphinema* unter den Tiariden, *Gemmaria* und *Ctenaria* unter den Cladonemiden; ebenso die (unmittelbar an letztere sich anschliessenden) Ctenophoren. Bisweilen werden auch 3 von den 4 ursprünglichen Tentakeln rückgebildet, und es bleibt nur ein einziger übrig; solche mononemale Formen sind die Euphysiden unter den Codoniden, sowie die wahrscheinlich aus dieser Gruppe hervorgegangenen *Siphonanthen* (die Hauptmasse der Siphonophoren).

Die Stellung der Tentakeln unterliegt ebenfalls vielen Modificationen (zum Theil in Zusammenhang mit der Aenderung ihrer Zahl). Als die ursprünglichste Stellung dürfte der tetranemale Mundkranz angesehen werden; vier gleiche Primär-Tentakeln bilden ein Kreuz um den Mund herum; verbreitert sich der Mundrand des Polypen zur Mundscheibe (Peristomium), so stehen die Tentakeln am Rande der letzteren. Bei den Medusen, deren Subumbrella dem Peristom ihrer Polypen-Ahnen entspricht, stehen sie demgemäss am Schirmrande. Meistens bilden sie hier eine einzige Reihe; bisweilen wird indessen ihre Zahl sehr vermehrt, und sie stehen in mehreren Reihen über einander (*Pectyllidae*). Bisweilen verlassen die Tentakeln der Medusen ihre ursprüngliche marginale Insertion und wandern entweder auf die Exumbrella (viele *Trachymedusen* und *Narcomedusen*); oder auf die Subumbrella (*Sthenonidae* und *Cyaneidae* unter den Discomedusen). Auch bei manchen Hydropolypen (*Tubularien: Coryne*, *Myriothela*, *Cordylophora* u. A.) bilden die Tentakeln keinen Kranz um den Mund, sondern stehen auf der Kelchfläche zerstreut.

Die Corallen besassen ursprünglich ebenfalls das primäre Tentakelkreuz der ältesten Hydropolypen (*Staurocorallen*); sie zeigen dasselbe bisweilen noch vorübergehend in der primären Jugendform. Gewöhnlich aber wird ihre Zahl secundär vermehrt. Einfach verdoppelt (— wie bei dem octonemalen *Scyphostoma* —) ist sie bei den *Octocorallen* (Alcyonarien); diese haben ausnahmslos einen einfachen Kranz von 8 gleichen Tentakeln; dieselben unterscheiden sich auch durch ihre blattförmige und gefiederte Form von den acht einfachen Tentakeln der *Mesocorallen* (Zoantharien). Aus diesen acht Fangfäden sind durch Reduction von zwei gegenständigen später sechs geworden. Die Sechszahl ist permanent nur bei den *Antipatharien*; bei den *Hexacorallen* dagegen wird sie durch Einschaltung neuer Kreise beträchtlich vermehrt. Ebenso standen auch bei den *Tetracorallen* sehr zahlreiche Tentakeln in mehreren Kreisen dicht gedrängt, entsprechend der Zahl der Magentaschen, mit denen ihre Höhle communicirt.

Die Form und Structur der Tentakeln ist bei den Cnidarien äusserst mannichfaltig. Bei der grossen Mehrzahl erscheinen sie als lange, cylindrische, sehr bewegliche und contractile Fäden; seltener sind sie bandförmig abgeplattet oder blattförmig, wie bei den Octocorallen. Gewöhnlich sind sie einfach und ungetheilt; selten verästelt, so bei *Cladocoryne* (Tubularie), *Cladonemiden* (Anthomedusen) und einigen *Actiniaria*

(Thalassanthiden und Phyllactiden); regelmässig gefiedert sind die blattförmigen Tentakeln aller Octocorallen. Halbgefiedert (oder mit einer Reihe Nebenfäden besetzt) sind die Tentakeln einiger Anthomedusen (*Gemmaria, Ctenaria*), aller Ctenophoren und der meisten Siphonophoren (Siphonanthen).

Die Tentakeln der meisten Cnidarien sind hohl und enthalten einen directen Fortsatz des Gastrocanal-Systems. Indessen auch solide Tentakeln sind in vielen Gruppen herrschend, insbesondere bei niederen und älteren Formen. Die Stammform des ganzen Phylon, *Archydra*, besass wahrscheinlich solide Tentakeln, gleich *Haleremita* und den meisten übrigen Hydropolypen (nur *Hydra* hat hohle Tentakeln). Die Axe dieser soliden Tentakeln wird gewöhnlich von einer einzigen Reihe scheibenförmiger Entoderm-Zellen gebildet; so auch bei den Trachylinen (*Trachymedusen* und *Narcomedusen*) und den niederen Acraspeden (*Stauromedusen, Peromedusen* und *Cannostomen*). Dagegen ist der Canal der hohlen Tentakeln von einer einfachen Schicht entodermaler Geisselzellen ausgekleidet. Es giebt nahe verwandte Medusen, von denen die einen solide, die anderen hohle Tentakeln besitzen; sogar ein und dieselbe Meduse kann in der Jugend solide, im Alter hohle Tentakeln tragen (*Geryoniden*). Da auch die Scyphostoma-Ammen der Acraspeden solide Tentakeln haben, ist es sehr wahrscheinlich, dass dies die ursprüngliche Form ist. Die heutigen Corallen haben alle hohle Tentakeln.

Der Gewebe-Bau der Tentakeln ist ursprünglich ebenso einfach wie derjenige der Leibeswand bei den Archydrarien; die ersteren sind ja nur als warzenförmige Erhebungen (oder Ausstülpungen) der letzteren entstanden. Eine dünne, structurlose Stützplatte trennt ursprünglich die beiden einfachen Keimblätter. Das Entoderm bleibt meistens einfach oder entwickelt nur eine dünne Schicht von Ringmuskel-Fasern an seiner Aussenfläche; bei denjenigen Scyphozoen, wo ein zellenhaltiges Mesoderm (als Connectiv) gebildet wird, stammen dessen Planocyten wahrscheinlich vom Entoderm ab (*Acraspeden* und *Corallen*). Das Exoderm hingegen differenzirt sich in mannichfaltiger Weise; an seiner Innenfläche entwickelt sich die wichtige Längsmuskelschicht; zwischen den indifferenten Epitelzellen entwickeln sich im Exoderm die Nesselzellen.

Die Bewaffnung der Tentakeln mit Nesselzellen (*Cnidoblasten*) unterliegt sehr vielen speciellen Modificationen. Ursprünglich sind dieselben gleichmässig über die ganze Tentakelfläche vertheilt; je nach der Haltung der Fangfäden entwickeln sie sich bald mehr an der axialen, bald mehr an der abaxialen Fläche. Sehr häufig gruppiren sie sich zu besonderen Häufchen oder „Nesselwarzen". Am Ende der Tentakeln oder ihrer Aeste bilden sie oft kugelförmige „Nesselknöpfe". Höchst complicirt wird die Bewaffnung bei den Siphonophoren; in der Legion der *Siphonanthen* trägt gewöhnlich jeder Nebenfaden des Tentakels eine „Nesselbatterie", bei den *Disconanthen* trägt meistens jeder Tentakel drei Reihen von gestielten Nesselknöpfen.

§ 62. Augen und Hörorgane.

I. Augen. Lichtempfindung ist unter den Nesselthieren sehr allgemein verbreitet; sowohl die niedrigsten Hydropolypen (*Hydra*,

Clava etc.), als die höher entwickelten Scyphopolypen und Corallen (*Alcyonarien*, *Actinien* etc.), sind gegen den Einfluss des Lichtes sehr empfindlich, obwohl besondere Sehorgane nicht bekannt sind. Hier vermittelt wahrscheinlich ein Theil des Exoderm-Epitels (am Mundrande, an den Tentakeln) die Unterscheidung von Hell und Dunkel, oder dieselbe wird erleichtert durch die Ausbildung von Pigmentflecken in der Haut (Actinien). Dasselbe gilt auch von vielen niederen Medusen (*Trachylinen* unter den Craspedoten, *Stauromedusen* unter den Acraspeden). Bei der grossen Mehrzahl der Medusen sind jedoch — in Anpassung an die planktonische Lebensweise — besondere Sehorgane am Schirmrande entwickelt und zeigen eine lange Reihe von phylogenetischen Ausbildungsstufen. Anfänglich treten sie bloss als einfache Pigmentflecke am Schirmrand auf, meistens an der Tentakel-Basis (so bei den meisten Anthomedusen); dann treten dazu lichtbrechende Linsen (bei den meisten Acraspeden). Die höchste Ausbildung erreichen die 4 (perradialen) Augen bei den Cubomedusen (*Charybdeiden*), indem sich ein Glaskörper und eine Retina zwischen Linse und Pigmentbecher entwickelt. Hier kommen sogar „zusammengesetzte Augen" vor, indem bei *Charybdea* jeder der 4 Sinneskolben 2 grosse unpaare und 4 kleine paarige Augen trägt. Aehnliche Augen besitzen auch einige *Peromedusen*. Die Augen der Acraspeden entstehen an der Basis der Sinneskolben oder Rhopalien, welche aus umgewandelten Principal-Tentakeln hervorgegangen sind (§ 140).

II. Hörorgane. Den *benthonischen* Polypen (sowohl Hydroiden als Corallen) scheinen besondere Organe!, welche acustische und zugleich statische Functionen vermitteln, ganz zu fehlen. Dagegen sind dieselben unter den *planktonischen* Medusen sehr allgemein verbreitet; sie fehlen hier nur wenigen Gruppen: den *Anthomedusen* und den ocellaten *Leptomedusen* (welche statt deren Ocellen besitzen, § 84); sowie den *Stauromedusen* unter den Acraspeden. Indessen werden auch bei diesen acustische (und zugleich statische) Functionen vielleicht vermittelt durch Tastborsten-Zellen, welche am Schirmrande und den Tentakeln weit verbreitet vorkommen: Sinneszellen, welche ein steifes, frei in das Wasser vorragendes Tasthaar tragen. Da solche borstentragende „Tastzellen" von echten acustischen „Hörzellen" nicht zu unterscheiden sind und vielleicht bereits Schallwahrnehmung mit Tastempfindung verbinden, dürfen wir annehmen, dass die letzteren sich aus den ersteren entwickelt haben.

Die Hörorgane der Medusen sind polyphyletische Bildungen und treten in zwei ganz verschiedenen Hauptformen auf, von denen die einen Otolithen in exodermalen, die anderen in entodermalen Epitelzellen bilden. Hörbläschen mit exodermalen Otolithen (*Vesiculae velares*) sind characteristisch für die Ordnung der *Leptomedusen* ((Descendenten der *Campanarien*). Sie entwickeln sich hier als flache Grübchen, an der Subumbral-Seite des Velums; einzelne Exoderm-Zellen der Velum-Insertion bilden Hörzellen (mit einer freien Hörborste); andere erzeugen einen kalkigen Otolithen. Während bei einigen Leptomedusen (*Mitrocoma, Tiaropsis*) die Hörgrübchen offen bleiben, werden sie bei den meisten (durch Umwachsen eines ringförmigen Epitel-Wulstes) zu geschlossenen Bläschen; die *Octotessae* besitzen 8 solche (adradiale) „Randbläschen"; bei den *Polyotessae* kommen dazu noch zahlreiche accessorische Hörbläschen.

Ganz anderer Art sind die Hörkölbchen (*Cordyli*), welche bei der grossen Mehrzahl der Medusen sich finden und modificirte acustische Tentakeln darstellen. Sie treten in zwei verschiedenen analogen Formen auf: bei den Trachylinen (*Trachomedusen* und *Narcomedusen*) entstehen sie aus soliden Tentakeln, deren Entoderm-Zellen (in einer Axenreihe liegend) einen oder mehrere Otolithen bilden, während ihr Exoderm-Epitel Hörhaare liefert. Gewöhnlich stehen diese „Hörtentakeln" frei am Schirmrande; bisweilen jedoch werden sie von einer ringförmigen Falte des Exoderm-Epitels umwachsen, so dass geschlossene „cordylare Hörbläschen" entstehen (*Marmanemidae*); bei den *Geryoniden* werden die letzteren sogar ganz in die Gallerte des Schirmrandes eingesenkt. Nach Bau und Entstehung sind sie ganz verschieden von den velaren Hörbläschen der Leptomedusen, mit denen sie früher verwechselt wurden.

Dagegen sind ähnliche (— aber auch selbständig entstandene —) Hörkölbchen fast allgemein in der Classe der Acraspeden entwickelt; sie fehlen hier nur den niedersten und ältesten Formen (*Stauromedusen*); diese besitzen an ihrer Stelle gewöhnliche einfache Tentakeln. Bei allen übrigen Scyphomedusen sind die letzteren zu characteristischen Sinneskolben (*Rhopalia*) umgewandelt. In der Hauptsache sind diese „Sinneskörper oder Randkörper" als Hörkölbchen und zugleich als Gleichgewichts-Organe zu betrachten, als hohle acustische Tentakeln, deren Entoderm-Zellen im Distal-Ende einen Otolithen-Sack bilden, während aussen ihr Exoderm-Epitel lange, steife Hörhärchen trägt. An der proximalen Basis des Rhopalium entwickelt sich aber ausserdem meistens noch auf der abaxialen Dorsalseite ein Auge, auf der axialen Ventralseite eine Tastplatte (mit eigenthümlichen Geisselzellen). Meistens liegen die Sinneskolben versteckt in besonderen Grübchen des Schirmrandes, und über diesen „Sinnesnischen" (*Antra rhopalaria*) wölbt sich eine Deckschuppe, deren Dorsalfläche ein blindes, trichterförmiges „Riechgrübchen" (mit faltigem Geissel-Epitel) trägt. So kann jeder Sinneskolben bei den höheren Acraspeden 3 oder selbst 4 verschiedene

Sinnesorgane vereinigt zeigen; und doch ist er nur ein umgewandelter einfacher Tentakel. Das beweist unzweifelhaft Zahl und Stellung der Rhopalien in den verschiedenen Ordnungen der Acraspeden. Die Stammgruppe (*Tesserida*) trägt ursprünglich keine Rhopalien, sondern nur 8 einfache Principal-Tentakeln; bei den Cubomedusen verwandeln sich die 4 perradialen in Sinneskolben, bei den Peromedusen die 4 interradialen, bei den Discomedusen alle 8.

§ 63. Muskelsystem der Cnidarien.

Die phylogenetische Ausbildung des Muskelsystems durchläuft im Stamme der Nesselthiere die verschiedensten Stufen. Im einfachsten Falle, bei den ältesten Hydropolypen, sind die contractilen Muskelfäden noch nicht einmal selbständige Zellen, sondern einfache (kernlose) Fortsätze von Epitelzellen. Solche „Epitelmuskel-Zellen" oder „Neuromuskel-Zellen" liegen im Exoderm der Hydropolypen; ihre Muskelfibrillen verlaufen longitudinal in der Tiefe des Exoderms, nach aussen von der Stützplatte, welche durch ihre Elasticität als Antagonist derselben wirkt. Bei einem Theile der Polypen entwickeln sich in ähnlicher Weise circuläre (oder transversale) Muskelfibrillen als Fortsätze von entodermalen Epitelmuskel-Zellen, nach innen von der Fulcral-Lamelle.

Eine zweite Stufe der phyletischen Muskelentwickelung sind die subepitelialen Muskeln; sie bestehen aus selbständigen (kernhaltigen) Muskelzellen, welche sich von ihrer Ursprungsstelle, dem Epitel, abgeschnürt, aber ihre Lage unmittelbar unter demselben beibehalten haben. Wenn sich aber zwischen beiden primären Keimblättern ein zellenhaltiges (connectives) Mesoderm entwickelt (bei den Scyphozoen und Ctenophoren), so können die Muskeln in die Tiefe wandern und innerhalb des mittleren Keimblattes ein selbständiges System von mesodermalen Muskeln darstellen.

Als differente Muskel-Systeme (— die zum Theil antagonistisch wirken —) entwickeln sich bei den Cnidarien ein longitudinales und ein transversales System. Die longitudinalen Muskeln sind vorzugsweise am Calyx der Polypen (und bei den Scyphozoen in den Taeniolen) entwickelt; an der Mundscheibe entsprechen denselben radiale Muskelzüge (Deltamuskeln der Subumbrella bei den Medusen, Längsmuskeln des Mundrohrs und der Tentakeln). Die transversalen (oder circulären) Muskeln dagegen sind vorzugsweise an dem Peristom der Polypen und an der ihm entsprechenden Subumbrella der Medusen entwickelt (Kranzmuskeln, Velarmuskeln, Mundringmuskeln u. s. w.). Die Differenzirung der einzelnen Muskelgruppen (und entsprechend auch ihre histologische Ausbildung) erreicht eine viel höhere Stufe bei den freischwimmenden Medusen, als bei den festsitzenden Polypen.

§ 64. Skelet-System der Cnidarien.

Bezüglich der Skeletbildung verhalten sich die Nesselthiere sehr verschieden. Ein grosser Theil des Stammes entbehrt aller festen Körpertheile, die zur Stütze oder zum Schutze dienen können. Eine zweite Gruppe bildet durch Ausscheidung aus dem Exoderm äussere Cuticular-Skelete. In einer dritten Gruppe entstehen durch Kalkablagerung in dem gallertigen Mesoderm äussere Kalkskelete. Eine vierte Gruppe endlich vereinigt die inneren Skeletbildungen der dritten und die äusseren der zweiten Gruppe. — Völlig weich und skeletlos sind folgende Gruppen: 1) Die Stammformen des ganzen Phylon, die Urpolypen oder Archydrarien (*Hydra*, *Archydra*, *Haleremita*); 2) ein kleiner Theil der Scyphopolypen (*Scyphostomarien*) und Corallen (*Monoxenia*, die Urform der Tetracorallen, viele *Mesocorallen*, die *Actiniarien*); 3) sämmtliche Medusen (*Craspedoten* und *Acraspeden*); 4) die meisten Siphonophoren (die *Siphonanthen*); 5) sämmtliche Ctenophoren.

Echte Cuticular-Skelete, d. h. erhärtete Ausscheidungen des Exoderms, finden sich bei der grossen Mehrzahl der Polypen, sowohl der *Hydropolypen*, als der *Scyphopolypen* und *Corallen*. Ihr Material besteht bei den ersteren überwiegend aus Chitin, bei den letzteren aus kohlensaurem Kalk. Folgende Stufen seiner phylogenetischen Ausbildung lassen sich unterscheiden: 1) Die Chitinhülle bildet einfache cylindrische Periderm-Röhren, welche bei den monozoen Polypen (z. B. *Eutubularia, Monocaulus*) nur den Hydranthen-Stiel umhüllen, bei den stockbildenden polyzoen ein gemeinsames Astwerk oder Netzwerk bilden (die meisten *Tubularien* oder Gymnoblasten). 2) Die röhrenförmigen Chitinhüllen erweitern sich am freien Ende zu Chitinbechern (*Hydrothecae*), in welche sich die Polypenkelche zurückziehen können: *Thecoblastea* (*Sertulariae*, *Graptolariae*, *Campanariae* unter den Hydrozoen, *Cornulariae* und *Scyphostomariae* unter den Scyphozoen). 3) Die Chitinröhren verkalken und bilden bei Concrescenz der confluirenden Kalkröhren voluminöse poröse Kalkmassen, ähnlich echten Corallenstöcken (*Hydrocorallen, Tabulaten*). 4) Die Fussplatte (Podium) der Polypen scheidet eine chitinige oder verkalkende Fussscheibe ab, und indem ein axialer Fortsatz derselben in das Innere der Magenhöhle hineinwächst, entsteht ein inneres Axenskelet; bei Verzweigung des Stockes ein baumförmiges Axenskelet (bei den *Anticorallen* oder

Antipatharien). 5) Zu dem cuticularen Axenskelet dieser letzteren Form tritt als äusseres Rindenskelet ein Ueberzug, welcher durch Ablagerung von Kalknadeln im Mesoderm entsteht (bei den *Gorgoniden*). 6) Auf der verkalkten Fussscheibe erheben sich verticale radiäre Kalkplatten als Sternleisten, und in der Peripherie ein verkalkter Becher (als Theca oder Mauerblatt); zugleich entstehen mächtige cuticuläre Kalkablagerungen im Coenenchym. So bilden sich die vielgestaltigen Kalkskelete der *Zoantharien*, die man früher irrthümlich für mesodermale hielt. Sowohl bei diesen Sterncorallen, wie bei den Gorgoniden wird das (genetisch) äussere Cuticular-Skelet zu einem (topographisch) inneren Basal-Skelet. 7) Aehnlich verhält sich auch unter den Siphonophoren die apicale Luftflasche (*Pneumatocystis*) der Disconanthen (*Discalidae*, *Porpitidae*, *Velellidae*); auch dieser innere complicirte Schwimmapparat, aus concentrischen Systemen von ringförmigen Chitinkammern zusammengesetzt, ist das cuticulare Ausscheidungs-Product einer exodermalen äusseren Hauteinstülpung.

Echte innere Skelete, durch Kalkabscheidung im Mesoderm entstanden, sind unter den Cnidarien viel seltener, als man früher allgemein annahm. Mit Sicherheit sind dieselben nur aus der Ordnung der Octocorallen bekannt. Nur sehr wenige Formen dieser Ordnung sind ganz skeletlos (*Monoxenia*). Die Bildung des Mesodermal-Skeletes beginnt mit der Ausscheidung isolirter Kalknadeln (Spicula oder Sclerodermiten) in dem gallertigen Mesoderm. Indem sich diese anhäufen, entstehen die halbweichen Körper der Alcyoniden. Durch zusammenhängende Verkalkung der Kelchwand entstehen die Kalkröhren der Tubiporiden, durch Verschmelzung dichter Nadelmassen die rothen Axenskelete der Edelkorallen (*Eucorallium*). Das kalkige Rindenskelet der Gorgoniden ist ebenfalls auch aus solchen mesodermalen Spicula zusammengesetzt.

§ 65. Geschlechtsorgane der Cnidarien.

Die Fortpflanzung der Nesselthiere geschieht theils nur auf geschlechtlichem Wege (Hypogenese), theils abwechselnd mit ungeschlechtlicher Vermehrung durch Knospung oder Theilung (Metagenese). Die Bildung der Geschlechtsorgane beschränkt sich stets auf die Geschlechtsdrüsen (Gonades); besondere Ausführgänge (Gonoductus) und Begattungsorgane (Copulativa) fehlen noch ganz. Die reifen Geschlechtszellen werden stets unmittelbar entleert, entweder nach aussen in das Wasser (bei den meisten Hydrozoen) oder nach innen in das Gastrocanal-System (bei den meisten Scyphozoen).

Die Geschlechtsdrüsen (*Gonades*) sind ursprünglich weiter nichts, als Anhäufungen von Epitel-Zellen in einem der beiden Keimblätter; die Geschlechtszellen (*Gonidia*) sind demnach „sexuelle Epitel-Zellen", ursprünglich wahrscheinlich in beiden primären Keimblättern entstanden (bei den Archydrarien). Auch bei vielen Hydropolypen der Gegenwart zeigen die Keimstätten der beiderlei Geschlechtszellen noch eine wechselnde Lage, bald im äusseren, bald im inneren Keimblatte. Da jedoch hier vielfach eine frühzeitige Wanderung derselben und somit eine Verschiebung der Keimstätte stattfindet, hat jenes Verhalten keine palingenetische Bedeutung. Wahrscheinlich ist bei sämmtlichen *Hydrozoen* (wie bei *Hydra*) der älteste Ursprung der Gonidien im Exoderm zu suchen. Dagegen liegt derselbe bei den *Scyphozoen* im Entoderm. Mit Rücksicht auf diesen wichtigen Unterschied kann man die ersteren als *Ectocarpa* bezeichnen, die letzteren als *Endocarpa.*

Die ursprüngliche Lage der Geschlechtsdrüsen (gleichviel ob ectocarp oder endocarp) ist in der Magenwand, als dem phylogenetisch ältesten Theil des Cnidarien-Körpers. So bleibt sie erhalten bei den Hydropolypen, den Anthomedusen und Narcomedusen, und den Siphonophoren. Wenn sich aber am Körper später peripherische Theile entwickeln (die Umbrella der Medusen, die Gastral-Taschen der Anthozoen u. s. w.), so verlassen die Gonaden häufig jene centrale Ursprungsstätte und wandern auf periphere Theile hinüber; so liegen sie bei den Leptomedusen und Trachomedusen, ebenso bei den Ctenophoren, im Verlaufe der Radial-Canäle, bei den Cubomedusen in den Radial-Taschen, bei den Anthozoen in den Septen zwischen den Radial-Kammern. Durch Faltenbildung und Verästelung geht die einfache Form der Gonaden oft in sehr verwickelte Bildungen über.

Hermaphroditismus und Gonochorismus. Die Vertheilung der Geschlechtsdrüsen bei den Cnidarien zeigt trotz der Einfachheit ihrer Bildung ziemlich mannichfaltige Verhältnisse. Da der eine Theil der Nesselthiere immer auf der Stufe einer solitären Person stehen bleibt, der andere Theil hingegen sociale Stöcke bildet, so sind folgende vier Hauptformen der Geschlechts-Vertheilung zu unterscheiden: 1) Monoclinie, *Hermaphroditismus der monozoen Personen* (Ovarien und Spermarien in einer Person vereinigt): *Hydra, Cereanthus, Chrysaora,* sämmtliche Ctenophoren. 2) Diclinie, *Gonochorismus der monozoen Personen*; einzelne monozoe Hydroiden, die meisten monozoen Corallen (Actinien, Fungien etc.), fast alle Medusen (mit sehr wenigen Ausnahmen). 3) Monoecie, *Hermaphroditismus der polyzoen Cormen*; auf einem und demselben Stocke finden sich beiderlei Geschlechts-Personen (einzelne Polypen-Stöcke, die meisten Siphonophoren).

4) Dioecie, *Gonochorismus der polyzoen Cormen*; die einen Stöcke tragen nur männliche, die anderen nur weibliche Personen; so die meisten Stöcke von Hydropolypen und Corallen; einzelne Arten von Siphonophoren (*Mitrophyes* und *Galeolaria* unter den Calyconecten, *Apolemia* und *Athoralia* unter den Physonecten).

§ 66. Ontogenie der Cnidarien.

Die individuelle Entwickelungsgeschichte der Nesselthiere bietet uns eine ausserordentliche Fülle von mannichfaltigen und interessanten Erscheinungen, die zum Theil auch von höchster Bedeutung für ihre Phylogenie sind. Indessen ist die Deutung dieser ontogenetischen Urkunden der Stammesgeschichte zum Theil auch sehr schwierig und bedarf einer besonders vorsichtigen Kritik. Die *palingenetische* Erklärung dieser wichtigen Verhältnisse wird oft durch *cenogenetische* Complicationen sehr erschwert, besonders dadurch, dass in einer und derselben Gruppe nahe verwandte Formen bald mit, bald ohne Generationswechsel, zugleich mit oder ohne Metamorphose, sich entwickeln können. Ganz abgesehen von der Metamorphose, dürften als Hauptformen der individuellen Entwickelung in diesem Stamm folgende drei zu betrachten sein: A. Primäre Hypogenese, ursprüngliche directe Entwickelung, bei der grossen Mehrzahl der festsitzenden Cnidarien, der Hydropolypen, Scyphopolypen und Corallen. B. Typische Metagenese, der gewöhnliche Generationswechsel zwischen *Polypen* und *Medusen* (und zwar in beiden Cladomen, sowohl bei *Hydrozoen* als *Scyphozoen*); der benthonische Polyp entsteht aus dem befruchteten Ei der planktonischen Meduse und erzeugt selbst wieder durch Knospung Medusen (so bei den *Leptolinen* und den meisten *Scyphomedusen*). C. Secundäre Hypogenese, entstanden aus der Metagenese (B.) durch abgekürzte Vererbung, durch Ausfall der ammenden Polypen-Form. Aus den Eiern der oceanischen Meduse entwickelt sich direct wieder dieselbe Medusen-Form, so bei den *trachylinen Craspedoten* (Trachymedusen und Narcomedusen), bei einzelnen oceanischen Acraspeden (*Pelagia* u. A.). Auch die Hypogenese der *Siphonophoren* (welche von metagenetischen *Anthomedusen* abstammen) ist sicher so aufzufassen; und wahrscheinlich gilt dasselbe von den *Ctenophoren*.

A. **Primäre Hypogenese der Cnidarien.** Als die ursprüngliche, directe Form der Entwickelung, ohne Generationswechsel, betrachten wir die Ontogenese bei folgenden Nesselthieren: 1) Archydrarien (*Hydra*, *Protohydra* [?], *Haleremita* und die hypothetische Urform des ganzen Stammes, die tetranemale *Archydra*). 2) Hydrocorallen; weder bei *Milleporiden* noch bei *Stylasteriden* findet sich eine Andeutung, dass ihre Vorfahren jemals freie Medusen gebildet haben; vielmehr haben sich dieselben (ebenso wie ihre heutigen Epigonen) wahrscheinlich stets direct entwickelt. 3) Die Sertularien und 4) die nahe verwandten Graptolarien; zwar werden gewöhnlich die *Sertularien* (wegen der Hydrotheken-Bildung) mit den *Campanarien* vereinigt; allein die Medusation der letzteren findet sich bei den ersteren nicht; ob sie bei ihren Ahnen einst bestand, ist zweifelhaft. 5) Die meisten Scyphopolypen (?), wenigstens die Stammformen der Scyphozoen nnd wahrscheinlich auch die *Tabulaten.* 6) Die grosse Mehrzahl der Corallen (nur die wenigen Formen ausgenommen, bei denen in Folge besonderer Anpassung eine Metagenese eigenthümlicher Art sich entwickelt hat; § 125). Bei allen diesen festsitzenden Polypen — aus beiden Hauptsämmen der Cnidarien — ist die *Hypogenese* als der ursprüngliche directe Entwickelungs-Modus anzusehen. Keine einzige bekannte Thatsache spricht für die entgegengesetzte Annahme, dass dieselben ursprünglich *Metagenese* besassen und mit Medusen zusammenhingen. Wir halten die Hypothese, dass die planktonischen, hoch differenzirten *Medusen* die ursprünglichen Stammformen der Cnidarien seien, und dass aus diesen die benthonischeu, viel einfacher gebauten *Polypen* durch Rückbildung entstanden seien, für ganz irrthümlich; sie ist nicht empirisch begründet.

B, **Metagenese der Cnidarien.** Echter Generationswechsel ist bei den Nesselthieren sehr verbreitet, und zwar in zwei verschiedenen Hauptformen, welche in den beiden Stämmen der *Hydrozoen* und *Scyphozoen* unabhängig von einander entstanden sind. Unter den ersteren finden wir zwei Ordnungen von Hydropolypen, welche als Ammen von zwei Ordnungen sexueller Hydromedusen (— und zwar nur *Leptolinen!* —) fungiren: die *Tubularien* als Ammen der *Anthomedusen*, und die *Campanarien* als Ammen der *Leptomedusen*; in beiden Ordnungen entstehen die frei schwimmenden Medusen durch laterale Gemmation aus den festsitzenden Polypen. Ganz anders im Stamme der Scyphozoen; hier existirt für sämmtliche Scyphomedusen (— soweit bis jetzt bekannt! —) nur eine einzige gemeinsame Ammenform, das *Scyphostoma*, und die acraspede Meduse entsteht aus dieser typischen Scyphopolypen-Form auf dem characteristischen Wege der Strobilation; gewöhnlich wird diese als „Quertheilung" bezeichnet; bei genauerer Betrachtung ergiebt sie sich als „terminale Gemmation". Sowohl die Metagenese der *Hydrozoen*, als diejenige der *Scyphozoen* (— beide unabhängig von einander aus ähnlichen Ursachen entstanden —) besitzen palingenetische Bedeutung und zeigen uns die Wege, auf welchen ursprünglich die höhere planktonische Medusen-Form aus der niederen benthonischen Polypen-Form hervorgegangen ist. Die speciellen Verhältnisse der Medusation (oder Medusenbildung) sind aber in beiden Fällen so verschieden, dass nicht die eine aus der anderen abgeleitet werden kann.

Ausser diesem typischen Generationswechsel zwischen festsitzenden Polypen und freischwimmenden Medusen finden sich auch bei einigen anderen Cnidarien Fälle eigenthümlicher Fortpflanzung, welche als *Metagenese* betrachtet werden können. Bei manchen Hydromedusen (— *Codonium* und *Sarsia* unter den Anthomedusen, *Gastroblasta* und einige *Aequoriden* unter den Leptomedusen, ferner bei mehreren Narcomedusen —) vermehren sich die Medusen direct durch Knospung; erst später werden die abgelösten Knospen geschlechtsreif. Dasselbe findet bei einigen *Anthozoen* statt (*Gonactinia, Fungia* u. A.). Auch die eigenthümliche Fortpflanzung einiger Siphonophoren (z. B. die *Eudoxien*-Bildung bei den Calyconecten, die *Chrysomitra*-Bildung bei den Disconecten) sind Formen der Metagenese.

C. **Secundäre Hypogenese der Cnidarien.** Wesentlich verschieden von der primären „directen Entwickelung" der *Polypen* (A.) ist diejenige Form derselben, die wir bei vielen *Medusen* antreffen. Unter den Scyphomedusen entwickelt sich die oceanische *Pelagia* direct aus dem Ei ihrer Medusen-Mutter, ohne Dazwischentreten einer fossilen Polypen-Amme. Offenbar liegt hier abgekürzte Entwickelung und Ausfall der ammenden Scyphopolypen-Generation vor, bedingt durch Anpassung an die oceanische Lebensweise der *Pelagia*. Denn die nächste Verwandte derselben (*Chrysaora*), welche neritisch an der Küste lebt, hat die ursprüngliche Metagenese noch beibehalten. Auch bei anderen Discomedusen (*Aurelia*) haben wir beobachtet, dass unter gewissen Umständen die ursprüngliche palingenetische Metagenese ausfallen und durch „abgekürzte Vererbung" in die secundäre cenogenetische Hypogenese übergehen kann. Wahrscheinlich ist das auch noch bei vielen anderen Medusen der Fall, welche im offenen Meere leben und deren schwärmenden Gastrula- (oder Planula-)Larven die Gelegenheit zur Anheftung an den Boden abgeht. Bei sämmtlichen Trachylinen (den beiden Ordnungen der *Trachomedusen* und *Narcomedusen*) fehlt der typische Generationswechsel, welcher die Leptolinen (*Anthomedusen* und *Leptomedusen*) auszeichnet; der enge Zusammenhang mit Hydropolypen-Ammen, der bei den letzteren besteht, ist bei den ersteren aufgehoben. Dasselbe gilt auch für alle Siphonophoren und Ctenophoren. Diese Thatsache ist wahrscheinlich ebenso wie der analoge Fall von *Pelagia* zu erklären; die ammende Polypen-Generation ist im Laufe der Zeit ausgefallen; die ursprüngliche *Metagenese* ist durch abgekürzte Vererbung in *Hypogenese* übergegangen. Will man diese Hypothese nicht annehmen und die Hypogenese der Trachylinen und Ctenophoren für primär hallten, so muss man beide Gruppen direct von *Gastraeaden* ableiten, durch eine lange Reihe von unbekannten pelagischen Zwischenformen. Die Hypogenese der Siphonophoren ist sicher secundärer Natur; denn ihre Abstammung von *Anthomedusen* ist unzweifelhaft, und da die Letzteren wieder von *Tubularien* abstammen, müssen auch Polypen-Ahnen aus dieser Gruppe für die Ersteren angenommen werden.

§ 67. Gastrulation der Cnidarien.

(Blastula, Gastrula, Planula, Saccula, Staurula.)

Die Furchung des befruchteten Eies ist bei allen Nesselthieren total, bald äqual, bald inäqual. Demnach ist die Blastula, welche aus dem Zellenhaufen der Morula sich entwickelt, bald eine rein palingenetische *Archibastula*, eine reguläre Hohlkugel, deren Wand aus einem einfachen primären Blastoderm gebildet wird (einer einzigen Schicht gleichartiger Geisselzellen); bald erscheint sie als eine cenogenetische *Amphiblastula*, in mehr oder weniger modificirter Form. In manchen Fällen (namentlich bei acraspeden Medusen) entsteht durch Invagination der Blastula eine typische Gastrula von ganz ursprünglicher Form. Bei der grossen Mehrzahl der Cnidarien jedoch schliesst sich der Mund der Gastrula wieder, oder die Invagination der Blastula vollzieht sich unter dem Bilde der Ingression, indem vom Prostoma-Pole Zellen in das Blastocoel einwandern und so das Entoderm bilden, ohne dass es zu einer Mundöffnung kommt. Die characteristische *Planula*, welche so entsteht, wächst meistens durch Streckung zu einer einfachen, keulenförmigen oder selbst cylindrischen Flimmerlarve aus, deren Exoderm eine einzige Schicht von Geisselzellen bildet, während die Entoderm-Zellen bald in einfacher Schicht die geschlossene Urdarmhöhle auskleiden, bald als nutritive „Dotterzellen" dieselbe theilweise oder ganz ausfüllen. In dieser Form schwimmen die Planula-Larven bei der grossen Mehrzahl der Nesselthiere frei im Meere umher und setzen sich nach einiger Zeit mit dem animalen Pole der Axe fest; am entgegengesetzten vegetalen Pole bricht die Urmund-Oeffnung durch. Die vergleichende kritische Betrachtung der Gastrulation lehrt, dass diese „typische *Planula*-Larve der Cnidarien" eine secundäre (*cenogenetische*) Keimform darstellt, und dass sie durch phylogenetischen Verschluss des Urmundes aus der primären (*palingenetischen*) *Archigastrula* entstanden ist. Dasselbe nehmen wir an für die eigenthümliche epibolische *Amphigastrula* der Ctenophoren, sowie für die *Coeloplanula* einiger, mit centrolecithalen Eiern ausgestatteten Medusen (*Geryoniden*). Die eigenthümliche

„Delamination der *Blastula*“ bei diesen letzteren besitzt sicher keine palingenetische Bedeutung, sondern ist eine spät entstandene Modification der ursprünglichen Invagination; die Sonderung der Blastomeren in äussere (animale) Micromeren und innere (vegetale) Macromeren ist hier durch *Heterochronie* in das Stadium der Blastula zurückverlegt. Der einfach schlauchförmige Keim der Nesselthiere, welcher aus der Gastrula (oder Planula) nach ihrer Anheftung entstanden ist, und welchen wir *Ascula* oder Saccula nennen, zeigt die typische Bildung einer einfachen Gastraeade, sehr ähnlich den *Physemarien* (§ 30). Die dünne Wand des eiförmigen oder birnförmigen Schlauches besteht aus den beiden primären Keimblättern, Exoderm und Entoderm; die einfache Höhle ist der Urdarm (*Progaster*), seine Oeffnung der Urmund (*Prostoma*); die Grundform ist monaxon, mit kreisrundem Querschnitt. Aus dieser einaxigen *Ascula* oder *Saccula* entwickelt sich nun bei sehr zahlreichen Cnidarien unmittelbar eine andere bedeutungsvolle Keimform, indem um den Urmund herum vier kreuzständige Tentakeln hervorknospen: der Kreuzpolyp, die „tetranemale Actinula“. Dadurch ist die *monaxone* Grundform in die *stauraxone* oder radiale verwandelt, und zwar in die regulär vierstrahlige Promorphe. Die beiden auf einander senkrechten Querdurchmesser, in denen die vier Tentakeln liegen, sind die primären Kreuzaxen; sie bestimmen die geometrische Grundform der Quadrat-Pyramide oder der „vierseitigen regulären Pyramide“, die ursprüngliche Promorphe des Cnidarien-Stammes. Nach unserer Ansicht besitzt dieser typische vierstrahlige „Kreuzpolyp“, die tetranemale Staurula, die höchste palingenetische Bedeutung und ist als ein erbliches Schattenbild der uralten laurentischen Stammform des ganzen Phylon zu betrachten. Dies geht daraus hervor, dass die *Staurula* sich bei Repräsentanten (und zwar bei besonders alten!) von sehr verschiedenen Hauptgruppen in gleicher Form wiederfindet, und dass nur aus dieser primären Stammform sich alle übrigen als secundäre ableiten lassen. Die *Staurula* tritt als palingenetische Jugendform auf bei *Hydra* (— trotzdem diese nicht mehr die freischwimmende Gastrula besitzt! —), bei vielen Hydropolypen (*Tubularien*, *Sertularien*, *Hydrocorallen*), bei zahlreichen metagenetischen Hydromedusen, bei einzelnen Corallen (*Cereanthus*) und bei vielen Scyphomedusen (*Aurelia* u. A.). Wenn bei diesen Scyphozoen bisweilen eine pharyngale Schlund-Einstülpung der Ascula vor der Bildung der 4 Kreuztentakeln auftritt, so ist dies als Heterochronie zu deuten. Als permanente Staurula darf vielleicht die merkwürdige *Haleremita cumulans* betrachtet werden, wohl die älteste von allen gegenwärtig noch lebenden Formen der Cnidarien.

§ 68. Palaeontologie der Cnidarien.

Die palaeontologischen Urkunden sind für die Stammesgeschichte der Cnidarien im Ganzen nur von untergeordnetem Werthe und sagen darüber weit weniger aus, als die ontogenetischen und morphologischen Urkunden. Von den sieben Classen dieses Stammes (§ 55) haben nur die drei benthonischen (meistens auf dem Meeresboden festgewachsenen) Classen zum Theil feste Skelet-Gebilde erzeugt, welche sich zur Erhaltung in fossilem Zustande eignen: unter den Hydropolypen nur zwei von den acht Ordnungen, die *Graptolarien* und *Hydrocorallien*, unter den Scyphopolypen die *Tabulaten*, unter den Anthozoen die kalkabscheidenden „Steincorallen" (*Lithocorallia*); indessen sind nur diese letzteren in grösserer Menge versteinert und sowohl für die Geologie, als auch für die Phylogenie von Bedeutung.

Die vier planktonischen Classen der Cnidarien hingegen entbehren aller festen Skelet-Gebilde und namentlich aller Kalk-Theile. Ihr schwimmender Körper ist äusserst weich und wasserreich; und nur ganz ausnahmsweise erreicht der Gallertkörper bei einzelnen grösseren Medusen eine knorpelartige Festigkeit, so dass unter besonders günstigen Umständen deutliche Abdrücke desselben in sehr feinkörnigem Schlamme erhalten bleiben und versteinern konnten. Bisweilen sind an grösseren solchen fossilen Medusen selbst feinere und characteristische Form-Verhältnisse gut conservirt, so dass wir wenigstens die Ordnung (oder selbst die Familie), zu der sie gehörten, bestimmen konnten, so bei dem grossen *Rhizostomites admirandus*, den wir aus dem lithographischen Schiefer von Eichstädt (Ober-Jura) beschrieben haben. Von diesen seltenen Ausnahmen abgesehen, ist uns aber von den zahlreichen ausgestorbenen Medusen (— *Craspedoten* und *Acraspeden* —), welche sicher schon die palaeozoischen und mesozoischen Meere seit Millionen von Jahren bevölkerten, keine Spur erhalten geblieben, und dasselbe gilt von sämmtlichen *Siphonophoren* und *Ctenophoren*.

Aber auch über die Phylogenie der Corallen giebt uns deren Palaeontologie nur sehr unvollständige Kunde. Die ausserordentliche Reichhaltigkeit des fossilen Anthozoen-Materials — sowohl was die Zahl der Gattungen und Arten, als die Masse der Individuen betrifft — ferner die gewaltige Anhäufung der fossilen Corallen zur Bildung von grossen Bänken und Felsmassen hat dazu verleitet, der palaeontologischen Urkunde eine entsprechende ausserordentliche Bedeutung für die Stammesgeschichte dieser Classe zuzuschreiben. Indessen ist zu bedenken, dass die skeletbildenden Lithocorallen, die allein versteinerungsfähig sind, nur einen Theil der Classe bilden, und dass neben diesen stets eine grosse Zahl von skeletlosen Sarcocorallen lebten, die keine fossilen Reste hinterlassen konnten. Zu diesen letzteren mussten aber die Stammformen der ganzen Classe gehören. Auch unter den Lithocorallen eignet sich nur theilweise das Skelet zur Versteinerung, nur dann, wenn dasselbe feste, zusammenhängende Kalkmassen bildet. So erklärt es sich, dass von den sechs Ordnungen der Classe nur zwei zahlreiche und phylogenetisch verwerthbare fossile Reste hinterlassen haben, die palaeozoischen *Tetracorallen* und die mesozoischen (bis zur Gegenwart herrschenden) *Hexacorallen.* Von den zahlreichen Formen der vier übrigen Ordnungen kennen wir fast nur lebende, sehr wenige fossile Vertreter. Wir sind daher bei der Phylogenie der Corallen stets darauf angewiesen, die palaeontologische Urkunde durch die morphologische und ontogenetische Forschung zu ergänzen und zu berichtigen.

§ 69. Erstes Cladom der Cnidarien:

Hydrozoa = Ectocarpa.

INTAENIOLA: NESSELTHIERE OHNE MAGENLEISTEN.

Cnidarien ohne Taeniolen oder gastrale musculöse Entoderm-Leisten. Magen-Querschnitt kreisrund. Gonaden ursprünglich im Exoderm entstanden.

Das Cladom der Hydrozoen oder *Intaeniolen* umfasst die niederen und einfacher gebauten Nesselthiere, deren Gastralraum nicht die characteristischen Magenleisten oder *Taeniolen* der Scyphozoen besitzt. Mithin fehlen auch die perradialen *Gastroglyphen* der letzteren, die longitudinalen „Magenrinnen“, welche durch die interradialen *Taeniolen* geschieden werden. Allerdings kommen bei einigen der grösseren Hydropolypen an der Innenwand der Gastralhöhle Falten und Wülste vor, welche den echten Taeniolen der Scyphozoen sehr ähnlich sind; sie entbehren aber der characteristischen Structur der letzteren, insbesondere der eingeschlossenen Musculatur; auch üben sie weiterhin keinen Einfluss auf die Ausbildung des Gastrocanal-Systems, während dies bei den Scyphozoen stets der Fall ist. Freie Gastral-Filamente kommen nicht vor. Der Querschnitt des einfachen Centralmagens ist bei den Hydrozoen ursprünglich kreisrund. Die Progonidien, oder die „Urkeimzellen“ der Geschlechtsorgane, entstehen bei den Hydrozoen ursprünglich im Exoderm (daher *Ecto-*

carpa); indessen können dieselben von hier auswandern, so dass die Keimstätte verschoben wird und sich die Gonaden später im Entoderm finden. Nur bei den ältesten Formen der Hydrozoen (Archydrarien) wurden vielleicht Sexualzellen ursprünglich in beiden Keimblättern erzeugt. Als Stammgruppe der Hydrozoen betrachten wir die Classe der *Hydropolypen*. Aus dieser haben sich zunächst zwei divergirende Zweige entwickelt, die *Scyphopolypen* durch Erwerbung von Taeniolen, die *Hydromedusen* durch Ausbildung der Umbrella. Aus den letzteren sind die polymorphen Cormen der *Siphonophoren* hervorgegangen. Wahrscheinlich sind auch die *Ctenophoren* aus einer alten Hydrozoen-Gruppe entstanden.

§ 70. Erste Classe der Cnidarien:

Hydropolypi = Hydroidea.

STAMMGRUPPE ALLER NESSELTHIERE UND ZUGLEICH BENTHONISCHE HAUPTGRUPPE DER SESSILEN HYDROZOEN.

Festsitzende Cnidarien von Polypen-Form, mit einfacher Gastralhöhle, ohne Gastral-Taeniolen und ohne exodermales Schlundrohr.

Die Classe der Hydropolypen oder *Hydroideen*, in dem hier festgehaltenen Umfang des Begriffes, umfasst diejenigen Hydrozoen, welche entweder gar keine Beziehung zu Medusen haben (*Hydromenae*), oder doch keine vollkommen entwickelten und frei schwimmenden Medusen bilden (*Hydrophaenae*). Als Hauptgruppen dieser Classe werden gewöhnlich die *Tubularien* und *Campanarien* betrachtet. Von diesen beiden wichtigen Ordnungen nehmen wir nur diejenigen Formen in unsere Classe auf, welche als sessile Polypen sich fortpflanzen, deren Geschlechtspersonen also entweder einfache *Ascophoren* (ohne Andeutung medusoiden Baues) oder medusoide *Medophoren* sind. Dagegen schliessen wir diejenigen *Tubularien* und *Campanarien* aus, welche frei schwimmende und völlig entwickelte Medusen (*Leptolinen*) bilden, und welche also bloss als Ammen dieser geschlechtsreifen *Craspedoten* eine vorübergehende ontogenetische Bedeutung haben. Indem wir im System diese künstliche (und logisch unentbehrliche) Trennung durchführen, wollen wir selbstverständlich den natürlichen phylogenetischen Zusammenhang der beiden Gruppen nicht aufheben (vergl. § 53).

Indem wir in dieser Weise den Umfang der *Hydropolypen*-Classe scharf begrenzen, ergiebt sich für ihren Inhalt als wesentlicher

Character die einfache Organisation des permanenten intaeniolen Polypen. Der einfachste gegenwärtig existirende Typus desselben, und zugleich der einfachste Prototypus des ganzen Cnidarien-Stammes, wird durch zwei kleine Archydrarien repräsentirt, durch die kosmopolitische *Hydra* des süssen Wassers und durch die marine *Haleremita*. (Vielleicht steht den Gastraea-Ahnen noch näher die marine tentakellose *Protohydra*?)

Bei diesen ältesten und primitivsten Cnidarien-Formen wird der ganze einaxige, eiförmige oder cylindrische Körper der Person permanent nur durch die beiden primären Keimblätter gebildet; diese sind getrennt durch eine structurlose Stützplatte (Fulcrum). Das Entoderm bleibt, wie bei *Gastraea*, eine einfache Schicht von Geisselzellen; das Exoderm ist etwas histologisch differenzirt und liefert Nesselzellen und Gonidien. Der radiäre (ursprünglich vierstrahlige) Bau wird nur durch die Tentakeln angedeutet, welche den Mund umgeben. Die marine *Haleremita* besitzt permanent nur vier kreuzständige und solide Tentakeln, während diese bei der limnetischen *Hydra* hohl geworden sind und die ursprüngliche Vierzahl nachträglich vermehrt wird. Dieser Tentakel-Kranz bildet zugleich die Grenze zwischen den beiden topographisch wichtigen Hauptabschnitten des becherförmigen Körpers, der oralen Mundscheibe (*Peristoma*) und dem aboralen Kelch (*Calyx*) oder der Glocke (*Codon* oder „Mauerplatte"); letztere ist mittelst der Fussscheibe (*Podium*) angeheftet. Die Gonaden entstehen als einfache warzenförmige Zellwucherungen im Exoderm der Kelchwand; die Spermarien näher dem Tentakel-Kranze, die Ovarien näher der Fussscheibe.

Von diesen einfachen Typen der Cnidarien, *Haleremita* und *Hydra*, weichen die Personen der übrigen Hydropolypen nur in unwesentlichen Verhältnissen ab. Selten bleiben die Personen einfach und isolirt (*Monocaulus*, *Corymorpha*, *Eutubularia*); meistens bilden sie durch Knospung vielverzweigte Stöcke. In diesen *Cormen* tritt gewöhnlich Arbeitstheilung ein (§ 54). Hiervon abgesehen behält die einfache Polypen-Person ihren typischen Bau; doch gliedert sich ihr Körper meistens in zwei oder drei Abschnitte. Der erweiterte Mitteltheil (Köpfchen, *Cephalis*, oder Glocke, *Codon*) setzt sich am Basalende von einem schlanken cylindrischen Stiel ab (*Hydrocope*); am Oral-Ende wird er durch den Tentakel-Kranz von der Mundscheibe getrennt, aus der sich meistens ein Mundrohr (Rüssel, *Proboscis*) erhebt. Ausserdem scheidet bei den meisten Hydropolypen der Stiel ein röhrenförmiges Cuticular-Skelet ab (*Periderma*); bei den Sertularien und Campanarien umschliesst dasselbe auch als *Theca* den Kelch.

§ 71. Ergonomie und Polymorphismus.

Die Hydropolypen sind die erste und ältese Classe der Metazoen, in welcher die physiologische Arbeitstheilung (*Ergonomie*) der Personen und die dadurch hervorgerufene Formspaltung (*Polymorphismus*) eine bedeutende Rolle spielt. Dieselbe fehlt nur der ersten und ältesten Ordnung der Classe, den Archydrarien (*Hydra*, *Haleremita*, *Protohydra*). Hier sind alle Personen von gleichem Körperbau (gleichviel ob sie isolirt leben, oder kleine Stöckchen bilden); jedes Individuum ist ein complete Hydraperson mit Magenhöhle und Mund, Tentakel-Kranz und Gonaden. Bei allen übrigen Hydropolypen tritt Arbeitstheilung ein, und zwar meistens in der Weise, dass die Functionen der Ernährung und Fortpflanzung auf verschiedene Personen vertheilt werden. Die Nahrungs-Aufnahme und Verdauung geschieht durch die Hydranthen, sterile Personen mit Mundöffnung und Tentakeln; die Fortpflanzung hingegen wird durch Gonophoren besorgt, meistens Geschlechts-Personen ohne Mundöffnung und Tentakel. Diese können wieder in zwei Formen differenzirt sein: weibliche (*Gynophoren*) und männliche (*Androphoren*). Zu diesen wichtigsten Producten der Ergonomie gesellen sich bei vielen Hydropolypen (namentlich Sertularien und Hydrocorallien) noch andere Formen von mundlosen sterilen Personen: Dactylanthen (oder *Dactylozooide*), Tast-Personen von Tentakel-Form, mit Sensillen-Function; ferner Nematophoren oder Wehr-Personen, mit Nessel-Function; Skeletanthen oder Skelet-Polypen, welche zum Schutze der Cormen besondere Chitin- oder Kalk-Stacheln ausscheiden (*Hydractinia, Hydrocorallen*).

Die Ergonomie zwischen nutritiven *Hydranthen* und generativen *Gonophoren* ist desshalb von ganz besonderer Bedeutung, weil sie mit der Entstehung der Hydromedusen eng zusammenhängt. Diese letzteren sind ursprünglich weiter Nichts, als zufällig abgelöste *Hydropolypen*, welche durch Anpassung an schwimmende Lebensweise den Medusen-Character erworben haben und in diesem Zustande geschlechtsreif werden. Die *Hydranthen* erscheinen dann bei den Formen mit vollkommenem Generationswechsel nur als die Ammen der *Hydromedusen*. Häufig wird aber diese Metagenesis wieder rückgebildet oder maskirt, indem die Medusen nicht mehr zur vollen Ausbildung und Ablösung gelangen; sie bleiben dann am Stocke sitzen als *Medophoren*, medusoide Geschlechts-Gemmen oder Sporosäcke.

§ 72. Hydromenen und Hydrophaenen.

Die formenreiche Classe der *Hydropolypen* bietet der natürlichen Classification ungewöhnliche Schwierigkeiten. Diese sind theils in ihrer

Natur als Stammgruppe aller Cnidarien begründet, theils und besonders aber in ihren verwickelten Verwandtschafts-Beziehungen zu den *Hydromedusen*. Wir glauben diese Schwierigkeiten am leichtesten dadurch zu überwinden, dass wir zunächst als zwei Subclassen oder Legionen die *Hydromenen* und *Hydrophaenen* unterscheiden. Unter Hydromenen (oder „Dauer-Hydroiden") verstehen wir jene Hydropolypen, welche keinerlei directe Beziehung zu *Hydromedusen* besitzen, noch jemals solche besessen haben; sie bleiben dauernd auf der Stufe der festsitzenden Polypen-Form stehen, sind niemals zur Medusenbildung oder Medusation gelangt und besitzen daher auch keine Medophoren oder Sporosäcke. Zu diesen Hydromenen rechnen wir 1) die Stamm-Ordnung der *Archydrarien*, und 2) die Ordnung der *Hydrocorallien*. Ausserdem gehören hierher wahrscheinlich auch die beiden Ordnungen der echten, lebenden *Sertularien* und der nahverwandten, palaeozoischen *Graptolarien*. Dieselben bilden gegenwärtig niemals mehr frei schwimmende und völlig entwickelte Medusen; der Bau ihrer Gonophoren lässt sich nicht mit Sicherheit auf rückgebildete Medusen zurückführen; wir bezeichnen ihre Geschlechts-Personen daher als *Ascophoren*, nicht als *Medophoren*.

Die zweite Legion oder Subclasse bilden die Hydrophaenen oder „Schein-Hydroiden", die beiden Ordnungen der *Tubularien* und *Campanarien*; ihre Gonophoren lassen sich zum grössten Theil mit Sicherheit, zum anderen Theil mit grosser Wahrscheinlichkeit als sessile und rückgebildete *Hydromedusen* ansehen. Die characteristische Umbrella der Letzteren, der Schirm mit seinen vier Radial-Canälen und seinem Velum, oft selbst Spuren der Tentakeln, ferner der typische Glockenkern (*Entocodon*), der bei der Entwickelung der Meduse aus einer einfachen Polypen-Knospe vorübergehend auftritt, sind bei den meisten echten Tubularien (*Athecata*) und Campanarien (*Thecophora*) mehr oder weniger sicher nachzuweisen; das Umbrella-Rudiment bildet gewöhnlich eine Hülle um die kolbenförmige Gonade, welche als das umgebildete, der Mundöffnung verlustige Mundrohr (*Manubrium*) der Meduse zu deuten ist. Da nun die schwimmende Medusenform immer ursprünglich auf eine phylogenetisch ältere, festsitzende Polypen-Stammform zurückzuführen ist, so sind diejenigen Hydrophaenen, welche deutliche Spuren medusoiden Baues in ihren Gonophoren zeigen, phyletisch unzweifelhaft von Medusen abzuleiten. Die meisten *Tubularien* der Gegenwart stammen sicher von *Anthomedusen* ab, die meisten *Campanarien* der Gegenwart von *Leptomedusen*. Wir können alle diese Formen unter dem Begriffe der Hydrophaenae Medusanthae vereinigen.

Wir halten es jedoch nicht für richtig, diese Auffassung zu generalisiren und alle *Hydrophaenen* in dieser Weise als *Medusanthen* aufzufassen. Vielmehr stellen wir den Letzteren als eine zweite Gruppe die Hydrophaenae Polypanthae gegenüber, d. h. solche Hydropolypen, welche zwar jenen sonst sehr nahe verwandt erscheinen, aber an ihren Gonophoren keine Spur medusoiden Baues erkennen lassen. Solche sind *Cordylophora*, *Corydendrium*, *Eudendrium* und *Stylactis* unter den Tubularien, *Opercularella* und einige *Campanularia*-Arten unter den Campanarien. Ihre Gonophoren verrathen in keiner Beziehung die Abkunft von rückgebildeten Medusen; es ist zwar möglich, dass sie die Spuren derselben (durch abgekürzte Vererbung) verloren haben; es ist aber ebenso möglich, dass sie niemals mit Medusen-Ahnen Zusammenhang hatten, vielmehr Ueberreste einer alten Stammgruppe sind, die noch nicht zur Medusation gelangt war. Vielleicht gilt das auch von allen *Sertularien*, ebenso wie von den nahe verwandten *Graptolarien*.

Die Ascophoren (oder „Sporophoren"), die Gonophoren dieser *Polypanthen*, sind demnach theoretisch sehr verschieden von den ähnlichen Medophoren (oder „Sporosäcken"), den Gonophoren der *Medusanthen*; die ersteren sind umgebildete Polypen, die letzteren rückgebildete Medusen. Freilich erscheint es zur Zeit nicht möglich, diesen wichtigen Unterschied systematisch durchzuführen, um so weniger als auch die Hydrophaenen-Ammen der *Leptolinen* (die *Tubularien*-Ammen der *Anthomedusen* und die *Campanarien*-Ammen der *Leptomedusen*) jenen ersteren oft zum Verwechseln ähnlich sind. Aber für die schwierige Phylogenie dieser Hydrozoen ist jene principielle Unterscheidung festzuhalten. Da sich in den *Archydrarien* (Hydra) und den *Hydrocorallen* uralte Hydromenen bis heute erhalten haben, ist nicht einzusehen, warum solche nicht auch aus den Stammgruppen der *Tubularien* und *Campanarien* sollten übrig geblieben sein.

(§ 73 auf S. 127.)

§ 74. Erste Ordnung der Hydropolypen:

Archydrariae. Urpolypen.

Gemeinsame Stammgruppe aller Cnidarien.

Hydropolypen von einfachster Organisation, ohne Medusation, ohne Polymorphismus, mit Hypogenese, mit einfachen Gonaden, welche Organe des Polypen selbst bilden. Skelet fehlt oder beschränkt sich auf eine basale Periderm-Röhre (keine Hydrotheca).

§ 73. System der Hydropolypen.

Legionen	Sublegionen	Ordnungen	Familien
I. Erste Legion: **Hydromenae** Hydropolypen ohne Medusation Stammgruppe sämmtlicher Cnidarien. — Hydropolypen mit Hypogenese, ohne ontogenetische Beziehung zu Medusen, ohne Medophoren	I A. **Hydrariae** (**monomorphae**): Einzelne Personen, oder Polypenstöcke ohne Ergonomie. Gonaden sind Organe der Polypen	1. **Archydrariae** Skelet fehlt (oder besteht bloss aus einer Periderm-Röhre)	*Archydrina* *Haleremita* *Hydrina* (*Protohydra* ?)
	I B. **Hydrusae** (**polymorphae**): Polypenstöcke mit Ergonomie der Personen: a) Hydranthen b) Gonophoren (oft ausserdem Dactylanthen). Hydranthen steril, ohne Gonaden	2. **Hydrocorallia** Lamellöses oder massiges Coenosom, aus verkalktem Periderm gebildet	*Stromatoporida* *Milleporida* *Hydractinida* *Stylasterida*
		3. **Sertulariae** Chitin-Hydrotheken in Reihen. Cormus ohne stabförmiges Axenskelet	*Plumularidae* *Sertularidae* *Halecidae*
		4. **Graptolariae** Chitin-Hydrotheken in Reihen. Cormus mit stabförmigem Axenskelet	*Monoprionia* *Diprionia*
II. Zweite Legion: **Hydrophaenae** Hydropolypen mit Medusation. Stammgruppe der Hydromedusen. — Hydropolypen mit maskirter Metagenese, mit ontogenetischer Beziehung zu Medusen, meistens mit Medophoren	II A. **Tubulariae** Röhrenpolypen. *Athecata*, Stammgruppe der *Anthomedusen*. Hydrophaenen mit Periderm-Röhren, ohne Hydrotheken	5. **Tubulariae polypanthae** mit Ascophoren	*Cordylophora* *Corydendrium* *Eudendrium* (?) *Stylactis* (?)
		6. **Tubulariae medusanthae** mit Medophoren	*Clava* (?) *Coryne* *Pennaria* *Eutubularia*
	II B. **Campanariae** Glockenpolypen. *Thecaphora*, Stammgruppe der *Leptomedusen*. Hydrophaenen mit Periderm-Röhren und mit Hydrotheken	7. **Campanariae polypanthae** mit Ascophoren	*Opercularella* (und Campanularien ohne medusoide Gonophoren)
		8. **Campanariae medusanthae** mit Medophoren	*Gonothyraea* (und Campanularien mit medusoiden Gonophoren)

Die Ordnung der Archydrarien umfasst diejenigen Cnidarien, welche wir wegen der primitiven Einfachheit ihrer Organisation und Entwickelung als Ueberreste der ursprünglichen gemeinsamen Stammgruppe aller Nesselthiere betrachten dürfen. Die wichtigste und die bekannteste Form dieser ältesten „Urpolypen“ ist die kosmopolitische Hydra, und zwar jene einfachste Art dieser Gattung, welche *Hydra viridis* darstellt. Ihr entwickelter Körper ist in der Hauptsache noch eine einfache Gastraeade, die sich mit dem Basalpole der Hauptaxe festgesetzt und am Oralpole um den Mund herum einen Kranz von (ursprünglich vier) Tentakeln gebildet hat. Eine ähnliche einfache Polypenform kehrt als palingenetischer Keimzustand in der Ontogenese vieler verschiedener Cnidarien wieder: *Hydrula*-Keim vieler Hydromedusen etc. Die dünne Wand des becherförmigen Körpers besteht nur aus den beiden primären Keimblättern, welche durch eine dünne structurlose Stützplatte (Fulcrum) getrennt sind. Das Entoderm bildet eine einfache Schicht grosser vacuolisirter Geisselzellen. Das Exoderm ist histologisch differenzirt und lässt 4—6 verschiedene Zellformen unterscheiden: 1) Epitelmuskelzellen, 2) multipolare (einzeln zerstreute) Ganglienzellen, 3) Nesselzellen und 4) kleine interstitielle Zellen; aus letzteren gehen die beiderlei Gonidien hervor, welche am Basaltheile der Kelchwand sich zu einzelnen grossen Eizellen entwickeln, am Oraltheile zu warzenförmigen Spermarien. Die monaxone Grundform der *Gastraea*-Vorfahren ist bei *Hydra* bereits in die stauraxone, kreuzaxige oder „regulär-radiale“ übergegangen: die vier kreuzständigen Mundarme der jugendlichen Hydra zeigen die beiden auf einander senkrechten Kreuzaxen an, welche die Grundform der Quadrat-Pyramide bestimmen. Die hohle Beschaffenheit der Tentakeln, deren Zahl secundär vermehrt wird (meist auf 6—8) ist von *Hydra* wohl erst secundär erworben. Ursprünglich sind die Tentakeln der Archydrarien vermuthlich Nichts als „gestielte Nesselknöpfe“ gewesen, solide Fortsätze der Körperwand, mit einer einreihigen Axe von Entodermzellen.

Haleremita cumulans, ein solitärer, erst 1894 entdeckter, mariner Hydropolyp, unterscheidet sich von der nahe verwandten *Hydra* durch die constante Vierzahl und die solide Axe der Tentakeln, sowie den Besitz von nur einer Art Nesselkapseln. Sie steht demnach der hypothetischen *Archydra* noch näher. Aber ihre sexuelle Fortpflanzung ist noch unbekannt; sie vermehrt sich durch laterale Knospung.

Die winzige Hydropolyen-Form, welche als *Protohydra* beschrieben worden ist, steht der ursprünglichen archozoischen Stammform (*Archydra*) vielleicht noch näher, als die primitive *Haleremita* und als *Hydra*; es fehlt ihr der Tentakel-Kranz der letzteren, sie kann als eine schlauchförmige *Gastraeade* angesehen werden, die sich mit dem Aboralpol angeheftet und im Exoderm Nesselzellen gebildet hat. Da aber bei *Protohydra* nur Fortpflanzung durch Quertheilung beobachtet wurde und ihre Sexual-Verhältnisse noch ganz unbekannt sind, so ist es zweifelhaft, ob sie eine selbständige Gattung darstellt, oder bloss eine Jugendform anderer Cnidarien, oder eine Kümmerform, welche durch ungünstige Lebensverhältnisse rückgebildet ist.

Die Ontogenese von *Hydra* verläuft in einfachster Form ohne Generationswechsel und ohne Andeutung irgend einer Beziehung zu Medusen. Die willkührliche, noch heute oft vertheidigte Annahme, dass *Hydra* von Medusen abstamme, oder dass in ihrer Ahnen-Reihe sich einmal Medusen befunden haben, entbehrt jeder thatsächlichen Begründung. Die *Blastula*, die aus dem befruchteten Ei durch totale äquale Furchung entsteht, verwandelt sich nicht in eine schwärmende *Planula* (wie bei den übrigen Hydropolypen), sondern bildet durch „Ingression" von Entoderm-Zellen eine kugelige *Gastrula*, welche von einer Eischale umschlossen wird. Nach dem Verlassen der letzteren setzt sich die Gastrula fest und verwandelt sich direct durch Bildung der vier primären Tentakeln in die junge *Hydra*. Da diese Hypogenese als eine ursprüngliche anzusehen ist, bezeugt sie, im Zusammenhang mit dem Hermaphroditismus der *Hydra*, ihrem Skelet-Mangel, ihrem ausserordentlichen Reproductions-Vermögen und ihrem Süsswasser-Leben, dass diese einfachste Hydropolypen-Form (neben der marinen *Haleremita*) zu den phylogenetisch ältesten Formen der Gegenwart gehört, als ein moderner Ueberrest der *Archydrarien*.

§ 75. Zweite Ordnung der Hydropolypen:

Hydrocorallia. Steinpolypen.

Polymorphe Hydromenen mit Kalkskelet.

Hydropolypen ohne Medusation, mit starkem, cuticularem Kalk-Skelet (verkalktem Periderm des massigen Coenosoms), mit Polymorphismus der Personen.

Die Ordnung der Hydrocorallen, Steinpolypen oder *Lithydrarien*, zeichnet sich vor allen anderen Hydropolypen zunächst durch die Verkalkung des mächtig entwickelten, cuticularen Periderms aus. Dadurch entstehen grosse, einem porösen Kalkstein ähnliche Stöcke, welche den echten Korallenstöcken mancher Anthozoen gleichen; desshalb wurden dieselben auch früher allgemein zu den Corallen gerechnet. Erst in neuerer Zeit überzeugte man sich mit Gewissheit davon, dass die Structur und Entwickelung beider Formen gänzlich verschieden ist, und dass die Polypen der Hydrocorallen-Stöcke nicht *Scyphopolypen* (mit Taeniolen und exodermalem Pharynx) sind, sondern echte *Hydropolypen* (ohne Taeniolen und ohne Schlundrohr).

Alle lebenden Hydrocorallen, die genauer untersucht sind (insbesondere die *Milleporiden* und *Stylasteriden*), besitzen dieselbe characteristische Ergonomie, welche wir auch bei anderen echten Hydropolypen (*Tubularien, Graptolarien, Sertularien* u. A.) finden. Ihre polymorphen Stöcke bestehen aus vier verschiedenen Personen-Gruppen: 1) Sterile Nährpolypen, mit Mundöffnung und Tentakel-Kranz (*Hydranthen* oder „Gastrozooide"); 2) Sterile Fangpolypen, ohne Mundöffnung, mit Tentakeln oder Nesselknöpfen (*Dactylanthen* oder „Dactylozooide"); 3) und 4) Zweierlei Geschlechts-Polypen oder Gonophoren, männliche *Androphoren* und weibliche *Gynophoren*, beide ohne Mundöffnung, bald mit, bald ohne Nesselknöpfe. Diese beiderlei Geschlechtspersonen sind oft blasenförmig angeschwollen und liegen dann in besonderen *„Ampullen"*, in erweiterten „Gonangien" des verkalkten Hydrosoma; sie sind häufig als *Medusoide* — oder sogar direct als „Medusen" beschrieben worden (so neuerdings bei Milleporiden). In der That aber besitzen dieselben keine Spur von Umbrella oder sonstiger Medogemmen-Structur, so dass man sie als rückgebildete Medusen betrachten könnte; vielmehr sind sie einfache Geschlechtspolypen, welche der Mundöffnung und des Tentakelkranzes entbehren, während in der verdickten Wand ihrer einfachen Magenhöhle (des „Spadix") sich Gonidien entwickeln.

Vier verschiedene, wahrscheinlich nahe verwandte Familien fassen wir in der Ordnung der Hydrocorallen zusammen: 1) die *Milleporiden*, 2) die *Stylasteriden*, 3) die *Stromatoporiden* und 4) die *Hydractiniden*. Als die gemeinsame Stammgruppe derselben sind wahrscheinlich die palaeozoischen Stromatoporiden zu betrachten, welche schon in der Silur- und Devon-Zeit sich am Aufbau der grossen Corallen-Riffe stark betheiligten, aber auch in mesozoischen Schichten vielfach vorkommen. Die Structur ihrer lamellösen Hydrosome, die bald krustenartig andere Körper überziehen, bald unregelmässig knollig nnd warzig, oder auch halbkugelig sind, schliesst sich theils mehr an die Hydractinien an (*Actinostroma, Clathrodictyum*), theils mehr an die Milleporiden (*Stromatopora, Stromatoporella*). Danach kann man vermuthen, dass die beiden letzteren Familien als divergente Aeste aus der älteren Stromatoporiden-Gruppe hervorgegangen sind; einen dritten, entfernteren Zweig würde die Familie der Stylasteriden bilden. Von allen drei Familien kennen wir ausser den lebenden Formen auch fossile Vertreter aus der Tertiär-Zeit; die *Hydractinien* (deren Chitin-Periderm nur bei einigen Arten verkalkt, bei anderen nicht) finden sich auch schon in der Kreide versteinert vor. Die Dactylanthen oder Fangpolypen (Dactylozooide oder Spiral-Zooide) stehen bei den Hydractinien meist in der Peripherie des Cormus. Bei den *Milleporiden* ist jeder einzelne Hydranth (oder Gastrozooid) von einer Gruppe von Dactylanthen kranzförmig umgeben. Bei den *Stylasteriden* wird diese Verbindung noch inniger, und es entsteht zwischen den Dactylanthen ein Kranz von radialen Pseudosepten.

§ 76. Dritte Ordnung der Hydropolypen:

Sertulariae. Reihenpolypen.

Hydromenen mit serialen sessilen Hydrotheken.

Hydropolypen ohne Medusation, mit reihenweise geordneten, ungestielten Hydrotheken (Chitinbechern), ohne solides, stabförmiges Axenskelet des Cormus.

Die Ordnung der Sertularien umfasst in dem ursprünglichen, hier festgehaltenen Sinne nur diejenigen Hydropolypen, deren Hydrotheken ungestielt und reihenweise auf den Aesten eines festsitzenden Cormus stehen. Häufig werden sie noch heute mit den *Campanarien* vereinigt; sie unterscheiden sich aber von diesen nicht allein durch die sitzenden Chitinbecher, welchen die geringelten Stiele der Campanarien fehlen, sondern vor Allem dadurch, dass sie niemals Medusen bilden. Ein enger Kreis von fadenförmigen Tentakeln sitzt bei allen Sertularien unmittelbar um die einfache Mundöffnung, während bei den Campanarien das rüsselartig vortretende Mundrohr vom tiefer stehenden Tentakel-Kranz durch einen breiten Peristom-Ring getrennt ist. Diese contractile Peristom-Scheibe ist es, welche bei den abgelösten Polypen der Campanarien sich zur Subumbrella entwickelt und so zur Medusenbildung führt; daher fehlt letztere den Sertularien.

Alle Sertularien zeigen Polymorphismus, indem mindestens zwei verschiedene Formen von Personen auf ihren Stöcken auftreten: die kleinen sterilen *Hydranthen* und die grösseren fertilen *Gonophoren*; nur die ersteren besitzen Mund und Tentakelkranz, während die letzteren ihn verloren haben. Die Gonophoren zeigen keinen medusoiden Bau und sind daher als *Ascophoren* von den medusoiden *Medophoren* der nahe verwandten Campanarien zu unterscheiden. Die grossen Chitinbecher der Gonophoren, die *Gonotheken*, sind in ihrer Form oft sehr verschieden von den kleineren Chitinbechern der Hydranthen, den *Hydrotheken*; bisweilen sind erstere gruppenweise verwachsen, so dass die fertilen Aeste besondere Körbchen (oder

Corbulae) bilden (*Aglaophenia*). Ausser diesen beiden Hauptformen von Personen finden sich bei den *Plumulariden* noch verkümmerte kleine Wehrpersonen, rundliche und tentakellose Polypen, die bloss Nesselkapseln produciren und in besonderen Zwergbechern sitzen (*Nematophoren*). Die phylogenetische Umbildung der zahlreichen Sertularien-Formen lässt sich durch die vergleichende Anatomie ihrer Skelete leicht verstehen.

§ 77. Vierte Ordnung der Hydropolypen:

Graptolariae. Graptopolypen.

(*Graptolithida. Graptoidea. Graptoloidea. Rhabdophora.*)

PALAEOZOISCHE HYDROMENEN MIT AXENSKELET.

Hydropolypen ohne Medusation, mit reihenweise geordneten ungestielten Hydrotheken (Chitinbechern) und mit einem soliden, stabförmigen Axenskelet (Virgula) im Stamme des Cormus.

Die Ordnung der Graptolarien (oder *Graptolithen*) bildet eine formenreiche ausgestorbene Gruppe von grossem geologischen Interesse; sie erscheint fast ausschliesslich auf die ober-cambrische und silurische Formation beschränkt, für deren Horizonte ihre massenhaft vorkommenden fossilen Reste, in sechs verschiedenen Zonen, ausgezeichnete Leitfossilien abgeben. Früher fanden dieselben eine sehr verschiedene Beurtheilung, indem sie bald als Pflanzen (Algen), bald als Rhizopoden (Polythalamien), bald als Cephalopoden (Orthoceratiten), bald als Corallen (Pennatuliden) angesehen wurden. Erst vor fünfzig Jahren wurden sie richtig als fossile, den *Sertularien* nahe verwandte Hydropolypen erkannt, und später wurde sogar derselbe Dimorphismus entdeckt, der sich auch bei den echten Sertularien findet: zwischen den kleinen Hydrotheken, welche in dicht gedrängten Reihen auf den Aesten der Stöcke sitzen, fanden sich grössere Gonotheken, als „Gonangien" oder Chitinbecher der Geschlechtsthiere. Auch die Form und Anordnung der Chitinbecher zeigt in beiden Ordnungen grosse Aehnlichkeit: bei den *Monoprionien* sitzen die Becher einzeilig, in einfacher Reihe, wie bei den *Plumulariden*, bei den *Diprionien* hingegen zweizeilig, in zwei paarigen Reihen, wie bei den *Haleciden*. In einer dritten Familie, den *Stauroprionien*, bilden die Becher vier einzeilige Reihen senkrecht auf einander, so dass der Querschnitt des Stockes ein rechtwinkliges Kreuz darstellt (*Phyllograptus*).

Als wesentlicher Unterschied der *Graptolarien* und *Sertularien* wird allgemein hervorgehoben, dass die Cormen der letzteren an der

Basis festgewachsen sind und nicht den soliden Axenstab (*Virgula*) besitzen, welcher den freien, nicht festsitzenden Stamm der ersteren stützt. Allein dieser Unterschied besitzt nicht die ihm zugeschriebene Bedeutung; er lässt sich leicht durch die verschiedene Lebensweise beider Ordnungen erklären. Entweder lebten die Graptolarien schwimmend im Plankton, oder sie steckten mit dem dolchförmig zugespitzten Basalende des Stammes (— der „*Sicula*“ —) im Schlamme des Meerbodens; letzteres wird dadurch sehr wahrscheinlich, dass ihre Reste sich massenhaft in thonigen und mergeligen Schiefergesteinen finden, also in Schichten, welche den schlammigen Untergrund des Silur-Meeres bildeten. Die *Graptolarien* würden sich dann zu den nahe verwandten *Sertularien* ganz ähnlich verhalten, wie unter den Corallen die freien *Pennatuliden* zu den festgewachsenen *Alcyoniden*. Diese Parallele erscheint um so mehr zutreffend, als auch bei den *Pennatuliden* der Stamm, dessen Basalende locker im Schlamm steckt, durch einen soliden festen Axenstab — analog der *Virgula* der Graptolarien — gestützt wird. Selbst die Anordnung der Polypen-Reihen auf den Aesten der junciformen und penniformen Pennatuliden erinnert mehrfach an diejenige verschiedener Graptolarien.

§ 78. Fünfte Ordnung der Hydropolypen:

Tubulariae. Röhrenpolypen.

Stammgruppe der Anthomedusen. Hydrophaenen ohne Hydrotheken.

Hydropolypen mit Medusation, meist mit Polymorphismus, ohne Hydrotheken, mit chitinigen Peridermröhren, welche die Stiele der solitären oder cormenbildenden Hydranthen umschliessen.

Die Ordnung der Tubularien in dem hier festgehaltenen engeren Sinne umfasst diejenigen Hydropolypen, deren Stiele oder Hydrocopen, ebenso wie die Wurzelröhren der Hydrorhiza, von chitinigen Peridermröhren umschlossen sind, während die Hydrotheken und Gonangien fehlen; sowohl Hydranthen als Gonophoren treten nackt aus der Mündung der Chitinröhren hervor und entbehren der becherförmigen Hülle. Die Tubularien schliessen sich demnach unmittelbar an die *Archydrarien* an (besonders durch *Clava*); sie unterscheiden sich aber von ihnen durch ihren Polymorphismus und ganz besonders durch ihre genetischen Beziehungen zur *Craspedoten*-Ordnung der Anthomedusen. Die Ontogenese dieser letzteren lässt keinen

Zweifel darüber, dass sie phylogenetisch aus Tubularien entstanden sind; noch heute sind beide Ordnungen durch Generations-Wechsel eng verbunden. Die grosse Mehrzahl der *Tubularien*-Arten, welche noch heute im System aufgeführt werden, sind nur Ammen von *Anthomedusen*; sie werden nicht selbst geschlechtsreif, sondern produciren durch Knospung Craspedoten, welche erst nach ihrer Abstossung zur Geschlechtsreife gelangen; aus ihren befruchteten Eiern entwickelt sich eine freischwimmende Planula, die sich wieder in einen festsitzenden Tubularia-Polypen verwandelt. Den einzelnen Gattungen und Arten der geschlechtsreifen *Anthomedusen* entsprechen zum Theil einzelne Genera und Species ihrer *Tubularien*-Ammen; es ist daher zweckmässig (und für eine klare Einsicht, sowie für sichere Bestimmung sogar unerlässlich), im System beide Generationen neben einander aufzuführen (vergl. § 72 und § 87).

Ausser diesen Tubularien-Ammen, deren Gonaden sich nur in freischwimmenden *Anthomedusen* ausbilden, giebt es nun aber eine Anzahl von Röhrenpolypen, welche keine vollständigen freien Medusen liefern und deren Geschlechtsorgane bereits am festsitzenden Polypenstock reif werden. Hier findet sich meistens Polymorphismus in der Weise, dass jeder Stock zweierlei Personen trägt: sterile *Hydranthen* oder Nährpersonen mit Mund und Tentakeln, und fertile *Gonophoren* ohne Mund und Tentakeln, mit Gonidien in der verdickten Magenwand. Diese letzteren finden sich auf den verschiedensten Stufen der Medusation und sind zum grossen Theil unstreitig rückgebildete Medusenknospen, *Medophoren* oder „Sporosäcke" (vergl. § 72). Solche finden sich z. B. in den Gattungen *Clava, Coryne*, *Pennaria*, *Eutubularia* (*larynx*) u. s. w.

Diesen *Tubulariae medusanthae* (mit sessilen medusoiden Gonophoren) stellen wir als eine zweite Unterordnung die Tubulariae polypanthae gegenüber; wir verstehen darunter jene Tubularien, deren reife sessile Geschlechts-Personen keine Andeutung eines reifen medusoiden Baues zeigen, z. B. *Cordylophora* (*lacustris*), *Corydendrium* (*parasiticum*), *Stylactis* (*abyssicola*), *Eudendrium* (*ramosum*) u. A. Hier sind die Ovarien und Spermarien ganz einfache Schläuche, kugelige oder ovale *Ascophoren*, in deren Axe ein einfacher Blindsack (Spadix) als Ausstülpung des Gastralraums verläuft. Von der Basis des Spadix aus können sich Spadicin-Canäle in der verdickten Wand der Ascophoren entwickeln. Diese nicht medusoiden Gonophoren sitzen bei *Coryne* an der Kelchwand zerstreut zwischen den Tentakeln des Polypen, bei *Eudendrium* bilden sie einen Gonadenkranz unterhalb des Tentakelkranzes. Keine einzige positive Thatsache spricht dafür, dass die beutelförmigen Geschlechts-Organe bei den Ahnen dieser Formen jemals früher freie Medusen, selbständige schwimmende Geschlechts-Personen mit Umbrella waren. Es bleibt daher möglich (— oder wahrscheinlich —), dass die polypanthen Tubularien Ueberreste der ursprünglichen Stammgruppe dieser Ordnung sind, welche noch keine Medusenbildung kannte. Man kann ihre Ascophoren entweder als einfache Gonaden der polypoiden Personen betrachten (wie bei den *Archydrarien*), oder als reducirte polypoide (— aber nicht medusoide! —) Personen, wie bei den *Hydrocorallen*.

§ 79. Sechste Ordnung der Hydropolypen:

Campanariae. Glockenpolypen.

STAMMGRUPPE DER LEPTOMEDUSEN. HYDROPHAENEN MIT HYDROTHEKEN.

Hydropolypen mit Medusation, meist mit Polymorphismus, stets verästelte Cormen bildend, mit glockenförmigen Hydrotheken, welche auf geringelten Stielen sitzen.

Die Ordnung der Campanarien (oder der *Campanulariden* im weiteren Sinne) umfasst alle Hydropolypen, welche gestielte Hydrotheken besitzen; meist sind diese Chitinbecher glockenförmig, mit gezähntem Mündungsrande, und so geräumig, dass sich die Hydranthen in dieselben zurückziehen können; ihre Stiele sind meist lange, dünne, cylindrische Chitinröhren, mehr oder weniger geringelt. Die Stöcke sind meistens baumförmig, sehr stark verästelt und stets polymorph, dioecisch; auf jedem Stock sitzen zweierlei Personen, die sterilen *Hydranthen*, mit Mundöffnung und Tentakel-Kranz, und die fertilen *Gonophoren*, welche in ihrer Magenwand Geschlechts-Producte bilden, meistens aber Mundöffnung und Tentakel-Kranz verloren haben. Bei der grossen Mehrzahl der Campanarien sind diese Geschlechts-Personen „Sporosäcke" oder Medophoren, d. h. sie besitzen mehr oder weniger deutlich medusoiden Bau und sind phylogenetisch als rückgebildete Leptomedusen aufzufassen. Alle diese Campanarien stammen also von älteren Ahnen ab, welche entwickelte und frei schwimmende Hydromedusen lieferten, ähnlich wie die meisten Tubularien. Erst durch „Sitzenbleiben", durch Anpassung der freischwimmenden geschlechtsreifen Meduse an sitzende Lebensweise (— Unterbleiben der Ablösung von den Polypen-Ammen —) ist die Umbrella rückgebildet und aus der freien Meduse eine medusoide Gonophore geworden.

Ausser dieser *Campanariae medusanthae* giebt es nun aber auch in dieser Ordnung (ähnlich wie bei den Tubularien) eine Anzahl von polymorphen Polypen, deren Gonophoren keine Spur von medusoidem Bau erkennen lassen und daher besser als *Ascophoren* (oder Sporophoren) zu bezeichnen sind, nicht als *Medophoren* (oder Sporosäcke). Das ist z. B. bei *Opercularella* der Fall, und bei einigen Arten der (aus ganz verschiedenen Elementen gemischten) Gattung *Campanularia*. Hier bleibt einstweilen die Frage offen, ob diese einfachen schlauchförmigen Gonophoren ursprünglich *medusoid* sind (nur ganz rückgebildete Medophoren) — oder ursprünglich *polypoid* (ohne jeden phylogenetischen Zusammenhang mit Medusen). Im letzteren Falle würde sich diese Gruppe der Glockenpolypen direct an die Archydrarien (und vielleicht die Sertularien) anschliessen.

Theoretisch sind also drei verschiedene Gruppen von Campanarien (— ebenso wie von den analog sich verhaltenden Tubularien —) wohl zu unterscheiden: 1) Primäre Formen: *Campanariae polypanthae*: die Stöcke entwickeln sich mit Hypogenese und bestehen bloss aus polypoiden Personen von zwei verschiedenen Formen: Hydranthen und Ascophoren. 2) Secundäre Formen, mit Metagenese: *Campanariae tithenanthae*: die Ascophoren sind zu einer selbständigen, höher entwickelten Generation geworden, den frei schwimmenden Leptomedusen; die Hydranthen sind auf den Werth von Ammen (Tithenen) herabgesunken. 3) Tertiäre Formen: *Campanariae medusanthae*: die Leptomedusen sind sitzen geblieben und rückgebildet, zu Medophoren geworden; der Generationswechsel (der secundären Formen) ist damit verloren gegangen — oder „maskirt“ —; die Keimung erscheint als eine eigenthümliche Form der Hypogenese.

So klar sich diese drei phylogenetischen Stufen der *Campanarien*-Bildung (— und ebenso der *Tubularien*-Formation —) in der Theorie unterscheiden lassen, so schwierig (und zur Zeit unmöglich) ist es in der systematischen Praxis. Die zahlreichen Formen der Campanarien zeigen nur sehr geringfügige Unterschiede, und oft kann allein die (heute noch sehr unvollständige) Kenntniss der Ontogenese entscheiden, zu welcher von jenen drei Gruppen die vorliegende Form gehört.

§ 80. Zweite Classe der Cnidarien:
Hydromedusae = Craspedotae.

(*Medusae cryptocarpae. Gymnophthalmata. Acalephae hydrophorae.*)

PLANKTONISCHE HAUPTGRUPPE DER SCHWIMMENDEN HYDROZOEN.

Freischwimmende Cnidarien-Personen von Medusen-Form, mit musculöser Umbrella, deren Rand einen

Schwimmring (Velum) trägt, aber keinen Kranz von Randlappen. Magenhöhle ohne Gastral-Filamente. Gonaden vom Exoderm gebildet.

Die Classe der Hydromedusen oder *Craspedoten* umfasst alle diejenigen, zu voller Medusen-Form entwickelten und freischwimmenden Cnidarien, welche als Schwimmorgan eine musculöse Umbrella mit Velum besitzen, und in deren Mitte eine einfache Magenhöhle ohne Gastral-Filamente. Dadurch unterscheiden sich diese „niederen Scheibenquallen" von den „höheren Medusen", den Scyphomedusen oder *Acraspeden*; diese letzteren besitzen stets in der Magenhöhle freie Gastral-Filamente und am Schirmrande radiale Randlappen, aber kein Velum. Im Uebrigen ist die Aehnlichkeit der äusseren Körperform und der inneren Organisation, welche in beiden Medusen-Classen durch Convergenz, durch die gleiche Anpassung an schwimmende Lebensweise bewirkt wurde, so gross, dass verschiedene Angehörige beider Classen mehrfach verwechselt oder als nächstverwandt betrachtet worden sind. Dennoch haben sich die Hydromedusen und Scyphomedusen ganz unabhängig von einander entwickelt, erstere aus Hydropolypen, letztere aus Scyphopolypen. Aus der Ontogenie der Hydromedusen, und insbesondere aus den Verhältnissen ihres Generationswechsels mit den Hydropolypen, ergiebt sich klar, dass die Exumbrella der Craspedote dem Kelche der Hydropolypen-Amme entspricht, die Subumbrella der ersteren der Mundscheibe der letzteren. Der Tentakel-Kranz, welcher diese beiden Körper-Regionen trennt, ist gleich diesen selbst durch Vererbung übertragen worden. Der ganze Magenraum der Craspedote sammt dem peripheren radialen Canal-System der Subumbrella entspricht dem einfachen Urdarm des Hydropolypen, das Mundrohr der ersteren dem Rüssel des letzteren. Anderseits hat die Anpassung an die schwimmende Lebensweise, und vor Allem die beständige Schwimmbewegung selbst, ferner die erhöhte Thätigkeit der Tentakeln und des Mundrohrs, bei den Hydromedusen zur Erwerbung folgender Organe geführt: 1) der Ringmuskelschicht der Subumbrella und des Velum; 2) des Nervenringes am Schirmrande; 3) der marginalen Sinnesorgane (Ocellen der Anthomedusen, Hörbläschen der übrigen Craspedoten). Die Hörbläschen sind doppelten Ursprungs: aus dem Velum gebildet (mit exodermalen Otolithen) bei den Leptomedusen; aus acustischen Tentakeln entstanden (mit entodermalen Otolithen) bei den Trachomedusen und Narcomedusen. 4) Die voluminöse Gallertmasse der Umbrella ist aus der dünnen Stützplatte der Hydropolypen entstanden.

Grundform der Craspedoten. Als die ursprüngliche Grundform der Hydromedusen ist die Quadrat-Pyramide zu betrachten; bei der grossen Mehrzahl derselben ist mit absoluter Vollkommenheit die regulär-vierstrahlige Form ausgebildet, mit 4 congruenten Gastrocanälen und 4 Tentakeln an deren Distal-Ende. Diese bezeichnen die 4 Perradien oder die Strahlen erster Ordnung; in ihnen liegen auch die 4 Mundlappen, falls solche entwickelt sind. In der Mitte zwischen denselben entwickeln sich häufig interradiale Organe (z. B. Cordylien, secundäre Tentakeln). Zwischen den 4 perradialen und den 4 interradialen Tentakeln entstehen oft 8 adradiale Organe (z. B. die velaren Randbläschen der Leptomedusen). Bei allen diesen regulär-vierstrahligen Craspedoten (— der grossen Mehrzahl der Classe —) besteht der Körper aus vier congruenten Parameren oder aus acht Antimeren, welche paarweise spiegelgleich sind.

Häufig geht die ursprünglich vierstrahlige Form in andere Grundformen über. Regulär-sechsstrahlige Craspedoten finden sich unter den *Cannotiden* und *Geryoniden*; häufiger sind regulär-achtstrahlige: so die *Melicertiden*, *Octocanniden*, *Aglauriden*, *Trachynemiden* und viele *Narcomedusen.* Bei diesen letzteren und bei den *Aequoriden* entwickeln sich mit dem Wachsthum des Schirmes oft zahlreiche Parameren (24—32 und mehr), bei einigen Aequoriden mehrere hundert; die Zahl ist dann meistens unbeständig.

Die amphithecte oder zweischneidige (meistens zugleich vierstrahlige) Grundform entsteht bei vielen Hydromedusen verschiedener Familien dadurch, dass von den 4 primären Tentakeln (— oft auch von den entsprechenden Gonaden —) 2 gegenständige verschwinden, während die beiden anderen allein sich entwickeln. Viel seltener als diese *dissonemalen* sind *mononemale* Craspedoten, mit nur einem einzigen Tentakel; sie finden sich in der Anthomedusen-Familie der *Euphysiden*, ihre Grundform ist die amphipleurisch-vierstrahlige.

§ 81. Leptolinen und Trachylinen.

Die formenreiche Classe der Craspedoten theilen wir in zwei Subclassen oder Legionen: *Leptolinen* und *Trachylinen.* Beide Legionen unterscheiden sich durch wichtige und beständige Merkmale, sowohl in anatomischer als in ontogenetischer Hinsicht. Bei allen Trachylinen (den beiden Ordnungen der *Trachomedusen* und *Narcomedusen*) hat ein Theil der Tentakeln acustische oder statische Functionen übernommen und sich zu eigenthümlichen Hörkölbchen oder Cordylien umgebildet; diese enthalten stets entodermale Otolithen (aus den terminalen Zellen der Tentakel-Axe gebildet). Diese characteristischen Organe fehlen stets der zweiten Legion, den Leptolinen (den beiden Ordnungen der *Anthomedusen* und *Leptomedusen*); die meisten haben gar keine

„Hörorgane“; und wo solche vorkommen (bei den *Eucopiden* und *Aequoriden*), sind es velare Randbläschen (mit exodermalen Otolithen), ohne Beziehung zu Tentakeln entstanden. Auch die Bildung der Tentakeln selbst ist in beiden Legionen ursprünglich verschieden, wie ihr Name ausdrückt: die *Leptolinen* haben weiche und biegsame Tentakeln, welche ursprünglich hohl sind und sehr bedeutend verlängert werden können; die *Trachylinen* hingegen besitzen derbe und steife Tentakeln, die ursprünglich solid und nur geringer Verlängerung fähig sind (— secundär können sich auch hier hohle Tentakeln ausbilden, z. B. bei Pectylliden und Geryoniden —). Ferner ist das Velum, der Muskelring des Schirmrandes, bei den *Leptolinen* zart und dünn, bei den *Trachylinen* derb und dick (— auch an diesen Unterschied erinnert der Name, da *Linon* sowohl Faden (Tentakeln), als Segel (Velum) bedeutet). Endlich unterscheiden sich beide Legionen wesentlich durch ihre Ontogenese; die Leptolinen sind (allgemein?) durch Generationswechsel mit Hydropolypen verknüpft; bei den Trachylinen ist dies nicht der Fall; sie entwickeln sich direct, durch Hypogenese. Dieser Unterschied der biontischen Entwickelung steht wahrscheinlich in causalem Zusammenhang mit der verschiedenen Lebensweise beider Legionen; die neritischen *Leptolinen*, an den Küsten lebend, haben die ursprüngliche Metagenese durch Vererbung conservirt; die oceanischen *Trachylinen* dagegen haben durch Anpassung an das Hochsee-Leben die Möglichkeit, ihre benthonische Polypen-Brut festzusetzen, verloren und so Hypogenese erworben.

§ 82. Polyphyletischer Ursprung der Craspedoten.

Die Frage vom Ursprung der Hydromedusen-Classe und der Stammverwandtschaft ihrer verschiedenen Hauptgruppen erscheint in verschiedenem Lichte, je nachdem wir ihre Anatomie oder ihre Ontogenie vergleichend ins Auge fassen. Wenn wir bloss den Körperbau der entwickelten Craspedoten vom Standpunkte der vergleichenden Anatomie betrachten, so erscheint es zunächst leicht, die zahlreichen Familien und Gattungen der vier Ordnungen auf vier einfache (tetranemale und tetracanale) Stamm-Gattungen zurückzuführen: *Codonium, Tetranema, Petasus* und *Cunantha*; auch lassen sich diese vier Stammformen weiterhin ohne Schwierigkeit aus einer einfachsten Craspedoten-Urform ableiten, einer *Codonium*-ähnlichen Meduse mit vier Radial-Canälen, vier einfachen Tentakeln und einem einfachen Gonaden-Rohr in der Magenwand. Obgleich die Differenzirung der vielen verschiedenen Hydromedusen-Formen sehr weit geht, so erscheinen sie doch durch so zahlreiche connectente Formen verknüpft, dass eine monophyletische

Ableitung derselben von jener hypothetischen „*Urcraspedote*“ auf keine morphologischen Schwierigkeiten stösst.

Anders gestaltet sich aber die Frage, wenn wir die Ontogenie der Hydromedusen vergleichend betrachten. Da ergiebt sich zunächst für die beiden Legionen dieser Classe der wichtige Unterschied, dass die neritischen Leptolinen sich mit *Metagenese* entwickeln, die oceanischen Trachylinen dagegen mit *Hypogenese*. Aber auch die vier Ordnungen unterscheiden sich weiterhin auffallend in ihrer Entwickelung, soweit dieselbe bisher bekannt ist. Die Larven, welche sich aus der Gastrula entwickeln, und die Metamorphose, die sie erleiden, sind in beiden Ordnungen den hypogenetischen Trachylinen (bei *Trachomedusen* und *Narcomedusen*) wesentlich verschieden; ja sogar die einzelnen Familien und Gattungen zeigen oft beträchtliche Differenzen. Noch auffallender sind diese in den verschiedenen Gruppen der metagenetischen Leptolinen; hier entwickeln sich die *Leptomedusen* aus *Campanaria*-Polypen, die *Anthomedusen* hingegen aus *Tubularia*-Polypen. Unter diesen letzteren entsprechen sogar die einzelnen Gattungen der Tubularien-Ammen ganz bestimmten Gruppen der Anthomedusen. Alle diese Verhältnisse machen es wahrscheinlich, dass die *Hydromedusen* polyphyletischen Ursprungs, aus verschiedenen Gruppen der *Hydropolypen* entstanden sind.

§ 83. Gastrocanal-System der Craspedoten.

Das characteristische Gastrocanal-System der Hydromedusen besteht aus einem einfachen centralen Hauptdarm (*Axogaster*, *Cavitas principalis*) und einem strahltheiligen peripheren Kranzdarm (*Perogaster*, *Cavitas coronalis*). Diese typische Bildung ist aus dem einfachen Gastralraum ihrer Vorfahren, der Hydropolypen, dadurch entstanden, dass in der Peripherie des scheibenförmig abgeflachten Urdarms die beiden genäherten Wände desselben (umbrale und subumbrale Wand) in vier kreuzförmig gestellten Radien mit einander verwuchsen. Diese Verwachsungen oder Concrescenzen der beiden Schirmwände sind die interradialen Septen oder Cathammen; sie trennen als breite Scheidewände die perradialen Canäle, die offen bleibenden Reste des peripheren Gastralraums. Dass die vier Radial-Canäle des letzteren ursprünglich in dieser Weise (und nicht durch centrifugales Wachsthum radialer Ausstülpungen des Centralmagens) entstanden sind, ergiebt sich aus der Persistenz einer breiten Cathammal-Platte im Innern der interradialen Septen. Diese wichtige Cathammal-Platte (— auch „Gefässplatte, gastrale Lothplatte oder Entoderm-Lamelle“ genannt —) ist eine Zellen-Schicht des Entoderms, welche die offenen perradialen

Canäle in morphologischer Continuität erhält. Ursprünglich besteht dieselbe aus einer doppelten Epitel-Lage (einer äusseren umbralen und inneren subumbralen); gewöhnlich sind aber beide zu einer einzigen Platte verschmolzen. Die Radialcanäle der Craspedoten sind gewöhnlich am distalen Schirmrande durch einen Ringcanal verbunden; dieser scheint nicht der offen gebliebene Marginal-Theil des ursprünglichen Hydropolypen-Magens zu sein, sondern dadurch zu entstehen, dass die Distal-Enden der offen gebliebenen Radial-Canäle sich durch marginale Ausläufer (durch Auseinander-Weichen der beiden verlötheten Cathammal-Platten) verbinden. Dadurch unterscheidet sich dieser „secundäre Ringcanal" der *Craspedoten* von dem „primären Ringsinus" der *Acraspeden.*

Centraldarm der Craspedoten. Der Hauptdarm oder Centraldarm (*Axogaster*) ist bei den meisten Hydromedusen von ziemlich einfacher Bildung, ein kürzeres oder längeres Rohr, welches sich unten am Oralpol der verticalen Hauptaxe durch den Mund öffnet, oben am Aboralpol durch radiale Spalten (Gastral-Ostien) mit dem Kranzdarm in offener Verbindung steht. Ursprünglich ist dies einfache „Magenrohr" cylindrisch oder vierseitig-prismatisch, mit kreisrunder oder quadratischer Mundöffnung, oft im mittleren Theile erweitert. Sehr lang ist dasselbe bei den *Codoniden,* wo es oft weit aus der Schirmhöhle herausragt; sehr verkürzt ist es umgekehrt bei vielen *Cannotiden, Eucopiden, Aequoriden* u. A.; bei *Staurophora* ist es sogar fast verschwunden, indem die 4 Radial-Canäle vom Centrum an gespalten sind. Bei vielen Hydromedusen lassen sich am Centraldarm drei Abschnitte unterscheiden, entsprechend den drei Theilen des einfachen Gastralraums ihrer Hydropolypen-Ahnen: unten das Mundrohr, in der Mitte der Central-Magen, oben der Basalmagen.

Das Mundrohr (*Tubus oralis, Gaster buccalis*) ist selten einfach, mit kreisrunder Mundöffnung, meistens in 4 perradiale Mundlappen gespalten, zarte Blätter mit zierlich gefaltetem Rande. Bei einigen *Anthomedusen* treten an deren Stelle Mundgriffel, einfache oder verästelte Mundtentakeln. Der Mittelmagen (*Gaster centralis*), gewöhnlich der grösste und wichtigste Theil des Hauptdarms, hat eine drüsige und musculöse Wand, in welcher sich bei den *Anthomedusen* und *Narcomedusen* die Gonaden entwickeln. Ein besonderer Basal-Magen oder „Scheitel-Canal" (*Gaster basalis*) ist nur bei einem Theile der *Anthomedusen* zu finden, als ein enger blinder Canal, welcher die Axe des Scheitel-Aufsatzes der Schirmkuppel durchsetzt; er erscheint als Ueberrest des Stielcanals, durch welchen die Medusen-Knospe mit ihrer Polypen-Amme (*Tubularia*) zusammenhing. Bisweilen ist er zu einer, die Brut enthaltenden, Scheitelhöhle erweitert.

Coronaldarm der Craspedoten. Der peripherische Abschnitt des Gastrocanal-Systems, welcher den centralen Hauptdarm als „Kranzdarm“ (*Perogaster*) umgiebt, besteht ursprünglich aus 4 perradialen Canälen, welche an ihrem Proximal-Ende in den Centralmagen einmünden, an ihrem Distal-Ende (am Schirmrande) durch einen Ringcanal verbunden sind. Von letzterem gehen periphere Canäle in die Tentakeln ab. Die ursprüngliche Vierzahl der Radial-Canäle wird in den grösseren Formen einzelner Familien durch die Sechszahl ersetzt (bei einigen *Cannotiden* und *Geryoniden*). Durch Gabeltheilung der 4 perradialen Canäle entstehen 8 adradiale bei mehreren *Cladonemiden*. Wenn hingegen zwischen die 4 perradialen nachträglich 4 interradiale eingeschaltet werden, entstehen regulär-achtstrahlige Formen (mit 8 gleichen Principal-Radien), z. B. *Melicertiden*, *Octocanniden*, *Trachynemiden*, *Aglauriden*). Durch sehr zahlreiche Canäle (40—80, bisweilen mehrere hundert) sind die grossen *Aequoriden* ausgezeichnet. Die Radial-Canäle der meisten Hydromedusen sind einfache enge Röhren; selten sind sie gefiedert oder baumförmig verästelt (*Cannotiden*). Blinde „Centripetal-Canäle“, welche vom Ringcanale ausgehen, zeichnen einen Theil der *Trachomedusen* aus (*Pectis*, *Olindias*, *Carmarina*). Eigenthümliche Umbildungen erleidet der Ringcanal bei den *Narcomedusen*, im Zusammenhang mit der exumbralen Wanderung der Tentakeln (§ 61). Bei vielen Craspedoten entwickelt sich im Centrum der Subumbrella ein solider, gallertiger, längerer oder kürzerer Magenstiel, dessen Distalende den Magensack trägt; in diesem Falle bildet jeder Radial-Canal einen Bogen und zerfällt in zwei Abschnitte, einen aufsteigenden Stielcanal und einen absteigenden Subumbral-Canal; so bei den *Eutimiden* und *Ireniden* unter den Leptomedusen, bei den *Aglauriden* und *Geryoniden* unter den Trachomedusen.

§ 84. Neurodermal-System der Craspedoten.

Die animalen Organe der Bewegung und Empfindung, die wir unter dem Begriffe des Neurodermal-Systems zusammenfassen, sind bei den schwimmenden *Hydromedusen* weit höher entwickelt, als bei ihren Vorfahren, den sessilen *Hydropolypen*. Als voluminöser Bewegungs-Apparat hat sich aus der Peristom-Scheibe der letzteren die gelatinöse Umbrella entwickelt, an ihrer concaven Unterfläche (Subumbrella) die Schwimm-Musculatur, an ihrem freien Rande das Nervensystem, die Sinnesorgane und Tentakeln. Die Exumbrella, die convexe Aussenfläche des Schirms, trägt gewöhnlich keine besonderen Organe (bisweilen vorspringende radiale Nesselrippen); nur bei einem Theile der Trachylinen (besonders Narcomedusen) wandert ein Theil der Randorgane vom Schirmrande aufwärts.

Die Musculatur der Subumbrella besteht aus zwei verschiedenen Systemen: Circular-Muskeln und Radial-Muskeln; die Fasern der ersteren sind meistens quergestreift, die der letzteren glatt. Zum System der Circular-Muskeln gehören die Ringmuskeln des Mundrohres und Magens, der grosse Kranzmuskel der Subumbrella (als Haupt-Schwimm-Organ) und der Velar-Muskel (der frei vorspringende Muskelring des Velum am Schirmrande). Zum System der Radial-Muskeln gehören die Längsmuskeln des Mundrohrs und Magenstiels, die Glockenmuskeln der Subumbrella und die Längsmuskeln der Tentakeln. Je grösser die Hydromedusen werden und je kräftiger ihre Schwimmbewegungen, desto vollkommener gestaltet sich die Differenzirung dieses Muskel-Systems.

Das Nervensystem der Craspedoten hat als Centralorgan einen doppelten Nervenring an der Velum-Insertion, am Schirmrande (*Cycloneurae*); beide Ringe sind durch die Stützplatte der Velum-Insertion getrennt. Der exumbrale oder dorsale Nervenring scheint vorzugsweise ein sensibles, der subumbrale oder ventrale Ring ein motorisches Central-Organ zu sein. Da, wo der Nervenring mit den marginalen Tentakeln und Sensillen in Verbindung steht, zeigt er oft gangliöse Anschwellungen.

Die Sinnesorgane der Hydromedusen sind sehr mannichfaltig differenzirt; nur selten sind sie einfache Tentakeln (denjenigen ihrer Hydropolypen-Ahnen gleich). Gewöhnlich sind am Schirmrande entweder Augen entwickelt (bei den *Anthomedusen* und *ocellaten Leptomedusen*), oder acustische (und statische) „Randbläschen". Diese sind bei den *vesiculaten Leptomedusen* exodermale Producte des Velum, dagegen bei den *Trachylinen* aus umgebildeten Tentakeln entstanden (§ 62).

§ 85. Ontogenie der Hydromedusen.

Die individuelle Entwickelung der Craspedoten verläuft in deren beiden Subclassen verschieden, als Metagenesis bei den Leptolinen (*Anthomedusen* und *Leptomedusen*), als Hypogenesis bei den Trachylinen (*Trachomedusen* und *Narcomedusen*). Der Generationswechsel der ersteren ist palingenetisch zu beurtheilen und besteht in der Regel darin, dass die Leptolinen-Person durch laterale Knospung aus einem Hydropolypen entsteht, und aus den Eiern der ersteren sich wieder der letztere entwickelt. Die hydroiden Ammen der *Anthomedusen* sind *Tubularien*, diejenigen der *Leptomedusen* hingegen *Campanarien*. Diese wichtige ontogenetische Thatsache scheint die selbständige phylogenetische Ausbildung beider Leptolinen-Ordnungen zu beweisen.

Die Trachylinen hingegen, die beiden Ordnungen der *Trachomedusen* und *Narcomedusen*, scheinen niemals Generations-Wechsel zu besitzen; nach den wenigen Beobachtungen, welche bisher über ihre Ontogenese angestellt sind, entsteht aus dem Ei eine schwimmende Gastrula, welche sich direct in die Trachylinen-Person verwandelt. Wahrscheinlich ist diese Hypogenese cenogenetischer Natur, durch Ausfall der ursprünglichen Polypen-Generation und durch abgekürzte Vererbung zu beurtheilen, ähnlich wie bei der Discomeduse *Pelagia* und bei einigen anderen oceanischen Acraspeden. Wie bei diesen letzteren, dürfte auch bei den oceanischen *Trachylinen* die Ursache dieser abgekürzten Entwickelung in der Anpassung an das Hochsee-Leben zu suchen sein. Die schwimmende Gastrula, die sich aus dem planktonischen Ei dieser Medusen entwickelte, fand auf der hohen See keine Gelegenheit mehr, sich festzusetzen und in einen sessilen Polypen zu verwandeln; sie musste sich, um erhalten zu bleiben, direct in die schwimmende Meduse umbilden. Die Ammen-Generation der Polypen fiel aus, und mit ihr der Generations-Wechsel. So verwandelte sich die primäre *Metagenesis* der älteren neritischen Hydromedusen in die secundäre *Hypogenesis* der jüngeren, von jenen abzuleitenden, oceanischen Craspedoten. Dieser Vorgang hat sich jedenfalls öfter in verschiedenen Gruppen von neritischen, im Küsten-Meere ansässigen Hydromedusen wiederholt, von denen einzelne Formen durch Strömungen oder Stürme auf das hohe Meer verschlagen wurden. Die nähere Betrachtung dieses polyphyletischen Processes ist, ebenso wie diejenige der einzelnen Organ-Umbildungen in der Ontogenese der Hydromedusen, höchst lehrreich für wichtige allgemeine Probleme der Descendenz-Theorie.

(§ 86 auf S. 145.)

§ 87. Erste Ordnung der Hydromedusen:

Anthomedusae. Blumenquallen.

Leptoline Craspedoten mit Gastral-Gonaden.

Metagenetische Hydromedusen, deren Geschlechtsdrüsen in der subumbralen Magenwand liegen. Hörkölbchen und Randbläschen fehlen. Ocellen an der Tentakel-Basis. Meistens Generationswechsel: Polypen-Ammen sind Tubularien.

Die Ordnung der Anthomedusen umfasst diejenigen Craspedoten, welche sich aus der Hydropolypen-Ordnung der Tubularien ent-

§ 86. System der Craspedoten.

Ordnungen	Character der Familien		Familien
I. **Anthomedusae** Leptolinen mit Gastral-Gonaden, ohne Hörkölbchen. Metagenesis: *Ammen Tubularien.*	Gonade einfach röhrenförmig, nicht in radiale Lappen gespalten; Tentakeln einfach		1. **Codonidae** — *Codonium*
	Gonade in 4 oder 8 radiale Lappen gespalten	Mund mit vier Lappen, Tentakeln einfach	2. **Tiaridae** — *Protiara*
		MundmitMundgriffeln, Tentakeln einfach	3. **Margelidae** — *Cytaeis*
		Tentakeln zusammengesetzt	4. **Cladonemidae** — *Ctenaria*
II. **Leptomedusae** Leptolinen mit Canal-Gonaden, ohne Hörkölbchen. Metagenesis: *Ammen Campanarien.*	Ohne velare Randbläschen	Radial-Canäle einfach	5. **Thaumantidae** — *Tetranema*
		Radial-Canäle verästelt	6. **Cannotidae** — *Staurodiscus*
	Mit velaren Randbläschen	Radial-Canäle vier	7. **Eucopidae** — *Eucopium*
		Radial-Canäle acht oder zahlreich	8. **Aequoridae** — *Octocanna*
III. **Trachomedusae** Trachylinen mit Canal-Gonaden, mit Hörkölbchen. Hypogenesis (kein Generations-Wechsel)	Magen lang, schlauchförmig, ohne Magenstiel	4 Radial-Canäle und 4 Gonaden	9. **Petasidae** — *Petasus*
		8 Radial-Canäle und 8 Gonaden	10. **Trachynemidae** — *Trachynema*
	Magen kurz, glockenförmig, mit solidem Gallertstiel	8 Radial-Canäle, Hörkölbchen frei	11. **Aglauridae** — *Aglantha*
		4 oder 6 Radial-Canäle, Hörkölbchen in Bläschen eingeschlossen	12. **Geryonidae** — *Liriantha*
IV. **Narcomedusae** Trachylinen mit Gastral-Gonaden, mit Hörkölbchen. Hypogenesis (kein Generations-Wechsel)	Hörkölbchen an der Basis mit Otoporpen (radialen Nesselstreifen der Exumbrella)	Magentaschen pernemal, Peronial-Canäle doppelt	13. **Cunanthidae** — *Cunantha*
		Magentaschen fehlen, Kranz von Lappen-Canälen	14. **Peganthidae** — *Polycolpa*
	Hörkölbchen an der Basis ohne Otoporpen oder Hörspangen	Magentaschen internemal, Peronial-Canäle doppelt	15. **Aeginidae** — *Aegina*
		Magentaschen verschieden, Ringcanal und Peronial-Canäle fehlen	16. **Solmaridae** — *Solmissus*

wickelt haben (§ 78); noch heute stehen sie mit diesen in Generationswechsel. Characterisirt ist die Ordnung durch die Entwickelung der Sexual-Zellen in der subumbralen Wand des grossen Magenrohrs, welches weit in die tiefe Schirmhöhle hinabhängt. Der Schirmrand trägt weder Hörkölbchen noch Randbläschen, meistens aber Ocellen. Die Tentakel sind stets lang, hohl und sehr beweglich.

Die einzelnen Familien und selbst Gattungen der *Anthomedusen* scheinen (— soweit ihre Entwickelung bekannt ist —) in Generationswechsel zu stehen mit bestimmten Gruppen der *Tubularien*-Polypen. So stammen die Codoniden ab von *Syncoryne* und *Corymorpha*, die Tiariden von *Clavula* und *Halocharis*, die Margeliden von *Eudendrium* und *Podocoryne*, die Cladonemiden von *Clavatella* und *Stauridium* u. s. w. Will man diese ontogenetischen Thatsachen unmittelbar palingenetisch deuten und jede einzelne Gruppe der Anthomedusen auch phylogenetisch von einer entsprechenden Gruppe der Tubularia-Polypen ableiten, so muss man einen polyphyletischen Ursprung dieser Ordnung annehmen. Man könnte jedoch auch eine monophyletische Abstammung derselben behaupten und annehmen, dass die historischen Umbildungen der einzelnen Tubularien-Arten Hand in Hand gingen mit entsprechenden Veränderungen der von ihnen erzeugten Medusen. In diesem Falle würden wir als Stammgruppe der Ordnung die Familie der *Codoniden* betrachten, welche sich durch die primitive Einfachheit ihrer Organisation vor den übrigen Anthomedusen auszeichnen. Ihre Gonade bildet ein einfaches, nicht radial getheiltes Rohr in der Magenwand, während dieselbe bei den übrigen in 4 perradiale oder 8 adradiale Drüsen zerfallen ist (bisweilen zu 4 interradialen Stücken nachträglich verschmolzen). Auch ist die Mundöffnung der *Codoniden* ganz einfach, kreisrund; hingegen ist dieselbe bei den *Tiariden* und *Pteronemiden* in 4 gekräuselte Mundlappen getheilt, bei den *Margeliden* und *Cladonemiden* mit einfachen oder verästelten Mundgriffeln besetzt. Die engen und schmalen Radial-Canäle der Anthomedusen sind bei den *Tiariden* allein zu breiten, bandförmigen Gefässen ausgedehnt, deren Ränder bisweilen sogar mit Drüsenreihen besetzt sind (bei *Turris* und *Catablema*). Die Tentakeln bleiben bei den meisten Anthomedusen einfach (oft büschelweise vereinigt, bei den *Lizusiden* und *Hippocreniden* in 4 oder 8 Bündel gruppirt); nur bei den *Cladonemiden* und *Pteronemiden* sind sie dichotom verästelt oder halbgefiedert (ähnlich den Tentakeln der meisten Siphonophoren und Ctenophoren mit einer Reihe Tentillen besetzt). Für die morphologische Gruppirung ist es nicht schwierig, diese verschiedenen Familien der Anthomedusen (und ihre Subfamilien) als divergente Gruppen aus der einfacher gebauten *Codoniden*-Form (mit der tetranemalen Stammgattung *Codonium*) abzuleiten; die Tubularien-Amme dieser letzteren ist *Syncoryne*.

§ 88. Zweite Ordnung der Hydromedusen:

Leptomedusae. Faltenquallen.

Leptoline Craspedoten mit Canal-Gonaden.

Metagenetische Hydromedusen, deren Geschlechtsdrüsen im Verlaufe der Radial-Canäle liegen. Hörkölbchen mit entodermalen Otolithen fehlen; statt deren oft velare Randbläschen mit exodermalen Otolithen. Meistens Generationswechsel; Polypen-Ammen sind Campanarien.

Die Ordnung der Leptomedusen umfasst diejenigen Craspedoten, welche sich aus der Hydropolypen-Ordnung der Campanarien entwickelt haben (§ 79); noch heute sind sie durch Generationswechsel mit ihnen eng verknüpft. Die formenreiche Ordnung theilt mit der vorhergehenden Ordnung der *Anthomedusen* den Mangel echter Hörkölbchen (mit entodermalen Otolithen), sowie die Structur der langen, hohlen, äusserst dehnbaren und beweglichen Tentakeln. Die Sexualzellen entwickeln sich aber bei den Leptomedusen stets in der Wand der Radial-Canäle, nicht in derjenigen des Magens.

Die umfangreiche Ordnung der Leptomedusen zerfällt in zwei Unterordnungen, die beide von ähnlichen Campanaria-Polypen abstammen: die Optomedusen oder *Ocellaten* besitzen keine Randbläschen (Otocysten), dafür aber Augenflecke (Ocellen) an der Tentakel-Basis; die Cystomedusen oder *Vesiculaten* hingegen sind durch den Besitz velarer Randbläschen (Otocysten mit exodermalen Otolithen) ausgezeichnet; dieselben entwickeln sich (unabhängig von Tentakeln) aus offenen Hörgrübchen an der Basis des Velums und sind demnach gänzlich verschieden von den Hörkölbchen der Trachylinen (mit entodermalen Otolithen). Die vesiculaten *Cystomedusen* und die ocellaten *Optomedusen* sind vielleicht besser als zwei verschiedene Ordnungen der Leptomedusen zu trennen; beide scheinen sich unabhängig von einander aus verschiedenen Zweigen der *Campanarien* entwickelt zu haben. Jedoch stehen sich die primitiven Stammformen beider Ordnungen, das ocellate *Tetranema* und das vesiculate *Eucopium*, im Ganzen sehr nahe.

Die Unterordnung der Optomedusen oder *Ocellaten*, von *Tetranema* abzuleiten, beginnt mit den einfach gebauten tetracanalen

Laodiciden; aus ihnen haben sich als divergente Zweige entwickelt: die octocanalen *Melicertiden* durch Einschaltung von 4 interradialen Canälen zwischen die 4 ursprünglichen perradialen; die polycanalen *Orchistomiden* durch secundäre Ausbildung zahlreicher Radial-Canäle, 16—32 und mehr; die *Cannotiden* durch Verästelung der Radial-Canäle.

Die Unterordnung der Cystomedusen oder *Vesiculaten* zeigt eine reichere Mannichfaltigkeit der Gestaltung. In der grossen Familie der *Eucopiden* bleiben die 4 primären Radial-Canäle einfach und unverästelt, während ihre Zahl bei den *Aequoriden* beträchtlich vermehrt wird und sie oft sich gabeln oder verästeln. Ursprünglich sind bei den einfachsten Cystomedusen nur 8 adradiale Randbläschen zu finden, und diese Zahl bleibt permanent bei den Octotessae (*Obeliden* und *Eutimiden*); hingegen wird die Zahl der Otocysten nachträglich vermehrt bei den *Polyotessae* (*Phialiden* und *Ireniden*). Bei den *Aequoriden* beträgt die Minimal-Zahl der Randbläschen 16 (bei *Octocanna*); gewöhnlich aber sind sie hier sehr zahlreich und unregelmässig vertheilt (oft mehrere hundert, bei der grossen *Polycanna* 400—800 und darüber). Die morphologische Ableitung aller dieser *Vesiculaten* von dem einfachen *Eucopium* (— ebenso wie der *Ocellaten* von *Tetranema* —) ist leicht durchzuführen; wie weit dieselbe aber phylogenetisch begründet ist, wird sich erst zeigen, wenn die Ontogenie einer grösseren Zahl von Leptomedusen besser bekannt sein wird.

§ 89. Dritte Ordnung der Hydromedusen:

Trachomedusae. Kolbenquallen.

TRACHYLINE CRASPEDOTEN MIT CANAL-GONADEN.

Hypogenetische Hydromedusen, deren Geschlechtsdrüsen im Verlaufe der Radial-Canäle liegen. Schirmrand mit Hörkölbchen und entodermalen Otolithen-Zellen; meistens keine Peronien; niemals Peronial-Canäle. Tentakeln meistens starr, solide. Kein Generationswechsel; keine Polypen-Ammen.

Die Ordnung der Trachomedusen bildet zusammen mit der folgenden Ordnung der Narcomedusen die formenreiche Legion der oceanischen *Trachylinen* oder *Cordylioten*: Craspedoten mit Hörkölbchen oder Cordylien (acustischen Tentakeln mit entodermalen Otolithen-Zellen). Diese characteristischen Sinnesorgane fehlen den neritischen *Leptolinen* oder *Acordylien* (den beiden Ordnungen der

Leptomedusen und *Anthomedusen*). Von diesen *Leptolinen* unterscheiden sich die *Trachylinen* ferner durch die starre Beschaffenheit der soliden Tentakeln und durch den Mangel des Generationswechsels; sie scheinen sich Alle direct fortzupflanzen, durch Hypogenesis; viele erleiden eine auffallende Metamorphose. Die Geschlechtszellen entwickeln sich bei den *Trachomedusen* im Verlaufe der Radialcanäle (meistens in Form beutelförmiger oder blattförmiger Aussackungen); sie gleichen darin den *Leptomedusen*, denen sie auch im Habitus oft sehr ähnlich sind. Dagegen entwickeln sich die Gonaden der nahe verwandten *Narcomedusen* in der subumbralen Wand des Magens und der Magentaschen; ausserdem findet hier eine eigenthümliche Umbildung des Schirmrandes statt, mit Bildung von Schirmspangen oder Peronien; bei den meisten *Trachomedusen* fehlen dieselben. Als gemeinsame Stammgruppe der Trachomedusen betrachten wir die Familie der *Petasiden* (mit der tetranemalen Stammgattung *Petasus*); sie haben 4 Radial-Canäle, 4 Gonaden und keinen Magenstiel. Aus ihnen haben sich als drei divergente Aeste die Familien der *Trachynemiden, Aglauriden* und *Geryoniden* entwickelt. Die beiden letzteren sind durch einen langen Magenstiel ausgezeichnet, welcher an seinem Ende den kurzen glockenförmigen Magen trägt. Bei den *Geryoniden* (mit 4 oder 6 Radial-Canälen und blattförmigen Gonaden) werden die Hörkölbchen in Bläschen eingeschlossen. Die *Aglauriden* und *Trachynemiden* haben 8 Radialcanäle; als eine besondere Gruppe eigenthümlicher Tiefsee-Medusen (mit Saugfüsschen und Mesogonien) haben sich aus letzteren die *Pectylliden* entwickelt.

§ 90. Vierte Ordnung der Hydromedusen:

Narcomedusae. Spangenquallen.

Trachyline Craspedoten mit Gastral-Gonaden.

Hypogenetische Hydromedusen, deren Geschlechtsdrüsen in der subumbralen Magenwand oder besonderen Magentaschen liegen. Schirmrand mit Hörkölbchen und entodermalen Otolithen-Zellen; dazwischen Peronien und meistens Peronial-Canäle. Tentakeln starr, solide. Kein Generationswechsel; keine Polypen-Ammen.

Die Ordnung der Narcomedusen ist nahe verwandt der vorhergehenden Ordnung der Trachomedusen und bildet mit ihr vereinigt die Legion der oceanischen *Trachylinen* oder *Cordylioten*; sie besitzt dieselben characteristischen Hörkölbchen mit entodermalen Otolithen und dieselben starren soliden Tentakeln. Dagegen unterscheiden sich die *Narcomedusen* von den *Trachomedusen* durch die eigenthümliche Umbildung des Schirmrandes und des Canalsystems, und besonders dadurch, dass sich die Geschlechtszellen in der subumbralen Wand des Magens oder den peripheren Magentaschen entwickeln, nicht in derjenigen der Radial-Canäle. Der Schirmrand der Narcomedusen erfährt dadurch eigenthümliche und oft sehr auffallende Veränderungen, dass die starren (ursprünglich am Schirmrande liegenden) Tentakeln in der Exumbrella aufwärts wandern und sich zu rückenständigen Fühlern ausbilden; dabei nehmen dieselben einen Nesselstreifen vom Nesselring des Schirmrandes mit, und dieser radiale Streif gestaltet sich zu einer characteristischen Schirmspange (*Peronium*). Zwischen den Peronien springt der Schirmrand mit seinem Ringcanal lappenförmig vor, und so entsteht ein Lappenkranz mit einem eigenthümlichen Feston-Canal, zusammengesetzt aus den doppelten Peronial-Canälen. Als Stammgruppe der Narcomedusen betrachten wir die Familie der *Cunanthiden*; aus dieser haben sich als drei divergente Aeste die *Aeginiden, Peganthiden* und *Solmissiden* entwickelt; durch Obliteration des Ringcanals sind aus den Peganthiden die *Solmonetiden* und aus den *Aeginiden* die *Solmariden* entstanden. Die phylogenetischen Beziehungen dieser theilweise polyphyletischen Gruppen sind verwickelt und bedürfen weiterer Aufklärung.

§ 91. Dritte Classe der Cnidarien:

Siphonophorae. Staatsquallen.

Pelagische Cormen von polymorphen Craspedoten.

Freischwimmende Cnidarien-Stöcke, zusammengesetzt aus polymorphen Hydromedusen-Personen, welche durch Arbeitstheilung stark differenzirt und theilweise reducirt sind.

Die Classe der Siphonophoren besteht aus pelagischen, freischwimmenden Stöcken von *Hydromedusen*, welche in vielfach wechselnder Form aus polymorphen Medusen-Personen zusammengesetzt sind. Diese haben durch weitgehende Arbeitstheilung und durch specielle Anpassung an einzelne Lebensaufgaben sehr bedeutende Umbildungen erfahren, und zugleich ist der ganze Cormus physiologisch so centralisirt, dass er als ein einheitliches Individuum erscheint, und dass die morphologische Deutung seiner Bestandtheile oft schwierig wird. Drei sehr verschiedene Auffassungen derselben stehen sich gegenüber. Nach der ältesten Ansicht, der Polyorgan-Theorie, ist die ganze Siphonophore eine einzige Medusen-Person, mit Multiplication, Transformation und theilweiser Dislocation ihrer Organe. Dagegen ist dieselbe nach der herrschenden Polyperson-Theorie als ein schwimmender Polypen-Cormus aufzufassen, zusammengesetzt aus zahlreichen polymorphen hydroiden Personen. Nach unserer eigenen Auffassung, welche zwischen jenen beiden Theorien in der Mitte steht, ist die Siphonophore zwar stets ein Stock oder Cormus, aus zahlreichen Personen gebildet; aber diese Personen sind ursprünglich nicht *Hydropolypen*, sondern *Hydromedusen*; dieser Medusen-Cormus ist also phylogenetisch unmittelbar von schwimmenden Hydromedusen abzuleiten, nicht von festsitzenden Hydropolypen. Natürlich wird aber durch diese Medusom-Theorie nicht geleugnet, dass die letzteren zu den Vorfahren der ersteren gehören. Wir kennen entschieden echte Hydromedusen, welche durch Knospung eine zweite Medusen-Generation erzeugen (*Sarsia siphonophora* durch Gemmation am Manubrium, *Gastroblasta* durch Sprossung an der Subumbrella, u. A.). Denken wir uns, dass diese Medusen-Knospen mit ihrer Mutter vereinigt bleiben, aber durch Ergonomie verschiedene Formen annehmen, so erhalten wir den Organismus der Siphonophoren.

§ 92. Ergonomie und Polymorphismus.

Die Siphonophoren verdanken ihre eigenthümliche Organisation, durch die sie sich von ihrer Stammgruppe, den Hydromedusen, so weit zu entfernen scheinen, vor Allem der weitgehenden Arbeitstheilung und Formspaltung ihrer zu einem Cormus verbundenen Personen. Der morphologische *Polymorphismus*, welcher in Folge jener physiologischen *Ergonomie* sich ausgebildet hat, wird verständlich durch die vergleichende Anatomie und Ontogenie der verschiedenen Ordnungen und Familien. In allen Fällen ist die jugendliche Larve, welche sich aus dem Ei der Siphonophoren entwickelt, eine einfache Medusen-Person, mit den zwei constanten Haupt-Organen: dem locomotorischen Schirm (*Umbrella*) und dem nutritorischen Magenrohr (*Manubrium*). Dieser Zweitheilung entsprechend sondert sich auch am Cormus der Siphonophoren der obere (aborale oder proximale) Theil als Schwimmkörper (*Nectosoma*) von dem unteren (oralen oder distalen) Theil als Nährkörper (*Siphosoma*). Bei den monogastrischen Siphonophoren erscheint das Nectosom als modificirte *Umbrella*, das Siphosom als umgebildetes *Manubrium*. Bei den polygastrischen Siphonophoren entwickeln sich diese beiden Haupttheile unabhängig von einander weiter, mit getrennten Vegetations-Punkten. Wenn der Stamm spiralig gewunden ist, erscheint die Spiraldrehung meistens in beiden Theilen entgegengesetzt, beim *Nectosom* als Lambda-Spirale, beim *Siphosom* als Delta-Spirale. Die polymorphen Personen, die sich aus beiden Haupttheilen des Stockes entwickeln, haben am Nectosom vorzugweise animale (motorische), am Siphosom dagegen vegetale Functionen (Ernährung und Fortpflanzung).

Am Nectosom sind zwei verschiedene Schwimmorgane zu unterscheiden: passive Schwimmblasen (*Pneumatophorae*) und active Schwimmglocken (*Nectophorae*). Die verschiedene Form, Structur und Anordnung derselben dient vorzugsweise zur Unterscheidung der fünf Ordnungen. Den *Calyconecten* allein fehlt die Pneumatophore; den *Cystonecten* und *Disconecten* fehlen die Nectophoren; dagegen besitzen die *Physonecten* und *Auronecten* beiderlei Schwimmwerkzeuge, und die letzteren dazu noch ein ganz eigenthümliches Organ, die Luftglocke (*Aurophora*). Wahrscheinlich ist diese letztere als Gasdrüse und zugleich als Regulator der Luftfüllung der Pneumatophore wirksam. Die Luftkammer oder Schwimmblase selbst (*Pneumatophora*) ist ursprünglich eine Gasdrüse, aus dem Exoderm der Exumbrella der primären Meduse entstanden; sie dehnt sich meistens dergestalt aus, dass sie den ganzen Schirm für sich in Anspruch nimmt. Die Schwimmglocken dagegen (*Nectophorae* oder *Nectocalyces*) sind gewöhnliche Medusen-Schirme, mit Subumbrella und Velum, vier Radial-Canälen und einem Ringcanal; man kann sie als Personen von Hydromedusen auffassen, welche nur den Schwimm-Apparat entwickelt, dagegen Manubrium und Tentakeln verloren haben.

Am Siphosom treten beständig wenigstens zwei verschiedene Formen von Personen auf, die *Siphonen*, welche die Ernährung, und die *Gonophoren*, welche die Fortpflanzung besorgen; dazu kommen stets noch Tentakeln mit Nesselknöpfen, als Fangorgane der Siphonen. Ursprünglich ist nur ein einziger Siphon oder „Nährpolyp“ vorhanden, und dieser *Polypit* oder Magenschlauch (auch „Saugröhre“ oder *Gastrozooid* genannt) ist das Magenrohr (Manubrium) der primären Meduse. Solche monogastrische Siphonophoren sind die *Eudoxien* unter den Calyconecten, die *Circaliden* und *Athoriden* unter den Physonecten, die *Cystaliden* unter den Cystonecten und die *Discaliden* unter den Disconecten. Alle übrigen Siphonophoren sind polygastrisch; ihr primärer Siphon verwandelt sich in einen axialen Stamm (*Truncus*), aus welchem zahlreiche secundäre Siphonen hervorsprossen, ferner die Gonophoren, und oft auch noch polymorphe Individuen von verschiedenen Functionen: Palponen oder Taster (meist mit Tastfäden oder Palpakeln versehen), Cystonen oder Afterblasen, Bracteen oder Deckstücke u. A.

Die Gonophoren oder Geschlechts-Personen haben unter allen Theilen des Siphonophoren-Stockes die ursprüngliche Medusenbildung am treuesten bewahrt; die Geschlechtszellen entwickeln sich stets in der Magenwand (aus dem Exoderm des Manubrium, wie bei den *Anthomedusen*); die Mundöffnung bleibt gewöhnlich geschlossen. In einigen Gruppen lösen sich die reifen Gonophoren ab und schwimmen als freie Medusen umher: bei vielen *Calyconecten*, *Cystonecten*, *Disconecten*.

§ 93. Ontogenie der Siphonophoren.

Aus der *Gastrula* aller Siphonophoren entwickelt sich eine pelagische Larve, welche den morphologischen Werth einer einfachen Medusen-Person besitzt. Diese Larve erscheint aber in zwei sehr verschiedenen Formen, bei den *Disconanthen* als reguläre octoradiale Meduse, mit 8 Radial-Canälen und 8 primären Rand-Tentakeln (*Disconula*); bei den *Siphonanthen* dagegen als bilaterale Meduse mit einem ventralen Schirmspalt und einem einzigen primären Tentakel (*Siphonula*). An der regulär-octoradialen Disconula der *Disconanthen* entwickeln sich die polymorphen Personen des Stockes durch Knospung aus der Subumbrella in concentrischen Ringen. An der bilateralen Siphonula der *Siphonanthen* hingegen entstehen die Personen in einer einzigen (ursprünglich geradlinigen, meistens spiral aufgerollten) Reihe, welche der ventralen Mittellinie des Manubrium entspricht.

Dieser fundamentale Gegensatz in der Ontogenese der beiden Hauptgruppen steht in Uebereinstimmung mit zahlreichen und bedeutenden Unterschieden, welche die beiden Legionen der Siphonophoren im gröberen und feineren anatomischen Bau, wie in der ganzen Zusammensetzung des Cormus und der Cormidien zeigen. Wir müssen daraus nach dem biogenetischen Grundgesetze den Schluss ziehen, dass auch ihre Phylogenese sich von Anfang an in getrennten und sehr verschiedenen Bahnen bewegt hat. Die Classe der Siphonophoren ist demnach polyphyletisch aus mehreren (mindestens zwei) verschiedenen Gruppen von *Hydromedusen* entstanden. Die Ontogenie der beiden Legionen dieser Classe ist so verschieden, dass sie nicht von einer gemeinsamen Stammform abgeleitet werden können, welche bereits den Character der *Siphonophoren* besass. Vielmehr müssen wir annehmen, dass die Disconanthen von regulären vierstrahligen oder achtstrahligen Craspedoten abstammen, welche Knospen an der Subumbrella bildeten (gleich *Gastroblasta*), die Siphonanthen hingegen von bilateralen und mononemalen Craspedoten, welche eine Reihe von Knospen in der ventralen Medianlinie des verlängerten Manubrium trieben (gleich *Sarsia*).

§ 94. Siphonanthen und Disconanthen.

Der tiefgreifende Gegensatz zwischen den beiden Legionen der Siphonophoren, welcher uns in ihrer Ontogenese von Beginn an entgegentritt, findet seine weitere Bestätigung auch in der ganz verschiedenen Ausbildung des Cormus und der Cormidien in den verschiedenen Zweigen beider Hauptgruppen. Bei den *Disconanthen* bleibt die voluminöse Umbrella, an deren Unterfläche die secundären Medusen-Knospen entstehen, der wichtigste Theil des Cormus; sie erfährt die mannichfachsten Umbildungen und bewahrt durch ihr Uebergewicht dauernd dem Stock scheinbar den Character einer einfachen Medusen-Person. Die centrale Pneumatophore hat einen complicirten octoradialen Bau, ist vielkammerig und mit einer eigenthümlichen Drüse (*Centradenia*) verbunden, in welche „Tracheen" hineingehen. Dagegen erscheint das Manubrium der Disconanthen einfach, und die secundären Siphonen, welche in dessen Umgebung aus der Subumbrella hervorsprossen, behalten ebenfalls den Character einfacher Magenschläuche. Umgekehrt verhalten sich die *Siphonanthen*; hier ist die Umbrella von Anfang an unbedeutend oder reducirt, sie wird häufig schon frühzeitig abgeworfen oder durch eine secundäre Bractee ersetzt (Calycophoriden), oder in eine Pneumatophore verwandelt (Physophoriden). Die Centradenia und die Tracheen der Disconanthen fehlen den Siphonanthen; auch hat die Pneumatophore der letzteren niemals den complicirten und polythalamen Bau der ersteren. Um so stärker entwickelt sich bei den Siphonanthen das Manubrium der primären Meduse; es wird bei den monogastrischen Formen zu einem ansehnlichen Siphon, mit mehreren, stark differenzirten Abtheilungen; bei den polygastrischen zu einem langen Stamme (Truncus), in dessen ventraler Mittellinie zahlreiche Cormidien sich durch Knospung entwickeln. Diese „Individuen-Gruppen", von denen jede aus zwei oder mehreren polymorphen Personen (*Medusomen*) besteht, sind gewöhnlich ordinat, d. h. an dem gegliederten Stamme in regelmässigen Abständen vertheilt, welche durch freie Internodien getrennt erscheinen. Seltener sind die Cormidien dissolut oder aufgelöst; die ursprüngliche Ordination und regelmässige Composition der Meduse verliert sich, die einzelnen Personen und ihre einzelnen Organe treten aus einander und werden dislocirt; viele Organe sind theils rückgebildet, theils multiplicirt. Diese eigenthümliche „Dislocation und Multiplication der Organe", ferner der Ersatz verlorener Primär-Organe durch secundäre „Vicarien" („Reservetheile oder Ersatz-Organe") geht bei den dissoluten Cormen vieler Physophoriden so weit, dass es nicht mehr möglich ist, ihre ursprünglichen Beziehungen in dem verwickelten Bau des centralisirten Cormus wiederzuerkennen; sie imponirten daher den älteren Beobachtern als einfache Medusen-Personen mit multiplicirten Organen.

Diese und andere eigenthümliche Bildungs-Verhältnisse der beiden Siphonophoren-Legionen haben wir in unserer Monographie dieser Classe (— enthalten im 28. Bande der „Challenger“-Reports, 1888 —) ausführlich erörtert und durch viele Abbildungen erläutert. Wir können daher hier auf eine weitere Begründung unserer „Medusom-Theorie“ verzichten und wollen nur noch die Frage kurz zu beantworten versuchen, welche von den bekannten Gruppen der Hydromedusen als die Stamm-Eltern der Siphonophoren betrachtet werden können. Wir hatten dort die Hypothese aufgestellt, dass die *Siphonanthen* von Anthomedusen (*Euphysiden*), die *Disconanthen* dagegen von Trachymedusen (*Pectylliden*) abzuleiten seien. Diese letztere Annahme möchten wir jetzt dahin berichtigen, dass auch die Disconanthen von Anthomedusen abstammen, aber von einem anderen Zweige dieser Ordnung als die Siphonanthen, nämlich von den *Margeliden.* Allerdings besitzt die Disconula der Disconecten in dem ganzen, regulär-octoradialen Körperbau die grösste Aehnlichkeit mit einigen Trachymedusen (*Trachynemiden* oder *Pectylliden*); aber diese Uebereinstimmung dürfte nur auf Convergenz beruhen. Die Gonaden der geschlechtsreifen Medusen (*Discomitra*), welche aus den Gonostylen der *Disconanthen* hervorsprossen und sich ablösen, sind vier Packete von Geschlechtszellen in deren vierseitiger Magenwand; sie verhalten sich ganz ähnlich, wie bei den Margeliden. Dagegen besitzen die Gonophoren aller *Siphonanthen* nur eine einzige ringförmige Gonade, welche den Magenschlauch der Sexual-Meduse gürtelförmig umgiebt, wie bei den Codoniden; unter diesen Anthomedusen sind es die *Euphysiden*, welche in der bilateralen Ausbildung der Umbrella und nur eines einzigen Tentakels die grösste Aehnlichkeit mit den *Siphonula*-Larven dieser Legion besitzen. Auch zeigen gerade bei diesen Anthomedusen (die von Tubularien abstammen) einzelne Genera eine besondere Neigung zur Production von Knospen in der Magenwand und zur Bildung von schwimmenden „Meduso-Cormen“. Trat zwischen den Personen derselben Ergonomie ein, so wurden sie zu Siphonanthen. (§ 95 auf S. 156.)

§ 96. Erste Ordnung der Siphonophoren: **Calyconectae = Calycophoridae.**

SIPHONANTHEN OHNE PNEUMATOPHORE.

Siphonophoren mit einer oder mehreren Nectophoren, ohne Pneumatophore, ohne Aurophore und ohne

§ 95. System der Siphonophoren.

Legionen	Ordnungen	Unter-Ordnungen	Familien
I. Legion: **Siphonanthae** Coenosom oder Truncus des Cormus durch das Manubrium der primären, bilateralen Meduse gebildet, an dessen ventraler Median-Linie die Knospen entstehen. Pneumatophore nicht vielkammerig, ohne Centradenia und ohne Tracheen. Larve bilateral, mit einem Tentakel (Siphonula)	I. **Calyconectae** Pneumatocyst fehlt. Nectophoren ansehnlich entwickelt, bald einzeln, bald zahlreich	I A. **Acrocalycta** Nectosom acrostel, gipfelständig, nicht biserial	1. *Monophyida* 2. *Diphyida* 3. *Stephanophyida*
		I B. **Stelocalycta** Nectosom biserial	4. *Desmophyida* 5. *Polyphyida*
	II. **Physonectae** Pneumatocyst klein, monothalam, ohne Aurophore. Nectophoren zahlreich, bisweilen in Bracteen verwandelt	II A. **Siphostelia** Siphosom-Stamm ein Siphon	6. *Circalida* 7. *Athorida*
		II B. **Macrostelia** Siphosom-Stamm lang, röhrenförmig	8. *Apolemida* 9. *Agalmida* 10. *Forskalida*
		II C. **Brachystelia** Siphosom-Stamm kurz, blasenförmig	11. *Nectalida* 12. *Discolabida* 13. *Anthophysida*
	III. **Auronectae** Pneumatocyst sehr gross, mit Aurophore. Nectophoren in Kränzen	III A. **Stephalaria** Siphosom mit einem Central-Canal	14. *Stephalida*
		III B. **Rhodalaria** Siphosom ohne Central-Canal	15. *Rhodalida*
	IV. **Cystonectae** Pneumatocyst gross, ohne Aurophore, mit Apical-Stigma. Nectophoren und Bracteen fehlen	IV A. **Monostelia** Siphosom-Stamm ein Siphon	16. *Cystalida*
		IV B. **Cannostelia** Siphosom-Stamm lang u. dünn, röhrenförmig	17. *Rhizophysida* 18. *Salacida*
		IV C. **Saccostelia** Siphosom-Stamm kurz u. weit, blasenförmig	19. *Epibulida* 20. *Physalida*
II. Legion: **Disconanthae** Coenosom oder Truncus des Cormus durch die Umbrella der primären octoradialen Meduse gebildet, an deren Subumbrella die Knospen entstehen. Pneumatophore vielkammerig, mit Centradenia und mit Tracheen. Larve octoradial, mit acht Tentakeln (Disconula)	V. **Disconectae** Pneumatocyst polythalam, mit zahlreichen Stigmen und Tracheen. Zwischen ihm und dem grossen Central-Siphon eine eigenthümliche Central-Drüse („Leber“), Centradenia	V A. **Porpitaria** Umbrella kreisrund und im Centraltheil octoradial, ohne verticalen Segel-Kamm	21. *Discalida* 22. *Porpitida*
		V B. **Velellaria** Umbrella elliptisch oder viereckig, bilateral, mit einem verticalen Segel-Kamm	23. *Ratarida* 24. *Velellida*

Palponen. Siphosoma bald monogastrisch, bald polygastrisch (meist mit Metagenesis). Primäre Larve eine bilaterale Siphonula.

Die Ordnung der Calyconecten bildet eine sehr formenreiche, aber sehr einheitlich organisirte, monophyletische Gruppe, welche sich sogleich durch den völligen Mangel der Schwimmblase von allen anderen Siphonophoren unterscheidet. Man kann daher diese letzteren als *Physophoridae* den ersteren (als *Calycophoridae*) gegenüberstellen. An Stelle der Pneumatophore, welche die primäre Larve der Physophoriden entwickelt, bildet diejenige der Calycophoriden eine primäre Nectophore; diese wird meistens bald abgeworfen und durch eine secundäre bleibende ersetzt. Palponen (Taster) und Palpakeln (Tastfäden) fehlen den Calyconecten ganz. Ihre Siphonen besitzen allenthalben denselben wesentlichen Bau, und ebenso die Tentakeln; letztere tragen an ihren Tentillen stets einen nackten Cnidosack von constanter Structur (ohne besonderes Involucrum).

Die Mehrzahl der Calyconecten ist durch einen typischen Generationswechsel ausgezeichnet. Die erste Generation bildet ein characteristisches, geschlechtsreifes und monogastrisches Cormidium: *Eudoxia* oder *Ersaea*. Aus dem befruchteten Ei derselben entwickelt sich eine medusenförmige Larve, und aus dieser durch Metamorphose die zweite polygastrische Generation: ein langgestreckter, röhrenförmiger Stamm, der an der Spitze eine oder mehrere grosse Schwimmglocken trägt, am Siphosom eine grosse Zahl von monogastrischen Cormidien, die durch regelmässige Abstände (freie Internodien) getrennt sind. Jedes dieser Cormidien besteht aus zwei oder drei medusoiden Personen; die eine von diesen ist steril und besitzt ein Deckstück (Umbrella), einen Siphon (Manubrium) und einen Tentakel. Die andere Person ist eine complete sexuelle Anthomeduse; ihre Umbrella hat 4 Radial-Canäle und einen Ringcanal, sowie ein Velum; in der Wand ihres mundlosen Magenrohrs entwickeln sich die Geschlechts-Producte. Die medusoide Gonophore der *Eudoxia* löst sich zur Reifezeit meistens vom Stocke ab und schwimmt umher. In anderen Fällen verliert dieselbe ihr Manubrium und verwandelt sich in eine „Special-Schwimmglocke", und an ihre Stelle tritt eine (dritte) medusoide Person, die geschlechtsreif wird (*Ersaea*). Wenn die *Eudoxia* oder *Ersaea* nicht frei wird, sondern am Stocke sitzen bleibt, so tritt an die Stelle der echten Metagenese eine eigenthümliche Hypogenese, ein „maskirter Generationswechsel", ähnlich wie bei den Hydrophaenen (den *Tubularien* und *Campanarien* unter den Hydropolypen, vergl. §§ 78 und 79).

§ 97. Zweite Ordnung der Siphonophoren: **Physonectae = Physophoridae.**

Siphonanthen mit Pneumatophore und Nectophoren.

Siphonophoren mit einer einfachen monothalamen Pneumatophore, ohne Aurophore, und mit mehreren Nectophoren. Siphosoma stets mit zahlreichen Palponen und Bracteen. Primäre Larve eine bilaterale Siphonula.

Die Ordnung der Physonecten oder *Physophoriden* umfasst sehr zahlreiche und mannichfaltig organisirte Siphonophoren, die aber alle übereinstimmen in dem Besitze von zwei verschiedenen Schwimmorganen, der passiven Pneumatophore und den activen Nectophoren. Sie theilen diesen doppelten Besitz mit der folgenden Ordnung der *Auronecten*, unterscheiden sich aber von diesen sehr wesentlich durch den Mangel der Aurophore und durch den einfachen röhrenförmigen, nicht verdickten und von einem Canalnetz durchzogenen Stamm. Alle Physonecten besitzen ausserdem zahlreiche Palponen oder Cystonen; und meistens ist der Stamm dicht mit Bracteen besetzt. Auch die junge medusiforme Larve der Physonecten (*Physonula*), in deren Umbrella sich sehr frühzeitig eine Schwimmblase ausbildet, producirt meistens zahlreiche solche Blätter. In einigen Familien (bei *Athoriden* und *Anthophysiden*) sind auch die Schwimmglocken in Deckblätter (die als Ruder fungiren) umgewandelt. Sonst sind die Nectophoren gewöhnlich gut entwickelt, zahlreich und in zwei gegenständige Reihen geordnet (seltener in mehrere Spiralreihen). Bei den *Circaliden* bilden sie einen Kranz (wie bei den *Stephaliden*).

Zwei Familien der Physonecten sind monogastrisch; der Stamm wird durch den primären Siphon vertreten, der nur einen Tentakel trägt (*Circaliden* mit einem Kranz von Schwimmglocken, *Athoriden* mit Deckstücken). Dieser permanente Zustand gleicht dem vorübergehenden Larven-Zustande (*Physonula*) der übrigen Physonecten; diese sind alle polygastrisch. Der Stamm ist lang, dünn und röhrenförmig bei den *Apolemiden* und *Agalmiden* (beide mit zwei Reihen von Schwimmglocken), sowie bei den *Forskaliden* (mit vielen Spiralreihen von Nectophoren). Dagegen ist der Stamm verkürzt und sackförmig bei den *Nectaliden* und *Discolabiden* (erstere mit, letztere ohne Deckblätter), sowie bei den *Anthophysiden*. Vielfach verschieden ist in dieser Ordnung die Structur der Pneumatophore und der Nectophoren am Nectosom; ebenso die Bildung der Tentakeln und Tentillen am Siphosom. Diese mannichfaltigen Modificationen werden zur Unterscheidung der zahlreichen Genera benutzt, deren phylogenetischer Zusammenhang sich mit grosser Wahrscheinlichkeit aus ihrer vergleichenden Morphologie und Ontogenie ergiebt. .

§ 98. Dritte Ordnung der Siphonophoren:

Auronectae = Aurophoridae.

Siphonanthen mit Aurophore.

Siphonophoren mit grosser apicaler Pneumatophore, unterhalb welcher ein Kranz von Nectophoren steht, und in der dorsalen Mittellinie desselben eine eigenthümliche Aurophore. Siphosom mit verdicktem, rübenförmigem Truncus, dessen knorpelharte Gallertmasse von einem dichten Canalnetz durchzogen ist. Am Truncus viele Kränze von Cormidien, jedes mit einem Siphon und einem Tentakel. Primäre Larve eine bilaterale Siphonula.

Die Ordnung der Auronecten oder *Aurophoriden* umfasst eine Anzahl von merkwürdigen, erst neuerdings bekannt gewordenen Siphonophoren, welche sich durch auffallende Merkmale von allen anderen Ordnungen der Classe unterscheiden und in eigenthümlicher Weise an das Leben in der Tiefsee angepasst sind. Das Nectosom vereinigt in sich die grosse voluminöse Pneumatophore der *Cystonecten* und den Kranz von Schwimmglocken, der sich bei einigen *Physonecten* findet (*Circalidae*, *Forskalidae*). Aber von diesen nächstverwandten, ebenso wie von allen übrigen Siphonophoren, unterscheiden sich die Auronecten durch zwei auffallende Merkmale; erstens den Besitz eines eigenthümlichen pneumatischen Organs, der Aurophore (wahrscheinlich einer Gasdrüse), und zweitens durch den dicken, rübenförmigen Stamm des verkürzten Siphosoms, dessen knorpelharte Gallertmasse von einem dichten Canalnetz durchzogen ist (ähnlich wie das Mesoderm der Alcyoniden). Bei den kleineren und phyletisch älteren Stephaliden (deren Tentakeln einfach sind, ohne Tentillen) ist der dicke Stamm von einem Axencanal durchbohrt; dies ist der primäre Siphon, der sich unten durch den bleibenden Mund öffnet (*Stephalia*, *Stephonalia*). Dagegen ist dieser zugewachsen und verschlossen bei den grösseren und höher entwickelten Rhodaliden (*Auralia*, *Rhodalia*); diese tragen auch zusammengesetzte Tentakeln, mit einer Reihe von Tentillen. Die zahlreichen grossen Schwimmglocken bilden unterhalb der Pneumatophore einen einfachen Kranz bei *Stephalia* und *Auralia*, einen mehrfachen Kranz bei *Stephonalia* und *Rhodalia*.

§ 99. Vierte Ordnung der Siphonophoren: **Cystonectae = Pneumatophoridae.**

Siphonanthen ohne Nectophoren.

Siphonophoren ohne Nectophoren, Aurophoren und Bracteen, mit einer grossen Pneumatophore, welche ein apicales Stigma trägt. Siphosoma mit monostylischen Gonodendren und Gonopalponen. Primäre Larve eine bilaterale Siphonula.

Die Ordnung der Cystonecten oder *Pneumatophoriden* unterscheidet sich durch den Mangel der Schwimmglocken und die Ausbildung einer grossen, mit Stigma versehenen Pneumatophore von den übrigen Siphonanthen; sie stimmt darin mit der folgenden Ordnung, den *Disconecten* überein. Indessen ist ihre übrige Organisation von derjenigen der letzteren ganz verschieden und schliesst sich vielmehr an diejenige der *Physonecten* an. Wahrscheinlich sind die Cystonecten von einem älteren Zweige der Physonecten durch Verlust der Nectophoren abzuleiten; vielleicht hat diese Ordnung aber auch einen selbständigen Ursprung. Schon die monogastrische Larve (*Cystonula*) entbehrt der primären abfälligen Schwimmglocke, welche alle übrigen Siphonanthen besitzen, und trägt statt dessen am Scheitel des primären Siphon eine grosse Schwimmblase, welche die umgebildete Umbrella der Medusa darstellt; unterhalb dieser sitzt ein einfacher Tentakel. In der monogastrischcn Gattung *Cystalia* (Familie der *Cystalidae*) zeigt sich jene Cystonula-Form permanent und geschlechtsreif. Bei allen übrigen Cystonecten entwickeln sich dagegen aus derselben polygastrische Cormen, zusammengesetzt aus zahlreichen Cormidien. Der Stamm des Siphosoms ist röhrcnförmig, sehr lang und dünn bei den *Rhizophysiden* (mit monogastrischen Cormidien) und den *Salaciden* (mit polygastrischen Cormidien). Dagegen ist der Stamm sackförmig, sehr weit und verkürzt bei der *Epibulidae* und *Physalidae*; bei den Epibuliden bilden die Cormidien einen Spiralkranz an der Basis der subverticalen Schwimmblase, bei den Physaliden sitzen sie dichtgedrängt in vielfachen Reihen an der Bauchseite des Stammes, in dessen Rückenseite die Pneumatophore eingedrungen ist.

§ 100. Fünfte Ordnung der Siphonophoren: **Disconectae = Discophoridae.**

Disconanthen mit Centradenia und Tracheen.

Siphonophoren mit discoidalem Stamm, welcher eine polythalame (ursprünglich achtstrahlige) Pneumatophore einschliesst. Am Rande der Scheibe ein Kranz von Tentakeln; auf der Unterseite ein grosser steriler

Central-Siphon, umgeben von zahlreichen Gonostylen, welche Medusen produciren. Zwischen Pneumatophore und Central-Siphon eine eigenthümliche voluminöse Drüse (Centradenia). Nectophoren, Aurophoren und Bracteen fehlen. Primäre Larve eine octoradiale Disconula.

Die Ordnung der Disconecten oder *Discophoriden* entfernt sich durch ihre gesammte Organisation und Ontogenie so weit von den übrigen Siphonophoren, dass wir für sie einen ganz selbständigen Ursprung annehmen müssen; wir haben daher die letzteren als *Siphonanthae* den ersteren als *Disconanthae* gegenüber gestellt. Beide Legionen oder Subclassen haben nur den allgemeinen Character aller Siphonophoren gemeinsam: es sind „schwimmende Cormen von polymorphen Hydromedusen". Allein in der gesammten Entwickelung und Ausbildung der Personen verhalten sich beide Legionen völlig verschieden: Der Stamm oder Truncus wird bei den Disconanthen von der Umbrella der primären Meduse gebildet, bei den Siphonanthen dagegen von ihrem Manubrium; die polymorphen Personen sprossen bei ersteren aus der Subumbrella hervor, bei letzteren aus dem Manubrium; die primäre Larve ist bei den ersteren octoradial, bei den letzteren bilateral. Ausserdem besitzt die Ordnung der Disconanthen in ihrer eigenthümlichen Centraldrüse (Centradenia), in den Tracheen, welche von der radial gekammerten Pneumatophore in die erstere hineinwachsen, in der Structur der Umbrella und der Tentakeln, in der concentrischen Anordnung der Knospen u. s. w. besondere Merkmale, welche sie scharf allen Siphonanthen gegenüberstellen.

Als Stammgruppe der Disconecten betrachten wir die monogastrischen *Discaliden*, bei welchen der centrale Siphon allein Nahrung aufnimmt, während die umgebenden Palponen nur Medusen produciren; Schirm und Schwimmblase sind hier kreisrund, ihre Structur regulär-octoradial. Dieselbe Form haben auch die *Porpitiden* bewahrt; sie unterscheiden sich von ersteren nur dadurch, dass die Palponen (oder Blastostyle) Mundöffnungen erhalten haben und so zu secundären Siphonen geworden sind. Aus den regulär-radialen Porpitiden haben sich später die amphithecten *Velelliden* entwickelt, und zwar durch Ausbildung eines Segels auf der Exumbrella.

Vierte Classe der Cnidarien:

§ 101. Ctenophorae. Rippenquallen.

(*Vibrantes. Ciliogradae. Kammquallen.*)

PLANKTONISCHE SPECIALISTEN-GRUPPE DER VIBRANTEN HYDROZOEN.

Freischwimmende Cnidarien-Personen von amphithect-vierstrahliger Grundform, mit acht adradialen

„Rippen“ oder Meridian-Reihen von wimpernden Ruderplättchen. Acht Rippengefässe entspringen paarweise aus einem „Trichter“, über welchem am Aboral-Pol ein Acroganglion mit Statocyste liegt.

Die Classe der Ctenophoren bildet eine circumscripte, nicht sehr formenreiche Gruppe von pelagischen Cnidarien, welche in vielen Verhältnissen von den übrigen Nesselthieren abweicht; ihre phylogenetischen Beziehungen sind sehr interessant, aber auch sehr schwierig festzustellen. Nicht weniger als drei verschiedene Hypothesen sind über ihren Ursprung aufgestellt worden; bald sind die *Hydromedusen*, bald die *Anthozoen*, bald die *Turbellarien* als die nächsten Verwandten und zugleich als die unmittelbaren Ahnen der Ctenophoren in Anspruch genommen worden. Indem wir der ersten Hypothese hier den Vorzug geben, stützen wir uns zunächst darauf, dass die Ctenophoren mit den Hydromedusen in folgenden wichtigen Punkten übereinstimmen: 1) im vierstrahligen Körperbau (der hier stets, wie auch bei vielen Hydromedusen, zweischneidig modificirt ist); 2) in der allgemeinen Configuration des Gastrocanal-Systems; 3) in der Entwickelung der Gonaden längs der Radial-Canäle; 4) in der Bildung der Sexualzellen aus dem Exoderm; 5) in dem gänzlichen Mangel von Gastral-Filamenten.

Alle Ctenophoren leben als einzelne Personen schwimmend im Meere und haben in Folge dessen die hyaline Beschaffenheit der pelagischen Glasthiere angenommen; ihr Körper ist äusserst zart, weich und wasserreich, meist vollkommen durchsichtig. Nur sehr wenige Formen (die *Ctenoplaneen*) haben sich an kriechende Lebensweise auf dem Meeresboden gewöhnt und haben dadurch ein opakes compacteres Parenchym erworben. Die kriechende Ortsbewegung auf der abgeplatteten Oralfläche gleicht bei den Letzteren derjenigen der Turbellarien (Polycladen). Die gewöhnliche schwimmende Locomotion der Ctenophoren ist ganz eigenthümlich und sehr verschieden von derjenigen der Medusen; sie besteht in einem sanften und gleichmässigen Hingleiten durch das Wasser, welches durch einen hochentwickelten Flimmer-Apparat vermittelt wird. Ueber die Oberfläche des rundlichen, meist eiförmigen oder birnförmigen Körpers ziehen acht adradiale Meridian-Reihen von grossen Flimmer-Plättchen, die aus verwachsenen Wimperzellen entstanden sind. Durch diese Einrichtung entfernen sich die Ctenophoren von allen anderen Cnidarien, ebenso durch die Ausbildung eines Acroganglion und von vier perradialen Sinnesorganen am Scheitelpol, ferner dadurch, dass frühzeitig aus dem Entoderm der Gastrula eine kreuzförmige Mesoderm-Platte sich abscheidet, die grösstentheils zur Bildung von glatten Muskelzellen und Connectivzellen in dem voluminösen

Gallertgewebe verwendet wird. Auch in histologischer Beziehung zeigen die Ctenophoren Eigenthümlichkeiten, welche den übrigen Cnidarien fehlen; die Nesselzellen der letzteren werden durch eigenthümliche Klebzellen ersetzt.

Aus diesen und anderen Gründen hat man neuerdings die Ctenophoren als selbständiges Cladom von den beiden Hauptstämmen der Hydrozoen und Scyphozoen abgetrennt, und als dritte Hauptgruppe der Nesselthiere hingestellt; oder man hat sie den Turbellarien angereiht. Wenn wir diesem Vorgange hier nicht folgen, sondern die Ctenophoren als einen divergenten, frühzeitig specialisirten Seitenzweig der Hydrozoen betrachten, so geschieht es, weil uns die überwiegende Mehrzahl der ontogenetischen und morphologischen Gründe dafür zu sprechen scheint.

§ 102. Grundform der Ctenophoren.

Die äussere Gestalt der Ctenophoren ist meistens birnförmig oder melonenförmig, bisweilen fast kugelig, selten bandförmig zusammengedrückt. Der Querschnitt des Körpers ist meistens elliptisch, oft achteckig, bisweilen kreisrund. Die Grundform ist eine sehr characteristische, in der ganzen Classe streng erbliche. Stets ist der Körper der Ctenophoren-Person aus vier Parameren zusammengesetzt, von welchen je zwei benachbarte verschieden, je zwei gegenständige congruent sind. Jedes Paramer oder jeder Quadrant besteht aus zwei spiegelgleichen Antimeren. Die geometrische Grundform des Körpers ist demnach die Rhomben-Pyramide. Indessen sind auf der Oberfläche des Körpers eine Anzahl wichtiger Organe in der Achtzahl entwickelt, so dass die acht Antimeren als homotypische Theile erscheinen; mit Rücksicht hierauf sind die Ctenophoren auch als zweischneidig-achtstrahlige Thiere bezeichnet worden, ihre stereometrische Grundform als „achtseitige amphithecte Pyramide". Anderseits ist dieselbe Grundform als „zweistrahlig" oder „doppeltsymmetrisch" aufgefasst worden, weil jede der beiden verticalen Kreuzebenen (sagittale und laterale) den Körper in zwei congruente (nicht nur in spiegelgleiche) Hälften zerlegt. Keine dieser beiden extremen Auffassungen drückt die promorphologischen Eigenthümlichkeiten der Ctenophoren-Form richtig aus. Vielmehr ist dieselbe, besonders mit Rücksicht auf ihre Entwickelung, als amphithect-vierstrahlige Grundform zu bezeichnen.

Die wichtigsten Organe sind im Körper der Ctenophoren stets dergestalt vertheilt, dass die vierstrahlige und zugleich zweischneidige Grundform rein ausgeprägt ist. Die verticale Hauptaxe ist die

Axe der grossen Schlundhöhle und der kleineren über ihr liegenden Magenhöhle (oder Trichterhöhle); oberhalb der letzteren, am Apical-Pol, liegt das Nervencentrum mit dem axialen Sinnesorgan; unten am Oralpol liegt die weite Mundöffnung. Meistens ist die allopole verticale Hauptaxe länger als die beiden horizontalen isopolen Kreuzaxen; von diesen ist gewöhnlich die sagittale oder mediane länger als die transversale oder laterale, seltener umgekehrt. Da die beiden Kreuzaxen gleichpolig sind, so ist die Dorsalhälfte des Körpers von der ventralen nicht verschieden; ebenso ist die rechte Hälfte der linken congruent.

Von den beiden verticalen Kreuzebenen kann die Sagittal-Ebene oder Median-Ebene als „Schlund-Ebene“ bezeichnet werden, da in ihr der grösste Durchmesser des lateral comprimirten Schlundrohrs liegt (ähnlich wie bei den meisten Corallen); demnach verläuft auch der Mundspalt sagittal; wenn sich an den beiden Mundwinkeln desselben (bei den Lobaten) je ein Mundlappen entwickelt, so ist der eine von diesen dorsal, der andere ventral. Senkrecht gekreuzt wird die sagittale von der Frontal-Ebene (oder Lateral-Ebene); in dieser liegen die beiden lateralen Tentakeln und Tentakel-Taschen (rechte und linke), sowie der grösste Durchmesser der Trichterhöhle; sie wird daher auch „Trichter-Ebene“ genannt. Durch die horizontale Kreuzebene oder die Zonar-Ebene (auch Aequatorial-Ebene genannt) wird die Ctenophore in zwei verschiedene Hauptstücke zerlegt: die Basalhälfte oder der Oral-Theil enthält Mund und Schlund; die Acralhälfte oder der Aboral-Theil schliesst Trichter und Sinnesorgane ein.

Die Organe, welche in den beiden verticalen Kreuzebenen liegen, sind als perradiale zu bezeichnen; schon im Embryo werden frühzeitig die 4 Mesoderm-Streifen kreuzförmig in diesen 4 Radien erster Ordnung angelegt. In der Mitte zwischen ihnen erscheinen 4 Entoderm-Taschen (als Ausstülpungen des Urdarms), diese sind demnach interradial und bezeichnen die Strahlen zweiter Ordnung. Später theilen sich dieselben an der Peripherie gabelförmig und liefern so die 8 adradialen Rippen-Canäle, welche als Meridian-Gefässe an der Oberfläche unter den 8 äusseren Flimmerkämmen verlaufen und als deren Ausstülpungen sich die 8 Paar Zwitterdrüsen entwickeln. In den promorphologischen Beziehungen, welche durch diese Vertheilung der ursprünglich vierstrahlig angelegten Haupt-Organe bestimmt werden, gleichen die Ctenophoren vollständig jenen Formen der vierstrahligen Hydromedusen (besonders der Anthomedusen), welche nur ein Paar gegenständige laterale Tentakeln besitzen (unter den Cladonemiden *Gemmaria* und *Ctenaria*).

§ 103. Gastrocanal-System der Ctenophoren.

Bei allen Ctenophoren zeigt das Gastrocanal-System im Wesentlichen denselben Bau, welcher sich auf die Verhältnisse einer amphithecten vierstrahligen Hydromeduse zurückführen lässt. Die weite Mundöffnung führt in eine geräumige exodermale Schlundhöhle (die der Schirmhöhle der Hydromedusen verglichen werden kann); im Grunde der letzteren führt eine „Schlundpforte" (Pylorus — ursprünglich der Urmund der jungen Larve —) in den eigentlichen entodermalen Magen, der gewöhnlich als Trichter bezeichnet wird. Aus der Peripherie des Trichters entspringen 4 interradiale, gabelspaltige Canäle, deren Aeste an die 8 Wimperrippen treten und als 8 adradiale Rippencanäle in Meridian-Linien unter denselben verlaufen; meistens treten sie unten am Munde durch einen Ringcanal in Verbindung (entsprechend dem Ringcanal am Schirmrande der Medusen). Ausserdem entspricht vielleicht dem „Scheitelcanal" vieler Anthomedusen ein axialer Canal, welcher von der Trichterspitze oben sich abhebt und gegen die Scheitelplatte verläuft. Dieser „Trichtercanal" oder Scheitelcanal theilt sich unterhalb des Sinneskörpers in der Sagittal-Ebene gabelspaltig, und jeder Gabelast spaltet sich wieder in zwei laterale Aeste. So entstehen 4 interradiale Trichter-Ampullen, die sich bisweilen (z. B. bei *Callianira*) durch 4 Excretions-Poren oben am Scheitel öffnen (gewöhnlich sind nur 2 gegenständige geöffnet, die 2 anderen geschlossen).

Zu diesen wesentlichen Theilen des Gastrocanal-Systems, die allen Ctenophoren gemeinsam zukommen, gesellen sich noch mancherlei secundäre Erwerbungen. Fast alle lebenden Formen dieser Classe (— nur die älteste Mertenside, *Haeckelia* ausgenommen —) besitzen 2 gegenständige Schlundcanäle, welche in der Lateral-Ebene liegen und den Breitseiten des Schlundes entlang gegen den Mund verlaufen (unpassend so genannte „Magengefässe"). Die *Lobaten* sind durch gewundene „Lappencanäle" ausgezeichnet, welche in den beiden grossen Mundlappen verlaufen. Alle mit Tentakeln versehenen Ctenophoren (— also nur die *Beroideen* ausgenommen —) haben 2 gegenständige laterale Tentakel-Canäle, welche an die Basis der Fangfäden gehen. Die beiden Ordnungen der *Beroideen* und *Ctenoplaneen* zeichnen sich durch die Entwickelung eines reich verästelten peripheren Canal-Systems in der Körperwand aus, welches den drei übrigen Ordnungen fehlt.

Die grosse Schlundhöhle (*Pharynx, Stomodaeum*) ist bei den Ctenophoren, ebenso wie bei den Anthozoen, Platoden und Bilaterien, eine secundäre Einstülpung des Exoderms und darf daher nicht (wie noch oft geschieht) als „Magenhöhle" bezeichnet werden. Sie ist stets mehr oder weniger stark lateral comprimirt und in der Sagittal-Richtung taschenförmig ausgedehnt; daher erscheint der geschlossene Mund als ein langer sagittaler Spalt. Die kleinere Trichterhöhle (*Infundibulum*) oder der eigentliche, vom Entoderm ausgekleidete „Centralmagen" ist umgekehrt sagittal comprimirt und daher in der Lateral- und Frontal-Ebene ausgedehnt („Trichter-Ebene"). Die verschliessbare Schlundpforte („*Pylorus*"), durch welche der Schlund mit dem centralen Magen communicirt, ist der Urmund der Gastrula. Die 4 interradialen Hauptcanäle entspringen ursprünglich und gewöhnlich getrennt aus dem Centralmagen; wenn jedoch die lateralen Organe (und besonders der Tentakel-Apparat) sich sehr stark ausbilden, wie bei den Cydippeen, so verschmelzen jederseits 2 Canäle im Proximaltheil zu einem perradialen (lateralen) Hauptstamm; es entspringen dann aus dem Trichter direct nur 2 gegenständige (laterale) Hauptcanäle, die sich doppelt gabelspaltig theilen. Die 8 Rippencanäle sind ursprünglich gleich; oft entwickeln sich später die 4 submedialen stärker als die 4 sublateralen.

Die Gonaden der Ctenophoren zeigen eine sehr characteristische, streng erbliche Bildung. Jeder der 8 adradialen Rippen-Canäle liefert die Grundlage einer langgestreckten Zwitterdrüse, indem sich an seinem einen Rande Ovarien, am anderen Rande Spermarien in Form kleiner Blindsäckchen (aus dem Exoderm) entwickeln. Die 8 Eierstöcke sind den 4 Perradien zugekehrt, die 8 Hoden hingegen den 4 Interradien; somit sind die 8 Intercostalfelder (oder die Meridian-Platten zwischen den 8 Flimmerrippen) abwechselnd weiblich und männlich; 4 perradiale weibliche Octanten alterniren mit 4 interradialen männlichen. Die reifen Gonidien fallen in die Rippencanäle, gelangen von da in den Trichter und den Schlund, und durch den Mund nach aussen. Bei den Cestoideen werden nur die 4 submedialen Rippen geschlechtsreif, während die 4 sublateralen steril bleiben. Die Entwickelung der Geschlechtsproducte aus dem Exoderm und über den Seitenästen der Radial-Canäle gleicht ganz derjenigen mancher Hydromedusen (*Ptychogena*, *Gonionemus*).

§ 104. Neurodermal-System der Ctenophoren.

Im Gegensatze zu dem entodermalen Gastrocanal-System der Ctenophoren, welches sich morphologisch leicht auf dasjenige der Hydromedusen zurückführen lässt, zeigt ihr exodermales Neurodermal-System höchst eigenthümliche, für die Classe durchaus characteristische Bildungs-Verhältnisse. Bei den Medusen ist das Centralorgan dieses

Systems ein Nervenring am Schirmrande (— welcher eventuell dem Mundrande der Ctenophoren entsprechen würde —), und mehrere (mindestens vier) Sinnesorgane sind radial an diesem Nervenring vertheilt. Bei den Ctenophoren kommt diese Einrichtung niemals vor; dagegen liegt allgemein ein einziges axiales Sinnesorgan oben am Scheitelpol, und von diesem „Acral-Sensillum" gehen folgende periphere Nervenorgane ab: 1) zwei gegenständige Polplatten (Riechorgane) in der Sagittal-Ebene; 2) zwei gegenständige Tentakel-Nerven in der Lateral-Ebene; 3) vier interradiale Flimmerrinnen, welche nach kurzem Verlaufe sich gabeln und in die acht adradialen Wimperrippen fortsetzen. Alle diese Centralorgane des Nervensystems sind differenzirte Theile des Exoderms und liegen oberflächlich im Epitel, scheinen aber mit einem continuirlichen, sehr feinen Nervenplexus in Verbindung zu stehen, der das ganze Mesoderm durchzieht. Auf die Existenz dieses Plexus schliessen wir aus physiologischen Gründen, insbesondere aus der Coordination und Correlation der Bewegungen, sowie aus der Centralisation der Empfindung und der Reflex-Thätigkeit.

Das axiale Nerven-Centrum besteht aus dem scheitelständigen Sinnesorgan oder dem *Acral-Sensillum* und einer vierlappigen, dessen Basis bildenden Epitel-Platte; letztere kann als Scheitelknoten (*Acroganglion*) bezeichnet und dem gleichnamigen Nerven-Centrum der Turbellarien (— und weiterhin der Helminthen —) verglichen werden. Auf dieser „Scheitel-Platte" ruht ein dünnwandiges kugeliges, oben offenes Bläschen, welches früher als Hörbläschen (*Otocystis*) betrachtet wurde, auf Grund neuerer Experimente aber mit mehr Recht als „Gleichgewichts-Organ" (*Statocystis*) angesprochen wird. Innerhalb desselben entspringen von der Scheitelplatte 4 interradiale elastische Federn; diese empfindlichen, gegen die Hauptaxe concav gekrümmten „Tragfedern" tragen an ihrem apicalen Ende einen kugeligen, aus Körnern zusammengesetzten Statolithen (früher *Otolithen*). Bemerkenswerth ist, dass dieses acrale Sensillum sehr frühzeitig in der jugendlichen Larve auftritt und zwar zuerst in Form von 4 getrennten interradialen Statolithen, die erst später im Centrum zusammentreten und durch Apposition neuer (in Zellen gebildeter) Körner verstärkt werden. Die Hauptfunction dieses statischen Sinnesorgans besteht in der Regulirung des normalen Gleichgewichts (mit verticaler Haltung der Hauptaxe: Geotropismus).

Als 4 perradiale Sinnesorgane der Ctenophoren betrachten wir die 2 sagittalen Polplatten und die 2 lateralen Tentakeln. Die ersteren entwickeln sich zu ovalen oder lanzettförmigen Riechgruben; ihr concaves „Polfeld" (mit Platten-Epitel bedeckt) ist von einem erhöhten Ringe, dem Riechwulste, umgeben; dieser zeichnet sich durch chemotropisches Cylinder-Epitel aus und ist bei den scharf riechenden Beroideen mit verästelten Riechplatten besetzt. Als empfindliche Tastorgane (und zugleich Fangorgane) fungiren die langen lateralen Tentakeln oder „Senkfäden". Nur bei der alten *Haeckelia* sind sie einfach, sonst stets halbgefiedert oder mit einer Reihe von Tentillen besetzt. Bemerkenswerth ist, dass die beiden lateralen Tentakeln bei den jugendlichen Larven der Ctenophoren hoch oben zu beiden Seiten der Statocyste angelegt werden und hier mit dem (in der gleichen horizontalen Transversal-Ebene liegenden) sagittalen Polplatten alterniren. Vielleicht darf man daraus schliessen, dass auch diese letzteren ursprünglich durch Arbeitswechsel aus Tentakeln entstanden sind, und dass die Stammformen der Classe, die *Proctenophoren*, 4 perradiale Tentakeln besassen (vergl. § 106).

Die 4 interradialen Neuroglyphen oder „Wimperrinnen", welche mit diesen 4 perradialen Sensillen alterniren, entspringen von der Basis der 4 Tragfedern des Statolithen; sie theilen sich alsbald in je 2 divergirende Gabeläste, und diese setzen sich continuirlich in die 8 adradialen Wimperrippen fort. Auch diese betrachten wir nicht bloss als Bewegungsorgane, sondern zugleich als empfindliche Sinneswerkzeuge, wie sich aus ihrer lebhaften Reflex-Action ergiebt.

Die 8 adradialen Wimperrippen oder Flimmerkämme (*Ciliocostae*), welche alle Ctenophoren schon äusserlich auf den ersten Blick erkennen lassen, bestehen aus je einer Meridian-Reihe von grossen Ruderplättchen, die aus verklebten Wimperreihen entstanden sind; es sind die grössten und vollkommensten Flimmerapparate, die in der organischen Welt überhaupt vorkommen. Ihre physiologische Bedeutung ist sehr gross, indem sie mehrere wichtige Functionen gleichzeitig vermitteln: die Locomotion, die Tastempfindung, die Respiration (indem durch ihre Bewegungen immer neues Wasser der Körperoberfläche zugeführt wird). Die eigenthümliche gleitende Schwimmbewegung der Ctenophoren wird ausschliesslich durch den Schlag dieser zahlreichen Ruderplättchen vermittelt; die Muskeln des Mesoderms dienen nur zur Formveränderung des Körpers und zur Bewegung einzelner Organe. Ihre morphologische Deutung ist schwierig. Leitet man die Ctenophoren von Hydromedusen ab, so kann man die 8 Wimperkämme der ersteren aus 8 adradialen Flimmerstreifen der Exumbrella entstanden denken, welche bei den jungen Larven mancher Hydromedusen auftreten; ihnen entsprechen 8 permanente adradiale Nesselbänder in der Exumbrella einiger Anthomedusen (*Ctenaria*). Ursprünglich sind die 8 Rippen der Ctenophoren von gleicher Grösse und Form, so bei den kugeligen, birnförmigen und cylindrischen Arten, deren Querschnitt kreisrund und beide Kreuzaxen gleich sind (*Pleuro-*

brachiden, *Beroideen*, *Herpoctenien*). Bei der Mehrzahl jedoch tritt eine Differenzirung der 8 Rippen und ihrer Canäle ein, welche derjenigen der beiden Kreuzaxen entspricht. Die *Mertensiden* und *Callianiriden*, deren Körper sagittal comprimirt ist, besitzen 4 längere sublaterale und 4 kürzere submediale Rippen. Bei den *Bolinaceen* oder *Lobaten* hingegen, mit lateral comprimirtem Körper, sind umgekehrt die 4 submedialen Rippen länger als die 4 sublateralen; noch stärker ausgeprägt ist diese Differenz bei den bandförmigen *Cestoideen*.

§ 105. Ontogenie der Ctenophoren.

Alle Ctenophoren pflanzen sich ausschliesslich auf geschlechtlichem Wege fort, und ihre *Hypogenesis* bietet keinerlei directen Anhalt dafür, dass früher bei ihren älteren Ahnen *Metagenesis* existirt hat, und dass sie gleich den Hydromedusen ursprünglich von sessilen Hydropolypen abstammen. Allein auch bei zahlreichen Medusen ist dasselbe der Fall, so bei allen Trachylinen (*Trachymedusen* und *Narcomedusen*); und doch nehmen wir an, dass sie gleich den Leptolinen (*Anthomedusen* und *Leptomedusen*) ursprünglich von Hydropolypen abstammen, und dass nur durch abgekürzte Vererbung die Polypen-Generation unterdrückt und ausgefallen ist. Dasselbe könnte also auch für die Ctenophoren geltend gemacht werden; um so mehr, als so zahlreiche Analogien (— vielleicht Homologien —) im Körperbau der Letzteren und der Ersteren existiren.

Die Gastrulation der Ctenophoren beginnt mit einer totalen inäqualen Furchung. Die 4 ersten (durch 2 auf einander senkrechte, perradiale Kreuzebenen getrennten) Blastomeren sollen die Mutterzellen der 4 Parameren oder Körperquadranten sein (?). Nachdem dieselben durch 2 neue (interradiale?) Meridian-Ebenen halbirt sind, zerfällt jedes der 8 gleichen Blastomeren in ein basales grösseres Macromer (Entoderm) und ein acrales kleineres Micromer (Exoderm). Die 8 kleineren Mutterzellen des Exoderms vermehren sich viel rascher als die 8 grösseren Mutterzellen des Entoderms und umwachsen die letzteren haubenförmig (*Amphigastrula epibolica*). Nachdem der kleine Urdarm durch Invagination sich dem Acralpol genähert hat, erfolgt am Basalpol (am Urmund) eine zweite Einstülpung, welche den exodermalen Schlund bildet; der Urdarm wird zum „Trichter". Nachdem 16 oder 32 Entoderm-Zellen gebildet sind, erzeugen dieselben durch Knospung eine kreuzförmige Zellengruppe, die Anlage des Mesoderms. Die 4 Schenkel dieses Kreuzes liegen perradial; sie alterniren mit 4 interradialen Gastral-Taschen oder Entoderm-Säcken, welche vom Trichter aus in die 4 Quadranten hineinwachsen. Diese 4 Gastraltaschen treten an die 4 primären Wimperrippen, welche ursprünglich (mit den

4 Neuroglyphen?) interradial angelegt werden und sich erst secundär in 8 adradiale Rippen spalten. Frühzeitig wird sodann am Scheitelpol das axiale Acroganglion mit der Statocyste angelegt, und rings um dasselbe, über dem Mesodermkreuz, die 4 perradialen Sensillen (die sagittalen Polplatten und die lateralen Tentakeln).

Die Larve, welche in dieser Weise bei den meisten Ctenophoren übereinstimmend aus der *Amphigastrula* zu entstehen scheint, gleicht in vielen Stücken den primitiven Formen der Cydippeen, insbesondere der Mertensiden (*Haeckelia*, *Mertensia*). Wir ziehen daraus den Schluss, dass diese Gruppe die ältesten Formen unter den lebenden Ctenophoren enthält, diejenigen, welche sich am wenigsten von der gemeinsamen ausgestorbenen Stammgruppe (*Proctenophorae*) entfernt haben. Die Metamorphose, welche diese *Mertensia*-förmige Larve in den verschiedenen Ordnungen erfährt, ist zum grossen Theil palingenetisch, durch progressive Vererbung bedingt; sie deutet nach dem biogenetischen Grundgesetze den Weg an, auf welchem sich die divergent modificirten Ctenophoren-Gruppen aus der primären Stammgruppe der ältesten Cydippeen historisch entwickelt haben.

§ 106. Ursprung der Ctenophoren.

Alle lebenden Ctenophoren stimmen in den wesentlichen Grundzügen der Organisation und Entwickelung so sehr überein, dass es verhältnissmässig leicht gelingt, sie auf eine gemeinsame Stammform der ganzen Classe zurückzuführen. Diese Urctenophore (*Archictenia*) findet ihren Platz in der Ordnung der *Cydippeen*, in der Familie der *Mertensiden*, und dürfte die Merkmale der Gattungen *Haeckelia* (*Euchlora*) und *Pleurobrachia* (*Cydippe*) vereinigt haben. Wir stellen sie uns vor als eine kugelige, ellipsoide oder eiförmige Person mit kreisrundem Querschnitt; die beiden Kreuzaxen sind gleich und die 8 Rippen von gleicher Länge. Das Gastrocanal-System ist sehr einfach: die 8 Rippen-Canäle gleich lang, unverästelt, unten blind geendigt; Ringgefäss und Schlundcanäle fehlen. Der Scheitelcanal spaltet sich in 4 interradiale Trichtercanäle von gleicher Form und Grösse, die sich oben durch 4 Excretions-Poren öffnen. Die 4 interradialen Hauptgefässe verhielten sich bei der *Archictenia* wahrscheinlich wie bei den *Bolinaceen* und entsprangen getrennt aus dem Trichter, um sich dann in gleichen Abständen zu gabeln und die adradialen Aeste für die 8 Rippen abzugeben. Den bilateralen Ursprung der 4 Hauptgefässe, durch Gabeltheilung von 2 gegenständigen Lateral-Aesten des Trichters, wie er sich bei den *Cydippeen* findet, betrachten wir als secundär entstanden, durch die ausnehmend starke Entwickelung der beiden

Tentakeln und ihrer Tentakel-Säcke bedingt. Bei *Archictenia* waren diese lateralen Organe wahrscheinlich viel schwächer entwickelt und standen hoch oben am Trichter, mit den beiden sagittalen Polplatten alternirend. Wollten wir in unserer hypothetischen Construction der „Urctenophore" noch einen Schritt weiter zurückgehen, so würden wir annehmen, dass auch diese Polplatten Tentakeln trugen, und dass somit 4 perradiale Tentakeln den Trichter umstanden. Möglicherweise alternirten mit diesen früher 4 interradiale Tentakeln, an welche die „Aurikeln" der *Lobaten* erinnern. In jedem Falle dürfen wir annehmen, dass die vierstrahlige Grundform (obwohl bereits amphithect modificirt) bei jener *Archictenia* stärker hervortrat als bei allen Ctenophoren der Gegenwart, und dass die specielle Differenzirung der paarigen Organe weniger ausgeprägt war. Als selbständige Ordnung würden diese Proctenophoren die gemeinsame Wurzelgruppe darstellen, aus deren divergenten Aesten die fünf heute lebenden Ctenophoren-Ordnungen sich abgezweigt haben. Am wenigsten von ihr entfernt haben sich die *Cydippeen*, am meisten die *Beroideen* (durch Verlust des Tentakel-Apparates); mitten inne stehen die beiden ververwandten Ordnungen der *Bolinaceen* und *Cestoideen*, die sich durch die eigenthümliche Entwickelung sagittaler Fortsätze auszeichnen. Als selbständigen Seitenzweig der *Proctenophoren* betrachten wir die *Ctenoplaneen*, welche die schwimmende pelagische Lebensweise mit der kriechenden benthonischen vertauscht haben.

Viel schwieriger, als diese Construction eines monophyletischen Stammbaums der bekannten Ctenophoren, ist die Beantwortung der Frage nach dem Ursprung ihrer gemeinsamen hypothetischen Stammform und die Ableitung derselben von einer anderen bekannten Thiergruppe. In dieser Beziehung kommen drei phylogenetische Hypothesen in Betracht, die wir gesondert betrachten wollen, und die sich stützen auf die nahen morphologischen Beziehungen der Ctenophoren zu drei verschiedenen Thiergruppen, zu den *Hydrozoen*, *Scyphozoen* und *Turbellarien*.

§ 107. Ctenophoren und Hydromedusen.

Die nahe Verwandtschaft der Ctenophoren und Hydromedusen scheint zunächst durch die allgemeine Vergleichung des Körperbaues begründet zu werden, die vierstrahlige Grundform und die Anordnung des Gastrocanal-Systems. Specielle Vergleichungspunkte bieten insbesondere die Anthomedusen und unter diesen die Familie der Cladonemiden. Zwei Gattungen dieser Familie, *Gemmaria* und *Ctenaria*, zeichnen sich durch den Besitz von nur 2 gegenständigen

Tentakeln aus, während die 2 anderen rückgebildet sind; ihre vierstrahlige Grundform ist mithin zweischneidig modificirt. Während *Gemmaria* die gewöhnlichen 4 einfachen Radial-Canäle besitzt, sind dieselben bei *Ctenaria* gabelspaltig; die 8 adradialen Canäle verbinden sich am Schirmrande durch einen Ringcanal (ähnlich wie bei *Cladonema* und bei vielen Ctenophoren). Ueber diesen 8 Canälen verlaufen in der Exumbrella 8 adradiale Nesselbänder, welche man den 8 Wimperrippen vergleichen könnte. Die beiden Tentakeln von *Ctenaria* sind mit einer Reihe von Nebenfäden besetzt und können jederseits in eine laterale Tasche zurückgezogen werden (wie bei den *Cydippeen*). Eine weitere auffallende Aehnlichkeit entsteht dadurch, dass über dem Magen von *Ctenaria* eine geräumige Scheitelhöhle liegt, die man dem Trichter der Ctenophoren vergleichen könnte. Alle diese Eigenthümlichkeiten kommen einzeln auch bei einigen anderen *Anthomedusen* vor; allein bei *Ctenaria* finden sich dieselben vereinigt, und dadurch schliesst sich diese Cladonemide so nahe an die Cydippeen an.

Auf Grund dieser anatomischen Vergleichung — und zum Theil noch anderer, specieller, morphologischer Parallelen — könnte man die Cydippeen und Proctenophoren von Cladonemiden oder ähnlichen Anthomedusen ableiten, wobei als wichtigstes Causal-Moment ein Arbeitswechsel der Schirmhöhle in Betracht zu ziehen wäre; ihre Schwimmthätigkeit würde sie mit der Verdauungsfunction vertauscht haben, und so zur Schlundhöhle der Ctenophoren geworden sein. Auch manche echte Hydromedusen (namentlich zarte Leptomedusen) haben die Gewohnheit angenommen, den Schirm nach Art eines Hutes seitlich zusammenzuklappen und so kleine Beutethiere festzuhalten, die in die Schirmhöhle hineingelangt sind. Das exodermale Schlundepitel der Ctenophoren würde so aus dem subumbralen Exoderm-Epitel der Hydromedusen entstanden sein; die entodermale Magenhöhle (und Scheitelhöhle) der letzteren würde zur „Trichterhöhle" der Ctenophoren geworden sein. Die eigenthümlichen 8 Gonaden-Paare der Ctenophoren könnte man auf die Fiederäste der Radial-Canäle zurückführen, welche bei einigen Hydromedusen (*Gonionemus*, *Ptychogena*) als Geschlechtsdrüsen fungiren, bei anderen (*Catablema*, *Ctenaria*) als digestive Drüsen. Die übrigen Analogien beider ähnlichen Formen liegen so klar zu Tage, dass die phylogenetische Ableitung einer *Cydippe*-ähnlichen Proctenophore von einer *Ctenaria*-ähnlichen Anthomeduse (— vielleicht auch einer *Ptychogena*-ähnlichen Leptomeduse? —) keinerlei Schwierigkeiten darbietet.

Anders dagegen gestaltet sich diese nahe Beziehung, wenn wir den feineren histologischen Bau und die Ontogenese beider Formen vergleichen. *Ctenaria* ist gleich der nahe verwandten *Cladonema* von

Tubularia-Polypen abzuleiten; noch heute steht letztere in Generationswechsel mit *Stauridium*. In der Hypogenese der Ctenophoren findet sich keine Andeutung dafür, dass dieselbe aus einer ähnlichen Metagenese durch abgekürzte Vererbung (— Ausfall der Polypen-Generation —) entstanden sei. Indessen lässt sich diese letztere dennoch hypothetisch annehmen, mit demselben Rechte wie bei den hypogenetischen Hydromedusen (*Trachylinen* = Trachymedusen und Narcomedusen). Die pelagische (grossentheils oceanische) Lebensweise der Ctenophoren würde diese Abkürzung der Entwickelung ebenso wie bei den *Trachylinen* und bei *Pelagia* erklären. Die Annahme einer solchen exclusiv pelagischen, seit Millionen von Jahren erblich gewordenen Lebensweise würde auch, in Zusammenhang mit dem Arbeitswechsel der Schirmhöhle, genügend die auffallenden morphologischen Veränderungen erklären, welche bei der allmähligen Umbildung der Hydromedusen in die Ctenophoren stattgefunden haben müssten. Diese würden vor Allem die höhere Ausbildung der Exumbrella betreffen und die Verlagerung wichtiger animaler Organe, welche vom Schirmrande der Hydromedusen (= dem Mundrande der Ctenophoren) allmählig auf der Aussenfläche des Schirms und auf dieser centripetal gegen den Scheitelpol hinauf wandern. Hierbei ist aber daran zu erinnern, dass auch bei einem Theile der Craspedoten (besonders Narcomedusen: Peganthiden, Aeginiden) eine ähnliche Wanderung der Tentakeln und der Hörbläschen, sowie anderer Randorgane stattfindet. Auch das ausgezeichnete Wimperkleid der Ctenophoren würde sich als eine weitere Entwickelung eines allgemeinen (oder auf 8 Meridian-Bänder beschränkten) Flimmerkleides auffassen lassen, welches sich noch in den jugendlichen Larven einiger Craspedoten erhalten hat. Für die Beurtheilung des apicalen Sinnesorganes der Ctenophoren und seiner Phylogenese ist auch die ontogenetische Thatsache sehr wichtig, dass der centrale Statolith ursprünglich aus 4 interradialen Anlagen entsteht, welche getrennt unterhalb des Scheitelpols (in den embryonalen Quadranten) liegen und erst nachträglich gegen den letzteren hinauf wandern und sich vereinigen.

Die histologischen Bedenken, welche gegen die Ableitung der Ctenophoren von Hydromedusen erhoben worden sind, scheinen vielleicht schwerer zu wiegen; sie lassen sich aber durch die Annahme beseitigen oder doch beschwichtigen, dass die Abzweigung der Proctenophoren von den Craspedoten zu einer Zeit stattgefunden habe, in welcher die Gewebe der letzteren noch nicht den heute vorhandenen Grad histologischer Differenzirung erlangt hatten. Die Ctenophoren könnten die primitivere Beschaffenheit (namentlich im Bau des Nervensystems) desshalb getreuer durch Vererbung bewahrt haben, weil bei ihnen frühzeitig die Exumbrella durch die Ausbildung der 8 Wimperrippen eine grosse locomotorische Bedeutung gewann. Zugleich wanderten die Organe des Schirmrandes (Tentakeln, Otocysten) centripetal in der Exumbrella aufwärts, bis sie zuletzt den (bei der Bewegung nach vorn gerichteten) Apicalpol erreichten.

In neuester Zeit ist vorgeschlagen worden, die Ctenophoren nicht auf *Hydromedusen*, sondern auf schwimmende *Hydropolypen* (mit 4 oder 8 Tentakeln) zurückzuführen. Durch diese Annahme scheint uns Nichts gewonnen, da die fraglichen schwimmenden Polypen-Ahnen eo ipso bereits die Organisation einer einfachen Hydromeduse hätten annehmen müssen. Die hypothetischen Hydropolypen, welche danach als die unmittelbaren Vorfahren der Ctenophoren zu betrachten wären, müssten bereits die vierstrahlige (oder achtstrahlige) Differenzirung des Gastrocanal-Systems, und damit einen echten Medusen-Character gewonnen haben.

§ 108. Ctenophoren und Anthozoen.

Die anatomische Vergleichung der Ctenophoren mit Anthozoen, und speciell mit Octocorallen, hat zu der Annahme geführt, dass die ersteren von den letzteren abstammen möchten und somit einen Zweig des Scyphozoen-Stammes repräsentiren. In manchen neueren Systemen werden demnach die beiden Classen der Ctenophoren und Corallen unter dem Namen Actinozoa vereinigt und als solche den niederen und einfacher gebauten Hydrozoa gegenübergestellt. Maassgebend für diese Auffassung war in erster Linie die Vergleichung des exodermalen Schlundrohres in beiden Classen. Denkt man sich die 8 interradialen Septen eines schwimmenden achtstrahligen Anthozoen so stark verdickt und ausgedehnt, dass die 8 Magentaschen zwischen ihnen zu schmalen Radial-Canälen reducirt werden, denkt man sich ferner den Tentakelkranz apicalwärts verschoben und stark reducirt, an der Oberfläche der Kelchwand über jedem Canal eine Flimmerrippe entwickelt, und am (ursprünglich festsitzenden!) Apical-Pol einen Sinneskörper entstanden, so würde man das Schema einer primitiven Ctenophore gewinnen. Auch würde die Entstehung der Gonaden längs der Radial-Canäle sich vergleichen lassen. Indessen sind nicht allein die anatomischen und histologischen, sondern auch die ontogenetischen Bedenken, die einer solchen Vergleichung sich entgegenstellen, so gross, dass sie nicht mehr haltbar erscheint.

Annehmbarer könnte die Hypothese erscheinen, dass die Ctenophoren sich ursprünglich aus älteren pelagischen Scyphozoen entwickelt hätten, welche gewissen schwimmenden Anthozoen-Larven ähnlich organisirt waren. Dabei könnten namentlich jene eiförmigen oder birnförmigen Flimmerlarven der *Actinien* in Betracht kommen, welche noch keine Tentakeln besitzen, wohl aber bereits den eingestülpten exodermalen Schlund und den Kranz von 8 entodermalen Magentaschen, welcher letzteren umgiebt. Da bei diesen schwimmenden pelagischen Actinien-Larven der Mund nach hinten gekehrt ist, der Apical-Pol mit seinem Flimmerschopf nach vorn, so könnte dieser letztere sich zu dem acralen Sinnesorgan der Ctenophoren entwickelt haben, während gleichzeitig das Flimmer-Epitel des Exoderms über den 8 Canälen sich stärker entwickelte und die 8 Wimperrippen lieferte. Die Vertheidiger dieser Hypothese nehmen an, dass jene Scyphozoen-Ahnen der Ctenophoren (und der Anthozoen?) das ursprüngliche Flimmerkleid ihrer Gastraeaden-Ahnen und die pelagische Lebensweise stets beibehielten, und dass sich unter ihren Vorfahren keine festsitzenden Formen befanden.

Gegen diese Hypothese ist zunächst einzuwenden, dass sie in der Ontogenese der Ctenophoren keinerlei Anhaltspunkte findet; diese ist ganz verschieden von derjenigen der Corallen und der Scyphozoen überhaupt. Ausserdem müssen wir auf alle Fälle festsitzende vierstrahlige Ahnen (mit vier Tentakeln und vier Magentaschen) unter den Ahnen der letzteren annehmen, da allein die Annahme der sessilen Lebensweise uns die Entstehung der vierstrahligen Grundform erklärt. Aus demselben Grunde müssen wir sessile vierstrahlige Ahnen auch für die Ctenophoren annehmen; diese sind aber nicht im Stamme der *Scyphozoen*, sondern in dem der *Hydrozoen* zu suchen. Denn die Ctenophoren zeigen keine Spur der gastralen Taeniolen und Filamente, welche von Anfang für alle Scyphozoen characteristisch sind, im Gegensatze zu den Hydrozoen; auch entwickeln sich ihre Gonaden aus dem Exoderm, wie bei letzteren, während sie bei den Scyphozoen ursprünglich im Entoderm gebildet werden. Vor Allem aus diesen Gründen bleiben wir bei der Ansicht stehen, dass die Ctenophoren von den Hydrozoen abstammen, nicht von den Scyphozoen; dabei setzen wir voraus, dass sie überhaupt dem Stamme der Cnidarien angehören. Wenn man aber letzteres nicht zugeben will, so ist man gezwungen, die Ctenophoren entweder von Turbellarien abzuleiten oder direct von Gastraeaden; in letzterem Falle muss man eine lange Reihe ausgestorbener unbekannter Zwischenformen annehmen, über welche wir uns keine bestimmte Vorstellung machen können.

§ 109. Ctenophoren und Turbellarien.

Die auffallenden morphologischen Aehnlichkeiten, welche zwischen Ctenophoren und Turbellarien bestehen (sowohl hinsichtlich der Anatomie als der Ontogenie) sind neuerdings vielfach phylogenetisch verwerthet und als Ausdruck naher Stammverwandtschaft gedeutet worden; vielfach hat man darauf hin direct die Abstammung der *Turbellarien* von den *Ctenophoren* behauptet. Indessen könnten wir auch umgekehrt die letzteren aus den ersteren uns entstanden denken. Da nun von den Turbellarien nicht allein die *Helminthen*, sondern auch indirect alle *Bilaterien* (— als divergente Descendenten der letzteren —) abstammen, so würden die Ctenophoren nach der ersteren Annahme eine ausserordentlich hohe phylogenetische Bedeutung gewinnen; sie würden zu den älteren Vorfahren aller Bilaterien und somit auch des Menschen gehören. Die Tragweite dieser Hypothese erfordert eine eingehende Prüfung derselben.

Die *Platoden*-Ordnung der Turbellarien kann in zwei Unterordnungen von ziemlich bedeutender morphologischer Differenz eingetheilt werden (§ 158): *Polycladen* und *Vorticaden.* Von diesen sind nur die grösseren und höher organisirten Polycladen den Ctenophoren direct vergleichbar, nicht die kleineren, grossentheils einfacher gebauten Vorticaden. Die nahe Verwandtschaft zwischen den *Polycladen* und Ctenophoren sollte namentlich durch die Ctenoplaneen bewiesen werden, die man als unmittelbare Uebergangsgruppe von den letzteren zu den ersteren deutete. Indessen erscheinen uns die beiden, bisher allein (und nur unvollständig) bekannten Ctenoplaneen (*Coeloplana* und *Ctenoplana*) als echte Ctenophoren, die nur durch Anpassung an die kriechende Lebensweise eine starke axiale Abplattung des Körpers erfahren und sich dadurch äusserlich den Turbellarien genähert haben. Die Grnndform dieser *Herpoctenien* ist, wie bei allen Ctenophoren, rein vierstrahlig-zweischneidig; sie zeigt keine Spur von der echten dipleurischen Grundform, welche alle Turbellarien mit allen Bilaterien theilen. Der Körper dieser letzteren besteht aus einem Antimeren-Paar und ist nur durch eine Ebene (die Median-Ebene) in zwei symmetrisch gleiche Hälften zu zerlegen. Der Körper aller Ctenophoren hingegen besteht aus vier Antimeren-Paaren (§ 102).

Allerdings würde sich der Uebergang der Ctenoplaneen-Form in die Polycladen-Form phylogenetisch dadurch erklären lassen, dass die unbestimmte (allseitig gerichtete) Locomotion der ersteren in eine constante (einseitig gerichtete) sich verwandelte. Dabei würde die verticale Hauptaxe der Ctenophoren eine Drehung in der Median-Ebene dergestalt erfahren, dass der Apical-Pol derselben (mit Scheitelganglion und Sinneskörper) nach vorn rückte, dagegen der Basal-Pol (mit Mundöffnung und Schlund) nach hinten. Die unmittelbare Folge einer solchen Axendrehung würde die Ausprägung der dipleurischen Grundform, des Gegensatzes von Bauchseite und Rückenseite sein, welche bei den Ctenophoren völlig gleich sind. Indessen ist zu bemerken, dass bei allen Polycladen dieser Gegensatz stets dadurch scharf ausgeprägt ist, dass das Scheitelhirn vorn auf der Rückenseite liegt und die von ihm ausgehenden Nerven dipleurisch geordnet sind, gleichviel ob auf ihrer Bauchseite der Mund vorn, in der Mitte, oder hinten liegt.

Die ontogenetischen Beweise für die Abstammung der Turbellarien von den Ctenophoren sind ebenfalls nicht einwandsfrei. Als solche sind betont worden: 1) die Form der Gastrulation; 2) die vierstrahlige Anlage des Mesoderms; 3) die achtstrahlige Form der octolenen Larve. Die inäquale Gastrulation der *Polycladen* hat allerdings mit derjenigen der *Ctenophoren* grosse Aehnlichkeit; allein dieselbe findet sich auch bei mehreren Gruppen von *Bilaterien* (bei verschiedenen Helminthen und Mollusken), bei denen zunächst 4 gleiche Blastomeren ein Kreuz bilden und darauf 4 grössere vegetale (Mutterzellen des Entoderms) sich von 4 kleineren animalen (Mutterzellen des Exoderms) sondern. Grösseres Gewicht wäre vielleicht der Bildung des vierstrahligen Mesoderms beizulegen, welches in beiden Gruppen auf ähnliche Weise vom Entoderm sich abspaltet. Bei den Ctenophoren haben die 4 perradialen Schenkel dieses Mesoderm-Kreuzes offenbar Beziehung zu den primären Sinnesorganen dieser Thiere, indem die lateralen zu den beiden Tentakeln, die sagittalen zu den beiden Polplatten treten. Bei den Polycladen ist eine solche Beziehung nicht nachweisbar; ob die vierstrahlige Form ihrer Mesoderm-Anlage (die sich bald verwischt) wirklich eine palingenetische Bedeutung hat und im Sinne jener Stammverwandtschaft verwerthet werden kann, ist noch sehr zweifelhaft. Dasselbe gilt auch von der Octolidium-Larve der Polycladen (von der pelagischen „MÜLLER'schen Larve"). Da diese bereits den Gegensatz von Bauch- und Rücken-Fläche — und somit die dipleurische Grundform — deutlich ausgeprägt hat, so können wir die 8 wimpernden Arme derselben, zwei sagittale (— einen dorsalen und einen ventralen —) und drei Paar laterale, nicht ohne Weiteres auf die 8 Wimperrippen der Ctenophoren beziehen, ebenso wenig als die 8 dipleurisch vertheilten Arme mancher Echinodermen-Larven. Gleich diesen letzteren fassen wir auch jene ersteren als secundär entstandene Schwimmorgane auf, als Wimperarme, die nur entwickeltere Lappen einer präoralen Wimperschnur darstellen.

Indessen selbst wenn wir diese Bedenken beseitigen und trotz derselben eine nahe Stammverwandtschaft der *Ctenophoren* und *Polycladen* annehmen wollten, so folgt daraus noch keineswegs der Schluss, welchen alle Vertheidiger derselben daraus ziehen: die Abstammung der Turbellarien von Ctenophoren. Wir sind vielmehr der

Ansicht, dass man dieses Verwandtschafts-Verhältniss mit gleichem (oder besserem?) Rechte umkehren und daraufhin die Abstammung der Ctenophoren von Polycladen behaupten könnte. Die ersteren würden aus den letzteren durch Anpassung an pelagische Lebensweise entstanden sein und in Folge dieser (seit Jahr-Millionen!) diejenigen Eigenthümlichkeiten erworben haben, welche sie mit anderen pelagischen Thieren (besonders Medusen!) theilen.

Eine besondere Schwierigkeit ergiebt sich für die Ableitung der Polycladen von Ctenophoren, wenn man die verwandtschaftlichen Beziehungen der ersteren zu den übrigen Turbellarien und den Bilaterien in ihren weiteren Consequenzen erwägt. Die Classe der Turbellarien wird allgemein (und wohl mit Recht) monophyletisch aufgefasst. Da nun die nahen morphologischen Beziehungen zu den Ctenophoren nur die grossen und höher organisirten *Polycladen* betreffen, so muss man annehmen, dass die kleineren und einfacher gebauten *Vorticaden* aus den letzteren durch Rückbildung entstanden sind. Für eine solche ist kein genügender Grund gegeben; sie ist aber schon desshalb sehr unwahrscheinlich, weil die Vorticaden zugleich die Stammformen der ältesten Helminthen (und somit aller Bilaterien) enthalten. Ausserdem ist die Entwickelung der Gonaden längs der Radial-Canäle der Ctenophoren gänzlich verschieden von ihrer Anlage bei den Platoden, und stimmt vielmehr mit derjenigen bei den Hydromedusen überein.

Wenn man alle diese morphologischen Beziehungen im Zusammenhang überblickt und auf ihre phylogenetische Bedeutung prüft, so gewinnt die Annahme an Wahrscheinlichkeit, dass die angeführten Aehnlichkeiten zwischen Ctenophoren und Turbellarien (*Polycladen*) auf Convergenz beruhen und keinen tieferen palingenetischen Werth haben. Dasselbe kann allerdings auch gegen die auffallenden Aehnlichkeiten zwischen Ctenophoren und gewissen Hydromedusen (*Ctenarien*) eingewendet werden. Aber auch wenn wir eine directe Ableitung der heutigen (bereits specialisirten!) Cydippeen von den Cladonemiden (Ctenarien) der Gegenwart nicht annehmen wollen, bleibt immer noch die bedeutungsvolle Uebereinstimmung bestehen, welche die Cydippeen (und besonders ihre Mertensia-Larven) mit den Jugendformen älterer Hydromedusen zeigen: in der vierstrahligen Anlage der wichtigsten Organe, in der allgemeinen Conformation des Gastrocanal-Systems, der Gonaden u. s. w. Diese Analogien scheinen zum Theil wirkliche Homologien zu sein und machen es wahrscheinlich, dass die Ctenophoren von älteren Hydrozoen abstammen.

§ 110. System der Ctenophoren.

I. Legion: **Cannocteniae.** Rippencanäle einfach, ohne Parenchym-Aeste. Mesoderm gefässlos.	Rippencanäle mit blinden Enden, ohne Anastomosen	Tentakeln mit sackförmigen Scheiden. Kein Ring-Canal	1. **Cydippeae** (= Saccatae) *Haeckelia* *Pleurobrachia*
	Rippencanäle durch einen oralen Ringcanal anastomosirend. Körper lateral comprimirt. 4 interradiale Hauptcanäle entspringen getrennt aus dem Trichter	Tentakeln mit Scheiden, Körper bandförmig, mit 2 gegenständigen Sagittal-Flügeln	2. **Cestoideae** (= Taeniatae) *Vexillum* *Cestus*
		Tentakeln ohne Scheiden. Mund mit 2 sagittalen Mundlappen. 4 interradiale Aurikeln	3. **Bolinaceae** (= Lobatae) *Eurhamphaea* *Eucharis*
II. Legion: **Dendrocteniae.** Rippencanäle dendritisch verästelt, mit vielen Parenchym-Zweigen. Mesoderm gefässreich	Kriechende Ctenophoren mit verkürzter Hauptaxe	Tentakeln mit Scheiden. Körper scheibenförmig, abgeplattet	4. **Ctenoplaneae** (= Herpocteniae) *Ctenoplana* *Coeloplana*
	Schwimmende Ctenophoren mit hochentwickeltem Muskel- und Gefäss-System	Tentakeln fehlen (rückgebildet). Riechwülste mit Zotten besetzt	5. **Beroideae** (= Eurystomae) *Idyia* *Beroe*

Stammbaum der Ctenophoren.

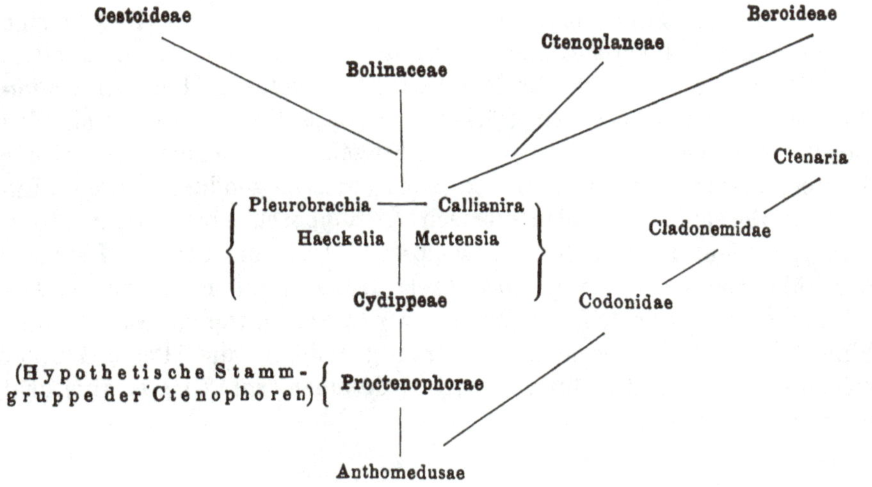

§ 111. Erste Ordnung der Ctenophoren:

Cydippeae. Saccatae.

Cannoctenien ohne circoralen Ringcanal.

Schwimmende Ctenophoren mit zwei lateralen Tentakeln und sackförmigen Tentakel-Scheiden. Kammgefässe einfach, ohne Ringcanal. Mund einfach, ohne Mundlappen. Körper kugelig, eiförmig, ellipsoid oder cylindrisch, oft sagittal comprimirt, mit verlängerter Transversal-Axe.

Die Ordnung der Cydippeen oder *Saccaten* ist unter den heute lebenden Ctenophoren diejenige, welche der gemeinsamen Stammform der ganzen Classe am nächsten steht. Unter Allen besitzen sie die einfachste Bildung des Gastrocanal-Systems, indem die 8 Rippencanäle einfach und am Distalende blind geschlossen sind, ohne zu communiciren. Bei *Haeckelia* (1863, = *Euchlora* 1880), einer der phylogenetisch ältesten und morphologisch einfachsten Formen, bleiben die Tentakeln einfach, während sie bei allen übrigen Ctenophoren mit Seitenfäden (Tentillen) besetzt sind. Auch ist *Haeckelia* die einzige Ctenophore, welche keine lateralen Schlund-Canäle besitzt, und welche noch echte Nesselzellen im Exoderm (und besonders in den Tentakeln) entwickelt, während dieselben bei allen übrigen Thieren dieser Classe durch Greifzellen ersetzt sind. Der Körper der *Pleurobrachiden* (*Cydippe* etc.) ist nahezu kugelig, auf dem Querschnitt kreisrund, und die 8 Rippen sind noch nicht differenzirt. Bei den *Mertensiden* ist der Körper etwas sagittal comprimirt, und die 4 sublateralen Rippen sind länger als die 4 submedialen; bisweilen werden die ersteren allein geschlechtsreif, während die letzteren steril bleiben. Bei den *Callianiriden*, welche sich durch stärkere sagittale Compression und den Besitz von zwei apicalen Scheitel-Flügeln auszeichnen, sind alle 4 interradialen Trichter-Ampullen nach aussen geöffnet (durch „Excretions-Poren"); bei allen übrigen Ctenophoren sind nur 2 gegenständige offen, die 2 anderen geschlossen. Da nun auch die Larven der übrigen Ctenophoren in ihrer frühen Jugend Cydippen-Charactere besitzen, betrachten wir diese Ordnung (im weiteren Sinne!) nach dem biogenetischen Grundgesetze als die älteste Gruppe, aus welcher sich die übrigen vier Ordnungen der Classe divergent entwickelt haben.

§ 112. Zweite Ordnung der Ctenophoren: Cestoideae. Taeniatae.

Cannoctenien mit zwei langen Sagittal-Flügeln.

Schwimmende Ctenophoren mit zwei lateralen Tentakeln und sackförmigen Tentakel-Scheiden. Kammgefässe einfach, mit Ringcanal. Mund einfach, in eine mediane Mundrinne ausgezogen, ohne Mundlappen. Körper bandförmig, lateral comprimirt, mit sehr verlängerter Sagittal-Axe.

Die Ordnung der Cestoideen oder *Taeniaten* umfasst eine geringe Anzahl von Ctenophoren, welche sich äusserlich durch die lange, bandförmige Körpergestalt von allen übrigen weit zu entfernen scheinen. Indessen ist diese auffällige Differenz lediglich durch die secundäre Ausbildung von zwei langen, bandförmigen Sagittal-Flügeln bedingt, welche von der ventralen und dorsalen Seite des kleinen spindelförmigen Körpers ausgehen. Auf beiden lateralen Flächen stehen zwei Tentakeln mit Tentakel-Scheiden, wie bei den *Cydippeen*. Die 4 sublateralen Wimperrippen und die zugehörigen adradialen Canäle sind sehr klein und verkümmert; um so stärker entwickelt sind die 4 submedialen Rippen und ihre Canäle, welche sich über die ganze Länge der bandförmigen Sagittal-Flügel erstrecken. Nur diese 4 submedialen Rippen werden geschlechtsreif, während die 4 sublateralen steril bleiben. Die Configuration des Tentakel-Apparates und des Trichters, der directe Ursprung von 4 interradialen Canälen aus demselben, die Bildung der Gefäss-Anastomosen u. A. sind bei den *Cestoideen* ähnlich wie bei den *Bolinaceen*, und machen es wahrscheinlich, dass beide Ordnungen aus einer gemeinsamen Wurzelgruppe der *Cydippeen* entsprungen sind. Dafür spricht namentlich auch die Aehnlichkeit der jugendlichen Larven beider Ordnungen, welche die permanente Organisation der *Mertensiden* vorübergehend zeigen.

§ 113. Dritte Ordnung der Ctenophoren: Bolinaceae. Lobatae.

Cannoctenien mit zwei sagittalen Mundlappen.

Schwimmende Ctenophoren mit zwei lateralen Tentakeln und basalen Tentakel-Rinnen, ohne sackförmige Tentakel-Scheiden. Kammgefässe einfach, mit Ringcanal. Mund mit zwei grossen sagittalen Mundlappen (einem dorsalen und einem ventralen). Körper birnförmig oder länglich-rund, lateral comprimirt, mit verlängerter Sagittal-Axe.

Die Ordnung der Bolinaceen oder *Lobaten* umfasst eine grosse Zahl von tentaculaten Ctenophoren, die sich vor allen übrigen Ordnungen durch zwei auffallende Merkmale auszeichnen, erstens durch den Besitz von zwei grossen sagittalen Mundlappen und zweitens durch vier interradiale Aurikeln. Die characteristischen Mundlappen, nach welchen die *Lobatae* benannt sind, liegen an den beiden Mundwinkeln und können sich sehr stark entwickeln, so dass sie parallel der Lateral-Ebene sich wie ein dorsaler und ventraler Mantellappen ausbreiten. Die 4 interradialen Aurikeln liegen, ebenso wie die 4 Hauptgefässe, welche am Proximal-Ende der Rippen aus dem Trichter entspringen, am Distal-Ende derselben in den 4 Diagonal-Ebenen und sind vielleicht als Rudimente von 4 interradialen Tentakeln der Proctenophoren zu deuten. In diesen und einigen anderen Beziehungen haben vielleicht die *Bolinaceen* die ursprünglichen Bildungs-Verhältnisse treuer bewahrt als die übrigen Ctenophoren. Dagegen ist die basale Insertion der beiden lateralen Tentakeln und der Mangel einer Tentakel-Scheide wohl nicht in diesem Sinne zu deuten. Anderseits ist das Gefässsystem (besonders in den Mundlappen) höher entwickelt als bei den *Cydippeen.* Die jugendlichen Larven der Lobaten gleichen Cydippen und können sich (bei *Eucharis* u. A.) in diesem Zustande fortpflanzen. Diese und andere Thatsachen deuten auf die Abstammung der *Lobaten* von *Saccaten* hin.

§ 114. Vierte Ordnung der Ctenophoren: **Ctenoplaneae. Herpocteniae.**

Dendroctenien mit Tentakeln, mit discoidalem Körper.

Kriechende Ctenophoren mit zwei lateralen Tentakeln und Tentakel-Scheiden. Kammgefässe verästelt, mit Ringcanal. Mund einfach, ohne Mundlappen. Körper scheibenförmig, dorsoventral deprimirt, mit verkürzter Hauptaxe.

Die Ordnung der Ctenoplaneen oder *Herpoctenien* gründen wir für jene kriechenden Rippenquallen (*Ctenoplana, Coeloplana*), welche die Mundplatte in eine breite, zum Kriechen und Ansaugen dienende Fussplatte verwandelt haben. Zeitweilig thun dies auch andere Ctenophoren (z. B. *Eucharis* und andere Lobaten, besonders aber *Lampetia* unter den Cydippeen). Aber bei den Herpoctenien ist diese Gewohnheit permanent geworden; die schwimmende Ctenophore hat sich in ein Turbellarien-ähnliches kriechendes Thier verwandelt, und in Folge davon sind auffallende äussere Umbildungen vor sich gegangen. Im Gegensatze zu allen anderen Ctenophoren ist die Hauptaxe sehr stark verkürzt, so dass der Körper die Form einer kreisrunden oder elliptischen Scheibe annimmt; die Länge der beiden Kreuzaxen ist gleich oder wenig verschieden. Der dünne Rand der planconvexen Scheibe, welcher sich beim Kriechen wellenförmig bewegt (nach Art der *Planarien*), entspricht dem Aequator der übrigen Ctenophoren. Die Mitte der convexen Scheitelfläche nimmt bei *Ctenoplana* ein achtstrahliger, wulstförmig vorspringender Stern ein; von den 8 Armen desselben liegen 4 perradial, 4 interradial. Zwischen denselben liegen in Vertiefungen 8 adradiale Wimperrippen, von derselben Structur, wie bei allen übrigen Ctenophoren. Auch in der wesentlichen Bildung der axialen Organe (unten der abgeplattete Schlund, in der Mitte der Trichter, oben das Acroganglion mit dem Sensillum) stimmen die *Herpoctenien* ganz mit den anderen Ctenophoren überein; ebenso im Besitze von 2 lateralen gefiederten Tentakeln. Das reich entwickelte Canal-System verhält sich ähnlich dem der *Beroideen*. Wir betrachten daher die *Ctenoplaneen* als echte Ctenophoren, welche von *Cydippeen* abstammen und ihre abweichenden Eigenthümlichkeiten durch Anpassung an kriechende Lebensweise erworben haben (§ 109).

§ 115. Fünfte Ordnung der Ctenophoren:

Beroideae. Eurystomae.

Dendroctenien ohne Tentakeln, mit ovalem Körper.

Schwimmende Ctenophoren ohne Tentakeln. Kammgefässe verästelt, mit Ringcanal. Mund einfach spaltförmig, ohne Mundlappen. Körper cylindrisch, konisch oder eiförmig, oft lateral comprimirt, mit verlängerter Sagittalaxe.

Die Ordnung der Beroideen oder *Eurystomen* erscheint als ein einseitig hoch entwickelter Seitenzweig der Ctenophoren, welcher sich von den übrigen Ordnungen der Classe ziemlich weit entfernt. Die beiden lateralen Tentakeln, welche allen Anderen zukommen, sind nebst dem ganzen Tentakel-Apparat durch Rückbildung verloren gegangen. Um so vollkommener sind dagegen, als Ersatz, bei diesen räuberischen Ctenophoren alle übrigen Organe entwickelt, besonders der Sinnesapparat, die Musculatur, der kräftige Schlund und der weite Mund; der basale Theil des Schlundes ist stark bewaffnet mit säbelförmigen und hakenförmigen Greifwimpern. In Correlation zu der kräftigen Musculatur hat sich auch deren ernährendes Canal-System stärker als bei allen übrigen Ctenophoren entwickelt, indem von den 8 Radial-Canälen zahlreiche verästelte Gefässe ausgehen. Ferner sind die beiden sagittalen Polplatten stärker als bei allen anderen Ctenophoren ausgebildet, und ihr Randwulst ist mit zierlichen verästelten Zotten (Riechpapillen) besetzt, welche den übrigen fehlen. Obgleich sich durch diese Eigenthümlichkeiten — die Folgen der ausgeprägten Gefrässigkeit und Raubsucht dieser Thiere — die *Beroideen* ziemlich weit von den tentaculaten Ctenophoren entfernen, sind sie doch auf dieselbe gemeinsame Stammgruppe zurückzuführen, auf die *Cydippeen*-Gruppe der *Mertensiden*; das beweist auch ihre Ontogenie.

§ 116. Zweites Cladom der Cnidarien:

Scyphozoa = Endocarpa.

Taeniolata: Nesselthiere mit Magenleisten.

Cnidarien mit Taeniolen oder gastralen musculösen Entoderm-Leisten. Magen-Querschnitt ursprünglich kreuzförmig, mit vier interradialen Gastroglyphen. Gonaden ursprünglich im Entoderm entstanden.

Das Cladom der Scyphozoen oder *Taeniolaten* umfasst die höheren und complicirter gebauten Nesselthiere, deren Gastralraum durch mehrere (— ursprünglich vier —) *Taeniolen* oder longitudinale Magenleisten in ebenso viele periphere Magenrinnen oder *Gastroglyphen* zerfällt. Der Querschnitt des Central-Magens ist daher ursprünglich kreuzförmig. Im Inneren der Taeniolen entwickeln sich longitudinale Muskeln, deren Bildung in den einzelnen Gruppen der Scyphozoen characteristische Verschiedenheiten darbietet. Am freien Axial-Rande der Taeniolen entstehen Drüsenzellen und Nesselzellen, sowie Papillen oder innere Magententakeln. Solche Gastral-Filamente zeichnen namentlich die Scyphomedusen aus, während bei den Anthozoen die langen, gewundenen Schnüre der Septal-Filamente (oder „Mesenterial-Filamente") entstehen. Auch zu den Geschlechtsorganen haben die Taeniolen innige Beziehungen; bei den Anthozoen entwickeln sie sich in den Septen, bei den Scyphomedusen in der Nähe der Gastral-Filamente. Die Progonidien, oder die „Urkeimzellen der Geschlechtsdrüsen" entstehen bei den Scyphozoen stets im Entoderm (daher „*Endocarpa*"). Als Stammgruppe der Scyphozoen betrachten wir die *Scyphopolypen*. Aus ihnen sind als zwei divergente Classen einerseits die *Scyphomedusen*, anderseits die *Anthozoen* hervorgegangen; die ersteren durch Ausbildung der Umbrella, die letzteren durch Erwerbung eines eingestülpten exodermalen Schlundrohres und des damit verknüpften peripharyngalen Taschen-Kranzes.

§ 117. Fünfte Classe der Cnidarien:

Scyphopolypi = Taeniolata.

SESSILE STAMMGRUPPE ALLER SCYPHOZOEN.

Festsitzende Cnidarien von Polypen-Form, ohne exodermales Schlundrohr, mit mehren parallelen (ursprünglich vier) gastralen Taeniolen oder Magenleisten, aber ohne Kranz von radialen, durch Septen getrennten Magentaschen.

Die Classe der Scyphopolypen bildet die archozoische Stammgruppe des zweiten Nesselthier-Stammes, der Scyphozoen oder der *Cnidaria taeniolata*. Der wesentlichste Unterschied von den Hydropolypen, von denen wir sie ableiten, besteht in der Entwickelung von vier kreuzständigen Taeniolen oder Magenleisten; durch diese wird der periphere Magenraum in vier perradiale Rinnen oder flache Gastroglyphen getheilt, welche mit dem einfachen centralen Magen in offener Verbindung stehen; an ihrem oberen oder oralen Ende erheben sich um den Mund herum vier Primär-Tentakeln. Die bekannte Larve der Acraspeden, welche als jugendliches *Scyphostoma* nur 4 perradiale Tentakeln, alternirend mit 4 interradialen Taeniolen, besitzt, führt uns noch heute vorübergehend jenen ältesten Jugendzustand der Scyphopolypen vor Augen; aber auch in der Ontogenese vieler Corallen tritt ein entsprechendes „Scyphula"-Stadium auf.

Palaeozoische Scyphopolypen sind wahrscheinlich jene zahlreichen fossilen Cnidarien, welche als *Favositiden*, *Chaetetiden*, *Auloporiden*, *Halysitiden* etc. an der Bildung der Corallen-Bänke im silurischen, devonischen und carbonischen System sich massenhaft betheiligten. Gewöhnlich werden diese röhrenbildenden Polypen als Tabulata zu den Corallen gestellt. Allein es fehlt ihnen anscheinend das exodermale Schlundrohr, welches diese Classe characterisirt, und somit auch die Radial-Septen, welche dasselbe mit der Kelchwand verbinden und den Kranz der radialen Magentaschen herstellen. Wir betrachten daher die echten Corallen (*Anthozoa*) als eine höher entwickelte Classe der Scyphozoen, welche erst durch die Ausbildung jenes Pharynx und der zugehörigen Radial-Septen aus den älteren *Scyphopolypen* hervorgegangen ist, und zwar aus Scyphostomarien, welche noch nicht die Kalkröhren der *Tabulaten* ausgeschieden hatten. Aus einem anderen Zweige dieser benthonischen *Scyphostomarien* leiten wir durch Anpassung an freischwimmende Lebensweise die Acraspeden oder Scyphomedusen ab.

§ 118. Erste Ordnung der Scyphopolypen:

Scyphostomaria. Urcorallen.

HYPOTHETISCHE STAMMGRUPPE ALLER SCYPHOZOEN.

Scyphopolypen ohne Skelet oder mit cuticularem, nicht verkalktem Röhren-Skelet.

Die Ordnung der Scyphostomarien oder „Urcorallen“, die wir hier als gemeinsame hypothetische Stammgruppe aller Scyphozoen aufstellen, ist längst ausgestorben; wir kennen keine fossilen Reste derselben. Wir dürfen aber mit Sicherheit auf ihre praecambrische Existenz auf Grund von gewichtigen Argumenten der vergleichenden Anatomie und Ontogenie schliessen. Das Urbild dieser Stammgruppe ist uns durch zähe Vererbung in der Scyphostoma-Amme der *Scyphomedusen* aufbewahrt, jener bedeutungsvollen palingenetischen Keimform der Acraspeden, die auch in der Ontogenie vieler Anthozoen-Larven noch deutlich zu erkennen ist. Als ursprünglichste Stammform dieser Gruppe betrachten wir ein solitäres *Scyphostomium tetranemale*, einen Becherpolypen von regulär-vierstrahliger Bildung einfachster Art (Grundform: Quadrat-Pyramide). Der einfache becherförmige Kelch besass eine kreisrunde Mundöffnung, umgeben von vier einfachen kreuzständigen Tentakeln; mit diesen perradialen Tentakeln alternirten vier interradiale Taeniolen, als vorspringende Entoderm-Leisten der inneren Magenwand.

Als wichtigste Nachkommen sind aus dieser vierstrahligen Stammform durch Multiplication der Tentakeln achtstrahlige und vielstrahlige *Scyphostomiden* hervorgegangen, wie solche Stadien mit 8 und mit 16 Tentakeln (— bisweilen auch 32 —) noch heute in der Ontogenie vieler Scyphomedusen wiederkehren. Einige von diesen Scyphostoma-Ammen bilden durch Knospung verästelte Stöcke oder selbst ein kriechendes Wurzelgeflecht, aus dem sich zahlreiche Personen erheben, und diese konnten ein chitinöses Cuticular-Skelet ausscheiden, ähnlich dem der *Campanarien.* Sehr entwickelt ist ein solches bei den Ammenstöcken der Cannostome *Nausithoë* (*Stephanoscyphus mirabilis*). Wir dürfen annehmen, dass ähnliche Periderm-Bildungen auch bei den ausgestorbenen Vertretern der *Scyphostomarien* (— ebenso gut wie bei den *Cornularien* —) sehr verbreitet waren. Wahrscheinlich spaltete sich dieser Stamm schon während der cambrischen oder praecambrischen Periode in mehrere Zweige: die selbständige Ordnung der *Tabulaten*, die *Staurocorallen* (als Stammformen der Anthozoen) und die *Tesseriden* (als Stammformen der Scyphomedusen).

§ 119. Zweite Ordnung der Scyphopolypen:

Tabulata. Tafelcorallen.

Palaeozoische Hauptgruppe der Scyphopolypen.

Scyphopolypen mit verkalktem Röhren-Skelet, dessen cylindrische oder prismatische Röhren durch horizontale Tafeln oder Böden in eine Reihe von Kammern zerfallen. Cormen meist massig, aus Bündeln von parallelen Röhren zusammengesetzt.

Die Ordnung der Tafelcorallen oder *Tabulata* bildet eine uralte, formenreiche Gruppe von palaeozoischen Cnidarien, die schon im Silur auftritt und eine bedeutende Entwickelung erreicht; zusammen mit den silurischen *Hydrocorallen* und *Tetracorallen* bildeten sie mächtige Bänke und Riffe. Auch in der Devon- und Carbon-Periode erscheinen noch solche Bänke; aber gegen Ende der Permzeit sterben die Tabulaten grösstentheils aus; nur einzelne Ausläufer reichen vielleicht noch in Trias und Jura hinein. Das Skelet dieser Tabulaten bildet lange cylindrische oder prismatische Kalkröhren, welche durch horizontale (ebene oder trichterförmige) Scheidewände, Tafeln oder Böden in über einander liegende Kammern abgetheilt werden. Solche *Tabulae* oder Traversen-Tafeln haben an sich wenig Characteristisches; sie kehren auch bei anderen Cnidarien wieder, bei echten Corallen aus den Gruppen der Alcyonarien (*Heliopora*), der Hexacorallen (*Seriatopora*, *Pocillopora*), ja sogar der Hydrocorallen (*Millepora*). Allein nach Ausschluss dieser „falschen Tabulaten" bleibt noch eine grosse Anzahl palaeozoischer Cnidarien übrig, die durch gemeinsame Eigenthümlichkeiten ihres Wachsthums und ihrer Verbreitung als Angehörige eines alten natürlichen Stammes von Scyphozoen erscheinen. Da sie keine echten Sternleisten besitzen, hat man sie neuerdings von den Zoantharien mit Recht getrennt und zu den Alcyonarien in die

Nähe der Octocorallen gestellt. Allein mit grösserem oder doch mit demselben Rechte können wir in ihnen eine Gruppe von Scyphopolypen vermuthen, die sich unmittelbar an die Ordnung der *Scyphostomarien* anschliesst. Insbesondere erscheint *Aulopora* (die man zu den letzteren ziehen könnte) als eine unmittelbare Vorstufe von *Syringopora*; die letztere betrachten Manche als Vorläufer der Octocoralle *Tubipora.* Die einfachen Skeletröhren der Scyphostomarien haben sich in die gegliederten Röhren der Tabulaten verwandelt, indem die wachsenden Polypen aus ihren Röhren vortraten und sich von dem abgestorbenen Basaltheil des verlängerten Bechers durch Bildung einer horizontalen Tafel abgrenzten.

Als drei Hauptgruppen der Tabulaten, welche sich stark an der Bildung der palaeozoischen Corallen-Bänke betheiligen (— neben Tetracorallen und Stromatoporen —), erscheinen die drei Familien der *Favositida, Chaetetida* und *Heliolithida.* Die Favositiden zeichnen sich dadurch aus, dass die prismatischen, dicht an einander liegenden Kalkröhren durch Längsreihen von Wandporen communiciren; bei vielen springen an der Innenfläche der Röhren longitudinale Leisten oder Reihen von kurzen Dornen vor, welche man als Pseudosepta bezeichnet und früher irrthümlich mit den Septen oder den Sternleisten der echten Corallen (Zoantharien) verglich. Bei den nahe verwandten *Syringoporen* verlaufen die Röhren neben einander getrennt und hängen nur durch kurze laterale Verbindungsäste zusammen. Die Stöcke der Chaetetiden bilden dichte Massen, deren dünne, dicht an einander gepresste Röhren nicht durch Poren communiciren; sie vermehren sich durch Theilung, die nahe verwandten *Monticuliporiden* dagegen durch Knospung. Bei den letzteren beginnt ein Dimorphismus, der bei den *Heliolithiden* und den nahe verwandten *Fistuliporiden* weiter ausgebildet erscheint; die prismatischen oder cylindrischen Kalkröhren, welche dicht an einander liegen, sind in grössere und kleinere differenzirt; die kleinen Nebenröhren (Parapolypen) füllen die regelmässigen Abstände aus zwischen den parallel verlaufenden Hauptröhren (Megapolypen). In dieser Gruppe bildet sich auch theilweise ein falsches Mesenchym aus. Den Heliolithen verwandt erscheinen die *Halysitida* oder Ketten-Corallen, dadurch ausgezeichnet, dass die langen cylindrischen Röhren lateral comprimirt sind (mit elliptischem Querschnitt); sie verwachsen reihenweise nur mit ihren schmalen Rändern und bilden so verticale Blätter, die sich labyrinthisch durchkreuzen. Da im Uebrigen bestimmte morphologische Merkmale, welche auf die innere Organisation der Tabulaten hindeuteten, den fossilen Kalkröhren dieser Scyphopolypen fehlen, und da nur bei einem Theile derselben die parallelen inneren Längsleisten derselben als verkalkte Taeniolen gedeutet werden können, erscheinen die phylogenetischen Beziehungen der verschiedenen Familien ganz unsicher; ebenso auch ihre Deutung als Vorläufer einzelner *Alcyonarien*-Familien.

§ 120. Sechste Classe der Cnidarien:

Anthozoa. Corallen.

(*Corallia. Corallaria. Actinozoa. Corallenthiere. Blumenthiere.*)

BENTHONISCHE HAUPTGRUPPE DER SESSILEN SCYPHOZOEN.

Festsitzende Cnidarien von Polypen-Form, mit exodermalem Schlundrohr, welches von einem Kranze radialer Magentaschen umgeben ist; die interradialen Septen zwischen den perradialen Taschen enthalten die Gonaden und tragen am Axialrande Septal-Filamente.

Die Corallen oder Anthozoen bilden eine umfangreiche, ausschliesslich marine Cnidarien-Gruppe, die trotz ihres grossen Formen-Reichthums monophyletisch aufgefasst werden kann. Sie haben von ihren Vorfahren, den *Scyphopolypen*, die allgemeine Körperform geerbt, den Kelch mit Fussscheibe am aboralen Pol, mit Mundscheibe am oralen Pol, und den Tentakelkranz, welcher letztere umgiebt; sie unterscheiden sich von ihnen durch die vollständige Ausbildung des eingestülpten Schlundrohrs, welches bei den Letzteren entweder gar nicht oder nur sehr schwach entwickelt ist. Mit der Invagination dieses Pharynx (oder *Stomodaeum*) ist stets die Ausbildung von internemalen Meridianfalten oder Radial-Septen verbunden, durch welche der vordere, den Schlund umgebende Gastralraum in ebenso viele Radial-Taschen oder Gastral-Kammern getheilt wird; jede derselben setzt sich vorn in die Höhle eines Tentakels fort, während sie hinten in die gemeinsame Centralhöhle des Magens einmündet. In der Peripherie des letzteren springen die aboralen Fortsetzungen der Septen in Gestalt blattförmiger Taeniolen vor und tragen an ihrem freien Axialrande Septal-Fäden oder Gastral-Filamente, in Form von Schnüren, die mit Drüsen- und Nesselzellen reich ausgestattet sind. Im Innern der Septen entwickeln sich die (aus ihrem Entoderm abgeleiteten) Gonaden, ausserdem die Septal-Muskeln.

Zu diesen wesentlichen und characteristischen Einrichtungen der Corallen-Organisation gesellen sich zahlreiche secundäre Modificationen, bewirkt durch die Entwickelung eines connectiven Mesoderms und eines mannichfach gestalteten Kalk-Skelets sowie durch die vielgestaltige Ausbildung der Individualität.

Monocorallen und Cormocorallen. (Personen und Stöcke der Anthozoen.) Die Individualität der *Corallen* ist nicht weniger mannichfaltig entwickelt, als diejenige der *Hydropolypen.* Wie bei diesen bleibt nur die Minderzahl im reifen Zustande auf der Stufe einer solitären Person stehen: Einzelcorallen (*Monocorallia*). Die grosse Mehrzahl bildet durch Knospung, seltener durch unvollständige Theilung, Stöcke (Cormen oder „Colonien"): Stockcorallen (*Cormocorallia*). Solitäre Monocorallen sind die ältesten Stammformen der Classe (die primitivsten *Staurocorallen*); ferner einzelne von den ältesten Octocorallen (*Monoxenia, Haimea, Hartea*), zahlreiche palaeozoische Tetracorallen (*Cyathaxonia, Omphyma, Zaphrentis* u. A.), viele Mesocorallen (*Edwardsida, Cereanthida*) und eine grosse Zahl von Hexacorallen (die meisten Actiniarien, viele Madreporarien: *Caryophyllia, Flabellum, Fungia* u. A.).

Die Corallocormen oder „Anthozoen-Stöcke" entstehen auf sehr mannichfaltige Weise durch ungeschlechtliche Vermehrung, meistens durch laterale Knospung, seltener durch unvollständige Längstheilung oder Quertheilung; die letztere kann auch als terminale Gemmation aufgefasst werden und nähert sich bisweilen der Strobilation der Scyphostomen (so bei *Gonactinia, Fungia* u. A.). Die Gestalt der Cormen ist äusserst mannichfaltig, buschförmig, baumförmig, massig, knollig u. s. w. Die Zahl der einzelnen Personen oder „Zooide", welche den Stock zusammensetzen, beträgt oft mehrere Tausende, bei grossen Cormen selbst über eine Million. Die grosse Mehrzahl der Corallen-Stöcke ist monomorph; alle Personen derselben besitzen dieselbe Form und Organisation. Auch die sexuelle Arbeitstheilung bedingt, abgesehen von den Geschlechts-Producten, keine sonstige Verschiedenheit beider Geschlechter. Nur bei wenigen Cormocorallen tritt Arbeitstheilung (*Ergonomie*) ein, und in deren Folge Formspaltung (*Polymorphismus*). Das ist bei mehreren Octocorallen der Fall, sowohl *Sarcophytarien* als *Gorgonarien*; hier treten zwischen den vollständig ausgebildeten Geschlechts-Personen (mit 8 Gastralschnüren und 8 Tentakeln) zahlreiche kleine Trink-Personen auf, welche die Aufnahme von Wasser besorgen (mit 2 Gastralschnüren, geschlechtslos, ohne Tentakeln). Bei den federförmigen Stöcken der Seefedern (*Pennatula, Renilla*) wird der Stamm durch einen grossen Mutter-Polypen gebildet, dessen Basal-Theil einen vierkammerigen Stiel, der Apical-Theil einen „Terminal-Polypen" darstellt; aus dem mittleren Theil dieses Metropolypen (Rhachis) sprossen die secundären Personen hervor; diese entwickeln sich bei *Pennatula* zu Cormidien, in Form von regelmässig gestellten und gefiederten Seitenästen, aus welchen tertiäre Personen hervorknospen.

§ 121. Alcyonarien und Zoantharien.
(Stephocorallen und Astrocorallen.)

Die monophyletische Classe der Corallen zerfällt in zwei Legionen oder Subclassen: *Alcyonarien* und *Zoantharien*; die ersteren sind älter und von einfacherer Organisation, die letzteren jünger und von verwickelterem Körperbau. Da jedoch die Zoantharien schon in der Silur-Zeit auftreten, müssen sie sich in praesilurischer Zeit aus einfachsten Alcyonarien (Staurocorallien) entwickelt haben. Die Subclasse der Alcyonarien besitzt einen einfachen Tentakel-Kranz (*Monocyclia*); die Zahl der Tentakeln und der ihnen entsprechenden perradialen Magentaschen beträgt bei der Stammgruppe (*Staurocorallia*) 4, bei der Hauptgruppe (*Octocorallia*) 8, bei dem Seitenzweig der *Anticorallia* 6. Die Zoantharien hingegen haben nur in frühester Jugend den ursprünglichen einfachen Tentakelkranz von 4, 6 oder 8 Fangfäden; später werden zwischen diese primären Tentakeln neue secundäre eingeschaltet, und diesen entsprechend werden auch die primären Magentaschen durch neu gebildete secundäre Radial-Septen getheilt: *Polycyclia*. Ferner entwickeln sich bei den *Zoantharien* characteristische Sternplatten oder „Sternleisten“ (*Astroplateae*), welche den *Alcyonarien* allgemein fehlen: verticale Radialfalten der Kelchwand und der Fussscheibe, welche sich nicht mit dem Schlundrohr verbinden („unvollständige Septa“). Oft verkalken die Sternplatten, und entsprechend der successiven Vermehrung der Tentakeln und Magentaschen werden neue secundäre Sternleisten zwischen die primären eingeschaltet. Man kann daher auch die Zoantharien als Sterncorallen bezeichnen (*Astrocorallia*), im Gegensatze zu den einfachen Alcyonarien als Kranzcorallen (*Stephocorallia*). Die ältesten palaeozoischen Zoantharien waren alle vierstrahlig (*Tetracorallia*); später entstanden aus ihnen achtstrahlige (*Mesocorallia*), und diese stellten den Uebergang her zu den mesozoischen sechsstrahligen (*Hexacorallia*). Letztere bilden in neuerer Zeit und in der Gegenwart die Hauptmasse der Anthozoen.

§ 122. Grundformen und Grundzahlen der Corallen.

Die geometrischen Grundformen, welche durch die radiale Anordnung und theilweise durch bilaterale Gruppirung der homotypischen Organe bedingt werden, sowie die entsprechenden Grundzahlen, zeigen in der Corallen-Classe einerseits eine gewisse erbliche Beständigkeit, anderseits aber zugleich eine grosse Mannichfaltigkeit; sie bieten sowohl der promorphologischen als der phylogenetischen Deutung oft bedeutende Schwierigkeiten. Dennoch lassen sie sich alle auf eine einzige ursprüngliche Grundform zurückführen; und diese ist bereits von den *Scyphopolypen* und den älteren *Hydropolypen* durch Vererbung übertragen: die Quadrat-Pyramide oder die „vierseitige reguläre Pyramide". Die Zahl der Parameren ist demnach ursprünglich Vier, die Zahl der Antimeren Acht; durch Verdoppelung entsteht daraus die Grundzahl 8 (mit 16 Antimeren), und durch amphithecte Differenzirung die Grundzahl 6 (mit 12 Antimeren).

Tetracorallen (*Tetractinia*) mit 4, Hexacorallen (*Hexactinia*) mit 6 und Octocorallen (*Octactinia*) mit 8 gleichwerthigen Parameren würden demnach die drei Hauptgruppen der Corallen sein, wenn man diese Classe nach der Grundzahl eintheilen wollte. Unzweifelhaft ist von diesen drei Grundzahlen (wie bei allen Cnidarien) Vier die primäre, wie durch die Uebereinstimmung der palaeontologischen, morphologischen und ontogenetischen Argumente bewiesen wird; die sechszähligen und die achtzähligen Corallen stammen alle ursprünglich von vierzähligen ab (— wie dasselbe auch für alle Medusen gilt! —). Allein dieser Satz lässt sich nicht ohne Weiteres monophyletisch für die Bildung der Hauptgruppen verwerthen; denn in beiden Subclassen der Anthozoen, sowohl in den *Alcyonarien* als in den *Zoantharien*, kann die Grundzahl variiren und die radiale Grundform aus der ursprünglichen regulären in die amphithecte und in die amphipleure Gestalt übergehen. Da diese drei Grundformen gewöhnlich nicht scharf unterschieden worden, und da ihre Bedeutung oft ganz irrthümlich aufgefasst, auch in der Systematik überschätzt wird, ist eine nähere Betrachtung derselben erforderlich.

A. **Corallen mit regulär-pyramidaler Grundform.** Als ursprüngliche Grundform der Corallen, wie sie bei der ältesten Stammform der ganzen Classe (in praesilurischer Zeit) bestand, ist wohl die Quadrat-Pyramide anzusehen. Jene längst ausgestorbenen Staurocorallen werden solitäre Personen von regulär-vierstrahligem Bau gewesen sein, mit 4 congruenten Parameren, 4 einfachen perradialen Tentakeln an den 4 Ecken der quadratischen Mundscheibe und 4 interradialen Septen zwischen den 4 Magentaschen; der Mund kreisrund, das Schlundrohr cylindrisch oder vierkantig-prismatisch.

Regulär-vierstrahlige Corallen dieser Art, mit nur vier einfachen kreuzständigen Septen, sind uns allerdings weder lebend noch fossil bekannt; aber wir können auf ihre einstmalige Existenz aus der vergleichenden Ontogenie einzelner Alcyonarien und Zoantharien schliessen. Die jugendlichen Larven derselben sind bisweilen regulär-tetraradial und zeigen die palingenetische Congruenz der 4 Parameren, während diese gewöhnlich amphithect differenzirt sind. Ausserdem finden sich unter den vierstrahligen palaeozoischen Tetracorallen, welche zum grössten Theile bilateral sind, nicht wenige Formen von regulär-vierstrahligem Bau, so z. B. *Omphyma*, *Gonyophyllum*, *Stauria* u. s. w. Auch den entwickelt bilateralen Tetracorallen werden regulär-vierstrahlige Ahnen höchst wahrscheinlich vorausgegangen sein.

Regulär-achtstrahlige Corallen sind selten; es gehören dahin einige der ältesten und primitivsten Octocorallen, die Monoxeniden (*Monoxenia, Haimea, Hartea*) und einzelne Cornulariden (*Clavularia*). Hier ist der Mund kreisrund, das Schlundrohr cylindrisch, und die 8 dasselbe umgebenden Radial-Taschen völlig gleich. Auch in den jugendlichen Larven einzelner anderer Octocorallen tritt dieselbe Grundform der regulären achtseitigen Pyramide vorübergehend auf; gewöhnlich tritt an ihre Stelle die amphithecte achtseitige Pyramide, bedingt durch das taschenförmige Zusammenklappen des Schlundrohrs und den Uebergang der kreisrunden Mundöffnung in eine sagittale lange und schmale Mundspalte; vom ventralen Mundwinkel aus entwickelt sich eine ventrale Flimmerrinne, und die Muskeln der Septen ordnen sich bilateral.

Regulär-sechsstrahlige Corallen kommen zwar in ausgebildetem Zustande nicht selten vor (*Gyractis* unter den Actiniaria; *Turbinolia*, *Discocyathus* und viele andere Madreporaria); allein in der Jugend sind dieselben von amphithecter oder meistens amphipleurer Grundform; die Congruenz der sechs Parameren ist hier erst secundär entstanden, durch Angleichung.

B. **Corallen mit amphithecter Grundform.** Viel häufiger als die reguläre Pyramide findet sich als geometrische Grundform der Corallen die *amphithecte* oder zweischneidige Pyramide: die verticale Hauptaxe ist ungleichpolig (oben Mund, unten Fussscheibe); die beiden auf einander senkrechten Kreuzaxen sind beide gleichpolig, aber unter sich verschieden; die Sagittal-Axe (in welcher die schmale und lange Mundspalte liegt) ist grösser als die Transversal-Axe (mit rechtem und linkem Pol). Diese zweischneidige (oft auch als „zweistrahlig" bezeichnete) Grundform ist sehr rein ausgebildet bei solchen Anthozoen, deren Schlundrohr zwei gegenständige Flimmerrinnen besitzt, an der dorsalen und an der ventralen Kante. Sehr deutlich ist das bei den *Hexactinien* der Fall, und zwar ebenso wohl bei der Jugendform im vierstrahligen und achtstrahligen Larvenzustande, als später bei der erwachsenen sechsstrahligen (eigentlich mit 12 Septen ausgestatteten) Form. Die beiden lateralen Parameren sind dann stets verschieden von den beiden dorsalen und den beiden ventralen, die unter sich gleich sind. Sehr ausgeprägt ist die zweischneidig-sechsstrahlige (oder hexamphipleure) Form am Kalkskelet vieler Madreporarien, z. B. *Flabellum*, *Fungia*, *Balanophyllia*, *Caryophyllia*, *Bathycyathus* u. A. Wahrscheinlich sind bei allen diesen amphithecten Hexacorallen zwei gegenständige Schlundrinnen (dorsale und ventrale) von gleicher Grösse und Bildung vorhanden.

C. **Corallen mit amphipleurer Grundform.** Die grosse Mehrzahl der Anthozoen, sowohl der *Alcyonarien* als der *Zoantharien*, besitzt eine ausgesprochen amphipleure oder „*bilateral-radiale*" Grundform. Bei zahlreichen Zoantharien prägt sich dieselbe schon äusserlich in der Bildung des Kalkskelets aus, und zwar ebensowohl bei *Tetracorallen* als bei *Hexacorallen*; die ersteren sind vierstrahlig, die letzteren sechsstrahlig, und doch ist in beiden oft auf den ersten Blick die verticale Median-Ebene erkennbar, welche den Körper der ganzen Person in zwei symmetrisch gleiche Hälften zerlegt. Von den drei Richtaxen des Körpers sind demnach hier zwei ungleichpolig (die verticale Hauptaxe und die horizontale Sagittalaxe); die dritte allein ist gleichpolig (die horizontale Frontal-Axe, mit rechtem und linkem Pol). Bei den Personen dieser amphipleuren Corallen ist demnach Rücken- und Bauchseite verschieden. Da das Kalkskelet der meisten Zoantharien ausgeprägte Sternleisten entwickelt, welche in den Median-Ebenen der radialen Magentaschen liegen (alternirend mit den gastralen Septen), so tritt die zweiseitig-strahlige Grundform meist sehr deutlich hervor: in der Median-Ebene steht eine grössere dorsale Sternplatte einer kleineren ventralen gegenüber, und zu beiden Seiten derselben sind die übrigen Astroplatten paarig gruppirt.

Aber auch bei zahlreichen skeletlosen Corallen ist die bilaterale Anordnung der radialen Parameren, zu beiden Seiten einer sagittalen Hauptebene, deutlich ausgeprägt, und zwar hauptsächlich durch die Anordnung der Muskelfasern an den Radial-Septen. So sind dieselben bei den meisten *Octocorallen* (— nur die niedersten ausgenommen —) so geordnet, dass alle 8 Septen nur an einer, der ventralen Mittellinie zugekehrten Seite Muskelstreifen zeigen; es hängt dies wahrscheinlich mit der einseitigen Ausbildung nur e i n e r (ventralen) Schlundrinne zusammen. Unter den Zoantharien sind die *Cereanthiden*, *Zoanthiden* u. A. mit einer solchen einfachen Schlundrinne ausgestattet, welche die bilaterale Entwickelung der Septen-Paare zu beiden Seiten der Median-Ebene bestimmt. Während bei vielen Monocorallen vermuthlich diese einseitige Ausbildung einer ventralen Schlundrinne, und die damit verknüpfte Art der Muskel-Contraction die Ursache der amphipleuren Differenzirung ist, dürfte dagegen bei vielen Polycorallen die Stellung der Personen am Stocke und ihr Verhältniss zu dessen Structur als bewirkende Ursache derselben anzusehen sein (ähnlich wie bei den zygomorphen Blüthen der Phanerogamen-Stöcke).

§ 123. Gastrocanal-System der Corallen.

Der Schwerpunkt der typischen Corallen-Structur und ihrer phylogenetischen Beurtheilung liegt in der characteristischen Bildung ihres Gastrocanal-Systems und vor Allem des Kranzes von entodermalen Radial-Taschen, welcher das eingestülpte, vom Exoderm ausgekleidete Schlundrohr umgiebt. Dieses typische S c h l u n d r o h r (*Pharynx* oder *Stomodaeum*) entsteht frühzeitig durch röhrenförmige Einstülpung am Oralpol der *Planula* (die durch cenogenetischen Verschluss des Urmundes aus der *Gastrula* hervorgegangen ist). Im Grunde der eingestülpten cylindrischen Schlundröhre bricht als innere Oeffnung die S c h l u n d p f o r t e (*Pylorus*) durch, welche somit an der Stelle des geschlossenen U r m u n d e s (*Prostoma*) entsteht; die äussere Schlundöffnung ist der D a u e r m u n d (*Menostoma*).

In der Keimesgeschichte der Corallen erfolgt die Einstülpung des Schlundrohrs bald an der bereits festgesetzten Larve, bald schon früher, an der freischwimmenden Planula; die Tentakeln, welche im Kranze den Dauermund umgeben, erscheinen bald vor der Einstülpung des

Schlundes, bald nach derselben; auch die Radial-Septen, welche mit den Tentakeln alterniren und die Gastral-Kammern trennen, entwickeln sich bald nach den Tentakeln, bald vor denselben. Diese Verschiedenheiten sind cenogenetisch zu erklären, durch allmählige *Heterochronie* oder Wechsel der ontogenetischen Succession; denn allgemein (— und mit Recht —) wird die Classe der Anthozoen monophyletisch aufgefasst. Demnach halten wir folgende Stufenreihe — mit Rücksicht auf die Abstammung der Corallen von *Scyphopolypen*, und dieser von *Hydropolypen* — für die ursprüngliche: am Oralpole der Planula, die sich mit dem Aboralpol festgeheftet hat, bricht der geschlossene Urmund wieder auf, und rings um ihn erscheint zunächst der Kranz der Tentakeln; dann erfolgt die Einstülpung des Mundrohrs, und mit diesem zugleich (in directem mechanischen Zusammenhang) die Bildung von intertentacularen Meridianfalten, den Septen, und den durch sie getrennten Radial-Taschen.

Pharynx und Pylorus. Das Schlundrohr (*Pharynx* oder *Stomodaeum*) ist dasjenige Organ der Anthozoen, welches diese Classe am durchgreifendsten von den übrigen Cnidarien unterscheidet; durch seine Gestalt und seine Beziehung zu dem umgebenden Taschenkranze ist dasselbe von grosser morphologischer Bedeutung für die Classe. Ursprünglich ist das Schlundrohr, wie aus der Ontogenie aller Corallen übereinstimmend hervorgeht, eine Einstülpnng des Peristoms, am Oralpole des jungen Polypen. Die Schlundhöhle ist daher stets vom Exoderm ausgekleidet, und ihre innere Oeffnung allein, der Innenmund oder die Schlundpforte (*Pylorus*), entspricht dem ursprünglichen Urmunde (der Gastrula) und dem bleibenden Munde der Scyphopolypen und Hydropolypen. Der Dauermund der Corallen hingegen oder ihr Aussenmund (*Menostoma*) bezeichnet die Invaginations-Stelle des Peristoms. Schon hieraus ergiebt sich, dass das Schlundrohr der Anthozoen nicht (— wie früher allgemein geschah —) als Magen bezeichnet werden darf. Der wahre (vom Entoderm ausgekleidete) Magen (*Stomachus*) ist vielmehr die unterhalb des Schlundes gelegene Centralhöhle (— früher irrthümlich als „Leibeshöhle“ bezeichnet —); von ihr gehen nach oben die Magentaschen oder Radialkammern ab, welche im Kranze den Schlund umgeben und sich in die Höhlen der Tentakeln fortsetzen.

Die Form des Schlundrohrs ist für die Systematik und Phylogenie der Anthozoen sehr wichtig, da sie (— wohl in erster Linie —) die radiale Differenzirung und die entsprechende Grundform der Corallen-Person bestimmt. Wir unterscheiden drei Hauptformen des Schlundrohrs, für welche die Ausbildung von Schlundrinnen (*Pharyngaulen*) oder von „longitudinalen Flimmerrinnen“ im Exoderm der Schlundwand maassgebend zu sein scheint. Als ursprüngliche Form betrachten wir das cylindrische Schlundrohr, mit kreisrunder Mundöffnung, ohne Schlundrinnen (*Pharynx anaulaeus*); der Querschnitt desselben kann auch regulär-polygonal sein, indem durch Zug der musculösen Radialsepten das Rohr prismatisch wird. Diese primäre Form des Pharynx ist nur noch bei wenigen lebenden Corallen permanent, bei *Monoxenia* und *Clavularia* unter den Octocorallen, bei *Gyractis* unter den Mesocorallen und einigen anderen. Sie tritt aber noch vorübergehend bei den jugendlichen (vierstrahligen und achtstrahligen) Larven mehrerer Zoantharien auf, ehe dieselben amphithect werden. Unter den palaeozoischen Tetracorallen haben wahrscheinlich die meisten regulären Personen (z. B. *Omphyma*) ein solches cylindrisches oder vierseitig-prismatisches Schlundrohr besessen.

Die zweite Form des Schlundrohrs ist die zweischneidige oder amphithecte, mit zwei gegenständigen Schlundrinnen (*Pharynx amphaulaeus*). Das lateral comprimirte Rohr zeigt auf dem Querschnitt Lanzet- oder Bisquitform, und der Mund bildet in der Sagittal-Ebene einen Median-Spalt; von beiden Mundwinkeln (dorsalem und ventralem) geht eine Flimmerrinne in den Schlund hinein. Dieselben bleiben offen und vermitteln Ein- und Austritt von Wasser in den Magen, auch wenn der mediane Mundspalt geschlossen ist. Diese amphaulaee Form findet sich bei vielen Corallen von amphithecter Grundform, bei den meisten Mesocorallen und Halirhodarien, ferner bei vielen Madreporarien.

Die dritte Form des Schlundrohrs ist die zweihälftige oder „bilateral-symmetrische", mit nur einer ventralen Flimmerrinne (*Pharynx monaulaeus*). Sie findet sich bei Corallen von amphipleurer Grundform, bei den meisten Octocorallen, bei den Cereanthiden und Zoanthiden, sowie bei vielen Madreporarien. Offenbar bewirkt hier die einseitige Ausbildung der ventralen Flimmerrinne die mehr oder weniger auffallende bilaterale Symmetrie, welche namentlich in der Vertheilung der characteristischen Muskelfahnen an den Radial-Septen sich ausspricht.

Die physiologische Ursache, welche diese folgenreichen morphologischen Differenzirungen bewirkte, dürfte ursprünglich sehr einfach gewesen sein. Bei den ältesten Corallen (die jedenfalls sehr klein waren, ähnlich *Monoxenia*) behielt das Schlundrohr die ursprüngliche Cylinder-Form (mit kreisrunder Mundöffnung). Als aber die Personen der Anthozoen grösser wurden, klappte das Schlundrohr zusammen und wurde zweiseitig comprimirt (mit spaltförmiger Mundöffnung). Je nachdem nun eine oder zwei Rinnen an den Mundwinkeln offen blieben, entwickelte sich in den verschiedenen Gruppen entweder die amphipleure oder die amphithecte Grundform der Person.

Radial-Taschen und Radial-Septen. Die perradialen Magentaschen der Corallen sind eine dieser Classe eigenthümliche Einrichtung; sie dürfen nicht mit den ähnlichen Bildungen vieler *Scyphomedusen* verwechselt werden, welche auf andere Weise entstehen und ihnen nicht homolog sind. Ihre Entstehung wird bedingt durch die Einstülpung des exodermalen Schlundrohrs, welche sowohl den Scyphopolypen als auch den Acraspeden fehlt. Indem der Pharynx des bereits mit Tentakel-Kranz ausgestatteten jungen Polypen nach innen in den Urdarm sich einstülpt, wird das Entoderm, welches zwischen den Tentakeln in Form der Taeniolen vorspringt, zu plattenförmigen Radial-Falten ausgedehnt, und dadurch der peripharyngale Gastralraum in ebenso viele Furchen oder Kammern getheilt: Radial-Kammern oder Gastral-Taschen (*Camerae radiales*, *Bursae interseptales*). Die vordere oder orale Oeffnung dieser Kammern setzt sich in die Höhle des darüber stehenden Tentakels fort; ihre hintere oder aborale Oeffnung geht in den Central-Magen über.

Die Radial-Septen oder Parieten (— früher unpassend „*Mesenterien*" genannt —), die Scheidewände zwischen den perradialen Magentaschen, sind wegen ihrer Differenzirung von ganz besonderer Bedeutung. Ursprünglich sind dieselben plattenförmige Verbreiterungen der Taeniolen, jener characteristischen inneren Magenleisten, welche allen Scyphozoen zukommen; sie liegen also interradial und trennen die perradialen Magentaschen in ihrer ganzen Länge; ihr innerer (axialer) Rand verschmilzt mit dem Pharynx, ihr äusserer (abaxialer) mit dem Calyx; der obere Rand inserirt sich an der Mundscheibe (zwischen je 2 Tentakeln), der untere läuft als plattenförmige vorspringende Leiste bis zum Grunde des Kelches. Am freien Axial-Rande dieser Leiste ist eine solide, mit Drüsen- und Nesselzellen reichlich ausgestattete Schnur angeheftet, welche unten meist knäuelartig aufgewunden ist, das Septal-Filament (oft auch *Gastral-Filament* oder *Mesenterial-Filament* genannt). Nach aussen vom Filament entwickeln sich im Mesoderm der Septen die Gonaden, und weiter nach aussen die Septal-Muskeln.

Die Geschlechtsdrüsen der Corallen sind einfache Anhäufungen von Sexual-Zellen, welche aus dem Entoderm hervorgehen; sie werden durch Platzen in den Gastral-Raum und aus diesem durch den Schlund nach aussen entleert. Fast alle Corallen sind *Gonochoristen*; auch die Cormen meistens dioecisch. Selten tritt *Hermaphroditismus* auf (z. B. bei *Cereanthus*).

§ 124. Neurodermal-System der Corallen.

Die animalen Organe der Empfindung und Bewegung zeigen bei den sessilen Anthozoen im Gegensatze zu ihren schwimmenden Verwandten, den Acraspeden, eine geringe und einförmige Ausbildung; auch für ihre Stammesgeschichte sind sie nur von untergeordneter Bedeutung: höhere differenzirte Sinnesorgane, Augen und Hörbläschen, sind niemals entwickelt. Zur Perception der Sinnesempfindungen dienen Sinneszellen verschiedener Art, welche in den Epitelien (sowohl Entoderm als Exoderm) zerstreut sind. Ihre reichste Ausbildung erlangen sie in den circoralen Tentakeln, welche ebensowohl als feine Fühlfäden, wie als kräftige Fangarme von grösster Wichtigkeit sind.

Nervensystem. Im Allgemeinen ist bei den Anthozoen das Nervensystem sehr wenig entwickelt. Sein Central-Theil ist ein dünner und breiter Mundring, eine exodermale Nervenplatte, welche aus einem Geflecht feiner Nervenfasern und Ganglienzellen gebildet wird und zwischen dem Epitel und der Muskelschicht des Exoderms liegt. Da dieselbe den Raum der Mundscheibe zwischen der Mundöffnung und dem Tentakel-Kranz einnimmt, umgiebt sie den Mund ringförmig. Von diesem centralen Mundring gehen allenthalben feine Nervenfasern an die Tentakeln, den Kelch und die übrigen Körpertheile ab.

Muskelsystem. Die Musculatur der Anthozoen zeigt eine kräftige und mannichfaltige Entwickelung; sie gehört zum grösseren Theile dem Exoderm, zum kleineren dem Entoderm an. Die weichen Körpertheile, vor Allem Mundscheibe und Schlundrohr, sowie die Radial-Septen, welche letzteres mit der Kelchwand verbinden, sind allenthalben contractil, mit longitudinalen oder radialen, transversalen oder circularen Muskelfasern ausgestattet. Unter diesen besitzt eine besondere systematische oder theilweise auch phylogenetische Bedeutung die Musculatur der Radial-Septen. In der Regel ist jedes blattförmige Septum auf der einen Seite mit schwachen transversalen, auf der anderen Seite mit starken longitudinalen Muskeln ausgestattet. Die letzteren erzeugen durch vielfache Faltenbildung eine characteristisch zusammengesetzte Muskelplatte, welche wulstförmig in die benachbarte Magentasche vorspringt und wegen ihres Querschnitts die „Muskelfahne" heisst. Die symmetrische Anordnung dieser Muskelfahnen in den Radialkammern, zu beiden Seiten der Median-Ebene, bestimmt theilweise die Grundform der Corallen-Person und die davon abgeleitete Classification.

Skeletbildungen. Die grosse Mehrzahl der bekannten Anthozoen besitzt ein Skelet von characteristischer Gestalt und sehr mannichfaltiger Entwickelung; man kann diese skeletbildenden als Hart-corallen oder *Sclerocorallia* zusammenfassen. Indessen giebt es auch heute noch eine grosse Anzahl von weichen, skeletlosen Anthozoen: Fleischcorallen oder *Lapocorallia*; solche sind *Monoxenia* unter den Octocorallen, die Paractinarien (*Edwardsia*, *Cereanthus*, *Paractinia* etc.) unter den Mesocorallen, die grosse Gruppe der Halirhodarien unter den Hexacorallen. Jedenfalls ist aber auch die praesilurische Stammgruppe der ganzen Classe, die primitive Familie der *Protocorallen*, skeletlos gewesen, da ja in allen Fällen die Skeletbildung erst eine secundäre Production des Malacoms ist. Auch dürfen wir sicher annehmen, dass neben den zahlreichen *Sclerocorallen* aller Gruppen seit Beginn der Existenz dieser Classe (— also seit praesilurischer Zeit —) immer eine grosse Zahl von weichen *Lapocorallen* existirt hat; sie sind zu Grunde gegangen, ohne uns Spuren ihrer Existenz zu hinterlassen.

Die Skeletbildungen der Sclerocorallen zerfallen ihrer Entstehung nach in zwei wesentlich verschiedene Haupt-Gruppen, in cuticulare und mesodermale. Die ersteren sind äussere zellenlose Abscheidungen des Exoderms; die letzteren entstehen aus Zellen des Mesoderms; da jedoch auch das Mesoderm ein Derivat des Exoderms ist, sind ursprünglich alle skeletbildenden Zellen als Abkömmlinge des äusseren Keimblattes zu betrachten. Das chemische Material des Skeletes ist theils chitinös (sogenannte Hornsubstanz), theils kohlensaurer Kalk; sehr oft sind beide Substanzen verbunden. Auch kommt es vor, dass beiderlei Skeletformationen von einem und demselben Polypen gebildet werden, so z. B. besitzen die Gorgoniden ein cuticulares Axenskelet und ein mesodermales Rindenskelet.

Cuticular-Skelete, als zellenlose Ausscheidungen an der Oberfläche des Exoderms-Epitels, sind theils äussere Hüllskelete, theils innere Axenskelete; oft kommen beide vereinigt vor. Aeussere cuticulare Hüllskelete sind die Chitinröhren und Chitinbecher der primitiven *Cornulariden*, welche deren Stolonen und Kelche einhüllen; sie gleichen ganz den entsprechenden Periderm-Gebilden der *Campanarien*. Innere cuticulare Axenskelete sind die chitinösen (oder „hornigen“), theilweise verkalkten, meist baumförmig verzweigten Gerüste der *Antipathiden* und *Gorgoniden*; ihre Bildung beginnt mit Ausscheidung einer Cuticular-Platte aus dem Exoderm-Epitel der basalen Fussscheibe; sie wachsen sodann in die Axe des Metropolypen und weiterhin des von ihm sprossenden Stockes hinein. In gleicher Weise entstehen auch die massigen und vielgestaltigen Kalkskelete der Zoantharien, die man früher irrthümlich für innere Verkalkungen des Mesoderms hielt; auch hier wird zuerst vom Exoderm der Fussscheibe eine Fussplatte abgeschieden. Indem die Fussscheibe radiale Falten bildet und auch diese aus ihrem Exoderm Kalk abscheiden, entstehen die characteristischen Sternplatten oder Sternleisten (Astroplatten); sie liegen ursprünglich in den Meridian-Ebenen der Magentaschen und sind den Zoantharien eigenthümlich. Erhebt sich dann an ihrem Aussenrande eine Ringfalte, so entsteht durch deren Kalkabscheidung die Mauerplatte (Theca). Eine Reihe weiterer Kalkbildungen im Kelche der Zoantharien, sowie die Production gemeinsamer Kalkmasse des Stockes (durch cuticulare Kalkabscheidung des Coenenchyms) ist die Ursache sehr mannichfaltiger Skeletformen in dieser Gruppe.

Mesodermale Kalkskelete treten in grosser Mannichfaltigkeit in der Ordnung der *Octocorallen* auf. Zuerst erscheinen nur zerstreut Spicula im Bindegewebe des Mesoderms, sehr vielgestaltig in der Gruppe der *Alcyoniden*. Indem diese Spicula oder Scleriten mit einander verschmelzen, entsteht das eigenthümliche Axenskelet der Edelcorallen (*Eucorallium*) und das röhrenförmige Kelch-Skelet der Orgelcorallen (*Tubipora*). Bei anderen Octocorallen werden die Spicula durch dicke Hornscheiden vereinigt (*Sclerogorgia*, *Melithaea*). Die echten *Gorgoniden* haben ein doppeltes Skelet, indem sie im Inneren ein cuticulares Axenskelet bilden, im Mesoderm der Rinde hingegen freie Spicula.

§ 125. Ontogenie der Corallen.

Die individuelle Entwickelungsgeschichte der Anthozoen ist meistens eine Hypogenese mit Metamorphose, selten eine reguläre Metagenese. Bei der Minderzahl bleibt das ausgebildete Individuum auf der Stufe einer solitären Person stehen; bei der grossen Mehrzahl erzeugt die primäre Person (der Metropolyp) durch Knospung oder Theilung Stöcke (§ 120). In einzelnen Fällen (bei einigen Actinien, Fungien etc.) fungirt der Metropolyp als Amme, indem er selbst nicht geschlechtsreif wird, sondern ungeschlechtlich Personen erzeugt, die sich ablösen und erst später geschlechtsreif werden. In diesen Fällen kann man von einem Generationswechsel reden; derselbe besitzt jedoch keine phylogenetische Bedeutung.

Die Gastrulation der Corallen verläuft in der Mehrzahl der beoachteten Fälle typisch, indem sich durch Invagination einer Blastula eine echte schwärmende *Gastrula* mit offenem Urmund bildet, so bei der primitiven *Monoxenia* unter den Octocorallen, und bei den meisten Hexacorallen; in anderen Fällen schwimmt die Flimmerlarve als mundlose *Planula* umher, und die Mundöffnung bricht erst später durch, nachdem sie sich festgesetzt hat; so bei den meisten Octocorallen. In allen Fällen setzt sich die Flimmerlarve mit dem aboralen Pole des birnförmigen oder keulenförmigen Körpers fest, der beim Schwimmen nach vorn gerichtet ist. Gewöhnlich erfolgt schon während des freien Umherschwärmens am hinteren (oralen) Pole die Einstülpung des exodermalen Schlundrohrs, und zugleich die Anlage der radialen Septen, durch welche die radialen Magentaschen geschieden werden. Bei den Larven der Octocorallen treten gleichzeitig alle 8 Septen auf; bei den Hexacorallen dagegen in einer bestimmten Reihenfolge, die durch cenogenetische Modificationen mehrfach abgeändert erscheint. Gewöhnlich wird bei diesen sechszähligen Corallen der peripharyngale Gastralraum zunächst durch ein paar gegenständige transversale Septen in eine grössere dorsale und eine kleinere ventrale Kammer geschieden, worauf die erstere durch ein zweites gegenständiges Septen-Paar in drei Kammern zerfällt, eine unpaare (dorsale) und zwei paarige (oberhalb der ventralen Kammer). Aus dieser vierstrahligen Larvenform geht nunmehr eine achtstrahlige hervor, indem die beiden gegenständigen unpaaren Kammern (zuerst die ventrale, dann die dorsale) durch je zwei, zu beiden Seiten der Median-Ebene liegende Septen in je drei Kammern zerfallen. Gleichzeitig wird bereits das centrale Schlundrohr (und seine Mundspalte) seitlich comprimirt, so dass es in sagittaler Richtung länger erscheint; die Grundform ist somit jetzt amphithect-achtstrahlig. An den beiden Mundwinkeln (dorsalem und ventralem) bildet sich je eine flimmernde Schlundrinne. Diese beiden Larven-Stadien der sechsstrahligen Corallen, sowohl das vierzählige als das achtzählige, besitzen eine hohe phylogenetische Bedeutung, weil sie als erbliche Wiederholungen uralter vierstrahliger und achtstrahliger Ahnenformen aufzufassen sind. Das achtstrahlige Stadium wird oft als *Edwardsia*-Stadium bezeichnet, weil diese Mesocoralle permanent auf dieser Stufe stehen bleibt und den phylogenetischen Uebergang von den Tetracorallen zu den Hexacorallen anzeigt. Die typische achtstrahlige Larve der Hexacorallen verwandelt sich später in eine zwölfstrahlige, indem zu den vier primären (principalen) Septenpaaren noch zwei neue (laterale) hinzutreten. Die sechs Taschenpaare, welche durch diese 12 Septen getrennt werden, ordnen sich dann dergestalt um, dass 6 kleinere Taschen mit 6 grösseren alterniren; von den ersteren liegen 2 gegenständige (sagittale) in der Medianebene (an der dorsalen und ventralen Schlundrinne), 4 grössere zu beiden Seiten derselben; die Grundform ist jetzt zweischneidig-sechsstrahlig; sie wird zweiseitig, wenn sich nur eine (ventrale) Schlundrinne entwickelt (*Monaulea, Cereanthea*). Erst die Ausbildung der zwölfstrahligen Larve fixirt den sechsstrahligen Typus der Hexactinien.

§ 126. System der Corallen.

Legionen	Ordnungen	Unter-Ordnungen	Familien
I. Legion: **Alcyonaria** Kranzcorallen (*Anthozoa monocyclia*). Zahl der Tentakeln, Kammern und Septen in der Ontogenese permanent. Zwischen die interradialen Septen werden keine perradialen Sternplatten eingeschaltet. (*Stephocorallia*)	I. **Staurocorallia** ⊙ (= *Corallarcha*) Constant 4 Parameren, Tentakeln einfach	1. **Procorallaria** ⊙ Ohne Skelet	*Protocorallida* ⊙
		2. **Tetractinaria** ⊙ Mit Stückel-Skelet	*Tetractinida* ⊙
	II. **Octocorallia** (= *Octactinia*) Constant 8 Parameren, 8 Tentakeln gefiedert	3. **Sarcophytaria** Mit Stückel-Skelet	*Monoxenida* *Cornularida* *Sarcophytida*
		4. **Tubiporaria** Mit Röhren-Skelet	*Tubiporida* *Helioporida*
		5. **Gorgonaria** Mit Axen-Skelet	*Gorgonida* *Pennatulida*
	III. **Anticorallia** (= *Antipatharia*) Constant, 6, 10 oder 12 Parameren, Tentakeln einfach	6. **Hexamerota** Mit 6 Magen-Septen	*Cladopathida*
		7. **Dodecamerota** Mit 12 Magen-Septen	*Liopathida*
		8. **Decamerota** Mit 10 Magen-Septen	*Antipathida*
II. Legion: **Zoantharia** Sterncorallen (*Anthozoa polycyclia*). Zahl der Tentakeln, Kammern und Septen in der Ontogenese zunehmend. Zwischen die interradialen Septen werden perradiale Sternplatten (Astrosepten) eingeschaltet. (*Astrocorallia*)	IV. **Tetracorallia** (= *Rugosa*) Vier Parameren. Zahlreiche (4 × x) Astrosepten	9. **Inexpleta** Ohne Füllungs-Skelet	*Cyathaxonida* *Palaeocyclida*
		10. **Expleta** Mit Füllungs-Skelet	*Cyathophyllida* *Zaphrentida* *Cystiphyllida*
	V. **Mesocorallia** (= *Octozoantha*) Acht Parameren. Zahlreiche (8 × x) Astrosepten	11. **Paractinaria** Ohne Skelet	*Edwardsiada* *Gonactinida* *Paractinida*
		12. **Stylinaria** Mit Skelet	*Guyinida* *Stylinida*
	VI. **Hexacorallia** (= *Hexactinia*) Sechs Parameren. Zahlreiche (6 × x) Astrosepten	13. **Halirhodaria** (= *Actiniaria*) Ohne Skelet	*Actinida* *Zoanthida* *Myniadina*
		14. **Oculinaria** Ohne Füllungs-Skelet, nur mit compactem Skelet	*Oculinida* *Turbinolida* *Pocilloporida*
		15. **Madreporaria** Mit Füllungs-Skelet, mit porösem oder compactem Skelet	*Thamnastraeida* *Madreporida* *Poritida* *Astraeida* *Fungida*

§ 127. Stammbaum der Corallen.

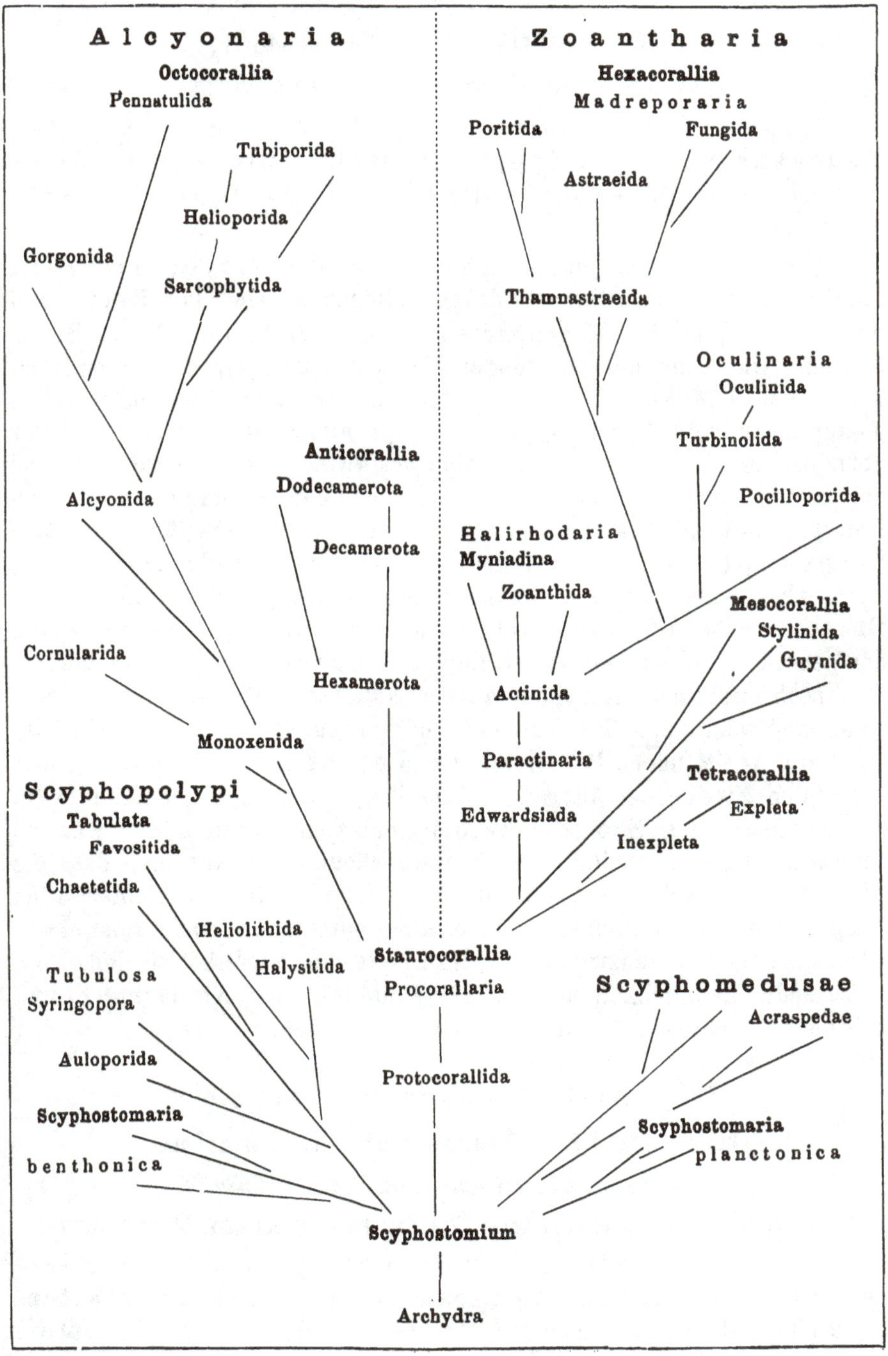

§ 128. Erste Legion der Anthozoen:

Alcyonaria. Kranzcorallen.

ANTHOZOA MONOCYCLIA. STEPHOCORALLIA.

Corallen mit permanenter Zahl der Tentakeln, der Magenkammern und Septen. Zwischen die interradialen Septen werden keine perradialen Sternplatten eingeschaltet.

Die erste Legion der Corallen bilden die Alcyonarien oder *Stephocorallen*, characterisirt durch einfachen Tentakel-Kranz und permanente Zahl der Magentaschen, sowie durch Mangel der Sternplatten. Die Zahl der perradialen Tentakeln und der mit ihnen communicirenden Magentaschen, sowie der interradialen Septen zwischen letzteren, ist bald 4, bald 6, bald 8; ursprünglich ist sie Vier, bei der gemeinsamen Stammgruppe, den *Staurocorallen.* Sie ist verdoppelt bei der grossen Ordnung der *Octocorallen*, die ohne Ausnahme acht gefiederte Tentakeln besitzen und ebenso viele Gastral-Septen. Die Zahl Sechs findet sich in der eigenthümlichen Ordnung der *Anticorallen*, deren phylogenetische und systematische Stellung noch zweifelhaft ist. Die achtstrahligen Octocorallen sind jedenfalls durch Verdoppelung der Tentakel-Zahl aus den vierstrahligen Staurocorallen entstanden. Die sechsstrahligen Anticorallen könnten entweder aus einem anderen Zweige der *Staurocorallen* hervorgegangen sein (durch Einschaltung von 2 neuen Parameren zwischen die 4 ursprünglichen), oder aus einem Zweige der älteren *Octocorallen*, indem 2 gegenständige (in der Längsaxe der Zweige liegende) Tentakeln rückgebildet wurden. Indessen ist es neuerdings mehr wahrscheinlich geworden, dass die Anticorallen durch Verkümmerung und Rückbildung aus einer alten Gruppe der polycyclischen *Hexacorallen* entstanden sind, aus einem ausgestorbenen Seitenzweige der Halirhodarien oder Actiniarien. Die auffallende Aehnlichkeit in der Skeletbildung der Antipathiden und Gorgoniden würde dann auf Convergenz beruhen.

§ 129. Erste Ordnung der Anthozoen:

Staurocorallia. Tetramerale Alcyonarien.

(*Stephocorallia tetrameralia. Archactinia.*)

HYPOTHETISCHE GEMEINSAME STAMMGRUPPE ALLER ANTHOZOEN.

Corallen mit vier Parameren und permanenter Vierzahl der Tentakeln. 4 perradiale Magentaschen alterniren mit 4 interradialen Septen. Keine Astralplatten.

Die Ordnung der Staurocorallen (oder *Archactinien*) bildet die gemeinsame praesilurische Stammgruppe aller Corallen, entsprechend den *Stauromedusen*, der gemeinschaftlichen Stammgruppe aller Scyphomedusen. Weder lebende noch fossile Vertreter dieser ältesten Corallen-Ordnung sind uns mit Sicherheit bekannt; wir können aber auf ihre einstmalige Existenz mit voller Sicherheit aus maassgebenden Thatsachen der vergleichenden Anatomie und Ontogenie schliessen. Bei den meisten Zoantharien, deren Ontogenie genau untersucht ist (— insbesondere bei den Actiniarien, Cereanthen u. s. w. —) werden bei der Einstülpung des Schlundrohrs zunächst vier Magentaschen gebildet, welche dasselbe in Kreuzform umgeben; gewöhnlich sind dieselben paarweise ungleich, so dass die amphithect- (oder selbst amphipleurisch) modificirte vierstrahlige Grundform erscheint. Bei den Octocorallen werden allerdings gewöhnlich alle 8 Magentaschen gleichzeitig angelegt; dass aber auch sie ursprünglich von vierzähligen Staurocorallen abstammen, zeigt die Structur des Metropolypen (oder „Stiels") der *Pennatuliden*; sein Querschnitt zeigt genau dieselben 4 Gastralkammern, wie der Querschnitt der Larven von *Cereanthus* und den *Actinien*: ein paar symmetrisch gleiche Lateral-Kammern zu beiden Seiten der Median-Ebene, in welcher das Mundrohr und die beiden (oft ungleichen) Sagittal-Kammern liegen (dorsale und ventrale). Die tetranemale Larve von *Arachnactis* zeigt diesen amphithect-vierstrahligen Bau sehr deutlich ausgeprägt.

Da im unteren Silur zahlreiche Formen von echten Tetracorallen (— welchen nothwendig niedere Staurocorallen vorausgegangen sein müssen —) schon sehr entwickelt auftreten, dürfen wir schliessen, dass Staurocorallen einfachster Art schon in der cambrischen Zeit existirten. *Protocorallium*, die hypothetische Urform, dürfte dem *tetranemalen Scyphostoma* in Form und Bau höchst ähnlich gewesen sein, wesentlich verschieden nur durch das eingestülpte Schlundrohr. Die 4 kreuzständigen Magenkammern werden gleich gewesen sein und sich in 4 hohle Tentakel fortgesetzt haben. Wie bei den einfachsten Octocorallen (*Cornularia*) hat ein selbständiges Mesoderm noch gefehlt und war dasselbe durch eine dünne, structurlose Schicht zwischen den beiden Epitelblättern vertreten. Später wird sich dann dieses Fulcrum verdickt und zu Mesenchym entwickelt haben, in welchem sich Spicula bilden konnten (*Tetractinaria*). Wir halten es für sehr wahrscheinlich, dass während der cambrischen Periode eine grosse Zahl von mannichfaltig differenzirten Staurocorallen lebte, die wegen Mangels eines zusammenhängenden festen Kalk-Skeletes keine fossilen Reste hinterlassen konnten.

§ 130. Zweite Ordnung der Anthozoen:

Octocorallia. Octomerale Alcyonarien.

(*Stephocorallia octomeralia. Octactinia. Alcyonaria* ss. restr.).

HAUPTGRUPPE DER MODERNEN ALCYONARIEN.

Corallen mit acht Parameren und permanenter Achtzahl der Tentakeln. 8 perradiale Magentaschen alterniren mit 8 interradialen Septen. Keine Astralplatten.

Die Ordnung der Octocorallen (oder *Octactinien*) umfasst eine grosse Anzahl lebender und tertiärer, sowie eine geringe Zahl älterer fossiler Formen. Dieselben bilden in der Gegenwart die formenreiche Hauptgruppe der Alcyonarien und entwickeln eine grosse Mannichfaltigkeit in der Bildung der Cormen und des Skelets; hingegen ist die Organisation der Personen sehr einförmig und in allen Hauptverhältnissen streng erblich. Alle Octocorallen besitzen im völlig entwickelten Zustande 8 gleiche Parameren, 8 perradiale Magenkammern und 8 dazwischen liegende vollständige Septen; die 8 gleichen Tentakeln, deren Höhle mit den 8 Magentaschen communicirt, zeichnen sich vor denjenigen aller anderen Corallen dadurch aus, dass sie regelmässig gefiedert sind. Der basale Magenraum ist einfach und ohne jede Andeutung von Sternplatten.

Obwohl die achtstrahlige Grundform der Anthopolypen bei allen Octocorallen äusserlich ganz regulär erscheint, besteht doch eine vollkommene Regelmässigkeit der octoradialen Grundform nur bei Einigen der niedersten und ältesten Formen dieser Ordnung, bei *Monoxenia* und *Clavularia*. Hier sind alle 8 Parameren congruent, die 8 Septen völlig gleich, fertil, mit sehr schwachen, nicht vortretenden Muskelplatten; der Schlund ist cylindrisch, seine Mundöffnung und Schlundpforte kreisrund. Die Grundform ist hier die reguläre achtseitige Pyramide. Bei allen übrigen Octocorallen verwandelt sich dieselbe in die bilateral-achtstrahlige (oder besser amphipleure) Pyramide, indem der cylindrische Schlund sich in einer (sagittalen) Meridian-Ebene taschenförmig zusammenklappt und der Mund somit zu einem langen und schmalen Spalte wird. Zugleich werden 2 längere Septen steril, so dass nur die 6 kürzeren Septen Gonaden bilden; die 8 Muskelfahnen ordnen sich an den Septen dergestalt symmetrisch, dass sie einer ventralen, an dem Bauchrande des Schlundes gebildeten Schlundrinne zugewendet sind. Die Median-Ebene trennt hier den achtstrahligen Körper in ein paar symmetrisch gleiche Seitenhälften.

Nur die kleine Familie der *Monoxeniden*, die älteste unter allen Octocorallen, bleibt auf der Stufe der solitären Person stehen; alle übrigen bilden Stöcke von sehr mannichfaltiger Form. Im einfachsten Falle entstehen aus der primären Person Wurzelausläufer (Stolonen), aus denen sich einzelne Personen erheben; sie gleichen bei den *Cornulariden* auffallend den kriechenden Stöcken von Campanarien. Bei den Orgelcorallen (*Tubipora*) wachsen zahlreiche röhrenförmige Personen mit verkalktem Mesoderm dicht neben einander vertical empor und sind durch horizontale Platten verbunden. Die meisten Alcyoniden erzeugen reichliches Coenenchym zwischen den durch Knospung sich vermehrenden Personen; im Coenenchym entwickelt sich ein reiches Canalnetz, im mesodermalen Bindegewebe werden Kalknadeln gebildet. Compacte Kalkstöcke, ähnlich denen der hexactinien Steincorallen, bilden die *Helioporiden*. Die *Gorgoniden* dagegen bilden durch cuticulare Ausscheidung aus dem Exoderm der Basis ein inneres, horniges oder kalkiges Axen-Skelet, das sich baumförmig verästelt; die sehr zahlreichen und kleinen Personen sitzen in dem dünnen, Kalknadeln enthaltenden Rindenüberzug. Die höchste Ausbildung erreicht die Cormosis in der Gruppe der *Pennatuliden*, wo ein primärer Metropolyp (meistens mit vierstrahligem Gastralraum) durch laterale Knospung regelmässig gefiederte Stöcke von Federform bildet. Die phylogenetische Entstehung dieser mannichfaltigen Stockformen durch Modificationen der monogenetischen Vermehrung und Anpassung an die Lebensweise lässt sich schrittweise verfolgen.

Die Cormen der niederen und älteren Octocorallen sind monomorph, aus gleichartigen Personen zusammengesetzt; so die Cornulariden, Tubiporiden, die meisten Gorgoniden und viele Alcyoniden. Dagegen tritt Arbeitstheilung ein in den polymorphen Stöcken einzelner Gorgoniden (*Eucorallium*, *Dasygorgia*) und Alcyoniden (*Sarcophytum*, *Lobophytum*), ferner bei *Heliopora* und bei allen *Pennatuliden*. Bei diesen polymorphen Cormen sind nur die grösseren Geschlechtsthiere (die Anthopolypen oder *Anthozoide*) vollständig entwickelt, mit Tentakelkranz und 8 Septen; die kleineren sterilen Personen (die Parapolypen oder *Siphozoide*) haben nur 2 gegenständige Septen und keine Tentakeln; sie dienen zur Regulirung der Wasseraufnahme.

Die einfachsten Formen der Octocorallen haben unter allen lebenden Anthozoen die ursprünglichen Verhältnisse der Organisation am getreuesten bewahrt, so namentlich die *Monoxeniden* und *Cornulariden*. Bei Einigen dieser niedersten Alcyonarien besteht noch kein zellenhaltiges Mesoderm; an seiner Stelle liegt zwischen Exoderm und Entoderm eine dünne, structurlose Stützplatte, wie bei den Hydropolypen. Das dünne, chitinöse Cuticular-Skelet, welches die röhrenförmigen

Stolonen der *Cornularien* umschliesst und becherförmige Hüllen um die einzelnen Personen bildet, gleicht ganz demjenigen der *Campanarien* unter den Hydropolypen (§ 79).

Die Abstammung der *Octocorallen* von den *Staurocorallen* kann keinem Zweifel unterliegen; jene achtzähligen sind aus diesen vierzähligen Alcyonarien, durch Verdoppelung der Magentaschen und Tentakeln entstanden. Der Metropolyp (oder „Stiel") der Pennatuliden ist von 4 radialen Canälen durchzogen, welche in ihrer bilateralen Differenzirung sich gerade so verhalten, wie die 4 primären Magentaschen vieler Zoantharien-Larven (vergl. § 125).

Die Palaeontologie giebt über die Stammesgeschichte der Octocorallen keine bedeutenden Aufschlüsse. Die Skeletbildungen sind bei der Mehrzahl dieser Alcyonarien zu unvollständig, um eine kenntliche Erhaltung in fossilem Zustande zu ermöglichen. Von dem festen Axenskelet der Gorgoniden (auch von dem der Edelcoralle, *Eucorallium*) sind Reste aus der Kreide und der Tertiärzeit erhalten, aber ohne morphologisches Interesse. Auch *Heliopora* findet sich fossil von der Kreide an. Dagegen ist es sehr zweifelhaft, ob die palaeozoischen *Heliolithiden* eine wirkliche Verwandtschaft zu den ähnlichen *Helioporiden* besitzen (denen ihre Kalkröhren im Besitze von 12 Pseudosepten gleichen); wahrscheinlich gehören sie zu einer anderen Gruppe der Corallen, vielleicht zu den Tabulaten (§ 119). Auch die angenommene Verwandtschaft mancher Tabulaten (*Syringopora*, *Halysites* etc.) mit *Tubipora* ist sehr zweifelhaft; der grösste Theil dieser Tabulaten gehörte wahrscheinlich zu den *Scyphopolypen* (§ 117).

Die Ontogenie ist erst von wenigen Octocorallen näher bekannt und giebt auch keine besonderen Aufschlüsse über die einzelnen Verhältnisse ihrer Phylogenie. Die 8 Magenkammern und Tentakeln werden bei der jungen Larve gewöhnlich gleichzeitig angelegt (— wogegen ursprünglich die 4 interradialen später als die 4 perradialen entstanden sein werden —). Bemerkenswerth ist, dass bei den octoradialen Larven der niedersten Formen (*Monoxenia*, *Clavularia*) die achtstrahlige Form völlig regulär ist (Schlund cylindrisch, Mund kreisrund). Bessere Kenntniss und Vergleichung der Metamorphose der einzelnen Gattungen wird wohl noch manche Räthsel in der Phylogenie dieser Anthozoen aufklären.

Dagegen erklärt uns die vergleichende Morphologie der Octocorallen viele Verhältnisse ihrer Abstammung in sehr befriedigender Weise, besonders innerhalb der morphologisch reich differenzirten Gruppen, der *Gorgoniden* und *Pennatuliden*. Die einzelnen Familien und Subfamilien dieser formenreichen Unterordnungen lassen sich grossentheils leicht im Stammbaum unterbringen; ebenso wie die einzelnen Gruppen der Alcyoniden (*Sarcophytarien*) sind sie ursprünglich auf so einfache Stammformen zurückzuführen, wie es die kleinen, heute noch lebenden *Cornulariden* und *Monoxeniden* sind.

§ 131. Dritte Ordnung der Anthozoen: **Anticorallia. Hexamerale Alcyonarien.**

(*Antipatharia. Stephocorallia hexactinia.*)

ISOLIRTER SEITENZWEIG DER SECHSSTRAHLIGEN ALCYONARIEN.

Corallen mit sechs Parameren und meist permanenter Sechszahl der Tentakeln. 6, 10 oder 12 perradiale Magentaschen alterniren mit ebenso vielen interradialen Septen. Keine Astralplatten.

Die Ordnung der Anticorallen oder *Antipatharien* bildet eine kleine Gruppe von sehr eigenthümlich organisirten Anthozoen, deren wahre Stellung im System und dem entsprechend auch die phylogenetischen Beziehungen zu anderen Corallen noch zweifelhaft sind. Alle Antipatharien bilden baumförmig verzweigte (— nur bei *Cirripathes* stabförmige und unverästelte —) Stöcke, welche denjenigen vieler *Gorgoniden* ähnlich und mit sehr zahlreichen und kleinen Personen bedeckt sind. Diese erheben sich aus einer sehr dünnen Coenenchym-Platte, welche röhrenförmig das chitinöse Axen-Skelet überzieht. Gleich dem ähnlichen „Hornskelet" der Gorgoniden wird dasselbe von einer cuticularen Ausscheidung der Fussscheibe gebildet. Die kleinen Polypen der Antipatharien tragen nur einen einfachen Kranz von cylindrischen oder konischen Tentakeln. Diese sind gewöhnlich einfach, selten (bei *Dendrobrachia*) gefiedert, wie bei den Octocorallen. Meistens sind nur 6 Tentakeln vorhanden, selten 12 oder 24. Gewöhnlich liegen zwei gegenständige Tentakeln in der Ebene der Mundspalte, senkrecht zur Längsaxe des Zweiges, auf dem der Polyp sitzt; die vier anderen halbiren die rechten Winkel zwischen der ersteren und der Zweigaxe. Zwischen den 6 perradialen Tentakeln liegen meistens 6 interradiale Septen, welche das Schlundrohr mit der Kelchwand verbinden. Von diesen sind aber nur zwei gegenständige völlig entwickelt, diejenigen, welche in der Längsaxe des Zweiges, also senkrecht zur Mundspalte stehen; nur diese beiden Septen bilden Gastral-Filamente und Gonaden. Die 4 übrigen Septen sind steril, klein und rudimentär. In einigen Gattungen ist die Zahl der Magen-Septen vermehrt; 6 besitzen die *Hexameroten*, 10 die *Decameroten*, 12 die *Dodecameroten*.

Der Körperbau der sechsstrahligen und monocyclischen Antipathiden ist so eigenthümlich, dass sie der phylogenetischen Beurtheilung grosse Schwierigkeiten bieten, um so mehr als die Ontogenese noch ganz unbekannt ist. Der einfache Tentakel-Kranz, sowie der Mangel der Astralplatten, stellt dieselben zu den monocyclischen Alcyonarien, unter denen namentlich die *Gorgoniden* in der Bildung der Cormen und des cuticularen Axenskeletes viele Aehnlichkeiten darbieten. Hiernach könnte man annehmen, dass die Antipatharien einen Ueberrest einer selbständigen älteren Alcyonarien-Gruppe bilden, die sich entweder direct aus vierzähligen *Staurocorallen* oder aus achtzähligen *Gorgonarien* entwickelt hat. Auf der anderen Seite sprechen aber viele Gründe für die Annahme, dass die Antipatharien einen verkümmerten Zweig der *Hexacorallen* darstellen; insbesondere hat man mit Erfolg versucht, sie durch Rückbildung aus einer proliferirenden Hexactinien-Form (*Gephyra*) oder einer verwandten Actiniarie abzuleiten. Sichere Entscheidung darüber ist erst von der Kenntniss ihrer Ontogenie zu erwarten.

§ 132. Zweite Legion der Anthozoen: Zoantharia. Stern-Corallen.

ANTHOZOA POLYCYCLIA. ASTROCORALLIA.

Corallen mit wachsender Zahl der Tentakeln, Magenkammern und Septen. Zwischen die interradialen Septen werden perradiale Sternplatten eingeschaltet.

Die Legion der Zoantharien oder *Astrocorallen* bildet die zweite und jüngere Hauptgruppe der Anthozoen, characterisirt durch den Besitz von Sternplatten und durch secundäre Ausbildung von accessorischen Tentakeln und Magenkammerm. In der ersten Jugend gleichen sie durch einfache Bildung des Tentakel-Kranzes und Taschen-Kranzes den *Alcyonarien*; sie sind daher auch phylogenetisch von ihnen abzuleiten; später entfernen sie sich von ihnen, indem neue (succursale) Tentakeln und Septen zwischen die ursprünglichen (principalen) eingeschaltet werden.

Die ursprüngliche Zahl der Parameren oder die „homotypische Grundzahl" ist auch bei den *Zoantharien*, ebenso wie bei ihren *Alcyonarien*-Ahnen, Vier, und diese Zahl bleibt — trotz der Multiplication der Sternleisten — streng erblich erhalten in der palaeozoischen Ordnung der *Tetracorallen*. Die Vierzahl wird verdoppelt bei ihren jüngeren Nachkommen, den achtstrahligen *Mesocorallen*; diese verhalten sich mit ihren acht Parameren zu ersteren ganz ähnlich, wie unter den Alcyonarien die *Octocorallen* zu den *Staurocorallen*. Aus den permischen Mesocorallen sind im Beginn der Triasperiode (oder etwas früher) die sechsstrahligen *Hexacorallen* hervorgegangen, wie deren Ontogenese (— insbesondere das octoradiale *Edwardsia*-Stadium —) deutlich beweist. Die Sechs-Zahl ihrer Parameren ist keine ursprüngliche, sondern durch amphithecte Differenzirung einer achtstrahligen Form entstanden; aus den 8 Magentaschen der letzteren wurden zunächst 12, und diese zwölf Parameren differenzirten sich dergestalt, dass 6 primäre (perradiale) mit 6 secundären (interradialen) alternirten; in den 6 perradialen Magentaschen entstanden sodann die 6 primären Sternleisten. Der Uebergang der achtstrahligen in die sechsstrahlige Grundform scheint übrigens polyphyletisch, und in mehrfach verschiedener Form stattgefunden zu haben; auch ist nicht ausgeschlossen, dass ein Theil der *Hexacorallen* direct aus *Tetracorallen* entstanden ist. So scheinen namentlich die älteren mesozoischen Madreporarien durch Umbildung mehrerer permischer Tetracorallen entstanden sein, während die skeletlosen Hexactinien durch die verbindende Zwischengruppe der Octactinien (oder Paractinarien) mit ihren älteren Protocorallen-Ahnen verknüpft werden; das beweist deutlich ihre Ontogenie.

Die Sternplatten oder Sternleisten (*Astroplateae*, *Astrolamellae*) sind demnach als characteristische (— bei den Alcyonarien niemals vorkommende —) Productionen der Zoantharien zu betrachten. Sie wurden früher allgemein als „Septen" bezeichnet und mit den echten Septen (oder Parieten), den radialen Scheidewänden der Magentaschen, verwechselt; auch nahm man irrthümlich an, dass die Sternplatten der Madreporarien durch Verkalkung dieser echten Septen entstünden. Allein diese letzteren sind ursprünglich stets interradial und liegen in den Meridian-Ebenen zweiter Ordnung. Die Sternplatten hingegen wachsen als perradiale Lamellen in die Mitte der Magentaschen hinein und liegen somit in den Meridian-Ebenen erster Ordnung.

Die perradialen Sternplatten sind ursprünglich als radiale Falten der Kelchwand aufzufassen, welche mit dem Schlundrohr in keinem Zusammenhang stehen. Die interradialen Septen hingegen sind ursprünglich radiale Falten der Mundscheibe, Einziehungen zwischen den Tentakeln, welche von Anfang an die Kelchwand mit dem Schlundrohr in Verbindung erhalten. Wir betrachten daher auch bei den skeletlosen Actiniarien nur die vollständigen Scheidewände der radialen Magenkammern als echte Septen, hingegen die zwischen denselben liegenden „unvollständigen Septen" (Sarcosepten) als unverkalkte Sternplatten. Ebenso wie die Astroplatten der Madreporarien, deren Exoderm die kalkigen „Sternleisten" absondert, sind sie als Radialfalten des basalen oder aboralen Theiles der Kelchwand aufzufassen; ihr freier (axialer) Rand verbindet sich nicht mit dem Schlundrohr.

§ 133. Vierte Ordnung der Anthozoen: Tetracorallia. Tetramerale Zoantharien.

(*Astrocorallia rugosa. Tetractinia. Pterocorallia.*)

HAUPTGRUPPE DER PALAEOZOISCHEN CORALLEN.

Corallen mit vier Parameren und wachsender Tentakel-Zahl (Multiplum von Vier). Zahlreiche ($4 \times x$) Astralplatten.

Die Ordnung der Tetracorallen (oder *Rugosen*), durch zahlreiche wohlerhaltene Fossilien bekannt, bildet die Hauptmasse der palaeozoischen Corallen und vertritt während dieses Zeitalters hauptsächlich den Stamm der Nesselthiere. Zu dieser Ordnung gehören die ältesten fossilen Reste von Anthozoen, die wir kennen (aus dem untersten Silur). Sie bilden mächtige Corallen-Riffe während der silurischen, devonischen und carbonischen Zeit; im Perm sterben sie grösstentheils oder ganz aus. Es ist noch zweifelhaft, ob spätere vierstrahlige Zoantharien, sowie einige lebende Zoantharien, deren Grundform ursprünglich rein vierstrahlig, später oft achtstrahlig ist (*Cereanthida*, *Zoanthida*), im System besser zu dieser oder zu der folgenden Ordnung gestellt werden.

Die echten palaeozoischen Tetracorallen sind zum grossen Theile solitäre Personen (*Monocorallen*), zum anderen Theile sociale, stockbildende Arten (*Cormocorallen*). Diese rugosen Corallenstöcke sind stets durch Mangel eines besonderen Coenenchyms ausgezeichnet; ihre Personen sind unmittelbar aneinandergedrängt und verwachsen. Bei allen echten Tetracorallen ist der vierstrahlige Bau des Körpers mehr oder weniger scharf ausgeprägt, gewöhnlich dadurch, dass unter den zahlreichen radialen Sternplatten des Kelches sich die 4 primären durch besondere Grösse oder eigenthümliche Differenzirung auszeichnen. In der grossen Mehrzahl der Fälle ist die Form der vierstrahligen Personen zugleich ausgeprägt zweihälftig, so dass 2 ungleiche gegenständige Astroplatten in der Median-Ebene liegen (dorsale und ventrale), 2 andere (laterale) paarig zu beiden Seiten derselben. Die weite Verbreitung und mannichfaltige Ausprägung dieses bilateral-vierstrahligen Baues hat zu der irrthümlichen Ansicht geführt, dass derselbe für die ganze Ordnung der Tetracorallen eine maassgebende typische Bedeutung besitze; manche Palaeontologen haben dieselben sogar schlechtweg als „nicht strahlig, sondern zweiseitig“ bezeichnet. Das ist aber durchaus nicht der Fall; denn erstens sind alle „bilateralen Tetracorallen“ zugleich tetraradial, und zweitens giebt es daneben viele ganz regulär-vierstrahlige Formen. Auch die secundären Sternleisten, welche sich zwischen den 4 primären entwickeln, zeigen durchaus nicht allgemein die bilaterale Anordnung, die man für typisch hielt.

Transformation der Tetracorallen. A. Regulär-vierstrahlige Tetracorallen, welche keinerlei Andeutung einer zweiseitigen Anordnung zeigen, finden sich sowohl unter den solitären als unter den socialen Vertretern dieser Ordnung, besonders in den Familen der *Cyathaxoniden*, *Cyathophylliden*, *Palaeocycliden* und *Stauriden*. Eine vollkommen regelmässige Quadrat-Pyramide ist z. B. der kegelförmige Kelch der solitären inexpleten *Cyathaxonia* (einer der einfachsten Formen) und des expleten *Omphyma* (Unter-Silur); die 4 primären Sternplatten bilden um die kreisrunde Centralhöhle ein reguläres rechtwinkeliges Kreuz, und die zahlreichen secundären Platten sind in den 4 congruenten Quadranten ganz regelmässig angeordnet, grössere und kleinere alternirend. Bei dem solitären *Goniophyllum pyramidale* bilden die 4 stärkeren Primär-Platten ebenfalls ein rechtwinkeliges Kreuz und halbiren die 4 Seiten der quadratischen Mundscheibe. Auch bei den Stöcken der socialen Stauriden (*Stauria*, *Holocystis*, *Polycoelia* u. A.) zeigen die gedrängt stehenden Personen eine regelmässig-vierstrahlige Grundform. Die Mundöffnung dieser regulären Tetracorallen wird kreisrund gewesen sein, und das Schlundrohr cylindrisch oder regulär vierseitig-prismatisch.

B. Die zweihälftig-vierstrahligen Tetracorallen (mit *tetramphipleurer* Grundform) zeigen alle Uebergänge von jener ursprünglichen regulären bis zu einer ausgeprägt bilateralen oder *dipleuren* Form. Gewöhnlich sind die 4 primären Astroplatten dergestalt differenzirt, dass die Dorsalplatte oder Hauptplatte (das „Hauptseptum“) stärker entwickelt ist als die gegenüberstehende Ventralplatte oder Gegenplatte (das „Gegenseptum“). Zu beiden Seiten dieser Medianplatten sind die beiden Seiten-Platten oder Lateral-Platten so symmetrisch gestellt, dass sie mit der Dorsalplatte einen kleineren (spitzen), mit der Ventralplatte einen grösseren (stumpfen) Winkel bilden. In den 4 Quadranten des Kelches, welche durch diese 4 stärkeren Primär-Septen geschieden werden, sind die zahlreichen schwächeren Secundär-Septen dergestalt vertheilt, dass in den beiden Dorsal-Quadranten (oder „Haupt-Vierteln“) ihre Axial-Enden gegen die Dorsalplatte gerichtet sind, und zwar die ältesten an den Seitenplatten, diesen fast parallel liegen; während in den beiden Ventral-Quadranten (oder „Gegen-Vierteln“) ihre Axial-Enden gegen die Seitenplatten gerichtet sind, und zwar die ältesten an der Ventralplatte liegen, dieser fast parallel. Die beiden Hälften des Kelches sind in Folge dieses bilateralen Wachsthums vollkommen symmetrisch gleich, und die Median-Platten erscheinen in der Peristom-Ansicht als Mittelrippe eines gefiederten Blattes. Häufig ist auch der Ventral-Theil des Sagittal-Septums (unter Rückbildung der ventralen Sternplatte) in eine tiefe Grube verwandelt; diese Umbildung stützt unsere Ansicht, dass hier (— ähnlich wie bei dem lebenden, nahe verwandten *Cereanthus* —) an dem Ventral-Winkel der sagittalen Mundspalte eine ventrale Flimmer-Rinne ausgebildet war, und dass diese characteristische Schlundbildung in erster Linie als Ursache jener bilateralen Differenzirung anzusehen ist. Jedenfalls ist die letztere weit entfernt, als eine typische und für alle *Tetracorallen* characteristische angesehen werden zu können.

Zahlreiche Gattungen, welche in den fünf Familien der echten Tetracorallen unterschieden werden, gestatten zum grossen Theil eine phylogenetische Verknüpfung auf Grund morphologischer Vergleichung, und diese entspricht auch grossentheils ihrer historischen Succession in den palaeozoischen Sedimenten. Die ältesten Tetracorallen erscheinen spärlich im Unter-Silur, häufig im Ober-Silur; sehr reichlich ist ihre Entwickelung während der devonischen und carbonischen Periode, wo sie mächtige Bänke bilden. Dann sterben sie grösstentheils aus und sind im Perm nur noch durch wenige echte Gattungen vertreten. Ein Theil der *Tetracorallen* bildete sich schon damals zu octoradialen *Mesocorallen* um und bereitete dadurch den Uebergang zu den mesozoischen *Hexacorallen* vor, welche schon in der Trias die ersteren ersetzen.

§ 134. Fünfte Ordnung der Anthozoen: **Mesocorallia. Octomerale Zoantharien.**

(*Astrocorallia octactinia. Octozoantha.*)

UEBERGANGS-GRUPPE VON DEN TETRACORALLEN ZU DEN HEXACORALLEN.

Corallen mit acht Parameren und wachsender Tentakel-Zahl (Multiplum von Acht). Meistens zahlreiche (8 $\times$ x) Astralplatten.

Die Ordnung der Mesocorallen oder *Octozoanthen* gründen wir hier für eine wichtige, bisher nicht genügend gewürdigte Gruppe von achtstrahligen Zoantharien, welche den Uebergang von den älteren (palaeozoischen) *Tetracorallen* zu den jüngeren (mesozoischen) *Hexacorallen* vermittelt. Dieser Uebergang wird gewöhnlich dadurch hergestellt, dass zunächst aus den 4 Parameren der Tetracorallen durch Verdoppelung 8 werden (Mesocorallen), und dass hierauf durch Einschiebung von 4 neuen (lateralen) Parameren 12 entstehen (vergl. § 132 und § 135).

Die Zahl der perradialen Magenkammern und der sie trennenden interradialen Septen beträgt in dieser Ordnung ursprünglich 8, die Zahl der Tentakeln 16, 32 oder ein anderes Multiplum von 8. Wie bei den sechsstrahligen Hexacorallen können wir auch bei den achtstrahligen Mesocorallen als zwei Unter-Ordnungen die skeletlosen und die skeletalen Gruppen unterscheiden: *Paractinaria* und *Stylinaria.* Bisher wurden die skeletlosen Paractinarien zu den Actiniaria gerechnet

(*Edwardsida*, *Paractinida*, *Gonactinida*, *Cereanthida*), dagegen die skeletführenden Stylinarien zu den Madreporarien (*Guyinia*, *Haplophyllum*, *Coccophyllum*, *Stylina*, *Holocystis* u. A.).

Die bekannteste und wichtigste Gruppe unter den lebenden Mesocorallen ist die Familie der Edwardsida (*Edwardsia* mit 16, *Edwardsiella* mit 32 Tentakeln). Der cylindrische oder keulenförmige Körper dieser interessanten (früher zu den Actinien gestellten) Mesocorallen zeigt schon äusserlich die octoradiale Form deutlich durch 8 longitudinale Meridian-Furchen, entsprechend den Insertionen der 8 Septen, welche als vollständige Scheidewände die 8 perradialen Magenkammern trennen. Die 16 Tentakeln der *Edwardsia* sind 8 längere und 8 kürzere, alternirend gestellt. Obgleich der Schlund im Querschnitt regulär-achtstrahlig erscheint, bildet der Mund doch, wie bei den meisten Corallen, einen schmalen Sagittal-Spalt, mit dorsalem und ventralem Mundwinkel. Die 8 Muskelfahnen sind amphipleurisch in der Weise an den Septen einseitig vertheilt, dass die beiden sagittalen Magenkammern (dorsale und ventrale) muskelfrei sind, die beiden ventrolateralen je 2 gegenständige Muskelfahnen enthalten, und die 4 übrigen Kammern (2 dorsolaterale und 2 translaterale) je eine Fahne, und zwar der Bauchseite zugekehrt. Durch diese bilaterale Anordnung wird die Grundform octamphipleurisch (zweihälftig-achtstrahlig).

Die grosse phylogenetische Bedeutung von Edwardsia liegt in der Thatsache, dass in der Ontogenese der meisten bisher genauer untersuchten *Hexacorallen* — insbesondere der meisten *Actiniarien* — eine achtstrahlige Jugendform vorübergehend auftritt, die man wegen ihrer morphologischen Uebereinstimmung mit der ersteren geradezu als Edwardsia-Stadium bezeichnen kann. Insbesondere ist bei den gewöhnlichen *Actinien* die Anordnung der Muskelfahnen an den 8 Septen genau so wie bei *Edwardsia*; erst indem noch 4 Septen hinzutreten, und die 12 Mesenterien sich paarweise ordnen, wird die characteristische Actinien-Form mit 6 Septenpaaren erreicht, welche den Ausgangspunkt der weiteren Entwickelung für die meisten Hexacorallen bildet.

Eine sehr interessante Gruppe von Mesocorallen sind die Gonactiniden. Auch sie haben, wie *Edwardsia*, 8 vollständige Radialtaschen und 16 Tentakeln (in zwei alternirenden Kränzen stehend). Während aber bei Edwardsia in allen 8 Septen sich Gonaden entwickeln, ist dies bei *Gonactinia* nur in den 4 lateralen der Fall; die 4 kleineren sagittalen Mesenterien (2 dorsale und 2 ventrale) bleiben steril. Ausserdem entwickeln sich in den Radialtaschen zwischen den 8 vollständigen „Macrosepten", den echten Radial-Septen, noch 8 unvollständige „Microsepten" oder Sternplatten. Jene Reminiscenz an den vierstrahligen Typus der Scyphostomarien ist bei *Gonactinia prolifera* um so interessanter, als dieselbe sich ungeschlechtlich nicht allein durch basale Lateral-Knospen vermehrt, sondern auch durch terminale Knospung (oder sogenannte „Quertheilung"), gleich der Scyphostoma-Amme der Acraspeden.

Eine dritte Gruppe von Mesocorallen bilden die Cereanthiden, in deren Ontogenese zuerst die vierstrahlige, darauf die achtstrahlige Grundform deutlich hervortritt; in der weiteren Entwickelung wird dieselbe bald zweihälftig (octamphipleurisch), indem das taschenförmig comprimirte

Schlundrohr nur eine ventrale Schlundrinne ausbildet und in der dorsalen Magentasche allein succursale Septenpaare gebildet werden. Auch in ihrer sônstigen, sehr eigenthümlichen Organisation weichen die Cereanthiden oder Paranemata (*Cereanthus, Saccanthus, Arachnactis*) mannichfach von allen anderen Corallen ab. Sie allein besitzen ausser dem marginalen Tentakel-Kranze noch einen zweiten Kranz um den Mund. Auch sind sie Hermaphroditen, da in einem und demselben Septum sich beiderlei Gonaden ausbilden. Vielleicht sind daher die Cereanthiden als ein eigener, isolirt auslaufender Seitenzweig dor palaeozoischen Tetracorallen zu betrachten.

Wahrscheinlich gehören zu den Mesocorallen auch die Paractinien, von denen *Sicyonis* 64 Paar Septen besitzt, amphithect zu beiden Seiten der sagittalen Mundspalte vertheilt. Von diesen sind 16 primäre Mesenterien vollständige echte Septen und verbinden das Schlundrohr mit der Kelchwand; mit ihnen alterniren 16 unvollständige Secundär-Septen (die an der Mundscheibe endigen), und zwischen erstere und letztere sind 32 kleinere Septenpaare dritter Ordnung ganz regelmässig eingeschaltet. Diese accessorischen unvollständigen Radial-Lamellen betrachten wir als weichhäutige Sternplatten („Sarcosepta").

Im Gegensatze zu den bilateral-achtstrahligen Mesocorallen tritt bei den Stauractinien die amphithect-octoradiale Grundform sehr deutlich hervor, so bei den Larven der Tealiden; sie besitzen die characteristische Grundform der *Ctenophoren*. Dorsale und ventrale Körperhälfte sind bei diesen zweischneidig-achtstrahligen (— oder sogenannt „zweistrahligen" — Actinien unter sich congruent, ebenso rechte und linke Hälfte. Von den 8 Magenkammern sind die beiden sagittalen die kleinsten, ohne Muskelfahnen; die beiden lateralen sind grösser, mit je 2 zugewandten Muskelfahnen; die 4 Diagonal-Kammern (zwischen ersteren und letzteren) sind die grössten, jede mit einer Muskelfahne an ihrer Sagittal-Wand.

Endlich giebt es auch Mesocorallen von völlig regulärer achtstrahliger Grundform, die Holactinien (*Gyractis*). Ihr Mund ist kreisrund, das Schlundrohr cylindrisch, ohne Schlundrinnen, die zahlreichen Septenpaare völlig gleich, nach der Achtzahl geordnet, die Septen jedes Paares mit zugewandten longitudinalen und abgewandten transversalen Muskeln. Die kreisrunde Mundscheibe (mit 16 Radial-Streifen) trägt am Rande einen mehrfachen Kranz von zahlreichen Tentakeln. Die achtstrahlige Grundform ist bei dieser *Gyractis* ebenso völlig regelmässig, wie bei der Octocoralle *Monoxenia*. Man hat angenommen, dass diese Holactinien-Form durch Umbildung aus einer zweiseitig-achtstrahligen *Edwardsia* entstanden sei; es sprechen aber auch Gründe für die entgegengesetzte Annahme. *Gyractis* ist vielleicht, ebenso wie *Monoxenia*, ein isolirter Ueberrest einer uralten, regulär-achtstrahligen Corallen-Gruppe.

Unter den lebenden Madreporarien, die gewöhnlich alle als *Hexacorallen* betrachtet werden, scheinen sich auch noch Reste von achtstrahligen *Mesocorallen* zu finden. *Guyinia* und *Haplophyllum* sind solche regulär-octoradiale Monocorallen der Tiefsee; das Kalkskelet von *Guyinia* zeigt 8 reguläre Sternleisten von gleicher Grösse, dasjenige von *Haplophyllum* 16 (indem 8 primäre grössere Platten mit 8 kleineren alterniren). Ebenso ist auch bei einer Anzahl von fossilen Madreporarien der achtstrahlige Bau deutlich ausgesprochen, besonders bei solchen aus der älteren mesozoischen Zeit, aus jener wichtigen Periode, in welcher die Umbildung der Tetracorallen in Hexacorallen stattfand. Solche Uebergangsformen, bei denen bald der vierstrahlige, bald der achtstrahlige Bau deutlich im Zoantharien-Kelche hervortritt, sind viele Stylinaceen, z. B. *Stylina*, *Coccophyllum* und *Moseleya* aus der Trias, *Holocystis* aus der Kreide.

§ 135. Sechste Ordnung der Anthozoen:

Hexacorallia. Hexamerale Zoantharien.

(*Astrocorallia polyactinia. Hexactinia*).

HAUPTGRUPPE DER MESOZOISCHEN UND MODERNEN CORALLEN.

Corallen mit sechs Parameren und wachsender Tentakel-Zahl (Multiplum von Sechs). Zahlreiche (6 × x) Astralplatten.

Die Ordnung der Hexacorallen oder *Hexactinien* umfasst die Hauptmasse der lebenden, sowie der tertiären und mesozoischen Anthozoen. Die characteristische Grundform dieser Ordnung ist die sechsseitige Pyramide, die bei den meisten Gattungen mehr oder weniger bilateral erscheint, bald *amphithect*, bald *amphipleurisch*. Die Zahl der Tentakeln und Septen ist stets ein Multiplum von Sechs. Die typische Sechszahl der Parameren, welche die Ordnung der *Hexacorallen* characterisirt, ist aber keinesfalls als ursprüngliche anzusehen, sondern aus der Achtzahl der *Mesocorallen* entstanden, und demnach weiterhin von der Vierzahl der *Tetracorallen* abzuleiten. Alle Hexacorallen, deren embryonale Entwickelung bisher genauer untersucht wurde, durchlaufen frühzeitig das achtstrahlige Mesocorallen-Stadium der *Edwardsia*, und diesem geht ein vierstrahliges Stadium voraus, welches dem tetranemalen *Scyphostoma* entspricht. Das palingenetische *Edwardsia*-Stadium der Hexacorallen verwandelt sich zunächst in ein zwölfstrahliges, und zwar dadurch, dass 4 neue Radial-Septen zwischen die 8 principalen eingeschaltet werden, jederseits je eines in eine laterale und in eine ventrolaterale Kammer. Die 12 Septen ordnen sich dann dergestalt paarweise um, dass sechs kleinere perradiale Magentaschen mit sechs grösseren interradialen regelmässig alterniren. In den engeren 6 Perradial-Taschen werden dann bei den Madreporarien die 6 primären Sternleisten (— die Astroplatten erster Ordnung —) gebildet; diese bestimmen weiterhin die sechsstrahlige Ausbildung des Kelches.

Während so einerseits die Ontogenie der Hexacorallen nach dem biogenetischen Grundgesetze ihre Abstammung von octoradialen Mesocorallen (— bezüglich von älteren vierstrahligen Vorfahren —) nachweist, wird dieselbe anderseits auch durch die Palaeontologie bestätigt. Allerdings ist die massenhafte Entwickelung zahlreicher Formen von *Hexacorallen* ebenso characteristisch für das mesozoische, wie diejenige von *Tetracorallen* für das palaeozoische Zeitalter. Aber schon gegen Ende des letzteren, wie im Beginn des ersteren erscheinen zahlreiche Formen, welche den allmähligen Uebergang beider Ordnungen andeuten. Die vierstrahlige Form geht bei vielen jüngeren Tetracorallen mehr oder weniger deutlich in die achtstrahlige und diese weiterhin in eine zwölfstrahlige Form über, aus welcher durch paarweise Umordnung der Septen die sechsstrahlige entstanden ist; besonders wichtig sind für diese Transformation einige triassische und jurassische Zoantharien. Auch der innere Körperbau mancher lebenden Hexacorallen erinnert noch an die Tetracorallen-Descendenz; z. B. bildet *Hoplophora coralligena* nur 4 Gonaden (in 4 lateralen Septen), während die 8 übrigen steril bleiben.

Die Grundform aller Hexacorallen ist demnach ursprünglich (— entsprechend der bilateralen Differenzirung ihrer achtstrahligen Vorfahren —) stets eine bilateral-sexradiale, und zwar ebenso wie bei ersteren in zweifacher Richtung ausgebildet. Wenn das sagittale Schlundrohr an beiden Rändern (am dorsalen und ventralen) eine Schlundrinne besitzt und demnach die Rückenhälfte der Bauchhälfte gleich bleibt, ist die Grundform amphithect (oder „doppelt-symmetrisch", z. B. *Fungia*); wenn hingegen nur am Bauchrande des Schlundrohrs eine Schlundrinne vorhanden ist und demgemäss die Rückenhälfte von der Bauchhälfte verschieden sich entwickelt, ist die Grundform amphipleurisch (oder „einfach-symmetrisch", z. B. *Oculina*). Ausser diesen beiden bilateralen Modificationen der sechsstrahligen Grundform (der zweischneidigen und zweihälftigen) kommt auch drittens noch bei den Hexacorallen eine vollkommen regulär-sexradiale vor; alle 6 Parameren sind congruent. Diese Form ist wohl stets als eine secundär entstandene aufzufassen, bewirkt durch spätere Angleichung oder Aequalisirung der 6 Strahltheile, welche ursprünglich bilateral geordnet waren.

Die formenreiche Ordnung der Hexacorallen, die grösste unter den lebenden Anthozoen, wird gewöhnlich in zwei Unterordnungen eingetheilt: die skeletlosen Malacodermen (*Actiniaria*) und die skeletalen Sclerodermen (*Madreporaria*). Indessen ist diese Eintheilung künstlich und phylogenetisch nicht verwerthbar; sie wird bei genauerer morphologischer und ontogenetischer Kenntniss aller Familien dieser beiden grossen Gruppen durch eine natürlichere ersetzt werden müssen. Von den weichen Actiniarien oder *Halirhodarien*, die keine fossilen Reste hinterlassen konnten, sind neuerdings schon mehrere wichtige Gruppen (*Edwardsida, Cereanthida* u. A.) ausgeschieden und von uns zu den *Mesocorallen* gestellt worden (§ 134). Die skeletführenden Madreporarien, von denen wir ausser den vielen lebenden Arten sehr zahlreiche fossile, mesozoische und caenozoische Formen kennen, haben sich wahrscheinlich im Beginn der Trias-Periode (während der Ablagerung des bunten Sandsteins) polyphyletisch aus *Mesocorallen* (— vielleicht theilweise direct aus *Tetracorallen* —) entwickelt. Als eine selbständige Unter-Ordnung erscheinen die Oculinarien mit den Familien der *Oculiniden*, *Turbinoliden* und *Pocilloporiden*; sie sind vielleicht hervorgegangen aus inexpleten permischen Tetracorallen. Einen anderen alten Hauptzweig des Hexacorallen-Stammes bilden die *Thamnastraeiden* der Trias, aus denen einerseits (in der Trias) die *Astraeiden*, anderseits (im Jura) die *Poritiden*, und (in der Kreide) die *Fungiden* hervorgegangen zu sein scheinen.

§ 136. Siebente Classe der Cnidarien:

Scyphomedusae = Acraspedae.

(*Medusae phanerocarpae. Steganophthalmata. Acalephae scyphogenae.*)

PLANKTONISCHE HAUPTGRUPPE DER SCHWIMMENDEN SCYPHOZOEN.

Freischwimmende Cnidarien-Personen von Medusen-Form, mit musculöser Umbrella, deren Rand einen Kranz von Randlappen trägt, aber kein Velum. Magenhöhle mit Gastral-Filamenten. Gonaden vom Entoderm gebildet.

Die Classe der Scyphomedusen oder *Acraspeden* verhält sich zu der vorhergehenden Classe der *Scyphopolypen* ganz ebenso wie die *Hydromedusen* zu den *Hydropolypen*; sie bildet diejenige characteristische und hoch organisirte Form aus, welche durch Anpassung an schwimmende Lebensweise aus der niederen festsitzenden Polypenform entstanden ist. Dabei entwickelt sich das Peristom des *Scyphopolypen* zur musculösen Subumbrella der *Scyphomeduse*, der einfache Magenraum des ersteren zerfällt in seinem peripheren Theile in 4 Taschen, indem die dorsalen und ventralen Theile der Taeniolen an 4 Punkten mit einander verwachsen: Septalknoten oder Cathammen. Von diesen 4 interradialen Verwachsungsstellen geht die Bildung der Gastral-Filamente und der Gonaden aus. Der Kelch des Polypen wird durch gallertige Verdickung der Stützplatte zum Schirm der Meduse. Der basale Stiel des Scyphopolypen, durch welchen derselbe angeheftet war, bleibt noch theilweise als Scheitelaufsatz auf dem

Scheitel der Umbrella stehen. Die einfachste Form der Scyphomedusen ist *Tessera*; sie gleicht einerseits in der Hauptsache der hypothetischen Stammform der ganzen Classe, die wir mittelst der vergleichenden Morphologie hypothetisch construiren können; andererseits ist sie nur wenig von *Scyphostoma* verschieden, jener einfachsten Form der Scyphopolypen, die uns noch in ihrer Ontogenese entgegentritt.

Grundform der Acraspeden. Alle Scyphomedusen sind regulär-vierstrahlige Thiere; ihre geometrische Grundform ist die Quadrat-Pyramide. Eine secundäre Abweichung von dieser streng erblichen Grundform (wie sie bei vielen Hydromedusen sich entwickelt hat) kommt in dieser Classe fast niemals vor. Selbst wenn bei einzelnen benthonischen Rhizostomen (*Polyclonia*) der periphere Schirmkranz ausnahmsweise aus dem tetrameralen in den hexameralen Typus übergeht, bleibt die ursprüngliche, regelmässig-vierstrahlige Bildung im Schirm-Centrum erhalten. Bei einigen Semostomen (*Aurelia* besonders) sind individuelle Variationen der Grundzahl (5—6 statt 4) nicht selten; sie werden aber niemals erblich. Bei allen Acraspeden liegen in den Perradien oder Kreuz-Durchmessern erster Ordnung: die 4 Schenkel des Mundkreuzes und die 4 perradialen Magentaschen; dagegen in den Interradien oder alternirenden Meridian-Ebenen zweiter Ordnung: die 4 Septal-Knoten und die 4 Gruppen der Gastral-Filamente. Bei den Stauromedusen (Tesseriden) liegen in diesen 8 Radien die 8 principalen Tentakeln; zwischen ihnen entwickeln sich 8 adradiale Randlappen (Lucernarida, Charybdeida, Pericolpida). Bei der höheren Gruppe der *Discomedusen* verwandeln sich die 8 Principal-Tentakeln in Rhopalien, und mit diesen alterniren 8 adradiale Tentakeln; zwischen erstere und letztere sind 16 subradiale Randlappen eingefügt. Diese typische Grundform (mit 4 Radien im centralen, 8 im zonaren und 16 im peripheren Theil der Umbrella) tritt schon bei den Periphylliden auf und vererbt sich von den nahe verwandten Ephyriden auf sämmtliche Discomedusen. Auch hier wie bei den niederen Acraspeden bleibt der Körper zusammengesetzt aus 4 congruenten Parameren und aus 8 Antimeren, welche paarweise spiegelgleich sind.

§ 137. Tesseronien und Ephyronien.

Die formenreiche Classe der Acraspeden zerfällt in 2 Subclassen oder Legionen: *Tesseronien* und *Ephyronien*. Die ältere und niedere Legion sind die Tesseroniae (auch als „vierzählige“, *Tetraperiae* oder *Tetrameraliae* bezeichnet); sie stehen in ihren niedersten Bildungsstufen (*Tesseridae*) der Stammgruppe der Scyphopolypen noch sehr nahe. Der Schirm ist hochgewölbt, kegelförmig oder vierseitig pyramidal (bisweilen fast würfelförmig). Der Schirmrand trägt entweder Tentakeln zwischen den Randlappen, oder nur 4 Sinneskolben (Rhopalien). Der Magen ist von 4 weiten perradialen Magentaschen umgeben, welche durch 4 interradiale Cathammen oder Verwachsungsstellen (bald kleine Knoten, bald lange Leisten) getrennt werden. Die Gonaden entwickeln sich, von den letzteren centrifugal wachsend, in der Subumbralwand oder auch in den Höhlen der 4 Radialtaschen.

Die Ephyroniae (oder die „achtzähligen" Acraspeden, *Octoperiae, Octomeraliae*), aus einem Zweige der älteren Tesseronien entwickelt, bilden die zweite, jüngere und höher ausgebildete Legion der Scyphomedusen. Alle Mitglieder dieser formenreichen Legion besitzen einen flachen, scheibenförmigen Schirm, und an dessen Rande mindestens acht Sinneskolben oder Rhopalien (4 perradiale und 4 interradiale, bisweilen noch dazu mehrere accessorische). Die 4 primären Septal-Knoten oder Cathammen des peripheren Gastralraums, welche die Ephyronien von den Tesseronien geerbt haben, sind nur in der niedersten Ordnung, bei den Cannostomen noch conservirt; bei den übrigen (Semostomen und Rhizostomen) sind sie aufgelöst; daher verschmelzen die 4 perradialen Magentaschen zu einem einheitlichen Raum, von dessen Peripherie 8 oder 16 Radialtaschen abgehen. Die Gonaden entwickeln sich in der Subumbralwand dieses weiten Magenraums mit centripetaler Wachsthums-Tendenz.

§ 138. Monophyletischer Ursprung der Acraspeden.

Die Organisation aller Scyphomedusen stimmt in allen wesentlichen Beziehungen so sehr überein und lässt sich — trotz der zahlreichen Modificationen des Baues in den vollkommeneren Formen — so ungezwungen auf eine gemeinsame Stammform zurückführen, dass die Annahme eines einheitlichen Ursprungs (— im Gegensatze zu den Hydromedusen —) gestattet ist. Diese Stammform *Tessera* selbst, mit 8 einfachen Tentakeln, gleicht jener octonemalen Stufe des *Scyphostoma*, welche in der Ontogenie der meisten Acraspeden (soweit bekannt) wiederkehrt. *Tessera* mit 8, *Tesserantha* mit 16 und *Tesseraria* mit 32 Tentakeln, bilden die kleine Familie der Tesseranthiden, die wir als gemeinsame Stammgruppe der ältesten Ordnung, der Stauromedusen betrachten. Einen besonderen Zweig dieser Ordnung bilden die *Lucernariden,* welche durch die Zwischengruppe der *Depastriden* mit den *Tesseriden* verknüpft sind. Aus einem anderen Zweige der Tesseriden sind die Cubomedusen hervorgegangen (die älteren *Charybdeiden* und die jüngeren *Chirodropiden*); aus einem dritten Zweige die Peromedusen (die niederen *Pericolpiden* und die höheren

Periphylliden). Die wichtigste und formenreichste Gruppe der ganzen Classe sind die Discomedusen; diese Legion zerfällt in drei Ordnungen, welche drei auf einander folgende phylogenetische Bildungsstufen darstellen: die älteste Ordnung, die Cannostomen (*Ephyriden* und *Linergiden*) schliessen sich unmittelbar an die Peromedusen (Periphylliden) an; aus ihnen sind später die Semostomen hervorgegangen (mit der Stammgruppe der *Pelagiden*, den divergenten Aesten der *Cyaneiden* einerseits, der *Flosculiden* und *Ulmariden* anderseits); aus den Ulmariden endlich sind die Rhizostomen entsprossen (*Tetrademnia* und *Monodemnia*). Alle Discomedusen besitzen 8 typische Rhopalien (4 perradiale und 4 interradiale); sie sind durch Arbeitswechsel aus den 8 Principal-Tentakeln der Tesseriden entstanden. Bei den Peromedusen haben sich nur die 4 interradialen, bei den Cubomedusen nur die 4 perradialen Tentakeln der *Tessera* (bezüglich des octonemalen *Scyphostoma* —) in Rhopalien verwandelt (vergl. § 140).

§ 139. Gastrocanal-System der Acraspeden.

Das typische Gastrocanal-System der Scyphomedusen ist sowohl hinsichtlich seiner allgemeinen Anlage und Entstehung, als durch seine besondere Ausbildung und Differenzirung demjenigen der Hydromedusen (§ 83) so ähnlich, dass einzelne Formen beider Parallel-Classen früher häufig verwechselt wurden. Dennoch besteht zwischen Beiden eine sehr wesentliche und ganz durchgreifende Verschiedenheit. Bei allen Acraspeden finden sich an bestimmten (constanten) Stellen der Magenhöhle eigenthümliche bewegliche Fäden, die mit Drüsen (und oft auch Nesselzellen) ausgestattet und bei der Verdauung thätig sind, die Gastral-Filamente oder inneren Magententakeln; sie sind als freie Papillen aus den interradialen Magenleisten oder gastralen Taeniolen der Scyphopolypen-Ahnen hervorgewachsen; den Craspedoten fehlen sie gänzlich. Ursprünglich sind (im einfachsten Falle) nur 4 solche Filamente vorhanden, und diese liegen an der Proximal-Seite der 4 interradialen Cathammen; gewöhnlich aber entwickeln sich sehr zahlreiche Gastral-Filamente und bilden 4 Gruppen von characteristischer Lage und Form, die 4 Phacellen. Durch Spaltung der 4 interradialen Phacellen können 8 adradiale entstehen.

Abgesehen von diesem durchgreifenden Unterschiede gleicht das Gastrocanal-System der Acraspeden demjenigen der Craspedoten in vielen Beziehungen. Auch bei ersteren wie bei letzteren besteht allgemein eine Trennung in centralen Hauptdarm (*Axogaster*) und in peripheren strahltheiligen Kranzdarm (*Perogaster*). Der Letztere entsteht auch hier dadurch, dass in der Peripherie des abgeflachten

Urdarms die beiden genäherten Wände desselben (umbrale und subumbrale Wand) mit einander an vier kreuzständigen Punkten verwachsen; und auch hier lässt sich in 4 interradialen Septen oder Verwachsungsplatten die entodermale Cathammal-Platte nachweisen (§ 83). Aber ein weiterer wichtiger Unterschied beider Medusen-Classen liegt darin, dass bei den Scyphomedusen die Concrescenz von den vorspringenden interradialen Taeniolen ihrer Scyphopolypen-Ahnen ausgeht; bei den Hydromedusen hingegen ist das nicht der Fall, da ihre Hydropolypen-Ahnen keine Taeniolen besitzen; daher fehlen ihnen auch die Gastral-Filamente, die von diesen auswachsen.

Eine weitere wichtige Folge dieses Unterschiedes ist, dass die Cathammen oder Lothsepten bei den *Acraspeden* ursprünglich kleine Verwachsungs-Knoten oder schmale interradiale Leisten sind, nicht breite Verlöthungs-Platten, wie bei den *Craspedoten.* Daher ist die ursprüngliche Form des Kranzdarms bei ersteren ein Taschenkranz, bei letzteren ein Canalkranz. Bei allen älteren Scyphomedusen (den Cathammata) ist der quadratische oder kreuzförmige Centralmagen von 4 breiten Radial-Taschen umgeben, die entweder nur durch 4 kleine Septal-Knoten getrennt sind oder durch 4 schmale Leisten. Am Distalrande der letzteren communiciren die 4 perradialen Taschen durch einen „primären Ringcanal" oder Ringsinus; dies ist wahrscheinlich der offen gebliebene Marginal-Theil des ursprünglichen Scyphopolypen-Magens, also verschieden von dem „secundären Ringcanal" der Hydromedusen. Bei den jüngeren Scyphomedusen (den *Semostomen* und *Rhizostomen*) sind die 4 Radial-Taschen verschmolzen und im Centralmagen aufgegangen, da die Cathammalknoten aufgelöst sind (Acathammnia).

Centraldarm der Acraspeden. Der Hauptdarm oder Centraldarm (*Axogaster*) ist bei den Scyphomedusen viel mannichfaltiger ausgebildet und differenzirt, als bei den kleineren Hydromedusen. Er unterscheidet sich von dem der letzteren durchgreifend durch den Besitz von Gastral-Filamenten, jenen drüsigen und beweglichen „Magententakeln", welche aus den 4 Taeniolen hervorsprossen. Bei den älteren vierzähligen *Tesseronien*, mit hochgewölbtem, kegelförmigem Schirm, sind gewöhnlich drei Abschnitte am Centraldarm zu unterscheiden, ähnlich wie bei den Craspedoten: unten das Mundrohr, in der Mitte der Centralmagen, oben der Basalmagen. Dieser letztere ist rückgebildet oder ganz verloren bei den jüngeren achtzähligen *Ephyronien*, mit flachgewölbtem, scheibenförmigem Schirm. Sehr entwickelt ist der Basalmagen namentlich bei den Stauromedusen und Peromedusen, wo derselbe als viertheiliger Scheitelkanal den Scheitel-Aufsatz des Schirms bis zu seiner aboralen Spitze durchsetzt; 4 perradiale Rinnen an seiner Innenwand werden durch die 4 interradialen Taeniolen geschieden; sie entsprechen den Gastroglyphen der Scyphopolypen.

Der Central-Magen ist obeliskenförmig oder vierseitig-pyramidal bei den hochgewölbten *Tesseronien*, linsenförmig bei den flachgewölbten *Ephyronien*; er mündet durch 4 perradiale Gastral-Ostien in den peripheren Kranzdarm ein und ist meistens durch eine ringförmige Einschnürung, die Gaumenpforte, vom Mundrohr oder Buccalmagen abgesetzt. Dieser letztere ist stets viertheilig, meistens mit 4 interradialen Einziehungen, so dass die Mundöffnung ein characteristisches Mundkreuz bildet, mit 4 perradialen Schenkeln. Bei den Semostomen sind die 4 Mundlappen zu mächtigen, faltenreichen Mundarmen ausgewachsen. Bei den Rhizostomen verwachsen die krausenförmigen Falten der letzteren zu feinen Röhren, die aussen sich durch Saugmündchen öffnen, innen in den Armcanal und durch diesen in die Magenhöhle münden. Gleichzeitig schliesst sich hier die centrale Mundöffnung durch Verwachsung ihrer Ränder.

Coronal-Darm der Acraspeden. Der peripherische Abschnitt des Gastrocanal-Systems, welcher den centralen Hauptdarm als „Kranzdarm" (*Perogaster*) umgiebt, ist bei allen Scyphomedusen ursprünglich ein vierstrahliger Taschenkranz. Von der Peripherie des kreuzförmigen Centralmagens gehen 4 breite perradiale Taschen ab, welche durch 4 spaltförmige Gastral-Ostien mit ihm communiciren; durch 4 interradiale Cathammen (bald kleine Septal-Knoten, bei den *Tesseriden* und *Peromedusen*, bald lange Verwachsungsleisten, bei den *Lucernariden* und *Cubomedusen*) werden die 4 Magentaschen von einander getrennt, communiciren aber ursprünglich unterhalb der Cathammen (an deren Distalrand) unter einander durch einen Ringsinus. Unter den *Discomedusen* bleibt diese ursprüngliche Bildung nur bei der ältesten Ordnung, den *Cannostomen*, bestehen; in den beiden jüngeren Ordnungen, *Semostomen* und *Rhizostomen*, sind die 4 interradialen Cathammen aufgelöst und in Folge dessen die 4 perradialen Magentaschen unter einander und mit dem Ringsinus (aussen), sowie mit dem Centralmagen (innen) zu einer einheitlichen grossen Centralhöhle verschmolzen. Nur die Gastral-Filamente, welche hier frei der subumbralen Magenwand aufsitzen (ursprünglich aber am Proximal-Rande der Cathammalknoten sassen), deuten hier noch die Stelle an, wo die verschwundenen Septalknoten die Umbrella mit der Subumbrella verlötheten.

Nur bei der ersten und ältesten Acraspeden-Familie, bei den *Tesseriden*, bleibt die Bildung des Coronal-Darms auf die 4 weiten Radialtaschen und den sie verbindenden Ring-Sinus beschränkt. Bei allen anderen Scyphomedusen entwickelt sich am Distalrande des letzteren, durch peripherische Ausbuchtung desselben und in Zusammenhang mit der Lappenbildung des Schirmrandes, ein Kranz von Marginal-Taschen. Ursprünglich beschränkt sich deren Zahl auf 8, und zwar besitzen die *Lucernariden* und *Charybdeiden* 8 adradiale Lappentaschen (bei den *Chirodropiden* in 16 subradiale gespalten); die *Pericolpiden* und die ältesten *Cannostomen* zeigen 8 principale Lappentaschen (4 perradiale und 4 interradiale). Die *Periphylliden* hingegen und die meisten *Ephyronien* haben 16 typische Marginal-Taschen (8 principale und 8 adradiale). Bei den *Ephyriden* und *Pelagiden* bleiben die 16 Kranztaschen einfach, wie bei den *Periphylliden*, während sie bei den *Linergiden* und *Cyaneiden* sich vielfach verästeln. Bei den übrigen *Semostomen* (Flosculiden, Ulmariden) und bei sämmtlichen *Rhizostomen* werden die 16 breiten Radial-Taschen in 16 schmale Radial-Canäle verwandelt, indem die schmalen Verwachsungsleisten zwischen ihnen sich zu breiten Cathammal-Tafeln ausdehnen. Zugleich entwickelt sich am Schirmrande ein Annular-Canal oder ein „secundärer Ringcanal", welcher die distalen Verästelungen der ursprünglich getrennten Canäle in Verbindung setzt. Von diesem Ringcanal aus entwickeln sich weiterhin periphere Canäle, welche bei den grösseren Ephyronien eine vielgestaltige Ausbildung erlangen; sie versorgen theils (innerhalb des Ringes) die Muskeln der Subumbrella, theils (ausserhalb) die Tentakeln, Rhopalien, Randlappen u. s. w. Die höchste Entwickelung erreicht dieses Gastrocanal-System in der Ordnung der Rhizostomen, wo zugleich in Folge ihrer eigenthümlichen Mundbildung ganz eigenartige Beziehungen sich ausbilden. Die vergleichende Ontogenie und Morphologie der Rhizostomen macht uns dieselben verständlich, indem sie alle Stufen ihrer phylogenetischen Differenzirung im Zusammenhang nachweisen kann.

§ 140. Neurodermal-System der Acraspeden.

Die vollkommene Analogie, welche im Körperbau der beiden parallelen Medusen-Classen, Acraspeden und Craspedoten, durchgeführt ist, zeigt sich auch in der Anordnung ihrer Bewegungs- und Empfindungs-Organe. In beiden Classen ist der musculöse Schwimm-Apparat an der concaven Unterfläche der gelatinösen Umbrella entwickelt, das Nervensystem, Sinnesorgane und Tentakeln am Schirmrande. Aber dennoch zeigen sich sowohl in der gröberen Zusammensetzung als im feineren Bau wesentliche Unterschiede, welche auf den getrennten Ursprung und die selbständige Entwickelung beider Classen hindeuten.

Die Musculatur der Subumbrella sondert sich, wie bei den Craspedoten, in zwei Systeme, in circulare und radiale Muskeln. Während aber bei Letzteren hauptsächlich der Kranzmuskel der

Subumbrella und seine Fortsetzung in das Velum von Bedeutung ist, fällt bei den Acraspeden das Velum fort, und statt dessen entwickeln sich musculöse Randlappen. Der Kranzmuskel erscheint als ein schmälerer Ring im Distal-Theile der Subumbrella; dafür entwickelt sich in ihrem Proximal-Theile um so kräftiger ein Kranz von 8 breiten Radial-Muskeln, die wir wegen ihrer dreieckigen Gestalt als „Delta-Muskeln" bezeichnet haben; die 4 interradialen sind meistens grösser und stärker als die 4 perradialen.

Das Nervensystem der Acraspeden ist nur selten (in der Ordnung der Cubomedusen) demjenigen der Craspedoten ähnlich, indem ein deutlicher Nervenring in der Subumbrella ausgebildet ist, mit 8 principalen Ganglien (4 perradialen für die Sinneskolben und 4 interradialen für die Tentakeln). Gewöhnlich wird diese Centralisation vermisst; als selbständige Nervencentren erscheinen bei den Discomedusen die 8 marginalen Sinneskolben oder Rhopalien, und die 8 Principal-Ganglien an ihrer Basis. Der Zusammenhang zwischen den letzteren ist ziemlich locker und scheint nur durch den diffusen Nerven-Plexus der Subumbrella vermittelt zu werden (*Toponeurae*).

Die Sinnesorgane der Scyphomedusen sind ursprünglich 8 Principal-Tentakeln; aber nur bei der ältesten Ordnung, den *Stauromedusen*, bleiben dieselben bestehen; bei den übrigen verwandeln sie sich theilweise oder sämmtlich in eigenthümliche Sinneskolben (*Rhopalia*) von zusammengesetztem Bau. Bei den *Cubomedusen* werden zu Rhopalien umgebildet die 4 perradialen Tentakeln, bei den *Peromedusen* die 4 interradialen, bei den *Discomedusen* alle 8 Principal-Tentakeln. Zwischen letzteren entstehen dann 8 adradiale Tentakeln.

§ 141. Ontogenie der Scyphomedusen.

Die individuelle Entwickelung der Acraspeden scheint gewöhnlich mit einer eigenthümlichen Form des Generationswechsels verknüpft zu sein, welche offenbar palingenetische Bedeutung besitzt und als Strobilation bezeichnet wird. In einigen Fällen ist dieselbe durch abgekürzte Vererbung verloren gegangen und durch Hypogenesis ersetzt (*Pelagia*). Bei der typischen Strobilation entsteht zunächst aus dem befruchteten Ei der Scyphomeduse eine echte *Gastrula* (durch Invagination der *Blastula*). Nachdem ihr Urmund sich vorübergehend geschlossen hat, setzt sie sich (als *Planula*) mit dem Apicalpol fest und bildet am Oralpol, rings um den wiedergeöffneten, Mund vier kreuzständige Tentakeln; sie gleicht jetzt einem einfachen tetranemalen *Hydropolypen*.

Dieser verwandelt sich dadurch in einen echten *Scyphopolypen*, dass an der Innenwand der einfachen Urdarmhöhle, zwischen den 4 primären (perradialen) Tentakeln, sich 4 interradiale Taeniolen oder Magenleisten entwickeln. Dieses tetranemale *Scyphostoma* wird zu einem octonemalen, indem 4 secundäre Tentakeln am Oralende der 4 Taeniolen hervorsprossen; sodann entwickeln sich 8 adradiale Tentakeln (dritter Ordnung), alternirend mit jenen 8 principalen. Nun beginnt das becherförmige, mit 4 Taeniolen und 16 Tentakeln ausgestattete Scyphostoma sich ungeschlechtlich zu vermehren, anfangs durch Bildung von lateralen, später von terminalen Knospen. Die lateralen Knospen lösen sich ab und sprossen weiter. Die terminalen Knospen hingegen verwandeln sich in kleine Medusen (*Ephyrula*), welche sich unter dem Bilde einer „Quertheilung" von der basalen Polypen-Amme ablösen. Im einfachsten Falle trennt sich jede Ephyra-Scheibe nach Ausbildung ihrer Randorgane alsbald von ihrer Scyphostoma-Amme, welche wiederholt auf gleiche Weise eine neue Scheibe erzeugt (*Strobila monodisca*). Gewöhnlich aber erfolgt schon vor der Ablösung eine weitere Vermehrung der kleinen Medusenscheiben durch fortgesetzte Quertheilung oder terminale Gemmation (*Strobila polydisca*). Jede Meduse besitzt schon vor ihrer Ablösung 4 Gastral-Filamente (von den 4 Taeniolen der Polypen-Amme abgespaltet), 8 Tentakeln (den 8 adradialen Tentakeln der letzteren entsprechend) und damit alternirend 8 Sinneskolben (den 8 principalen Tentakeln homolog). Zwischen den 8 Rhopalien und 8 Tentakeln entwickeln sich 16 subradiale Randlappen (Ephyra-Lappen). Durch eine typische Metamorphose verwandelt sich diese Ephyra-Larve (*Ephyrula*) in die erwachsene Form der Discomeduse.

An die Stelle dieser palingenetischen Strobilation ist bei der Semostomen-Gattung *Pelagia* durch abgekürzte Vererbung eine directe Entwickelungs-Form getreten. Diese Hypogenesis ist offenbar cenogenetisch und durch Anpassung an die oceanische Lebensweise dieser kosmopolitischen Acraspeden-Gattung bedingt. Die Polypen-Amme ist in Wegfall gekommen, als die Möglichkeit einer Anheftung am Boden und eines sitzenden Lebens verschwand. Bei der nahe verwandten *Chrysaora*, die von *Pelagia* abstammt, aber neritisch an der Küste lebt, hat sich die ursprüngliche Metagenesis mit der Scyphostoma-Amme erhalten. Dass diese Deutung richtig ist, ergiebt sich auch aus der Ontogenie von *Aurelia*. Diese kosmopolitische Semostomen-Gattung pflanzt sich in der Regel durch Strobilation fort; aber unter ungünstigen Bedingungen (z. B. im Aquarium) fällt dieselbe aus, und die schwimmende Gastrula verwandelt sich direct in die junge *Ephyra*. (— Vergl. unsere Abhandlung über „Metagenesis und Hypogenesis von Aurelia aurita", 1881. —)

§ 142. System der Acraspeden.

Legionen	Ordnungen	Familien
Erste Legion: **Tesseroniae** vel **Tessomedusae.** (*Tetraperiae*, *Tetrameraliae*). Schirmkranz viertheilig, Schirm hochgewölbt, glockenförmig, mit bursalen Gonaden. Meistens 4 Paar getrennte Geschlechtsdrüsen in 4 weiten perradialen Magentaschen. Rhopalien 4 (niemals mehr), bei den Stauromedusen durch einfache Tentakeln vertreten. Gemeinsame Stammform: *Tessera.*	I. Ordnung: **Stauromedusae** Keine Rhopalien, an deren Stelle 8 einfache Tentakeln oder Randanker	1. **Tesseridae** Schirm ohne Randlappen 2. **Lucernaridae** Schirm mit 8 adradialen Randlappen
	II. Ordnung: **Peromedusae** 4 interradiale Rhopalien, 4 perradiale Tentakeln (und dazu oft 8 adradiale). 4 Paar krausenförmige Gonaden in der Taschenwand	3. **Pericolpidae** 4 perradiale Tentakeln und 8 adradiale Randlappen 4. **Periphyllidae** 12 Tentakeln und 16 Randlappen
	III. Ordnung: **Cubomedusae** 4 perradiale Rhopalien, 4 interradiale Tentakeln oder Tentakel-Bündel. 4 Paar blattförmige Gonaden in den Magentaschen	5. **Charybdeidae** 4 einfache Tentakeln und 8 Randtaschen 6. **Chirodropidae** 4 interradiale Tentakel-Bündel und 16 Randtaschen
Zweite Legion: **Ephyroniae** vel **Discomedusae.** (*Octoperiae*, *Octomeraliae*). Schirmkranz achttheilig, Schirm flachgewölbt, scheibenförmig, mit gastralen Gonaden. Meistens 4 Geschlechtsdrüsen in der Magenwand. 8 Rhopalien (4 perradiale und 4 interradiale), bisweilen 12—32. Gemeinsame Stammform: *Ephyra.*	IV. Ordnung: **Cannostomae** Mundrohr einfach, ohne Mundarme. Centralmund einfach. Tentakeln solid, kurz	7. **Ephyridae** Radialtaschen einfach, ohne Lappencanäle 8. **Linergidae** Radialtaschen mit verästelten Lappencanälen
	V. Ordnung: **Semostomae** Mundrohr in 4 lange, faltige Mundarme gespalten. Centralmund einfach, kreuzförmig. Tentakeln hohl, lang	9. **Typhlocannidae** ohne Ringcanal 10. **Cyclocannidae** mit Ringcanal
	VI. Ordnung: **Rhizostomae** Mundrohr durch eine Mundscheibe vertreten, von welcher 8 adradiale Wurzelarme mit Saugkrausen abgehen. Centralmund obliterirt. Tentakeln fehlen am Schirmrande	11. **Tetrademnidae** 4 Subgenital-Höhlen getrennt 12. **Monodemnidae** Subgenital-Porticus einfach, kreuzförmig

§ 143. Erste Ordnung der Acraspeden:

Stauromedusae. Kreuzquallen.

GEMEINSAME STAMMGRUPPE ALLER SCYPHOMEDUSEN: TESSERONIEN OHNE RHOPALIEN.

Acraspeden ohne Sinneskolben, an deren Stelle mit einfachen Tentakeln oder mit Randankern. Schirm hochgewölbt, meist glockenförmig. Magen mit 4 weiten perradialen Taschen, welche bald durch 4 kleine interradiale Septal-Knoten, bald durch 4 längere Cathammal-Leisten getrennt werden. Gonaden 4 interradiale hufeisenförmige Wülste oder 4 Paar adradiale Bänder in der Wand der 4 Magentaschen.

Die Ordnung der Stauromedusen kann als die gemeinsame Stammgruppe aller *Acraspeden* betrachtet werden, da die drei übrigen Ordnungen dieser Classe sich ohne Schwierigkeit durch stufenweise Fortbildung aus ihr ableiten lassen. Dies gilt namentlich von der ersten Familie dieser Ordnung, den primitiven *Tesseriden*, während die zweite Familie, die der *Lucernariden*, mehrfach modificirt ist. Die einfachste Form der Tesseriden ist die bedeutungsvolle Gattung *Tessera*; sie kann als die erbliche Wiederholung der gemeinsamen Stammform aller Acraspeden, als der Prototypus der ganzen Classe gelten. Ihr glockenförmiger Schirm trägt an dem ungelappten Rande nur 8 einfache solide Principal-Tentakeln, 4 längere perradiale und 4 kürzere interradiale. Das kurze, vierseitig-prismatische Mundrohr führt in eine einfache Magenhöhle, in deren Basaltheil 4 interradiale Taeniolen vorspringen. Am Distal-Ende der letzteren sitzen 4 einfache Gastral-Filamente und 4 Septalknoten (oder Cathammen), welche den peripheren Gastralraum (oder Ringsinus) in 4 weite (perradiale) Taschen theilen. Ueber jedem Knoten liegt in der Subumbral-Wand des Ringsinus eine hufeisenförmige Gonade. Somit ist *Tessera* nicht viel mehr als ein octonemaler Scyphopolyp einfachster Art, ein *Scyphostoma*, welches sich abgelöst und durch Schwimmübung die Mundscheibe zur Subumbrella umgebildet hat (mit circularem Kranzmuskel am Schirmrand und 8 proximalen Längsmuskeln, 4 interradialen unterhalb der Cathammen und 4 perradialen zwischen den Gonaden). Am Distalende der 4 Taeniolen sind durch Verlöthung der umbralen und subumbralen Magenwand die 4 Cathammen entstanden.

Aus der octonemalen Stammgattung *Tessera* sind die übrigen Genera der Tesseriden durch Vermehrung und Differenzirung der Tentakelzahl hervorgegangen. Das wichtige, unmittelbar an *Tessera* sich anschliessende Genus *Tesserantha* besitzt 16 Tentakeln (8 principale und 8 adradiale). Hohl sind die zahlreichen (in einer oder mehreren Reihen den Schirmrand säumenden) Tentakeln der *Depastriden*, welche sich mit dem stielartig ausgezogenen Scheitel-Aufsatz des Schirms festgeheftet haben. Sie bilden den Uebergang zu den ebenfalls festsitzenden *Lucernariden*. Bei diesen sind die 8 Principal-Tentakeln entweder in adhäsive Randanker umgebildet (*Haliclystus*, *Halicyathus*), oder durch Rückbildung ganz verloren (*Lucernaria*, *Craterolophus*). Dagegen ist der Schirmrand zwischen denselben in 8 hohle adradiale Randlappen oder „Arme" ausgezogen, deren jeder ein pinselförmiges Büschel von hohlen „Succursal-Tentakeln" trägt (gestielten Nesselköpfen). Die Septen zwischen den 4 weiten Magentaschen sind lange Cathammal-Leisten, in deren Distal-Abschnitt sich von der Schirmhöhle aus 4 interradiale Trichterhöhlen einsenken (oft bis in den Schirmstiel hinein). Zu beiden Seiten derselben liegen in der Subumbrella 8 adradiale Genitalbänder (*Haliclystus*, *Lucernaria*). Bisweilen sind diese paarweise in 4 besondere (perradiale) Mesogontaschen eingeschlossen, dadurch entstanden, dass vom Magen aus 4 flache Blindsäcke in die Subumbralwand der 4 Magentaschen hineinwachsen (*Halicyathus*, *Craterolophus*). Erstere sind die *Eleutherocarpen*, letztere die *Cleistocarpen*. Die Entwickelung der Subumbrella und und ihrer Muskeln, sowie der 4 Cathammen und 4 Magentaschen beweist, dass die festsitzenden *Depastriden* und *Lucernariden* von freischwimmenden Stauromedusen (*Tesseriden*) abstammen und nicht direct aus sessilen Scyphopolypen hervorgegangen sind.

§ 144. Zweite Ordnung der Acraspeden:

Peromedusae. Taschenquallen.

Tesseronien mit vier interradialen Rhopalien.

Acraspeden mit 4 interradialen Sinneskolben und 4 perradialen Tentakeln (oft ausserdem noch 8 adradialen). Schirm hochgewölbt, kegelförmig, mit 8 oder 16 Randlappen. Magen von einem weiten, subumbralen Ring-Sinus umgeben, dessen Theilung in 4 perradiale Taschen nur durch 4 kleine interradiale Septal-Knoten angedeutet ist; an seinem Distalrande 8 oder 16 Kranztaschen. Gonaden 4 Paar adradiale krausenförmige Wülste in der Subumbral-Wand des Ringsinus.

Die Ordnung der Peromedusen schliesst sich unmittelbar an ihre Stammgruppe, die Stauromedusen, an, und speciell an die

Gattung *Tessera.* Indem die 4 interradialen Tentakeln von *Tessera* sich in Sinneskolben (oder Rhopalien) umbildeten und der Schirmrand zwischen den 8 Principal-Tentakeln 8 adradiale Randlappen bildete, während gleichzeitig das einfache Gastrocanal-System der *Tessera* und ihr Schirm gewisse correlative Anpassungen ausführten, entstand *Pericolpa,* die einfachste Form der Pericolpiden. Die Differenzirung des hochgewölbten, konischen Schirmes (mit seinen 8 hohlen Randlappen) und die Ausbildung von interradialen Trichterhöhlen (die von der Schirmhöhle in die 4 Taeniolen hineinwachsen), sowie die mächtige Entwickelung von Gastralfilamenten längs der letzteren, erinnert mehrfach an die *Lucernariden.* Dagegen stimmen die Peromedusen mit den *Tesseriden* überein in der geringen Ausdehnung der Cathammen; diese bilden nur 4 kleine (knorpelharte) Septalknoten, welche die Trennung des weiten peripheren Ringsinus in 4 perradiale Magentaschen andeuten. Vom Distalrande desselben gehen 8 oder 16 Kranztaschen aus, welche Ausstülpungen (Lappentaschen) in die Randlappen hineinsenden. Die Gonaden bilden, wie bei einem Theile der Lucernariden, 4 Paar adradiale Wülste in der Subumbrella.

Aus den einfacheren Formen der *Pericolpiden* haben sich später die complicirteren Formen der Periphylliden entwickelt; bei ihnen wird jeder der 4 perradialen Tentakeln ersetzt durch 3 secundäre Tentakeln und 2 zwischen diesen eingefügte Randlappen. Daher besitzen die Periphylliden im Ganzen 12 Tentakeln (4 perradiale und 8 adradiale), sowie zwischen ihnen und den 4 interradialen Sinneskolben 16 Randlappen (8 tentaculare und 8 oculare). Mithin verhält sich *Periphylla* zu *Pericolpa* ganz ähnlich, wie unter den Discomedusen *Chrysaora* (mit 24 Tentakeln, je 3 zwischen je 2 Sinneskolben) zu *Pelagia* (mit 8 Tentakeln, alternirend mit den 8 Rhopalien). Wahrscheinlich erfolgt auch die Vermehrung in beiden Fällen nach demselben Modus. Entsprechend verdoppelt sich auch bei den Periphylliden die Zahl der (ursprünglich 8) Kranztaschen und der Velarfelder des Kranzmuskels. Ausserdem erleiden die einzelnen Theile des Gastrocanal-Systems bei diesen grossen und hochentwickelten Peromedusen noch mannichfache Differenzirungen, wahrscheinlich in Anpassung an ihre Lebensweise in der Tiefsee.

§ 145. Dritte Ordnung der Acraspeden:
Cubomedusae. Würfelquallen.

(*Charybdeidae* ss. ampl. *Marsupialidae. Lobophorae. Conomedusae.*)

TESSERONIEN MIT VIER PERRADIALEN RHOPALIEN.

Acraspeden mit 4 perradialen Sinneskolben und 4 interradialen Tentakeln (oder 4 Tentakel-Bündeln).

Schirm hochgewölbt, vierseitig, oft fast würfelförmig. Magen mit 4 weiten perradialen Taschen, welche durch 4 lange interradiale Septal-Leisten getrennt sind. Von diesen entspringen 4 Paar blattförmige Gonaden, welche frei in die Magentaschen hineinragen.

Die Ordnung der Cubomedusen entfernt sich von der gemeinsamen Stammgruppe der *Stauromedusen* weiter als die vorhergehende Ordnung der *Peromedusen*; doch lässt sie sich ebenfalls ohne Schwierigkeit von den Tesseriden ableiten. Von den 8 Principal-Tentakeln der *Tessera* haben sich bei den Cubomedusen die 4 interradialen erhalten, während sich die 4 perradialen in Sinneskolben oder Rhopalien verwandelt haben; also gerade umgekehrt wie bei den *Peromedusen*. Von diesen letzteren weichen die *Cubomedusen* auch durch die Ausbildung von 4 langen interradialen Cathammal-Leisten ab, durch welche 4 weite Magentaschen getrennt werden; sie gleichen darin, wie in einigen anderen Eigenthümlichkeiten, mehr den *Lucernariden*. Längs dieser Septal-Leisten sind die 4 Paar Gonaden angeheftet, welche als 8 breite Blätter frei in die 4 Magentaschen hineinragen. Eigenthümlich ist auch die Gestalt des hochgewölbten, vierkantigen Schirmes; sie nähert sich bald mehr der Pyramide, bald mehr dem Würfel. Freie Lappen sind am Schirmrande nicht entwickelt, wohl aber meistens eine besondere Randmembran (Velarium), mit oder ohne Velar-Canäle und Frenula (4 perradiale Haltbänder). Jeder der 4 Sinneskolben trägt meistens mehrere hochentwickelte Augen. Der Nervenring, welcher die 4 Rhopalien und die 4 Tentakeln verbindet, ist höher entwickelt als bei den übrigen Acraspeden; er ist in eine besondere Rinne der Subumbrella eingebettet.

Obgleich die Zahl der bekannten Arten von Cubomedusen nicht gross ist, zeigen doch die durch sie vertretenen Gattungen einen hohen Grad phylogenetischer Differenzirung. Daraus ergiebt sich, dass diese Ordnung (— deren Vertreter heute selten und meist auf die Tiefsee beschränkt sind —) in früheren Perioden durch zahlreiche divergente Formen vertreten war. Von den beiden Familien haben die älteren und einfacher gebauten Charybdeiden stets nur 4 einfache interradiale Tentakeln, keine inneren Taschenarme und nur 8 adradiale Marginal-Taschen oberhalb des Velariums. Hingegen zeichnen sich die grösseren und jüngeren Chirodropiden durch 4 interradiale Tentakel-Bündel aus, durch den Besitz von 4 Paar inneren Taschen-Armen (die an der Umbral-Wand der Radial-Taschen sitzen) und durch 16 Marginal-Taschen in den Randlappen des Velariums.

Der gemeinsamen Stammform aller Cubomedusen steht unter den bekannten Vertretern dieser Ordnung am nächsten *Procharagma*; es fehlen ihr noch das Velarium und die Pedalien (oder gallertigen geflügelten Basalstücke der Tentakeln), welche allen anderen Würfelquallen zukommen; diese Gattung schliesst sich am nächsten an *Tessera* an. *Procharybdis*, die nächstfolgende Gattung, besitzt bereits ein einfaches Velarium und 4 Pedalien. Bei *Charybdea* dringen Velar-Canäle in das Velarium ein, welches durch 4 perradiale Frenula an die Subumbrella angeheftet wird. Die sich anschliessende *Tamoya* bildet 4 interradiale Trichterhöhlen, indem sich der herabhängende Magensack durch 4 perradiale Mesenterien mit der Subumbrella verbindet. Bei *Chiropsalmus* tritt Spaltung der 4 einfachen Tentakeln in 4 Bündel ein, und es entwickeln sich an der Umbralwand der Radial-Taschen 4 Paar fingerförmige Taschen-Arme. Diese letzteren werden bei *Chirodropus* halbgefiedert. So stellen die 6 bekannten Gattungen der Cubomedusen 6 verschiedene Stufen eigenthümlicher phylogenetischer Vervollkommnung dar.

§ **146**. Vierte Ordnung der Acraspeden:

Discomedusae. Scheibenquallen.

(*Phanerocarpae* ss. str. *Steganophthalmae* ss. str. *Discophorae.*)

EPHYRONIEN, MIT ACHT ODER MEHR RHOPALIEN.

Acraspeden mit 8 oder mehr Sinneskolben (4 perradialen und 4 interradialen, dazu bisweilen noch accessorischen). Schirm flach gewölbt, meist scheibenförmig, stets mit 16 primären (subradialen) Randlappen. Tentakeln ursprünglich 8 adradiale. Magen von 8 bis 16 (oder mehr) radialen Taschen oder Canälen kranzförmig umgeben. Gonaden 4 interradiale Wülste oder Taschen in der subumbralen Magenwand (bisweilen statt deren 8 getrennte adradiale Geschlechtsdrüsen).

Die Ordnung der Discomedusen umfasst den weitaus grössten Theil aller bekannten Acraspeden; die Mannichfaltigkeit und Vollkommenheit ihrer zahlreichen Familien, Gattungen und Arten ist weit grösser als in den drei vorhergehenden Ordnungen der Classe. Dennoch lassen sich alle diese „Scheibenquallen“ leicht auf eine und dieselbe gemeinsame Stammform zurückführen: Ephyra; alle entwickeln sich individuell aus einer gemeinsamen, dieser entsprechenden Keimform: *Ephyrula*. Die Metamorphose, welche sie dabei durchmachen, besitzt eine hohe phylogenetische Bedeutung; die Reihe von heute noch existirenden Genus-Formen, welche die vollkommneren Gattungen während ihrer Verwandlung durchlaufen, entspricht vollständig einer zusammenhängenden Reihe von Ahnen-Gattungen einer Stammlinie.

Der Schlüssel des phylogenetischen und morphologischen Verständnisses für sämmtliche Discomedusen liegt demnach in ihrer ältesten Familie, in der gemeinsamen Stammgruppe der Ephyriden (oder *Palephyriden*), und in deren primitivsten Gattungen: *Ephyra*, *Palephyra, Zonephyra*. Auch die nahe stehenden bekannteren Gattungen der Nausithoiden (*Nausicaa*, *Nausithoë*, *Nauphanta*) entfernen sich in der Hauptsache nur wenig von jener ältesten Stammgruppe; sie zeigen theilweise in ihrer Schirmstructur Anklänge an die characteristische Gestaltung der Peromedusen (Periphylliden). Der Schirm besitzt bei allen diesen primitiven Discomedusen eine flache Scheibenform und trägt an seinem Rande 8 Sinneskolben (4 perradiale und 4 interradiale), sowie 8 damit alternirende adradiale Tentakeln; zwischen ersteren und letzteren stehen 16 freie Randlappen (die typischen „Ephyra-Lappen"). Der centrale Magen bildet eine flache, viertheilige Scheibe, in deren 4 interradialen Ecken 4 Gruppen von Gastral-Filamenten sitzen; er öffnet sich unten durch ein einfaches, vierkantiges Mundrohr (ohne Mundarme). Unmittelbar nach aussen von den 4 Filament-Gruppen sind obere und untere Magenwand durch 4 interradiale Cathammen verwachsen, welche den 4 kleinen Septalknoten der Peromedusen entsprechen; wie bei diesen kann daher der unterhalb derselben gelegene schmale, ringförmige Gastralraum als „distaler Ringsinus" bezeichnet werden; die 4 horizontalen Spalten zwischen den 4 Cathammalknoten entsprechen den „Gastral-Ostien". Vom Distalrande des Ringsinus (homolog dem Ringcanal der Stauromedusen) entspringt ein Kranz von 16 breiten Radialtaschen, von denen 8 principale zu den Sinneskolben, 8 adradiale zu den Tentakeln gehen. Wenn nun die ersteren je 2 Gabeläste in die Randlappen schicken (*Palephyra*, *Nausithoë*), sind 16 Lappentaschen vorhanden; hingegen 32, wenn auch jede der 8 adradialen Tentacular-Taschen 2 Gabeläste in die 16 Randlappen schickt (*Zonephyra*, *Nauphanta*). Die Geschlechtsdrüsen bilden bei den *Palephyriden* 4 interradiale, hufeisenförmige Wülste (an der Aussenseite der Cathammen); bei den *Nausithoiden* 8 adradiale Drüsen in der Subumbral-Wand des Kranzdarms. Zwischen den letzteren liegen 8 schwache Radial-Muskeln, welche den Deltamuskeln der Peromedusen entsprechen; nach aussen davon ein starker Kranzmuskel mit 8 oder 16 Feldern.

Diese typische Ephyra-Structur, welche bei den heute noch lebenden Palephyriden und Nausithoiden sich mehr oder minder in ursprünglicher Form erhalten hat, kehrt auch heute noch in der jugendlichen Larvenform (*Ephyrula*) sämmtlicher Discomedusen übereinstimmend wieder und kann mithin nach dem biogenetischen Grundgesetze als die getreue erbliche Wiederholung einer uralten gemeinsamen Stammform dieser ganzen formenreichen Ordnung betrachtet werden: *Ephyraea.* Der Ursprung dieser letzteren ist offenbar in der Ordnung der *Stauromedusen* zu suchen, und zwar in jener typischen Form der Tesseriden, von welcher die noch heute in der Tiefsee lebende *Tesserantha connectens* ein hochinteressantes Abbild darstellt. Wenn der hochgewölbte, glockenförmige Schirm dieser letzteren sich abplattet und ausbreitet, wenn ihre 8 principalen (mit je einem Ocellus verversehenen!) Tentakeln sich in Sinneskolben verwandeln und die Randlappen zwischen ihnen und den 8 kürzeren adradialen Tentakeln hervorwachsen, wenn endlich vom Distalrande des Ringsinus 8 oder 16 Radialtaschen in den differenzirten Schirmrand hineinwachsen, so ist aus *Tesserantha* die Urform der *Ephyriden* entstanden. Die Aehnlichkeit, welche diese letztere in manchen Verhältnissen der Schirmstructur mit den *Peromedusen* zeigt, darf nicht dazu verleiten, die Ephyra direct von diesen Tesseronien abzuleiten. Denn bei den Peromedusen sind stets nur die 4 interradialen Tentakeln der *Tessera* in Sinneskolben verwandelt (wie bei den Cubomedusen die 4 perradialen!); bei *Ephyra* hingegen sind schon alle 8 Principal-Tentakeln der Tesseriden zu Rhopalien umgebildet, wie bei allen *Ephyronien.* Den formenreichen Stamm der Ephyronien oder Discomedusen theilen wir in drei Unterordnungen: *Cannostomen, Semostomen* und *Rhizostomen*; sie stellen drei auf einander folgende Stufen in der Ausbildung dieser Ordnung dar.

A. Erste Unterordnung: **Cannostomae** (oder „Rohrmündige"). Diese kleinen und relativ einfach gebauten Scheibenquallen bilden die älteste und primitivste Gruppe. Ihr Mundrohr ist einfach, mit quadratischer Mundöffnung (ohne Mundarme); die Tentakeln sind solid (oder nur an der Basis hohl); die 4 typischen Cathammen oder Septalknoten, welche die 4 Gastral-Ostien trennen und den Centralmagen vom Ringsinus scheiden, sind noch durch zähe Vererbung conservirt (wie bei allen Tesseronien, speciell bei den *Tesseriden* und *Peromedusen*!). Dagegen ist diese typische Cathammal-Bildung durch Rückbildung und Auflösung der Septal-Knoten verloren gegangen in den beiden anderen Unterordnungen der Discomedusen, in den *Semostomen* und *Rhizostomen*; hier fliesst daher der Centralmagen mit dem Ringsinus zusammen, und die Gonaden, die sich ursprünglich in der Subumbralwand des letzteren entwickeln, wandern nun auf die des ersteren hinüber. Nur die 4 Gruppen der Gastral-Filamente, welche nunmehr frei der subumbralen Magenwand aufsitzen, bezeichnen noch die Stelle der früheren Verwachsungsknoten. Die Gonaden der *Cannostomen* sind ursprünglich 4 interradiale hufeisenförmige Drüsen in der Subumbrella (wie bei den Tesseriden), so bei den ältesten Formen der Unterordnung, den *Palephyriden*; später zerfallen sie in 8 adradiale Drüsen (*Nausithoiden, Collaspiden*).

B. Zweite Unterordnung: **Semostomae** (oder „Fahnenmündige"). Diese zweite Hauptgruppe der Discomedusen schliesst sich auf das Engste an die *Cannostomen* an; sie unterscheidet sich aber von ihnen nicht nur durch die Rückbildung der vier Septalknoten, sondern auch hauptsächlich dadurch, dass das einfache vierkantige Mundrohr der letzteren hier in vier faltige perradiale Mundarme (oder „Fahnen") gespalten ist. Ausserdem haben sich die soliden Tentakeln der *Cannostomen* bei den *Semostomen* in hohle Röhren verwandelt: *Pelagia*, welche wir als gemeinsame Stammform dieser Unterordnung betrachten, ist nur durch diese Merkmale von der nahe verwandten *Zonephyra* verschieden. Die *Pelagiden* gleichen den *Ephyriden* auch durch die einfache Beschaffenheit der breiten Radialtaschen, während bei den *Cyaneiden* von deren Distalrande zierliche, verästelte Lappen-Canäle abgehen, wie bei den cannostomen *Linergiden*. An die Stelle der breiten Radialtaschen treten später schmale Radialcanäle, indem die schmalen Septal-Leisten zwischen den ersteren durch Ausdehnung der Verwachsung beider Wände des Canal-Systems zu breiten Cathammal-Platten werden. Die Radial-Canäle (anfänglich 8 grössere rhopalare für die Sinneskolben und 8 kleinere adradiale für die Tentakeln) verbinden sich am Schirmrande durch einen Ringcanal; sie sind einfach bei den *Flosculiden*, verästelt bei den *Ulmariden*; die vollkommenste Gruppe unter den letzteren sind die *Aureliden*.

C. Dritte Unterordnung: **Rhizostomae** (oder „Wurzelmündige"). Diese eigenthümlichste und formenreichste Abtheilung der Discomedusen schliesst sich unmittelbar an die letztgenannten *Semostomen* an. Jugendliche *Rhizostomen* sind von den einfacheren *Ulmariden* kaum zu unterscheiden, und bei der Aureliden-Gattung *Aurosa* tritt bereits die Gabeltheilung der 4 perradialen Mundarme ein. Auch ist bei den jungen Rhizostomen die centrale Mundöffnung noch offen. Dieselbe wächst später zu, indem die krausen Falten der 8 Mundarme durch Concrescenz zu engen „Saugröhren" werden. Die Nahrung wird dann durch deren äussere kleine „Saugmündchen" aufgenommen und durch ihre inneren Oeffnungen in die Armcanäle geführt, welche in den Centralmagen münden. Eine characteristische kreuzförmige „Mundnaht" bezeichnet dauernd die Lage der verlötheten (perradialen) Mundränder. In merkwürdiger Correlation zu dieser auffallenden und in ihrer Art einzigen Umbildung der Mundtheile steht bei allen Rhizostomen der gänzliche Verlust der marginalen Tentakeln (durch Rückbildung). Ihre Function wird theilweise von „Armtentakeln", Digitellen oder Mundfingern, Saugröhren, Tastkolben und anderen eigenthümlichen Anhängen übernommen, welche sich an den krausen Mundarmen vieler Rhizostomen entwickeln.

Die zahlreichen und mannichfach differenzirten Gattungen der Rhizostomen unterscheiden sich einerseits durch die verschiedenartige Ausbildung der krausen Mundarme, anderseits durch die eigenthümliche Umbildung der Geschlechtsorgane. Die „Saugkrausen" der 8 einfachen oder verästelten Mundarme entwickeln sich ursprünglich nur an deren ventraler oder axialer Seite: Unicrispatae (*Toreumidae* und *Versuridae*). Später finden sich solche Saugkrausen aber auch auf der dorsalen oder abaxialen Seite der Arme: Multicrispatae (*Pilemidae* und *Crambessidae*); in diesem Falle gabeln sich die 8 Mundarme frühzeitig am Distalende, und die Krausen der Gabeläste schlagen sich nach der Rückenseite um, während die ursprüngliche Ventral-Krause auf der Axialseite weiterwächst; die Arme werden dadurch dreiflügelig.

Noch eigenthümlicher — und einzig in ihrer Art — ist die Differenzirung der Geschlechtsorgane bei den Rhizostomen. Die 4 interradialen Gonaden liegen hier nicht flach in der subumbralen Magenwand (wie bei den älteren Discomedusen), sondern bilden 4 faltenreiche Wülste oder Taschen, geborgen in 4 „Subgenital-Höhlen". Diese 4 „Schirmhöhlen der Geschlechtsorgane", die schon bei vielen Semostomen sich entwickeln, entstehen dadurch, dass die dünne „Gastrogenital-Membran" (— die Keimzellen bildende Subumbral-Wand des flachen Magens —) an 4 interradialen Stellen eingestülpt und ihr äusserer Eingang durch Verdickung der knorpelartigen Stützplatte verengt wird. Indem durch diesen „Subgenital-Ring" bei jeder Schirmcontraction Wasser in die Subgenital-Höhlen eindringt und die zarte Gastrogenital-Membran bespült, fungiren sie zugleich als „Athemhöhlen". Nun wachsen aber bei vielen Rhizostomen die 4 eingestülpten „Subgenitaltaschen" immer weiter centripetal in die Magenhöhle hinein, bis sie zuletzt in deren Axe sich berühren und verschmelzen. Indem dann die verlötheten Wände der 4 verwachsenen Taschen aufgelöst werden und ihre Höhlen in offene Communication treten, entsteht ein weiter kreuzförmiger „Subgenital-Porticus".

Der ganze Medusen-Körper zerfällt so bei diesen Monodemniae (*Versuridae* und *Crambessidae*) in zwei getrennte Stücke, die nur noch durch 4 starke „Saalpfeiler" zusammenhängen, die Basaltheile der ursprünglichen 4 Mundarme. Der obere Körpertheil umfasst den grössten Theil des Schirms und den kreuzförmigen Centralmagen, dessen untere Wand (— zugleich die Decke des „Subgenital-Saals" —) die zarte Gastrogenital-Membran mit den 4 Gonaden bildet. Der untere Körpertheil ist die „armtragende Mundscheibe", eine dicke Gallertscheibe, von deren unterer Fläche die 8 Arme frei herabhängen; in ihrer Mitte ist die „Verwachsungsnaht des Mundkreuzes" sichtbar. Die beiden getrennten Abschnitte des Gastrocanal-Systems (— unten die geschlossene Mundhöhle, in welche die Armcanäle einmünden, oben die kreuzförmige Magenhöhle, von welcher die Radialcanäle der Subumbrella ausgehen —) hängen nur durch die 4 einfachen „Pfeilercanäle" zusammen, die in den 4 perradialen Mundpfeilern aufsteigen. Die 4 weiten (oder oft sehr verengten) Oeffnungen zwischen diesen letzteren sind die 4 interradialen Portale, durch welche man in den Subgenital-Saal gelangt. Bei den jugendlichen Monodemnien sind die 4 Subgenital-Höhlen noch getrennt, wie sie zeitlebens bei den Tetrademniae bestehen (*Toreumidae* und *Pilemidae*). Wie in diesen wichtigen Verhältnissen, so zeigt sich auch in der Ausbildung des Gastrocanal-Systems und der Arme die Ontogenese der Rhizostomen als eine Recapitulation ihrer Phylogenese. Ueberhaupt liefert die vergleichende Ontogenie der Acraspeden im Allgemeinen, wie der Discomedusen im Besonderen, eine Fülle instructiver Beweise für das biogenetische Grundgesetz. Wir haben dies ausführlich in dem phylogenetischen „System der Medusen" darzuthun gesucht, welches wir in unserer Monographie der Medusen entworfen haben (1879—1881).

Viertes Kapitel.

Systematische Phylogenie der Platoden (Plattenthiere).

§ 147. Vierter Stamm der Metazoen:

Platodes (= Plathelminthes ss. ampl.).

PHYLON DER DIPLEURISCHEN COELENTERATEN.

Coelenterien ohne Dermal-Poren, selten mit ein Paar Tentakeln, bisweilen mit Nessel-Organen. Grundform der Person dipleurisch oder bilateral-symmetrisch, mit einem Antimeren-Paar.

Der Stamm der *Platoden* oder Plattenthiere bildet eine selbständige Abtheilung der Metazoen, welche wegen ihrer connectenten Mittelstellung zwischen deren beiden Hauptgruppen, *Coelenterien* und *Coelomarien*, von höchstem phylogenetischen Interesse ist. Bisher wurden gewöhnlich die Platoden nur als eine Classe der Würmer (*Vermes* oder *Helminthes*) aufgeführt, unter der Bezeichnung der Plattwürmer (*Platyhelminthes* oder *Vermes parenchymatosi*). Indessen haben wir schon bei Begründung der Gastraea-Theorie (1872) die bedeutungsvollen Unterschiede hervorgehoben, welche alle Platoden von allen echten Helminthen trennen; erstere besitzen niemals drei wichtige, den letzteren zukommende Organe: Coelom, Blutsystem und After. Wir haben daher schon damals (— vor 24 Jahren —) die Platoden ganz von den Helminthen getrennt und erstere als *Acoelomi* mit den *Coelenterata* vereinigt, letztere dagegen als Coelomati mit den *Bilaterata* (den vier höheren typischen Thierstämmen). Diese Classification ist von wesentlicher Bedeutung für das Verständniss der Hauptstufen in der Phylogenese der Metazoen; sie wurde später durch die Coelom-Theorie (1881) eingehender begründet und hat durch die neueren Fortschritte in der vergleichenden Anatomie und Ontogenie der Metazoen die werthvollsten Betsätigungen erfahren. Wenn dagegen noch heute viele Autoren trotzdem die *Platodes* mit den echten *Vermes* oder *Helminthes* vereinigen — so berauben sie sich nicht nur der Möglichkeit, eine klare Definition dieses Stammes zu geben, sondern auch der Einsicht in die bedeutungsvolle Mittelstellung, welche die Platoden zwischen den beiden Hauptabtheilungen der Metazoen einnehmen. Echte Coelenterien sind die Platoden unzweifelhaft insofern, als sie niemals ein Coelom, ein Blutgefäss-System und einen After besitzen; und zwar ist der Mangel dieser drei wichtigen Organe bei ihnen, wie bei allen echten *Coelenteraten*, ein ursprünglicher, nicht etwa durch Rückbildung bewirkt. Dagegen entfernen sich die Platoden von den übrigen drei Stämmen der *Coelenterien* und nähern sich den *Bilaterien* oder *Coelomarien* durch die vollständige Ausbildung der zeugiten oder dipleuren Grundform, jener typischen *„bilateralen Symmetrie“*, welche alle Bilateraten characterisirt, und welche wir als die Folge der Anpassung an die kriechende oder schwimmende Ortsbewegung, in einer constanten Haltung und Richtung des Körpers betrachten (vergl. Theil III, §§ 43—46).

Die hohe phylogenetische Bedeutung der Platoden haben wir, entsprechend dieser anatomischen Mittelstellung, schon damals in der Weise zu begründen gesucht, dass wir die ursprünglichsten Formen dieses Stammes, die Turbellarien (und zwar die *Rhabdocoelen*), einerseits als die gemeinsame Stammgruppe der Helminthen und somit aller *Coelomarien* betrachten — anderseits aber den Ursprung der Turbellarien unter den älteren Formen der *Coelenterien* suchen. Wir gehen dabei bis zu den Gastraeaden zurück und nehmen an, dass ein praecambrischer Zweig dieser ältesten Metazoen, und zwar der *Gastremarien* (§ 28) durch Anpassung an kriechende Ortsbewegung die erbliche monaxone Grundform in die dipleure verwandelte. Mit der Differenzirung einer unteren Bauchfläche und oberen Rückenfläche, eines vorderen oralen und hinteren aboralen Poles, bildete sich auch der Gegensatz von Rechts und Links aus, die Zusammensetzung des Körpers aus einem Antimeren-Paar.

§ 148. Platodarien und Platodinien.

(Archelminthes und Plathelminthes.)

Alle Platoden zeichnen sich sowohl in der äusseren Körperform als in der inneren Organisation durch primitive Einfachheit aus. Die äussere Form gleicht bei der grossen Mehrzahl einem bilateralen Blatte von elliptischem oder eiförmigem Umrisse; doch kommen auch einerseits fast kreisrunde, anderseits verlängerte, riemenförmige Plattenthiere vor. Von den drei Richtaxen oder Euthynen des dipleuren Körpers ist demnach gewöhnlich die Hauptaxe (mit oralem und aboralem Pol) am längsten, die Pfeilaxe (mit dorsalem und ventralem Pol) am kürzesten; die Queraxe (mit rechtem und linkem Pol) steht in der Länge zwischen beiden. Doch giebt es auch (besonders unter den niedersten und kleinsten Platoden) abgerundete oder fast cylindrische Formen, bei denen sagittale und transversale Axe gleich sind. Aeussere Anhänge (Gliedmaassen, Kiemen u. s. w.) fehlen den meisten Plattenthieren ganz; nur eine kleine Anzahl von höheren freilebenden Turbellarien trägt auf dem Rücken vorn ein Paar einfache Tentakeln; und die parasitischen Trematoden und Cestoden besitzen Saugnäpfe, oft auch Chitin-Haken, welche zum Anheften am Wohnthiere dienen.

Bezüglich der inneren Organisation können wir bei den Platoden, gleich wie bei den übrigen *Coelenterien*, nur zwei principale Organ-Systeme unterscheiden, das Neurodermal-System (mit Epidermis, Nerven und Nephrodien), und das Gastrocanal-System (mit Darm, Mesoderm und Geschlechts-Organen); jenes ist vom *Exoderm*, dieses vom *Entoderm* der Gastraeaden abzuleiten. Beide Organ-Systeme verhalten sich hinsichtlich ihres Ursprungs, ihrer Correlation und ihrer Differenzirung sehr ähnlich wie bei den Scyphomedusen, und theilweise auch den Ctenophoren. Der gänzliche Mangel einer echten Leibeshöhle (Coeloma) und eines besonderen Blutgefäss-Systems ist in beiden Gruppen der Coelenterien derselbe und bedingt eine primäre Einfachheit der Organisation, welche bei den echten Helminthen (als Coelomarien) nicht mehr besteht.

Da alle lebenden Platoden in dieser Einfachheit der inneren Structur und der äusseren Körperform wesentlich übereinstimmen, wurden sie bisher sämmtlich in einer einzigen Classe (— früher Ordnung —) vereinigt, und innerhalb derselben drei Ordnungen unterschieden: 1) die frei lebenden *Turbellaria* (Strudelwürmer), 2) die parasitischen *Trematoda* (Saugwürmer) und 3) die endoparasitischen *Cestoda* (Bandwürmer). Es befindet sich jedoch unter den niedersten und kleinsten Turbellarien eine kleine Gruppe von marinen „*Rhabdocoelen*“, welche sich durch primitive Einfachheit des Gewebe-Baues, sowie durch scheinbaren Mangel des Darms von den echten Rhabdocoelen unterscheiden; dies sind die interessanten *Acoela* (oder besser *Pseudacoela*). Ihnen fehlen die Nephrodien oder „Wassergefässe“, welche allen übrigen Platoden zukommen; das Nerven-System ist von einfachster Bildung und oberflächlicher Lage, und es fehlt noch das autonome Mesoderm, welches bei den meisten übrigen Plattenthieren zwischen Exoderm und Entoderm ein ansehnliches, connectives und musculöses „Parenchym" bildet.

Da die Lebensweise der marinen und carnivoren *Acoelen* keinerlei Grund für die Annahme liefert, dass dieselben etwa durch Rückbildung aus höheren Turbellarien hervorgegangen seien, betrachten wir sie als uralte Ueberreste der ältesten Plattenthiere. Ihre phylogenetische Bedeutung ist um so grösser, als wir ohnehin genöthigt sind, für die jetzt lebenden Platoden eine lange Reihe von einfacher gebauten, mesozoischen und palaeozoischen Vorfahren anzunehmen. Denn so einfach auch im Ganzen der innere Körperbau der modernen Platoden ist, und so wenig auch ihre beiden coelenterischen Organ-Systeme sich differenzirt haben, so erscheinen sie doch in mancher Beziehung als einseitig ausgebildete, hoch über den Gastraeaden stehende Acoelomier; dies gilt namentlich von der histologischen Differenzirung des Mesoderms, der subdermalen Lage des Nerven-Systems und der Ausbildung von ein Paar verzweigten Nephrodien, sowie auch von dem (gewöhnlich) verwickelten Bau der Geschlechts-Organe. In allen diesen Beziehungen zeigen die Pseudacoelen (oder *Acoelen*) viel einfachere und ursprünglichere Verhältnisse; sie lassen sich eng an die Gastraeaden anschliessen, welche wir als directe Vorfahren der *Archicoela* betrachten, der hypothetischen Uebergangs-Gruppe von den *Gastremarien* (§ 28) zu den *Acoelen*. Es erscheint uns daher ebenso phylogenetisch gerechtfertigt, als systematisch nützlich, diese primitiven Urformen der Platoden als *Archelminthes* abzutrennen und als besondere Classe den modernen eigentlichen *Plathelminthes* gegenüberzustellen; die ersteren bezeichnen eine ältere, die letzteren eine jüngere Stufe der histologischen und organologischen Differenzirung. Wir unterscheiden demnach jetzt in diesem Stamme zwei Classen von sehr verschiedenem phylogenetischen Range. Die älteren Archelminthen (*Platodaria* oder *Proplatodes*) umfassen zwei Ordnungen: die hypothetische Stammgruppe der *Archicoela* und deren modernen Ueberrest, die *Pseudacoela*; sie besitzen noch kein autonomes Mesoderm und keine Nephrodien, ihr Gewebe-Bau ist wesentlich epitelial. Die jüngere Classe der Plathelminthen dagegen (*Platodinia* oder *Euplatodes*) enthält alle lebenden Plattenthiere mit Ausnahme der Acoelen; sie besitzen alle ein Paar Nephrodien und haben mehr oder minder ansehnliches Mesoderm entwickelt; ihr Nerven-System hat die ursprüngliche epidermale Lage aufgegeben und ist in die Tiefe gesunken; ihr Gewebe-Bau ist wesentlich mesenchymal (vergl. §§ 25, 26).

§ 149. Ursprung und Stammverwandtschaft der Platoden.

Die wichtige Frage vom Ursprung und von der wahren Stammverwandtschaft der Platoden ist bis in die neueste Zeit sehr verschieden beantwortet worden. Die Divergenz der betreffenden Ansichten erklärt sich grossentheils durch die empfindliche Unvollkommenheit der phylogenetischen Urkunden, welche wir über die Geschichte dieses Stammes besitzen. Die Palaeontologie kann uns darüber gar Nichts aussagen, da alle *Platoden*, ebenso wie alle *Gastraeaden*, einen sehr zarten und weichen Körper, ohne feste Skelettheile, besitzen; sie konnten daher keine versteinerten Reste hinterlassen. Die Ontogenie ist uns von dem grössten Theile der zahlreichen Platoden-Arten zur Zeit noch ganz unbekannt, insbesondere von jenen kleinsten und ältesten Formen, welche der Wurzel des Stammes am nächsten stehen, den *Acoelen* und den meisten *Rhabdocoelen*. Von den übrigen Gruppen der Platoden sind uns zwar viele einzelne Arten ontogenetisch bekannt; allein ihre individuelle Entwickelung ist niemals rein *palingenetisch*, meistens vielmehr schon dadurch *cenogenetisch* modificirt, dass die Eier reichlichen Nahrungsdotter erhalten und einer inäqualen Gastrulation unterliegen. Ausserdem hat die Lebensweise der Platoden, besonders der Parasitismus der Trematoden und Cestoden, die biontische Entwickelung oft sehr stark modificirt; hier haben sich im Laufe der Zeit merkwürdige, mit Wanderungen durch verschiedene Wohnthiere verknüpfte Formen der Metagenesis ausgebildet. Diese sind zwar an sich von hohem Interesse, werfen aber auf die Stammesgeschichte der betreffenden Parasiten nur theilweise ein unvollkommenes Streiflicht; und dasselbe gilt auch von den verschiedenen Formen der Hypogenesis, welche wir von den übrigen Platoden kennen, und welche nur mit grosser Vorsicht für die Phylogenie zu verwerthen sind.

Demnach bleibt als wichtigster Wegweiser auf dem dunkeln Pfade ihrer Stammesgeschichte nur die Morphologie der Platoden übrig, ihre vergleichende Organologie und Histologie. Indem wir diese kritisch verwerthen und durch die vergleichende Ontogenie ergänzen, gelangen wir zu einer befriedigenden Einsicht in die wichtigsten Verhältnisse ihrer Stammverwandtschaft und ihres Ursprungs. Zunächst ergiebt sich daraus mit voller Klarheit die Thatsache, dass der *Platoden*-Stamm als Ganzes ein uralter Coelenterien-Stamm ist, nicht etwa durch Rückbildung aus einem höheren Metozoen-Stamme entstanden. Die Annahme einzelner (auch neuerer) Autoren, dass die Plattenthiere durch Degeneration aus Coelomarien, aus echten Helminthen oder gar aus Articulaten entstanden seien, findet in ihrer vergleichenden Anatomie und Ontogenie nicht die Spur von Begründung.

Keine einzige Thatsache derselben deutet an, dass die heutigen Platoden und ihre directen Vorfahren jemals ein Enterocoel, ein Blutgefäss-System, einen After besessen haben. Vielmehr ist der Mangel dieser drei wichtigen Organe bei ihnen ein ursprünglicher, wie bei allen echten Coelenterien.

Demnach können wir jede Hypothese, welche die Platoden von irgend einem Stamme der *Coelomarien* ableiten will, vollständig ausschliessen und haben nur die Frage zu beantworten, aus welchem Stamme der *Coelenterien* diese ältesten „Bilateral-Thiere" hervorgegangen sind. Da die Spongien, als fundamental divergenter Stamm, hier ganz ausser Betracht stehen, bleibt die Wahl nur zwischen den beiden Stämmen der *Gastraeaden* und *Cnidarien.* Unter den letzteren sind es die Ctenophoren, welche von mehreren neueren Autoren — und darunter den besten Kennern der Platoden — mit grossem Scharfsinn als directe Vorfahren der Plattenthiere in Anspruch genommen sind. In der That ist der Körperbau mancher Ctenophoren, und vor Allem der kriechenden Herpoctenien (*Ctenoplana, Coeloplana*), demjenigen mancher Turbellarien (*Polycladen*) so ähnlich, dass eine rein morphologische Ableitung der letzteren von der ersteren (— oder umgekehrt! —) sehr einleuchtend erscheint. Wir haben aber schon früher (§ 109) die Gründe erörtert, weshalb wir diese auffallende Aehnlichkeit als zufällige Convergenz betrachten müssen. Wir betrachten die Polycladen, — mit höchst entwickelter *Mesenchym*-Structur und hoch differenzirten Organen! —) nicht als die ältesten, sondern als die jüngsten Platoden; wir können in ihnen ebenso wenig als in den Ctenophoren die wirklichen Vorfahren der viel einfacher gebauten Helminthen (mit einfacher Epitelial-Structur!) erkennen. Dagegen finden wir keine Schwierigkeit in der Annahme, dass die Acoelen (als älteste Platoden) direct aus einem Zweige der Gastraeaden hervorgegangen sind.

§ 150. Gastrocanal-System der Platoden.

Das Gastrocanal-System, das vegetale Organ-System oder „Gastrovascular-System", umfasst alle Producte des Entoderms und zeigt im Stamme den *Platoden* ganz ähnliche Verhältnisse, wie bei den *Cnidarien.* Wir können im Ganzen folgende sechs Hauptstufen unterscheiden:

I. Erste Stufe: **Archicoela,** hypothetische gemeinsame Stammgruppe aller Platoden und Coelomarien: Das ganze Gastral-System (Ernährungs- und Fortpflanzungs-Organe) besteht bloss aus dem einfachen Urdarm der Gastraeaden (*Progaster* oder *Archenteron*).

Dieser gerade, cylindrische oder eiförmige Schlauch liegt in der Hauptaxe des blattförmigen bilateralen Körpers und öffnet sich auf dessen Bauchseite, in der Nähe des Oral-Pols, durch den Urmund (*Prostoma* oder *Blastoporus*). Die einfache Zellenschicht, welche den Urdarm auskleidet, ist das Entoderm. Einzelne Zellen dieses vegetalen Keimblattes übernehmen Sexual-Function; die einen werden zu Eizellen, die anderen zu Spermablasten (ähnlich wie bei den Spongien); zuerst waren dies vermuthlich jene zwei grossen Polzellen oder Promesoblasten, welche zu beiden Seiten des Urmundes bei den jungen Embryonen der meisten älteren Bilaterien liegen.

II. Zweite Stufe: **Pseudacoela** (oder sogenannte „*Acoela*"). Durch Einstülpung des Exoderms am Urmunde entsteht ein musculöser Schlund (*Pharynx*); bei den meisten Platoden ist derselbe sehr entwickelt; er vererbt sich auch von ihnen auf die meisten Coelomarien und bildet hier den exodermalen Vorderdarm (*Stomodaeum*). Gleichzeitig sondern sich auch vom eigentlichen entodermalen Urdarm ein Paar Geschlechtsdrüsen oder Gonaden, indem Gruppen von Entoderm-Zellen sich zu Eizellen oder Spermablasten umbilden; ein paar vordere Gruppen bilden Ovarien, ein paar hintere Gruppen Spermarien. Die eigenthümliche Lockerung des Entoderm-Epitels und die spongiöse Umbildung, welche wir an dem „diffusen" und stark vacuolisirten Darm der meisten lebenden Acoelen finden (*Aphanostomiden*, *Convolutiden*), betrachten wir als eine secundäre Erscheinung (— theilweise Rückbildung —), ebenso das Verschwinden der permanenten Darmhöhle.

III. Dritte Stufe: **Rhabdocoela.** Beide Darm-Abschnitte, der exodermale musculöse Pharynx und der entodermale stabförmige Magen (= Urdarm), bleiben einfach; aber zwischen Entoderm und Exoderm entwickelt sich ein connectives Mesoderm, in dessen weiches „Parenchym" die Gonaden eingebettet werden. Auch diese sind anfangs noch einfach; bald aber beginnen sie sich zu differenziren, indem sich Ausführgänge (Gonoductus) und Begattungsorgane (Copulativa) ausbilden. Auch die einfachen Ovarien werden bei vielen Rhabdocoelen zu „Keimdotterstöcken", indem ein Abschnitt des Eierstocks bloss Eizellen, der andere bloss Dotterzellen liefert; bei der Mehrzahl der lebenden Rhabdocoelen sind diese beiden Abschnitte zu getrennten Organen geworden: Keimstöcken (eigentlichen Ovarien) und Dotterstöcken (Lecitharien). Diese Trennung vererbt sich auch von den Rhabdocoelen auf die Tricladen, die Trematoden und Cestoden.

IV. Vierte Stufe: **Triclades** (*Dendrocoelen* mit drei Darmästen) und die meisten **Trematoda.** Der Urdarm spaltet sich am hinteren Ende gabelförmig, so dass drei grosse Darmschenkel entstehen: ein vorderer unpaarer (medianer) und zwei laterale paarige.

Von diesen drei Hauptästen können wieder zahlreiche verzweigte Nebenäste abgehen, welche den Chymus in die peripheren Körpertheile führen, ganz ähnlich den radialen Gastrocanälen der Cnidarien und deren Verzweigungen.

V. Fünfte Stufe: **Polyclades** (*Dendrocoelen* mit zahlreichen Darmästen). Von dem centralen Magendarm (= Urdarm) gehen symmetrisch mehrere (mindestens vier) Paar laterale Aeste ab, ausserdem ein unpaarer (medianer) Hauptast nach vorn. Von diesen starken Aesten gehen zahlreiche Seitenzweige oder baumförmige Astgruppen ab, deren Zweige sich zu einem Netzwerk verbinden können. Bei den grossen Polycladen (zu denen die grössten Turbellarien gehören, von 10—14 cm Länge) entwickelt sich ein reiches reticuläres Gastrocanal-System, ganz ähnlich demjenigen vieler Ctenophoren und Scyphomedusen, wichtig für die Ernährung der peripheren Körpertheile.

VI. Sechste Stufe: **Cestoda.** Totale Rückbildung des Gastrocanal-Systems. Durch fortgesetzte Anpassung an endoparasitische Lebensweise ist der ganze Darmcanal nebst Schlund und Mundöffnung verloren gegangen. Die Ernährung erfolgt durch Endosmose, Aufnahme flüssiger Nahrung aus den Säften oder dem Darm-Inhalt des Wohnthieres.

§ 151. Neurodermal-System der Platoden.

Das animale Organ-System oder das Neurodermal-System der Platoden umfasst alle Producte ihres Exoderms; es besteht bei allen *Plathelminthen* — d. h. bei allen lebenden Platoden mit Ausnahme der *Pseudacoelen* — aus drei wichtigen Organen, nämlich: 1) einer einfachen Epidermis, 2) einem bilateralen Nervensystem und 3) ein Paar Nephrodien oder „Wasser-Gefässen". 1) Die Epidermis, welche als einfaches „Aussen-Epitel" das Tegument vertritt, bildet eine einfache Schicht von Flimmerzellen bei den Turbellarien, von wimperlosen Cuticularzellen bei den parasitischen Trematoden und Cestoden. 2) Das primitive Nervensystem besitzt als Centrum ein subdermales Scheitelhirn (*Acroganglion*), vorn an der Stirnfläche dorsal gelegen; von diesem einfachen oder doppelten (paarigen) Cerebral-Knoten gehen ein paar laterale (oder noch mehrere longitudinale parallele) Nervenfäden an die verschiedenen Organe; sie können sich durch Queräste zu einer zarten „Strickleiter" verbinden (Tricladen) oder auch durch netzförmige Verbindung der Zweige einen reticulären Plexus bilden (Polycladen). Die Anordnung der Hauptäste ist stets bilateral. 3) Die characteristischen Nephrodien oder „*Protonephridien*" erscheinen als ein Paar laterale, fein verzweigte Excretions- oder Wassergefässe.

§ 152. System der Platoden.

Classen	Ordnungen	Familien	Genera
Erste Classe: **Platodaria** (= *Archelminthes*) Proplatodes: Gewebe-Bau epitelial. Platoden ohne Nephrodien („Wassergefässe“), mit epidermalem Acroganglion. ——— Mesenchym noch gar nicht oder nur schwach entwickelt	1. **Archicoela** ⊙ Stammwürmer Urdarm einfach, mit einer Schicht von Entoderm-Zellen	1 A. **Archiplacida** Uebergangs-Gruppe von den Gastraeaden	*Archiplax* ⊙ (hypothetisch)
		1 B. **Archiplatoda** Stammgruppe aller Platoden	*Archelmis* ⊙ (hypothetisch)
	2. **Pseudacoela** (= *Acoela*) Markwürmer. Urdarm diffus, in ein spongiöses „Parenchym“ aufgelöst	2 A. **Proporida** Nur ein Gonoporus (W. und M. vereinigt)	*Proporus* *Monoporus*
		2 B. **Aphanostomida** Zwei Gonoporen (W. und M. getrennt)	*Aphanostoma* *Convoluta*
Zweite Classe: **Platodinia** (= *Plathelminthes*) Euplatodes: Gewebe-Bau mesenchymal. Platoden mit Nephrodien („Wassergefässen“), mit subdermalem Acroganglion. ——— Mesenchym nur bei den ältesten Formen schwach, sonst meistens sehr stark entwickelt (mit mesodermalen Muskeln und Connectiven)	3. **Turbellaria** Strudelwürmer Hautdecke mit Flimmer-Epitel. Darm und Mund stets vorhanden	3 A. **Rhabdocoela** Darm einfach, nicht verästelt	*Vortex* *Graffilla* *Monotus* *Vorticeros*
		3 B. **Triclades** Darm mit drei Schenkeln (vorn unpaar, hinten paarig)	*Planaria* *Dendrocoelum* *Geodesmus* *Gunda*
		3 C. **Polyclades** Darm baumförmig, mit zahlreichen lateralen Darmästen	*Planocera* *Leptoplana* *Stylostomum* *Thysanozoon*
	4. **Trematoda** Saugwürmer Hautdecke ohne Flimmer-Epitel, mit Cuticula, Darm und Mund stets vorhanden	4 A. **Polystomea** (*Monogenea*) Ectoparasiten, mit Hypogenese	*Tristomum* *Polystomum* *Gyrodactylus*
		4 B. **Distomea** (*Digenea*) Endoparasiten, mit Metagenese	*Monostomum* *Distomum* *Fasciola*
	5. **Cestoda** Bandwürmer Hautdecke ohne Flimmer-Epitel, mit Cuticula. Darm und Mund fehlen (durch Rückbildung)	5 A. **Moncestoda** (*Aproglotta*) Solitäre Cestoden, ungegliedert	*Amphilina* *Caryophyllaeus* *Archigetes*
		5 B. **Syncestoda** (*Proglottaria*) Sociale Cestoden, gegliedert (Ketten)	*Tetrarhynchus* *Ligula* *Bothriocephalus* *Taenia*

§ 153. Stammbaum der Platoden.

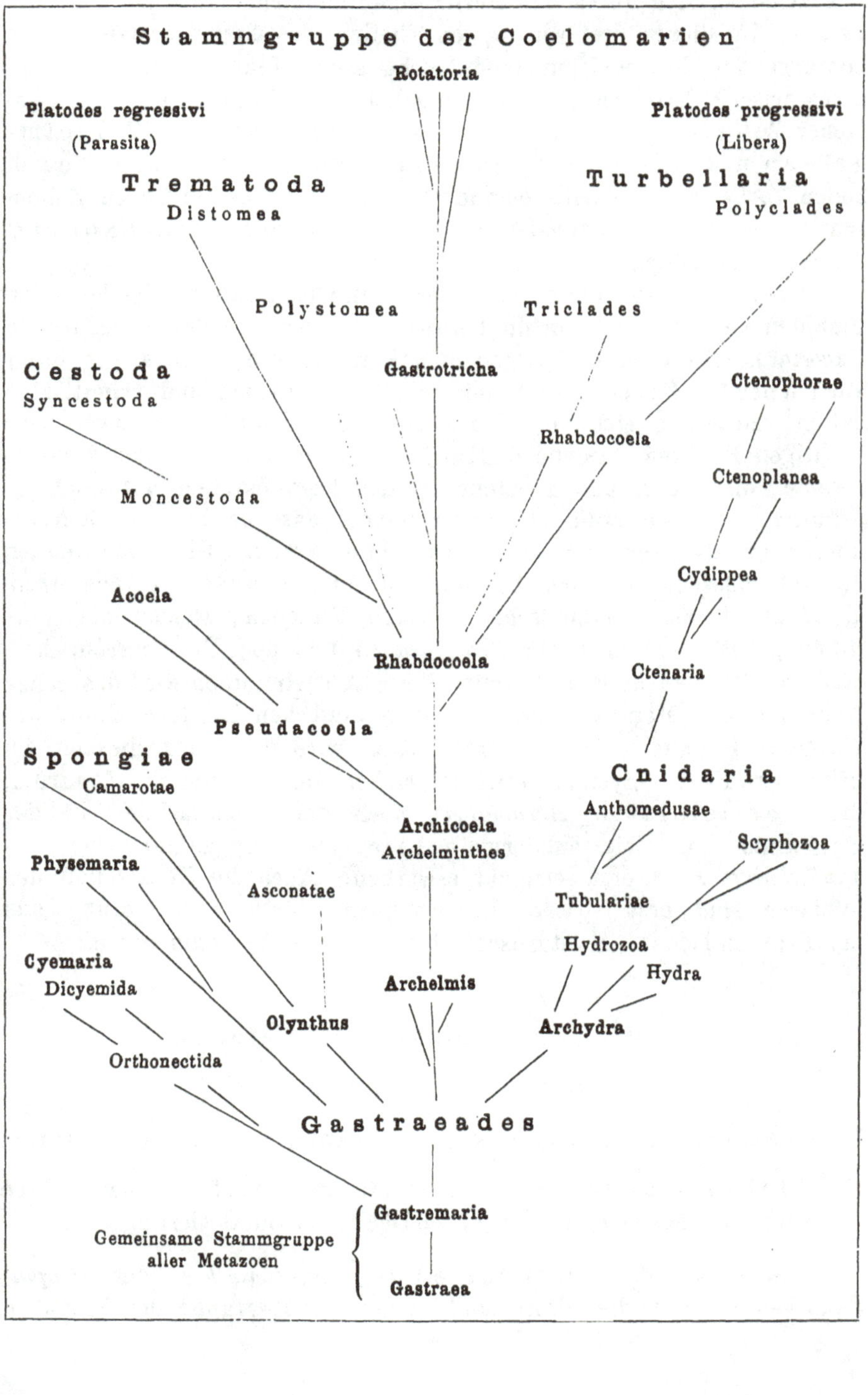

Sie entstanden aus vergrösserten Hautdrüsen, ihre feinen blinden Endäste zeichnen sich durch den Besitz eigenthümlicher „Wimperflammen" aus. — Zu diesen drei wichtigsten Theilen des Neurodermal-Systems kommen bei den meisten (aber nicht allen) Platoden noch andere accessorische Exoderm-Producte nämlich: 4) Sinnesorgane einfacher Art (Tentakeln, Augen, seltener Hörbläschen); 5) Schleimdrüsen und Giftdrüsen; 6) Stäbchenzellen und (seltener) Nesselzellen. Alle diese Theile entwickeln sich aus der einfachen Zellenschicht, welches als „animales Keimblatt" ursprünglich das Exoderm der *Gastrula* bildet.

Abweichend von dieser neurodermalen Organisation aller lebenden Platoden verhalten sich nur die Pseudacoelen (oder die sogenannten *„Acoela"*). Diese einfachst gebauten Plattenthiere, welche wir unter allen lebenden Formen des Stammes für die ältesten und primitivsten halten, entfernen sich von den echten *Plathelminthen* in zwei sehr wichtigen Punkten: erstens fehlen ihnen die Nephrodien oder Wassergefässe vollständig, und zweitens ist das Nervensystem auf einer so primitiven Bildungsstufe stehen geblieben, dass es bis vor Kurzem überhaupt als nicht vorhanden betrachtet wurde. Dieselben beiden Mängel müssen wir auch bei unseren Archicoelen voraussetzen, d. h. bei jenen hypothetischen ältesten Platoden, welche die Verbindungskette zwischen den *Gastraeaden* und den *Pseudacoelen* herstellten. Bei den ältesten Formen dieser Archelminthen wird das ganze Neurodermal-System lediglich aus dem einfachen Exoderm-Epitel der *Gastraea* bestanden haben; erst später wird sich aus diesem ein primitives Nerven-System entwickelt haben, dessen frontales Centrum, die Scheitelplatte (*Acroplatea*), noch ganz oberflächlich in der Epidermis lag. Die subdermale Lage des Acroganglion bei den *Plathelminthen* ist erst secundär erworben. Auch die Nephrodien der letzteren sind erst spätere Erwerbungen, durch Verlängerung aus ein Paar einfachen „Hautdrüsen" der *Archelminthen* entstanden.

§ 154. Erste Classe der Platoden:

Platodaria (= Archelminthes).

UEBERGANGS-GRUPPE VON DEN GASTRAEADEN ZU DEN PLATODINIEN.

Platoden ohne Nephrodien (Wassergefässe) und ohne autonomes Mesoderm, mit epidermalem Gehirn.

Die Classe der Platodarien (— *Archelminthes* oder *Proplatodes* —) umfasst die ältere und niedere Hauptgruppe der Platoden, welche noch keine Nephrodien und kein selbständiges Mesoderm besitzt. Von lebenden Plattenthieren gehören hierher nur die Pseudacoelen (die sogenannten *Acoela*) und vielleicht ein Theil der einfachsten Rhabdocoelen (?). Ausserdem aber stellen wir in diese Classe die ältesten gemeinsamen Stammformen aller Platoden, die hypothetischen Archelminthen, die Stammgattungen *Archiplax* und *Archelmis*, sowie die grosse Zahl ausgestorbener Verwandten, die sich durch eine lange Reihe von primitiven Entwickelungsstufen aus den Gastremarien (*Gastraea*, *Digastraea*) allmählig bis zur Höhe der Platoden entwickelt haben. Wenn wir annehmen, dass die dipleuren *Platoden* unmittelbar aus bilateralen *Gastraeaden* entstanden sind (— unabhängig von den beiden divergenten Stämmen, den radiaten *Cnidarien* und den monaxonen *Spongien* —), so können wir uns leicht den Gang der phyletischen Entwickelung dieses „Bilateraten-Stammes" in seinen Hauptzügen hypothetisch vorstellen. Durch Anpassung an kriechende Lebensweise auf dem Meeresboden können aus schwimmenden monaxonen *Gastremarien* zunächst dipleure *Archelminthen* hervorgegangen sein. Die untere Fläche, auf welcher diese *Gastraea reptans* sich kriechend fortbewegte, wurde zur ebenen Bauchfläche und differenzirte sich von der gewölbten Rückenfläche. An dem Urmunde bildete sich allmählig durch Einstülpung seines Randes ein exodermales Schlundrohr aus. Die beiden primären Keimblätter blieben zunächst noch ganz einfach bei den Archicoelen; das Entoderm behielt ebenso den Character einer einfachen Zellenschicht, wie das Exoderm, an welchem noch kein autonomes Nerven-System differenzirt war; die Sexual-Zellen waren noch Bestandtheile der Darmwand. Bei den Acoelen dagegen (= *Pseudacoela*) erlitt das Entoderm eine eigenthümliche Umbildung in „digestives Parenchym", während im Exoderm sich ein Cerebral-Knoten (*Acroganglion*) oberhalb des Urmundes ausbildete, und zugleich ein Paar (oder mehrere) Nervenfäden, die von diesem zu einem dünnen „Hautmuskelschlauch" hingingen; auch selbständige Gonaden kamen zur Ausbildung.

§ 155. Erste Ordnung der Platodarien:

Archicoela. Urwürmer.

HYPOTHETISCHE STAMMGRUPPE ALLER PLATODEN.

Platodarien mit rein epitelialem, ganz primitivem Gewebe-Bau. Urdarm ganz einfach, mit permanenter Höhle, aus einer Schicht von Entoderm-Zellen gebildet.

Die Ordnung der Archicoelen oder „Urwürmer" haben wir für jene älteste Platoden-Gruppe gegründet, welche wir nach der

Gastraea-Theorie als die gemeinsame Stammgruppe aller *Platoden*, und aller von diesen abgeleiteten *Coelomarien* betrachten dürfen. Wir gingen dabei (1872) von der Annahme aus, dass der primitive Stamm der *Gastraeaden* (§ 27) sich schon frühzeitig durch Anpassung an verschiedene Lebensweise in mehrere divergente Stämme spaltete: die Gruppe, welche sich festsetzte, behielt die monaxone Form der Person bei (*Physemaria*, § 30, *Olynthus*, § 32); eine zweite, ebenfalls sessile Gruppe entwickelte einen Tentakel-Kranz und damit die Grundlage zur radialen Form (*Archydra*, *Hydra*, § 52). Eine dritte Gruppe sank auf den Boden des Meeres und gewöhnte sich hier an kriechende Ortsbewegung; die monaxone Form verwandelte sich dabei in die bilaterale, indem die Bauchfläche sohlenartig abgeplattet wurde und sich von der gewölbten Rückendecke differenzirte: *Archiplax* und *Archelmis*, die Stammformen der Archicoelen. Unter der langen Reihe von Archicoelen, welche während der laurentischen und cambrischen Periode von den *Gastremarien* zu den *Pseudacoelen* und *Rhabdocoelen* hinüber führte, könnten wir als zwei hypothetische Hauptstufen *Digastraea* und *Archelmis* unterscheiden: I. Stufe: Digastraea oder Archiplax (*Gastraea reptans*, *bilateralis*); die beiden primären Keimblätter, welche den abgeplatteten sackförmigen Körper zusammensetzen, sind noch ganz einfache, nur durch eine dünne Stützplatte getrennte Zellschichten; Exoderm sowohl als Entoderm ein einfaches Flimmer-Epitel; einzelne Zellen des Entoderms werden zu Eizellen, andere zu Spermazellen. II. Stufe: Archelmis oder Gastraedis; die beiden Zellschichten der primären Keimblätter beginnen sich histologisch zu differenziren; im Exoderm sondern sich Drüsenzellen und Sinneszellen von den indifferenten Flimmerzellen; im Entoderm lösen sich die Sexual-Zellen (im Vordertheil Eizellen, im Hintertheil Spermazellen) von den digestiven Epitel-Zellen des Urdarms ab; sie bilden selbständige sexuelle Zellgruppen, die erste Anlage von Gonaden.

§ 156. Zweite Ordnung der Platodarien:

Pseudacoela (= Acoela). Markwürmer.

Moderner Ueberrest der Archicoelen.

Platodarien mit connectiv-epitelialem, diffus modificirtem Gewebe-Bau. Urdarm diffus, ohne permanente Höhle, in ein spongiöses Parenchym aufgelöst.

Die Ordnung der Acoela, welche neuerdings richtiger als *Pseudacoela* oder *Cryptocoela* bezeichnet wird, umfasst diejenigen Platoden, welche wir nach der Gastraea-Theorie als die ältesten von allen lebenden „Bilateraten" ansehen müssen, als die einzigen bekannten Ueberreste von der ausgestorbenen Stammgruppe der *Archicoela*. Durch die primitive Einfachheit der morphologischen und histologischen Bildung, namentlich aber durch den gänzlichen Mangel der Nephrodien, unterscheiden sie sich von den nächstverwandten *Rhabdocoelen*, mit denen man sie bisher in der Ordnung der Turbellarien vereinigt hatte. Allerdings haben diejenigen Forscher, welche die Platoden von den Ctenophoren ableiten und demgemäss die *Polycladen* als die ältesten Plattenthiere erklären, die einfache Organisation der kleinen, von diesen am weitesten abstehenden *Acoelen* durch Rückbildung erklärt. Allein es liegt in der Lebensweise dieser marinen carnivoren Platoden kein Grund vor, welcher diese Annahme rechtfertigte. Insbesondere müssen wir drei hervorstechende Merkmale im Körperbau der Acoelen als primitive betrachten: 1) den Mangel eines autonomen Mesoderms, 2) den Mangel der Nephrodien oder Wassergefässe, und 3) die primitive Beschaffenheit des Nervensystems. Diese Zeugnisse uralter Bildung werden wir um so mehr als ursprüngliche ansehen dürfen, als selbst die *Cestoden*, die am stärksten rückgebildeten Platoden, sowohl die Nephrodien, als das subdermale Gehirn bewahrt, das autonome Mesoderm und den complicirten Genital-Bau sogar sehr stark entwickelt haben.

Der ganz einfache, länglich-runde Körper der Acoelen (von 0,2 bis 9 mm Länge) ist von äusserst zarter, leicht zerfliesslicher Beschaffenheit, ohne Anhänge, bald mehr spindelförmig, drehrund (*Aphanostomum*), bald mehr abgeplattet, blattförmig (*Convoluta*); erstere erinnern an die *Orthonectiden*, letztere an die *Trichoplaciden* unter den Gastraeaden. Die Gewebe sind weniger differenzirt, als bei allen übrigen Platoden; eigentlich sind nur zwei Schichten zu unterscheiden, die beiden mehr oder weniger differenzirten, primären Keimblätter. Das Exoderm überzieht den ganzen Körper in Gestalt eines einfachen Flimmer-Epitels; es enthält zahlreiche Drüsen-Zellen und oft auch symbiotische Paulotomeen (*Palmellaceen* und *Xanthellaceen*, Theil I, §§ 82—84); aus Zellen des Exoderms entwickelt sich auch das primitive Nervensystem, dessen zarte Plexus und Hirnknoten eine ganz oberflächliche Lage haben. Das Entoderm ist in dieser Ordnung ganz eigenthümlich modificirt und wird als ein digestives Parenchym beschrieben. Diese „verdauende Marksubstanz" umschliesst keine permanente Darmhöhle; sie besteht aus einer soliden weichen Masse von grossen Entoderm-Zellen, welche theils stark vacuolisirt, theils zu einem Syncytium zusammengeflossen, theils durch Ausscheidung von Intercellular-Substanz in eine Art Connectiv umgebildet erscheinen. Die Nahrung (aus kleinen Thieren bestehend) gelangt durch den ventralen Mund in ein sehr kurzes (oft kaum zu unterscheidendes) Schlundrohr, und aus diesem direct zwischen die verschiebbaren Zellen des „verdauenden Parenchyms". Letzteres umschliesst auch unmittelbar die einfachen Gonaden, ein paar Ovarien im vorderen, ein paar laterale (oft in viele kleine Bläschen zerfallene) Spermarien im hinteren Theile des Körpers. Die männliche Oeffnung liegt stets hinter der weiblichen (umgekehrt wie bei den meisten Turbellarien). Die Zellen der Geschlechtsdrüsen sind meistens durch keine besondere Membran von den übrigen (verdauenden) Zellen des Entoderms abgetrennt.

Diese eigenthümliche Darmbildung der Acoelen hat sehr verschiedene Beurtheilung gefunden. Bald hat man diesen primitivsten Platoden den Darm ganz abgesprochen (wegen Mangels einer permanenten Höhle!), bald Rückbildung desselben angenommen; das weiche „digestive Parenchym" ist bald als Entoderm, bald als Mesoderm, bald als eine Verbindung beider Schichten aufgefasst worden. Nach unserer Ansicht liegt hier ein ganz primitiver Urdarm vor, nur dadurch von demjenigen der *Archicoelen*-Ahnen verschieden, dass die Entoderm-Zellen keine einfache Schicht mehr bilden, sondern ihre Verbindung gelockert, sich eigenthümlich aufgebläht und umgebildet haben. Die Gonaden sind hier noch permanente Bestandtheile des Urdarms, dessen verdickte Wand seine Höhlung ausfüllt.

§ 157. Zweite Classe der Platoden:

Platodinia (= Plathelminthes ss. restr.).

Hauptgruppe der typischen Platoden.

Platoden mit Nephrodien (Wassergefässen) und mit autonomem Mesoderm; mit subdermalem Gehirn.

Die Classe der Platodinien (— *Plathelminthes* oder *Euplatodes* —) bildet die jüngere und höhere Hauptgruppe der Platoden; sie umfasst alle jetzt lebenden Vertreter dieses Stammes, mit einziger Ausnahme der Acoelen (oder *Pseudacoelen*), und vielleicht einiger *Rhabdocoelen* (?). Ausserdem wird diese uralte Classe der Coelenterien in früheren Perioden der Erdgeschichte durch unzählige Arten vertreten gewesen sein, welche sämmtlich wegen Mangels fester Skelet-Theile uns keine fossilen Reste hinterlassen konnten. Die *Platodinien* unterscheiden sich von ihren directen Vorfahren, den *Platodarien* (§ 154), hauptsächlich durch die Ausbildung eines autonomen Mesoderms und durch die Erwerbung von Nephrodien oder excretorischen Wassergefässen; ferner durch weiter gehende histologische Differenzirung und selbständigere Ausbildung des Nervensystems und Genital-Systems. Letzteres löste sich vom *Entoderm*, ersteres vom *Exoderm* vollständig ab und versenkte sich in die Tiefe des weichen *Mesoderms*, während dieses zwischen den beiden primären Keimblättern zu einem ansehnlichen „Mittelblatt“ sich entwickelte, bestehend aus mesenchymalen Connectiven und Muskeln. Jedoch ist zu bemerken, dass die stufenweise Ausbildung dieses intermediären Mesenchyms, welche grösstentheils oder ganz vom *Entoderm* ausging, in den verschiedenen Gruppen der Plathelminthen einen sehr verschiedenen Grad erreicht. Sehr gering ist dieselbe noch bei den einfachsten und niedersten Formen der Classe, den *Rhabdocoelen*. Diese werden sogar von manchen neueren Forschern geradezu mit den *Tricladen* und den *Acoelen* zusammen als Diploblastica betrachtet, als permanent zweiblättrige Metazoen, gleich den Hydrozoen; die geringe Menge von Mesenchym, welche zwischen beiden primären Keimblättern in Form von Muskeln und Connectiven entwickelt ist, soll hier vom *Exoderm* geliefert werden (?). Echte Triploblastica (gleich den meisten Scyphozoen und den Ctenophoren) wären dagegen die ansehnlichen *Polycladen*, deren voluminöses Mesoderm vom *Entoderm* abstammen soll.

Die drei Ordnungen, welche allgemein in der Classe der Plathelminthen unterschieden werden, sind unter sich sehr nahe verwandt. Die Stammgruppe bilden die frei lebenden Turbellarien, welche mit der freien Ortsbewegung auch das ursprüngliche Flimmerkleid ihrer Platodarien-Ahnen bewahrt haben. Dagegen ist dasselbe in den beiden anderen Ordnungen durch Anpassung an parasitische Lebensweise verloren gegangen; diese haben dafür eine Cuticular-Decke und Saugnäpfe erworben. Unmittelbar an die Turbellarien schliessen sich die Trematoden an, welche noch Darmkanal und Mundöffnung beibehalten haben; diese sind durch Rückbildung völlig verloren gegangen bei den endoparasitischen Cestoden.

§ 158. Erste Ordnung der Platodinien:

Turbellaria. Strudelwürmer.

GEMEINSAME STAMMGRUPPE DER PLATODINIEN, MIT FLIMMERDECKE.

Platodinien mit Flimmerkleid, ohne feste Cuticula, meist ohne Saugnäpfe. Mund und Darm vorhanden.

Die Ordnung der Strudelwürmer oder *Turbellarien* umfasst die Hauptmasse der frei lebenden Plattenthiere der Gegenwart; nur wenige Formen haben sich an parasitische Lebensweise gewöhnt. Die grosse Mehrzahl der Turbellarien bewohnt das Meer (*Haliplanariae*).

Viele Strudelwürmer finden sich aber auch im Süsswasser (*Limnoplanariae*), andere auf feuchter Erde, besonders in den Tropen (*Geoplanariae*). Der blattförmige, meistens stark dorso-ventral deprimirte Körper der Turbellarien ist auf der ganzen Oberfläche mit Flimmer-Epitel bedeckt; dadurch unterscheiden sie sich von den beiden parasitischen Ordnungen der Trematoden und Cestoden. Dagegen fehlen die Saugnäpfe dieser letzteren gewöhnlich den Strudelwürmern; nur die Cotylea unter den Polycladen besitzen einen ventralen Saugnapf. Als zwei Unterordnungen dieser formenreichen Ordnung wurden früher die *Rhabdocoelen* und *Dendrocoelen* unterschieden; bei ersteren ist der Darm einfach, schlauchförmig, bei letzteren dagegen verzweigt. Unter den Dendrocoelen unterschied man weiterhin die *Tricladen* (= *Monogonopora*, mit einfacher Geschlechtsöffnung) und die *Polycladen* (= *Digonopora*, mit doppelter Geschlechtsöffnung). Bei den Tricladen hat der Darm drei Hauptäste, einen unpaaren vorderen und zwei paarige hintere; bei den Polycladen dagegen entspringen direct aus dem centralen Magen zahlreiche verzweigte Aeste. Neuere Untersuchungen haben jedoch gezeigt, dass sowohl in anatomischer als in ontogenetischer Beziehung die Tricladen den Rhabdocoelen näher stehen als den Polycladen; man kann daher entweder diese drei Gruppen als gleichwerthige Unterordnungen auffassen, oder man kann *Tricladen* und *Rhabdocoelen* in einer Unterordnung der Vorticaden vereinigen, und diese den Polycladen gegenüberstellen.

Die Rhabdocoela sind nach unserer Ansicht die ältesten Formen unter den gegenwärtig noch existirenden *Platodinien*; sie haben die ursprüngliche Einfachheit des Körperbaues am getreuesten bewahrt und schliessen sich unmittelbar an die *Pseudacoelen* an. Wie bei diesen, so ist auch bei den niedersten Formen der *Rhabdocoelen* der unverzweigte Urdarm noch ganz einfach und das Mesenchym so wenig entwickelt, dass man Beide neuerdings als diploblastische Platoden den übrigen, reich mit Mesenchym ausgestatteten, triploblastischen gegenübergestellt hat. Die Rhabdocoelen erheben sich aber über die Platodarien durch die wichtige neue Erwerbung der Nephrodien, sowie durch die stärkere Entwickelung des Gehirns, welches sich von der Epidermis ganz abgelöst hat. Im Bau der Geschlechts-Organe zeigen die niedersten Rhabdocoelen (*Microstomida*) noch die einfachen Verhältnisse der *Pseudacoelen*, namentlich ein Paar ganz einfache Ovarien; gewöhnlich aber sind diese in „Keimdotter-Stöcke“ oder in vollständig getrennte „Keimstöcke und Dotterstöcke“ verwandelt (§ 150). Während die meisten Rhabdocoelen, gleich den übrigen Platoden, Hermaphroditen sind, finden sich gerade unter den ältesten und niedersten Formen (*Microstomida*) Gonochoristen, und diese vermehren sich auch ungeschlechtlich, durch wiederholte Quertheilung oder terminale Knospung; ihre Ketten (*Catenulae*) erinnern an die Ketten der socialen Bandwürmer (*Syncestoda*).

Die beiden Ordnungen der „*Dendrocoela*", die Tricladen (mit dreiästigem Darm) und die Polycladen (mit baumförmigem Darm) sind wahrscheinlich als zwei divergente Stämme aus älteren Formen der *Rhabdocoelen* hervorgegangen. Als vermittelnde Zwischen-Gruppe zwischen Ersteren und Letzteren erscheinen die Alloeocoela, bei welchen der einfache Stabdarm der Rhabdocoelen bereits laterale Aussackungen zu bilden beginnt. Auch unter diesen giebt es noch alte Formen mit einfachen Eierstöcken (*Acmostoma* u. A.). Von solchen lassen sich die *Polycladen* ableiten; dagegen besitzen die meisten Alloeocoelen und Rhabdocoelen getrennte Keimstöcke (Ovarien) und Dotterstöcke (Lecitharien), gleich sämmtlichen *Tricladen*.

§ 159. Zweite Ordnung der Platodinien:

Trematoda. Saugwürmer.

Parasitische Platoden mit Darm, ohne Flimmerdecke.

Platodinien ohne Flimmerkleid, mit fester, durch eine Cuticula geschützter Hautdecke, mit Saugnäpfen. Mund und Darm vorhanden.

Die Ordnung der Saugwürmer oder *Trematoden* umfasst diejenigen Platodinien, welche durch Anpassung an parasitische Lebensweise das Flimmerkleid ihrer Turbellarien-Ahnen verloren, dafür aber eine feste Cuticular-Decke und Saugnäpfe zum Anheften erworben haben. Im Uebrigen ist ihre innere Organisation dieselbe geblieben; namentlich haben sie auch das Scheitelhirn, die Wassergefässe und den Darmcanal mit der Mundöffnung behalten. Selten ist der Darm ein einfacher gerader Urdarm, wie bei den Rhabdocoelen (so bei *Aspidogaster* und *Stichocotyle*, auch bei den *Redia* genannten Ammen). Gewöhnlich ist der mediane Darm kurz und in ein Paar einfache lange Seitenäste gabelig gespalten (bei den meisten *Distomeen*), oder diese sind mit vielen reich verzweigten Seitenästen besetzt, wie bei Polycladen (so bei *Fasciola hepatica* und vielen *Polystomeen*); bisweilen können sich auch die beiden Darmschenkel hinten vereinigen und einen Ring bilden (*Tristomum*), oder ausserdem noch durch mehrere Querbrücken vereinigen (*Polystomum*).

Da auch schon unter den frei lebenden *Turbellarien* in mehreren verschiedenen Gruppen Neigung zum Parasitismus sich ausbildet, und da auch Einige von ihnen (die *Cotyleen* unter den Polycladen) bereits einen musculösen ventralen Saugnapf (*Acetabulum*) besitzen, so ist es wahrscheinlich, dass die Trematoden eine polyphyletische Ordnung bilden; mehrere verschiedene Gruppen derselben sind, unabhängig von einander, aus verschiedenen Gruppen der *Turbellarien*, namentlich der Tricladen hervorgegangen (— einige wohl direct aus *Rhabdocoelen*? —). Dabei ist das Flimmerkleid verloren worden und an dessen Stelle eine Cuticula getreten; die Haftapparate (Saugscheiben und Klammerhaken) haben sich immer weiter entwickelt. Von den beiden Unter-Ordnungen der Trematoden stehen den Turbellarien-Ahnen näher die *ectoparasitischen* Polystomea (oder *Monogenea*); sie besitzen mindestens drei Saugnäpfe und relativ grosse Eier, welche sich direct entwickeln, durch Hypogenesis. Weiter entfernt, und durch merkwürdige Metagenesis (verknüpft mit Wirthswechsel) ausgezeichnet sind die *endoparasitischen* Distomea (oder *Digenea*), mit einem oder zwei Saugnäpfen.

§ 160. Dritte Ordnung der Platodinien:

Cestoda. Bandwürmer.

Parasitische Platoden ohne Darm und ohne Flimmerdecke.

Platodinien ohne Flimmerkleid, mit fester, durch eine poröse Cuticula geschützter Hautdecke, mit Saugnäpfen. Mund und Darm fehlen.

Die Ordnung der Bandwürmer oder *Cestoden* umfasst die darmlosen Platodinien, welche durch weitgehende Rückbildung in Folge von Endoparasitismus den Mund und Darmcanal ihrer *Trematoden*-Ahnen eingebüsst haben; im Uebrigen haben sie die wesentlichen Charactere ihrer inneren Organisation, insbesondere die Nephrodien und das Gehirn, beibehalten, auch die äusseren Haft-Apparate (Saugnäpfe und Haken) entwickelt. Die Ernährung geschieht endosmotisch durch das Tegument, durch Aufsaugung aus den Säften der Wohnthiere, in welchen sie leben.

Wir unterscheiden in der Ordnung der Cestoden zwei Unterordnungen von sehr ungleichem Umfang, die solitären *Moncestoden* und die socialen *Syncestoden*. Die Einzel-Bandwürmer (*Aproglotta* oder *Moncestoda*) sind nur durch wenige kleine Formen vertreten (*Amphilina*, *Caryophyllaeus*, *Archigetes*). Aber diese sind von grosser phylogenetischer Bedeutung; denn zu ihnen gehören die ursprünglichen Formen der Bandwürmer, welche durch Verlust des Darmes und Mundes aus Trematoden (*Distomeen*) entstanden sind. Ihr blattförmiger, ganz einfacher und ungegliederter Körper ist nichts Anderes, als eine einfache Trematoden-Person ohne Darmcanal und Mundöffnung. Ganz verschieden erscheinen dagegen die Ketten-Bandwürmer (*Proglottaria* oder Syncestoda); hier ist der Körper ausserordentlich verlängert und gegliedert; er stellt eine bandförmige Kette (*Strobila*) dar, welche aus einer Reihe von hinter einander gelegenen Gliedern (*Proglottida*) zusammengesetzt ist. Jedes von diesen Gliedern wird geschlechtsreif und entwickelt den complicirten hermaphroditischen Genital-Apparat, welchen die Moncestoden und ihre Trematoden-Ahnen von den Turbellarien geerbt haben. Nur das erste Glied der Kette, der sogenannte „Bandwurm-Kopf" (*Scolex*), verhält sich verschieden; er wird nicht geschlechtsreif, sondern bildet Haft-Apparate (Saugnäpfe und Haken), welche zum Anheften der Kette an der Darmwand des Wohnthieres dienen. Zugleich fungirt der Scolex als Amme, indem er an seinem Ende beständig neue Proglottiden (durch terminale Knospung) erzeugt, während die ältesten und letzten Proglottiden (am freien Distal-Ende der Kette) nach erlangter Geschlechtsreife abgestossen werden. Dieselben bewegen sich bei manchen Arten der Syncestoden nach ihrer Ablösung frei umher und besitzen dann (— als actuelle Personen! —) vollkommen den Werth eines Moncestoden ohne Saugnäpfe.

Die ganze Bandwurm-Kette (— die bei den grössten Arten über 20 Meter Länge erreicht und aus mehreren Tausend Proglottiden bestehen kann —) fassen wir demnach als einen Catenal-Cormus auf, als einen gegliederten „Linear-Stock", welcher aus zahlreichen an einander gereihten Personen besteht. Diese sind durch Arbeitstheilung in zwei verschiedene Formen gespalten, in den geschlechtslosen *Scolex* (— Amme und zugleich Haft-Organ —) und die geschlechtsreifen *Proglottiden* (ohne Haftorgane). Das Verhältniss des ersteren zu den letzteren ist ganz ähnlich demjenigen, welches bei den Discomedusen die *Scyphostoma*-Amme zu den sexuell entwickelten *Ephyra*-Medusen zeigt. Die Strobilation dieser Scheiben-Quallen wird allgemein als Generationswechsel oder *Metagenesis* aufgefasst; und ebenso berechtigt ist diese Auffassung auch hier bei der analogen Kettenbildung der Syncestoden. Bei einigen Formen dieser letzteren, den Liguliden (*Ligula*) tritt Rückbildung der Strobila ein, indem die äussere Gliederung der Kette verschwindet; aber die multiplicirten Geschlechts-Apparate, welche in dem langen Körper dieser „Riemenwürmer" hinter einander liegen, geben unzweideutig die Zahl der Geschlechts-Personen oder Proglottiden an, welche den Catenal-Cormus ursprünglich zusammensetzten.

Andere Formen der Metagenesis entwickeln sich ausserdem bei einigen Arten der Blasen-Bandwürmer (*Cystica*), d. h. jener Syn cestoden, deren Jugendform auf ihrer Wanderung durch zwei verschiedene Wohnthiere hydropisch wird und sich zu einer rundlichen, mit Wasser gefüllten Blase entwickelt (*Cysticercus* oder „Finne"). Während normaler Weise sich jeder solcher verirrter „Blasenwurm" zu einem Scolex entwickelt, giebt es einzelne Taenien (*Coenurus*), bei denen an der Innenwand jeder Blase zahlreiche, oft mehrere Hundert, Scolices hervorsprossen. Bei *Echinococcus* wird dieser Generationswechsel noch dadurch complicirt, dass die grossen Blasen sich als solche vermehren und eine grosse Zahl von Brutkapseln erzeugen. Diese und andere interessante Erscheinungen, welche uns die Ontogenese der Cestoden und Trematoden darbietet, erklären sich in natürlicher Weise durch ihre Phylogenese; die Descendenz-Theorie zeigt uns, wie dieselben durch Anpassung erworben und dann durch progressive Vererbung allmählig zu specifischen Einrichtungen geworden sind.

Auch für andere allgemeine Fragen der Biologie ist die Entwickelungsgeschichte der Bandwürmer, sowie ihre phyletische Verknüpfung mit derjenigen ihrer Trematoden-Ahnen und der älteren frei lebenden Turbellarien-Ahnen von hohem Interesse. Eine weite Kluft scheint die einfachen Verhältnisse im Körperbau und der Ontogenese der *Moncestoden* von den complicirteren der *Liguliden*, und diese wieder von den sehr verwickelten Erscheinungen der *Cystica* zu trennen. Aber zahlreiche Zwischenstufen und Uebergangsbildungen füllen jene Kluft verbindend aus. Zugleich werfen die merkwürdigen Wanderungen durch zwei verschiedene Wohnthiere, welche die Cestoden und Trematoden während ihrer Ontogenese durchmachen müssen, ein helles Licht auf die causale Rolle des blinden Zufalls. Vergeblich wird die dualistische Philosophie irgend eine *Causa finalis* zu Hülfe rufen, um die zahlreichen zufälligen und unzweckmässigen Phaenomene dieses Gebietes teleologisch zu erklären. Dagegen führt die monistische Philosophie einleuchtend den Beweis, dass auch hier überall nur mechanische *Causae efficientes* wirksam sind, und unter diesen in erster Linie die physiologischen Functionen der Vererbung und Anpassung, sowie deren Wechselwirkung im Kampf ums Dasein.

Fünftes Kapitel.

Systematische Phylogenie der Vermalien.

§ 161. Begriff der Vermalien.

(*Helminthes* vel *Vermes* sensu strictissimo! — *Wurmthiere.*)

Coelomarien mit ungegliedertem, dipleurem Körper von einfacher Organisation, mit einem Scheitelhirn oder Schlundring als Nerven-Centrum, ohne die typischen Charactere der übrigen Coelomarien.

Der Stamm der Wurmthiere oder *Vermalien* umfasst in dem hier festgestellten Sinne des Begriffes nur den kleineren Theil der formenreichen Hauptgruppe des Thierreichs, welche seit alter Zeit unter der Bezeichnung „Würmer, *Vermes* oder *Helminthes*“, im zoologischen System aufgeführt werden. Bekanntlich ist dieser letztere Begriff unter allen Gruppen-Bezeichnungen der zoologischen Systematik der unklarste und vieldeutigste. In dem grundlegenden *Systema Naturae* (1735) waren in der Classe der *Vermes* alle wirbellosen Thiere zusammengefasst, welche nicht zur Classe der *Insecta* (— gleich den späteren *Arthropoda* —) gehörten. Als dann später (1812) in dem verbesserten „Typen-System“ vier Hauptgruppen des Thierreichs als *Vertebrata*, *Articulata*, *Mollusca* und *Radiata* unterschieden wurden, stellte man die *Annelida* zu den Articulaten, die übrigen *Vermes* zu den Radiaten. In den neueren Systemen (seit 1848) wurde diese Trennung wieder aufgehoben und die Anneliden als echte *Vermes* mit den übrigen „Würmern“ vereinigt. Dagegen wurden nunmehr von diesen die *Tunicaten* abgelöst, nachdem deren nahe Stammverwandtschaft mit den Vertebraten aufgedeckt war. Andere Systematiker lösten auch die *Bryozoen* und *Brachiopoden* von den Vermes ab und gründeten für sie einen besonderen Typus des Thierreichs unter dem (höchst unpassenden) Namen: *Molluscoidea.* Endlich gingen manche neuere Zoologen so weit, den Typus der Vermes überhaupt ganz aufzulösen und in eine Anzahl von einzelnen Classen zu zersplittern, deren Stellung im System überhaupt zweifelhaft sei. Mit diesem extrem skeptischen, praktisch ganz unbrauchbaren Verfahren war Nichts weiter erreicht, als die Auflösung des Systems überhaupt und der Verzicht auf Einreihung der „Würmer" unter die übrigen Wirbellosen. Die Gruppe der Vermes wurde so zur gefürchteten „Rumpelkammer der Zoologie", zum „Leidenskreuz der Systematik".

Schon bei Begründung unserer Gastraea-Theorie (1872) haben wir hervorgehoben, dass diese hoffnungslose Auffassung der Würmer-Gruppe und der resignirte Verzicht auf Definition und Classification der *Vermes* nach unserer Ansicht nicht gerechtfertigt ist. Indem wir die Platodes als *Acoelomi* (Würmer ohne Leibeshöhle) von den echten Vermes als *Coelomati* (Würmer mit Leibeshöhle) abtrennten, wiesen wir zugleich auf die wichtigen phylogenetischen Beziehungen hin, welche die ersteren zu den Coelenterien besitzen, die letzteren dagegen zu den Typozoen, den vier höheren, eigentlich typischen Thierstämmen. In dem „Stammbaum des Thierreiches", den wir in unserer „Biologie der Kalkschwämme" (1872, S. 465) auf Grund unserer Keimblätter-Theorie entwarfen, haben wir bereits die echten Vermes (*Coelomati*) als die bedeutungsvolle Mittelgruppe des Thierreichs hingestellt, welche einerseits aus der älteren Stammgruppe der niederen Platodes (*Acoelomi*) hervorgegangen ist, anderseits die gemeinsame Ursprungsgruppe der vier höheren, typischen Thierstämme darstellt (*Echinoderma, Mollusca, Articulata, Vertebrata*).

Bei der weiteren Ausführung unseres phylogenetischen Systemes im Laufe der letzten 24 Jahre haben wir sodann wiederholt (— wenn auch ziemlich erfolglos —) darauf hingewiesen, wie werthvoll die Trennung der *Annelida* von den *Vermes*, und die Vereinigung der ersteren mit den übrigen *Articulata* ist. Nicht allein werden dadurch die wichtigen phylogenetischen Beziehungen dieser grossen Hauptgruppen in ihr natürliches Licht gesetzt, sondern auch die Möglichkeit gegeben, den Begriff der gereinigten Würmer-Gruppe klar und scharf zu bestimmen. Allerdings wird durch unsere Ausscheidung der *Platoden* einerseits, der *Anneliden* anderseits, der Umfang des Würmer-Stammes um mehr als die Hälfte reducirt; aber wir können jetzt eine bestimmte und logische Characteristik desselben geben. In praktischer Beziehung dürfte es nützlich sein, die alte und vieldeutige Bezeichnung *Vermes* — die allmählig jeden festen Begriff verloren hat — aufzugeben und entweder durch *Helminthes* zu ersetzen (*sensu strictissimo!*), oder besser durch *Vermalia* = Wurmthiere.

Der Inhalt des Vermalien-Begriffes lässt sich dann kurz in folgender Definition geben: Coelomarien ohne Gliederung, von einfacher Organisation, mit primitivem Nerven-Centrum (Acroganglion oder Schlundring), ohne die typischen Merkmale der höheren Thierstämme. Es fehlen den Wurmthieren also folgende Eigenschaften der letzteren: 1) das radiale Nerven-System und Ambulacral-System der *Echinodermen*; 2) das typische Nerven-Centrum (Doppelring und drei Ganglien-Paare) der *Mollusken*, sowie deren characteristischer Dorsal-Mantel mit Schale und Ventral-Fuss; 3) die echte äussere Metamerie und das gegliederte Bauchmark der *Articulaten* (Anneliden und Arthropoden): 4) die echte innere Metamerie und das typische Rückenmark, sowie die Chorda der Chordonier (*Tunicaten* und *Vertebraten*).

Positive Merkmale, welche allen *Vermalien* gemeinsam zukommen, sind ausserdem ursprünglich folgende: 1) die dipleure (oder bilateral-symmetrische) Grundform des ungegliederten Körpers; 2) der Besitz eines Darmcanals mit zwei Oeffnungen, Mund und After; 3) eine Leibeshöhle (Coeloma), durch welche das Darmrohr von der Leibeswand geschieden ist; 4) ein Paar saccale Gonaden, welche ursprünglich aus dem Urdarm entstanden sind und sich gewöhnlich zu ein Paar Coelom-Taschen entwickeln; 5) ein Paar (sehr selten zwei Paar) Nephridien (bei den ältesten Gruppen exodermale Pronephridien, bei den jüngeren mesodermale Eunephridien); 6) ein primitives Nerven-System, dessen Centrum entweder ein einfaches, über dem Schlunde gelegenes Scheitelhirn bildet (Acroganglion), oder ein Schlundring, welcher den Schlund umfasst und paarige laterale Nerven-Stämme entsendet. In allen übrigen Verhältnissen zeigen die Vermalien eine weit gehende Divergenz der Organisation.

§ 162. Classification der Vermalien.

Umfang des Vermalien-Begriffes. Nachdem wir die *Platoden*, *Anneliden* und *Tunicaten* aus dem Stamme der Vermalien ausgeschieden haben, bleiben in demselben immer noch zahlreiche, theils grössere, theils kleinere Formen-Gruppen übrig, welchen man den Rang von Classen beilegt. Wir unterscheiden hier fünfzehn solche Classen und glauben, dass wir sie naturgemäss in vier grössere Gruppen zusammenfassen können, in vier Cladome oder phyletische Hauptclassen. Von diesen betrachten wir die Rotatorien oder „Radwürmer“ (*Trochelminthes*) als die niederste und älteste Gruppe, und als die gemeinsame Stammgruppe der drei übrigen; sie schliesst sich unmittelbar an die Platoden-Gruppen der *Turbellarien* und *Platodarien* an, von denen wir sie ableiten. Nach drei divergenten Richtungen hin haben sich aus verschiedenen Zweigen der Rotatorien die *Strongylarien*, *Prosopygier* und *Frontonier* entwickelt.

Erstes Cladom: **Rotatoria** (*Trochelminthes* oder Radwürmer). Aelteste Gruppe der Vermalien, mit permanenten Flimmer-Organen, Blastocoel und Pronephridien, ohne Blutgefässe. Wir nehmen an, dass die primitivsten Formen dieses Cladoms, die Provermalien, die gemeinsamen Stammformen aller *Vermalien* und zugleich aller von diesen abzuleitenden *Coelomarien* enthielten; sie stammen direct von älteren Platoden ab (*Platodarien*). Aus dieser ältesten (laurentischen) Stammgruppe entwickelten sich als divergente Zweige die *Gastrotrichen*, *Trochozoen* und *Rotiferen*. Die Gastrotrichen betrachten wir als die ältesten und primitivsten unter den jetzt lebenden Rotatorien; das totale Flimmerkleid ihrer Provermalien-Ahnen wurde hier auf die Bauchseite reducirt. In den beiden anderen Classen beschränkt sich dasselbe auf einen circoralen Flimmerkranz. Von diesen sind die Trochozoen besonders wichtig, da sich auf ihre Bildung die Larven der *Mollusken*, *Echinodermen* und *Anneliden* (— Stammgruppe der Articulaten —) zurückführen lassen. Die heutigen *Rotiferen*, die moderne Hauptgruppe der Rotatorien, erscheinen als einseitig ausgebildete Epigonen der Trochozoen.

Zweites Cladom: **Strongylaria** (*Nemathelminthes* oder Rundwürmer). Hauptgruppe der Vermalien ohne Flimmerdecke; diese ist gänzlich rückgebildet und durch eine feste Chitin-Cuticula ersetzt worden; darunter hat sich eine kräftige Muskel-Schicht entwickelt. Keine Blutgefässe und Eunephridien. Als älteste Gruppe dieser selbständigen Hauptclasse betrachten wir die *Echinocephalen*, welche durch die Gastrotrichen mit den Provermalien verknüpft erscheinen. Als drei divergente Zweige erscheinen die *Acanthocephalen* und *Nematoden* (beide durch Parasitismus rückgebildet), und die *Chaetognathen* (durch Plankton-Leben hoch entwickelt). Aus dem Cladom der Strongylarien sind keine höheren Thierstämme hervorgegangen.

Drittes Cladom: **Prosopygia** (*Brachelminthes* oder *Molluscoidea*, Buschwürmer). Durch Anpassung an festsitzende Lebensweise eigenthümlich umgebildet; am Vordertheil hat sich aus dem primären circoralen Flimmer-Kranz ein subvectiver und respiratorischer Tentakel-Busch entwickelt; am Hintertheil hat sich der Darmcanal nach dem Rücken und dann nach vorn umgebogen, so dass der After vorn in der Nähe des Mundes liegt. Zugleich sind Röhren oder Schalen zum Schutze des weichen Körpers ausgeschieden worden. Meistens sind

Blutgefässe stark entwickelt; sie fehlen nur den *Bryozoen*. Als divergente Zweige, welche sich nicht in höhere Thiergruppen fortsetzen, haben sich die drei Classen der *Brachiopoden*, *Phoronarien* und *Sipuncularien* entwickelt.

Viertes Cladom: **Frontonia** (*Rhynchelminthes* oder *Rhynchocoela*, Rüsselwürmer). Das totale Flimmerkleid der Provermalien-Ahnen ist conservirt, die Organisation aber sonst höher entwickelt, mit Blutgefäss-System. Vor dem Munde springt ein sensibler Stirnzapfen (Fronticonus) vor; dieser entwickelt sich bei den *Nemertinen* zu einem einziehbaren Rüssel, bei den *Enteropneusten* zu einer „Eichel", bei den *Prochordoniern* zu einer Schnauze. Die beiden letzteren Classen zeichnen sich durch die Erwerbung von Kiemenspalten in der Schlundwand aus, welche den *Nemertinen* noch fehlen. Die Prochordonier entwickeln ausserdem eine Chorda und bilden die Stammgruppe der *Chordonier* (Tunicaten und Vertebraten).

Verwandtschaft der Vermalien-Classen. Die morphologischen und phyletischen Verwandtschafts-Beziehungen der fünfzehn Wurmthier-Classen, welche wir auf die angeführten vier Cladome vertheilt und in dem nachstehenden System (§ 163) zusammengestellt haben, sind sehr schwierig zu beurtheilen; die Ansichten darüber gehen daher auch heute noch weit aus einander, mehr als in irgend einer anderen Gruppe des Thierreichs. Dieser Umstand ist nur zum Theil in irrthümlichen Ansichten und Urtheilen der Systematiker begründet, zum anderen Theil aber in der Sache selbst. Denn wir müssen bedenken, dass die heute noch lebenden Vermalien-Classen nur die letzten grünenden Zweige eines reich verzweigten Stammbaums sind, dessen zahlreiche Aeste zum grössten Theile längst abgestorben sind; dieselben waren im Laufe vieler Jahr-Millionen durch Tausende von divergenten Zweigen vertreten, welche wegen Mangels harter Skelettheile uns keine Spur ihres Daseins hinterlassen konnten.

Phyletische Beziehungen der Vermalien zu allen übrigen Coelomarien halten wir für unzweifelhaft; wir leiten die *Echinodermen*, *Mollusken* und *Anneliden* von älteren Rotatorien ab, und zwar von Trochozoen, weil die characteristischen Flimmer-Larven dieser drei Stämme (*Dipleurula*, *Veliger*, *Trochophora*) sicher als palingenetische Wiederholungen von *Trochosphaera* (§ 175) oder ähnlichen Rotatorien gedeutet werden dürfen. Anderseits leiten wir die Chordonier (*Tunicaten* und *Vertebraten*) von älteren Frontoniern ab, weil wir deren *Chordula*-Larve als das palingenetische Ebenbild ihrer *Prochordonier*-Ahnen betrachten, einer erloschenen Frontonier-Gruppe, welche den *Enteropneusten* verwandt war. Die Larven dieser letzteren (*Tornaria*) deuten wiederum auf deren Abstammung von Rotatorien hin.

§ 163. System der Vermalien.

Cladome	Classen-Character	Classen	Genera
I **Rotatoria** (*Trochelminthes*) (Radwürmer). Flimmerkleid total oder partiell. Blastocoelier mit Pronephridien. Keine Blutgefässe.	Flimmerkleid total. Kein Kaumagen	1. **Provermalia** ⊙ (*Archipygia*)	*Architrochus* ⊙ *Protovermis* ⊙
	Flimmerkleid ventral. Kein Kaumagen	2. **Gastrotricha** (*Ichthydina*)	*Ichthydium* *Chaetonotus*
	Flimmerkranz praeoral. Kein Kaumagen	3. **Trochozoa** (*Trochophoralia*)	*Trochophora* *Trochosphaera*
	Flimmerscheibe frontal, einziehbar. Ein Kaumagen	4. **Rotifera** (*Räderthiere*)	*Brachionus* *Stephanoceros*
II. **Strongylaria** (*Nemathelminthes*) (Rundwürmer). Flimmerkleid fehlt ganz. Enterocoelier mit Pronephridien (?). Keine Blutgefässe. Starker Hautmuskelschlauch.	Mund offen, mit Haken-Rüssel. Schlundring exodermal	5. **Echinocephala** (*Igelwürmer*)	*Echinoderes* *Echinopharynx*
	Mund geschlossen, mit Haken-Rüssel. Hirnknoten subdermal	6. **Acanthocephala** (*Kratzwürmer*)	*Echinorhynchus* *Acanthorhynchus*
	Mund offen, ohne Haken-Rüssel. Schlundring exodermal	7. **Nematoda** (*Fadenwürmer*)	*Gordius* *Ascaris*
	Mund offen, mit Greifhaken. Schlundring sehr weit, exodermal	8. **Chaetognatha** (*Pfeilwürmer*)	*Spadella* *Sagitta*
III **Prosopygia** (*Brachelminthes*) (Buschwürmer). Flimmerkleid an den Tentakeln. Enterocoelier mit Nephridien. Meist Blutgefässe. Hippocrepis-Darm.	Ohne Blutgefässe. Einfacher Hirnknoten	9. **Bryozoa** (*Polyzoa*)	*Loxosoma* *Alcyonella*
	Mit Blutgefässen. Schlundring einfach. Zweiklappige Schale	10. **Brachiopoda** (*Spirobranchia*)	*Lingula* *Terebratula*
	Mit Blutgefässen. Schlundring einfach. Chitin-Röhre	11. **Phoronaria** (*Phoronida*)	*Phoronis* *Phoronella*
	Mit Blutgefässen. Schlundring mit Bauchstrang	12. **Sipuncularia** (*Gephyrea*)	*Sipunculus* *Phascolion*
IV. **Frontonia** (*Rhynchelminthes*) (Rüsselwürmer). Flimmerkleid total. Enterocoelier mit Nephridien. Stets Blutgefässe. Stirnzapfen (Frontoconus).	Ohne Schlundkiemen, ohne Chorda. Mit Rüssel	13. **Nemertina** (*Schnurwürmer*)	*Carinella* *Lineus*
	Mit Schlundkiemen, ohne Chorda. Mit Eichel	14. **Enteropneusta** (*Eichelwürmer*)	*Balanoglossus* *Cephalodiscus*
	Mit Schlundkiemen, mit Chorda. Mit Stirnzapfen	15. **Prochordonia** ⊙ (*Chordawürmer*)	*Archichorda* ⊙ *Chordaea* ⊙

§ 164. Stammbaum der Vermalien.

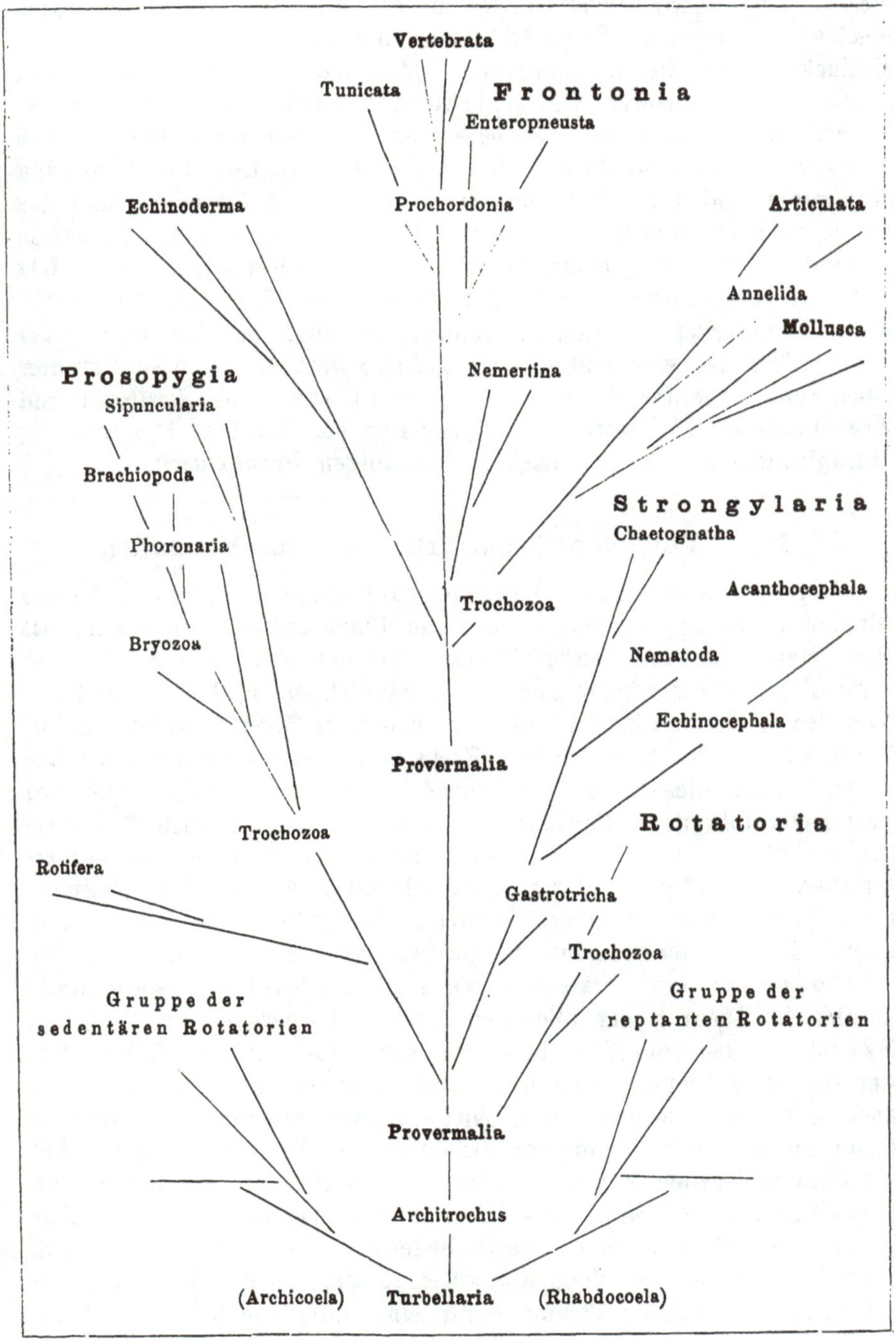

Die Anneliden, welche in dem bisher geltenden System der *Vermes* als die wichtigste Gruppe dieses Stammes betrachtet wurden, besitzen zu unseren *Vermalien* keine näheren Beziehungen als die Mollusken oder die Echinodermen. Man hat vielfach versucht, den grössten Theil unserer Vermalien als rückgebildete Anneliden hinzustellen; die *Rotatorien* und *Strongylarien*, die meisten *Prosopygier* und *Frontonier* sollten von echten gegliederten Anneliden abstammen und durch Verkümmerung und Verlust der Gliederung aus diesen hoch organisirten Coelomarien hervorgegangen sein. Wir halten diese Ansichten für ganz irrthümlich. Nach unserer Auffassung fehlt echte Gliederung den Vermalien ganz. Die echte Metamerie, wie sie äusserlich bei den *Articulaten*, innerlich bei den *Vertebraten* durchgeführt ist, erscheint uns wesentlich verschieden von sogenannter Gliederung einzelner Vermalien (äussere Ringelung bei *Rotiferen* und *Echinocephalen*, Duplication der Nephridien bei einzelnen *Prosopygiern*, Multiplication der Coelom-Taschen bei einigen *Frontoniern*).

§ 165. Phylogenetische Urkunden der Vermalien.

Von den drei grossen Urkunden der Stammesgeschichte, welche wir bei deren Reconstruction in erster Linie aufzusuchen haben, hat eine, und zwar die handgreiflichste Urkunde, für den Stamm der Vermalien leider gar keine Bedeutung, nämlich die Palaeontologie. Von den fünfzehn Classen, die wir in diesem Stamme unterscheiden, haben nur zwei Classen fossile Reste hinterlassen, die *Bryozoen* und *Brachiopoden*; diese sind zwar zahlreich und gehen bis in die ältesten petrefacten-führenden Formationen hinab; sie haben auch theilweise grossen Werth für die Geologie und dienen derselben als characteristische „Leit-Fossilien" zur Unterscheidung der einzelnen sedimentären Formationen. Dagegen besitzen die versteinerten Reste dieser beiden Prosopygier-Classen so gut wie gar keinen Werth für ihre Phylogenie; denn erstens sagen uns ihre fossilen äusseren Kalkschalen nur sehr wenig über den inneren Körperbau derselben aus. Zweitens zeigen dieselben zwar eine sehr grosse Mannichfaltigkeit in der speciellen Conformation und Ornamentik dieser Cuticular-Gebilde, aber nur sehr geringe Unterschiede in wesentlichen, für grössere Gruppen characteristischen Bau-Verhältnissen. Drittens scheinen selbst die ältesten fossilen Vertreter dieser beiden Prosopygier-Classen (aus dem Cambrium und Silur), soweit wir aus der Vergleichung der Schalen-Formen urtheilen können, nicht bedeutend von ihren heute noch lebenden Epigonen verschieden gewesen zu sein; — einzelne Gattungen zeigen als „persistente Typen" sogar eine auffallend zähe Vererbung,

z. B. *Lingula*. Viertens endlich scheint die Organisation derselben schon in cambrischer und silurischer Zeit den characteristischen Classen-Typus erreicht zu haben, und es fehlen uns fossile Vertreter jener älteren praecambrischen Vermalien, welche die beiden kalkschaligen Prosopygier-Classen mit ihren älteren Vermalien-Ahnen in ähnlicher Weise verknüpfen, wie dies heute die *Phoronarien* und *Rotatorien* thun.

Wenn also auch die zahlreichen fossilen Species der *Bryozoen* (gegen 2000) und der *Brachiopoden* (gegen 3000) für die Geologie sehr interessant und theilweise als „Leitmuscheln" von hohem Werthe sind, so geben sie uns doch leider über den Gang ihrer Stammesgeschichte nur sehr wenig Auskunft. Es folgt daraus eigentlich weiter nichts, als dass beide Prosopygier-Classen sehr alt sind und schon zur Silur-Zeit die Organisations-Höhe ihrer heutigen wenig veränderten Epigonen erreicht hatten. Für die eigentliche Erkenntniss ihrer phyletischen Entstehung und Entwickelung sind wir bei ihnen, wie bei allen anderen Vermalien, auf die beiden anderen Urkunden der Phylogenie, auf die vergleichende Anatomie und Ontogenie, angewiesen. Der hohe Werth der ersteren wird sich aus der nachfolgenden kurzen Uebersicht über die Stammesgeschichte der Organe im Vermalien-Stamm ergeben; über die Ontogenie müssen wir aber hier noch einige allgemeine Betrachtungen folgen lassen.

Ontogenie der Vermalien. Die grosse Mehrzahl der Wurmthiere erfährt im Laufe ihrer individuellen Entwickelung bedeutende Umbildungen, welche wegen ihres palingenetischen Characters als historische Urkunden von hohem Werthe sind. Durch die grossen Fortschritte der vergleichenden Ontogenie in den letzten beiden Decennien ist nachgewiesen, dass aus der *Gastrula* der meisten Vermalien sich eine schwimmende Larve entwickelt, welche sehr ähnlich den niedersten Formen dieses Stammes, den *Rotiferen*, organisirt ist. Eine ähnliche, mehr oder weniger modificirte Larven-Form kehrt aber auch bei den meisten höheren Thierstämmen wieder und legt bedeutungsvolles Zeugniss für die Abstammung derselben von den *Vermalien* ab. Wir wollen alle diese verschiedenen Larven der Coelomarien, soweit sie sich noch auf den gemeinsamen Typus jener *Rotatorien*-Ahnen zurückführen lassen, unter dem gemeinsamen Begriffe der Vermilarvae zusammenfassen; wir erblicken in denselben nach dem biogenetischen Grundgesetze die erblichen Recapitulationen von uralten gemeinsamen Stammformen aller Coelomarien, welche ihrer Organisation nach zum Cladom der Rotatorien gehörten (§ 172).

Vermilarva besitzt, als palingenetischer *„Embryonal-Typus“* betrachtet, (— abgesehen von den zahlreichen secundären Modificationen, besonders in der Differenzirung der Flimmerdecke —) folgende wesentliche Eigenschaften: 1) Die Grundform des Körpers ist rein dipleurisch (oder bilateral-symmetrisch). 2) Als Locomotions-Organ und zugleich Respirations-Organ dient das flimmernde Exoderm, eine einfache Zellenschicht, welche ursprünglich auf der ganzen Oberfläche, später nur an bestimmten Bezirken mit Flimmerhaaren bedeckt ist. 3) Das Nerven-Centrum bildet eine Scheitelplatte (Acroplatea), die ursprünglich in der Epidermis selbst liegt, später als Acroganglion (oder Urhirn) in der Tiefe, über dem Schlunde. 4) Das einfache Darmrohr besitzt zwei Oeffnungen (Mund und After) und besteht aus zwei Abschnitten, dem exodermalen Mundrohr oder Schlund (Pharynx, Stomodaeum) und dem entodermalen Magendarm oder Urdarm (Mesodaeum, Archenteron); der After entspricht dem ursprünglichen Urmunde des letzteren. Später sondert sich hier als dritter Abschnitt ein exodermaler Enddarm oder Mastdarm (Proctodaeum) ab. 5) Neben dem Darm liegen ein Paar Saccal-Gonaden, welche aus einfachen Ausstülpungen seines hinteren Theiles (nahe dem Urmund) entstanden sind und sich hinten in denselben öffnen („primäre Kloake“). 6) Die unbedeutende Leibeshöhle, in welcher dieselben liegen (oder der spaltförmige Hohlraum zwischen Hautdecke, Urdarm und Gonaden), ist mit Gallerte oder Lymphe gefüllt; sie entspricht dem Blastocoel oder Schizocoel; es fehlt noch ein echtes Enterocoel (durch Aufblähung der Gonaden-Säcke entstanden). 7) Als Excretions-Organe fungiren ein Paar Pronephridien (gleich denen der Turbellarien und Rotatorien): modificirte Hautdrüsen, als Erbstück von den Platoden-Ahnen. Es fehlen noch echte (mesodermale) Eunephridien. 8) Es fehlen der Vermilarva ferner noch vollständig: differenzirte Sinnes-Organe, Extremitäten und Blutgefässe. 9) Die ganze Organisation der Vermilarva lässt sich demnach unmittelbar auf diejenige der Platoden-Ahnen (*Platodarien*) zurückführen und unterscheidet sich von ihr wesentlich nur durch einen grossen Fortschritt, durch die Bildung von zwei Darm-Oeffnungen, von Mund und After. 10) Wir betrachten demnach die typische *Vermilarva* als die erbliche palingenetische Wiederholung jener uralten praecambrischen Gruppe von ältesten Wurmthieren, aus welcher sämmtliche Coelomarien hervorgegangen sind, der Stammgruppe der Provermalien (§ 173).

Modificationen der Vermilarva. Ebenso wie die reifen Thiere in den verschiedenen Classen der *Vermalien* und der höheren, von ihnen abgeleiteten *Coelomarien* im Laufe der Zeit die mannichfaltigsten Umbildungen erfahren haben, ebenso ist dies auch mit ihren Larven und Jugendformen mehr oder weniger der Fall gewesen. Zwar haben die palingenetischen Larven den ursprünglichen Character der Vermilarva bis zu einem gewissen Grade durch Vererbung bewahrt; aber dennoch ist immer ein Theil ihrer Organisation im Laufe vieler Jahr-Millionen durch Anpassung mehr oder weniger abgeändert worden. Diese cenogenetischen Modificationen stören oder „fälschen" das reine Urbild der *Vermilarva*, welches wir uns auf Grund der palingenetischen Tradition entwerfen können. Es wird daher eine ebenso schwierige als wichtige Aufgabe der kritischen Phylogenie bleiben, bei der Anwendung des biogenetischen Grundgesetzes immer möglichst scharf die Grenze zwischen diesen beiden Erscheinungs-Reihen zu bestimmen; und dasselbe gilt auch für die einzelnen Stadien in der vielfach modificirten Metamorphose der Vermilarven. Die phylogenetische Bedeutung dieser ontogenetischen Urkunden ist sehr gross; sie darf aber weder zu hoch noch zu tief angeschlagen werden, und sie bedarf der Correctur durch die „vergleichende Anatomie". Die wichtigsten Hauptformen der Vermilarven sind folgende:

1) Die Trochophora-Larve, mit circoralem Flimmer-Kranz (Trochus), an welchem bald der praeorale Theil (Eutrochus), bald der postorale Theil (Cingulum) stärker ausgebildet ist; im Uebrigen sehr ähnlich der *Trochosphaera* und einigen *Rotiferen* organisirt. Auf diesen Larven-Modus lassen sich zurückführen die schwimmenden Flimmer-Larven der meisten *Prosopygier*, einiger *Frontonier*, der *Anneliden* und *Mollusken* (Veliger).

2) Die Dipleurula-Larve der *Echinodermen*, ausgezeichnet durch eigenthümliche Entwickelung der circoralen Flimmerschnur und besonders dadurch, dass die eine von den beiden Coelom-Taschen (die linke) auf dem Rücken nach aussen mündet und ein Hydrocoel bildet; sie erscheint unter den verschiedenen Classen und Ordnungen der Echinodermen in zahlreichen Modificationen, von denen die primitivsten *Scaphularia* und *Auricularia* sind (Holothurien-Larven). Aehnlich ist auch die *Tornaria*-Larve von *Balanoglossus*.

3) Die Strongula-Larve der *Strongylarien*, eine cenogenetische Larvenform, deren reinen Typus die junge *Sagitta* darstellt, ausgezeichnet durch gänzlichen Verlust des Flimmerkleides und Secretion einer starken Chitin-Cuticula, welche an dessen Stelle tritt.

4) Die Chordula-Larve der *Chordonier* (*Tunicaten* und *Vertebraten*), das erbliche Spiegelbild der Prochordonier, jener jüngeren Frontonier-Gruppe, von welcher wir den Chordonier-Stamm ableiten. Dieselbe hat (z. B. in der jungen *Amphioxus*-Larve) das totale Flimmerkleid der Provermalien conservirt, aber Kiemenspalten am Schlunde gebildet (gleich den *Enteropneusten*) und eine Chorda aus der Rückenwand des Urdarms.

§ 166. Tegument und Skelet.

Die äussere Hautdecke wird bei allen Vermalien durch eine einzige Zellenschicht gebildet, die Epidermis. Diese Oberhaut ist ursprünglich auf der ganzen Oberfläche mit Flimmerhaaren bedeckt und nichts Anderes als das Exoderm der *Gastraeaden*. Sie ist von von diesen Stammformen der Metazoen durch Vererbung zunächst auf die *Platoden* (Platodarien und Turbellarien) übertragen worden, und von diesen wiederum auf die *Provermalien*, die gemeinsame Stammgruppe aller Coelomarien. Aber schon innerhalb des *Vermalien*-Stammes hat diese ursprünglich einfache und gleichartige Flimmerdecke mannichfache Differenzirungen erlitten; insbesondere ist ein Theil ihrer Flimmerzellen (Vibranten) in Sinneszellen, ein anderer Theil in Drüsenzellen umgebildet; ferner scheidet die einfache Zellenschicht der Oberhaut an ihrer Innenfläche meistens eine homogene Stützplatte aus (*Fulcrum*), an ihrer Aussenfläche oft eine chitinöse Deckplatte (*Cuticula*). Die wichtigsten Stufen der Differenzirung innerhalb dieses Stammes sind folgende:

1) Permanenz der totalen Flimmerdecke; das ursprüngliche Wimperkleid der Gastraeaden und Turbellarien bleibt an der ganzen Oberfläche des Wurmkörpers gleichmässig bestehen, so bei den *Provermalien* und *Frontoniern*.

2) Differenzirung der totalen Flimmerdecke, bei den meisten *Rotatorien* und den *Prosopygiern*; das ursprünglich gleichmässige Flimmer-Epitel wird auf dem grössten Theile der Körper-Oberfläche rückgebildet oder verschwindet ganz; es entwickelt sich um so stärker an einzelnen Stellen des Körpers und erscheint hier als wichtiges Organ der Locomotion und Respiration, bei den festsitzenden *Prosopygiern* zugleich der Nahrungszufuhr oder Subvection. Das bedeutendste von diesen „Wimper-Organen" ist der circorale Flimmer-Kranz (*Trochus*), welcher schon innerhalb des Rotatorien-Stammes eine mannichfaltige Ausbildung zeigt (bei den *Trochozoen* und *Rotiferen*); er differenzirt sich schon hier in einen vorderen praeoralen Wimperkranz (*Eutrochus*) und einen hinteren, postoralen Wimperkranz (*Cingulum*). Aus dem ersteren entwickelt sich das „Räder-Organ" der *Rotiferen*, aus dem letzteren der Tentakel-Apparat der *Prosopygier*. Beide circorale Wimperkränze erlangen in verschiedenen Gruppen der höheren Metazoen eine mehrfache Fortbildung und sind in deren Larven noch conservirt (z. B. *Trochophora* der Anneliden, *Veliger* der Mollusken, *Dipleurula* der Echinodermen). Weniger wichtig und allgemein als dieser circorale Wimperkranz ist ein hinterer circoraler Flimmerkranz vor dem After (*Pygotrochus*), sowie

ein apicaler Wimperschopf oder Stirnbusch welcher oben auf der Scheitelplatte steht (*Acrolophus*).

3) Totale Rückbildung der Flimmerdecke zeichnet den Stamm der *Strongylarien* (oder Nemathelminthen) aus und unterscheidet denselben schon äusserlich von den drei anderen Vermalien-Stämmen. Dieselbe ist bedingt durch die Ausscheidung einer dicken Chitin-Cuticula, mit welcher eine besonders kräftige Ausbildung des Hautmuskel-Schlauches Hand in Hand geht. Diese regressive Umbildung wird schon innerhalb des Rotatorien-Stammes durch die *Gastrotrichen* eingeleitet, bei welchen das ursprüngliche totale Flimmerkleid der Vermalien-Ahnen nur auf der Bauchfläche erhalten bleibt, auf dem Rücken aber verschwindet. Bei den nächstverwandten *Echinocephalen* ist dasselbe schon vollständig verschwunden und erscheint auch nicht mehr in der Jugend bei den anderen Classen der Strongylarien.

4) Ausbildung des Decken-Skeletes. Bei der grossen Mehrzahl der Vermalien ist der ganze Körper ein skeletloser Weichkörper (*Malacoma*); feste Gebilde, welche demselben als Hartkörper (*Skeleton*) zum Schutze und zur Stütze dienen könnten, fehlen vollständig. Daher konnten auch die meisten Wurmthiere keine fossilen Reste hinterlassen. Nur zwei von den fünfzehn Classen des Stammes bilden hiervon eine Ausnahme, die kalkschaligen *Bryozoen* und *Brachiopoden*. Indessen finden wir auch bei vielen anderen Vermalien an einem Theile des Körpers mehr oder weniger feste Chitin-Hüllen, welche als Secrete der Epidermis gebildet werden; letztere wird dann oft (unpassend) als *Hypodermis* bezeichnet. Wenn diese Cuticular-Decken, die aus Chitin oder einer verwandten, sehr resistenten Substanz bestehen, einige Dicke erreichen, so ist damit stets Verlust der Flimmerhaare an der betreffenden Hautstelle verknüpft.. Locale Verdickungen derselben können einen festen „Chitin-Panzer“ darstellen (bei *Rotiferen*), oder Schuppen und Stacheln bilden (auf der Rückseite der *Gastrotrichen*). Solche locale harte Chitin-Producte der Epidermis sind auch die Rüsselhaken der *Echinocephalen* und *Acanthocephalen*, die Schlundzähne der *Nematoden*, die Greifhaken und Hautborsten der *Chaetognathen*, die Frontal-Stacheln (oder „Stilete“) der *Nemertinen*.

5) Ausbildung von Kalkschalen. Während die genannten Cuticular-Decken meistens biegsam bleiben und nicht verkalken, zeichnen sich dagegen zwei Classen von festsitzenden Vermalien durch die Bildung harter Kalkschalen aus. Bei den *Bryozoen* wird kohlensaurer Kalk, bei den *Brachiopoden* zugleich phosphorsaurer Kalk in solcher Masse in die organische Schalen-Substanz (Chitin, Keratose oder Conchiolin) abgelagert, dass daraus feste, unverwesliche Kalkschalen werden, wie bei den Mollusken. Die mannichfaltig gestalteten

Kalkschalen dieser Prosopygier (— oder „*Molluscoiden*“ —) kommen daher auch massenhaft versteinert vor, schon in den ältesten palaeozoischen Formationen (Cambrium, Silur). Die Kalkschalen der Bryozoen haben meist die Form von offenen Röhren oder Kammern; diejenigen der *Brachiopoden* dagegen sind denen der Muscheln ähnlich, zweiklappig (vergl. § 184).

6) Tegument und Bewegungs-Organe. Characteristisch für alle Vermalien ist der Mangel besonderer Locomotions-Organe in Form von Gliedmaassen oder Extremitäten. Die Function derselben wird in diesem Stamme noch durch die Hautdecke selbst vertreten, und zwar durch zwei wesentlich verschiedene Organe derselben, erstens die Flimmerhaare der Epidermis, und zweitens den Hautmuskel-Schlauch des darunter gelegenen Corium. Bei den niederen Gruppen der Wurmthiere überwiegt noch die ursprüngliche Form der Flimmer-Bewegung; bei den höheren Gruppen dagegen die später erworbene Form der Muskel-Bewegung. Die Musculatur tritt hier in zwei verschiedenen Zuständen auf, als *epiteliale* und *mesenchymale* Muskelbildung. Die vier Cladome des Vermalien-Stammes, und theilweise auch die einzelnen Classen derselben bieten in dieser Beziehung vielfache Differenzirungen dar. Das Flimmerkleid der Epidermis dient bei den *Rotatorien* sowohl zur Ortsbewegung als zur Respiration, bei den *Frontoniern* wesentlich nur zur Athmung. Die festsitzenden *Prosopygier* haben die Flimmerdecke hauptsächlich an den Tentakeln entwickelt, welche sowohl die Respiration als auch die Subvection und Sensation vermitteln. Bei den *Strongylarien*, welche das Flimmerkleid gänzlich verloren und eine feste Cuticular-Decke erworben haben, ist die Musculatur am stärksten entwickelt; wir finden hier meistens zwei Paar starke Längsmuskel-Stränge, ein Paar dorsale und ein Paar ventrale.

§ 167. Nerven-System und Sensillen.

Nerven-System und Sinnes-Organe der Vermalien sind für uns aus vier Gründen von hohem phylogenetischen Interesse. Erstens erscheinen sie bei den ältesten Gruppen dieses Stammes noch identisch mit denjenigen der Platoden (*Platodarien* und *Turbellarien*); sie stellen das unveränderte psychologische Erbgut dieser Coelenterien-Ahnen dar. Zweitens erfolgt innerhalb dieses Stammes die wichtige Translocation des Nerven-Centrums, welche für seine vollkommene Ausbildung in den höheren Thierstämmen von grösster Bedeutung ist; die ursprüngliche Lage des acralen Gehirns in der Epidermis (— als „Scheitelplatte“ —) wird aufgegeben, indem es in die Tiefe sinkt und sich unter den Schutz der äusseren Hautdecke begiebt. Drittens steht das Nerven-Centrum bei den älteren Vermalien noch in engstem Zusammenhang mit den primitiven Organen der Empfindung (Epidermis, Sensillen) und des Willens (Hautmuskel-Schlauch); die Differenzirung dieser „Seelen-Organe" bleibt bei den niederen Formen des Stammes noch auf einer sehr tiefen Stufe stehen, während sie bei den höheren Formen nach verschiedenen Richtungen hin sich ausbildet. Viertens endlich bildet das einfache Nerven-Centrum der älteren Vermalien das gemeinsame psychologische Urorgan, aus welchem sich die characteristischen Formen des Seelen-Organs in den divergenten höheren Thier-Stämmen ableiten lassen. Dabei ist besonders interessant, dass die typischen Formen des Nerven-Centrums, welche die letzteren auszeichnen, bei keinem einzigen Wurmthier zu voller Ausbildung gelangen, obwohl die Anlagen derselben in einzelnen Gruppen vorbereitet werden. Allen Vermalien fehlt das radiale Sternmark der Echinodermen, das gegliederte Bauchmark der Articulaten, das doppelte Ringmark der Mollusken, das tubulöse Rückenmark der Chordonier (das „Medullarrohr" der Tunicaten und Vertebraten). Aber die ältesten Grundlagen dieser verschiedenen Seelen-Organe und die localen Urformen, aus denen sie sich entwickeln, sind in den verschiedenen Zweigen des Vermalien-Stammes schon vorhanden, theilweise auch schon mehr oder weniger entwickelt. Als solche uralte „Urorgane des Nerven-Centrums der Bilaterien" betrachten wir 1) das Urhirn, 2) den Schlundring, und 3) ein paar Lateral-Stämme.

1) Das Urhirn oder Scheitelhirn (*Acroganglion*, *Procerebrum*) — vielfach auch als Hirnknoten (*Ganglion cerebrale*) oder als Oberschlundknoten bezeichnet (*Ganglion pharyngeum superius*) — schlechtweg auch das Gehirn. Diese älteste und wichtigste Form des Nerven-Centrums der Bilaterien fanden wir schon innerhalb des Platoden-Stammes in zwei verschiedenen Lagen vor; anfangs noch oberflächlich in der Hautdecke selbst, später unter derselben. Beide Lagen kommen auch im Vermalien-Stamme vor. Bei den älteren *Platodarien* hatte der Hirnknoten noch ganz die ursprüngliche epidermale Lage beibehalten; er war von der Zellenschicht der Oberhaut nicht zu trennen und stellte eigentlich nur eine locale Verdickung derselben dar, eine Anhäufung von Sinneszellen am activsten Körpertheile, vorn oberhalb des Mundes. Von dieser Scheitelplatte (*Acroplatea*) gingen sensible Nervenfäden an die primitiven Hautsinnesorgane, motorische an die Muskeln. Diese primitive Bildung des *Platodarien*-Hirns hat sich durch Vererbung noch auf die ältesten *Vermalien* übertragen, auf die meisten Rotatorien (*Provermalien*, *Gastrotrichen* und *Trochozoen*). Bei den übrigen Vermalien, welche noch einen einfachen Hirnknoten be-

sitzen, ist derselbe von der Epidermis abgelöst und in die Tiefe gesunken, wie bei den *Platodinien*; so bei den *Rotiferen*, *Acanthocephalen*, *Bryozoen* und *Nemertinen*; bei letzteren ist er oft in mehrere Ganglien zerfallen.

2) Der Schlundring (*Neurocircus*, *Circoganglion* oder *Annulus pharyngeus*). Die beiden lateralen Schenkel des dorsalen Hirnknotens, welche über dem Schlunde, in der Epidermis oder unter ihr liegen, haben denselben umwachsen und sich in der Mitte der Bauchseite vereinigt; sie schwellen hier oft zu einem besonderen Kehlknoten an (*Ganglion gulare*), gewöhnlich als „unterer Schlundknoten" bezeichnet (*Ganglion pharyngeum inferius*) oder auch als Fussknoten (*Ganglion pedale*). Dieser wichtige Nerven-Schlundring findet sich innerhalb des Vermalien-Stammes auf sehr verschiedenen Stufen der Ausbildung und hat sich polyphyletisch aus dem dorsalen Urhirn entwickelt. Er liegt anfangs noch ganz oberflächlich, in der Epidermis oder gleich unter derselben; so bei den meisten *Strongylarien*. Dagegen ist er in die Tiefe gesunken und liegt subdermal bei den meisten *Prosopygiern*.

3) Longitudinal-Stämme des Nerven-Systems. Ausser den feinen und oft zahlreichen Nerven, welche vom Gehirn oder vom Schlundring der Vermalien unmittelbar an die Haut, ihre Sensillen und Muskeln gehen, sind in mehreren Gruppen dieses Stammes einige grössere longitudinale Nerven-Stämme entwickelt. Als solche sind besonders wichtig: A. Ein paar Lateral-Stämme, bei den *Nemertinen* oft sehr stark; sie können direct von den paarigen Lateral-Nerven der Platoden-Ahnen (und der Provermalien) abgeleitet werden; und sind oft durch viele feine Quer-Commissuren auf der Bauchseite verbunden (strickleiterförmig). Denkt man sich dieselben nach der ventralen Mittellinie zusammengerückt, so kann daraus das Bauchmark der Articulaten abgeleitet werden. Denkt man sie sich umgekehrt nach der dorsalen Mittellinie genähert, so werden sie den parallelen „Medullar-Wülsten" ähnlich, aus denen das Rückenmark der Chordonier entsteht. — B. Zwei Median-Stämme, ein dorsaler und ein ventraler, in den Median-Linien der Hautdecke gelegen, zeichnen die Ascarideen aus, die Hauptgruppe der *Nematoden*; beide Längs-Stämme können durch feine, den Darm umfassende Ringfäden verbunden sein. Bei den *Gordiaceen* (— den älteren Nematoden —) fehlt der Dorsal-Nerv; es ist bloss der ventrale Nervenstamm entwickelt. Auch die *Sipuncularien* besitzen nur einen Bauch-Stamm, der unten vom Schlundring abgeht. — Zwei Median-Nerven besitzen auch die *Enteropneusten*, bei welchen ein feines Nerven-Netz in der ganzen Hautdecke verbreitet ist; aber ein local verdickter Theil des Dorsal-Nerven (am Kragen.

über der Mundhöhle) ist in die Tiefe gesunken und nähert sich durch Bildung und Lage dem Medullarrohr der Chordonier.

4) Sinnes-Organe von einigermaassen differenzirtem Bau kommen im Stamme der Vermalien noch nicht vor. Vielmehr fungirt bei der grossen Mehrzahl derselben nur die Epidermis als universales Sinnes-Werkzeug. „Sinneszellen" verschiedener Art (mit feinen Tasthaaren oder steifen Tastborsten ausgestattet) können zwischen den gewöhnlichen Oberhaut-Zellen über die ganze Oberfläche verbreitet sein; sie finden sich jedoch vorzugsweise am Vordertheil entwickelt, in der Umgebung des Mundes und über demselben, an der Scheitelplatte u. s. w. Die festsitzenden *Prosopygier* besitzen in ihren Tentakeln (ähnlich den Polypen) sehr empfindliche Tast-Werkzeuge. Bei den *Frontoniern* fungirt als solches der sensible Stirnzapfen (*Fronticonus*); er ist als retractiler Rüssel bei den *Nemertinen* entwickelt, als „Eichel" bei den *Enteropneusten*, als Epistom bei den *Prochordoniern*.

Augen sind in mehreren Classen der Vermalien ziemlich verbreitet, aber immer nur in sehr unvollkommener Form entwickelt. Meistens erscheinen sie als paarige Pigmentflecke, welche unmittelbar auf dem Hirnknoten oder in dessen Nähe liegen; so bei vielen *Rotatorien*, frei lebenden *Strongylarien* und den *Nemertinen*. Bisweilen sind diese Pigment-Augen mit kleinen lichtbrechenden Körpern versehen, so bei einigen Nemertinen und den *Chaetognathen*. Den festsitzenden *Prosopygiern* fehlen die Augen.

Gehörorgane, in Form von Otocysten oder Statocysten, kommen im Stamme der Vermalien niemals vor; eine einzige Ausnahme soll eine Nemertine bilden (*Oerstedtia*?). Auch chemische Sensillen sind sehr selten nachweisbar; man deutet als solche die flimmernden Kopfgruben, welche bei einem Theile der Nemertinen sich finden („Riechgruben").

§ 168. Darmcanal der Vermalien.

Das Darmrohr der Vermalien besitzt ursprünglich allgemein zwei Oeffnungen, Mund und After; sie unterscheiden sich dadurch wesentlich von ihren Platoden-Ahnen, den *Platodarien* und *Turbellarien*. Diese besitzen, gleich allen übrigen Coelenterien, nur eine Darmöffnung, welche physiologisch als Mund und After gleichzeitig fungirt; dieser „Aftermund" (*Pygostoma*) ist der ursprüngliche Urmund der *Gastraeaden*-Ahnen (*Prostoma*). Als wesentlicher Differential-Character zwischen den beiden Hauptabtheilungen der Metazoen, den älteren *Coelenterien* und den jüngeren *Coelomarien*, ist dieser Unterschied der

Darmbildung von grösster Bedeutung. Die wichtige Frage aber, auf welchem Wege die letztere Bildung aus der ersteren entstand, ist sehr schwierig zu beantworten und zur Zeit noch nicht gelöst. Maassgebend für deren künftige Lösung bleibt die Thatsache, dass der Urmund der meisten (vielleicht aller) Vermalien sich direct oder indirect in den After verwandelt, nicht in den bleibenden Mund oder Dauermund (*Metastoma*). Der letztere ist eine Neubildung und entsteht durch eine Einstülpung des Tegumentes; erst später tritt dieser Munddarm oder Vorderdarm (*Stomodaeum*), dessen Epitel dem Exoderm angehört, in Verbindung mit dem entodermalen Urdarm oder Mitteldarm (*Mesodaeum*). Die trennende Scheidewand zwischen beiden wird von der Schlundpforte durchbrochen (*Pylorus*).

Der Schlund (*Pharynx*), welcher unter starker Muskelentwickelung aus dem Munddarm hervorgeht, verhält sich nun aber bei den Vermalien im Ganzen sehr ähnlich wie bei ihren Platoden-Ahnen. Bei diesen entspricht aber die Schlundpforte (*Pylorus*), welche aus dem ectodermalen Pharynx in den entodermalen Urdarm führt, dem Urmunde der *Gastraeaden*-Ahnen. Die morphologische und phylogenetische Schwierigkeit, welche sich aus diesen ontogenetischen Thatsachen bei der Vergleichung des Darmrohrs der *Platoden* und *Vermalien* ergiebt, kann entweder durch die Annahme bedeutender cenogenetischer Veränderungen gelöst werden; oder durch die Hypothese, dass bei denjenigen Platodarien, aus denen die ältesten Provermalien sich direct entwickelten, der Urmund sich zu einer longitudinalen Spalte auszog und dann durch Quertheilung in zwei Oeffnungen zerfiel; die vordere wurde zum Dauermund (Metastoma), die hintere zum After (Anus).

Der Munddarm (*Stomodaeum*) erscheint schon bei den ältesten Vermalien, den Rotatorien, sehr kräftig entwickelt; bei den *Gastrotrichen* bildet er ein musculöses Schlundrohr, welches sich vom Magen scharf absetzt; bei den *Rotiferen* zerfällt derselbe in zwei Kammern, eine Mundhöhle und einen Kaumagen, der mit Chitin-Kiefern bewaffnet ist. Besonders stark ist der musculöse Pharynx bei den Strongylarien ausgebildet; er erscheint hier bei den *Echinocephalen* und *Acanthocephalen* als einziehbarer Hakenrüssel, bei den *Nematoden* als Saugrohr mit Chitin-Leisten und -Zähnen; bei den *Chaetognathen* ist er mit beweglichen Greifhaken bewaffnet. Umgekehrt erscheint der Pharynx schwach entwickelt bei den festsitzenden Prosopygiern, deren Nahrung durch die Subvection der flimmernden circoralen Tentakeln dem Munde zugeführt wird. Unter den Frontoniern ist das Schlundrohr einfach bei den *Nemertinen*, dagegen bei den *Enteropneusten* und *Prochordoniern* in ein Kiemenrohr verwandelt, indem seine Wandungen von Kiemenspalten durchbrochen werden.

Der Magendarm (*Stomachus*) oder Mitteldarm (*Mesodaeum*) ist bei der grossen Mehrzahl der Vermalien von sehr einfacher Beschaffenheit und bildet ein cylindrisches Rohr, welches dem verlängerten Urdarm der Gastraeaden- und Platoden-Ahnen entspricht; sein Entoderm-Epitel ist theilweise noch mit Flimmerhaaren bedeckt, wie bei den *Gastraeaden*-Ahnen. Das dünnwandige Rohr erhält aber bei den meisten Vermalien dadurch wesentliche Verstärkung, dass das Visceral-Blatt der Coelom-Taschen sich herumlegt und eine Darmfaserschicht bildet. Die medianen Berührungsflächen der beiden Coelomsäcke werden zu dem sagittalen (— dorsalen und ventralen —) Mesenterium, welches das Darmrohr an der Leibeswand befestigt hält. In typischer Klarheit zeigt diese characteristische Bildung die Classe der *Chaetognathen*. Indessen können diese dünnen (theils connectiven, theils musculären) Mesoderm-Platten auch theilweise oder ganz der Rückbildung unterliegen (z. B. bei den *Nematoden*). In den drei Cladomen der *Rotatorien*, *Strongylarien* und *Frontonier* verläuft der Mitteldarm als cylindrischer „Dünndarm" gewöhnlich gerade gestreckt (oder nur wenig gebogen) vom vorn gelegenen Munde zum terminalen After. Dagegen zeichnet sich das Cladom der *Prosopygier* dadurch aus, dass das Darmrohr einen hufeisenförmigen Bogen bildet (Hippocrepis-Darm); es biegt sich im hinteren Körpertheil nach vorn um und mündet auf der Rückenseite vorn aus, meistens unweit des Mundes. Diese characteristische Umbildung, welche dem Cladom der *Prosopygier* den Namen gegeben hat, ist als die Folge der Anpassung an festsitzende Lebensweise zu betrachten.

Der Hinterdarm, Mastdarm oder Enddarm (*Proctodaeum*), erreicht bei den meisten Vermalien keine bedeutende Grösse und ist oft nicht scharf vom Mitteldarm zu trennen. Als eine selbständige dritte Abtheilung des Darmcanals wird derselbe dann zu beurtheilen sein, wenn vom After (oder „Urmund") aus eine Einstülpung des Exoderms stattfindet. Es entsteht dann ein echtes exodermales Proctodaeum, wie es bei den meisten höheren Bilaterien zu finden ist. Wie weit dies aber in den verschiedenen Gruppen geschieht, ist noch zweifelhaft. Als Kloake wird der letzte Darmtheil dann bezeichnet, wenn er die Geschlechtsöffnungen aufnimmt. Da die Gonaden aller Coelomarien nach unserer Ansicht ursprünglich Ausstülpungen des Urdarms darstellen, wird auch deren Mündung in den Enddarm (= Kloake) als primäres, ihre Ausmündung auf dem Integument (getrennt vom Darm) als secundäres Verhalten zu betrachten sein. Beides kann in einer und derselben Classe neben einander vorkommen, ja sogar bei Würmern einer und derselben Art (— bei den meisten *Nematoden* münden die männlichen Geschlechtsleiter in den Darm, die weiblichen getrennt davon auf der Haut —). Die Kloakenbildung kann aber auch secundär erworben sein, indem die Gonoducte die verlorene Verbindung mit dem Enddarm wiedergewinnen.

Rückbildung des Darmcanals kommt in verschiedenen Gruppen der Vermalien vor, bleibt aber meistens unvollständig. Am häufigsten ist der Verlust des Afters und die Obliteration des Enddarms; so bei *Asplanchna* unter den Rotatorien, bei mehreren *Nematoden* (Mermithiden, Ichthyonema u. A.) und bei den meisten *Brachiopoden* (Cardinaten). Seltener obliterirt der Vorderdarm und geht die Mundöffnung verloren, so bei den *Gordiaceen* und einigen anderen Nematoden, auch bei vielen männlichen *Rotiferen.* Von den *Acanthocephalen* wird allgemein angegeben, dass „jede Spur eines Darmcanals verschwunden" sei; nach unserer Auffassung ist derselbe vollständig erhalten und nur an zwei Stellen obliterirt, am Mund und am Pylorus; der Vorderdarm ist in die Rüsselscheide verwandelt, der Mitteldarm in das „axiale Ligament", der Hinterdarm in den Gonoductus; der terminale Gonoporus ist der ursprüngliche After. Dagegen tritt vollständige Verödung und Rückbildung des Darmrohrs bei einigen Nematoden ein (*Atractonema* u. A.).

§ 169. Coelom und Gonaden.

Die Phylogenie der Leibeshöhle (*Coeloma*) und der mit ihr eng verbundenen Geschlechtsdrüsen (*Gonades*) gehört zu den wichtigsten, aber auch zu den schwierigsten Problemen in der Stammesgeschichte der Vermalien. Da die Ansichten darüber noch heute sehr weit auseinandergehen, und da eine eingehende kritische Beleuchtung derselben uns hier viel zu weit führen würde, begnügen wir uns mit einer kurzen Aufführung der allgemeinen Grundsätze, zu welchen wir im Anschlusse an die Gastraea-Theorie (1872) und die Coelom-Theorie (1881) gelangt sind. Indem wir diese leitenden Gesichtspunkte nicht nur für die *Vermalien* selbst festhalten, sondern auch für alle übrigen *Coelomarien* (— die wir von ihnen ableiten —), glauben wir eine klare Einsicht in die bedeutungsvollen Vorgänge ihrer älteren Stammesgeschichte zu gewinnen.

1) Eine echte Leibeshöhle (*Coeloma*) oder eine sogenannte „secundäre Leibeshöhle" ist eine gemeinsame und characteristische Eigenthümlichkeit der meisten, vielleicht sogar aller Vermalien (und also auch aller übrigen, aus ihnen hervorgegangenen Coelomarien). 2) Eine einzige Ausnahme davon bildet wahrscheinlich die älteste und niederste Gruppe dieses Stammes, das Cladom der *Rotatorien.* Die geräumige Leibeshöhle dieser kleinsten Vermalien ist möglicherweise

noch ein „Blastocoel oder *Schizocoel*", eine sogenannte primäre Leibeshöhle, wie Spuren einer solchen auch bei ihren Ahnen, den Platoden, bisweilen vorkommen; vielleicht ist sie aber auch der Rest eines reducirten Enterocoels. 3) Die echte Leibeshöhle ist bei allen Vermalien (— mit der eventuellen Ausnahme der Rotatorien —) aus ein Paar lateralen Darm-Taschen entstanden, welche aus dem hintersten Theile des Urdarms (zu beiden Seiten des Urmundes) ausgestülpt wurden und zwischen beiden primären Keimblättern nach vorn (gegen den Dauermund hin) sich ausdehnten. 4) Das Epitel dieser Coelom-Taschen (— ursprünglich ein einfaches Flimmer-Epitel —) ist demnach ein Theil des Entoderms oder inneren Keimblattes, des Urdarm-Epitels. 5) Die Coelom-Taschen der Coelomarien waren ursprünglich Geschlechtsdrüsen oder Gonaden und sind identisch mit den einfachen Saccogonaden oder „sackförmigen Geschlechtsdrüsen" ihrer älteren Platoden-Ahnen (Platodarien und primitive Turbellarien). Die ursprüngliche Verbindung dieser Sexual-Taschen mit ihrem Mutter-Organ, dem Urdarm (— wie sie bei Acraspeden und anderen Coelenterien noch heute besteht —) war schon bei den Platoden durch Abschnürung aufgehoben. 6) Die ursprüngliche Bildungsweise der Coelom-Taschen, als ein paar lateraler Aussackungen aus dem Prostomal-Theil des Urdarms, ist heute nur noch bei sehr wenigen Vermalien palingenetisch conservirt, so bei den Chaetognathen unter den Strongylarien, bei den Brachiopoden unter den Prosopygiern, bei den Enteropneusten unter den Frontoniern. 7) Bei den übrigen Classen dieser drei Cladome, also bei der grossen Mehrzahl der Vermalien, ist jene Bildungsweise mehr oder weniger cenogenetisch abgeändert. Statt ein paar hohler Ausstülpungen treten hier am Properistom oder Urmundrande ein paar laterale „Mesoderm-Streifen" auf (solide Zellreihen oder Epitel-Zapfen), oder sogar oft nur ein paar grosse Zellen, rechts und links vom Urmunde gelegen (Mesoblast-Mutterzellen, Polzellen oder Urzellen des Mesoderms, Promesoblasten). Wir betrachten diese abweichenden soliden Anlagen des Mesoderms, in denen erst später (scheinbar durch Spaltung) sich eine Leibeshöhle ausbildet, als secundäre cenogenetische Modificationen, durch abgekürzte und vereinfachte Vererbung entstanden. 8) Während ursprünglich, bei den ältesten Coelomarien, die beiden Saccogonaden nur als Geschlechtsdrüsen fungirten und in ihrer ganzen Ausdehnung Eizellen und Sperma producirten (wie bei den Coelenterien-Ahnen), wurde bald diese sexuelle Thätigkeit localisirt; die beiden Coelom-Taschen blähten sich auf, und das mesodermale (ursprünglich entodermale) Epitel derselben, das Coelotelium, sonderte sich durch Arbeitstheilung in zwei verschiedene Formationen, das „Keim-Epitel" oder sexuelle Germinal-

Epitel, *Gonotelium* (aus dem allein Geschlechtszellen hervorgingen), und das sterile Coelom-Epitel oder *Serotelium*, das „seröse Peritoneal-Epitel". Indem das erstere gewöhnlich nur einen sehr kleinen, das letztere den weitaus grössten Theil der voluminösen Coelom-Blasen auskleidete, entstanden localisirte Gonaden, welche an einer bestimmten Stelle in der Wand der geräumigen Leibeshöhle lagen. 9) Eine folgenreiche Fortbildung erfuhren die beiden aufgeblähten, mit seröser Flüssigkeit (*Coelolymphe*) gefüllten Coelom-Säcke dadurch, dass sie nicht nur die exodermale Leibeswand und die entodermale Urdarmwand weit auseinanderdrängten, sondern auch oberhalb und unterhalb des Urdarms sich bis zur Berührung näherten; indem die Wände beider Säcke an den Berührungsstellen zu einer verticalen Platte verschmolzen, entstand das dorsale und ventrale Mesenterium. Dieses „Gekröse" trennt als Median-Septum die beiden Taschen vollständig und bildet zugleich die sagittale Scheidewand zwischen beiden Antimeren des Körpers, so permanent bei den Chaetognathen, Brachiopoden, Enteropneusten u. A. 10) Die beiden Coelom-Taschen, zusammen mit dem Mesenterium, bilden nunmehr das Mesoderm oder mittlere Keimblatt; ihre Epitelien (— die Mesotelien —) erfahren die mannichfachste histologische Differenzirung und werden der Ausgangspunkt für die Entwickelung zahlreicher wichtiger Organe, namentlich des Muskel-Systems. Die beiden Lamellen jeder Tasche (innere und äussere) treten dabei in die engste Verbindung mit den beiden primären Keimblättern, an die sie sich anlegen. 11) Die grössere äussere (oder parietale) Lamelle der Coelom-Taschen wird zum Hautmuskelblatt oder Hautfaserblatt und liefert vorzugsweise die Musculatur der Leibeswand (Perisoma); sie legt sich an das Exoderm an und bildet mit ihm die Somatopleura. 12) Die kleinere innere (oder viscerale) Lamelle der Coelom-Taschen wird zum Darmmuskelblatt oder Darmfaserblatt und bildet vorzugsweise die Musculatur der Darmwand (Perienteron); sie legt sich an das Entoderm an und bildet mit ihm die Splanchnopleura.

§ 170. Pronephridien und Nephridien.

Die Excretions-Organe der Vermalien, die man früher als „Wassergefässe", neuerdings als Nierencanäle oder Nephridien (im weiteren Sinne) bezeichnete, werden bezüglich ihres Ursprungs und ihrer Beziehung zu anderen Organen noch heute sehr verschieden beurtheilt. Wir schliessen uns jener Auffassung derselben an, welche zwei wesentlich verschiedene Hauptformen derselben annimmt: *Pronephridien* und *Eunephridien*. Die älteren Pronephridien sind Erbstücke von den Platoden-Ahnen, die jüngeren Eunephridien dagegen Neubildungen der Vermalien, welche die Platoden noch nicht besitzen.

I. Pronephridia (oder *Protonephridia*): Vornieren-Canäle oder exodermale Excretions-Organe. Wir betrachten diese „Wassergefässe“ oder *Nephrodien* als verlängerte Hautdrüsen und leiten ihr Flimmer-Epitel vom Exoderm (oder der Epidermis) ab. Sie finden sich unter den Vermalien in ursprünglicher Form nur bei den *Rotatorien* vor; sie besitzen hier genau dieselbe Structur und Lagerung, wie bei ihren Platoden-Ahnen (*Turbellarien*), und wir dürfen daher annehmen, dass sie durch Vererbung von den Letzteren auf die Ersteren übertragen wurden. Sie erscheinen gewöhnlich als ein paar longitudinale, innen flimmernde Canäle, deren inneres (vorderes) Ende blind geschlossen ist, während das äussere (hintere) Ende auf der Haut ausmündet (— oder secundär in die Kloake, bei den *Rotiferen* —). Von der Stammgruppe der Rotatorien sind die Pronephridien weiterhin durch Vererbung auf einen Theil der übrigen Vermalien übertragen worden, nämlich unter den Strongylarien auf die *Nematoden* („Seitencanäle“), unter den Prosopygiern auf einen Theil der *Bryozoen* (?), unter den Frontoniern auf die *Nemertinen*. Eine eigenthümliche hohe Fortbildung zeigen dieselben bei den parasitischen *Acanthocephalen*, wo sie in der ganzen Hautdecke ein reich verästeltes „Gefässnetz“ bilden. Bei den übrigen, höher organisirten Vermalien scheinen die Pronephridien ganz rückgebildet zu sein oder treten nur vorübergehend in der Larve auf (*Trochophora* etc.); ihre Stelle übernehmen hier die Eunephridien.

II. Eunephridia (oder *Metanephridia*): Trichternieren-Canäle oder mesodermale Excretions-Organe. Diese excretorischen Wassergefässe, die man gewöhnlich schlechtweg als Nephridien (— im engeren Sinne! —) bezeichnet, sind von viel grösserer Wichtigkeit als ihre physiologischen Vorgänger, die Pronephridien; denn sie bilden die Grundlage, aus der sich die „Nieren“ der höheren Coelomarien entwickelt haben (der Anneliden, Mollusken, Vertebraten). Sie fehlen nicht nur sämmtlichen Coelenterien, sondern auch den Rotatorien, und wahrscheinlich auch den Strongylarien. Echte Nephridien treten mit Sicherheit zuerst auf bei den *Prosopygiern*, als ein paar cylindrische, von Flimmer-Epitel ausgekleidete Röhren, welche innen offen in die Leibeshöhle münden, aussen auf dem Tegumente. Sie fungiren meistens gleichzeitig als Excretions-Drüsen und als Gonoducte, als Ausfuhrwege der Geschlechts-Producte. Wir vermuthen daher, dass die Eunephridien ursprünglich nur Gonoducte waren; die Gonaden, die bei den ältesten Coelomarien noch als ein paar sackförmige Ausstülpungen des Hinterdarms bestanden, gaben später die Verbindung mit dieser Ursprungsstätte auf und brachen nach aussen durch. Während die Production der Geschlechtszellen sich localisirte und auf einen Theil der beiden Coelom-Taschen beschränkte, verwandelte sich deren ausführender steriler Theil in excretorische Drüsen-Canäle. Erst später gewannen diese volle Selbständigkeit und konnten dann die ursprüngliche Verbindung mit den beiden lateralen Coelom-Taschen (= Gonaden) vollständig aufgeben. Auch konnte sich an ihrer Ausmündungsstelle (am *Nephroporus*) das Exoderm ähnlich einstülpen, wie am After; vielleicht traten auch oft schon frühzeitig die Gonaden (oder ihre Gonoducte) in Verbindung mit den schon vorhandenen *Pronephridien* und benutzten diese als äussere Ableitungswege. Jedenfalls dürfen wir das Flimmer-Epitel, welches die Nephridien ursprünglich auskleidet, als einen Theil des mesodermalen Coelom-Epitels betrachten und gleich diesem vom Entoderm ableiten.

Das nähere Verhältniss der mesodermalen *Eunephridien* zu den älteren, exodermalen *Pronephridien* ist in den verschiedenen Gruppen der Vermalien noch nicht genau bekannt und muss noch näher untersucht werden, besonders auf seinen ältesten Ursprung. Es scheint, dass die Excretions-Organe der beiden niederen Cladome (*Rotatorien* und *Strongylarien*) stets nur Pronephridien sind, und dass an deren Stelle echte Eunephridien erst in den beiden höheren Cladomen treten (*Prosopygier* und *Frontonier*). Gewöhnlich sind hier nur ein Paar Nephridien vorhanden; selten tritt secundäre Duplication derselben ein (zwei Paare bei *Rhynchonella* unter den Brachiopoden, bei *Phoronella* unter den Phoronarien). Bei den Enteropneusten sind vielleicht die „Eichelpforten und Kragenpforten" zwei Paar modificirte Nephridien.

§ 171. Blutgefäss-System. (Circulations-Apparat).

Die Einrichtung des Blutkreislaufs, welche in der Physiologie der höheren *Coelomarien* eine so wichtige Rolle spielt, ist erst spät entstanden; sie fehlt vollständig nicht nur allen *Coelenterien*, sondern auch noch den beiden niederen Stämmen der Vermalien, den *Rotatorien* und *Strongylarien*, ferner den *Bryozoen* unter den Prosopygiern. Die ernährende farblose Flüssigkeit (Lymphe), welche bei diesen niederen Classen der Vermalien durch die Darmwand in das Coelom diffundirt, bedarf bei der geringen Körpergrösse und den einfachen Bau-Verhältnissen derselben keiner besonderen Einrichtung zur Vertheilung und Bewegung. Anders verhält es sich in den beiden höheren Cladomen der *Prosopygier* und *Frontonier*. Diese höheren Vermalien erreichen nicht allein eine beträchtlichere Körpergrösse, sondern auch eine grössere

Complication des anatomischen Baues, bedingt durch weiter gehende Differenzirung der Organe und Gewebe. Hier entstehen dann in den verschiedenen Geweben, und besonders in dem reichlich entwickelten Bindegewebe des Mesoderms, zahlreiche Gewebslücken (*Lacunae*), in denen sich Nährflüssigkeit (*Lymphe*) ansammelt. Indem sich diese Mesenchym-Lücken erweitern und netzförmig verbinden, entsteht ein lacunäres Gefäss-System. Anfänglich haben diese Lacunen noch keine besondere Wandung; später bildet sich eine solche aus, indem die angrenzenden Mesenchym-Zellen zur Bildung eines Platten-Epitels zusammentreten („Gefäss-Endotelien"). Andere, amöboide Mesenchym-Zellen treten in die Flüssigkeit, vermehren sich, frei schwimmend innerhalb derselben, und werden so zu „farblosen Blutzellen" oder Lymphzellen (*Leucocyten*). Später übernimmt ein Theil dieser Lymphzellen vorzugsweise die Function des Gaswechsels, bildet eigenthümliche (meistens rothe) „Blutfarbstoffe" und verwandelt sich so in „rothe Blutzellen" (*Rhodocyten* oder *Erythrocyten*). Solche treten zuerst bei den *Nemertinen* unter den Frontoniern auf, und bei den *Phoronarien* unter den Prosopygiern.

Blutgefässe (*Vasa*), als selbständige Canäle mit permanenter Wand und bestimmter Lage, erscheinen ebenfalls zuerst bei den Nemertinen, und zwar gewöhnlich mehrere parallele Längsstämme, welche sich vorn und hinten durch bogenförmige Anastomosen verbinden. Gewöhnlich sind hier drei Stämme vorhanden, ein unpaarer dorsaler und ein Paar laterale Längsgefässe. Bei den übrigen vasculaten Vermalien finden sich gewöhnlich zwei Hauptstämme, ein dorsales Gefäss über dem Darm und ein ventrales unter demselben; so bei den *Sipuncularien* und *Phoronarien* unter den Prosopygiern, bei den *Enteropneusten* und *Prochordoniern* unter den Frontoniern. Diese beiden medianen Gefäss-Stämme, die Vasa principalia, sind von grosser phylogenetischer Bedeutung; denn sie vererben sich von den Vermalien auf die höheren Stämme der Coelomarien. Indem einzelne Theile ihrer musculösen Gefässwand verdickt und selbständig contractil werden, entstehen Herzen (*Cardia*). Eine locale Anschwellung des Rückengefässes (Aorta) bildet ein „Dorsal-Herz" bei den Brachiopoden, Mollusken und Articulaten; umgekehrt entsteht durch locale Erweiterung des Bauchgefässes ein Ventral-Herz bei den Tunicaten und Vertebraten.

Die beiden Principal-Gefässe zeigen schon innerhalb der vasculaten Classen der Vermalien ein mannichfach verschiedenes Verhalten zu den kleineren Gefäss-Plexus und den grösseren Lacunen-Systemen, die sich in den verschiedenen Organen entwickeln, sowie zu den Coelom-Taschen, die oft mit den letzteren in secundäre Communication treten. Besonders complicirt wird die Entwickelung des Circulations-Apparates bei den *Enteropneusten*, welche gleich den *Prochordoniern* in der Schlundwand Kiemenspalten bilden und damit den Schlund in einen Kiemendarm verwandeln. Hier wird die Grundlage zu jenem eigenthümlichen Kiemen-Apparat der Chordonier gelegt, welcher später in den beiden Stämmen der *Tunicaten* und *Vertebraten* eine so hohe und mannichfaltige Ausbildung erlangt.

Respirations-Organe, welche ausschliesslich den Gaswechsel besorgen, sind sonst bei den Vermalien gewöhnlich nicht entwickelt. Bei den *Prosopygiern* werden dazu die circoralen Tentakeln verwendet, die aber ausserdem zugleich Organe der Subvection und des Tastsinnes sind. Bei den *Rotatorien* führt die Flimmerbewegung der Epidermis der Körper-Oberfläche beständig frisches Wasser zu. Da der Respirations-Apparat sich sonst immer in enger Correlation zum Circulations-Apparat differenzirt, erklärt es sich, dass bei den niederen Gruppen der Vermalien weder für jenen noch für diesen besondere Organe sich entwickelt haben.

§ 172. Erstes Cladom der Vermalien:

Rotatoria. Radwürmer.

(*Trochelminthes. Prothelminthes. Scolecida rotantia.*)

AELTESTE STAMMGRUPPE DER HELMINTHEN.

Vermalien mit Flimmerkleid, welches Locomotion und Respiration vermittelt. Muskel-System schwach, mesenchymalen Ursprungs, primitiv. Nerven-Centrum ein epidermales (später subdermales) Acroganglion. Ein paar Pronephridien mit Flimmer-Zellen. Ein paar Sackgonaden, in das Blastocoel hineinragend, vertreten die Coelomtaschen. Blutgefässe fehlen.

Die Hauptclasse der Radwürmer oder *Rotatorien* (im weiteren Sinne!) umfasst jene älteste Gruppe von einfachst gebauten Helminthen welche wir als die gemeinsame Stammgruppe aller Coelomarien betrachten — den monophyletischen Ursprung dieses Unter-Reiches vorausgesetzt. Die umfangreichste Abtheilung des Cladoms bilden die heutigen Räderthiere (*Rotifera*). Von diesen trennen wir nur eine einzige Gattung ab, *Trochosphaera*; sie erscheint als der letzte Vertreter einer bedeutungsvollen älteren Classe, der ausgestorbenen Trochozoa; das typische Urbild derselben führt uns in Folge zäher Vererbung noch heute die wichtige *Trochophora*-Larve vor Augen, welche übereinstimmend in der Ontogenese vieler Vermalien, Mollusken, Anneliden u. s. w. wiederkehrt. Indessen können wir weder die *Trochozoen* noch die *Rotiferen* als die wirklichen Stammformen aller Coelomarien ansehen; vielmehr sind dieselben als modificirte Epigonen einer laurentischen, noch älteren Vermalien-Classe zu betrachten, der Provermalien oder *Archipygia.* Diese ältesten Coelomarien — die ersten Metazoen, welche einen Darm mit Mund und After besassen — werden zwar im Wesentlichen den Bau der Trochozoen besessen haben, unterschieden sich aber durch bedeutend einfachere Structur-Verhältnisse, und besonders durch ein totales Flimmerkleid. Unter den lebenden Metazoen stehen den hypothetischen Provermalien zwei verschiedene Classen am nächsten, einerseits die jüngeren Gastrotrichen, bei welchen das Flimmerkleid auf die Bauchseite reducirt ist, anderseits die *Rhabdocoelen* und die nächstverwandten Turbellarien, welche gewöhnlich als *Acoela* betrachtet werden. Von diesen letzteren und von den noch älteren *Archicoelen* (§ 155) unterscheiden sich die Provermalien durch die Erwerbung von zwei Darmöffnungen, Mund und After. Demnach betrachten wir als älteste Rotatorien — und als gemeinsame Stammgruppe aller *Vermalien*, somit auch aller *Coelomarien* — die Provermalien, und nehmen an, dass dieselben aus *Archicoelen* (oder den einfachsten Rhabdocoelen) durch Erwerbung des Afters entstanden sind. Aus den Provermalien sind als drei divergente Aeste die *Gastrotrichen*, die *Trochozoen* und die *Nemertinen* hervorgegangen; bei den ersten wurde das totale Flimmerkleid auf die Bauchseite reducirt, bei den zweiten auf den präoralen Wimperkranz. Bei den *Nemertinen* blieb das totale Flimmerkleid der *Archicoelen*-Ahnen erhalten; aber sie erwarben zuerst Blutgefässe und betraten damit eine höhere Laufbahn.

Alle noch lebenden Rotatorien sind sehr kleine, meistens mikroskopische Thiere; die grössten Rotiferen erreichen nur 1—2 mm Länge. Die meisten sind Süsswasser-Bewohner, wenige Parasiten, einige marin. Die Grundform des Körpers ist rein dipleurisch; die beiden Darmöffnungen liegen ursprünglich auf der Bauchseite, an beiden Polen der horizontalen Hauptaxe oder Längsaxe, der Mund vorn am Oral-Pol, der After hinten am Aboral-Pol. Sowohl die äusseren Locomotions-Organe (Wimperlappen, Schwanzgabel), als die inneren paarigen Organe (Leberdrüsen, Gonaden, Muskeln) sind bei den frei schwimmenden Rotatorien vollkommen symmetrisch auf beide Antimeren vertheilt. Dagegen erleidet diese dipleure Grundform interessante Modificationen bei einigen *Rotiferen*, welche sich an festsitzende Lebensweise gewöhnen. Diese *Tubicolarien* heften sich mittelst des sogenannten „Fusses" oder Schwanzes fest, eines geringelten ventralen Fortsatzes des aboralen Körper-Endes; ein paar langgestreckte „Fussdrüsen oder

Schwanzdrüsen" (welche auch in dem homologen Gabelschwanz der *Gastrotrichen* vorkommen) liefern dabei als „Klebdrüsen" das Mittel zum Ankleben. Bei manchen von diesen sessilen Rotiferen wächst nun die Wimperscheibe in mehrere radiale Arme oder Tentakeln aus (4 bei *Melicerta*, 5 bei *Floscularia* und *Stephanoceros*); diese „radiären Räderthiere" gleichen manchen Bryozoen und Polypen.

Organisation der Rotatorien. Das Tegument der Radwürmer wird durch die einfache Zellenschicht des primären Entoderms gebildet; dasselbe trägt ursprünglich auf der ganzen Oberfläche bewegliche Flimmerhaare. Ein solches totales Flimmerkleid, welches durch Vererbung von den Platoden-Ahnen überkommen war, müssen die *Provermalien* besessen haben; sie übertrugen es auf die Rhynchocoelen-Epigonen. In den übrigen drei Classen wurde die Flimmerdecke reducirt; sie beschränkt sich bei den *Gastrotrichen* auf die Bauchseite, bei den *Trochozoen* auf einen präoralen Wimperkranz (Trochus), bei den *Rotiferen* auf eine retractile frontale Wimperscheibe (Räder-Organ). Bei diesen letzteren entwickelte sich zum Schutze der nackten Hautoberfläche, welche die Wimpern verloren hatte, eine Chitin-Cuticula; auf der Rückenfläche bildet diese bei manchen *Rotiferen* einen festen getäfelten Panzer, bei den *Gastrotrichen* bald Stacheln, bald Schuppen.

Da die Locomotion der kleinen schwimmenden Rotiferen vorzugsweise durch die Flimmerdecke vermittelt wird, wie bei den Turbellarien, so ist das Muskel-System nur sehr schwach entwickelt; sie stehen dadurch in auffälligem Gegensatze zu den *Strongylarien*, welche das Flimmerkleid total verloren, dafür aber einen kräftigen Hautmuskel-Schlauch erworben haben. Dieser letztere hat sich aus dem Parietal-Blatt der Coelom-Taschen entwickelt; dagegen werden die schwachen Muskel-Bänder der Rotiferen, welche niemals eine zusammenhängende Muskel-Platte herstellen, von Mesenchym-Zellen gebildet.

Das Nerven-Centrum bildet bei allen Rotiferen ein einfaches Acroganglion oder *„primäres Cerebral-Ganglion"* (— Scheitelhirn, Urhirn oder „Ober-Schlundknoten" —). Dasselbe hat bei den *Gastrotrichen* und *Trochozoen* die ursprüngliche epidermale Lage bewahrt, welche wir auch bei den *Provermalien* voraussetzen müssen und welche diese von den *Archicoelen*-Ahnen geerbt hatten; es bildet mithin eine „Scheitelplatte" (*Acroplatea*), welche noch ganz in der *Epidermis* liegt und eine locale Verdickung von deren einfacher Zellenschicht darstellt. Bei den modernen *Rotiferen* dagegen ist dasselbe in die Tiefe gesunken und erscheint als ein rundlicher „Oberschlundknoten", welcher unmittelbar der Rückenfläche des Schlundes aufliegt. Mit dem Scheitelhirn hängen bei allen Rotatorien einfache Sensillen zusammen in Form von zarten Tastborsten; oft findet sich daselbst ein besonderer Wimperbusch (*Acrolophus*); viele *Rotiferen* besitzen auch einfache Augen. Hörbläschen kommen in diesem Cladom niemals vor.

Das Darmrohr besitzt bei den heute lebenden *Gastrotrichen* noch dieselbe, ganz einfache Bildung, welche wir bei ihren *Provermalien*-Ahnen voraussetzen müssen; es stellt ein cylindrisches, gerade gestrecktes Rohr dar, welches in der Median-Ebene liegt und vorn durch den Mund, hinten durch den After sich öffnet. Von den drei Abschnitten desselben sind die beiden vorderen, der exodermale Schlund (Pharynx) und der entodermale Magenschlauch (= Urdarm), von den Archicoelen-Ahnen durch Vererbung übertragen; dagegen ist der dritte, hintere Abschnitt eine neue Erwerbung: der kurze Enddarm mit der After-Oeffnung. Da derselbe auch die Mündungen der paarigen Gonaden aufnimmt, stellt er eine Kloake dar. Der Darmcanal der modernen *Rotiferen* unterscheidet sich von demjenigen der übrigen Rotatorien durch drei neue Erwerbungen: 1) der Pharynx (— das exodermale Stomodaeum —) ist in zwei Kammern getrennt, eine Mundhöhle und einen Kaumagen (mit Chitin-Kiefern); 2) der Magen oder Mitteldarm bildet ein paar drüsige Ausstülpungen (Leberschläuche); 3) der Enddarm (Kloake) nimmt die Mündungen der beiden Nephrodien auf, welche ursprünglich (bei den übrigen Rotatorien) auf der Haut aussen mündeten.

Die Nephrodien oder *Pronephridien* sind bei allen Rotatorien dieselben „Wassergefässe oder Excretions-Organe", welche wir schon bei den Platoden gefunden haben. Bei den drei älteren Classen stellen sie ein Paar lange, einfache, innen flimmernde, oft knäuelartig zusammengewundene Röhren dar, deren vorderes Ende in der Leibeshöhle blind geschlossen ist, während das hintere Ende aussen auf der Haut der Bauchfläche mündet. In der jüngeren Classe der modernen *Rotiferen* ist die äussere Mündung secundär in die Kloake verlegt, und die Röhren tragen meistens kurze, blinde Seitenäste.

Das Coelom der *Rotatorien* ist noch das primäre Blastocoel, in welchem Darmcanal und Gonaden frei liegen, durch kein Mesenterium befestigt. Auch dies ist ein wichtiger Unterschied von den *Strongylarien*. Die Gonaden der Räderthiere sind ein paar einfache Säcke, welche zu beiden Seiten des hinteren Darm-Abschnittes liegen und in diesen einmünden. Sie entsprechen den Coelom-Taschen der übrigen Coelomarien. Bei den *Rotiferen* münden dieselben in den Enddarm (Kloake), bei den *Gastrotrichen* neben dem After nach aussen. Das erstere Verhalten müssen wir für das ursprünglichere halten, da ja bei allen Coelomarien die Coelom-Taschen aus dem Urdarm hervorwachsen.

Alle lebenden Rotatorien scheinen Gonochoristen zu sein. Die Männchen sind bei den modernen Rotiferen meistens sehr klein und rückgebildet (oft darmlos). Auch pflanzen sich viele Räderthierchen während des Sommers nur parthenogenetisch fort, durch unbefruchtete, dünnschalige Sommer-Eier; erst im Herbste treten kleine Männchen auf, welche die dickschaligen Winter-Eier befruchten. Die epibolische Gastrula, welche aus dem dotterreichen Ei durch inäquale Furchung entsteht, entwickelt sich innerhalb der Eischale zur reifen Form; nur wenige Rotatorien erleiden nach dem Ausschlüpfen aus dem Ei eine unbedeutende Metamorphose.

§ 173. Erste Classe der Rotatorien: Provermalia (= Archipygia).

HYPOTHETISCHE GEMEINSAME STAMMGRUPPE ALLER COELOMARIEN.

Rotatorien mit totalem Flimmerkleid, das die ganze Epidermis überzieht, ohne Chitin-Cuticula. Acroganglion epidermal. Darm ohne Kaumagen.

Die Classe der Provermalien (*Prothelminthen* oder *Archipygier*) gründen wir für jene bedeutungsvolle älteste Gruppe der Vermalien, welche wir auf Grund der vergleichenden Anatomie und Ontogenie als die gemeinsame Stammgruppe aller Coelomarien betrachten müssen. Dieselbe schliesst sich unmittelbar an die einfachsten Formen der Turbellarien (*Rhabdocoelen*) und an deren Vorläufer, die *Archicoelen*, an (§ 155); sie kann von letzteren direct abgeleitet werden, und zwar nur durch eine wichtige Veränderung, durch die neue Erwerbung einer zweiten Darmöffnung. Die Provermalien sind die ältesten Metazoen mit Mund und After.

Lebende Provermalien scheinen gegenwärtig nicht mehr vorzukommen. Dass diese kleinen ältesten Rotatorien aber früher existirt haben müssen, ergiebt sich mit Sicherheit aus der vergleichenden Anatomie und Ontogenie der *Vermalien* und der *Platoden.* Unter den ersteren sind hier besonders die nächstverwandten Gastrotrichen, unter den letzteren die Pseudacoelen (und die diesen nahe stehenden *Rhabdocoelen*) von grosser Bedeutung. Beide Gruppen stehen sich so nahe, dass es nur geringer Umbildungen bedarf, um die ältere *Archicoelen*-Form (§ 155) in die jüngere *Gastrotrichen*-Form hinüberzuführen; dabei ergeben sich die *Provermalien* als natürliche Uebergangs-Gruppe zwischen Beiden. Ausserdem weisen auch die nahen Verwandtschafts-Beziehungen der drei übrigen Rotatorien-Classen mit Bestimmtheit auf die frühere Existenz dieser gemeinsamen Stammgruppe hin. Sie wird sich von jenen hauptsächlich dadurch unterschieden haben, dass sie noch das totale Flimmerkleid der Platodarien-Ahnen (und der *Turbellarien*) besass; eine Chitin-Cuticula fehlte noch.

§ 174. Zweite Classe der Rotatorien:

Gastrotricha (= Ichthydina).

AELTESTE GRUPPE DER LEBENDEN COELOMARIEN.

Rotatorien mit partiellem Flimmerkleid, das auf ein Paar ventrale Wimper-Bänder reducirt ist, mit dorsaler Chitin-Cuticula. Acroganglion epidermal. Darm ohne Kaumagen.

Die Classe der Gastrotrichen oder *Ichthydinen* wird durch eine Gruppe von sehr kleinen (0,1—0,4 mm langen) Süsswasser-Thieren gebildet, welchen wir eine ausserordentlich hohe phylogenetische Bedeutung zuschreiben. Sie sind nach unserer Auffassung die ältesten von allen lebenden Coelomarien, diejenigen Vermalien, welche unter allen bekannten Formen der ausgestorbenen Stammgruppe der *Provermalien* am nächsten stehen. Sie unterscheiden sich von diesen hauptsächlich äusserlich, durch partielle Rückbildung des Flimmerkleides und dorsoventrale Differenzirung des Tegumentes. Dieses trägt nur noch auf der Bauchseite ein paar breite, der Länge nach parallel laufende Cilien-Bänder. Auf der Rückenfläche dagegen ist die Wimperdecke der Provermalien verschwunden und an ihre Stelle eine feste Chitin-Cuticula getreten, welche meistens zahlreiche Anhänge in Form von steifen Haaren, Borsten, Stacheln, Schuppen u. s. w. bildet. Als sehr wichtige primäre Bildungs-Verhältnisse der *Gastrotrichen*, welche sie von ihren uralten, laurentischen *Provermalien*-Ahnen als Erbstücke bekommen haben, und welche theilweise auf die noch älteren Platoden-Ahnen (*Archicoelen*) zurückgehen, betrachten wir folgende: 1) die streng dipleure (oder rein „bilateral-symmetrische"), langgestreckte Körperform; 2) die primitive (den Rhabdocoelen ähnliche) Darmbildung, mit anteralem Mund und posteralem After; 3) die epidermale Lage des Acroganglion; 4) die ventrale Ausmündung der beiden Nephrodien (getrennt vom Darm); 5) die primitive Bildung der beiden Sack-Gonaden.

§ 175. Dritte Classe der Rotatorien:

Trochozoa (= Trochophoralia).

Gemeinsame Stammgruppe der Trochophora-Besitzer.

Rotatorien mit partiellem Flimmerkleid, das auf einen präoralen Wimperkranz (Trochus) und einen postoralen Wimpergürtel (Cingulum) reducirt ist, ohne starke Chitin-Cuticula. Acroganglion epidermal (später subdermal). Darm meist ohne Kaumagen.

Die Classe der Trochozoen oder *Trochophoralien* umfasst jene bedeutungsvolle, uralte Gruppe von Rotatorien, deren erbliches Urbild noch heute alltäglich in der Trochophora-Larve zahlreicher Metazoen erscheint. Am meisten durch Vererbung erhalten ist sie in der *Trochophora* vieler Prosopygier, Rhynchocoelen und Anneliden, auch in der *Veliger*-Larve der Mollusken; stärker modificirt ist die *Dipleurula*-Larve der Echinodermen. Aber trotz der mannichfaltigen Unterschiede, welche diese characteristischen „Räder-Larven" in den divergenten Stämmen der Metazoen zeigen, stimmen sie doch alle in folgenden wesentlichen Merkmalen überein: 1) Der ungegliederte, eiförmige oder länglich-runde Körper ist rein dipleurisch. 2) Das median gelegene Darmrohr besitzt auf der Bauchseite vorn die Mundöffnung, nahe dem Hinterende die Afteröffnung; es besteht aus einem musculösen exodermalen Schlund und einem weiteren entodermalen Magen oder Mitteldarm; von diesem setzt sich häufig hinten noch ein kurzer Enddarm ab. 3) Zu beiden Seiten des Darmes liegen ein Paar Nephrodien, welche ventral ausmünden. 4) Auf dem Scheitel, oberhalb des Mundes, liegt in der Epidermis (— noch nicht von dieser getrennt! —) eine nervöse, meist mit einem Scheitelbusch versehene Scheitel-Platte, die Anlage des späteren Acroganglion. 5) Zu beiden Seiten des Afters münden in denselben (— oder secundär daneben getrennt —) ein Paar Coelom-Säcke; diese verdrängen später die primäre Leibeshöhle (zwischen Darm und Perisom) und werden zu Gonaden.

Diese fünf wesentlichen Eigenschaften des einfachen Rotatorien-Baues werden die Trochozoen bereits von ihren Provermalien-Ahnen durch Vererbung überkommen haben. Dagegen haben sie durch Anpassung neu erworben den characteristischen (einfachen oder doppelten) Wimperkranz, welcher als radförmiger Flimmerring (*Trochus*) der *Trochophora* ihren Namen gegeben hat. Dieser ist durch Reduction aus dem ursprünglichen totalen Flimmerkleide der *Provermalien*-Ahnen entstanden, welches dieselben von den *Archicoelen* und weiterhin von den *Gastraeaden* geerbt haben. Während dieses totale Wimperkleid auf dem grössten Theile der Körper-Oberfläche zurückgebildet wurde, entwickelte es sich um so stärker in dessen dorsaler Peripherie oberhalb des Mundes. Hier entstand ein stärkerer präoraler Wimperkranz (*Trochus*) und ein schwächerer postoraler Wimpergürtel (*Cingulum*); dazu kommt oft noch ein ansehnlicher wimpernder Scheitelbusch (*Acrolophus*).

Als einen einzelnen, etwas modificirten, heute noch lebenden Ueberrest der Trochozoen-Classe betrachten wir das merkwürdige „Kugel-Räderthier der Philippinen", *Trochosphaera aequatorialis*. Dasselbe unterscheidet sich von den gewöhnlichen *Rotiferen* durch den gänzlichen Mangel des Schwanzes oder „Fusses", sowie der zum Anheften dienenden „Fusstheile" (Schwanzdrüse, Schwanzgabel). Statt der differenzirten frontalen Wimperscheibe der *Rotiferen* findet sich an dem kugeligen (0,6 mm Durchmesser haltenden) Körper der *Trochosphaera* ein einfacher kreisrunder Wimper-Kranz; derselbe liegt im Aequator der Kugel und theilt dieselbe in zwei gleiche Hemisphären, dorsale und ventrale. Fast sämmtliche Organe liegen in der ventralen Halbkugel, der After im Centrum derselben (im Ventral-Pol). Man kann auch *Trochosphaera* als einen isolirten Epigonen der connectenten

Uebergangs-Gruppe betrachten, welche von den älteren Trochozoen zu den jüngeren Rotiferen hinüberführte; denn sie besitzt, gleich den letzteren, bereits einen Kaumagen und ein subdermales Scheitelhirn; auch münden die Nephrodien in die Kloake. In diesen drei Merkmalen gleicht *Trochosphaera* den echten Rotiferen. Dagegen werden die älteren *Trochozoen* darin vielmehr den *Gastrotrichen* und *Provermalien* geglichen haben; sie besassen keinen Kaumagen, ihre Nephrodien mündeten aussen, und ihr Acroganglion lag noch als „Scheitelplatte“ in der Epidermis.

§ 176. Vierte Classe der Rotatorien:

Rotifera. Räderthiere.

Hauptgruppe der modernen Rotatorien.

Rotatorien mit partiellem Flimmerkleid, das auf eine frontale Wimperscheibe (ein einziehbares „Räder-Organ“) reducirt ist; dorsal mit starker Chitin-Cuticula. Acroganglion subdermal. Darm mit Kaumagen.

Die Classe der Rotiferen enthält alle lebenden echten Räderthierchen, d. h. alle *Rotatorien* der Gegenwart nach Ausschluss der *Trochosphaera* und der *Gastrotrichen.* Obgleich die zahlreichen Formen dieser kleinen, meist das Süsswasser bewohnenden Vermalien in der äusseren Gestalt und Lebensweise vielfach divergiren, stimmen sie doch Alle in den wesentlichen Eigenthümlichkeiten des inneren Baues überein. Dieser schliesst sich unmittelbar an denjenigen ihrer *Trochozoen*-Ahnen an, mit welchen sie durch *Trochosphaera* unmittelbar verknüpft erscheinen. Sie entfernen sich von diesen, wie von allen älteren Rotatorien, durch die Erwerbung von einem characteristischen „Kaumagen“, einem musculösen Pharynx, in welchem ein Paar mannichfach gestaltete Chitin-Zähne oder Kauplatten beständig gegen einander bewegt werden. Ferner ist der einfache präorale Wimperkranz der Trochozoen bei den Rotiferen in eine frontale, mannichfaltig gestaltete Wimperscheibe umgewandelt; meistens ist dieses „Räder-Organ“ gelappt oder in 2—5 Wimperscheiben getheilt, und kann ein- und ausgestülpt werden; seltener ist es in mehrere (bei *Stephanoceros* fünf) lange armartige Fortsätze getheilt. Die Chitin-Decke ist oft in einen festen, auf der Rückenseite bisweilen getäfelten Panzer verwandelt. Das hintere Ende ist entweder mit einem Paar gabelförmiger, mit Klebdrüsen ausgestatteter Fortsätze („Schwanzgabel“) versehen (wie bei den *Gastrotrichen*), oder in einen längeren, oft äusserlich gegliederten

Schwanz oder Fuss ausgezogen. Von den drei übrigen Classen der Rotatorien haben sich ausserdem die Rotiferen noch durch zwei secundäre Umbildungen entfernt; das Gehirn liegt nicht mehr in der Epidermis, sondern unter derselben; und die Nephrodien münden nicht mehr frei auf der Aussenfläche des Bauches, sondern in den Enddarm (Kloake).

§ 177. Zweites Cladom der Vermalien:

Strongylaria. Rundwürmer.

(*Nemathelminthes* ss. ampl. *Filariae* ss. ampl.)

SPECIALISTEN-GRUPPE DER CUTICULAR-HELMINTHEN.

Vermalien ohne Flimmerdecke, mit starker Chitin-Cuticula. Muskel-System sehr stark entwickelt, epitelial, als subcutaner Muskelschlauch aus dem Parietal-Blatte der Coelom-Taschen entstanden. Nerven-Centrum ein Acroganglion oder (meist) ein Schlundring. Ein paar Pronephridien stark modificirt. Blutgefässe fehlen.

Die Hauptclasse der Rundwürmer oder *Strongylarien* umfasst die sogenannten Nemathelminthen (im weiteren Sinne!). Wir vereinigen unter diesem Begriffe vier verschiedene Würmer-Classen, von deren naher Verwandtschaft und gemeinsamem Ursprung wir überzeugt sind. Die Hauptmasse des Cladoms bilden die Fadenwürmer (*Nematoda*), eine grosse Classe, deren zahlreiche Formen meist als Parasiten in Thieren (theilweise auch in Pflanzen) leben. Eine verwandte kleine Classe von Endoparasiten, die Kratzwürmer (*Acanthocephala*), sind durch Rückbildung des Darmes ausgezeichnet. Wir leiten dieselben von marinen Igelwürmern ab (*Echinocephala*); diese kleine Gruppe (*Echinoderida*) steht unter den lebenden Strongylarien der ausgestorbenen gemeinsamen Stammgruppe derselben (*Pronematodes*) wohl am nächsten. In anderer Beziehung hat dagegen die höher entwickelte Classe der pelagischen Pfeilwürmer (*Chaetognatha*) sehr ursprüngliche Bildungs-Verhältnisse bewahrt. Diese und andere *Nemathelminthen* sind neuerdings vielfach als nahe Verwandte (— oder gar als Vorfahren —) der Anneliden in Anspruch genommen worden. Nach unserer Ansicht besitzen sie zu diesen gar keine directen Beziehungen; wir halten die Strongylarien für eine selbständige, sehr alte Hauptclasse der Vermalien, die in sich abgeschlossen ist und sich nicht in höhere Thierformen fortgesetzt hat. Wir glauben alle Nemathelminthen von ausgestorbenen primitiven *Pronematoden* ableiten zu können, welche den heutigen *Echinocephalen* sehr nahe standen und gleich diesen von *Gastrotrichen* oder direct von deren Ahnen, den *Provermalien* abstammten.

Die Umbildungs-Processe, durch welche die ältesten *Strongylarien* aus diesen primitiven *Rotatorien* hervorgingen, bestanden hauptsächlich in der totalen Rückbildung der äusseren Flimmerdecke; an ihre Stelle trat eine zarte, später sehr verdickte Chitin-Cuticula. Zugleich entwickelte sich viel stärker der Hautmuskelschlauch. Auch im Inneren ging das Flimmer-Epitel ganz verloren (bei den parasitischen *Acanthocephalen* und *Nematoden*); oder es erhielt sich nur theilweise (in den Nephrodien bei den *Echinocephalen*, im Darm und den Spermarien bei den *Chaetoynathen*).

Characteristisch ist ferner für die Strongylarien die drehrunde oder spulrunde Körperform, welcher sie auch die Bezeichnung „Rundwürmer" verdanken. Bei der Mehrzahl ist der Körper rein cylindrisch, mit kreisrundem Querschnitt; seltener ist er etwas seitlich comprimirt (bei einigen *Chaetognathen*) oder dorso-ventral deprimirt (bei den *Echinoderen*). Gewöhnlich ist er vorn und hinten kegelförmig zugespitzt, seltener vorn abgerundet (*Echinocephalen*) oder selbst kopfartig abgesetzt (*Chaetognathen*).

Organisation der Strongylarien. Die zarte, aus dem Exoderm entstandene Epidermis, welche die Cuticular-Hülle abscheidet, wird in diesem Cladom oft als *„Subcuticula"* bezeichnet; sie wird häufig in ein Syncytium verwandelt. Unter derselben liegt der kräftige Hautmuskel-Schlauch, dessen Entstehung aus dem Parietal-Blatt der Coelom-Taschen bei den *Chaetognathen* sehr klar zu Tage liegt; wir schliessen daraus, dass er auch bei den übrigen Strongylarien ebenso entstanden ist. Bei den *Chaetognathen* und *Nematoden* zerfällt derselbe durch 4 longitudinale Haut-Linien (Subdermal-Rinnen) in 4 parallele Längsmuskel-Bänder. Bei den *Echinocephalen* spalten sich diese wieder in kleinere Muskeln, welche an dem gegliederten Chitin-Panzer von Ring zu Ring gehen; doch ist diese partielle, den Anneliden ähnliche Gliederung nicht als echte Metamerie zu betrachten, da sie keinen Einfluss auf innere Organe hat.

Das Nerven-Centrum bildet meistens ein Schlundring, dessen Dorsal-Theil (Acroganglion) dem „Gehirn" der Rotatorien-Ahnen entspricht, während der Ventral-Theil (Bauchknoten) eine neue Erwerbung darstellt. Bei den meisten Strongylarien hat das Nerven-Centrum die ursprüngliche Lage und enge Verbindung mit der Epidermis erhalten; nur bei den Acanthocephalen ist der Hirnknoten (der hier keinen Schlundring bildet) in die Tiefe gesunken und liegt am Grunde der Rüsselscheide (Pharynx). Sensillen sind meistens sehr schwach entwickelt, nur Tastpapillen oder Tastborsten der Haut. Einige Echinoderen und frei lebende Nematoden, sowie die Chaetognathen besitzen primitive Augen. Hörbläschen kommen in diesem Cladom niemals vor.

Das Darmrohr der Strongylarien zeichnet sich durch sehr einfache Bildung aus; es besteht überall aus den beiden Hauptabschnitten, welche schon die Platoden-Ahnen besitzen, dem exodermalen Schlunde (Stomodaeum = Pharynx) und dem entodermalen Magen oder Chylusdarm (= Urdarm); der hinterste Theil des letzteren ist oft (und wohl ursprünglich) als Kloake ausgebildet, indem er die Ausmündung der Geschlechtsgänge aufnimmt. Die Mundöffnung, vorn oder etwas ventral gelegen, sowie ein Theil des Vorderdarms, wird bei den *Gordiaceen* und einigen Nematoden (*Mermis*, *Sphaerularia*) im Laufe der Ontogenese verschlossen; bei den *Acanthocephalen* ist der Mund ganz obliterirt, und ebenso der Pylorus oder die Schlundpforte, nebst dem vordersten Theile des Mitteldarms. Seltener obliterirt der After (bei *Mermis*) oder der ganze Darm (bei der weiblichen *Sphaerularia*); spurlos verschwindet der Darm bei *Atractonema*. Von den *Acanthocephalen* wird allgemein behauptet, dass „keine Spur des Darms" zu finden sei; nach unserer Auffassung ist derselbe vollständig erhalten und nur im Mittelstück obliterirt (= „Axen-Ligament"); das Vorderstück (Pharynx) ist in die „Rüsseltasche" und den Hakenrüssel verwandelt (welcher dem der Echinocephalen-Ahnen gleicht); das Hinterstück ist in einen Gonoductus verwandelt, der After in den Gonoporus. Der ectodermale Pharynx (— bei den *Chaetognathen* „Kopfdarm" —) ist bei allen Strongylarien von einer harten Chitin-Cuticula ausgekleidet; dieselbe bildet bei den *Echinocephalen* und *Acanthocephalen* „Haken-Kränze" am Rüssel, bei den *Chaetognathen* Mundstacheln und Greifhaken, bei den *Nematoden* drei Schlundleisten oder Zähne.

Das Coelom zeigt die ursprünglichen Bildungs-Verhältnisse der Enterocoelier in typischer Reinheit bei den *Chaetognathen*; der Urdarm stülpt sich hier in Form von ein Paar lateralen Coelom-Taschen aus, welche zwischen Entoderm und Exoderm hineinwachsen; ihr Visceral-Blatt bildet das mediane Mesenterium und die Darmfaserhülle, sowie die Gonaden-Keime; ihr Parietal-Blatt erzeugt die subcutane Muskel-Schicht. Auch bei den Jugendformen der Acanthocephalen und Gordiaceen, sowie einigen anderen Nematoden, lassen sich noch deutlich die Anlagen der beiden Coelom-Säcke, sowie des sagittalen, zwischen ihnen liegenden Mesenteriums (dorsalen und ventralen) erkennen. Wenn dieselben später bei den meisten Nematoden nicht mehr kenntlich oder nur die Spuren der Mesenterien in den beiden Median-Linien (dorsaler und ventraler) erkennbar sind, so liegt offenbar Rückbildung vor.

Die Gonaden sind nach unserer Auffassung bei allen Strongylarien aus einem Theile der Coelom-Taschen entstanden und stets von sehr einfacher Bildung. Ursprünglich waren, wie bei den *Gastrotrichen*-Ahnen, ein Paar laterale Genital-Säcke vorhanden, welche hinten in den Enddarm mündeten. Diese „Kloaken-Bildung" ist noch erhalten bei einem Theile der (männlichen) *Nematoden* und bei den *Acanthocephalen*; bei letzteren betrachten wir sowohl den unpaaren Samengang und die Penis-Glocke des Männchens als den Uterus und die Vagina des Weibchens als den *metergischen* (— durch „Arbeitswechsel" umgebildeten —) Hinterdarm. Dagegen haben die Gonoducte der meisten Strongylarien die ursprüngliche Verbindung mit dem Enddarm aufgegeben und münden selbständig auf der Haut aus. Bei den *Echinocephalen* münden beide Gonoporen getrennt neben dem After; bei den weiblichen *Nematoden* meistens vereinigt in der Mitte der Bauchseite. Fast alle Strongylarien sind Gonochoristen, die Weibchen meistens grösser als die Männchen. Hermaphroditen sind nur wenige Nematoden (*Pelodytes, Allantonema*), sowie die *Chaetognathen*. Bei diesen letzteren ist jede der beiden lateralen Gonaden in ein vorderes Ovarium und ein hinteres Spermarium zerfallen; die vier Geschlechtsdrüsen münden getrennt auf der Haut aus durch kurze flimmernde Canäle, die wahrscheinlich die Ueberreste der rückgebildeten Pronephridien darstellen.

Diese Pronephridien oder excretorischen „Wassergefässe" haben nur bei den *Echinocephalen* noch die ursprüngliche, von den *Gastrotrichen* geerbte Bildung beibehalten; sie bilden hier ein Paar Flimmercanäle, welche lateral neben dem Darm liegen, vorn blind geschlossen sind, hinten auf dem Rücken nach aussen münden. Bei den *Nematoden*, wo sie als einfache gerade Canäle in den Seiten-Linien liegen und vereinigt in der Mittellinie des Bauches ausmünden, haben sie das Flimmer-Epitel verloren; ebenso bei den *Acanthocephalen*, wo sie sich in der Hautdecke verästeln. Die reiche Ramification der ausgedehnten Pronephridien in dieser darmlosen Classe erinnert an die ähnliche Bildung bei den Turbellarien.

Die Ontogenie der Strongylarien verläuft meistens sehr einfach und ist besonders dadurch ausgezeichnet, dass die Flimmer-Larven ihren Rotatorien-Ahnen niemals mehr zur Ausbildung gelangen. Die totale Rückbildung des äusseren Flimmer-Epitels, durch welche sich die Rundwürmer vor den Radwürmern auszeichnen, ist in diesem Cladom cenogenetisch bis in die frühesten Keimzustände „zurückverlegt" worden. Nicht einmal die palingenetische Blastula und Gastrula der *Chaetognathen*, welche in typischer Reinheit die Vorgänge der Gastrulation und Coelomation bei den ältesten Coelomarien bis heute bewahrt hat, besitzt noch das ursprüngliche Flimmer-Epitel. Im Uebrigen wirft gerade die Ontogenese der Chaetognathen ein klares und bedeutungsvolles Licht auf die Phylogenie der Strongylarien; in den übrigen Classen derselben ist sie mehr cenogenetisch modificirt.

§ 178. Erste Classe der Strongylarien:

Echinocephala. Igelwürmer.

CONSERVATIVE UEBERGANGS-GRUPPE VON DEN GASTROTRICHEN ZU DEN NEMATHELMINTHEN.

Strongylarien mit annulater Cuticula, welche Borsten trägt, ohne Schwanzflosse. Nervencentrum ein exodermaler Schlundring. Darm einfach, gerade, ohne Mesenterium, mit terminalem Mund und After. Pharynx mit einem retractilen Rüssel, der mehrere Hakenkränze trägt.

Die Classe der Echinocephalen oder *Igelwürmer* gründen wir für jene interessante Gruppe von primitiven Helminthen, welche durch die benthonische, am Meeresgrunde kriechende Familie der Echinoderida gebildet wird (*Echinoderes*, Algenbewohner, mit Augen; *Echinopharynx*, Schlammbewohner, ohne Augen). Nach unserer Auffassung ihrer Organisation sind die Echinocephalen die ältesten von allen lebenden Nemathelminthen, diejenigen, welche sich von der gemeinsamen ausgestorbenen Stammgruppe dieses Cladoms am wenigsten entfernt haben und welche sich zugleich an deren Rotatorien-Ahnen, die Gastrotrichen, unmittelbar anschliessen. Wir können sie von diesen einfach durch drei Umbildungen ableiten: Erstens wurde das partielle Flimmerkleid der Gastrotrichen vollständig rückgebildet, und an seine Stelle trat eine feste, mit Borsten besetzte Cuticula, welche in Folge der wurmförmigen Kriechbewegung in eine Reihe von 10 bis 12 Ringeln zerfiel. Zweitens wurde das vordere Ende des Pharynx vorgestülpt und bildete einen retractilen, mit Haken-Kränzen bewaffneten „Mundkegel". Drittens haben die Gonaden (— ein Paar einfache laterale Säcke, beiderseits des Darmes liegend —) ihre ursprüngliche Verbindung mit dem Enddarm (Kloake) aufgegeben und münden durch ein Paar dermale Gonoporen rechts und links vom After.

Pronematoda. Gemeinsame Stammgruppe der Strongylarien. Da uns die vergleichende Anatomie und Ontogenie der Strongylarien zu der Ueberzeugung führt, dass alle vier Classen dieses Cladoms einen gemeinsamen Ursprung haben, können wir uns von der ursprünglichen Organisation der ausgestorbenen Stammform eine klare Vorstellung bilden. Diese hypothetische Stammform, die wir Archinema nennen wollen, wird im Wesentlichen die primitive Organisation von *Echinoderes* besessen haben; sie wird sich aber von ihm durch einfachere, den *Gastrotrichen* näherstehende Bildung unterschieden haben und besonders durch den Mangel der auffallenden äusseren Gliederung und des Haken-Rüssels. Diese Merkmale der modernen *Echinocephalen* betrachten wir als secundäre Charactere, durch die besondere Art der kriechenden Locomotion erworben. Dieselben fehlten den *Archinemen*, welche sich von den *Gastrotrichen*-Ahnen wesentlich nur durch die gänzliche Rückbildung der äusseren Flimmerdecke unterschieden, sowie durch die correlative Ausbildung einer totalen festen Chitin-Cuticula. Auch mündeten die beiden Gonaden-Säcke bei *Archinema* noch in den Enddarm (Kloake), nicht neben demselben, wie bei den Echinocephalen.

Die Pronematoden werden während der laurentischen Zeit durch eine Kette von Zwischenformen vertreten gewesen sein, welche den unmittelbaren Uebergang von der Stammform *Archinema* zu den übrigen Strongylarien herstellten. Ein kurzer Ast dieser Uebergangs-Gruppe wird direct zu den *Echinocephalen* hinübergeführt haben, von welchen wir die *Acanthocephalen* durch Anpassung an Endoparasitismus ableiten. Ein zweiter, längerer Ast wird die gemeinsame Stammgruppe der *Nematoden* und *Chaetognathen* gebildet haben. Allerdings haben sich diese beiden Classen, in Anpassung an ganz verschiedene Lebensweise, weit von einander entfernt; die parasitischen *Nematoden* sind theilweise rückgebildet, die pelagischen *Chaetognathen* hoch fortgebildet. Aber andererseits haben die letzteren viele ursprüngliche Verhältnisse (besonders in der Ontogenese) besser conservirt, als die ersteren; und beide Gruppen erscheinen in wichtigen Beziehungen nächst verwandt, wie schon der kreuzförmige Querschnitt ihres Körpers lehrt.

§ 179. Zweite Classe der Strongylarien:

Acanthocephala. Kratzwürmer.

REGRESSIVE GRUPPE DER DARMLOSEN NEMATHELMINTHEN.

Strongylarien mit glatter oder annulater Cuticula, ohne Schwanzflosse. Nervencentrum ein subdermales Acroganglion. Darm theilweise rückgebildet, ohne Mundöffnung; Hinterdarm in einen Gonoduct verwandelt. Pharynx mit einem retractilen Rüssel, der mehrere Hakenkränze trägt.

Die Classe der Acanthocephalen oder *Kratzwürmer* wird allgemein als eine selbständige Hauptgruppe der Helminthen betrachtet, welche gar keine oder doch nur sehr entfernte Beziehungen zu anderen Vermalien erkennen lässt, am ersten noch zu den *Nematoden*. Diese herrschende Ansicht wird damit begründet, dass die Acanthocephalen „keine Spur von Darmcanal“ besitzen, dagegen einen „höchst eigenthümlich gebauten Geschlechts-Apparat“ und ein „merkwürdiges Gefäss-System in der Haut“. Wir sind zu der Ueberzeugung gelangt, dass diese allgemein angenommene Ansicht von der völlig isolirten Stellung der Acanthocephalen nicht begründet ist, dass sich dieselben vielmehr ganz wohl von anderen Nemathelminthen ableiten lassen, und zwar von den *Echinocephalen*, oder von ähnlichen, *Echinoderes* nahe verwandten Strongylarien. Durch Anpassung an Endoparasitismus ist partielle Rückbildung des Darmes und namentlich Verschluss des Mundes eingetreten; der Darm ist aber nicht verschwunden, sondern in andere Organe umgebildet worden. *Echinorhynchus* (der typische Vertreter der einzigen Familie: Echinorhynchida) kann von

Echinoderes (oder einer älteren Echinocephalen-Form) durch Anpassung an parasitische Lebensweise im Darme von Seethieren abgeleitet werden. Dabei sind folgende sechs Umbildungen eingetreten: 1) Die Mundöffnung ist obliterirt (wie bei *Gordiaceen*). 2) Die Schlundpforte (Pylorus) ist ebenfalls obliterirt. 3) In Folge dessen ist das Schlundrohr (Pharynx) in einen geschlossenen Schlauch verwandelt, die „Rüsselscheide"; in diese kann der cylindrische, mit Hakenkränzen besetzte Rüssel gerade so zurückgezogen werden, wie der homologe Mundkegel oder „Hakenrüssel" der *Echinoderen*. 4) Der vordere Theil des eigentlichen entodermalen Darmrohrs, der „Mitteldarm" oder Magen, ist ebenfalls obliterirt (wie bei *Gordiaceen*) und in ein solides Axenband verwandelt (*Ligamentum suspensorium*). 5) Der hintere Theil des Darmrohrs dagegen ist offen geblieben und durch Arbeitswechsel zum „Geschlechtsgange" (*Gonoductus*) geworden; dieser „Hinterdarm" erscheint als eine musculöse grosse „Kloake" und ist bei beiden Geschlechtern in zwei Abschnitte zerfallen; beim Männchen in Samengang (*Ductus ejaculatorius*) und glockenförmige Penistasche (*Bursa*); beim Weibchen in *Uterus* (Uterus-Glocke, Oviduct) und Scheide (*Vagina*). 6) Die terminale Geschlechts-Oeffnung am Aboral-Pol (*Gonoporus*) ist demnach der ursprüngliche After.

Der Darm der *Echinorhynchen*, welchen dieselben von ihren *Echinocephalen*-Ahnen geerbt haben, ist also keineswegs „spurlos verschwunden", sondern nur an zwei Stellen obliterirt, am Mund und am Pylorus. Der stachelige Mundkegel sammt dem Pharynx (= Rüsselscheide) ist in einen Haft-Apparat verwandelt (ähnlich dem der Cestoden). Die hintere Darmkammer aber (= Kloake), in welche die Gonaden einmünden, ist zum Gonoductus geworden; der After (= Kloaken-Oeffnung) fungirt nur als Gonoporus. Während so der Darm durch Arbeitswechsel ganz andere Functionen übernommen hat, ist seine Ernährungsthätigkeit auf die Nephrodien übergegangen. Während diese „excretorischen Wassergefässe" bei den *Echinocephalen* ein Paar laterale, hinten seitlich ausmündende und innen flimmernde Canäle bilden, haben sie sich bei den *Acanthocephalen* reich verästelt und zu einem Gefässnetz entwickelt, das die ganze Hautdecke (= Subcuticula) durchzieht. Besonders entwickelt sind dieselben in der Wand der Lemnisken, ein Paar hohler Schläuche, welche von der Rüssel-Basis aus in die geräumige Leibeshöhle hineinhängen; sie sind vielleicht als die umgewandelten „Speicheldrüsen" zu deuten, welche man neuerdings am Pharynx der *Echinocephalen* gefunden hat. Der Schlundring der letzteren ist dagegen bei den Kratzwürmern durch ein einfaches Ganglion ersetzt, welches am Grunde der Rüsselscheide liegt; da es dem dorsalen Scheitelhirn der übrigen Vermalien entspricht, bezeichnet es zugleich die Rückenseite.

Die Ontogenie der Acanthocephalen bestätigt unsere morphologische Deutung ihres Körperbaues. In der spindelförmigen Gastrula liefert das Exoderm die Hautdecke mit den Gefässen und Lemnisken, sowie Pharynx und Acroganglion; dagegen entwickeln sich aus dem Entoderm, dem sogenannten *„Embryonal-Kern“*, die paarigen Gonaden in engem Zusammenhang mit dem axialen Ligament (dem Vordertheil des obliterirten Urdarms).

§ 180. Dritte Classe der Strongylarien:

Nematoda. Fadenwürmer.

REGRESSIVE GRUPPE DER PARASITISCHEN NEMATHELMINTHEN.

Strongylarien mit glatter Cuticula, ohne Borsten und ohne Schwanzflosse. Nervencentrum ein exodermaler Schlundring. Darm einfach, ohne permanentes Mesenterium, mit terminalem Mund und ventralem After. Pharynx ein starkes Saugrohr, mit Chitin-Leisten oder Zähnen, nicht protractil.

Die Classe der Fadenwürmer oder *Nematoden* umfasst die Hauptmasse der gegenwärtig lebenden Strongylarien, darunter sehr zahlreiche Arten, welche zu den wichtigsten Parasiten gehören, und welche in mannichfaltigster Weise sich den veränderten Lebensbedingungen angepasst haben. Dagegen bleibt der morphologische Character in der ganzen Classe sehr einförmig und ist keineswegs so mannichfaltig umgebildet, wie es bei den parasitischen Platoden der Fall ist. Eigentlich lassen sich nur zwei grössere Gruppen (Subclassen oder Legionen) in dieser Classe unterscheiden, die *Gordiaceen* und *Ascarideen*. Erstere haben im Ganzen den ursprünglichen Bildungs-Character treuer bewahrt als Letztere.

Der cylindrische, langgestreckte Körper der Ascarideen, welche die Hauptmasse der ganzen Classe bilden, ist vorn und hinten zugespitzt, von einer derben Chitin-Cuticula umschlossen, meistens ohne Besatz von Borsten oder Stacheln. Der kreisrunde Querschnitt erscheint kreuzförmig, indem der kräftige subcutane Muskelschlauch durch vier parallele Längslinien in vier Längsmuskel-Bänder getheilt wird, ein paar dorsale und ein paar ventrale Seitenmuskeln. In den

Median-Linien zwischen diesen liegen zwei Nervenstämme, ein dorsaler und ein ventraler, beide vorn durch einen Schlundring verbunden. In den Lateral-Linien dagegen (Rechts und Links) liegen ein Paar Excretions-Röhren oder Nephrodien, beide vorn durch einen ventralen gemeinsamen Porus geöffnet. Das lange Darmrohr liegt meistens frei in der geräumigen Leibeshöhle; der Mund, am Vorderende gelegen, führt in einen musculösen Pharynx, dessen Chitin-Auskleidung eine dreiseitig-prismatische Röhre bildet, oft mit Zähnen bewaffnet. Der After liegt hinten an der Bauchseite. Die Gonaden sind lange, einfache Schläuche, die männlichen meist unpaar, die weiblichen paarig. Die Männchen haben die ursprüngliche Einmündung der Gonoducte in den Enddarm (Kloake) behalten. Bei den Weibchen dagegen hat sich die Vagina gewöhnlich vom Enddarm getrennt und mündet auf der Mitte der Bauchseite, seltener mehr hinten aus.

Die Subclasse der Gordiaceen (welche nur die eine Familie der *Gordiades* enthält) zeigt insofern primitive Bildungs-Verhältnisse, als im jungen Thier zwischen Urdarm und Leibeswand ein paar lange Coelom-Säcke auftreten, deren Visceral-Blatt die Gonaden liefert, das Parietal-Blatt die Muskelschicht. Von den beiden medianen Nervenstämmen ist nur der ventrale entwickelt, nicht der dorsale. Auch fehlen die Seitenlinien und die darin liegenden Nephrodien. Der Darmcanal ist nur bei den jungen *Gordiaceen* complet. Bei den älteren wird die vordere Hälfte des Darmes rückgebildet; dann fehlt die Mundöffnung (wie bei den *Acanthocephalen*). Bei den nahe verwandten *Mermithiden* verkümmert umgekehrt das hintere Darmende mit dem After. *Atractonema* besitzt in der Jugend einen offenen Darm mit Mund und After; später obliterirt derselbe und wird zu einem soliden Zellenstrang.

Die Subclasse der Ascarideen, mit zahlreichen Familien und Gattungen, besitzt (— von den letztgenannten Ausnahmen abgesehen —) gewöhnlich einen geräumigen Darm mit Mund und After. Die Mesenterien sind hier meistens ganz verschwunden, und die langen, röhrenförmigen Gonaden haben ihre ursprüngliche Verbindung mit dem Muskelschlauch ganz gelöst. Die Ascarideen haben in der Bildung des viertheiligen Hautmuskel-Schlauches, des Schlundringes und des Darmrohrs die allgemeinen Structur-Verhältnisse der *Chaetognathen* und älterer Strongylarien bewahrt. Dagegen entfernen sie sich im histologischen Bau, in der Bildung der Gonaden und Anderem unter allen Strongylarien am meisten von der ursprünglichen gemeinsamen Stammform. Characteristisch ist für alle *Nematoden* der gänzliche Verlust des Flimmer-Epitels, innen und aussen; auch die Spermazoiden sind in Amoeboiden verwandelt.

§ 181. Vierte Classe der Strongylarien: Chaetognatha. Pfeilwürmer.

Progressive Gruppe der planktonischen Nemathelminthen.

Strongylarien mit Borsten der Cuticula und mit horizontaler Schwanzflosse. Nervencentrum ein exodermaler Schlundring. Darm einfach, gerade, mit ventralem Mund und After, mit dorsalem und ventralem Mesenterium. Pharynx (oder „Kopfdarm") mit ein Paar lateralen Mundlappen und Greifhaken.

Die Classe der Pfeilwürmer oder *Chaetognathen* wird durch eine kleine Gruppe von pelagischen Würmern gebildet, welche in ungeheuren Massen an der Bildung des Plankton sich betheiligen; sowohl durch den characteristischen Enterocoelier-Bau des durchsichtigen hyalinen Körpers, wie durch die rein palingenetische Entwickelung seiner Organe und Gewebe sind sie von hervorragendem Interesse. Die *Chaetognathen* sind rein epiteliale Coelomarien, bei welchen kein Mesenchym zu selbständiger Ausbildung kommt. Die Gastrulation ihrer kugeligen, durchsichtigen Eier, welche keinen Nahrungsdotter enthalten, kann als der reine Typus der ursprünglichen Metazoen-Keimung gelten, ebenso später ihre Coelomation und Organ-Differenzirung. Sie liefert wichtige Aufschlüsse über die Phylogenie der Organe und Gewebe, nicht nur für die nächstverwandten übrigen *Strongylarien*, sondern auch für die *Coelomarien* überhaupt.

Der cylindrische oder fast vierseitig-prismatische Körper der *Chaetognathen* zeigt den Typus der tetrablastischen Coelomarien in reinster Form, indem das einfache, gerade gestreckte Darmrohr frei in einer geräumigen Leibeshöhle liegt und mit der Körperwand nur vorn und hinten zusammenhängt, sowie in der Median-Ebene durch ein dorsales und ventrales Mesenterium. Die äussere Hautdecke bildet ein flimmerloses Exoderm, eine dünne Schicht von glatten Epidermis-Zellen, welche eine zarte Cuticula ausscheiden. Von ihr nicht getrennt ist das ectodermale Nerven-Centrum, ein weiter Schlundring mit kleinem dorsalen Hirnknoten und grossem ventralen Ganglion. Ueber ersterem liegen ein Paar Augen. Unter der Epidermis liegt eine Schicht von quergestreiften Längsmuskel-Fasern, welche durch ihre energische Contraction die pfeilschnelle Bewegung der schwimmenden „Pfeilwürmer" vermitteln. Dieser „Hautmuskel-Schlauch" ist aus dem Parietal-Blatt der Coelom-Taschen entstanden und ist gleich dem homologen Muskelschlauch der *Nematoden* durch vier parallele Längslinien in vier Muskelfelder getheilt, ein Paar dorsale und ein Paar ventrale. Aus dem Visceral-Blatt der Coelom-Säcke ist dagegen das dünne Darm-Muskelblatt entstanden, welches das einschichtige flimmernde Entoderm („Schleimblatt") umschliesst und sich oben und unten in das verticale Mesenterium fortsetzt. Durch letzteres werden die beiden lateralen Kammern der Leibeshöhle, rechte und linke, vollständig geschieden; diese zerfallen in drei Abschnitte, einen vorderen sterilen Theil, einen mittleren weiblichen und einen hinteren männlichen Theil. Die beiden Gonaden jedes Antimeres sind durch ein Transversal-Septum getrennt. Unmittelbar vor diesem münden die beiden Oviducte oben seitlich am Rücken aus, der After dagegen unten in der Mitte am Bauche. Hinter dem After setzt sich das Mesenterium, als Septum zwischen beiden Hoden, noch bis zur Spitze des Schwanzes fort. Die Hoden öffnen sich an dessen Seitenrändern auf dem Rücken, zwischen der Schwanzflosse und den Seitenflossen. Diese horizontalen Flossen (ein Paar laterale Flossen bei *Spadella*, zwei Paar bei *Sagitta*) sind dünne, mit feinen Borsten besetzte Hautfalten. Vorn enthält der rundliche Kopf kräftige Muskeln, welche zur Bewegung von ein Paar lateralen Mundlappen dienen. Die exodermale „Kopfdarmhöhle" entspricht dem „Pharynx" der übrigen Strongylarien. Die starken Chitin-Borsten oder Greifhaken, welche auf letzteren sitzen und welche den „Borstenkiefern" (*Chaetognathi*) ihren Namen gegeben haben, entsprechen nach unserer Ansicht den Chitin-Haken auf dem Rüssel (= Pharynx) der *Echinocephalen* und *Acanthocephalen*.

Die Gastrulation der *Chaetognathen* beginnt mit regulärer totaler Eifurchung; die kugelige *Archiblastula*, welche daraus entsteht, verwandelt sich durch Invagination in eine typische *Archigastrula*. Der Urdarm derselben bildet durch Ausstülpung ein Paar Coelomtaschen und tritt später mit dem Schlundrohr in Verbindung, welches dem Urmunde gegenüber durch Einstülpung des Exoderms entstand. Ein paar grössere Entoderm-Zellen, an der Abgangsstelle der Coelom-Taschen, sind die Progonidien oder „Urgeschlechts-Zellen"; jede theilt sich in eine vordere (laterale) und eine hintere (mediale) Urgeschlechtszelle; aus der ersteren entsteht das Ovarium, aus der letzteren der Hoden.

§ 182. Drittes Cladom der Vermalien: **Prosopygia. Buschwürmer.**

(*Molluscoidea. Himatega. Podaxonia. Tentaculata. Brachelminthes.*)

REGRESSIVE GRUPPE DER SEDENTÄREN HELMINTHEN.

Vermalien mit Flimmerdecke an einem circoralen Tentakel-Kranz, welcher die Respiration vermittelt.

Körper meistens an der ausgedehnten Ventralfläche festsitzend, daher der Darm bogenförmig, mit dorsalem After. Nerven-Centrum ein Acroganglion oder (meist) ein Schlundring. Ein paar Nephridien fungiren als Gonoducte. Blutgefässe meistens entwickelt.

Die Hauptclasse der Buschwürmer oder *Prosopygier* umfasst vier verschiedene Classen von Vermalien, welche im äusseren Habitus sehr von einander abweichen, im inneren Körperbau aber, und besonders in der characteristischen Ontogenese, bedeutungsvolle Uebereinstimmung zeigen. Zwei von diesen vier Classen, die Bryozoen und Brachiopoden, erscheinen unter sich näher verwandt und werden gewöhnlich unter dem unpassenden Namen *Molluscoidea* zusammengefasst; man könnte sie ebenso gut *Coralloidea* nennen. Denn ebenso wie man früher, durch äusserliche Aehnlichkeit der Körperform irregeführt, die Brachiopoden an die Mollusken anschloss, vereinigte man die Bryozoen mit den Polypen und Corallen. Thatsächlich besteht zwischen den *Bryozoen* („Moos-Polypen") und den ähnlichen *Anthozoen* („Blumen-Polypen") nicht die geringste phyletische Verwandtschaft; und ebensowenig zwischen den zweiklappigen *Brachiopoden* („Armfuss-Muscheln", Spirobranchien) und den ähnlichen *Pelecypoden* („Beilfuss-Muscheln", Lamellibranchien). Die übliche Bezeichnung Molluscoidea ist eine der widersinnigsten unter den vielen schlechten Begriffen der systematischen Zoologie; sie ist aber doppelt verwerflich, wenn (— selbst heute noch! —) unter diesem irreführenden Begriffe die beiden Classen der *Bryozoen* und *Brachiopoden* vereinigt und als ein selbständiger „Typus" des Thierreichs an die echten Mollusken angeschlossen werden; mit diesen haben beide Classen gar Nichts zu thun.

Die beiden anderen Classen der Prosopygier, die Phoronarien und Sipuncularien, sind von den beiden ersten Classen äusserlich sehr verschieden, dagegen manchen langgestreckten „Würmern", insbesondere Anneliden (*Echiuriden*) ähnlich, aber auch den fusslosen Holothurien (*Synaptiden*); sie wurden daher bald den ersteren, bald den letzteren angeschlossen. Gewöhnlich werden jetzt *Phoroniden* und *Sipunculiden* unter dem Begriffe der „Brückenwürmer" oder Gephyrea als eine besondere Classe zusammengefasst, oder auch als *Gephyrea inermia* (*Achaeta*) mit den *Echiuriden* (= *Gephyrea chaetifera*) vereinigt. Indessen ergiebt die kritisch-vergleichende Ontogenie beider Gruppen, dass die *Echiuriden* ursprünglich gegliedert und rückgebildete Anneliden sind; die *Sipunculiden* dagegen zeigen keine Spur von Metamerie und sind ungegliederte Vermalien, die wahrscheinlich in den *Phoroniden* ihre nächsten Verwandten finden.

Organisation der Prosopygier. Das characteristische gemeinsame Merkmal, welches in erster Linie alle Prosopygier auszeichnet und allen anderen Vermalien gegenüberstellt, ist der Hippocrepis-Darm, d. h. der „hufeisenförmige Bogendarm", dessen beide Oeffnungen nahe bei einander auf der Dorsal-Fläche liegen. Während bei allen anderen Vermalien das Darmrohr gerade gestreckt oder wenig gebogen ist, der Mund vorn, der After hinten liegt, erscheint dagegen das Darmrohr aller *Prosopygier* in der Mitte bogenförmig nach vorn gekrümmt, und der After ist von hinten in der Median-Linie der Rückenseite nach vorn gewandert, wie der bezeichnende Name des Cladoms besagt. Die physiologische Ursache dieser Umbildung ist in der Anpassung an festsitzende Lebensweise zu suchen, und zwar erfolgte die Anheftung der frei beweglichen *Trochozoen*-Ahnen ursprünglich an der Bauchseite; ein ventraler Fortsatz derselben, der ursprünglich dem ventralen „Schwanze oder Fusse" der Rotiferen vergleichbar und wie dieser mit einer Klebdrüse („Fussdrüse") ausgestattet war, vermittelte die Anheftung am Meeresboden. Das zeigt noch heute deutlich die „Fussdrüse" von *Loxosoma* und der jungen *Phoronis*, sowie der Stiel der jungen *Brachiopoden*. Die *ventrale* Anheftung der Prosopygier ist also gerade entgegengesetzt der *dorsalen* Anheftung der Echinodermen; und wie bei den letzteren sich die beiden Oeffnungen des Bogen-Darms auf der Bauchseite näherten, so bei den ersteren umgekehrt auf der Rückenseite. In beiden Gruppen ist ähnlich die correlative Ausbildung eines circoralen Tentakel-Kranzes, dessen hohle fingerförmige Fühlfäden vom Coelom aus mit Flüssigkeit gefüllt werden und sowohl aussen wie innen mit Flimmer-Epitel bedeckt sind; in beiden sedentären Gruppen fungiren dieselben als Tast-Organe, Respirations-Organe und Subvectiv-Organe (Flimmer-Wege der Nahrungs-Zufuhr). Auch ist in beiden Gruppen ganz analog die starke räumliche Ausdehnung der passiven, dem Boden zugekehrten Körperhälfte; die räumliche Reduction der activen, freien Körperhälfte (mit beiden Darm-Oeffnungen, Coelom-Oeffnungen u. s. w.). Allein bei den dorsal angehefteten Echinodermen (*Amphorideen, Cystoideen, Antedon-Larve*) entwickelt sich der ganze active Apparat der physiologisch wichtigsten Organe auf der Bauchseite, dagegen bei den ventral fixirten Prosopygiern (*Loxosoma, Phoronis, Brachiopoden-Larve*) umgekehrt auf der Rückenseite. Daher ist auch die auffallende Aehnlichkeit, welche man zwischen den primitivsten Formen beider sessilen Gruppen finden kann, lediglich wegen ihrer Convergenz interessant, hat aber keine phylogenetische Bedeutung.

Die Sipuncularien sind die einzigen Prosopygier, welche nicht unbeweglich festsitzen; allein sie leben crypto-benthonisch, versteckt im Schlamme oder Sande des Meeresbodens oder in Felsenlöchern. Nur der ausstülpbare Vordertheil ihres Körpers, mit dem Tentakel-Kranz und den Darm-Oeffnungen, wird frei in das Wasser vorgestreckt, ganz wie bei den übrigen, in sessilen Röhren oder Gehäusen eingeschlossenen Prosopygiern. Da die Sipuncularien sich auch in anderen Beziehungen mehr von den drei übrigen Classen des Cladoms entfernen, ist es möglich, dass die Aehnlichkeit ihrer Organisation, und besonders die nahe Beziehung zu den *Phoronarien*, auch nur auf Convergenz beruht, und dasselbe wird neuerdings von den Pterobranchiern (*Rhabdopleura, Cephalodiscus*) vermuthet, welche wir einstweilen noch als eine besondere Subclasse der Bryozoen betrachten. Anderseits ist es aber auch möglich, dass die nahen morphologischen Beziehungen der *Sipuncularien* zu den *Phoronarien* auf gemeinsamer Abstammung beruhen, und dass die ersteren die ursprüngliche sessile Lebensweise ebenso aufgegeben haben, wie die ähnlichen *Holothurien*. Dafür spricht namentlich die ontogenetische Thatsache, dass die dorsale After-Lage (— die wir auf ventrale Anheftung zurückführen —) schon bei der *Sipunculus*-Larve frühzeitig auftritt.

Das klarste Licht wird auf die nahe Verwandtschaft der *Prosopygier*-Classen durch die vergleichende Ontogenie geworfen. In allen vier Classen entwickelt sich aus der Gastrula eine schwimmende Flimmerlarve, welche sich auf den Typus der echten Trochophora zurückführen lässt; wir schliessen daraus nach dem biogenetischen Grundgesetze auf ihre gemeinsame Abstammung von der Rotatorien-Classe der Trochozoen. Characteristisch ist ferner für die Metamorphose der Prosopygier, dass diese Trochophora-Larve sich stets mit der Bauchfläche festsetzt und anheftet, während an der entgegengesetzten Rückenseite die beiden Darm-Ostien sich nähern und zusammenrücken, mit ihnen auch die beiden lateralen Oeffnungen der Nephridien. Da auch bei den nicht festsitzenden, aber im Sande vergrabenen Sipuncularien ähnliche Verhältnisse frühzeitig sich entwickeln, können wir sie einstweilen mit den übrigen Prosopygiern vereinigt erhalten.

Der circorale Tentakel-Kranz (*Corona*), welcher bei allen Prosopygiern in der Umgebung der beiden Darm-Ostien sich entwickelt, ist für dieses Cladom von ganz besonderer morphologischer und physiologischer Bedeutung. Er entsteht direct oder indirect aus dem Wimpergürtel der Trochophora; die beiden Bestandtheile desselben, der präorale *Trochus* und das postorale *Cingulum*, können dabei in verschiedener Weise betheiligt sein; doch spielt letzteres die grössere Rolle. Die bilaterale Grundform des Vermalien-Körpers erhält sich zunächst auch in der Hippocrepis-Form des Lophophors, in der Bogen-Bildung des „hufeisenförmigen Tentakel-Trägers", welcher sich bei den Prosopygiern zu beiden Seiten des Mundes erhebt. Dieses characteristische „Arm-Paar" zeigt in seiner ursprünglichen Bildung wesentliche Uebereinstimmung bei *Rhabdopleura* unter den Pterobranchien, bei *Loxosoma* unter den Endoprocten und bei den *Phylactolaemen* unter den ectoprocten Bryozoen; es kehrt in derselben Form bei den *Phoroniden* wieder und erfährt die höchste Ausbildung in den beiden Spiral-Armen der *Brachiopoden*. Dagegen ist der geschlossene Tentakel-Kranz, welchen die Mehrzahl der Bryozoen, die *Stelmatopoden* zeigen, als eine secundär abgeleitete Bildung anzusehen, durch ringförmige Verbindung der beiden lateralen Schenkel hinter dem Munde entstanden. Ueberall ist die Concavität des „Hufeisen-Bogens" dem After zugekehrt und divergiren die beiden Arme nach rückwärts. Die beweglichen und sensiblen Tentakeln, welche ursprünglich in einer oder zwei Reihen auf der convexen Seite der gekrümmten oder eingerollten Arme stehen, sind innen und aussen mit Flimmer-Epitel bedeckt, und ihr innerer Hohlraum setzt sich in denjenigen des hufeisenförmigen „Tentakel-Trägers" fort. Diese Höhle steht meistens wieder in Verbindung mit einem Ringcanal, der den Mund umgiebt und der als eine Separat-Kammer des Coeloms zu betrachten ist. Wir können ihn dem

Hydrocircus der *Echinodermen* vergleichen, ohne damit natürlich eine Homologie der beiden analogen oder „homoplastischen" Organe behaupten zu wollen. Die Aehnlichkeit ist um so interessanter, als auch bei einer der ältesten Amphorideen-Familien (den *Anomocystiden*) sich am Munde ein Paar Arme erheben, welche ambulacrale Tentakeln trugen.

Das Nerven-System der Prosopygier ist meistens (oder vielleicht immer?) ein Schlundring, von welchem feine Nerven an die Tentakeln, als die einzigen Sinnesorgane, abgehen. Bei den *Bryozoen* und *Phoroniden* ist dieser circorale Nervenring äusserst zart und nur sein Dorsal-Theil ein stärkerer Knoten, entsprechend dem Scheitelhirn oder Acroganglion der *Rotatorien*-Ahnen. Bei den *Brachiopoden* ist umgekehrt der untere Theil des Schlundringes stärker entwickelt (Subpharyngal-Ganglion), und bei den *Sipuncularien* geht von demselben ein medianer Bauchstrang ab; dieser ist jedoch ganz ungegliedert und darf nicht mit dem „Bauchmark" der Anneliden homologisirt werden. Entsprechend der sedentären Lebensweise der Prosopygier sind besondere Sensillen nirgends differenzirt.

Das Tegument verhält sich in den vier Classen der Prosopygier sehr mannichfaltig. Nur im vorderen oder dorsalen Körpertheile bildet das Exoderm überall ein zartes Flimmer-Epitel, welches den Tentakel-Kranz und einen Theil des Peristoms überzieht. Im hinteren oder ventralen Theile ist der Körper entweder durch die umgebende fremde Hülle (Sand, Schlamm, Felslöcher) geschützt, bei den *Sipuncularien*; oder durch eine ausgeschiedene Cuticula, in den drei übrigen Classen. Diese bildet eine locker anliegende Chitin-Röhre bei den *Phoroniden*, eine chitinöse oder verkalkte Kammer bei den *Bryozoen*, eine zweiklappige (meistens kalkige) Schale bei den *Brachiopoden*.

Das Coelom ist bei allen Prosopygiern ein echtes Enterocoel, entstanden durch Ausstülpung von ein Paar lateralen Coelom-Taschen (— ursprünglich Gonaden! —) aus dem Urdarm. Bei den *Sipuncularien* sind dieselben in ähnlicher Weise cenogenetisch ungebildet, wie bei Anneliden und Mollusken, indem ihre erste Anlage ein paar laterale Urmesoderm-Zellen bilden; aus diesen entstehen ein paar solide „Mesoderm-Streifen", die erst später hohl werden. Das parietale Coelom-Blatt liefert die Hautmuskeln, das viscerale Blatt die Darmfaser-Schicht (und die Blutgefässe). Die Geschlechts-Producte entstehen überall aus dem Coelom-Epitel und werden ausgeführt durch ein Paar echte Nephridien. Diese flimmernden Schläuche (— sehr klein bei den meisten *Bryozoen*, sehr gross bei den *Sipuncularien* —) münden innen in die Leibeshöhle, aussen neben dem After. Sehr selten kommen zwei Nephridien-Paare vor (bei *Phoronella* unter den Phoroniden, und bei *Rhynchonella* unter den Brachiopoden); diese secundäre Duplication ist erst spät entstanden und keineswegs auf Metamerie zu beziehen (— ebenso auch bei *Nautilus* —). Die meisten *Bryozoen* und die *Phoronarien* sind Hermaphroditen, die meisten *Brachiopoden* und die *Sipuncularien* dagegen Gonochoristen.

Blutgefässe fehlen nur der niedersten Classe, den kleinen *Bryozoen*; bei den übrigen drei Classen finden sich ausser kleineren Plexus und Lacunen meistens zwei grössere Blutgefässe, ein dorsales und ein ventrales. Das erstere liegt der oberen Wand des Darmes an und schwillt bei den *Brachiopoden* über dem Magen zu einem contractilen Herzen an. Das Bauchgefäss liegt entweder der unteren Wand des Darmes oder (bei den *Sipuncularien*) der Bauchwand des Perisoms an. Bei den *Phoronarien*, deren Blut grosse rothe Blutzellen enthält, sind beide Längsgefässe mit contractilen, zottenförmigen Anhängen besetzt; aus dem Coelom-Epitel zwischen denselben entstehen die Sexual-Zellen.

Die Verwandtschafts-Beziehungen der Prosopygier zu den übrigen Classen der Coelomarien sind sehr verschieden aufgefasst worden. Man hat die *Bryozoen* unmittelbar an die Polypen angeschlossen, die *Brachiopoden* an die Mollusken, die *Sipuncularien* (— nebst den *Phoronarien* —) an die Anneliden. Alle diese Beziehungen beruhen nur auf äusserlicher Aehnlichkeit oder Convergenz; sie besitzen nach unserer Ansicht keinerlei phylogenetische Bedeutung. Insbesondere betonen wir, dass bei keinem einzigen Prosopygier (— auch nicht bei den Larven der *Brachiopoden* —) wahre Metamerie existirt, wie bei den Anneliden. Eher könnten wir mehrfache Anklänge an die eigenthümliche Organisation der *Echinodermen* finden; aber auch diese betrachten wir nur als Folgen der Convergenz. Wir nehmen an, dass die gemeinsamen Stammformen aller Prosopygier einfachste Bryozoen waren, ähnlich den einzelnen Personen von *Rhabdopleura* und *Loxosoma*; diese waren aus sessilen Rotatorien hervorgegangen. Aus diesen Urprosopygiern haben sich einerseits die verschiedenen Formen der *Bryozoen*, anderseits die Stammform der *Brachiopoden* entwickelt; einem dritten Zweige entstammen die *Phoronarien* und *Sipuncularien*.

§ 183. Erste Classe der Prosopygier:

Bryozoa (= Polyzoa ss. restr.).

POLYPEN-ÄHNLICHE BRACHELMINTHEN, OHNE BLUTGEFÄSSE.

Prosopygier ohne Blutgefässe. Nervencentrum ein Acroganglion. Circorale Tentakeln ursprünglich auf ein Paar lateralen Mundarmen, später (durch deren ventrale Verbindung) auf einem Hufeisen-Bogen oder in einem Kranz. Personen festsitzend, meistens durch Knospung Cormen bildend und in Kammern oder Röhren eingeschlossen.

Die Classe der Bryozoen oder Moosthiere enthält die kleinsten, niedersten und ältesten Formen der Prosopygier; sie unterscheiden sich von den drei übrigen Classen dieses Cladoms durch bedeutend einfachere Organisation, namentlich durch den gänzlichen Mangel der Blutgefässe und die primitive Form des Nervensystems, dessen Centrum ein einfacher suprapharyngaler Hirnknoten bildet. Nur sehr wenige Bryozoen leben als isolirte Personen, gleich den übrigen Prosopygiern (*Loxosoma*); alle Anderen bilden Stöcke von höchst mannichfaltiger Form. Diese wird dadurch bestimmt, dass die einzelnen Personen eine feste Cuticula ausscheiden, die nur selten gallertig-weich ist (*Crista-*

tella, Alcyonidium), häufiger pergament- oder horn-ähnlich (*Alcyonella, Plumatella*), meistens aber verkalkt. Die Röhren oder Kammern der Einzelthiere (— unpassend „Zellen" genannt —) sind bald in Schichten neben einander gestellt, bald in Reihen über einander; die Zweige der Stöcke bald buschig, bald baumförmig verästelt u. s. w. Wie in den ähnlichen Stöcken der Polypen, findet auch in den Cormen vieler Bryozoen eine weit gehende Arbeitstheilung statt. Diese Classe ist die einzige unter allen Vermalien, die echte Stöcke bildet; die Röhren der Personen, welche sie zusammensetzen, communiciren unter einander.

Bei der grossen Mehrzahl der Bryozoen scheidet nur der hintere (aborale) Theil des sackförmigen bilateralen Körpers eine Cuticular-Hülle aus; der vordere (orale) Theil bleibt weich und kann nebst dem Tentakel-Kranz in den Hintertheil eingestülpt und eingezogen werden. Irrthümlicher Weise hielt man früher (— und bisweilen selbst jetzt noch —) beide Körpertheile für zwei verschiedene Personen und nannte den Aboral-Theil (nebst Kammer) *Cystid*, den Oral-Theil (mit Darm und Tentakel-Kranz) *Polypid*; an ersterem unterschied man das weiche Tegument als *Endocyste*, die harte, von diesem ausgeschiedene Cuticular-Hülle als *Ectocyste*. Diese und andere irreführende Bezeichnungen, welche das Verständniss der Bryozoen-Organisation sehr erschwert haben, sind beseitigt, seitdem die vergleichende Ontogenie die nahen Beziehungen dieser Classe zu den *Phoroniden* und *Brachiopoden* klargelegt hat. Aus dem Ei der Bryozoen entwickelt sich eine schwimmende Flimmer-Larve, welche sich auf den Typus der *Trochophora* zurückführen lässt. Erst nachdem diese sich festgesetzt hat, beginnt sich aus dem Wimperkranz der Larve der characteristische Tentakel-Kranz hervorzubilden. Nach der verschiedenen Ausbildung desselben und nach seinen Beziehungen zu den beiden Darmöffnungen unterscheiden wir drei Legionen oder Subclassen: 1) *Pterobranchia*, 2) *Endoprocta*, 3) *Ectoprocta*.

I. Subclasse: **Pterobranchia** (*Rhabdopleura*). Die Tentakeln stehen in einer Doppelreihe auf dem convexen Rande von ein Paar langen lateralen Armen, die sich getrennt zu beiden Seiten des Mundes erheben. Wir halten diese Bildung, von welcher sich sowohl diejenige der übrigen *Bryozoen*, als auch die der *Phoroniden* und *Brachiopoden* ableiten lässt, für sehr ursprünglich. Zwischen beiden Mundarmen, sowie zugleich zwischen Mund und After, springt eine breite Mundscheibe vor, ein „Stirnlappen oder Mundschild", welches dem Epistom der *Phylactolaemen* entspricht. Der Darm ist auf den angeschwollenen Vordertheil des Körpers beschränkt, während der lange und dünne Hintertheil in eine cylindrische, geringelte Chitinröhre eingeschlossen ist. Nahe verwandt *Rhabdopleura* scheint der merkwürdige Tiefsee-

Wurm *Cephalodiscus* zu sein; doch ist bei diesem der Schlund von ein paar Kiemenspalten durchbrochen, wesshalb man ihn neuerdings an die Enteropneusten (*Balanoglossus*) anschliesst (vergl. § 189).

II. Subclasse: **Endoprocta** (*Loxosoma*, *Pedicellina*). Die Tentakeln bilden einen fast geschlossenen Kranz um die vertiefte Mundscheibe, in welcher der Mund central liegt, der After excentrisch, nach der Dorsal-Oeffnung des Kranz-Bogens gekehrt. Die Tentakeln können nach innen eingerollt, aber nicht zurückgezogen werden; eine Tentakel-Scheide fehlt. Ein Paar Pronephridien, gleich denen der Rotatorien, sind neben den Gonaden vorhanden. In diesen und anderen primitiven Structur-Verhältnissen erscheinen die Endoprocten als sehr alte Vermalien, die den *Trochozoen*-Ahnen näher stehen als die Ectoprocten; sie sind daher von diesen auch als besondere Classe getrennt und neben die Rotatorien zu den *Scoleciden* gestellt worden. Besonders wichtig ist das solitäre, niemals Stöcke bildende *Loxosoma*; der Stiel seines becherförmigen Körpers enthält eine „Fussdrüse“, die zum Ankleben dient (wie bei *Rotiferen*); auch die hypothetischen Stammformen der *Echinodermen* dürften sehr ähnlich gewesen sein.

III. Subclasse: **Ectoprocta**, die Hauptmasse der Bryozoen. Die Tentakeln bilden ursprünglich einen hufeisenförmigen Bogen (*Lophopoda*), später einen geschlossenen Kranz (*Stelmatopoda*). Bei den ersteren kann der Mund durch einen beweglichen zungenförmigen Deckel geschlossen werden (= *Phylactolaema*); dieses Epistoma fehlt den jüngeren Stelmatopoden (= *Gymnolaema*). In beiden Ordnungen liegt der After ausserhalb des Tentakel-Kranzes; auch ist in beiden Ordnungen eine Tentakel-Scheide ausgebildet, so dass der Vordertheil in den Hintertheil eingestülpt werden kann. Die Leibeshöhle ist geräumig, und die Pronephridien sind verschwunden.

Die *Gymnolaemen* oder *Stelmatopoden* sind die einzigen Bryozoen, welche feste Kalkröhren abscheiden und fossile Reste hinterlassen haben, oft in solchen Massen, dass sie ausgedehnte „Corallen-Bänke“ bilden. Nach der Form und Lage der Kammer-Mündung unterscheiden wir in dieser Ordnung vier Unterordnungen; von diesen kommen die *Ctenostomen* fossil nicht vor. Die drei anderen Unterordnungen characterisiren drei lange Zeiträume in der Stammesgeschichte der Classe. I. Acrostomata (*Fenestellida*, *Acanthocladida*, *Stictoporida* u. A.) kommen fast nur im Palaeozoicum vor, schon im Silur häufig. II. Circostomata (— unpassend *Cyclostomata* genannt, der gebräuchliche Name der *Monorhinen* —) enthalten die formenreichen Familien der *Cerioporida*, *Frondiporida*, *Diastoporida* u. A.); sie treten erst im Mesozoicum auf, sind in der Trias noch spärlich, massenhaft in der Kreide. III. Chilostomata (*Membraniporida*, *Escharida*, *Celle-*

porida u. A.) sind characteristisch für das Coenozoicum (Tertiaer); sie enthalten auch in der Gegenwart die meisten und die am höchsten differenzirten Formen der Bryozoen.

§ 184. Zweite Classe der Prosopygier:

Brachiopoda (= Spirobranchia).

ACEPHALEN-ÄHNLICHE BRACHELMINTHEN, MIT BIVALVEN-SCHALE.

Prosopygier mit Blutgefässen. Nervencentrum ein Schlundring. Circorale Tentakeln in einer Doppelreihe auf ein Paar lateralen, spiralig eingerollten Mundarmen. Personen festsitzend, niemals Cormen bildend, in eine zweiklappige Schale eingeschlossen, mit einer aboralen (dorsalen) und einer oralen (ventralen) Klappe.

Die Classe der Brachiopoden (*Armfüsser*) oder Spirobranchien (*Spiralkiemer*) umfasst eine grosse Zahl von Prosopygiern, welche früher wegen ihrer zweiklappigen, muschelähnlichen Schale den *Lamellibranchien* angeschlossen und zu den Mollusken gestellt wurden. Als man später ihre eigenthümliche Ontogenese kennen lernte, glaubte man darin Zeugnisse für eine nahe Verwandtschaft mit den Anneliden (oder auch mit den Chaetognathen) zu entdecken. Indessen hat uns neuerdings die genauere Erkenntniss der vergleichenden Ontogenie zu der Ueberzeugung geführt, dass die *Brachiopoden* keinerlei wahre Stamm-Verwandtschaft zu einer der genannten Thiergruppen besitzen. Vielmehr sind ihre einzigen echten Stammverwandten die *Phoroniden* und die *Bryozoen*, und gleich diesen sind sie typische Prosopygier. Um sich von der Richtigkeit dieser Auffassung zu überzeugen, muss man vor Allem ihre eigenthümliche Larvenbildung und Metamorphose kritisch vergleichen; und dabei muss man scharf die bedeutende Lage-Veränderung ins Auge fassen, welche die Darm-Oeffnungen und andere Organe durch die Anpassung an festsitzende Lebensweise erlitten haben. Maassgebend ist dabei die Thatsache, dass bei allen Prosopygiern die Anheftung ursprünglich auf der Ventral-Seite des Körpers stattgefunden hat und diese übermässig ausgedehnt ist; umgekehrt ist die eigentliche Dorsal-Seite auf das Gebiet des circoralen Tentakel-Bogens beschränkt, in welchem beide Darmöffnungen nahe bei einander liegen; die kurze, gerade Linie, die beide verbindet, ist die dorsale Mittellinie. Wir müssen also, wenn wir die schwierige Frage von der Axen-Orientirung der Brachiopoden naturgemäss lösen wollen, sie zum Vergleiche mit der vertical stehenden *Phoronis* und den Bryozoen (*Loxosoma, Rhabdopleura*) so stellen, dass die Insertions-Basis („Schlossrand der Schale") nach unten gekehrt ist, der Mund („Stirnrand der Schale") nach oben. Die Stellung ist also gerade umgekehrt, wie sie die Palaeontologie gewöhnlich bei der Beschreibung der Schalen annimmt (— Schlossrand oben, Stirnrand unten —). Es ergeben sich dann für die Morphologie der Brachiopoden folgende feste Sätze:

1) Die ursprüngliche Hauptaxe der Bilaterien, die Längsaxe oder Principal-Axe, ist bei allen Brachiopoden die kürzeste von den drei auf einander senkrechten Richtaxen; sie verbindet die Mittelpunkte beider Schalen-Klappen; ihr Oral-Pol fällt in die Mitte der grösseren, stärker gewölbten Schale, der Aboral-Pol in die Mitte der kleineren und flacheren Schale. 2) Dagegen ist die sogenannte „Längsaxe" (— welche bei *Lingula* u. A. länger als die beiden anderen Richtaxen ist —) in Wirklichkeit die Sagittal-Axe oder Dicken-Axe; ihr Dorsal-Pol wird bald vom Epistom eingenommen, bald von dem darüber gelegenen Munde, der von vorn nach oben hinaufgerückt ist; den Ventral-Pol bezeichnet bald das Centrum der ursprünglichen Insertions-Basis (oder die „Klebdrüse" am Stielende), bald die Mitte des Schlossrandes. 3) Die horizontale Queraxe oder Lateral-Axe steht an Länge meistens in der Mitte zwischen den beiden anderen Richtaxen; sie ist jedoch bisweilen die längste von Allen (bei sehr breiten Schalen, z. B. *Rhynchonella*, *Spirifer*); ihre beiden Pole (rechter und linker) fallen zwischen die Seitenränder beider Klappen, sie sind stets gleich, da alle Brachiopoden die bilaterale Symmetrie bewahrt haben (abgesehen von der einseitigen Lage des Afters bei Einigen). 4) Die beiden Schalen-Klappen (und ebenso die beiden Mantel-Lappen, von denen sie gebildet werden) sind demnach nicht dorsale und ventrale, sondern aborale und orale Klappe. 5) Die beiden Arme des hufeisenförmigen Tentakel-Trägers oder Lophophors verhalten sich bei jungen Brachiopoden (ehe sie sich spiralig aufrollen) genau wie bei *Phoroniden* und *Lophopoden*; der convexe Bogen des Hufeisens umgiebt vorn den Mund, die concave Oeffnung des Bogens dagegen ist dem Aboral-Pol zugewendet; nach dieser Richtung erfolgt auch die Aufrollung der Arme, wie sie in deren Krümmung bei *Rhabdopleura* schon angedeutet ist.

Die zweiklappige Kalkschale der Brachiopoden ist demnach eine Bildung sui generis, nur dieser Thierclasse eigenthümlich; sie ist durch laterale Spaltung einer ringförmigen ventralen Mantelfalte entstanden und gehört morphologisch der Bauchseite (der sogenannten „Hinterseite") des Körpers an. Der sogenannte vordere oder „Stirnrand" der Schale ist eigentlich der dorsale, der hintere oder „Schlossrand" der ventrale Rand derselben. Demnach ist die bivalve Schale der Brachiopoden ganz verschieden von der ähnlichen zweiklappigen Kalkschale der Acephalen und vieler Crustaceen; diese sind durch bilaterales Auswachsen einer dorsalen Mantelfalte entstanden und haben demnach eine sagittale Spalte zwischen sich.

Die innere Organisation der Brachiopoden beweist ebenfalls ihre nahe Verwandtschaft mit den übrigen Prosopygiern. Der Schlundring des Nerven-Centrums entspricht demjenigen von *Phoronis*; er ist aber bei den Brachiopoden in der ventralen Hälfte (Unterschlundknoten) stärker entwickelt, weil hier, an der physiologisch unteren Seite, die stärkere Ausbildung vieler Organe stattfindet. Die scheinbare Abweichung von der hufeisenförmigen Darmkrümmung der übrigen Prosopygier erklärt sich dadurch, dass der Hinterdarm entweder ganz rückgebildet ist (bei den afterlosen *Cardinaten*), oder sich auf die rechte Seite herübergelegt hat, um hier die Aftermündung der Schalenspalte zu nähern (bei den *Ecardinien*, mit rechtsseitigem After). Das Centrum des Blutgefäss-Systems bildet, wie bei Phoroniden und Sipunkeln, ein Dorsal-Gefäss, welches über dem Magen zu einem Herzen anschwellen kann. Auch die Entwickelung und Differenzirung der beiden Coelom-Taschen und ihr Verhältniss zu den beiden lateralen Nephridien und Gonaden ist bei den Brachiopoden im Wesentlichen dieselbe, wie bei *Phoroniden* und *Sipunkeln*; auch hier dienen die flimmernden Nieren-Canäle, welche innen in das Coelom, aussen auf der Haut (neben dem Munde) sich öffnen, nicht nur zur Entleerung des Harns, sondern auch der Geschlechts-Producte, welche aus dem Coelom-Epitel sich entwickeln. Bei einer einzigen Gattung (*Rhynchonella*) ist die Zahl der Nephridien verdoppelt; man hat darauf grossen Werth gelegt und die Annahme einer ursprünglichen Metamerie des Körpers gegründet, sowie naher Beziehungen zu den *Anneliden*. Da aber sonst damit keinerlei Gliederung des Körpers verknüpft ist, betrachten wir dieses isolirte Auftreten von zwei Nephridien-Paaren als eine zufällige secundäre Duplication, wie sie auch bei *Phoronella* unter den Phoroniden, bei *Nautilus* unter den Cephalopoden auftritt.

Als zwei Subclassen oder Legionen werden in der formenreichen Brachiopoden-Classe die *Ecardinien* und *Cardinaten* unterschieden. Die ältere Legion, mit primitiveren Bau-Verhältnissen, sind die Ecardinia oder „Angellosen" (= *Ecardines*, *Pleuropygia*, *Inarticulata*); ihre Schale ist bald chitinös, bald verkalkt, stets ohne Schloss oder Angel, ohne Armgerüst; die beiden Klappen werden bloss durch Muskeln zusammengehalten. Der Hinterdarm ist erhalten und mündet rechts durch den After aus. Als zwei Ordnungen der Ecardinien können wir die *Lingularien* mit gleichklappiger und die *Disci-*

narien mit ungleichklappiger Schale unterscheiden. Dagegen ist der Hinterdarm rückgebildet in der zweiten, afterlosen Legion, den Cardinata oder *Apygia*, den „Angelschaligen" (= *Testicardines* oder *Articulata*). Ihre Schale ist stets verkalkt, mit fester Schloss-Verbindung. Als zwei Ordnungen der Cardinaten werden unterschieden die *Aphanopegmata*, ohne verkalktes Armgerüst (*Productida*, *Strophomenida*) und die *Phaneropegmata*, mit verkalktem Armgerüst (*Spiriferida*, *Rhynchonellida*, *Terebratulida* etc.).

Die zahlreichen Formen der Brachiopoden werden auf circa 130 Genera und 2600 Species vertheilt. Von diesen kommen nur 17 Gattungen und 110 Arten lebend vor. Die grosse Mehrzahl der Formen gehört dem palaeozoischen Zeitalter an; die Classe tritt hier schon im Cambrium auf und erreicht bereits im Silur ihre höchste Blüthe. Hier herrschen die niederen Gruppen der Ecardinien vor (*Obolida*, *Lingulida*, *Discinida* u. s. w.). Daneben aber entwickeln sich schon zahlreiche Cardinaten, besonders *Productiden* und *Spiriferiden*. Im mesozoischen Zeitalter übernehmen dagegen die Herrschaft die jüngeren Cardinaten, besonders *Thecidinen*, *Rhynchonelliden* und *Terebratuliden*. Die grosse Mehrzahl der Genera stirbt gegen Ende der Kreidezeit aus und im caenozoischen Zeitalter spielt die reducirte Classe fast dieselbe untergeordnete Rolle, wie in der Gegenwart. Besonders bemerkenswerth ist die zähe Vererbung der Form bei einigen, höchst conservativen Gattungen, namentlich *Lingula* und *Rhynchonella*; die heute lebenden Vertreter dieser *„persistenten Typen"* sind von ihren silurischen Ahnen nur wenig verschieden.

§ 185. Dritte Classe der Prosopygier:

Phoronaria (= Phoronia).

SABELLEN-ÄHNLICHE BRACHELMINTHEN, MIT CHITINRÖHRE.

Prosopygier mit Blutgefässen. Nervencentrum ein Schlundring. Circorale Tentakeln auf einem Hufeisen-Bogen (Lophophor), welcher dorsal offen ist. Personen festsitzend, in Chitin-Röhren eingeschlossen, keine Cormen bildend.

Die Classe der Phoronien oder *Phoronarien* wird nur durch die einzige Familie der Phoroniden repräsentirt, mit den beiden nahe verwandten Gattungen *Phoronis* (*hippocrepis*) und *Phoronella* (*australis*). Diese beiden Vermalien sind aber von hervorragender Bedeutung für die Phylogenese des Prosopygier-Stammes.

Denn ihre Ontogenese giebt uns, im Vereine mit der vergleichenden Anatomie, sichere Aufschlüsse über die auffallende Transformation dieser sedentären Wurmthiere, und über ihre nahen Verwandtschafts-Beziehungen zu den Bryozoen (*Rhabdopleura*, *Loxosoma*) einerseits, zu den Brachiopoden und Sipunkeln anderseits. Mit diesen letzteren waren die Phoroniden als *Gephyrea inermia* vereinigt, ehe man ihre merkwürdige Metamorphose kannte, die Entwickelung aus einer pelagischen Larvenform, *Actinotrocha.* Diese wichtige, früher für eine Echinodermen-Larve gehaltene Jugendform der Phoronis stellt eine eigenthümliche cenogenetische Modification der *Trochophora* dar. Ueber dem Munde wölbt sich ein grosser Kopfschirm, dessen Rest später das Epistom bildet. Aus dem postoralen Wimperkranze, hinter dem Munde, wächst ein Tentakel-Kranz hervor. Auf der Bauchseite der *Actinotrocha* bildet sich hinten eine Haut-Einstülpung, die wir der „Schwanzdrüse" der *Rotiferen*, der Fussdrüse von *Loxosoma* und anderen Bryozoen vergleichen möchten. Dieser ventrale Blindsack wird dann ausgestülpt und wächst zu einem langen, cylindrischen Fortsatz aus, welcher eine hufeisenförmige Darmschlinge in sich aufnimmt. Später wird dieser Wurm-Fortsatz sehr verlängert, setzt sich mit dem distalen Ende fest und scheidet eine lederartige Chitin-Röhre aus, *Sabella* ähnlich. Er erscheint nun als der Hauptkörper oder „Rumpf" des Wurmes, während der ursprüngliche Körper auf den kleinen „Kopf" reducirt erscheint, auf den hufeisenförmigen Lophophor, welcher den Tentakel-Kranz trägt. Die concave Seite dieses Hufeisens ist ebenso wie bei den *Pterobranchien* und *Phylactolaemen* dem After zugekehrt; in der Mitte der convexen Seite liegt der Mund, unterhalb des Epistoms. Die kurze horizontale Verbindungslinie zwischen Mund und After ist die dorsale Median-Linie und zugleich die primäre Hauptaxe des Körpers; sie steht nahezu senkrecht auf der secundären Längsaxe der Phoronis, welche ursprünglich deren Sagittal-Axe bildet.

Im inneren Körperbau schliesst sich *Phoronis*, ebenso wie in der *Ontogenese*, einerseits nahe an die niederen Bryozoen an, anderseits an die höher stehenden Sipunkeln, aber auch zugleich an die Brachiopoden. Als Nerven-Centrum ist zwischen Mund und After ein Acroganglion gelegen, von welchem ein zarter „Schlundring" an den Lophophor geht und Nerven für die Tentakeln abgiebt. Die beiden Schlingen des hufeisenförmigen Darmes, welche eng an einander liegen, sind an der musculösen Leibeswand durch ein echtes Mesenterium befestigt, die mesodermale Scheidewand zwischen ein Paar Coelom-Taschen. Von letzteren schnüren sich am Kopfe mehrere kleine Kammern oder Sinus ab, ähnlich wie bei den Brachiopoden. Aus dem Coelom-Epitel entwickeln sich die Geschlechts-Producte; sie werden entleert durch ein Paar echte Nephridien, flimmernde Canäle, welche innen in das Coelom, aussen neben dem After münden. Bei *Phoronella* (*australis*) finden sich zwei Paar Nephridien, ähnlich wie bei *Rhynchonella* unter den Brachiopoden; auch hier hat diese secundäre Duplication eines Organes keine morphologische Bedeutung.

§ 186. Vierte Classe der Prosopygier: **Sipuncularia** (= **Gephyrea** ss. restr.).

ECHIUREN-ÄHNLICHE LIMICOLE BRACHELMINTHEN, OHNE CUTICULAR-HÜLLE.

Prosopygier mit Blutgefässen. Nervencentrum ein Schlundring und ein Bauchstrang. Circorale Tentakeln ursprünglich in ein Paar lateralen Gruppen, später in einem einfachen oder mehrfachen Kranze. Personen frei, nicht festsitzend, keine Cormen bildend, in Schlamm oder Felslöchern lebend.

Die Classe der Sipuncularien, wurde früher als *Gephyrea inermia* (= *Achaeta*) mit den Echiuralien (= *Gephyrea chaetifera*) vereinigt und bald an die *Holothurien*, bald an die *Anneliden* angeschlossen. Erst die vergleichende Ontogenie der *Phoroniden* und *Bryozoen* hat uns Aufschluss darüber gegeben, dass die Sipunkeln wahrscheinlich diesen beiden Classen nächstverwandt und zu den *Prosopygiern* zu stellen sind, während wir die *Echiuriden* als rückgebildete Anneliden betrachten müssen. Indessen ist die Stellung der Sipunkeln unter den Prosopygiern keineswegs so sicher und zweifellos, wie bei den drei übrigen Classen dieses Stammes. Es ist möglich, dass die Uebereinstimmung, welche die ersteren mit den letzteren zeigen, nur auf Convergenz beruht und durch die gleiche Anpassung an ähnliche benthonische Lebensweise veranlasst ist. In diesem Falle würden wir die Sipuncularien nicht von nackten, *Loxosoma*- oder *Phoronis*-ähnlichen Bryozoen ableiten müssen, sondern von älteren unbekannten Vorfahren, deren Ursprung aber ebenfalls unter den *Trochozoen* zu suchen wäre. Jedenfalls dürfen (— nach unserer Ansicht —) die Sipuncularien nicht von Anneliden abgeleitet werden, gleich den *Echiuriden*; die Aehnlichkeit, die sie mit letzteren zeigen, hat keine phylogenetische Bedeutung.

Die *Sipuncularien* sind langgestreckte, cylindrische oder spindelförmige Würmer, welche nicht festsitzen, gleich den übrigen *Prosopygiern*, sondern auf dem Meeresboden in Schlamm oder Sand vergraben leben; oft auch in Felsenlöchern; sie erreichen ansehnliche Grösse. Der Körper ist völlig ungegliedert, glatt, ohne Borsten-Besatz; die derbe Haut mit einer starken Ring- und Längs-Muskelschicht. Der Vordertheil trägt gewöhnlich einen circoralen Tentakel-Kranz und kann rüsselähnlich vorgestülpt und eingezogen werden. Die geräumige Leibeshöhle ist ein echtes Enterocoel; der Darm verläuft darin gewunden nach hinten, biegt wieder nach vorn um und mündet dann auf dem Rücken, bald weiter vorn, bald weiter hinten. Neben dem After oder ventral münden ein paar grosse Nephridien; sie führen zugleich die Geschlechts-Producte aus, die sich aus dem Coelom-Epitel entwickeln. Am Darm verläuft ein dorsaler und ein ventraler Blutgefäss-Stamm, ähnlich wie bei *Phoronis.* Das Nerven-System besteht aus einem Schlundring und einem einfachen, völlig ungegliederten Bauchstrang.

Von den echten Sipuncularien, den Familien der *Sipunculiden* und *Phascoliden*, die stets einen circoralen Tentakel-Kranz tragen, entfernen sich die *Priapuliden* durch den Mangel der Tentakeln und der Nephridien; der After ist weit nach hinten gerückt, und neben ihm münden ein Paar sackförmige Gonaden. *Priapulus* trägt auch hinten eigenthümliche, papillöse, äussere Schwanz-Anhänge, die eine Ausstülpung der Leibeshöhle enthalten und als Kiemen gelten. Die etwaigen Beziehungen dieser *Priapuliden* zu den *Sipunculiden* wird erst die Ontogenese aufklären können, die von den ersteren noch unbekannt ist. Die Larve von *Sipunculus* ist eine modificirte *Trochophora*, welche sich durch die Rückbildung des präoralen Wimperkranzes und Stirnlappens auszeichnet. Der Mund rückt daher nach vorn, in die Nähe der Scheitelplatte. Der postorale Wimperkranz ist stark entwickelt. Der After liegt auch in der Larve schon dorsal.

§ 187. Viertes Cladom der Vermalien:

Frontonia. Rüsselwürmer.

(*Rhynchocoela. Rhynchelminthes. Fronticonia.*)

PROGRESSIVE GRUPPE DER FRONTAL-HELMINTHEN.

Vermalien mit totalem Flimmerkleid, ohne Cuticular-Hülle. Muskel-System stark entwickelt, aus dem Parietal-Blatte der Coelom-Taschen entstanden. Körper langgestreckt, mit einem Frontal-Conus, welcher bald als Rüssel, bald als Eichel entwickelt ist. Darm mit ventraler Mundöffnung und mit terminalem After. Nerven-Centrum dorsal. Ein oder zwei Paar Nephridien. Blutgefässe stets entwickelt.

Die Hauptclasse der Frontonier (*Rhynchocoelen* oder „Rüsselwürmer") behalten wir hier provisorisch bei, um darin drei ziemlich isolirte Würmer-Classen zu vereinigen, deren nähere Verwandtschaft noch sehr zweifelhaft ist, nämlich: 1) die Nemertinen (*Schnurwürmer*), 2) die Enteropneusten (*Eichelwürmer*) und 3) die Prochordonier (*Chordawürmer*). Alle drei Classen zeichnen sich vor den übrigen Vermalien durch sehr eigenthümliche Verhältnisse der Organisation und Entwickelung aus und bieten auch unter sich sehr bedeutende Verschiedenheiten dar; sie erscheinen in den heutigen, uns allein bekannten Vertretern als specialisirte moderne Ueberreste von drei verschiedenen Stämmen, die wahrscheinlich vor vielen Jahr-Millionen eine gemeinsame palaeozoische Wurzel besassen. Diese Wurzel war verschieden von derjenigen der *Prosopygier* und *Strongylarien*; sie lässt sich nicht mit Sicherheit auf die Trochozoen (— und deren recapitulirte Keimform, die *Trochophora* —) zurückführen, sondern dürfte eher in der ältesten Classe der Vermalien zu suchen sein, unter den Provermalien oder *Archipygiern* (§ 173).

Von diesen ältesten Vermalien-Ahnen haben alle Frontonier oder Rhynchocoelen gemeinsam folgende Eigenschaften durch Vererbung erhalten: 1) die dipleure (rein bilateral-symmetrische) Grundform, mit ein Paar spiegelgleichen Antimeren; 2) den relativ einfachen Körperbau der ungegliederten Person (ohne wahre Metamerie); 3) den Mangel besonderer Anhangs-Organe oder Gliedmaassen (Tentakeln, Borsten, Füsse); 4) den Mangel von harten Skeletgebilden, insbesondere auch von einer cuticularen Schutzhülle: 5) die totale Flimmerdecke der Epidermis (die bei allen übrigen Vermalien, mit Ausnahme der Archipygier, reducirt oder localisirt ist); 6) ein epidermales Scheitelhirn (Acroganglion), welches über dem Schlunde liegt und sich in verschiedener Weise differenzirt; 7) einen geraden Darmcanal, mit ventralem Mund und terminalem After, sowie mit musculösem Schlundrohr; 8) ein paar laterale Gonaden, welche sich zu voluminösen Coelom-Taschen entwickelten; der Rest der verticalen Scheidewand zwischen Beiden bildete ein dorsales und ventrales Mesenterium.

Als neue Erwerbungen der Rhynchocoelen, welche durch Anpassung entstanden und dieses Cladom besonders characterisiren, betrachten wir dagegen die eigenthümlichen Umbildungen ihres Vordertheils (Kopfes), insbesondere die proboscidale Ausbildung des Stirnzapfens (*Epistoms* oder „präoralen Kopflappens"). Derselbe entwickelte sich bei den *Nemertinen* zu dem retractilen Rüssel, bei den *Enteropneusten* zu der konischen, nicht retractilen Eichel, bei den *Prochordoniern* zu einem konischen Stirnzapfen, der sich noch in der *Amphioxus*-Larve erhalten hat. (Die *Ascidien*-Larven besitzen dagegen ein hypostomales Haftorgan.) Vielleicht in Correlation zu dieser Umbildung des Vorderkopfes steht die Ausbildung von eigenthümlichen Sensillen an demselben, namentlich von ein paar flimmernden (und zugleich drüsigen) Gruben, welche als „Geruchsorgane" gedeutet werden. Sehr entwickelt sind diese „cerebralen Flimmergruben" oder „Seiten-Organe" bei den *Nemertinen*; wenn sich hier ein paar laterale Kopfspalten bilden, öffnen sie sich in die Tiefe derselben (bei den *Schizonemertinen*). Diesen Bildungen homolog sind vielleicht die tiefen Flimmergruben, welche sich bei einigen Arten von *Balanoglossus* an der Bauchseite der hinteren Eichelwand finden, sowie die lateralen Kopfgruben der Prochordonier, aus denen die Geruchs-Organe der Vertebraten hervorgegangen sind (?). Als gemeinsame Organe der Rhynchocoelen, welche ihren Provermalien-Ahnen noch fehlten, sind wohl auch ihre Blutgefässe zu betrachten, insbesondere das mediane Principal-Gefäss, das auf der Rückenseite des Darmes verläuft (entsprechend der „*Aorta*" der Wirbelthiere).

In den meisten übrigen Beziehungen der Structur entfernen sich die drei Classen der Frontonier mehr oder weniger weit von einander. Die *Enteropneusten* und *Prochordonier* zeichnen sich durch den Besitz von Kiemenspalten in der Schlundwand aus, welche den *Nemertinen* noch fehlen. Die Prochordonier nähern sich ausserdem den Chordoniern (*Tunicaten* und *Vertebraten*) noch mehr dadurch, dass sich aus der dorsalen Mittellinie ihres Darmrohrs ein solider elastischer Axenstab, die characteristische Chorda entwickelt.

Besonders betonen wollen wir noch, dass nach unserer Ueberzeugung alle Frontonier echte Enterocoelier sind. Bei den ältesten Stammformen aller drei Classen, die wahrscheinlich aus einem gemeinsamen *Provermalien*-Zweige entsprossen sind, bestanden bereits ein paar laterale Gonaden, die als sackförmige Ausstülpungen des Urdarms entstanden waren, wie bei *Sagitta*. Indem sich dieselben vom Urdarm abschnürten, mächtig aufblähten und die Production der Sexual-Zellen auf einzelne Stellen der voluminösen Geschlechts-Säcke beschränkt wurde, entstanden ein paar Coelom-Taschen; die verticale Scheidewand zwischen beiden bestand als medianes (dorsales und ventrales) Mesenterium fort, welches das Darmrohr an der Leibeswand befestigt hielt. Während das parietale Blatt der Coelom-Taschen (— als „Hautfaserblatt" —) zur Bildung der Perisom-Musculatur verwendet wurde, entstand aus der visceralen Lamelle derselben die Muskelwand des Darmes (— das „Darmfaserblatt" —).

Die cambrischen Prochordonier, als die unmittelbaren *Vermalien*-Ahnen der Chordonier (— *Tunicaten* und *Vertebraten* —) haben diese typische Enterocoel-Bildung bereits besessen; darüber lässt die vergleichende Ontogenie der *Ascidien* und des *Amphioxus* keinen Zweifel. Aber auch für die Enteropneusten gilt nach unserer Ansicht dasselbe. Allerdings schnüren sich bei den modernen Vertretern dieser Classe (— ebenso wie bei einzelnen *Echinodermen* —) nicht ein Paar, sondern zwei oder sogar drei Paare von Coelom-Säcken ab. Allein diese secundäre Duplication der vorderen Coelom-Taschen (die den Nephridien homolog sind) und die entsprechende Multiplication der hinteren Coelom-Taschen (die hier ein Paar Längsreihen von Gonaden bilden) ist jedenfalls erst spät entstanden, durch transversale Spaltung von ein Paar einfachen primären Coelom-Taschen. Die unmittelbare Ursache davon erblicken wir in dem starken Terminal-Wachsthum des limicolen, sehr verlängerten Wurmkörpers. Auch hierin stimmen die *Enteropneusten* auffallend mit den Nemertinen überein; in beiden Gruppen münden die zahlreichen Geschlechtstaschen durch zwei laterale Reihen von Oeffnungen in der Rückenwand des Leibes direct nach aussen; diese dorsalen Gonoporen sind secundäre Erwerbungen. Die Sexual-Zellen, welche die Eier der Weibchen und die Spermidien der Männchen liefern, sind bei allen Frontoniern aus dem Coelom-Epitel entstanden und stammen also ursprünglich vom Entoderm ab. Allerdings wird von den *Nemertinen* noch vielfach behauptet, dass ihre Gonaden eingestülpte Hautdrüsen seien (aus dem Exoderm entstanden) und dass sie „keine Leibeshöhle" besässen (gleich den *Platoden*, zu denen sie oft noch gestellt werden). Indessen ist diese Behauptung sicher falsch. Der scheinbare Mangel der Leibeshöhle ist bei den Nemertinen dadurch bedingt, dass ihr Hohlraum secundär durch mesodermales Connectiv-Parenchym ausgefüllt wird, wie bei den Acephalen und anderen Enterocoeliern höherer Stämme. Aber schon die Entstehung der Gonaden in diesem Parenchym, und ihr secundärer Durchbruch nach aussen, beweist den mesodermalen Ursprung der Geschlechts-Producte. Dass dieselben ursprünglich in entodermalen Coelom-Taschen entstanden, beweist deutlich die Differenzirung der beiden Muskel-Wände (parietaler Leibeswand und visceraler Darmwand), sowie deren Verbindung durch das verticale Mesenterium; dieses ist bei einigen alten Palanemertinen (*Carinella* u. A.) ebenso deutlich erhalten, wie bei den Enteropneusten.

Die Nephridien oder *Excretions-Organe* zeigen in den drei Classen der Frontonier ein sehr verschiedenes Verhalten. Die Nemertinen, als die älteste Gruppe, besitzen noch im vorderen Körpertheil ein Paar laterale Pronephridien, welche denjenigen der *Rotatorien* und *Turbellarien* gleich gebaut sind, und welche sie von diesen Ahnen durch Vererbung erhalten haben. In den beiden anderen Classen der Frontonier scheinen diese ältesten exodermalen Excretions-Organe (— ursprünglich Hautdrüsen —) durch Rückbildung verschwunden zu sein, und ihre Arbeit haben die echten, mesodermalen Nephridien übernommen, anfänglich Leitungswege der Geschlechts-Producte, also Oeffnungen der Coelom-Taschen, die nach aussen durchgebrochen sind. Als solche echte, wenn auch modificirte und duplicirte Nephridien betrachten wir bei den Enteropneusten zwei Paar Canäle, welche mit hohem, flimmerndem Cylinder-Epitel ausgekleidet sind und innen in das Coelom, aussen auf der Haut münden; die vorderen („Eichel-Pforten") führen das Muskel-Secret der Eichel aus, die hinteren („Kragen-Pforten") dasjenige des Kragens. Bei den Prochordoniern werden ein Paar „Kopfnieren" vorhanden gewesen sein, wie sie in den Jugendformen der ältesten Tunicaten und Vertebraten zuerst erscheinen.

Die Ontogenie lässt bei den Frontoniern keine so sicheren und weitgehenden Schlüsse auf die Phylogenie zu, wie es bei den Prosopygiern der Fall ist. Sowohl die pelagischen Larven der Nemertinen (*Pilidium*), als der Enteropneusten (*Tornaria*) zeigen starke cenogenetische Modificationen und können nicht ohne Weiteres auf eine *Trochophora* zurückgeführt werden. Dagegen besitzen die Chordonier (ebensowohl *Tunicaten* als *Vertebraten*) eine palingenetische Jugendform von höchster Bedeutung, die *Chordula*. Der Körperbau dieser Chordula und ihre Entstehung aus der Gastrula wirft ein helles Licht auf die ältere Stammesgeschichte nicht nur der *Chordonier* selbst, sondern auch der übrigen *Frontonier*, welche aus derselben Stammgruppe der Provermalien hervorgegangen sind (vergl. Theil III dieses Werkes, §§ 10, 11 und 30).

§ 188. Erste Classe der Frontonier:

Nemertina. Schnurwürmer.

Aeltere Rhynchelminthen, ohne Kiemenspalten.

Frontonier mit einem dorsalen, vorstülpbaren Rüssel über dem Munde, ohne Kiemenspalten in der Schlundwand und ohne Chorda.

Die Classe der Schnurwürmer oder *Nemertinen* bildet eine artenreiche Gruppe von Vermalien, deren systematische Stellung und phylogenetische Beziehungen sehr verschieden beurtheilt werden. Früher betrachtete man dieselben nur als eine Ordnung der Turbellarien, und zwar als nächste Verwandte der *Rhabdocoelen*; sie sollten sich von diesen wesentlich nur durch den Besitz von After und von Blutgefässen unterscheiden. Später stellte man sie als selbständige Classe zu den höheren Würmern und glaubte in ihnen die nächsten Verwandten und Vorläufer höherer Thierstämme zu erkennen, bald der Anneliden, bald der Vertebraten. Diese verschiedene Beurtheilung ist in der Organisation und Ontogenese der Nemertinen selbst begründet, da sie in eigenthümlicher Weise Merkmale sehr primitiver Bildung und weit vorgeschrittener Organisation vereinigen. Wir erblicken in ihnen die älteste von den drei Classen der *Rhynchocoelen* und leiten dieselbe unmittelbar von den Provermalien oder *Archipygiern* ab, weiterhin von deren nächsten Vorfahren, den Turbellarien (*Rhabdocoelen* oder *Archicoelen*). Als die wichtigsten Umbildungen, welche sie vor denselben auszeichnen, betrachten wir folgende Fortschritte: 1) die Verwandlung von ein Paar Sackgonaden in ausgedehnte Coelom-Taschen (— die später in eine Doppelreihe von kleinen Gonaden getheilt wurden —); 2) die Ausbildung eines Blutgefäss-Systems, mit einem dorsalen Hauptgefäss („Aorta"); 3) die Bildung eines eigenthümlichen langen Rüssels, der über dem Munde vorgestülpt wird und in eine lange, über dem Darm liegende Rüsselscheide durch einen besonderen Muskel zurückgezogen werden kann. Dieser Rüssel (*Proboscis*), der als besonderes Merkmal der *Nemertinen* gilt, hat viel Aehnlichkeit mit demjenigen der *Acanthocephalen* (§ 179); beide sind aber wesentlich verschieden. Den Hakenrüssel der letzteren und seine Scheide betrachten wir als den vordersten Abschnitt des Darmrohrs, als einen Pharynx, dessen beide Oeffnungen (Mund und Pylorus) obliterirt sind. Der Nemertinen-Rüssel dagegen ist nach unserer Ansicht der verlängerte Stirnzapfen (— das präorale „Epistom" —), und seine Rüsselscheide ursprünglich der vorderste Theil des Coeloms; dieser hat sich von der übrigen Leibeshöhle abgeschnürt und um so mehr nach hinten (oft bis zum Hinter-Ende) verlängert, je mehr vorn der Rüssel als mächtige Waffe der Nemertinen sich ausgebildet hat. Stellen wir uns denselben vorgestülpt vor, so entspricht er der Eichel der *Enteropneusten*.

Sehr primitive Bildungs-Verhältnisse haben die Nemertinen in der Bildung ihres Neurodermal-Systems bewahrt, in dem Besitze einer totalen Flimmerdecke und von ein paar Excretions-Canälen, die denjenigen der Platoden-Ahnen sehr ähnlich und wahrscheinlich gleich diesen als Pronephridien aufzufassen sind. Auch das Nerven-Centrum ist nach demselben Typus gebildet: ein Acroganglion und ein Paar von diesem abgehende longitudinale Seitenstränge; jedoch ist das Scheitelhirn meistens in zwei Knoten-Paare zerfallen, welche durch eine (zwischen Mund und Rüssel gelegene) Querbrücke verbunden werden. Die beiden starken lateralen Nervenstränge liegen bei den älteren Nemertinen ganz oberflächlich unter der Epidermis, bei den jüngeren tiefer, unter dem Muskel-Schlauch; aus ihnen hat man durch Annäherung und Verbindung auf der ventralen Seite das Bauchmark der Gliederthiere, auf der dorsalen Seite das Rückenmark der Wirbelthiere abgeleitet.

Während man früher die Nemertinen, im Anschlusse an die Turbellarien, gleich diesen als *Acoelomier* betrachtete, hat die genauere Kenntniss ihrer Morphologie und Ontogenie ergeben, dass sie echte *Coelomarien* sind. Der starke subcutane Muskelschlauch (mit äusserer Ring- und innerer Längs-Muskelschicht) entsteht aus dem parietalen Blatte der Coelom-Taschen, die kräftige Muskelwand des Darmrohrs aus dem visceralen Blatte derselben; das verticale Mesenterium, welches beide Blätter verbindet und das gerade Darmrohr an der

Leibeswand befestigt, ist bei älteren Palanemertinen (*Carinella*) wohl erhalten. Der Hohlraum der beiden Coelom-Taschen, zwischen beiden Blättern, ist aber meistens von „Parenchym" secundär ausgefüllt, und die Gonaden selbst sind in zwei Reihen von kleinen Säckchen zerfallen, die mit lateralen Darmtaschen alterniren, und von denen jedes eine besondere Mündung auf der Hautdecke erworben hat. Die *Nemertinen* stimmen darin ganz mit den *Enteropneusten* überein. Als echte (motorische) Metamerie betrachten wir diese „Gliederung der Gonaden" nicht. Sie ist vielmehr trophischer Natur und steht in causalem Zusammenhang (— ähnlich wie bei der Cestode *Ligula* —) mit dem ausserordentlichen Längen-Wachsthum des schnurförmigen Körpers, der bei geringer Breite (2—8 mm) die Länge von 12 Meter und darüber erreichen kann (*Lineus longissimus*).

Die Ontogenese der Nemertinen verläuft bald direct, ohne Verwandlung, bald mit einer einfachen, bald mit einer complicirten Metamorphose. Die *Pilidium*-Larve, die bei der letzteren aus der Gastrula entsteht, ist nicht ohne Weiteres phylogenetisch zu verwerthen und auf die *Trochophora* der Rotatorien zurückzuführen. Vielmehr ist dieselbe stark cenogenetisch modificirt; überhaupt erscheint der Gang der individuellen Entwickelung bei allen Nemertinen, von denen man ihn bis jetzt kennt, stark abgekürzt oder abgeändert.

Die Classe der Nemertinen wird in vier Ordnungen eingetheilt. Von diesen haben die Palanemertinen (*Carinella*, *Polia*) die ursprüngliche Bildung am reinsten bewahrt. Die parasitischen Bdellonemertinen (*Malacobdella*) sind aus ihnen durch Erwerbung einer terminalen Saugscheibe hervorgegangen, die Schizonemertinen (*Lineus*, *Cerebratulus*) durch Bildung von ein Paar lateralen Kopfspalten, die Hoplonemertinen (*Tetrastemma*, *Nemertes*) durch Production von Stacheln oder Stileten, die am Vorderende des vorgestülpten Rüssels liegen. Die grosse Mehrzahl der Nemertinen lebt benthonisch, versteckt unter Steinen oder im Schlamm des Meeresbodens; einzelne Arten kommen auch im Süsswasser und in feuchter Erde vor.

§ 189. Zweite Classe der Frontonier:

Enteropneusta. Eichelwürmer.

Jüngere Rhynchelminthen, mit Kiemenspalten.

Frontonier mit einem präoralen, nicht einziehbaren Rüssel (Eichel), mit zahlreichen Kiemenspalten in der Schlundwand, ohne Chorda.

Die Classe der Eichelwürmer oder *Enteropneusten* wird durch wenige noch lebende Frontonier gebildet, die sehr isolirt unter den übrigen Vermalien stehen, aber wegen ihrer eigenthümlichen Beziehungen zu anderen Thierstämmen von hohem phylogenetischen Interesse sind. Die vergleichende Anatomie lässt mancherlei Uebereinstimmung mit den *Nemertinen* einerseits, mit den *Chordoniern* anderseits erkennen, die Ontogenie manche Aehnlichkeiten der Larven mit denjenigen der *Echinodermen* und mit den *Rotatorien*. Aber die phylogenetische Deutung dieser morphologischen Beziehungen ist zur Zeit noch sehr schwierig und unsicher.

Der langgestreckte, überall mit Flimmer-Epitel bedeckte Körper der *Enteropneusten*, welche im Sande des Meeresbodens vergraben leben, zerfällt in fünf hinter einander liegende Abschnitte, die als Eichel, Kragen, Kiementheil, Magentheil und Schwanztheil unterschieden werden. Die Eichel (*Balanus*) ist ein kegelförmiger, musculöser Rüssel, welchen wir dem Stirnlappen (*Epistoma*) der übrigen Vermalien und dem vorstülpbaren (ursprünglich präoralen) Rüssel der Nemertinen vergleichen. Er dient als Locomotions-Organ und umschliesst eine Höhle (Kopf-Coelom), die durch ein Paar dorsale Poren sich nach aussen öffnet; der rechte von diesen ist meistens rückgebildet. Der musculöse Kragen (*Collare*) umschliesst die Mundhöhle, die sich unten hinter seinem Vorderrand öffnet. Auch das Coelom des Kragens besitzt ein paar Poren. An dem langen, nun folgenden Rumpfe ist der interessanteste Abschnitt der Kiementheil (*Branchiosoma*); in ihm liegt der eigenthümliche Kiemen-Darm, welcher eine auffallende Aehnlichkeit (auch im Skelet-Bau und der feineren Structur) mit demjenigen der ältesten Chordonier zeigt (*Ascidien* und *Amphioxus*). Er zerfällt durch eine bilaterale Einschnürung in eine untere Flimmer-Rinne, welche der Hypobranchial-Rinne der Chordonier entspricht, und eine obere Kiemenröhre, welche sich durch eine Doppelreihe von Kiemenspalten nach aussen öffnet. Auf den starken Kiementheil des Körpers folgt der Magentheil (*Gastrosoma*); er enthält den langen und weiten Magendarm, an welchem meistens zwei Reihen von lateralen Darm-Taschen (Leber-Blindsäcken) mit zwei Reihen von zahlreichen einfachen Gonaden alterniren, ganz wie bei den *Nemertinen*; die Geschlechtstaschen öffnen sich, wie bei diesen, durch Hautporen auf dem Rücken. Der letzte Abschnitt, der dünnere Schwanztheil (*Cauda*), ist äusserlich geringelt und enthält den einfachen Hinterdarm, der sich an seinem Ende durch den After öffnet. Aehnlich den *Nemertinen* verhält sich auch das dorsale und ventrale Mesenterium, welches den Darm an der musculösen Leibeswand befestigt, sowie das Blutgefäss-System. An diesem sind zwei longitudinale Hauptgefässe zu unterscheiden, ein dorsales (*Aorta*) und ein ventrales. Dagegen zeichnet sich das Nerven-System der Enteropneusten durch sehr primitive Bildung aus; es bildet ein oberflächliches feines Netz unter der Epidermis, mit einem dorsalen und einem ventralen stärkeren Stamme; nur der im Kragen (über der Mundhöhle) liegende Theil des Dorsal-Nerven ist verdickt und in die Tiefe gesunken; dieses „Kragenmark" zeigt in Lage und Entstehung auffallende Aehnlichkeit mit dem Rückenmark der Chordonier.

Die Ontogenie der *Enteropneusten* ist nicht minder merkwürdig als ihre Anatomie; sie ist bei einigen Formen von Balanoglossus mit einer eigenthümlichen Metamorphose verknüpft (zum Theil palingenetisch), bei Anderen abgekürzt und direct (cenogenetisch). Im ersteren Falle entwickelt sich aus der *Gastrula* eine pelagische Larve mit eigenthümlichem Verlaufe der Flimmerschnüre: Tornaria. Dieselbe wurde früher für eine *Echinodermen*-Larve gehalten und mit der Asteriden-Larve *Bipinnaria* verglichen; indessen stösst die specielle Vergleichung beider Larven-Formen auf grosse Schwierigkeiten, und ihre Aehnlichkeit lässt sich auch durch Abstammung von einer gemeinsamen, aber sehr weit zurückliegenden Ahnen-Form aus dem Cladom der *Rotatorien* erklären. Das grösste Gewicht hat man darauf gelegt, dass bei der *Tornaria*-Larve aus dem Urdarm drei Paar Coelom-Taschen hervorwachsen, und dass von den beiden vorderen die eine zu Grunde geht, die andere (linke) auf dem Rücken nach aussen mündet, ähnlich dem Hydrocoel bei vielen Echinodermen-Larven. Indessen können wir daraus allein keine nahe Verwandtschaft zu den letzteren folgern; zwischen den ausgebildeten *Enteropneusten* und *Echinodermen* besteht keinerlei Aehnlichkeit. Das frühzeitige Auftreten von zwei oder drei Paar Coelom-Taschen ist nach unserer Ansicht in beiden Thier-Gruppen cenogenetisch zu erklären. Ursprünglich (palingenetisch) wuchsen bei den älteren Vorfahren beider Gruppen nur ein Paar Coelom-Taschen aus dem Urdarm hervor. Anfänglich fungirten dieselben bloss als Geschlechtsdrüsen; später blähten sie sich auf und wurden zn weiten Leibeshöhlen; die Production von Geschlechtszellen wurde auf ihren hinteren Abschnitt beschränkt, während der vordere Abschnitt excretorische Functionen übernahm und nicht nur die Geschlechts-Producte, sondern auch den Harn durch einen Haut-Porus nach aussen abführte. Diese Sonderung beider Abschnitte wurde später vollständig und zuletzt cenogenetisch in eine frühe Larven-Periode zurückverlegt; das hintere Paar der Coelom-Taschen wurde die Anlage der Gonaden, das sterile vordere Paar die Anlage der Nephridien. Letztere sind nach unserer Ansicht bei den modernen *Enteropneusten* durch zwei Paar flimmernde Canäle vertreten, welche das Muskel-Secret aus der motorischen „Eichel“ und dem „Kragen“ direct nach aussen abführen (Eichel-Pforten und Kragen-Pforten). Dagegen ist das Nephridium der *Echinodermen* in das Hydrocoel umgebildet. Die Thatsache, dass in beiden Gruppen meistens nur das linke vordere Nephridium mit seiner äusseren Oeffnung erhalten bleibt, kann auf blosser Convergenz beruhen und ist an sich kein Beweis für die Stammverwandtschaft beider Gruppen; andere Beweise dafür fehlen ganz.

Ebenso wenig als mit den *Echinodermen*, besitzen die Enteropneusten nach unserer Ansicht directe Verwandtschafts-Beziehungen zu den *Anneliden*; wir finden solche nur zu zwei Gruppen der Coelomarien, zu den *Nemertinen* und den *Chordoniern*. Das ist jedoch nicht so zu verstehen, als ob diese drei Gruppen eine phylogenetische Reihe bildeten; weder stammen die Chordathiere von den Enteropneusten, noch diese von den Nemertinen ab. Wohl aber vertreten wir die Ansicht, dass unter den lebenden Vermalien die *Nemertinen* die nächsten Verwandten der Enteropneusten sind und mit ihnen von einer gemeinsamen *Rotatorien*-(— Provermalien —) Gruppe abzuleiten sind; — ebenso wie wir das *Pilidium* der ersteren und die *Actinotrocha* der letzteren auf eine uralte Provermalien-Ahne (— oder selbst eine modificirte *Trochophora* —) zurückführen können. Anderseits glauben wir, dass unter den lebenden Vermalien die *Enteropneusten* die nächsten Verwandten der *Prochordonier*, der gemeinsamen Ahnen-Gruppe der *Tunicaten* und *Vertebraten*, sind. Inwieweit auch *Cephalodiscus* zu der gemeinsamen Stamm-Gruppe beider gehört, kann erst dessen Ontogenie lehren.

§ 190. Dritte Classe der Frontonier:

Prochordonia. Chordawürmer.

UEBERGANGSGRUPPE VON DEN VERMALIEN ZU DEN CHORDONIERN.

Frontonier ohne besonderen Rüssel, statt dessen mit vorspringendem Stirnzapfen oder präoralem Epistom, mit Kiemenspalten in der Schlundwand und mit beginnender Bildung der Chorda.

Die Classe der Prochordonier oder *Protochordaten* haben wir zur Bezeichnung jener langen Reihe von ausgestorbenen Coelomarien aufgestellt, welche die directen Vermalien-Ahnen der Chordonier waren, die unmittelbaren Verbindungs-Glieder zwischen den ältesten Chordathieren und ihren Vorfahren aus dem Frontonier-Stamme. Wahrscheinlich existirt heute keine einzige reife Thier-Form mehr, welche als lebender Vertreter dieser Classe gelten könnte; auch fossile Reste konnte uns dieselbe aus Mangel an festen Skelettheilen nicht hinterlassen. Aber viele und gewichtige Beweisgründe für ihre frühere, palaeozoische Existenz, sowie einleuchtende Aufschlüsse über ihre einstmalige Organisation verdanken wir der vergleichenden Anatomie und Ontogenie. Letztere führt uns in der Chordula, einer der wichtigsten Keimformen der Wirbelthiere, noch heute das unverkennbare erbliche Urbild jener Prochordonier-Ahnen vor Augen, dessen unvertilgbare Grundzüge sich bis heute erhalten haben. Die vergleichende Morphologie aber lehrt uns einerseits in den lebenden *Nemertinen* und *Enteropneusten*, anderseits in den *Copelaten* und *Acraniern* verkümmerte oder modificirte Ueberreste jener langen, uralten Ahnen-Reihe kennen, welche von den Vermalien zu den Chordoniern hinüberführt. Da wir die phylogenetische Bedeutung und die Verwandtschafts-Beziehungen derselben im dritten Theile dieses Werkes ausführlich besprechen, begnügen wir uns hier mit einer kurzen Characteristik der Organisation, welche wir auf Grund jener Zeugnisse bei den ausgestorbenen Prochordoniern annehmen dürfen.

1) Der ungegliederte Körper der Prochordonier, welche sich im cambrischen Meere schwimmend (oder auch zeitweise kriechend) bewegten, war rein dipleurisch gebaut, beide Antimeren spiegelgleich; es war noch keine Metamerie vorhanden. 2) Die längste von den drei Richtaxen des Körpers war die horizontale Hauptaxe, die kürzeste die transversale Axe; zwischen beiden in der Mitte stand die verticale Sagittal-Axe; der langgestreckte Körper war also etwas lateral comprimirt, der Querschnitt oval. 3) Aeussere Anhänge des Körpers, in Gestalt von Tentakeln, Füssen oder anderen Gliedmaassen, fehlten; vielleicht kam aber schon eine verticale Medianfalte der Haut als „Sagittal-Flosse" zur Ausbildung. 4) Der Gewebe-Bau des Körpers war noch rein epitelial (wie bei Sagitta und Amphioxus), selbständiges Mesenchym noch nicht entwickelt. 5) Der Coelomarien-Bau war deutlich und rein erkennbar, indem eine geräumige Leibeshöhle die Leibeswand und Darmwand trennte; beide waren durch ein verticales (dorsales und ventrales) Mesenterium verbunden; letzteres trennte zugleich die beiden Coelom-Taschen. 6) Die Hautdecke war in ihrer ganzen Ausdehnung mit Flimmer-Epitel bedeckt (wie bei den Nemertinen, den Enteropneusten und den jungen Amphioxus-Larven). 7) Unter dieser einschichtigen Epidermis (dem ursprünglichen Exoderm) lag eine dünne Corium-Platte und ein Hautmuskelschlauch, beide aus dem Parietal-Blatt der Coelom-Taschen entstanden. 8) Das Nerven-Centrum bildete eine offene „Medullar-Rinne" (oder später ein geschlossenes „Medullarrohr") in der dorsalen Mittellinie der Hautdecke; vorn öffnete

sich dieselbe durch den Neuroporus, hinten ging sie durch den Canalis neurentericus in den Urdarm über. 9) Als Sinnes-Organ fungirte der Stirnzapfen (Frontoconus) oder das verlängerte „Epistom" (— entsprechend dem vorgestülpten Rüssel der Nemertinen und der Eichel der Enteropneusten); wie bei den Selachiern, lag der Mund an der Bauchseite, an der Basis dieses „präoralen Kopflappens". 10) Das einfache, gerade gestreckte Darmrohr bestand aus zwei Abschnitten, einem Kopfdarm, mit Mundöffnung, und einem Rumpfdarm, mit After-Oeffnung. 11) Der Kopfdarm (oder Kiemendarm) war von paarigen lateralen Kiemenspalten durchbrochen, und in seiner Bauchwand verlief die flimmernde Hypobranchial-Rinne. 12) Der Rumpfdarm (oder Leberdarm) war vorn zum Magen erweitert und nahm die Mündung von paarigen Leberdrüsen auf. 13) Längs des Darmrohrs verliefen zwei principale Blutgefässe, oben die Aorta, unten die Subintestinal-Vene; letztere bildete hinter der Kiemenspalte eine spindelförmige contractile Anschwellung, das Herz. 14) Unterhalb des dorsalen Nervenrohrs verlief in der Hauptaxe des Körpers eine entodermale Leiste, entstanden durch Ausstülpung aus der dorsalen Mittellinie des Urdarms (die spätere Chorda). 15) Die beiden Coelom-Taschen, welche sich hinten vom Urdarm abgeschnürt hatten, bildeten im hinteren und unteren Theile Gonaden; der vordere und obere Theil verwandelte sich in Nephridien, die nach aussen durchbrachen. (Vergl. Theil III dieses Werkes, §§ 10, 11, 30, sowie die Vorträge X und XX unserer Anthropogenie, IV. Aufl., 1891.)

Selbstverständlich haben die bedeutenden Umbildungen, durch welche sich die Prochordonier dergestalt von ihren Vermalien-Ahnen entfernten, sich allmählig und in langen Zeiträumen vollzogen. Eine lange Reihe von ausgestorbenen Vermalien, von denen uns weder lebende noch fossile Reste erhalten sind, wird ursprünglich die weit klaffenden Lücken ausgefüllt haben, die thatsächlich hier bestehen. Sicher sind die phylogenetischen Intervalle sehr bedeutend zwischen den niedersten Vertebraten (*Acraniern*) und den ältesten Tunicaten (*Copelaten*); ebenso zwischen diesen und den Enteropneusten (*Balanoglossus*) und den ältesten Nemertinen (*Carinella*); ebenso zwischen diesen und den ältesten Rotatorien (*Provermalien*). Aber die vergleichende Anatomie und Ontogenie derselben setzt uns in den Stand, jene Lücken hypothetisch auszufüllen und den Mangel der palaeontologischen Urkunden zu ersetzen. Wir können uns auf Grund derselben ein allgemeines Bild von einem der bedeutungsvollsten aller phylogenetischen Processe machen, von der allmähligen Entwickelung der Gastraeaden zu den Vermalien, und dieser zu den Chordoniern.

§ 191. Stamm der Chordophoren Coelomarien: **Chordonia (= Chordata). Chordathiere.**

Coelomarien mit dorsalem Medullar-Rohr, axialer Chorda, Ventral-Herz und Kiemenspalten im Vorderdarm.

Der Stamm der Chordathiere (*Chordonia* vel *Chordata*) umfasst alle diejenigen Metazoen, welche entweder permanent oder nur in der jugendlichen Anlage eine Chorda oder Notochorda besitzen. Dieser centrale Axenstab (*Chorda dorsalis*) fehlt allen übrigen Metazoen; er ist für den Stamm der *Chordonier* nicht allein an sich im höchsten Grade characteristisch, sondern auch, weil seine Ausbildung mit der eigenthümlichen Entwickelung des Nerven-Centrums zu einem dorsalen „Medullarrohr" in enger Correlation steht. Ausserdem ist bei allen Chordoniern der Schlund ursprünglich in einen Kiemendarm verwandelt und von Kiemenspalten durchbrochen; ein Character, welchen dieselben mit den *Enteropneusten* theilen.

Wenn demnach der Inhalt des *Chordonier*-Begriffes durch den Besitz von Chorda, Medullar-Rohr und Kiemendarm klar bestimmt wird, so ist anderseits auch sein Umfang scharf abgesteckt; es gehören zu diesem Stamme zwei grosse Hauptgruppen des Thierreichs, die Mantelthiere (*Tunicata*) und die Wirbelthiere (*Vertebrata*). Beide Gruppen erscheinen sowohl in der äusseren Gestalt als im inneren Körperbau sehr verschieden; ihr phylogenetischer Zusammenhang wurde erst erkannt, nachdem vor 30 Jahren die auffallende Uebereinstimmung der frühesten Stadien ihrer characteristischen Ontogenese aufgedeckt wurde. Insbesondere ist dabei die Identität der characteristischen Keimform, die wir Chordula genannt haben, von entscheidender Bedeutung; ihre palingenetische Bildung beweist, dass Mantelthiere und Wirbelthiere gemeinsamen Ursprungs sind und aus einer gemeinsamen Wurzel der *Prochordonier* (§ 190) hervorgegangen sind. Diese Wurzel-Gruppe ist aber schon frühzeitig (spätestens in cambrischer Zeit) in zwei divergente Stämme auseinandergegangen, in die ungegliederten *Tunicaten* und die gegliederten *Vertebraten.* (Vergl. unsere Anthropogenie, 1891, pag. 232, 501, 523.)

Die Prochordonier haben ihre eigenthümliche, vorstehend geschilderte Organisation in allen wesentlichen Verhältnissen durch Vererbung auf die gemeinsame Stammform aller Chordonier, das Archichordon, übertragen. Nur ein einziges bedeutungsvolles Merkmal trennt die ersteren von den letzteren: die Chorda, welche bei den *Prochordoniern* nur in der ersten Anlage bestand, als eine leistenförmige Verdickung oder eine longitudinale Rinne in der Dorsalwand des entodermalen Urdarms, hat sich bei *Archichordon* bereits vollständig von diesem abgeschnürt; sie erscheint nunmehr als ein selbständiges Organ, als ein cylindrischer Axenstab, welcher in der Längsaxe zwischen dorsalem Nervenrohr und ventralem Darmrohr verläuft. Mit dieser wichtigen Umbildung ging wahrscheinlich Hand in Hand die weitere Ausbildung des exodermalen Medullar-Rohrs, welches hinten durch den bogenförmigen Canalis neurentericus mit dem Urdarm in offener Communication stand.

Der Querschnitt des Archichordon, dessen Ebenbild uns noch heute ebenso im Querschnitt der Ascidien-Larve wie der jugendlichen Amphioxus-Larve vorliegt, zeigt daher ein höchst characteristisches Bild: in der Mitte der dipleuren (ungefähr ovalen) Figur die Chorda, darüber das dorsale Nervenrohr, darunter das ventrale Darmrohr, zu beiden Seiten rechts und links die beiden Coelom-Taschen, aussen die einfache Hülle des Exoderms (= Epidermis). Diese sechs Primitiv-Organe der Chordonier bestanden bei den ältesten, rein epitelialen Urformen des Stammes nur aus einfachen Epitelien. Keine andere Gruppe des Thierreichs besitzt diesen typischen Querschnitt des ursprünglichen Chordonier-Organismus. Dazu kommt noch im Längsschnitt die Sonderung des Darmrohrs in zwei Haupt-Abschnitte: den vorderen Kiemendarm (Schlund) mit Mund und Kiemenspalten, und den hinteren Magendarm (Leberdarm) mit dem Enddarm und After.

Wir dürfen annehmen, dass in cambrischer (und vielleicht schon in laurentischer) Zeit die Gruppe der ältesten Chordonier durch viele verschiedene, uns ganz unbekannte Formen vertreten war. Diese schlossen sich einerseits unten an die Prochordonier-Ahnen an, anderseits oben an die Stammformen der Tunicaten und Vertebraten.

§ 192. Tunicata. Mantelthiere.

Stamm der Chordonia inarticulata.

Coelomarien mit ungegliedertem, dipleurischem Körper, ohne Gliedmaassen, mit ventralem Herzen und axialer Chorda zwischen dem dorsalen Nervencentrum (Medullar-Rohr) und dem ventralen Darmrohr, dessen Schlund von Kiemenspalten durchbrochen ist.

Der Stamm der Mantelthiere oder *Tunicaten* theilt mit dem nächstverwandten Stamme der Wirbelthiere die characteristische Lage und Beschaffenheit der Central-Organe, welche die auszeichnende Eigenthümlichkeit der Chordonier bilden; insbesondere haben Beide gemeinsam die Keimform der Chordula. Abgesehen von den secundären Unterschieden aber, welche sich später in den divergenten beiden Stämmen sehr auffallend entwickeln, unterscheiden sie sich eigentlich nur durch ein einziges, wichtiges und ganz durchgreifendes Merkmal: die *Tunicaten* sind ungegliederte Chordathiere, ohne wahre (motorische) Metamerie; die *Vertebraten* dagegen sind gegliederte Chordonier, mit echter Metamerie des Coeloms, des Muskel-Systems und Nerven-Systems.

Innere Metamerie, und zwar in demselben Sinne wie bei den *Vertebraten*, wird allerdings auch bei den *Tunicaten* noch heute vielfach angenommen. Als Beweise für dieselbe werden angeführt: die Muskelzellen, welche im Ruderschwanze der Copelaten zwei Längsreihen in Form von ein Paar longitudinalen Bändern bilden, die ringförmigen Muskelreifen, welche den tonnenförmigen Körper der Dololiden und Salpiden umgürten, die Längsreihen der Kiemenspalten bei den Ascidien, die Sonderung von drei Körperabschnitten (Thorax, Abdomen und Postabdomen) in den Personen mancher Synascidien. Nach unserer Ansicht haben diese äusserlichen und partiellen „Gliederungs-Erscheinungen" mit der wahren inneren Metamerie der Wirbelthiere Nichts zu thun. Entscheidend ist dafür das Verhalten der Coelom-Taschen. Diese bleiben bei sämmtlichen *Tunicaten* ein Paar einfache, ungegliederte Säcke, die theils in Gonaden umgebildet, theils rückgebildet werden. Bei allen *Vertebraten* dagegen werden ursprünglich zahlreiche Coelom-Taschen angelegt, die in zwei Längsreihen hinter einander liegen, zu beiden Seiten der Chorda. Frühzeitig werden dieselben durch eine laterale (oder frontale) Strictur in einen dorsalen und einen ventralen Sack geschieden, ein Episomit und Hyposomit. Aus ersterem entstehen die metameren Muskelplatten („Myotome, Urwirbel"), aus letzterem die Gonaden („Gonotome"); auch diese sind ursprünglich segmental geordnet, wie bei Amphioxus. (Vergl. Theil III dieses Werkes, §§ 165—167, 188, 196.)

Die grosse Mehrzahl der heute lebenden Tunicaten hat sich durch eigenthümliche Umbildungen sehr weit von dem ursprünglichen einfachen Urbilde des Stammes entfernt, hauptsächlich in Folge der Anpassung an festsitzende Lebensweise. Namentlich gilt dies von der Classe der benthonischen Ascidien, welche gegenwärtig die Hauptmasse der Mantelthiere repräsentiren. Aber auch die Classe der schwimmenden Thalidien ist so eigenthümlich transformirt und einseitig specialisirt, dass wir ihre Organisation keineswegs zur Reconstruction des ursprünglichen Tunicaten-Typus direct verwerthen können; sie weichen von diesem in wichtigen Beziehungen noch viel weiter ab, als die Ascidien. Vielmehr müssen wir dabei unser Augenmerk in erster

Linie auf die kleine Classe der planktonischen Copelaten richten, die unansehnlichen *Appendicarien.* Nur diese lassen sich (— in Verknüpfung mit den geschwänzten Larven der Ascidien —) unmittelbar mit den primitivsten Formen der Wirbelthiere (*Acranier*) vergleichen; sie geben uns die wichtigsten Aufschlüsse über den gemeinsamen Ursprung beider Chordonier-Stämme. (Vergl. Theil III, §§ 9—11, 30—33.)

§ 193. Organisation der Tunicaten.

Der Körperbau der entwickelten und geschlechtsreifen Mantelthiere geht in den verschiedenen Classen und Ordnungen dieses formenreichen Stammes sehr weit auseinander; sowohl die äussere Gestalt als der innere Körperbau unterliegen durch Anpassung an verschiedene Lebensweise sehr bedeutenden Modificationen. Um einen klaren Einblick in ihre ursprüngliche Organisation und deren Beziehung zu den Vermalien einerseits, den Vertebraten anderseits zu gewinnen, ist es daher vor Allem wichtig, die einfachsten und primitivsten Formen des Stammes in den Vordergrund zu stellen, die Copelaten (*Appendicarien*, § 198). Vergleichen wir dieselben mit den hypothetischen *Prochordoniern* (§ 190), so ergiebt sich der engste morphologische und phylogenetische Anschluss an diese Vermalien-Classe, und zugleich die Bedeutung des einzigen wesentlichen Fortschrittes, welchen die ersteren über die letzteren hinaus thaten, der Formation der Chorda.

Die Copelaten unterscheiden sich von den übrigen Tunicaten, den Acopeten (*Ascidien* und *Thalidien*), nicht allein dadurch sehr wesentlich, dass bei ihnen allein der Ruderschwanz mit der Chorda zeitlebens erhalten bleibt, sondern auch besonders dadurch, dass ihnen noch die permanente Tunica und das Atrium der Acopeten fehlt. Gerade diese auffallenden Bildungen werden aber gewöhnlich mit Unrecht als die wesentlichen Eigenthümlichkeiten des ganzen Tunicaten-Stammes hervorgehoben. Wir erblicken in denselben nur secundäre Erwerbungen des später entstandenen Acopeten-Zweiges. Für die einzelnen Organ-Systeme der Tunicaten ergeben sich innerhalb dieses Stammes folgende Hauptstufen der phyletischen Entwickelung.

1) Tegument-System. Die Hautdecke ist bei den *Copelaten* noch die ursprüngliche Epidermis, die einfache Zellenschicht des Exoderms, welche sie von den *Prochordonier*-Ahnen geerbt haben. Die Cuticula, welche sie bei den *Appendicarien* abscheidet, ist nur eine hinfällige lockere Gallerthülle, welche oft abgeworfen und erneuert wird. Bei den *Acopeten* dagegen entwickelt sich dieselbe zu einem festen und permanenten Mantel (*Tunica*); derselbe besteht aus Cellulose (oder „Tunicin“)

und bleibt bei den meisten *Thalidien* structurlos, während er bei den meisten *Ascidien* durch Einwanderung von exodermalen (oder mesodermalen) Zellen Connectiv-Structur erlangt. In den dicken und oft knorpelharten Mantel der grossen Ascidien wachsen auch verästelte Fortsätze des Tegumentes hinein und führen dem wachsenden Connectiv-Gewebe ernährende Blutgefässe zu.

2) Nerven-System. Die Ontogenie des centralen Nerven-Systems bei den *Ascidien* zeigt vollkommene Uebereinstimmung mit derjenigen bei den niederen Wirbelthieren, insbesondere den *Acraniern*. In der dorsalen Mittellinie des Exoderms bildet sich eine Medullar-Rinne, und die beiden parallelen Rückenwülste, welche sich beiderseits derselben erheben, vereinigen sich oben zur Bildung eines Medullar-Rohrs. Dasselbe öffnet sich vorn durch den *Neuroporus* nach aussen, während es hinten durch den *Canalis neurentericus* mit dem hinteren Ende des Urdarms communicirt. Nach unserer Ansicht ist dieses characteristische Markrohr der *Chordonier* ursprünglich aus dem dorsalen Acroganglion oder der „Scheitelplatte" ihrer *Vermalien*-Ahnen entstanden (Theil III, § 97). Bei den *Copelaten* differenzirt sich das Markrohr in einen spindelförmigen Cerebral-Knoten und einen langen Schwanz-Nerven, welcher hinten vom Hirnganglion abgeht und oberhalb der Chorda im Schwanze verläuft; da derselbe hier seitliche Nervenfäden an die einzelnen Muskelzellen des Schwanzes abgiebt, hat man ihn irrthümlich mit dem metameren Rückenmark der Vertebraten verglichen und kleine Anschwellungen der Nerven für „Spinal-Ganglien" gehalten. Bei den erwachsenen *Acopeten* erscheint das Medullar-Rohr überall rückgebildet; der vordere Rest desselben bildet nur ein einfaches Cerebral-Ganglion, welches in der dorsalen Mittellinie hinter dem Munde liegt. Bei den schwimmenden Thalidien sind mit ihm einfache Sinnesorgane verbunden (Hörbläschen bei *Doliolum*, Augen bei *Salpa* und *Pyrosoma*); auch die Copelaten und Ascidien-Larven besitzen solche cerebrale Sensillen.

3) Darm-System. Die characteristische Entwickelung des Urdarms der Gastrula, der Verschluss des Urmundes und die exodermale Entstehung der beiden permanenten Darm-Oeffnungen, Mund und After, verhalten sich bei den Copelaten und den ähnlichen Ascidien-Larven ganz ebenso wie bei ihren Vermalien-Ahnen (Frontonier) einerseits, und wie bei den ältesten Vertebraten (Acranier) anderseits. Dasselbe gilt von der wichtigen Sonderung des Darmrohrs in zwei Hauptabschnitte, den respiratorischen Kopfdarm oder Kiemendarm (*Branchiogaster*) und den digestiven Rumpfdarm oder Leberdarm (*Hepatogaster*, vergl. Theil III, § 129). Die bedeutungsvolle Strictur, welche als Pylorus beide Darmabschnitte trennt, ist bei allen Chordoniern ursprünglich homolog. Der Kiemendarm zeigt nur bei den *Copelaten* (und den jungen Ascidien-Larven) das ursprüngliche Verhältniss, indem er sich durch ein paar laterale Schlundspalten oder Kiemenspalten direct nach aussen öffnet; diese Bildung ist ebenso von den Frontonier-Ahnen (Prochordoniern) durch Vererbung übertragen, wie die Hypobranchial-Rinne (Endostyl) und die Flimmer-Schlinge (Vibrocircus), welche, von dieser vorn ausgehend, den Mund (Ingestions-Oeffnung) umgiebt. Bei den *Acopeten* dagegen besteht diese ursprüngliche Bildung nur in frühester Jugend; bald wachsen hier ein paar laterale Mantelsäcke oder Peribranchial-Röhren (als Exoderm-Einstülpungen) zwischen Kiemen-

wand und Leibeswand hinein. Indem diese „Atrial-Taschen" sich mächtig ausdehnen und dorsalwärts über dem Darm verschmelzen, bilden sie die geräumige Mantelhöhle oder Peribranchial-Höhle, auch Perithoracal-Raum oder kurz Atrium genannt. Der vordere Theil derselben, die eigentliche Peribranchial-Höhle, nimmt das Athemwasser aus den Kiemenspalten auf; in den hinteren Theil des Atriums, die Kloakenhöhle, münden der After und die Geschlechtsdrüsen ein. Ihr Inhalt wird nach aussen entleert durch den dorsalen Atrioporus, die Kloaken-Oeffnung, Mantel-Oeffnung oder Egestions-Oeffnung. Diese liegt bei den schwimmenden Thalidien am hinteren Körper-Ende; bei den festsitzenden Ascidien ist sie nach der Rückenseite hinaufgerückt, in die Nähe der Mundöffnung. Der Kiemenkorb der *Ascidien* ist sehr ausgedehnt und ringsum von zahlreichen Kiemenspalten gitterförmig durchbrochen; nur in der Mitte der Bauchseite ist er mit der Leibeswand verwachsen. Bei den meisten *Thalidien* dagegen wird die Bildung der Kiemenspalten auf den hinteren Theil der dorsalen Schlundwand beschränkt (Dolioliden), oder dieselben fliessen jederseits zu einer grossen Spalte zusammen (Salpiden). Aus dem hinteren unteren Theil des Kiemenkorbes entspringt ein kurzer Oesophagus, welcher in einen dickwandigen Magenschlauch führt, und aus diesem ein gekrümmter Dünndarm, welcher durch den After in das Atrium mündet. Bei vielen Tunicaten ist der Leberdarm zusammen mit den Gonaden in einem dichten Paket vereinigt und wird als „Intestinal-Nucleus" bezeichnet.

4) Blut-System. Die Lacunen in den Geweben der Tunicaten, welche Blut enthalten, sind bei den grösseren Thieren dieses Stammes oft sehr stark entwickelt, bei den kleineren dagegen nur sehr wenig. Als Central-Organe dieses Gefäss-Netzes betrachten wir zwei Hauptgefässe, welche in der Median-Ebene längs des Darmes verlaufen und dem dorsalen und ventralen Darmgefäss der Vermalien homolog sind. Das dorsale Gefäss oberhalb des Kiemensacks entspricht zugleich der Aorta der Vertebraten, das ventrale Gefäss ihrer Principal-Vene oder Subintestinal-Vene. Die letztere bildet im hinteren Theile (hinter dem Kiemenkorb) eine spindelförmige Anschwellung, das Herz; es liegt an derselben Stelle, an der wir auch ursprünglich das spindelförmige Herz der Wirbelthiere finden. Wenn wir annehmen, dass der Mangel dieses Herzens bei den Leptocardiern (Amphioxus) auf Rückbildung beruht, können wir das postbranchiale Ventral-Herz der Tunicaten und Vertebraten als homolog betrachten, als Erbstück von der gemeinsamen Stammgruppe der *Prochordonier* (Theil III, § 175). Der vordere und der hintere Theil des subintestinalen Principal-Gefässes, welche von den beiden Enden des spindelförmigen Herzens ausgehen, können bei den Tunicaten noch nicht als Arterie und Vene unterschieden werden, da die Richtung der Herz-Contraction in diesem Stamme einem beständigen Wechsel unterworfen ist.

5) Coelom-System (*Muscularium* und *Gonarium*). Die Tunicaten sind ursprünglich ebenso echte *Coelomarier*, wie die nächstverwandten Vertebraten, und wie die gemeinsamen Ahnen beider Stämme, die Frontonier. In einigen Gruppen der Mantelthiere ist die Entstehung der Leibeshöhle aus ein Paar lateralen Coelom-Taschen (— Ausstülpungen aus dem hinteren Theile des Urdarmes —) ebenso deutlich nachweisbar, wie bei den Acraniern (Amphioxus). Bei den meisten Gruppen des Stammes

ist aber dieser ontogenetische Nachweis schwierig, da hier in Folge cenogenetischer Abkürzung des Keimungs-Processes beträchtliche Veränderungen stattgefunden haben. Von den beiden Blättern der Coelom-Taschen liefert ursprünglich das äussere (Parietal-Blatt) den Hautmuskelschlauch, das innere (Visceral-Blatt) die Darmfaserschicht; ein Theil des Coelom-Epitels liefert die Anlage der Gonaden. Aber bei den meisten Tunicaten der Gegenwart sind in der Differenzirung dieser Coelom-Theile beträchtliche cenogenetische Störungen und Complicationen eingetreten. Das Muskel-System ist sehr verschieden entwickelt in Anpassung an die Lebensweise (rückgebildet bei den benthonischen Ascidien, eigenthümlich ausgebildet bei den nektonischen Thalidien). Die Gonaden erscheinen meistens als ein Paar Drüsen im hinteren Theile der Leibeshöhle, von denen die eine Eier, die andere Sperma liefert; das Ovarium wird gewöhnlich früher reif als das Spermarium, seltener umgekehrt. Die hermaphroditischen Personen können sich daher meistens nicht selbst befruchten. Die Bildung der Gonoducte, die in das Atrium münden, ist in der Regel sehr einfach.

§ 194. Ontogenie der Tunicaten.

Die Keimesgeschichte der Mantelthiere ist sowohl für das Verständniss ihrer eigenthümlichen Organisation als ihrer wichtigen Verwandtschafts-Beziehungen zu anderen Thierstämmen von hervorragender Bedeutung. Ohne die genaue Kenntniss der ersteren würden wir über die letzteren uns keine klaren und sicheren Vorstellungen bilden können. Indessen besitzen die mannichfaltigen und zum Theil höchst eigenthümlichen Erscheinungen, welche uns die Keimung der verschiedenen Tunicaten-Gruppen zeigt, einen sehr verschiedenen Werth für ihre Stammesgeschichte; dies gilt sowohl von der Metamorphose der hypogenetischen Mantelthiere, als von der Metagenese, durch welche viele divergente Formen sich auszeichnen. Auch hier wieder kommt es vor Allem darauf an, die primären *palingenetischen* Erscheinungen von den secundären *cenogenetischen* kritisch zu sondern; nur aus den ersteren können wir nach dem biogenetischen Grundgesetze sichere Schlüsse auf die Stammesgeschichte der betreffenden Formen ziehen, gar nicht oder nur wenig aus den letzteren.

I. **Palingenetische Processe.** Als solche betrachten wir vor Allem die bedeutungsvollen Vorgänge, welche die Gastrulation und Metamorphose der Ascidien uns darbieten und besonders derjenigen *Monascidien*, welche kleine Eier ohne Nahrungsdotter besitzen (viele *Phallusiden*). Hier entsteht zunächst aus dem befruchteten Ei eine typische *Blastula* und durch Einstülpung dieser Hohlkugel eine reine *Gastrula*. Indem sich aus dem Urdarm derselben ein paar Coelom-Taschen (oder „Mesoderm-Streifen“) abschnüren und zwischen beiden in der dorsalen Mittellinie eine Chorda, oberhalb dieser ein exodermales Medullarrohr, entsteht die typische Keimform der *Chordonier*, die characteristische Chordula. Da wir dieselbe bei der Ontogenie der *Vertebraten* eingehend würdigen, können wir hier darauf verweisen (Theil III, § 30). Die wesentliche anatomische Uebereinstimmung, welche die Chordula mit ihren sechs Primitiv-Organen bei den palingenetischen *Ascidien* und *Acraniern* zeigt, gehört zu den wichtigsten Zeugnissen für die gemeinsame Abstammung beider Chordonier-Stämme von den Prochordoniern. Auch die weitere Metamorphose der Chordula bei den Ascidien, ihre stufenweise Rückbildung während der Anheftung auf dem Meeresboden (unter Verlust des Ruderschwanzes und der Chorda) besitzen hohen palingenetischen Werth; denn sie zeigen uns deutlich den Weg, auf welchem die sessilen *Ascidien* aus schwimmenden *Copelaten* hervorgegangen sind. Dabei ist besonders wichtig die Uebereinstimmung, welche der Körperbau der Copelaten (*Appendicarien*) mit den schwimmenden Larven der Ascidien zeigt. Leider ist uns die Ontogenese der Appendicarien — als der ältesten Tunicaten der Gegenwart — zur Zeit noch ganz unbekannt; doch dürfte sie im Wesentlichen mit derjenigen der *Monascidien* übereinstimmen und ebenfalls auf die *Prochordonier*-Ahnen zurückführen. Auch die Keimung vieler *Synascidien* zeigt noch ähnliche palingenetische Verhältnisse, während diejenige der *Thalidien* bedeutend modificirt und mehr oder weniger stark cenogenetisch abgeändert ist.

II. **Cenogenetische Processe.** Bei allen *Thalidien*, ebenso wie bei allen *Synascidien* treten eigenthümliche Formen der Stockbildung oder *Cormosis* auf, und diese ist gewöhnlich mit einem mehr oder minder auffallenden Generationswechsel verknüpft (*Metagenesis*). Bei allen *Salpiden* entwickelt sich aus dem Ei eine grössere Solitär-Generation (*Monosalpa*); diese bleibt steril, erzeugt aber durch Knospung an einem Stolo eine Salpen-Kette oder Social-Generation (*Cormosalpa*); die kleineren Personen, welche diese Kette zusammensetzen, werden wieder geschlechtsreif. Bei den *Dolioliden* wird diese Metagenesis noch mehr complicirt, indem drei oder vier verschiedene Personen-Formen innerhalb des Generations-Cyclus auftreten. Aus dem Ei der *Pyrosomiden* entwickelt sich eine sterile Person (Cyathozooid), welche durch Knospung einen kreuzförmigen Vierlings-Stock bildet, zusammengesetzt aus vier secundären Personen (Ascidiozooiden); durch weitere Knospung entsteht aus diesen der cylindrische Lucien-Cormus. Aus dem Ei der *Synascidien* entwickelt sich eine geschwänzte, Copelaten-ähnliche Larve, welche gewöhnlich erst nach dem Festsetzen (— seltener schon im Appendicarien-Stadium, so *Didemnum* —) durch Knospung kleine Cormen bildet. Die weitere Ausbildung derselben zu grösseren Stöcken (mit sternförmigen Cormidien) ist sehr mannichfaltig. Die phylogenetische Deutung dieser verschiedenen Metagenesis-Formen ist sehr schwierig; sie sind grösstentheils wohl durch cenogenetische Anpassungen zu erklären.

§ 195. Classification der Tunicaten.

Die systematische Gruppirung der verschiedenen Tunicaten-Abtheilungen und dem entsprechend auch die phylogenetische Beurtheilung ihrer Verwandtschafts-Beziehungen unterliegt noch heute sehr verschiedenen Auffassungen. Nur über die Unterscheidung von zwei oder drei grossen Hauptgruppen besteht ziemlich allgemeine Uebereinstimmung, da diese in Lebensweise und Gestaltung sich auffallend unterscheiden. Die drei Hauptgruppen, welche wir hier als drei Classen des Stammes aufführen, sind: 1) die planktonischen Copelata (= *Larvacea*), mit den beiden Ordnungen der *Protunicaten* und *Appendicarien*; 2) die benthonischen Ascidiae (= *Ascidiacea*), mit den beiden Ordnungen der solitären *Monascidien* und der cormotischen *Synascidien*; 3) die nektonischen Thalidien (= *Thaliacea*) mit den drei Ordnungen (oder Familien) der Lucien (*Pyrosomida*), der Cyclomyarien (*Doliolida*) und der Desmomyarien (*Salpida*).

Die Copelaten oder *Larvaceen*, welche die erste und älteste Classe des Tunicaten-Stammes bilden, sind heute nur noch durch eine geringe Zahl von sehr kleinen, massenhaft im Plankton erscheinenden *Appendicarien* vertreten. Dieselben bleiben zeitlebens auf der Bildungs-Stufe stehen, welche die geschwänzten, frei schwimmenden *Ascidien*-Larven vorübergehend durchlaufen; wir betrachten sie daher als palingenetische Recapulationen jener uralten hypothetischen *Protunicaten*, die wir als die gemeinsamen Stammformen des ganzen Tunicaten-Phylon ansehen und die wir unmittelbar von den *Prochordoniern* ableiten (§ 190). Die Copelaten bilden niemals Cormen, sondern schwimmen als einzelne Personen mittelst eines ansehnlichen Ruderschwanzes umher, in dessen Axe eine permanente Chorda verläuft, begleitet von ein Paar longitudinalen Muskelbändern. Die primitive Einfachheit ihrer Organisation zeigt sich ausserdem in dem Besitze von nur ein Paar Kiemenspalten, welche die Schlundwand durchbrechen und direct nach aussen münden; es fehlt das Atrium und der Atrioporus, welche alle übrigen Tunicaten besitzen.

Die beiden anderen Classen des Tunicaten-Stammes, die *benthonischen* Ascidien und die *nektonischen* Thalidien, kann man unter dem Begriffe der Acopa oder *Acopeta* zusammenfassen: Mantelthiere ohne permanenten Ruderschwanz. Dieses characteristische Locomotions-Organ, welches ähnlich dem Schwanze der Batrachier-Larven in seiner Axe die Chorda enthält, ist entweder nur in den jugendlichen Larven der Acopeten vorübergehend anzutreffen, oder es ist im Laufe der Zeit ganz rückgebildet worden. Die Metamorphose der palingenetischen Ascidien lässt uns noch heute deutlich die einzelnen Stufen der Umbildung erkennen, welche der ursprüngliche Copelaten-Organismus durch seine Anpassung an festsitzende Lebensweise erfahren hat. Indem die Anheftung ursprünglich mit der Bauchseite (unterhalb des Mundes) erfolgte und der ventrale Ruderschwanz rückgebildet wurde, wanderte der ventrale After nach hinten und weiterhin nach oben auf die Rückenseite. Diese blieb im Wachsthum zurück, während der Kiemenkorb sich mächtig ausdehnte und zu seinem Schutze das Atrium sich entwickelte; auch das Endostyl verlängerte sich beträchtlich mit dem überwiegenden Wachsthum des Bauches. Mund und Atrioporus näherten sich immer mehr auf der Dorsal-Seite; zwischen beiden liegt das reducirte Nervencentrum als kleiner „Hirnknoten". Die Anpassung an festsitzende Lebensweise führte dabei auch zu einer theilweisen Störung der bilateralen Symmetrie und bewirkte ganz ähnliche Umbildungen, wie bei den ältesten Echinodermen (*Amphorideen* und *Cystoideen*). Da bei diesen aber umgekehrt die Anheftung der frei schwimmenden Ahnenform mit der Dorsal-Seite erfolgte, wurde diese übermässig ausgedehnt, dagegen die Ventral-Fläche, auf der Mund und After nahe zusammen liegen, stark reducirt.

Die Classe der Ascidien (oder *Ascidiaceen*) wird in die beiden Ordnungen der *Monascidien* und *Synascidien* eingetheilt; die Personen der ersteren, die *Ascidiae simplices*, bleiben solitär, gleich den Copelaten-Ahnen; die letzteren dagegen, die *Ascidiae compositae*, bilden durch Knospung Stöcke oder Cormen. Da diese Stockbildung oder Cormosis erst secundär erworben und durch Anpassung an festsitzende Lebensweise hervorgerufen ist, müssen wir die Monascidien als die ältere Gruppe betrachten; unter den lebenden Vertretern derselben dürften die *Claveliniden*, welche durch Stolonen-Bildung die Cormose einleiten, wegen der Einfachheit ihres Baues als die ältesten anzusehen sein. In der Hauptgruppe der *Phallusiden* erreicht der Körper der solitären Person eine weit bedeutendere Körpergrösse und eine höhere Specialisation, als bei den kleinen Synascidien zu finden ist. Diese formenreichste Gruppe des Tunicaten-Stammes scheint polyphyletisch entstanden zu sein, indem mehrere verschiedene Zweige des Monascidien-Stammes „Colonien" bildeten und sich an Cormose gewöhnten.

Die Classe der Thalidien (oder *Thaliaceen*) umfasst nur eine geringe Zahl von pelagischen Tunicaten-Formen, in drei Ordnungen.

§ 196. System der Tunicaten.

Classen	Ordnungen	Familien	Genera
Erste Classe: **Copelata** (= Larvacea) = *Urascidiae*. Schwimmend, mit Chorda und Ruderschwanz. Tunica nicht permanent. Atrium fehlt. After frei, ventral.	1. **Protunicata** Personen solitär, mit ein Paar lateralen Gonaden (Coelom-Taschen)	1. **Archascidiae** ⊙ Anschluss an die Prochordonia (Frontonia)	Archascus ⊙ (*primigenius*)
	2. **Appendicaria** Personen solitär, mit posteralen Gonaden. Coelom rückgebildet	2. **Oecopleurida** Herz und Endostyl vorhanden	Oecopleura (*cophocerca*) Fritillaria (*furcata*)
		3. **Kowalevskida** Herz und Endostyl fehlen	Kowalevskia (*tenuis*)
Zweite Classe: **Ascidiae** (= Ascidiacea) = *Benthascidiae*. Festsitzend, ohne permanenten Ruderschwanz. Tunica permanent, mit Atrium. After dorsal, in das Atrium mündend. Atrioporus dorsal.	3. **Monascidiae** Personen solitär, (selten social, durch Stolonen cormusbildend). Jede Person hat ihre eigene Tunica	4. **Metrascidiae** Mit Stolonen. Kieme ein Gitterkorb	Metrascus ⊙ (*annectens*) Clavelina (*lepadina*)
		5. **Phallusida** Ohne Stolonen. Kieme ein Gitterkorb	Phallusia (*mammillata*) Cynthia (*papillosa*)
		6. **Octacnemida** Ohne Stolonen. Kieme blattförmig, ohne Spalten	Octacnemus (*bythius*)
	4. **Synascidiae** Personen social, Cormen bildend, in welchen die Personen zu Cormidien gruppirt und in eine gemeinsame Tunica eingeschlossen sind	7. **Botryllida** Personen ungegliedert, ohne Gürtel-Strictur	Botryllus (*stellatus*) Botrylloides (*rubrum*)
		8. **Didemnida** Personen zweigliedrig, mit einer Gürtel-Strictur	Didemnum (*gelatinosum*) Coelocormus (*Huxleyi*)
		9. **Polyclinida** Personen dreigliedrig, mit zwei Gürtel-Stricturen	Synoecum (*turgens*) Polyclinum (*constellatum*)
Dritte Classe: **Thalidiae** (= Thaliacea) = *Nectascidiae*. Schwimmend, ohne Ruderschwanz. Tunica permanent, mit Atrium. After terminal, in das Atrium mündend. Atrioporus terminal.	5. **Luciae** (Salpascidiae) Muskeln nicht in Ringe getheilt	10. **Pyrosomida** Kieme ein completer Gitterkorb, mit vielen Längsreihen von Querspalten	Pyrosoma (*giganteum*) Eupyrosoma (*elegans*)
	6. **Cyclomyaria** Muskeln in geschlossenen Ringen	11. **Doliolida** Kieme incomplet, mit ein Paar Längsreihen von Transversal-Spalten	Doliolum (*denticulatum*) Anchinia (*rubra*)
	7. **Desmomyaria** Muskeln in offenen Ringen	12. **Salpida** Kieme incomplet, mit nur einem Paar grossen Lateral-Spalten	Cyclosalpa (*pinnata*) Salpa (*costata*)

§ 197. Stammbaum der Tunicaten.

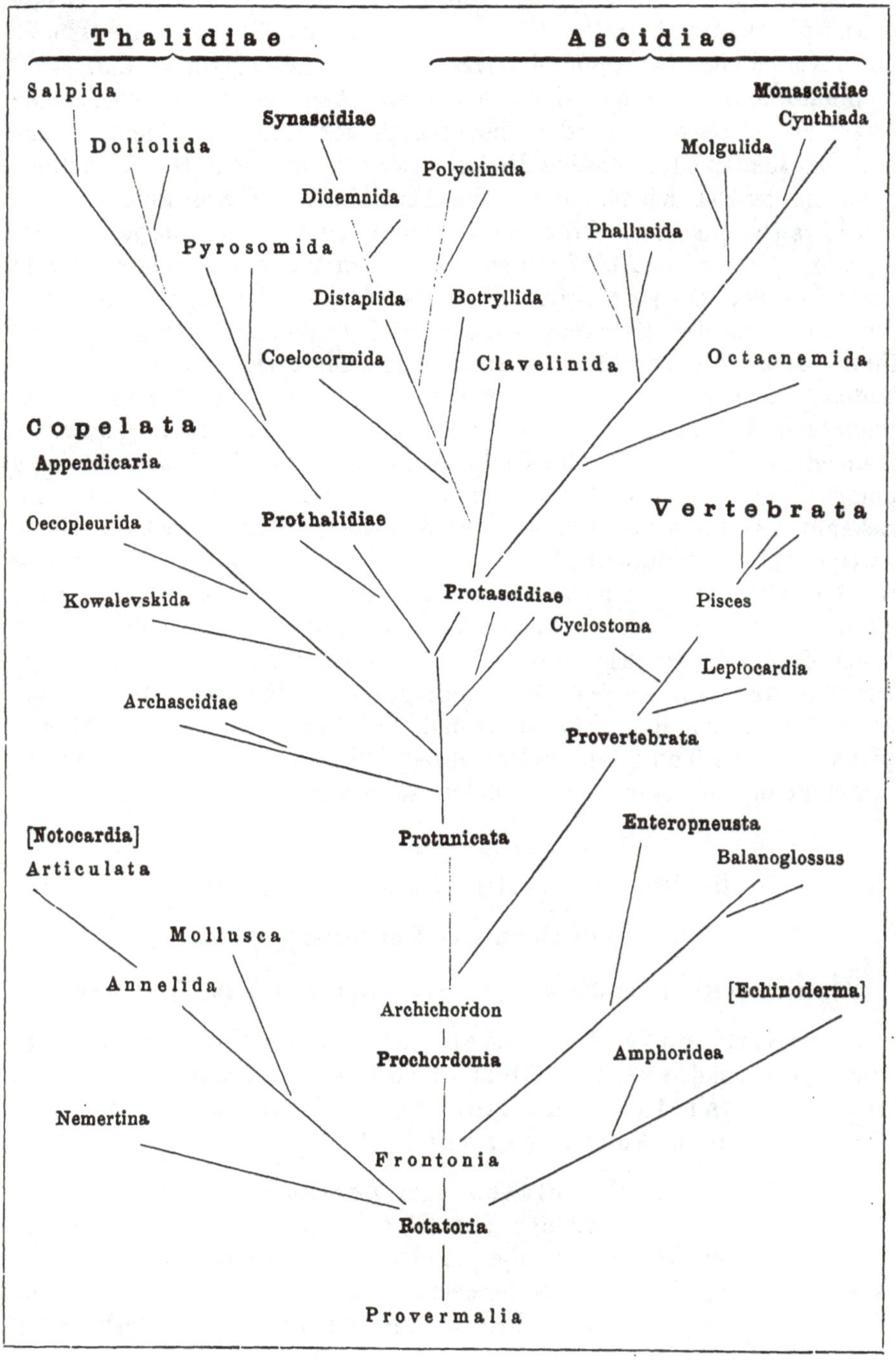

Dieselben weichen jedoch bedeutend von einander ab und werden auch phylogenetisch sehr verschieden beurtheilt. Wenn man die Classe monophyletisch auffasst, so kann man als älteste, den *Ascidien* nächstverwandte Ordnung die Lucien (= *Pyrosomida*) auffassen; man kann annehmen, dass diese eigenthümlichen schwimmenden Cormen direct aus Coelocormiden hervorgegangen sind, aus einem Zweige der *Synascidien*, der von den *Distapliden* abzuleiten ist. Durch partielle Rückbildung der Kiemen und hohe Ausbildung der Schwimm-Muskeln würde sich aus dem Organismus der Lucien-Person derjenige der Cyclomyaria (= *Doliolida*) ableiten lassen und aus diesem wiederum derjenige der Desmomyaria (= *Salpida*). Allein die bedeutende Divergenz in der Metagenese dieser drei Thalidien-Ordnungen bietet ihrer Auffassung in directer Verwandtschafts-Linie bedenkliche Schwierigkeiten, auch abgesehen von denjenigen, welche in wichtigen anatomischen Differenzen liegen. Es hat daher die andere Annahme manche Vorzüge, welche die Thalidien nicht von benthonischen Ascidien ableitet, sondern von älteren *Prothalidien*, einer ausgestorbenen unbekannten Gruppe von nektonischen Acopeten, welche direct von einem Zweige der *Protunicaten* abstammen. Nach dieser zweiten Hypothese würden sich unter den Vorfahren der Thalidien keine festsitzenden Formen befunden haben, wie es die erste Hypothese annehmen muss. Einer dritten Hypothese zufolge ist die Classe der Thalidien polyphyletisch; die *Lucien* könnten direct von benthonischen Synascidien abzuleiten sein, die *Dolioliden* und *Salpiden* dagegen von älteren planktonischen Tunicaten, welche direct aus Protunicaten (— ohne Zusammenhang mit Ascidien —) entsprossen sind.

§ 198. Erste Classe der Tunicaten:

Copelata (= Larvacea).

Gemeinsame planktonische Stammgruppe der Tunicaten.

Schwimmende Tunicaten mit permanentem Ruderschwanz und axialer Chorda, ohne permanente Tunica und ohne Atrium. Kiemenspalten und After münden direct nach aussen; After ventral.

Die Classe der Copelaten oder *Larvaceen* betrachten wir als die gemeinsame Stammgruppe aller Tunicaten. Wir unterscheiden in derselben zwei Ordnungen, die palaeozoischen *Protunicaten* und die lebenden *Appendicarien*; letztere erscheinen als modificirte moderne Ueberreste der ersteren, haben jedoch die wichtigsten Verhältnisse ihrer Organisation durch zähe Vererbung bis heute bewahrt. Als gemeinsame Charactere aller Copelaten, welche sie von ihren Frontonier-Ahnen, den Prochordoniern (§ 190), durch Vererbung erhalten haben, betrachten wir: 1) die dipleure Körperform der schwimmenden ungegliederten Person; 2) den Vermalien-Bau derselben (Tetrablastica); 3) den Besitz eines dreitheiligen Darmrohrs, dessen Schlund von ein Paar lateralen Kiemenspalten durchbrochen ist; 4) ein Scheitelhirn, welches sich in einen dorsalen Median-Nerven fortsetzt; 5) ein paar Coelom-Taschen, die theilweise oder ganz in Gonaden verwandelt sind. Dagegen unterscheiden sich die Copelaten von ihren Prochordonier-Ahnen durch den Verlust des Flimmerkleides, an dessen Stelle eine Cuticular-Hülle (Protunica) tritt, sowie durch die Ausbildung eines ventralen Ruderschwanzes, in dessen Axe die Chorda verläuft, und zu beiden Seiten derselben ein Paar Muskelbänder, welche die lebhaften Schwimmbewegungen vermitteln.

Erste Ordnung der Copelaten: **Protunicata** (oder *Archascidiae*); die hypothetische älteste Stammgruppe der Tunicaten. Da zwischen den modernen *Appendicarien*, den bekannten einfachsten Formen der Tunicaten, und den nächstverwandten Vermalien, den *Frontoniern*, eine bedeutende morphologische Kluft besteht, sind wir zu der Annahme gezwungen, dass diese weite Kluft einst durch eine lange Reihe von ausgestorbenen unbekannten Verbindungs-Gliedern ausgefüllt war; wir fassen diese unter dem Begriffe der *Protunicaten* oder der „Urmantelthiere“ zusammen. Die ältesten Formen derselben schlossen sich unmittelbar an ihre Vermalien-Ahnen an (speciell an die *Prochordonier*); die jüngsten Formen der Kette besassen im Wesentlichen die Bildung der heutigen *Appendicarien*. Sie werden sich von diesen letzteren wahrscheinlich dadurch unterschieden haben, dass der Ruderschwanz noch nicht so entwickelt und nicht so scharf von dem längeren Rumpfe abgesetzt war; besonders aber durch die Ausbildung von ein Paar lateralen Coelom-Taschen, welche die Geschlechts-Producte enthielten und durch ein medianes Mesenterium getrennt waren.

Zweite Ordnung der Copelaten: **Appendicaria.** Diese kleinen Plankton-Tunicaten, die einzigen lebenden Vertreter der Copelaten-Classe, betrachten wir als modificirte und theilweise verkümmerte Ueberreste der *Protunicaten.* Sie unterscheiden sich von letzteren hauptsächlich durch die partielle oder totale Rückbildung des Blutgefäss-Systems (bedingt durch die bedeutende Abnahme der Körpergrösse), sowie durch die Umlagerung der Gonaden. Während bei den grösseren *Protunicaten* ein Paar geräumige Coelom-Taschen symmetrisch zu beiden Seiten des Darmes lagen und Sexual-Zellen producirten, finden wir bei den zwerghaften *Appendicarien* dieselben stark reducirt und verlagert; gewöhnlich das Ovarium am Hinterende des Rumpfes, zwischen ihm und Darmbeuge der Hoden. Dagegen ist wahrscheinlich bei den modernen *Appendicarien* der Ruderschwanz stärker entwickelt und schwächer von dem eiförmigen Rumpfe abgesetzt, als es bei den *Protunicaten* der Fall war; auch besassen die letzteren vermuthlich noch nicht das eigenthümliche hinfällige „Häuschen“ (*Perioecium*) der letzteren, welches häufig abgeworfen und rasch regenerirt wird. Die meisten lebenden Copelaten, die wir als Oecopleuriden bezeichnen (*Oecopleura*, *Appendicularia*, *Fritillaria* etc.), besitzen noch Herz und Endostyl; diese sind verloren gegangen in der verkümmerten Gruppe der zarten Kowalevskida.

§ 199. Zweite Classe der Tunicaten:

Ascidiae (= Ascidiacea).

Benthonische Gruppe der sessilen Tunicaten.

Festsitzende Tunicaten mit larvalem, aber nicht permanentem Ruderschwanz (nebst Chorda), mit permanenter Tunica und mit Atrium, in welches Kiemenspalten und After münden; After dorsal.

Die Classe der Ascidien oder *Ascidiaceen* umfasst den benthonischen Hauptstamm der Tunicaten, dessen zahlreiche noch lebende Vertreter sämmtlich auf dem Boden des Meeres festsitzen. Aus ihren Eiern entwickeln sich characteristische Larven, welche mittelst eines Ruderschwanzes umherschwimmen und noch die ursprüngliche Organisation ihrer Copelaten-Ahnen zeigen; insbesondere besitzen sie deren kräftigen Ruderschwanz, mit axialer Chorda und ein Paar lateralen Längsmuskeln. Später setzen sie sich am Meeresboden fest, wachsen an der Bauchseite (mit der Gegend der Unterlippe) an und erleiden eine beträchtliche Umbildung. Der ganze Schwanz nebst Chorda verkümmert und wird abgeworfen. Die nach unten gekehrte Bauchseite wächst viel stärker als die obere Rückenseite, so dass der ventrale After erst nach hinten und dann nach oben wandert. Der Kiemenkorb dehnt sich mächtig aus und wird von zahlreichen Spalten gitterförmig durchbrochen. Zu seinem Schutze entwickelt sich das Pallium oder der Perithorax (vergl. § 193); sein exodermaler Hohlraum (— Atrium, Peribranchial-Höhle, Perithoracal-Raum, Kloakenhöhle —) nimmt sowohl im vorderen Theile das austretende Wasser aus den Kiemenspalten auf, als im hinteren Theile die Mündungen des Afters und der Gonaden. Die gemeinsame Oeffnung nach aussen bildet der Atrioporus, das „Egestions-Ostium“ oder die Kloaken-Oeffnung; sie liegt auf dem Rücken hinter der Mundöffnung (— dem Branchial-Ostium —); zwischen beiden Oeffnungen in der Mitte liegt der Hirnknoten, der Rest des reducirten Medullar-Rohrs.

Die Anpassung an festsitzende Lebensweise hat mithin bei den *Ascidien* zu ganz ähnlichen Umbildungen geführt, wie bei den *Echinodermen*, namentlich der ältesten Classe dieses Stammes, den *Amphorideen.* Unter Letzteren werden einige Aristocystiden manchen Monascidien durch Convergenz sehr ähnlich; so könnten z. B. *Orocystis* und *Chelyosoma* als nächste Verwandte erscheinen. In beiden Gattungen entwickeln sich nicht nur die Naht-Bänder der Hautplatten („Porenrauten“ und Suturmuskeln) ganz ähnlich, sondern sogar die sechsklappige Pyramide, welche Mundöffnung und Afteröffnung schliessen kann (ähnlich wie bei der Holothurie *Psolus*). Die Vergleichung dieser ähnlichen Formen ist für die Descendenz-Theorie um so lehrreicher, als in beiden Stämmen die Anheftung des sessilen bilateralen Coelomariums auf entgegengesetzten Seiten erfolgt, bei den *Echinodermen* auf der dorsalen, bei den *Ascidien* auf der ventralen Seite. Diese geotrope, dem Meeresboden angewachsene Seite wird übermässig ausgedehnt, während die entgegengesetzte heliotrope Seite, auf welcher beide Darm-Oeffnungen liegen, stark reducirt erscheint.

Die Classification der zahlreichen Ascidien-Formen, welche heute noch leben, ist mit grossen Schwierigkeiten verknüpft. Am zweckmässigsten ist es zur Zeit noch, nur zwei Ordnungen in dieser Classe zu unterscheiden, die solitären *Monascidien* und die stockbildenden *Synascidien.* Die Ordnung der **Monascidien** umfasst alle „einfachen oder solitären Seescheiden“ (*Ascidiae simplices*), ausserdem aber auch eine kleine Gruppe von nächsten Verwandten, welche beginnen sich durch Wurzelausläufer oder Stolonen ungeschlechtlich zu vermehren, die *Clavelinida.* Jedoch bleiben die Personen dieser „geselligen Seescheiden“ (*Ascidiae stolonatae*) selbständig, besitzen ihre eigene Tunica und hängen nur durch die Stolonen zusammen; sie sind nicht in eine gemeinsame Coenotunica eingeschlossen, wie die *Synascidien.* Da die Cormosis oder Stockbildung der letzteren jedenfalls ein secundärer Process und erst durch festsitzende Lebensweise entstanden ist, müssen wir die *Monascidien* als die älteren Formen betrachten. Wir unterscheiden in dieser Ordnung drei Unterordnungen oder Familien, die *Metrascidien*, *Phallusiden* und *Octacnemiden.* Die Familie der Metrascidiae umfasst die noch lebenden Clavelinidien (*Claphelina, Perophora*), sowie die unbekannten, längst ausgestorbenen Stammformen der Classe, die hypothetischen Protascidien.

Diese führten von den *Copelaten* zu den *Monascidien* hinüber; unter den modernen Ascidien dürfte *Perophora* ihnen mit am nächsten stehen. Die formenreiche Hauptgruppe der Monascidien bilden die Phallusida (mit den Familien der *Molgulida*, *Cionida*, *Corellida* und *Cynthiada* — unter letzteren wieder die Subfamilien der *Boltenida*, *Eucynthida* und *Styelida*). Unter den Phallusiden befinden sich zahlreiche Monascidien von ansehnlicher Grösse und hoher Differenzirung der eigenthümlichen Organisation. Einen divergenten Seitenzweig derselben bildet nach unserer Ansicht die Familie der Octacnemiden, welche bis jetzt bloss durch eine Tiefsee-Form bekannt ist: *Octacnemus bythius*. Durch Anpassung an die eigenthümlichen Lebens-Bedingungen der Tiefsee hat diese Monascidie die Kiemenspalten verloren, deren Reste noch als Grübchen in der Kiemenwand erkennbar sind; die Längsaxe des scheibenförmig abgeplatteten Körpers ist stark verkürzt (ähnlich wie bei *Chelyosoma*), die acht circoralen Tentakeln sind in grosse dreieckige Lappen ausgezogen. Zu den *Salpiden*, mit denen man neuerdings *Octocnemus* vereinigt hat, besitzt er nach unserer Auffassung keine directen Beziehungen; wir halten ihn für eine aberrante abyssale *Phallusiden*-Form.

Die Ordnung der **Synascidien** oder „zusammengesetzten Seescheiden" (*Ascidiae compositae*) bildet eine sehr umfangreiche, wahrscheinlich polyphyletische Gruppe; sie sind aus den stolonaten Monascidien (*Clavelinida*) dadurch entstanden, dass die Knospen in enge Verbindung traten und in einen gemeinsamen Stockmantel (*Coenotunica*) eingeschlossen wurden. Die zahlreichen socialen Personen dieser Cormen sind dann meistens gruppenweise in sternförmige Stöckchen (*Cormidia stellata*) zusammengestellt, häufig in der Weise, dass die Personen eines jeden Cormidiums oder „Systems" zwar jede ihre besondere Mundöffnung, aber alle eine gemeinsame Atrial-Oeffnung haben. Die zahlreichen Familien der *Synascidien* können auf drei Unter-Ordnungen vertheilt werden, die *Botrylliden*, *Didemniden* und *Polycliniden*. Die Botrylliden (*Botryllus*, *Polycyclus*) besitzen weder Gürtel-Strictur, noch Mundlappen; sie nähern sich durch *Symplegma* den ältesten Cynthiaden (*Bathyoncus*). Die beiden anderen Unter-Ordnungen besitzen sechs Mundlappen und eine (*Didemnida*) oder zwei (*Polyclinida*) gürtelförmige Einschnürungen des Körpers; dieser wird dadurch in zwei oder drei Abschnitte getheilt, in Thorax, Abdomen und Postabdomen. Die Didemniden nähern sich durch *Diazona*, die Polycliniden durch *Pharyngodictyon* der alten Claveliniden-Form *Ectinascidia*, welcher auch die Phallusida *Ciona* nahe verwandt ist.

§ 200. Dritte Classe der Tunicaten: **Thalidiae** (= **Thaliacea**).

NEKTONISCHE GRUPPE DER FREIEN SCHWANZLOSEN TUNICATEN.

Schwimmende Tunicaten ohne Ruderschwanz und Chorda (— oder mit Chorda-Rudiment: Elaeoblast —); mit permanenter Tunica und mit Atrium, in welches Kiemenspalten und After münden; After terminal.

Die Classe der Thalidien oder *Thaliaceen* enthält diejenigen modernen Tunicaten, welche sich schwimmend im Meere umher bewegen und durch Anpassung an pelagische Lebensweise den pelluciden Habitus der Hyalin-Thiere erworben, aber den Ruderschwanz der Copelaten-Ahnen verloren haben. Sie theilen mit den *Ascidien* den Besitz einer permanenten Tunica und eines Atrium mit Atrioporus, unterscheiden sich aber von ihnen wesentlich durch die terminale Lage des Afters und des Atrioporus, hinten am Aboral-Pol. Dorsale und ventrale Fläche des Körpers sind daher bei den Thalidien ziemlich gleichmässig ausgedehnt, während bei den Ascidien stets die letztere auf Kosten der ersteren übermässig entwickelt ist. Auch ist die bilaterale Grundform der Thalidien streng symmetrisch (eudipleurisch), dagegen bei den Ascidien meistens mehr oder weniger asymmetrisch (dysdipleurisch).

Die drei Familien, welche wir in der Classe der Thalidien zusammenfassen: 1) *Pyrosomiden*, 2) *Dolioliden* und 3) *Salpiden*, haben zwar viele Charactere gemeinsam, entfernen sich aber in anderen ziemlich weit von einander, so dass sie als Vertreter von drei verschiedenen Ordnungen aufgefasst werden: 1) *Luciae*, 2) *Cyclomyaria* und 3) *Desmomyaria*. Von diesen drei Gruppen schliesst sich die erste zunächst an die *Ascidien* an, während die letzte sich am weitesten von ihnen entfernt; die *Dolioliden* stehen in der Mitte zwischen den älteren *Pyrosomiden* und den jüngeren *Salpiden*. Ob jedoch diese drei Gruppen wirklich eine phylogenetische Reihe bilden, ist noch sehr zweifelhaft, ebenso wie ihre Verwandtschafts-Beziehungen zu den benthonischen Ascidien. Die Ansichten der competentesten Kenner gehen noch heute darüber weit auseinander.

Erste Ordnung der Thalidien: **Luciae**, mit der einzigen Familie der Pyrosomida (= *Salpascidiae* oder *Ascidiae salpaeformes*). Diese „Feuerwalzen“ treten heute nur in Form von pelagischen Cormen auf, welche glashelle, hohle Cylinder oder Kegel darstellen, am einen Ende der Längsaxe geschlossen, am anderen Ende offen. Die zahlreichen Personen, welche dicht gedrängt in der Coenotunica des schwimmenden Stockes sitzen, stehen mit ihrer Hauptaxe senkrecht (radial) auf der Axe des Cylinders; ihr Mund öffnet sich an dessen Oberfläche, während ihr Atrioporus innen in seinen Hohlraum mündet. Bei *Eupyrosoma* (*elegans*) sind die Personen (oder *„Ascidiozooide"*) regelmässig in horizontale kreisrunde Wirtel geordnet; bei *Pyrosoma* (*giganteum*, *atlanticum* u. A.) fehlt diese verticillate Anordnung. Der voluminöse Kiemenkorb ist gitterförmig von zahlreichen Kiemenspalten durchbrochen, wie bei den *Ascidien*, und auch der subcutane Muskelschlauch ist ähnlich gebildet; aber in anderen Verhältnissen und namentlich in der terminalen Lage des Atrioporus (diametral gegenüber dem Munde) gleichen die Lucien vielmehr den *Dolioliden*. Ihre phylogenetische Beziehung zu den übrigen Tunicaten ist noch sehr zweifelhaft. Eine Hypothese leitet die Lucien direct von Synascidien ab (— von *Coelocormiden*, welche sich direct an die *Distapliden* anschliessen —); eine zweite Hypothese dagegen fasst als directe Vorfahren der Lucien ältere ausgestorbene Tunicaten auf, welche den *Prothalidien*, den unbekannten gemeinsamen Stammformen der Thalidien oder einem Zweige der Copelaten nächst verwandt waren. Nach der ersten Hypothese haben sich unter den Vorfahren der Pyrosomiden eine Reihe von sessilen Ascidien befunden, nach der zweiten Annahme dagegen nicht. Die Metagenesis der Lucien liefert zur Entscheidung dieser Alternative keine sicheren Aufschlüsse. Die sterile Person, welche sich aus dem Ei entwickelt (*Cyathozooid*), ist Ascidien-ähnlich und erzeugt durch Knospung ein kreuzförmiges Cormidium von vier *Ascidiozooiden*; diese bilden durch fortgesetzte Knospung den Pyrosoma-Cormus und werden später geschlechtsreif.

Zweite Ordnung der Thalidien: **Cyclomyaria**, mit der einzigen Familie der Doliolida (Genera: *Doliolum* und *Anchinia*). Die geschlechtsreifen Personen dieser kleinen „Seetonnen" bilden keine permanenten Stöcke, sondern leben isolirt im Plankton; aber die sterilen Personen, welche sich aus ihren Eiern entwickeln, erscheinen als „geschlechtslose Ammen" und bilden einen dorsalen Keimstock (oder Stolo), an welchem zahlreiche Personen in Reihen hervorsprossen. Diese letzteren lösen sich später ab und bilden dann einen ventralen Keimstock, dessen Knospen sich nach ihrer Abtrennung zu geschlechtsreifen Personen entwickeln. Der tonnenförmige Körper der Dolioliden, die sich nahe an die Lucien anzuschliessen scheinen, zeichnet sich durch den Besitz von regelmässig kreisrunden, geschlossenen Muskel-Ringen aus. Die Kieme bildet nicht mehr einen vollständigen Gitterkorb, wie bei den Lucien und Ascidien, sondern ist auf ein Paar Längsreihen von transversalen Kiemenspalten in der Dorsal-Wand der weiten Schlundhöhle reducirt.

Dritte Ordnung der Thalidien: **Desmomyaria**, mit der einzigen Familie der Salpida. In dieser letzten und eigenthümlichsten Gruppe der Tunicaten ist deren ursprünglicher Organismus am stärksten umgebildet. Der cylindrische und spindelförmige Körper der schwimmenden Person schliesst eine sehr geräumige Höhle ein, welche sich vorn durch den Mund, hinten durch den Atrioporus öffnet. Ein diagonaler, in der Median-Ebene liegender Balken, welcher von vorn und oben nach hinten und unten herabsteigt, theilt die Körperhöhle in eine vordere untere Kammer (Schlundhöhle) und eine hintere obere Kammer (Atrium). Die beiden grossen lateralen Spalten, durch welche beide Kammern communiciren, und welche rechts und links zwischen Kiemenbalken und Leibeswand liegen, sind ein Paar grosse Kiemenspalten (durch Zusammenfliessen der lateralen Spaltenreihen von *Dolioliden* entstanden). Bei einigen Salpiden (*Pegea*) finden sich auch noch mehrere kleine oder rudimentäre Kiemenspalten oben neben der Dorsal-Insertion des diagonalen „Kiemenbalkens", welcher dem hinteren Median-Theil der dorsalen Schlundwand und seiner „Rückenzunge" (Linguetta) entspricht. Die transversalen Muskelbänder, welche den Körper der *Desmomyarien* umgürten, sind keine geschlossenen regulären Ringe, wie bei den *Cyclomyarien.* Der Magendarm verläuft bei den älteren Formen noch gestreckt in der ventralen Median-Linie (*Cyclosalpa*), bei den jüngeren Formen ist er aufgerollt und bildet zusammen mit den Gonaden einen „Visceral-Nucleus" (*Thalia, Salpa*). Alle Salpiden haben eine reguläre Metagenesis; die sterilen Solitär-Salpen („Ammen") sind grösser und erzeugen durch Knospung Cormen von sexuellen „Social-Salpen oder Ketten-Salpen"; diese Cormen sind bei *Cyclosalpa* kreisrunde Wirtel (wie bei *Pyrosoma*); bei *Salpa* und *Thalia* dagegen lange gestreckte Bänder. Der Embryo, welcher sich aus dem befruchteten Ei der Ketten-Salpe entwickelt, ist mit der Mutter durch eine ernährende *Placenta* verbunden; er besitzt noch am Hinter-Ende das kolbenförmige Rudiment des Ruderschwanzes (nebst Chorda) als Erbstück von den Copelaten-Ahnen. Später wird dieser *Elaeoblast* rückgebildet; er bezeugt als „rudimentäres Organ" die Abstammung der Thalidien von den Chordoniern.

Sechstes Kapitel.

Systematische Phylogenie der Echinodermen.

§ 201. Begriff der Echinodermen.

(*Echinodermata* = Stachelhäuter. *Astronia* = Sternthiere.)

Phylon der ambulacralen Coelomarien.

Coelomarien mit bilateraler, helminthenartiger Jugendform (Astrolarva) und mit radialer, meist fünfstrahliger Reifeform (Astrozoon); letztere entsteht aus ersterer durch eine eigenthümliche Metamorphose (Astrogenese). Hautskelet aus krystallinischen Kalkproducten des Coriums gebildet, mit eigenthümlicher Gitter-Structur. Nerven-System ein circoraler Ring, von dessen Ecken auf der Ventral-Seite (meist fünf) perradiale Nervenbänder abgehen. Ein eigenthümliches, asymmetrisch aus einer Coelom-Tasche entwickeltes Ambulacral-System, dessen Centrum ein circoraler Ring (Hydrocircus) bildet, sendet Ausläufer in die hohlen Tentakeln. Darm-Canal mit Mund und After, frei im Coelom liegend und durch ein Dorsal-Mesenterium an der Leibeswand befestigt. Sowohl in der Darmwand als in der Leibeswand liegen Geflechte von lacunaren Blutgefässen. Fast immer Gonochoristen.

Das Phylon der Sternthiere (*Astronia*) oder Stachelhäuter (*Echinoderma*) bildet eine formenreiche, sehr alte Hauptgruppe der Metazoen, deren acht Classen schon in der Silur-Zeit zu selbständiger divergenter Entfaltung gelangt waren. Im geschlechtsreifen erwachsenen Zustande (als Astrozoon) stimmen alle Echinodermen überein durch eine Anzahl von auffallenden und ganz eigenthümlichen Organisations-Verhältnissen, welche in keiner anderen Abtheilung des Thierreichs wiederkehren. Der ganze Stamm erscheint als eine einheitliche, einen besonderen Typus repräsentirende Hauptgruppe. Wenn man von den bilateralen *Amphoralien* absieht, der niedersten und ältesten Gruppe, so findet man keinerlei Uebergänge oder wahre Verwandtschafts-Beziehungen zu irgend einer anderen Hauptgruppe der Metazoen. Dagegen besitzt die unreife Jugendform (Astrolarva) eine ganz verschiedene Organisation; sie stimmt im Wesentlichen mit derjenigen niederer Wurmthiere überein, welche sich durch Flimmerschnüre schwimmend umherbewegen; sie gestattet der kritischen Phylogenie eine unmittelbare Ableitung von einem Zweige des Vermalien-Stammes. Stellen wir uns vor, dass die bilaterale Astrolarve (*Dipleurula*) geschlechtsreif würde, indem ihre beiden Coelomtaschen sich zu Gonaden entwickelten, so würden wir sie als besondere Helminthen-Classe (*Astrelminthes*) der Hauptclasse der Rotatorien anschliessen (§ 172).

Den Schlüssel des schwierigen *„Echinodermen-Problems"* liefert uns demnach das biogenetische Grundgesetz, indem es uns die eigenthümlichen *ontogenetischen* Processe der Astrogenese als bedeutungsvolle erbliche Recapitulationen der ursprünglichen *phylogenetischen* Ereignisse erklärt, durch welche der *Echinodermen*-Stamm aus einem Zweige des *Helminthen*-Stammes entstanden ist. Wenn wir bloss die fünfstrahligen *Astrozoen* kennen würden, und wenn die bilateralen *Astrolarven* derselben alle verschwunden wären (— wie es thatsächlich bei einzelnen Formen mehrerer Classen in Folge abgekürzter Entwickelung der Fall ist —), so würden wir auf das ganze morphologische und phylogenetische Verständniss des Stammes, oder doch mindestens auf dessen empirische Begründung durch die Ontogenie, verzichten müssen.

§ 202. Organisation der Astrolarva.

Die unreifen und geschlechtslosen Jugendformen der Echinodermen, welche sich nach vollendeter Gastrulation aus deren Gastrula entwickeln, bezeichnen wir allgemein als Astrolarven (oder *Echinopaedien*). Aus diesen bilateralen, ursprünglich *Astrelminthen* gleichenden Larven entwickelt sich durch jene ganz eigenthümliche Art der Metamorphose, die wir Astrogenese nennen, das reife pentaradiale Astrozoon. Obgleich die Formen der Astrolarven in den verschiedenen Classen (— und theilweise selbst in verschiedenen Familien einer Classe —) bedeutend von einander abweichen, und obgleich auch der besondere Weg ihrer Metamorphose vielfach verschieden ist, lässt sich dennoch sowohl in dieser als in jener Beziehung eine gesetzmässige Einheit des Bildungsganges erkennen; und diese lässt sich durch Vererbung von der gemeinsamen Grundform des monophyletischen Stammes (*Amphoraea*) erklären.

Die typische Astrolarva, auf welche sich alle verschiedenen Formen der Echinodermen-Larven zurückführen lassen, und welche nach unserer Auffassung die palingenetische Wiederholung der *Astrelminthen*-Ahnen darstellt, ist ein Helminthen-artiger Organismus mit folgenden generellen Characteren: I. Die freischwimmende Person zeigt eine ausgeprägt bilateral-symmetrische Grundform, ähnlich derjenigen vieler pelagischer Vermalien-Larven; sie besteht aus einem Paar symmetrisch-gleicher Antimeren, die in der verticalen Median-Ebene verbunden sind. Von den Organen der Larve liegt der Darmcanal genau in der Median-Ebene, während die beiden Coelomtaschen und die Locomotions-Organe (Wimperschnüre) ganz symmetrisch auf rechte und linke Körperhälfte vertheilt sind. Von den drei auf einander senkrechten Richtaxen des Körpers (Euthynen) ist die längste die Hauptaxe, die kürzeste die Sagittal-Axe; die Lateralaxe steht zwischen beiden in der Mitte. II. Die ursprüngliche Form der typischen Astrolarve, auf welche sich alle verschiedenen Modificationen zurückführen lassen, wird am besten einem einfachen Kahne verglichen (*Scaphularia*). Die untere convexe Fläche des Kahns (mit dem Kiel in der Mittellinie) entspricht der ausgedehnteren Rückenseite der Larve, dagegen die obere concave Kahnfläche der kürzeren Bauchseite; in dieser liegt vorn der Mund, hinten der After. Die beiden Seitenwände des Kahns (an denen die Ruder symmetrisch vertheilt sind), entsprechen den vorspringenden Seitenwänden der Astrolarve, welche in mannichfaltigster Weise gewunden und in symmetrisch vertheilte, Wimperschnüre tragende Lappen (Arme, Zipfel, Stäbe) ausgezogen sind (§ 210). III. Der primitive Darmcanal der typischen Astrolarve ist in der Median-Ebene bogenförmig gekrümmt, mit convexer Rückenfläche und concaver Bauchfläche; in letzterer liegen Mund und After mehr oder weniger genähert. Durch zwei transversale Stricturen zerfällt der Darm in drei hinter einander gelegene Abschnitte: A. Schlund (*Pharynx*, Vorderdarm); B. Magen (*Stomachus*, Mitteldarm); C. Enddarm (*Procton*, Hinterdarm). Die beiden letzteren Abschnitte sind entodermal, aus dem Urdarm der Gastrula entstanden; der After ist der Urmund. Der Schlund dagegen, mit der Mundöffnung der Larve, ist erst secundär entstanden, durch eine Einstülpung des Exoderms. IV. Die beiden primären Coelom-Taschen oder

„scheibenförmigen Lateral-Säcke“, die symmetrisch rechts und links am Magen liegen, sind Blindsäcke desselben, durch Ausstülpung und Abschnürung aus ihm hervorgegangen. V. Ursprünglich zerfiel jede der beiden einfachen Coelom-Taschen durch eine transversale Ringstrictur in zwei Bläschen, ein vorderes Hydrocoel und ein hinteres Enterocoel; ersteres mündet durch einen kurzen Canal auf der Rückenfläche nach aussen (Notoporus) und bildet die Anlage zum Ambulacral-System, letzteres zum Coelom-System des Astrozoon. Bei den Astrelminthen-Ahnen besassen nach unserer Ansicht die beiden Hydrocoel-Taschen die excretorische Function von *Nephridien*, die beiden Enterocoel-Taschen hingegen von *Gonaden*. VI. Der ganze übrige Körper der typischen Astrolarve besteht aus solidem, gallertigem Mesenchym, dessen amoeboide Connectiv-Zellen (*Planocyten*) aus der Urdarm-Wand ausgetreten sind und ein *Spicular-Skelet* ausscheiden können.

Vergleichen wir diese typische Organisation der primären bilateralen Astrolarve (*Dipleurula*) mit derjenigen des reifen pentaradialen Astrozoon, so erscheint sie sehr viel einfacher. Es fehlt noch jede Spur von radialer Organisation; es ist noch keine zusammenhängende Leibeshöhle vorhanden, kein Blutgefäss-System, keine Andeutung des circoralen und pentaradialen Organ-Complexes (Mundringe des Ambulacral-Systems, des Nervensystems u. s. w.). Vielmehr entspricht der ganze Körperbau der dipleuren Larve in allen Stücken demjenigen einer echten *Helminthen*-Larve.

§ 203. Organisation des Astrozoon.

Das erwachsene und geschlechtsreife Echinoderm, welches wir ganz allgemein als Astrozoon bezeichnen, entfaltet zwar eine ausserordentlich grosse Zahl von mannichfaltigen, eigenthümlichen und sehr verwickelten Organisations-Formen, lässt aber dennoch überall eine Anzahl von bestimmten Stammcharacteren erkennen, deren allgemeine Verbreitung sich durch Vererbung von einer gemeinsamen Stammform erklärt. Als solche generelle Echinodermen-Charactere, welche keiner Astrozoon-Form (— ausgenommen einem Theil der ältesten Classe, der *Amphorideen* —) ursprünglich fehlen, betrachten wir folgende acht Eigenschaften: I. die pentaradiale Grundform der reifen Person; ihr Körper besteht aus fünf (selten mehr oder weniger) Strahltheilen (Astromeren oder *Parameren*), und diese sind um eine gemeinsame Hauptaxe geordnet, an deren einem Pole der Mund liegt. Die Axen der fünf Parameren, welche in der Hauptaxe zusammentreffen, sind die Perradien oder Strahlen erster Ordnung; in der Mitte zwischen ihnen liegen die Interradien oder die Strahlen zweiter Ordnung. II. Die fünfseitige Pyramide, welche die geometrische Grundform der concreten Person bei der grossen Mehrzahl der Astrozoen darstellt, ist niemals ganz regulär, da stets zugleich eine *bilaterale Asymmetrie* erkennbar ist; diese ist bedingt durch die einseitige Lage des Hydroductus, links neben dem Dorsal-Mesenterium, und bei den Pentorchonien durch die benachbarte Paraxondrüse; die Grundform ist daher eigentlich amphipleurisch (oder *„bilateral-radial“*; vergl. § 20, 21). III. Das Tegument-System zeigt unter der einschichtigen exodermalen Oberhaut (*Epidermis*) eine starke Lederhaut (*Corium*), aus dem Mesenchym entstanden. In dieser liegt ein eigenthümliches Dermal-Skelet, ursprünglich aus zahlreichen einzelnen Kalkstücken (Stäben, Nadeln, Platten) gebildet, welche im Bindegewebe des Coriums abgelagert werden. Gewöhnlich verwachsen dieselben gruppenweise und bilden grössere Kalkplatten, Stacheln oder Balken von eigenthümlicher spongiöser oder Gitter-Structur. Wenn die Kalkplatten sich mit ihren Rändern aneinanderlegen und gesetzmässig ordnen, entsteht ein fester characteristischer Platten-Panzer (Kapsel, *Theca*). IV. Das Ambulacral-System (Wassergefäss-System oder *Hydrocanal-System*) ist dasjenige Organ-System der Echinodermen, welches diesen Stamm am meisten und ausschliesslich characterisirt, und welches sowohl die pentaradiale Grundform der Person, als auch die entsprechende fünfstrahlige Anordnung der übrigen Organ-Systeme bedingt. Ursprünglich besteht dasselbe aus einem circoralen Wassergefässring (*Hydrocircus*) und aus einem unpaaren Wassergang („Steincanal“, *Hydroductus*), welcher denselben mit einer in der Rückenhaut gelegenen Wasserpforte verbindet (Rückenporus, *Notoporus* oder *Hydroporus*). Ferner gehen ursprünglich vom Ambulacralring fünf perradiale Canäle an die fünf circoralen Tentakeln ab (die „primären Mundfühler“ oder *Protentakeln*). Später entwickeln sich gewöhnlich (— die Amphorideen ausgenommen —) aus deren Basaltheil fünf Hauptcanäle (perradiale Principal-Canäle) mit mancherlei Anhängen (*Ambuletta*). V. Als Blutgefäss-System ist allgemein ein eigenthümliches Lacunen-System entwickelt, Spalträume in und zwischen den Organen, welche zu ausgedehnten Netzen und Plexus sich vereinigen (besonders in der Darmwand, an den Gonaden). Die Blutgefässe sammeln sich in einem Mundring, von welchem 5 perradiale Hauptgefässe ausstrahlen; diese liegen zwischen den (oberflächlichen) Nerven und den (tiefer liegenden) Wassergefässen. VI. Das Nervensystem folgt in seiner Configuration und Vertheilung dem Ambulacral-System; überall ist ein den Mund umgebender Nervenring vorhanden, von welchem (in der Ambulacralfläche) gewöhnlich fünf perradiale Nervenstämme an die Astromeren gehen. Meistens differenzirt sich dieses pentaradiale Nervensystem in einen oberflächlichen Theil (mit unpaaren Perradialstämmen) und einen tieferen Theil (mit paarigen Adradialstämmen). Ausserdem kann auch noch ein dritter Theil als apicales oder dorsales Nervensystem (mit unpaaren perradialen Dorsalstämmen) sich entwickeln (besonders bei den Crinoideen). VII. Das Darmsystem zeigt bei der Mehrzahl der Astrozoen eine sehr einfache Bildung; gewöhnlich ist der Darmcanal ein einfacher weiter Schlauch, welcher durch ein Dorsal-Mesenterium an der Leibeswand befestigt wird. Die Mundöffnung ist bisweilen mit 5 Zähnen bewaffnet, bei den Echinideen durch einen besonderen Kauapparat ausgezeichnet (Laterne). Die Afteröffnung ist bisweilen rückgebildet (bei allen Ophiodeen und bei einzelnen Asterideen). Durch Bildung grosser radialer Blinddärme sind die Asterideen ausgezeichnet. VIII. Das Coelom-System zeigt bei den meisten Astrozoen sehr complicirte Verhältnisse; nur bei den *Monorchonien* ist die Leibeshöhle einfach, bei den *Pentorchonien* dagegen durch Abgabe verschiedener Nebenkammern (Coelom-Sinus) ausgezeichnet. Von besonderer Wichtigkeit ist der Paraxon-Sinus (nebst den darin eingeschlossenen Organen, Paraxon-Drüse etc.); seine Ausbildung ist ebenso characteristisch für die zweite, wie sein Mangel für die erste Gruppe. IX. Das Genital-System der Astrozoen zeichnet sich durch grosse Einfachheit aus; es besteht bloss aus den Gonaden oder Geschlechtsdrüsen, die gewöhnlich gonochorist, selten hermaphrodit sind. Bei den *Monorchonien* ist nur ein Paar entwickelt, bei den *Pentorchonien* fünf Paare; diese letzteren unterscheiden sich ausserdem von den ersteren durch den Besitz eines pentaradialen Genitalringes, der mit der Paraxondrüse zusammenhängt.

§ 204. Astrogenese (Pentactale Metamorphose).

Die beiden biontischen Hauptstufen der Echinodermen, die bilaterale, einfach gebaute Astrolarve und das pentaradiale, sehr verwickelt gebaute Astrozoon, sind so sehr verschieden, dass man sie ohne empirische Kenntniss ihres directen ontogenetischen Zusammenhangs zu ganz verschiedenen Hauptabtheilungen der Metazoen stellen würde. In der That wurden früher mehrere Formen von *Dipleurula* (— ehe man ihre Verwandlung in das Astrozoon kannte —) für pelagische Larven von Helminthen oder Anneliden gehalten. Umgekehrt hielt man wirkliche Wurmthier-Larven (*Tornaria*, *Actinotrocha*) für Echinodermen-Larven, ehe ihre Metamorphose bekannt wurde (*Balanoglossus*, *Phoronis*). Die Verwandlung der *Astrolarve* in das *Astrozoon* ist mit so bedeutenden, tiefgreifenden und eigenartigen Umbildungen verknüpft, dass man sie für eine besondere Art des Generationswechsels halten konnte; sie ist einzig in ihrer Art und findet in keiner anderen Abtheilung des Thierreichs ein Analogon; wir können sie als Astrogenese von allen anderen Formen der Metamorphose unterscheiden.

Der eigenthümlichste und am meisten characteristische Vorgang bei der Astrogenese ist die Verwandlung der bilateralen Grundform der Astrolarve (*Dipleurula*) in die pentaradiale Grundform des Astrozoon. Die erstere besteht aus einem Antimeren-Paar, die letztere aus fünf Antimeren-Paaren. Es ist also die Metamorphose mit einer fünffachen Multiplication mehrerer Organe verknüpft und konnte insofern als „*Metagenesis*" gedeutet werden. Dabei bleiben aber stets mehr oder minder deutliche Spuren der ursprünglichen bilateralen Symmetrie erhalten, so dass man die geometrische Promorphe des Astrozoon eigentlich als amphipleure (oder „bilateral-radiale Grundform") bezeichnen muss.

Unter den verschiedenen Bildungsstufen, welche die *Astrolarve* während ihrer Umbildung in das *Astrozoon* durchläuft, ist eine einzige von ganz hervorragender morphologischer und phylogenetischer Bedeutung. Das ist jene typische Larvenform, welche von dem Begründer der Pentactaea-Theorie (1888) als *Pentactula* bezeichnet worden ist. Die pelagischen *Dipleurula*-Formen der verschiedenen Echinodermen-Classen, die sich vielfach divergent entwickeln, kommen später in der gemeinsamen Larvenstufe der *Pentactula* convergent zusammen; und erst nach dem Durchtritt durch diese typische Phase gehen sie wieder divergent auseinander. Schon hieraus dürfen wir schliessen, dass die *Pentactula* einen hohen palingenetischen Werth besitzt, und dass sie die erbliche Wiederholung einer uralten gemeinsamen Stammform des ganzen Phylon ist, der *Pentactaea*.

Die Pentactula lässt in allen verschiedenen Echinodermen folgende gemeinsame Grundzüge der Organisation erkennen: I. Der ungegliederte Körper der bilateral-symmetrischen Person ist bald mehr eiförmig oder birnförmig, bald mehr halbkugelig oder fast kugelig. II. Am einen Pole der Hauptaxe (am Oral-Pole) liegt die Mundöffnung, umgeben von einem Kranze von fünf Primär-Tentakeln; am entgegengesetzten (aboralen) Pole sitzt bei einigen Echinodermen ein Stiel, der zur Anheftung dient. III. Der Darmcanal der Pentactula besitzt noch dieselbe Bildung, wie bei ihrer Vorstufe, der Dipleurula; er ist in der Median-Ebene bogenförmig gekrümmt und dreikammerig (mit Schlund, Magen und Enddarm); der After liegt auf der Bauchfläche. IV. Dagegen liegt der Darm nicht mehr eingebettet in das Mesenchym, sondern frei in einer geräumigen Leibeshöhle (Enterocoel); er ist aufgehängt an einem dorsalen *Mesenterium*, das sich in der Median-Linie der Rückenwand befestigt. Diese Veränderung ist, wie bei den Vertebraten und den meisten übrigen Enterocoeliern, dadurch entstanden, dass die beiden Coelom-Taschen sich aufblähten, den Darm rings umwuchsen und auf seiner Bauchseite sich vereinigten, während ihre Scheidewand an der Rückenseite als Mesenterium sich erhielt. V. Die wichtigste Veränderung hat die beiden Hydrocoele (oder die abgeschnürten Vorderkammern der beiden primären Coelomtaschen) betroffen. Das rechte Hydrocoel ist rückgebildet und verschwunden; das linke dagegen ist an seinem inneren Ende zu einem hufeisenförmigen oder sichelförmigen Schlauche ausgewachsen, der mit seiner Concavität die linke Hälfte des Schlundes umfasst. Die beiden Enden dieser *Hydrocampe* oder „Hydrocoel-Sichel" krümmen sich gegen einander, umwachsen auch die rechte Schlundhälfte und verschmelzen hier zur Bildung eines Ringes, des *Hydrocircus.* Gleichzeitig wachsen aus dem convexen Rande der Sichel 5 fingerförmige Ausstülpungen hervor, welche als Protentakel-Canäle in die 5 primären Tentakeln hineinführen. Von diesen letzteren liegt ein unpaarer (ventraler) an dem Bauchrande des Mundes, dem dorsalen Mesenterium gegenüber; die 4 anderen sind paarweise symmetrisch vertheilt, 2 ventro-laterale und 2 dorso-laterale. VI. Durch die Ausbildung dieser primären Tentakel-Rosette und des zugehörigen Mundringes ist die erste Anlage der pentaradialen Astrozoon-Form und zugleich ihres characteristischen Ambulacral-Systems gegeben. Die übrigen Organe der Pentactula zeigen noch keinen radiären Bau. VII. Gleichzeitig ist aber auch die typische und constante Asymmetrie der „bilateral-radialen" Grundform dadurch markirt, dass auf der linken Seite neben dem dorsalen Mesenterium (— später in ihm eingeschlossen! —) der Hydroductus oder „primäre Steincanal" verläuft, jener schräg aufsteigende Canal, welcher durch Verlängerung vom äusseren Theil des linken Hydrocoels entsteht (während das rechte ganz verschwunden ist). VIII. In Folge der Aufblähung der Leibeshöhle hat sich die innere Lamelle der Coelomtaschen (das „Visceral-Blatt") an die entodermale Darmwand angelegt, die äussere Lamelle (das „Parietal-Blatt") an das exodermale Integument; aus ersterer entsteht die Muskelwand des Darms, aus letzterer der subcutane Muskelschlauch des Tegumentes.

§ 205. Pentactaea-Theorie.

Zur Erklärung des Ursprungs und der Phylogenese der Echinodermen sind seit 30 Jahren mehrere, sehr weit auseinandergehende Theorien aufgestellt worden. Nachdem die ganz verfehlte Ableitung der pentaradialen Echinodermen von den tetraradialen Nesselthieren (bald Medusen, bald Ctenophoren) aufgegeben war, kamen die übrigen

Hypothesen in dem wichtigen Grundsatze überein, dass die uralte gemeinsame Stammform des ganzen Phylon ein „wurmartiger Organismus“, ein bilateraler Helminth, gewesen sein müsse. Ferner einigten sich die meisten Theorien in dem zweiten wichtigen Grundsatze, dass die Entstehung der pentaradialen Echinodermen aus den bilateralen Helminthen durch Anpassung an festsitzende Lebensweise bewirkt sein müsse. Da eine andere physiologische Ursache für die Ausbildung der fünfstrahligen Körperform nicht gefunden werden konnte, ist auch dieser zweite Grundsatz jetzt fast allgemein angenommen. Dagegen gehen noch heute die Hypothesen darüber weit auseinander, mit welchem Körpertheile die älteste Dipleurula (oder vielmehr die entsprechenden Astrelminthen-Ahnen) sich festgesetzt haben und durch welche eigenthümlichen Umbildungen daraus das Astrozoon entstanden sei. Unter den verschiedenen, heute noch vertretenen Hypothesen halten wir diejenige für die richtige, welche (1888) als die *Pentactaea-Theorie* aufgestellt worden ist. Wenn sie auch nicht alle Räthsel der Astrogenese löst und nicht alle Seiten dieses verwickelten Problems richtig betrachtet, so enthält sie doch nach unserer Ueberzeugung den werthvollen Compass, der zur vollen Lösung derselben führen wird.

Die Pentactaea-Theorie, gestützt auf das biogenetische Grundgesetz, nimmt an, dass die *Pentactula* in der Hauptsache eine bedeutungsvolle palingenetische Keimform ist. Indem sie ferner nachweist, dass alle verschiedenen Dipleurula-Formen gegen dieses gemeinsame Ziel hin sich convergent entwickeln, nachher aber wieder divergent sich entfernen, erblickt sie in der *Pentactula* die erbliche Wiederholung der uralten gemeinsamen Stammform des Echinodermen-Phylon, der hypothetischen *Pentactaea*. Diese muss schon in cambrischer und praecambrischer Zeit existirt haben. Sie entwickelte sich aus den bilateralen, frei schwimmenden Astrelminthen-Ahnen dadurch, dass diese die Gewohnheit annahmen, sich mit einer Körperseite, und zwar mit der rechten Seite, am Meeresgrunde festzusetzen.

Der specielle Körpertheil, mittelst dessen ursprünglich die erste Anheftung erfolgte, ist sehr schwer zu errathen. Die bezüglichen ontogenetischen Thatsachen widersprechen sich zum Theil und sind sicher theilweise cenogenetisch. Nach der einen Ansicht diente zur Anheftung der vordere (präorale), nach einer zweiten der mittlere (notoporale), nach einer dritten der hintere (aborale) Theil der Rückenfläche. Während die Meisten einen schiefen Ansatz der bilateralen Stammform auf der rechten Körperseite annehmen, glauben Einige der linken Seite den Vorzug geben zu müssen. Endlich nehmen auch die Einen den oralen, die Anderen den aboralen Pol der Hauptaxe als

Fixations-Punkt an. Nach unserer Ansicht erklärt sich der ganze Complex der bekannten (— theilweise sich widersprechenden! —) ontogenetischen Thatsachen am einfachsten durch die Annahme, dass die älteste Anheftungsstelle auf der rechten Seite der Rückenfläche lag, nahe dem Mesenterium, entweder mehr vorn (präoral) oder mehr in der Mitte (notoporal). Vielleicht fand die erste Fixation am rechten Notoporus statt, an der Oeffnung des rechten Hydrocoels und es wäre denkbar, dass dabei das von dieser Drüse ausgeschiedene Excret als Klebemittel benutzt wurde (wie bei der „Fussdrüse" der Rotatorien). Durch diese Hypothese erklärt sich zugleich die Thatsache, dass bei den meisten heutigen Astrolarven das nutzlose rechte Hydrocoel ganz verschwunden ist oder nur vorübergehend (besonders bei Asterideen und Ophiodeen) zur Anlage gelangt.

Sobald die unilaterale Anheftung der frei schwimmenden bilateralen Ahnenform (*Astrelminthen*) erfolgt war, musste dieselbe zwei wichtige Consequenzen nach sich ziehen: I. die Asymmetrie der beiden Antimeren und II. eine veränderte Ernährungsweise des festsitzenden Thieres. Die vortheilhafteste Einrichtung dafür ist die Ausbildung eines den Mund umgebenden Tentakel-Kranzes, ähnlich wie bei *Loxosoma*, den *Bryozoen*, *Hydroiden* u. s. w. Indem die fünf Primär-Tentakeln rings um den nach links gedrehten Mund sich entwickelten, wurde die erste Grundlage für die pentaradiale Grundform des Astrozoon gegeben. Das festsitzende pentanemale Rotatorium *Stephanoceros* zeigt uns noch heute eine ähnliche Form permanent. Von dem Hydrocoel-Schlauche aus (der ursprünglich als Excretions-Organ fungirte) entwickelten sich fünf Ausstülpungen in die fünf Protentakeln hinein, die nun sowohl als Manducations-Organe (zum Greifen), wie als Sinnes-Organe (zum Tasten) und als Respirations-Organe (Mundkiemen) dienten. Der Mundring (Hydrocircus), in welchem sich die beiden Enden des sichelförmigen Hydrocoels schlossen, wurde dann die weitere Ausgangsbasis für die radiäre Entwickelung.

Die Asymmetrie der pentaradialen Grundform, welche allen Astrozoen gemeinsam zukommt, ist demnach auf die unilaterale Fixation der bilateralen Astrolarve zurückzuführen. Indem diese sich mit der Rückenfläche des rechten Antimeres festsetzte, verkümmerte das rechte Hydrocoel, während sich das linke um so stärker entwickelte. Zugleich bildete sich eine bedeutungsvolle Torsion des Pharynx und damit eine Verschiebung der Median-Ebene aus. Der Mund wanderte mit seinem fünfstrahligen Tentakel-Kranze mehr auf die linke Seite hinauf, während das mediane Mesenterium sich entsprechend vorn nach links, hinten nach rechts wendete und seine ursprüngliche verticale Stellung aufgab. Bei der Mehrzahl der heute lebenden

Echinodermen dürfte jene folgenschwere *Pharynx-Torsion* ungefähr einen rechten Winkel betragen; daher steht die Hauptaxe ihrer Astrolarve beinahe senkrecht auf der Hauptaxe ihres Astrozoon, und die Ventral-Seite des letzteren liegt auf der linken Seite der ersteren, dagegen die Dorsal-Seite des Astrozoon auf der rechten Seite der Astrolarve.

Die Pentactaea-Theorie vermag so mit Hülfe des biogenetischen Grundgesetzes die eigenthümliche Astrogenese für alle lebenden Echinodermen und für den grössten Theil der ausgestorbenen Formen des Stammes zu erklären; diese Alle lassen sich von der gemeinsamen pentaradialen Stammform der *Pentactaea* ableiten. Das gilt aber nicht für einen Theil der beiden ältesten Classen, der Amphorideen und Cystoideen. Unter diesen finden sich theils bilaterale Formen, mit ein Paar Mundfühlern (*Amphoraea*, *Anomocystida*), theils triradiale Formen, mit drei Mundfühlern (*Eocystis*, *Arachnocystis*, *Hexalacystida* u. A.). Diese ältesten palaeozoischen Echinodermen schliessen sich unmittelbar an die bilateralen Helminthen-Ahnen an und hatten die Bildungsstufe der *Pentactaea* noch nicht erreicht. Wir müssen daher für dieselben die Abstammung von einer älteren, bilateralen *Amphoraea* annehmen und die palingenetische Bedeutung der *Pentactula* dahin einschränken, dass sie für die ältesten Amphorideen keine Geltung besitzt.

§ 206. Phylogenetische Urkunden der Echinodermen.

Die Stammesgeschichte der Echinodermen gründen wir auf ein äusserst reichhaltiges empirisches Fundament von wohlbekannten Thatsachen und zwar sind alle drei Quellen derselben für uns von hohem theoretischen Werthe, ebenso wohl die Palaeontologie, als die vergleichende Anatomie und Ontogenie. Um deren Bedeutung jedoch richtig zu würdigen und aus ihrer Verknüpfung naturgemässe Schlüsse zu ziehen, ist es durchaus erforderlich, alle drei Urkunden gleichmässig im Auge zu behalten und zur gegenseitigen Ergänzung zu benutzen. Viele Fehler sind dadurch begangen worden, dass die betreffenden Autoren nur eine von den drei Urkunden gründlich kannten und nur diese eine, mit der sie sich beschäftigten, als maassgebend betrachteten. Aehnlich wie bei den Wirbelthieren, so hat auch bei den Sternthieren diese einseitige Betrachtung oft — und noch bis in die neueste Zeit — zu schweren Irrthümern geführt. Kenntnissreiche Palaeontologen, welche viele tausend fossile Echinodermen genau kennen und deren phylogenetische Verknüpfung eifrig erforschen. ignoriren die unschätzbaren Zeugnisse der vergleichenden Ontogenie;

theils kennen sie sie nicht, theils verstehen sie nicht ihre palingenetische Bedeutung. Umgekehrt wollen gründliche Embryologen, welche alle einzelnen Vorgänge in der merkwürdigen Ontogenie der heute lebenden Echinodermen durch vieljährige Untersuchungen auf das Genaueste erforscht haben, in diesen ausschliesslich den einzigen Weg zur Erkenntniss ihrer Stammesgeschichte finden; sie deuten oft alle beobachteten Keimungs-Processe palingenetisch und übersehen die beträchtlichen cenogenetischen Störungen derselben; auf die Palaeontologie nehmen sie oft gar keine Rücksicht. Aber auch manche Morphologen urtheilen sehr einseitig, indem sie ausschliessliches oder doch zu grosses Gewicht auf die vergleichende Anatomie der ausgebildeten Formen legen und z. B. aus der Vergleichung der perradialen und interradialen Tafelkränze ein „ursprüngliches Echinodermen-Skelet" construiren; sie übersehen dabei die Einwände, welche gegen ihre Auffassung sowohl von Seiten der Ontogenie als der Palaeontologie sprechen.

§ 207. Palaeontologische Urkunden.

Versteinerte Reste von ausgestorbenen Echinodermen finden sich massenhaft, und grösstentheils vorzüglich conservirt, in allen fossiliferen Formationen, vom Cambrium und Silur bis zum Tertiaer und Diluvium. Dieselben sind um so wichtiger, als sie nicht nur die äussere Form des Thieres scharf erkennen lassen, sondern auch bedeutungsvolles Licht auf viele Verhältnisse der inneren Organisation werfen. Besonders kommt dabei die hohe morphologische Bedeutung des Anthodiums (oder der pentaradialen Ambulacral-Rosette) in Betracht, dessen verwickelte Structur-Verhältnisse oft bis in die feinsten Einzelheiten deutlich zu erkennen sind. Aus diesem Grunde ist denn auch der positive Werth der palaeontologischen Daten für die Construction ihrer Stammesgeschichte bei den meisten Echinodermen höher geschätzt und ausgiebiger verwerthet als bei den meisten anderen Thierstämmen; ja man hat ihn neuerdings oft bedeutend überschätzt. Denn auch hier, wie überall, bleiben die Versteinerungs-Urkunden lückenhaft und unvollständig, und auf viele Fragen der Stammesgeschichte liefern sie gar keine Antwort. Es ist daher auch hier nothwendig, scharfe Kritik zu üben und über den positiven Daten nicht die bedeutenden negativen Lücken zu vergessen.

I. **Positive Daten der Palaeontologie.** Die gute Erhaltung und der dadurch bedingte morphologische Werth der fossilen Echinodermen ist in erster Linie abhängig von der Festigkeit und Widerstandsfähigkeit ihres dermalen Kalkskeletes. Je fester die Tafeln der Panzerkapsel zusammengefügt sind und je weniger sie sich nach dem Tode des Thieres verschieben, desto vollkommener erhält sich die ganze Gestalt desselben und besonders die characteristische Bildung des Anthodiums. Den ersten Rang nehmen in dieser Beziehung folgende vier Classen ein: 1) die *Cystoideen*, 2) die *Blastoideen*, 3) die *Crinoideen* und 4) die *Echinideen*. Auch von der Stammgruppe der *Amphorideen* sind zahlreiche gepanzerte Formen gut conservirt. Dagegen ist die Erhaltung weniger vollständig bei den *Ophiodeen* und *Asterideen*; denn in diesen beiden Classen hängen die zahlreichen einzelnen Theile des beweglichen Kalkskelets theilweise nur locker zusammen und fallen leicht auseinander.

Ganz werthlos sind die wenigen fossilen Ueberreste der *Holothurien* (— vielleicht mit Ausnahme von *Ascocystis* —); denn bei diesen nackten Echinodermen und ebenso bei der gemeinsamen Stammgruppe der *Eocystiden* (der panzerlosen Amphorideen) besteht das Skelet nur aus einzelnen sehr kleinen Kalkstückchen, die locker im Corium zerstreut liegen.

Die tabellarische Zusammenstellung der palaeontologischen Daten, welche wir in § 208 gegeben haben, lehrt, dass in der Stammesgeschichte der Echinodermen drei grosse Haupt-Perioden zu unterscheiden sind: I. die *archozoische* Periode (praecambrisch und cambrisch), II. die *palaeozoische* Periode (silurisch bis permisch) und III. die *mesozoische* und *caenozoische* Periode (von der Trias bis zur Gegenwart). Von der ältesten, archozoischen Periode kennen wir bloss eine relativ geringe Zahl von cambrischen Petrefacten, aus den beiden Classen der *Amphorideen* und *Cystoideen*; wahrscheinlich haben sich aber von denselben während dieses Zeitraums auch schon die Stammformen aller übrigen Classen abgezweigt, da wir letztere schon im ältesten Abschnitt des folgenden silurischen Zeitraums neben einander (— theilweise reichhaltig! —) entwickelt finden. Ausserdem fällt sicher in jene Archolith-Aera die vorhergehende Entwickelung der Amphorideen selbst, ihr Ursprung aus den Astrelminthen; doch über diesen kann uns bloss die vergleichende Ontogenie Auskunft geben.

Die palaeozoische Periode des Echinodermen-Stammes, vom Silur bis zum Perm, zeigt uns denselben bereits zu hoher Blüthe entwickelt und zwar in allen Classen (— sehr wahrscheinlich auch in den Holothurien, welche meistens keine fossilen Reste hinterlassen konnten —). Ausschliesslich diesem langen Zeitraum (— abgesehen von der vorhergehenden cambrischen Periode —) gehören folgende Gruppen an: 1) die *Amphorideen*, 2) die *Cystoideen*, 3) die *Blastoideen*, 4) die *Palacriniden*, 5) die *Cystechiniden* und *Palechiniden*, 6) die *Palophiuren*, 7) die *Palasterien*. Besonders reich an gut conservirten, zahlreichen und interessanten Echinodermen aus diesen sieben Gruppen ist das silurische und carbonische System, während das devonische ärmer erscheint. Im letzten, permischen System sind dieselben theilweise schon ausgestorben, theilweise nur sehr spärlich vertreten. Hier beginnen sich schon die Vorläufer der mesozoischen Echinodermen zu entwickeln (theilweise auch schon früher).

Die mesozoische Periode der Echinodermen-Geschichte, an welche sich die folgende caenozoische unmittelbar anschliesst, ist doppelt characterisirt; erstens durch den gänzlichen Mangel der ausgestorbenen drei ältesten Classen: *Amphorideen*, *Cystoideen*, *Blastoideen*; zweitens durch das Auftreten neuerer Gruppen, die sich theilweise sehr auffallend von ihren palaeozoischen Ahnen entfernen. Am meisten gilt dies von den beiden formenreichen Classen der Crinoideen und Echinideen. An die Stelle der palaeozoischen *Palacriniden* und *Palechiniden* treten die mesozoischen *Neocriniden* und *Autechiniden*. Beide Classen gleichen sich auch darin, dass im ersten Abschnitt der Mesolith-Aera (in der Trias) nur wenige und einfach gebaute Formen erscheinen, während dann im Jura und in der Kreide eine sehr reiche Entfaltung moderner Formen folgt. Diese setzen sich meistens nur wenig verändert in die Tertiär-Zeit und bis zur Gegenwart fort. Doch ist auch dieser Abschnitt durch reichere Entwickelung einzelner moderner Gruppen characterisirt, so der *Canalicaten* (Neocriniden) und der *Clypeastronien* (Autechiniden).

Weniger auffallend als in den beiden Classen der *Crinoideen* und *Echinideen* ist die tiefgreifende Transmutation der Formengruppen zu Beginn der Trias-Periode in den beiden Classen der *Ophiodeen* und *Asterideen*; diese scheinen überhaupt seit der Silur-Zeit ihren Character am wenigsten geändert zu haben. Doch ist hier das fossile Material viel weniger gut und vollständig conservirt. Immerhin scheinen auch hier die palaeozoischen Subclassen der *Palophiuren* und *Palasterien* noch zum Theil primitivere Bildungsverhältnisse besessen zu haben, als ihre jüngeren Epigonen, die mesozoischen *Colophiuren* und *Colasterien*, deren Formen-Reichthum sich erst in der Tertiär-Zeit bis zur Gegenwart voll entwickelt hat. Jedenfalls steht fest, dass für die Echinodermen ebenso (— oder noch mehr —), wie für die Vertebraten, Mollusken und andere Stämme, die Uebergangs-Periode vom Perm zur Trias einen der wichtigsten Wendepunkte ihrer historischen Entwickelung bedeutet.

II. **Negative Lücken der Palaeontologie.** Die historischen Urkunden des Petrefacten-Archivs sind im Echinodermen-Stamm, trotz ihres Reichthums an werthvollen positiven Daten, dennoch in hohem Maasse unvollständig und lückenhaft; es ist durchaus nothwendig, sich diese Mängel stets vor Augen zu halten, wenn man die ersteren phylogenetisch verwerthen will. Versteinerte Ueberreste fehlen gänzlich von folgenden Gruppen: 1) der Ahnen-Gruppe der *Astrelminthen*, 2) von sämmtlichen *Astrolarven* (sowohl von dem älteren *Dipleurula*-, als dem jüngeren *Pentactula*-Stadium), 3) von sehr zahlreichen Jugendformen, 4) von der Stammgruppe der nackten Amphorideen (der *Eocystiden*), 5) von den meisten *Holothurien*, 6) von zahlreichen unbekannten Formen, die kein festes Tafel-Skelet besassen. Dazu kommen dann, wie gewöhnlich, noch diejenigen negativen Lücken der palaeontologischen Urkunden, welche theils durch die Lebensweise und den Aufenthalt der Thiere selbst bedingt sind, theils durch die Bedingungen, unter welchen der Versteinerungs-Process stattgefunden hatte.

(§ 208 auf S. 362.)

§ 209. Ontogenetische Urkunden.

Bei der fundamentalen Bedeutung, welche der Ontogenie der Echinodermen jetzt allgemein und mit Recht für die Erklärung ihrer Phylogenie zugeschrieben wird, ist es von höchster Wichtigkeit, die

§ 208. Historische Stammfolge der Echinodermen.

Classen und Ordnungen	Arch. Per.	Palaeozoische Perioden				Mesozoische Perioden			Caenozoische Perioden	
	Cambr.	Silur	Devon	Carb.	Perm	Trias	Jura	Kreide	Terti.	Recent
I. Amphoridea	━	━	—	—	· · ·	· · ·	· · ·	· · ·	· · ·	· · ·
II. Thuroidea	· · ·	—	⊙	—	⊙	—	━	—	—	━
III. Cystoidea	—	━	—	—	· · ·	· · ·	· · ·	· · ·	· · ·	· · ·
IV. Blastoidea	· · ·	—	—	━	· · ·	· · ·	· · ·	· · ·	· · ·	· · ·
V. Crinoidea										
A. Palacrinida										
1. Cystodiata	—	━	—	—	· · ·	· · ·	· · ·	· · ·	· · ·	· · ·
2. Camerata	· · ·	━	—	━	—	· · ·	· · ·	· · ·	· · ·	· · ·
3. Flexilata	· · ·	—	—	━	—	?	?	?	?	?
4. Inadunata	· · ·	━	—	━	—	?	?	?	· · ·	· · ·
B. Neocrinida										
5. Pelvicata	· · ·	· · ·	· · ·	?	?	—	━	━	—	—
6. Canalicata	· · ·	· · ·	· · ·	· · ·	· · ·	· · ·	—	—	━	━
VI. Echinidea										
A. Cystechinida	⊙	━	· · ·	· · ·	· · ·	· · ·	· · ·	· · ·	· · ·	· · ·
B. Palechinida	· · ·	—	━	━	—	· · ·	· · ·	· · ·	· · ·	· · ·
C. Autechinida										
C 1. Desmosticha	· · ·	· · ·	· · ·	· · ·	—	—	━	━	—	—
C 2. Anthosticha	· · ·	· · ·	· · ·	· · ·	· · ·	· · ·	—	—	━	━
C 3. Petalosticha	· · ·	· · ·	· · ·	· · ·	· · ·	· · ·	—	━	━	━
VII. Ophiodea										
A. Palophiura	⊙	—	━	—	?	· · ·	· · ·	· · ·	· · ·	· · ·
B. Colophiura	· · ·	· · ·	—	—	—	—	━	━	━	━
VIII. Asteridea										
A. Palasterida	⊙	—	—	━	?	· · ·	· · ·	· · ·	· · ·	· · ·
B. Colasterida	· · ·	· · ·	—	—	—	—	—	━	━	━

primären *palingenetischen* Phänomene in derselben klar zu erkennen und von den secundären *cenogenetischen* Erscheinungen zu sondern. Nach unserer Ansicht ist die Astrogenese, wie sie bei der grossen Mehrzahl der Sternthiere in der Entwickelung der *Dipleurula*, deren Umbildung zur *Pentactula* und deren Verwandlung in das *Astrozoon* stattfindet, in allen wesentlichen Beziehungen ein palingenetischer Process von höchster Wichtigkeit. Die Hauptstadien desselben sind erbliche Reminiscenzen an entsprechende, uralte, phylogenetische Vorgänge, wie sie vor Millionen von Jahrhunderten in praecambrischer Zeit zur Entstehung des Echinodermen-Stammes geführt haben. Anderseits ist aber stets im Sinne zu behalten, dass das biogenetische Grundgesetz immer zwei Seiten hat, eine positive *palingenetische* und eine negative *cenogenetische*. Wie überall, so sind auch bei den Echinodermen die ursprünglichen palingenetischen Erscheinungen vielfältig secundär abgekürzt, gestört oder durch neue Zuthaten „gefälscht" worden. Es ist daher für ihre Beurtheilung stets umfassende Vergleichung und skeptische Kritik erforderlich.

I. **Palingenetische Processe.** Primäre Keimungs-Vorgänge, welche in der Ontogenie der Echinodermen mehr oder weniger deutlich conservirt auftreten und durch Vererbung von den älteren Ahnen-Reihen erklärt werden können, sind nach unserer Ansicht folgende: 1) die Thatsachen der Gastrulation; ihre wichtigsten Bildungsstufen: *Morula*, *Blastula*, *Gastrula* sind bei den Echinodermen ebenso, wie bei allen anderen Metazoen, auf entsprechende älteste Ahnen-Formen zu beziehen. 2) Die Verwandlung der *Gastrula* in die Dipleurula, die frei schwimmende bilaterale Astrolarven-Form, und zwar ursprünglich deren einfachste typische Form: *Scaphularia*; diese ist die palingenetische Wiederholung einer ancestralen Helminthen-Form, welche unter den heute lebenden Wurmthieren ihre nächsten Verwandten in den *Rotatorien* finden dürfte. 3) Die Verwandlung der *Dipleurula* in die Pentactula, der Uebergang der bilateralen in die pentaradiale Astrolarven-Form; hierbei ist besonders hervorzuheben, dass die verschiedenen Formen der *Hydrocoel*-Bildung sich auf eine einzige, ursprüngliche Form zurückführen lassen. Als solche betrachten wir 4) die symmetrische Anlage von ein Paar Coelomtaschen, welche aus dem Mitteldarm der Larve hervorwachsen und ursprünglich Gonaden der Helminthen-Ahnen waren (wie bei *Sagitta* u. A.). 5) Die symmetrische Theilung beider Coelom-Taschen in ein hinteres *Enterocoel* und ein vorderes *Hydrocoel*, von denen letzteres ursprünglich als Excretions-Organ (Nephridium) fungirte, ersteres als Geschlechts-Organ (Gonade). 6) Die Rückbildung des rechten und die einseitige Fortbildung des linken Hydrocoels, ursprünglich bedingt durch die Anpassung der entsprechenden Ahnen-Form an festsitzende Lebensweise (Anheftung der rechten Körperseite). 7) Die Umwachsung des Schlundes durch den Hydrocoel-Bogen, der sich zum Hydrocircus schliesst, sowie das Hervorsprossen von fünf primären Tentakel-Canälen aus letzterem. 8) Die weitere Astrogenese, wie sie in der Anlage der übrigen Körpertheile des pentaradialen Astrozoon im Anschluss an jene primäre Anlage des Ambulacral-Systems erfolgt.

II. **Cenogenetische Processe.** Secundäre Keimungs-Vorgänge sind vielfach erst nachträglich durch Veränderungen in der palingenetischen Astrogenese, namentlich durch Anpassung der *Astrolarven* an besondere Existenz-Bedingungen und Gewohnheiten entstanden; sie besitzen für die Phylogenie der Echinodermen theils gar keine, theils nur untergeordnete Bedeutung. Dazu gehören nach unserer Ansicht folgende Umbildungen: 1) die mannichfaltigen äusseren Formen der *Dipleurula*-Larven, sowie ihre Flimmerschnüre und skeletophoren Appendikeln („Arme, Lappen" u. s. w.), in den verschiedenen Larven-Formen der *Auricularia*, *Brachiolaria*, *Pluteus, Plutellus* u. s. w.; diese vielfach modificirten Larven-Gestalten sind erst secundär aus dem einfachen Prototypus der *Scaphularia* entstanden. 2) Die Verwandlung solcher Dipleurula-Larven in Doliolarien (oder „tonnenförmige Puppen mit Flimmer-Gürteln") wie sie bei Holothurien und Crinoideen (*Antedon*) vorkommen. 3) Die mannichfach verschiedenen Anlagen und Differenzirungs-Formen des „Hydro-Enterocoels" (bald einfache unpaare Anlage des Ganzen, bald getrennte Entstehung von zwei oder sogar drei Paar Coelom-Taschen). 4) Die gesonderte Ausbildung eines Steincanals und Parietalcanals, sowie die secundäre Verbindung beider (in der *Antedon*-Larve). 5) Die verschiedenen Bildungs-Verhältnisse der beiden Darm-Oeffnungen in den *Pentactula*-Larven. 6) Die verschiedenen Formen der Skelet-Anlagen in den *Pentactula*-Larven. 7) Die verschiedene Beziehung der Primär-Tentakeln zu den Principal-Canälen, wie sie *Synapta* im Gegensatze zu den anderen Echinodermen zeigt. 8) Die abgekürzte Keimung bei vielen Tiefsee-Echinodermen, welche die ursprüngliche Metamorphose verloren haben.

§ 210. Palingenetische und cenogenetische Astrolarven.

Die Zahl der bekannten Larven von lebenden Echinodermen ist verhältnissmässig sehr gering; sie bieten unter sich sowohl bezüglich der äusseren Körperform als namentlich der Anordnung der Flimmerschnüre (*Vibrissae*) sehr beträchtliche Verschiedenheiten dar. Trotzdem gelingt es, alle die verschiedenen Modificationen der bekannten

Astrolarven auf ein und dieselbe typische „Grundform der Echinodermen-Larven“ zurückzuführen; wir bezeichnen diese kahnförmige oder pantoffel-ähnliche Grundform als Scaphularia und dürfen annehmen, dass sie bei den ältesten Echinodermen (den palaeozoischen *Amphorideen* und *Cystoideen*) die herrschende war. Diese einfachste Form der *Dipleurula*, bei welcher die beiden Oeffnungen des dreitheiligen Darms an der concaven Bauchseite lagen und der Mund von einer einfachen circoralen Vibrissa umgeben war, steht den ähnlichen Flimmer-Larven mancher Vermalien (z. B. *Enteropneusten*, *Gephyreen*) so nahe, dass sie auch phylogenetisch unmittelbar an dieselben angeschlossen werden kann. Durch Auswachsen von bilateralen Fortsätzen oder Armen, welche hauptsächlich als Träger der verlängerten Wimperschnur von Bedeutung sind, entstehen aus dieser palingenetischen Urform die mannichfaltigen, oft sehr abenteuerlich geformten cenogenetischen Umbildungen der Astrolarven. Die wichtigsten von diesen sind folgende: I. Auricularia, die Larve vieler *Holothurien* (*Synapta* u. A.); sie steht unter den bis jetzt bekannt gewordenen *Dipleurula*-Formen derjenigen der hypothetischen „gemeinsamen Ausgangsform“ am nächsten. II. Bipinnaria, die Larve vieler *Asterideen*; sie durchläuft ontogenetisch ein *Auricularia*-Stadium und kann daher phylogenetisch als eine weitere Fortbildung dieser alten Astrolarven-Form betrachtet werden; durch weitergehende Ausbildung lässt sich aus ihr Brachiolaria ableiten, eine Asterideen-Larve, deren dorsaler Scheitelfortsatz drei Arme mit Saugwarzen zur Anheftung bildet. Auch die stark modificirte Asterinaria, die cenogenetische Larve von *Asterina*, kann sich zeitweilig mittelst eines grossen „Larven-Organs“ anheften. III. Pluteus, die pyramidale oder „staffeleiförmige“ Larve der *Ophiodeen*, mit mehreren Paaren von langen, oralwärts divergirenden Larven-Armen, welche durch Bildung von Kalkstäben im Inneren steif gemacht werden und sehr lange Wimperschnüre tragen. Man kann diese Arm-Skelete als cenogenetische Bildungen ansehen, welche durch Heterochronie vom Astrozoon allmählich in die vermalienartige Astrolarve „zurückverlegt“ worden sind. IV. Plutellus, die vielarmige pyramidale Larve der *Echinideen*, ebenfalls mit steifen Kalkstäben in der Axe von langen, bilateral vertheilten Armen; sie unterscheidet sich von der ähnlichen *Pluteus*-Larve der *Ophiodeen* durch die Abwesenheit der langen „Auricular-Fortsätze“; dagegen bilden die Larven der Echinideen eigenthümliche „Wimper-Epoletten“ (*Desmosticha*) oder Scheitel-Stäbe (*Petalosticha*). V. Doliolaria, die eiförmige oder tonnenförmige Larve der *Crinoideen* (*Antedon*), mit fünf Wimpergürteln und einem apicalen Schopfe von langen Geisseln. Diese „Tonnenlarve“ von *Antedon* ist unter den bekannten Formen der

Astrolarven am stärksten cenogenetisch modificirt; sie kann nicht unmittelbar, wie die übrigen Astrolarven, von der palingenetischen Grundform der *Scaphularia* abgeleitet werden. Allein die verbindende Brücke zu diesen wird dadurch hergestellt, dass auch die *Auricularia*-Larve mancher Holothurien (*Synapta*) sich in eine „tonnenförmige Puppe“ verwandelt, welche der *Doliolaria* der Crinoideen ganz ähnlich ist. Bei anderen Holothurien (*Cucumaria*) ist die palingenetische *Auricularia*-Stufe ganz verloren gegangen, und die *Gastrula* verwandelt sich direct in die *Doliolaria*. Wir dürfen daher schliessen, dass dieselbe cenogenetische Abkürzung auch bei *Antedon* stattgefunden hat, und dass die älteren Crinoideen ähnliche primitive *Dipleurula*-Larven besassen, wie die Synapten. Ueberhaupt ist bei der palingenetischen Verwerthung der *Antedon*-Larve (auch in dem späteren „*Pentacrinus*-Stadium“!) grosse Vorsicht geboten; denn gerade die *Comatuliden*, diese jüngsten Vertreter der modernen Crinoideen, haben sich sehr weit von der ursprünglichen palaeozoischen Stammform entfernt. Wenn man aus der bedeutungsvollen Astrogenese der Echinodermen bestimmte Schlüsse auf ihre Stammesgeschichte ziehen will, muss man stets bedenken, dass die Differenzirung der acht Classen dieses Stammes schon in silurischer Zeit vollzogen war, und dass seitdem Millionen von Jahrhunderten verflossen sind. In diesem ungeheuren Zeitraum haben auch die *Astrolarven* — ebenso wie die reifen *Astrozoen* — vielfache cenogenetische Umbildungen durch Anpassung erfahren. Dass trotzdem die Grundzüge ihrer Keimesgeschichte sich durch zähe Vererbung palingenetisch conservirt haben, ist ein glänzender Beweis für die Bedeutung des biogenetischen Grundgesetzes.

§ 211. Morphologische Urkunden.

Die vergleichende Anatomie der Echinodermen (— 1816 begründet —) wurde der Ausgangspunkt zunächst für das Verständniss des ganz eigenthümlichen Körperbaues dieses „Thier-Typus“, weiterhin aber auch für dasjenige ihrer Entwickelung. Denn als 30 Jahre später (1846) die wunderbaren Thatsachen ihrer Ontogenese entdeckt wurden, und als 50 Jahre später (1866) der erste Versuch zur Auffindung ihrer Phylogenese gemacht wurde, mussten immer die fundamentalen Verhältnisse der Morphologie der *Astrozoen* als bestimmende Endziele maassgebend bleiben; sowohl die Ontogenie der *Astrolarven* als die Phylogenie der historischen Ahnen-Reihen wurde erst durch gründliche Kenntniss und gehörige Berücksichtigung der vergleichenden Anatomie möglich. Das wurde auch von den meisten Palaeontologen und Systematikern anerkannt; denn sie waren bei den Echinodermen mehr als bei den meisten übrigen Thierstämmen genöthigt, neben der äusseren Körperform auch die innere Organisation gründlich zu erforschen. Die grossen Fortschritte, welche die vergleichende Anatomie der Echinodermen in den letzten Decennien — Dank den verbesserten Untersuchungs-Methoden und den erweiterten Gesichtspunkten der Neuzeit — gemacht hat, konnten deren grundlegende Bedeutung nur noch mehr ins Licht stellen.

Als phylogenetische Urkunde ersten Ranges kann aber die vergleichende Anatomie bei den Echinodermen, ebenso wie bei den Vertebraten und anderen Thierstämmen, nur dann ihre volle Bedeutung entfalten, wenn sie im Zusammenhang mit der vergleichenden Ontogenie und Palaeontologie behandelt wird, und wenn mit scharfer Kritik die echten und die scheinbaren Homologien unterschieden werden. Viele Aehnlichkeiten in dem eigenthümlichen fünfstrahligen Körperbau verschiedener Echinodermen-Gruppen, welche ursprünglich als *wahre Homologie* oder Homophylie aufgefasst wurden, haben sich nachträglich als *falsche Homologie* oder Homoplasie herausgestellt. Während man ursprünglich annahm, dass die ähnliche Bildung divergenter Gruppen stets auf Vererbung von einer gemeinsamen Stammform beruhe, hat sich später ergeben, dass dieselbe vielmehr oft durch gleichartige Anpassung an ähnliche Entwickelungs-Bedingungen, also durch Convergenz bedingt war.

Homophyletische Bildungen aller Echinodermen (ausgenommen die ältesten Amphorideen) oder „generelle Homologien im Sinne der Entwickelungslehre", bedingt durch gemeinsame Abstammung, sind nach unserer Ansicht folgende: I. der pentaradiale Bau des Astrozoon (— gelegentliche Vermehrung der fünf Parameren ist secundär —); II. die generelle Composition der Organ-Systeme; insbesondere III. der Oraltheil des Ambulacral-Systems (Hydrocircus und primärer Hydroductus); IV. der Darmcanal mit Mund und After (— der Mangel des Afters in einigen Gruppen beruht auf Rückbildung —); V. das Coelom-System nebst den primären Gonaden-Anlagen, und VI. das lacunäre Blutgefäss-System. Auch die allgemeine Structur des Tegumentes, des superficialen Nervensystems u. s. w. können in allen Echinodermen als homophyletische Organisations-Verhältnisse betrachtet werden; sie entstehen aus derselben gemeinsamen Anlage. Dagegen ist es sehr bedenklich, einzelne Organe in verschiedenen Classen als homolog zu betrachten; so z. B. haben der verkalkte Schlundring der Holothurien und die Laterne der Echinideen sicher keinerlei Beziehung zu einander, ebenso manche Sinnes-Organe und Respirations-Organe verschiedener Classen.

Homoplastische Bildungen dagegen (— oder scheinbare specielle Homologien —) sind nach unserer Auffassung folgende: I. viele pentaradiale Organe, welche in mehreren Classen (oder kleineren Gruppen) dieselbe Lage und Beziehung zu anderen Organen haben, aber polyphyletisch entstanden sind (in den einzelnen Gruppen unabhängig von einander); insbesondere II. perradiale Platten des Tafel-Skelets, und III. interradiale Platten desselben; so z. B. ist das sogenannte Apical-System der Panzerkapsel bei den Blastoideen und Crinoideen einerseits, bei den Echinideen und Ophiodeen anderseits sehr ähnlich, aber nicht homophyletisch; ebenso das orale Platten-System. Auch sogenannte „Ambulacral-Platten" sind mehrfach verschiedene, nur homoplastische Producte. IV. Appendikeln des Kalkskelets, Stacheln, Pedicellarien, Schuppen, Pinnuletten, Pinnulae u. s. w. Solche Anhangs-Organe des Tegumentes sind polyphyletischen Ursprungs, z. B. nicht homolog bei Crinoideen und Echinideen. V. Fünffach vorhandene Organe in verschiedenen Astrozoen, welche ursprünglich einfach waren, z. B. Gonaden, Gonoporen, Madreporen, Steincanäle, POLI'sche Blasen etc. Diese ähnlichen Pentaden können homoplastisch sein, durch Penteplication in den verschiedenen Gruppen mehrfach — unabhängig von einander — entstanden.

§ 212. Classification der Echinodermen.

Das natürliche System der Echinodermen, insofern es der annähernde Ausdruck ihrer wirklichen Stammverwandtschaft sein soll, ist eine schwierige Aufgabe; es unterliegt trotz vieler Versuche auch heute noch sehr verschiedenen Auffassungen. Die Mehrzahl von den bekannten Classen dieses Stammes, früher besonders die *Asterideen* und *Crinoideen*, später die *Cystoideen* und *Holothureen*, sind als ursprüngliche Vertreter oder als Stammgruppen des ganzen Phylon in Anspruch genommen worden. Da die bezüglichen Abstammungs-Hypothesen sich in extremen Widersprüchen bewegen, da sie sich meistens einseitig nur auf eine der drei phylogenetischen Urkunden stützen, und da das ganze Problem ein höchst verwickeltes ist, so wird es für dessen Klärung nützlich sein, diejenigen „leitenden Grundsätze" oder festen Lehrsätze voranzustellen, in deren Anerkennung gegenwärtig alle (— oder doch fast alle! —) Echinologen übereinstimmen.

I. **Echinologische Grundsätze.** Auf Grund der Uebereinstimmung, welche zwischen den allgemeinen Ergebnissen der Palaeontologie, der vergleichenden Anatomie und Ontogenie erzielt ist, gelten jetzt folgende Theorien als wohlbegründet: 1) Die sieben Classen der Echinodermen, welche die moderne Systematik unterscheidet (fünf lebende und zwei ausgestorbene), sind natürliche Gruppen, d. h. Einheiten von stammverwandten Formen, die in jeder Classe von einer gemeinsamen (längst ausgestorbenen) Stammform abzuleiten sind; wir selbst fügen diesen sieben monophyletischen Classen als achte Classe unsere *Amphorideen* bei — nach unserer Ansicht die gemeinsame Stammgruppe des ganzen Phylon. 2) Alle Classen sind sehr alt und wahrscheinlich schon während der cambrischen Periode, spätestens im Beginn der silurischen Zeit, differenzirt; wir müssen dies daraus schliessen, dass deutliche (und zum Theil zahlreiche) fossile Reste von allen Classen schon im Unter-Silur vorkommen. (Von den skeletarmen *Holothurien* kann dies, wenn man die unter-silurische *Ascocystis* nicht dazu rechnen will, schon wegen ihrer primitiven Organisation hypothetisch vorausgesetzt werden.) 3) Die spätere, palaeozoische und mesozoische Entwickelung der Classen (vom Silur bis zur Gegenwart) zeigt nur eine mehr oder weniger reiche Formen-Entfaltung der einzelnen Classen, jeder für sich, ohne dass irgend welche Verbindungs-Formen zwischen denselben später noch auftreten; auch erscheinen späterhin keine neuen Classen. 4) Obwohl alle Classen scharf characterisirt und auch alte (cambrische und silurische) Verbindungsformen zwischen einzelnen Classen spärlich sind, stimmen dennoch Alle in den Character-Zügen der typischen Echinodermen-Organisation so sehr überein, dass wir alle Classen als Zweige eines Stammes ansehen dürfen.

II. **Die gemeinsame Stammgruppe.** Während in den vorstehenden echinologischen Grundsätzen gegenwärtig fast alle (— und darunter die competentesten —) Kenner des Stammes übereinstimmen, gehen sie dagegen in der Auffassung der Stammgruppe und der Beziehungen derselben zu den einzelnen Classen weit auseinander. Die wichtigsten der bezüglichen Theorien sind nach dem gegenwärtigen Zustande unserer Kenntnisse folgendermaassen zu beurtheilen: I. Die Asterideen, welche wir bei dem ersten Versuche einer phylogenetischen Classification (1866) als die Stammgruppe anzusehen geneigt waren (— vorzüglich auf Grund ihrer Kometenbildung und wichtiger vergleichend-anatomischer Erwägungen —), erscheinen uns gegenwärtig in einem wesentlich verschiedenen Lichte; sie haben zwar in einigen wichtigen Verhältnissen (z. B. in der epidermalen Lage des Nervensystems) eine sehr primitive Bildung bewahrt, aber in anderen (z. B. in der pentaradialen Darm-Theilung) eine sehr specialisirte und differenzirte Bildungs-Stufe erlangt. 2) Die Crinoideen, welche man wegen der festsitzenden Lebensweise und mancher besonderen Eigenthümlichkeiten als Stammgruppe zu betrachten geneigt war, halten wir gegenwärtig für eine weit davon entfernte, eigenthümlich specialisirte Gruppe.

3) Die Holothurien, welche neuerdings als Stammgruppe aller Echinodermen aufgefasst wurden, stehen dieser jedenfalls unter den lebenden Classen am nächsten; sie besitzen aber anderseits Eigenthümlichkeiten, welche sie weit davon entfernen, vor Allem die subdermale Lage des Subvectiv-Systems, ferner die freie Locomotion mit horizontaler, verlängerter Hauptaxe, die allen anderen lebenden Sternthieren fehlt. 4) Die Cystoideen stehen nach unserer jetzigen Auffassung der gemeinsamen Stammgruppe der Echinodermen am nächsten; sie sind auch neuerdings vielfach direct als solche aufgefasst worden. Wir haben jedoch gezeigt, dass von den echten, mit Anthodium ausgestatteten Cystoideen jene einfachsten und ältesten Formen abzutrennen sind, welche dasselbe noch nicht besitzen, und welche überhaupt der typischen Ambulacren noch entbehren: die cambrischen und silurischen Amphorideen. 5) Unter diesen sind es die panzerlosen Eocystiden, die bilateralen *Amphoraeiden* und die pentaradialen *Pentactaeiden*, welche wir als wirkliche Stammgruppen des ganzen Phylon betrachten dürfen; aus ihnen lassen sich einerseits die *Holothurien*, anderseits die *Cystoideen* ableiten, und aus diesen letzteren die fünf übrigen Classen.

III. **Divergenz der Classen.** Da die einzelnen Classen des Echinodermen-Stammes verschiedene Grade der morphologischen Verwandtschaft zeigen — sowohl unter einander als in Bezug auf die gemeinsame Stammgruppe — hat man auch diese Thatsache phylogenetisch verwerthet und einige Classen als ältere, andere als jüngere gegenübergestellt, entsprechend auch ihre Zweige von verschiedenen Höhen des Stammbaumes abgeleitet. Ferner ist demgemäss auch mehrfach der wünschenswerthe Versuch gemacht worden, mehrere nächstverwandte Classen in einer grösseren Hauptclasse (*Cladoma* oder Subphylum) zu vereinigen. So wurden schon früher die drei festsitzenden Classen (*Cystoideen*, *Blastoideen* und *Crinoideen*) als Pelmatozoa zusammengefasst; ebenso die *Asterideen* und *Ophiodeen* als Asterozoa, die *Echinideen* und *Holothurien* als Echinozoa. Genauere kritische Betrachtung dieser Gruppen lehrt jedoch, dass sie theilweise künstlich sind und dass ihre Verwandtschafts-Beziehungen verwickeltere sind, als man annahm. Noch bedenklicher und theilweise ganz verfehlt waren die früheren Versuche, die einzelnen divergenten Classen von einander abzuleiten, z. B. die *Holothurien* von den *Echinideen* (— oder umgekehrt! —), die *Ophiodeen* von den *Asterideen* (— oder umgekehrt! —), die *Crinoideen* von den *Blastoideen* (— oder umgekehrt! —). Viel berechtigter erscheint uns die vorsichtige neuere Auffassung, wonach die Divergenz der einzelnen Classen schon sehr frühzeitig in der cambrischen oder alt-silurischen Periode stattgefunden hat und directe nahe Beziehungen derselben zu einander später nicht mehr aufzufinden sind, sondern nur zu der gemeinsamen Stammgruppe der cambrischen oder laurentischen *Amphorideen.*

IV. **Cladome des Stammes.** Trotzdem erscheint es uns gerechtfertigt, zwei oder drei natürliche „Hauptclassen" des Stammes zu unterscheiden und dadurch die Uebersicht über die verwickelten Verwandtschafts-Beziehungen der acht Classen zu erleichtern. Der gemeinsamen Stammgruppe derselben, den *Amphorideen*, stehen im Ganzen näher die älteren Monorchonien (*Holothurien* und *Cystoideen*); dagegen erscheinen höher entwickelt und jünger die fünf übrigen Classen, die Pentorchonien; unter diesen können wir wieder *Orocincten* und *Pygocincten* unterscheiden.

§ 213. Monorchonia und Pentorchonia.

Als zwei natürliche Hauptgruppen des monophyletischen Echinodermen-Stammes unterscheiden wir gegenwärtig die älteren *Monorchonien* und die jüngeren *Pentorchonien.* Wir gehen dabei von dem Grundsatze aus, dass diejenigen Classen die älteren sind, in denen noch die ursprüngliche (primäre!) bilaterale Symmetrie überwiegt, während bei den jüngeren diese immer mehr durch den pentaradialen Bau verdrängt wird. In noch jüngeren Gruppen (z. B. bei den amphipleuren Echinideen) kann dann wieder eine secundäre „bilaterale Symmetrie" auftreten, die wohl von jener primären zu unterscheiden ist. Für die phyletische Classification entscheidend ist dabei vor allem das Verhalten des Genital-Systems; die *Monorchonien* besitzen noch eine einfache, paarige oder unpaare Geschlechtsdrüse, die *Pentorchonien* dagegen eine fünffache (aus fünf radialen, einfachen oder verästelten Drüsen bestehende) Gonade; die letzteren zeichnen sich zugleich vor den ersteren durch den Besitz einer Paraxondrüse und eines pentagonalen (von dieser ausgehenden) Genitalringes aus.

I. **Monorchonia** (oder *Anactinogonidiata*). Das Genital-System besitzt einen sehr einfachen Bau, zeigt keine Andeutung pentaradialer Zusammensetzung und besteht aus einem Paar Geschlechtsdrüsen (die meist büschelförmig verästelt sind); beide münden in in einen unpaaren Geschlechtsgang (Gonoductus), welcher ursprünglich im dorsalen Mesenterium eingeschlossen ist und durch einen einfachen Gonoporus auf dem Rücken (zwischen Mund und After) sich öffnet. Vollständig kennen wir diese primitive Einrichtung nur von den lebenden *Holothurien.* Wir können aber mit Sicherheit annehmen, dass dieselbe ebenso in den beiden ältesten Classen des Stammes vorhanden war, bei den *Amphorideen* und *Cystoideen.* Die einfache Geschlechtsöffnung, die auch hier zwischen Mund und After sich findet, legt dafür vollgültiges Zeugniss ab. Da alle drei Classen der Monorchonien auch in anderen Beziehungen primitive Bau-Verhältnisse zeigen (— die *Holothurien* besonders in der einfachen Coelom-Bildung und dem Mangel der Paraxon-Organe —), so können wir schliessen, dass sie die ältere Hauptgruppe des Stammes repräsentiren. Die Zahl der fossilen *Amphorideen* und *Cystoideen* ist in den cambrischen und untersilurischen Schichten grösser als diejenige aller anderen Echinodermen.

II. **Pentorchonia** (oder *Actinogonidiata*). Das Genital-System zeigt durchweg pentaradiale Zusammensetzung und besteht ursprünglich aus fünf Paar Geschlechtsdrüsen. Bisweilen sind die beiden Gonaden jedes Paares verschmolzen, oder auch einige rückgebildet (bei mehreren *Echinideen*); andere Male ist die Zahl vermehrt (bei polyradialen *Ophiodeen* und *Asterideen*). Immer stehen die 5 Gonaden ursprünglich in Verbindung mit der wichtigen Paraxondrüse, welche dem umgebildeten Gonoductus der Monorchonien — oder der Genital-Rhachis der Stammgruppe — entspricht. An einem Pole dieses paraxonalen Organes befindet sich ein pentagonaler Genitalring, und von diesem gehen fünf Genital-Stränge an die Gonaden. Es besteht aber in dieser Beziehung ein wichtiger Unterschied zwischen zwei Hauptgruppen der *Pentorchonien*; bei den Orocincten (*Blastoideen* und *Crinoideen*) liegt der Genitalring am oralen Pole, bei den Pygocincten (*Echinideen, Ophiodeen, Asterideen*) am aboralen Pole der Paraxon-Drüse. Da die Körperhaltung und der Stand der Hauptaxe in diesen beiden Gruppen verschieden ist (der Mund bei den *Orocincten* oben, bei den *Pygocincten* unten), ergiebt sich, dass der Genital-Ring und die Gonaden bei allen Pentorchonien ursprünglich oben liegen.

II. A. **Orocincta**: die beiden Classen der armlosen *Blastoideen* und der armtragenden *Crinoideen*. Beide sitzen am Apical-Pole fest (gewöhnlich mittelst eines gegliederten Stieles). Obwohl uns die palaeozoischen *Blastoideen* nur in fossilem Zustande bekannt sind, können wir doch vermuthen, dass ihr Malacom im Ganzen demjenigen der nächstverwandten Crinoideen ähnlich gebildet war, und dass der Genitalring in beiden Classen den Mund umgab. Die Structur der dorsalen Panzer-Kapsel ist in beiden Classen sehr ähnlich. Ein wichtiger Unterschied derselben liegt aber darin, dass die Gonaden bei den Blastoideen im Kelche eingeschlossen liegen, bei den Crinoideen dagegen ausserhalb desselben, auf der Ventralseite der Arme (oder ihrer Aeste und Pinnulae). Die Geschlechts-Producte treten bei ersteren durch 10 adradiale Oeffnungen der Kelchdecke aus, bei letzteren durch zahlreiche Genitalporen der Arme.

II. B. **Pygocincta**: die drei Classen der *Echinideen*, *Ophiodeen* und *Asterideen* (— alle drei „*Echinodermen*" im eigentlichen Sinne, mit Stachelkleid! alle drei kriechend auf der Bauchfläche, in deren Mitte der Mund liegt —). Der Genitalring geht hier nicht vom oralen, sondern vom aboralen Pole der Paraxon-Drüse aus; er umgiebt nicht den Mund, sondern den After. Bei den *Echinideen* münden die 5 Gonaden durch die 5 interradialen Genitalplatten. Die *Ophiodeen* besitzen 10 adradiale Gonaden, welche in die Bursal-Kiemenhöhlen münden, und durch deren 10 Spalten nach aussen. Die 5 Paar Gonaden der *Asterideen* öffnen sich durch interradiale Poren.

§ 214. Anolena und Olenata.

Olenata nennen wir jene drei Classen von Echinodermen, bei denen der pentaradiale Körper in fünf (selten mehr) perradiale „Arme" ausgezogen ist. Diese Sternarme (*Olenae*, *Astrolenae*, *Brachia*) sind peripherische Fortsätze des ganzen Körpers, dessen centrale „Scheibe" oder „Sternscheibe" (*Discus*, *Astrodiscus*, *Calyx*) sich mehr oder weniger scharf von ihnen absetzt. Characteristisch für den Bau derselben ist, dass sich besondere perradiale Divertikel des Coeloms in sie hineinerstrecken (*Olenocoele*, § 233), und dass in diese „Armhöhlen" auch die meisten übrigen Organe ansehnliche Fortsätze hineinsenden. Dadurch erhalten die drei Olenaten-Classen einen ganz eigenthümlichen Character, der sie auffallend von den fünf übrigen, armlosen Classen des Stammes (*Anolena*) unterscheidet. Zwar werden auch bei letzteren oft bestimmte periphere Organe als „Arme" bezeichnet, indessen mit Unrecht. Die sogenannten „Arme" oder „Mundarme" der *Holothurien* sind die Mundfühler, reine Ambulacral-Anhänge. Was man bei den echten (meist armlosen) *Cystoideen* als Arme bezeichnet, sind gewöhnlich Pinnuletten oder Skeletstützen von Ambulacral-Anhängen. Wenn man die „Pseudoambulacral-Felder" der *Blastoideen* als „angewachsene Arme" bezeichnet oder die Ambulacra der *Echinideen* mit diesen vergleicht, so haben alle diese Bildungen Nichts mit den echten Sternarmen der Olenaten zu thun.

Die Armbildung der Olenaten erscheint im Sinne der „teleologischen Mechanik" als eine Einrichtung, welche eine weitere Entfaltung der perradialen Organe nach allen Richtungen hin und damit eine erhöhte Lebensthätigkeit verfolgt. Während bei den *Anolenen* alle grösseren Organe im Schutze des schlauchförmigen oder kapselförmigen Körpers geborgen sind und nur die kleinen Ambulacral-Anhänge (Fühler, Füsschen, Kiemen) an der Oralseite hervortreten, geht nunmehr bei den *Olenaten* mit den Aussackungen des Coeloms auch ein Theil der inneren Organe von der Centralscheibe auf die Arme über. Zugleich entwickeln sich die letzteren zu mächtigen Werkzeugen der Bewegung und Greifthätigkeit, zu Trägern der Geschlechtsorgane u. s. w. Dabei erfährt besonders der Skelet-Apparat der gegliederten Arme, sowie der zu seiner Bewegung dienende Apparat der Muskeln, Bänder, Gelenke u. s. w. eine ganz ausserordentliche Entwickelung. Die Gliederung der Olenen, ihre Zusammensetzung aus einer perradialen Reihe von zahlreichen, gleichartigen Segmenten („Wirbeln") erreicht einen Grad von mechanischer Vollkommenheit, welcher an die „Wirbelsäule" der Vertebraten erinnert. Gerade diese kunstvolle Articulation der beweglichen Sternarme ist es, welche die Olenaten hoch über die Anolenen erhebt.

Die drei Classen der Olenaten bilden indessen keine phylogenetische Einheit; vielmehr stehen die *Crinoideen* den beiden anderen Classen, *Ophiodeen* und *Asterideen*, in vielen wichtigen Beziehungen fremd gegenüber. Das geht schon daraus hervor, dass die Paraxondrüse in beiden Gruppen einen sehr verschiedenen Bau besitzt, und dass der pentaradiale Genitalring bei den Crinoideen aus dem oralen, bei den Ophiodeen und Asterideen dagegen aus dem aboralen Pole des paraxonen Genitalstranges hervorwächst. In Folge dessen entwickelt sich der Gonaden-Stern bei den Crinoideen an der ambulacralen, bei den Ophiodeen und Asterideen an der apicalen Fläche des Körpers. Aber auch die beiden letzteren Classen, die gewöhnlich als nächstverwandt gelten, stehen sich in wichtigen Beziehungen sehr fern. Es ist daher anzunehmen, dass die Olenaten eine polyphyletische Gruppe sind, und dass die Armbildung zweimal oder dreimal in verschiedenen Gruppen von Anolenen sich entwickelt hat.

Die Crinoideen unterscheiden sich von allen übrigen Echinodermen in sehr auffallender Weise dadurch, dass der fünfstrahlige Genital-Baum periphere Aeste in alle Zweige der verästelten Arme, bis in die Pinnulae hinein sendet, und dass erst in den letzten Aestchen desselben, an der Ambulacralseite der Pinnulae, die Geschlechts-Producte reifen. Auch das enge Olenocoel, die „Leibeshöhle" der Arme, entwickelt sich in dieser Classe an der Oralseite (subambulacral), und verzweigt sich entsprechend, während die starken Kalkwirbel der Armglieder die Apicalseite einnehmen.

Die Ophiodeen verhalten sich in letzterer Beziehung gerade umgekehrt; die Kalkwirbel liegen hier an der Ambulacralseite und drängen die enge Leibeshöhle der Arme nach der Apicalseite hin zusammen, so dass nur ein enger „Dorsal-Canal" zwischen ihnen und dem aboralen „Rückenschild" übrig bleibt. Die 10 Gonaden liegen in der centralen, von den 5 Armen scharf abgesetzten Scheibe, und stehen in besonderen Beziehungen zu den 10 adradialen, dieser Classe eigenthümlichen respiratorischen „Bursal-Taschen".

Die Asterideen unterscheiden sich von den beiden anderen Classen der Olenaten schon dadurch, dass die Leibeshöhlen der Arme sehr geräumig und nicht durch dicke Kalkwirbel eingeengt sind. Jeder Arm nimmt ein Paar voluminöse, doppelt gefiederte Armdärme oder Leberdärme auf, und in mehreren Gruppen wachsen auch die Gonaden von den Interradien aus in die Olenocoele hinein. Die Sternarme erreichen hier den höchsten Grad autonomer Ausbildung und können sich zuletzt zu physiologischen Personen entwickeln; der einzelne abgelöste Arm kann am Proximal-Ende einen ganzen fünfstrahligen Seestern durch Regeneration bilden (Kometen-Form).

(§§ 215—219 auf S. 376—381.)

§ 220. Grundformen der Echinodermen.

Zu den hervorstechendsten äusseren Eigenthümlichkeiten der Echinodermen, welche sie allen übrigen Thieren gegenüberstellen, gehört die fünfstrahlige Grundform des reifen *Astrozoon.* Diese ist aber, wie Palaeontologie und Ontogenie übereinstimmend zeigen, erst secundär erworben. In der Stammgruppe der *Amphorideen* finden sich viele rein bilaterale und triradiale Formen. Aber auch in der jugendlichen *Astrolarve* der übrigen Echinodermen fehlt die Pentanomie ursprünglich ganz. Vielmehr zeigt diese (als *Dipleurula*) die vollkommene „*bilaterale Symmetrie*" (— oder „Dipleurie" —) ebenso rein ausgeprägt, wie die Helminthen und die meisten höheren Thiere; ihr Körper besteht aus ein Paar spiegelgleichen Antimeren. Wie aus dieser dipleuren Helminthen-Form durch den singulären Process der *Astrogenese* die geschlechtsreif werdende pentaradiale Astrozoen-Form entsteht, lehrt die unmittelbare Beobachtung aller Stufen dieser eigenthümlichen Metamorphose. Die phylogenetische Erklärung derselben liefert die Pentactaea-Theorie (§ 205); sie zeigt, wie die bilateral-symmetrischen Helminthen-Ahnen der Echinodermen durch Anpassung an festsitzende Lebensweise einen fünfstrahligen Tentakelkranz erwarben, und wie dieser der Ausgangspunkt für die weitere pentaradiale Differenzirung des Astrozoon wurde.

Die genauere Untersuchung der Astrogenese lehrt aber ferner, dass bei allen Echinodermen (ohne Ausnahme) Reste der ursprünglich dipleuren Grundform im pentaradialen Astrozoon zurückbleiben, und zwar immer in einer asymmetrischen Anordnung. Die geometrische Grundform des Astrozoon ist daher niemals eine vollkommen reguläre fünfseitige Pyramide, sondern immer etwas asymmetrisch.

§ 215. Acht Classen der Echinodermen.

A. (I, II, III). Monorchonia (noncincta)			B. (IV, V). Orocincta
I. **Amphoridea**	II. **Thuroidea**	III. **Cystoidea**	IV. **Blastoidea**
Gonaden einfach, mit einer ventralen Gonopyle	*Gonaden* einfach, mit einer dorsalen Gonopyle	*Gonaden* einfach, mit einer ventralen Gonopyle	*Gonaden* pentanom, 10 adradiale Drüsen mit 10 ventralen Gonopylen
Genitalring fehlt, Paraxondrüse fehlt	Genitalring fehlt, Paraxondrüse fehlt	Genitalring fehlt, Paraxondrüse fehlt	Genitalring circoral, am Oralpol der Paraxondrüse
Hydropyle einfach, ein interradialer Porus, ventral	*Hydropyle* einfach, selten vielfach (oft intern), dorsal	*Hydropyle* einfach, ein interradialer Porus, ventral	*Hydropyle* fünffach, perioral?
Ambulacra fehlen noch ganz, ebenso Principal-Canäle	*Ambulacra* complet, bis zum analen Apex ausgedehnt	*Ambulacra* primitiv, bald sehr kurz, bald ziemlich lang	*Ambulacra* ventral, mit einem besonderen Lanzetstück
Ambuletten nur Oral-Tentakeln	*Ambuletten* Oral-Tentakeln und meistens auch Füsschen	*Ambuletten* orale und thecale Tentakeln	*Ambuletten* ventrale Tentakeln
Coelom ganz einfach, weit, ohne Paraxonsinus	*Coelom* ganz einfach, sehr weit, ohne Paraxonsinus	*Coelom* ganz einfach, weit, ohne Paraxonsinus	*Coelom* eng (?), mit Paraxonsinus (?)
Subvectoren fehlen	Subvectoren geschlossene Epineural-Canäle	Subvectoren meist offen, selten geschlossen	Subvectoren offene Nahrungs-Rinnen
Skelet ursprünglich spicular, später tabular	*Skelet* spicular, ohne Panzerplatten	*Skelet* eine feste Panzerkapsel	*Skelet* eine starre Panzerkapsel
Hauptaxe ursprünglich horizontal, später vertical; Mund vorn oder oben, ohne Zähne	Hauptaxe horizontal; Mund vorn, ohne Zähne	Hauptaxe vertical; Mund oben, central, ohne Zähne	Hauptaxe vertical, Mund oben, central, mit 5 Oralplatten
After interradial, meist mit Klappen-Pyramide	After ganz hinten, am Apical-Pol	After excentrisch, mit Klappen-Pyramide	After ventral, neben dem Munde
Astrozoon armlos, festsitzend (ursprünglich frei)	*Astrozoon* armlos, freibeweglich	*Astrozoon* meist armlos, festsitzend	*Astrozoon* armlos, festsitzend
Asrolarva: ⊙ Scaphularia	*Astrolarva*: Auricularia	*Astrolarva*: ⊙ unbekannt	*Astrolarva*: ⊙ unbekannt

Charactere der acht Classen.

Pentorchonia orocincta	C. (VI, VII, VIII). Pentorchonia pygocincta		
V. Crinoidea	VI. Echinidea	VII. Ophiodea	VIII. Asteridea
Gonaden pentanom, 5 perradiale Stränge, baumförmig verästelt, mit ventralen Gonopylen	*Gonaden* pentanom, 5 interradiale Drüsen, mit 5 apicalen Gonopylen	*Gonaden* pentanom, 10 adradiale Drüsen mit 10 ventralen Gonopylen	*Gonaden* pentanom, 5 Paar interradiale Drüsen, mit lateralen Gonopylen
Genitalring circoral, am Oralpol der Paraxondrüse	Genitalring periproctal, am Apicalpol der Paraxondrüse	Genitalring periproctal, am Apicalpol der Paraxondrüse	Genitalring periproctal, am Apicalpol der Paraxondrüse
Hydropyle fünffach oder vielfach (ventrale Kelchporen)	*Hydropyle* ein apicaler Madreporit	*Hydropyle* ein adoraler Madreporit	*Hydropyle* ein apicaler Madreporit
Ambulacra nur ventral, bis zur Armspitze ausgedehnt	*Ambulacra* complet, bis zum Apicalfeld ausgedehnt	*Ambulacra* nur ventral, bis zur Armspitze ausgedehnt	*Ambulacra* nur ventral, bis zur Armspitze ausgedehnt
Ambuletten orale und brachiale Tentakeln	*Ambuletten* locomotorische und polymorphe Füsschen	*Ambuletten* orale und brachiale Tentakeln	*Ambuletten* nur ventrale locomotorische Füsschen
Coelom eng, mit Paraxonsinus, mit engen Armhöhlen	*Coelom* sehr weit, mit Paraxonsinus	*Coelom* eng, mit Paraxonsinus, mit engen Armhöhlen	*Coelom* weit, mit Paraxonsinus, mit weiten Armhöhlen
Subvectoren bald offen, bald geschlossen	Subvectoren geschlossene Epineural-Canäle	Subvectoren geschlossene Epineural-Canäle	Subvectoren offene Nahrungs-Rinnen
Skelet eine Kapsel mit festem Dorsalpanzer	*Skelet* eine starre Panzerkapsel	*Skelet* sehr stark, aber beweglich	*Skelet* auf der Ventralseite stark, aber beweglich
Hauptaxe vertical; Mund oben, central, meist mit 5 Oralplatten	Hauptaxe vertical; Mund unten, meist central und mit 5 Zähnen	Hauptaxe vertical; Mund unten, central, mit 5 Oralplatten und Zähnen	Hauptaxe vertical; Mund unten, central, mit 5 Oralplatten
After ventral, neben dem Munde	After apical oder posteral verschoben	After fehlt immer (rückgebildet)	After apical (selten fehlend)
Astrozoon armtragend, festsitzend	*Astrozoon* armlos, frei beweglich	*Astrozoon* armtragend, frei beweglich	*Astrozoon* armtragend, frei beweglich
Astrolarva: Doliolaria	*Astrolarva*: Plutellus	*Astrolarva*: Pluteus	*Astrolarva*: Brachiolaria

§ 216. System der Echinodermen.

Cladome	Classen	Character der Subclassen	Subclassen
I. Cladom: **Monorchonia** **Noncincta** Gonaden einfach (ein Paar), mit unpaarem dorsalen Gonoductus. Paraxon-Drüse, Genital-Sinus und Genital-Stolonen fehlen ganz.	1. **Amphoridea** Anthodium fehlt. Ambulacra fehlen. Subvectoren fehlen	Theca bilateral, dorso-ventral differenzirt	1 A. **Amphoralia** (*Archamphoria*)
		Theca monaxon, sessil, nicht dorso-ventral differenzirt	1 B. **Amphoronia** (*Cystamphoria*)
	2. **Thuroidea** Anthodium complet. Kein Platten-Panzer. Subvectoren geschlossen	Orale Tentakel-Canäle aus dem Hydrocircus	2 A. **Paractinota** (*Parholothuria*)
		Orale Tentakel-Canäle aus den Principal-Canälen entspringend	2 B. **Actinopoda** (*Autholothuria*)
	3. **Cystoidea** Anthodium ventral. Platten-Panzer starr. Subvectoren meist offen	Theca-Panzer mit zahlreichen kleinen Platten (40—80 und mehr)	3 A. **Microplacta** (*Eucystidea*)
		Theca-Panzer mit wenigen grossen Tafeln (13—20)	3 B. **Megaplacta** (*Parcystidea*)
II. Cladom: **Pentorchonia** **Orocincta**. Gonaden fünffach (5 oder 5 × x Paare) 5 Genital-Stolonen perradial, ventral. Paraxon-Drüse mit circoralem Genital-Sinus. Festsitzend auf der Rückenfläche. Mund oben.	4. **Blastoidea** Anthodium ventral. Stern-Arme fehlen. Panzer-Kapsel starr. Subvectoren offen	Anthodium regulär pentaradial; alle fünf Ambulacra gleich	4 A. **Eublastoida** (*Pentremitaria*)
		Anthodium amphipleurisch (bilateral); Frontal-Ambulacrum sehr verschieden	4 B. **Parblastoida** (*Astrocrinaria*)
	5. **Crinoidea** Anthodium ventral. Stern-Arme gegliedert. Panzer-Kapsel dorsal starr, ventral dehnbar. Subvectoren bald offen, bald geschlossen	Theca mit Anal-Tafeln, stärker als die Arme entwickelt	5 A. **Palacrinida** (*Tessellata*)
		Theca ohne Anal-Tafeln, schwächer als die Arme entwickelt	5 B **Neocrinida** (*Articulosa*)
III. Cladom: **Pentorchonia** **Pygocincta**. Gonaden fünffach (5 oder 5 × x Paare), 5 Genital-Stolonen interradial, dorsal. Paraxon-Drüse mit periproctalem Genital-Sinus. Frei beweglich (kriechend) auf der Bauchfläche, Mund unten.	6. **Echinidea** Anthodium complet. Stern-Arme fehlen. Panzer-Kapsel starr. Subvectoren geschlossen	Theca mit zahlreichen (25—75) Meridian-Reihen von Platten	6 A. **Palechinida** (*Palaeechinoidea*)
		Theca stets mit 20 Meridian-Reihen von Panzer-Platten	6 B. **Autechinida** (*Euechinoidea*)
	7. **Ophiodea** Anthodium ventral. Stern-Arme gegliedert. Panzer-Platten beweglich. Subvectoren geschlossen	Halbwirbel der Arme getrennt, stabförmig	7 A. **Palophiura** (*Palaeophiuroidea*)
		Halbwirbel der Arme verschmolzen zu Vollwirbeln	7 B. **Colophiura** (*Autophiuroidea*)
	8. **Asteridea** Anthodium ventral. Stern-Arme gegliedert. Panzer-Platten beweglich. Subvectoren offen	Ambulacral-Platten der Arme alternal	8 A. **Palasterida** (*Encrinasteria*)
		Ambulacral-Platten der Arme conjugal (paarweise gegenüberstehend)	8 B. **Colasterida** (*Evonasteria*)

§ 217. Stammbaum der Echinodermen.

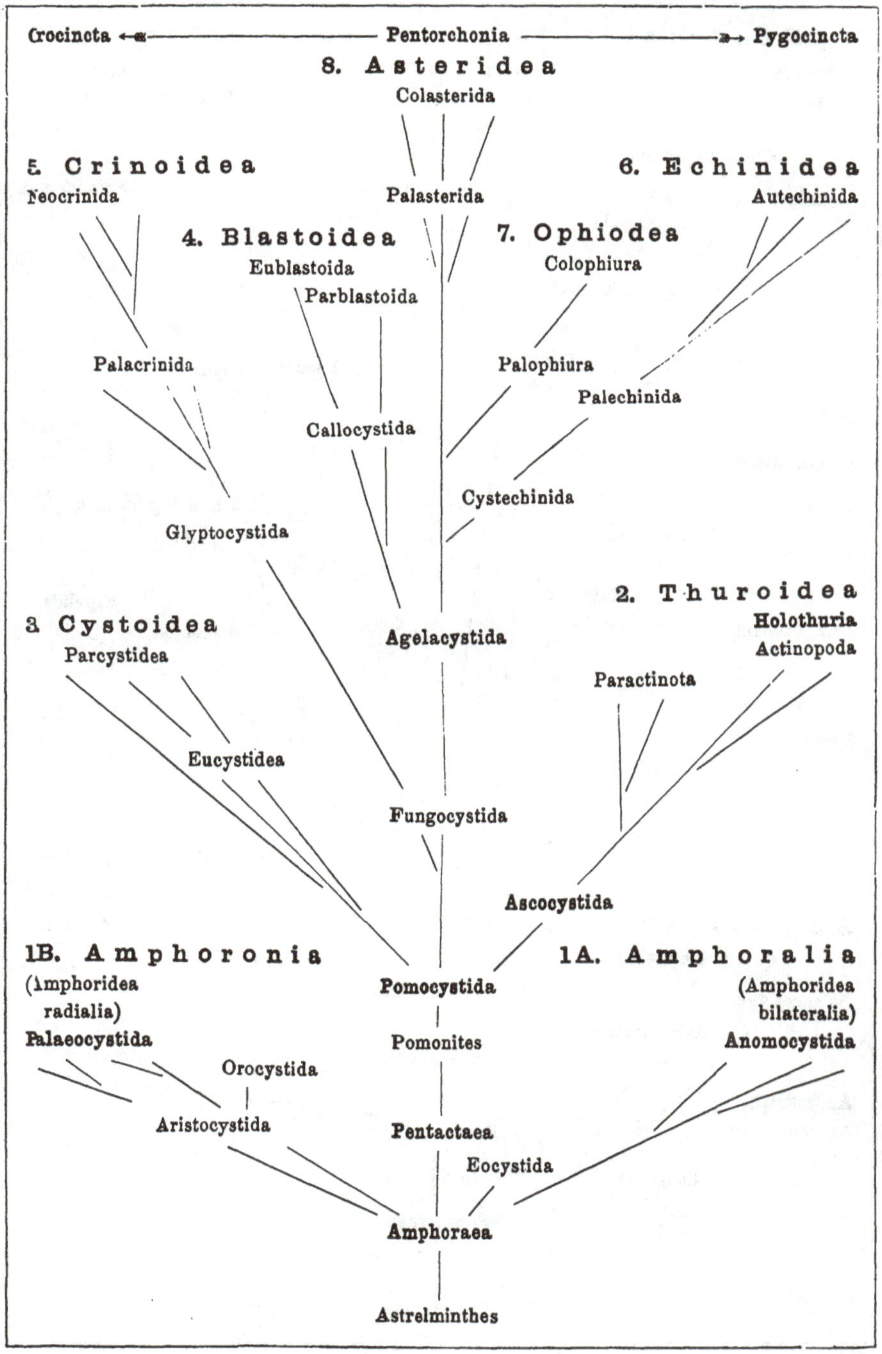

§ 218. Stammbaum der Monorchonien.

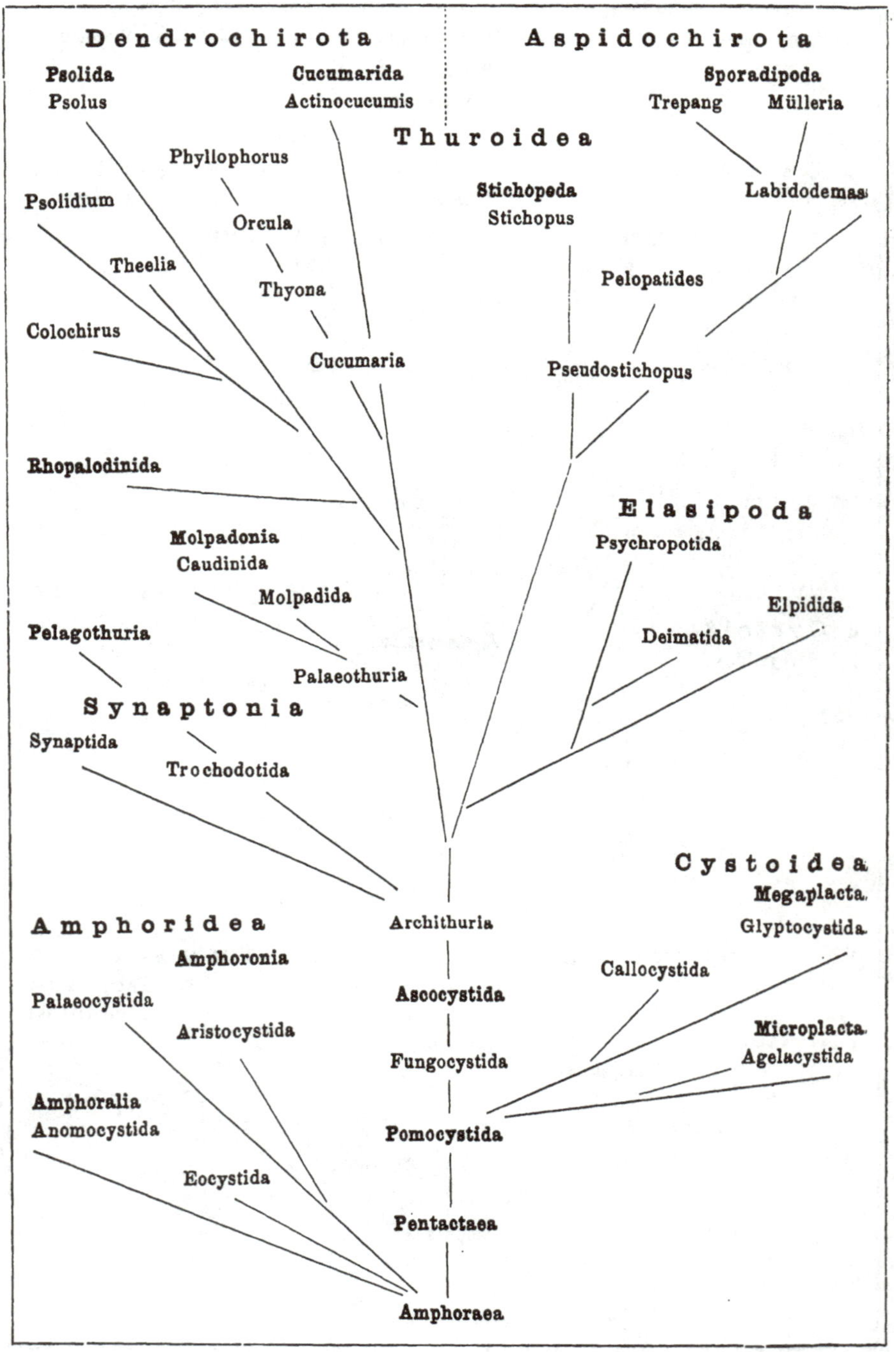

§ 219 Stammbaum der Pentorchonien.

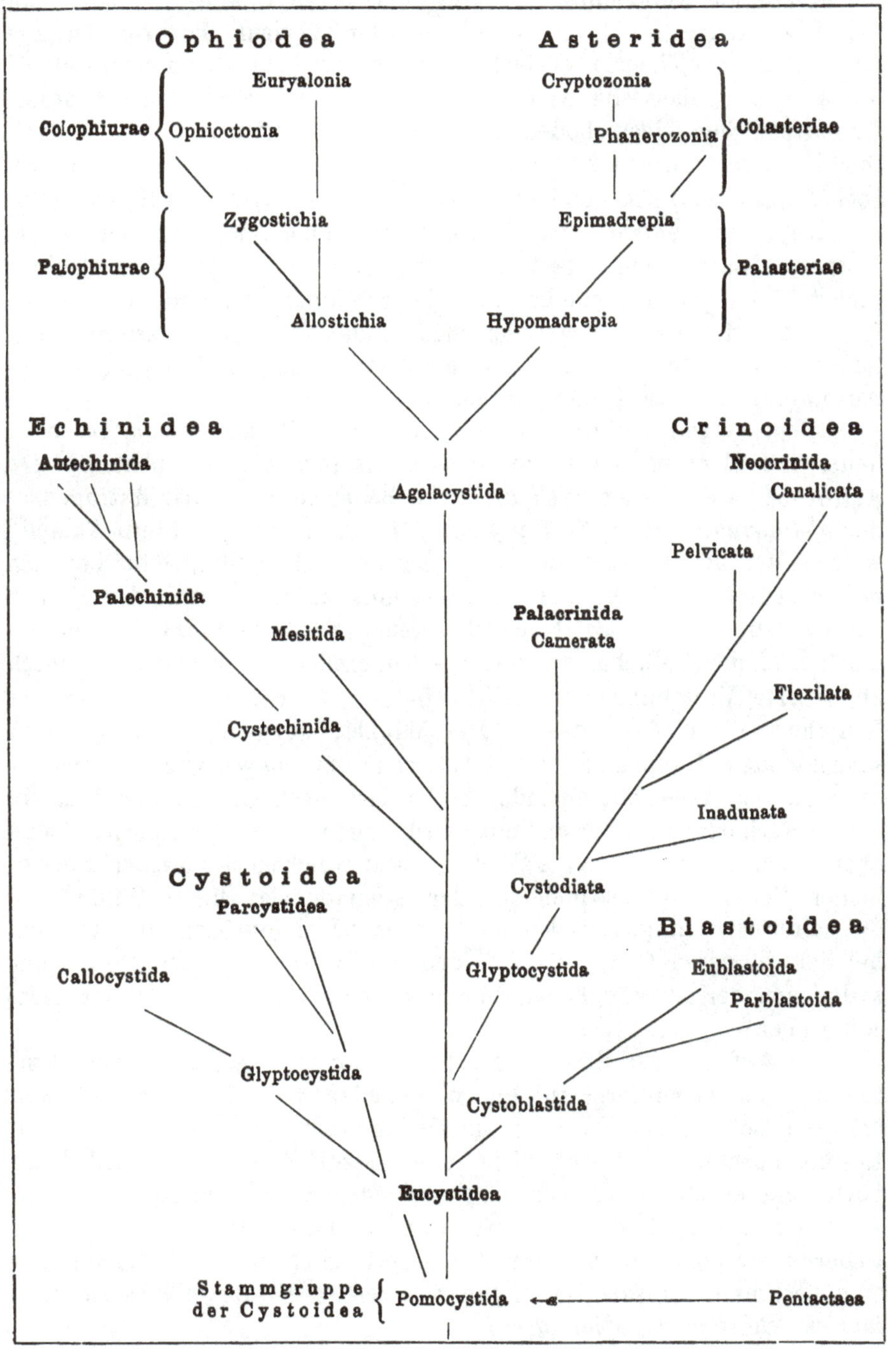

Die Asymmetrie der beiden Körperhälften ist in erster Linie durch die unilaterale Entstehung des Hydrocoels bedingt, weiterhin durch die einseitige Lage des Steincanals und der übrigen Paraxon-Organe. Die Pentactaea-Theorie erklärt diese pentaradiale Asymmetrie durch die Annahme, dass die Anheftung der schwimmenden Astrelminthen-Ahnen auf dem Meeresboden ursprünglich einseitig, mit dem Dorsaltheile des rechten Antimeres erfolgte. Dabei wurde das rechte Hydrocoel (Nephridium) rückgebildet, während das linke sich zum Hydroductus und Notoporus entwickelte. Zugleich trat eine Axendrehung des Körpers dadurch ein, dass der vorn und unten gelegene Schlund (nebst Mund und Tentakelkranz) sich nach links und oben aufrichtete. Indem das dorsale (ursprünglich median gelegene) Mesenterium dieser Axotorsion folgte, wurden auch die Umlagerung und asymmetrische Ausbildung anderer Theile herbeigeführt.

Diese folgenschwere Axotorsion der Pentactaea ist noch heute überall erkennbar in der inneren Asymmetrie des pentaradialen Astrozoon; sie ist aber auch direct zu beobachten bei der Astrogenese der *Pentactula*. Denn die Hauptaxe der „fünfstrahligen Stern-Anlage", welche um den Protentakel-Kranz herum sich bildet, fällt bei den *palingenetischen* Larven niemals vollständig zusammen mit der Hauptaxe der Dipleurula; das ist nur bei jenen *cenogenetischen* Astrolarven annähernd der Fall, bei welchen die früheren *Dipleurula*-Stufen durch abgekürzte Vererbung ausgefallen sind (z. B. bei der *Doliolaria* der Holothurien und Crinoideen). Der Winkel, welchen die beiden sich schneidenden Hauptaxen der bilateralen *Astrolarve* und des pentaradialen *Astrozoon* mit einander bilden, ist nach Grösse und Lage in den verschiedenen Classen und Ordnungen sehr verschieden; und ebenso der davon abhängige Winkel, unter welchem die Median-Ebenen beider Formen sich schneiden. Am kleinsten ist dieser Winkel bei den älteren (palingenetischen!) Gruppen (Holothurien), am grössten bei den jüngeren Gruppen, die sich am weitesten durch Decentralisation von der ursprünglichen Stammgruppe entfernt haben (Crinoideen, Asterideen).

Die Aufgabe der Stammesgeschichte, welche diese divergente Umbildung der Grundform in den verschiedenen Echinodermen-Classen erklären soll, ist äusserst verwickelt und zur Zeit von ihrer klaren Lösung noch weit entfernt. Die Schwierigkeit derselben wird dadurch noch sehr erhöht, dass sich in verschiedenen Echinodermen-Classen späterhin secundär-amphipleure Grundformen entwickeln, die weder unter einander, noch zu der ursprünglich dipleuren Larvenform eine bestimmte causale Beziehung besitzen (z. B. die bilateralen *Holothurien*, *Blastoideen*, *Echinideen*).

I. **Bilaterale Grundform.** Die ursprüngliche Grundform des Echinodermen-Organismus ist nicht die *pentaradiale*, sondern die *bilaterale*. Nicht nur ist die bilaterale Symmetrie des Körpers bei den palingenetischen Astrolarven im *Dipleurula*-Stadium ebenso rein und scharf ausgeprägt, wie bei den meisten Helminthen, sondern auch in den erwachsenen Astrozoen einer der ältesten Amphorideen-Gruppen, bei den *Anomocystiden* (oder *Pleurocystiden*). Diese Amphoralien sehen äusserlich gepanzerten Crustaceen oder Rotatorien ähnlicher als echten Echinodermen. Da nicht anzunehmen ist, dass diese (cambrischen und silurischen) Anomocystiden von älteren pentaradialen Formen abstammen, müssen wir die gleiche dipleurische Grundform auch der hypothetischen Stammform aller Echinodermen zuschreiben, den *Amphoraea*. Aus dieser bilateralen, mit ein Paar Tentakeln ausgestatteten Stammform ging dann zunächst wahrscheinlich eine triradiale Form (*Eocystis*) und erst aus dieser die älteste pentaradiale Form hervor: *Pentactaea*.

Wesentlich verschieden von dieser primär-*bilateralen* Grundform der Echinodermen sind die auffallenden secundär-*bilateralen* Formen, welche wir zahlreich in verschiedenen Classen finden; sie werden bei den *Echinideen*, *Blastoideen* und *Holothurien* in mannichfaltigen Modificationen angetroffen und seit langer Zeit (— ganz unpassend! —) als „Irreguläre“ bezeichnet. In allen drei Classen unterliegt es keinem Zweifel, dass die secundär-bilaterale Form aus einer pentaradialen entstanden ist; und die Ursache dieser Umbildung ist in den meisten (— wenn nicht in allen —) Fällen die Anpassung an freie Locomotion, und zwar an kriechende Ortsbewegung in einer constanten Haltung und Richtung des Körpers. Die älteren „regulären“ Seeigel (*Palechiniden* und *Cidaronien*) besitzen fünf congruente Parameren und kriechen wechselnd mit gleicher Geschicklichkeit nach allen Richtungen; jedes der 5 Ambulacren kann dabei vorangehen. Die jüngeren amphipleuren (oder „irregulären“) Echinideen dagegen (*Clypeastronien* und *Spatangonien*) haben die Gewohnheit angenommen, beim Kriechen immer in einer bestimmten Körperhaltung das eine Ambulacrum nach vorn zu richten und voran gehen zu lassen; in Folge dessen hat dieses unpaare (vordere oder frontale) Ambulacrum eine andere Form und Structur angenommen, als die vier paarigen. Auch diese letzteren haben sich späterhin differenzirt, so dass die zwei vorderen (pectoralen) zusammen mit dem frontalen das *Trivium* bilden, dagegen die beiden posteralen das *Bivium*. Am weitesten geht die amphipleure Ausbildung bei den *Spatangonien*, wo nicht nur der After aus der Mitte der Dorsalfläche nach hinten wandert (wie bei den *Clypeastronien*), sondern auch der Mund aus dem Centrum der Ventralfläche nach vorn.

In ähnlicher Weise, wie bei diesen amphipleuren Echinideen, hat sich auch die bilaterale Differenzirung der beiden Antimeren bei den „irregulären“ Blastoideen vollzogen (*Eleutherocrinus*, *Astrocrinus*), sowie bei der grossen Mehrzahl der Holothurien. In allen drei Classen hat sich aber der Gegensatz des Trivium und Bivium auf verschiedene Weise, unabhängig von einander, ausgebildet. Bei den bilateralen Holothurien (wo er in den *Psoliden* und *Elasipoden* die höchste Ausbildung erreicht) entspricht die interradiale Mittellinie des dorsalen Bivium der Insertion des Dorsal-Mesenteriums und der Ausmündung des Gonoporus und Hydroporus; somit können auch die beiden Antimeren der pentaradialen Astrozoen in eine bestimmte ancestrale Beziehung zu den Körperhälften der bilateralen Astrolarve und der Astrelminthen gesetzt werden.

II. **Triradiale Grundform.** Von grosser Bedeutung für die Phylogenie der Echinodermen scheint uns die palaeontologische, bisher nirgends betonte Thatsache zu sein, dass unter den ältesten palaeozoischen Vertretern des Stammes sich neben *bilateralen* und *pentaradialen* Formen auch nicht wenige *triradiale* finden. Solche dreistrahlige Sternthiere sind unter den Amphorideen die *Arachnocystiden* (mit drei Mundarmen), unter den Cystoideen die *Hexalacystiden* (mit drei Ambulacren). Da wir auch diese triradialen Echinodermen — ebenso wie die gewöhnlichen pentaradialen — ursprünglich von bilateralen Ahnen (*Amphoraca*, *Anomocystida*) ableiten, können wir annehmen, dass bei der Anpassung an festsitzende Lebensweise zunächst zwischen den beiden lateralen Tentakeln der Amphoraea ein unpaarer dritter (frontaler) entstand (*Eocystis*, *Arachnocystis*). Bei einigen Palaeocystiden (*Citrocystis*, *Echinosphaera*) spalteten sich die beiden paarigen Tentakeln gabelförmig, während der unpaare frontale ungetheilt blieb; bei *Palaeocystis* ordneten sich die fünf so entstandenen Tentakeln bereits in einen regulären Kranz, wie bei *Pentactaea*. Derselbe Vorgang wiederholt sich in der Ausbildung des Anthodiums bei manchen Cystoideen, besonders Fungocystiden. Bei *Glyptosphaera*, *Protocrinus* u. A. gehen von den drei Ecken des dreispaltigen Mundes drei Subvectoren ab; der unpaare frontale (dem After diametral gegenüber) bleibt ungetheilt; die beiden paarigen lateralen gabeln sich in einen vorderen (pectoralen) und hinteren (posteralen) Ast. Bei der nahe verwandten *Fungocystis* haben sich die fünf so entstandenen Ambulacren bereits äqualisirt, bilden ein reguläres Anthodium und gehen getrennt von den 5 Ecken des fünfspaltigen Mundes ab. In ähnlicher Weise können unter den Glyptocystiden die pentaradialen *Sycocystiden* von triradialen *Hexalacystiden* (*Hemicosmites*) abgeleitet werden. Offenbar ist diese Verwandlung der älteren triradialen in die jüngere pentaradiale Form (— ebenso wie die Entstehung der triradialen aus der bilateralen —) polyphyletisch; sie hat sich unter den cambrischen und silurischen Echinodermen der beiden ältesten Classen mehrmals in verschiedenen Gruppen wiederholt.

Die promorphologischen Beziehungen zwischen den triradialen und den pentaradialen *Monorchonien* sind ganz ähnliche, wie wir sie unter den Anthophyten zwischen den triradialen Blüthen der *Monocotylen* und den pentaradialen der *Dicotylen* wiederfinden. Sie machen die Annahme wahrscheinlich, dass (— bei monophyletischer Auffassung der Phanerogamen! —) die ältesten Dicotylen aus Monocotylen entstanden sind.

III. **Pentaradiale Grundform.** Die normale Grundform ist bei der grossen Mehrzahl der lebenden Astrozoen die fünfstrahlige, und der geometrische Ausdruck derselben ist die „fünfseitige Pyramide“. Die Hauptaxe derselben (— oder die „eigentliche Pyramiden-Axe“ —) steht bei den meisten Echinodermen in natürlicher Körperhaltung vertical; nur bei den *Holothurien*, deren schlauchförmig verlängerter Körper sich rechtwinkelig umlegt, wird dieselbe horizontal. Die beiden Pole dieser Principal-Axe werden allgemein durch die Lage des Mundes und des Scheitels bestimmt. Der Mundpol (*Polus oralis*, *actinalis*, *ambulacralis*) fällt bei den meisten Echinodermen mit dem Centrum des Mundes zusammen;

nur selten entfernt sich der letztere von ihm durch secundäre Verschiebung (*Spatangonien*, *Actinometra*). Der Scheitelpol (*Polus apicalis*, *aboralis*, *antambulacris*) wird häufig durch die Lage des Afters bestimmt (bei den meisten Holothurien, Echinideen, Asterideen); dagegen bei den festsitzenden Cystoideen, Blastoideen, Crinoideen durch die Anheftungsstelle des Stieles.

Die fünf Kreuzaxen (*Stauraxones*), welche die Principal-Axe rechtwinkelig schneiden, erscheinen bei den sogenannten „regulären Echinodermen" (— den Asterideen, Ophiodeen und „regulären Echinideen", sowie einzelnen Formen anderer Classen —) äusserlich gleich und in gleichen Abständen; sie schneiden sich unter Winkeln von 36°. Jede der 5 Kreuzaxen besteht aus einem *Perradius* und einem *Interradius*. Die Perradien oder „Strahlen erster Ordnung" sind die physiologisch und morphologisch wichtigsten Gegenden; in ihnen verlaufen die principalen Nervenstränge, Wassergefässe, Subvectoren u. s. w.; sie werden meist schlechtweg als „*Radien*" (im engeren Sinne!) bezeichnet und sind die Median-Linien der 5 Ambulacren. Bei den Olenaten (§ 214) bilden die Perradien zugleich die Mittellinien der Arme. Die Interradien oder „Strahlen zweiter Ordnung" schneiden die benachbarten Perradien unter einem Winkel von 36°; sie sind oft durch die Lage anderer Organe (z. B. der Gonaden, der Zähne und Oral-Platten etc.) bezeichnet. Von geringerer Bedeutung sind im Allgemeinen die Adradien oder „Strahlen dritter Ordnung", d. h. die Hälften von Kreuzaxen, welche den Winkel zwischen einem Perradius und einem Interradius halbiren; in den Adradien liegen z. B. die 10 Gonoporen der Blastoideen, die 10 Bursalspalten der Ophiodeen.

Die Vertical-Ebenen, welche durch die centrale Hauptaxe und die 5 horizontalen Interradien gelegt werden können, theilen das fünfseitig-pyramidale Astrozoon in fünf gleiche (— bei den „regulären Echinodermen" äusserlich congruente —) Strahltheile (*Parameren*) oder Sterntheile (*Astromeren*). Alle Organe in denselben sind ursprünglich symmetrisch geordnet, so dass das ganze Astromer dipleurisch erscheint; bei den Olenaten gewinnt jeder gegliederte „Arm" Aehnlichkeit mit einem Anneliden. Das ganze Astrozoon konnte daher als ein Cormus aufgefasst werden, der sich aus fünf Anneliden-artigen Wurm-Personen zusammensetzt; eine Ansicht, die durch die „Kometen-Formen" der Asterideen besonders gestützt erschien. Jedes Astromer enthält ein Ambulacrum (§ 229) und besteht aus ein Paar spiegelgleichen Antimeren welche durch eine (perradiale) Median-Ebene getrennt werden; die Hauptaxe des Astromeres ist der Perradius des Astrozoon; die Transversal-Axe des ersteren ist eine Tangential-Axe des letzteren. In der idealen Grundform der fünfseitigen Pyramide schneiden die perradialen Vertical-Ebenen die Kanten; die interradialen dagegen halbiren die Seitenflächen der Pyramide.

Die fünf Astromeren sind niemals vollkommen congruent (— wie die Quadranten der regulär-vierstrahligen Medusen u. s. w. —); vielmehr ergiebt die Anatomie immer sofort eine innere Asymmetrie, die auch äusserlich gewöhnlich irgendwie ausgedrückt ist. Die erste Ursache dieser Abweichung von der regulären Strahlform ist in der einseitigen Ausbildung des linken Hydrocoels bei der Pentactula zu suchen und in der davon ausgehenden asymmetrischen Anlage des Astrozoon. Beim erwachsenen

Astrozoon kommt diese Asymmetrie in verschiedener Weise zum Ausdruck; bei den festsitzenden Pelmatozoen (Cystoideen, Crinoideen und Blastoideen) durch die einseitige Lage des excentrischen Afters, bei den freikriechenden Echinozoen (Echinideen, Ophiodeen und Asterideen) durch die excentrische Lage der Paraxon-Organe, des Steincanals und seines Madreporiten, der Paraxon-Drüse und des umgebenden Sinus.

Aber auch in der *Pentactula*-Larve tritt die Asymmetrie der pentaradialen Anlage von Anfang an hervor. Noch ehe die beiden Schenkel der links gelegenen Hydrocoel-Sichel sich rechts zu einem Ringcanal geschlossen haben, sind aus derselben links am convexen Sichelrande die 5 Wassergefässe der perradialen Protentakeln hervorgewachsen; sie bilden eine bogenförmige Reihe, in welcher ein unpaarer Mittel-Fühler (Frontal-Tentakel) oft stärker und früher hervortritt. Zu beiden Seiten desselben liegen zwei Paar lateraler Fühler, von denen die inneren (pectoralen) bisweilen schwächer sind als die äusseren (posteralen). Die vergleichende Ontogenie der verschiedenen Pentactula-Formen ergiebt, dass der unpaare Mittelfühler ursprünglich dem primären Dorsal-Mesenterium gegenüber in der Median-Ebene liegt, also mit Bezug auf die Larve als ventraler bezeichnet werden kann. Die vier anderen liegen so zu beiden Seiten der Median-Ebene, dass die vorderen (pectoralen) als ventro-laterale, die hinteren (posteralen) dagegen als dorso-laterale unterschieden werden können. Diese wesentlichen Unterschiede der 5 Primär-Tentakeln gelten natürlich auch dann noch, wenn später die beiden Schenkel der Hydrocoel-Sichel zur Bildung des Ringcanals sich vereinigt haben und wenn die 5 Fühler sich secundär in gleichen Abständen um diesen pentaradial geordnet haben.

Da wir in der *Pentactula* das palingenetische Urbild der *Pentactaea* erblicken, so ergeben sich aus der vergleichenden Ontogenie der ersteren wichtige Schlüsse für die Promorphologie der letzteren. Die Grundform der Pentactaea war amphipleurisch oder *„bilateral-pentaradial“*, zugleich mit einer constanten Andeutung einer ursprünglichen *Asymmetrie* der beiden Antimeren; der Hydroductus, welcher im dorsalen Mesenterium vom Hydrocircus zum Notoporus läuft, lag ursprünglich neben dem Mesenterium im linken Antimer. Von dieser Asymmetrie abgesehen, wird aber der birnförmige *Pentactaea*-Leib durch die Median-Ebene (in welcher Darm und Mesenterium liegen) in ein Paar spiegelgleiche Antimeren getheilt; und gleichzeitig drückt der Fühlerkranz des Mundes die Pentaradial-Form aus. Aber wenn auch später die 5 Protentakeln gleichmässig vertheilt erscheinen, so steht dennoch der unpaare Frontal-Fühler in der Median-Ebene dem Dorsal-Mesenterium gegenüber und unterscheidet sich somit principiell von den vier übrigen lateralen Tentakeln.

Die Amphipleurie oder die Combination der primären „Bilateral-Symmetrie“ mit der secundären „Pentaradial-Form“ entwickelt sich späterhin noch in anderer und sehr auffallender Weise bei bilateralen Echinodermen verschiedener Classen (— bei den sogenannten „irregulären Holothurien, Echinideen und Blastoideen“, bei einzelnen jüngeren Formen verschiedener Gruppen —). Das reife pentaradiale Astrozoon zeigt dann auf den ersten Blick eine sehr auffallende Bilateral-Symmetrie, so dass man ein *„ventrales* Trivium“ (mit drei Astromeren) und ein *„dorsales* Bivium“ (mit zwei Astromeren) unterscheidet. Allein diese secundären

Uebergänge von pentaradialen zu bilateralen Formen haben sich unabhängig von einander in den divergenten Gruppen aus verschiedenen Ursachen entwickelt.

IV. **Multiradiale Grundform.** Die mannichfaltigen Abweichungen von der herrschenden *Pentanomie*, welche wir in verschiedenen Classen der Echinodermen finden, verlangen vom phylogenetischen Gesichtspunkte aus eine vorsichtige Beurtheilung. Wir haben vor Allem die *primären* von den *secundären* Abweichungen der Grundzahl und der durch sie bedingten Grundform zu unterscheiden. Als primäre Abweichungen von der normalen Fünfzahl (— welche deren erblicher Fixirung historisch verausgingen! —) betrachten wir I. die *bilaterale* (S. 383) und II. die *triradiale* (S. 384). Alle übrigen Abweichungen betrachten wir als secundäre, entweder durch Verminderung oder durch Vermehrung aus der ursprünglichen Fünfzahl entstanden. Die wichtigsten derselben sind folgende:

1) Biradiale Grundformen, äusserst selten, sind bisher nur von zwei Gattungen der *Cystoideen* bekannt: von der mandelförmigen Fungocystide *Amygdalocystis* und von der linsenförmigen Callocystide *Pseudocrinus* (= *Phacocystis*); hier sind nur zwei gegenständige Ambulacren am Rande ihrer biconvexen Theca entwickelt, ein linkes pectorales und ein rechtes posterales; die drei übrigen sind rückgebildet.

2) Tetraradiale Grundformen, bei Callocystiden, ebenfalls selten; ein Ambulacrum (das unpaare frontale) ist rückgebildet; die beiden lateralen Paare sind noch bilateral vertheilt (*Callocystis*), später werden sie ganz gleich, so dass das Anthodium ein reguläres, medusen-ähnliches Kreuz bildet (*Staurocystis*). Auch diese Formen sind von pentaradialen (*Lepadocrinus*-ähnlichen) abzuleiten. Unter den Amphorideen lässt sich die tetranemale *Comarocystis* durch Rückbildung des unpaaren Frontal-Tentakels von der pentanemalen *Palaeocystis* herleiten.

3) Hexaradiale Grundformen, nicht selten, aber verschiedenen Ursprungs. Die hexanemale Glyptocystide *Hexalacystis* lässt sich von der triradialen Stammform *Hemicosmites* ableiten, dagegen die sechsarmige *Ophiactis virens* von fünfarmigen Ophiodeen. Die Sechszahl der Parameren wird im ersteren Falle durch Verdoppelung der Dreizahl erreicht, im letzteren Falle durch Addition eines überzähligen Parameres.

4) Variable Grundformen, mit sieben oder mehr Astromeren, kommen nur in einer Echinodermen-Classe häufig vor, bei den Asterideen; hier besitzt *Uraster tenuispinus* 4—8 Arme, *Luidia ciliaris* 7, *Solaster endeca* 9, *Crossaster papposus* 11—13. Am höchsten steigt die Multiplication der Arme in der Gattung *Heliaster*, auf 30—40. Von irgend welchem Einfluss auf die übrige Organisation der betreffenden Arten ist die Vermehrung der Astromeren nicht. Wir sehen daher in der folgenden allgemeinen Darstellung ganz von ihr ab und betrachten als normale die herrschende Fünfzahl.

5) Individuelle Variationen der Grundzahl bei Echinodermen, welche normaler Weise fünf Parameren besitzen, kommen in allen Classen gelegentlich vor, bei manchen Arten häufig. So befanden sich unter 150 Exemplaren von *Cucumaria doliolum* 5 sechsstrahlige, unter 200 Exemplaren von *Sphaerechinus esculentus* 2 vierstrahlige und 3 sechsstrahlige; unter 250 Exemplaren von *Ophiocoma nigra* 1 vierstrahliges,

4 sechsstrahlige und 2 siebenstrahlige; *Rhizocrinus lofotensis* hat bisweilen nur 4, andere Male 6 oder 7 statt der gewöhnlichen 5 Arme; ebenso einige andere *Crinoidcen* und mehrere *Asterideen*.

§ 221. Rücken und Bauch der Echinodermen.

Die Unterscheidung der dorsalen und ventralen Körperseite, welche für die ganze Auffassung der bilateralen Körperform, insbesondere auch für die Unterscheidung von Rechts und Links maassgebend ist, unterliegt im Stamme der Echinodermen grösseren Schwierigkeiten, als in allen anderen Abtheilungen des Thierreichs. Nur für die bilateralen *Astrolarven* ist diese Frage leicht und sicher zu beantworten; ihre allgemeine Uebereinstimmung mit den nahe verwandten, frei schwimmenden Larven der *Helminthen* lässt keinen Zweifel darüber, dass die concave Seite der kahnförmigen Astrolarve, auf welcher sich die beiden Darmöffnungen befinden, die Bauchseite ist, die entgegengesetzte convexe, auf welcher links der Hydroporus mündet, die Rückenseite. Sobald aber die *Dipleurula* in die *Pentactula* sich verwandelt und sobald damit jene asymmetrische Axotorsion des Körpers ausgeführt wird, entstehen Schwierigkeiten für die Symmetrie-Definition der pentaradialen Körper-Anlage; und diese sind um so grösser, je auffallender die Unterschiede der Astrozoon-Anlage in den verschiedenen Classen sind.

Nur eine einzige Gruppe von den uns bekannten reifen Astrozoen bietet in dieser Beziehung eben so einfache und klare Verhältnisse, wie die streng bilateralen Astrolarven und ihre Helminthen-Ahnen. Dies sind die merkwürdigen Anomocystiden oder *Pleurocystiden*, jene uralten (cambrischen und silurischen) *Amphorideen*, welche mehr gepanzerten Rotatorien und Crustaceen ähnlich sehen, als echten radialgebauten Echinodermen. Auch hier dürfen wir mit Sicherheit die convexe Seite des bilateralen (meist eiförmigen) Thieres als Rückenseite betrachten, die entgegengesetzte concave oder plane (meist schwächer gepanzerte), auf welcher sich beide Darm-Oeffnungen befinden, als Bauchseite; der Mund liegt vorn, der After hinten; die beiden frontalen, Antennen-ähnlichen Brachiolen liegen zu beiden Seiten des Mundes, rechts und links. Aehnlich wird sich nach unserer Amphoraea-Theorie auch die älteste *Eocystiden*-Form verhalten haben, die gemeinsame praecambrische Stammform aller Echinodermen: *Amphoraea*.

Bei allen übrigen Echinodermen wird die naturgemässe Entscheidung jener topographischen Frage von der richtigen phylogenetischen Beurtheilung der verwickelten Umbildungen abhängen, welche die primär-bilateralen Ahnen bei der Verwandlung in die triradiale oder pentaradiale Astrozoen-Form, in Folge der secundären Anpassung an sessile Lebensweise angenommen haben; und später wiederum beim Aufgeben der letzteren und bei der tertiären Angewöhnung an freie kriechende Ortsbewegung. Stets im Auge ist dabei zu behalten, dass (nach unserer Ansicht) die ursprüngliche Anheftung der ältesten sessilen Ahnen auf der Rückenseite des rechten Antimeres erfolgte, und dass bei der folgenden Axotorsion das ventrale Peristom erst nach links, dann nach oben gedreht wurde; dabei wurde die ursprüngliche Rückenseite auf Kosten der Bauchseite ausgedehnt; Mund und After blieben auf der Bauchseite liegen.

Bei den sessilen Pelmatozoen (den meisten *Amphorideen, Cystoideen, Blastoideen* und *Crinoideen*) betrachten wir demnach die obere Seite des festgehefteten Körpers, in welcher der centrale Mund und der excentrische After liegt, als ventrale, die entgegengesetzte, an welcher der Körper unten festgeheftet ist, als dorsale. Bei den Crinoideen sind beide Flächen scharf getrennt durch den Kelchgürtel, den Insertions-Kreis der Arme. Hier beschränkt sich auch das Anthodium ganz auf die Ventral-Seite. Das ist auch bei den meisten *Blastoideen* und *Cystoideen* der Fall; jedoch giebt es unter diesen auch manche Formen, bei denen sich die Ambulacren vom oralen bis zum aboralen Pole der Hauptaxe ausdehnen (z. B. *Granatocrinus, Mesites, Pseudocrinus, Staurocystis* u. A.). Bei allen diesen Pelmatozoen wird die Linie, welche die directe Verbindung zwischen dem centralen Mund (vorn) und dem excentrischen After (hinten) herstellt, die ventrale Median-Linie sein, und dadurch ist auch zugleich die Bestimmung des rechten und linken Antimeres festgestellt.

Bei den regulären Pygocincten wird als Bauchseite allgemein diejenige betrachtet, auf welcher das frei bewegliche Thier kriecht und in deren Mitte sich der Mund ursprünglich befindet. Bei allen *Asterideen* und *Ophiodeen* ist diese ventrale Seite zugleich die ambulacrale, auf welche sich das Anthodium beschränkt. Bei den regulären *Echinideen* dagegen verlängern sich die Ambulacren so weit gegen den analen Apical-Pol hin, dass die eigentliche (antambulacrale) Dorsalfläche auf das winzige Afterfeld beschränkt wird. Der Unterschied von Rechts und Links ist auch bei diesen regulären Pygocincten durch die Lage der Madreporen-Platte (im rechten vorderen Interradius) bestimmt.

Die amphipleuren *Echinideen* haben durch Angewöhnung einer neuen Form der Ortsbewegung (— mit dem unpaaren Frontal-Ambulacrum constant vorangehend —) eine flache Sohle gebildet, welche nunmehr als Bauch bezeichnet wird, im Gegensatze zu dem abgeplatteten Rücken. Dieser Gegensatz hat hier eine ganz andere Bedeutung, als bei den bilateralen *Holothurien*, bei denen das primäre Dorsal-Mesenterium mit dem Gonoporus sowohl die ursprüngliche Rückenfläche der Astrolarve bezeichnet, als auch die dorsale Median-Linie im Bivium des Astrozoon.

§ 222. Tegument der Echinodermen.

Die Hautdecke der Sternthiere besteht ursprünglich allgemein aus der einfachen exodermalen Epitel-Schicht der Oberhaut und der mesodermalen Connectiv-Schicht der Lederhaut. Die Oberhaut (*Epidermis*) ist bei den jüngsten Astrolarven eine einfache Schicht von Geisselzellen, das Exoderm der *Gastrula*. Während der Ausbildung der *Dipleurula* geht das Flimmerkleid auf dem grössten Theile der Oberfläche verloren, entwickelt sich aber um so kräftiger auf den Flimmerschnüren, welche die Schwimmbewegung vermitteln. Während der Metamorphose der *Pentactula* erleidet dasselbe vielfach verschiedene Umbildungen. Im reifen Zustande des pentaradialen Astrozoon ist Flimmerepitel auf der ganzen Oberfläche zu finden bei den Asterideen und Echinideen, nur in den Nahrungsfurchen bei den Crinoideen. Dagegen ist dasselbe verschwunden bei den Ophiodeen und Holothurien. Hier entwickelt sich gewöhnlich über der Epidermis eine Cuticula. Bei vielen Echinodermen (besonders den Asterideen und Holothurien) ist die Oberhaut reich an einzelligen (selten vielzelligen) Drüsen, die einen zähen Schleim absondern. Einzelne Sternthiere (besonders Echinideen) besitzen an den Stacheln Giftdrüsen.

Die Lederhaut (*Corium*, *Cutis*) besteht bei den Astrolarven aus dem Gallertgewebe, welches als *Mesenchym* zwischen Exoderm und Entoderm der Gastrula ausgeschieden ist. Die klare und structurlose gelatinöse Grundsubstanz enthält zahlreiche amöboide Mesenchym-Zellen (*Planocyten*, *Amoebocyten*). Diese sind aus dem Entoderm des Urdarms in den Gallertkern hineingewandert, vermehren sich lebhaft innerhalb des letzteren, kriechen amöbenartig in verschiedene Körpertheile hinein und sind sowohl als *„Lymphocyten“* für den Stoffwechsel, wie als *„Skleroblasten“* für die Abscheidung des Kalkskelets von fundamentaler Bedeutung (§ 223). — Auch das Corium des pentaradialen Astrozoon ensteht aus dieser Mesenchym-Schicht und enthält stets eine grosse Menge von beweglichen „Wanderzellen“, während ein anderer Theil der Connectivzellen sich als Skleroblasten an der Bildung des Kalkskelets betheiligt. Alle Lücken zwischen den Kalkstäbchen in dem reticulären oder spongiösen Skeletgewebe sind von dieser Bindesubstanz ausgefüllt. Die Consistenz des Coriums ist bei den

Astrozoen sehr verschieden, bald gallertig-weich, bald knorpelhart. Die faserige Structur, welche vielfach in der Grundsubstanz zu beobachten ist, wird meistens nicht durch fibrilläre Differenzirung der letzteren bedingt, sondern durch fadenförmige Fortsätze der verästelten sternförmigen Connectiv-Zellen.

Appendikel des Tegumentes. Die äusseren Anhangs-Organe der Hautdecke sind bei den Echinodermen in einzelnen Classen sehr mannichfaltig und hoch differenzirt, während sie in anderen ganz fehlen. Die drei stacheltragenden Classen, denen der ganze Stamm seinen Namen: „Stachelhäuter" verdankt, sind die *Echinideen*, *Ophiodeen*, *Asterideen*. Diese traditionelle Bezeichnung ist insofern sehr unpassend, als die Stacheln den fünf übrigen Classen ganz abgehen oder nur ausnahmsweise auftreten. Der Name „Sternthiere" (*Astronia*, *Estrella*) ist weit bezeichnender. Die Stacheln (*Acanthi, Spinae*) sind Kalkstäbe, welche aus verkalkten Corium-Papillen entstehen und dieselbe Gitterstructur oder spongiöse Maschenbildung zeigen, wie die übrigen Skelettheile; bei grossen Stacheln wird dieselbe sehr complicirt. Gewöhnlich sind die Stacheln sehr beweglich und besitzen an der Basis eine concave Gelenkfläche, welche auf einen entsprechend convexen glatten Gelenkhöcker (Tuberculum) des äusseren Hautskelets passt; beide sind meistens durch ein Axenband verbunden und von einer gemeinsamen Gelenkkapsel umgeben, an deren Aussenseite sich die zur Bewegung dienenden Muskeln ansetzen. Die grösste Mannichfaltigkeit zeigt die Stachelbildung in der Classe der *Echinideen*; hier dienen dieselben nicht allein als Schutzorgane, sondern auch (bisweilen) als Angriffswaffen (Giftlanzen) und sehr häufig als Gehwerkzeuge (Stelzen).

Pedicellarien sind eigenthümliche kleine „Greifzangen", welche aus Stachelgruppen entstehen und gleich den Stacheln selbst auf die drei stacheltragenden Classen beschränkt sind; sie finden sich in grosser Zahl auf der äusseren Schalenfläche bei sämmtlichen *Echinideen*, den meisten *Asterideen* und einzelnen *Ophiodeen*. Die meisten Pedicellarien bestehen aus zwei oder drei Stachelchen (Zangenarmen), welche auf gemeinsamer, oft in einen Stiel ausgezogener Basis stehen und gleich den Armen einer Pincette gegen einander bewegt werden. Es giebt aber auch Pedicellarien, bei denen 4—5 oder mehr Stacheln zu einer Gruppe zusammentreten. Besondere Muskeln dienen zur Bewegung der Zangenarme.

§ 223. Skelet der Echinodermen.

Das mesodermale Kalkskelet der Sternthiere gehört sowohl hinsichtlich seiner feineren und gröberen Structur, wie seiner biontischen und phyletischen Entwickelung zu denjenigen Organen, welche für diesen Thierstamm im höchsten Grade characteristisch sind. Alle Skelettheile der Echinodermen bestehen aus krystallinischem kohlensauren Kalk, welcher im Bindegewebe des Mesoderms durch einen eigenthümlichen histologischen Process der *Biokrystallisation* gebildet wird. Während einerseits die anorganische Krystallisations-Kraft der kohlensauren Kalkerde die krystallinische Structur der durchsichtigen *Calcit*-Körper bedingt, prägt ihnen anderseits die plastische Thätigkeit der *Skleroblasten*, der skeletbildenden Mesoderm-Zellen, die individuell bestimmte erbliche Form auf. Auch beim Versteinerungs-Processe nehmen die Skelettheile der Echinodermen allgemein ein deutliches grosskrystallinisches Gefüge an, so dass an jedem Bruche die characteristischen Rhomboeder-Flächen des Kalkspaths klar hervortreten.

Die Plasticität des Kalkskelets, die Mannichfaltigkeit, Eleganz und Complication der organisch verbundenen Skelettheile, die ausserordentliche Fähigkeit ihrer Anpassung einerseits, die bedeutungsvolle Zähigkeit ihrer Vererbung anderseits, sind beim Stamme der Echinodermen in einem höheren Maasse entwickelt als in allen anderen Abtheilungen des Thierreichs; sie sind zugleich von der grössten Bedeutung für ihre Phylogenie und Systematik. Daher ist es von hoher Wichtigkeit, von vornherein sich eine klare Vorstellung von den Hauptstufen ihrer phylogenetischen Ausbildung zu machen. Wir unterscheiden zunächst als zwei Hauptstufen das Spicular-Skelet, aus einzelnen mikroskopischen, meist unverbundenen Kalkstücken gebildet; und das Tabular-Skelet, aus grösseren, locker oder fest verbundenen Kalkplatten gebildet. Das erstere findet sich in den *Astrolarven* verschiedener Classen, sowie in den *Astrozoen* der Eocystiden und der Holothurien; das Tabular-Skelet hingegen bildet den grössten Theil des Panzers in den Astrozoen aller übrigen Classen.

I. **Skelet der Astrolarven.** Die bilateralen Larven der Echinodermen (*Dipleurula*) zeigen nur selten gar kein Skelet (Asterideen). Gewöhnlich entwickelt sich in dem gallertigen Mesenchym derselben schon frühzeitig ein primitives Spicular-Skelet, bestehend aus einzelnen getrennten oder locker verbundenen Kalkkörperchen: Rädchen in den *Auricularia*-Larven der Holothurien, dünne und lange Stäbe oder leiterförmige Gitterstäbe in den *Pluteus*-Larven der Ophiodeen und in den *Plutellus*-Larven der Echinideen. In den meisten Fällen (— wenn nicht ursprünglich allgemein? —) lassen sich alle diese verschiedenen Skelet-Elemente zurückführen auf dreistrahlige oder vierstrahlige Spicula, oder auf kurze Stäbchen, die an beiden Enden drei divergente Aeste bilden (Doppel-Vierstrahler). Diese primitiven Dreistrahler und Vierstrahler gehen wahrscheinlich alle ursprünglich aus einem regulären Tetraeder hervor, welcher in einer Exoplasma-Vacuole einer Mesenchym-Zelle angelegt wird; sie haben die grösste Aehnlichkeit mit den Spikeln im Skelete der Spongien und vieler Corallen. Die Skleroblasten sind amöboide Planocyten, welche aus dem Entoderm der Dipleurula in den „Gallertkern" derselben (in die hyaline Gallertmasse zwischen Exoderm und Entoderm der Gastrula) eingewandert sind. Die Anordnung dieser spicularen Skelet-Elemente in den beiden Antimeren der Dipleurula ist stets streng bilateral-symmetrisch; ebenso auch die Form der eigenthümlichen Gerüste („Staffeleien, Wappenschilder" etc.), die durch Verbindung der schlanken Gitterstäbe entstehen. Pentaradiale und tabulare Skelete kommen der Dipleurula niemals zu. Die fünf gitterförmigen Kalkplatten oder Kalkplatten-Paare, welche später (um den fünfstrahligen Hydrocircus herum) in der Astrolarve angelegt werden, gehören bereits der zweiten Bionten-Stufe an, dem *Astrozoon*.

II. **Skelet der Astrozoen.** Die fünfstrahligen Echinodermen, welche im geschlechtsreifen Zustande die typische Species-Form des *Astrozoon* ausbilden, zeichnen sich durch Production eines festen Tabular-Skeletes aus — mit Ausnahme jedoch von zwei der ältesten Gruppen, der primitiven *Amphorideen* (*Eocystiden*) und der *Holothurien*. Diese letzteren bilden gewöhnlich nur ein primitives Spicular-Skelet, bestehend aus zahlreichen mikroskopischen Kalkstückchen, welche einzeln und unverbunden im Bindegewebe des dicken Coriums liegen. Diese Spicula der Holothurien haben äusserst mannichfaltige und zierliche Formen: Gitterstäbchen, Sternchen, Schildchen, Stühlchen, Anker u. s. w.; zum Theil sind dieselben erblich innerhalb kleinerer Formengruppen und daher von systematischer Bedeutung. Selten entwickeln sich bei den Holothurien grössere makroskopische Kalkplatten; solche bedecken z. B. bei *Psolus* und *Lepidopsolus* schuppenartig den Rücken. Auch einzelne uralte Holothurien scheinen bereits einen zusammenhängenden Platten- oder Gitter-Panzer gebildet zu haben (die untersilurische *Ascocystis*?). Dagegen zeichnen sich die Holothurien durch ein inneres Pharyngal-Skelet aus, welches allen übrigen Echinodermen fehlt: ein Schlundring, welcher den Pharynx umfasst und meistens aus 10 Kalkplatten zusammengesetzt ist, fünf grösseren perradialen (an denen sich die Längsmuskeln ansetzen) und fünf kleineren interradialen; letztere können auch fehlen. Der Vergleich dieses Schlundringes mit demjenigen der Echinideen (der „Laterne") ist nicht haltbar und ebenso wenig die frühere Annahme, dass das Spicular-Skelet der Holothurien aus dem Tabular-Skelet der Echinideen oder anderer Echinodermen durch Rückbildung entstanden sei. Wir dürfen vielmehr annehmen, dass die *Holothurien* in ihrem unvollkommenen Spicular-Skelet die primitiven Anfänge der Skeletbildung unter den Echinodermen darstellen und dass sie dasselbe durch Vererbung von den ältesten *Amphorideen* übernommen haben, von den bilateralen Eocystiden (*Amphoraea, Pentactaea*).

Das Tabular-Skelet der übrigen Echinodermen setzt sich auch aus zahlreichen Kalkplatten zusammen, welche unter dem Mikroskope stets die gleiche reticuläre oder spongiöse Structur erkennen lassen. Entsprechend dem pentaradialen Bau des Astrozoon erscheint meistens ein Theil dieser Kalkplatten regelmässig fünfstrahlig geordnet, besonders an beiden Polen der Hauptaxe, im oralen und apicalen Bezirk. Man hat daher angenommen, dass die ursprüngliche Anlage der pentaradialen Tafelkränze bei allen diesen gepanzerten Echinodermen dieselbe sei und dass sich eine wahre Homologie (— d. h. *Homophylie* —) wenigstens für einen Theil derselben nachweisen lasse. Man hat sogar ein „ursprüngliches Echinodermen-Skelet“ construirt, welches schon bei der Stammform des ganzen Phylon ausgebildet sein sollte und von welchem sich alle übrigen Formen (theils durch Fortbildung, theils durch Rückbildung) ableiten liessen. Dasselbe sollte (ähnlich wie bei der gestielten *Pentacrinus*-Larve von *Antedon*) am Oralpol aus fünf interradialen Oralplatten bestehen, dagegen am Aboralpol aus einer Centralplatte und drei alternirenden pentaradialen Tafelkränzen: fünf perradialen Infrabasalia, fünf interradialen Basalia und fünf perradialen Scapularia (= Radialia). Diese Theorie ist nach unserer Ansicht unhaltbar; denn: I. die ältesten Echinodermen (die Monorchonien) besitzen diese hoch differenzirten Tafelkränze noch nicht; II. die fünf Classen der Pentorchonien zeigen diese supponirte Composition fast niemals vollständig, meistens mit wesentlichen Differenzen; III. die Aehnlichkeit in der Plattenordnung ist einfach die nothwendige Folge des pentaradialen Körperbaues; sie beruht aber nicht auf wahrer *Homophylie*, sondern auf *Homoplasie* (Convergenz). Insbesondere können wir nicht die Annahme theilen, dass die primitiven Tafel-Kränze in den weit divergirenden Gruppen der Crinoideen (Orocincten) und der Echinideen (Pygocincten) homolog seien.

§ 224. Musculatur der Echinodermen.

Die mannichfaltigen Bewegungen der Sternthiere und ihrer einzelnen Organe werden theils durch Flimmer-Epitel vermittelt, theils durch Muskeln. Die Organe der gleitenden Schwimmbewegung bei den pelagischen *Astrolarven* sind deren „Wimperschnüre“. Flimmerbewegung findet sich aber auch im Körper der pentaradialen

Astrozoen in weiter Verbreitung vor und zwar sowohl auf der äusseren Oberhaut, als in den inneren Hohlräumen des Coelom-Systems, des Ambulacral-Systems, des Darm-Systems u. s. w. Ihre physiologische Bedeutung ist hier ebenso gross als mannichfaltig, besonders in den nachher zu besprechenden Subvectiv-Organen (§ 227).

Die Musculatur entwickelt sich bei den Echinodermen — ebenso wie bei den übrigen Coelomarien — aus dem Mesoderm der paarigen Coelom-Taschen. Indem diese sich schon bei den Astrolarven aufblähen und den Darmcanal umwachsen, legt sich die innere oder viscerale Lamelle an das Entoderm des Darms an und bildet das Darmmuskelblatt; die äussere oder parietale Lamelle legt sich an das Exoderm des Tegumentes an und bildet dessen Hautmuskelblatt. Dieses letztere liefert die eigentliche „Körpermusculatur" oder Parietal-Musculatur, in deren Stammesgeschichte wir drei Hauptstufen unterscheiden können: I. den primitiven Hautmuskelschlauch der *Eocystiden* und der *Holothurien*; II. die vieltheilige Gliedermusculatur der Olenaten (*Asterideen, Ophiodeen, Crinoideen*); III. die rudimentäre Musculatur der gepanzerten Thecophracten (*Cystoideen, Blastoideen, Echinideen*).

I. Der Hautmuskelschlauch der *Eocystiden* und *Holothurien*. Da in diesen beiden primitiven Gruppen die Skelet-Production sich auf die Spiculabildung im Corium beschränkt, entwickelt sich unter letzterem ein subcutaner Muskelschlauch wie bei den *Helminthen*-Ahnen; und wie bei den meisten Wurmthieren besteht derselbe aus einer äusseren Ringmuskelschicht und einer inneren Längsmuskelschicht. Bei der hypothetischen Stammgruppe, bei den ältesten Amphorideen, dürften beide Schichten in ziemlich verschiedenem Maasse entwickelt gewesen sein. Aeusserst kräftig sind sie bei den kriechenden Holothurien. Die äussere Ringmusculatur ist hier (mit Ausnahme der Synaptiden) in den fünf Perradien unterbrochen. Die perradialen Organe, welche in diesen fünf Lücken verlaufen, werden nach innen (gegen das Coelom) bedeckt von den fünf kräftigen perradialen Längsmuskeln (oder Muskelpaaren). Von letzteren aus entwickeln sich bei den Dendrochiroten und einigen anderen Holothurien besondere Retractoren der Mundregion, welche hier nach innen eingezogen werden kann.

II. Die Gliedermusculatur der Olenaten (*Asterideen, Ophiodeen, Crinoideen*). In diesen drei armtragenden Classen ist die ursprüngliche Hautmusculatur nur schwach entwickelt in der centralen Scheibe (Astrodiscus), am meisten noch im Mundfelde. Um so stärker ausgebildet und in sehr zahlreiche kleine Muskelgruppen zerfallen ist sie in den gegliederten Armen, und bei den Crinoideen auch im Stiel und dessen Ranken. Je complicirter hier die Gliederung des festen und doch so beweglichen Arm-Skelets wird, je grösser die Zahl ihrer Gelenke und Bänder, desto verwickelter gestaltet sich die Anordnung und Zusammensetzung der zahlreichen kleinen Muskeln, welche zur vielseitigen Bewegung der einzelnen Glieder dienen. Sie verlaufen theils longitudinal (perradial), theils transversal (circular), theils in verschiedenen schiefen und geraden Ebenen.

III. Die Panzermusculatur der Thecophracten (*Cystoideen, Blastoideen* und *Echinideen*). In diesen drei armlosen und gepanzerten Classen ist die ursprüngliche Hautmusculatur grösstentheils rückgebildet und nur noch an einzelnen Stellen erhalten, besonders in der Mundhaut, schwächer in der Afterhaut. Nur bei den *imbricaten Echinideen* (den Seeigeln, deren Panzerplatten sich schuppenförmig decken und noch keine starre Panzerkapsel bilden) finden sich noch selbständige grössere Muskelplatten unter der Haut entwickelt; so besitzen die Echinothurien (*Asthenosoma*) zehn adradiale, verticale, sichelförmige Muskelblätter, deren concaver Innenrand frei in das Mesocoel vorspringt, während der convexe Aussenrand an der Innenwand der Panzerkapsel sich ansetzt, an den Grenzlinien der Ambulacren und Interambulacren. Aehnliche Einrichtungen haben wahrscheinlich auch bei den älteren imbricaten *Cystoideen* bestanden.

IV. Die Visceral-Musculatur der Echinodermen, welche sich aus dem inneren oder visceralen Blatte der primären Coelomtaschen entwickelt, erlangt allgemein eine sehr vollkommene Ausbildung. Als Hauptheile derselben können unterschieden werden: I. die Musculatur der Darmwand, II. der Mesenterien, III. des Ambulacral-Systems und aller seiner Anhänge, der Fühler, Füsschen, Kiemen u. s. w. Die wichtigsten locomotorischen und manducatorischen Organe sind die Füsschen der kriechenden, die Fühler der festsitzenden Sternthiere. Eine besonders kräftige Muskelplatte entwickelt sich in den terminalen Saugscheiben der Füsschen.

§ 225. Nervensystem der Echinodermen.

Entsprechend der geringen Ausbildung der Sinnesorgane und der Seelenthätigkeit bleibt auch das Nervensystem der Sternthiere auf einer tiefen Entwickelungsstufe stehen. Dasselbe verhält sich sehr verschieden in den beiden Altersstufen der bilateralen Larve und des pentaradialen reifen Sternthieres. Bei den pelagischen Astrolarven ist das Nervensystem erst neuerdings entdeckt und besteht wahrscheinlich allgemein aus sehr zarten Fibrillen, welche unter den Wimperschnüren verlaufen und mit deren Zellen zusammenhängen. Stellenweise sind Ganglienzellen zwischen die Fibrillen eingestreut, besonders in dem medianen präoralen Theile der Wimperschnur und (bei den *Crinoideen*) an der „Scheitelplatte“, einer verdickten und grubenförmig eingesunkenen Stelle des Ektoderms, welche einen starken Wimperbusch trägt (den Scheitelschopf). Da diese dem Prostoma gegenüber liegt (am vorderen Scheitel), lässt sie sich der Scheitelplatte oder dem Acroganglion vergleichen, welches bei vielen *Helminthen* die erste Anlage des Nerven-Centrums bildet. Auch sind ähnlich, wie bei diesen, bei manchen Astrolarven ein Paar Lateral-Nerven durch stärkere Entwickelung ausgezeichnet. Bei der Metamorphose scheint dieses bilaterale Nervensystem der *Astrolarve* zu verschwinden, und an seine Stelle tritt bei dem *Astrozoon* das gänzlich verschiedene pentaradiale Nervensystem. Doch ist es sehr wahrscheinlich, dass ursprünglich in der Phylogenese das *primäre* bilaterale Nervensystem der Amphorideen sich allmählich in das *secundäre* pentaradiale ihrer sessilen Epigonen umgebildet hat. Vielleicht besassen schon die ältesten Amphoralien (*Eocystiden*) einen circoralen, von den Wurmthier-Ahnen durch Vererbung erhaltenen „Schlundring“, welcher sich durch den ganzen Stamm erhielt. Zu den beiden lateralen Nerven-Fäden, die von ihm abgingen (*Amphoraea*), gesellten sich bei der späteren Ausbildung des pentaradialen Fühler-Kranzes noch fünf Tentakel-Nerven (*Pentactaea*).

Das radial gebaute Astrozoon besitzt allgemein als Centrum einen circoralen Nervenring, von welchem so viel perradiale Nervenstämme abgehen, als Astromeren vorhanden sind, in der Regel also fünf. Bei den *Asterideen* und *Crinoideen* hat dieses fünfstrahlige Nervensystem seine ursprüngliche epiteliale Lage an der Oberfläche der Ambulacral-Seite bewahrt, sowohl der Mundring als die von ihm ausgehenden Perradialbänder liegen in der Epidermis selbst. Dieselbe primitive Bildung und oberflächliche Lage besass es jedenfalls auch in der Stammgruppe der *Amphorideen.* Dagegen ist das Nervensystem bei den übrigen Echinodermen in die Tiefe gesunken und liegt entweder subepitelial oder selbst unter dem Cutispanzer (bei den *Echinideen*). Bei den meisten Sternthieren haben sich die perradialen Nervenstämme, welche vom Mundringe abgehen, in der Weise differenzirt, dass in jedem Astromer ein stärkerer, oberflächlicher Median-Nerv von ein Paar schwächeren, tiefer gelegenen Lateral-Strängen begleitet wird. In einigen Gruppen scheint auch der Mundring selbst sich in einen epitelialen und subepitelialen gesondert zu haben. An der Aboral-Seite des Körpers wird neuerdings bei vielen Echinodermen (— am stärksten entwickelt bei den Crinoideen —) ein sogenanntes „drittes oder apicales Nervensystem“ beschrieben, welches nicht vom Ektoderm abstammen soll, sondern vom mesodermalen Coelotel; es soll dem ambulacralen Nervensystem selbständig gegenüberstehen.

§ 226. Sensillen der Echinodermen.

Die Sinnesorgane der Sternthiere bleiben im Allgemeinen auf einer sehr tiefen Stufe der Ausbildung und Differenzirung stehen, und diese erscheint um so auffallender, wenn man sie mit der ausserordentlich hohen Stufe der Zusammensetzung und Entwickelung vergleicht, welche in diesem eigenthümlichen Thierstamme das Skelet, das Muskel-System, das Coelom-System und vor Allem das characteristische Ambulacral-System erreicht. Specifische Sinnesorgane von erkennbarer Bedeutung finden sich selten und nur in einzelnen Gruppen. Im Allgemeinen ist überall nur der primitive Hautsinn gut entwickelt, als dessen Organe die Exodermzellen der Epidermis und deren Derivate und Nerven fungiren. Besonders empfindlich sind die äusseren Anhänge des Ambulacral-Systems, welche in dünnwandigen Ausstülpungen des Tegumentes vortreten, die Fühler, Füsschen, Kiemen u. s. w.; ebenso bei den Asterideen die nur dieser Classe zukommenden dorsalen Lymphkiemen oder Papillen (§ 231). Auf den Tentakeln der Crinoideen, vieler Ophiodeen und verschiedener anderer Echinodermen finden sich schlanke (meist konische) sehr empfindliche „Sinnespapillen", zusammengesetzt aus Gruppen von besonderen Sinneszellen, welche am freien Ende starre feine Tasthaare tragen.

Primär-Tentakeln (*Protentacula*). Als älteste Sensillen der Echinodermen, welche durch erhöhte und differenzirte Sinnesthätigkeit sich über den allgemeinen Hautsinn des Tegumentes erhoben, betrachten wir die Primär-Tentakeln. Ihre Zahl beträgt in der Astrolarve aller lebenden pentaradialen Echinodermen fünf. Jedoch besassen die älteren *Amphorideen* anfänglich nur zwei (die bilateralen *Anomocystida*), später drei Mundfühler (*Arachnocystida*). Die Fünfzahl derselben bei den meisten übrigen Echinodermen ist also erst als eine dritte phyletische Bildungs-Stufe anzusehen. Mit der palingenetischen Entstehung dieser fünf perradialen Protentakeln in der Astrolarve und der fünf zugehörigen Ausstülpungen der Hydrocoel-Sichel beginnt die wichtige Verwandlung der *Dipleurula* in die *Pentactula*. Das Schicksal der fünf primären Mundfühler scheint verschieden zu sein in den beiden Cladomen der *Monorchonien* und *Pentorchonien*. Bei den *Holothurien* (— wahrscheinlich ebenso bei den meisten ausgestorbenen Monorchonien: *Amphorideen* und *Cystoideen* —) entwickelt sich aus denselben zunächst der starke Fühlerkranz des Mundes; die fünf perradialen Hydrocanäle wachsen von der

Basis der Protentakeln apicalwärts aus, und erst secundär sprossen aus denselben die Füsschen hervor. Dagegen treten bei den Pentorchonien die fünf primären Mundfühler vom Munde weg an das Distal-Ende der auswachsenden Principal-Canäle und bleiben auch bei deren weiterem Wachsthum an ihrem Distal-Ende stehen. Sie treten hier als unpaare Terminal-Tentakeln in Gegensatz zu den übrigen Ambulacral-Füsschen, welche paarweise aus den sich verlängernden Perradial-Canälen hervorsprossen (die ältesten Füsschen proximal an deren Ursprung, die jüngsten distal am Endfühler gelegen). Die Terminal-Fühler sind bei allen *Pentorchonien* nicht nur in phylogenetischem und ontogenetischem Sinne die ältesten Anhänge des Ambulacral-Systems, sondern auch seine einzigen unpaaren, genau im Perradius liegenden Anhänge; sie werden durch eine besondere unpaare Skeletplatte gestützt (Terminal-Platte oder Ocellar-Platte). Die Endfühler sind am stärksten entwickelt bei den *Asterideen*, wo sie ein hohes flimmerndes Sinnesepitel tragen und an der Basis ein zusammengesetztes Auge, welches an der aufwärts gekrümmten Endspitze der Arme nach aussen sieht. Bei den *Ophiodeen* sind die Terminal-Fühler als Sinnesorgane schwächer entwickelt, noch mehr reducirt bei den meisten *Echinideen* und nur in der Jugend nachweisbar bei den *Crinoideen.*

Chemische Sensillen (Geruchs- oder Geschmacks-Organe) sind bei den Echinodermen wahrscheinlich allgemein vorhanden, aber nicht näher bekannt. Mit Wahrscheinlichkeit betrachtet man als solche die Mundfühler der Holothurien, die zehn grossen zweilappigen Mundfüsschen der Echinideen, die peristomalen Mundfühler der Ophiodeen, Asterideen und Crinoideen. Da die meisten (oder alle) Sternthiere bei der Aufnahme ihrer Nahrung mit Auswahl verfahren, darf man auch annehmen, dass sie Geruch und Geschmack besitzen. Wir halten es für wahrscheinlich, dass diese chemische Sinnesthätigkeit sich auch frühzeitig schon bei jenen Flimmerzellen ausgebildet hatte, welche die Subvectiv-Rinnen auskleiden (vergl. § 227).

Gehörorgane und Richtungsorgane. Gehörbläschen mit Otolithen, wie sie bei niederen Thieren in so weiter Verbreitung vorkommen, finden sich unter den Echinodermen nur sehr selten, bei einigen Holothurien (*Synaptiden* und *Elasipoden*). Fünf Paar kugelige Otocysten liegen hier an der Basis der fünf perradialen Nervenstämme, da, wo sie aus dem Kalkring austreten; jedes Bläschen erhält vom Nervenstamm ein paar laterale Hörnerven und umschliesst in seiner Flüssigkeit mehrere rundliche Otolithen. — Acustische (oder statische) Organe sind wahrscheinlich auch die Sphaeridien der *Echinideen,* die man früher für chemische Sensillen hielt; es sind transparente, von einem flimmernden Sinnesepitel überzogene, solide Kalkkugeln, modificirte Stacheln; gleich diesen sitzen sie beweglich auf einem Gelenkhöcker.

Augen. Obgleich die meisten Echinodermen lichtempfindlich erscheinen, sind doch nur bei sehr Wenigen Sehorgane nachgewiesen. Einige Holothurien (*Synaptida*) tragen an der Basis jedes Fühlers ein Paar schwarze Pigmentflecke mit besonderem Sinnesepitel. — Unter den Echinideen zeichnen sich einige *Diadematiden* durch Besitz von zahlreichen glänzend blauen Augen aus, welche über die sammetschwarze Haut vertheilt sind. Jedes einzelne zusammengesetzte Auge besteht aus zahlreichen prismatischen, lichtbrechenden Körpern, die neben einander stehen, jeder an der proximalen Basis mit einem Pigmentbecher. — Ein grösseres zusammengesetztes Auge, meistens von lebhaft rother Farbe, tragen die Asterideen an der Basis jedes Terminal-Fühlers, wie oben erwähnt wurde.

§ 227. Subvectiv-System der Echinodermen.

Das eigenthümliche Organ-System der Echinodermen, welches wir hier wegen seiner hohen physiologischen Bedeutung für deren Ernährung besonders hervorheben wollen, besteht aus Flimmer-Bändern der Epidermis und vermittelt die Nahrungs-Zufuhr (*Subvectio*). Dazu gehören: 1) der circorale Flimmerkranz der *Astrolarven*, 2) die Flimmerstreifen an der Oral-Seite der Mundtentakeln bei den *Monorchonien*, 3) die offenen „Ambulacral-Rinnen“ oder Nahrungsfurchen an dem Ventral-Tegument der meisten *Cystoideen*, eines Theiles der *Crinoideen* (Epascocrinen) und aller *Asterideen* (wahrscheinlich auch der *Blastoideen*), 4) die subtegminalen „Epineural-Canäle“ der meisten palaeozoischen *Crinoidcen* (Hypascocrinen), der meisten *Holothurien*, der *Ophiodcen* und *Echinideen*. Die lebhafte Flimmer-Bewegung in dem stark entwickelten Flimmer-Epitel dieser Subvectiv-Organe ist stets von der Peripherie gegen den ventralen Mund gerichtet und dient dazu, kleine Nahrungs-Körperchen (Protisten, Gewebs-Partikel etc.) der Mundöffnung zuzuführen (— ähnlich wie in der „Hypobranchial-Rinne“ der Tunicaten und Vertebraten —). Besonders für die grösseren festsitzenden Echinodermen ist diese ununterbrochene und reiche Nahrungs-Zufuhr von grösster Wichtigkeit. Ausserdem wird wohl auch die Haut-Respiration dadurch wesentlich unterstützt werden.

Besonders bemerkenswerth ist die innige Correlation und topographische Beziehung, in welcher das Subvectiv-System zu zwei anderen wichtigen Organ-Systemen steht, zum Nerven-System und zum Ambulacral-System. Das primäre Nerven-System der Astrozoen bestand hauptsächlich aus dem circoralen Nerven-Ring und aus den Protentakel-Nerven, welche von diesem zu den Oral-Tentakeln gingen und an deren Ventral-Seite verliefen (— wie es noch heute die Pentactula-Larven zeigen, ehe die Ausbildung der thecalen „Principal-Nerven“ beginnt —). Diese zarten Nerven-Bänder an der inneren (ventralen oder oralen) Seite der Mundfühler bildeten ursprünglich die Mittellinie der Subvectakeln, oder der „Subvectiv-Rinnen der Tentakeln“. Wie es noch heute bei *Crinoidcen* und *Asterideen* der Fall ist (— und wie es wohl auch für die palaeozoischen *Amphorideen* und *Cystoideen* galt —), hatte das Nervensystem seine ursprüngliche oberflächliche Lage in der Epidermis beibehalten. Später sank dasselbe in die Tiefe des Tegumentes und sonderte sich damit auch von dem Subvectiv-Epitel.

Da nun aber die weitere Ausbildung und Ausbreitung des Nerven-Systems wiederum abhängig von derjenigen des Ambulacral-Systems war, wurde auch diejenige des exodermalen Subvectiv-Systems unmittelbar davon beeinflusst. In der zweiten Haupt-Periode der Ambulacral-Entwickelung wuchsen aus dem Hydrocircus die Principal-Canäle hervor, jene wichtigen „perradialen Wassergefässe der Theca“, welche der Stammclasse der *Amphorideen* noch ganz fehlen. Hand in Hand mit diesen sogenannten „Radial-Canälen“ entwickelten sich die unmittelbar darüber gelegenen perradialen Blutgefässe und principalen Nervenstämme. Ueber diesen perradialen Principal-Nerven aber verliefen die Subvectoren, d. h. die „Subvectiv-Rinnen“ oder Nahrungs-Furchen des thecalen Tegumentes. Bei vielen Cystoideen und Crinoideen (den *Epascocrinen*) und bei allen *Asterideen* blieben dieselben offen. Bei der Mehrzahl der übrigen Echinodermen dagegen verwandelten sie sich in geschlossene „Zufuhr-Canäle“, welche unter der Ventral-Decke der Theca verlaufen. So treffen wir dieselben zuerst unter den Cystoideen bei den *Glyptocystiden*, ferner bei der Mehrzahl dar palaeozoischen Crinoideen (der *„Hypascocrinen“*). Die geschlossenen „unterirdischen Zufuhr-Canäle“ sind hier vom Tegument überwachsen und münden am Proximal-Ende in die verdeckte Mundhöhle, am Distal-Ende in die offene Ventral-Furche der freien Arme. Diese Subvectiv-Röhren dürfen nicht (— wie noch heute vielfach geschieht! —) als „subtegminale Ambulacral-Röhren“ bezeichnet und mit den echten, darunter gelegenen „Ambulacral-Gefässen“ verwechselt werden. Die exodermalen *Subvectoren* des Tegumentes haben mit den entodermalen *Principal-Canälen* des Ambulacral-Systems ebensowenig directe Verbindung, wie mit den perradialen Principal-Nerven und den principalen Blutgefässen, welche zwischen Beiden verlaufen. Die innige topographische Beziehung aller dieser perradialen Nachbar-Organe, welche zusammen das

Anthodium bilden, ist physiologisch bedingt durch die Ausbildung der Thecal-Ambuletten, jener wichtigen „Ambulacral-Füsschen und Thecal-Tentakeln", welche von den Seiten-Aesten der Principal-Canäle gespeist werden und an den Seiten-Rändern der Subvectoren frei hervortreten.

§ 228. Ambulacral-System (= Hydrocanal-System).

Das eigenthümliche *Ambulacral-System*, Wassergefäss-System oder *Hydrocanal-System*, ist dasjenige Organ-System der Echinodermen, welches diesen Thier-Stamm in erster Linie characterisirt und die gesammte übrige Organisation desselben beherrscht. Wie dasselbe einerseits allen Sternthieren ohne Ausnahme gemeinsam ist und bei Allen in derselben Weise entsteht, so findet es sich anderseits in keiner einzigen anderen Thiergruppe wieder. In den verschiedenen Gruppen der reifen *Astrozoen* nimmt das Ambulacral-System sehr verschiedene und oft höchst complicirte Formen an; trotzdem entwickelt es sich in den Jugendformen ihrer *Astrolarven* überall aus derselben gemeinsamen Anlage und liefert somit ein bedeutungsvolles Zeugniss für den monophyletischen Ursprung des ganzen Stammes. Obwohl die vergleichende Anatomie und Ontogenie des Ambulacral-Systems jetzt sehr genau untersucht und befriedigend bekannt ist, gehen die Ansichten über seine ursprüngliche Bedeutung und phylogenetische Ausbildung doch noch vielfach auseinander; auch fehlt es an einer zweckmässigen und consequent durchgeführten Nomenclatur für die homologen Theile des verwickelten Wassergefäss-Systems. Wir schlagen vor — von dem allgemein gültigen Begriffe des Hydrocoels (der ersten Anlage des Systems) ausgehend — das ganze Organ-System als Hydrocanal-System zu bezeichnen, den „Wassergefässring" als *Hydrocircus*, seinen „Steincanal" als *Hydroductus* und dessen Oeffnung („Madreporus") als *Hydroporus* oder *Notoporus*; ferner nennen wir die 5 perradialen Ambulacralcanäle, welche die Median-Linie der 5 Ambulacren einnehmen (und welche gewöhnlich schlechthin als „radiäre Wassergefäss-Stämme" bezeichnet werden), Hauptcanäle oder *Principal-Canäle*.

I. **Hydrocanal-System der Astrolarven.** Bei allen lebenden Echinodermen entwickelt sich die erste Anlage des Wassergefäss-Systems ursprünglich in wesentlich derselben Weise, aus dem vorderen Theile der primitiven Coelomtaschen (§ 233). In einigen Gruppen (besonders bei einzelnen *Asterideen* und *Ophiodeen*) ist die ursprüngliche Anlage derselben völlig symmetrisch; jede der beiden lateralen Coelom-Taschen der *Dipleurula* zerfällt durch eine Transversal-Strictur in eine kleinere vordere Kammer (Hydrocoel) und eine grössere hintere Kammer (Enterocoel); die erstere wächst gegen die Rückenfläche der Astrolarve hin und öffnet sich hier in deren dorsalem Ectoderm durch ein „Rückenloch" (*Notoporus* oder *Hydroporus*). Indessen nur das linke Hydrocoel mit seinem Notoporus bleibt bestehen und wächst weiter; das rechte wird bald rückgebildet und verschwindet. Bei der grossen Mehrzahl der Echinodermen kommt das letztere überhaupt nicht mehr zur Anlage, und nur das linke gelangt zur selbständgen Ausbildung. Damit ist schon in der frühesten Anlage des Ambulacral-Systems jene bedeutungsvolle Asymmetrie beider Antimeren der bilateralen *Astrolarve* begründet, welche später bei der Ausbildung des pentaradialen *Astrozoon* allgemein eine so wichtige Rolle spielt (§ 220).

Das linke Hydrocoel der Astrolarve scheidet sich frühzeitig ganz von dem dahinter gelegenen Enterocoel ab, aus welchem die secundäre Leibeshöhle, das Metacoel, entsteht. Dann sondert sich das birnförmige Säckchen in zwei Abschnitte; der dünnere distale Stiel, welcher auf dem Rücken durch den Notoporus mündet, wird zum Wassergang (*Hydroductus*, später „Steincanal"); der dickere proximale Theil wächst zu einem sichelförmigen oder hufeisenförmigen Schlauch aus und umwächst von links her den Schlund der Astrolarve. Diese „Hydrocoel-Sichel" (*Hydrocampe*) wird zu einem geschlossenen Ringcanal (*Hydocircus*), indem die beiden blinden Enden der hohlen Sichel auf einander zuwachsen und auf der rechten Seite verschmelzen. Von dem convexen Rande des falciformen Schlauchs sind schon vorher fünf radiale Ausstülpungen vorgewachsen, die ambulacralen Höhlen der fünf wichtigen Primär-Tentakeln (*Protentacula*). Das primäre Hydrocanal-System der Astrolarve hat nunmehr im vorderen (oralen) Körpertheile der *Dipleurula* diejenige characteristische Fundamental-Structur erlangt, welche bei der Metamorphose der *Pentactula* bestehen bleibt und den Ausgangspunkt für die ganze weitere Entwickelung des pentaradialen *Astrozoon* bildet. Es besteht nunmehr aus folgenden Theilen: 1) *Notoporus*, die äussere Mündung; 2) *Hydroductus*, der Wassergang, welcher vom Notoporus abwärts zum Hydrocircus führt (später „Steincanal"); 3) *Hydrocircus*, Wassergefäss-Ring oder ambulacrales Ringgefäss, welches den Mund umgiebt; 4) fünf *Protentakel-Canäle*, jene fünf „perradialen Wassergefässe", welche vom Hydrocircus abgehen und in die fünf Primär-Tentakeln eindringen. Bezüglich der Lage dieser „ambulacralen Urorgane" ist noch zu bemerken, dass der Hydroductus und Notoporus zwar ursprünglich dem linken Antimer der *Astrolarve* angehören, später aber in die Mittellinie der Rückenseite hinein verlegt werden und mit dem primären Dorsal-Mesenterium des *Astrozoon* verwachsen.

II. **Hydrocanal-System der Astrozoen.** Die pentaradiale Grundform des Ambulacral-Systems, welche schon in der *Astrolarve* durch die Entwickelung der fünf „primären Tentakel-Canäle“ bestimmt ist, bedingt auch weiterhin die Entstehung der Ambulacral-Organe, welche im reifen *Astrozoon* zu ausgedehnter und mannichfaltiger Entfaltung gelangen. Die wichtigsten von diesen sind zunächst: 1) die fünf Principal-Canäle oder die „perradialen Wassergefässe“, sie entstehen als Ausläufer oder Fortsetzungen der fünf Protentakel-Canäle und werden meistens zu fünf starken, subcutan gelegenen Stämmen, welche in den Perradien verlaufen und sich bis gegen den Aboral-Pol der Anolenen, bis zu den Armspitzen der Olenaten erstrecken. Diese fünf perradialen Hydrocanäle fehlen nur den *Amphorideen*, bei denen das Ambulacral-System auf das orale Ringgefäss und die Canäle der Oral-Tentakeln beschränkt bleibt. Bei den übrigen sieben Classen, welche Ambulacral-Felder besitzen (— den Anthodiaten —), sind die Principal-Canäle überall angelegt; sie bleiben aber bei den füsschenlosen Formen der Holothurien (*Synaptonien* und *Pelagothurien*) schwach entwickelt oder sind im erwachsenen Astrozoon ganz rückgebildet. 2) Die Podial-Canäle, kleine Seitenäste der Principal-Canäle, welche alternirend oder gegenständig von diesen abgehen und das Wasser in die Ambulacral-Füsschen führen; sie fehlen nur den epedaten Holothurien. Bei den pedaten Holothurien, sowie bei den Echinideen und Asterideen, steht jeder „Füsschen-Canal“ an seiner Basis mit einem kleinen bläschenförmigen Wasserbehälter, einer „Ampulle“, in Verbindung. Die locomotorischen Füsschen-Ampullen (*Podampullae*) fehlen den übrigen Echinodermen (den lebenden Ophiodeen und Crinoideen, wahrscheinlich auch den ausgestorbenen Blastoideen und Cystoideen). 3) Coecal-Anhänge des Ringcanals (*Circampullae*, „POLI’sche Blasen“). Grosse, meist birnförmige Schläuche entwickeln sich als interradiale Ausstülpungen des Hydrocircus bei den Holothurien, Asterideen und Ophiodeen, sowie bei einem Theile der Echinideen; sie fehlen den Crinoideen und den älteren Echinideen; sie scheinen vorzugsweise die Function von Lymphdrüsen zu besitzen (§ 230). 4) Steincanäle und Madreporiten. Die einzige äussere Communication, welche ursprünglich zwischen dem Hohlraum des Hydrocanal-Systems und dem umgebenden Meerwasser besteht, wird durch den primären, am Mesenterium befestigten Wassergang (*Hydroductus*) und dessen einfache median-dorsale Oeffnung, den *Notoporus*, hergestellt. Dieses ursprüngliche Verhältniss bleibt permanent bei einzelnen Holothurien (*Elasipoden*, *Pelagothurien*), sowie bei den meisten Ophiodeen; bei letzteren jedoch mit dem Unterschiede, dass der Notoporus von der dorsalen auf die ventrale Fläche herabgewandert ist.

Bei den übrigen Echinodermen erleidet dieser wichtige Ausführgang des Ambulacral-Systems mannichfache Umbildungen. Bei den Holothurien und Asterideen wird der Wassergang zum Steincanal, (*Lithoductus*), indem beträchtliche Mengen von Kalk in seine verdickte Wand abgelagert werden. Zugleich verwandelt sich der einfache Notoporus in eine dicke, von zahlreichen Oeffnungen durchbrochene Kalkplatte, die Madreporen-Platte (*Madreporites*). Bei den Echinideen ist diese letztere eine der fünf interradialen Genitalplatten, und der Steincanal mündet zunächst in eine besondere, unter ihr gelegene Madreporen-Ampulle (*Madrampulla*). Eine secundäre Multiplication der Steincanäle und Madreporiten (meistens fünf, je einer in jedem Interradius) findet sich bei einigen Asterideen (*Acanthaster*), Ophiodeen (*Trichaster*), Crinoideen (*Rhizocrinus*) u. A. Bei einigen Holothurien und bei den meisten Crinoideen wird die Zahl der Steincanäle sehr gross, und zugleich verlieren sie die directe Mündung in der Haut. Bei den meisten Holothurien lösen sich dieselben ganz von der Haut ab und münden durch einen frei herabhängenden Madreporiten in die Leibeshöhle. Bei den meisten Crinoideen münden sehr zahlreiche (gewöhnlich mehrere hundert) kurze Steincanäle in die Leibeshöhle, unterhalb besonderer bewimperter Oeffnungen der Oralfläche; diese einfachen „Kelchporen" sind multiplicirte Madreporiten.

5) Ambulacral-Anhänge des Tegumentes. Während die äusseren, vom Hydrocanal-System gespeisten Anhänge der Hautdecke bei den Astrolarven nur durch die fünf Primär-Tentakeln vertreten werden (— oder durch zahlreichere, einfache oder verästelte, durch deren Vermehrung entstandene Mundtentakeln —), entwickeln sich dagegen aus den fünf Principal-Canälen der Astrozoen zahlreiche und sehr mannichfach differenzirte Appendical-Organe, durch Arbeitstheilung verschiedenen Zwecken angepasst. Solche äussere Ambulacral-Appendikel sind: 1) Die Ambulacral-Füsschen (*Hydropodia*), zum Laufen dienend, am blinden Distalende meistens mit einer Saugplatte zum Ansaugen versehen (bei Holothurien, Echinideen, Asterideen). 2) Die Ambulacral-Tentakeln (*Hydropalpi*), konische oder cylindrische Papillen, welche als Tastorgane (oft auch als Greiforgane, oder zugleich als Kiemen) dienen: bei einem Theile der Holothurien und Echinideen, bei allen Ophiodeen und Crinoideen, wahrscheinlich auch bei den Cystoideen und Blastoideen. 3) Die Ambulacral-Sinnesorgane (*Hydrosensilla*), mit besonderen Sinnesfunctionen ausgestattet: Mundarme der Holothurien, zweilappige Mundfüsschen und pinselförmige Sensillen der Echinideen u. A. 4) Die Ambulacral-Kiemen (*Hydrobranchiae*), grössere blattförmige Respirationsorgane bei Echinideen u. A.

§ 229. Anthodium und Ambulacra.

Ambulacra oder „Ambulacral-Felder“ (*Areae ambulacrales*) nennt man schon seit langer Zeit jene Gebiete der Hautdecke, in denen die 5 perradialen Hauptcanäle verlaufen und in denen ihre äusseren Anhänge (Füsschen, Fühler u. s. w.) äusserlich vortreten. Normaler Weise sind also bei der grossen Mehrzahl der Echinodermen (— abgesehen von Reduction oder Multiplication —) fünf Ambulacren vorhanden, und deren Median-Linie ist der Perradius. Bei der grossen Bedeutung, welche die verschiedene Entwickelung der Ambulacren und der zu ihnen gehörigen Organe für die Morphologie und Phylogenie der Echinodermen besitzt, halten wir es für zweckmässig, diesen Begriff etwas zu erweitern und scharf zu definiren; wir verstehen unter Ambulacrum den ganzen Organ-Complex, welcher zu jedem der fünf Principal-Canäle gehört. Diesen ganzen, morphologisch bestimmten und physiologisch einheitlichen Complex setzen folgende Organe zusammen: 1) der Principal-Canal oder der „perradiale Wassergefäss-Stamm“; 2) dessen laterale Aeste, die zu den Füsschen oder Tentakeln gehen, die Ambuletten-Canäle; 3) die Ampullen, die sich bei den meisten frei beweglichen Echinodermen an dem inneren Ende der locomotorischen Füsschen entwickeln (bei Holothurien, Echinideen, Asterideen); 4) die Thecal-Ambuletten, welche bei den frei beweglichen Anthodiaten als locomotorische Füsschen, bei den festsitzenden als Thecal-Tentakeln fungiren; 5) die Blutgefässe, die zur Ernährung des Ambulacrums dienen (ein perradialer Stamm über dem Hauptcanal und die davon abgehenden Aeste); 6) die Nerven des Ambulacrums (ein perradialer Stamm, der oberflächlich, nach aussen vom Blutgefäss-Stamm, liegt, sowie die von jenem abgehenden Aeste); 7) das Ambulacral-Skelet, die Kalkstücke, welche zum Schutze und zur Stütze des ganzen Ambulacrums und seiner einzelnen Theile dienen (Ambulacral-Platten, Seitenplatten, Saumplatten, Pinnuletten, adambulacrale und subambulacrale Tafeln u. s. w.); dieses vielfach differenzirte Skelet der Ambulacren ist von ganz besonderer Wichtigkeit, weil es bei den fossilen Echinodermen vortrefflich erhalten und für die Unterscheidung der zahlreichen Classen und Ordnungen von höchster Bedeutung ist; 8) die Subvectoren oder die perradialen Zufuhr-Wege des Tegumentes, welche ursprünglich als offene „Nahrungsfurchen“, später als geschlossene „Subtegminal-Canäle“ oder „Epineural-Canäle“ eine grosse Bedeutung erlangen (vergl. § 227).

Anthodium oder *„pentaradiale Ambulacral-Rosette“* nennen wir den ganzen Bezirk der oralen oder ventralen Körperfläche, welcher von den fünf Ambulacren und dem in ihrem Mittelpunkt gelegenen

Munde eingenommen wird. Die Form-Verhältnisse dieses Anthodiums oder „fünfstrahligen Mundsternes“ sind sehr mannichfaltig und für einzelne Gruppen characteristisch. Als zwei Hauptformen unterscheiden wir I. das reguläre Anthodium, in welchem die 5 Ambulacren gleich oder fast gleich sind; und II. das bilaterale Anthodium, in welchem ein unpaares (frontales) Ambulacrum durch Grösse und Form wesentlich von den vier übrigen verschieden ist; diese ordnen sich paarweise zu beiden Seiten der Median-Ebene. In mehreren Classen (Echinideen, Blastoideen, Holothurien) hat man auf Grund dieser Differenz zwei Hauptgruppen von Formen als *„Reguläre“* und *„Irreguläre“* unterschieden; die letztere Bezeichnung ist ganz unpassend, da die Grundform gerade bei diesen sogenannten „Irregulären“ eigentlich regelmässig-zweiseitig und zugleich fünfstrahlig, oft höchst differenzirt und bestimmt characterisirt ist; man bezeichnet sie daher besser als Amphipleure oder *„Bilateral-radiale“* Formen. Ihr ganzer Körper wird durch die verticale Median-Ebene in zwei spiegelgleiche Hälften getheilt; jede von dieser enthält zwei laterale Ambulacren und die (linke oder rechte) Hälfte des unpaaren frontalen Ambulacrums.

Trivium und Bivium. Bei den meisten amphipleuren Echinodermen, und besonders bei den frei beweglichen Formen, sind die 5 Ambulacren dergestalt differenzirt, dass eine Gruppe von 3 mehr activen Ambuletten-Reihen einer paarigen Gruppe von 2 mehr passiven gegenüber steht; jene Gruppe bezeichnet man als *Trivium*, diese als *Bivium*. Indessen haben diese Begriffe verschiedene Bedeutung. Bei den meisten Holothurien ist das Trivium die Bauchfläche und stellt eine flache Kriechsohle dar, welche drei einfache oder mehrfache Reihen von Saugfüsschen trägt (eine median-ventrale und zwei ventro-laterale Reihen); das Bivium dagegen ist die gewölbte Rückenfläche und trägt zwei dorso-laterale Reihen von Ambulacral-Papillen. Auffallend stark ist diese Differenzirung bei den Tiefsee-bewohnenden Elasipoden. Bisweilen sind auch die 3 ventralen Ambulacren des Triviums allein entwickelt; die 2 dorsalen sind ganz rückgebildet (*Psolus*, mit dorsalem Schuppen-Panzer).

Bei den sogenannten „irregulären Echinideen“ (den amphipleuren *Clypeastronien* und *Spatangonien*) ist das Verhalten des Anthodiums verschieden, da hier alle fünf Ambulacren an der Bildung der ventralen Kriechfläche sich betheiligen. Hier ist das unpaare frontale (oder nach vorn gekehrte) Ambulacrum meistens an Grösse und Gestalt von den vier übrigen verschieden; es bildet zusammen mit den beiden pectoralen oder antero-lateralen Ambulacralfeldern des Trivium; die beiden übrigen, nach hinten gekehrten (posteralen oder postero-lateralen) sind oft grösser und bilden das Bivium. Eine ähnliche

Differenzirung des Anthodiums findet sich auch bei den Parblastoiden, einer aberranten Gruppe der festsitzenden Blastoideen.

Phylogenie des Anthodiums. In der Stammesgeschichte der Ambulacral-Rosette unterscheiden wir folgende sechs Hauptstufen: I. *Amphoridea*: das Anthodium fehlt noch ganz, da noch keine Principal-Canäle und keine Thecal-Füsschen entwickelt sind. II. *Cystoidea*: das Anthodium beginnt sich zu entwickeln, indem von den 3 oder 5 Ecken des ambulacralen Mundringes 3 oder 5 kurze, später längere Principal-Canäle auswachsen und Aestchen für die Ambuletten abgeben. III. Das gewöhnliche *pentaradiale* Anthodium ist aus dem älteren *triradialen* erst dadurch entstanden, dass die beiden lateralen Ambulacren sich gabelförmig in pectorale und posterale theilten (*Glyptosphaera*, *Protocrinus*, *Hexalacystida* und *Sycocystida*). IV. *Blastoidea*: das Anthodium bildet eine fünfblättrige Rosette an der Oralfläche oder Kelchdecke, mit eigenthümlicher Structur der Ambulacren (Lanzetplatte). V. *Olenata* (Crinoideen, Ophiodeen, Asterideen): das Anthodium nimmt die ganze orale (oder ventrale) Fläche des fünfarmigen abgeplatteten Körpers ein, indem die Principal-Canäle sich von den Mundwinkeln bis zur Spitze der Arme fortsetzen und Aeste für die Ambuletten abgeben. VI. *Echinidea* und *Holothuriae*: das Anthodium erreicht seine grösste Ausdehnung, indem die 5 Ambulacren sich in Form von Meridian-Reihen über den grössten Theil des Körpers ausdehnen; nur die beiden beschränkten Polfelder (Mundfeld und Afterfeld) bleiben von der Ambulacral-Bildung frei. In diesen beiden Classen allein wird auch der Gegensatz von *Trivium* und *Bivium* vollständig ausgebildet.

§ 230. Blutgefäss-System (Lacunar-System).

Das mesodermale Lacunen-System der Sternthiere, welches gewöhnlich als Blutgefäss-System oder „*Haemovasal-System*“ beschrieben wird, besteht aus unregelmässigen Netzen und Geflechten von Lacunen oder Connectiv-Lücken, welche keine besondere Wand und auch keine endoteliale Zellenauskleidung besitzen. Den bilateralen *Astrolarven* fehlt dieses „wandungslose Lückensystem“ vollständig; es entwickelt sich erst später in den pentaradialen *Astrozoen* und gilt für diese als „absolut characteristisch“. Die Flüssigkeit, welche als „Blut“ das Lacunen-System erfüllt, ist viel reicher an Blutzellen und an gelösten Eiweissstoffen, als das Fluidum, welches das Ambulacral-System und das Coelom-System erfüllt. Daher erscheinen an Schnitten von gefärbten Astrozoen die ansehnlichen Coagula des Blutes in den Lacunen viel dunkler gefärbt als der helle Inhalt der ambulacralen und der coelomatischen Hohlräume. Die physiologische Bedeutung der Blutgefässnetze besteht zunächst darin, Nahrungssäfte aus der Darmwand zu sammeln und dem übrigen Körper zuzuführen; weiterhin aber auch in der Production von Blutzellen, wobei als besondere cytogene Organe sich eigenthümliche „Lymphdrüsen" entwickeln. Ein eigentliches Herz fehlt den Echinodermen; was man früher so nannte, ist die Paraxondrüse (§ 234). Die Fortbewegung des Blutes in den Lacunen scheint sehr unregelmässig zu sein und theils durch Contractionen einiger grösserer Stämme, theils durch Bewegungen der Nachbar-Organe bewirkt zu werden.

Die wichtigsten Theile des Blutgefässsystems sind folgende: 1) ein *Plexus enteralis* in der Darmwand, zur Absorption der Verdauungssäfte dienend; 2) *zwei Cardinal-Gefässe*, welche den Darm begleiten und an entgegengesetzten Seiten desselben liegen, ein dorsales im Mesenterium und ein ventrales gegenüber an der freien Seite; diese führen das im Darmplexus gesammelte Blut den übrigen Körpertheilen zu; 3) ein *circoraler Blutgefässring*, welcher den Mund umgiebt und die beiden enteralen Cardinal-Canäle aufnimmt; 4) *fünf principale Blutgefässe*, welche in den Strahlen erster Ordnung, zwischen den äusseren Nervenstämmen und den inneren Ambulacralstämmen verlaufen; 5) ein *Plexus genitalis*, welcher die Gonaden umspinnt und reichlich mit Blut versorgt. Dazu kommt noch bei den Pentorchonien 6) ein *Plexus paraxonius*, welcher die Paraxondrüse und oft auch den Steincanal umspinnt.

Am stärksten entwickelt ist das Haemocanal-System bei den Holothurien und Echinideen, besonders stark spongiös (mit sehr ausgedehnten Plexus) bei den Crinoideen, schwächer dagegen bei den Ophiodeen und Asterideen. In einigen kleineren Gruppen entwickelt sich dasselbe local zu besonders auffallenden Bildungen; so löst sich bei vielen Holothurien das dorsale Cardinal-Gefäss von der Darmwand ab und bildet ausgedehnte Wundernetze; ein Theil derselben umspinnt bei den proctobranchiaten Holothurien die linke Darmkieme.

Die Lymphdrüsen der Echinodermen sind eigenthümliche Bildungen, welche zur Production von Blutzellen dienen und wahrscheinlich allen Astrozoen zukommen. Aehnlich wie bei den Wirbelthieren bestehen sie aus Knoten von reticulärem Bindegewebe, in deren spongiösen, mit den Blutplexus communicirenden Maschen eine lebhafte Neubildung von Blutzellen stattfindet. Die voluminöseste und wichtigste Lymphdrüse ist die Paraxondrüse der Pentorchonien (§ 234).

Als Pseudohaemal-System sind neuerdings bei den Echinodermen radiäre Sinusse oder „Subneural-Canäle" beschrieben worden, welche die perradialen Nervenstämme begleiten und sich am Munde in einen (unter dem Nervenring gelegenen) „Pseudohaemalring“ vereinigen. Sie sollen gleich den echten Blutgefässen lacunöse Schizocoel-Räume ohne Endotel sein, aber mit ihnen nicht zusammenhängen. Bei Holothurien und Echinideen sollen sie ganz abgeschlossen sein, dagegen bei den Ophiodeen und Asterideen mit dem Coelom und dem Paraxon-Sinus communiciren. Wahrscheinlich handelt es sich hier um kein besonderes Gefässsystem, sondern um einen secundär abgesonderten Bezirk des Lacunar-Systems.

§ 231. Respirations-Organe der Echinodermen.

Die Sternthiere besitzen keine characteristischen, allen Classen des Stammes gemeinsamen Athmungs-Werkzeuge. Bei den kleinen Astrolarven geschieht wahrscheinlich der Gaswechsel durch die ganze Oberfläche des Exoderm-Epitels, wobei die Wimperschnüre an den „Larven-Armen“ besonders vortheilhaft wirken mögen. Bei den grossen Astrozoen dagegen wird vermuthlich die Abscheidung der Kohlensäure und die Aufnahme von Sauerstoff allgemein insofern durch das Ambulacral-System mit besorgt, als Wasser durch den Hydroporus abgegeben und aufgenommen wird; auch fungiren wohl die äusseren Anhänge des Ambulacral-Systems allgemein in demselben Sinne. Ausserdem aber entwickeln die meisten Echinodermen noch locale Respirations-Organe, die bei dem regen Gaswechsel besonders betheiligt sind. Gewöhnlich sind dies äussere Hautkiemen, seltener innere Darmkiemen. Die einzelnen Classen zeigen dabei folgende Eigenthümlichkeiten:

I. Amphoridea. Die cambrische Stammgruppe der Echinodermen benutzte als Respirations-Organe wahrscheinlich die circoralen Tentakeln, welche wie bei den Bryozoen innen und aussen mit Flimmer-Epitel bedeckt waren. Ausserdem vermittelten den Gaswechsel vielleicht Poren der Haut, aus welchen Hautkiemen hervortraten (?). II. Cystoidea. Auch diese palaeozoischen Echinodermen werden vermuthlich mit Hülfe der Mundtentakeln den Gaswechsel besorgt haben, daneben aber auch durch die spärlich entwickelten Ambulacral-Tentakeln, und vielleicht theilweise durch Poren der Panzerplatten, (Doppel-Poren der Pomocystiden, Fungocystiden u. A.). III. Holothuriae. Die Athmung geschieht allgemein durch die Mundtentakeln, ausserdem bei den niederen Paractinoten (Synaptida) durch die dünne Leibeswand und die eigenthümlichen „Wimper-Urnen“, welche an der inneren Coelomfläche vertheilt sind (?). Bei den Proctobranchiaten kommen dazu die eigenthümlichen Enddarm-Kiemen, ein paar baumförmig verzweigte Schläuche, welche in den Enddarm einmünden

(„Wasserlungen", § 243). IV. Echinidea. Ausser den Hydropodien dienen zur Respiration die 5 Paar Peristom-Kiemen (Ausstülpungen des coelomalen Schlundsinus) und wahrscheinlich auch der Nebendarm; ferner besonders bei den mit Petalodien versehenen die blattförmigen vergrösserten „Kiemenfüsschen". V. Asteridea. Diese Classe ist von den übrigen Echinodermen durch den Besitz von dermalen Papular-Kiemen (Lymphkiemen oder Coelompapillen) ausgezeichnet. Zwischen den Skeletplatten ist das Tegument an vielen Stellen stark verdünnt und wird in Form von zarten, einem Handschuhfinger ähnlichen Schläuchen vorgestülpt. Diese „Papulae" enthalten einen Fortsatz des Megacoels; sie sind sehr empfindlich und dienen gleichzeitig als Tastorgane und als Kiemenbläschen. Bei der Phanerozonia stehen sie bloss auf der apicalen, bei der Cryptozonia auch auf der oralen Körperseite. VI. Ophiodea. Auch diese Classe besitzt eigenthümliche Respirations-Organe, in Form von 10 adradialen dünnwandigen Säcken, den perigastralen Bursaltaschen (*Bursae*); sie liegen in der Peripherie des Megacoels, rings um den centralen Magen und öffnen sich an der Oralseite durch 10 Bursalspalten, je 2 an der Basis eines Armes. (Bisweilen, bei *Ophioderma*, finden sich 20 Bursalspalten, indem jede durch eine Hautbrücke in eine innere und äussere Spalte getheilt ist.) Indem durch die Spalten Wasser in die Bursae eintritt und durch deren starkes Flimmer-Epitel fortgetrieben wird, vermitteln sie den Gaswechsel; gleichzeitig öffnen sich auch die Gonaden in dieselben, und die Geschlechts-Producte werden durch die Bursalspalten entleert. Bei einigen viviparen Ophiuren dienen die Bursae als Bruträume. VII. Blastoidea. Aehnliche Einrichtungen scheinen auch die palaeozoischen Knospensterne besessen zu haben. Auch sie zeigen 10 adradiale Spalten an der Ambulacral-Seite ihres Kelches oder statt deren 5 interradiale Spalten: *Spiracula*. Diese „Athemspalten" führen in eigenthümliche Gruppen von Kalktaschen, welche den Bursae der Ophiodeen verglichen werden (vergl. § 252). VIII. Crinoidea. In dieser Classe fungirt neben den ambulacralen Tentakeln als besonderes Respirations-Organ der Anal-Tubus, welcher unter rhythmischen Bewegungen Wasser aufnimmt und abgiebt. Bei vielen fossilen Crinoideen ist dieser Afterkegel in ein langes, vertical aufsteigendes Rohr ausgezogen. Ausserdem dringt auch durch die zahlreichen Hydroporen der ventralen Kelchdecke Seewasser in das Coelom.

§ 232. Darm-System der Echinodermen.

Die Verdauungsorgane der Sternthiere zeigen einfache und sehr gleichmässige Bildungs-Verhältnisse in der bilateralen *Astrolarve*, dagegen verschiedene und zum Theil complicirte Umbildungen in dem pentaradialen *Astrozoon*. Für die Stammesgeschichte derselben ist der Satz maassgebend, dass bereits die primitiven Stammformen des ganzen Phylon (*Amphoraea* und *Pentactaea*, § 204) ein einfaches Darmrohr mit Mund und After besassen und dass dieses von den *Astrelminthen*-Ahnen früher durch Vererbung übertragen war. Dasselbe war in der Leibeshöhle (Metacoel) dieser ältesten Amphorideen mittelst eines medianen Dorsal-Mesenteriums aufgehängt und bestand aus drei einfachen, hinter einander liegenden Kammern: A. Munddarm (Schlund, exodermal), B. Mitteldarm (Magen, entodermal), C. Enddarm (Procton, entodermal). Den empirischen Beweis für diese monophyletische Hypothese finden wir in der vergleichenden Ontogenie der Astrolarven, welche in allen Classen des Stammes auf dieselbe typische Urform des Darmsystems zurückführt.

I. **Darmsystem der Astrolarven.** Die vergleichende Keimesgeschichte der palingenetischen *Dipleurula* lehrt unmittelbar, dass sowohl die erste Anlage des Darmsystems als seine characteristische Ausbildung in der bilateralen Astrolarve überall in gleicher Weise erfolgt. Aus der kugeligen Blastula entsteht durch Invagination eine typische eiförmige Gastrula. Der Urmund derselben (Prostoma, *Blastoporus*) liegt anfangs am Apical-Pol der Axe, welche der einfache gerade Urdarm einnimmt (Progaster, *Archenteron*). Während dann die eine Seite der Gastrula stärker wächst und als Rückenfläche sich convex vorwölbt, sinkt die entgegengesetzte Seite concav ein und wird zur Bauchfläche. Zugleich krümmt sich der Urdarm gegen letztere bogenförmig und wächst mit seinem blinden (oralen) Ende einer grubenförmigen Einstülpung des Exoderms entgegen, dem Munddarm (Pharynx). Nachdem Beide sich vereinigt haben und der Urdarm im Vordertheile sich blasenförmig erweitert hat, besteht der primitive Darmcanal der Larve nunmehr aus den drei angeführten Kammern: Schlund, Magen und Enddarm. Seine beiden Oeffnungen, der exodermale Mund und der entodermale After (= Urmund) rücken meistens auf der Bauchseite näher zusammen, während der Larvenkörper vorn und hinten in Fortsätze auswächst. Später schnüren sich dann von den Seitenwänden des Magens rechts und links die beiden Coelom-Taschen ab (= Lateral-Scheiben), und damit ist der typische Dipleurula-Darm fertig.

Der palingenetische Character dieses bilateralen Astrolarven-Darms liegt auf der Hand. Es ist derselbe einfache und typische Helminthen-Darm, den wir bei vielen Wurmthieren, und besonders in ihren Larven, antreffen. Cenogenetische Abweichungen von dieser typischen Bildung finden sich nur bei solchen Echinodermen, deren ontogenetischer Bildungsgang überhaupt stark secundär abgeändert worden ist, besonders durch Abkürzung oder Unterdrückung der frei schwimmenden Dipleurula-Stufe; so bei viviparen Formen. Die Crinoideen-Larven (*Antedon*) zeichnen sich dadurch aus, dass durch starke Abkürzung die Dipleurula-Larve ganz übersprungen und in der Doliolaria-Larve („Puppe") sofort das ganze pentaradiale Astrozoon angelegt wird, mit einem blind geschlossenen Darmcanal.

Der Pentactula-Darm, als weitere characteristische Bildungsstufe des Astrolarven-Darms, entsteht aus dem Darmcanal der Dipleurula durch Ausbildung des Hydrocoels. Indem die linke Coelomtasche in zwei Kammern zerfällt und deren hintere sich als Enterocoel abschnürt, wächst die vordere zu einem Schlauche aus, der sich vorn in der Rückenhaut öffnet: Notoporus. Der proximale Theil des Hydrocoel-Schlauchs umwächst sichelförmig den Schlund und wird zu dem Mundringe, aus dem die 5 Canäle der Primär-Tentakeln abgehen. Damit ist jene characteristische Bildungsstufe der *Pentactula* erreicht, in welcher die bilaterale Astrolarven-Form mit der pentaradialen Anlage des Astrozoon combinirt ist. Zugleich ist aber diese amphipleure Grundform von Anfang an asymmetrisch, da die Anlage oder doch die Ausbildung des rechten Hydrocoels unterbleibt. Indem sich der primäre Tentakelkranz nicht vorn, sondern links entwickelt, biegt sich der vordere Darmtheil nach links und oben hinüber und beginnt jene Axendrehung, die bald mehr, bald weniger auch in der weiteren Metamorphose der Pentactula sich ausspricht. Die mediane Scheidewand, welche die beiden Coelomtaschen trennt, bleibt oben als dorsales Mesenterium bestehen, während sie unten verschwindet. Hier fliessen die beiden sich aufblähenden Enterocoel-Säcke zu einer einfachen Leibeshöhle zusammen, in welcher der Darmcanal frei aufgehängt erscheint. Indem weiterhin der einfache Pentactula-Darm wächst und sich windet, folgt ihm das Mesenterium nach und verändert seine Lage. Bei der *Pentacrinus*-Larve von *Antedon* z. B. dreht sich das Mesenterium um einen rechten Winkel und geht aus der verticalen in die horizontale Lage über; zugleich rückt der After aus der ursprünglichen Lage heraus.

II. **Darmsystem der Astrozoen.** Ursprünglich, bei den ältesten Echinodermen, scheint der einfache Helminthen-Darm noch ohne bedeutende Veränderung in denjenigen des pentaradialen Astrozoon übergegangen zu sein; die beiden ursprünglichen Oeffnungen blieben erhalten, und der Mund behielt seine primäre Lage am Oralpol, während der After sie mehr oder weniger veränderte. Bei den meisten *Amphorideen* und *Cystoideen* ist der After mit einer Klappen-Pyramide bedeckt und liegt auf der Bauchseite in der Nähe des Mundes. Bei der Mehrzahl der Echinodermen aber unterliegt der Darmcanal während der Astrogenese beträchtlichen Veränderungen. Der After der Astrolarve (= Urmund der Gastrula) geht zwar meistens in den permanenten After des Astrozoon über; aber der Mund und Schlund werden häufig neugebildet. Bei den meisten Echinodermen wächst der Darm beträchtlich in die Länge und macht eine oder mehrere Spiral-Windungen, denen auch das Mesenterium folgt. Bei der Mehrzahl der Echinodermen bleibt der lange cylindrische Darmcanal ziemlich einfach und nimmt nicht an der pentaradialen Differenzirung Theil; diese betrifft denselben in ausgesprochener Weise nur bei einer Classe, den Asterideen. Rückbildung des Afters (durch secundären Verschluss) hat nur in zwei Classen stattgefunden, bei einer Gruppe der Asterideen (den Astropectiniden) und bei sämmtlichen Ophiodeen.

Die Holothurien zeichnen sich durch den Besitz eines cylindrischen Kalkringes aus, welcher den Schlund umgiebt und aus 10 Kalkplatten zusammengesetzt ist, 5 grösseren perradialen (an denen sich Muskeln ansetzen) und 5 kleineren interradialen. — Der Mund der Echinideen (mit Ausnahme einer jüngsten Gruppe, der Spatangiden) ist mit 5 spitzen Zähnen bewaffnet, zu deren Bewegung ein complicirter Kauapparat dient, die pyramidale, aus 20 Kalkstücken zusammengesetzte „Laterne des Aristoteles". — Bei den Crinoideen ist der After in der Nähe des Mundes (in einem Interradius der Ambulacralseite) gelegen und in einen respiratorischen Afterkegel verlängert, der oft weit vorspringt. — Ganz einfach gebildet ist der afterlose Magensack der Ophiodeen, welcher das centrale Coelom des Astrodiscus ausfüllt. — Die Asterideen dagegen zeichnen sich vor allen anderen Echinodermen dadurch aus, dass von dem apicalen Theile des centralen Magensackes 5 Paar lange Armdärme entspringen, welche die Form eines doppelt gefiederten Blattes haben und bis in die Spitzen der 5 Arme hineinreichen.

§ 233. Coelom-System (Leibeshöhle).

Die Echinodermen sind echte Coelomarier oder *Enterocoelier*, indem allgemein aus dem Mitteldarm der Astrolarven ein Paar Coelom-Taschen als laterale Divertikel hervorwachsen und sich von ihm abschnüren. Die Sternthiere stimmen darin ganz überein mit den übrigen Enterocoeliern, den Vertebraten, Articulaten, Mollusken u. s. w.; sie unterscheiden sich aber von ihnen ganz wesentlich durch die weitere eigenthümliche Entwickelung dieser einfachen Coelom-Anlage, zunächst schon durch den Zerfall der beiden lateralen Coelom-Taschen in ein vorderes Hydrocoel und ein hinteres Enterocoel, und sodann durch die Entwickelung des ersteren zum *Ambulacral-System.* Aber auch die eigentliche oder „secundäre Leibeshöhle“ (*Metacoel*), welche aus den hinteren Enterocoel-Taschen entsteht, erleidet im weiteren Laufe ihrer Entwickelung eine Reihe von eigenthümlichen Umbildungen und Differenzirungen, welche für den ganzen Echinodermen-Stamm als solchen, oder doch für einen Theil desselben, sehr characteristisch sind. Die wichtigsten von diesen „secundären Coelom-Producten“ sind: I. das Megacoel oder perigastrale Metacoel; II. der Paraxon-Sinus; III. der Genital-Sinus; IV. der Pharyngal-Sinus; V. der Perianal-Sinus; VI. das Olenocoel der Olenaten (die „Leibeshöhle der Arme“).

I. **Das Megacoel** (— oder „*Metacoel*“ im engeren Sinne —), das perigastrale Metacoel, oder die „grosse Leibeshöhle“, welche den Darmcanal umschliesst. Bei allen Astrozoen entsteht sie ursprünglich dadurch, dass die beiden lateralen Enterocoel-Taschen der Astrolarve sich aufblähen und auf der Bauchseite zusammenfliessen, während sie auf der Rückenseite durch das primäre Dorsal-Mesenterium getrennt bleiben. Letzteres unterliegt später sehr mannichfaltigen Umlagerungen und Umbildungen. Am geräumigsten ist die grosse Leibeshöhle bei den Holothurien und Echinideen, wo sie den grössten Volum-Theil des schlauchförmigen oder kapselförmigen Körpers einnimmt. Bei den Asterideen ist das Megacoel der Centralscheibe (des Astrodiscus) zum grössten Theile durch den voluminösen Magensack ausgefüllt; es setzt sich aber peripherisch fort in die geräumigen Armhöhlen. In der Peripherie des Megacoels bilden sich hier fünf interradiale verticale Septen, welche, zwischen den Armen centrifugal vorspringend, apicale und orale Scheibenwand verbinden. Sehr beschränkt ist der Hohlraum des Megacoels bei den Ophiodeen, wo der Centralraum des Astrodiscus durch den Magensack eingenommen wird, die Peripherie dagegen dureh die 10 interradialen Bursalspalten. Bei den Crinoideen wird das Megacoel in eigenthümlicher Weise dadurch ausgefüllt, dass ein Gerüst von bindegewebigen, theilweise verkalkten Bändern, Balken, Platten, Fäden u. s. w. den ursprünglich einfachen Hohlraum durchzieht.

II. **Der Paraxon-Sinus**, Hydrophor-Sack oder „Axen-Sinus“. Bei allen Pentorchonien (— nicht aber bei den *Holothurien* —) sondert sich frühzeitig vom centralen Theil des Megacoels ein schlauchförmiger Hohlraum ab, welcher die wichtigen *Paraxon-Organe* einschliesst, den Steincanal und die Paraxondrüse, sowie den mit dieser verbundenen Genital-Stolo. Gewöhnlich wird diese Coelom-Kammer als „Axen-Sinus“ bezeichnet; da sie aber niemals in der wirklichen Hauptaxe des Astrozoon liegt, sondern stets excentrisch neben derselben, bezeichnen wir sie richtiger als Paraxon-Sinus. Derselbe kann seinen ursprünglichen Zusammenhang mit dem Megacoel bald verlieren, bald an einer oder mehreren Stellen behalten. An einem Ende communicirt der Paraxon-Sinus mit dem ringförmigen Genital-Sinus, welcher bei den Crinoideen am Oral-Pol, bei den Asterideen, Ophiodeen und Echinideen am Apical-Pol der Hauptaxe liegt. Bei den Crinoideen verlängert sich der Paraxon-Sinus am Apical-Pol in den sogenannten „gekammerten Sinus" oder Pentameral-Sinus, welcher sich mit seinen 5 perradialen Kammern in den Stiel und dessen Aeste (die verticillaten Ranken) fortsetzt. Bei den erwachsenen Crinoideen hat sich dieser pentaradiale Kammer-Sinus ganz vom Coelom abgeschnürt.

III. **Der annulare Genital-Sinus.** Bei allen *Pentorchonien* (— nicht aber bei den Holothurien —) öffnet sich der Paraxon-Sinus ursprünglich an einem Pole in einen pentagonalen Ringsinus, welcher den „Genitalring" (§ 235) umschliesst. Bei den Pygocincta (den *Asterideen*, *Ophiodeen* und *Echinideen*) ist es der Apical-Pol der Hauptaxe, bei den Orocincta (*Crinoideen* und wahrscheinlich auch *Blastoideen*) dagegen der Oral-Pol derselben, an welchem dieser Ring liegt; dort umschliesst er das Apical-Feld oder den After, hier dagegen den Mund (entsprechend der Genitalbildung der Crinoideen und Blastoideen an der Oralseite).

IV. **Der Pharyngal-Sinus** (oder *Perioesophageal-Sinus*). Ein besonderer Schlund-Sinus sondert sich vom Megacoel in denjenigen beiden Echinodermen-Classen ab, welche sich durch die Entwickelung eines kräftigen musculösen Pharynx und eines pharyngalen Kalk-Skelets auszeichnen, bei den *Holothurien* und *Echinideen*. Die Membran des Schlund-Sinus der Holothurien bildet eine cylindrische Scheide um den musculösen Pharynx, die vom Munde bis zum ambulacralen Ringcanal reicht; an ihrer Aussenseite verlaufen die 5 perradialen Principal-Canäle. Die äussere Sinuswand und innere Schlundwand sind meistens durch viele Bänder und Connectiv-Fäden verbunden. Bei den Elasipoden hat sich der Sinus ganz vom Megacoel abgeschnürt. Bei allen übrigen Holothurien communiciren Beide durch permanente Oeffnungen (bei Cucumaria durch fünf grosse Interradial-Spalten). — Der Pharyngal-Sinus der Echinideen hat sich ebenfalls vom Megacoel abgesondert und bildet einen geschlossenen Sack, welcher den Schlund mit seinem complicirten Kauapparat („Laterne des Aristoteles") allseitig rings umhüllt. Die Membran dieses Sackes, die Laternenmembran, ist unten am perignathischen Apophysen-Ring befestigt, oben an der Austrittsstelle des Mitteldarms aus dem Centrum der Laternen-Basis. Bei den Spatangiden, welche die Laterne sammt den Zähnen verloren haben, ist der Schlundsinus auf einen niedrigen perioralen Ringsinus reducirt. Bei den meisten übrigen Echinideen ist der „Perioesophagal-Sinus" ansehnlich und bildet radiale Ausstülpungen, entweder äussere „Mundkiemen" oder innere Laternen-Blasen. Die meisten regulären Echinideen (mit Ausnahme der Cidariden) besitzen 5 Paar äussere Peristom-Kiemen, verästelte Ausstülpungen der Mundhaut, welche an der Peripherie des Peristoms sitzen, paarweise in fünf interradialen Ausschnitten des Astrodiscus; ihre Höhlung communicirt mit dem Schlund-Sinus. Die Cidariden und einige andere Echinideen zeichnen sich dagegen durch den Besitz von Laternen-Blasen aus, oder von sogenannten „STEWART'schen Organen"; 5 perradialen Schläuchen, welche von blinden Ausstülpungen der Laternen-Membran in das Megacoel gebildet werden. Am grössten sind diese Laternen-Ampullen bei den Echinothuriden, wo sie einen grossen Theil der Kapselhöhle erfüllen und das Megacoel reduciren.

V. **Der Perianal-Sinus.** In den beiden Classen der Holothurien und Echinideen ist nicht allein der Munddarm am Oral-Pol durch den Peripharyngal-Sinus ausgezeichnet, sondern auch am entgegengesetzten Apical-Pol der Enddarm durch einen Perianal-Sinus. Die ringförmige Membran, welche diesen Annular-Sinus vom Megacoel abschliesst, enthält starke Ringmuskelfasern und fungirt als *Sphincter ani*.

VI. **Das Olenocoel** oder die Armhöhle. Die drei Classen der Olenaten, bei denen die pentaradiale Differenzirung die höchste Ausbildung erreicht, zeichnen sich vor den übrigen fünf Echinodermen-Classen (den *Anolenen*) dadurch aus, dass das Coelom perradiale Divertikel in die characteristischen Arme (Olenae) hineinsendet. Bei den Asterideen setzt sich die Peripherie des centralen Megacoels unmittelbar in die weiten Leibeshöhlen der Arme fort, welche den grössten Theil ihres Volumens bis zur distalen Spitze einnehmen. In diesen Armhöhlen liegen an der Ambulacral-Wand unten die Hydrampullen, an der Apical-Wand oben die paarigen Armdärme. Jeder von diesen ist an der Scheitelwand durch ein paar verticale parallele Suspensorien befestigt, welche einen besonderen (adradialen) Olenocoel-Canal einschliessen. — Die Ophiodeen unterscheiden sich von den übrigen *Olenaten* dadurch, dass die Armhöhle, der segmentalen Gliederung des Armskelets entsprechend, in eine metamere Reihe von Armkammern zerfällt. Diese werden durch die starke Entwickelung der ventralen Wirbel so eingeengt, dass sie zwischen ihnen und den centralen Rückenschildern als bogenförmige Spalten erscheinen; zugleich trennen die verticalen Transversal-Septen, welche die Wirbel mit den dermalen Skeletplatten verbinden, die einzelnen Armkammern unvollständig ab; sie bleiben jedoch in offener Verbindung durch einen perradialen Dorsal-Canal, in dessen apicaler Wand ein starker Wimperstreifen verläuft. — Auch bei den Crinoideen ist das Arm-Coelom durch die starke Entwickelung der Wirbel sehr reducirt; der offen bleibende Theil liegt aber hier auf der ambulacralen (oder ventraleu) Seite, nicht auf der apicalen (oder dorsalen), wie bei den Ophiodeen. Das Olenocoel zerfällt bei den Crinoideen durch ein horizontales Septum in einen (apicalen) Dorsal-Canal und einen (oralen) Ventral-Canal (oder „Subtentacular-Canal"); der letztere wird wieder durch ein perradiales Vertical-Septum in ein paar laterale Ventral-Röhren geschieden.

§ 234. Paraxadenia. Paraxon-Drüse.

(Herz, Pseudocardium, Niere, Lymphdrüse, Plexiforme Drüse, Ovoiddrüse, Plastidogen-Organ, Dorsalorgan. Excretions-Organ, Axialorgan.)

Das drüsige Organ der Echinodermen, welches wir hier, seiner wirklichen Lage entsprechend, als Paraxon-Drüse (*Paraxadenia*) bezeichnen, hat der morphologischen Deutung und physiologischen Beurtheilung grössere Schwierigkeiten bereitet, als irgend ein anderes Organ dieses Thierstammes. Ursprünglich wurde dasselbe als Herz, später als Niere, neuerdings als eine centrale Lymphdrüse betrachtet, deren Aufgabe hauptsächlich in der Production von Blutzellen besteht. Die neueste neutrale Bezeichnung: Axial-Organ, ist desshalb unrichtig, weil dasselbe niemals in der wirklichen Hauptaxe des Körpers liegt, sondern stets neben derselben, in demjenigen Interradius, welcher den primären Steincanal einschliesst. Gewöhnlich (— und ursprünglich! —) sind diese beiden anliegenden Organe (Hydroductus und Paraxon-Drüse) in einer besonderen Nebenkammer des Coeloms eingeschlossen, in dem sogenannten Axensinus („Sackcanal, Schlauchcanal, Hydrophor-Sack"); auch dieser letztere liegt nicht in der Hauptaxe des Körpers selbst, sondern neben derselben und wird daher richtiger als Paraxon-Sinus bezeichnet (S. 415).

Die Paraxon-Drüse und der sie umschliessende Paraxon-Sinus fehlen den *Holothurien*, und wahrscheinlich auch den fossilen *Amphorideen* und *Cystoideen* — also jenen drei älteren Classen, welche wir in dem Cladom der Monorchonien vereinigt haben. Dagegen sind sie allgemein vorhanden bei allen übrigen Echinodermen, den Pentorchonien. Schon hierdurch wird es wahrscheinlich, dass eine bestimmte Beziehung der beiden Paraxon-Organe (Drüse und Sinus) zu der pentaradialen Gonadenbildung der *Pentorchonien* besteht. Nach unserer eigenen Auffassung ist die Paraxon-Drüse der sterile Central-Theil der pentaradialen Gonade, deren fünf distale

Aeste (oder Astpaare) die Geschlechtsdrüsen der Pentorchonien liefern. Dieser sterile Stamm der fünfästigen Gonade hat sich durch Arbeitswechsel zu einer plastidogenen Lymphdrüse (oder auch zugleich zu einer excretorischen Niere) entwickelt. Natürlich fehlt daher die Paraxadenia den *Holothurien* (— wie allen Monorchonien —), weil dieselbe hier einem Theile der monomeren Gonade selbst entspricht.

Bei allen Pentorchonien ist die Paraxon-Drüse ein unpaarer gestreckter Schlauch, welcher ursprünglich dem interradialen (primären) Hydroductus anliegt; er wird durch ein Mesenterium mit der Wand des Paraxon-Sinus verbunden, welcher diese beiden paraxialen Organe umschliesst. Stets communicirt die Höhlung des Drüsenschlauchs an einer (oder an mehreren) Stellen mit der Coelom-Höhle, von welcher aus er entstanden ist. Immer geht der Drüsenschlauch an einem der beiden Pole in einen pentagonalen Genitalring über, welcher in einem entsprechenden Genital-Sinus (Fortsetzung des Paraxon-Sinus) eingeschlossen ist, und von dessen fünf Ecken fünf radiale Genitalstränge entspringen. Die fünf Classen der Pentorchonien zeigen aber hierin wesentliche Differenzen; bei den Pygocincten (*Echinideen*, *Ophiodeen* und *Asterideen*) ist es der aborale (apicale) Pol, dagegen bei den Orocincten (*Crinoideen* und *Blastoideen*) der orale (ambulacrale) Pol der Paraxon-Drüse, welcher den pentaradialen Genital-Ring liefert. Daher liegen auch die Gonaden bei den drei ersteren Classen um den After herum, in der aboralen Körperhälfte; bei den zwei letzteren Classen hingegen um den Mund herum, in der ambulacralen Körperhälfte.

Die Paraxon-Drüse der *Pygocincten* erfüllt den grössten Theil des Paraxon-Sinus, aus dessen Wand (— und zwar aus der dem Steincanal anliegenden Wand —) sie sich entwickelt. Ihr Epitel gehört dem Coelom-Epitel an und setzt sich (wenigstens in der Jugend) direct auf dieses einerseits fort, und anderseits auf das „Keim-Epitel“ des Genitalringes und der fünf interradialen, von ihm ausgehenden Genitalstränge.

Die *Crinoideen* dagegen (— und wahrscheinlich auch die fossilen *Blastoideen* —) weichen von den übrigen Pentorchonien nicht allein durch den Bau der Paraxon-Drüse und ihr Verhältniss zu den Gonaden ab, sondern auch in anderen Beziehungen. Das drüsige Dorsalorgan oder der Genital-Stolo der Crinoideen verläuft zwar auch hier subvertical neben der Kelchaxe; es schwillt aber in der Mitte seines Verlaufs spindelförmig an und bildet einen Complex von vielen anastomosirenden Drüsen-Canälen. Unten (am Apical-Pol) geht der Paraxon-Schlauch in das sogenannte „Gekammerte Organ“ über oder den pentaradialen Cameral-Sinus, einen Enterocoel-Raum, welcher sich in den

Stiel der Crinoideen fortsetzt. Oben dagegen, am Oral-Pol, setzt sich der Genital-Stolo in den oralen Genital-Ring fort, aus dessen Ecken die 5 perradialen Gonaden-Bäume entspringen.

§ 235. Genital-System (Gonaden) der Echinodermen.

Die Geschlechts-Organe der Echinodermen zeichnen sich durch grosse Einfachheit der Bildung aus; sie bestehen ausschliesslich aus den Geschlechtsdrüsen (*Gonades*) und aus deren Ausführgängen, den Geschlechtsleitern (*Gonoductus*). Anhangsdrüsen aller Art, wie sie in so grosser Mannichfaltigkeit bei den Würmern vorkommen, accessorische Einrichtungen zur Hüllenbildung, Dotterbildung, Aufbewahrung der Eier u. s. w. fehlen vollständig; ebenso Copulations-Organe. Die beiderlei Geschlechts-Producte werden einfach nach aussen entleert, und die Befruchtung findet frei im Meere statt (— ausgenommen einige wenige besondere Fälle von Brutpflege und von Viviparie, besonders bei Tiefsee-Bewohnern —).

Geschlechtstrennung (*Gonochorismus*) ist bei den Sternthieren die allgemeine Regel und vielleicht als das ursprüngliche Verhältniss zu betrachten. Nur in einzelnen wenigen Gattungen verschiedener Gruppen hat sich daraus secundär Zwitterbildung entwickelt, in Folge der Anpassung an besondere Lebensweise. Dieser *Hermaphroditismus* findet sich nur bei einigen Ophiodeen (— den viviparen *Amphiuren* —) und bei einzelnen Holothurien aus den Familien der *Molpadiden* und *Synaptiden*. In diesem Falle entstehen in den Follikeln einer und derselben Gonade neben einander Eizellen und Spermazellen. Aeusserliche Unterschiede beider Geschlechter sind in der Regel nicht bemerkbar; ebenso auch nicht an den Gonaden selbst. Bisweilen sind letztere an der Farbe zu unterscheiden, indem die Spermarien heller (weisslich), die Ovarien dunkler (gelblich oder röthlich) gefärbt sind. Wichtigere Unterschiede zeigen dagegen die Gonaden mit Beziehung auf ihre Lage, Zahl und Anordnung, in den beiden Hauptabtheilungen des Stammes, den niederen *Monorchonien* und den höheren *Pentorchonien*.

I. **Monorchonia** (oder *Anactinogonidiata*). Dieses ältere und niedere Subphylum der Echinodermen besitzt nur ein einziges Gonaden-Paar, welches symmetrisch im dorsalen Interradius gelegen ist. Bei den Holothurien, den einzigen lebenden Vertretern dieses Cladoms, erscheint die Gonade meist als eine büschelförmige, aus verästelten Schläuchen zusammengesetzte Drüse, deren einfacher Ausführgang in dem dorsalen Mesenterium eingeschlossen ist. Dieser unpaare, dem dorsalen Interradius entsprechende Geschlechtsgang (*Gonoductus*) öffnet sich vorn durch eine einfache Geschlechtsöffnung (*Gonoporus* oder *Gonopyle*); nicht selten erhebt sich diese in Form einer Genitalpapille, die meistens hinter dem Tentakelkranz liegt. Bei vielen Holothurien (*Elasipoden*), deren einfacher Hydroporus in der Haut sich öffnet, liegt der Genitalporus unmittelbar hinter diesem Wasserporus. Bei den meisten Holothurien sind die paarigen Gonaden symmetrisch entwickelt; die beiden Büschel sind gleich gross, hängen rechts und links vom Mesenterium herab und vereinigen sich an ihrer (oft erweiterten) Basis in dem gemeinsamen Ausführgange. Bei einem Theile der Holothurien (mehreren *Elpididen* und *Aspidochiroten*) ist die rechte Gonade rückgebildet und nur die linke entwickelt (ähnlich wie bei Vögeln und Monotremen). Ebenso wie bei den *Holothurien*, wird die einfache Gonaden-Bildung auch bei den übrigen Monorchonien (den *Cystoideen* und *Amphorideen*) gewesen sein; nur dürfte dieselbe noch einfachere Verhältnisse gezeigt haben: der Gonoductus kürzer, die Gonaden einfache Schläuche oder wenig verästelt (bei den ältesten *Amphorideen* einfache Coelomtaschen). Der Gonoporus liegt auch in diesen beiden Classen hinter dem Munde, zwischen ihm und dem ventralen After.

II. **Pentorchonia** (oder *Actinogonidiata*). Dieses zweite, jüngere und höhere Subphylum der Echinodermen zeigt complicirtere Verhältnisse in der Bildung der Geschlechtsorgane. Allgemein sind hier ursprünglich fünf Gonaden (— oder Gonaden-Paare —) angelegt, deren Basis an den fünf Ecken eines Genital-Ringes (*Gonocircus*) befestigt ist. Dieser letztere hängt stets mit einem Pole der unpaaren Paraxondrüse, bezüglich des primären Genital-Stranges (Rhachis) zusammen. Der Paraxon-Sinus, welcher die letztere umschliesst, setzt sich auch auf den Genital-Ring fort (als pentagonaler „Sinus genitalis"). Mithin hat sich bei allen *Pentorchonien* die pentaradiale Multiplication der Organe auch auf die Gonaden erstreckt, während dies bei den *Monorchonien* nicht der Fall ist.

Die fünf Classen der *Pentorchonien* zeigen aber weiterhin zwei sehr wesentliche, bisher nicht genügend betonte Verschiedenheiten in der Gonaden-Bildung; wir haben sie daraufhin in die zwei Cladome der *Orocincta* und *Pygocincta* getrennt (1895). Bei den Pygocincten (*Echinideen, Ophiodeen* und *Asterideen*) entsteht der Genitalring durch Auswachsen am apicalen oder aboralen Pole des paraxonen Genital-Stammes, bei den Orocincten (*Crinoideen* und *Blastoideen*) dagegen durch Auswachsen desselben am ambulacralen oder oralen Pole. Daher liegen die Gonaden, welche aus den 5 Ecken des Genitalringes centrifugal hervorsprossen, bei den ersteren drei Classen auf der apicalen oder antiambulacralen Seite, bei den letzteren zwei Classen auf der oralen oder ambulacralen Seite. Ein weiterer wichtiger Unterschied beider Cladome besteht darin, dass die 5 Genital-Stolonen (oder Hauptäste), die von den 5 Ecken des Ringes ausgehen, bei den *Pygocincten* interradial liegen, bei den *Orocincten* dagegen perradial. Dieser Gegensatz ist (neben manchen anderen) bezeichnend für die frühzeitige Divergenz beider Cladome.

Die besondere Entwickelung der fünf Geschlechtsdrüsen ist ebenfalls für die einzelnen Classen der Pentorchonien characteristisch. Die 5 interradialen Genitalstränge der Asterideen spalten sich (— ähnlich wie die Armdärme —) schon an der Basis, am Ursprung aus dem periproctalen Gonocircus, in je 2 Aeste; jeder von diesen 10 Aesten löst sich in eine büschelförmige Geschlechtsdrüse auf. Diese 10 Gonaden liegen entweder noch im Coelom des Astrodiscus (paarweise symmetrisch zu beiden Seiten der 5 interradialen Septen); oder sie wachsen von hier aus centrifugal in die Armhöhle hinein. Bei einem Theile der jüngeren und am meisten decentralisirten Asterideen zerfällt dann jede der 10 langgestreckten Geschlechtsdrüsen in eine Reihe von Büscheln, und jedes Gonaden-Büschel bildet sich seine besondere Oeffnung in der Hautdecke des Armes. Bei *Luidia* u. A. sind die Büschelpaare regelmässig auf die Armsegmente oder Wirbel vertheilt.

Die Ophiodeen zeigen dieselbe Anlage der Geschlechtsorgane wie die Asterideen. Aber der enge und einfache Genitalring, der bei letzteren den After umgiebt, gewinnt bei letzteren einen eigenthümlichen undulirenden Verlauf. 5 weitere perradiale Bogen bleiben oberhalb der Armbasen liegen; dazwischen steigen 5 engere einspringende Bogen nach abwärts und innen. Die letzteren spalten sich in je zwei Aeste, aus denen eine Reihe von kleinen Geschlechtsbeuteln hervorsprosst. Diese münden nicht direct nach aussen, wie bei den Asterideen, sondern sie öffnen sich in jene 10 Bursae oder Athemhöhlen, welche bei den Ophiodeen um den Magen herum liegen. Die 10 adradialen Bursalspalten, durch welche die Athemhöhlen aussen auf der oralen Scheibenwand münden, dienen zugleich zum Austritt der Geschlechtsproducte (vergl. § 231).

Die Echinideen besitzen zwar dieselbe ursprüngliche Anlage des Genital-Systems wie die Ophiodeen und Asterideen. Aber die Verbindung des apicalen Genitalringes mit den 5 interradialen Geschlechtstrauben geht frühzeitig verloren. Auch schliesst sich der apicale Ringsinus vollkommen ab und setzt sich nicht auf die Gonaden fort. Die 5 ansehnlichen Geschlechtsdrüsen liegen frei im Apical-Theile des Metacoels und münden durch die 5 interradialen Basalplatten; eine von diesen Genitalplatten ist zugleich die Madreporenplatte. Diese Gonade ist wahrscheinlich die primäre (der den Monorchonien entsprechende), während die vier anderen erst secundär aus dem periproctalen Genitalring hervorgesprosst sind. Bei vielen bilateralen Echinideen wird die Fünfzahl der Gonaden reducirt, indem die unpaare hintere verschwindet; einige Spatangiden verlieren auch noch eine oder beide vordere Gonaden.

Das Genital-System der Blastoideen ist nur unvollkommen bekannt. Auf der Oralfläche des Kelches liegen zu beiden Seiten der 5 Ambulacren 10 adradiale Spalten, welche den Bursal-Spalten der *Ophiodeen* verglichen werden; gleich diesen dienten sie als *Gonopylen* zur Entleerung der Geschlechts-Producte, vielleicht auch zugleich als Athemlöcher (*Spiracula*). Sie führen in 5 Paar adradiale Reihen von verkalkten Taschen (Hydrospirae), welche man den *Bursae* der Ophiodeen vergleicht, und welche vielleicht die Gonaden enthielten. Da aber die Paraxondrüse und der Genitalring der fossilen Blastoideen nicht bekannt sind, lässt sich nichts Gewisses darüber aussagen (vergl. § 252 und § 263).

Die Crinoideen entfernen sich in der Genitalbildung am weitesten von allen übrigen Echinodermen. Der vielverzweigte Baum der pentaradialen Geschlechtsorgane bildet hier die Sexualzellen nicht im centralen *Astrodiscus*, sondern in den peripheren *Astrolenen*. 5 sterile perradiale Genitalstränge gehen von den 5 Ecken des Genitalrings aus, welcher hier um den Mund herum, am Oralpol der Paraxondrüse liegt. Die Aeste der ersteren folgen allen Verzweigungen der Arme, an deren ventraler (ambulacraler) Seite sie liegen; und erst in den jüngsten Aestchen, an der Innenseite der Pinnulae, entwickeln sich die Eizellen und Spermazellen.

§ 236. Erste Classe der Echinodermen:

Amphoridea. Urnensterne.

Gemeinsame Stammgruppe aller Echinodermen. Monorchonien ohne Anthodium (ursprünglich frei beweglich, mit Spicular-Skelet, später sessil, mit Platten-Panzer), ohne Arme, ohne Ambulacren und Subvectoren.

Echinodermen mit einfachen Gonaden, ohne Paraxon-Drüse, ohne Ambulacren und Subvectoren, ohne Stern-Arme. Körper kapselförmig, ursprünglich bilateral mit horizontaler Hauptaxe, frei beweglich, später monaxon mit verticaler Hauptaxe, festsitzend. Mund am Oral-Pol, central (wahrscheinlich stets von Tentakeln umgeben); After aboral oder excentrisch, meistens mit Klappen-Pyramide. Zwischen beiden Darm-Oeffnungen meistens eine einfache ventrale Oeffnung (Gonoporus).

Ambulacral-System auf den Hydrocircus, den Hydroductus und die Tentakel-Canäle beschränkt. Skelet meistens ein irregulärer Platten-Panzer, bei den ältesten Formen ein Stückel-Skelet im Corium.

Die Classe der Amphorideen oder Urnensterne umfasst die gemeinsamen ältesten Stammformen aller Echinodermen, sowie eine Anzahl von palaeozoischen Formen, die schon in cambrischer und silurischer Zeit mannichfach differenzirt waren. Bisher wurden dieselben zu den *Cystoideen* gestellt, da man ihren wichtigsten Character, den gänzlichen Mangel des Anthodiums, völlig übersehen hatte. Durch die Abwesenheit dieser characteristischen „Ambulacral-Rosette" unterscheiden sie sich von allen übrigen Echinodermen, die wir ihnen als Anthodiaten gegenüberstellen. Dieser Unterschied scheint uns die grösste Bedeutung zu besitzen. Denn wir können daraus schliessen, dass das Ambulacral-System der Amphorideen noch auf jener primitiven Bildungsstufe sich befand, welche uns die bedeutungsvolle palingenetische Pentactula-Larve in der Ontogenese aller lebenden Anthodiaten übereinstimmend noch heute vor Augen führt. Das ganze Ambulacral-System der Amphorideen beschränkte sich demnach auf folgende drei primäre Bestandtheile: 1) einen Hydrocircus oder Wassergefäss-Ring, der den Mund umgab (— vielleicht war bei den ältesten *Amphoralien* dieser Ring noch nicht einmal hinten geschlossen, sondern hatte noch die Form des offenen, „hufeisenförmigen" Hydrocoel-Bogens —); 2) einen Hydroductus oder einfachen Steincanal, welcher innen in den Hydrocircus, aussen auf der Tegument-Fläche mündete (wie bei *Elasipoden* und anderen primitiven Holothurien); 3) Tentakel-Canäle, welche vom Hydrocircus in die hohlen Mundfühler hineingingen (wie bei den *Synaptonien*), und zwar ein Paar bei den *Amphoraeiden* und *Anomocystiden*, 3—5 oder mehr bei den übrigen Amphorideen. Dagegen fehlten noch sämmtlichen Amphorideen die typischen Principal-Canäle, d. h. jene wichtigen perradialen „Wassergefäss-Stämme", welche bei sämmtlichen *Anthodiaten* vom Hydrocircus centrifugal abgehen und in der Wand der Theca verlaufen. Mit diesen sind aber unzertrennlich die Subvectoren oder die thecalen „Zufuhr-Rinnen" verknüpft, die oberhalb der Principal-Canäle im Tegument verlaufen, sowie die zwischen beiden gelegenen „Radial-Nerven". Alle diese wichtigen Bildungen, welche zusammen das echte Anthodium constituiren, fehlten noch den Amphorideen; diese älteste Echinodermen-Classe — ohne Ambulacren! — blieb also thatsächlich noch auf jener *Pentactaea*-Stufe stehen, welche alle übrigen Sternthiere, die *Anthodiaten*, in der Ontogenese auf der *Pentactula*-Stufe vorübergehend durchlaufen.

Die Classe der Amphorideen ist schon im cambrischen Systeme durch mehrere und sehr verschiedenartige Gattungen vertreten. Ihre Blüthe erreicht sie in der Unter-Silur-Zeit, sowohl in Nord-America als in Nord-Europa (Scandinavien, Russland) und Mittel-Europa (England, Böhmen). Im Ober-Silur und Devon finden sich nur noch wenige Amphorideen vor, und im Carbon scheint die Classe bereits ausgestorben zu sein.

§ 237. Skelet der Amphorideen.

Die vier Familien, welche wir in der Classe der Amphorideen unterscheiden, zeigen in der Skelet-Bildung als wichtigsten gemeinsamen Character den gänzlichen Mangel des Ambulacral-Skelets; im Uebrigen verhalten sie sich wesentlich verschieden.

I. Das Skelet der Eocystida, der hypothetischen ältesten Stammgruppe, bildete noch keinen zusammenhängenden starren Platten-Panzer, sondern einen beweglichen „Leder-Panzer"; zahlreiche kleine Kalk-Stückel (Stäbchen, dreistrahlige und vierstrahlige Spicula, Gitter-Plättchen u. dgl.) waren im Bindegewebe des Coriums ohne Zusammenhang zerstreut, wie bei den Holothurien. Wir dürfen vermuthen, dass die quantitative und qualitative Ausbildung dieses Spicular-Skelets während der cambrischen und praecambrischen Periode (— vielleicht auch noch später —) eine lange Reihe von Abstufungen und Variationen zeigte, ähnlich wie bei den nächstverwandten Holothurien.

II. Das Skelet der Anomocystida (oder *Pleurocystida*) zeichnet sich durch die Ausbildung eines ganz eigenthümlichen festen Hautpanzers aus und entfernt sich weit von demjenigen aller übrigen Echinodermen. Der Platten-Panzer dieser bilateralen Familie zeigt keine Spur von Radial-Structur, hat vielmehr die grösste äussere Aehnlichkeit mit den getäfelten Hautpanzern von niederen Crustaceen, von Panzer-Ganoiden und Schildkröten. Die zahlreichen, wohl erhaltenen fossilen Abdrücke dieser cambrischen und silurischen Echinodermen zeigen einen bilateral-symmetrischen, plattgedrückten Körper, dessen Umriss meistens eiförmig, seltener dreieckig oder viereckig ist. Das convexe Rückenschild und das concave oder plane Bauchschild scheinen durch einen dehnbaren marginalen Gürtel verbunden zu sein. Die Zusammensetzung des Panzers aus zahlreichen dünnen Kalktafeln ist ursprünglich oben und unten gleichartig (*Placocystida*), später oft sehr verschieden. Bald ist dann der Rücken-Panzer aus vielen kleinen und der Bauch-Panzer aus wenigen grossen Tafeln zusammengesetzt (*Atelocystida*), bald findet das Umgekehrte statt (*Pleurocystida*). Als skeletale Anhänge der Panzer-Kapsel finden sich bei vielen Anomocystiden vorn am Munde ein Paar Brachiolen, hinten am After ein Schwanz oder „Stiel"; wahrscheinlich kamen diese Appendikel sämmtlichen Mitgliedern der Familie zu. Die beiden Brachiolen oder Mundarme sehen den gegliederten Antennen der Arthropoden ähnlich und stehen zu beiden Seiten des ventralen Mundes am vorderen Rande des dorsalen Schildes; nur in einer Gattung (*Pleurocystis*), wo sie besonders stark entwickelt sind, scheinen sie die characteristische Structur der Arme von Cystoideen oder Crinoideen zu besitzen. Der terminale Schwanz-Anhang hat viel Aehnlichkeit mit dem gegliederten Schwanze von gewissen Crustaceen und Rotatorien; er wird gewöhnlich als „Stiel" beschrieben und dem Kapsel-Stiel der Cystoideen gleich gesetzt; es scheint aber eher, dass er als wirklicher Schwanz fungirte und als Locomotions-Organ des frei beweglichen Thieres thätig war. Wir halten es für möglich, dass die Anomocystiden noch keine echten (— von *Amphoraea* abstammenden —) Echinodermen waren, sondern ein älterer Zweig jener Vermalien-Gruppe, aus welcher sich die Stammformen der Letzteren nach einer anderen Richtung hin entwickelt haben (*Astrelminthes*).

III. Das Skelet der Aristocystida gleicht demjenigen der meisten *Cystoideen*, unterscheidet sich aber wesentlich von ihm durch den gänzlichen Mangel des Ambulacral-Skelets. Die monaxone Theca ist meistens eiförmig oder birnförmig, mit einem Platten-Panzer bedeckt, dessen zahlreiche polygonale Tafeln keinerlei bestimmte Anordnung besitzen. Jedoch zeigt sich in den beiden Subfamilien dieser artenreichen Familie insofern ein Unterschied, als bei den *Pirocystida* die Zahl der kleinen Täfelchen sehr gross und ihre Form meist ganz unregelmässig ist; bei den *Orocystida* hingegen sind die Tafeln viel weniger zahlreich, dafür aber grösser und oft ziemlich regelmässig hexagonal. Auch besitzen die Tafeln der Orocystiden gewöhnlich Poren-Rauten, die der Pirocystiden nicht.

IV. Das Skelet der Palaeocystida gleicht demjenigen der Aristocystiden und bildet einen monaxonen Platten-Panzer, dessen zahlreiche polygonale Tafeln ohne bestimmte Ordnung zusammengesetzt sind. Der einzige Unterschied beider Familien besteht darin, dass die Mundfühler bei den *Aristocystiden* weich bleiben; bei den *Palaeocystiden* dagegen ein gegliedertes Skelet entwickeln und dadurch zu Mundarmen oder Brachiolen werden. Die Zahl derselben beträgt bei den *Arachnocystiden* 3 oder 4, bei den *Echinosphaeriden* 5, bei den *Acanthocystiden* 15—25 oder mehr. Von den echten Sternarmen der ähnlichen Crinoideen unterscheiden sich diese Mundarme durch den Mangel der Olenocoele und Subvectoren.

§ 238. Malacom der Amphorideen.

Da uns von dieser palaeozoischen Echinodermen-Classe nur die fossilen Skelet-Reste bekannt sind, können wir uns über den einstigen Bau ihres Weichkörpers nur indirecte Kenntniss durch Schlüsse erwerben, welche wir theils aus der Lage und Bildung ihrer Thecal-Ostien, theils aus der vergleichenden Anatomie und Ontogenie der übrigen Echinodermen ziehen. Dabei ist von grösster Wichtigkeit die Vergleichung mit den Holothurien, da diese die einzigen *Monorchonien* unter den lebenden Echinodermen sind, und da sie in wichtigen Beziehungen sowohl mit den *Amphorideen* als mit den *Cystoideen* übereinstimmen. Da wir in unserer Abhandlung über „Amphorideen und Cystoideen“ (1896) diese Verhältnisse ausführlich besprochen haben, beschränken wir uns hier auf eine kurze Aufzählung der dort erzielten Ansichten: 1) das Tegument-System der Amphorideen bestand aus einer dünnen Epidermis (einer einfachen Zellenschicht des Exoderms) und einem dicken Corium (der bindegewebigen Platte des Mesenchyms, welche das Skelet erzeugte). 2) Das Subvectiv-System beschränkte sich auf die Flimmer-Rinnen an der Ventral-Seite der Mund-Tentakeln, welche die Nahrung direct dem Munde zuführten; Subvectoren oder perradiale „Ambulacral-Rinnen“ auf der Theca waren noch nicht vorhanden. 3) Ebenso beschränkte sich das Ambulacral-System auf den circoralen Wassergefäss-Ring, auf die Tentakel-Canäle, welche von diesem Hydrocircus in die Tentakeln gingen, und auf einen einfachen Hydroductus, einen im Dorsal-Mesenterium eingeschlossenen „Steincanal“, welcher den Ringcanal mit der Oberfläche verband; die äussere Oeffnung desselben, der Hydroporus, scheint gewöhnlich mit dem Gonoporus vereinigt zu sein. Echte Principal-Canäle, d. h. perradiale Wassergefässe, welche vom Hydrocircus centrifugal an die Theca gingen, waren noch nicht entwickelt. 4) Das Nerven-System hatte dem entsprechend eine ganz primitive Beschaffenheit und eine ganz oberflächliche Lage in der Epidermis; es bestand wahrscheinlich aus einem circoralen Nervenring und aus Tentakel-Nerven, welche von diesem Mundring an die Tentakeln gingen; perradiale Nervenstränge in der Theca waren noch nicht vorhanden. (Die älteren, bilateralen Amphorideen besassen vielleicht ein Paar laterale Nervenbänder, als Erbstück von den Helminthen-Ahnen.) 5) Als Sinnes-Organe (und zugleich als Subvectiv-Organe) werden wohl bei sämmtlichen Amphorideen bewegliche Circoral-Tentakeln fungirt haben: ein Paar laterale bei den *Amphoralien*, ein Kranz von 3—5 oder mehr Radial-Tentakeln bei den *Amphoronien*; unter den letzteren blieben sie weich bei den *Aristocystiden*, dagegen entwickelten sie sich durch Verkalkung zu Brachiolen bei den *Palaeocystiden*. Die hohlen Tentakeln waren vermuthlich innen und aussen von Flimmer-Epitel überzogen, wie bei den Bryozoen; ihre Höhlung communicirte wohl ursprünglich direct mit den paarigen Hydrocoel-Schläuchen, später mit dem durch ihre Verbindung entstandenen Hydrocircus. 6) Das Muskel-System bestand bei den ältesten Amphorideen, den *Eocystiden* (mit Stückel-Skelet), wahrscheinlich noch aus den beiden Schichten des subcutanen Muskelschlauches, der von den Würmer-Ahnen geerbt war, einer äusseren Ringmuskelschicht und einer inneren Längsmuskel-Schicht; später, als sich ein fester Platten-Panzer entwickelte, werden dieselben theils reducirt, theils differenzirt worden sein. 7) Das Darm-System hatte stets zwei Oeffnungen, den centralen Mund und den excentrischen After; das Darmrohr selbst wird wahrscheinlich so einfach gewesen sein, wie bei den Holothurien und wie bei allen Echinodermen-Larven; es war durch ein dorsales Mesenterium an der Theca befestigt. Bei den meisten Amphorideen werden wohl die drei primitiven Darm-Abschnitte sich gesondert haben, die wir bei den Astrolarven finden: I. der exodermale Schlund, II. der entodermale Mitteldarm (Magen) und III. der entodermale Enddarm, dessen After-Oeffnung dem Urmunde der Gastrula entsprach. 8) Das Coelom-System wird wahrscheinlich noch die primitive Einfachheit der Bildung besessen haben wie bei den enterocoelen Wurmthieren, und ebenso das Blutgefäss-System; von letzterem waren ausser den irregulären Lacunen im Bindegewebe vermuthlich zwei Darmgefässe ausgebildet, ein dorsales und ein ventrales. Die beiden Coelom-Taschen waren wohl unten (ventral) vereinigt, oben (dorsal) durch das Mesenterium getrennt. 9) Die Gonaden werden bei den *Amphorideen* dieselbe Bildung besessen haben, die wir noch heute bei den meisten *Holothurien* finden: ein Paar einfache oder verästelte Genital-Schläuche, die durch das Dorsal-Mesenterium getrennt waren; in diesem verlief ihr gemeinsamer Ausführ-Gang und mündete aussen durch den einfachen Gonoporus (zwischen Mund und After).

§ 239. Classification der Amphorideen.

Die Unterschiede in der Skeletbildung der Amphorideen, welche wir vorstehend kurz characterisirt haben, dienen auch in erster Linie zur Unterscheidung ihrer vier Ordnungen. Dabei ist sowohl die Zusammensetzung des Platten-Panzers selbst von Bedeutung, als auch die bilaterale oder monaxone Gesammtform der Theca, welche mit derselben in Correlation steht. In letzterer Beziehung kann man die vier Ordnungen paarweise in zwei Legionen oder Subclassen zusammenstellen, den *Amphoralien* und *Amphoronien.* Die ältere Legion der Amphoralia hatte noch die freie Ortsbewegung der Helminthen-Ahnen ganz oder theilweise beibehalten, und in Zusammenhang damit die ursprüngliche bilateral-symmetrische Grundform der Theca. Die ältesten Formen derselben, die *Eocystida,* welche wir als die ursprünglichste Stammgruppe aller echten Echinodermen auffassen, besassen noch das primitive Stückel-Skelet, das die Holothurien von ihnen geerbt haben. Die *Anomocystida* hingegen hatten bereits einen vollständigen Platten-Panzer gebildet.

Die zweite Legion der Amphorideen, die Amphoronien, waren bereits zu festsitzender Lebensweise übergegangen und hatten dem entsprechend die *bilaterale* Grundform der Theca in die *monaxone* verwandelt. Zugleich deutet die Entwickelung des radialen Tentakel-Kranzes die Anlage des pentaradialen Körper-Baues an, der dann zunächst im Anthodium der Cystoideen zur Ausbildung gelangte. Bei den älteren *Aristocystiden* blieben die Tentakeln weich und skeletlos, wie bei ihren Eocystiden-Ahnen. Bei den jüngeren *Palaeocystiden* verwandelten sie sich durch partielle Verkalkung in Brachiolen. (Auch in den beweglichen Mundfühlern der Holothurien wird vielfach eine ansehnliche Menge von Kalk-Stückeln abgelagert.)

Die *Amphorideen* beider Subclassen oder Legionen können noch nicht in dem Sinne als Strahlthiere (*Radiata*) betrachtet werden, wie die übrigen Echinodermen. Denn bei diesen *Anthodiaten* wird die Radial-Structur in erster Linie durch das (triradiale oder pentaradiale) Anthodium der Theca bedingt, welches den Amphorideen noch ganz fehlt. Der circorale Tentakel-Kranz dieser letzteren stempelt sie ebensowenig zu *Radiaten,* wie die ähnlichen Bryozoen (*Loxosoma, Stelmatopoda*) und Rotatorien (*Stephanoceros* mit pentanemalem Fühler-Kranz, *Pentactaea* ähnlich!).

(§ 240 auf S. 430.)

§ 241. Zweite Classe der Echinodermen:

Thuroidea (= Holothuria). Gurkensterne.

Holothurioidea. Scytodermata. Scytactinota. Seegurken. Seewalzen.

Armlose freibewegliche Monorchonien, mit horizontaler Hauptaxe, mit lockerem Spicular-Skelet, ohne Plattenpanzer, mit geschlossenen Subvectoren.

Echinodermen mit einfachen Gonaden, ohne Paraxondrüse, ohne gegliederte Stern-Arme. Körper schlauchförmig, frei beweglich, sehr

§ 240. System der Amphorideen.

Subclassen (oder Legionen)	Ordnungen (oder Familien)	Familien-Character	Familien (oder Subfamilien)
Amphoralia (= *Amphoridea bilateralia* = Archamphoria). Theca bilateral, mehr oder weniger dorso-ventral differenzirt. Rücken-Seite der Theca von der Bauchseite verschieden. Am Aboral-Pol ist die Theca meistens mit einem Schwanz-Anhang versehen, frei (selten aufgewachsen?)	I. **Eocystida** (= *Amphorocystida*). Theca bilateral, mit Leder-Panzer und Stückel-Skelet. Peristom ohne Brachiolen	Peristom bilateral, mit ein Paar oder drei Mundfühlern	1. **Amphoraeida** ⊙ *Amphoraea* ⊙ *Eocystis* ⊙
		Peristom radial, mit 5 oder mehr Mundfühlern	2. **Pentactaeida** ⊙ *Pentactaea* ⊙ *Lapillocystis* ?
	II. **Anomocystida** (= *Pleurocystida*). Theca bilateral, stark dorsoventral deprimirt, mit Platten-Panzer. Peristom mit ein Paar lateralen Brachiolen	Dorsal- und Ventral-Panzer wenig in der Täfelung verschieden	3. **Placocystida** *Trochocystis* *Placocystis*
		Dorsal-Panzer mit vielen kleinen, Ventral-Panzer mit wenigen grossen Platten	4. **Atelocystida** *Anomocystis* *Atelocystis*
		Dorsal-Panzer mit wenigen grossen, Ventral-Panzer mit vielen kleinen Platten	5. **Pleurocystida** *Mitrocystis* *Pleurocystis*
Amphoronia (= *Amphoridea radialia* = Cystamphoria). Theca monaxon, meistens birnförmig oder eiförmig, oft fast kugelig. Rücken- und Bauch-Seite der Theca nicht verschieden. Am Aboral-Pol ist die Theca unten meistens aufgewachsen, mit einem Stiel versehen, selten frei.	III. **Aristocystida** (= *Caryocystida*). Theca monaxon, nicht dorso-ventral deprimirt, mit Platten-Panzer. Peristom nicht radial, ohne Brachiolen	Platten-Panzer irregulär, aus sehr zahlreichen, kleinen, polygonalen Tafeln zusammengesetzt, meist ohne Poren-Rauten	6. **Pirocystida** *Aristocystis* *Pirocystis*
		Platten-Panzer subregulär, aus einer mässigen Zahl von grossen, meist hexagonalen Tafeln zusammengesetzt, mit Poren-Rauten	7. **Orocystida** *Orocystis* *Caryocystis*
	IV. **Palaeocystida** (= *Echinosphaerida*) Theca monaxon, nicht dorso-ventral deprimirt, mit Platten-Panzer. Peristom radial, mit einem Kranz von 3—5 oder mehr Brachiolen	Brachiolen-Kranz mit 3 oder 4 Mundarmen	8. **Arachnocystida** *Arachnocystis* *Comarocystis*
		Brachiolen-Kranz mit 5 Mundarmen	9. **Echinosphaerida** *Echinosphaera* *Palaeocystis*
		Brachiolen-Kranz mit zahlreichen (15 bis 25) Mundarmen	10. **Acanthocystida** *Acanthocystis* *Archaeocystis*

contractil, mit verlängerter horizontaler Hauptaxe. Mund vorn, After hinten. Mund mit Tentakel-Kranz. Darm einfach, schlauchförmig, mit pharyngalem Kalkring, meistens am Enddarm mit ein Paar Proctal-Kiemen. Anthodium complet, mit 5 geschlossenen Epineural-Canälen. Ambulacra meistens mit Füsschen, welche in 5 perradialen Meridian-Reihen über den ganzen Körper laufen, vom Oral-Pol bis zum Anal-Pol (Füsschen bisweilen rückgebildet). Hydroporus ursprünglich einfach, ein Rückenporus, der direct durch einen Steincanal zum Ringcanal führt; secundär vielfach modificirt. Hautskelet ganz primitiv, aus kleinen (meist mikroskopischen) Kalkplättchen gebildet, welche ohne Ordnung in der dicken Lederhaut zerstreut sind; unter letzterer liegt ein starker Hautmuskelschlauch.

Die Classe der Holothurien oder *Thuroideen* enthält die ältesten und primitivsten Formen unter den lebenden Echinodermen; die einzigen Sternthiere der Gegenwart, welche die ursprüngliche einfache Gonadenbildung bewahrt haben und noch keine Paraxondrüse besitzen. Aber auch in anderen wichtigen Beziehungen weichen sie auffallend von den übrigen Echinodermen ab und zeigen Eigenthümlichkeiten, welche sie auf den ersten Blick erkennen lassen. Als solche fällt zunächst schon die Verlängerung der Hauptaxe auf und die dadurch bedingte Haltung und Ortsbewegung des Astrozoon. Bei allen anderen Echinodermen steht die Hauptaxe vertical, und der Mund liegt ursprünglich an einem Pole derselben (oben bei den festsitzenden, unten bei den frei beweglichen Classen). Bei den Holothurien allein liegt die Hauptaxe horizontal, so dass der Mund bei dem frei kriechenden Thiere nach vorn gerichtet ist, der After nach hinten. In Folge dessen ist auch die Hauptaxe im Laufe der Zeit immer länger geworden, so dass die allgemeine Grundform des Körpers aus einer fast kugeligen (oder birnenförmigen) in eine gestreckt-cylindrische oder fünfseitig-prismatische, bisweilen nahezu blattartige übergegangen ist. Die beiden anderen Richtungen des Körpers sind daher fast immer viel kürzer als die senkrecht sie schneidende Längen- oder Hauptaxe; und da der Körper meistens in dorso-ventraler Richtung deprimirt erscheint, ist die verticale Höhenaxe oder Sagittal-Axe gewöhnlich bedeutend kürzer als die horizontale Breitenaxe oder Lateral-axe. Durch diese Verhältnisse ist zugleich die bilaterale Symmetrie des Astrozoon bei den Holothurien schärfer ausgedrückt als bei den meisten übrigen Echinodermen; auch bei der Minorität, deren Körper äusserlich pentaradial erscheint (z. B. Cucumariden), lässt sich bei genauer Betrachtung sofort durch die Lage mehrerer Organe die Median-Ebene erkennen, durch welche das Astrozoon in ein Paar Antimeren oder spiegelgleiche Hälften geschieden wird; gewöhnlich ist die rechte Körperhälfte von der linken nur sehr wenig verschieden, weniger als bei den übrigen Echinodermen.

Herediv-Charactere der Thuroideen. Als alte, ursprüngliche Merkmale der Organisation, welche die Holothurien von ihren praecambrischen Vorfahren, den *Amphorideen*, direct erhalten und durch zähe Vererbung bis heute bewahrt haben, betrachten wir: I. Die primitive Tegumentbildung; das dicke Corium, bald gallertig-weich, bald lederartig-zäh oder selbst knorpelig-hart, bildet niemals ein festes Tafel-Skelet, sondern enthält nur ein lockeres Spicular-Skelet, bestehend aus zahlreichen einzelnen (meist mikroskopisch kleinen) Kalkkörperchen, ohne bestimmte Anordnung. II. Die subcutane Musculatur, bestehend aus einer äusseren Ring- und einer inneren Längs-Muskelschicht (letztere gewöhnlich in 5 perradiale Bänder-Paare zerfallen). III. Die constante Ausbildung des oralen Tentakel-Kranzes; immer ist der Mund von radialen Fühlern umgeben (mindestens 10, höchstens 30); ihre Canäle entspringen entweder sämmtlich direct vom Ringcanal (*Paractinota*) oder von den Canälen der 5 primären Fühler, welche in aboraler Richtung die 5 perradialen Hauptcanäle abgeben und welche den Protentakeln der übrigen Echinodermen entsprechen (*Actinopoda*). IV. Die primitive Gonaden-Bildung; es sind stets nur ein Paar büschelförmige Geschlechtsdrüsen angelegt, welche oben im Dorsal-Raum des Coeloms liegen, zu beiden Seiten des dorsalen Mesenteriums; beide Drüsen münden in eine gemeinsame Gonobasis, eine Höhle im Dorsal-Mesenterium, von welcher der unpaare, in diesem eingeschlossene Gonoductus abgeht; dieser öffnet sich in der Mittellinie des dorsalen Interradius durch einen Gonoporus (bisweilen ist die rechte Gonade rückgebildet, bloss die linke entwickelt). V. Der gänzliche Mangel der Paraxondrüse, des pentaradialen Genitalstranges und des Genital-Sinus, die mit diesem verbunden sind; in diesem primitiven Merkmal stellen sich die Holothurien als echte Monorchonien allen übrigen Echinodermen der Gegenwart (als Pentorchonien) gegenüber; sie haben jene ursprüngliche bilaterale Genital-Bildung bewahrt, die wir auch bei den nächstverwandten *Cystoideen* und bei der gemeinsamen Stammgruppe der Amphorideen annehmen müssen (vergl. §§ 234, 235).

Adaptiv-Charactere der Thuroideen. Als eigenthümliche Merkmale dieser Classe, welche durch Anpassung an die besondere Lebensweise derselben erworben wurden, betrachten wir vor Allem I. ihre characteristische Körperform und Körperhaltung mit Verlängerung der horizontalen Hauptaxe und kriechender Ortsbewegung auf einem *Trivium*. Dieser besondere Character der Classe, der sie allen anderen Echinodermen gegenüberstellt, erklärt sich einfach durch die Annahme, dass ihre hypothetische Stammform (*Protholothuria*) nach erfolgter Ablösung von der festsitzenden Ahnenform sich auf eine Seite legte und daran gewöhnte auf derselben zu kriechen (ähnlich wie die unter-silurische *Ascocystis*, § 242). Dabei wurde die verticale Haltung der Hauptaxe in eine horizontale gedreht, der nach oben gerichtete Mund wurde zum vorderen Pol, der excentrische ventrale After trat an den hinteren Pol. II. Durch fortgesetzte Gewöhnung, nur die Ambulacren einer Seite zum Kriechen zu benutzen, die gegenüberstehenden, nach oben gekehrten nicht, wurde jene untere Seite zur flachen ventralen Kriechsohle, diese obere zur gewölbten Dorsalfläche; je weiter sich dieser Gegensatz ausbildete, desto auffallender wurde auch äusserlich die bilaterale Symmetrie des pentaradialen Astrozoon. III. Diese letztere prägte sich bei der Mehrzahl der Holothurien darin aus, dass die ventrale Kriechsohle zum Trivium wurde, mit drei parallel laufenden Ambulacren (einem unpaaren medio-ventralen und zwei paarigen ventro-lateralen); die gewölbte Dorsal-Decke dagegen bildete sich zum Bivium aus, mit zwei paarigen (dorso-lateralen) Ambulacren. Die Ambuletten des Trivium sind meistens zu locomotorischen Saugfüsschen ausgebildet, diejenigen des Bivium zu sensorischen Papillen (oder auch rudimentär). *Bivium* und *Trivium* der Holothurien sind dieser Classe eigenthümlich und wesentlich verschieden von den ebenso benannten Körpergegenden anderer Echinodermen (z. B. der bilateralen Seeigel). IV. Ein besonderes Adaptiv-Organ der Holothurien ist der cylindrische Kalkring, welcher ihren Schlund umgiebt und gewöhnlich von 10 Kalkplatten gebildet wird. Wir nehmen an, dass derselbe erst in dieser Classe entstanden und mit ähnlichen Bildungen anderer Echinodermen (z. B. der Laterne der Echinideen) nicht zu vergleichen ist. V. Eigenthümliche Respirations-Organe der Holothurien sind die Proctal-Kiemen, welche bei der grossen Mehrzahl derselben als ein Paar baumförmige Drüsen aus dem Enddarm entspringen; sie fehlen den übrigen Echinodermen (vgl. § 231).

§ 242. Skelet der Holothurien.

Die lebenden Holothurien der Gegenwart entbehren zum grössten Theile des reich entwickelten und zusammenhängenden Kalk-Skelets, welches die übrigen Echinodermen auszeichnet; daher sind auch fossile Reste nur selten in Spuren erhalten. Jedoch zeichnet sich die Dendrochiroten-Familie der Psoliden (*Psolus, Lepidopsolus*) durch einen dorsalen Schuppen-Panzer aus, welcher demjenigen mancher *Amphorideen* und *Cystoideen* gleicht; würden sich die Psoliden versteinert vorfinden (was wohl möglich wäre), so könnte man sie für Amphorideen halten (*Aristocystiden, Palaeocystiden*), um so eher, als auch Mund- und After-Oeffnung von einer Klappen-Pyramide bedeckt sind, wie bei diesen letzteren.

Die merkwürdige unter-silurische, als Cystoidee betrachtete *Ascocystis* ist vielleicht eine Uebergangsform von den Cystoideen (Fungocystiden) zu den Holothurien oder gehört selbst zur Stammgruppe der letzteren. Der fünfseitig-prismatische Körper von *Ascocystis* (in der Jugend kurz gestielt, im Alter frei) gleicht ganz einer *Cucumaria*, deren Peristom einen Kranz von 25 verkalkten Mundfühlern trägt. Leider gestatten ihre fossilen Abdrücke keinen bestimmten Schluss auf die Bildung ihres Platten-Panzers, dessen Structur sehr eigenthümlich zu sein scheint. Bei den meisten lebenden Holothurien ist das Tegument dick, bald gallertig-weich, bald lederartig-zähe. Das Corium enthält stets Massen von kleinen (meist mikroskopischen) Kalkkörperchen von sehr zierlicher und oft für die Gattung characteristischer Form. Nur bei der pelagisch lebenden *Pelagothuria* sind dieselben ganz verschwunden. Unter der Lederhaut liegt stets ein sehr kräftiger Muskelschlauch, an welchem eine äussere Ringmuskelschicht und eine innere Längsmuskelschicht zu unterscheiden ist; letztere ist stets viel kräftiger. Die 5 perradialen Längsmuskeln sind bald einfach, bald durch den Principal-Canal in je 2 parallele Bänder getheilt.

§ 243. Malacom der Holothurien.

Darmsystem. Der Darmcanal der Holothurien ist meistens ein einfacher cylindrischer Schlauch, 3—4 mal so lang als der Körper und in eine longitudinale Spiralwindung zusammengelegt. Der vordere absteigende Schenkel ist an der Leibeswand durch ein medianes Dorsal-Mesenterium befestigt (in dem Interradius des Rückens); der mittlere aufsteigende Schenkel durch ein dorso-laterales linkes Gekröse, und der hintere absteigende Schenkel durch ein ventro-laterales linkes Mesenterium. Der Mund, der stets vom Fühlerkranze umgeben ist, führt in einen musculösen Schlund, welchen der characteristische Kalkring schützend umgiebt; dieser besteht meistens aus 10 alternirenden, parrallel stehenden Platten, 5 grösseren und älteren perradialen, 5 kleineren und jüngeren interradialen. Bisweilen fehlen die letzteren; in anderen Fällen ist ihre Zahl vermehrt, entsprechend der Zahl der Tentakeln (bei den Synaptiden). Bei den Dendrochiroten, wo der Schlund eingestülpt werden kann, befestigen sich die Rückziehmuskeln an den 5 Perradial-Platten des Kalkringes.

Der Enddarm der Holothurien (*Procton*) ist bei der Mehrzahl erweitert und nimmt (als „Kloake") die Einmündung von ein Paar grossen, baumförmig verästelten Drüsen auf, den Proctal-Kiemen (unpassend sogenannten „Wasserlungen"). Diese umfangreichen, dünnwandigen Schläuche breiten sich in einem grossen Theil der Leibeshöhle mit ihren blinden (oft ampullenförmigen) Endästen aus und dienen zur Athmung, indem beständig Wasser durch den After in sie aufgenommen und wieder abgegeben wird. Die Proctalkiemen fehlen den *Synaptonien* und *Pelagothurien*, sowie den meisten *Elasipoden*; doch besitzen einige von Letzteren (die *Elpidien*) an ihrer Stelle einen grossen einfachen Blindsack der Kloake. Wahrscheinlich liegt hier Rückbildung vor; denn die bilaterale (nicht pentaradiale) Anlage der paarigen Proctal-Kiemen rechtfertigt die Vermuthung, dass sie sehr alte Organe sind und schon den *Archithurien*, den Stammformen der ganzen Classe, zukamen.

Genital-System. Die Holothurien sind unter den lebenden Echinodermen der Gegenwart die einzigen *Monorchonien*; ihr Gonaden-Paar ist von sehr einfacher Bildung und mündet durch einen unpaaren Gonoporus in der interradialen Median-Linie des Rückens. Daher fehlt ihnen auch die Paraxon-Drüse, der Paraxon-Sinus und der ringförmige Genital-Sinus — kurz alle jene Theile des Paraxon-Complexes, welche die übrigen lebenden Echinodermen — die *Pentorchonien* — auszeichnen. (Vergl. das Nähere in § 234 und § 235.)

Ambulacral-System. Das Wassergefäss-System ist bei den Holothurien zwar nach demselben allgemeinen Typus entwickelt, wie bei allen übrigen Echinodermen, zeigt aber sowohl in seinen centralen als in seinen peripheren Theilen mancherlei eigenthümliche Umbildungen und namentlich Rückbildungen, welche bei den übrigen Classen nicht vorkommen. Zum Theil sind seine Einrichtungen auch sehr primitiver Natur, ähnlich wie sie bei den fossilen *Cystoideen* und *Amphorideen* vorauszusetzen sind. Letzteres gilt namentlich für die starke Entwickelung des circoralen Fühlerkranzes, der hier eine grössere Rolle spielt, als bei allen Pentorchonien. Dagegen sind die fünf Principal-Canäle bisweilen rückgebildet und die Füsschen in mehreren Familien ganz verschwunden.

Ringcanal (*Hydrocircus*) und Steincanal (*Hydroductus*). Der ambulacrale Ringcanal umgiebt bei den Holothurien nicht unmittelbar den Mund, sondern den Aboraltheil des musculösen Schlundes; er liegt hier hinter dem cylindrischen, den Schlund umfassenden Kalkring, welcher gewöhnlich aus 10 Platten zusammengesetzt ist (5 grösseren perradialen und 5 kleineren interradialen). Bei der grossen Mehrzahl der Holothurien ist an diesem Wassergefäss-Ring nur ein einziger Steincanal befestigt (oben, im dorsalen Interradius) und ihm gegenüber an der Bauchseite eine einzige Poli'sche Blase (im linken ventralen Interradius). Nur in einigen wenigen Gruppen ist die Zahl der Steincanäle und der Poli'schen Blasen secundär vermehrt. Das ursprüngliche Verhältniss des Steincanals, das wir auch bei der Stammgruppe, den hypothetischen *Archithurien*, voraussetzen müssen, ist heute nur noch bei *Pelagothuria* vorhanden und bei einem Theile der Elasipoden (*Elpidia*, *Kolga*, *Benthodytes* u. A.). Hier liegt der einfache Steincanal eingeschlossen im Dorsal-Mesenterium und mündet durch ein einfaches Loch in der Rückenhaut nach aussen; diese Oeffnung (Hydroporus) liegt hinter dem Munde in dem medio-dorsalen Interradius, unmittelbar vor der einfachen Geschlechtsöffnung; beide Oeffnungen sind bisweilen von einer gemeinsamen Scheide eingeschlossen. Bei anderen Elasipoden schliesst sich die äussere Oeffnung des Steincanals, und sein äusseres, kolbenförmig angeschwollenes Endstück, obwohl noch in Zusammenhang mit dem Tegument, bildet sich unterhalb desselben mehrere kleine Oeffnungen, welche direct in die Leibeshöhle gehen. Dieser kolbenförmige poröse „innere Madreporit" löst sich bei der grossen Mehrzahl der Holothurien vollständig von der Hautdecke ab und hängt dann frei in die Leibeshöhle hinein; er ist durch den stielförmigen Steincanal am Ringcanal befestigt.

Radial-Canäle. Alle Holothurien (— ohne Ausnahme —) besitzen ursprünglich 5 Principal-Canäle oder perradiale Wassergefässe, welche vom Mundringgefäss abgehen und in den Perradien des Körpers gegen den Analpol hinziehen, wo sie blind endigen. In denjenigen Ordnungen, welche die Füsschen verloren haben (*Synaptonien* und *Molpadonien*), können auch die 5 Hauptcanäle späterhin theilweise oder ganz rückgebildet werden; in der Jugend sind sie stets vorhanden. Ebenso können bei denjenigen *Elasipoden*, bei denen die beiden dorsalen Ambulacren (— oder auch zugleich das ventro-mediane Ambulacrum —) verloren gegangen sind, die betreffenden Perradial-Canäle reducirt werden oder ganz verschwinden; und dasselbe scheint auch bei einigen *Psoliden* (unter den Dendrochiroten) stattzufinden.

Ambuletten-Canäle. Die äusseren Anhänge des Ambulacral-Systems, welche wir unter dem Begriffe der *Ambuletten* zusammenfassen (Oral-Tentakeln, Füsschen und Ambulacral-Papillen), verhalten sich zwar im Allgemeinen homolog denjenigen der übrigen Echinodermen, zeigen aber bezüglich ihres Ursprungs eine zweifach verschiedene Anordnung. Diese erscheint für ihre Phylogenie und Systematik so bedeutungsvoll, dass man darauf hin neuerdings die ganze Classe in zwei Hauptgruppen getheilt hat, die Subclassen oder Legionen der *Paractinoten* und *Actinopoden*. Zu den Paractinoten (— oder *Paractinopoden* —) gehören unter den lebenden Holothurien nur die *Synaptonien* (und wahrscheinlich auch die *Pelagothurien*). Da ihre 5 Hauptcanäle rückgebildet und die Füsschen verschwunden sind, beschränken sich ihre Ambuletten auf den Kranz von Mundfühlern, welcher den Mund umgiebt, und die Canäle dieser 10—30 Oral-Tentakeln entspringen sämmtlich direct aus dem Ringcanal. Die Actinopoden hingegen (oder *Actinoten*) — alle lebenden Holothurien mit Ausnahme der Synaptonien (und Pelagothurien?) — entsenden vom Mundringe stets nur 5 perradiale Hauptcanäle, und von diesen sollen nach der jetzt herrschenden Ansicht die Canäle sämmtlicher Ambuletten entspringen, sowohl der Oral-Tentakeln, als der Saugfüsschen und der Ambulacral-Papillen; die Mundfühler würden danach nur die modificirten ersten Füsschen sein und ihre Hohlräume die ersten Füsschen-Canäle.

Wir können diese jetzt gültige Deutung der anatomischen Hydrocanal-Verhältnisse nicht theilen. Wie wir oben ausgeführt haben, betrachten wir auf Grund der Pentactaea-Theorie den Kranz der Mundfühler als die älteste Ambuletten-Gruppe und nehmen an, dass die 5 perradialen Haupt-Canäle mit den Füsschen erst secundär als basale Ausläufer in aboraler Richtung aus den 5 Primär-Tentakeln hervorgewachsen sind (vergl. § 228). Die Canäle der Oral-Tentakeln, welche unmittelbar aus dem Ringcanal entspringen, von diesem nach vorn gegen den Mund verlaufen und sich direct in die Mundfühler fortsetzen, sind phylogenetisch älter und morphologisch wichtiger, als die 5 perradialen Canäle des Perisoms, welche die Canal-Aestchen für die Füsschen und Papillen abgeben. Denn diese Principal-Canäle entspringen erst secundär als dünne Seitenäste aus den 5 primären Fühler-Canälen, in der Nähe der Mundöffnung, biegen sofort nach aussen und rückwärts um und verlaufen dann nach hinten unter der Lederhaut, nach innen vom Radial-Nerven gelegen. Von besonderer Bedeutung für die richtige Beurtheilung dieser Verhältnisse ist dasjenige Stück der Mundfühler-Canäle, welches zwischen ihrem Ursprung vom Ringcanal und dem Abgang der 5 Principal-Canäle liegt. Dieses Proximal-Stück, welches wir kurz Basal-Canal nennen wollen, ist nach unserer Ansicht identisch mit den Canälen der 5 Primär-Tentakeln, welche bei der Pentactula aller Echinodermen zuerst aus dem convexen Rande der Hydrocoel-Sichel hervorsprossen (§ 205). Die 5 perradialen Basal-Canäle sind nach unserer Ansicht die Proximal-Stücke der 5 primären Oral-Tentakeln, welche secundär die 5 Principal-Canäle als Seitenäste abgegeben haben; dagegen sind die 5 Basal-Canäle nach der jetzt herrschenden Ansicht die Proximal-Stücke der 5 Principal-Canäle, welche secundär die Canäle der Oral-Tentakeln als Seitenäste (als „erste Füsschen") abgegeben haben. Dieser Auffassung steht die Bildung des Anthodiums bei den ältesten Cystideen gegenüber; sie zeigen deutlich, wie die beginnenden Ambulacral-Rinnen (und also auch die darin gelegenen Perradial-Canäle) sich von der Basis der vorher existirenden Oral-Tentakeln aus allmählich in centrifugaler Richtung entwickelt haben.

Oral-Tentakeln. Diese ältesten Ambuletten der Holothurien sind gewöhnlich in der Zahl von 10—20 vorhanden; selten steigt dieselbe bis 30. Ursprünglich treten bei den *Actinopoden* (in dem *Pentactula*-Stadium) nur 5 primäre Tentakeln auf, welche denjenigen der anderen Echinodermen entsprechen; aus ihrem Basal-Stück sprossen die 5 Hauptcanäle hervor; erst nachher entwickeln sich aus dem Proximal-Theil der letzteren die übrigen Mundfühler. Bei den *Paractinoten* hingegen (Synaptonien) wachsen aus dem Ringcanal der Astrolarve alsbald zwischen den 5 primären 5 secundäre Mundfühler hervor, und die 5 Principal-Canäle scheinen von der Basis der letzteren abzugehen; wir betrachten diesen Unterschied als Folgen einer Cenogenie, die entweder durch Verschiebung der Ursprungsstellen vom Ringcanal bedingt ist, oder vielleicht durch heterotope Einschiebung von alternirenden Tentakeln oder durch deren heterochrones Wachsthum. Die starke Entwickelung des oralen Fühlerkranzes bei allen Holothurien gehört zu den besonderen Merkmalen dieser Classe; auch die verschiedene Gestalt derselben ist für die einzelnen Ordnungen characteristisch: sie sind einfach schlauchförmig bei *Pelagothurien* und *Molpadonien*, wahrscheinlich auch bei der ausgestorbenen Stammgruppe der *Archithurien*; gefiedert sind die Oral-Tentakeln bei den *Synaptonien*, baumförmig bei den *Dendrochiroten*, schildförmig bei den *Elasipoden* und *Aspidochiroten*.

Pedicellen und Papillen. Ambulacral-Füsschen fehlen ganz bei den Synaptonien, Pelagothurien und Molpadonien; sie sind hier in Folge von Rückbildung verloren gegangen. Bei den übrigen Holothurien sind die Saugfüsschen selten in allen 5 Ambulacren gleichmässig entwickelt (z. B. *Cucumariden*); gewöhnlich sind die drei ventralen Ambulacren (Trivium) verschieden von den beiden dorsalen (Bivium); jene tragen locomotorische Saugfüsschen, diese dagegen sensorische Ambulacral-Papillen.

§ 244. Classification der Holothurien.

Das dermale Kalkskelet, dessen mannichfaltige Differenzirung in den übrigen bekannten Classen der Echinodermen die wichtigste Grundlage der systematischen Eintheilung bildet, kann bei den Holothurien wegen seiner primitiven Einfachheit dafür entweder gar nicht oder nur in untergeordnetem Maasse benutzt werden, zur Characteristik kleiner Formengruppen. Um so wichtiger sind hier für die Unterscheidung der Ordnungen und Familien die Verhältnisse des Ambulacral-Systems, seines Ringcanals, der 5 Perradial-Canäle und der Ambuletten (Fühler, Füsschen, Papillen u. s. w.) Von letzteren sind die Mundfühler allgemein vorhanden, dagegen die eigentlichen (von den 5 Radialcanälen abgehenden) Füsschen nur bei dem grösseren Theile; man unterschied daher früher als zwei Hauptgruppen: I. Füsschentragende (*Pedata*, *Eupodia*) mit den Familien der *Aspidochirota*, *Dendrochirota* und der erst neuerdings entdeckten Tiefsee-Familie der *Elasipoda*; — und II. Füsschenlose (*Epedata*, *Apodia*), mit den Familien der *Molpadida* (Pneumonophora) und *Synaptida* (Apneumona). Indessen hat sich neuerdings ergeben, dass die Synaptiden auch in anderen Beziehungen von den übrigen Holothurien abweichen, namentlich im Verhalten des Fühlerkranzes zum Ringcanal. Man hat daher die Paractinota (= *Synaptida*) den sämmtlichen anderen Holothurien (den Actinopoda) gegenüber gestellt. Wir erweitern die Gruppe der Paractinoten, indem wir ausser den Synaptiden auch noch die *Pelagothurien* und die hypothetische Stammgruppe der *Archithurien* dahin rechnen.

I. Subclasse: **Paractinota** (= *Paractinopoda*): Holothurien mit polynemalem Hydrocircus. Die Canäle der (10—30) Oral-Tentakeln entspringen sämmtlich direct vom Wassergefäss-Ring. Wir betrachten aus den oben angeführten Gründen dieses Verhalten als ein ursprüngliches und setzen dasselbe bei der gemeinsamen Stammgruppe der ganzen Classe voraus, den hypothetischen Archithurien; die 5 perradialen Hauptcanäle entsprangen bei diesen aus den 5 Primärtentakeln an der Grenze von Basal-Canal und Fühlerschlauch (oder Höhle der freien Fühler). Die überwiegende Ausbildung des oralen Fühlerkranzes müssen wir bei den *Paractinoten*, gleichwie den *Cystoideen*, als ein sehr altes und ursprüngliches Verhältniss betrachten (vgl. § 228). Erst secundär entwickelten sich aus den 5 Protentakeln die 5 radialen Hauptcanäle. Diese sind unter den lebenden Vertretern der Paractinoten entweder noch in der Jugend vorhanden (*Synaptonien*) oder dauernd (*Nectothurien*), obgleich in diesen beiden Ordnungen die Füsschen gänzlich verloren gegangen sind. Dagegen müssen wir die Existenz von 5 Ambulacren mit Füsschenreihen voraussetzen bei den ältesten gemeinsamen Stammformen der ganzen Classe, den hypothetischen (silurischen) *Archithurien*.

I. Ordnung: **Archithuriae**: hypothetische gemeinsame Stammgruppe aller Holothurien. Paractinoten mit 5 oder 10 (— später vielleicht mehr? —) einfachen Mundfühlern (ohne Ampullen), deren Canäle alle direct aus dem Ringcanal entspringen. Aus dem Basalcanal der 5 primären Fühler gehen die 5 perradialen Canäle ab, welche sich am Munde nach hinten umbiegen und gegen den terminalen After verlaufen; sie geben Zweige für die Füsschen ab, welche in allen 5 Ambulacren gleichmässig entwickelt waren; der Gegensatz von ventralem Trivium und dorsalem Bivium war bei den ältesten pentaradialen Holothurien noch nicht ausgebildet. Diese regulär-pentaradiale Form finden wir an dem fünfseitig-prismatischen Körper der unter-silurischen *Ascocystis*, welche vielleicht eine *Archithurie* mit 25 Mundfühlern und mit gut entwickeltem Hautskelet war (vergl. § 242). Der Steincanal verlief bei diesen ältesten Holothurien im Dorsal-Mesenterium, vom Ringcanal gegen die Medianlinie des Rückens und mündete hier unmittelbar vor der einfachen Genitalöffnung nach aussen. Der einfache Gonoductus war mit dem davor gelegenen Hydroductus in eine gemeinsame Connectivscheide eingeschlossen, wie es bei Pelagothuria der Fall ist. Die beiden Gonaden waren rechts und links vom Mesenterium gleichmässig entwickelt, der Kalkring bestand wahrscheinlich aus 10 Stücken, 5 grösseren perradialen und 5 kleineren interradialen. Ob Proctalkiemen in dieser ältesten Ordnung bereits entwickelt waren, ist zweifelhaft. Wahrscheinlich spaltete sich die Stammgruppe der *Archithurien* schon frühzeitig in zwei divergente Hauptäste, aus denen die beiden modernen Hauptstämme der Classe hervorgingen: Aspidochirota mit einfachen Fühlern, deren Ende schildförmig wurde, und Dendrochirota, deren Fühler sich verästelten. Als alte Nebenäste der ersteren könnte man die *Elasipoden* betrachten, der letzteren die *Molpadonien*. Noch früher hatten sich aber vom Grundstamme wahrscheinlich die *Synaptonien* abgezweigt.

II. Ordnung: **Synaptonia** (= *Synaptida* im weiteren Sinne). Uralter, aber einseitig specialisirter Seitenzweig des Stammes. Paractinoten ohne

Füsschen und ohne Proctalkiemen, mit (10—30) gefiederten Fühlern (ohne Ampullen). Die Canäle aller Fühler entspringen direct aus dem Ringcanal. Die rudimentären 5 perradialen Hauptcanäle (— welche in der Jugend bis zum Aboral-Pol laufen —) gehen von dem Basalcanal der ursprünglichen 5 Protentakeln ab, welche in der Astrolarve (Pentactula) von *Synapta* reducirt oder verlagert sind (?). Diese Bildung des polynemalen Hydrocircus ist wahrscheinlich ganz primitiv, ebenso der Hermaphroditismus. Dass die Füsschen durch Rückbildung verschwunden sind, beweist das vorübergehende Auftreten der 5 Principal-Canäle. In anderen Beziehungen erscheinen die Synaptonien einseitig entwickelt und specialisirt, so namentlich darin, dass die Zahl der Steincanäle häufig bedeutend vermehrt ist, ebenso wie die Zahl der Platten im Kalkring. Ob der Mangel der Proctal-Kiemen auf Rückbildung beruht, ist unsicher. Als zwei Familien der Synaptonien betrachten wir die *Trochodotiden* und die eigentlichen *Synaptiden*; bei ersteren sind die Kalkkörperchen der Haut (alle oder theilweise) Rädchen, bei letzteren Stäbchen oder Anker.

III. Ordnung: **Nectothuriae.** Familie: *Pelagothurida.* Pelagische Paractinoten, deren Körper durch Anpassung an schwimmende Lebensweise ganz eigenthümlich umgebildet ist. Am Oral-Pol breitet sich der cylindrische Körper in eine kreisrunde, dünnhäutige Scheibe aus, von deren Rande 13—16 mächtige, schlank-kegelförmige Perradial-Tentakeln ausgehen; am Grunde derselben sitzen, unmittelbar um den Mund herum, ebenso viele kleine innere Tentakeln, deren Ende gabelspaltig ist. Die dünne, muculöse Mundscheibe, welche als Schwimmorgan (Umbrella-ähnlich?) fungirt, verbindet die Basaltheile der grossen äusseren Tentakeln gleich einer Schwimmhaut. Die Canäle der inneren und äusseren Tentakeln entspringen gemeinsam aus dem Ringcanal und geben an ihrer Basis 5 perradiale Canäle ab, welche in der Körperwand unverästelt verlaufen. Füsschen und Ambulacral-Papillen fehlen, ebenso Proctal-Kiemen. Ein Paar traubenförmige Gonaden liegen zu beiden Seiten des dorsalen Mesenteriums; in diesem steigt der Genitalgang zum Rücken empor und unmittelbar vor ihm der einfache Steincanal, der durch einen Rückenporus mündet. Diese und andere Verhältnisse sind ganz primitive; dagegen beruht der Mangel der Füsschen sicher auf Rückbildung, und ebenso der gänzliche Mangel der Kalktheile sowohl in der Haut, als im Inneren; auch der Kalkring am Schlunde fehlt, den alle Holothurien besitzen. Wir betrachten diese merkwürdigen pelagischen (erst 1893 entdeckten) *Pelagothurien* als einen aberanten, durch Anpassung an Plancton-Leben veränderten Zweig der *Paractinoten*; nach der bisherigen Ansicht wären sie Actinopoden, die von Elasipoden abstammen; unsere „grossen äusseren Tentakeln" sollen ausgewachsene Ampullen der kleinen inneren Mundfühler sein (?).

II. Subclasse: **Actinopoda** (oder *Actinota* ss. str.). Holothurien mit pentanemalem Hydrocircus. Nur die Canäle der 5 Primär-Tentakeln entspringen direct vom Ringgefäss; aus ihrem Basalstück gehen die 5 perradialen Hauptcanäle ab, welche sich nach hinten umbiegen und bis zum After fortsetzen. Die übrigen Oral-Tentakeln entspringen aus dem Proximal-Theil der ersteren. Diese Subclasse, die wir direct von den *Architthurien* ableiten, umfasst die grosse Mehrzahl der Classe; sie scheint sich schon an der Basis in zwei divergente Stämme gespalten zu haben, die *Dendrochiroten* mit baumförmigen Fühlern, und die *Aspidochiroten* mit schildförmigen Fühlern; als ältere Gruppen haben sich wahrscheinlich von ersteren die *Molpadonien* abgezweigt, von letzteren die *Elasipoden*.

IV. Ordnung: **Dendrochirota.** Actinopoden mit (10—30) baumförmigen, meist stark verzweigten Mundfühlern, die keine deutlichen Ampullen besitzen. Der Fühlerkranz kann durch starke Rückziehmuskeln eingestülpt werden. Füsschen gut entwickelt. Ein Paar baumförmige Proctal-Kiemen sind stets vorhanden. Ein Paar Gonaden zu beiden Seiten des Mesenteriums entwickelt. Der Steincanal ist bisweilen mehrfach. Wir unterscheiden in dieser formenreichen Ordnung drei Familien: 1) Cucumarida (*Thyone*, *Actinocucumis*): die 5 Ambulacren sind gleichmässig entwickelt, Rücken und Bauch wenig verschieden, keine flache ventrale Kriechsohle. 2) Psolida: die 5 Ambulacren stark differenzirt, Bauch und Rücken sehr verschieden, das ventrale Trivium trägt allein Saugfüsschen und bildet eine flache Kriechsohle, das dorsale Bivium trägt Ambulacral-Papillen (*Colochirus*) oder Kalkschuppen (*Psolus*). 3) Rhopalodinida, mit der einzigen, sehr abweichenden Art *Rhopalodina lageniformis*; der dorsale Interradius ist atrophisch und ganz verkürzt, der ventrale mediane Perradius sehr verlängert; in Folge dessen Mund und After nahe zusammengerückt, am Ende eines stielförmigen Halses.

V. Ordnung: **Molpadonia.** Actinopoden mit (meistens 15) einfach schlauchförmigen Fühlern, mit Ampullen (bisweilen sind die Fühler am Ende gefingert, mit einigen Nebenästen). Füsschen und Ambulacralpapillen fehlen. Ein Paar baumförmige Proctal-Kiemen vorhanden, ebenso ein Paar Gonaden zu beiden Seiten des Mesenteriums. Der Kalkring besteht immer aus 10 Stücken (5 perradialen und 5 interradialen). Der Steincanal ist stets einfach, oft am dorsalen Tegument befestigt. Wir betrachten die Molpadonien als einen alten Seitenast des Dendrochiroten-Stammes, der in den meisten Beziehungen ursprünglichere Verhältnisse bewahrt hat, als die modernen Vertreter des letzteren; aber die Füsschen sind durch Rückbildung verloren gegangen, wie bei den Synaptonien. Rückziehmuskeln sind vorhanden bei den *Molpadiden*; sie fehlen den *Caudiniden*.

VI. Ordnung: **Elasipoda.** Actinopoden mit (10, 15 oder 20) schildförmigen Fühlern, ohne Ampullen. Füsschen stark differenzirt, auf der flachen Bauchseite (Kriechsohle), selten in allen 3 Ambulacren des Trivium gleichmässig entwickelt, meist nur in den beiden lateralen. Ambulacral-Papillen auf der gewölbten Rückenfläche meist in 2 Reihen (Bivium). Steincanal stets einfach, oft noch durch den primären Rücken-Porus im Tegument geöffnet. Proctal-Kiemen und Rückziehmuskeln fehlen. Gonaden bisweilen nur links entwickelt, rechts rückgebildet. Wir betrachten diese eigenthümliche, erst neuerdings entdeckte Ordnung von Tiefsee-Holothurien als einen alten Nebenzweig des Aspidochiroten-Stammes, der durch Anpassung an das abyssale Leben eigenthümlich specialisirt ist und die Baumkiemen verloren hat. In manchen Beziehungen (Steincanal mit einfacher äusserer Dorsal-Oeffnung) haben sich primitive Einrichtungen erhalten. Die 3 Familien der Ordnung unterscheiden sich besonders durch die

§ 245. System der Thuroideen.

Subclassen	Ordnungen	Character	Familien
I. Erste Subclasse der Holothurien: **Paractinota** (= *Paractinopoda*). Hydrocircus polynemal. Canäle der Oral-Tentakeln (10—30) entspringen alle vom Wassergefäss-Ring.	I. **Archithuriae** ⊙ Füsschen vorhanden. Fühler schlauchförmig ohne Ampullen. Baumkiemen vorhanden?	Fühler einfach (Stamm der Aspidothurien)	1. Protholothurida ⊙ (*Protholothuria*)
		Fühler verästelt (Stamm der Dendrothurien)	2. Palaeothurida ⊙ (*Palaeothuria*)
	II. **Synaptonia** Füsschen fehlen. Fühler gefiedert, ohne deutliche Ampullen. Baumkiemen fehlen	Dermale Kalkkörper Stäbchen oder Anker (niemals Rädchen)	3. Synaptida *Synapta* *Anapta*
		Dermale Kalkkörper (alle oder theilweis) Rädchen	4. Trochodotida *Chirodota* *Trochodota*
	III. **Nectothuriae** Füsschen fehlen. Fühler in zwei Kränzen. Die äusseren zu einer grossen runden Schwimmscheibe verwachsen. Baumkiemen fehlen	Dermale Kalkkörper und Kalkring des Schlundes sind ganz verschwunden	5. Pelagothurida *Pelagothuria* (*natatrix*)
II. Zweite Subclasse der Holothurien: **Actinopoda** (= *Actinota*). Hydrocircus pentanemal. Canäle der Oral-Tentakeln (10—30) entspringen von den 5 perradialen Canälen der 5 Primär-Tentakeln, welche auch die 5 Haupt-Wasser-Gefässe nach hinten aus dem Basal-Canal abgeben. ——— II A. (Ordo IV, V). **Dendrothuriae** Fühler einfach oder verästelt, ohne Terminal-Schild II B. (Ordo VI, VII). **Aspidothuriae** Fühler mit einem Terminal-Schild	IV. **Dendrochirota** Füsschen entwickelt. Fühler baumförmig, ohne deutliche Ampullen. Baumkiemen vorhanden	Bauch keine flache Kriechsohle	6. Cucumarida *Cucumaria* *Actinocucumis*
		Bauch eine flache Kriechsohle	7. Psolida *Psolus* *Lepidopsolus*
		Bauch flaschenförmig ausgedehnt, Mund neben dem After	8. Rhopalodinida *Rhopalodina* (*lageniformis*)
	V. **Molpadonia** Füsschen verloren. Fühler schlauchförmig, mit Ampullen. Baumkiemen vorhanden	Rückziehmuskeln vorhanden; Tentakeln einziehbar	9. Molpadida *Molpadia*
		Rückziehmuskeln fehlen; Tentakeln nicht einziehbar	10. Caudinida *Caudina* *Ancyroderma*
	VI. **Elasipoda** Füsschen stark differenzirt. Fühler schildförmig, ohne Ampullen. Baumkiemen fehlen	Ventrales Median-Ambulacrum entwickelt, Kalkring incomplet, reticular	11. Psychropotida *Psychropotes* *Benthodytes*
		Ventrales Median-Ambulacrum fehlt, Kalkring mit 10 Platten	12. Deimatida *Deima* *Ilyodaemon*
		Ventrales Median-Ambulacrum fehlt, Kalkring mit 5 Perradial-Platten	13. Elpidida *Elpidia* *Peniagone*
	VII. **Aspidochirota** Füsschen reich entwickelt. Fühler schildförmig, mit Ampullen. Baumkiemen vorhanden	Beide Gonaden (rechtes und linkes Büschel) entwickelt	14. Stichopoda *Stichopus* *Thelenota*
		Nur eine Gonade (links) entwickelt, rechte rückgebildet	15. Sporadipoda *Sporadipus* *Mülleria*

Zusammensetzung des Kalkringes; bei den *Deimatiden* besteht derselbe aus 10 Stücken (5 perradialen und 5 interradialen); bei den *Psychropotiden* sind die 5 Interradial-Stücke durch viele kleine Stückchen ersetzt, bei den *Elpididen* ganz verschwunden.

VII. Ordnung: **Aspidochirota.** Actinoten mit (15—30, meistens 20) schildförmigen Fühlern, deren Ampullen gut entwickelt sind. Rückziehmuskeln fehlen. Füsschen und Ambulacral-Papillen mannichfach entwickelt und vertheilt. Ein Paar baumförmige Proctal-Kiemen gut ausgebildet (die linke von einem Wundernetz umsponnen). Die beiden Gonaden sind in der Familie der Stichopoda symmetrisch entwickelt (*Stichopus*, *Thelenota*, *Pelopatides*); in der grösseren Familie der Sporadipoda ist nur die linke ausgebildet, die rechte verschwunden. Zu dieser letzten Gruppe gehört *Mülleria* (mit 5 Kalkzähnen am After), sowie die artenreichste und gemeinste aller Holothurien-Gattungen: *Halithuria* (= *Holothuria* sensu strictissimo!! = *Sporodipus* = *Trepang*).

§ 246. Dritte Classe der Echinodermen:

Cystoidea. Beutelsterne.

Armlose festsitzende Monorchonien mit starrem oder beweglichem Platten-Panzer, ventralem Anthodium und offenen (selten geschlossenen) Subvectoren.

Echinodermen mit einfachen Gonaden, ohne Paraxondrüse, ohne gegliederte Stern-Arme. Körper kapselförmig, mit verticaler Hauptaxe, meist am Scheitel festgewachsen oder gestielt. Mund oben, central; After ventral, excentrisch, mit einer Klappen-Pyramide. Zwischen beiden Darm-Oeffnungen meist eine einfache Geschlechts-Oeffnung. Anthodium sehr mannichfaltig ausgebildet; Ambulacra bald im Beginne der Entwickelung, aus 3 oder 5 kurzen, den Mund umgebenden, perradialen Rinnen bestehend, die wenige kurze Pinnuletten und Tentakeln tragen; bald verlängert, mit Reihen von Tentakeln, Saumplättchen und Pinnuletten. Hautskelet ein beweglicher Schuppenpanzer oder ein starrer Plattenpanzer, zusammengesetzt aus zahlreichen kleinen polygonalen Kalktafeln, gewöhnlich noch ohne bestimmte pentaradiale Anordnung.

Die Classe der Cystoideen („*Cystidea* oder Beutelsterne") umfasst eine wichtige Gruppe von uralten palaeozoischen Echinodermen und zwar diejenige, welche unter allen fossilen Formen der gemeinsamen Stammgruppe der *Amphorideen* am nächsten stehen. Die gepanzerten fossilen Formen dieser letzteren wurden selbst bisher zu den *Cystoideen* gestellt. Die ältesten Cystoideen finden sich schon im untersten Cambrium, in jenen Archolith-Schichten, welche überhaupt die ältesten bekannten Petrefacten enthalten. Schon im mittleren Silur scheint die Classe den Höhepunkt ihrer Blüthe zu erreichen, nimmt in der Devon-Zeit ab und ist schon gegen Ende der Carbon-Zeit ausgestorben. Diesem hohen Alter entspricht die Einfachheit ihrer morphologischen Bildung, welche sich in wichtigen Punkten an diejenige der *Amphorideen* und der *Holothurien* anschliesst; sie ist weit primitiver als bei allen *Pentorchonien.* Von den echten *Crinoideen*, mit denen man die *Cystoideen* früher wegen der festsitzenden Lebensweise vereinigte, unterscheiden sie sich sehr wesentlich durch vier wichtige Merkmale: 1) die Panzerkapsel zeigt (abgesehen von der Ambulacral-Rosette) keinen pentaradialen Skeletbau; 2) dieselbe trägt keine echten Stern-Arme (Olenae); 3) dieselbe ist daher nicht in Apical-Kapsel (Calyx) und Oral-Kapsel (Epicalyx) differenzirt; 4) die einfache Genital-Oeffnung (Gonoporus) bekundet die primitive Structur der Monorchonien; die einfachen Gonaden liegen innerhalb der Kapsel.

Das Astrozoon der *Cystoideen* zeichnet sich vor den übrigen Echinodermen schon äusserlich durch die grosse Einfachheit in der Bildung des beutelförmigen Körpers aus. Bei den älteren Formen der Classe, den *Pomocystiden* und *Fungocystiden*, gleicht die Kapsel noch derjenigen ihrer *Amphorideen*-Ahnen. Sie ist birnförmig oder nahezu kugelig, bisweilen schlauchförmig (mit verlängerter Hauptaxe) oder scheibenförmig (mit verkürzter Hauptaxe). Die verticale Principalaxe ist stets sofort erkennbar: den oberen oder actinalen Pol derselben nimmt die centrale Mundöffnung ein (Oral-Pol); am entgegengesetzten, unteren oder apicalen Pole ist der Beutel gewöhnlich festgewachsen oder in einen kurzen Stiel ausgezogen (Aboral-Pol). Diejenigen Cystoideen, deren Stiel unten zugespitzt und nicht aufgewachsen ist, dürften damit im Schlamme gesteckt haben. Mehrere Gattungen waren nur in der Jugend festgewachsen, später frei (*Protocrinus, Ascocystis* etc.).

Die bilaterale Symmetrie des triradialen oder pentaradialen Körpers ist überall erkennbar an der excentrischen Lage des Afters, der gewöhnlich durch eine Klappen-Pyramide verschlossen ist; er liegt bald oben in der Nähe des Mundes, bald weiter abwärts, bisweilen nahe der Basis. Die Bogenlinie, welche Mund und After stets verbindet, betrachten wir als die ventrale Median-Linie, und demgemäss die Ebene, welche durch diese Linie und die verticale Hauptaxe gelegt wird, als die Median-Ebene. Sie zerlegt den Körper fast immer in zwei symmetrisch-gleiche Hälften; selten ist das eine Antimer etwas grösser als das andere. Indessen ist auch bei allen Cystoideen — wie bei den Echinodermen überhaupt — die ursprüngliche Asymmetrie beider Antimeren nachweisbar, welche durch die einseitige Entwickelung des linken Hydrocoels bedingt ist. Sie wird bei den Cystoideen durch die sogenannte „dritte Oeffnung“ angedeutet welche zwischen Mund und After liegt, aber nicht in der ventralen Median-Linie, sondern seitlich neben derselben (meistens links, seltener rechts); sie wird wohl mit Recht als Genital-Oeffnung (*Gonoporus*) gedeutet, ist jedoch vielleicht zugleich *Hydroporus*. Bei manchen Cystoideen ist die zweiseitige Grundform dadurch noch mehr hervorgehoben, dass der beutelförmige Körper lateral etwas comprimirt ist, bisweilen in der dorsalen Hälfte stärker als in der ventralen Hälfte.

§ 247. Skelet der Cystoideen.

Der Plattenpanzer, welcher die feste Wand der beutelförmigen Kapsel (*Theca*) bildet, ist bei der grossen Mehrzahl der Cystoideen aus kleinen und sehr zahlreichen, polygonalen Kalktafeln zusammengesetzt. Ihre Gestalt ist vorherrschend subregulär-hexagonal; dazwischen finden sich aber auch viele fünfeckige und siebeneckige Platten, seltener Tafeln mit einer geringeren oder grösseren Eckenzahl, (3, 4, 8); da eine bestimmte Ordnung derselben nicht existirt, ist ihre Einzelform von der gegenseitigen zufälligen Anpassung an die Form und Lage der umgebenden Nachbar-Platten bestimmt. In der älteren Subclasse der Microplacten (*Eucystidea*) ist die Zahl der kleinen Täfelchen sehr gross (40—80, oft mehrere Hundert); die jüngere Gruppe der Megaplacten hingegen (= *Parcystidea*) besitzt nur 13 bis 20 grössere Tafeln, bisweilen in regelmässiger Anordnung. Die Panzerkapsel scheint zwar bei der Mehrzahl der Cystoideen ein starrer und unbeweglicher Tafelpanzer zu sein, mit festgefügten Rändern der Platten (*Theca tabulata*); aber nicht nur bei einigen der ältesten Formen (*Protocrinus*), sondern auch bei den jüngeren Hemicystiden (*Agelacriniden*) fehlt dieses feste Gefüge noch. An seiner Stelle findet sich hier ein dehnbarer Schuppenpanzer (*Theca imbricata*), welcher ohne Zweifel nicht starr, sondern durch die subcutane Musculatur beweglich war; die Ränder der Schuppen deckten sich theilweise und verschoben sich bei Contractionen der Kapsel (ähnlich wie bei Fischen und bei imbricaten Echinideen (§ 262). Dafür spricht auch die wechselvolle äussere Körperform bei solchen imbricaten Cystoideen, von denen zahlreiche Individuen fossil erhalten sind.

Stiel der Cystoideen. Die grosse Mehrzahl der Cystoideen scheint am Meeresboden festgesessen zu haben, wie dies nach der Pentactaea-Theorie vorauszusetzen ist. Diejenigen Formen, welche „frei“ auf dem Meeresboden lagen, sind als secundär abgelöste zu betrachten (*Protocrinus* und andere Fungocystiden). Die Anheftung geschah selten mit breiter Basis (bei verkürzter Hauptaxe, z. B. viele *Agelacystida*); gewöhnlich findet sich am Aboral-Pol ein kurzer Stiel, dessen Ende angeheftet war. Bisweilen ist letzteres aber konisch zugespitzt und zur Anheftung untauglich; diese birnförmigen Cystoideen steckten wahrscheinlich mit dem Apicaltheil im Schlamm, *Deutocystis* und *Pennatula* ähnlich. Ursprünglich war der Kapselstiel (*Pedunculus*) wie bei vielen *Amphorideen* weiter Nichts, als der verengte Apicaltheil der birnförmigen Kapsel selbst; seine weite Höhle war der unterste Theil des Megacoels und sein Plattenpanzer die unmittelbare Fortsetzung von demjenigen der Kapsel. Später setzte sich der Stiel schärfer von der Theca ab und gliederte sich, indem die kleinen Täfelchen zur Bildung von Ringen zusammenwuchsen. Dann konnten bisweilen die Stielglieder, gleich den Stücken eines Fernrohrs, in einander geschoben werden (wie bei *Anomocystiden* und *Rotatorien*). Sehr voluminös ist der Stiel vieler Megaplacten (*Callocystiden* und *Glyptocystiden*); er nahm hier wahrscheinlich einen Theil der Eingeweide (Gonaden) auf, ähnlich wie bei *Lepas*. Bei den Microplacten dagegen bleibt der gegliederte und bewegliche Stiel meistens kurz und einfach; er erlangt niemals die hohe selbständige Ausbildung wie bei den pentorchonien Crinoideen.

Tafel-Poren der Cystoideen. Bei der Mehrzahl der *Cystoideen* (wie bei vielen *Amphorideen*) sind die Kalktafeln des Hautskelets von feinen, unregelmässig gestellten Poren durchbrochen; sie fehlen jedoch einem Theile der ältesten und niedersten Formen, die man als Aporitiden unterschieden hat, sowie mehreren Agelacriniden und Glyptocystiden. Die Haploporitida zeichnen sich dadurch aus, dass jede Tafel von zahlreichen einfachen Porencanälen durchsetzt wird, welche unregelmässig (oft gebogen) von der inneren zur äusseren Oberfläche verlaufen (wie bei vielen *Aristocystiden*). Bei den Diploporitida tragen die Tafeln zahlreiche Doppelporen; je 2 Poren sind durch ein kurzes, gerades oder gebogenes Röhrchen verbunden. Bei den Rhomboporitida endlich stehen die Doppelporen in rhombischen Figuren dergestalt regelmässig vertheilt, dass ihre verbindenden Porencanäle parallel und senkrecht zu der Naht zwischen je 2 Tafeln verlaufen; die Naht selbst bildet die Diagonale des Rhombus. Aus diesen „Poren-Rauten“ scheinen die „Kamm-Rauten“ (*Pectinirhombi*) entstanden zu sein, welche bei einigen Megaplacten in geringer Zahl an bestimmten Körperstellen vorkommen.

Die physiologische Bedeutung der Tafel-Poren ist bei den *Cystoideen* ebenso zweifelhaft, wie bei ihren *Amphorideen*-Ahnen. Sicher ist nur, dass sie blosse Tegument-Organe sind und keine Beziehung zum Ambulacral-System haben (wie man früher irrthümlich annahm). Auch dürfen sie nicht den „Kelchporen“ in der ventralen Kelchdecke der Crinoideen verglichen werden, welche den Aussenstücken von getheilten Steincanälen entsprechen. Neuerdings betrachtet man diese Poren meistens als Respirations-Organe und vergleicht sie wohl den Papular-Kiemen oder Lymphkiemen, die sonst nur bei *Asterideen* vorkommen. Allein diese letzteren sind fingerförmige Ausstülpungen des Tegumentes, welche direct mit dem Coelom communiciren. Bei den Cystoideen ist dies aber nicht der Fall; vielmehr sollen die Poren hier nur nach aussen geöffnet sein, nicht nach innen. Falls hier fingerförmige Hautkiemen vortreten, könnte ihr Hohlraum nur mit Lacunen eines Blutgefässnetzes im Corium communiciren. Vielleicht sind die Porencanäle Aeste eines solchen Lacunen-Systems. Die parallelen Canälchen der „Poren-Rauten" (die auch bei echten *Crinoideen* und *Echinideen* vorkommen) stehen senkrecht auf den Verbindungs-Nähten der Panzer-Platten, in welchen deren Wachsthum stattfindet; es ist sehr wahrscheinlich, dass sie ernährende Blutgefässe enthielten (— gleich den Havers'schen Canälchen der Vertebraten-Knochen —). Dagegen ist es sehr möglich, dass die „Doppel-Poren" (bei *Pomocystiden*, *Fungocystiden* u. A.) wirklich respiratorische Dermalporen waren und Hautkiemen zum Austritt dienten. Bei manchen Rhomboporiten scheinen die „Poren-Canäle" kleine Bänder oder Muskeln enthalten zu haben, welche die benachbarten Kalktafeln fest verbanden, aber doch zugleich eine gewisse Beweglichkeit derselben (in den Nahtlinien) gestatteten; ähnliche Bildungen finden sich auch bei *Crinoideen* und bei gepanzerten *Ascidien*.

Pinnuletten der Cystoideen. Bei den meisten Cystoideen (— vielleicht ursprünglich bei allen —) standen an den Rändern der Ambulacren einzelne oder zahlreiche bewegliche Skelet-Anhänge, welche früher als „Arme" bezeichnet und den gegliederten echten Armen der *Crinoideen* verglichen wurden. Sie sind indessen von diesen sehr verschieden, enthalten keinen Fortsatz des Coeloms und tragen auch nicht die Gonaden; besonders aber fehlt ihnen deren complicirter Bau. Auch mit den echten *Pinnulae* oder den letzten Armästen der *Crinoideen* sind sie aus denselben Gründen nicht zu verwechseln. Wir betrachten daher diese Appendical-Organe der Ambulacren bei den *Cystoideen* und den nahe verwandten *Blastoideen* als eigenthümliche Tegument-Anhänge der Theca und unterscheiden sie als „Pinnuletten". Sie dienten zum Schutze und zur Stütze der zarten, nach innen davon stehenden Ambulacral-Tentakeln. Nur selten sind sie in fossilem Zustande gut erhalten (z. B. bei *Asteroblastus*, *Glyptocystis* und *Palmacystis*); sie stellen dann dünne, gegliederte Fäden dar; meistens sind sie einzeilig, seltener zweizeilig, je nachdem ihre hinter einander liegenden Kalkstückchen eine oder zwei Reihen bilden. Die Zahl der Gelenkfacetten, welche die Subvectoren oder „Ambulacral-Rinnen" und deren laterale

Aeste am Ende tragen, gestattet die Zahl der Pinnuletten, deren Basis auf ihnen befestigt war, genau zu bestimmen.

§ 248. Malacom der Cystoideen.

Da uns die Classe der Cystoideen nur durch ihre fossilen palaeozoischen Ueberreste bekannt ist, können wir Schlüsse auf die Beschaffenheit ihres Weichkörpers nur aus denjenigen Theilen ihres Kalkskelets ziehen, welche zu letzterem in directen Beziehungen stehen. Dahin gehören in erster Linie die drei Oeffnungen, welche bei den meisten Cystoideen an der Panzerkapsel zu finden sind (Mund, After, Gonoporus); sie verhalten sich ganz ähnlich wie bei den *Amphorideen*-Ahnen. In zweiter Linie ist das Anthodium oder die „Ambulacral-Rosette", welche vom Munde ausgeht, von hervorragender Bedeutung. Aus der Lage und Beschaffenheit dieser äusserlich sichtbaren Organe lassen sich bestimmte Schlüsse begründen über die einstmalige Organisation des Darmsystems, des Subvectivsystems, des Ambulacralsystems und des Genitalsystems.

Darmsystem. Alle Cystoideen zeigen am Oralpol der Hauptaxe, im Centrum der Actinalfläche, die Mundöffnung, und in geringerer oder grösserer Entfernung von derselben, excentrisch auf einer Seite gelegen, die Afteröffnung. Ueber die Deutung der centralen Mundöffnung kann kein Zweifel sein, da von ihr, wie bei allen Anthodiaten, die Ambulacren ausgehen. Der Mund erhebt sich bisweilen in Form einer kurzen Röhre, deren Oeffnung einen verdickten Rand hat; öfter liegt er in einer grubenförmigen Vertiefung. Der excentrische After lag ursprünglich im posteralen Interradius, vom Munde entfernt; gewöhnlich aber ist er mehr oder weniger weit in die Nähe des Mundes hinaufgerückt. Die Anal-Oeffnung ist gross, von einer Klappen-Pyramide geschlossen, die gewöhnlich aus 5 oder 6, seltener aus 3, 4, 7 oder mehr dreieckigen Klappen sich zusammensetzt. Früher galt diese „After-Pyramide" als ganz characteristisch für die *Cystoideen*-Classe; indessen kommt sie nicht nur bei ihren *Amphorideen*-Ahnen vor, sondern auch in anderen Classen, bei einzelnen *Holothurien* (Psolus), *Crinoideen* und *Echinideen.* Der Darmcanal, welcher sich durch diese beiden Mündungen nach aussen öffnet, wird bei den *Cystoideen* vermuthlich noch von sehr einfacher Form gewesen sein, ähnlich wie bei den Amphorideen: ein schwach gewundener cylindrischer Schlauch, der durch ein Dorsal-Mesenterium an der Innenfläche der Theca angeheftet war.

Der Gonoporus oder die einfache Geschlechts-Oeffnung verhält sich nach Lage und Beschaffenheit bei den *Cystoideen* ganz ähnlich wie bei den *Amphorideen* und *Holothurien*, und berechtigt uns, diese drei Classen als Monorchonien zusammenzufassen. Wir schliessen daraus, dass alle diese älteren Echinodermen nur ein einziges Gonaden-Paar besassen (vergl. § 235).

Ambulacral-System und Subvectiv-System. Die stufenweise und mannichfaltige Ausbildung des Ambulacral-Systems in der Classe der *Cystoideen* ist nicht nur für die Unterscheidung ihrer 6 Familien, 12 Subfamilien und 45 Genera von hervorragender Wichtigkeit, sondern auch für die Phylogenie und Morphologie des ganzen Echinodermen-Stammes. Denn in dieser Classe tritt zum ersten Male das characteristische Anthodium mit seinen exodermalen Subvectoren und seinen entodermalen Principal-Canälen auf, jene typische „Ambulacral-Rosette", welche den *Amphorideen* noch ganz fehlt. Die 5 Ambulacren sind hier *in statu nascendi* zu verfolgen, von der ersten Entstehung an bis zur vollkommensten Ausbildung; und ihre phylogenetische Entwickelungs-Reihe innerhalb dieser Classe entspricht ganz der ontogenetischen Stufenfolge, welche wir bei den höheren *Anthodiaten* in der Keimesgeschichte der Ambulacren, von der Pentactula-Stufe an, direct beobachten können. Die centrifugale Wanderung der fünf Primär-Tentakeln, welche ursprünglich den Mund direct umgeben und später als „Terminal-Tentakeln" weit von ihm entfernt, am Distal-Ende der 5 Ambulacren stehen, ist hier in allen Stadien zu verfolgen, und ebenso die centrifugale Ausdehnung der 5 Subvectoren, welche als „Nahrungs-Furchen" oder „Zufuhr-Rinnen" jene begleiten.

Das Anthodium ist bei einigen der ältesten Cystoideen noch triradial (bei einigen *Fungocystiden* und *Glyptocystiden*), bei der grossen Mehrzahl bereits pentaradial; in einigen Gruppen (*Malocystiden* und *Callocystiden*) kommen eigenthümliche Rückbildungen einzelner Ambulacra zu Stande, so dass aus dem fünfstrahligen Anthodium ein vierstrahliges wird (*Apiocystida*) oder sogar ein zweistrahliges (*Pseudocrinus, Amygdalocystis*, vergl. S. 387). Sehr beschränkt ist die Ausdehnung des Anthodiums noch bei den *Pomocystiden*, wo die 5 kurzen Subvectoren nur sehr wenige (5—25) Pinnuletten und Tentakeln tragen. Dasselbe gilt auch von den meisten *Glyptocystiden*. Dagegen sind die Ambulacren sehr lang, aber unregelmässig verästelt und geformt bei den *Fungocystiden*. Die *Agelacystiden* und *Callocystiden* besitzen sehr ausgedehnte (bald breite, bald lange) Ambulacren, die regelmässig gefiedert sind, mit zahlreichen Seiten-Aesten. Bei mehreren Gattungen dieser beiden Familien (*Mesites, Staurocystis* etc.), sowie auch bei *Ascocystis* dehnen sich die langen Ambulacral-Felder beinahe bis zum Aboral-Pole der Theca aus (wie bei *Holothurien* und *Echinideen*). Die zarten Kelch-Tentakeln, welche aus den Seitenästen der Subvectoren hervortreten, werden sich bei den *Cystoideen* ähnlich verhalten haben, wie bei den *Blastoideen*, und ähnlich den Arm-Tentakeln der *Crinoideen*. Der Bau der übrigen Weichtheile wird bei den meisten *Cystoideen* ähnlich gewesen sein, wie bei den *Amphorideen*.

§ 249. Classification der Cystoideen.

Nach Ausscheidung der *Amphorideen* bleiben von den echten, früher mit ihnen vereinigten *Cystoideen* immer noch zahlreiche und sehr verschiedenartige Formen übrig, welche wir (1895) auf 6 Familien und 45 Genera vertheilt haben. Die Unterschiede derselben sind in erster Linie durch die mannichfaltige Ausbildung des Anthodiums gegeben, in zweiter Linie durch die Zusammensetzung des Platten-Panzers. Dieser besteht bei den Microplacten (oder *Eucystidea*) aus einer sehr grossen Zahl von kleinen polygonalen Täfelchen (mindestens 40—80, meist mehrere Hundert); dagegen bei den Megaplacten (= *Parcystidea*) aus einer geringen Zahl von grossen, oft regelmässig angeordneten Tafeln (13—20, meistens 18 oder 19). Früher legte man in der Systematik der Cystoideen das grösste Gewicht auf die Structur der Panzer-Platten und unterschied daraufhin noch neuerdings vier Ordnungen: 1) *Aporitida* (ohne Poren), 2) *Haploporitida* (mit einfachen Poren), 3) *Diploporitida* (mit Doppel-Poren) und 4) *Rhomboporitida* (oder Rhombifera, mit Poren-Rauten). Diese Unterschiede haben jetzt alle Bedeutung verloren, nachdem sich herausgestellt hat, dass sie oft bei nächstverwandten Formen vorkommen, und dass sie die früher ihnen zugeschriebene Beziehung zum Ambulacral-System nicht besitzen. Wichtiger könnte die Ausbildung eines Kranzes von freien Armen erscheinen, welcher die beiden Familien der *Ascocystiden* und *Glyptocystiden* auszeichnet; sie fehlen den übrigen vier Familien, welche statt dessen nur Reihen von Pinnuletten an den Rändern der Ambulacren tragen. Indessen sind die gegliederten „Arme" der ersteren viel schwächer als die echten Olenen der Crinoideen und eher den Mundarmen der Holothurien zu vergleichen. Die wichtigsten Merkmale zur Unterscheidung der sechs Familien der Cystoideen liefern die verschiedenen Stufen in der Bildung des Ambulacral-Systems und des eng damit verknüpften Subvectiv-Systems, welche wir bereits vorher besprochen haben (§ 228). Durch Combination derselben mit den Differenzen in der Bildung der Theca und der Pinnuletten oder Arme erhalten wir das nachstehende System der Cystoideen, dessen Begründung wir in unserer Abhandlung über „*Amphorideen* und *Cystoideen*" (1896) weiter ausgeführt haben.

§ 250. System der Cystoideen.

Subclassen	Familien	Character der Subfamilien	Subfamilien und Genera
I. Subclassis: **Microplacta** (= *Eucystidea*). Theca mit ganz irregulärem Platten-Panzer, zusammengesetzt aus zahlreichen kleinen polygonalen Täfelchen (meistens 40—80, oft mehrere Hundert).	I. **Pomocystida** Theca monaxon. Anthodium regulär-pentaradial, 5 Ambulacren sehr kurz, mit wenigen Aesten	Brachiolen 5—20. Anthodium scharf demarkirt	1. **Sphaeronitida** *Pomonites* *Sphaeronites*
		Brachiolen 25 oder mehr. Anthodium nicht demarkirt	2. **Proteocystida** *Eucystis* *Proteocystis*
	II. **Fungocystida** Theca monaxon. Anthodium irregulär, 2—5 Ambulacren lang, meist uniserial mit entfernten Aesten	Theca mit 3 oder 5 fadenförmigen Ambulacren	3. **Glyptosphaerida** *Glyptosphaera* *Fungocystis*
		Theca mit 2, 4, 6—9 kettenförmigen Ambulacren	4. **Malocystida** *Malocystis* *Amygdalocystis*
	III. **Agelacystida** Theca pentaradial. Anthodium regulär, 5 Ambulacren ausgedehnt, dicht gefiedert.	Theca mit beweglichem Schuppen-Panzer	5. **Hemicystida** *Hemicystis* *Agelacrinus*
		Theca mit starrem Platten-Panzer	6. **Asterocystida** *Asteroblastus* *Mesites*
	IV. **Ascocystida** Theca pentaradial. Anthodium complet, mit 5 Principal-Canälen. Ein Kranz von Mundarmen	Theca fünfseitig-prismatisch, mit horizontaler Hauptaxe	7. **Ascocystida** *Psolocystis* *Ascocystis*
II. Subclassis: **Megaplacta** (= *Parcystidea*). Theca mit subregulärem Platten-Panzer, zusammengesetzt aus einer geringen Zahl von grossen polygonalen Tafeln (13—20, meistens 18 oder 19).	V. **Callocystida** Theca ohne Armgürtel und ohne freie Arme, mit 2—5 langen, offenen, oft verästelten Ambulacren	Theca eine fünfseitige Pyramide, mit 5 Ambulacren	8. **Anthocystida** *Cystoblastus* *Callocystis*
		Theca eine vierseitige Pyramide, mit 4 Ambulacren	9. **Apiocystida** *Sphaerocystis* *Staurocystis*
		Theca eine biconvexe Linse, mit 2 Ambulacren	10. **Pseudocrinida** *Pseudocrinus* *Phacocystis*
	VI. **Glyptocystida** Theca mit einem Gürtel von freien Armen, welcher den dorsalen Kelch von der ventralen Kelchdecke trennt. 3—5 kurze, verdeckte oder subtegminale Ambulacren	Theca mit triradialer Grundform; 3 oder 3 × x Ambulacren	11. **Hexalacystida** *Hemicosmites* *Caryocrinus*
		Theca mit pentaradialer Grundform; 5 oder 5 × x Ambulacren	12. **Sycocystida** *Sycocystis* *Palmacystis*

§ 251. Vierte Classe der Echinodermen:

Blastoidea. Knospensterne.

Armlose festsitzende und orocincte Pentorchonien, mit starrem Platten-Panzer und offenen Subvectoren.

Echinodermen mit fünffachen Gonaden (mit Paraxondrüse und circoralem pentaradialen Genital-Ring?), sowie mit 5 Paar interradialen Genital-Spalten auf der Ventral-Seite, in Verbindung mit 10 eigenthümlichen verkalkten Hydrospiren. 10 Gonaden in der Theca eingeschlossen. Körper kapselförmig, ohne gegliederte Arme, meistens festsitzend und gestielt, mit verticaler Hauptaxe. Mund oben central, After ventral, excentrisch, interradial (Darm wahrscheinlich einfach, ohne Blinddärme). 5 Ambulacra ventral, mit offenen Subvectoren. Hautskelet ein starrer Platten-Panzer, fest zusammengefügt aus 13 grösseren Platten (3 Basalien, 5 perradialen Furcalien und 5 interradialen Deltoiden), sowie aus zahlreichen Stücken, welche die blattförmigen Ambulacra zusammensetzen. Aus den Seitenrändern der letzteren erhebt sich eine Reihe von Pinnuletten.

Die Classe der Blastoideen („Knospensterne") ist gleich den *Cystoideen*, ihrer Stammgruppe, nur in fossilem Zustande bekannt und auf das palaeozoische Zeitalter beschränkt. Sie erscheinen aber bedeutend später als die *Cystoideen* und *Crinoideen*, erst im Ober-Silur (sehr spärlich), werden häufiger im Devon und erreichen ihre Blüthe im älteren Abschnitte der Carbon-Periode, gegen deren Ende sie aussterben. Die ältesten Blastoideen (*Codonasterida*) stehen den Callocystiden (*Cystoblastus*) noch sehr nahe; aber dennoch sind sie sowohl von ihnen, als von den nahe verwandten Crinoideen, als besondere Classe zu unterscheiden. Gleich den letzteren sind die *Blastoideen* Pentorchonien und entfernen sich schon dadurch von den älteren *Cystoideen* (als Monorchonien). Ihre Panzerkapsel ist ähnlich derjenigen mancher *Crinoideen*; aber von diesen sind sie wieder durch den gänzlichen Mangel der Arme verschieden, und besonders durch den ganz eigenthümlichen inneren Geschlechts-Apparat.

Das *Astrozoon* der Blastoideen erscheint stets in Gestalt einer starren und festgefügten Kapsel, deren Dorsal-Theil ganz constant aus 13 grösseren Platten zusammengesetzt ist; im Ventral-Theil bildet eine grosse Anzahl von kleinen Stücken das complicirte fünfstrahlige Anthodium. Die Gestalt der Panzerkapsel (*Theca*) ist fünfseitig-pyramidal, bald mehr eiförmig oder keulenförmig, bald fast kugelig; ihre Hauptaxe steht gewöhnlich senkrecht; unten am Apical-Pole war sie durch einen kurzen Stiel am Meeresboden befestigt, oben am Actinal-Pole liegt der centrale Mund. Dieser ist von einem eigenthümlich zusammengesetzten Anthodium umgeben, dessen 5 Ambulacra einen verwickelten, von dem aller übrigen Echinodermen abweichenden Bau zeigen (§ 253). Meistens erscheinen sie als 5 gleiche, lanzetförmige oder eiförmige Blätter (*Eublastoida*); bisweilen aber ist ein unpaares (frontales) Ambulacrum auffallend verschieden von den 4 übrigen, paarweis geordneten, so dass die pentaradiale Grundform des Körpers auffallend bilateral-symmetrisch wird (*Parblastoida*). Uebrigens ist die ursprüngliche *Amphipleurie* immer an der Lage des Afters erkennbar, welcher excentrisch im posteralen Interradius liegt, bald näher dem Munde, bald weiter entfernt. Ganz characteristisch für die äussere Form der Blastoideen ist ein Kranz von 5 Paar adradialen Geschlechts-Oeffnungen, welche (als sogenannte *Spiracula*) bald dicht um den Mund herum liegen, bald weiter entfernt zu beiden Seiten der Ambulacren; sie erinnern an die ähnlichen „Bursalspalten“ der *Ophiodeen*, bekunden aber keineswegs eine nähere Verwandtschaft mit dieser sonst sehr verschiedenen Classe. Arme, welche denen der Olenaten (Crinoideen, Asterideen, Ophiodeen) zu vergleichen wären, besitzen die Blastoideen nicht; die gegliederten, fadenförmigen Anhänge, welche an den Seitenrändern der Ambulacren aufsitzen, sind Pinnuletten, gleich denjenigen ihrer *Cystoideen*-Ahnen.

Die innere Organisation der *Blastoideen* dürfte in den meisten Beziehungen derjenigen der *Cystoideen* ähnlich gewesen sein; sie unterscheiden sich aber von ihnen ganz wesentlich (— ebenso wie von allen anderen Echinodermen —) durch den pentaradialen eigenthümlichen Genital-Apparat (*Hydrospiren-Apparat*, S. 455). Wir schliessen aus dessen Bau, dass die Blastoideen einen fünfeckigen circoralen Genital-Ring besassen, von dessen 5 perradialen Ecken 5 Genital-Stämme oder Rhachiden zu den 10 adradialen Gonaden verliefen. Weiterhin können wir daraus schliessen, dass dieser Genital-Ring am Oral-Pol einer Paraxon-Drüse sass, wie bei den Crinoideen.

§ 252. Skelet der Blastoideen.

Die Zusammensetzung des Tafel-Skelets ist bei allen Blastoideen constant dieselbe und durch die ganze Classe streng erblich. Die Panzer-Kapsel ist ausnahmslos im Dorsal-Theile („Kelche“) aus 13 Kalktafeln zusammengesetzt, im Ventral-Theile („Kelchdecke“) aus 5 Ambulacren und 5 Paar darunter gelegenen „Hydrospiren“. Die Ränder der Ambulacren sind mit Reihen von feinen und langen, gegliederten Pinnuletten gesäumt. Der aborale Scheitel des Kelchs war durch einen kurzen, aus wenigen Gliedern zusammengesetzten Stiel am Meeresboden befestigt.

I. Skelet des Kelches (*Calyx*) oder der Apicalkapsel (*Dorsal-Kapsel*, Hypotheca). Dasselbe besteht immer aus 13 Platten, welche in drei horizontale Kränze gruppirt sind: A. Der Basal-Kranz (— richtiger *Apical-Kranz* —), mit 3 Basal-Platten, einer kleineren (interradialen) und zwei grösseren, von denen jede aus 2 verschmolzenen interradialen besteht. B. Der Gabelkranz, zusammengesetzt aus 5 perradialen Gabelplatten (*Furcalia*, gewöhnlich unpassend als „Radialia" bezeichnet); die beiden oralen Schenkel einer jeden Gabel umfassen den Distaltheil eines Ambulacrums. C. Der Deltoidkranz, bestehend aus 5 getrennten interradialen Deltoidplatten (auch Trapezstücke oder „Interradial-Tafeln" genannt); sie grenzen mit ihrem Distaltheil an je 2 benachbarte Gabelplatten und füllen mit ihrem Proximaltheil den Winkel zwischen den Central-Enden von je 2 Ambulacren aus.

II. Skelet der Ambulacren. Die fünf Ambulacral-Felder der meisten Blastoideen (— der typischen *Eublastoida* —) bilden ein regulär pentaradiales Anthodium, oder eine „Ambulacral-Rosette" mit 5 gleichen und gleichweit entfernten perradialen Blättern. Nur in der kleinen Gruppe der *Parblastoida* wird der regulär-fünfstrahlige Bau dadurch gestört, dass ein Ambulacrum in Grösse, Form und Zusammensetzung sich auffallend von den 4 übrigen unterscheidet. Jedes Ambulacrum ist ein sehr zusammengesetzter Apparat und hat die Gestalt eines eiförmigen, lanzetförmigen oder linearen Blattes, dessen perradiale Mittelrippe mit dem proximalen Ende an einen Mundwinkel stösst, mit dem distalen Ende an die Einschnitt-Spitze eines Gabelstückes. An dem Skelet jedes Ambulacrums sind folgende Theile zu unterscheiden: 1) eine mediane (perradiale) Lanzet-Platte, 2) eine darunter liegende mediane Sublanzet-Platte, 3) eine Doppelreihe von superficialen Deckplättchen, 4) ein Paar Reihen von Lateral-Platten, 5) ein Paar Reihen von Adlateral-Platten, 6) ein Paar Reihen von Pinnuletten. Im Inneren der Theca kommt dazu noch auf jedes Ambulacrum 7) ein Paar Bündel von Hydrospiren-Röhren, und 8) das Skelet der Hydrospiren-Taschen, das unterhalb des Ambulacrums liegt.

Die Lanzet-Platte (*Tabula lanceolata*) ist eine einfache starke perradiale Kalkplatte, welche den Median-Theil des Ambulacral-Feldes in seiner ganzen Länge einnimmt und ungefähr dessen halbe Breite besitzt. Gewöhnlich ist dieselbe lanzetförmig oder schmal-eiförmig, seltener linear, bandförmig oder dreieckig (mit proximaler breiterer Basis). In der (perradialen) Mittellinie der Lanzet-Platte verläuft an der Oberfläche eine tiefe „Ambulacral-Furche" und von diesem Subvector gehen in regelmässigen Abständen eine Anzahl alternirender Seitenäste ab. Im Inneren eingeschlossen verläuft ein einfacher perradialer Canal, der sogenannte „Ambalacral-Canal" (— nach unserer Auffassung ein Coelom-Canal, vergl. S. 457 —). Diese fünf Lanzet-Canäle vereinigen sich am Proximal-Ende in einen peripharyngalen Ringcanal.

Unter dem Lanzetstück liegt eine ähnlich geformte, aber kleinere und dünnere Kalktafel, das Unterlanzetstück (*Tabula sublanceolata*). Am Aussenrande beider Platten liegen symmetrisch vertheilt zwei Reihen von adradialen Kalktafeln jederseits, zunächst die grösseren Lateral-

Tafeln („Seiten-Platten“) und weiter nach aussen die kleineren Adlateral-Tafeln („Nebenseiten-Platten“). Auf dem ausgeschnittenen Lateral-Ende jeder Seitenplatte erhebt sich eine gegliederte Pinnulette, ein fadenförmiger Tegument-Anhang von sehr verschiedener Länge, der gewöhnlich aus 2 Reihen von alternirenden Plättchen zusammengesetzt zu sein scheint. Die Pinnuletten sind selten gut erhalten, bisweilen aber als lange, gegliederte Fäden conservirt, welche (niedergelegt) das ganze Ambulacrum von oben zudeckten; unzweifelhaft konnten sie aufgerichtet und ausgebreitet werden, und dienten dann den medial (an ihrer Innenseite) stehenden Tentakeln als Schutz und Stütze. Den echten „Armen“ der Crinoideen dürfen die Pinnuletten der Blastoideen nicht verglichen werden, und auch deren Pinnulae nur in einem gewissen (physiologischen!) Sinne. Vergl. oben S. 373, § 214.

Das superficiale Skelet der Kelchdecke (oder Oral-Scheibe = „Ventral-Kapsel“) ist bei den Blastoideen nur selten erhalten, aber von grosser morphologischer Bedeutung, weil wir daraus auf ähnliche Verhältnisse der Ambulacral-Anatomie, wie bei den Crinoideen, schliessen dürfen. Wir müssen annehmen, dass die ganze obere Fläche der Panzerkapsel, in der das fossile Anthodium scheinbar frei zu Tage liegt, den Boden eines pentaradialen Ambulacral-Raumes bildet, dessen Decke von einer weichen, membranösen „Kelchdecke“ hergestellt wurde. Die Verkalkung der letzteren war vermuthlich unvollständig oder bestand nur aus mikroskopischen Plättchen im Corium; indessen sind doch bisweilen über der perradialen Mittellinie der Ambulacren ein paar alternirende Reihen von grösseren Deckplättchen erhalten.

Das Genital-Skelet der Blastoideen, welches gewöhnlich als „Hydrospiren-Apparat“ beschrieben wird, ist eine ganz eigenthümliche, für diese Echinodermen-Classe characteristische Einrichtung. Dasselbe besteht im Wesentlichen aus fünf Paar adradialen Taschen oder abgeplatteten Röhren, deren Wand verkalkt ist. Diese „Kalktaschen“ oder *„Hydrospiren“* liegen gewöhnlich unterhalb der 5 Ambulacren, paarweise zu beiden Seiten der 5 Lanzetplatten. Selten sind die Taschen einfache, lateral abgeplattete Röhren; vielmehr ist gewöhnlich ihre untere oder innere (der Kelchaxe zugekehrte) Wand stark der Länge nach gefaltet, und jede radiale Taschenfalte innen am Grunde zu einer Röhre erweitert, so dass 10 adradiale Röhren-Bündel entstehen (*Hydrospiren-Fascikel*). Die Zahl der Röhren in jedem Bündel schwankt zwischen 2 und 8 (selten mehr); meistens beträgt sie 4—6. Alle Röhren und Fascikel münden oben (oder aussen) in einen gemeinsamen Gang, den adradialen Gonoductus oder *„Hydrospiren-Canal“*, welcher jederseits nach aussen von der Sublancet-Platte, unter den Seitentheilen der Lancet-Platte verläuft. Die 10 Gonoducte haben eine doppelte Communication nach aussen hin: erstens mündet jeder dieser „Hydrospiren-Canäle“ durch eine Reihe von Gonoporen auf dem Seitenrande des darüber liegenden Ambulacral-Feldes aus, und zweitens mündet das centrale Ende des Ganges durch eine grössere adradiale Oeffnung in der Nähe des Mundes: die Gonopyle oder die „circorale Geschlechtsöffnung“ (gewöhnlich als *„Spiraculum“* bezeichnet).

Die Gonoporen oder *„Hydrospiren-Poren“*, oft auch *Ambulacral-Poren* genannt, bilden an den beiden lateralen Aussenwänden jedes

Ambulacrums eine Reihe von Oeffnungen, welche von dessen Oberfläche durch einen kurzen, schräg absteigenden Canal (Einfuhr-Canal) direct zu dem darunter gelegenen Gonoduct führen. Jeder Gonoporus hat gewöhnlich eine dreieckig-rundliche Form und wird von 3 Skeletstücken begrenzt, proximal von dem seitlichen Endstück einer Lateral-Platte, distal von einer kleinen Adlateral-Platte und lateral von dem abgestutzten Rande der benachbarten Kelchplatten (im peripherischen Theil einer Gabelplatte, centralwärts einer Deltoidplatte). Zwischen je 2 Poren inserirt sich auf dem vorspringenden Endstück der Lateral-Platte eine Pinnulette.

Die Gonopylen oder die sogenannten „*Spiracula*", die 10 grösseren Oeffnungen der Gonoducte, liegen gewöhnlich an deren Proximal-Ende, um den Mund herum. Die 10 adradialen Oeffnungen derselben sind ursprünglich getrennt und werden einerseits begrenzt vom Proximal-Ende der perradialen Mittelrippe der Lanzetplatte, anderseits vom Central-Ende der interradialen Mittelrippe der Deltoidplatte, sowie an der Distalseite von der ersten Lateralplatte. Gewöhnlich aber verschmelzen je 2 benachbarte Gonopylen im Interradius zu einer gemeinsamen sichelförmigen Geschlechtsöffnung, deren convexer Bogen dem Munde zugekehrt ist. Im analen Interradius sind die beiden Spirakeln meist mit dem After verschmolzen. Bei *Orophocrinus* sind die Spirakeln mehr nach aussen (distalwärts) gelegen und bilden bogenförmige Schlitze zu beiden Zeiten der Ambulacren. Bei *Codonaster* fehlen die Spirakeln, indem die einzelnen „Hydrospiren-Schlitze" getrennt auf den Ambulacral-Feldern der Kelchdecke ausmünden. (Ueber die Deutung dieser verschiedenen Genital-Organe vergl. S. 459.)

§ 253. Malacom der Blastoideen.

Da die eigenthümliche Classe der Blastoideen, ebenso wie ihre Stammgruppe, die Cystoideen, auf das palaeozoische Zeitalter beschränkt und uns nur durch ihre fossilen Reste bekannt ist, sind wir bei der morphologischen und physiologischen Beurtheilung ihres Weichkörpers lediglich auf die Schlüsse der vergleichenden Anatomie angewiesen, und zwar auf diejenigen Schlüsse, welche sich aus der Skelet-Vergleichung unmittelbar ergeben. In dieser Beziehung können wir jetzt folgende Deutungen der Thatsachen theils als provisorische Hypothesen, theils als definitive Resultate ansehen:

I. Darm-System. Die centrale pentagonale Oeffnung am oberen oder actinalen Pole der verticalen Hauptaxe ist die Mundöffnung. Die excentrische, runde, ovale oder länglich-runde Oeffnung, welche in einem Interradius liegt, ist die Afteröffnung. Der Darmcanal, welcher diese beiden Oeffnungen verband, wird vermuthlich, wie bei den Crinoideen, ein einfacher, spiral gewundener Schlauch gewesen sein, welcher einen grossen Theil der centralen Leibeshöhle (das Megacoels) ausfüllte und an deren Wand durch ein dorsales Mesenterium befestigt war (vergl. § 258).

II. Ambulacral-System. Die vergleichende Morphologie des *Anthodiums* oder der „pentaradialen Ambulacral-Rosette" bei sämmtlichen Echinodermen lässt nach unserer Ansicht keinen Zweifel bestehen, dass dieser typische und bedeutungsvolle Organ-Apparat durch den ganzen Stamm hindurch homophyletisch oder *„generell homolog"* ist; d. h. der centrale Mund ist überall dieselbe Oeffnung, hat sich bei Allen von der gemeinsamen Stammform her conservirt; und der den Mund umgebende „Wassergefässring" mit seinen fünf perradialen Principal-Canälen ist überall der Ausgangspunkt jener höchst characteristischen Bildung geworden, welche als fünfstrahliges Anthodium eine so mannichfaltige und divergente Entwickelung in den verschiedenen Zweigen des formenreichen Stammes eingeschlagen hat. Demnach können wir auch nicht zweifeln, dass das Anthodium der Blastoideen aus fünf echten Ambulacren oder „ambulacralen Organ-Bezirken" zusammengesetzt ist; diese dürfen nicht, wie früher geschah, als *„Pseudoambulacra"* bezeichnet und als wesentlich verschieden von denjenigen der übrigen Echinodermen angesehen werden. Vielmehr handelt es sich nur um die Frage, wie die eigenthümliche Structur dieser echten Ambulacra der Blastoideen zu deuten, und wie ihre Abweichungen von denjenigen der übrigen Echinodermen zu erklären sind.

Als Ambulacral-Canal der Blastoideen wurde bisher allgemein der einfache Perradial-Canal gedeutet, welcher, eingeschlossen in jeder Lanzetplatte, in deren Mittellinie verläuft und welcher am Proximal-Ende derselben in einen den Mund umgebenden Ringcanal mündet. Dieser angebliche Ambulacral-Canal wurde demjenigen der übrigen Echinodermen (dem perradialen Principal-Canal) verglichen, obgleich er weder irgend welche Aeste abgiebt, noch irgend welche Beziehungen zu den übrigen Theilen des Ambulacral-Apparates erkennen lässt. Insbesondere hat er keinen Zusammenhang mit den „Gonoporen", den sogenannten *„Hydrospiren-Poren"* oder „Ambulacral-Poren", welche diesen letzteren Namen ebenfalls nicht verdienen. Abweichend von der bisherigen Deutung sind wir zu der Ueberzeugung gelangt, dass diese letzteren zum Genital-System gehören, und dass der Lanzetcanal kein Ambulacral-Canal ist, sondern ein Coelom-Canal (vielleicht mit einem Blutgefäss oder einem perradialen Nervenstamm des tiefliegenden Oralsystems).

Das wahre Ambulacral-System der Blastoideen suchen wir an der oralen Oberfläche des Anthodiums, zwischen den fünf Lanzetplatten als Basis, und dem oralen (durch die Deckplättchen gestützten) Tegumente als äusserer Decke. Hier verlaufen unter dem Subvector, im Grunde der perradialen *„Ambulacral-Rinne"* der

5 Lanzetstücke, die 5 principalen Hydrocanäle und mündem am Proximal-Ende in den oberflächlich gelegenen Hydrocircus, der den Mund umgiebt. Die alternirenden „Seitenfurchen der Lanzetplatten" geben die Lage der Seitenäste der Hydrocanäle an, welche auf beiden Seiten von ihnen abgehen und sich als „Tentakel-Canäle" an die Basis der Fühler begeben. Diese Tentakeln der *Blastoideen*, von gleicher Structur und Beschaffenheit, wie bei den *Cystoideen* und *Crinoideen*, erhoben sich wahrscheinlich am Aussenrande der Lanzetstücke, an der Basis der Lateral-Platten, zwischen ersteren und den Pinnuletten, welche zu ihrem Schutze und zu ihrer Stütze dienten. Vielleicht waren auch die Tentakeln der inneren (oralen) Seite den Pinnuletten angeschlossen. In der perradialen Ambulacral-Rinne der Lanzet-Platte, zwischen dieser und dem getäfelten Tegumente, lag wahrscheinlich zunächst über dem Hydrocanal ein Blutgefäss und über diesem ein Nervenstrang. Alle diese perradialen Organe waren — wie gewöhnlich — am Proximal-Ende durch entsprechende pentagonale Mundringe verbunden: zu oberst (unter den Deckplättchen der Mundhaut) der Nervenring, dann der Blutgefäss-Ring, dann der Ambulacral-Ring. Dann folgte wahrscheinlich erst der Ringsinus des Coeloms oder der Genitalring.

III. Genital-System. Die meisten älteren und neueren Bearbeiter der Blastoideen sind zu der Ansicht gelangt, dass der ganz eigenthümliche Hydrospiren-Apparat dieser Echinodermen in näheren oder entfernteren Beziehungen zu den Geschlechts-Organen stehe. Neuerdings hat sich jedoch die Ansicht befestigt, dass diese Beziehungen nur secundäre seien, und dass die ursprüngliche und wesentliche Bedeutung desselben eine respiratorische sei. Man vergleicht die 10 adradialen Hydrospiren-Taschen oder -Bündel der Blastoideen mit den 10 adradialen Bursal-Taschen der Ophiuren, welche durch Einstülpungen des äusseren Tegumentes in die Leibeshöhle (das Megacoel) gebildet werden. Ebenso vergleicht man die 10 äusseren adradialen Oeffnungen der ersteren (die „Spiracula") mit den ähnlichen Oeffnungen der letzteren (den „Bursal-Spalten"). Dieser letztere Vergleich ist wahrscheinlich insofern physiologisch richtig, als diese Oeffnungen in beiden Classen zum Austritt der reifen Geschlechts-Producte dienen. Wenn aber daraus weiterhin gefolgert wird, dass auch die ähnlich gelegenen inneren Höhlen selbst in beiden Classen homologe Bildungen sind, so stehen dieser jetzt herrschenden Deutung sowohl morphologische als physiologische Bedenken entgegen. Die dünnhäutigen, sehr zarten Bursal-Taschen der Ophiuren können sehr wohl einen lebhaften Gaswechsel zwischen der umgebenden Coelom-Lymphe und dem von aussen aufgenommenen Wasser unterhalten. Das ist aber sehr unwahrscheinlich (— oder eigentlich ausgeschlossen! —) bei dem starren Hydrospiren-Apparat der Blastoideen, dessen Wände in ihrer ganzen Ausdehnung vollständig solid und verkalkt sind. Ferner ist es sehr unwahrscheinlich, dass die Hydrospiren-Taschen mit ihren complicirten doppelten Mündungs-Verhältnissen durch Einstülpung des Integumentes entstehen und unter die Ambulacral-Felder gegen deren Perradius hin in das Coelom hineinwachsen. Zu dem Ambulacral-Systeme haben die sogenannten „*Hydrospiren-Organe*“ gar keine innere Beziehung, und ist daher diese Bezeichnung ebenso unpassend, wie der Name *Spiracula* („Athemlöcher“) für die 10 adradialen Oeffnungen. Viel wahrscheinlicher dünkt es uns, dass der ganze Hydrospiren-Apparat zur Respiration gar keine (oder nur ganz nebensächliche) Beziehung besitzt, dass er vielmehr wesentlich als Genital-Apparat aufzufassen ist. Unsere hypothetische (provisorische!) Deutung der einzelnen Theile und der ganzen Einrichtung ist folgende:

Hypothetischer Bau der Geschlechts-Organe. Der Genital-Apparat der Blastoideen ist — gleich demjenigen der Crinoideen — pentaradial und besteht aus einem fünfästigen Baume, dessen steriler Stamm die subverticale Paraxon-Drüse darstellt (vergl. § 234). Der Genitalstrang dieser letzteren geht am Oral-Pole in einen fünfeckigen, den Mund umgebenden Genitalring über, und von dessen 5 Ecken gehen 5 kurze perradiale Genital-Röhren ab (wie bei den *Crinoideen*). Letztere theilen sich alsbald gabelspaltig, und ihre Gabeläste verlaufen nunmehr als 10 adradiale Genitalröhren in den Lateraltheilen der 5 Ambulacren, wahrscheinlich in der Furche zwischen Lanzetplatte und Seitenplatten, vielleicht auch weiter nach aussen. In jeden Gonoporus (— oder „Hydrospiren-Porus“ —) senden die Adradial-Röhren einen Seitenast, welcher durch diesen hinab zum Gonoductus tritt, oder zum „gemeinsamen Hydrospiren-Canal“. Die „*Hydrospiren*“ selbst enthalten wahrscheinlich die Gonaden, die radialen Falten einer Geschlechtsdrüse, deren Wände verkalkt sind. In diesen Taschen oder „Röhrenbündeln“ werden die Geschlechtsproducte reif und gelangen dann durch die „Hydrospiren-Spalten“ in den Gonoductus und von da (centripetal) durch die Gonopylen (— die „Spiracula“ —) nach aussen. Dieser Deutung gemäss würde sich der fünfstrahlige Genital-Baum der Blastoideen ganz ähnlich verhalten, wie derjenige der nahe verwandten Crinoideen. Wie bei letzteren die Eier und das Sperma in den Pinnulae der freien Arme reif werden, so bei den armlosen Blastoideen in den Hydrospiren-Taschen. Natürlich würde diese Auffassung zur Voraussetzung die Annahme haben, dass der ganze Hydrospiren-Apparat mesodermal, ein abgeschnürter und eigenthümlich differenzirter Theil des Coeloms ist.

§ 254. Classification der Blastoideen.

Unter den acht bekannten Echinodermen-Classen ist diejenige der Blastoideen die wenigst artenreiche; man kennt jetzt kaum 100 Species und etwa 20 Genera. Dennoch sind die Unterschiede in der Bildung des Anthodiums und des Genital-Systems ziemlich bedeutend und scheinen uns genügend, um 2 Ordnungen und 6 Familien zu unterscheiden. Die erste Ordnung: *Eublastoida*, umfasst die grosse Mehrzahl, die typischen oder „regulären Blastoideen", mit regulär-pentaradialem Anthodium. Die zweite Ordnung: *Parblastoida*, enthält die sogenannten „irregulären Blastoideen", d. h. diejenigen Formen, in welchen das Anthodium auffällig amphipleurisch differenzirt ist; hier erscheint ein unpaares Ambulacrum ganz anders gebildet, als die zwei übrigen Paare.

I. Ordnung: **Eublastoida** oder *Pentremitaria*. Anthodium regulär, mit 5 gleichgebildeten und gleichweit entfernten Ambulacren. Facial-Umriss der Kelchdecke ein reguläres Pentagon. Die Grundform der Tafelkapsel bildet scheinbar bei dieser Ordnung eine reguläre Pyramide, deren Spitze im Scheitel (Stielansatz) liegt, während die Basis die regelmässig fünfeckige Kelchdecke darstellt. Indessen tritt auch hier immer der ursprüngliche bilaterale Character der pentaradialen Grundform sofort zu Tage, sobald man auf die excentrische Lage des Afters im analen Interradius achtet. Die verticale Ebene, welche durch diesen und durch die verticale Hauptaxe gelegt wird, ist die Median-Ebene, welche die Theca in zwei spiegelgleiche Antimeren theilt.

1. Familie: **Codonasterida**, Stammgruppe der Blastoideen. Sie ist durch die Callocystide *Cystoblastus* sehr eng mit der Ahnen-Classe der Cystoideen verbunden. Der Kelchbau der Codonasteriden gleicht dem der echten Blastoideen; aber die Gonaden (= Hydrospiren) haben noch keinen gemeinsamen Gonoductus, sondern die einzelnen parallelen Geschlechtsröhren öffnen sich direct oben auf den Interpalmar-Feldern durch Fissuren („Hydrospiren-Schlitze"), welche dem Perradius des anliegenden Ambulacrums parallel laufen. Daher fehlen auch die Gonopylen (Spiracula). Die Gonofissuren kreuzen rechtwinkelig die Nähte zwischen den Furcal- und Deltoid-Tafeln; sie fehlen in dem analen Interradial-Feld (*Codonaster acutus*).

2. Familie: **Orophocrinida**. Aeltere Gruppe der typischen *Eublastoida*. Die Gonoducte, in welche die Gonofissuren oder Hydrospiren-Schlitze münden, öffnen sich an der Kelchdecke durch 10 lange adradiale Spalten, welche paarweise die Seitenränder der Ambulacren in geschwungenem Bogen umfassen; es fehlen noch die subcentralen

Gonopylen am Peristom. Der grosse After liegt noch stark excentrisch (*Orophocrinus stelliformis*).

3. Familie: **Elaeacrinida.** Jüngere Gruppe der typischen *Eublastoida*. Die Gonoducte laufen als 10 geschlossene adradiale Röhren bis zum Munde und öffnen sich in dessen Umkreis durch 10 getrennte Spalten (Gonopylen oder Spiracula). Auch die grosse Afteröffnung liegt gewöhnlich von diesen getrennt, mässig excentrisch (*Elaeacrinus olivanites*).

4. Familie: **Pentremitida.** Hauptgruppe der typischen *Eublastoida*. Die 10 adradialen Gonopylen, durch welche die 10 Gonoducte bei den Elaeacriniden rings um den Mund sich öffneten, vereinigen sich hier paarweise, und zwar so, dass die beiden Hydrospiren-Gänge jedes Interpalmarfeldes in einer interradialen Geschlechtsöffnung zusammenfliessen; der convexe Rand derselben bildet den Mundrand. Der After nähert sich im analen Interradius der betreffenden Gonopyle und verschmilzt oft mit ihr (*Pentremites*, mit vielen Arten im Carbon).

II. Ordnung: **Parblastoida** oder *Astrocrinaria*. Anthodium stark amphipleurisch, mit einem unpaaren, breiteren und kürzeren Ambulacrum, welches von den 4 übrigen sehr verschieden gebildet ist. Diese ordnen sich paarweise zu beiden Seiten der Median-Ebene, welche den ganzen Körper in ein paar spiegelgleiche Hälften theilt. Die Kelchdecke erscheint daher, von oben betrachtet, nicht als reguläres Pentagon, sondern als eine bilateral-symmetrische Figur, in welcher das unpaare Ambulacrum durch die Median-Ebene halbirt wird, während die 4 übrigen paarweise zu deren beiden Seiten liegen. Die 3 Interpalmar-Felder zwischen letzteren sind unter sich ähnlich, aber sehr verschieden von den beiden übrigen, welche das breite unpaare Ambulacrum einfassen. Der Kelch ist ungestielt und scheint frei auf dem Meeresboden gelegen zu haben (auf der abgeplatteten Ventral-Seite des unpaaren Ambulacrums). Obwohl nur wenige Genera aus dieser eigenthümlichen (secundär von Pentremitiden abstammenden) Ordnung bekannt sind, können wir doch 2 Familien unterscheiden.

5. Familie: **Eleutherocrinida.** Die freie Dorsalhälfte des Anthodiums erscheint, von der Oralfläche betrachtet, halbkreisförmig; die beiden ventrolateralen (unteren) Ambulacra stehen sich in der Transversal-Ebene diametral gegenüber, während die beiden dorsolateralen (oberen) Ambulacra gegen den gewölbten Rücken divergiren; das unpaare Ambulacrum ist sehr breit (*Eleutherocrinus Cassedayi*).

6. Familie: **Astrocrinida.** Die freie Dorsalhälfte des Anthodiums erscheint, von der Oralfläche betrachtet, als ein gleichschenkeliges Dreieck, indem das dorsale Interpalmar-Feld armartig nach dem Rücken vorspringt; die beiden dorsolateralen bilden kürzere (gegenständige)

Arme, während die beiden ventrolateralen sehr reducirt sind. 4 schmale Ambulacra bilden ein rechtwinkeliges Kreuz, während das fünfte (unpaare, ventrale) ein breites gefiedertes Blatt darstellt; an seinem Distal-Ende liegt der After (*Astrocrinus cruciatus*).

§ 255. System der Blastoideen.

Ordnungen	Familien	Genera
I. Erste Ordnung der Blastoideen: **Eublastoida** (= *Pentremitaria*). Anthodium regulär-pentaradial. Alle 5 Ambulacra von gleicher Gestalt und Grösse, regelmässig vertheilt.	1. **Codonasterida** Gonopylen fehlen mit dem Gonoductus, Genitalröhren direct geöffnet durch Fissuren	1. Codonaster (*acutus*)
	2. **Orophocrinida** Gonopylen 10 lange adradiale Spalten an den Seitenrändern der Ambulacren	2. Orophocrinus (*stelliformis*)
	3. **Elaeacrinida** Gonopylen 10 adradiale Spalten rings um das Peristom	3. Elaeacrinus (*olivanites*)
	4. **Pentremitida** Gonopylen 5 interradiale Spalten (durch paarweise Verschmelzung von 10 adradialen entstanden)	4. Pentremites (*florealis*)
II. Zweite Ordnung der Blastoideen: **Parblastoida** (= *Astrocrinaria*). Anthodium amphipleurisch (bilateral-radial). Unpaares Ambulacrum von den 4 übrigen sehr verschieden.	5. **Eleutherocrinida** Zwei ventrolaterale Ambulacra gegenständig, zwei dorsolaterale divergent	5. Eleuthero-crinus (*Cassedayi*)
	6. **Astrocrinida** Vier Ambulacra kreuzständig, das fünfte ein breites gefiedertes Blatt	6. Astrocrinus (*cruciatus*)

§ 256. Fünfte Classe der Echinodermen:

Crinoidea. Palmensterne.

Armtragende, festsitzende und orocincte Pentorchonien, mit beweglichem Tabular-Skelet und bald offenen, bald geschlossenen Subvectoren.

Echinodermen mit fünffachen Gonaden, mit Paraxondrüse und circoralem pentaradialen Genital-Ring, sowie mit gegliederten Armen. Die 5 perradialen Aeste des Genitalbaumes setzen sich an der Ventralseite auf die 5 Arme und deren Zweige fort und werden in deren letzten Aestchen geschlechtsreif. Körper becherförmig, festsitzend, gestielt, mit verticaler Hauptaxe. Mund oben, central; After oben, excentrisch, interradial. Darm einfach, ohne Blinddärme. Ambulacra an der Ventralseite des Kelches mit offenen oder verdeckten Subvectiv-Rinnen, welche sich auf die Arme fortsetzen, und an deren Rändern 2 Reihen von alternirenden Tentakeln vortreten. Steincanäle fünf interradiale (oder sehr zahlreiche), in zwei getrennte Stücke zerfallen; das proximale mündet in den Ringcanal des Mundes, das distale als „Kelchporus“ aussen auf der Bauchfläche. Hautskelet mit beweglichem, reich entwickeltem Platten-Panzer; in den gegliederten Armen (und ebenso im Kelchstiel) verläuft ein axialer Coelom-Canal.

Die Classe der Crinoidea (= *Crinoida*, Palmensterne oder „Seelilien“) bildet eine selbständige Hauptgruppe des Echinodermen-Stammes, welche in früheren Perioden der Erdgeschichte, vom Silur an, besonders aber im Jura, durch äusserst zahlreiche Formen vertreten war (etwa 220 fossile Genera, mit 1500 Species). Die gegenwärtig noch lebenden Formen (12 Gattungen mit 450 Arten) erscheinen nur als ein schwacher Ueberrest jener mächtigen Ahnen-Reihe. Gleich den *Amphorideen*, *Cystoideen* und *Blastoideen* sind auch die *Crinoideen* unten am Apicalpol auf dem Meeresboden durch einen Stiel befestigt und tragen den Mund am oberen Pole der verticalen Hauptaxe. Man hat daher diese Classen auch als *Pelmatozoa* zusammengefasst. Indessen ist dieser Character desshalb nicht von maassgebender Bedeutung, weil ja auch die älteren Ahnen der frei lebenden Echinodermen ebenfalls an festsitzende Lebensweise angepasst waren. Auch giebt es mehrere, verschiedenen Familien angehörige Crinoideen, bei denen das Astrozoon nur in der Jugend auf seinem Stiele festsitzt, später aber sich ablöst und sich frei umherbewegt (der carbonische *Astylocrinus*, das jurassische *Saccocoma*, der cretassische *Marsupites*, die lebenden *Comatuliden* und *Actinometriden*).

Von den drei anderen Classen der *Pelmatozoen* unterscheiden sich die Crinoideen schon äusserlich auf den ersten Blick durch die langen gegliederten Arme, welche von ihrer gepanzerten, becherförmigen Kapsel abgehen, und welche eine complicirte und eigenthümliche Structur haben. Sie sind wesentlich verschieden sowohl von den einfacher gebauten Brachiolen, als von den thecalen Pinnuletten der *Amphorideen, Cystoideen* und *Blastoideen*, welche in diesen Classen die Seitenränder der Ambulacren säumen. Da diese Arme stets in einer bestimmten horizontalen Kreislinie, dem Kelchgürtel, sich an der Peripherie der vertical stehenden Panzerkapsel inseriren, theilen sie dieselbe in zwei verschiedene Hauptbezirke, die untere Apicalkapsel oder den Kelch (*Calyx*), und die obere Oralkapsel oder Kelchdecke (*Epicalyx*). Erstere ist stets stärker gewölbt und gepanzert, und am Scheitel durch den Stiel befestigt; letztere ist weicher, flacher und trägt das Anthodium, welches den centralen Mund umgiebt, sowie den excentrisch (im posteralen Interradius) gelegenen After. Die 5 perradialen Arme sind ursprünglich einfach, meistens aber gabeltheilig, stark verästelt und mit gegliederten einfachen Endästchen (Pinnulae) alternirend besetzt. In Gliederung und Structur sind die Arme der Crinoideen höchst mannichfaltig entwickelt, und von denjenigen der Ophiodeen und Asterideen wesentlich verschieden.

Eine der wichtigsten Eigenthümlichkeiten der Crinoideen, durch welche sie sich auffallend von allen anderen Echinodermen unterscheiden, ist die peripherische Entwickelung der Gonaden. Der sterile Gonaden-Stamm, welcher in dem Paraxon-Sinus eingeschlossen ist, bildet an dessen Oralpol einen fünfeckigen Genital-Ring, von dessen 5 perradialen Ecken 5 Stränge in die Arme abgehen; diese verzweigen sich mit deren Aesten bis auf die Pinnulae, und erst in diesen produciren die letzten Aestchen des verzweigten Genital-Baums reife Geschlechtszellen. Am nächsten scheinen in dieser Beziehung den Crinoideen die Blastoideen zu stehen, die wahrscheinlich ebenfalls einen circoralen Genitalring besassen; aber hier liegen die Gonaden innerhalb der Kapselhöhle, ebenso wie bei den Cystoideen. Ganz verschieden verhalten sich die drei Classen der Echinideen, Ophiodeen und Asterideen, bei welchen der Genitalring gerade umgekehrt vom Apical-Pol der Paraxondrüse abgeht und bei welchen sich die 5 Gonaden hier interradial entwickeln.

Schon diese wichtigen Eigenthümlichkeiten der Crinoideen bekunden, dass diese Classe weit von allen übrigen Echinodermen sich entfernt, und die feinere Anatomie bestätigt dies; das Verhalten der Nerven, der Gefässe, der Coelom-Sinus u. s. w. ist durchaus eigenthümlich. Am Ambulacral-System ist ganz eigenthümlich die Umbildung und Multiplication des Steincanals; mindestens sind 5 interradiale, meistens aber sehr zahlreiche und kleine Steincanäle vorhanden, und diese sind in 2 Stücke zerfallen, welche beide in die Leibeshöhle münden; das proximale Stück öffnet sich oben in den Ringcanal, das distale Stück nach aussen auf der Kelchdecke (durch einen „Kelch-Porus"). Wir müssen daher annehmen, dass die Crinoideen selbständig aus einem Zweige der Cystoideen hervorgegangen sind, mit denen sie durch unmittelbare Brückenformen verknüpft sind (*Glyptocystida*).

§ 257. Skelet der Crinoideen.

Die Zusammensetzung des Platten-Panzers in der Classe der Crinoideen ist ausserordentlich mannichfaltig. Gemeinsam ist aber im Skelet-Bau sämmtlichen echten Crinoideen: I. die Zusammensetzung der Panzer-Kapsel (*Theca*) aus einem apicalen oder dorsalen Kelch (*Calyx*) und einer oralen oder ventralen Kelchdecke (*Epicalyx*); II. die Insertion von 5 gegliederten (einfachen oder vieltheiligen) Armen (*Olenae* vel *Brachia*) am Kelchgürtel oder der äquatorialen Grenze von Kelch und Kelchdecke; III. die Zusammensetzung dieser Arme aus einer Reihe von Gliedern, welche durch Gelenke beweglich verbunden sind und Fortsätze des Coeloms und Ambulacral-Systems enthalten; IV. die amphipleure (— und zwar bilateral-pentaradiale —) Grundform des Skelets, dadurch bedingt, dass der Armkranz den fünfstrahligen Bau anzeigt, während die Median-Ebene des ursprünglich bilateralen Körpers durch die excentrische Lage des Afters (im dorsalen, hinteren Interradius der Kelchdecke) bestimmt ist. Zu diesen 4 constanten Merkmalen des Crinoideen-Skelets kommt meistens noch (— aber nicht immer —) der Besitz einer Säule (*Columna*) oder eines gegliederten Stieles (*Pedunculus*), dessen untere, aborale Basis am Meeresboden befestigt ist, das obere, orale Ende im Apex oder Scheitel des Kelches. Diese Stellung der verticalen Hauptaxe bedingt es, dass der Mund im Centrum der Kelchdecke nach oben gerichtet ist.

Skelet der Kapsel (*Theca*). Die vergleichende Anatomie der mannichfaltigen Crinoideen-Skelete hat schon seit langer Zeit zu der Ueberzeugung geführt, dass trotz der ausserordentlichen Mannichfaltigkeit in der Zusammensetzung ihrer getäfelten Panzer-Kapsel dennoch zwischen einzelnen Platten derselben durchgehende specielle Homologien existiren. Demgemäss hat man theoretisch ein ursprüngliches Crinoideen-Skelet construirt, von dem alle übrigen Formen als abgeleitete Modificationen erscheinen; dasselbe besteht aus einem oralen und einem apicalen Platten-System. Das orale Tafel-System (in der Kelchdecke) entwickelt sich über der linken Coelom-Tasche der Astrolarve und besteht aus einem Kranze von 5 interradialen, den Mund umgebenden *Oral-Platten*. Dagegen ist das apicale Tafel-System (in der Kelchwand), welches sich über der rechten Coelomtasche der Larve entwickelt, zusammengesetzt aus folgenden Theilen: I. einer Centralplatte am Apical-Pol, wo sich der Stiel ansetzt: *Centrale* oder *Centrodorsale*; II. ein Kranz von 5 perradialen *Infrabasal*-Platten (oft nur 3 Platten, indem 2 laterale jederseits verschmolzen sind); III. mit diesen alternirend ein Kranz von 5 interradialen *Basalia* (oder *Parabasalia*); IV. ein Kranz von 5 perradialen, mit letzteren alternirenden *Scapularia* oder sogenannten *Radialia*. Diese letzteren tragen die Reihe der perradialen Armstücke (*Brachialia*). In seiner ursprünglichen Reinheit und Einfachheit findet sich dieses typische Platten-Skelet der Crinoideen-Theca bei der festsitzenden Larve des lebenden *Antedon*; wenig modificirt zeigen dasselbe sowohl die primitivsten Palacriniden (*Cystodiaten*: *Haplocrinus*, *Pisocrinus* etc.) als auch einige niedere Neocriniden (*Hyocrinus*, *Rhizocrinus* u. A.). Indessen ist noch sehr die Frage, wie weit die palingenetische Bedeutung des larvalen Antedon-Skelets ursprünglich geht.

Die grosse Mehrzahl der Crinoideen besitzt dagegen eine viel reichere Zusammensetzung des Kapsel-Skelets, indem sich zwischen das Oral-System der Kelchdecke und das Apical-System der Kelchwand ein Perizonal-Skelet oder ein *perisomatisches Tafel-System* einschaltet. Dasselbe besteht oft aus sehr zahlreichen Platten, welche in mannichfaltigster Weise, sowohl im Calyx als im Epicalyx sich ordnen und zwischen die angeführten typischen Platten einschieben. Im Kelche finden sich meistens zwischen den 5 perradialen Plattenreihen (Infrabasalia und Scapularia), oberhalb der Parabasalia, mehrere Meridian-Reihen von interradialen (oder eigentlich adradialen) Tafeln, welche als *Sepalaria* bezeichnet werden könnten; ihr gewöhnlicher Name, *Interradialia*, sollte nur denjenigen zukommen, die wirklich im Interradius liegen. Bei den meisten älteren Crinoideen ist der Anal-Interradius noch durch Einschaltung besonderer *Anal*-Tafeln ausgezeichnet. — In der Kelchdecke finden sich bei der grossen Mehrzahl der Crinoideen nach aussen von den 5 centralen und interradialen *Oralia* fünfmal zwei Gruppen von zahlreichen kleinen Täfelchen: ambulacrale oder *Palmaria*, welche die perradialen Ambulacralrinnen einfassen oder bedecken, und interambulacrale oder *Interpalmaria*, welche die 5 interradialen dreieckigen Felder zwischen letzteren bedecken.

Skelet des Kelchstiels (*Columna*). Der verticale Stiel oder die Säule, welche den Kelch der Crinoideen trägt, ist von sehr verschiedener Länge, meistens beträchtlich länger als die Kelchaxe. Gewöhnlich ist der Stiel ein fünfkantiges Prisma, seltener cylindrisch oder schlank-kegelförmig. Meistens ist derselbe aus sehr zahlreichen Gliedern zusammengesetzt, scheibenförmigen Kalkstücken, welche durch Bänder und Muskeln gelenkig verbunden sind. An der aboralen Basis ist der Stiel bald unmittelbar dem felsigen Meeresboden aufgewachsen (oft mit verbreiterter Haftscheibe), bald wurzelartig verästelt. Bei vielen jüngeren Crinoideen ist der Stiel mit Wirteln von beweglichen Ranken besetzt. Die Glieder, welche einen solchen pentaradialen Verticillus von 5 Ranken tragen, werden als Stielknoten (*Nodi*) bezeichnet, die dazwischen liegenden, rankenfreien Stengeltheile als Zwischenknoten (*Internodia*). Der Central-Canal, welcher den Stiel durchsetzt und einen Fortsatz des Coeloms, sowie Blutgefässe und Nerven enthält, setzt sich auch auf die Ranken fort.

Skelet der Arme. Die 5 perradialen Arme (*Olenae*), welche vom Kelch der Crinoideen abgehen, sind selten einfach, gewöhnlich verästelt und aus sehr zahlreichen einzelnen Kalkstücken zusammengesetzt. Diese „Armglieder" sind gelenkig verbunden und durch Muskeln beweglich. Ursprünglich liegen sie in einer Reihe hinter einander (ähnlich den Stielgliedern): einzeilige Arme. Später werden die scheibenförmigen Armglieder keilförmig und schieben sich so in einander, dass sie wechselzeilige Arme bilden. Endlich treten die keilförmigen Scheiben so aus einander, dass sie zwei alternirende Reihen bilden: zweizeilige Arme.

Diese drei phylogenetischen Stufen der Gliederung werden auch ontogenetisch von den zweizeiligen Armen durchlaufen, und zwar von der Spitze beginnend gegen die Basis hin. An der Basis bleiben sie immer eine Strecke weit einzeilig. Die Verzweigung der Arme geschieht meistens dichotomisch. Wenn 10 oder 20 Arme vom Kelche abzugehen scheinen, beginnt die basale (einfache oder wiederholte) Gabeltheilung derselben schon in der Kelchwand. Bei den meisten (namentlich jüngeren) Crinoideen tragen die Arme und ihre Zweige ruthenförmige, alternirend stehende Fiederchen (*Pinnulae*); sie haben denselben gegliederten Bau wie die Arme, und auch die Ambulacral-Rinne auf der Oralfläche setzt sich von den Armen auf die Pinnulae fort. Man kann letztere als die äussersten Zweige der Arme betrachten.

§ 258. Malacom der Crinoideen.

Die Anatomie des Weichkörpers, ebenso wie die Ontogenie der Crinoideen, ist uns nur von den lebenden Vertretern der jüngsten Ordnung bekannt, den Canalicata unter den *Neocriniden*. Abweichungen von dieser modernen Bildung bei den ausgestorbenen *Palacriniden* lassen sich nur theilweise aus der Bildung der Arme und der Kelchdecke, besonders der Mund- und After-Oeffnung errathen. Die genauere Anatomie des Malacoms hat gezeigt, dass die Crinoideen in wichtigen Verhältnissen eine sehr eigenthümliche Organisation erworben und sich weit von den übrigen Echinodermen entfernt haben. Besonders gilt dies vom Genital- und Ambulacral-System, ebenso auch vom Coelom- und Nerven-System, weniger vom Darm-System.

Darm-System. Der Darmcanal der Crinoideen ist ein einfacher cylindrischer Schlauch, ohne scharf gesonderte Abtheilungen, welcher in einer Spirale um die Axe des Kelchs sich windet und seine beiden Oeffnungen oben in der Kelchdecke meistens nahe bei einander zeigt: der Mund im Centrum, der After daneben excentrisch, bisweilen dem Rande genähert. Der „anale Interradius", in welchem der After liegt, bestimmt immer (zusammen mit der Hauptaxe) die Median-Ebene und ist meistens auch am Kelch-Skelet durch besondere interradiale „Anal-Platten" ausgezeichnet (sie fehlen den meisten Neocriniden). Die centrale Lage der Mundöffnung wird nur sehr selten verschoben (bei der modernen *Actinometra*). Der After ist oft in eine lange, cylindrische oder conische Röhre ausgezogen, welche caminartig senkrecht emporsteigt und durch ein besonderes Platten-Skelet gestützt wird; sie dient als Afterkieme, indem durch den After rhythmisch Wasser eingesogen und ausgestossen wird.

Ambulacral-System. Der *Hydrocircus*, der den Mund umgebende „Wassergefässring", giebt bei allen Crinoideen 5 perradiale Principal-Canäle ab, welche unter der Haut der Kelchdecke zur Basis der 5 Arme verlaufen und deren Verästelung entsprechend sich vielfach theilen. Die letzten Aestchen münden in die feinen Tentakeln, welche an den Pinnulae oder den Endzweigen der Arme auf deren Ventralseite ansitzen und als Organe des Tastsinnes, der Respiration und der Nahrungszufuhr dienen. Der einfache primäre Steincanal ist nur in der jungen Larve (von *Antedon*) vorübergehend vorhanden und mündet durch den Notoporus aus. Später zerfällt der Hydroductus in zwei Stücke; das äussere distale Stück bleibt als Kelchporus bestehen und lässt das Wasser durch die Kelchdecke in die Leibeshöhle eintreten; das innere, längere Stück bleibt als proximaler Steincanal am Hydrocircus hängen und mündet ebenfalls in das Megacoel. Nachher wird diese Einrichtung allgemein multiplicirt; während ursprünglich ein einziger Steincanal in einem Interradius lag, treten daneben vier andere in den übrigen Interradien auf; *Rhizocrinus, Actinocrinus* u. A. besitzen dauernd 5 interradiale Steincanäle und Kelchporen. Bei den übrigen Crinoideen tritt gewöhnlich später eine sehr starke Vermehrung derselben auf, so dass die ventrale Kelchdecke von Hunderten (oder selbst von mehr als Tausend) Kelchporen durchbrochen wird.

Genital-System. Die eigenthümliche Bildung der Geschlechtsorgane und der mit ihnen zusammenhängenden Paraxondrüse stellt die Classe der Crinoideen allen übrigen Echinodermen gegenüber und beweist am besten, wie frühzeitig sich dieselbe von der gemeinsamen Stammgruppe der Pentorchonien — oder von einem Aste der Cystoideen — abgezweigt hat. Die Geschlechtsdrüse der Crinoideen erscheint als ein mächtiger, vielverzweigter Baum, dessen Verästelung auf der Ventralseite der Arme stattfindet und bis in deren letzte Aestchen oder Pinnulae hineingeht. Den sterilen Stamm des Baumes bildet die eigenthümlich umgestaltete Paraxondrüse, welche sich am Apical-Pol der Hauptaxe in das „gekammerte Organ" des Stieles fortsetzt, am Oral-Pol in 5 perradiale Genitalstränge, welche sich unter den Ambulacral-Röhren der Kelchdecke an die 5 Arme begeben und mit diesen verzweigen. In der Regel bleiben alle diese Aeste und Zweige des Genitalbaumes steril, mit Ausnahme der letzten Endäste, die an der Oralseite der Pinnulae liegen und Geschlechtsproducte entwickeln. Hier werden dieselben durch Platzen des Tegumentes frei. Bei den ältesten Palacriniden (*Larviformia* u. A.), deren 5 oder 10 einfache Arme weder Aeste noch Pinnulae trugen, werden sich die Gonaden an der Ventral-Seite der Arme selbst entwickelt haben.

§ 259. Classification der Crinoideen.

Die Palaeontologie zeigt uns in der Stammesgeschichte der *Crinoideen* (— ähnlich wie bei den *Echinideen* —) zwei grosse Haupt-

Abschnitte, denen entsprechend man die Classe schon seit langer Zeit in zwei grosse Subclassen getrennt hat: I. die palaeozoischen *Palacrinida* und II. die mesozoischen und modernen *Neocrinida*. Beide Subclassen sind zwar nicht so vollkommen und durchgreifend in historischer und morphologischer Hinsicht getrennt, wie man früher annahm; aber dennoch stellen sie, im Grossen und Ganzen betrachtet, zwei natürliche Hauptabtheilungen der Classe dar, von denen die ältere mehr ursprüngliche, die jüngere stärker modificirte Bildungs-Verhältnisse besitzt. Dieser Unterschied zeigt sich vor Allem darin, dass der Kelch der älteren *Palacriniden* relativ grösser und aus sehr zahlreichen Platten zusammengesetzt ist, während bei den jüngeren *Neocriniden* sich die Arme stärker auf Kosten des Kelches entwickeln und dessen Platten-Panzer reducirt wird. Ferner zeigt der Kelch der Palacriniden deutlich die ursprüngliche Amphipleurie, indem der anale Interradius durch besondere Platten sich auszeichnet. Diese fehlen den jüngeren Neocriniden, bei denen der Kelch regulär-pentaradial erscheint.

I. Subclasse: **Palacrinida** (= *Palaeocrinoidea*; früher auch als Tessellata bezeichnet). Diese ältere Subclasse ist ganz (oder fast ganz) auf das palaeozoische Zeitalter beschränkt; sie hat sich schon im Cambrium von den Cystoideen abgezweigt und bereits im Ober-Silur zu reicher Blüthe entwickelt; auch im Carbon ist sie stark entwickelt, stirbt aber im Perm aus. Einzelne Epigonen (die cretassischen *Vintacriniden*, die recenten *Thaumatocriniden*) haben sich vielleicht in die Neuzeit hinüber gerettet (?). Die Theca der *Palacriniden* ist im Allgemeinen durch die grosse Zahl der Panzerplatten characterisirt (daher *Tessellata*); der Kelch ist relativ gross und lässt deutlich die ursprüngliche Bilateral-Form erkennen, indem im analen Interradius besondere Anal-Platten eingefügt sind; meistens sind auch Sepalar-Platten in die interradialen Felder des Kelchs sowohl als der Kelchdecke eingeschaltet. Letztere ist meistens gut getäfelt, gewölbt und fest, oft in Form eines hohen Ventral-Doms emporgehoben. Die Ambulacral-Rinnen sind meistens durch Deckplättchen verdeckt oder geschlossen, so dass „unterirdische Zufuhr-Canäle" (subtegminale Subvectoren) entstehen; die Nahrung tritt aus den offenen Subvectiv-Rinnen der Arme an deren Grunde in die „geschlossenen Ambulacral-Röhren", welche sie zu dem verdeckten Munde führen (*Hypascocrina*). Die Arme der Palacriniden sind sehr mannichfaltig entwickelt, bei den ältesten Formen noch sehr schwach und einfach (wie bei den *Glyptocystiden*-Ahnen), bei der Mehrzahl reich entwickelt und von der Basis an verästelt.

II. Subclasse: **Neocrinida** (= *Neocrinoidea*; früher auch als Articulata — oder besser *Articulosa* bezeichnet). Diese jüngere Subclasse ist fast ganz auf das mesozoische und caenozoische Zeitalter beschränkt und umfasst ausserdem alle (oder fast alle) lebenden Crinoideen. Sie ist in der Trias nur durch wenige Genera vertreten (*Encrinus*, *Pentacrinus*), erreicht aber schon im Jura eine sehr reiche Entfaltung; in der Tertiär-Zeit tritt sie wieder zurück. Die ältesten mesozoischen Neocriniden (*Encrinida*) erscheinen jedoch so nahe verwandt einem Zweige der älteren palaeozoischen Palacriniden (den *Cyathocriniden* und anderen dicyclischen *Inadunaten*), dass man ihre directe Ahnenreihe wahrscheinlich wird bis zum Silur hinauf verfolgen können. Die Theca der *Neocriniden* zeigt im Allgemeinen eine zunehmende Tendenz zur Reduction der Zahl der Panzerplatten und zur stärkeren Ausbildung der regulär-pentaradialen Grundform. Das hängt damit zusammen, dass die 5 Arme, meistens vielfach getheilt, immer grösser und stärker werden und sich auf Kosten des reducirten Kelchs entwickeln; insbesondere dehnen sich auch die perradialen Armbasen immer stärker gegen den Scheitel aus und nehmen immer mehr Antheil an der Zusammensetzung des Kelches. Die Zahl der Platten, welche die Kelchwand bilden, wird reducirt, entsprechend seiner abnehmenden Ausdehnung; insbesondere verschwinden die Anal-Platten im analen Interradius; auch interradiale Sepalar-Platten fehlen meistens. Die Kelchdecke ist gewöhnlich flach oder wenig gewölbt, mit offenen Subvectiv-Rinnen; die Täfelchen in ihrer weichen und biegsamen Haut sind meistens klein und zahlreich oder sehr reducirt (*Epascocrina*).

Eine scharfe Grenze zwischen den palaeozoischen *Palacriniden* und den mesozoischen (und modernen) *Neocriniden* zu ziehen, ist weder morphologisch möglich, noch phylogenetisch erwünscht; denn jedenfalls sind ja die letzteren aus den ersteren hervorgegangen, sei es nun monophyletisch oder polyphyletisch. Die verwickelten Wege dieser Ableitung aufzudecken, muss den phylogenetischen Fortschritten der Zukunft vorbehalten bleiben. Gegenwärtig ist es unmöglich, in dem verwickelten Verwandtschafts-Labyrinthe der zahlreichen (35—40) Crinoideen-Familien irgend welche sicheren Spuren der ursprünglichen Verzweigung ihres Stammbaumes aufzudecken. Trotz der grossen Mühe, welche sich zahlreiche gründliche Forscher mit der Umgrenzung und Definition der vielen Familien gegeben haben, ist es nicht einmal gelungen, diese befriedigend klar zu stellen; fast bei jedem Merkmale heisst es: „gewöhnlich“ oder „meistens“. Auch ist noch viel zu wenig die Hauptfrage in kritische Erwägung gezogen, wie Viel von den einfacheren oder zusammengesetzten Structur-Verhältnissen in der Bildung des Kelchs und der Arme ursprünglich, wie Viel durch Umbildung secundär entstanden ist. Immerhin lassen sich einige grössere Gruppen erkennen, die wir nachstehend als sechs Ordnungen provisorisch unterscheiden; die vier ersten Ordnungen gehören zu den *Palacriniden*, die zwei letzten zu den *Neocriniden*.

I. Ordnung: **Cystodiata** oder **Haplocrinia** (= *Larviformia* oder *Haplocrinacea*). Uebergangsgruppe von den *Cystoideen* zu den *Crinoideen* und gemeinsame Stammgruppe aller echten Crinoideen. Die ältesten cambrischen und silurischen Crinoideen sind durch mehrfache Uebergangs-Formen mit ihren Cystoideen-Ahnen, besonders den *Glyptocystiden*, so eng verknüpft, dass eine scharfe systematische Trennung kaum möglich ist. Die pentaradialen Glyptocystiden (*Sycocystida*) nähern sich bereits den Cystodiaten durch die Differenzirung von Kelch und Kelchdecke, welche durch die Insertion eines Kranzes von echten Armen getrennt werden. Anderseits gleichen viele *Larviformia* der characteristischen palingenetischen Antedon-Larve. Der Kelch besteht aus wenigen Kränzen von grossen Tafeln, theilweise in pentaradialer Anordnung. Die Arme (5 oder 10) sind meistens noch sehr schwach, einfach, einzeilig gegliedert. Entscheidend für die Pentorchonien-Stellung der *Cystodiaten* ist aber besonders der Mangel des einfachen Gonoporus, welchen die echten Cystoideen zeigen; die Gonaden waren bereits in Fünfzahl vorhanden. Als echte *Larviformia* sind die Familien der *Haplocrinida*, *Stephanocrinida, Pisocrinida* u. A. zu betrachten. Die devonischen *Cupressocrinida* bilden eine besondere Gruppe. Die *Porocrinida* führen durch die *Poteriocrinida* zu den Fistulaten (Inadunaten) hinüber.

II. Ordnung: **Camerata** oder **Sphaeridocrinia** (= *Sphaeroidocrinoidea*). Die formenreiche Hauptgruppe der Palacriniden, mit 10 bis 12 Familien, sehr zahlreichen Gattungen und Arten (vergl. § 260). Die ansehnliche Kapsel (Theca) besitzt ein sehr entwickeltes Tafelskelet, dessen zahlreiche Platten fest verbunden sind. Kelch (oder Dorsalkapsel) und Kelchdecke (oder Ventralkapsel) sind in der Regel beide stark gewölbt und oft nicht scharf getrennt, indem zahlreiche Interradial-Platten zwischen den Armen eingeschaltet sind, deren Basal-Glieder (Brachialia) in die Kelchwand aufgenommen sind. Die feste Kelchdecke ist oft in Gestalt eines hohen Domes emporgewölbt, an dessen Spitze (seltener an der Basis) der After liegt (Anal-Dom, Anal-Tubus, Ventral-Dom). Der centrale Mund und die von ihm ausgehenden 5 Subvectiv-Rinnen sind meistens von aussen nicht sichtbar, sondern verdeckt durch Fortsätze der zahlreichen Interambulacral-Platten; sie bilden ein unterirdisches oder „subtegminales Anthodium“. Die Basis des Kelchs ist bald monocyclisch (*Melocrinida*, *Actinocrinida*, *Platycrinida* und viele andere), bald dicyclisch (*Rhodocrinida, Glyptocrinida, Anthocrinida* u. A.). Die Arme sind von sehr mannichfaltiger Bildung, meistens zweizeilig, mit zahlreichen Pinnulae und primitiver Articulation. In der Bildung der Kelchdecke schliessen sich viele ältere Cameraten eng an die *Cystodiaten* und theilweise an die Cystoideen an (*Glyptocystida*).

III. Ordnung: **Flexilata** oder **Ichthyocrinia** (= *Articulata* [ss. str.!], *Flexibilia* oder *Ichthyocrinoidea*). Ein alter kleiner Nebenzweig der Palacriniden, ausgezeichnet durch starke Biegsamkeit des Kelches, dessen zahlreiche Platten durch Gelenke und Bänder beweglich verbunden sind. Perradiale Plattenreihen vortretend, interradiale oft stark eingesunken.

Mund und Ambulacral-Rinnen offen. Arme einzeilig. Grundform bilateral. Ausser den palaeozoischen *Taxocriniden* und *Ichthyocriniden* gehören hierher vielleicht die cretassischen *Vintacriniden* und der recente *Thaumatocrinus* (?). Nahe verwandt erscheinen auch die *Marsupitida* der Kreide, die aber wohl besser zu den Pelvicaten gestellt werden.

IV. Ordnung: **Inadunata** oder **Cyathocrinia** (= *Fistulata* oder *Cyathocrinacea*). Uebergangsgruppe von den Palacriniden (*Porocrinida*) zu den Neocriniden (*Encrinida*). Der kleine Kelch besteht aus einer geringen Anzahl von Tafeln (10—16) und besitzt nur einen Kranz von perradialen Scapular-Platten, da die Arme bis zur Basis frei sind. Interradiale Sepalar-Platten fehlen (ausser im analen Interradius). Die Kelchdecke erhebt sich meistens in Form eines hohen Anal-Doms oder einer konischen „getäfelten Ventral-Kapsel". Die Ambulacral-Rinnen sind nicht bedeckt (wie bei den *Cameraten*), sondern von beweglichen Deckplättchen eingefasst, wie bei den *Canalicaten*. Die Hauptgruppe dieser Ordnung sind die palaeozoischen *Cyathocriniden*, welche einerseits durch die *Poteriocriniden* sich an die Cystodiaten anschliessen (*Porocrinida*), anderseits durch die triassischen Encriniden an die modernen Typocrinien oder Canalicaten (*Pentacrinida*).

V. Ordnung: **Pelvicata** oder **Mesocrinia** (= *Coadunata* ss. ampl. oder *Encrinacea*). Aeltere Gruppe der Neocriniden, meist mesozoisch. Die Analplatten der Palacriniden sind verschwunden, überhaupt keine interradialen Sepalar-Platten entwickelt. Der Kelch erscheint daher meist regulär-pentaradial, die Zahl seiner Platten reducirt. Der Kranz der Basal-Platten ist anfangs noch doppelt (*Dicyclia*), später einfach (*Monocyclia*). Kelchdecke meistens flach, mit offenen Ambulacral-Rinnen. Arme sehr verschieden entwickelt; ihre Basis setzt sich nicht perradial bis zum Scheitel des Kelches fort. Hierher gehören die ausgestorbenen mesozoischen Familien der *Encrinida* (Trias), *Apiocrinida* und *Eugeniacrinida* (Jura, Kreide), die eigenthümlichen ungestielten *Marsupitida* (Kreide) und *Saccocomida* (= Costata, Jura), ferner wahrscheinlich die lebenden Familien der *Hyocrinida* und *Holopida*. Die frei schwimmenden Saccocomiden stammen wahrscheinlich von den *Plicatocriniden* des Jura ab, ebenso die Hyocriniden.

VI. Ordnung: **Canalicata** oder **Typocrinia** (= *Pentacrinacea* ss. ampl.). Hauptgruppe der modernen Crinoideen, die meisten lebenden Arten umfassend. In dieser jüngsten Gruppe erreichen die Arme ihre höchste Entwickelung auf Kosten des kleinen und stark reducirten Kelches. Interradiale Sepalar-Platten fehlen am Kelche, ebenso Analia. Die Basalien und Scapularien sind von Dorsal-Canälen durchzogen. Die Kelchdecke ist flach, weichhäutig oder nur schwach getäfelt, meist ohne grössere Oralplatten, mit offenen Ambulacral-Rinnen. Die starken, meist viel verästelten Arme nehmen an der Zusammensetzung des Kelches so bedeutenden Antheil, dass man ihre perradiale Basis meist bis zum Scheitel verfolgen kann. Es gehören hierher die lebenden (theilweise schon im Jura auftretenden) Familien der *Bathycriniden*, *Rhizocriniden*, *Pentacriniden* und *Comatuliden*. Die letzteren sind nur in der Jugend gestielt. Als besondere Familie kann man von ihnen die *Actinometriden* trennen, die einzigen Crinoideen, bei welchen der Mund seine ventrale Lage verlässt und (dem Analradius gegenüber) nach dem Rande der Kelchdecke hinrückt.

§ 260. System der Crinoideen.

Subclassen	Ordnungen	Kelchbildung	Familien
I. **Palacrinida** = *Palaeocrinoidea* = **Tessellata** (= *Hypascocrina* p. max. parte). Theca complet getäfelt; Kelch deutlich amphipleurisch, mit analen Interradial-Platten. Kelchdecke solid, oft stark gewölbt (und als Anal-Dom vortretend), meistens mit verdeckten Ambulacral-Rinnen. ——— (Die Palacriniden sind fast Alle palaeozoisch, die Neocriniden meistens mesozoisch und caenozoisch.)	I. **Cystodiata** (= *Larviformia*) Uebergangsgruppe von den Cystoideen zu den Palacriniden	Kelch relativ gross, an die Glyptocystida anschliessend, oft der Antedon-Larve ähnlich, Arme sehr schwach, von einfacher Bildung	*Haplocrinida* *P.* + *Coccocrinida* *P.* + *Stephanocrinida* *P.* + *Pisocrinida* *P.* + *Hybocrinida* *P.* + *Porocrinida* *P.* + *Cupressocrinida* *P.* +
	II. **Camerata** (= *Sphaeridocrinia*) Hauptgruppe der palaeozoischen Crinoideen, oder der typischen Palacriniden, mit reicher Tafel-Panzerung der festen Theca	Kelch voluminös, aus sehr zahlreichen Tafeln zusammengesetzt, welche durch Nähte, nicht durch Gelenke verbunden sind. Kelchdecke fest getäfelt und als „Ventralkapsel" hoch gewölbt	*Retecrinida* *P.* + *Rhodocrinida* *P.* + *Glyptocrinida* *P.* + *Melocrinida* *P.* + *Actinocrinida* *P.* + *Platycrinida* *P.* + *Crotalocrinida* *P.* + *Barrandocrinida* *P.* + *Hexacrinida* *P.* + *Acrocrinida* *P.* + *Calyptocrinida* *P.* +
	III. **Flexilata** (= *Ichthyocrinia*) Nebengruppe mit biegsamer gegliederter Täfelung der Theca	Kelch und Kelchdecke weich, biegsam; Tafeln durch Gelenke verbunden	*Taxocrinida* *P.* + *Ichthyocrinida* *P.* + *Vintacrinida* *M.* + *Thaumatocrinida* V
	IV. **Inadunata** (= *Cyathocrinia*) Stammgruppe der Neocriniden, mit primitiver (oder stark reducirter?) Täfelung der Theca	Kelch klein, mit wenigen (10—16) Tafeln. Kelchdecke meist mit getäfeltem, hohem Anal-Dom	*Poteriocrinida* *P.* + *Cyathocrinida* *A.* + *Dendrocrinida* *P.* + *Decadocrinida* *P.* + *Astylocrinida* *P.* +
II. **Neocrinida** = *Neocrinoidea* = **Articulosa** (= *Epascocrina* p. max. parte) Theca incomplet getäfelt; Kelch regulär-pentaradial, ohne anale Interradial-Platten. Kelchdecke weich, membranös, mit offenen Ambulacral-Rinnen	V. **Pelvicata** (= *Mesocrinia*) Uebergangsgruppe von den Palacriniden zu den typischen Neocriniden	Kelch relativ gross, meist mit dicyclischer Basis. Arme relativ klein oder mässig entwickelt, nicht bis zum Scheitel reichend	*Encrinida* *M.* + *Apiocrinida* *M.* + *Eugeniacrinida* *M.* + *Holopida* *M.* V *Hyocrinida* *M.* V *Plicatocrinida* *M.* + *Saccocomida* *M.* + *Marsupitida* *M.* +
	VI. **Canalicata** (= *Typocrinia*) Hauptgruppe der modernen Crinoideen oder der typischen Neocriniden	Kelch relativ klein, meist mit monocyclischer Basis. Arme relativ gross, meist sehr entwickelt, fast bis zum Scheitel reichend	*Bathycrinida* V *Rhizocrinida* *M.* V *Pentacrinida* *M.* V *Comatulida* *M.* V *Actinometrida* *M.* V

§ 261. Sechste Classe der Echinodermen:

Echinidea. Igelsterne.

(*Echini. Echinida. Echinoidea. Echinactinota. Seeigel.*)

Armlose, freibewegliche und pygocincte Pentorchonien mit starrem, stacheltragenden Platten-Panzer, completem Anthodium und geschlossenen Subvectoren.

Echinodermen mit fünffachen Gonaden, mit Paraxondrüse und apicalem, pentaradialem Genital-Ring, sowie mit 5 interradialen Genital-Poren in den Basal-Platten des Scheitels. Körper kapselförmig, ohne gegliederte Arme, frei beweglich, mit verticaler Hauptaxe; Mund unten, ursprünglich central; After oben, oft im posteralen Interradius nach hinten verschoben. Darm einfach, ohne Blinddärme, meistens mit stark entwickeltem Kau-Apparat (Laterne). Ambulacra mit geschlossenen Epineural-Canälen, in Form von fünf perradialen Meridian-Blättern den grössten Theil des Körpers umfassend, von der ventralen auf die dorsale Kapsel übergreifend; Füsschen aus dem Innern der Kapsel durch Poren derselben vortretend. Madreporit dorsal, in einer der 5 interradialen Basal-Platten. Hautskelet gewöhnlich ein starrer Platten-Panzer, fest zusammengefügt aus 5 perradialen ambulacralen und 5 interradialen stacheltragenden Tafel-Feldern. Nur die Mundhaut des Oral-Feldes und die Afterhaut des Anal-Feldes sind mehr oder weniger beweglich.

Die Classe der Echinideen (— auch als *Echini*, *Echinida* oder *Echinoidea* bezeichnet, „Igelsterne oder Seeigel“ —) ist eine der formenreichsten Hauptgruppen der Echinodermen, in manchen Beziehungen zugleich die vollkommenste; sie entfernt sich von den übrigen 7 Classen durch mancherlei Eigenthümlichkeiten. Im inneren Bau, wie in der Haltung des frei beweglichen Körpers, sind sie am nächsten den Asterideen und Ophiodeen verwandt, unterscheiden sich aber von Beiden schon äusserlich durch den Mangel der Arme und besonders durch die weite Ausdehnung der 5 Ambulacren; diese sind nicht auf die Bauchseite beschränkt, sondern erstrecken sich weit auf die Rückenseite hinauf, gegen den After hin. Hier oben, am Apicalpol, bleibt nur ein kleines Afterfeld (*Periprocton*) von den Ambulacren frei, ebenso wie unten, am Oralpol, ein beschränktes Mundfeld (*Peristoma*). Zwischen diesen beiden Feldern bildet den grössten Theil der Kapselwand ein starrer Plattenpanzer (*Corona*), fest zusammengefügt aus 5 Ambulacral-Feldern und 5 Interambulacral-Feldern, und in jedem dieser 10 Meridian-Felder liegt eine mehrfache Reihe von Platten. Der grössere Theil der Platten trägt bei allen Echinideen bewegliche Kalkstacheln von höchst mannichfaltiger Bildung, dazwischen Pedicellarien und andere Appendikeln.

Das Apicalfeld ist von einem characteristischen Kranze von 10 Platten umgeben; 5 perradiale Ocellar-Platten stossen oben an das Apical-Ende der Ambulacren, 5 interradiale Genitalplatten an dasjenige der Interambeln. Eine von diesen 5 Geschlechtsplatten ist grösser, porös, und führt als „Madreporit" in den Steincanal. Dieser liegt ebenso wie bei den Asterideen im Paraxon-Sinus und steigt schräg herab gegen den Hydrocircus. Auch der After liegt meistens, wie bei den Asterideen, subcentral im Scheitel; doch rückt er häufig nach hinten in den posteralen (unpaaren) Interradius. Der periproctale Genitalring, welcher bei den Asterideen die Paraxon-Drüse dauernd mit den 5 interradialen Gonaden in Verbindung erhält, ist bei den Echinideen nur in der Jugend nachweisbar; später erscheint er in dieser Classe vollständig rückgebildet.

Während die Echinideen in diesen und anderen Verhältnissen den Asterideen nächst verwandt erscheinen, entfernen sie sich dagegen von ihnen durch die tiefe (subdermale) Lage der 5 perradialen Organe (Hydrocanäle, Blutgefässstämme, Nervenstämme); sie gleichen in dieser Beziehung mehr den Holothurien, ebenso wie durch die mächtige, den grössten Theil des Körpers umfassende Ausdehnung der Ambulacren. Indessen bekundet auch diese Aehnlichkeit keineswegs eine wirkliche Stammverwandtschaft. Weder dürfen die Echinideen (*Pentorchonien*) von Holothurien (*Monorchonien*) abgeleitet werden, noch umgekehrt; und dasselbe gilt für die Aehnlichkeit der Echinideen und Asterideen. Vielmehr erscheint uns als Stammgruppe der Echinideen nur die Classe der Cystoideen annehmbar — falls man nicht noch vorsichtiger sein und auf gepanzerte Amphorideen (*Aristocystida*) zurückgehen will. Indessen nähert sich bei manchen *Agelacystiden* — vor Allem *Mesites* — die characteristische Zusammensetzung der kugeligen Panzerkapsel aus 5 Ambulacren und 5 alternirenden Interambeln schon so sehr derjenigen der ältesten Echinideen (— *Cystocidariden* —), dass man die ersteren zwar nicht als directe Vorfahren der letzteren, wohl aber als nahe Verwandte derselben betrachten darf.

§ 262. Skelet der Echinideen.

Das Dermal-Skelet der Igelsterne erreicht in Bezug auf feste Fügung eines starken Plattenpanzers, Bewaffnung desselben mit beweglichen Stacheln und dadurch erreichten Schutz des Körpers die höchste Stufe der Vollkommenheit unter den Echinodermen; es steht aber den übrigen nach an Beweglichkeit der Körperdecke selbst und Fähigkeit der Form-Veränderung. Die zahlreichen Kalktafeln, welche die sogenannte „Schale“, den starren Platten-Panzer (*Theca tabulata*) zusammensetzen, sind gewöhnlich so fest durch Naht zusammengefügt, dass nur an beiden Polen der verticalen Hauptaxe ein beweglicher Tegument-Theil übrig bleibt, unten das grössere Oralfeld (mit dem Munde), oben das kleinere Apicalfeld (mit dem After). Eine Ausnahme bilden nur die ältesten palaeozoischen Seeigel, die meisten *Cystechiniden* und *Palechiniden*, sowie unter den lebenden Autechiniden die einzige Familie der *Echinothuriden*; hier sind die Kalktafeln mehr oder weniger beweglich, decken sich schuppenartig mit ihren Rändern und stellen so einen dehnbaren Schuppenpanzer dar (*Theca squamata*); seine ursprüngliche Bildung schliesst sich unmittelbar an diejenige der Cystoideen an, besonders der *Agelacystida*. Die Imbrication ist in den 5 Ambulacren und den 5 alternirenden Interambeln entgegengesetzt: sie ist in den Ambulacral-Feldern oralwärts gerichtet; d. h. die unteren (oralen) Ränder der Schuppen schieben sich über die oberen (apicalen) der nächstunteren Schuppen hinüber; in den Interambulacral-Feldern findet das Umgekehrte statt: der obere Rand jeder Schuppe schiebt sich über den unteren der nächstoberen hinüber.

Da die Echinideen *Anolenen* sind und jeder Spur der Armbildung entbehren, so kann ihre feste Panzerkapsel als Ganzes nur mit derjenigen der *Cystoideen* und *Blastoideen* verglichen werden; dagegen in den drei Olenaten-Classen zunächst nur mit dem centralen Astrodiscus, während die 5 Astrolenen nur bis zu einem gewissen Grade in Betracht kommen. Man hat sich zwar sehr viel Mühe gegeben, specielle Homologien des getäfelten Panzers und seiner einzelnen Theile sowohl zwischen den Echinideen und Asterideen, als auch zwischen ersteren und den Crinoideen nachzuweisen. Indessen unbefangene Vergleichung ihrer gesammten Anatomie und Ontogenie lehrt, dass höchstens die ersten pentaradialen Anlagen der Skeletbildung bis zu einem gewissen Grade homolog erscheinen, dass aber die typische Ausbildung des Skelets in den verschiedenen Classen selbständig stattgefunden hat. Allerdings kann man an der Theca der Echinideen (— wie bei den meisten übrigen Echinodermen —) drei Hauptabschnitte unterscheiden: eine Oralkapsel (Kelchdecke) mit dem Munde, eine Apicalkapsel (Kelch) mit dem After und eine perisomatische, zwischen beiden gelegene Skeletzone, das Perizonal-Skelet. Allein dieses letztere ist bei den Echinideen viel stärker als bei allen anderen Echinodermen entwickelt, so dass die beiden anderen Abschnitte dagegen sehr zurücktreten. Die 5 Ambulacralbezirke dehnen sich bei den Echinideen über den grössten

Theil der Kapsel aus und bilden ein completes Anthodium, während sie sonst auf die Bauchseite oder Kelchdecke beschränkt bleiben.

Das Perizonal-Skelet oder die sogenannte Corona der Echinideen wird stets aus zahlreichen Kalktafeln zusammengesetzt, welche gruppenweise in Meridian-Reihen geordnet sind. Diese bilden den grössten Theil der Panzerkapsel und sind auf 10 alternirende Gruppen vertheilt, 5 Ambulacra und 5 Interambulacra; erstere sind von Poren durchbrochen, letztere nicht. Die Ambulacra (oder „Ambulacral-Felder") bestehen stets aus zwei Plattenreihen, ausgenommen nur die älteste Gruppe, die *Cystechiniden* (mit 4—6 oder mehr Reihen). Ihre Mittellinie bildet der Perradius, ihre Tafeln sind von Poren durchbrochen, durch welche die Füsschen aus der Kapselhöhle nach aussen treten. Die Interambula (oder Interambulacra, gewöhnlich „Interambulacral-Felder" genannt) sind meistens breiter als die ersteren; sie sind bei allen palaeozoischen Igelsternen (*Cystechiniden* und *Palechiniden*) aus mehr als zwei (3—9 oder mehr) Plattenreihen zusammengesetzt (— nur *Bothriocidaris* hat eine einzige Reihe —). Dagegen besteht jedes Interambulum bei den *Autechiniden* (seit der Trias-Zeit bis zur Gegenwart) nur aus zwei Plattenreihen, ebenso ein jedes Ambulacrum. Die Mittellinie der 5 Interambeln bildet der Interradius; ihre Tafeln sind nicht von Poren durchbrochen, tragen aber auf der Aussenfläche Gelenkhöcker, auf denen die Stacheln befestigt sind. Das feste Gefüge des Panzers wird bei den meisten Echinideen dadurch erreicht, dass die fünfeckigen oder sechseckigen Platten an den Meridian-Nähten zickzackförmig in einander greifen (wenigstens theilweise).

Das Apical-Feld der Echinideen oder das Scheitelfeld (*Apex*) ist der beschränkte Raum am oberen Pole der Hauptaxe, welcher von dem oberen Rande der Corona umschlossen wird. Er besteht gewöhnlich aus einem centralen Analfelde (*Periproсton*), in dem ursprünglich der After liegt; und aus einem Kranze von 10 alternirenden Platten, 5 ocellaren und 5 genitalen; erstere liegen perradial, letztere interradial. Die 5 Ocellar-Platten stossen an das obere Ende der 5 Ambulacra und enthalten einen perradialen Porus, durch den der unpaare Terminal-Fühler hindurchtritt; sie entsprechen (im Allgemeinen) den Terminal-Platten am Ende der Asterideen-Arme und werden auch den Scapularien (= „Radialien") der Crinoideen verglichen. Sie alterniren regelmässig mit den 5 Genital-Platten, welche an das obere Ende der 5 Interambula stossen und einen interradialen Porus zum Austritt der Geschlechts-Producte enthalten; diese hat man den Basal-Platten des Crinoideen-Kelchs verglichen. Eine von den Genital-Platten (die „rechte vordere") ist bedeutend grösser als die 4 anderen, porös und fungirt gewöhnlich als „Madreporenplatte". Meistens sind die 5 Genital-Platten bedeutend grösser als die 5 Ocellar-Platten und bilden für sich allein die Umgrenzung des Analfeldes; es giebt jedoch auch einzelne Seeigel (die palaeozoischen *Bothriocidariden*), bei denen umgekehrt die Ocellar-Platten grösser sind, und alle 10 Tafeln zusammen das Analfeld umschliessen. Bei einigen älteren Autechiniden (*Saleniden*) und bei jugendlichen Individuen anderer Gruppen wird das Analfeld von einer einzigen Kalkplatte eingenommen, einem Centrale; der After liegt dann in einem Ausschnitt zwischen letzterem und zwei Genital-Platten (der hinteren und der rechten hinteren). Gewöhnlich aber treten an die Stelle des Centrale zahlreiche kleinere Platten, in einer dehnbaren Afterhaut zerstreut, und der After liegt in letzterer selten central, meist excentrisch, hinten (und zugleich etwas rechts). Die Lage des Afters ist überhaupt in dieser Classe wichtigen Veränderungen unterworfen. Bei den ältesten *Cystechiniden* (Cystocidariden) lag der Anus ausserhalb des Apicalfeldes, in einem Interambulum, wie bei ihren Ahnen, den *Cystoideen*. Später rückte er nach dem Scheitel hinauf und in das Apicalfeld hinein; er behielt diese subcentrale Lage bei den *Palechiniden* und *Desmostichen*. Aber bei den jüngeren (amphipleuren) Autechiniden (den *Anthostichen* und *Petalostichen*) trat der After wieder aus dem Apicalfelde heraus und wanderte zurück in den hinteren Interradius, bisweilen sogar über das Hintertheil hinunter bis auf die Oralfläche.

Das Oral-Feld oder Mundfeld (*Peristoma*) der Echinideen nimmt ursprünglich eine weiche, bewegliche Haut ein, in deren Mitte sich die Mundöffnung befindet. Grössere Kalkplatten (welche etwa den interradialen Oralia der Ophiodeen und Crinoideen entsprächen) sind nicht vorhanden, wenn man nicht die Zähne als umgebildete Oral-Platten ansehen will. Gewöhnlich sind nur sehr zahlreiche und kleine Kalkplättchen unregelmässig in der Mundhaut vertheilt. In einigen Gruppen jedoch setzen sich die Plattenreihen der Corona in Gestalt kleinerer Schuppenbänder bis gegen den Mund hin über das Peristom fort; so bei den *Cidaridarien* sowohl die ambulacralen als die interambulacralen Plattenreihen, bei den *Diademarien* nur die ersteren. In der Mundöffnung selbst treten bei der Mehrzahl 5 interradiale Zähne hervor, zu deren Bewegung das kräftige Kaugerüst der Laterne dient; sie fehlen den Spatangarien.

Die Stammesgesichte der Theca lässt bei den Echinideen folgende Hauptstufen unterscheiden: I. Promelonaria (palaeozoische *Cystocidarida*). Anschluss an die *Cystoideen*-Ahnen. Ambulacra mit mehreren (4—6) Plattenreihen. Interambula mit irregulärem Tafel-Pflaster (— die einzigen Echinideen ohne interambulacrale Platten-Reihen —). After primär-excentrisch (im posteralen Interradius). II. Eumelonaria (*Melonitida* und *Pholidocidarida*). Sowohl die Ambulacren als die Interambeln mit mehr als 2 Plattenreihen (4—9 oder mehr). III. Eurypalmaria (= *Palechinida*, nach Ausschluss der eigenthümlichen (— primitiven oder regressiven? —) *Stenopalmaria* (Bothriocidaris). Ambulacra mit zwei Plattenreihen, Interambula mit mehr als 2 Plattenreihen (bei *Bothriocidaris* eine einzige). IV. Autechinida (= *Euechinoidea*). Alle mesozoischen und tertiären Echinideen bis zur Gegenwart (— mit einziger Ausnahme des triassischen *Tiarechinus* —). Sowohl die 5 Ambulacra als die 5 Interambula bestehen immer aus je 2 Plattenreihen. Von den 3 Ordnungen dieser formenreichen Gruppe hat das Skelet der Desmosticha (= *Cidaronia*) die subreguläre Bildung der Palechiniden-Ahnen bewahrt: Mund central im Oralfeld, After subcentral im Apicalfeld, Ambulacra bandförmig, nicht differenzirt. Bei den Anthosticha (= *Clypeastronia*) verlässt der After das Apicalfeld und wandert im hinteren Interradius nach hinten und unten; der Mund bleibt central oder subcentral (etwas nach vorn gerückt); die Ambulacren sind bald mehr, bald weniger differenzirt. Die Petalosticha (= *Spatangonia*) gleichen den Anthosticha in der secundär-excentrischen Lage des Afters; aber hier wandert auch der Mund weit nach vorn und wird ein Querspalt; die Ambulacra differenziren sich stark. Die specielle Phylogenie des Skelets und seiner mannichfaltigen Anhänge lässt sich in den zahlreichen (32) Familien der angeführten Hauptgruppen grossentheils im Einzelnen palaeontologisch und morphologisch begründen und liefert eine Fülle von interessanten Beweisen für den Transformismus.

§ 263. Malacom der Echinideen.

Der Weichkörper der *Echinideen* schliesst sich in den meisten Beziehungen an denjenigen der *Asterideen* und *Ophiodeen* an, besonders durch den Besitz eines aboralen pentaradialen Genitalringes, welcher vom Apicalpol der Paraxondrüse entspringt; auch die Verbindung der letzteren mit dem Steincanal und dessen Ausmündung durch eine dorsale excentrische Madreporenplatte ist ähnlich, wie bei den Asterideen. Dagegen unterscheiden sie sich von diesen sehr wesentlich durch die tiefe Lage der Hydrocanäle und Nervenstämme, die einfache Darmbildung, den Besitz des Kiefer-Apparates, die aufgehobene Verbindung der Gonaden mit der Paraxondrüse u. s. w.

Darmsystem. Der lange Darmcanal ist bei allen Echinideen ein ansehnlicher, dickwandiger, cylindrischer Schlauch mit Mund- und After-Oeffnung; er wird durch ein gewundenes Gekröse an der Innenwand der Leibeshöhle befestigt. Da er stets länger (meist 2—4 mal so lang) als die Hauptaxe des Körpers ist, erscheint er spiralig aufgewunden; gewöhnlich macht die Spirale erst eine ganze Windung von links nach rechts und darauf eine rückläufige von rechts nach links. Der Mund liegt bei allen Echinideen, (mit einziger Ausnahme der Spatangonien, wo er nach vorn rückt), im Centrum der Ventralfläche. Der After liegt meistens am entgegengesetzten Pole der Hauptaxe, central oder subcentral an der Dorsalseite, im Apicalfelde. Jedoch ist diese centrale Lage erst secundär erworben. Bei den ältesten Echinideen, den Promelonarien (*Cystocidaris*), liegt der After noch weit vom Apical-Pol entfernt, in einem Interambulum, wie bei ihren *Cystideen*-Ahnen. Aber schon bei ihren nächsten Verwandten, den Eumelonarien, ist er nach oben in das Apicalfeld hineingewandert und behält diese Lage bei den *Palechiniden* und *Desmostichen*. Später tritt er wieder die umgekehrte Wanderung an, bei den *Anthostichen* und *Petalostichen*; er rückt hier im posteralen Interradius nach hinten und und oft bis auf die Bauchfläche hinab, hier selbst bis in die Nähe des Mundes (*Scutelliden*). Diese secundär-excentrische Lage bei den jüngsten Gruppen ist wohl zu unterscheiden von der primären bei der ältesten Gruppe.

Der Schlund der Echinideen (*Pharynx*) zeichnet sich aus durch den Besitz eines eigenthümlichen voluminösen Kaugerüstes, welches zur Bewegung von 5 interradialen spitzen Zähnen dient; dasselbe fehlt nur der zahnlosen jüngsten Gruppe, den *Spatangonien* (= Atelostomen); bei diesen und bei einzelnen anderen Formen ist es durch Rückbildung verloren. Dieser Kieferapparat, die sogenannte „Laterne" (des Aristoteles), ist aus 25 Kalkstücken zusammengesetzt und hat die Gestalt einer umgekehrten fünfseitigen Pyramide, deren Spitze die 5 Zähne bilden. Muskeln und Bänder dienen zur Bewegung. Die enge Speiseröhre, welche aus dem apicalen Centrum der Laternen-Basis entspringt, giebt da, wo sie in den weiteren Hauptdarm übergeht, noch einen engen Nebendarm ab; dieser begleitet die erste Spiralwindung des Hauptdarms und mündet dann wieder in ihn ein. Der kurze Enddarm, am Ende der zweiten Spiralwindung, steigt meistens wieder empor.

Ambulacral-System. Die Madreporen-Platte der Echinideen ist gewöhnlich (wie bei den meisten Asterideen) eine ansehnliche poröse Kalkplatte, welche excentrisch in einem Interradius der Apicalfläche liegt; sie ist meistens mit der dextro-frontalen Genitalplatte verschmolzen. Sehr selten (bei *Echinocyamus*) hat sie eine einfache Oeffnung. Der Steincanal verhält sich auch ähnlich wie bei den Asterideen; er steigt von dem Madreporiten schräg oder fast vertical nach abwärts, in enger Verbindung mit dem Paraxon-Sinus, und mündet unten excentrisch in den Hydrocircus ein. Dieser Wassergefäss-Ring umgiebt bei den meisten Echinideen nicht unmittelbar die Mundöffnung, sondern ist durch die Entwickelung der aufsteigenden Laterne in die Höhe gehoben und liegt oben an deren pentagonaler Basis. Daher steigen dann die 5 perradialen Hydrocanäle vom Ring erst an der Aussenfläche der Laterne herab und treten durch die Aurikeln an die Innenfläche der Panzerkapsel. Nur bei den *Spatangonien*, welche die Laterne mit den Zähnen verloren haben, umgiebt der Ringcanal unmittelbar den frontal verschobenen Mund. Die 5 Hydrocanäle verlaufen in der perradialen Mittellinie der Ambulacren gegen den Scheitel, wo sie in den Ocellar-Platten (im Rudiment des „Terminal-Fühlers") endigen; sie geben an jede Ambulacralplatte einen Querast ab, der sich zu einer (innen der Kapsel anliegenden) Ampulle begiebt, und von dieser treten zwei Canälchen (durch die Doppelporen der Platte hindurch) zu den Füsschen. Diese tragen an ihrem Ende meistens eine Saugscheibe. Bei den älteren Echinideen sind alle oder doch die meisten Füsschen von einfacher und gleichartiger Bildung; bei den jüngeren Gruppen differenziren sie sich mehrfach, in locomotorische Saugfüsschen, Sinnesfühler, Mundfüsschen, Kiemenblättchen u. s. w.

Genital-System. Die Geschlechtsorgane der Echinideen liegen oben im Apicalraum der Panzerkapsel und bilden gewöhnlich 5 voluminöse traubenförmige Drüsen, welche durch 5 interradiale Mesenterien an der Innenfläche der Rückenwand befestigt sind. Ihre Ausführgänge steigen gegen den Scheitel empor, durchsetzen den periproctalen Ringsinus und münden durch die 5 interradialen Genitalplatten. Bei vielen „bilateralen Echinideen", den *Spatangonien* und manchen *Clypeastronien*, wird die hintere (im unpaaren Interradius gelegene) Gonade rückgebildet; hier sind auch nur 2 Paar laterale Gonoporen vorhanden. Seltener (bei manchen *Spatangonien*) können auch noch eine oder selbst beide vordere Gonaden verschwinden, so dass bloss noch die beiden hinteren lateralen erhalten sind. Genital-Sinus fehlen. Der Ringsinus, welcher ursprünglich ringförmig den Enddarm umgiebt und welcher bei den Asterideen und Ophiodeen durch fünf interradiale Aeste sich auf die Gonaden fortsetzt, ist bei den erwachsenen Echinideen ganz geschlossen und hat auch seine Verbindung mit dem Paraxon-Sinus aufgehoben. Im jungen Thiere ist dieselbe jedoch ontogenetisch nachweisbar.

§ 264. Classification der Echinideen.

An Mannichfaltigkeit und Abstufung der Formbildung übertrifft die Classe der Echinideen bei weitem die übrigen Classen des Echinodermen-Stammes. Man unterscheidet jetzt gegen 400 lebende und über 2000 fossile Arten; und diese vertheilen wir auf etwa 32 Familien. Die morphologischen Unterschiede im Bau des Skelets derselben sind sehr bedeutend und viel tiefer gehend, als in den zahlreichen Familien der Asterideen, Ophiodeen und Crinoideen. Auch bietet die ausserordentliche und bewunderungswürdige Sculptur der Panzerkapsel, ihre gesetzmässige Zusammensetzung aus meridianalen Plattenreihen, ihr Besatz mit mannichfaltigen Stacheln und anderen Appendikeln, der speciellen Systematik eine bessere Handhabe, als in allen anderen Classen der Echinodermen. Dazu kommt noch der Umstand, dass die feinsten Eigenthümlichkeiten des Skeletbaues wegen seiner grossen Festigkeit und vorzüglichen Versteinerungs-Fähigkeit sich an den zahlreichen fossilen Echinideen meist ebenso gut wie an den lebenden erkennen lassen. Dem entsprechend besitzt auch die Classification der Echinideen einen hohen phylogenetischen Werth, und die relative Vollständigkeit der palaeontologischen Urkunden (— besonders seit der Jura-Periode —) gestattet uns einen sehr befriedigenden Einblick in die Grundzüge ihrer Stammesgeschichte.

Aehnlich wie bei den Crinoideen, zerfällt auch bei den Echinideen zunächst die ganze Classe in zwei grosse Hauptabtheilungen oder Subclassen: die *Palechiniden*, welche im palaeozoischen Zeitalter lebten, und die *Autechiniden*, welche gegen Ende desselben oder im Beginne der mesozoischen Aera aus jenen sich entwickelt haben. Beide Subclassen sind sehr scharf und durchgreifend durch die Zusammensetzung ihrer Panzerkapsel characterisirt. Bei allen Autechinida (oder *Euechinoidea*) von Beginn der Trias-Periode bis zur Gegenwart ist die Theca trotz der grössten Formen-Mannichfaltigkeit in gleicher, streng erblicher Weise aus zwanzig Meridian-Reihen von Panzer-Platten zusammengesetzt, und diese sind immer in der bereits geschilderten Weise auf 5 alternirende Paare vertheilt: 5 perradiale Ambulacra, deren Tafeln von Poren durchbrochen werden, und 5 interradiale Interambula, deren Tafeln Stacheln tragen. Diese typische, von der Trias bis zur Gegenwart durch conservative Vererbung übertragene Bildung fehlt der älteren Subclasse, den Palechinida (oder *Palaeechinoidea*); hier sind fast immer mehr als 20 Meridian-Reihen von Platten entwickelt (35—60, oder selbst bis 90), sehr selten weniger (allein bei Bothriocidaris, 15). Wir haben schon gesehen, wie diese ältere und unregelmässigere Bildung sich einerseits an die der *Cystoideen* anschliesst, anderseits später in diejenige der *Autechiniden* übergegangen ist. Denn eine ganz scharfe Grenze zwischen beiden Subclassen ist bei den Echinideen ebenso wenig anzunehmen, als bei den Crinoideen. Wir halten es übrigens für zweckmässig, von der Subclasse der palaeozoischen *Palechiniden* noch eine selbständige älteste Subclasse abzuspalten, die Cystechinida (oder *Cystechinoidea*); sie umfasst die connectenten Uebergangsformen von den *Cystoideen* zu den eigentlichen *Palechiniden*. Bei den *Cystechiniden* enthalten sowohl die Ambulacra als die Interambula mehr als 2 Plattenreihen, während bei den eigentlichen Palechiniden dies nur von den Interambeln gilt. Die Zahl der Plattenreihen in den Ambulacren ist hier bereits auf zwei fixirt.

I. Subclasse: **Cystechinida** (oder *Cystoechinoidea*). Palaeozoische Stammgruppe der Echinideen. Theca zusammengesetzt aus mehr als 20 (meistens 35—60, bisweilen bis 90) Meridian-Reihen von Panzerplatten; sowohl jedes Ambulacrum als jedes Interambulum besteht aus mehr als zwei Plattenreihen. Die Platten sind theilweise noch unregelmässig gestaltet und an einander gelagert; die Täfelung schliesst sich bei den ältesten Formen noch an diejenige einigen Cystideen an (***Mesites***, § 247). Wir unterscheiden in dieser Subclasse zwei Ordnungen, die *Promelonarien* und die ***Eumelonarien***; bei den ersteren liegt der After excentrisch in einem Interradius, bei den letzteren dagegen subcentral, oben im Scheitelfeld.

I. Ordnung: **Promelonaria** (*Cystechinida ectoprocta*): Der After liegt excentrisch in einem Interambulacrum, entfernt vom Scheitel. Diese Ordnung ist nur durch eine einzige, aber höchst wichtige Gattung bekannt: *Cystocidaris* (= *Echinocystites*); zwei Arten derselben, *Cystocidaris pomum* und *Cystocidaris uva*, wurden im Ober-Silur von England gefunden. Die kugelige oder eiförmige Panzerkapsel ist meistens stark verdickt und scheint sehr biegsam gewesen zu sein. Die 5 Ambulacren bilden schmale lineare Bänder, die aus je sechs parallelen Reihen kleiner schuppenartiger Täfelchen bestehen; die 2 medialen Reihen, welche den rippenartig erhabenen Perradius säumen, bestehen aus viereckigen porenlosen Plättchen; dagegen trägt jedes Plättchen der 4 lateralen Reihen Doppel-Poren, wie bei den echten Echinideen. Die breiten Interambula sind nicht, wie bei diesen, mit Plattenreihen getäfelt, sondern ganz unregelmässig mit dünnen polygonalen Tafeln gepflastert, wie bei den Cystoideen; die Tafeln tragen kleinere und grössere Höcker, auf denen Stacheln sitzen. Die grosse After-Oeffnung, in dem dorsalen Interradius zwischen Mund und Scheitel gelegen, ist durch eine Klappen-Pyramide geschlossen, wie bei den *Cystoideen*. Der Madreporit liegt excentrisch am Scheitel, im nächsten Interradius. Der fünfeckige Mund ist mit 5 Zähnen und starker Laterne versehen, wie bei den echten Echinideen. *Cystocidaris*, als einziger Vertreter der silurischen Familie Cystocidarida, ist demnach morphologisch ein wirkliches Zwischenglied zwischen Cystoideen und Echinideen, und unter allen bekannten Igelsternen derjenige, der der unbekannten Stammform der Classe am nächsten steht. Diese letztere kann man als Procidariden bezeichnen und von *Mesites*-ähnlichen Agelacystiden ableiten (vergl. oben § 212 und § 248).

II. Ordnung: **Eumelonaria** (*Cystechinida endoprocta*). Der After liegt subcentral, im Scheitelfeld und ist nicht mit einer Klappen-Pyramide bedeckt. Von dieser palaeozoischen Gruppe sind mehrere Gattungen bekannt, die wir auf zwei Familien vertheilen, *Melonitida* und *Pholidocidarida*. Die Melonitida haben gleichartige Interambular-Reihen, die nur feine Körnchen, keine grösseren Stachelwarzen tragen. Der bestbekannte, ansehnliche Typus dieser Familie, die hypocarbonische *Melonites multipora*, zeigt in jedem Ambulacrum 8—10 Reihen Täfelchen mit Doppelporen (die medialen grösser als die lateralen); in jedem Interambulum 7—9 Reihen von grösseren hexagonalen Platten. Das zehneckige Scheitelfeld umgiebt ein Kranz von 10 Platten, 5 grossen Genitalplatten und 5 kleinen Ocellarplatten. Bei *Lepidesthes* sind die Ambulacren (mit 10 Reihen alternirender imbricater Tafeln) doppelt so breit als die Interambula (mit 5—7 Reihen). Die Familie der Pholidocidariden unterscheidet sich durch die Differenzirung der zahlreichen Interambular-Reihen; die lateralen Reihen sind 3—4 mal so gross als die medialen und tragen auf grossen Stachelwarzen sehr lange Stacheln. Die breiten Ambulacren tragen 6 Reihen von imbricaten Täfelchen (*Pholidocidaris irregularis*, carbonisch, erreichte 10 cm Durchmesser).

II. Subclasse: **Palechinida** (oder *Palaeoechinoidea*, auch *Perischoechinoidea* genannt). Palaeozoische Uebergangsgsgruppe von den Cystechinida zu den Autechinida. Theca niemals aus 20 Meridian-Reihen von Panzerplatten zusammengesetzt, gewöhnlich aus mehr als 20, sehr selten weniger. Jedes Ambulacrum besteht aus zwei Plattenreihen (wie bei den Autechiniden). Dagegen sind in jedem Interambulum mehr als 2 Reihen vorhanden (meistens 3—6). Eine einzige Ausnahme bildet nur das untersilurische Genus *Bothriocidaris*, bei welchem jedes Interambel nur eine Plattenreihe zeigt, und bei welchem überdies alle Platten eines Gürtels (ambulacrale und interambulacrale) von gleicher Grösse und Form sind. Wir betrachten diese uralte Familie der *Bothriocidariden* als Vertreter einer besonderen Ordnung: *Stenopalmaria*, und stellen ihnen die übrigen Palechiniden als *Eurypalmaria* gegenüber.

III. Ordnung: **Stenopalmaria.** *Palechiniden* mit einer einzigen Plattenreihe in jedem Interambulum. Die reguläre, fast kugelige Corona besteht demnach nur aus 15 Meridian-Reihen, weniger als bei allen anderen Echinideen. Bisher ist die Ordnung nur durch eine einzige untersilurische Gattung bekannt: *Bothriocidaris*. Die Familie der Bothriocidariden, welche dieselbe vertritt, ist in mehrfacher Beziehung sehr merkwürdig. Alle Tafeln der Corona sind sechseckig, alternal fest in einander gefügt. Die Ambulacral-Platten (deren jede eine Doppelpore trägt) sind in jedem Gürtel von derselben Grösse wie die interambulacralen; bald sind beide, bald nur erstere, mit kleinen Stacheln bewaffnet. Der centrale Mund (mit 5 Zähnen) ist mit einem Kranze von 10 kleineren Platten umgeben (jede mit einem Doppel-Porus). Der subcentrale After ist von einer Klappen-Pyramide bedeckt (wie bei Cystoideen) und ebenfalls mit einem Gürtel von 10 Tafeln umgeben, 5 grösseren ocellaren und 5 kleineren genitalen Platten. Die eigenthümlichen Structur-Verhältnisse der *Bothriocidaris*-Kapsel sind theilweise sicher primitiv, theilweise aber auch wohl specialisirt, daher nur mit Vorsicht zu phylogenetischen Schlüssen zu verwenden.

IV. Ordnung: **Eurypalmaria.** *Palechiniden* mit mehreren (3—6 oder mehr) Plattenreihen in jedem Interambulum. Da jedes Ambulacrum 2 Plattenreihen enthält, ist demnach die Corona dieser Ordnung mindestens aus 25 Meridian-Reihen zusammengesetzt (*Tiarechinus*); gewöhnlich sind aber mehr vorhanden (35—75). Einige Gattungen nähern sich schon sehr den *Cidariden*. Wir unterscheiden in dieser Ordnung drei Familien, die *Lepidocentrida*, *Archaeocidarida* und *Plesiocidarida*. Die alte Familie der Lepidocentrida besitzt einen beweglichen Schuppen-Panzer, dessen dünne imbricate Tafeln mit ihren Rändern über einander greifen; jedes Interambulum enthält 5—10 Reihen. Die Stacheln sind sehr klein (*Lepidocentrus*, *Palaechinus*). Die Familie der Archaeocidarida hat einen festeren Panzer erworben, dessen zahlreiche Interambulacral-Platten sämmtlich eine grosse Stachelwarze tragen, zur Insertion eines mächtigen, oft keulenförmigen Stachels (*Archaeocidaris*, *Lepidechinus*). Die kleine Familie der Plesiocidarida ist nur durch eine einzige, aber sehr merkwürdige Gattung und Art bekannt, *Tiarechinus princeps* aus der oberen Trias der Alpen. Die kleine, aber sehr feste Panzerkapsel ist fast halbkugelig und zeichnet sich vor allen anderen Echinideen durch die ausserordentliche Grösse des Apicalfeldes aus, welche fast die obere Hälfte der Halbkugel einnimmt, mit 5 sehr grossen Basalien oder Genitalplatten und 5 kleineren, viel tiefer stehenden Terminalien oder Ocellarplatten. Von letzteren gehen nach unten die 5 schmalen Ambulacren ab, jedes mit 2 Plattenreihen. Dazwischen liegen 5 Interambula von ganz eigenthümlichem Bau; jedes besteht nur aus 4 Tafeln, von denen eine kleinere interradiale am Peristom-Rande liegt (zwischen den Oral-Enden der Ambulacren); die 3 anderen sind sehr hoch, subvertical, die mittlere (interradiale) nach oben schmäler, die beiden lateralen (adradialen) nach oben breiter. Jede der 4 Interambulacral-Platten trägt unten eine sehr grosse Stachelwarze. so dass also *Tiarechinus* auf 20 mächtigen, von der Basis der Halbkugel nach abwärts gerichteten Stacheln sich bewegt haben wird. Wir betrachten diese singuläre (— sehr verschieden gedeutete —) Form als einen letzten Ausläufer der Palechiniden, bei welchem starke Reductionen und eigenthümliche Platten-Concrescenzen der Corona stattgefunden haben.

III. Subclasse: **Autechinida** (oder *Euechinoidea*). Mesozoische und moderne Hauptgruppe der Echinideen. Theca unveränderlich aus 20 erblichen meridianalen Plattenreihen zusammengesetzt, indem 5 zweireihige porentragende Ambulacra regelmässig alterniren mit 5 zweireihigen stacheltragenden Interambula. Am Apical-Ende der ersteren liegen 5 kleinere Ocellar-Platten (perradiale Terminalia), am Scheitel-Ende der letzteren 5 grössere Genitalplatten (interradiale Basalia). Diese äusserst formenreiche Subclasse umfasst sämmtliche lebende Igelsterne, sowie fast sämmtliche tertiäre und mesozoische Echinideen, bis zur Trias inclusive (— mit sehr wenigen Ausnahmen: *Tiarechinus* —). Im palaeozoischen Zeitalter fehlt diese Gruppe fast gänzlich; nur im jüngsten Abschnitt desselben (Perm) treten die ersten Vorläufer und Stammformen derselben auf, die alten Gattungen *Eocidaris* und *Hypodiadema*. Durch mehrfache Uebergänge erscheinen dieselben mit ihren *Palechiniden*-Ahnen eng verbunden. In Trias und Lias ist die Subclasse noch sehr spärlich vertreten; dann aber beginnt sie im Jura einen ausserordentlichen Reichthum an divergenten Formen zu entwickeln, der sich in mannichfachem Wechsel bis zur Gegenwart fortsetzt. Wir unterscheiden in dieser Subclasse drei grosse Ordnungen, die wieder in sechs formenreiche Unterordnungen zerfallen: 1) Desmosticha (= *Cidaronia*), 2) Anthosticha (= *Clypeastronia*) und 3) Petalosticha (= *Spatangonia*). Die erste Ordnung wird oft unter der Bezeichnung „Regularia oder *Endocyclica*" den beiden letzteren gegenübergestellt, die (— sehr unpassend —) als „Irregularia oder *Exocyclica*" bezeichnet werden. Andere Systematiker fassen die *Desmostichen* und *Anthostichen* unter dem Begriffe Laternata (oder „*Gnathostoma*") zusammen, weil sie den characteristischen Kiefer-Apparat („Laterne") mit 5 Zähnen besitzen; die Petalostichen haben denselben verloren und werden desshalb als Elaternia (oder *Atelostoma*) bezeichnet. Am besten ist es, die drei Ordnungen getrennt zu betrachten, da die beiden jüngeren Gruppen der *Clypeastronien* und *Spatangonien* nur an der Wurzel zusammenhängen. Beide haben sich während der Lias-Periode aus einem alten Zweige der *Cidaronien* entwickelt, aus der Gruppe der Saleniden, dem Genus *Acrosalenia*. *Pygaster* bildet den Uebergang von dieser letzteren zu *Holectypus* (Stammform der Anthostichen) und zu *Galeropygus* (Stammform der Petalostichen). Weiterhin haben sich die 3 Ordnungen sehr divergent entwickelt.

V. Ordnung: **Desmosticha** (= Cidaronia); sogenannte „Reguläre Echinideen" (— eine Bezeichnung, welche in diesem Sinne auch auf sämmtliche *Palechiniden* passt, und auch auf die *Cystechiniden*, mit einziger Ausnahme von *Cystocidaris* —). Die Kapsel erscheint äusserlich regulär-pentaradial; doch ist stets durch die excentrische Lage des Madreporiten (und der Paraxon-Organe), sowie durch leichte Asymmetrie im Skeletbau beider Antimeren die ursprüngliche Ungleichheit der rechten und linken Körperhälfte angedeutet. Mund unten central. After oben im Apical-Felde central oder subcentral. Zahngerüst gut entwickelt. Ambulacra bandförmig, unter sich gleich. Diese formenreiche Ordnung zerfällt in zwei Unterordnungen, die *Cidaridaria* und *Diademaria*; die letzteren besitzen äussere Mundkiemen und Sphaeridien, welche den ersteren noch fehlen. Auch setzen sich bei ersteren die Ambulacren und Interambeln über das Mundfeld bis zum Peristom fort, bei letzteren nur die interambulacralen Plattenreihen. Von beiden Unterordnungen erscheinen einzelne Anfänge schon in der Perm-Periode: *Eocidaris* und *Hypodiadema*. Die Eocidariden, an welche sich in der Trias die eigentlichen *Cidariden* anschliessen, betrachten wir als die gemeinsame Stammgruppe der Desmostichen (und der *Autechiniden* überhaupt). Im Jura treten zu ihnen bereits zahlreiche *Diademarien*. In dieser polymorphen Gruppe bewahren einzelne Familien noch bis heute sehr ursprüngliche Merkmale. Die *Echinothuriden* (— als die einzigen unter allen Autechiniden —) besitzen noch eine bewegliche Kapsel mit imbricirenden Platten und innerer Musculatur, gleich ihren Palechiniden-Ahnen. Die *Saleniden* behalten zum Theil permanent eine einfache Centralplatte, welche das ganze Afterfeld einnimmt. Auch die *Glypticiden* (= Diademiden) und die cretassischen *Cyphosomiden* haben noch theilweise primitive Panzerbildung, während diese bei den *Echinometriden* und *Typechiniden* (= Echinida ss. str.!) mehr typisch differenzirt erscheint.

VI. Ordnung **Anthosticha** (= Clypeastronia, sogenannte „Irreguläre Gnathostomen"). Kapsel mehr oder weniger amphipleurisch, mit allen Uebergangsformen von einer subregulären und hoch kegelförmigen bis zu einer flach-schildförmigen und auffallend bilateralen Gestalt. Mund unten central oder subcentral, meist mit gut entwickeltem (— bisweilen aber rückgebildetem —) Zahngerüst. After posteral, aus dem Scheitelfeld herausgerückt in das hintere Interambulum, bisweilen auf die Ventralseite bis in die Nähe des Mundes. Ambulacra bei den älteren Familien einfach, bandförmig, wenig different; bei den jüngeren stark differenzirt, oben auffallend petaloid. Wir theilen die Ordnung der Anthostichen in zwei Unterordnungen, die älteren *Conoclyparien* und die jüngeren *Scutellarien*. Die Kapsel der ersteren ist hochgewölbt, conisch, mit schmalen desmoiden Ambulacren, die der letzteren flachgewölbt, oft schildförmig, mit breiten petaloiden Ambulacren. Zu den Conoclyparien (= *Holectypida*) gehörte die älteste Familie der Anthostichen, die Echinoconida (= *Galeritida* = *Pygasterida*), im Jura. Die Gattung *Pygaster* erscheint schon im Lias und verbindet unmittelbar die liassische *Acrosalenia* (Stammgattung der Saleniden) mit den typischen *Echinoconiden*. Von letzteren sind einerseits die grossen *Conoclypeiden* der Kreide abzuleiten, anderseits die kleinen *Fibulariden* (*Echinocyamus*), die cretassischen Stammformen der Scutellaria (oder *Clypeastriden* im weiteren Sinne). Letztere sind im Eocaen besonders durch die *Laganiden* vertreten, entwickeln aber erst in der jüngeren Tertiär-Zeit, zunehmend bis zur Gegenwart, jenen Reichthum eigenthümlicher Formen, welcher in den stattlichen *Euclype-*

astriden und den flach-schildförmigen *Scutelliden* die extreme Ausbildung des Anthostichen-Typus zeigt.

VII. Ordnung: **Petalosticha** (= Spatangonia oder *Spatangoidea* im weitesten Sinne). Kapsel stark amphipleurisch, mit ovalem oder herzförmigem, vorn oft tief eingeschnittenem Ambitus. Mund ohne Kiefergerüst und Zähne, bei den älteren Formen noch subcentral, bei den jüngeren auf der Bauchseite nach vorn verschoben. After excentrisch, im posteralen Interradius nach hinten gerückt. Ambulacra meist petaloid und stark differenzirt, das frontale oft eigenthümlich umgebildet. Auch diese Ordnung, die sich durch den gänzlichen Verlust des Gebisses und Kiefer-Apparates von allen anderen Echinodermen entfernt, ist gleich der vorigen von den *Holectypiden* oder Pygasteriden abzuleiten. *Galeropygus*, die älteste Spatangonien-Form, im Lias, steht *Pygaster* so nahe, dass er fast nur durch den Verlust der Laterne und Zähne verschieden erscheint. Wir unterscheiden auch in dieser Ordnung zwei Unterordnungen, die älteren *Cassidularien* und die jüngeren *Spatangarien*, erstere ohne Semiten oder Fasciolen, letztere mit diesen eigenthümlichen „Saumlinien" (bandförmigen Streifen mit Clavellen-Reihen). Die Cassidularien (oder *Cassiduloidea*) haben eine ovale oder elliptische Theca, an deren Bauchseite der fünfeckige oder rundliche Mund noch subcentral liegt, die Ambulacren sind meistens desmoid und wenig differenzirt. Zuerst tritt im Lias die Stammform der *Echinoniden* auf; dann folgen im mittleren Jura die *Cassiduliden* und *Collyritiden*. Die Spatangarien, als höchst entwickelte Gruppe, erscheinen erst in der unteren Kreide, zunächst mit der Uebergangs-Gruppe der *Ananchytida*; diese haben noch einfache, bandförmige Ambulacra und einen rundlichen Mund ohne Lippe. Dagegen wird die Schale ausgeprägt herzförmig, mit petaloiden Ambulacren, bei den eigentlichen *Spatangiden* und den *Brissiden*. Der Mund wird hier zu einem Querspalt, rückt weit nach vorn und zeichnet sich durch eine vorspringende Unterlippe aus.

(§§ 265 u. 266 auf Seite 488 u. 489.)

§ 267. Siebente Classe der Echinodermen:

Ophiodea (= Ophiuroidea). Schlangensterne.

Armtragende, frei bewegliche und pygocincte Pentorchonien, mit beweglichem Tabular-Skelet, ventralem Anthodium und geschlossenen Subvectoren.

Echinodermen mit fünffachen Gonaden, mit Paraxondrüse und apicalem, pentaradialem Genital-Ring, sowie mit gegliederten Armen. 10 adradiale Genital-Spalten auf der Ventralseite der Scheibe, in Verbindung mit 10 eigenthümlichen Bursal-Kiemen. Körper sternförmig, frei beweglich, mit verkürzter verticaler Hauptaxe; Mund unten, central; After rückgebildet, fehlend. Darm ein einfacher weiter Central-Magen in der Scheibe, ohne Blinddärme. Ambulacra an der Ventral-Seite, mit geschlossenen Epineural-Canälen, seitlich mit ein Paar Reihen von

§ 265. System der Echinideen.

Subclassen.	Legionen.	Ordnungen.	Familien.
I. Subclasse: **Cystechinida** (= *Cystoechinoidea*). Palaeozoische Stammgruppe aller Echinideen. (Silur-Carbon).	Theca mit zahlreichen (35—90, meist 40—60) Meridian-Plattenreihen; mehr als 2 Reihen in jedem Ambulacrum und in jedem Interambulum	1. **Promelonaria** After excentrisch, in einem Interradius	1. *Procidarida* ⊙ 2. *Cystocidarida*
		2. **Eumelonaria** After subcentral, im Apicalfeld	3. *Melonitida* 4. *Pholidocidarida*
II. Subclasse: **Palechinida** (= *Palaeoechinoidea*). Palaeozoische Uebergangsgruppe von den Cystechiniden zu den Autechiniden. (Silur-Trias).	Theca niemals mit 20 Meridian-Plattenreihen. Ambulacren stets mit je 2 Plattenreihen. Interambula meist mit 3—6 oder mehr Plattenreihen (sehr selten mit einer)	3. **Stenopalmaria** Interambeln mit einer Plattenreihe	5. *Bothriocidarida*
		4. **Eurypalmaria** Interambeln mit mehreren (3—6 oder mehr) meridianalen Plattenreihen	6. *Lepidocentrida* 7. *Archaeocidarida* 8. *Plesiocidarida*
III. Subclasse: **Autechinida** (= *Euechinoidea*). Mesozoische und moderne Hauptgruppe der Echinideen. Trias bis Gegenwart. ——— Theca stets aus zwanzig meridianalen Platten-Reihen zusammengesetzt. 5 Paar Ambulacral-Reihen (mit Poren) wechseln regelmässig ab mit 5 Paar Interambular-Reihen (ohne Poren).	5. **Desmosticha** (= Cidaronia) (*Regularia*). Mund central in der Ventralfläche. After subcentral im Apicalfeld. Zahngerüst stark. Ambulacra einfach, nicht differenzirt	5 A. **Cidaridaria** Peristom ohne Kiemen. Interambula auf die Mundhaut fortgesetzt	9. *Eocidarida* 10. *Cidarida*
		5 B. **Diademaria** Peristom mit Kiemen. Interambula nicht auf die Mundhaut fortgesetzt	11. *Echinothurida* 12. *Salenida* 13. *Glypticida* 14. *Cyphosomida* 15. *Arbacida* 16. *Echinometrida* 17. *Typechinida*
	6. **Anthosticha** (= Clypeastronia) (*Subregularia*). Mund central oder subcentral. After excentrisch, posteral. Zahngerüst vorhanden. Ambulacra wenig differenzirt	6 A. **Conoclyparia** Theca conisch, hochgewölbt. Ambulacra desmoid	18. *Galeritida* 19. *Conoclypeida*
		6 B. **Scutellaria** Theca flach, oft schildförmig. Ambulacra petaloid	20. *Fibularida* 21. *Clypeastrida* 22. *Laganida* 23. *Scutellida*
	7. **Petalosticha** (= Spatangonia) (*Atelostoma*) (*Irregularia*). Mund excentrisch, frontal. After excentrisch, posteral. Zahngerüst verschwunden. Ambulacra stark differenzirt	7 A. **Cassidularia** Theca ohne Semiten, Ambitus oval. Mund subcentral, pentagonal	24. *Echinonida* 25. *Cassidulida* 26. *Collyritida* 27. *Eolampada*
		7 B. **Spatangaria** Theca mit Semiten, Ambitus herzförmig. Mund frontal, mit transversaler Lippe	28. *Ananchytida* 29. *Pourtalesida* 30. *Leskiada* 31. *Spatangida* 32. *Brissida*

§ 266. Stammbaum der Echinideen.

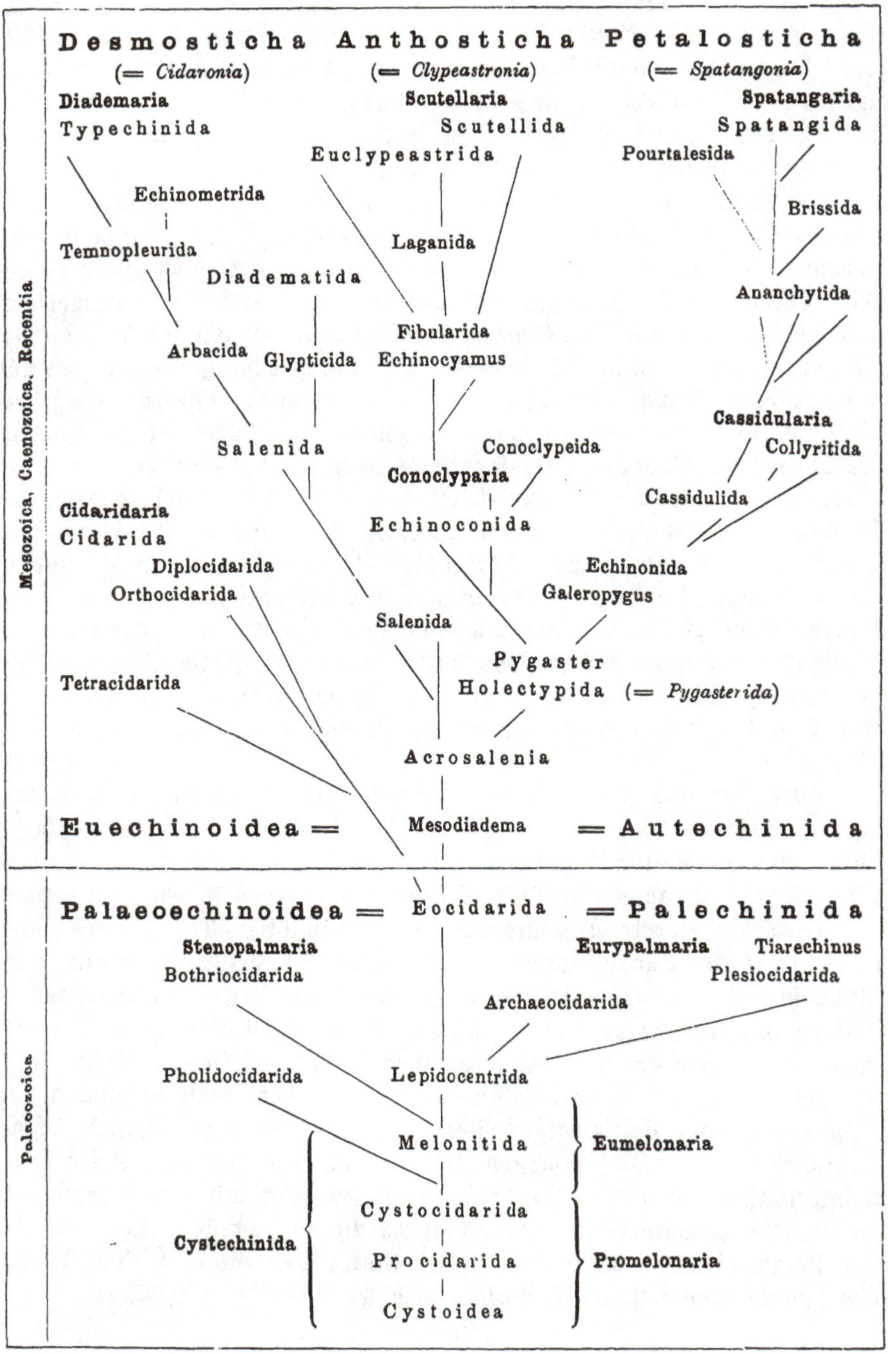

Füsschen. Madreporit ventral oder lateral, meistens einfach (selten fünffach), interradial in einer Oral-Platte. Hautskelet mit beweglichem, reich entwickeltem Platten-Panzer; in den gegliederten Armen enthält jedes Segment gewöhnlich 6 Tafeln: 2 unpaare Median-Schilder (dorsales und ventrales), 2 paarige Lateral-Schilder und 2 paarige Ambulacral-Schilder (letztere nach innen und oben gedrängt und meistens zu einem soliden „Wirbel" verschmolzen).

Die Classe der Ophiodea (Schlangensterne, *Ophiurae* oder *Ophiuroidea*) umfasst eine formenreiche Hauptgruppe der Echinodermen, welche früher mit den *Asterideen* vereinigt war, sich aber im inneren Bau vielfach von diesen „eigentlichen Seesternen" entfernt. Aeusserlich gleichen sich diese beiden Classen insofern sehr, als der frei kriechende Körper in der verticalen Hauptaxe stark abgeplattet erscheint und die 5 perradialen Arme wirbelähnlich gegliedert sind; indessen sind sie hier von der centralen Scheibe (Astrodiscus) deutlich abgesetzt, und die offene Ambulacral-Rinne der Asterideen ist bei den Ophiuren in einen geschlossenen Subvectiv-Canal oder Epineural-Canal verwandelt. In dessen Innenwand sind die perradialen Hauptorgane der Arme eingeschlossen (Nervenstrang, Blutgefäss, Wassergefäss); diese haben ihre oberflächliche Lage verlassen und werden unten durch besondere Bauchplatten gedeckt. Zugleich sind die eigentlichen „Ambulacral-Platten" der Asterideen (welche deren Bauchrinnen von oben decken) bei den Ophiodeen sehr verdickt, nach innen in das Armcoelom getreten und füllen dessen Raum grösstentheils aus (als sogenannte „Wirbel").

Auch der Bau des Malacoms zeigt bei den *Ophiodeen* wesentliche Unterschiede von dem der *Asterideen.* Der Darmcanal ist sehr einfach, ohne After, ein weiter Magensack ohne Blinddärme, welcher den grössten Theil der Scheibenhöhle ausfüllt. Rings um denselben liegen 10 adradiale Kiemensäcke, durch Einstülpung des verdünnten Tegumentes entstanden; diese Bursae münden aus durch 10 Spalten, die um den Mund herum, paarweise an der Basis der Arme liegen. Die Gonaden stülpen in Form vieler kleiner Schläuche die Wand der Bursal-Kiemen vom Coelom her ein und entleeren ihre Producte in deren Höhle, von wo sie durch die Bursalspalten austreten. Die entfernt stehenden *Blastoideen* sind die einzigen Echinodermen, die eine ähnliche Einrichtung zeigen. Die Gonaden selbst sind, wie bei den *Asterideen,* 5 interradiale Paare von Genitalbüscheln, welche mit einem apicalen Genitalring zusammenhängen und durch diesen mit dem Aboral-Ende der Paraxondrüse. Auch der Coelom-Sinus, der diese sterilen Theile des Genitalbaums umhüllt, verhält sich wie bei den Asterideen.

Die Beziehungen, welche man früher zwischen den *Ophiodeen* und *Crinoideen* hat auffinden wollen, sind ganz äusserlicher Natur und nur durch gewisse Aehnlichkeiten im Skeletbau bedingt, besonders in der Gliederung der beweglichen und oft stark verästelten Arme. Dass diese beiden Classen in gar keiner näheren Verwandtschaft stehen, beweist schon die eine Thatsache, dass der pentaradiale Genital-Strang bei den *Ophiodeen* apical liegt, bei den *Crinoideen* dagegen circoral; bei ersteren geht er vom Aboral-Ende der Paraxon-Drüse aus, bei letzteren umgekehrt vom Oral-Ende. Ausserdem sind auch die Lagerungs-Verhältnisse des Nervensystems, des Steincanals, der Gonaden u. s. w. in beiden Classen sehr verschieden. Die ähnlichen Lagerungs-Verhältnisse, welche gewisse perradiale und interradiale Tafeln der Panzerkapsel in den drei Classen der *Ophiodeen, Crinoideen* und *Echinideen* zeigen, halten wir ebenfalls nur für äusserlich und durch Convergenz bedingt (vergl. S. 394). Wir glauben daher, dass unter allen Pentorchonien nur die *Asterideen* nähere Beziehungen wirklicher Stammverwandtschaft zu den *Ophiodeen* besitzen; beide sind vielleicht aus einem gemeinsamen (praesilurischen) Zweige des Echinodermen-Stammes entsprossen, und dieser ist unter den *Agelacystiden* oder unter einem ähnlichen älteren Zweige der Cystoideen zu suchen.

§ 268. Skelet der Ophiodeen.

Das dermale Kalkskelet der Ophiodeen ist allgemein stark ent wickelt und gleicht demjenigen der beiden anderen Olenaten-Classen in der Tafel-Panzerung der centralen Scheibe (*Astrodiscus*), sowie in der segmentalen, einer Wirbelsäule ähnlichen Gliederung der Arme (*Astrolenae*). Es unterscheidet sich aber von Beiden in folgenden characteristischen Eigenthümlichkeiten: 1) Die vertiefte Ventral-Furche oder Ambulacral-Rinne der Arme, in welcher die perradialen Hauptorgane verlaufen (Hydrocanäle, Nervenstrahlen etc.), ist in einen geschlossenen Subvectiv-Canal verwandelt, dessen dicke Bauchdecke gewöhnlich durch eine Längsreihe von segmentalen Bauchplatten gestützt ist. 2) Die doppelte Längsreihe der Ambulacral-Platten, welche bei den Asterideen die Ventralfurche dachförmig von oben bedeckt, ist bei den Ophiodeen nach oben und innen in das Armcoelom hineingetreten und füllt dieses grösstentheils in Form einer soliden „Wirbelkette“ aus.

Skelet des Astrodiscus. Das Tegument der centralen Scheibe ist bei den Ophiodeen in höchst mannichfaltiger Weise entwickelt, bald fest mit Tafeln oder Schuppen gepanzert, bald theilweise oder ganz weich, nur mit mikroskopischen Kalkplättchen in der Lederhaut. In vielen Formen ist die pentaradiale Ordnung der Panzerplatten (besonders auf der Apicalseite) so regelmässig und derjenigen der Echinideen und Crinoideen so ähnlich, dass man sie für homolog zu halten geneigt ist. Diese Vergleiche dürfen jedoch nur mit grosser Vorsicht angestellt und müssen ontogenetisch begründet werden. In der *Pentactula*-Larve der Ophiodeen erscheinen vom Skelet zuerst 10 perradiale Gitterplatten, von denen 5 über der linken, 5 über der rechten Coelomtasche des *Pluteus* angelegt werden; erstere sind die Terminalia, letztere die Scapularia (oder „Radialia"). In der Mitte der letzteren, im Scheitel, tritt sodann eine Centrale auf und ihr schräg gegenüber (interradial in einer Mundecke) eine Oralplatte, der Madreporit. Zwischen der Centrale und dem Kranze der Scapularia bilden sich dann später 5 interradiale Basalia und 5 perradiale Infrabasalia. Indessen sind diese Bildungs-Verhältnisse keineswegs constant und genügen nicht, um die betreffenden Kränze von alternirenden Radial-Platten direct als homolog mit denjenigen anderer Echinodermen zu erklären (vergl. § 223). Dasselbe gilt auch für die Oralseite, wo 5 interradiale Oralplatten (an den Mundecken) denjenigen der Crinoideen verglichen worden sind. Dabei ist noch in Betracht zu ziehen, dass sowohl auf der apicalen, als besonders auf der oralen Seite der Scheibe die 5 Arme sich centripetal mit ihren Basen weit in die Scheibe erstrecken, obwohl sie am Rande äusserlich scharf abgesetzt erscheinen.

Skelet der Astrolenen. Bei der grossen Mehrzahl der Ophiodeen sind die 5 langen und beweglichen Arme durch ein sehr entwickeltes und regelmässig gegliedertes Kalkskelet ausgezeichnet. Die zahlreichen, in einer perradialen Reihe hinter einander liegenden Segmente sind scheibenförmig und Wirbeln ähnlich durch Gelenke verbunden. Dieses sogenannte „typische Arm-Skelet der Ophiuren" besteht in jedem Segmente ursprünglich aus 6 Platten, von denen 2 im Inneren des Arms liegen, 4 an der Oberfläche in der Lederhaut: 1 dorsales, 1 ventrales und 2 laterale Stücke. Die beiden Lateral-Schilder (rechts und links) sind meistens mit Stacheln bewaffnet, während die beiden Median-Schilder (Rückenschild und Bauchschild) glatt und stachellos sind, häufig auch rückgebildet. Die beiden Kalkstücke im Inneren der Armhöhle können als Halbwirbel bezeichnet werden; sie entsprechen den „Ambulacral-Platten" der Asterideen und sind nach oben in die Armhöhle hineingedrängt, während unten die offene Subvectiv-Rinne sich in einen geschlossenen Epineural-Canal verwandelt hat. Nur bei den alten palaeozoischen *Palophiuren* sind diese paarigen Ambulacral-Stücke noch schlank und getrennt; später werden sie dick und verwachsen mit einander zu einem „Vollwirbel"; die Verwachsung schreitet von oben nach unten fort. Ursprünglich (bei den *Allostichien*, den ältesten Palophiuren) waren die beiden Reihen der Ambulacral-Platten alternirend geordnet (wie bei den *Palasterien*, § 272); aber bald treten dieselben paarweise sich gegenüber (conjugal, *Zygostichia*). Die langen Arme der Ophiodeen wachsen ebenso wie diejenigen der Asterideen, indem am Ende der Arme, proximalwärts von dem unpaaren Terminal-Stück, immer neue Glieder zwischen dieses und den letzten distalen Wirbel eingeschaltet werden.

§ 269. Malacom der Ophiodeen.

Der Weichkörper der Schlangensterne unterscheidet sich von demjenigen der nächstverwandten Asterideen besonders durch die einfache Bildung des Darmcanals, welcher keine Blindsäcke in die Arme schickt. Ebenso wenig erstrecken sich die Gonaden in die Arme hinein, wie es bei den Crinoideen der Fall ist. Dagegen zeichnen sich die Ophiodeen vor allen anderen Echinodermen durch den Besitz der 10 adradialen Bursal-Kiemen in der Scheibe aus, sowie durch die eigenthümliche Verbindung derselben mit den Geschlechtsorganen.

1) Darmsystem. Die Bildung des Darmcanals ist bei den Ophiodeen einfacher als bei allen übrigen Echinodermen. Der weite, pentaradiale Mund führt durch einen kurzen, verticalen Schlund unmittelbar aufwärts in den einfachen, dünnwandigen Magensack. Dieser füllt das ganze Megacoel oder die centrale Leibeshöhle des Astrodiscus aus, soweit dieselbe nicht von den Bursal-Kiemen und Gonaden in Anspruch genommen ist. Der After fehlt stets und scheint schon bei der Stammgruppe der Classe durch Rückbildung verschwunden zu sein. Der geräumige Mund ist stets in 5 perradiale, oft bis zur Armbasis vorspringende Mundwinkel ausgezogen. Dazwischen springen centripetal 5 interradiale Mundecken vor; diese sind äusserlich meistens durch ein ansehnliches „Mundschild" ausgezeichnet und tragen innerlich ein starkes unpaares „Zahnstück", dessen verticaler Rand gezähnt ist. Die Seiten der Mundwinkel werden von 5 Paar adradialen Mundeckstücken gebildet, welche in den Mundecken zusammenstossen und meistens conische „Mundpapillen" tragen. Die mannichfaltige Differenzirung dieses Mundskelets ist für die Systematik wichtig.

2) Ambulacral-System. Der Eingang in das Wassergefäss-System zeigt bei der grossen Mehrzahl der Ophiodeen sehr einfache und primitive Verhältnisse; es ist eine einfache Hydropyle vorhanden, welche bei den *Ophioctonien* in einem interradialen Mundschilde liegt, bei den *Euryalonien* dagegen meistens von der Mundfläche aufwärts gerückt ist, in den interradialen Winkel zwischen 2 Armen. Mehrere Euryalonien zeichnen sich dadurch aus, dass 5 interradiale

Hydropylen oder Madreporiten zwischen den Armen in dem Gürtel-Umfang der Scheibe liegen. Dieses Beispiel von pentaradialer Multiplication eines ursprünglich einfachen und paraxonen Organs wiederholt sich bei *Rhizocrinus* unter den Crinoideen. Bei mehreren Ophiodeen entwickelt sich aus der einfachen Hydropyle eine echte Madreporen-Platte, indem mehrere Hautporen in den einfachen Steincanal führen. Dieser öffnet sich direct in den Hydrocircus oder den Mundring, welcher den Mund umgiebt. Am Ringcanal sitzt gewöhnlich in jedem Interradius (— denjenigen des Steincanals ausgenommen —) eine Poli'sche Blase (Lymphdrüse). Dazwischen gehen vom Ringcanal die 5 perradialen Hydrocanäle ab und laufen an der Bauchseite der Arme bis zu deren Spitze, unmittelbar unter der „Wirbelsäule". Zwischen je 2 Wirbeln gehen vom Radial-Canal ein paar laterale Aeste ab, welche sich in aufwärts gekrümmten Bogen (oft theilweise in die Wirbel eindringend) abwärts zu den Füsschen oder Tentakeln begeben. Diese treten zwischen den Lateral-Platten und den unpaaren Ventral-Platten seitlich vor, sind oft mit Sinnespapillen bedeckt, tragen aber keine terminalen Saugscheiben.

3) Genital-System. Die Geschlechtsorgane der Ophiodeen verhalten sich ursprünglich sehr ähnlich denen der Asterideen, erleiden aber complicirte Umbildungen durch das Verhältniss, welches sie zu den Bursal-Kiemen eingehen. Vom Apical-Ende der Paraxondrüse entspringt ein ringförmiger Genital-Strang, der in einen entsprechenden (vom Paraxon-Sinus abgehenden) aboralen Genital-Sinus eingeschlossen ist. Dieser hat die Form eines fünflappigen Sternes mit 5 breiten perradialen Bogen, die über den Armbasen nach aussen vorspringen, und 5 alternirenden interradialen Bogen, welche nach unten und innen vorspringen. Aus den letzteren sprossen 10 Paar adradiale Reihen von kleinen, schlauchförmigen Gonaden hervor, welche die Geschlechtsproducte in die 10 Bursal-Taschen und durch deren Spalten nach aussen entleeren (§ 267). Auch diese Bursal-Taschen, welche durch Einstülpung von 10 adradialen Blindsäcken der Mundhaut in die Leibeshöhle entstehen und welche zugleich als Kiemen fungiren, gehören zu den besonderen Eigenthümlichkeiten der Ophiodeen; sie fehlen allen anderen Echinodermen, ihre Aehnlichkeit mit den Hydrospiren-Taschen der Blastoideen beweist nicht deren Homologie.

§ 270. Classification der Ophiodeen.

Die Schlangensterne der Gegenwart (*Colophiurae*) sind durch eine grössere Zahl von lebenden Arten vertreten als alle übrigen Echinodermen-Classen; man unterscheidet gegen 900 Species und vertheilt dieselben auf 90—100 Genera. Doch sind die Unterschiede derselben meistens von sehr geringem morphologischen Werthe und hauptsächlich durch die mannichfaltige Differenzirung, Bewaffnung und Ausschmückung des Tegumentes bedingt, durch die Form und Vertheilung der Appendical-Anhänge, Schuppen, Stacheln u. s. w. Man kann eigentlich nur wenige (3—6) Familien unterscheiden und diese auf 2 Ordnungen vertheilen: *Ophioctonien* und *Euryalonien*. Wichtigere Unterschiede im Skeletbau, als diese lebenden *Colophiuren*, bieten ihre palaeozoischen Vorfahren, die wir ihnen als *Palophiuren* gegenüberstellen; leider sind uns dieselben nur durch wenige (60—70) Arten und diese meist nur sehr unvollständig bekannt. Bei diesen alten Palophiuren sind die beiden Ambulacral-Platten jedes Armgliedes (oder die „Halbwirbel") noch getrennt, während sie bei den lebenden Colophiuren zu einem unpaaren „Vollwirbel" verschmolzen sind. Dieser Unterschied ist um so wichtiger, als auch die Vollwirbel der *Colophiuren* ursprünglich als ein paar getrennte Ambulacral-Stücke angelegt werden und erst später mit einander verwachsen.

I. Ordnung: **Palophiurae** (= *Ophiencrinasteriae*). Hauptgruppe der älteren palaeozoischen Ophiuren, vom Silur an; ausgezeichnet durch die permanente Trennung der beiden Ambulacral-Platten (oder „Halbwirbel") in jedem Armgliede. Die äussere Hautbedeckung ist sehr unvollkommen bekannt; sie scheint meistens weich oder nur mit kleinen Täfelchen oder Schuppen bedeckt gewesen zu sein; namentlich fehlen immer (wie bei den Asterideen) die Dorsalschilder. Wir unterscheiden in dieser Ordnung zwei Unterordnungen, die *Allostichia* und *Zygostichia*; erstere mit alternalen, letztere mit conjugalen Halbwirbeln. Bei den älteren Allostichia (= *Patrophiurae*) stehen die Ambulacral-Platten oder Halbwirbel nicht paarweise einander gegenüber, sondern wechseln mit einander ab; sie zeigen dasselbe Verhalten, wie die *Palasterien* unter den Asterideen (§ 272). In dieser palaeozoischen Gruppe scheinen nicht nur die Dorsal-, sondern auch die Ventral-Schilder zu fehlen. Es gehören hierher *Taeniaster* (Unter-Silur), *Ptilonaster* (Ober-Silur), *Bundenbachia* und *Palaeophiura* (Unter-Devon), *Eugaster* (Ober-Devon), *Protophiaster* (Carbon) u. A. — Bei den jüngeren Zygostichia (= *Zygophiurae*) geht die alternale Stellung der Halbwirbel in die opponale oder conjugale über; sie stehen paarweise in jedem Gliede einander gegenüber. Jedoch bleiben sie als stabförmige „Ambulacral-Platten" auch hier noch getrennt oder beginnen nur am oberen Ende zu verwachsen. Typus dieser Gruppe ist die devonische *Ophiurina Lymani*. Vielleicht sind aber recente Ausläufer derselben die lebenden Genera *Ophiohelus*, *Ophiobursa*, *Ophiogeron* u. A.

II. Ordnung: **Colophiurae** (= *Autophiuroidea*). Hauptgruppe der jüngeren Ophiuren, von den älteren Palophiuren-Ahnen unterschieden durch die vollständige Verwachsung der beiden Ambulacral-Platten in jedem Armgliede zu einem soliden „Vollwirbel“. Diese Ordnung hat sich schon in der Devon-Zeit von der Stammgruppe der Palophiuren abgezweigt, ist bereits im mesozoischen Zeitalter gut vertreten, entwickelt aber ihren ganzen Formenreichthum erst in der Gegenwart. Sie zerfällt in zwei Unterordnungen, die stark gepanzerten *Ophioctonien* und die schwach gepanzerten *Euryalonien*. Die Hauptmasse der Ordnung bildet die formenreiche Gruppe der Ophioctonien (oder *Ophiuriden* im engeren Sinne). Die Schilder ihrer einfachen Arme sind meistens gut entwickelt, sowohl die beiden lateralen (meist stacheltragenden), als die beiden unpaaren (dorsales und ventrales). Daher sind die Arme mundwärts nicht einrollbar, sondern nur in der horizontalen Gürtel-Ebene beweglich. Die 5 interradialen Mundschilder sind gewöhnlich gross, und eines davon ist zugleich Madreporit. In den beiden grossen Familien der *Ophioglyphiden* und *Ophiocomiden* sind Scheibe und Arme mit Stacheln bewaffnet; bei ersteren sitzen die Armstacheln auf dem Aussenrande der Seitenschilder und liegen dem Arme an; bei letzteren sitzen sie auf deren Fläche und stehen ab. Die stachellose Familie der *Ophiomyxiden* besitzt eine weiche Haut und bildet den Uebergang zu den Euryalonien. — Die kleinere Unterordnung der Euryalonien hat selten einfache Arme (*Astroporpida*); meistens sind sie stark verzweigt (*Astrophytida*). Die Schilder in der weichen Haut sind grösstentheils rückgebildet, daher die Arme viel beweglicher und auch mundwärts einrollbar. Die Madreporiten liegen nicht in einem der kleinen Mundschilder, sondern interradial zwischen den Armen (bald einer, bald fünf).

§ 271. Achte Classe der Echinodermen:

Asteridea. Seesterne.

Asteriae. Asteroidea. Asteractinota. Asteriades. Stellerida.

Armtragende, frei bewegliche und pygocincte Pentorchonien, mit beweglichem Tabular-Skelet, ventralem Anthodium und offenen Subvectoren.

Echinodermen mit fünffachen (oder vielfachen) Gonaden, mit Paraxondrüse und apicalem, pentaradialem (oder multiradialem) Genital-Ring, sowie mit gegliederten Armen. Körper sternförmig, frei beweglich, mit verkürzter verticaler Hauptaxe; Mund unten, central, After oben, subcentral (selten fehlend). Darm mit perradialen gabeltheiligen Blinddärmen, deren doppelt gefiederte Aeste weit in die Arme hineinragen. Ambulacra an der Ventral-Seite, mit offenen Subvectiv-Rinnen, aus denen 2 oder 4 Reihen von Füsschen vortreten. Madreporit dorsal, excentrisch, interradial. Hautskelet mit beweglichem Platten-Panzer; in den gegliederten Armen enthält jedes Segment gewöhnlich in der Ventral-Hälfte drei Platten-Paare (ambulacrale, adambulacrale und inframarginale), in der Dorsalhälfte ein Paar supramarginale Platten und meistens eine grosse Anzahl kleiner Täfelchen.

Die Classe der Asterideen (*Asteriae* oder *Asteroidea*), der eigentlichen „Seesterne“, entfernt sich in vielen Beziehungen am weitesten von den übrigen Echinodermen und von der gemeinsamen Stammgruppe der Amphorideen. Die pentaradiale Decentralisation, welche die drei *Olenaten*-Classen von den übrigen Sternthieren, den *Anolenen*, trennt, hat hier die höchste Stufe erreicht; sie greift tiefer in die ganze Organisation ein als bei den Ophiodeen und Crinoideen. Die Asterideen unterscheiden sich von allen anderen Echinodermen schon durch die zusammengesetzte Bildung des Darmcanals; von dem weiten centralen Magensack, der die Mittelscheibe des Seesterns ausfüllt, gehen 5 Paar lange, radiale, doppelt gefiederte Blinddärme in die weiten Coelomhöhlen der Arme hinein. Auch die 5 Paar interradialen Gonaden entsenden meistens Fortsätze in die Armhöhlen. Die Arme selbst (— deren ursprüngliche Fünfzahl oft vermehrt und dann unregelmässig ist —) sind zwar im Allgemeinen den Armen der anderen Olenaten (Ophiodeen und Crinoideen) zu vergleichen, aber in ihrer Structur wesentlich verschieden.

In der äusseren Gestalt und Haltung des gepanzerten Körpers gleichen die Asterideen am meisten einerseits den Ophiodeen, andererseits den Echinideen; sie unterscheiden sich aber von Beiden durch so wesentliche Eigenthümlichkeiten, dass man keine dieser drei Classen direct von der anderen ableiten kann. Gemeinsam ist allen drei Classen, die wir im Cladom der Pygocincta vereinigen, die verticale Stellung der Hauptaxe, an deren unterem Pole der Mund liegt; ferner der Besitz eines periproctalen Genital-Ringes, die interradiale Lage der Gonaden-Stämme und die ähnliche Bildung des Ambulacral-Systems. Den *Ophiuren* gleichen die *Asterideen* speciell in der Gliederung des Arm-Skelets, den *Echinideen* in der excentrisch-dorsalen Lage der Madreporen-Platte. Sie entfernen sich aber von beiden Classen durch die ganz oberflächliche Lage der perradialen Organe; ganz in der Epidermis liegen die Hauptstämme des Nervensystems, darunter die Blutgefäss-Stämme und unter diesen die Hydrocanäle. Diese wichtigen Organe haben bei den Asterideen ihre ursprüngliche oberflächliche

Lage desshalb beibehalten, weil die ventrale Subvectiv-Rinne, in der sie liegen, sehr tief und durch laterale Skelettheile (Adambulacral-Platten und Stacheln) sehr geschützt ist.

Die Ambulacra sind bei den Asterideen, wie bei den Ophiodeen und Crinoideen, ganz auf die Ventralfläche beschränkt; auch die allgemeine Gliederung des Dermal-Skelets ist ähnlich wie in diesen beiden Classen. Dagegen gestattet die eigenthümliche Zusammensetzung des Armskelets keine directe Vergleichung mit demjenigen anderer Classen; selbst die Zurückführung auf die nächstverwandten Ophiodeen ist im Einzelnen sehr bedenklich. Ebenso wenig darf man die „Ambulacral-Platten" der Asterideen mit den gleichnamigen Skeletstücken der Echinideen und anderer Echinodermen schlechthin als homolog betrachten. Gegen die Ableitung der Asterideen von einer anderen Pentorchonien-Classe spricht schon der Umstand, dass sie in einigen Beziehungen (z. B. Lage des Nervensystems) sehr primitive, in anderen Beziehungen dagegen (z. B. Bau des Darmcanals) sehr specialisirte Verhältnisse zeigen. Als Stammgruppe der Asterideen kann daher nur entweder die gemeinsame Ahnen-Classe der Amphorideen angesehen werden, oder vielleicht ein Zweig der nächstverwandten Cystoideen, bei welchem noch keine feste Panzerkapsel entwickelt war, besonders einige *Agelacystiden* (Hemicystiden).

§ 272. Skelet der Asterideen.

Das characteristische Dermal-Skelet der Asterideen zeichnet sich vor dem der übrigen Echinodermen durch Beweglichkeit des Platten-Panzers aus, besonders aber durch die Entwickelung von tiefen Subvectoren oder perradialen Ambulacral-Furchen an der Ventral-Seite der Arme und durch eine Doppelreihe von paarigen segmentalen Kalkstücken, welche sich über diesen Furchen dachförmig wölbt. Das Dach der Subvectoren wird durch die Doppelreihe der „Ambulacral-Platten" gebildet, welche oben unter einem spitzen Winkel zusammenstossen und unten durch „Adambulacral-Platten" gestützt werden. Zwischen der Basis der letzteren ist die weiche Bauchhaut der Furche ausgespannt. Während diese 2 Paar Längsreihen von wichtigen ventralen Skelet-Platten an den Armen aller Seesterne regelmässig vorhanden sind, ist dagegen das Tafel-Skelet in den lateralen und dorsalen Theilen des Integumentes sehr verschieden entwickelt und oft rudimentär.

Da der scheibenförmige Körper der Asterideen gewöhnlich stark abgeplattet ist, kann man an dem centralen Astrodiscus ebenso wie an den peripheren Astrolenen scharf das dorsale Skelet der Apical-Kapsel von dem ventralen Skelet der Oral-Kapsel unterscheiden. Die Grenze zwischen Beiden bestimmt der periphere Sternrand (*Margo*) oder die äquatoriale Gürtel-Linie (*Perizona*). Wenn das Skelet der Astrolenen gut entwickelt ist (bei den meisten Phanerozonien), erscheint auf dem Querschnitte der Arme die Gürtellinie dadurch scharf markirt, dass zwei Paar Reihen von segmentalen Randplatten (*Marginalia*) in derselben unter einem stumpfen Winkel zusammenstossen. Die ventralen *Inframarginalia* stossen an die lateralen Enden der Adambulacral-Tafeln an und bilden den oberen Rand der Bauchdecke (= Oral-Kapsel). Die dorsalen *Supramarginalia* dagegen bilden den anstossenden unteren Rand der Rückendecke, welche gewöhnlich nur sehr unvollkommen getäfelt oder fast weichhäutig ist; meistens sind sehr zahlreiche und sehr kleine Kalkplättchen unregelmässig in derselben zerstreut oder pflasterartig geordnet. Es giebt jedoch auch Asterideen (z. B. *Zoroaster*), bei denen die Rückendecke (= Apical-Kapsel) der Arme mit grösseren Panzerplatten belegt ist, namentlich einer segmentalen Reihe von grösseren Perradial-Platten. Bei der Mehrzahl der Seesterne bildet das Tegument des Arm-Querschnitts einen Ring, welcher unten (durch die ventrale Armfurche) tief eingedrückt und jederseits durch 3 ventrale Plattenreihen gestützt ist: medial die ambulacralen, dann die adambulacralen, aussen die inframarginalen; daran schliessen sich dann oben die supramarginalen Tafeln und die übrigen dorsalen Plättchen. Die beiden Gürtelreihen der Marginal-Platten (die supramarginalen der Rückendecke und die inframarginalen der Bauchdecke) werden oft unter dem Begriffe des „Interambulacral-Skelets" zusammengefasst, im Gegensatze zu den Principal-Platten des ventralen „Ambulacral-Skelets". Alle übrigen Skelettheile der Arme werden dann auch wohl als „accessorische" bezeichnet.

Von besonderer Wichtigkeit ist an den Armen der Seesterne eine unpaare perradiale Skelettafel, welche constant am distalen Ende der Astrolenen liegt und zur Stütze des unpaaren Endfühlers und des an seiner Basis gelegenen Auges dient; sie wird deshalb als Terminal-Tafel oder *Ocellar-Platte* bezeichnet und mit der gleichnamigen Platte der Echinideen verglichen. Sie wird in der Pentactula-Larve früher als alle anderen Platten angelegt und rückt stets mit dem auswachsenden Arme nach aussen vor; alle übrigen Armtafeln werden an ihrer Proximal-Seite angelegt, so dass die äusserste stets die jüngste ist.

Das Skelet des Astrodiscus geht in der Peripherie ohne scharfe Grenze in dasjenige der Astrolenen über. Im Centraltheile der Scheibe dagegen kann man gewöhnlich einen oder mehrere Platten-Kränze unterscheiden, welche den pentaradialen Rosetten des oralen und des apicalen Platten-Systems der Echinideen (und selbst der Crinoideen) verglichen werden. Die Ontogenie scheint diesen Vergleich bis zu einem gewissen Grade zu rechtfertigen. Nachdem die 5 Terminal-Platten (zum Oral-System gehörig!) über der linken Enterocoel-Blase angelegt sind, erscheinen über der rechten 5 interradiale Basalia und sodann in deren Mitte ein dorsales Centrale. Dann folgen oft später 5 perradiale Scapularia, als erste „Radialia" an der dorsalen Armbasis. Nach innen von letzteren (centralwärts) können dann noch, zunächst um das Centrale, 5 perradiale „Infrabasalia" auftreten. Die Homologie dieser Apical-Platten mit den gleichnamigen Tafeln der Crinoideen halten wir für unbegründet, und mit denjenigen der Echinideen für sehr zweifelhaft (vergl. S. 394). Sicherer erscheint der Vergleich von 5 interradialen, den Mund umgebenden Platten des Oral-Systems („Odontophoren") mit den 5 primären Oral-Platten der Ophiodeen.

Das Appendical-Skelet der Asterideen ist äusserst mannichfaltig entwickelt und in seiner erblichen Differenzirung theilweise systematisch verwerthbar, zur Unterscheidung kleinerer Gruppen. Stacheln oder verkalkte Papillen, theils unbeweglich, theils durch ein Gelenk beweglich, sind sehr allgemein verbreitet und namentlich an der Bauchseite zum Schutze der Ambulacral-Furche entwickelt (an den Adambulacralien und Inframarginalien). Eigenthümlich modificirte Stacheln sind die Paxillen, welche am Gipfel einen kreisrunden Kranz von Papillen tragen. Aus Gruppen von kleinen beweglichen Stacheln sind die mannichfaltigen Formen der Pedicellarien entstanden.

§ 273. Malacom der Asterideen.

Der Weichkörper der Seesterne zeichnet sich vor demjenigen der übrigen Echinodermen durch mehrfache auffallende Einrichtungen aus, so dass man diese Classe hierdurch allein, auch ohne Rücksicht auf das Skelet, characterisiren könnte. In erster Linie steht hier die pentaradiale Darmbildung, welche allen anderen Sternthieren fehlt. Aber sie entfernen sich von diesen auch vielfach in der besonderen Ausbildung des Coeloms, des Genital-Systems u. s. w.

Darmsystem. Bei allen Asterideen ist der Centraldarm, welcher bei den übrigen Echinodermen einfach bleibt, mit 5 Paaren (— bei den polyradialen Formen mit mehreren Paaren —) grosser Blinddärme ausgestattet, welche weit in die Arme sich hinein erstrecken. Der centrale Mund geht durch einen kurzen, vertical aufsteigenden Schlund in den weiten, sackförmigen Magen über, der den grössten Theil des Megacoels ausfüllt. Von der apicalen Peripherie des Magens gehen in jeden Arm 2 parallele adradiale Armdärme ab, welche die Form eines doppelt gefiederten Blattes besitzen; sie sind durch besondere verticale Mesenterien oben an der Rückenwand der weiten Armhöhlen befestigt. Ausserdem ist auch der kurze Enddarm, welcher von der apicalen Mitte des Magens gegen den Rücken emporsteigt, noch mit einer wechselnden Zahl von Rectal-Divertikeln ausgestattet (meistens 5 interradialen Coecal-Paaren). Der After öffnet sich nicht genau im Apex der Dorsalfläche, sondern etwas excentrisch; er fehlt nur der Familie der Astropectiniden.

Ambulacral-System. Die Madreporen-Platte der Asterideen liegt excentrisch in einem Interradius der Rückenfläche, ist gross und von complicirtem Bau; ebenso der von ihr ausgehende Steincanal, welcher neben der Paraxon-Drüse in den interradialen Paraxon-Sinus eingeschlossen ist und schräg abwärts zum Munde verläuft. Bei einigen Asterideen wird die Zahl der Steincanäle und Madreporiten secundär vermehrt (2—5, selten mehr). Der Hydrocircus, welcher als pentagonaler „Wassergefäss-Mundring“ den Mund umgiebt, ist bei allen Asterideen durch den Besitz von 10 adradialen Lymphdrüsen ausgezeichnet, den „Tiedemann'schen Körperchen“. Dieselben sitzen zu beiden Seiten der Poli'schen Blasen, welche als ansehnliche interradiale Blindsäcke (in wechselnder Zahl) in den Ringcanal münden, aber in einigen Familien fehlen. Die Principal-Canäle oder die perradialen Hauptwassergefässe, die vom Ringcanal in die Arme abgehen, verlaufen an deren Ventral-Fläche, unterhalb der Ambulacral-Platten, in den Bauchfurchen. Sie geben in jedem Armsegment ein Paar laterale Aestchen ab, die zu den Füsschen gehen. Jeder Füsschen-Canal giebt an seinem Ursprung einen kleinen Ampullen-Canal ab, welcher zwischen je zwei auf einander folgenden Ambulacral-Platten emporsteigt und sich oberhalb dieser in der Armhöhle zu einer Ampulle erweitert. Die Füsschen der meisten Asterideen bilden am freien Ende eine Saugscheibe. Das Distal-Ende jedes Perradial-Canals geht an der Armspitze in den unpaaren Terminal-Tentakel über, welcher das Auge trägt.

Genital-System. Die Geschlechtsorgane der Seesterne verhalten sich in Anlage und Vertheilung ursprünglich gleich denjenigen der Echinideen und Ophiodeen. Vom oberen (apicalen) Ende der subverticalen Paraxon-Drüse geht ein pentagonaler Genital-Strang ab, welcher den Enddarm ringförmig umgiebt. Von den 5 interradialen Ecken desselben entspringen 5 Paar Gonaden-Büschel, welche in den Buchten zwischen den Armen durch kleine Genital-Poren ausmünden. Die 10 adradialen Büschel der Blinddärme liegen bald im peripherischen Theil der Scheibe, bald wachsen sie in die Basaltheile der Arme hinein. Bisweilen verlängern sich die 10 Genitalstränge fast bis zum Ende der Arme und geben dann zahlreiche Büschel von Gonaden in segmentaler Ordnung ab (*Luidia*). Da jedes Büschel seine besondere Geschlechtsöffnung erhält, bilden sich hier an jedem Arm 2 Reihen von segmentalen Gonoporen.

§ 274. Classification der Asterideen.

Die Zahl der lebenden Seestern-Formen ist sehr beträchtlich, etwa 90 Genera mit 700 Species. Obgleich die äussere Form und Körperbedeckung sehr mannichfaltig erscheint, bleibt dennoch der innere Bau überall im Wesentlichen derselbe. In der Structur des Malacoms haben sich bisher keinerlei Anhaltspunkte für eine natürliche Eintheilung der Classe in mehrere Ordnungen finden lassen. Auch die Mehrzahl der fossilen Asterideen (— deren Zahl sehr gering ist, noch nicht 90 Arten —) unterscheidet sich in der Bildung des allein erhaltenen Hautskelets sehr wenig von den lebenden Formen. Nur eine kleine Anzahl von palaeozoischen Asterideen weicht in einem wichtigen Merkmale von den übrigen ab, nämlich darin, dass die beiden Längsreihen der Ambulacral-Platten in den Armen (wenigstens in der Mitte) abwechselnd stehen, nicht paarweise oder gegenständig. Dieser Unterschied ist um so bedeutungsvoller, als er sich in gleicher Weise auch bei den Ophiodeen wiederholt. Wir unterscheiden demnach unter den Asterideen als zwei Subclassen: I. *Palasterien* mit alternalen und II. *Colasterien* mit conjugalen Ambulacralplatten.

I. Subclasse: **Palasteriae** oder **Encrinasteriae** (= *Palaeasteroidea*). Ambulacral-Platten in den beiden Längsreihen der Arme (— wenigstens in deren Mitte —) wechselständig oder alternal, nicht paarweise geordnet. Hierher gehören die ältesten bekannten Seesterne, sämmtlich palaeozoisch, etwa 10 Genera mit 20 Species. Obgleich die fossilen Reste derselben (vom Untersilur bis zum Carbon) selten und meist schlecht erhalten sind, hat sich dennoch die alternale Stellung der Ambulacralplatten bei ihnen ebenso sicher wie bei den allostichen *Palophiuren* erkennen lassen. Ferner hat sich neuerdings die interessante Thatsache ergeben, dass bei einem Theile von ihnen der Madreporit unten auf der Bauchseite liegt, nicht oben auf der Rückenseite, wie bei den lebenden Asterideen; und dies ist um so wichtiger, als auch bei den Jugendformen der letzteren (— bei den *Pentactula*-Larven —) die Madreporen-Platte auf der Oralseite angelegt wird und erst nachher auf die Apicalseite hinüberwandert. Wir können demnach in der Subclasse der *Palasterien* zwei Ordnungen unterscheiden: 1) Hypomadrepia (*Palasteriscus, Aspidosoma, Chiropteraster, Palaeodiscus* u. A.), mit ventralem Madreporit, unten in der Nähe des Mundes gelegen; dieses Verhalten zeigte wahrscheinlich auch die hypothetische Stammgruppe aller Asterideen, die Familie der *Patrasterida*. 2) Epimadrepia (*Palaeaster, Palasterina, Schoenaster, Palaeocoma* u. A.), mit dorsalem Madreporit, excentrisch auf der Oberseite gelegen.

II. Subclasse: **Colasteriae** oder **Autasteriae** (= *Euasteroidea*). Ambulacral-Platten in den Längsreihen der Arme gegenständig oder conjugal, paarweise geordnet. Hierher gehören alle lebenden und viele fossile (meist mesozoische) Seesterne, aber auch einige palaeozoische. Die zahlreichen (18—20) Familien dieser formenreichen Subclasse sind neuerdings in zwei divergente Ordnungen getheilt worden, welche in mehrfacher Beziehung sich erheblich unterscheiden: *Phanerozonia* und *Cryptozonia*; beide sind ungefähr von gleichem Umfang, jede mit 9 bis 10 Familien und 40—50 Gattungen.

I. Ordnung: Phanerozonia. Marginal-Platten gross und stark entwickelt; die dorsalen Supramarginalien und die ventralen Inframarginalien stossen direct an einander. Ambulacral-Platten breit, nicht gedrängt (*Eurystroteria*). Papillar-Kiemen nur in der Rückenhaut entwickelt (auf der Apicalfläche; daher *Stenopneusia*). Die Pedicellarien sind klappenförmig, gegittert oder ausgehöhlt. In dieser Ordnung können zwei Unterordnungen unterschieden werden, die *Pentaceronien* und *Asterisconien*. Letztere enthält nur die Familie der Asteriniden, welche keine Pedicellarien besitzen. Zu den Ersteren gehören die Archasteriden, Porcellanasteriden, Astropectiniden, Pentagonasteriden, Antheneiden u. A.

II. Ordnung: Cryptozonia. Marginal-Platten klein und schwach entwickelt, beim erwachsenen Thier oft ganz rudimentär; die dorsalen Supramarginalien und die ventralen Inframarginalien werden oft durch eingeschobene Zwischenplatten getrennt. Ambulacral-Platten schmal und dicht gedrängt (*Leptostroteria*). Papillar-Kiemen nicht auf die Rückenhaut (Apicalfläche) beschränkt, sondern auch zwischen den Marginal-Platten vorkommend und oft auch auf der Bauchhaut (Oralfläche) sich ausbreitend (daher *Adetopneusia*). Die Pedicellarien sind nicht gegittert. Auch in dieser Ordnung kann man zwei Unterordnungen nach der Skeletbildung unterscheiden, die *Solasteronien* und *Brisingonien*. Letztere umfasst nur die Familie der Brisingiden. Zu den Ersteren gehören die Zoroasteriden, Stichasteriden, Linckiaden, Heliasteriden, Urasteriden u. A.

Die phylogenetischen Beziehungen der zahlreichen Asterideen-Gruppen sind zur Zeit noch sehr dunkel, zumal erst von sehr wenigen Gattungen die Ontogenie bekannt ist. Nur im Allgemeinen darf man annehmen, dass unter den älteren Palasterien die *Hypomadrepien* die Stammgruppe bilden, und dass auf diese die *Epimadrepien, Phanerozonien* und *Cryptozonien* als drei Bildungsstufen nach einander folgen.

§ 275. System der Ophiodeen und Asterideen.

§ 275 A. System der Ophiodeen.

Subclassen	Ordnungen	Charactere	Familien
I. **Palophiurae** (= *Ophiencrinasteriae*). Halbwirbel der Arme getrennt, stabförmig (adradial).	1. **Allostichia** Halbwirbel alternal	Gemeinsame silurische Stammgruppe aller Ophiuren	Protophiurida *Bundenbachia* *Taeniaster*
	2. **Zygostichia** Halbwirbel conjugal	Uebergangsgruppe von den Allostichien zu den Colophiuren	Ophiurinida *Ophiurina* *Ophiobursa*
II. **Colophiurae** (= *Autophiuroidea*). Halbwirbel der Arme ganz verschmolzen, stets conjugal. (Perradiale Vollwirbel).	3. **Ophioctonia** Arme nicht einrollbar, nur horizontal beweglich. Madreporit in einem Mundschild	Arme getäfelt. Armstacheln am Aussenrande der Seitenschilder	Ophioglyphida *Ophioderma* *Ophioglypha*
		Arme getäfelt. Armstacheln auf den Flächen der Seitenschilder	Ophiocomida *Amphiura* *Ophiothrix*
		Arme und Scheibe mit weicher Haut bedeckt	Ophiomyxida *Ophiomyxa* *Ophiopsila*
	4. **Euryalonia** Arme einrollbar, horizontal und vertical beweglich. Madreporit vom Munde entfernt	Arme einfach, nicht verzweigt	Astroporpida *Astroporpa* *Asteronyx*
		Arme dichotomisch verzweigt	Astrophytida *Astrophyton* *Euryale*

§ 275 B. System der Asterideen.

I. **Palasteriae** (= *Encrinasteriae*) Palaeasteroidea. Ambulacral-Platten alternal.	1. **Hypomadrepia** Madreporit ventral	**Patrasterida** Gemeinsame silurische Stammgruppe der Asteria	Patrasterida *Palasteriscus* *Palaeodiscus*
	2. **Epimadrepia** Madreporit dorsal	**Palasterinida** Uebergangsgruppe von den Hypomadrepien zu den Colasterien	Palasterinida *Palasterina* *Palaeocoma*
II. **Colasteriae** (= *Autasteriae*) Euasteroidea. Ambulacral-Platten conjugal. Madreporit stets dorsal.	3. **Phanerozonia** (*Eurystroteria*). Marginal-Platten gross, stark entwickelt. Papillarkiemen nur dorsal	**Pentaceronia** Axen der Marginal-Platten-Serien parallel	Archasterida *Porcellanasterida* *Astropectinida* *Pentagonasterida* *Pentacerotida* *Gymnasterida*
		Asterisconia Axen der Marginal-Platten-Serien convergent	Asterinida *Asteriscida* *Ganerida*
	4. **Cryptozonia** (*Leptostroteria*). Marginal-Platten klein, rudimentär. Papillarkiemen dorsal und ventral	**Solasteronia** Parambulacral-Platten und Interradial-Septen vorhanden	Solasterida *Stichasterida* *Zoroasterida* *Pterasterida* *Heliasterida* *Echinasterida* *Urasterida*
		Brisingonia Parambulacral-Platten und Interradial-Septen fehlen	Brisingida *Brisinga*

Siebentes Kapitel.

Systematische Phylogenie der Mollusken (Weichthiere).

§ 276. Begriff der Mollusken.

(*Conchylia. Conchozoa. Malacozoa. Testacea. Schalthiere.*)

PHYLON DER UNGEGLIEDERTEN CONCHIFEREN COELOMARIEN.

Coelomarien mit ungegliedertem, dipleurem Körper, dessen dorsale Rückenhaut (Mantel) eine Kalkschale abscheidet, während eine ventrale Muskelplatte (Fuss) zur Locomotion dient; zwischen Fuss und Mantel ursprünglich laterale Kiemen. Nerven-Centrum ein Schlundring mit ein paar Cerebral-Knoten und zwei paar Lateral-Stämmen. Ueber dem Darm ein arterielles Dorsal-Herz. Mund ursprünglich mit einer Radula. Ein paar Coelom-Taschen bilden vorn die Gonaden, hinten die Nephridien und das Pericardium.

Der Stamm der Weichthiere oder *Mollusken* bildet eine selbständige Hauptgruppe der Metazoen, deren morphologische Einheit und monophyletischer Ursprung heute fast allgemein anerkannt ist. Allerdings sind bei vielen Mollusken nicht alle die characteristischen Merkmale scharf ausgeprägt, welche in der vorstehenden Begriffs-Bestimmung zusammengefasst sind. Durch Anpassung an besondere Lebens-Verhältnisse sind in vielen Fällen Organisations-Verhältnisse verwischt oder verloren gegangen, welche ursprünglich die Stammgruppe characterisirten und durch Vererbung von dieser auf die meisten übrigen Glieder des Stammes übertragen wurden. Mantel, Schale, Fuss, Kiemen, Kopf, Sinnesorgane, Radula, Herz und andere wichtige Organe können durch regressive Umbildung rudimentär werden und endlich ganz verloren gehen. Aber niemals trifft diese phyletische Rückbildung gleichzeitig alle characteristischen Organe eines Weichthiers. Vielmehr bleibt es immer möglich, mit Hülfe der vergleichenden Anatomie und Ontogenie den morphologischen Zusammenhang und damit die phylogenetische Verwandtschaft zwischen diesen rückgebildeten Mollusken und den typisch ausgebildeten Formen des Stammes nachzuweisen. Dieselben morphologischen Urkunden setzen uns auch in den Stand, mit befriedigender Klarheit und Sicherheit die Organisation der ursprünglichen praecambrischen Stammformen des ganzen Stammes hypothetisch zu reconstruiren; wir bezeichnen dieselben als Urweichthiere oder *Promollusken.*

§ 277. Promollusken, ursprüngliche Stammformen.

Die gemeinsame ursprüngliche Stammform des Mollusken-Phylon, von welcher sich alle die mannichfaltigen Glieder dieses formenreichen Stammes morphologisch und phylogenetisch ableiten lassen, besass nach unserer Ansicht ungefähr folgende Organisation: 1) Der Körper der ungegliederten Person war vollkommen bilateral-symmetrisch, aus zwei spiegelgleichen Antimeren zusammengesetzt (= eudipleurisch). 2) Von den drei Richtaxen, welche die eudipleure Grundform bestimmen, war die längste die horizontale Hauptaxe oder Längsaxe; an ihrem vorderen (oralen) Pole lag der Mund, am hinteren (aboralen) der After. 3) Von mittlerer Ausdehnung war die horizontale Queraxe oder Transversal-Axe, welche, von rechts nach links gehend, die Längsaxe senkrecht schneidet. 4) Die kürzeste von den drei Richtaxen war die verticale Pfeilaxe oder Sagittal-Axe, deren Dorsal-Pol in der Mittellinie des Rückens, der Ventral-Pol in der Medianlinie des Bauches liegt. Die äussere Körperform der Promollusken hatte daher wahrscheinlich am meisten Aehnlichkeit mit einer gewöhnlichen Nacktschnecke oder auch mit Chiton. 5) Das dicke und weiche Tegument bildete durch Verdickung des heredиven Hautmuskelschlauchs an der Bauchseite eine flache, zum Kriechen dienende Fusssohle (wie bei Chiton und den Platypoden); dieser primitive Molluskenfuss (Podium) war breit, lanzetförmig oder elliptisch, und ungetheilt. 6) An der gewölbten Rückenseite war das Tegument dünn und durch eine harte, napfförmige, cuticulare Schale geschützt, etwa von der einfachen Gestalt eines convexen elliptischen Schildes oder einer flach-konischen Patella. 7) Die dünne Rückenhaut, welche diese Schale (Concha) ausgeschieden hatte, bildete rechts und links eine seitlich vorspringende Falte mit verdicktem drüsigen Rande, den Mantel (Pallium). 8) Die laterale Furche der Haut, welche jederseits zwischen den vorspringenden Rändern des dorsalen Pallium und des ventralen Podium offen blieb, enthielt in der hinteren Hälfte ein Paar Kiemen, gebildet aus einer einfachen oder doppelten Reihe von Fäden oder gefiederten Hautfalten (ähnlich wie bei Chiton oder bei den Protobranchiern). 9) Der Darm mündete vorn am Oralpol durch den Mund, hinten am Aboralpol durch den After (beide Oeffnungen in der Median-Ebene); der Vorderdarm enthielt am Boden der Mundhöhle eine Zungentasche mit Radula, an der Mundöffnung einen Kieferwulst; in den Mitteldarm (Magen) mündete eine Leberdrüse; der Hinterdarm (Dünndarm) war einfach. 10) Das Blutgefäss-System wurde durch die Lacunen der primären Leibeshöhle gebildet (Lacunoma); als Central-Organ fungirte ein Herz mit einer unpaaren Hauptkammer und zwei paarigen Vorkammern; letztere nahmen das arterielle Blut direct aus den Kiemen auf; die unpaare Kammer lag über dem Hinterdarm und entleerte das Blut durch eine dorsale Arterie nach vorn. 11) Ein Pericardium, welches das Herz umschloss, wurde durch den hinteren Theil der secundären Leibeshöhle oder des Coeloms gebildet und nahm die Wimpertrichter von ein paar Nephridien auf. 12) Diese letzteren fungirten zugleich als Ausführgänge der beiden symmetrischen Gonaden, die aus dem vorderen Theil der Coelomtaschen entstanden waren. 13) Das Nervensystem bestand aus einem Schlundring mit ein Paar Cerebralknoten und mit zwei Paar Längsstämmen (einem pedalen und einem pallialen Paare). 14) Als Sinnes-Organe fungirten am vorderen (als „Kopf“ noch nicht scharf getrennten) Körpertheile: ein Paar Tentakeln, ein Paar Augen und ein Paar Gehörgrübchen.

Diese hypothetische Organisation der *Promollusken*, die sich aus der vergleichenden Anatomie und Ontogenie des ganzen Stammes — und insbesondere seiner älteren, primitiven Zweige — ergiebt, hat sich in keinem lebenden Vertreter desselben vollständig conservirt. Am nächsten stehen derselben die Amphineuren (theils die *Placophoren*, theils die *Solenogastren*); aber auch die Diotocardier unter den Schnecken, viele Muscheln und die Cephalopoden haben characteristische Züge derselben bis heute erhalten. Dagegen ist die Mehrzahl der Gastropoden mehr oder weniger stark modificirt.

§ 278. Ursprung des Mollusken-Stammes.

Die Frage von der Entstehung und dem Ursprung des Weichthier-Stammes, sowie von der Verwandtschaft desselben mit den übrigen

Thierstämmen ist in sehr verschiedener Weise beantwortet worden. Nach unserer Ansicht besteht keinerlei directe Stammverwandtschaft der Mollusken zu folgenden Stämmen: Wirbelthieren, Tunicaten, Articulaten, Echinodermen. Insbesondere können wir die Gründe für die Abstammung der Weichthiere von Anneliden oder ähnlichen „gegliederten Thieren" nicht anerkennen; wir finden in keinem echten Mollusk eine Spur von wahrer, motorischer Metamerie. Vielmehr können nach unserer Ueberzeugung als Vorfahren der Mollusken (oder als nächste Verwandte ihrer Ahnen) unter den heute lebenden Metazoen nur zwei Classen in Betracht kommen: die *Turbellarien* als ältere und die *Trochozoen* als jüngere Verwandte (vergl. § 148 und § 172).

Die Turbellarien stimmen in folgenden wichtigen Eigenthümlichkeiten mit unseren hypothetischen *Promollusken* — und mit den archaeischen Vertretern des Stammes, durch deren Vergleichung und Ergänzung wir die Organisation der letzteren reconstruirt haben — überein: 1) Die eudipleure (oder bilateral-symmetrische) Grundform der ungegliederten Person. 2) Die Zusammensetzung der Körperwand aus einem theilweise flimmernden Epitel und einem mit der Cutis zusammenhängenden Hautmuskelschlauch. 3) Die stärkere Ausbildung der subcutanen Musculatur an der ventralen, zum Kriechen dienenden Körperseite (Fuss). 4) Der Mangel von Metameren und von gegliederten Extremitäten. 5) Die beginnende Ausbildung eines „Kopfes", indem am Oralpol — oberhalb der Mundöffnung — sich ein paar Tentakeln, ein paar Augen und ein paar Hörgrübchen entwickeln. 6) Die ursprüngliche Zusammensetzung des Nervensystems aus einem Paar Cerebralknoten und zwei Paar von diesem ausgehenden Längs-Nervenstämmen, ganz übereinstimmend bei gewissen *Platoden* (Gunda und anderen Polycladen) und bei den archaeischen Mollusken (*Amphineuren* etc.). 7) Die Bildung der paarigen Nephridien.

Wir dürfen annehmen, dass jene hypothetischen Platodarien (§ 154) oder rhabdocoelen Turbellarien, welche in die directe Ahnen-Reihe der Mollusken gehören, alle die angeführten Eigenschaften, sowie vielleicht noch andere specielle Bildungsverhältnisse, auch die allgemeine histologische Structur der Organe, auf die letzteren durch Vererbung übertragen haben. Dagegen entfernen sich die Weichthiere von den Plattenthieren durch den Besitz jener drei wichtigen Organe, auf Grund deren wir überhaupt die Bilaterien (= *Coelomarien*) von den Coelenterien (= *Acoelomien*) trennen: 1) Coelom, 2) Blutgefäss-System, 3) After. Wir sind daher zu der Annahme gezwungen, dass zwischen den ältesten Promollusken und ihren Platoden-Ahnen noch eine Reihe von phylogenetischen Zwischenstufen liegt, welche jene drei wichtigen Organe erst durch Anpassung stufenweise erworben hatten. Diese hypothetischen Ahnen würden nach unserer oben gegebenen Definition in den Stamm der *Helminthen* gehören und theils den *Nemertinen*, theils den *Trochozoen* nächst verwandt sein. Wir wollen die ausgestorbene hypothetische Stammgruppe, welche diese Vermalien-Ahnen der Mollusken enthält, als *Conchelminthes* bezeichnen. Von diesen Vermalien lassen sich die *Promollusken* direct durch folgende neue Erwerbungen ableiten: 1) Abscheidung einer dorsalen Cuticula, welche durch Einbettung von Kalkkörperchen zu einer schützenden napfförmigen Schale wurde. 2) In Folge dessen Rückbildung der dorsalen und stärkere Ausbildung der ventralen Musculatur (Fussbildung). 3) Beschränkung der Respiration (die ursprünglich von der ganzen flimmernden Epidermis vermittelt wurde) auf die Seitentheile der Haut (zwischen dem schalenbildenden dorsalen Mantel und dem kriechenden ventralen Fuss). 4) In Folge dessen Ausbildung von Kiemen (Hautfalten) in dieser Seitenfurche oder Kiemenhöhle. 5) In Correlation dazu Ausbildung des dorsalen Herzschlauchs, mit einer unpaaren medianen Kammer und zwei paarigen lateralen Vorkammern.

§ 279. Zweige des Mollusken-Stammes.

Als drei natürliche Classen oder Hauptgruppen der Mollusken gelten schon seit langer Zeit: 1) die Schnecken (im weiteren Sinne!): *Cochlides* oder *Cephalophora*; 2) die Muscheln (*Acephala* oder *Lamellibranchia*) und 3) die Kraken oder Tintenfische (*Cephalopoda*). Der Kopf (mit Radula) ist bei der ersten Classe mässig entwickelt, bei der zweiten rückgebildet, bei der dritten sehr hoch entwickelt und in eigenthümlicher Weise von Fusstheilen umwachsen (Kopfarmen). Die genauere phylogenetische Erkenntniss des Mollusken-Stammes hat in neuerer Zeit dazu geführt, die Classe der *Cochliden* aufzulösen und in vier weitere Classen zu spalten, nämlich: 1) die Stammgruppe der Amphineura (*Promollusken*, *Placophoren* und *Solenogastres*); 2) die kleine Gruppe der Scaphopoden oder *Solenoconchen* (*Dentaliden*); 3) die grosse Classe der eigentlichen Schnecken im engeren Sinne (Gastropoda) und 4) die kleine Gruppe der degenerirten parasitischen Schnecken (Saccopallia). Unter den Gastropoden werden als drei natürliche Subclassen die *Prosobranchier*, *Opisthobranchier* und *Pulmonaten* unterschieden.

Die Verwandtschaft dieser sechs echten Mollusken-Classen findet bei dem gegenwärtigen Zustande unserer Kenntnisse ihren natürlichsten Ausdruck wohl in dem § 281 aufgestellten Stammbaum. Als gemeinsame Stammgruppe des ganzen Phylon betrachten wir die Amphineuren, und unter ihnen wieder die uralte Ordnung der *Promollusken*, während die *Placophoren* (Chitoniden) einerseits, die *Solenogastres* anderseits modificirte Seitenzweige (oder besser: Wurzelausläufer des Stammes) darstellen. Beide Ordnungen haben nur einen Theil jener ursprünglichen ältesten Mollusken-Charactere conservirt, welche wir in der hypothetischen Stammgruppe der Promollusken (§ 277) vereinigt annehmen müssen. Aus drei Zweigen der Promollusken sind als drei grosse divergente Hauptstämme, unabhängig von einander, hervorgegangen: 1) die Gastropoden, mit mässiger Entwickelung des Kopfes, ausgezeichnet durch ihre asymmetrische Grundform (*Anisopleura*); 2) die Acephalen (oder *Lamellibranchier*), mit rückgebildetem Kopfe, characterisirt durch den Verlust der Radula und der Kopfaugen, sowie durch die Ausbildung einer zweiklappigen Schale (*Bivalva*); 3) die Cephalopoden, mit sehr grossem und eigenthümlich entwickeltem Kopfe, der vom vorderen Theile des Fusses umwachsen ist, während der hintere Theil ein eigenthümliches Schwimmorgan, den Trichter, bildet. Als eine vierte Mollusken-Classe, die ebenfalls selbständig aus einem Zweige der Promollusken hervorgegangen ist, betrachten wir die kleine Gruppe der Scaphopoden (oder *Solenoconchen*), ausgezeichnet durch den Verlust der Kiemen und Bildung einer eigenthümlichen Rohrschale; ihr Kopf ist rückgebildet, hat aber die Radula conservirt. Die stärkste Rückbildung erfährt der Mollusken-Organismus in der kleinen, aber interessanten Classe der Saccopallien (oder Sackschnecken); durch Anpassung an parasitische Lebenweise sind bei diesen, von *Prosobranchiern* abzuleitenden *Gastropoden* die wichtigsten Organe mehr oder weniger verkümmert, theilweise sogar ganz verloren gegangen.

Die Versuche, die einzelnen angeführten Classen unter sich direct in nähere Beziehungen zu setzen, die früher vielfach (— auch von uns selbst —) angestellt wurden, haben wir neuerdings aufgeben müssen. Insbesondere erscheint es uns jetzt nicht mehr gestattet, die Cephalopoden etwa (mittelst der Pteropoden) von Gastropoden abzuleiten, oder die Acephalen (mittelst der Scaphopoden) von Gastropoden. Alle diese Classen sind selbständig und unabhängig von einander, aus verschiedenen Zweigen der gemeinsamen Stammgruppe hervorgegangen, der cambrischen oder praecambrischen Promollusken (vergl. § 277).

Wir dürfen es als einen grossen Erfolg der phylogenetischen Forschung und als eine glänzende Rechtfertigung ihrer historischen Hypothesen hervorheben, dass die zahlreichen neueren Ansichten über Ursprung und Verwandtschaft der Mollusken-Classen — obwohl unter sich sehr verschieden — doch in folgenden Hauptpunkten convergent zusammentreffen: 1) Der Stamm der echten Mollusken umfasst nur die hier angeführten Classen. 2) Dieser Stamm ist monophyletisch, da sich alle Zweige desselben von einer und derselben gemeinsamen Stammform, einem ausgestorbenen „Urmollusk", morphologisch ableiten lassen. 3) Dieses hypothetische „Urweichthier" (— das wir schon vor langer Zeit als Promolluscum an die Wurzel des Stammes stellten —) hat seine nächsten lebenden Verwandten unter den Amphineuren (entweder *Placophoren* oder *Solenogastren*). 4) Die Promollusken sind (direct oder indirect) von primitiven Turbellarien abzuleiten. 5) Die verschiedenen Helminthen-Gruppen, welche noch vor nicht langer Zeit unter dem (sehr unpassenden) Namen Molluscoiden zusammengefasst wurden (Brachiopoden, Bryozoen, Tunicaten), besitzen zu den echten Mollusken gar keine wirkliche Stammververwandtschaft (vergl. oben die *Prosopygia*, § 182, S. 303).

(§§ 280 und 281 auf S. 512 und 513.)

§ 282. Palaeontologie der Mollusken.

Fossile Reste von Mollusken sind seit der cambrischen und silurischen Zeit, durch alle Perioden der Erdgeschichte, so massenhaft erhalten, in einer so grossen Zahl von Arten und Individuen angehäuft, dass sie für die Geologie die grösste Bedeutung besitzen. Viele Species (z. B. von Cephalopoden) besitzen eine so ausgedehnte horizontale oder geographische Verbreitung und gleichzeitig eine so beschränkte verticale oder geologische Verbreitung, dass sie höchst characteristisch für einzelne Gebirgsschichten sind; sie werden daher in erster Linie zur Erkennung und Unterscheidung der über einander liegenden Formationen benutzt. So werden z. B. die einzelnen Horizonte der mesozoischen Sedimente vielfach durch besondere Ammoniten-Arten scharf bestimmt.

Dieser anerkannten und ausserordentlichen geologischen Wichtigkeit der versteinerten Weichthiere entspricht keineswegs ihre phylogenetische Bedeutung. Es würde ein grosser Irrthum sein, aus der ersteren auf die letztere zu schliessen. Vielmehr ist die Palaeontologie der Mollusken für die meisten allgemeinen Fragen ihrer Stammesgeschichte nur von ganz untergeordnetem Werth; für diese sind vielmehr vergleichende Anatomie und Ontogenie die Hauptquellen. Die wichtigsten Probleme der Mollusken-Phylogenie: der monophyletische Ursprung und Ausbau des Stammes, die Entstehung und Verwandtschaft seiner Classen und Ordnungen, die historische Differenzirung und Vervollkommnung ihrer Organisation u. s. w. — alle diese Hauptfragen werden nur durch die vergleichende Anatomie und Ontogenie der Weichthiere aufgeklärt; ihre Palaeontologie liefert dafür gar keine oder nur ganz geringfügige Beiträge. Dagegen ist die Letztere von

§ 280. System der Mollusken.

Classen der Mollusken	Charactere der Classen	Charactere der Ordnungen	Ordnungen der Mollusken
I. **Amphineura** Urmollusken. Stammgruppe der Mollusken mit primitiver Organisation.	Kopf mässig entwickelt oder rudimentär, stets mit Radula. Nervensystem strickleiterförmig	Schale napfförmig. Fuss mit Plattsohle	1. Promollusca ⊙
		Schale achtgliedrig. Fuss mit Plattsohle	2. Placophora
		Schale verloren. Fuss rudimentär	3. Solenogastres
II. **Gastropoda** Schnecken. Asymmetrische Mollusken mit Visceral-Dom und Rückbildung des Palleal-Complexes in einem Antimer.	Kopf mässig entwickelt, fast immer mit Radula. Mantel, Schale und Fuss sehr mannichfaltig entwickelt. Asymmetrie beider Antimeren meistens sehr auffallend, stets deutlich erkennbar	A. **Procochlides** Orthoneure Gonochoristen	4. Procochlides ⊙
		B. **Prosobranchia** Streptoneure Gonochoristen	5. Diotocardia 6. Monotocardia 7. Heteropoda
		C. **Opisthobranchia** Orthoneure Hermaphroditen ohne Lungen	8. Tectibranchia 9. Nudibranchia 10. Pteropoda
		D. **Pulmonata** Orthoneure Hermaphroditen mit Lungen	11. Basommatophora 12. Stylommatophora
III. **Saccopallia** Sackschnecken. Parasitische Prosobranchia, stark rückgebildet.	Kopf rückgebildet, ohne Radula (Parasiten in Echinodermen)	Mit Schale und Kieme. Mit Augen und Hörbläschen	13. Exoconchilla
		Ohne Schale u. Kieme. Ohne Augen u. Hörbläschen	14. Entoconchilla
IV. **Scaphopoda** Schaufelschnecken. Limicole Promollusken mit Rohrschale.	Kopf rückgebildet, mit Radula. Mantel und Schale röhrenförmig	Mantel und Schale an der Bauchseite offen	15. Proscaphopoda ⊙
		Mantel und Schale eine geschlossene Röhre bildend	16. Euscaphopoda
V. **Acephala** Muscheln oder *Lamellibranchia* Blattkiemer. Kopflose Mollusken mit zweiklappiger Schale.	Kopf rückgebildet, ohne Radula und ohne Augen. Mantel und Schale zweiklappig. Fuss meistens beilförmig	Kieme ein gefiedertes Ctenidium	17. Protobranchia
		Kiemen-Fäden lang und zurückgebogen	18. Filibranchia
		Kiemen-Fäden gefaltet und verwachsen	19. Ptychobranchia
		Kieme ein doppeltes Gitterblatt	20. Elatobranchia
		Kieme ein horizontales Gitter-Septum	21. Septibranchia
VI. **Cephalopoda** Kraken. Kopfarmige Mollusken mit Trichterfuss.	Kopf höchst entwickelt, mit Radula und grossen Augen. Mantel retrodorsal. Fuss vorn einen Armkranz bildend, hinten einen Trichter	A. **Tomochonia** (*Funnaperta*) Trichter offen (Lappen frei)	22. Archolenae 23. Teutholenae 24. Nautolenae
		B. **Gamochonia** (*Funnoclausa*) Trichter ein Rohr, (Lappen verwachsen)	25. Octolenae 26. Decolenae

§ 281. Stammbaum der Mollusken.

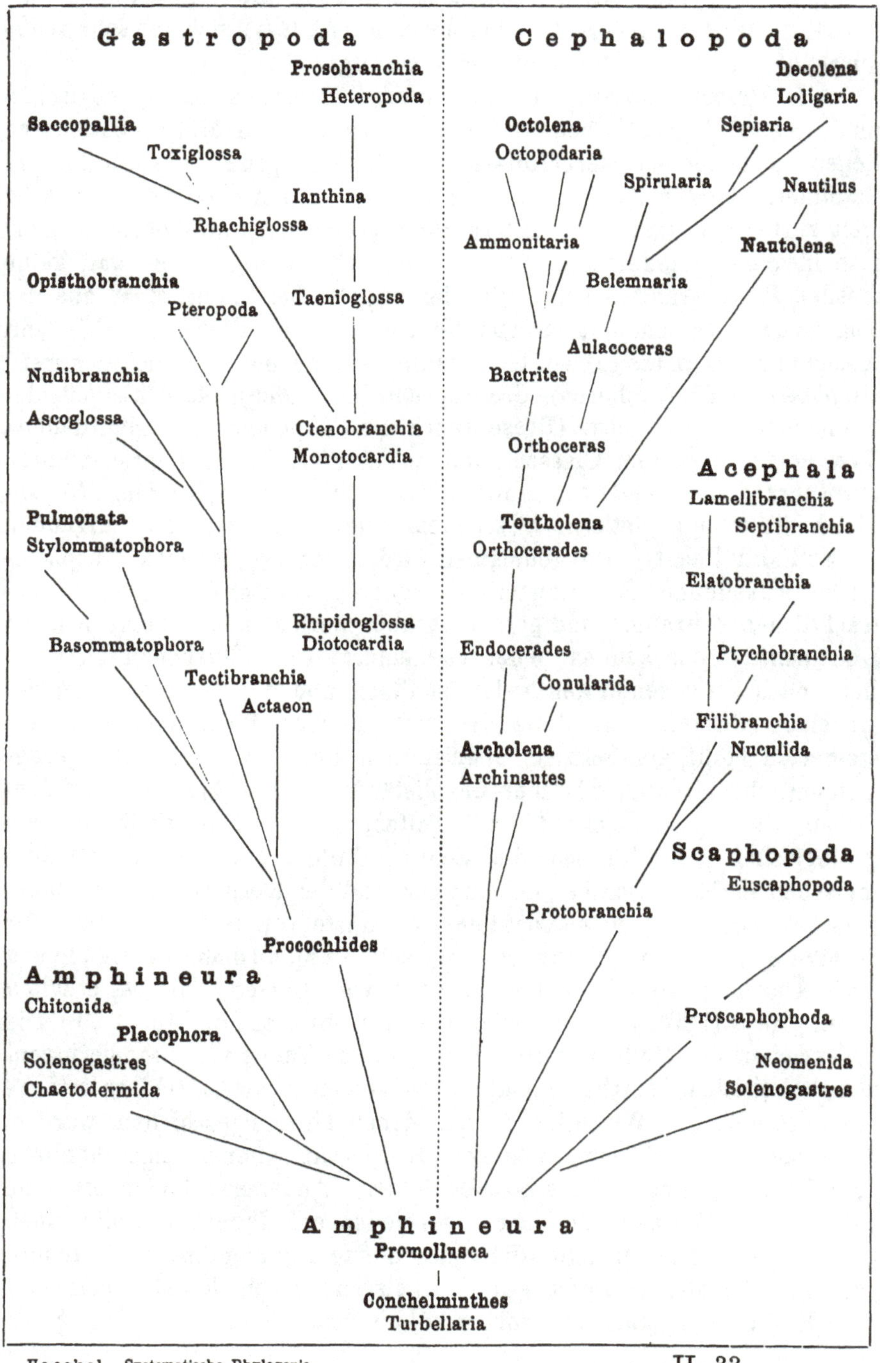

grösstem Interesse für die specielle Phylogenie vieler kleinerer Gruppen: Familien, Sectionen, Gattungen u. s. w.; auch die allmählige Transmutation der Arten (z. B. bei den Ammoniten) lässt sich oft sehr schön durch die einzelnen Stufen hindurch verfolgen.

Die Ursachen dieses Missverhältnisses zwischen der geologischen und der phylogenetischen Bedeutung der fossilen Mollusken-Massen liegen in folgenden Verhältnissen: 1) Der Ursprung des Mollusken-Stammes, seine Entstehung aus einer Helminthen-Gruppe liegt sehr weit zurück; er fällt in die ältere cambrische oder praecambrische Zeit; also in eine Periode, aus welcher uns sehr wenige oder gar keine fossilen Reste erhalten sind. 2) Dies ergiebt sich unmittelbar aus der Thatsache, dass schon im Silur älteste Vertreter aller Classen (— mit Ausnahme der parasitischen Saccopallien —) neben einander existiren: *Amphineuren* (Placophoren), *Scaphopoden* (Dentalien), *Acephalen* (Protobranchier), *Gastropoden* (Prosobranchier), *Cephalopoden* (Nautiladen). Von beiden letzteren Classen sind sogar noch ältere Repräsentanten (Prosobranchier und Orthoceratiten) im Cambrium vorhanden. 3) Obgleich die monophyletische Descendenz aller Mollusken jetzt allgemein (— und mit Recht —) angenommen wird, erfordert dennoch die phyletische Ausbildung der ältesten divergenten Classen-Typen einen beträchtlichen Zeitraum; und gerade darüber berichten uns keine fossilen Documente. Wir kennen weder versteinerte Promollusken mit Sicherheit, noch Zwischenformen zwischen ihnen und den Stammformen der einzelnen Classen. 4) Trotz des erstaunlichen Reichthums an versteinerten Mollusken-Schalen erweist sich doch auch hier die palaeontologische Urkunde als sehr unvollständig und lückenhaft, aus denselben Ursachen, welche überall gelten, und welche theils in den geologischen Verhältnissen der Sedimentbildung, theils in den biologischen Verhältnissen der Lebensweise und des Körperbaues begründet sind. 5) Die allermeisten versteinerten Reste von Mollusken sind nur äussere Kalkschalen (Conchylien); nur selten und ausnahmsweise bleiben auch Abdrücke von Weichtheilen oder von ganzen Thieren erhalten (z. B. die werthvollen Abdrücke von Belemnaden im Jura). 6) Die Kalkschalen der Mollusken sind zum grössten Theile von sehr geringem morphologischen Werthe und gestatten keinen sicheren Schluss auf die Organisation der Weichthiere, von denen sie ausgeschieden wurden. Schnecken von sehr verschiedenem Körperbau können ganz ähnliche oder kaum unterscheidbare Schalen bilden. Anderseits bilden oft nahe verwandte Schnecken ein sehr verschiedenes Kalkgehäuse; die einen bauen eine sehr entwickelte, die anderen eine rudimentäre, noch andere gar keine Schale. Dasselbe gilt theilweise auch von den Muscheln und den Kraken. 7) Schalen von sehr einfacher und primitiver Form können sowohl von älteren als von jüngeren Thieren sehr verschiedener Gruppen ausgeschieden werden; die einfache napfförmige oder flach-kegelförmige Schale, die wir bei den ältesten Promollusken voraussetzen müssen, kehrt in der spät und einseitig entwickelten Prosobranchier-Form Patella wieder. 8) Selbst specialisirte Schalen von sehr zusammengesetztem und characteristischem Bau können von sehr verschieden gebauten Thieren gebildet werden (z. B. die vielkammerige nautiloide Spiralschale des tetrabranchen Nautilus und der dibranchen Spirula).

§ 283. Ontogenie der Mollusken.

Die phylogenetische Urkunde der Ontogenie liefert uns über den Ursprung und die historische Entwickelung des Weichthier-Stammes sehr werthvolle Aufschlüsse. Allerdings ist ihre palingenetische Bedeutung durch später entstandene cenogenetische Veränderungen, durch mannichfache Heterotopien und Heterochronien vielfach gestört und abgeschwächt, namentlich bei den Cephalopoden in Folge der Entwickelung eines mächtigen Nahrungs-Dotters; bei den landbewohnenden Pulmonaten durch Verlust der schwimmenden Larvenform, bei anderen Schnecken durch besondere embryonale Anpassungen. Allein im Grossen und Ganzen verglichen, lassen sich doch überall die characteristischen Bildungszüge des monophyletischen Stammes wiedererkennen, und in vielen Fällen können wir an der Hand des biogenetischen Grundgesetzes die wichtigsten Schritte und Epochen in der historischen Entwickelung ihrer Ahnen-Reihe Schritt für Schritt verfolgen. Von hohem Werthe ist auch hier wieder überall die gegenseitige Ergänzung der vergleichenden Anatomie und Ontogenie.

Die Gastrulation beginnt bei den meisten Mollusken mit der inäqualen Furchung des befruchteten Eies; je mehr Nahrungsdotter das Ei enthält, desto mehr prägt sich von Anfang an der Gegensatz aus zwischen den kleinen hellen Blastomeren des Exoderms (Micromeren) und den grossen dunklen dotterreichen Furchungszellen des Entoderms (Macromeren). Ursprünglich entsteht die *Amphigastrula* durch Invagination der Blastula; wenn aber der Dotter reichlich vorhanden ist und wenige sehr grosse Entoderm-Zellen längere Zeit persistiren, erscheint dieselbe unter dem Bilde der Epibolie. Bei einzelnen Gastropoden und bei den meisten Cephalopoden häuft sich eine sehr grosse Masse von Nahrungsdotter am vegetalen Pole der Eizelle an, und die Furchung wird daher discoidal. Die Entwickelung des scheibenförmigen Keimes aus der *Discogastrula* dieser telolecithalen

Eier wird stark cenogenetisch modificirt; ihr grosser bauchständiger (scheinbar kopfständiger) Dottersack wird erst allmählig aufgezehrt.

Die *Gastrula* verwandelt sich bei der grossen Mehrzahl der Mollusken in eine freischwimmende Larve, deren typische Bildung für diesen Thierstamm ganz characteristisch ist und als Veliger bezeichnet wird. Dieselbe ist als eine besondere Modification der *Trochophora* aufzufassen, jener wichtigen palingenetischen Keimform, die in den Jugend-Zuständen vieler Helminthen und Anneliden wiederkehrt (vergl. S. 269). Gleich anderen Trochophora-Formen besitzt auch der rundliche Körper des Veliger eine bilateral-symmetrische Grundform, in der Mittelebene einen einfachen Darmcanal, dessen Mundöffnung vorn, der After hinten auf der Bauchseite liegt. Oberhalb des Mundes breitet sich eine Stirnplatte aus, die oft in ein Paar Seitenlappen auswächst und deren verdickter, erhabener Rand mit starken Wimpern gesäumt ist: das Wimpersegel (*Velum*). Dieses frontale Schwimmorgan mit seinem präoralen Wimperkranz wird mannichfach modificirt und entspricht dem gleichen Organe vieler Helminthen- und Anneliden-Larven; und wie bei den letzteren, so erscheint auch bei den Mollusken oft schon frühzeitig in der Mitte des Velarfeldes eine „Scheitelplatte" oder Acralplatte, eine Verdickung des Exoderms, welche einen Wimperschopf trägt und aus der die Cerebral-Ganglien entstehen.

Der Urmund der Gastrula (*Prostoma* oder *Blastoporus*) besitzt bei den Mollusken interessante Beziehungen zu beiden späteren Oeffnungen des Darmes, sowohl zum Dauermund (*Metastoma*), wie zum After (*Anus*), vergl. § 168. Zu beiden Seiten des Urmundes treten meist schon frühzeitig die paarigen Anlagen des Mesoderms auf; bisweilen (z. B. bei *Paludina*) noch in der ursprünglichen Form, als ein Paar echte Coelomtaschen. Wie bei anderen *Enterocoeliern*, so wachsen auch hier die hohlen Coelomsäcke, als laterale, platte Ausstülpungen des Urdarms, vom After (= Prostoma) nach vorn hin, und ihre äussere Lamelle legt sich (als „Parietalblatt") dem Exoderm an, die innere (als „Visceralblatt") dem Entoderm. Bei den meisten Mollusken ist diese palingenetische Anlange des Coeloms durch cenogenetische Veränderungen verdeckt, und das mittlere Keimblatt erscheint in Form von ein paar soliden „Mesoderm-Streifen", die erst später hohl werden; ihre Zellen gehen aus der Theilung von ein Paar sehr grossen „Urzellen des Mesoderms" hervor, die frühzeitig rechts und links vom Urmunde auftreten. Wie bei den anderen Coelomarien, so dürfen wir auch bei den Mollusken annehmen, dass die Coelomtaschen bei den älteren Vorfahren des Stammes Gonaden waren.

Die typische Veliger-Larve der Mollusken unterscheidet sich von den homologen Trochophora-Larven der Helminthen und Anneliden dadurch, dass schon sehr frühzeitig auf der Bauchfläche der Fuss (*Podium*) auftritt, und ihm gegenüber auf der Rückenfläche eine napfförmige Schale (*Protoconcha*). Letztere wird von einem vertieften oder eingesenkten Felde der Rückenhaut abgeschieden, der „Schalendrüse" (*Conchadenia*). Der Fuss wird durch Verdickung einer musculösen Mesoderm-Platte zum Kriechorgan. Frühzeitig werden auch meistens vorn zu beiden Seiten (oberhalb des Fussrandes) die paarigen Hörbläschen angelegt, als Einstülpungen des wimpernden Exoderms. Dann erscheinen auch meistens bald im Mesoderm ein Paar „Urnieren" und als Ausstülpungen des Mitteldarms ein Paar Lebersäcke. Bei den glossophoren Mollusken bildet sich frühzeitig am Boden der Mundhöhle eine drüsige Einsenkung: die Zungentasche, von deren Epitel die Radula ausgeschieden wird.

Die *Veliger*-Larve der Mollusken besitzt sicher eine hohe palingenetische Bedeutung, und namentlich in zweifacher Hinsicht: Erstens bezeugt sie den monophyletischen Ursprung des ganzen Stammes, da sie bei den verschiedensten Classen und Ordnungen in demselben, wesentlich gleichem Körperbau auftritt; und zweitens deutet sie auf den gemeinsamen Ursprung der Mollusken und der anderen, aus *Trochophora*-Larven entstehenden *Coelomarien* (Helminthen und Anneliden) hin. Dagegen scheint es uns nicht gerechtfertigt, den Veliger rein palingenetisch zu deuten und als erbliche Wiederholung einer uralten, ebenso organisirten Stammform der Weichthiere aufzufassen. Wir erblicken vielmehr in demselben eine cenogenetisch modificirte *Trochophora*, in welche „erworbene Mollusken-Charactere zurückverlegt sind, mittelst phylogenetischer Retorsion", ähnlich wie bei dem *Nauplius* der Crustaceen.

Die secundären Modificationen, welche die gewöhnliche Veliger-Larve der Mollusken in vielen einzelnen Gruppen erfahren hat, sind leicht zu deuten und kehren auch bei der Trochophora von manchen *Helminthen* und *Anneliden* in ähnlicher Weise wieder. Bisweilen folgt auch, wie bei letzteren, auf den Veliger eine verlängerte polytroche Larve, mit mehreren Wimpergürteln (so bei manchen *Pteropoden*). Bei den *Pulmonaten* ist durch Anpassung an den Aufenthalt im süssen Wasser und auf dem Lande die freie Veliger-Larve verschwunden, und der Embryo entwickelt sich innerhalb der grossen, von voluminösem Eiweiss erfüllten Eikapseln; das Velum ist hier meistens stark rückgebildet, bisweilen ganz verschwunden. Die stärksten cenogenetischen Veränderungen hat der Mollusken-Keim bei den *Cephalopoden* erfahren, in Anpassung an den grossen Nahrungsdotter, dessen Volumen vielfach das der Gastrula übertrifft. Die Ontogenie dieser höchst entwickelten discoblastischen Mollusken bietet zu derjenigen ihrer amphiblastischen

Ahnen ganz ähnliche Verhältnisse, wie sie unter den Vertebraten zwischen den Amnioten und Amphibien existiren.

§ 284. Grundform der Mollusken.

Die dipleure oder bilateral-symmetrische Grundform des Körpers, welche die Weichthiere mit den übrigen Bilaterien theilen und von der gemeinsamen Stammgruppe der Platoden geerbt haben, hat innerhalb des Weichthier-Stammes durch Anpassung an verschiedene Bewegungsform und Lebensweise, sowie durch besondere Wachsthums-Verhältnisse, sehr beträchtliche Modificationen erfahren. Dabei haben sich die Verhältnisse der drei Richtaxen oder *Euthynen*, welche die dipleure Grundform bestimmen, sehr auffallend verändert, sowohl mit Beziehung auf ihre relative Länge, als ihre topographische Lage. Da diese Veränderungen zum Theil für die Classen der Weichthiere characteristisch und bei deren Entstehung und Umbildung von maassgebender Bedeutung sind, erscheint eine besondere Besprechung derselben geboten. Wir unterscheiden vier verschiedene Hauptformen in dem Verhalten der beiden Antimeren oder symmetrischen Körperhälften: 1) Primäre Symmetrie, 2) Statische Asymmetrie, 3) Sedentäre Asymmetrie, und 4) Secundäre Symmetrie.

1) Primäre Symmetrie oder *heredive Eudipleurie*: Die beiden Antimeren der entwickelten Mollusken-Person sind vollkommen spiegelgleich; oder es bestehen nur geringe zufällige Ungleichheiten, welche weder äusserlich noch innerlich die Symmetrie stören. Dieses ursprüngliche Verhalten, welches schon die *Promollusken* besassen und durch Vererbung von ihren Ahnen, den *Conchelminthen* und *Turbellarien* erhalten hatten, findet sich noch bei den *Amphineuren*, den *Scaphopoden*, den meisten *Lamellibranchien* und der grossen Mehrzahl der *Cephalopoden*. In den drei ersteren Classen ist auch noch das ursprüngliche Verhältniss der drei Richtaxen bewahrt, indem die längste Axe des Körpers die principale ist, die kürzeste hingegen die sagittale. Dagegen hat sich bei den *Cephalopoden* das umgekehrte Verhältniss entwickelt, indem die Principal-Axe sehr verkürzt, dagegen die Sagittal-Axe übermässig verlängert ist.

2) Statische Asymmetrie oder *viscerale Dysdipleurie*: Die beiden Antimeren sind mehr oder weniger ungleich, meistens auffallend verschieden, indem von den beiden Hälften des Palleal-Complexes die linke atrophisch, die rechte hypertrophisch wird, oder umgekehrt. Diese viscerale Asymmetrie ist characteristisch für die grosse Classe der *Gastropoden* und die kleine, daraus durch Parasitismus entstandene Classe der *Saccopallien*. Als primäre Ursache derselben betrachten wir das Höhenwachsthum des dorsalen Visceral-Doms und der thurmförmigen, ihn umhüllenden Kegelschale. Diese mussten sich bei zunehmendem Wachsthum auf die eine Seite der kriechenden Schnecke legen und spiralig aufrollen. Der Druck dieses einseitig herabsinkenden, schweren Gebildes bewirkte

die Atrophie der einen (meistens linken) Kieme, Niere und Herzvorkammer, sowie eine entsprechende Hypertrophie derselben Organe im freien (rechten) Antimer. Damit verknüpfte sich meistens eine theilweise Verlagerung oder Wanderung jener pallealen Organe, sowie bei den Prosobranchiern die auffallende Chiastoneurie (§ 301). Die Turbospirale, welche aus der einseitigen spiralen Aufrollung des wachsenden Visceral-Doms und der ihn umhüllenden Schale der Schnecken resultirt, wiederholt sich in ähnlicher Weise auch bei einzelnen kriechenden Cephalopoden (*Turrilites*, *Cochloceras*).

3) Sedentäre Asymmetrie oder *bivalvale Dysdipleurie*: Die beiden Antimeren sind äusserlich mehr oder weniger, oft sehr auffallend ungleich, während eine entsprechende Störung der inneren Symmetrie nicht oder nur in unbedeutendem Grade besteht. Diese sedentäre Dysdipleurie ist die Folge der Anpassung an festsitzende Lebensweise, und am stärksten ausgeprägt bei den „ungleichklappigen Muscheln" (*Ostreaceen*, *Chamaceen*, *Pectinaceen* u. s. w.). Gewöhnlich ist hier die aufsitzende Schalenklappe stark vertieft und gewölbt, während die gegenüberstehende freie Klappe flach ist und als Deckel der ersteren fungirt. Bei einem Theile der Chamaceen rollt sich die eine Klappe (oder auch beide) spiralig auf; bei einem anderen Theile derselben (den ausgestorbenen Rudisten der Kreide) wird die Differenzirung beider Klappen sehr auffallend.

4) Secundäre Symmetrie oder *adaptive Eudipleurie*: Die beiden Antimeren sind äusserlich spiegelgleich oder kaum merklich verschieden. Dagegen besteht eine bedeutende innere Ungleichheit derselben, und zwar eine einseitige Ausbildung der asymmetrischen Palleal-Organe: Kieme, Niere und Herzvorkammer sind nur in einem Antimer entwickelt, im anderen rudimentär oder fehlend. Diese „secundäre Eudipleurie" zeichnet die *„symmetrischen Gastropoden"* aus: zahlreiche Opisthobranchien (namentlich *Nudibranchien*), verschiedene Prosobranchien (*Patella*, *Fissurella*, *Pterotrachea* u. A.), einzelne Pulmonaten (*Onchidium*). Dass die bilaterale Symmetrie dieser Schnecken keine primäre (heredive), sondern eine secundäre (adaptive) ist, ergiebt sich leicht aus der vergleichenden Morphologie und Ontogenie der ganzen Classe. Der vorgewölbte Visceral-Dom, welchen ihre asymmetrischen Vorfahren besassen, ist nachträglich wieder verstrichen; die Spiralschale, die ihn umhüllte, ist zu der ursprünglichen Gestalt der einfachen Napfschale oder Kegelschale zurückgekehrt (*Patella*, *Carinaria* u. s. w.), oder sie ist ganz verschwunden. Dagegen hat sich die einseitige Ausbildung des Palleal-Complexes trotzdem bis heute durch progressive Vererbung erhalten.

§ 285. Metamerie der Mollusken.

Nach unserer Auffassung sind die echten Mollusken völlig ungegliederte Thiere, und auch in der ganzen Reihe ihrer Vorfahren haben sich keine *articulaten Metazoen* befunden, insbesondere keine *Anneliden*. Diese subjective Ansicht hier noch besonders hervorzuheben, scheint desshalb geboten, weil auch jetzt noch die Mehrzahl der Zoologen (— darunter sehr angesehene Autoritäten, und specielle Mollusken-Kerner —) die entgegengesetzte Anschauung vertritt. Bezüglich der allgemeinen Fragen, die dabei in Betracht kommen, verweisen wir auf die Erörterungen, die wir unten über die wahre Metamerie der gegliederten Thiere anstellen werden. Wir finden diese letztere nur in den beiden Stämmen der *Articulaten* und *Vertebraten*.

Als Beweise für eine ursprüngliche Metamerie der Mollusken, und zugleich für ihren Ursprung aus dem Articulaten-Stamm (Anneliden) werden noch jetzt folgende Verhältnisse angeführt: 1) das sogenannte Strickleiter-Nervensystem der Amphineuren (und eines Theils der Otocardier); 2) die segmentalen Schalenplatten der Placophoren; 3) die angebliche Polybranchie der Placophoren; 4) die Duplicität der Kiemen-Paare und Nieren-Paare von Nautilus; 5) die allgemeine Uebereinstimmung in der Lage des dorsalen Herzens und andere Organe zwischen Mollusken und Anneliden; 6) Die Aehnlichkeit der Larven-Bildung und Entwickelung von Mollusken und Anneliden.

1) Die Strickleiter-Form des Nervensystems der *Amphineuren*, die sich theilweise auch noch bei den älteren Gastropoden (*Diotocardiern*) erhält, wird dem Bauchmark der Articulaten verglichen; die zahlreichen Quer-Commissuren, welche die beiden Pedal-Stränge verbinden, sollen eben so vielen Metameren entsprechen. Da dieselben aber mit keiner entsprechenden Gliederung des Muskel-Systems oder anderer Organe verknüpft sind, erblicken wir in ihnen bloss dieselben Einrichtungen (— oder allenfalls „Anläufe zu beginnender Segmentirung" —), wie in dem ähnlichen „Strickleiter-Nervensystem" von manchen ungegliederten Platoden (sowohl *Turbellarien* als *Trematoden*, § 151). Dass auch das typische Bauchmark der Anneliden aus derselben Form hervorgegangen sein kann, beweist Nichts gegen unsere Ansicht.

2) Die Kalkplatten-Reihe der Placophoren (*Chitoniden*), welche den Rücken dieser *Amphineuren* (in constanter Achtzahl) deckt, darf nicht den segmentalen Chitin-Platten mancher Articulaten verglichen und als Beweis für eine ursprüngliche Metamerie der Chitoniden betrachtet werden. Denn die Zahl und Lage dieser (acht) Schalenplatten entspricht weder der Zahl und Lage ihrer „Strickleiter-Commissuren" (Nr. 1), noch derjenigen ihrer Kiemen (Nr. 3). Vielmehr erblicken wir in der segmentalen Gliederung der Chitoniden-Schale lediglich eine specielle protective Anpassung dieser alten Amphineuren, welche dieselben durch die Gewohnheit erworben haben, sich nach Art einer Rollassel oder eines Gürtelthiers zusammenzurollen; dabei ist die einfache schildförmige Chitinschale ihrer Promollusken-Ahnen durch Querfalten in acht Stücke getheilt worden, die später verkalkten. Auch die cuticularen Kalk-Spikeln am Mantelrande vieler Chitonen sind den Chitinborsten vieler Polychaeten zwar analog, aber

nicht homolog; ähnliche Bildungen kommen auch schon bei einigen Turbellarien und Vermalien vor.

3) Die angebliche Polybranchie der Placophoren besteht nach unserer Ansicht nicht. Gleich den übrigen Mollusken (— mit einziger Ausnahme des *Nautilus* —) haben auch diese Amphineuren nur ein Paar Kiemen, ebenso wie auch deren Herz nur mit einem Paar Vorkammern ausgestattet ist. Die zahlreichen gefiederten Kiemenstücke, welche bei den Chitoniden jederseits in der Mantelhöhle liegen, sind keine einzelnen Ctenidien, sondern nur Fiederäste eines einzigen grossen, doppelt gefiederten Ctenidiums, gerade so wie bei Octopus und anderen Cephalopoden (§ 290). Die Ausdehnung der grossen Chiton-Kieme über den grössten Theil der Leibeslänge gleicht ganz derjenigen vieler Lamellibranchien; sie steht hier wie dort in Correlation zur Rückbildung des Kopfes.

4) Die Duplicität von Kieme, Atrium und Niere bei Nautilus ist keine primäre (*heredive*), sondern eine secundäre (*adaptive*) Erscheinung; sie beruht auf einer secundären Spaltung (Zweitheilung oder Verdoppelung) dieser wichtigen Organe des Palleal-Complexes. Nur das obere (ursprüngliche) Paar seiner Nierensäcke besitzt renopericardiale Oeffnungen oder „Nierentrichter"; sie fehlen dem unteren (durch spätere Abspaltung entstandenen) Paare. Auch ist die Herzkammer von Nautilus, wie bei allen übrigen Mollusken, einfach ; wenn die Duplicität der Vorkammer-Paare eine ursprüngliche wäre, sollte man auch zwei hinter einander gelegene Kammern erwarten. Wir nehmen daher an, dass jene Duplication der Palleal-Organe jedes Antimeres von *Nautilus* erst spät in Folge besonderer Anpassung (z. B. an erschwerte Respiration in der Tiefsee) erworben worden ist, ebenso wie die analoge Duplication der Gonaden-Paare bei einigen Acephalen (Anatinaceen und Septibranchien). Vielleicht wird die (noch unbekannte) Ontogenie von Nautilus dafür den directen Beweis liefern. Alle Nautiladen und Ammonaden als Tetrabranchien anzusehen, ist eine falsche Induction; denn auch echte Dibranchien (Spirula) besitzen eine Nautilus-artige Schale (vergl. § 312); die letzteren stammen ebenso wie die ersteren von alten (palaeozischen) Nautiladen ab, die wahrscheinlich nur ein Kiemen-Paar besassen (vergl. §§ 290 und 318).

5) Die generelle Homologie im Körperbau und besonders in der relativen Lage und Topographie der Central-Organe, welche zwischen Mollusken und Anneliden wirklich besteht (Schlundring, Dorsalherz, Coelom und Pericard, Nephridien und Gonaden etc.), beweisen nicht, dass die ersteren von den letzteren abstammen, sondern nur, dass beide Stämme einen gemeinsamen Ursprung haben können,

und dass dieser unter den ungegliederten Helminthen zu suchen ist (*Nemertinen*, *Turbellarien* etc., vergl. §§ 162 und 164).

6) Die Aehnlichkeit in der Ontogenese der Mollusken und Anneliden, und besonders in der Bildung ihrer Trochophora-Larven, beweist ebenfalls nicht, dass die ersteren von den letzteren abstammen, sondern nur, dass beide aus einer und derselben Gruppe von ungegliederten Helminthen entstanden sein können; denn auch viele Vermalien besitzen dieselben ungegliederten Larven.

§ 286. Tegument und Musculatur der Mollusken.

Die Hautdecke der Weichthiere besteht, wie bei allen Coelomarien, aus zwei ursprünglich getrennten Schichten von verschiedener Structur und Entstehung: *Epidermis* und *Corium*. Die Epidermis oder Oberhaut (= äusseres Körper-Epitel) entsteht aus dem *Exoderm* der Gastrula und besteht überall nur aus einer einzigen einfachen Zellenschicht. Das Corium, die darunter liegende Lederhaut oder Cutis, ist dagegen *mesodermalen* Ursprungs; sie entsteht aus dem Parietal-Blatte der Coelom-Taschen; dieses differenzirt sich in eine dünne äussere Connectiv-Platte (*Cutis*) und in eine dicke innere Muskel-Platte („Hautmuskelschlauch"); beide sind jedoch nicht scharf von einander getrennt.

Die Epidermis besteht zwar bei allen Mollusken nur aus einer einzigen einfachen Zellenschicht; allein die Zellen derselben erleiden durch Ergonomie vielfache Differenzirungen. Allgemein finden sich wenigstens vier verschiedene Zellen-Arten in der Oberhaut: 1) Wimperzellen, 2) einfache flimmerlose Deckzellen, 3) Sinneszellen und 4) Drüsenzellen. Die Wimperzellen bedeckten ursprünglich den grössten Theil der Hautoberfläche und sind als ein Erbstück von den *Turbellarien*-Ahnen zu betrachten. Während sie an manchen Stellen (z. B. in der Umgebung des Mundes, der Kiemen) zu besonderer Entwickelung gelangen, werden sie an anderen Stellen rückgebildet (z. B. an dem Manteltheil, der von der Schale bedeckt ist). Hier und an anderen Stellen finden sich flimmerlose Deckzellen. Sehr verbreitet (besonders am Kopf und Mantelrand) sind Sinneszellen, welche zum Theil Borsten (Tasthaare) tragen und verschiedenen Sinnesfunktionen angepasst sein können. Drüsenzellen kommen in der Epidermis aller Mollusken sehr verbreitet vor, besonders am freien Mantelrande, von welchem die Abscheidung und das Wachsthum der Schale ausgeht. Je nach der verschiedenen Natur dieses Secretes werden diese „einzelligen Drüsen" als Schleimdrüsen, Kalkdrüsen, Farbdrüsen, Schutzdrüsen u. s. w. unterschieden. Bei vielen Mollusken entwickeln sich auch an bestimmten Körperstellen vielzellige grössere Drüsen (Fussdrüsen, Byssusdrüsen, Tintenbeutel u. s. w.).

Das Corium oder die Lederhaut (*Cutis*), welche aus dem Parietal-Blatte der Coelomtaschen hervorgeht, besteht bei allen Mollusken aus mesodermalem Bindegewebe und Muskeln. Diese beiden Theile des ursprünglichen „Hautmuskelschlauches" sind von den *Helminthen-* und *Turbellarien*-Ahnen durch Vererbung übertragen, erleiden aber in den verschiedenen Zweigen des Mollusken-Stammes durch Anpassung an verschiedene Lebensbedingungen und Bewegungsformen eine sehr mannichfaltige Ausbildung. Im Allgemeinen ist als characteristisch hervorzuheben, dass die Muskelplatte des Coriums an der Rückenseite (die von der Schale bedeckt ist) ebenso starke Rückbildung erleidet, wie auf der Bauchseite (die den locomotorischen Fuss bildet) eine entsprechende Fortbildung (§ 289). Nächst dem Fusse (*Podium*), der den kräftigsten Theil der Musculatur enthält, ist der wichtigste Muskel der Mollusken der paarige Spindelmuskel (*M. columellaris*); er setzt sich einerseits an den Vordertheil des Körpers, anderseits innen an den Gipfel der Schale an und dient dazu, als *Retractor* das Weichthier in die schützende Schale zurückzuziehen. Als besondere und wichtige Anpassungs-Einrichtungen einzelner Classen entwickeln sich bei den Acephalen die transversalen Schliessmuskeln der zweiklappigen Schale (ursprünglich ein vorderer und ein hinterer); bei den Cephalopoden zahlreiche einzelne Muskeln, welche die Bewegungen des Kopfes, der Flossen, der Arme u. s. w. vermitteln. Besonders bemerkenswerth ist, dass auch bei diesen ansehnlichen und höchst organisirten Weichthieren, die freie und mannichfach differenzirte Bewegungsorgane besitzen, niemals eine Gliederung derselben eintritt; auch entsteht niemals die Querstreifung der Muskelfasern, welche bei den Gliederthieren sich so hoch entwickelt. Der gänzliche Mangel segmentaler Gliederung, selbst an den langen und sehr musculösen, noch dazu mit Reihen von Saugnäpfen besetzten Armen der Cephalopoden, ist ein neuer Beweis für unsere Ansicht, dass die Neigung zur Metamerie des Körpers und zu einer entsprechenden Articulation der Extremitäten den Mollusken, im Gegensatze zu den Gliederthieren, gänzlich fehlt.

§ 287. Mantel der Mollusken (Pallium).

Als Mantel (*Pallium*) wird bei den Weichthieren bald die ganze Rückenhaut bezeichnet, soweit sie zur Bildung der Schale beiträgt, bald in engerem Sinne die beiden lateralen Lappen derselben, welche über der Kiemenhöhle frei vorspringen und die Kiemen schützend bedecken. Wir verstehen unter Mantel die ganze Rückendecke und unterscheiden den dünnwandigen unpaaren Mitteltheil, welcher den Visceral-Sack bedeckt, als Dorsal-Mantel, die beiden paarigen Seitentheile als Mantellappen, den freien verdickten Rand derselben als Mantelrand.

Der Dorsal-Mantel bleibt bei den meisten Mollusken eine sehr zarte und dünnhäutige Rückendecke, da er unmittelbar der von ihm ausgeschiedenen Kalkschale anliegt und von dieser geschützt wird. Wenn dagegen die Schale verloren geht, wie bei vielen Nacktschnecken, so nimmt der Rückenmantel wieder derbere Beschaffenheit an. Mehr oder weniger verdickt ist überall der drüsenreiche laterale Mantelrand, welcher die äussere Begrenzung der Mantelhöhle oder Kiemenhöhle bildet. Die laterale Falte, welche der Mantel bei Entstehung der letzteren jederseits bildet, ist von sehr verschiedener Ausdehnung, und die daraus hervorgehenden paarigen Mantellappen unterliegen den mannichfaltigsten Umbildungen durch Anpassung. Dabei zeigt sich stets eine enge Correlation zwischen dem Mantel und der von ihm ausgeschiedenen Schale einerseits, wie der darunter gelegenen Kieme und dem Fusse anderseits.

Bei den Placophoren unter den Amphineuren, bei zahlreichen Schnecken zeigt der Mantel einen mässigen Grad der Entwickelung. Mehr oder weniger rückgebildet werden die Mantellappen bei vielen Nacktschnecken, bei den Solenogastres unter den Amphineuren, sowie bei den parasitischen Saccopallien. Stark entwickelt sind dagegen die paarigen Mantellappen bei sämmtlichen Muscheln. Ursprünglich hängen sie hier als ein Paar dünne und breite Lappen zu beiden Seiten des Körpers herab, nur in einem schmalen Rückenfelde mit dem sackförmigen Körper verbunden. Sie haben dieselbe Form wie die beiden von ihnen ausgeschiedenen Schalen-Klappen und lassen eine weite, mit Wasser erfüllte Mantelhöhle zwischen sich, in welcher der Körper in der Mitte, beiderseits davon die Kiemen liegen; die einfache „Mantelspalte" zwischen rechtem und linkem Mantelrande ist von vorn bis hinten, vom Munde bis zum After, weit geöffnet. Bei der Mehrzahl der Lamellibranchien wird diese einfache primäre Mantelspalte beschränkt oder getheilt, indem an bestimmten Stellen Verwachsungen beider sich berührenden Mantelränder eintreten; zuerst oben am After (Anal- oder Ausströmungs-Oeffnung), dann unterhalb desselben (Branchial- oder Einströmungs-Oeffnung), weiterhin vorn vor dem Fuss (Fuss-Schlitz oder Podal-Oeffnung); endlich kann auch noch viertens zwischen letzterer und der Branchial-Oeffnung durch Verwachsung eine vierte Oeffnung entstehen (Byssus-Schlitz). Bei vielen Muscheln wächst die Haut der hinteren Mantelränder rings um die beiden erstgenannten Oeffnungen zu zwei langen cylindrischen Röhren aus: durch die untere Röhre tritt das Athemwasser ein (Sipho branchialis), umspült die Kiemen und tritt dann durch die obere Röhre wieder aus (Sipho analis). Beide Röhren können äusserlich zu einem einzigen starken Sipho verschmelzen. (Da dieser Begriff bei den Cephalopoden in ganz anderer — sogar doppelter — Beziehung verwendet wird, könnten die Athemröhren der Muscheln und Schnecken zweckmässiger als „*Siphocannae*" bezeichnet werden.) Die analoge, bisweilen sehr lange Siphocanna vieler Prosobranchier, die ebenfalls aus einem röhrenförmigen Fortsatze des peribranchialen Mantelrandes entsteht und das Wasser der Kieme zuleitet, ist oft in einen canalartigen Fortsatz der Schale eingeschlossen. Die Asymmetrie, welche die meisten Gastropoden auszeichnet, macht sich vielfach auch in der Differenzirung ihres Mantels bemerklich.

Die Scaphopoden zeichnen sich durch fast vollständige Verwachsung ihrer Mantelränder aus, so dass der Mantel eine schlank-kegelförmige Röhre bildet, die eine gleichgestaltete Schale absondert und den ganzen Weichkörper einschliesst; nur hinten bleibt eine kleine aborale, vorn eine grössere orale Mündung offen; aus letzterer können Fuss und Tentakeln vortreten.

§ 288. Schale der Mollusken (Concha).

Die characteristischen Eigenthümlichkeiten, welche den Stamm der Mollusken auszeichnen und sie von den übrigen Phylen der Metazoen unterscheiden (§ 5), sind in erster Linie durch die Ausbildung einer festen Kalkschale bedingt; dieselbe dient zum Schutze der Rückenfläche und wird vom Mantel ausgeschieden. Wir dürfen annehmen, dass die Erwerbung dieser Schale schon durch die *Promollusken* stattfand und dass sie von ihnen durch progressive Vererbung auf die verschiedenen Zweige des Stammes übertragen wurde. Dabei unterlag sie durch mannichfaltige Anpassungen den verschiedensten Fortbildungen, vielfach auch Rückbildungen. Ihre vergleichende Anatomie und Ontogenie ergiebt, dass auch die zahlreichen, jetzt lebenden nackten Weichthiere ursprünglich alle von beschalten abstammen; sie besitzen fast immer noch in der Jugend eine Schale, die später verloren geht. Die alte Bezeichnung „Schalthiere" (*Ostracoderma, Testacea, Conchifera, Conchylia* u. s. w.) ist demnach eigentlich für diesen Thierstamm weit zutreffender, als die nichtssagende neuere, aber längst eingebürgerte Benennung der „Weichthiere".

Die Schale der ältesten Promollusken, der ausgestorbenen praecambrischen Stammformen aller Weichthiere, bestand wahrscheinlich aus einer länglichrunden, dünnen, schildförmigen oder napfförmigen

Chitin- (oder Conchiolin-) Platte, welche von der gewölbten Rückenfläche (dem „Mantel") des bilateral-symmetrischen Thieres abgeschieden und bald durch Einlagerung von kohlensaurem Kalk verstärkt wurde (vergl. § 277). Unter den wenigen, heute noch leben Amphineuren (— dem Ueberreste der Stammgruppe —) sind allerdings keine Formen vorhanden, welche eine derartige einfache (etwa *Patella*-ähnliche) Schale besitzen; wir haben aber guten Grund zu der Annahme, dass die gegliederte, aus acht hinter einander liegenden Kalkplatten gebildete Rückendecke der *Placophoren* erst durch transversale Gliederung beim Einrollen aus einer einfachen napfförmigen Chitinschale entstanden ist. Da bei einer anderen Gruppe der heutigen Amphineuren, den *Solenogastres*, statt deren zahlreiche Kalkstacheln (Spicula) in die dicke Chitin-Cuticula der Rückenfläche eingebettet sind, könnte man auch annehmen, dass durch massenhafte Ausbildung und Verschmelzung solcher Spicula die erste compacte Kalkschale der Promollusken entstanden sei.

Von dieser einfachen primitiven Rückendecke, die als dünne Cuticular-Schale auch von den jugendlichen Veliger-Larven der Gastropoden, Lamellibranchien u. s. w. zunächst abgeschieden wird, lassen sich die verschiedenen Schalenformen aller übrigen Mollusken ableiten. Für ihre weitere Ausbildung bei den Gastropoden war zunächst der Umstand von maassgebendem Einfluss, dass mit dem zunehmenden Wachsthum des Körpers die Schale behufs vollkommenen Schutzes desselben nicht allein den Rücken decken, sondern auch beim Einziehen des ganzen Körpers Kopf und Fuss in ihre Höhlung aufnehmen musste. Zu diesem Zwecke wurde der Rücken stärker gewölbt, die kegelförmige Schale entsprechend verlängert und thurmförmig ausgezogen; die Rückenhaut unter der Schale folgte dieser Erhebung und wurde sammt den von ihr bedeckten Eingeweiden bruchsackartig ausgestülpt. Diese Dorsal-Hernie oder der Visceral-Dom würde aber, zusammen mit der schweren, ihn schützenden Thurmschale, bei zunehmender Höhe der Ortsbewegung des kriechenden Thieres die grössten Hindernisse bereitet haben; diese wurden dadurch vermieden, dass sich dieselben schraubenförmig aufrollten, meistens in einer Conospirale (*Turbinoid*-Schalen), seltener in einer Planospirale (*Nautiloid*-Schalen). Diese Spiral-Windung wurde die Ursache der Asymmetrie, welche bei den meisten Schnecken so auffallend ausgesprochen ist und welche die wichtigsten Umbildungen und Lageveränderungen innerer Organe zur Folge hatte, besonders die Hypertrophie des rechten und die Atrophie des linken Palleal-Complexes, die Wanderung des Afters von hinten längs der rechten Mantelfalte nach vorn, die Chiastoneurie u. s. w. In Folge dessen verschwand bei der grossen Mehrzahl der Schnecken die Kieme und Niere, das Atrium und Osphradium des linken Antimeres, und bloss diejenigen des rechten blieben erhalten. Da bei den ältesten Schnecken (Diotocardiern) die ursprüngliche bilaterale Symmetrie noch theilweise erhalten ist und stufenweise alle Uebergänge zu der später entstandenen vollkommenen Asymmetrie aufweist, kann über diese Ableitung des characteristischen spiralen „Schneckenhauses" von einem einfachen (Patella-ähnlichen) geradaxigen Kegelgehäuse kein Zweifel sein.

Einen ganz anderen Entwickelungsgang nahm die Mollusken-Schale in der Classe der Muscheln oder Lamellibranchien (vergl. § 306). Da bei diesen festsitzenden oder im Schlamm versteckten Weichthieren der Kopf rückgebildet und der breite Sohlenfuss ihrer Promollusken-Ahnen in einen schmalen Beilfuss umgewandelt wurde, während die Kiemen eine grössere Ausdehnung erlangten, entwickelte sich der Mantel und die von ihm ausgeschiedene Schale oberhalb des Körpers zu einem voluminösen Gewölbe und zerfiel durch eine mediane Falten-Bildung in zwei symmetrische Klappen (*Bivalva*). Diese beiden beweglichen lateralen Klappen (*Valvae*) hängen in der Mittellinie des Rückens durch ein elastisches Schlossband (Ligamentum) zusammen, welches ihre Oeffnung vermittelt, während der Schluss der Schale durch transversale Muskeln bewirkt wird. Der Fuss, welcher aus der ventralen Oeffnung der zweiklappigen Schale frei vortritt, kann beim Schluss derselben vollständig in die geräumige Mantelhöhle zurückgezogen werden. Dass die Bivalven-Schale der Muscheln wirklich in dieser Weise (durch Ausbildung einer medianen Rückenfurche) aus der einfachen, napfförmigen oder patellaförmigen Schale der Promollusken entstanden ist, beweist auch die Thatsache, dass sie noch heute ontogenetisch in gleicher Weise aus einer napfförmigen Embryonal-Schale entsteht.

Wiederum in anderer Weise gestaltet sich der Bildungsgang der Schale bei den höchst entwickelten Weichthieren, den Cephalopoden. Da dieselben frühzeitig die kriechende Lebensweise ihrer Promollusken-Ahnen mit der schwimmenden vertauschten, musste für sie die Ausbildung eines hydrostatischen Apparates zur Erleichterung des specifischen Gewichts von grossem Nutzen sein. Dieser entwickelte sich in sehr eigenthümlicher Weise dadurch, dass der wachsende Körper beim Heraustreten aus der Schale mit seinem dorsalen Visceral-Dom sich von der anliegenden concaven Innenfläche der Napfschale zurückzog, aber an deren Rande mit ihr in Contact blieb; der zwischen Schale und Rückensack sich bildende Hohlraum füllte sich mit Gas, welches vom dorsalen Mantel-Epitel abgeschieden wurde, und darauf folgte die Absonderung einer Kalkplatte, durch welche der Luftraum zu einer geschlossenen Luftkammer (*Pneumatostege*) wurde. Indem dieser Vorgang beim weiteren Wachsthum sich von Zeit zu Zeit wiederholte, entstand die characteristische vielkammerige Schale der Cephalopoden; alle Kammern sind mit Luft gefüllt, ausgenommen die letzte (Wohnkammer oder *Oecostege*); in dieser sitzt das Thier und wird festgehalten durch den Sipho, einen Strang, welcher vom Gipfel des Visceral-Doms ausgeht und beständig mit dem ursprünglichen Scheitel der konischen Schale in Verbindung bleibt.

Nicht minder interessant, als die mannichfaltigen Fortbildungen, welche die typische Mollusken-Schale durch divergente Anpassung erfährt, sind die vielfachen Rückbildungen, welche sie erleidet, und welche Schritt für Schritt, bis zum völligen Verluste zu verfolgen sind. Diese regressive „Rudimentation" findet sich unter den Amphineuren bei den Solenogastres, unter den Gastropoden bei einzelnen Prosobranchiern (Titiscania und Pterotrachea), ferner bei den meisten Opisthobranchien und vielen Pulmonaten; unter den Lamellibranchien bei Aspergillum und Teredo; unter den Cephalopoden bei den meisten jetzt lebenden Formen. Bisweilen wird die verlorene heredive Schale ersetzt durch Ausbildung einer secundären adaptiven, von anderer Bedeutung und Entstehungsweise (Kalkröhren von Teredo und Aspergillum, Schale von Argonauta u. A.).

Der Nutzen, welchen der Verlust eines so wichtigen Schutz-Organs dem Mollusk bringt, ist verschiedenartig; hauptsächlich besteht er in der Verminderung des specifischen Gewichts (besonders bei den schwimmenden Heteropoden, Pteropoden, Cephalopoden) und in der Förderung der freien Locomotion, bei den Schnecken, welche in der Erde Regenwürmer jagen (Testacella), oder im dichten Gebüsch von Korallenstöcken, Algen u. s. w. weiden.

§ 289. Fuss der Mollusken (Podium).

Das Podium oder der sogenannte „Fuss" der Weichthiere ist ursprünglich weiter Nichts als die ventrale Fläche des Körpers, welche dem Boden aufliegt und als flache „Fussplatte" vermöge ihrer starken Musculatur zum Kriechen dient. Dieser ursprüngliche fleischige Sohlenfuss oder „Plattfuss" (*Platypodium*), welcher von den *Turbellarien* und *Conchelminthen*-Ahnen durch Vererbung auf die *Promollusken* übertragen wurde, hat sich ziemlich unverändert erhalten in folgenden Gruppen: 1) bei den Placophoren unter den Amphineuren; 2) bei den ältesten Lamellibranchien (namentlich den Protobranchien) und 3) bei der grossen Mehrzahl der Gastropoden.

Bei den übrigen Mollusken ist der Fuss durch Anpassung an besondere Lebensweise und verschiedene Bewegungsformen mannichfach umgestaltet worden. Durch zwei transversale Einschnürungen kann derselbe in drei hinter einander gelegene Abschnitte zerfallen: 1) Vorderfuss (*Prosopodium*), 2) Mittelfuss (*Mesopodium*), 3) Hinterfuss (*Metapodium*). Anderseits kann der einfache Fuss auch in zwei seitliche, oft ansehnliche Lappen auswachsen; wenn dieselben vom freien Rande der ventralen Kriechsohle selbst ausgehen, heissen sie *Parapodien*; wenn sie dagegen oberhalb derselben, von einer horizontalen Leiste an der (oberen) Basis des Fusses abgehen, *Epipodien*. Je nachdem diese verschiedenen Theile des Podium zu mannichfaltigen Formen der Ortsbewegung (Kriechen, Klettern, Schwimmen u. s. w.) gebraucht oder auch, in Folge von Arbeitswechsel, zu anderen Functionen verwendet werden, haben sie sehr divergente Formen angenommen. Bei den meisten Mollusken ist im Podium (— abgesehen von kleineren Hautdrüsen —) eine grosse unpaare Fussdrüse (*Podadenia*) entwickelt; sie ist weit verbreitet bei den Schnecken als Sohlendrüse, bei den Muscheln als Byssus-Drüse; die letztere sondert feste, seidenartige Chitinfäden ab, mittelst deren viele Muscheln sich anheften.

Während bei den meisten Schnecken der Fuss die ursprüngliche Beschaffenheit des Plattfusses beibehält, einer breiten und ungetheilten Sohle, die beim Kriechen sich der Unterlage fest anschmiegt (— oder auch nach Art eines Saugnapfes fest anheftet —), erleidet er doch in mehreren Gruppen sehr characteristische Umbildungen. Bei vielen Prosobranchien sondert sich ein Prosopodium durch einen tiefen Einschnitt von dem Metapodium, welches auf seiner Rückenseite ein chitinöses oder kalkiges Operculum trägt, zum Verschluss der Schalenmündung. Bei den Diotocardiern ist das Epipodium sehr entwickelt und umzieht oberhalb der Sohle die Basis des Fusses in Gestalt einer Ringfalte, von welcher viele Tentakeln und Hautlappen abgehen. Dagegen sind bei vielen Opisthobranchien die Parapodien sehr entwickelt, als breite paarige Hautlappen, welche jederseits vom Fussrande auswachsen; dieselben können so gross werden, dass sie über dem Rücken der Schnecke sich zusammenwölben und eine äussere mantelähnliche Hülle bilden; sie können selbst hinten theilweise mit ihren Rändern verwachsen.

Vortreffliche Schwimmorgane entwickeln sich aus dem Fusse in den beiden Ordnungen der pelagischen Heteropoden und Pteropoden. Bei den prosobranchien Heteropoden, welche auf dem Rücken schwimmen, bildet das Mesopodium in der Mitte der Bauchseite eine schmale, vertical stehende Ruderflosse; dieser „Kielfuss“ wird wie eine Dampfschiffs-Schraube bewegt. Dagegen flattern die opisthobranchien Pteropoden im Meere (— als „Seeschmetterlinge" —) mittelst eines Paares grosser musculöser Kopflappen, die aus verbreiterten Seitentheilen (Parapodien) des Vorderfusses hervorgegangen sind.

In der Classe der Lamellibranchien hat sich die ursprüngliche Plattfussbildung nur noch bei der ältesten Gruppe erhalten, den Protobranchien. Bei den meisten übrigen Muscheln hat sich der horizontale Plattfuss in einen verticalen Beilfuss verwandelt (*Pelecypoda*). Mittelst der ventralen Schneide dieses seitlich comprimirten Beilfusses kriechen die Muscheln, sie abwechselnd schwellend und contrahirend, im Schlamme umher. Bei vielen Muscheln ist der Fuss mehr oder weniger rückgebildet, namentlich bei denjenigen, welche mittelst eines Byssus festsitzen oder mit einer Schale angewachsen sind (Austern).

In dem höchst entwickelten Stamme der Cephalopoden erfährt der Mollusken-Fuss seine eigenthümlichste Ausbildung. Das *Podium* zerfällt hier in eine Anzahl von seitlichen Lappen, die wir als Arme (*Olenae*) bezeichnen; sie liegen anfangs (im Embryo) hinter einander am Seitenrande des Vorderfusses, rücken aber später nach vorn und umfassen den mächtigen Kopf dergestalt, dass der Mund in der Mitte des „Armkranzes" zu liegen scheint. Bei den Tetrabranchien (*Nautilus*) bleiben die Armlappen (ursprünglich 4 Paar?) kurz und tragen zahlreiche bewegliche Tentakeln (*Tentaculifera*); bei den Dibranchien werden die Arme lang und tragen eine oder mehrere Reihen von Saugnäpfen (*Acetabulifera*); die *Octolenen* tragen 4 Paar, die *Decolenen* 5 Paar solcher „Kopfarme".

Oberhalb des eigentlichen Fusses, zwischen ihm und dem Visceral-Dom, entwickeln sich beim Embryo der Cephalopoden aus der Fussbasis ein Paar starke, sichelförmige, musculöse Leisten, die beiden Lappen des *Epipodiums*. Diese werden später nach hinten verschoben und bilden das wichtige Schwimmorgan der Kraken, den Fusstrichter (*Siphopodium*). Die beiden Trichterlappen krümmen sich gegen einander und legen sich an der Bauchseite so über einander, dass eine konische Röhre entsteht, durch welche das Wasser aus der Kiemenhöhle austritt; bei *Nautilus* bleiben sie getrennt; bei den *Dibranchien* verwachsen sie mit einander zu einer geschlossenen Röhre, mit weiter innerer und enger äusserer Oeffnung.

§ 290. Respiratorien der Mollusken.

Die Athmungs-Werkzeuge der Weichthiere spielen in der Morphologie und Phylogenie dieses Thierstammes eine hervorragende Rolle. Wir müssen zunächst unterscheiden zwischen ursprünglichen (primären oder herediven) und später erworbenen (secundären oder adaptiven)

Respirations-Organen. Als heredive Respiratorien, welche bereits die ursprüngliche Stammform der Mollusken besass, und welche von diesem Promollusk auf die grosse Mehrzahl der Stammes-Glieder durch Vererbung übertragen wurde, betrachten wir ein Paar Hautkiemen oder „Kammkiemen" (*Ctenidia*), welche in der hinteren Körperhälfte seitlich liegen, in der Mantelhöhle oder Kiemenhöhle, die zwischen den freien Seitenrändern des dorsalen Mantels und des ventralen Fusses liegt. Diese paarigen primären Kiemen besitzen gewöhnlich (und vielleicht schon ursprünglich, beim Promollusk) die Form eines Kammes oder eines gefiederten Blattes, welches von der Decke der Mantelhöhle herabhängt, und sind vom Wimper-Epitel überzogen; an ihrer Basis liegt das Geruchsorgan (*Osphradium*) und meistens auch eine besondere Kiemendrüse (*Branchiadenia* = Schleimdrüse der Prosobranchien, Analdrüse u. s. w.). Wahrscheinlich sind die paarigen Ctenidien schon bei den *Conchelminthen* vorhanden gewesen, die wir als die Stammgruppe der Mollusken betrachten, und sind bei diesen durch Bildung einer longitudinalen Hautfalte an beiden Seiten des Körpers entstanden. Indem diese einfache respiratorische Hautleiste am freien Rande sich theilte und so die Oberfläche vergrösserte, entstand eine einfach kammförmige oder einzeilige, halbgefiederte Kieme, und durch Verdoppelung die zweizeilige oder gefiederte Kieme. Der laterale Blutraum, welcher an ihrer Basis carbonisches Blut aus dem Lacunom zuführte, gestaltete sich zur „Kiemen-Arterie", und ein zweites Gefäss, welches das oxydische Blut von der Kieme zum Herzen zurückführte, zur „Kiemen-Vene".

Von grosser Bedeutung für die monophyletische Auffassung des Mollusken-Stammes ist die morphologische Thatsache, dass in allen Hauptgruppen desselben das primäre Ctenidien-Paar in ähnlicher Form auftritt, in derselben engen Beziehung zum Herzen, in gleicher Lagerung zwischen dorsalem Mantelrand und ventralem Fussrand, und in gleichen topographischen Beziehungen zu den verschiedenen Organen des Palleal-Complexes. Auch halten wir es für sehr wichtig, dass überall (— mit einer einzigen Ausnahme, *Nautilus* —) nur ein Paar Ctenidien vorhanden und mit einem Paar Herz-Vorkammern verbunden ist (— falls nicht, wie bei den meisten Schnecken, das Organ des einen Antimeres rückgebildet ist —). Scheinbare Ausnahmen hiervon bilden die Placophoren und Elatobranchier. Bei den ersteren (*Chitoniden*) liegen scheinbar zahlreiche Ctenidien (15—75 jederseits) hinter einander in der langgestreckten Kiemenfurche (bald in ihrer ganzen Ausdehnung, bald nur im hinteren Theile); nach unserer Auffassung sind diese aber nicht als zahlreiche selbständige Kiemen zu betrachten, sondern nur als gefiederte Aeste eines einzigen langgestreckten Ctenidiums. Die Doppel-Fiederung desselben ist analog derjenigen der Octolenen (Cephalopoden), bei welchen durch weitere Faltung und Oberflächen-Vergrösserung die Fiederbildung noch einen viel höheren Grad (bis zu Lamellen sechster und siebenter Ordnung) erreichen kann. Die basale, vom Grunde der Mantelhöhle sich erhebende Kiemenleiste, an welcher diese zusammengesetzten Kiemenblätter der Octolenen ebenso wie die zahlreichen Ctenidien-Lappen der Placophoren angewachsen sind, entspricht der Spindel oder Fieder-Axe, welche die beiden Zeilen des gewöhnlichen, einfach gefiederten Ctenidiums trägt.

Von den Muscheln wurde bisher angenommen, dass sie meistens (— abweichend von den meisten übrigen Mollusken —) jederseits zwei grosse blattförmige Ctenidien in der Mantelhöhle tragen und dass nur die ältesten Formen (*Protobranchier*) ein Paar Kammkiemen besitzen. Es hat sich jedoch herausgestellt, dass die beiden gegitterten Kiemenblätter, welche jederseits in der Mantelhöhle der meisten „*Lamellibranchien*" liegen, nur die beiden, durch Faltung am freien Rande verdoppelten Fiederhälften eines einzigen gefiederten Blattes sind (vergl. § 306). Dagegen besitzt *Nautilus*, der einzige lebende Vertreter der tetrabranchien Cephalopoden, wirklich zwei paar Kiemen, ein vorderes und ein hinteres Paar. Nach unserer Ansicht ist dieses abweichende Verhältniss kein ursprüngliches, sondern durch Theilung (oder secundäre Verdoppelung) der ursprünglich einfachen Ctenidien entstanden (vergl. § 318).

Kiemen und Lungen. Die beiden Ctenidien, als die ursprünglichen herediven Respirations-Organe der Mollusken, erhalten sich permanent paarig bei den *Amphineuren*, *Lamellibranchien* und *Cephalopoden*. In der Classe der *Gastropoden* haben sie sich nur noch bei der ältesten Gruppe, den Zeugobranchien, erhalten; bei der grossen Mehrzahl dieser formenreichen Classe ist nur die Kammkieme des einen Antimeres noch vorhanden (des linken); die andere ist durch Rückbildung verloren gegangen. Bei zahlreichen Schnecken sind beide Kiemen verschwunden; ihre Respiration geschieht dann entweder durch die Haut (Limapontia, Phyllirrhoë u. a. Opisthobranchien, Clio unter den Pteropoden); oder es entwickeln sich secundäre (adaptive) Kiemen auf der Rückenfläche (viele Opisthobranchien); bei den landbewohnenden Lungenschnecken verwandelt sich die Kiemenhöhle in eine luftathmende Lungenhöhle. Die Scaphopoden und die endoparasitischen Saccopallien haben keine besonderen Athmungsorgane.

Die adaptiven Kiemen, welche als secundäre Respiratorien bei zahlreichen Opisthobranchien (bei den meisten Ascoglossen und Nudibranchien) auftreten, sind meistens fadenförmige oder blattförmige Anhänge der Rückenfläche, bisweilen gefiedert oder baumförmig verästelt. Meistens stehen dieselben in zwei oder mehreren parallelen Längsreihen auf der gewölbten Rückenfläche. Bei einigen gymnosomen Pteropoden (Clionopsiden) bilden sie gefranzte Leisten am hinteren Körperende. Pneumoderma zeichnet sich dadurch aus, dass es neben der adaptiven hinteren Kieme noch das primäre Ctenidium einer Seite besitzt. Die zierlichen Anal-Kiemen, welche eine Rosette von gefiederten Blättchen rings um den rückenständigen After der Doridier bilden, werden meist auch als Adaptiv-Kiemen betrachtet; doch sind dieselben vielleicht umgewandelte heredive Ctenidien, welche mit dem After vom hinteren Ende auf die Rückenfläche herauf nach vorn gewandert sind. Die Aeolidier (Phlebenterata oder Cladohepatica) zeichnen sich dadurch vor den übrigen Nudibranchien aus, dass die verästelte Leber Blindschläuche in die adaptiven Rücken-Kiemen hineinsendet, und dass an der Spitze dieser vielgestaltigen (meist auffallend gefärbten) Anhänge sich durch eine Einstülpung des Exoderms eine Cnidophoren-Tasche bildet, in der sich Nessel-Organe entwickeln (Protective Anpassung).

Die Lungen, welche als Luftathmungs-Organe bei vielen Schnecken (— als den einzigen Landbewohnern unter allen Mollusken —) sich entwickelt haben, sind keine Neubildungen, sondern aus der erweiterten Kiemenhöhle oder Mantelhöhle entstanden, aus welcher die Kieme selbst verschwunden ist. Der freie Rand der Mantelfalte, welche die gewölbte Decke der unpaaren Lungenhöhle bildet, verwächst mit der darunter liegenden Nackenhaut dergestalt, dass nur vorn rechts ein Athemloch offen bleibt, durch welches die atmosphärische Luft ein- und austritt. Der Gaswechsel wird durch ein reich verästeltes Blutgefäss-Netz an der dünnhäutigen Innenfläche der Mantelhöhle vermittelt, dessen Wurzeln aus einer basalen Ringvene entspringen; eine grosse Lungenvene führt das oxydirte Blut direct von der Lunge zum Herzen. Während die meisten Lungenschnecken (*Pulmonata*) nur Luft durch die Lungenhöhle athmen, ist diese bei einem Theile der Süsswasser-bewohnenden Formen wieder secundär zur Kiemen-Höhle geworden; einige von diesen (besonders Jugendformen) athmen durch dieselbe ebenso gut Wasser als Luft; bei einem Tiefsee-Bewohner des Genfer Sees (Lymnaea abyssicola) dient sie ausschliesslich zur Wasserathmung.

Unabhängig von der Lungenathmung der zahlreichen Pulmonaten (die von *Opistobranchien* abstammen) hat sich dieselbe Umbildung der Kiemenhöhle zur Lungenhöhle auch bei einigen *Prosobranchien* vollzogen, die sich dem Leben auf dem Lande angepasst haben. *Cyclostoma* hat noch ein Rudiment der ursprünglichen Kiemen conservirt, während dies bei *Cyclophorus* verloren gegangen ist. Die amphibischen Flussschnecken der Tropen (*Ampullaria*) besitzen gleichzeitig eine Kieme und einen Lungensack.

§ 291. Nervensystem der Mollusken.

Die vergleichende Morphologie und Phylogenie des Nervensystems der Weichthiere bezeugt einerseits durch seine typische Organisation die Einheit dieses Thierstammes, sowie seine Abstammung von Helminthen und Turbellarien; anderseits wirft sie durch die mannichfaltige Differenzirung seiner verschiedenen Ausbildungs-Stufen und seine Anpassung an die besonderen Lebens-Verhältnisse der verwandten Gruppen ein bedeutungsvolles Licht auf ihren phylogenetischen Zusammenhang. Als gemeinsamen ursprünglichen Ausgangspunkt für alle verschiedenen Formen müssen wir jene primitive Gestaltung des Nervensystems annehmen, wie sie noch heute in der Stammgruppe der Amphineuren besteht, bei den Placophoren und Solenogastres. Dieselbe Bildung müssen auch die hypothetischen Promollusken besessen haben; denn sie besteht in gleicher Weise selbst heute noch bei einigen Turbellarien, den Platoden-Ahnen des Weichthier-Stammes. Ueberall bestehen ein Paar Cerebral-Ganglien, welche durch eine über dem Schlunde liegende quere Commissur verbunden sind und die Nerven für den Kopf und die Sinnesorgane abgeben; von ihnen gehen zwei Paar longitudinale Nervenstämme ab, von denen die unteren (pedalen) die Muskelplatte des Fusses versorgen, die oberen, seitlich gelegenen, den Mantel und die Eingeweide (daher Pleurovisceral-Stränge, oder vereinigte Palleal- und Visceral-Nerven). Da diese beiden starken, jederseits parallel von vorn nach hinten sich erstreckenden Nervenstämme in ihrer ganzen Ausdehnung mit Ganglien-Zellen belegt sind, können sie als Central-Organe betrachtet und als „Markstämme" bezeichnet werden. Die beiden Pedal-Stämme hängen vorn unterhalb des Schlundes durch eine Quer-Commissur zusammen, sie stellen somit, in Zusammenhang mit den oberhalb vereinigten Cerebral-Knoten, einen geschlossenen Schlundring her (*Neurocircus*).

Bei einem Theile der Amphineuren (— namentlich den Chitoniden —) sind die beiden Pedal-Stämme in ihrer ganzen Länge durch zahlreiche transversale Commissuren verbunden, so dass die characteristische Form eines „Strickleiter-Nervensystems" entsteht. Auch diese Bildung ist schon bei einigen grösseren Turbellarien (Polycladen) zu finden. Wir können sie weder hier noch dort als wirkliche Metamerie betrachten, da ihr keine Gliederung des ganzen Körpers oder auch nur der Musculatur entspricht. Ebensowenig sind die transversalen Commissuren, welche bei einigen Amphineuren zwischen den beiden Mantelstämmen (oder Pleurovisceral-Strängen), sowie zwischen diesen und den Pedal-Strängen auftreten, Beweise für eine ursprüngliche Metamerie des Mollusken-Körpers. Sie dürfen daher auch nicht mit dem Bauchmark der Articulaten, welches wirklicher Metamerie seinen Ursprung verdankt, verglichen werden.

Für die grosse Mehrzahl der Mollusken sind drei Ganglien-Paare characteristisch, indem zu dem primären Cerebral-Knoten jederseits noch zwei secundär entstandene ventrale Nervenknoten hinzutreten: ein Paar vordere Pedal-Knoten und ein Paar hintere Visceral-Knoten. Die beiden Pedal-Ganglien liegen im unteren Theile des Schlundringes, da, wo die paarigen Pedal-Stränge von demselben abgehen, und versorgen hauptsächlich die Muskelmasse des Fusses mit Nerven. Die beiden Visceral-Knoten dagegen liegen weit hinten, unter dem Enddarm, und innerviren sowohl den Mantel (Palleal-Nerven), als die Kiemen und die übrigen Eingeweide. Die beiden Visceral-Ganglien hängen unter sich durch eine Quer-Commissur zusammen, sowie jederseits durch ein Cerebrovisceral-Connectiv mit dem cerebralen und durch ein Visceropedal-Connectiv mit dem pedalen Knoten des betreffenden Antimeres. Bei den Lamellibranchien, Scaphopoden, Heteropoden u. A. sind die Connective, welche als laterale Verbindungsfäden die drei Knoten jedes Antimeres verknüpfen, sehr lang, bei den meisten Gastropoden kürzer; bei den Pulmonaten und Cephalopoden sind diese verschiedenen Theile meistens zu einem einzigen, den Schlund umfassenden, dicken Schlundring verschmolzen.

Zu diesen typischen drei Ganglion-Paaren der Mollusken treten bei der Mehrzahl noch andere Ganglien hinzu, welche von untergeordneter Bedeutung oder erst später zur Ausbildung gelangt sind. Nach vorn gehen meistens von den Cerebral-Ganglien ein Paar Buccalnerven ab, welche vorn um den Mund einen Lippenring oder Buccalring bilden (mit einem Paar dorsaler Labial-Ganglien und einem Paar ventraler Buccal-Ganglien). Die pleuralen oder pallealen Stämme, welche nach hinten von den Cerebralknoten abgehen, schwellen meistens gleich dahinter jederseits zu einem Pleural-Ganglion an, so dass dann der kürzere vordere Theil jener Stämme als Cerebropleural-Connectiv bezeichnet wird, und der längere hintere Theil als Pleurovisceral-Connectiv; ausserdem hängen auch die beiden Knoten durch ein Pleuropedal-Connectiv mit den beiden Pedal-Ganglien zusammen. Endlich tritt meistens noch im Verlaufe jedes Pleurovisceral-Connectives ein weiterer Nervenknoten auf, das Parietal-Ganglion; dann wird der vordere Theil des ersteren als Pleuroparietal-Connectiv unterschieden, der hintere als Visceroparietal-Connectiv.

Ausser diesen sehr allgemein verbreiteten Nervenknoten entwickeln sich bei den grössten und höchstorganisirten Mollusken, vor Allen bei den Cephalopoden, noch eine Anzahl besonderer Ganglien, als nervöser Central-Organe einzelner Theile: Brachial-Ganglien für die Arme, Stellar-Ganglien für den Mantel, Gastral-Ganglien für den Magen u. s. w. Die selbständige Ausbildung dieser entfernt gelegenen Local-Centren geht hier um so weiter, je vollständiger die ursprünglichen typischen Ganglien und ihre Commissuren durch Verschmelzung in einer mächtigen Schlundring-Masse aufgegangen sind.

Unter den mancherlei secundären Umbildungen und Differenzirungen, welche der vergleichenden Anatomie des Nervensystems der Mollusken ein hohes phylogenetisches Interesse verleihen, ist die merkwürdigste die Chiastoneurie, welche durch die vollständige Kreuzung der Pleurovisceral-Connective in der formenreichen Gruppe der Prosobranchier hervorgebracht wird; sie ist die Folge der eigenthümlichen Umlagerung und einseitigen Rückbildung, welche der palleale Organ-Complex in dieser Legion der asymmetrischen Gastropoden allmählig erfahren hat.

§ 292. Sensillen der Mollusken.

Die Sinnes-Organe der Weichthiere besitzen für die Phylogenie dieses Stammes nur sehr geringes Interesse. Die grosse Mehrzahl derselben hat vier Paar Sensillen, die wahrscheinlich schon bei den Promollusken und bei deren Vermalien-Ahnen vorhanden waren und durch Vererbung übertragen wurden, nämlich ein Paar Tentakeln oben am Kopf, ein Paar Augen seitlich am Kopf, ein Paar Hörbläschen unten am Kopf oder vorn im Fuss gelegen, und ein Paar Geruchsorgane oder Osphradien hinten an der Basis der Kieme. Alle vier herediven Sinneswerkzeuge scheinen von Nerven versorgt zu werden, welche von den Cerebral-Ganglien entspringen.

Die Kopftentakeln, als feine Tastorgane, sind namentlich bei den meisten Schnecken gut entwickelt, und häufig jederseits doppelt; dann tragen die hinteren grösseren Tentakeln die Augen (so bei den Diotocardiern und den Land-Pulmonaten). Bei den lebenden Amphineuren sind die Tentakeln rückgebildet, ebenso bei den Lamellibranchien; diese besitzen statt deren 2 Paar Mundlappen. Die Scaphopoden haben 4 Paar eichblattförmige Mundlappen, und ausserdem an der Basis der Schnauze ein Paar Büschel von langen, fadenförmigen, sehr zahlreichen Tentakeln, die wohl zugleich die Stelle der fehlenden Kiemen vertreten. Unter den Cephalopoden trägt Nautilus 2 Paar Tentakeln, von denen das eine über, das andere unter dem Auge liegt. Da die einfachen Kopf-Tentakeln der niederen Schnecken nach Lage und Bau denjenigen der Turbellarien entsprechen, dürfen wir sie als Erbstücke dieser Ahnen betrachten. Verschieden von diesen primären oder Herediv-Tentakeln sind die mancherlei secundären, später erworbenen Adaptiv-Tentakeln, welche bei vielen Mollusken an verschiedenen Körperstellen auftreten, oft in grosser Zahl und ansehnlicher Ausbildung; so besonders am Mantelrande vieler Schnecken und Muscheln, am Epipodium, am Fussrande u. s. w.

Als typische Geruchsorgane (oder „chemische Sensillen“) der Mollusken betrachtet man neuerdings ein Paar Osphradien, die an der Basis der Kiemen in der Mantelhöhle liegen. Sie treten schon unter den Amphineuren bei den Placophoren auf, als zwei longitudinale

Leisten, welche an der Basis der doppeltgefiederten langen Kieme in der Mantelrinne liegen (eine parietale an der Aussenwand, eine paraneurale in der Tiefe derselben); letztere bildet an der Innenseite jedes Kiemenblättchens einen epibranchialen Sinneshöcker. Bei den meisten übrigen Mollusken ist das Osphradium auf einen kleineren Bezirk an der Kiemen-Basis localisirt, besonders entwickelt bei den Prosobranchien (oft in Gestalt eines gefiederten Blattes, der „Nebenkieme"). Bei vielen Mollusken ist das Osphradium, das wir als ein heredives chemisches Sinnesorgan betrachten, rückgebildet und durch ein secundär entstandenes adaptives ersetzt. Als solches werden die hinteren faltenreichen Tentakeln der Opisthobranchien betrachtet („Rhinophoren"), sowie die diesen vielleicht homologen „Riechgruben" der dibranchiaten Cephalopoden, ein Paar flimmernde, mit Sinneszellen ausgestattete Gruben über den Augen. *Nautilus*, der an derselben Stelle die oberen Kopf-Tentakeln trägt, besitzt noch echte Osphradien.

Die Gehörbläschen (*Otocystae*), die wir ebenfalls als Erbstücke von den Helminthen-Ahnen betrachten, haben sich im Mollusken-Stamme fast allgemein durch zähe Vererbung erhalten; sie fehlen nur den heute noch lebenden Amphineuren und einigen Saccopallien (*Entocolax*, *Entoconcha*), und selbst bei diesen rückgebildeten Parasiten treten sie noch in der jugendlichen Larve vorübergehend auf. Allgemein erscheinen ihre Anlagen im Embryo sehr frühzeitig. Ueberall sind die paarigen Gehörbläschen (— die zugleich als statische Sensillen fungiren —) homolog und werden von einem Nerven-Paar versorgt, das vom Cerebral-Ganglion entspringt. Dabei ist es gleichgültig, ob die Otocysten im Kopfe oben oder unten liegen, oder weit entfernt im Fusse (bei vielen Muscheln); im letzteren Falle schliesst sich der Hörnerv dem Cerebropedal-Connectiv an oder verschmilzt mit diesem. Die kugeligen Hörbläschen sind meistens ganz geschlossen und enthalten in der Otolymphe einen grossen oder mehrere kleine Otolithen; die Enden des Hörnerven stehen in Verbindung mit den haartragenden Hörzellen des acustischen Exoderm-Epitels, welches die Innenfläche des Bläschens auskleidet und theilweise flimmert. Bei den gut schwimmenden Heteropoden und Cephalopoden ist das Epitel hoch differenzirt, mit einer Macula und Crista acustica. Die phylogenetische Entstehung des Hörbläschens aus der Epidermis wird durch die ontogenetische Thatsache klar bewiesen, dass seine erste Anlage im Embryo auch heute noch oft ein Grübchen der äusseren Haut ist. Diese Einstülpung wird zu einem engen Canal, von dessen einem Ende sich das Bläschen abschnürt. Der flimmernde Hörcanal erhält sich (am äusseren Ende blind geschlossen) bei den Cephalopoden, als „KÖLLIKER'scher Canal". Bei den ältesten Muscheln (Protobranchien) behält derselbe sogar seine ursprüngliche Mündung bei, an der Oberfläche des Fusses; hier gelangen Fremdkörper (Sandkörnchen u. dergl.) von aussen in die Hörbläschen hinein und spielen die Rolle von „Gehörsteinchen" (— ebenso wie bei den Decapoden unter den Krebsen —).

Die Augen der Mollusken zerfallen in zwei scharf zu unterscheidende Gruppen, die herediven Kopfaugen und die adaptiven Rumpfaugen. Die paarigen herediven Kopfaugen waren schon bei den Promollusken vorhanden und von ihren Vorfahren, Conchelminthen (und Turbellarien) durch Vererbung übertragen; sie sind überall homolog, jedoch in vielen einzelnen Gruppen (durch Lebensweise im Dunkeln, im Schlamm, Höhlen, Tiefsee u. s. w.) rückgebildet oder ganz verschwunden, so bei den heute noch lebenden Resten der Amphineura, bei vielen verschiedenen Gastropoden, bei einigen Saccopallien (Entocolax, Entoconcha), bei den Scaphopoden und sämmtlichen Lamellibranchien. Es ist jedoch sehr bemerkenswerth, dass bei Vielen von diesen blinden Weichthieren in der Jugend noch ein Paar rudimentäre Kopfaugen (— wenn auch nur als schwarze Pigmentflecke —) vorübergehend auftreten. Die phylogenetische Entwickelung dieser herediven Kopfaugen wird durch die vergleichende Anatomie und Ontogenie derselben klar gelegt. Bei vielen älteren Mollusken (*Diotocardier* unter den Gastropoden, *Nautilus* unter den Cephalopoden) haben sich dieselben noch in der ursprünglichen Form der Grubenaugen bis heute erhalten: es sind ein Paar offene, bald flache oder halbkugelige, bald tiefe und flaschenförmige Gruben der dorsalen Kopfhaut, deren Epidermis ihre Innenfläche als Retina auskleidet; ihre Sehzellen sind differenzirt in helle Stäbchen und schwarze Pigmentzellen. Der wässrige oder gallertige Inhalt der Augengruben fungirt als Linse oder Glaskörper. Indem sich das offene Grubenauge (*Bothriomma*) von seinem Mutterboden, der Epidermis, abschnürt und seine äussere Oeffnung schliesst, verwandelt es sich in das geschlossene Bläschenauge (*Cystidomma*); dieser phylogenetische Process wiederholt sich noch heute in der Ontogenese des Bläschenauges bei den meisten Mollusken. Der pigmentfreie und durchsichtige Theil der Epidermis, welcher nunmehr über die äussere Oberfläche der geschlossenen kugeligen Augenblase wegzieht, ist die Cornea, ihr gallertiger Inhalt der Glaskörper. In dem grossen und hoch entwickelten Auge der dibranchien Cephalopoden kommt dazu noch eine kugelige Linse und eine Iris, indem das Centrum der Cornea eine kugelige, concentrisch geschichtete Anschwellung bildet und eine ringförmige Falte der äusseren Haut sich rings um deren äusseren Umfang erhebt. Die centrale Oeffnung dieser circulären Hautfalte (Iris) ist die Pupille.

Indem ferner nach aussen von dieser sich eine zweite grössere Ringfalte der Haut erhebt und vorn über derselben zusammenwächst, entsteht eine secundäre Cornea (*Metacornea*); der Zwischenraum zwischen ihr und der primären Cornea (*Protocornea*) ist mit Wasser gefüllt und bildet eine „vordere Augenkammer"; meistens wird diese nicht ganz geschlossen, sondern communicirt mit dem Meerwasser durch ein offen bleibendes Loch (Cornea-Pupille). Die Retina erlangt in den hoch entwickelten, grossen Kopfaugen dieser Cephalopoden einen complicirten Schichtenbau, welcher demjenigen der Wirbelthier-Augen ähnlich und dennoch grundverschieden ist; die Stäbchenzellen der Retina liegen bei letzteren an der äusseren (convexen), bei ersteren an der inneren (concaven) Seite der Retina.

Die adaptiven Rumpfaugen, welche bei vielen Mollusken die physiologische Function der verlorenen Kopfaugen ersetzen, aber morphologisch ganz von diesen verschieden sind, können sich an den verschiedensten Körperstellen secundär entwickeln und sehr verschiedene Structur besitzen. Wir kennen bereits vier verschiedene Formen solcher Anpassungs-Augen: 1) Schalen-Augen der *Placophoren* (bei vielen Chitoniden in grosser Zahl auf den acht Platten der Schale, mit Cornea, Linse, Pigmentosa, Retina); 2) Fächer-Augen am Mantelrande mancher Muscheln (*Arca, Pectunculus*), im Bau ähnlich einfachen Arthropoden-Augen; 3) Mantel-Augen anderer Muscheln (*Pecten, Spondylus*), in grosser Zahl auf Papillen am Mantelrande stehend; 4) Rücken-Augen einiger Schnecken (*Onchidium* u. A.). Letztere sind ähnlich den Vertebraten-Augen gebaut.

§ 293. Darmsystem der Mollusken.

Der Darmcanal der Weichthiere bietet unter allen Organen derselben am wenigsten morphologisches und phylogenetisches Interesse. Nur ein einziges Organ desselben ist für den Stamm characteristisch: die Reibeplatte der Zunge (*Radula*); jedes Thier, welches dieselbe besitzt, darf mit Sicherheit als ein echtes Mollusk betrachtet werden. Sie ist aber durch Rückbildung verloren gegangen bei sämmtlichen Muscheln, bei den parasitischen Schnecken (Saccopallien) und bei einigen Gastropoden. Im Uebrigen ist zwar das Darmsystem, in Anpassung an die verschiedene Nahrung, sehr mannichfaltig entwickelt, aber ohne besonders characteristische Differenzirungen in den einzelnen Gruppen. Selten (nur bei einigen parasitischen Saccopallien) ist der Darm rudimentär und hat den After eingebüsst. Sonst sind Mund und After stets vorhanden.

Die vergleichende Ontogenie lehrt, dass der grösste Theil des Darmrohrs bei allen Mollusken aus dem entodermalen Urdarm (Progaster) hervorgeht; nur eine vordere Mund-Einstülpung (Stomodaeum) und eine unbedeutende hintere After-Grube (Proctodaeum) entstehen aus dem Exoderm. Letztere bildet den Enddarm (Anal-Darm), erstere die Mund- und Schlundhöhle mit ihren Anhängen (Buccal-Darm). Ueber die phylogenetische Entstehung der beiden Darmöffnungen aus dem Urmunde der Gastrula herrscht zur Zeit noch Unklarheit. Der Mund liegt stets am Vorderrande des Weichthieres (Oralpol der Längsaxe). Der After liegt ursprünglich hinten, am Aboralpol desselben; er behält diese primäre Lage aber nur bei den Amphineuren und Lamellibranchien. Bei den Gastropoden verschiebt er sich auf der rechten Seite nach vorn. Auch bei den Cephalopoden bleibt der After zwar in der Median-Ebene liegen, verschiebt sich aber dorsalwärts nach oben. Bei den Scaphopoden rückt der Anus umgekehrt auf der Bauchseite nach vorn.

Am ausgebildeten Darm der Mollusken kann man allgemein drei Hauptabschnitte unterscheiden: 1) Vorderdarm, 2) Mitteldarm und 3) Hinterdarm. A. Der Vorderdarm gliedert sich wieder in folgende Theile: 1) die Mundhöhle (Oraldarm) mit den Lippen, oft mit einer musculösen Schnauze oder einem retractilen Rüssel; 2) die Schlundhöhle (Buccal-Darm) mit dem musculösen Pharynx, den Kiefern, dem Zungenapparat, und ein oder zwei Paar Speicheldrüsen; 3) die Speiseröhre (Oesophagus), gewöhnlich ein einfaches musculöses Rohr, bei manchen Gastropoden und Cephalopoden mit einem Kropf (Blindsack) ausgestattet. B. Der Mitteldarm besteht aus zwei Abtheilungen, 1) dem Magen mit Leber, und 2) dem Dünndarm (*Ilium*); letzterer ist von sehr verschiedener Länge, lang und oft vielfach gewunden bei den herbivoren, kürzer bei den carnivoren Mollusken. Die Leber (die „centrale Verdauungsdrüse“ oder „Mitteldarmdrüse“) ist stets vorhanden, meist sehr ansehnlich und aus vielen stark verästelten Drüsenlappen (von brauner oder gelber Farbe) zusammengesetzt; sie mündet gewöhnlich direct in den Magen, bei den Cephalopoden in einen spiral gewundenen Blindsack desselben (Spiral-Coecum); ein besonders differenzirter Theil derselben (von hellerer Farbe) wird hier als *Pancreas* unterschieden. C. Der Hinterdarm oder Enddarm (Mastdarm) ist bei den meisten Mollusken kurz, einfach und gerade; in ihn mündet bei den Scaphopoden, einigen Prosobranchien (Muriciden etc.) und den Cephalopoden eine Analdrüse ein (bei letzteren liefert sie als „Tintenbeutel“ das Sepia-Pigment).

Die Lamellibranchien unterscheiden sich von den übrigen Mollusken dadurch, dass sie durch Anpassung an eigenthümliche Lebensweise und

Ernährung (im Schlamme) den ganzen Buccaldarm rückgebildet haben; mit den Kiefern und dem Zungen-Apparat sind hier auch die Speicheldrüsen verloren gegangen. Indessen trifft die gleiche Rückbildung auch einzelne Amphineuren (Neomeniden), wenige Gastropoden (Coralliophilen, Tethys u. A.) und die parasitischen Saccopallien.

Der typische Zungen-Apparat ist bei allen übrigen Mollusken in sehr characteristischer Weise ausgebildet und besteht aus folgenden Theilen: 1) einem musculösen, auf dem Boden der Schlundhöhle liegenden Längswulst: Zunge (*Lingua*); 2) einem festen (oft aus 2—4 Stücken zusammengesetzten) Zungenknorpel, der in der Zunge liegt und sowohl zum Ansatz ihrer Muskeln, wie als feste Unterlage der Reibeplatte dient; 3) der Reibeplatte (*Radula*), die auf der Oberfläche der Zunge aufliegt; sie wird reibend bewegt gegen einen oder mehrere Kiefer, harte Chitinleisten, welche vom Epitel des Pharynx-Einganges abschieden werden. Die Radula selbst ist eine langgestreckte harte Chitin- (oder Conchiolin-)Platte, deren dünne Basal-Membran mit zahreichen, regelmässig in Längs- und Quer-Reihen geordneten Zähnchen besetzt ist. Sie wird von besonderen Epitel-Zellen im Grunde einer „Radula-Scheide" abgeschieden, eines Blindsackes, der sich vom Boden der Schlundhöhle oft weit nach hinten erstreckt. Die mannichfaltige Bildung der Radula, die verschiedene Zahl, Form und Anordnung ihrer Zähne, besitzt grosse systematische Bedeutung.

§ 294. Lacunom und Coelom.

Primäre und secundäre Leibeshöhle.

Die Leibeshöhle der Mollusken besteht, wie bei den meisten übrigen Bilaterien, aus zwei wesentlich verschiedenen und ganz von einander getrennten Hohlräumen, die wir als *Lacunom* und *Coelom* gegenüberstellen. Das Lacunoma oder die „primäre Leibeshöhle" (= *Pseudocoelium*) wird durch Parenchym-Lücken gebildet, welche zwischen den beiden primären Keimblättern und später zwischen den verschiedenen, von ihnen gebildeten Organen auftreten. Schon der Rest der Keimhöhle (*Blastocoelium*), welcher bei vielen Mollusken wegen unvollständiger Invagination der *Blastula* übrig bleibt, ist dahin zu rechnen; ferner der gesammte Hohlraum des Blutgefäss-Systems (*Vasalium*); ebenso wohl die irregulären, wandungslosen Hohlräume (Lacunen) seines venösen Theils, als die grossentheils regulären, theilweise mit festeren Wänden versehenes Gefässe (Arterien) seines arteriellen Theils, sowie deren contractiles Centralorgan, das Herz. Die Zellen, welche theils die Wandungen dieser Hohlräume bilden, theils als Lymphocyten frei in der darin enthaltenen Blutflüssigkeit schwimmen, sind Abkömmlinge von Mesenchym-Zellen, d. h. von beweglichen Zellen, die aus dem Epitel-Verbande eines der beiden primären Keimblätter, oder des zwischen ihnen gebildeten Mesoderms einzeln ausgetreten sind. Wenn ein Theil dieser Zellen im Herzen und den grösseren Gefässen bei den höheren Mollusken bisweilen eine epiteliale innere Auskleidung bildet, so ist dieses secundär entstandene Epitelium als ein wirkliches Endotelium zu betrachten.

Das Coeloma oder die „secundäre Leibeshöhle" (= *Enterocoelium*) wird bei den Mollusken, ebenso wie bei den übrigen „*Coelomarien*", ursprünglich durch ein paar laterale Coelomtaschen gebildet, welche vom Urmunde der Gastrula zwischen deren beide primäre Keimblätter hineinwachsen. Als erste Anlage derselben entstehen frühzeitig am Urmundrande (Properistoma) ein paar grosse körnerreiche Zellen, die „Urzellen des Mesoderms" oder die bilateralen „Mutterzellen des mittleren Keimblattes". Indem diese sich wiederholt theilen und jederseits in den Spaltraum zwischen den beiden primären Keimblättern hineinwachsen, entstehen ein Paar symmetrische „Mesoderm-Streifen"; erst später höhlen sich diese aus und werden zu wahren „Coelomtaschen". Die vergleichende Anatomie und Ontogenie der Mollusken berechtigt uns zu der Annahme, dass dieselben auch hier (wie bei den anderen Coelomarien) ursprünglich sackförmige Gonaden waren, aus dem Entoderm entstanden. Das Epitelium, welches die Höhlungen dieser beiden Mesoderm-Taschen auskleidet, und welches wir Coelotelium nennen, stammt demnach vom Entoderm ab; es darf nicht mit dem Endotelium des Lacunoms verwechselt werden.

Die beiden Coelom-Taschen erreichen im Stamme der Mollusken nicht die grosse Ausdehnung, wie bei den meisten übrigen Coelomarien; sie sind aber überall eine Zeit lang vorhanden, obwohl sie meistens bald zu einem einzigen Hohlraum sich vereinigen. Ueberall gehen aus denselben drei wichtige Organe hervor, nämlich: 1) die *Gonaden* oder Geschlechtsdrüsen; 2) der dahinter gelegene Herzbeutel (*Pericardium*) und 3) die Excretionsorgane oder Nieren (*Nephridia*). Das ursprüngliche Verhältniss dieser drei Coelom-Theile zu einander bleibt nur selten erhalten, am deutlichsten bei den Solenogastres. Hier vereinigen sich zwar die beiden Gonaden äusserlich zu einem unpaaren langgestreckten Zwitterschlauch, der über dem Mitteldarm liegt; sie bleiben aber innerlich getrennt durch ein verticales medianes Septum (ein „Dorsal-Mesenterium"), aus dessen innerem Coelotelium die Sexualzellen entstehen. Die beiden Geschlechts-Kammern münden auch hier noch hinten getrennt, mittelst zweier kurzen Gonoducte, in das dahinter gelegene *Pericardium* ein. Aus dessen hinterem Theil entspringen (mit einem „Flimmertrichter") ein paar Drüsen-Canäle, welche den Enddarm umfassen und sich hinten nach aussen öffnen; diese *Nephridien* sind hier noch gleichzeitig Excretions-Organe und Ausführgänge der Geschlechts-Producte. Bei den meisten übrigen Mollusken ist eine Arbeitstheilung durch Spaltung derselben eingetreten, so dass sich besondere Gonoducte neben den rein excretorischen Nieren-Canälen finden. Die Vergleichung dieser primären Verhältnisse bei einigen Amphineuren und anderen archäischen Mollusken ergiebt deutlich, dass auch in diesem Stamme die beiden Coelomtaschen ursprünglich Gonaden waren.

§ 295. Circulations-System der Mollusken.

Bei allen Weichthieren sind die lacunären Hohlräume der „primären Leibeshöhle" oder des *Lacunoma* zu einem einheitlichen Gefässsystem verbunden, und das Blut wird in diesem durch die Contractionen eines musculösen Herzens umhergetrieben. Dieses Herz liegt ursprünglich hinten über dem Enddarm, eingeschlossen in das geräumige, vom Coelom gebildete *Pericardium* (§ 294). Ueberall ist das Herz mit arteriellem (oxydischem) Blute gefüllt, welches unmittelbar von den Kiemen (oder von den diese vertretenden adaptiven Respiratorien, § 290) aufgenommen wird. Ein oder zwei Arterien führen das Blut aus dem Herzen in den Körper, wo es sich theils in den irregulären wandungslosen Hohlräumen, theils (bei den grösseren und höher organisirten Mollusken) in besonderen regulären Arterien fortbewegt; bei letzteren (z. B. in der Haut und in den Muskeln der Cephalopoden) sind oft echte Capillar-Netze zwischen den feinsten Verästelungen der Arterien und der Venen eingeschaltet. Aus den Venen und den Lacunen sammelt sich das venöse (carbonische) Blut in grösseren ventralen Sinus oder Venenstämmen und tritt von da aus direct in die Respiratorien ein.

Das Herz der Mollusken zeigt zwar in den verschiedenen Hauptgruppen dieses Stammes mannichfache Differenzen in Lage, Form und Zusammensetzung, ist aber dennoch überall ein und dasselbe Organ, welches in seiner typischen Beziehung zu den übrigen Organen des Palleal-Complexes — und in Verbindung mit diesen — unzweideutig die monophyletische Entwickelung des ganzen Stammes bezeugt. Alle verschiedenen Formen des Herzens lassen sich mit Hülfe der vergleichenden Anatomie und Ontogenie auf eine und dieselbe Urform zurückführen, die auch jedenfalls schon bei den *Conchelminthen* und bei den Uebergangsformen von diesen zu den *Promollusken* bestanden hat. In dieser ursprünglichen typischen Form ist das Herz vollkommen symmetrisch gestaltet und gelagert, eingeschlossen in den geräumigen dorsalen Herzbeutel, welcher hinten über dem Enddarm liegt; es besteht aus einer medianen, unpaaren, spindelförmigen Kammer oder Hauptkammer (*Ventriculus*) und aus zwei lateralen paarigen Vorkammern (*Atria*). Die letzteren liegen symmetrisch, zwischen der Kammer und den lateralen Kiemen; sie nehmen das oxydische Blut aus den Kiemen auf und führen es direct in die Kammer über. Diese primitive Herzbildung ist noch heute (mehr oder weniger vollständig) conservirt bei den Placophoren (Chitoniden), bei sämmtlichen Lamellibranchien und bei den zweikiemigen Cephalopoden; dieselbe Bildung findet sich aber auch noch (— was sehr wichtig ist —) bei den zeugobranchien Diotocardiern, den ältesten Gliedern der Gastropoden-Classe, während sie bei allen übrigen Gliedern derselben mehr oder weniger, oft sehr stark modificirt ist.

Die meisten Gastropoden zeichnen sich durch die unsymmetrische Lage des Herzens und den Verlust der einen (rechten) Vorkammer aus; dieser ist bedingt durch die Rückbildung des einen Ctenidiums und die Umlagerung des pallealen Organ-Complexes. Bei den Azygobranchia (— oder den einkiemigen Prosobranchien —) sind zwar noch beide Atrien vorhanden; aber das Herz hat sich bereits gedreht und liegt quer zu dem es durchbohrenden Enddarm; die linke (grössere) Vorkammer liegt vor der Hauptkammer, die rechte (rudimentäre) hinter derselben. Bei den übrigen Schnecken hat die einzige, noch erhaltene Vorkammer eine verschiedene Lage; sie liegt bei denjenigen Gastropoden, deren Palleal-Complex nach vorn verschoben ist, hinter der Kieme und vor der Hauptkammer (die meisten Vorderkiemer und Lungenschnecken, auch einige Hinterkiemer); dagegen liegt das Atrium vor dem Ctenidium und hinter dem Ventrikel bei den meisten Opisthobranchien und einigen Pulmonaten.

Die Lage des Mollusken-Herzens in dem geräumigen Pericardium wird dadurch herbeigeführt, dass die beiden Coelom-Taschen in ihrem mittleren Abschnitt dasselbe umwachsen und mit einander verschmelzen; daher ist die äussere Fläche des musculösen Herzens vom Coelotel überzogen (dem Epitel der „secundären Leibeshöhle"). Die Lamellibranchien und die ältesten Gastropoden (viele Diotocardier) zeichnen sich dadurch aus, dass die Herzkammer um den Enddarm (oberhalb dessen sie ursprünglich liegt) herumwächst; daher erscheint hier „die Herzkammer vom Mastdarm durchbohrt". Die Communication zwischen Pericardium und Blutgefäss-System, die man früher annahm, existirt nicht, ebenso wenig ein besonderes „Wassergefäss-System"; primäre und secundäre Leibeshöhlen bleiben bei allen Mollusken völlig getrennt.

§ 296. Nephridien der Mollusken.

Die Nieren oder „Excretions-Organe" der Weichthiere (*Nephridia*) sind ursprünglich ein Paar drüsige Röhren, welche aus dem aboralen Theile der Coelom-Taschen sich entwickelt haben; sie liegen beiderseits des Enddarms und münden mit ihrer vorderen inneren Oeffnung („Wimpertrichter") in den Pericardial-Sack (das Mittelstück der „secundären Leibeshöhle", § 294); mit ihrer hinteren äusseren Oeffnung (Nephroporus) durch die äussere Hautdecke, beiderseits des Afters. Das drüsige, theilweise flimmernde Epitel, welches die Nierenschläuche auskleidet, ist demnach ein Theil des Coeloteliums (oder des „Coelom-Epiteliums", S. 542). Ursprünglich fungiren die paarigen Nephridien der Mollusken — ebenso wie die homologen Organe ihrer Helminthen-Ahnen und die „Segmental-Organe" der Anneliden, gleichzeitig als Geschlechtsleiter (*Gonoductus*); ihr innerer Wimpertrichter nimmt die Eizellen und Spermaballen auf, welche aus den Gonaden (— dem Vorderstück der Coelom-Taschen —) in den Pericardial-Sack (— deren Mittelstück —) hinein gelangt sind.

Dieses ursprüngliche Verhalten der *Nephridien*, welches wir auch bei der hypothetischen Stammgruppe der Promollusken voraussetzen und als ein heredives (von den *Conchelminthen* durch Vererbung übertragenes) betrachten müssen, ist heute nur noch bei wenigen der ältesten lebenden Weichthiere conservirt, am reinsten und klarsten bei den *Solenogastres* (§ 298). Ausserdem fungiren die Nierenschläuche als Geschlechtsleiter auch noch bei den Scaphopoden und bei einigen Gattungen der ältesten Muscheln (Protobranchien, Pectiniden u. A.) und der ältesten Schnecken (Fissurella und andere Diotocardier). Bei allen übrigen Mollusken trennen sich die Nephridien frühzeitig von den Gonaden und spalten sich in einen ausschliesslich excretorischen Nierenschlauch und einen Gonoductus, welcher die Geschlechtsproducte ausführt. Diese phylogenetische Arbeitstheilung entspricht derjenigen, die wir in gleicher Weise auch in den Stämmen der Articulaten und Vertebraten schrittweise verfolgen können (Spaltung des Urnierenganges in den WOLFF'schen und MÜLLER'schen Gang); verschiedene Stufen derselben sind auch unter den heute noch lebenden Mollusken erhalten und durch Uebergänge verbunden. Bei Ostrea, Arca und anderen älteren Lamellibranchien hat sich noch eine gemeinsame Mündung der Nieren und Geschlechtsdrüsen beiderseits des Afters erhalten (Urogenital-Kloake); bei den übrigen Muscheln sind die beiderlei Oeffnungen getrennt, ebenso wie bei den meisten anderen lebenden Mollusken. Ursprünglich liegt dann die Nierenöffnung jederseits (oft auf einer vorspringenden Papille) zwischen dem After und der Geschlechtsöffnung.

Die ursprüngliche symmetrische Lage und Ausbildung der paarigen Nierensäcke hat sich durch Vererbung erhalten bei allen eudipleuren Mollusken, also bei den Amphineuren, Scaphopoden, Lamellibranchien und Cephalopoden. Dagegen ist dieselbe in der Classe der Gastropoden heute nur noch bei wenigen der ältesten Formen theilweise erhalten, bei den Diotocardiern, namentlich *Fissurella*; aber auch hier ist schon das rechte Nephridium grösser als das linke, und meistens hat sich das letztere in einen „Papillensack" verwandelt. Bei allen übrigen Schnecken ist die linke Niere (zugleich mit dem linken Ctenidium und Atrium) ganz verschwunden, und es ist nur das Organ des rechten Antimeres übrig geblieben, meistens nach vorn verschoben oder auf die linke Seite herübergeschoben.

Durch den Besitz von zwei Nierenpaaren unterscheidet sich *Nautilus*, der einzige lebende Repräsentant der vierkiemigen Cephalopoden, von allen übrigen Mollusken. Nach unserer Ansicht liegt hier kein ursprüngliches altes Verhältniss vor, sondern eine secundäre Spaltung des ursprünglich einfachen Nierenpaares. Dafür spricht u. A. die Thatsache, dass nur das eine (obere oder hintere) Paar der Nautilus-Nephridien durch einen Wimpertrichter mit dem Pericardium communicirt; diese typische „Renopericardial-Oeffnung" fehlt dem vorderen Paare (vergl. § 285).

Die Nieren der Mollusken sind ursprünglich (— wie bei den Helminthen und Anneliden —) einfache Röhren mit dünner, drüsiger Wand (so bei den Solenogastres und Protobranchien). Gewöhnlich sind dieselben mehr oder weniger verästelt (sehr stark baumförmig z. B. bei Chiton und den Nudibranchien). Bei den meisten übrigen Weichthieren nehmen sie parenchymatöse Beschaffenheit an, unter Verdickung der Wand und Reduction der Höhlung.

§ 297. Geschlechtsorgane der Mollusken.

Alle Weichthiere pflanzen sich nur auf geschlechtlichem Wege fort, durch Amphigonie; in diesem Thierstamme existirt weder Monogonie, noch Generationswechsel und Parthenogenesis. Die Geschlechtsorgane sind zwar sehr mannichfaltig und sehr verschieden ausgebildet (besonders in der Classe der Schnecken); sie lassen sich aber überall phylogenetisch aus einer und derselben Urform monophyletisch ableiten. Diese gemeinsame Urform, die wir auch schon bei den hypothetischen *Promollusken* und bei deren *Helminthen*-Ahnen voraussetzen müssen, ist theilweise noch heute erhalten in der Stammgruppe der Amphineuren; bei den *Solenogastres* liegen ein Paar langgestreckte Gonadenschläuche (— welche äusserlich verschmolzen, innerlich aber durch eine mediane Scheidewand getrennt sind —) oben auf dem Rücken, unmittelbar vor dem Pericardium, in welches sie einmünden; die Geschlechtsproducte fallen in letzteres hinein, treten durch die Nierentrichter in die paarigen Nephridien und werden durch deren äussere Oeffnungen (Nephroporen) hinten neben dem After entleert (vgl. S. 551). Auch die vergleichende Anatomie und Ontogenie der Geschlechtsorgane bei den übrigen Mollusken und den ihnen nächstverwandten Helminthen bestätigt unsere Ansicht, dass die Gonaden aus den paarigen Coelom-Taschen entstanden und ihre beiderlei Producte (ebenso Eizellen wie Spermazellen) ursprünglich Coelotelien sind (Epitel-Zellen der „secundären Leibeshöhle"). Die Production dieser Sexualzellen beschränkt sich auf den vorderen Theil der Coelom-Säcke, während deren mittlerer (steriler) Theil zum Pericard wird, und der hintere (excretorische) Theil die paarigen Nephridien bildet (§ 296).

Ein Paar Gonaden, als symmetrisch neben dem Mitteldarm gelegene Keimdrüsen (— die ursprüngliche Bildung —), finden sich ausser bei den *Solenogastres* nur noch bei den *Lamellibranchien.* Bei einigen hermaphroditischen Muscheln, und zwar bei den phyletisch jüngsten und meist specialisirten Formen (Anatinaceen, Septibranchien), hat sich jede der beiden Gonaden in ein Ovarium und ein Spermarium getheilt. Diese secundäre Duplication der Geschlechtsdrüsen ist von Interesse mit Bezug auf die analoge Duplication der Kiemen und Nieren bei Nautilus, die wir ebenfalls als eine spät entstandene secundäre Einrichtung betrachten. Bei allen übrigen Mollusken existirt nur eine einfache unpaare Keimdrüse; diese ist bei den meisten durch Verschmelzung der beiden, ursprünglich paarigen und getrennten Gonaden entstanden; bei einem Theile der asymmetrischen Gastropoden dagegen durch Rückbildung auf der einen Seite. Form, Grösse und Lage der Geschlechtsdrüsen ist sehr mannichfach differenzirt; ihre besondere Entwickelung besitzt in einigen Gruppen phylogenetische Bedeutung.

Geschlechtstrennung (*Gonochorismus*) findet sich im Mollusken-Stamme bei folgenden Gruppen: 1) unter den Amphineuren bei den Placophoren und Chaetoderma, 2) bei den meisten Lamellibranchien, 3) bei den Scaphopoden, 4) unter den Gastropoden bei den meisten Prosobranchien, 5) bei sämmtlichen Cephalopoden. Dagegen tritt Zwitterbildung (*Hermaphroditismus*) auf bei folgenden Gruppen: 1) unter den Amphineuren bei den Solenogastres, 2) bei vielen Lamellibranchien, 3) unter den Gastropoden bei einzelnen Prosobranchien (Marseniaden und Valvata), sowie bei sämmtlichen Opisthobranchien und Pulmonaten. Vergleichende kritische Betrachtung dieser Verhältnisse führt uns zu der Ueberzeugung, dass die ältesten Mollusken Gonochorismus besassen, und dass dieser sich von den Promollusken direct auf die Placophoren, Lamellibranchien, Scaphopoden, Prosobranchier und Cephalopoden durch Vererbung übertragen hat. Erst in Folge besonderer Anpassung hat sich *polyphyletisch* (!) aus der Geschlechtstrennung der Hermaphroditismus *secundär* entwickelt: bei den Solenogastres, einigen Muscheln und vielen Schnecken. Das schliesst jedoch nicht aus, dass in einzelnen Fällen die *Hermaphroditen* sich wieder in *Gonochoristen* zurückverwandeln, sei es in Folge von Atavismus oder von neuen Anpassungen. Wie leicht hier die eine Form der Geschlechtsbildung in die andere übergeht, zeigt in lehrreicher Weise die Classe der Muscheln. Hier werden manche gonochoristische Species gelegentlich hermaphroditisch (Anodonta); in manchen Gattungen, deren meiste Species getrenntes Geschlecht besitzen, finden sich einzelne Zwitter-Arten (Ostrea, Pecten, Cardium); in einigen Gonochoristen-Familien giebt es einzelne Hermaphroditen-Genera (Cyclas, Pisidium u. A.); endlich sind die phyletisch jüngsten Familien (Anatinaceen, Septibranchien) zu permanenten Hermaphroditen geworden und haben sogar theilweise durch Spaltung der paarigen Zwitterdrüsen 2 Hoden und 2 Eierstöcke erworben.

Die Geschlechtsleiter (*Gonoductus*) sind bei den Mollusken ursprünglich die paarigen Nephridien, welche durch ihre inneren Flimmertrichter die Sexualzellen aus dem Pericardium (oder dem sterilen Abschnitt der Coelomtaschen) aufnehmen und nach aussen abführen. Jedoch hat sich bei der grossen Mehrzahl der Weichthiere der ursprünglich einfache Urnierengang jederseits gespalten, so dass der Nephroduct nur als Excretions-Canal fungirt, der daneben gelegene Gonoduct nur als Eileiter oder Samenleiter. Auch bei den Cephalopoden sind ursprünglich die Geschlechtsleiter paarig, obwohl die beiden Gonaden zu einer einzigen voluminösen, in dem weiten Pericardialsack gelegenen Geschlechtsdrüse verschmolzen sind. Dagegen ist bei den Gastropoden gewöhnlich der Gonoduct nur in einem Antimer entwickelt, im anderen verschwunden. Bei den Zwitterschnecken entwickelt sich daraus ein Zwittergang, sowie eine Anzahl von complicirt gebauten Anhangs-Organen; theilweise ist deren eigenthümliche und verwickelte Zusammensetzung characteristisch für einzelne Gruppen und somit von phylogenetischer Bedeutung.

Begattungsorgane (*Copulativa*) fehlen den Mollusken ursprünglich ganz, indem Eier und Sperma direct durch die Gonoducte in das Wasser entleert werden. Dies ist der Fall bei den niederen Classen, den Amphineuren, Lamellibranchien und Scaphopoden, ferner bei den meisten Diotocardiern und Saccopallien. Dagegen entwickeln sich besondere, oft eigenthümlich gebaute und voluminöse Copulations-Organe bei den meisten Gastropoden und bei den Cephalopoden. Bei den meisten Schnecken tritt in der Nackengegend auf der rechten Seite ein musculöser Penis hervor. Bei den männlichen Cephalopoden dagegen vermittelt ein bestimmter, auffallend umgebildeter (hectocotylisirter) Arm einer Seite die Begattung.

§ 298. Erste Classe der Mollusken:

Amphineura. Urweichthiere.

Gemeinsame Stammgruppe aller Mollusken.

Mollusken von primitiver Organisation und symmetrischer Grundform. Kopf schwach entwickelt oder rückgebildet, aber mit Radula. Fuss ursprünglich eine ventrale Sohle, oft rückgebildet. Schale ursprünglich napfförmig, oder flach-konisch, oft durch transversale Stricturen gegliedert, bisweilen verloren. Theils Gonochoristen, theils Hermaphroditen.

Die Classe der Amphineuren oder *Urmollusken* umfasst nur eine geringe Zahl von lebenden Weichthieren, die aber wegen der primitiven Einfachheit ihrer typischen Organisation von hervorragender Bedeutung sind. Als zwei ziemlich verschiedene Ordnungen derselben werden die beschalten Placophoren (*Chitoniden*) und die schalenlosen Solenogastres (*Neomeniden*) getrennt. Wir betrachten beide als divergente und modificirte Ueberreste der uralten praecambrischen Stammgruppe der Mollusken, welche sich aus den *Conchelminthen* entwickelt hatte. Wir bezeichnen diese Wurzelgruppe des ganzen Stammes als Promollusken (*Stammweichthiere*); obgleich uns fossile Reste derselben nicht sicher bekannt sind, setzt uns doch die vergleichende Anatomie und Ontogenie der Mollusken in den Stand, das allgemeine Bild ihrer Organisation mit befriedigender Klarheit zu reconstruiren (vergl. § 277).

Als gemeinsame Eigenschaften der primitiven Organisation — zugleich als Erbstücke von den *Conchelminthen*-Ahnen — betrachten wir bei allen drei Ordnungen: 1) die symmetrische Grundform und die allgemeine anatomische Zusammensetzung der ungegliederten Person; 2) die Lage der paarigen lateralen Kiemen zwischen dorsalem Mantel und ventralem Fuss; 3) die „Strickleiter-Form" des Nervensystems: ein Paar Cerebral-Ganglien, von denen zwei Paar laterale Markstämme abgehen (obere viscerale, untere pedale), mit einfachem Schlundring; 4) die Zunge mit Radula (die den Helminthen-Ahnen noch fehlte); 5) die Lage des Mundes am vorderen, des Afters am hinteren Ende der Längsaxe.

Erste Ordnung: **Promollusca** (*Stammweichthiere*). Diese hypothetische Stammgruppe aller Weichthiere wird im Ganzen grössere Aehnlichkeit mit den *Placophoren*, als mit den *Solenogastren* besessen haben; sie dürfte sich von beiden in folgenden Merkmalen unterschieden haben: 1) bessere Entwickelung des Kopfes, an welchem ein Paar Tentakeln, ein Paar Augen und ein Paar Gehörbläschen vorhanden waren; 2) eine einfache napfförmige oder schildförmige Rückenschale (Patella-ähnlich); dieselbe war vielleicht noch nicht oder nur unvollständig verkalkt; sie bildete wahrscheinlich eine cuticulare, durch Kalk-Spicula verstärkte Chitin-Platte (von ovalem oder elliptischem Umriss, schwach gewölbt).

Zweite Ordnung: **Placophora** (*Chitonida*). Diese interessante Gruppe steht nach unserer Ansicht unter allen lebenden Mollusken der ausgestorbenen hypothetischen Stammform wohl am nächsten; sie theilt mit ihr namentlich die Herzbildung und die platte Fusssohle, dürfte sich aber von ihr durch folgende, später erworbene Eigenthümlichkeiten unterscheiden: 1) Der Kopf ist rückgebildet, Tentakeln, Augen und Gehörbläschen verloren gegangen. 2) Die einfache Rückenschale ist durch die Gewohnheit des Thieres, sich igelartig zusammenzurollen, in acht hinter einander liegende Kalkplatten zerfallen. 3) Das laterale Kiemen-Paar ist übermässig entwickelt, das Ctenidium jeder Seite doppelt gefiedert und die einzelnen Fiederblätter so isolirt, dass sie als zahlreiche selbständige Kiemen erscheinen. 4) Die unpaare (durch Verschmelzung von ein Paar lateralen Coelomtaschen entstandene) Gonade hat sich vom Pericardium und von den Urnieren abgeschnürt; sie besitzt separate Ausführgänge. 5) Die beiden grossen Stämme der Urnieren selbst haben sich baumförmig verästelt, weit ausgedehnt und hängen mit dem Pericard nur durch einen Ast jederseits zusammen.

Dritte Ordnung: **Solenogastres** (*Neomenida*). Diese kleine Gruppe wird von vielen Zoologen als die primitivste unter den lebenden Mollusken-Gruppen betrachtet, und als diejenige, welche ihrer gemeinsamen Stammform am nächsten steht. Nach unserer Ansicht ist sie weiter von dieser entfernt als die *Placophoren*. Nur in einzelnen Merkmalen haben sie die ursprüngliche Organisation besser als die letzteren conservirt; als solche betrachten wir vor Allen die bedeutungsvolle Einfachheit der typischen Coelombildung. Die beiden paarigen Coelomtaschen zerfallen jederseits in drei verschiedene, hinter einander liegende Kammern, von denen die erste als Gonade die Geschlechts-Producte liefert, die zweite als Pericard das Herz umschliesst und die dritte als excernirendes Nephridium hinten unter dem After sich öffnet. Diese primitive Bildung hat sich ausserdem nur theilweise bei den ältesten Gastropoden (Diotocardiern) und Acephalen (Protobranchien) bis heute erhalten; bei allen übrigen Mollusken ist sie später verloren gegangen. *Chaetoderma* hat noch den ursprünglichen Gonochorismus der Promollusken und Placophoren conservirt; bei den übrigen Solenogastren ist derselbe secundär in Hermaphroditismus übergegangen.

Die Rückbildung des Kopfes und seiner Sinnesorgane theilen die Solenogastres mit den Placophoren. Dagegen sind sie (in Folge ihrer Lebensweise) weiter als diese und als die Promollusken rückgebildet in folgenden Merkmalen: 1) Rückbildung des Mantels und des Fusses, unter gleichzeitiger Reduction der Kiemen; 2) Verlust der Schale, oder Ersatz derselben durch ein Borstenkleid, das aus vielen kleinen Kalkstacheln besteht; 3) Verlust der beiden Vorkammern des Herzens, von dem nur noch ein Rudiment der Kammer oberhalb des Enddarms und des Pericards besteht. Aus der Ontogenie der Solenogastres ergiebt sich ihre nahe Verwandtschaft mit den Placophoren einerseits, den niedersten Schnecken anderseits.

§ 299. Zweite Classe der Mollusken:

Gastropoda. Schnecken.

Cochlides. Cochlacea. Cephalophora. Anisopleura.

Hauptgruppe der asymmetrischen spiralen Mollusken.

Mollusken von mittlerer Organisations-Höhe, und von asymmetrischer Grundform (mit ungleichen Antimeren). Kopf sehr verschieden entwickelt, fast immer mit Radula. Fuss sehr mannichfaltig gebildet. Schale polymorph, ursprünglich napfförmig, meist spiral aufgewunden, oft durch Rückbildung verloren. Theils Gonochoristen, theils Hermaphroditen.

Die Classe der Gastropoden oder *Cochliden* (— Schnecken im engeren Sinne —) ist die formenreichste unter allen Classen der Mollusken, und zwar in doppelter Beziehung: Erstens umfasst sie die grösste Zahl von Gattungen und Arten, ungefähr 24 000 Species (davon 16 000 lebende, 8000 fossile); zweitens ist die Mannichfaltigkeit der äusseren Gestalt und der inneren Organisation bei den Schnecken viel grösser, als bei den fünf anderen Weichthier-Classen. Die Differenzirung geht sowohl in progressiver als in regressiver Richtung so weit, dass fast alle characteristischen Eigenschaften der Classe an den erwachsenen Thieren verschwunden sein können; und dennoch beweist die vergleichende Anatomie und Ontogenie derselben in überzeugender Weise ihren phylogenetischen Zusammenhang, die monophyletische Entwickelung der ganzen Classe.

Die grosse Zahl der Familien und Genera, in welche die Schnecken-Classe eingetheilt wird, macht es wünschenswerth, von vornherein die grossen Hauptgruppen oder Subclassen derselben klar zu unterscheiden und ihr phylogenetisches Verhältniss festzustellen. Als solche Subclassen oder Legionen werden jetzt gewöhnlich folgende drei unterschieden: 1) *Prosobranchia* (Vorderkiemer, mit Einschluss der Heteropoden); 2) *Opisthobranchia* (Hinterkiemer, mit Einschluss der Pteropoden), und 3) *Pulmonata* (Lungenschnecken). Keine von diesen drei Subclassen kann in jeder Beziehung als die niederste und älteste gelten, als die gemeinsame Stammgruppe, aus der sich die anderen ableiten lassen. Vielmehr müssen wir alle drei Subclassen als drei divergente Hauptäste des Schnecken-Stammes betrachten, welcher aus einer gemeinsamen praecambrischen (oder laurentischen) Stammform hervorgegangen sind. Wir bezeichnen diese hypothetische Stammgruppe als Urschnecken (*Procochlides*); lebende Vertreter derselben giebt es heute nicht mehr; es ist aber sehr möglich, dass eine Anzahl von älteren fossilen Schneckenschalen dahin gehört, die bald zu den Prosobranchien, bald zu den Pteropoden oder selbst Heteropoden gerechnet werden (z. B. cambrische Bellerophonten, Fissurelliden, Pteropoden u. s. w.).

Die Procochliden, von deren Betrachtung wir bei der Stammesgeschichte der Schnecken ausgehen müssen, werden in ihrer hypothetischen Organisation den Promollusken (§ 277), von denen wir sie direct ableiten, noch sehr nahe gestanden haben. Ihre nächsten Verwandten unter den lebenden Mollusken werden einerseits die (älteren) *Placophoren*, anderseits die (jüngeren) *Diotocardier* sein. Der Körperbau der ältesten *Procochliden* zeigt noch die vollkommene bilaterale Symmetrie ihrer cambrischen Amphineuren-Ahnen, die sich auch auf die übrigen Mollusken vererbte. Indem sich aber ihre einfache kegelförmige Rückenschale stärker wölbte, und indem gleichzeitig der von ihr umschlossene Visceral-Dom oder „Eingeweide-Sack“ (als dorsale Hernie, § 284) an Grösse zunahm, wurde die Störung des Gleichgewichts beider Antimeren die Ursache ihrer ungleichen Ausbildung, und damit der typischen Asymmetrie der Gastropoden. Der kegelförmige, von der thurmförmig emporwachsenden Schale umschlossene Hohlraum musste sich nach einer

Seite neigen und bei weiterem Wachsthum spiralig, und zwar turbinoid, einseitig aufrollen; hätte sich der Visceral-Dom nach vorn geneigt und oralwärts (exogastrisch) in der Median-Ebene aufgerollt (— was bei den schwimmenden Cephalopoden geschah und hier zweckmässig war —), so würde er die Kopfbildung und freie Bewegung der kriechenden Schnecke beeinträchtigt haben; hätte er sich umgekehrt nach hinten übergeneigt und aboralwärts (endogastrisch) in der Median-Ebene aufgerollt, so würde er die Function des hinten gelegenen Palleal-Complexes erschwert und seine wichtigen Oeffnungen geschlossen haben. So blieb als zweckmässigste Mittellage zwischen beiden Extremen die unilaterale Aussackung und Aufrollung übrig; sie musste rechts oder links erfolgen. Der Zufall gab den Ausschlag für das linke Antimer. Indem sich der wachsende Visceral-Dom sammt seiner kegelförmigen Schale nach links hinüber neigte und spiralig aufrollte, übte er zugleich einen stetig wachsenden Druck auf die linke Hälfte des Palleal-Complexes aus. Dadurch wurde einerseits Atrophie des linken Ctenidiums und Osphradiums, der linken Herzvorkammer und Niere herbeigeführt, anderseits wurde behufs physiologischer Compensation ein stärkeres Wachsthum und eine entsprechende Hypertrophie dieser Organe auf der rechten Seite bewirkt. Noch heute lassen sich die einzelnen Stufen dieser sich beständig steigernden *Asymmetrie* (oder *Dysdipleurie*) unter den ältesten Formen der lebenden Schnecken erkennen, ebenso in ihrer Ontogenie. Bei der grossen Mehrzahl der heutigen Gastropoden ist in Folge dessen das rechte Antimer in der rechten Körperhälfte viel stärker entwickelt, als das linke: Ctenidium, Osphradium, Atrium, Nephridium und Gonadium sind links ganz verschwunden und rechts allein übrig geblieben; zugleich hat der After, als das Centrum des ursprünglich symmetrischen Palleal-Complexes, seine primäre Lage am Aboral-Pol der Längsaxe verlassen und ist auf der rechten Seite nach vorn gewandert.

Am weitesten ist die Differenzirung der beiden Antimeren und die Verschiebung des rechtsseitigen Palleal-Complexes bei den Prosobranchien gegangen; hier ist derselbe nicht allein bis vorn zum Kopfe vorgerückt, sondern hat sogar die Median-Ebene überschritten; in Folge dessen liegt die allein erhaltene Kieme und Niere, die ursprünglich rechts lag, jetzt auf der linken Seite.

§ 300. Erste Legion der Gastropoden: **Procochlides. Urschnecken.**

HYPOTHETISCHE GEMEINSAME STAMMGRUPPE ALLER SCHNECKEN.

Gastropoden mit beginnender oder unvollkommener Asymmetrie des Palleal-Complexes, ohne Kreuzung der Pleurovisceral-Connective (Orthoneura). Herz mit einer Kammer und zwei Vorkammern, welche vor den beiden (oft ungleichen) Ctenidien liegen. Schale ursprünglich kegelförmig, mässig entwickelt. Fuss ohne Operculum. Stets Gonochoristen.

Die Legion der Procochliden oder *Urschnecken* besitzt keinen lebenden Repräsentanten mehr; es ist aber sehr wahrscheinlich, dass eine Anzahl von älteren fossilen (palaeozoischen) Schalen, die gewöhnlich als Schalen von Prosobranchien oder Pteropoden betrachtet werden, zu dieser Stammgruppe gehörte (namentlich ein Theil der cambrischen und silurischen Otocardier; vergl. § 282). Zu der Annahme, dass eine solche Gruppe von wirklichen „Stammschnecken" in cambrischer (oder schon in praecambrischer) Zeit existirte, sind wir durch folgende Gründe berechtigt und gezwungen: 1) Keine von den drei lebenden Schnecken-Legionen kann als gemeinsame Stammgruppe der beiden anderen und der ganzen Classe betrachtet werden. 2) Da anderseits die nahe anatomische Verwandtschaft aller Gastropoden einen monophyletischen Ursprung beweist und dieser nur in der Classe der Amphineuren (bei den Promollusken) gesucht werden kann, muss eine gemeinsame Stammform der ersteren existirt haben, welche den letzteren sehr nahe stand (*Protocochlis*). 3) Die Ctenobranchier (und zwar ihre ältesten Formen, die zeugobranchien *Diotocardier*) haben von diesen ältesten Procochliden die paarigen Ctenidien, Atrien und Nephridien, sowie den Gonochorismus geerbt; sie haben sich aber von ihnen weit entfernt durch die asymmetrische Differenzirung beider Antimeren, die Wanderung und Torsion des Palleal-Complexes, sowie die damit verknüpfte Chiastoneurie. 4) Die Opisthobranchier (und ebenso die von ihnen abzuleitenden *Pulmonaten*) stehen zwar als Orthoneuren den Promollusken näher, haben sich aber von ihnen weiter entfernt durch Erwerbung des Hermaphroditismus (die Pulmonaten ausserdem durch Verwandlung der Kiemenhöhle in die Lunge). Ausserdem ist auch hier das Ctenidium, Atrium und Nephridium des einen Antimeres verloren gegangen.

Die Procochliden — wie wir die ganze Gruppe der ältesten Schnecken nennen — wird demnach in cambrischer und praecambrischer Zeit durch eine lange Reihe von ausgestorbenen Gastropoden vertreten gewesen sein, welche sich aus einem Zweige der Amphineuren (Promollusken) zunächst durch weiteres Wachsthum des flach-konischen Visceral-Doms und der ihn umschliessenden, patellaförmigen Schale entwickelte. Indem diese sich auf die eine Seite neigten und spiralig aufzurollen begannen, gaben sie den Anstoss zu der asymmetrischen Gestaltung und der zunehmenden Differenzirung, welche die Schnecken-Classe auszeichnet. Der Palleal-Complex des einen Antimeres wurde immer stärker ausgebildet auf Kosten des anderen, und die Lage-Veränderung der einseitig entwickelten Organe wurde immer bedeutender. Die ältesten Procochliden werden noch vollkommene Symmetrie des Palleal-Complexes besessen haben, ebenso wie ihre Promollusken-Ahnen, und wie die älteren Formen der übrigen Mollusken-Classen. Zunächst dürfte das stärkere Wachsthum des Darmes und der Leber eine stärkere Wölbung des kegelförmigen Visceral-Doms und damit auch der ihn bedeckenden Schale bewirkt haben. Die Schale selbst wird sich anfangs nur wenig von der ursprünglichen Patella-Form entfernt und etwa die Gestalt einer phrygischen Mütze erlangt haben. Allmählig wurde dann ihre Form etwas asymmetrisch und später die Spitze spiral aufgerollt. In cambrischen, silurischen und devonischen Schichten finden sich sehr verbreitet napfförmige oder mützenförmige Schneckenschalen, die theils noch gar nicht, theils nur wenig asymmetrisch sind; gewöhnlich werden sie zu den (prosobranchien) *Capuliden*, die schlanken, kegelförmigen zu den Pteropoden gerechnet. Von „*Capulus*" kommen allein im Silur über 120 Arten vor. Wir halten es für sehr wahrscheinlich, dass diese und andere palaeozoische Schnecken-Schalen echten „*Procochliden*" angehörten.

§ 301. Zweite Legion der Gastropoden:

Prosobranchia = Streptoneura.

Gonochoriste streptoneure Schnecken.

Gastropoden mit vollkommener Asymmetrie und Torsion des Palleal-Complexes, und mit Kreuzung der Pleurovisceral-Connective (Chiastoneura). Herz bei den älteren Formen mit zwei, bei den jüngeren mit einer Vorkammer; diese liegt vor der Hauptkammer, hinter dem einen Ctenidium. Schale fast immer sehr entwickelt und spiral aufgerollt. Fuss meistens mit Operculum. Stets Gonochoristen.

Die Legion der Prosobranchier oder *Streptoneuren* (= *Chiastoneuren*) ist die formenreichste von allen Schnecken-Gruppen und umfasst mehr als die Hälfte von allen Arten der Classe (ungefähr 9000 lebende und 6000 fossile Arten). Trotz dieser ausserordentlichen Mannichfaltigkeit, die namentlich in der verschiedenen Bildung des

Mantels, der Schale und des Fusses sich divergent entwickelt, stimmen dennoch alle Prosobranchier in den wesentlichen Characterzügen der inneren Organisation so vollkommen überein, dass ihre monophyletische Descendenz von einer gemeinsamen cambrischen Stammform unzweifelhaft ist; dieser letzteren steht unter den lebenden Schnecken *Fissurella* am nächsten. Die auffallendste Eigenthümlichkeit der Prosobranchier bildet die totale Dislocation des Palleal-Complexes und seines Nervensystems. Während die Kieme und Niere der linken Seite rückgebildet werden (durch den Druck des wachsenden Visceral-Doms nebst Schale), entwickelt sich die rechte Kieme und Niere um so stärker; sie wandern längs der rechten Körperseite nach vorn und drehen sich dabei um die Sagittal-Axe; vorn überschreiten sie die Median-Ebene und kommen daher so zu liegen, dass die (ursprünglich rechte) Kieme und Niere als linke erscheint. Dabei zieht das (hypertrophische) rechte Ctenidium sein Parietal-Ganglion über den Darm weg auf die linke Seite hinüber, wo es zum Supraintestinal-Ganglion wird; umgekehrt wird das Parietal-Ganglion des (atrophischen) linken Ctenidiums unter dem Darm weg auf die rechte Seite gezogen, und so zum Subintestinal-Ganglion. Die Pleurovisceral-Connective müssen sich in Folge dieser Drehung kreuzen (*Chiastoneurie*).

Die Legion der P r o s o b r a n c h i e r theilen wir in drei Ordnungen: *Diotocardier, Monotocardier* und *Heteropoden.* Die Ordnung der D i o t o c a r d i e r ist die älteste und umfasst einige sehr wichtige Formen, die in mancher Beziehung unter den lebenden Schnecken den *Procochliden* am nächsten stehen. Ihr Herz besitzt meistens noch eine Kammer und zwei Vorkammern, und die Kammer ist vom Mastdarm durchbohrt, wie bei den Muscheln. Auch sind noch beide Nieren conservirt, wenngleich die linke mehr oder minder rückgebildet wird. Die Gonaden münden noch direct in das rechte, stark entwickelte Nephridium und durch dessen Oeffnung nach aussen. Rüssel, Sipho und Penis fehlen noch. Auch sind die beiden starken Pedalnerven-Stämme (— abweichend von allen übrigen Schnecken —) noch gangliös und durch zahlreiche Quercommissuren verbunden, wie bei den Amphineuren. Bei den ursprünglichsten Formen der Diotocardier sind auch noch beide Kiemen vorhanden (Z e u g o b r a n c h i a oder *Rhipidoglossa*); *Fissurella, Haliotis, Pleurotomaria* und vielleicht auch *Bellerophon* sind alte Ueberbleibsel solcher primitiven Familien von Diotocardiern. Durch Rückbildung des linken (ursprünglich rechten) Ctenidiums hat sich aus dieser Unterordnung diejenige der A z y g o b r a n c h i a entwickelt (*Turbo, Trochus, Nerita, Neritina* u. A.); ihr rudimentäres rechtes Atrium ist blind geschlossen. Einige landbewohnende Formen

(*Helicina*) haben eine Lunge entwickelt, ähnlich derjenigen der Pulmonaten. Eine dritte Unterordnung bilden die Docoglossa (*Acmaea*, *Patella* u. A.). Die linke Niere ist hier auf die rechte Seite des Pericardiums gewandert. Der Visceral-Dom und die (meistens napfförmige) Schale sind hier äusserlich zur symmetrischen Grundform zurückgekehrt (secundäre oder adaptive Symmetrie).

Die Ordnung der Monotocardier (*Ctenobranchier* oder *Pectinibranchier*) umfasst die Hauptmasse der Prosobranchier. Hier ist die Rückbildung der einen (ursprünglich linken) Hälfte des Palleal-Complexes vollständig geworden: es findet sich nur ein grosses Ctenidium (— das meistens nur halb gefiedert oder „einzeilig" ist —), entsprechend nur ein Atrium, ein Osphradium („Nebenkieme"), eine Niere. Ein Paar centralisirte Pedal-Ganglien sind an die Stelle der pedalen Markstämme getreten. Die Schale ist meistens stark spiral gewunden und mit einem Sipho versehen. Das Männchen besitzt einen grossen rechtsseitigen Penis. Die meisten Monotocardier bewohnen das Meer, sind von ansehnlicher Grösse und Raubthiere. Ihre fossilen Reste sind vom Silur an in allen Formationen vertreten und besonders seit der Trias-Periode in grösster Masse und zunehmender Mannichfaltigkeit zu finden. (Die ältesten, schon im Cambrium auftretenden Prosobranchier, gegen 20 Genera und 40 Species, scheinen meistens oder sämmtlich Diotocardier gewesen zu sein.) Die zahlreichen (über 40) Familien der Monotocardier sind zum grössten Theile schon in der Jura-Zeit entwickelt; einige der vollkommensten und ansehnlichsten treten erst später in der Kreide, einzelne erst in der Tertiär-Zeit auf. Die specielle Phylogenie derselben lässt sich grossentheils mit Hülfe der vergleichenden Morphologie ihrer Schalen, und bei den lebenden Formen der Radula, in den Grundzügen erkennen (*Taenioglossa*, *Toxoglossa*, *Rhachiglossa* u. s. w.).

Die dritte Ordnung der Prosobranchier bilden die Heteropoden, ein kleiner Zweig des Monotocardier-Stammes, der aus *Taenioglossen* hervorgegangen ist, und zwar durch Anpassung an pelagische Lebensweise. Diese „Kielschnecken" schwimmen auf dem Rücken, indem sie den Rumpf und die Flosse drehend hin und her bewegen. Die senkrechte, musculöse, kielförmige Flosse, welche sich aus der Mitte der nach oben gekehrten Bauchseite erhebt, ist aus dem vorderen Theile des Fusses (Propodium) hervorgegangen und trägt oft noch einen Saugnapf; der hintere Theil (Metapodium) trägt bald einen Deckel (*Atlantida*, mit Spiral-Schale), bald ist er in eine Schwanzflosse verwandelt (*Firolida*, mit Schalen-Rudiment oder schalenlos). In Anpassung an die räuberische Lebensweise im Plankton ist der ganze

Körper dieser Kielschnecken glasartig durchsichtig geworden; das Nervensystem und die Sinnesorgane sind hier höher entwickelt als bei allen übrigen Schnecken.

§ 302. Dritte Legion der Gastropoden.

Opisthobranchia = Orthoneura.

Hermaphrodite orthoneure Schnecken ohne Lungen.

Gastropoden mit vollkommener Asymmetrie des Palleal-Complexes, ohne Kreuzung der Pleurovisceral-Connective (Orthoneura). Herz mit einer (rechten) Vorkammer, welche hinter der Kammer liegt, vor der unpaaren (oft verlorenen) heredivien Kieme. Oft Adaptiv-Kiemen auf dem Rücken. Schale meist rückgebildet. Fuss meist ohne Operculum. Stets Hermaphroditen (mit Zwitterdrüse).

Die Legion der Opisthobranchier oder *Orthoneuren* (= *Euthyneuren*) hat sich unabhängig von den *Prosobranchien* und mehrfach in entgegengesetzter Richtung entwickelt, aus einem anderen Zweige der *Procochliden*-Gruppe. Während diese beiden Legionen getrennten Geschlechtes sind, hat sich dagegen bei den *Opisthobranchien* eine Zwitterdrüse entwickelt. Auch hier ist das eine Antimer des Palleal-Complexes ganz rückgebildet, das andere (oft sehr auffallend) umgebildet; allein die Verschiebung der Oeffnungen des allein entwickelten rechten Antimeres ist in anderer Weise vollzogen und hat nicht die Median-Ebene überschritten. Daher ist auch keine Torsion des Herzens und keine Kreuzung der Pleurovisceral-Connective erfolgt; die einzige Vorkammer des Herzens liegt vor dem rechten (allein erhaltenen) Ctenidium. Sehr oft ist auch diese ursprünglicheHerediv-Kieme ganz verloren gegangen (zusammen mit Mantel und Schale), und oft sind dann neue Adaptiv-Kiemen entstanden. Der Visceral-Dom ist dann ganz verstrichen und die äussere Körperform ist zur bilateralen Symmetrie zurückgekehrt. Aber auch bei diesen secundär-symmetrischen „Nacktschnecken" wird die Abstammung von asymmetrischen beschalten Formen durch die einseitige Lage des Afters, der Nieren- und Geschlechtsöffnung bewiesen; sowie durch die ontogenetische Thatsache, dass ihre Trochophora-Larven eine hinfällige Spiral-Schale bilden.

Wir theilen die Legion der Opisthobranchier in drei verschiedene Ordnungen: *Tectibranchien*, *Nudibranchien* und *Pteropoden*. Die Ordnung der Tectibranchia oder Dachkiemer ist von diesen die älteste; sie umfasst die gemeinsamen Stammformen der Legion, aus welchen sich die übrigen Zweige derselben secundär entwickelt haben. Stets ist hier noch auf der rechten Seite das eine (ursprünglich linke) Ctenidium conservirt und von einer Mantelfalte bedeckt; doch ist diese letztere, ebenso wie die Schale, meist wenig entwickelt. Oft ist die rudimentäre Schale ganz von den heraufgeschlagenen Mantellappen bedeckt, und bisweilen (bei den Aplysiaden) wölbt sich darüber noch eine zweite Hautdecke, welche von den heraufgeschlagenen und über einander gelegten Parapodien (den breiten Seitenlappen des Fussrandes) gebildet wird. Unter den lebenden Tectibranchien ist als die älteste (den Prosobranchien nächst verwandte) Gruppe die Familie der *Actaeoniden* zu betrachten, deren gut entwickelte kegelförmige Spiral-Schalen sich fossil schon im Carbon finden (zahlreich im Jura).

Die Ordnung der Nudibranchia entfernt sich am weitesten von der ursprünglichen Schnecken-Organisation und hat sowohl die Ctenidien, als die Mantelfalte und Schale vollständig verloren. Selbst der Fuss unterliegt hier bisweilen der vollständigen Rückbildung (*Phyllirrhoë*). Bei dieser letzteren wird die Athmung nur durch die Haut vermittelt und ebenso bei der Unterordnung der Ascoglossa (oder *Saccoglossa*), welche sich dadurch auszeichnet, dass die verbrauchten Zähne der langen und schmalen (nur aus einer Zahnplatten-Reihe gebildeten) Radula am vorderen Ende derselben in eine Tasche fallen und liegen bleiben (*Elysiaden, Limapontiaden*). Die meisten übrigen Nudibranchier haben auf dem nackten Rücken Adaptiv-Kiemen von sehr mannichfaltiger Form entwickelt, welche die Function der verlorenen Herediv-Kiemen oder Ctenidien übernommen haben (*Tritoniaden, Doriden, Aeolidiaden* etc.; vergl. § 290).

Die Ordnung der Pteropoda oder „Flossenschnecken" wird durch eine eigenthümliche Gruppe von pelagischen *Tectibranchien* gebildet; diese haben sich durch Anpassung an schwimmende Lebensweise von den übrigen Schnecken so weit entfernt, dass man sie früher als eine besondere Mollusken-Classe betrachtete, oder auch als eine Uebergangs-Gruppe von den *Gastropoden* zu den *Cephalopoden*. Die genauere Erkenntniss ihrer vergleichenden Anatomie hat neuerdings ergeben, dass diese Deutung irrig war und dass die Pteropoden nur einen besonderen, den Plankton-Verhältnissen angepassten Seitenzweig der *Tectibranchier* darstellen. Das Propodium bildet ein paar grosse Seitenlappen, welche als Schwimmorgane fungiren (Parapodien, nach Anderen Epipodien; vergl. § 289). Die Pteropoden zerfallen in zwei ziemlich verschiedene Ordnungen, *Thecosomen* und *Gymnosomen*. Die ersteren besitzen noch Mantel, Kiemenhöhle und Schale; die letzteren haben sie verloren.

§ 303. Vierte Legion der Gastropoden:

Pulmonata = Lungenschnecken.

Hermaphrodite orthoneure Schnecken mit Lungen.

Gastropoden mit vollkommener Asymmetrie des Palleal-Complexes, ohne Kreuzung der Pleurovisceral-Connective (Orthoneura). Herz mit einer Vorkammer, welche fast immer vor der Kammer und (einseitig) hinter der Lunge liegt. Ctenidien verschwunden. Kiemenhöhle in eine unpaare Lunge verwandelt. Schale meist gut entwickelt. Stets Hermaphroditen mit Zwitterdrüse, meistens mit sehr complicirten Genitalien.

Die Legion der Pulmonaten oder Lungenschnecken umfasst eine grosse Anzahl von Gastropoden, die theils im Süsswasser, theils auf dem Lande leben, aber alle nur Luft durch eine Lunge athmen. Die Ctenidien ihrer Procochliden-Ahnen sind vollkommen verschwunden; an ihrer Stelle vermittelt die Luft-Respiration eine adaptive Lunge, ein reiches Gefässnetz, welches sich an der Innenfläche der Mantelhöhle ausgebildet hat. In der inneren Organisation schliessen sich die Pulmonaten am nächsten an die Opisthobranchier an und unter diesen an die Actaeoniden, die bekannten ältesten Tectibranchier. Die Stammform der Pulmonaten (die schon in der Carbon-Zeit existirte) kann entweder von den praecarbonischen Ahnen dieser letzteren Gruppe abgeleitet werden, oder von einem älteren Zweige der Promollusken, der sich in zwei Aeste spaltete und der einerseits zu den Tectibranchien, anderseits zu den Pulmonaten hinüberführte. Gemeinsam ist beiden Legionen die Orthoneurie, der Hermaphroditismus (mit eigenthümlicher Zwitterdrüse) und die vollkommene Rückbildung des Palleal-Complexes in dem einen Antimer. Dadurch entfernen sich beide Legionen bedeutend von den streptoneuren und gonochoristen Prosobranchien, bei deren ältesten Formen (Diotocardiern) viel ursprünglichere Verhältnisse sich erhalten haben. In anderen Beziehungen scheinen wieder die Pulmonaten den Monotocardiern näher zu stehen, so in der Lage des Herzens und in ihrem Verhalten zur Kiemenhöhle, welche sich hier in eine Lunge verwandelt hat. Uebrigens haben auch mehrere (taenioglosse) Monotocardier durch Anpassung an die Luftathmung einen Lungensack (polyphyletisch!) erworben, so die Cyclostomen und Ampullarien; einige derselben besitzen noch den Kiemenrest neben der Lunge. Indessen ist bei diesen niemals der Mantelrand mit dem Integumente des Nackens verwachsen, wie es bei den echten Pulmonaten der Fall ist. Bei einigen amphibischen Formen der letzteren (z. B. Lymnaea) kann die vascularisirte Wand der Kiemenhöhle ebensowohl zur Wasserathmung (als Kieme), wie zur Luftathmung (als Lunge) dienen. Im Grunde der Lungenhöhle, zwischen Mastdarm und Pericardium, liegt die parenchymatöse Niere der Pulmonaten; ihre Geschlechtsöffnung hat sich ganz von dem Harnleiter getrennt und liegt weit vorn, rechts vor dem After. Die Schale der Pulmonaten ist meistens gut entwickelt, oft aber auch rückgebildet.

Man theilt die Legion der Pulmonaten in zwei Ordnungen ein. Die ältere von diesen ist die Ordnung der Basommatophoren, welche sich noch vielfach an die älteren Tectobranchier anschliessen. Die Tentakeln sind hier solid, nicht einstülpbar, und die Augen liegen an ihrer Basis. Die *Lymnaeiden*, welche das Süsswasser bewohnen, haben eine dünne, hornartige Schale mit scharfem Mündungsrande; die *Auriculiden* dagegen eine dicke Schale mit gezähntem Aussenrande.

Die Ordnung der Stylommatophoren umfasst die grosse Gruppe der typischen Pulmonaten, welche meistens zwei Paar hohle und einstülpbare Tentakeln tragen; auf der Spitze der grösseren hinteren stehen die Augen. Die meisten besitzen eine gut entwickelte Spiral-Schale (*Helicida*); verkümmert und unter dem Mantel („Schild“) versteckt ist dieselbe bei den *Limaciden*; ganz verschwunden ist sie bei den *Onchidinen*. Bei diesen letzteren ist der Palleal-Complex wieder nach hinten gewandert, und der After liegt nebst der Lungen-Oeffnung am hinteren Ende. Die Uebereinstimmung, welche diese „secundär-symmetrischen“ Nacktschnecken auch in anderer Beziehung mit manchen nackten Opisthobranchien zeigen, hat zur Annahme einer näheren Verwandtschaft beider Gruppen geführt. Indessen beruht diese Aehnlichkeit nur auf Convergenz und hat keine phylogenetische Bedeutung. Die Onchidien sind ein specialisirter Seitenzweig der Pulmonaten. Die Hauptmasse der letzteren bilden die Heliciden, mit 5000 lebenden und 400 fossilen Arten. Die Zahl der übrigen Pulmonaten-Species beträgt etwa 1600 (davon 1000 lebende und 600 fossile). Einzelne Pulmonaten (*Pupa*, *Zonites*) treten schon im Carbon auf, andere im Jura, die Mehrzahl erst in der Tertiär-Zeit.

§ 304. Dritte Classe der Mollusken:

Saccopallia. Sackschnecken.

Kopflose parasitische Mollusken ohne Radula.

Mollusken mit niederer, durch Parasitismus degenerirter Organisation und asymmetrischer Grundform.

Kopf rückgebildet, ohne Radula. Fuss rudimentär. Schale und Kieme reducirt oder verloren. Theils Gonochoristen, theils Hermaphroditen.

Die Classe der Saccopallien oder *Sackschnecken* gründen wir für eine kleine Gruppe von Mollusken, welche von Gastropoden (— und zwar *Prosobranchien* —) abstammen, aber durch ihren eigenthümlichen Parasitismus auf Echinodermen in hohem Maasse rückgebildet und deformirt sind. Die Mollusken sind im Allgemeinen zu Parasitismus sehr wenig geneigt, in auffallendem Gegensatze zu den Helminthen und Articulaten. Um so interessanter ist es, dass in einer einzelnen Gruppe der Schnecken die Entartung des ursprünglichen Organismus fast ebenso weit geht, wie bei den Rhizocephalen unter den Crustaceen. Alle betreffenden Gastropoden gehören zur Gruppe der *Prosobranchier* (— wie ihre Ontogenie zeigt —) und alle schmarotzen auf *Echinodermen* (theils auf Asterideen, theils in Holothurien). Es sind bis jetzt nur vier Gattungen und Arten solcher *Saccopallien* bekannt; diese repräsentiren aber in sehr lehrreicher Weise vier Stufen der regressiven Transformation. Wir vertheilen sie auf zwei Ordnungen: bei den Exoconchillen (*Thyca* und *Stilifer*), die auf der Haut von Asterideen schmarotzen, ist die Organisation der Prosobranchier noch ziemlich conservirt; dagegen ist sie bei den Entoconchillen (*Entocolax* und *Entoconcha*), die in der Leibeshöhle von Holothurien als Parasiten leben, ganz verwischt.

Die Ordnung der Exoconchillen ist noch deutlich als Abkömmling der *Prosobranchier* erkennbar; die beiden bekannten Formen (*Thyca ectoconcha* und *Stilifer Linckiae*) leben auf der Haut von Seesternen und haben sich mit dem vergrösserten Rüssel in das dicke verkalkte Tegument derselben eingegraben, letztere mehr, erstere weniger; beide besitzen noch in der Mantelhöhle eine einseitige Kieme und am rudimentären Kopfe Augen und Gehörbläschen. Die Schale von *Thyca* gleicht einer phrygischen Mütze (wie *Capulus*); diejenige von *Stilifer* ist spiralig aufgerollt. Mund und After sind in Beiden vorhanden, aber die Radula fehlt; der Fuss ist rudimentär; das Central-Nervensystem verräth die Abstammung von den Prosobranchien. *Thyca* sitzt fest angesaugt an der Seesternhaut; die fleischige Saugscheibe, als „Scheinfuss" bezeichnet, ist durch eine musculöse Ausbreitung des Schnauzen-Halses entstanden. Bei *Stilifer,* der tiefer in die Gewebe des Wohnthieres eindringt, verlängert sich die Schnauze in einen starken Rüssel, während der Scheinfuss sich zu einem fleischigen Sacke ausdehnt, der sich über die Schale zurückschlägt und fast den ganzen Schneckenkörper einschliesst; nur über der Spitze der Spiralschale behält dieser sackförmige „Scheinmantel" eine Oeffnung.

Durch dieses Ostium werden die Excrete des chonochoristen Stylifer entleert und tritt das Wasser zur Kieme.

Die Ordnung der Entoconchillen ist in viel höherem Grade durch den Parasitismus degenerirt. Die beiden bekannten Formen leben in der Leibeshöhle von Holothurien, *Entocolax Ludwigii* in Myriotrochus Rinkii, und *Entoconcha mirabilis* in Synapta digitata; erstere ist mit dem einen Ende (dem Aboral-Pol?) an der Leibeswand, letztere am Darme des Wirthes befestigt. Das andere Ende des schlauchförmigen Körpers führt durch die Mundöffnung in ein kurzes Darm-Rudiment, an welchem ein einfacher Blindsack den Rest der Leber darstellt. Enddarm und After sind verschwunden, ebenso wie Kopf, Mantel, Schale, Kieme und Fuss. Der grösste Theil des Schlauches wird von der (hermaphroditen) Gonade eingenommen. Eine fleischige, sackförmige Hülle derselben scheint dem vergrösserten und zugewachsenen „Scheinmantel“ von *Stilifer* zu entsprechen. In den „Brutraum“ zwischen Beiden werden die Eier entleert; hier entwickeln sich aus denselben Embryonen und Veliger-Larven, die denjenigen echter *Prosobranchier* gleichen, mit Kopf und Sinnesorganen, Mantel und Spiral-Schale, Fuss und Operculum, Kieme und vollständigem Darm. Die Geschichte der Wanderung und Rückbildung dieser merkwürdigen Parasiten ist leider noch unbekannt.

§ 305. Vierte Classe der Mollusken:

Scaphopoda. Schaufelschnecken.

Solenoconchae, Rohrschnecken. Prosopocephala. Cirrobranchia.

KIEMENLOSE MOLLUSKEN MIT ROHRMANTEL UND ROHRSCHALE.

Mollusken von niederer, alter Organisation und symmetrischer Grundform. Kopf rückgebildet, aber mit Radula. Fuss cylindrisch. Schale ein konisches Rohr, mit vorderer und hinterer Oeffnung. Kiemen rückgebildet. Stets Gonochoristen.

Die Classe der Scaphopoden oder *Solenoconchen* wird durch eine kleine Gruppe von Mollusken gebildet, welche wir als einen uralten selbständigen Wurzelsprossen des Weichthier-Stammes betrachten. Einerseits stehen dieselben der ursprünglichen Stammform der *Promollusken* noch sehr nahe, sowie den *Solenogastres* unter ihren lebenden Epigonen; anderseits haben sie sich in Folge ihrer limicolen Lebensweise eigenthümlich umgebildet und theilweise rückgebildet. Die Familie der Dentaliden, welche allein die Classe repräsentirt, ist schon im silurischen und devonischen System durch Formen vertreten, welche von dem heutigen *Dentalium* nicht wesentlich verschieden sind; wenigstens der festen Schale nach zu urtheilen, welche schon damals die characteristische Form der Solenoconcha oder „Rohrschnecke“ besass: ein cylindrisches, schwach gekrümmtes und nach dem einen Ende konisch verjüngtes Rohr, mit einer grösseren vorderen und kleineren hinteren Oeffnung.

Der langgestreckte, cylindrische, wurmförmige Körper von *Dentalium*, welcher dieses feste, einem Elephanten-Stosszahn ähnliche Schalenrohr bewohnt, hat die ursprüngliche bilaterale Symmetrie der Mollusken bewahrt. Er ist von einem weiten cylindrischen Mantel umschlossen, der ebenso wie die von ihm ausgeschiedene Schale vorn und hinten offen ist. Aus der vorderen oralen Oeffnung tritt der stempelförmige ventrale Fuss hervor, sowie die beiden über demselben gelegenen Büschel von fadenförmigen Mundtentakeln. Das Verhältniss des eigentlichen Thierkörpers (Rumpfes) zu dem umhüllenden Mantelrohr ist ganz ähnlich wie bei den Bohrmuscheln (*Teredo, Aspergillum*); der Zusammenhang beider erhält sich in der Mittellinie der Rückenseite, welche der concaven Biegung des Schalenrohrs entspricht. Auch die Entstehung ist dieselbe. Von dem Rücken der jungen Dentalium-Larve wachsen ein paar laterale Mantellappen herab, welche unterhalb der Bauchseite in der ventralen Mittellinie verschmelzen und so den characteristischen Röhrenmantel herstellen.

Die Verwandtschaft und phylogenetische Entstehung der Scaphopoden-Form hat neuerdings eine sehr verschiedene Beurtheilung erfahren; thatsächlich scheinen gewisse nahe Beziehungen zu allen anderen Mollusken-Classen zu existiren. Diese Thatsache ist nach unserer Ansicht dahin zu deuten, dass die Scaphopoden, unabhängig von den anderen Classen, als ein selbständiger niederer Ast des Stammes aus der Stammgruppe der Promollusken hervorgegangen sind, jener gemeinsamen ältesten Ahnen-Gruppe der Weichthiere, von welcher jede der übrigen Classen einen Theil der typischen Stamm-Charactere geerbt hat, die einen diesen, die anderen jenen Theil. Dagegen halten wir es nicht für richtig, die Scaphopoden einseitig mit den Gastropoden oder den Pelecypoden oder den Cephalopoden in directe nahe Beziehung zu setzen oder gar von einer dieser Classen phylogenetisch abzuleiten. Für die richtige Erkenntniss der wahren Beziehungen dieser eigenthümlichen Weichthiere zu den übrigen Classen ist es vor Allem nöthig, die Homologie ihrer Grundform und deren Axen festzustellen. Neuerdings ist die Ansicht zur Geltung gelangt, dass die Längsaxe des langgestreckten Rohres die *sagittale* (oder dorso-ventrale) sei, und dass demnach ein hoher Visceral-Dom auf dem Rücken sich erhebe, wie bei den Cephalopoden. Wir halten diese Ansicht und die darauf gestützten morphologisch-topographischen Vergleiche für irrig und sind vielmehr der Ueberzeugung, dass jene Längsaxe die wahre *principale* (oder oral-aborale) Axe ist und dass ein Visceral-Dom hier ebensowenig existirt, als bei den Acephalen. Demnach ist die concave Seite des gekrümmten Schalenrohrs und des Mantels als dorsale zu betrachten, die convexe als ventrale; die grössere Oeffnung ist vorn am Oralpol, die kleinere hinten am Aboralpol der Längsaxe gelegen; der Fuss ist nicht hinter der Schnauze, sondern unter derselben gelegen. Die Lage des Scaphopoden innerhalb des cylindrisch-konischen Mantels und Schalenrohrs ist demnach genau dieselbe wie bei den ähnlichen langgestreckten Bohrmuscheln (Teredo) und den im Schlamme steckenden Rohrmuscheln (Aspergillum). Die Anpassung an die gleiche Lebensweise hat (durch Convergenz) eine ganz analoge Körper-Entwickelung bewirkt bei jenen glossophoren „Solenoconchen" und diesen lipoglossen Lamellibranchien.

Von den Promollusken, ihren directen Vorfahren, haben die Scaphopoden durch Vererbung erhalten: die symmetrische Grundform des Körpers und die gesammte Grundlage der Organisation, insbesondere auch den Besitz der Radula und die Communication der Gonaden und Nephridien. Als neue Erwerbungen durch Fortbildung müssen wir betrachten: 1) die Vergrösserung der beiden lateralen Mantellappen und deren ventrale Verwachsung zu einem Rohr, sowie die entsprechende Verwandlung der dorsalen Kegelschale in die cylindrische Rohrschale; 2) die entsprechende Ausbildung des Fusses zu einem fleischigen, cylindrischen oder keulenförmigen Stempel, welcher aus der vorderen Mantelöffnung vorgestreckt wird; er ist bei den Siphosolenien (*Siphonodentalium*) schlank und am Ende zu einer Scheibe mit papillösem Rande verbreitert, bei den Dentosolenien (*Dentalium*) dick und am Ende dreilappig. Dagegen betrachten wir als Wirkungen der Rückbildung: 1) den Verlust der Kopftentakeln (?) und Augen; 2) den Verlust der Ctenidien (— falls nicht die paarigen Büschel von Mundtentakeln aus Resten der vorderen Ctenidien-Theile entstanden sind —); 3) die rudimentäre Beschaffenheit des kleinen dorsalen Herzens; dasselbe bildet eine einfache Einstülpung der dorsalen Pericard-Wand, oberhalb des Enddarms, ohne Vorkammern.

Zwischen den heutigen Scaphopoden (Dentaliden oder *Solenoconchen*) und ihren *Promollusken*-Ahnen müssen wir eine Reihe ausgestorbener Uebergangsformen annehmen. Diese werden überwiegend die Körperform und Organisation der *Solenogastres* besessen, sich aber durch Ausbildung von ein Paar langen Mantellappen unterschieden haben.

Diese und die von ihnen ausgeschiedene Schale waren ursprünglich offen (*Proscaphopoda*); später verwuchsen sie unten in der ventralen Medianlinie (*Euscaphopoda*).

Mit den Acephalen (speciell mit den *Pholadaceen*) stimmen die Scaphopoden überein in der analogen Ausbildung von Mantel und Schale, sowie in der Rückbildung des Kopfes; sie unterscheiden sich aber von ihnen durch die Rückbildung der Ctenidien und die Permanenz von Zunge und Radula. Durch letztere stimmen sie mit den Gastropoden überein, von denen sie aber durch die bilaterale Symmetrie aller Organe abweichen, sowie durch den Mangel eines vorgewölbten Visceral-Doms. Gewisse Aehnlichkeiten, die man zwischen den *Scaphopoden* und *Cephalopoden* finden wollte, beruhen theils auf irriger Deutung, theils auf der gemeinsamen Abstammung beider Classen von den *Promollusken*.

§ 306. Fünfte Classe der Mollusken:

Acephala. Muscheln.

Lamellibranchia, Blattkiemer. Bivalva, Zweiklapper. Pelecypoda.

KOPFLOSE MOLLUSKEN OHNE RADULA, MIT ZWEIKLAPPIGER SCHALE.

Mollusken von niederer Organisation und (meist) symmetrischer Grundform. Kopf rückgebildet, ohne Radula. Fuss meist beilförmig, mit ventraler Schneide. Schale stets mit ein Paar lateralen Klappen und einem dorsalen Schlossband. Kiemen sehr ausgedehnt. Meistens Gonochoristen, seltener Hermaphroditen.

Die Classe der Acephalen oder *Lamellibranchien* (Muscheln, Blattkiemer) bildet einen formenreichen, einheitlich organisirten Hauptzweig des Mollusken-Stammes, der schon sehr frühzeitig (in praesilurischer Zeit) von der gemeinsamen Stammgruppe der Promollusken sich abgezweigt zu haben scheint. Durch die Gewohnheit, im Schlamme und Sande des Meeresbodens zu kriechen und aus diesem ihre Nahrung zu entnehmen, theilweise auch durch Anpassung an festsitzende Lebensweise, ist der ursprüngliche Mollusken-Organismus in dieser Classe eigenthümlich umgebildet und in wichtigen Theilen rückgebildet worden. Der breite und platte Sohlenfuss der Promollusken, den auch die meisten Schnecken noch conservirt haben, hat sich in der Classe der Muscheln nur noch bei den ältesten Formen erhalten, bei den *Protobranchien* und bei Pectunculus. Bei den übrigen Acephalen hat sich derselbe in einen characteristischen Beilfuss verwandelt; er ist seitlich stark zusammengedrückt und unten mit einer scharfen musculösen Kante versehen; bei abwechselnder Schwellung und Contraction ist dieses *Pelecypodium* vorzüglich zum Eindringen und Durchschneiden des Schlammes geeignet, einer Pflugschar ähnlich. Entsprechend dieser starken lateralen Compression des Fusses ist auch der Rumpf in dorsoventraler Richtung stärker entwickelt, so dass seine Sagittalaxe gewöhnlich bedeutend länger ist als die Transversalaxe.

Die starke Rückbildung des Kopfes, welche die Muscheln auszeichnet und ihnen die alte Benennung Acephala verschafft hat, steht mit jener Lebensweise in directer Correlation; sie wurde begünstigt dadurch, dass viele Muscheln sich zeitweise oder dauernd mit dem Fusse an eine festere Unterlage anhefteten, mittelst des Byssus, eines erhärteten, in fester Fadenform erstarrten Secretes der Fussdrüse (Byssusdrüse). Von den wichtigsten Organen des ursprünglichen Mollusken-Kopfes sind in Folge dieser Rückbildung verschwunden: 1) die paarigen Sinnesorgane des Kopfes: Tentakeln und Augen; 2) der ganze Buccal-Complex (Pharynx, Zunge und Radula). Dagegen sind allgemein erhalten geblieben: 1) der Schlundring mit Cerebral-Knoten und Pedal-Knoten; 2) die Gehörbläschen; diese sind tief in den Fuss herabgerückt.

Im Gegensatze zu dieser characteristischen Reduction des Kopfes bei den Acephalen steht die übermässige Fortbildung des Mantels, der von ihm ausgeschiedenen Schale und der von ihm bedeckten, in einer voluminösen Mantelhöhle gelegenen Kiemen. Diese Organe sind bei den meisten Muscheln, im Verhältniss zum übrigen Körper, stärker entwickelt als bei allen übrigen Mollusken. Die mächtige Entwickelung der Kiemen wurde zunächst dadurch begünstigt, dass dieselben hier nicht nur die Athmung, sondern auch vermöge ihres starken Flimmer-Epitels die Zuführung der kleinen, im Schlamme enthaltenen Nahrungs-Partikeln (besonders Diatomeen) zum Munde vermitteln. Vom vorderen Ende der Kieme führt jederseits eine Flimmerrinne direct zum Mundwinkel zwischen die beiden Mundlappen jeder Seite (Ober- und Unter-Lippe). Die starke Wasserzufuhr zu den Kiemen hatte wieder eine stärkere Ausbildung der beiden lateralen Mantellappen und der von ihnen ausgeschiedenen Schale zur Folge.

Die Schale der Muscheln unterscheidet sich von derjenigen aller anderen Weichthiere durch ihren zweiklappigen Bau in so auffallender Weise, dass daraufhin die ganze Classe mit Recht als *Bivalva* bezeichnet werden konnte. Immer sind die beiden lateralen, nach aussen convex gewölbten Schalenklappen (*Valvae*) am Rücken des Thieres gelenkig verbunden und hängen durch ein medianes Schlossband

(*Ligamentum*) zusammen, welches durch seine Elasticität die Oeffnung der Schale bewirkt; ihr Schluss wird durch einen oder zwei starke „Schliessmuskeln" vermittelt, welche parallel der Transversal-Axe von einer Schalenklappe zur anderen hinübergehen. Das mediane, nicht oder wenig verkalkte Schlossband und die beiden lateralen, meistens stark verkalkten Klappen bilden zusammen ein einziges Deckorgan und sind durch Ausbildung der Rückenfalte aus einer einfachen napfförmigen Chitin- (oder Conchiolin-)Schale entstanden, wie sie bei den Promollusken bestand und bei manchen Gastropoden noch heute besteht. Dies beweist schon die Thatsache, dass bei den Trochophora-Larven vieler Muscheln (*Teredo, Pisidium* u. A.) die dorsale Schalendrüse, wie bei den Schnecken, zunächst eine dünne schildförmige oder kappenförmige Chitin-Schale absondert; diese zerfällt erst secundär durch eine mediane Rückenfurche in ein Paar gleiche laterale Hälften, und darauf erst werden zu beiden Seiten des unpaaren Median-Feldes (Ligamentes) die Kalkscheibchen abgesondert, welche die Grundlage der beiden Klappen bilden.

Im übrigen Körperbau stimmen die ältesten Muscheln (*Protobranchien*) so sehr mit den ältesten Schnecken (*Diotocardiern*) und den primitiven, diesen sehr nahe stehenden *Promollusken* überein, dass ihre Abstammung von letzteren nicht zweifelhaft sein kann. Die Acephalen haben durch Vererbung von diesen Urweichthieren erhalten: 1) die symmetrische Grundform (die nur in wenigen Gruppen durch ungleiche Ausbildung beider Antimeren leicht asymmetrisch wird); 2) die typischen Lagerungs-Beziehungen sämmtlicher Organe; 3) die ursprüngliche Herzbildung der Mollusken (eine mediane Kammer und ein Paar symmetrische Vorkammern); 4) die ursprüngliche typische Bildung des Coelom-Complexes: permanente Communication der paarigen Gonaden mit den beiden schlauchförmigen Nephridien und durch diese mit dem Pericardium („secundäre Leibeshöhle"); sie besteht bei den ältesten Muscheln (*Protobranchien*) noch ebenso wie bei den ältesten Schnecken (*Diotocardiern*). Auch im feineren Bau stimmen diese und die übrigen Organe so vollkommen in den beiden ältesten Gruppen der *Acephalen* und *Gastropoden* (sowie auch mit den *Scaphopoden*) überein, dass die gemeinsame Abstammung dieser drei Gruppen von den *Promollusken* als gesichert gelten kann.

§ 307. Classification der Acephalen.

Die durchgehende wesentliche Einheit der inneren Organisation, welche sämmtliche Muscheln zu einer „natürlichen Classe" verbindet, erklärt sich sehr einfach durch die Vererbung derselben von einer gemeinsamen cambrischen Stammform. Sie steht in auffallendem Gegensatze zu dem grossen Reichthum der äusseren Körperform und besonders der Schalenform, welche die Lamellibranchien durch Anpassung an die äusseren Existenz-Bedingungen erworben haben. Die Zahl der bekannten Species beträgt bereits über 14000; davon leben noch ungefähr 5000, während 9000 ausgestorben sind; diese letzteren sind natürlich nur ein Bruchtheil der grösseren Arten-Zahl, welche in früheren Perioden der Erdgeschichte lebte. Gewöhnlich wird diese Artenmasse auf 600—700 Genera und 40—50 Familien vertheilt. Innerhalb dieser kleineren Formen-Gruppen ist deren phylogenetischer Zusammenhang zum Theil sehr klar zu erkennen. Grosse Schwierigkeiten bietet dagegen die natürliche Gruppirung der Familien und ihre Vertheilung auf eine geringe Zahl von Ordnungen und Unterordnungen. Die Palaeontologie ist natürlich bei deren Classification ausschliesslich auf die Vergleichung der äusseren Kalkschale angewiesen und auf die Erkenntniss derjenigen wenigen Merkmale innerer Organisation und Bildung des Weichkörpers, welche an der Innenseite der Schale Spuren hinterlassen (Eindrücke der Schliessmuskeln, des Mantelrandes, der Siphonen). Gerade diese Merkmale sind aber grossentheils von geringem oder gar keinem Werthe für die Erkenntniss der wesentlichen Unterschiede in der Kiemenbildung und im inneren Körperbau, auf die sich ein wirklich „natürliches System" stützen müsste.

Die Schliessmuskeln der Schale spielten in dieser Beziehung eine hervorragende Rolle. Ursprünglich besitzen die Acephalen zwei starke Schliessmuskeln, einen vorderen und einen hinteren (*Dimyaria*), und diese sind oft von gleicher Grösse und Form (*Isomyaria*); häufig aber ist der hintere Schliessmuskel stärker als der vordere (*Heteromyaria*); in verschiedenen Familien verkümmert der vordere ganz, der hintere bleibt allein übrig und rückt in die Mitte (*Monomyaria*). Diese Differenzirung der Schalenmuskeln ist aber polyphyletisch und vollzieht sich in mehreren verschiedenen Familien auf ganz ähnliche Weise; sie kann daher nicht zur Aufstellung natürlicher Ordnungen benutzt werden.

Dasselbe gilt von der Form der Schale und besonders von der Gestalt des Schalenschlosses. Bezüglich der allgemeinen Beschaffenheit der zweiklappigen Schale kann nur behauptet werden, dass sie ursprünglich sehr dünn, mehr chitinös als kalkig, und von ganz symmetrischer Form (gleichklappig) war; ferner dass das Schloss (*Cardo*), durch welches beide Klappen in der medianen Rückenlinie verbunden sind, von einfachster Beschaffenheit und noch ohne Angelgelenk war, mit einem einfachen breiten Ligament. Bei der grossen

Mehrzahl der Muscheln hat sich aber das Schloss secundär zu einem festen, sehr mannichfach gestalteten Angelgelenk oder Scharnier entwickelt, indem ein oder mehrere zahnartige Fortsätze oder Leisten der einen Klappe (Schlosszähne) in entsprechende Vertiefungen der anderen genau eingreifen. Die besondere Gestalt, Zahl, Anordnung und Verbindung dieser Schlosszähne ist bis zu einem gewissen Grade innerhalb der Familien erblich, characteristisch und systematisch verwerthbar. Man ist aber in deren Schätzung viel zu weit gegangen und hat sogar natürliche Ordnungen darauf gründen wollen (*Anodonta*, *Taxodonta*, *Desmodonta*, *Heterodonta*, *Schizodonta* u. s. w.). Diese Gruppen sind theilweise ganz unnatürlich; denn nahe verwandte Gattungen können ein sehr verschiedenes Schloss bilden, und umgekehrt. Es genügt, daran zu erinnern, dass von unseren gewöhnlichen Süsswasser-Muscheln (Najaden) die eine (*Unio*) ein stark differenzirtes heterodontes Schloss besitzt, und die andere nächstverwandte (*Anodonta*) ein so einfaches Schloss und eine so primitive Schalenbildung, dass man sie ohne Kenntniss des Weichkörpers für eine der ältesten Protobranchien halten könnte.

Besser verwerthbar für die Aufstellung grosser Hauptgruppen, als die Schale selbst, ist der Mantel, sowie die Eindrücke, welche der Mantelrand an der Innenfläche der Schale hinterlässt. Alle älteren Mollusken haben ursprünglich ganz freie Mantellappen, deren Rand von einfachster Beschaffenheit ist, so *Nucula* unter den Protobranchien. Bei den allermeisten Acephalen wird aber der Mantelrand verdickt und differenzirt, indem sich an ihm besondere Fortsätze, Falten, Warzen, Papillen, Tentakeln, Drüsen, Augen u. s. w. entwickeln. Ferner verwachsen gewöhnlich die Ränder der beiden Mantellappen in geringerer oder grösserer Ausdehnung, oben und hinten am After beginnend. So entsteht zuerst oben ein Analschlitz (Ausströmungs-Oeffnung) und darunter ein Branchialschlitz (Einströmungs-Oeffnung); indem die Mantelhaut in ihrer Umgebung zu einer cylindrischen Röhre auswächst, entstehen Mantelröhren oder Siphonen, ein oberer *Sipho analis* und ein unterer *Sipho branchialis*. Die Muscheln, welche diese Röhren besitzen, hat man als Siphoniata zusammengefasst und unter diesen wieder unterschieden *Disiphonien* (mit zwei getrennten Röhren) und *Gamosiphonien* (mit äusserlich verwachsenen Röhren). Diesen hat man die älteren Muscheln, welche noch keine Athemröhren besitzen, als Asiphonia gegenübergestellt. Auch diese Hauptgruppen (oder Subclassen) sind künstlich, da die Siphobildung polyphyletisch ist und sich innerhalb mehrerer natürlicher Gruppen, unabhängig von einander, vollzogen hat. Dasselbe gilt von der Ausbildung einer Mantelbucht (*Palliosinus*), welche an der Innenseite der Schale bei vielen *Siphoniaten* auftritt und dem Eindrucke eines Siphomuskels (Retractor) ihre Entstehung verdankt. Die beiden Gruppen, welche daraufhin unterschieden wurden (ältere *Integripalliata*, ohne Mantelbucht, und jüngere *Sinupalliata*, mit Palliosinus), sind ebenfalls künstlich. Ebenso wenig ist die weitere Verwachsung der beiden Mantelränder im vorderen Theile zu verwerthen; sie hat in verschiedenen Gruppen zur Bildung eines „Fussschlitzes" geführt, oder selbst eines sackförmigen, beinahe geschlossenen Mantels, ähnlich dem der Scaphopoden; so bei den Bohrmuscheln, deren Mantelrohr ein cylindrisches Kalkrohr absondert (Teredo, Aspergillum und andere „Inclusa").

Die besten Anhaltspunkte zur Unterscheidung natürlicher, phylogenetischer Ordnungen bei den Muscheln hat neuerdings die vergleichende Anatomie und Ontogenie ihrer Kiemen geliefert. Die fünf Ordnungen, die wir nachstehend daraufhin unterscheiden, sind sicher zum grossen Theil natürliche, da die Unterschiede ihrer Kiemenbildung mit wichtigen Differenzen der übrigen Organisation in Correlation stehen. Immerhin bedarf auch dieser Versuch der Classification der Acephalen noch weiterer Ausbildung.

§ 308. Ordnungen der Acephalen.

Die fünf Hauptgruppen der Muschel-Classe, denen man den systematischen Werth von Ordnungen (oder auch Legionen) beimessen kann, gründen sich in erster Linie auf fünf phylogenetische Bildungsstufen ihrer Kiemen; in zweiter Linie kommen dabei wichtige Unterschiede der inneren Organisation in Betracht (Nieren, Geschlechtsorgane); in dritter Linie die Bildung des Fusses und Mantels, und erst in vierter Linie die Beschaffenheit der Schale und ihrer Muskeln. Doch wird es bei genauerer Kenntniss derselben (und namentlich ihrer, grösstentheils noch unerforschten Ontogenese) wohl nöthig werden, auch diesen letzteren Verhältnissen daneben noch ein grösseres Gewicht beizulegen.

I. Erste Ordnung: **Protobranchia,** „Kammkiemige Muscheln". Die älteste Gruppe der Muscheln besitzt noch dieselbe ursprüngliche und characteristische Kiemenbildung, welche wir auch bei den ältesten *Gastropoden* antreffen und bei ihren gemeinsamen Vorfahren, den *Promollusken*, annehmen müssen: ein Paar Ctenidien oder gefiederte Kammkiemen, welche im hinteren Theile der Mantelhöhle liegen und mit ihrer Spitze frei nach hinten vorragen (ähnlich den Zeugobranchien unter den Prosobranchien-Gastropoden). Es gehören hierher die uralten archäischen Familien der *Nuculiden* und *Solenomyiden*, von denen zahlreiche Arten schon im Silur und Devon vorkommen. Dass die wenigen heute noch existirenden Reste dieser *Protobranchien* wirklich unter allen Muscheln die phyletisch ältesten und als Ueberbleibsel ihrer gemeinsamen Stammgruppe zu betrachten sind, ergiebt sich aus den interessanten Merkmalen ursprünglicher Organisation, welche sie auch in anderen Organen aufweisen: die beiden Mantellappen sind frei, ohne Siphonen, die Schalen dünn und klein, ohne Palliosinus, die beiden Schliessmuskeln gleich. Der Fuss ist nicht beilförmig und lateral comprimirt, wie bei den übrigen Mollusken, sondern ein breiter Plattfuss, mit flacher Sohle, wie bei den älteren Gastropoden; sein Rand ist gezackt oder gefranzt. Sehr wichtig ist auch die primitive Bildung des Coelom-Complexes: die beiden Nephridien sind einfache Schläuche (ohne innere Faltenbildung) und stehen nicht nur mit dem Pericard in offener Verbindung, sondern auch mit den beiden Gonaden.

II. Zweite Ordnung: **Filibranchia,** „Fadenkiemer". Auch diese zweite Gruppe der Muscheln umfasst noch sehr alte Familien, die *Arcaceen, Trigoniaden* und *Mytiliden*; sowie die asymmetrischen (durch festsitzende Lebensweise stark modificirten) *Anomiaden.* Die einzelnen Kiemenblättchen der primitiven Ctenidien sind hier zu langen Fäden ausgewachsen, die weit in die Kiemenhöhle herabhängen und auf sich selbst zurückgebogen sind, die Fäden der inneren Reihe nach innen, die der äusseren nach aussen; jede Kieme bildet so eine Reihe von zurückgeschlagenen Doppelfransen. Auch die Filibranchien haben meistens noch einfache und primitive Bildung des Mantels und der Schale, sowie der Muskeln; nur die Mytiliden besitzen Siphonen. Die Arcaceen, welche zu den ältesten Mollusken dieser Ordnung gehören, sind den *Nuculiden* nahe verwandt und kommen neben diesen Protobranchien schon im unteren Silur vor.

III. Dritte Ordnung: **Ptychobranchia,** „Faltenkiemer" (= *Pseudolamellibranchia*). Diese Gruppe ist der vorhergehenden nahe verwandt, unterscheidet sich aber dadurch, dass die verlängerten Kiemen-Fäden sich in Falten legen und dass der absteigende Schenkel jedes Fadens mit dem aufsteigenden an den Falten-Kanten verwächst. Ausserdem verbinden sich die hinter einander liegenden Schenkel jeder Fadenreihe locker durch Wimperbürsten. Es bereitet sich hier die Gitterbildung der Kiemenblätter vor, die in der folgenden Ordnung vollständig wird. Die Ptychobranchien sind sämmtlich noch Asiphonien, mit offener Mantelspalte; aber der vordere Schliessmuskel ist entweder reducirt (*Aviculidae*) oder ganz verschwunden (*Pectinidae, Ostreidae*). Die Schalenklappen sind meistens ungleich. Die meisten Ptychobranchien sitzen mittelst eines Byssus fest; die Austern sind mit der gewölbten (linken) Schalenklappe angewachsen, während die flache (rechte) als Deckel fungirt. Die Aviculiden und Pectiniden treten schon im Silur auf, die Ostreiden im Carbon.

IV. Vierte Ordnung: **Elatobranchia**, die eigentlichen „Blattkiemer“ (oder *Eulamellibranchia*). Diese formenreiche Hauptgruppe umfasst die grosse Mehrzahl der lebenden Acephalen. Sie besitzen scheinbar zwei Paar gitterförmige Kiemenblätter, von denen jedes wieder aus zwei verwachsenen Lamellen besteht. In der That ist aber jedes Doppelblatt die Hälfte einer gefiederten Ctenidie und aus den Kiemen der Filibranchien oder Ptychobranchien dadurch entstanden, dass nicht allein die beiden Schenkel eines jeden (glatten oder gefalteten) Fadens mit einander durch horizontale Verbindungsbrücken verwuchsen, sondern auch die hinter einander liegenden Fäden jeder Reihe. So besitzen also auch diese echten „Blattkiemer“, gleich den übrigen Mollusken (— mit einziger Ausnahme des Nautilus —) nur ein Paar Ctenidien; aber jede Hälfte ihres Fiederblattes ist in ein gitterförmiges Doppelblatt verwandelt. Von den beiden Blättern jeder Seite ist das äussere bisweilen nach oben geschlagen (Telliniden, Anatiniden), andere Male ganz rückgebildet (Lucina, Cryptodon u. A.). Die zahlreichen Familien dieser formenreichen Ordnung besitzen äusserst mannichfaltig geformte Schalen; die meisten sind Siphoniaten und Dimyarier; man theilt sie in sechs Unterordnungen, als deren Typen Lucina, Tellina, Venus, Cardium, Mya und Pholas gelten können. Am meisten haben sich von der ursprünglichen Form die *Pholodaceen* und *Gastrochaeniden* (Bohrmuscheln oder Röhrenmuscheln) entfernt, die früher als besondere Ordnung (*Inclusa*) abgetrennt wurden. Der Mantel ist hier grösstentheils zu einer Röhre verwachsen und sondert oft, wenn die Schale rudimentär wird, eine lange cylindrische Kalkröhre ab (*Teredo, Aspergillum* etc.).

V. Fünfte Ordnung: **Septibranchia**, „Zwerchkiemer“. Die letzte Gruppe der Muscheln zeichnet sich vor den anderen dadurch aus, dass die Kiemen grossentheils rückgebildet und in ein musculöses, transversales, von Spalten durchbrochenes Septum verwandelt sind. Diese horizontale Scheidewand theilt die Mantelhöhle in eine untere (Inspirations-) und eine obere (Exspirations-)Kammer. Sie entsteht dadurch, dass der freie dorsale Rand der aufsteigenden Lamelle beider Kiemenblätter oben mit Mantel und Fussbasis verwächst (— die äussere Lamelle der äusseren Kieme mit dem Mantel, die innere Lamelle der inneren Kieme mit dem Fusse —). Hinten verschmelzen die paarigen Septen mit der unpaaren Scheidewand, welche die beiden verwachsenen Siphonen trennt. Das Wasser strömt somit durch den unteren Athem-Sipho in die grosse untere Mantelkammer, tritt neben dem Munde und durch die Kiemenspalten des

Septums jederseits in die engere obere Mantelkammer und strömt durch den oberen After-Sipho wieder aus. Die *Septibranchien*, deren eigenthümliche Kiemenbildung schon bei einem Theile der *Elatobranchien* sich auszubilden beginnt, sind sämmtlich Hermaphroditen (*Cuspidarida*, *Poromyida*); sie stellen somit einen letzten und stark specialisirten Seitenzweig des Acephalen-Stammes dar.

§ 309. Sechste Classe der Mollusken:

Cephalopoda. Kraken.

Teuthodes. Tintenfische. Kopffüsser. Tintenspritzer.

HÖCHSTENTWICKELTE MOLLUSKEN, MIT TRICHTERFUSS.

Mollusken von höchst vollkommener Organisation, von symmetrischer Grundform. Kopf gross, mit Radula. Fuss vorn einen kopfständigen Armkranz (Podolenium) bildend, hinten einen Schwimm-Trichter (Funnus oder Chonium). Schale meistens mit vielen luftgefüllten Kammern, oft rückgebildet. Stets Gonochoristen.

Die Classe der Cephalopoden oder *Teuthoden* (— Kopffüsser, Kraken oder Tintenfische —) umfasst die höchstorganisirte und vollkommenste Hauptgruppe des Weichthier-Stammes. Sie entfernt sich durch die höhere Differenzirung aller Organe, namentlich des Kopfes und der höheren Sinnesorgane, beträchtlich von allen übrigen Mollusken; besonders aber durch die eigenthümliche Umbildung, welche der Fuss durch Anpassung an pelagische und räuberische Lebensweise erlitten hat. Der Vordertheil des *Podium* ist zu einer breiten Kopfscheibe oder Armscheibe (*Podolenium*) ausgedehnt und nach vorn um den Kopf herum gewachsen; die Seitenränder derselben sind in breite Lappen ausgezogen und tragen bald viele Tentakeln (Nautilus), bald 8—10 lange Fangarme mit Saugnäpfen. Dagegen ist der Hintertheil des Fusses in ein Paar musculöse Seitenlappen (*Epipodia*) ausgezogen; diese krümmen sich ventralwärts und lagern sich mit ihren freien Seitenrändern so über einander, dass ein kegelförmiges, an beiden Enden offenes Schwimmorgan entsteht, der Trichter (*Chonium*, *Funnus* oder *Infundibulum*). Bei den lebenden *Tetrabranchien* (*Nautilus*) bleiben die beiden an einander liegenden Trichterlappen getrennt, wie es auch bei allen älteren Cephalopoden der Fall war (Tomochonia oder *Funnaperta*). Bei den übrigen lebenden Cephalopoden (*Dibranchien*) verwachsen sie zu einem konischen Rohre (*Gamochonia* oder *Funnoclausa*). Das Athemwasser, welches durch ein Paar laterale Mantelspalten an der Basis dieses Trichters in die Mantelhöhle aufgenommen wird, umspült in deren Grunde die Kiemen und wird dann durch den Trichter ausgestossen. Durch den kräftigen Rückstoss des Wassers bewegen sich die Thiere schwimmend fort; die Schwimmbewegung kann bei Vielen durch Ausbildung musculöser Flossen (Mantellappen) unterstützt werden. Ausserdem hat sich bei der Mehrzahl der Cephalopoden als passives Schwimmorgan eine eigenthümliche Pneumatoconcha entwickelt, eine Kalkschale mit einer Reihe von Luftkammern, welche durch Scheidewände getrennt werden. Der weiche Thierkörper sitzt dann in der jüngsten und letzten Kammer der Schale (Wohnkammer) und ist an derselben befestigt durch eine Röhre (*Siphon* oder *Siphunculus*); diese geht vom Scheitel des Visceral-Doms aus, durchsetzt sämmtliche Luftkammern und deren Scheidewände, und endigt an der ersten (ältesten und kleinsten) Kammer.

Die schwimmende und räuberische Lebensweise der Cephalopoden, welche in erster Linie durch die eigenthümliche Umbildung des Fusses ermöglicht und herbeigeführt wurde, hat eine bedeutende correlative Umbildung der wichtigsten übrigen Körpertheile zur Folge gehabt, vor Allem des Kopfes und der Sinnesorgane; ferner eine beträchtliche Verschiebung vieler Organe und secundäre Veränderung ihrer Lagerungs-Verhältnisse. Auch die Differenzirung und der feinere Bau der Organe, ebenso wie das gesammte Wachsthum des Körpers, sind bei den Cephalopoden zu einer viel höheren Stufe vorgeschritten, als bei allen übrigen Weichthieren. Trotzdem bleiben dieselben echte Mollusken und können phylogenetisch ebenso, wie die übrigen, von der gemeinsamen Stammgruppe der Promollusken abgeleitet werden (§ 277).

Directe Verwandtschafts-Beziehungen der *Cephalopoden* zu den übrigen Classen des Stammes bestehen ausserdem nicht. Insbesondere können dieselben nicht von den *Gastropoden* abgeleitet werden, bei denen schon von Anbeginn an durch die einseitige Ausbildung des Visceral-Doms die asymmetrische Differenzirung beider Antimeren, und vor Allem des Palleal-Complexes, eingeleitet wurde. Diese letztere besteht auch bei den *Pteropoden*, die wir jetzt als modificirten pelagischen Seitenzweig der *Tectibranchien* betrachten (§ 302). Gewisse Aehnlichkeiten zwischen den schwimmenden Pteropoden und Cephalopoden sind rein äusserlicher Natur und durch Convergenz bedingt; die früher versuchte Ableitung der letzteren von der ersteren ist unhaltbar und muss aufgegeben werden.

§ 310. Entstehung der Cephalopoden-Form.

Für die richtige phylogenetische Würdigung der Cephalopoden, ihrer Entstehung und ihres Verhältnisses zu den übrigen Mollusken, müssen zunächst einige Erwägungen allgemeiner Art betont werden: 1) Der monophyletische Stamm der Cephalopoden ist uralt und scheint schon in der silurischen, ja sogar schon in der cambrischen Zeit sich zu der Höhe der typischen Classen-Organisation erhoben zu haben; theilweise ist uns dieselbe in dem heutigen *Nautilus* erhalten; wenigstens sind die Schalen von 300 fossilen *Nautilus*-Arten, die sich seit der Silur-Zeit entwickelt haben (— und von denen 84 schon im Carbon vorkommen, aber nur 6 noch heute leben! —) generisch nicht zu trennen. 2) Sämmtliche lebende Cephalopoden (etwa 150—200 Arten) stimmen in den Grundzügen der Organisation überein und sind zweikiemig (*Dibranchia*); eine einzige Ausnahme macht *Nautilus*, als isolirter Ueberrest einer vierkiemigen Gruppe (*Tetrabranchia*). 3) Die fossilen Cephalopoden, von denen gegen 7000 Arten beschrieben sind, werden eingetheilt in drei Gruppen: A. *Nautiliten*, B. *Ammoniten* und C. *Belemniten*. Von diesen gehören 2500 (grösstentheils palaeozoische Formen) zu den *Nautiliten*, 4000 (meistens mesozoische Formen) zu den *Ammoniten*, und etwa 5000 Arten zu den *Belemniten* (im weiteren Sinne). 4) Die grosse Aehnlichkeit, welche zwischen den gekammerten Schalen gewisser palaeozoischer Ammoniten (*Clymenia*, *Goniatites*) und den retrosiphoniaten Nautiliten besteht, hat zu der Annahme geführt, dass auch die ersteren, gleich den letzteren, Vierkiemer waren, und weiterhin zu der Folgerung, dass alle *Dibranchien* (als jüngere Formen) von *Tetrabranchien* abstammen. 5) Diese fast allgemein angenommene Hypothese beruht auf einem irrigen Schlusse und stützt sich lediglich auf die vergleichende Morphologie der Schalen; sie erscheint schon desshalb unbegründet, weil auch unter den heutigen Dibranchien sich noch einzelne Formen mit ähnlicher Schalenbilduug finden (*Spirula*). Die *Belemniten* der Trias, welche ebenfalls Zweikiemer waren, sind ihren palaeozoischen *Orthoceraden*-Ahnen sehr nahe verwandt. 6) Ausserdem macht es die vergleichende Anatomie höchst wahrscheinlich, dass der tetrabranche Bau des heutigen *Nautilus* kein ursprünglicher Character der ältesten Cephalopoden, sondern erst secundär (durch Duplication) erworben ist; denn der hoch entwickelte *Nautilus* ist das einzige Mollusk, bei welchem sich zwei Paar Ctenidien, Atrien und Nephridien finden; alle übrigen Weichthiere haben nur ein Paar (— falls sie nicht überhaupt durch Rückbildung verschwunden sind. —). Vergl. S. 521. 7) Diese Annahme erscheint um so mehr berechtigt, als *Nautilus* zwar in einigen wichtigen Structur-Verhältnissen (besonders dem offenen Grubenauge und der offenen Trichterbildung) uralte und primitive Merkmale durch zähe Vererbung conservirt hat, in anderen dagegen durch specielle Anpassung stark umgebildet ist (Tentakeln, verkalkte

Kiefer). 8) Daraus leiten wir weiter die Annahme ab, dass die ältesten (cambrischen und praecambrischen) Cephalopoden eine besondere dritte Ordnung der Classe bildeten, welche characteristische Merkmale der beiden übrigen Ordnungen in sich vereinigte; insbesondere den offenen Trichter von *Nautilus* und das einfache Kiemenpaar der *Dibranchiaten*; wir bezeichnen diese hypothetische Stammgruppe beider Ordnungen als *Teutholenen* und rechnen dazu die formenreiche Gruppe der palaeozoischen *Orthoceraden*. 9) Wir müssen weiterhin annehmen, dass zwischen den ältesten (cambrischen) *Teutholenen* und deren praecambrischen Vorfahren, den *Promollusken*, eine lange Reihe von ausgestorbenen Uebergangs-Formen existirt hat; denn nur durch diese Hypothese ist die Entstehung der hoch differenzirten Cephalopoden-Form aus der typisch ähnlich organisirten, aber viel einfacher gebauten *Amphineuren*-Form erklärbar. Diejenige Gruppe dieser Reihe, in welcher der typische Cephalopoden-Bau zuerst auftrat (— die eigentliche Stammgruppe der Classe —) unterscheiden wir als Ordnung der *Archolenen* (§ 316). 10) Als erste Ursache dieser bedeutungsvollen Transmutation dürfen wir die Anpassung jener Promollusken-Ahnen an schwimmende und räuberische Lebensweise betrachten; der hintere Theil des Fusses entwickelte ein paar breite Schwimmlappen (Epipodien) — ähnlich wie bei den *Pteropoden* der vordere Theil —; und indem diese sich zusammenkrümmten und eine Röhre zum Austritt des Athemwassers bildeten, entstand der Trichter. 11) Gleichzeitig entwickelten sich aus dem vorderen Theil des Fusses paarige Randlappen, welche zum Greifen und Fangen der Beute benutzt wurden; und an diesen Armen (*Olenae*) bildeten sich später zahlreiche Tentakeln oder Saugnäpfe. 12) Als wichtigstes Moment für die Weiterbildung der typischen Cephalopoden-Organisation entwickelte sich endlich gleichzeitig ihre eigenthümliche Pneumatoconcha, die „Luftkammer-Schale"; zwischen der einfachen napfförmigen oder kegelförmigen Schale der ältesten Stammformen und dem Scheitel des von ihr umschlossenen Visceral-Domes sammelte sich Luft an, und indem eine neue Schalendecke (das erste „Septum") unterhalb derselben abgeschieden wurde, entstand die älteste „Luftkammer". Der grosse Vortheil, welchen dieser acrale passive Schwimm-Apparat dem pelagischen Thiere gewährte, begünstigte seine Fortbildung durch Wiederholung desselben Processes, die Bildung einer Reihe von Luftkammern.

§ 311. Richtaxen der Cephalopoden.

Sowohl die Entstehung der ältesten Cephalopoden aus *Promollusken*-Ahnen, als die weitere Fortbildung ihrer characteristischen Organisation, erfordern die Annahme, dass in der angeführten Weise sich gleichzeitig die parapodialen Lappen des Vorderfusses zu „Kopfarmen" und die epipodialen Lappen des Hinterfusses zu „Trichterhälften" ausbildeten, während die dorsale Schale sich durch Luftkammerbildung über dem Visceral-Dom zu einem werthvollen passiven Schwimm-Organ entwickelte, gleich der Schwimmblase der Fische. Hand in Hand damit ging die weitere Ausbildung des Kopfes und der Augen, der Nerven und Muskeln. Je mächtiger sich vorn der Kopf entwickelte und mit den „Kopfarmen" in engste Verbindung trat, desto mehr wurde hinten der Trichter und der darüber gelegene Palleal-Complex nach hinten und oben hinaufgedrängt; desto weiter verschob sich die Mantelhöhle von der Unterseite auf die Hinterseite und nach oben; desto mehr wölbte sich zugleich oben auf dem Rücken der Visceral-Dom und vermehrte sich die Streckung des wachsenden Körpers in die Höhe (in der Sagittal-Axe), während er sich gleichzeitig in der Richtung von hinten nach vorn sehr bedeutend verkürzte (in der Principal-Axe).

So entstand jenes characteristische Verhältniss der drei Richtaxen, welches die Cephalopoden vor den übrigen Mollusken auszeichnet, und unter den lebenden Formen sich namentlich bei den Decolenen (*Sepia*, *Loligo*) so auffallend bemerkbar macht. Der dorsale, ursprünglich schwach gewölbte oder halbkugelige Visceral-Dom ist zu einem schlanken Kegel geworden, der sich durch eine hintere Nackenfalte scharf von dem unten gelegenen und mit dem Armschirm verwachsenen Kopf absetzt; an letzterem liegt der Mund unten in der Mitte, umgeben von den radial gestellten Armen. Die Vorderseite oder Frontalseite des hohen Visceral-Doms (oder die *„Antero-dorsal-Fläche"*, in der bei Sepia die Schulpe liegt), ist dunkel gefärbt (— sogenannte „Rückenfläche" —); seine hellere Hinterseite oder Analseite ist die sogenannte „Bauchfläche" oder *„Postero-dorsal-Fläche"*; sie deckt die hinaufgeschobene Mantelhöhle, in deren Grunde die Kiemen liegen und aus deren unterer Oeffnung der Trichter vortritt. Die verticale Axe (des kriechenden Thieres), welche vom Munde zum Scheitel des Visceral-Doms (oder der hier liegenden Gonade) hinaufgeht, ist die sehr verlängerte Sagittal-Axe (oder *„Dorso-ventral-Axe"*); sie ist viel länger als die beiden anderen horizontalen Richtaxen: die Transversal-Axe, (welche quer von einem einem Auge zum anderen geht), und die Principal-Axe, welche von der vorderen zur hinteren Median-Linie des Kopfes geht (oder von der unteren Schulpen-Spitze zur äusseren Trichtermündung der Sepia); diese letztere, die oral-aborale oder Längsaxe — ursprünglich die längste — ist hier in auffallender Weise verkürzt.

§ 312. Phylogenie der Cephalopoden-Schale.

In der Stammesgeschichte der Cephalopoden-Schale unterscheiden wir folgende Hauptstufen: 1) Die ältesten Stammformen (*Archinautes* die hypothetische Stammform der Archolenen oder *Proteuthoden*) besassen noch die einfache napfförmige oder flach-kegelförmige Schale („Patella-Schale"), welche sie von ihren Amphineuren-Ahnen (den *Promollusken*) geerbt hatten. 2) Durch Höhen-Wachsthum des Visceral-Doms wurde die Schale schlanker kegelförmig oder thurmförmig. 3) Während die schwimmende Lebensweise sich weiter entwickelte, fand sie kräftige Unterstützung durch Ausbildung eines hydrostatischen Apparates, indem sich ausgeschiedene Luft zwischen der kegelförmigen Schale und dem dorsalen Scheitel des von ihr umschlossenen Visceral-Doms ansammelte; die konische Spitze des Visceral-Doms blieb jedoch oft in dauernder Verbindung mit derjenigen der Schale (*Siphunculus* oder „weicher Sipho"). 4) Der Luftraum wurde zur geschlossenen „ersten Luftkammer", indem unterhalb desselben die Mantelhaut am Scheitel des Visceral-Doms eine neue Kalk-Kappe absonderte (erstes Septum). 5) Indem dieser Process sich periodisch wiederholte, entstand eine Reihe hinter einander gelegener Luftkammern, die mit dem Wachsthum des Thieres beständig an Grösse zunahmen; meistens blieb das Thier (das die letzte und jüngste Kammer bewohnt) festgeheftet durch seinen Siphunkel, jenen (ursprünglich konischen, später eine dünne Röhre bildenden) Scheitel-Fortsatz des Visceral-Doms, welcher sämmtliche Luftkammern und deren Scheidewände durchsetzt. 6) Die weiche Mantelhaut des *Siphunkels* (als Scheitelaufsatz des Visceral-Doms aufzufassen, ähnlich dem Zipfel einer Nachtkappe) sonderte eine Kalkröhre ab, den eigentlichen „Sipho"; die einzelnen Stücke desselben, den Septen aufsitzend, sind die Siphonal-Duten. 7) Bei den ältesten Palateuthyen (den cambrischen *Endoceras* und *Orthoceras*) und den zahlreichen davon abstammenden *Orthoceratiten* behielt die vielkammerige Schale ihre ursprüngliche gerade Kegelform bei, mit verticaler Axe; erst allmählig begann dieselbe sich in der Median-Ebene umzubiegen und dann spiralig einzurollen. 8) Diese symmetrische planospirale Involution wurde bald complet und erfolgte gewöhnlich in der Richtung nach vorn (*prosotropische* oder *exogastrische* Aufrollung); seltener nach hinten (*opisotropische* oder *endogastrische* Involution). Für die kräftig schwimmenden Mollusken war diese Aufrollung unzweifelhaft die vortheilhafteste, während bei den kriechenden Gastropoden die asymmetrische unilaterale Spiralbildung zweckmässiger war (vergl. § 284). 9) Die Lage des lebenden *Nautilus* in der Wohnkammnr seiner voluminösen, vielkammerigen Spiral-Schale beweist unzweifelhaft die Richtigkeit dieser Auffassung; denn die Axe seiner Wohnkammer (— oder die Axe, welche als ideale Fortsetzung des Sipho vom Scheitel des Visceral-Doms zur Mundöffnung geht —) entspricht der Sagittal-Axe des Mollusken-Körpers; und die Gürtel-Ebene, welche durch diese Axe und die Transversal-Axe gelegt wird, theilt den Körper in eine vordere und eine hintere Hälfte; in der Schalenmündung liegt der Trichterfuss (an der Abaxial-Wand der Wohnkammer) hinten, die Kopfkappe (an deren Axial-Wand) vorn. 10) Die *prosotropische* Aufrollung der ursprünglich gerade gestreckten Kegelschale ist polyphyletisch; sie hat sich in mehreren Gruppen (unabhängig von einander) vollzogen; sie kann auch wieder verschwinden oder bisweilen selbst in eine *opisotropische* Involution (nach hinten) übergehen. 11) Selten verwandelt sich dagegen die symmetrische Involution in eine asymmetrische (*pleurotropische* oder unilaterale), indem der Visceral-Dom sich auf eine Seite neigt, wie bei den turbinoiden Schnecken (*Trochoceras*, *Turrilites*, *Cochloceras*); wahrscheinlich wurde hier wieder die schwimmende Ortsbewegung mit der kriechenden vertauscht. 12) Die äussere Luftkammer-Schale ist bei vielen Cephalopoden schon seit der Trias-Periode zu einer inneren („Schulpe") geworden; wahrscheinlich zuerst bei jüngeren (triassischen oder permischen) *Orthoceratiten*, welche sich dadurch in *Belemniten* verwandelten (*Aulacoceras* der Trias). Diese Umbildung wurde durch das Wachsthum jener antero-dorsalen Mantellappen bewirkt, welche, vom Nacken ausgehend, die Schale umfassten. 13) Ein analoges Uebergangs-Stadium ist noch heute in *Spirula* erhalten, bei welcher das Wachsthum der kleinen, vielkammerigen Spiralschale hinter demjenigen des Weichkörpers zurückgeblieben ist; die convexe letzte Windung der Schale ragt hier noch frei oben über dem Scheitel des Visceral-Doms hervor, während sie seitlich von beiden Mantellappen bedeckt wird. 14) Bei den übrigen zehnarmigen Cephalopoden der Gegenwart ist dagegen die Luftkammer-Schale völlig vom Mantel umwachsen, eigenthümlich rückgebildet und in eine antero-dorsale „Schulpentasche" (an der Vorderfläche des Visceral-Doms) eingeschlossen. 15) Die Luftkammern selbst werden dabei reducirt und verschwinden, während ihre Scheidewände sich dicht an einander legen (*Sepiaria*). 16) Bei weiterer Rückbildung dieser soliden „Rückenschulpe" geht der Kalk verloren, und es bleibt nur eine dünne Chitin-Lamelle übrig (*Loligaria*).

§ 313. Classification der Cephalopoden.

Tomochonia (*Funnaperta*) und *Gamochonia* (*Funnoclausa*).

Die systematische Gruppirung der zahlreichen Cephalopoden-Formen und die damit verknüpfte Erkenntniss ihrer wahren Verwandtschafts-Beziehungen ist eine ebenso interessante und lehrreiche, als verwickelte und schwierige Aufgabe der Stammesgeschichte. Einerseits besitzen wir in den gewaltigen Massen der fossilen *Nautiliten, Ammoniten, Belemniten* u. s. w. einen so kostbaren phylogenetischen Schatz, wie ihn die Palaeontologie in wenigen anderen Thiergruppen darbietet; indem wir die Tausende von palaeozoischen und mesozoischen Species genau vergleichen und die allmählige Umbildung ihrer Schalen Schritt für Schritt durch die Schichtenreihe der Formationen verfolgen, gewinnen wir eine vollständige Einsicht in den Gang ihrer phylogenetischen Transformation, und damit zugleich einen glänzenden Beweis für die Wahrheit der Descendenz-Lehre. Anderseits erhalten wir aber durch das genaueste Studium dieser fossilen Schalen nicht den mindesten Aufschluss über die specielle innere Organisation der Thiere, welche diese äusseren Cuticular-Schalen absonderten. Im Gegentheil belehrt uns die Vergleichung von *Orthoceras* und *Belemnites*, von *Nautilus* und *Spirula*, von *Sepia* und *Argonauta*, dass wir keinerlei sichere Schlüsse aus der Schalenbildung allein auf den inneren Körperbau der betreffenden Thiere ziehen können.

Die vergleichende Anatomie der lebenden Cephalopoden lehrt uns nur zwei verschiedene Typen ihres Körperbaues kennen: *Nautilus* als einzigen recenten Vertreter der Vierkiemer, und alle übrigen lebenden Kraken als Zweikiemer. Beide Typen erscheinen uns desshalb so sehr verschieden, weil nicht allein die Duplicität der Kiemen-Paare, Atrien-Paare und Nieren-Paare den *Nautilus* scharf sämmtlichen *Dibranchien* gegenüberstellt; sondern weil mit dem *tetrabranchien* Bau des ersteren zugleich eine Anzahl von anderen wichtigen Eigenthümlichkeiten verknüpft ist. Einige von diesen sind sicher *primäre* Herediv-Charactere der ältesten Cephalopoden, so namentlich der offene Trichterfuss und der Mangel des Tintenbeutels; andere dagegen müssen wir als *secundäre* Adaptiv-Erwerbungen ansehen, so die verkalkten Kiefer und die eigenthümliche Bildung der zahlreichen Fusstentakeln, welche aus den Kopfarmen (oder den vorderen Fusslappen) hervorgewachsen sind. Wir dürfen daher keineswegs, wie noch heute fast allgemein geschieht, *Nautilus* ohne Weiteres als einzigen Ueberrest einer älteren Vierkiemer-Ordnung betrachten und von dieser die heutigen Zweikiemer durch Rückbildung eines Paares von Ctenidien und Nephridien ableiten. Vielmehr haben wir bereits gezeigt, dass viel grössere Wahrscheinlichkeit für die umgekehrte Annahme besteht, dass alle älteren Cephalopoden *Dibranchien* waren, und dass erst spät ein einzelner Zweig der *Nautiladen* durch Verdoppelung von Kieme und Niere den abweichenden Bau des heutigen tetrabranchien *Nautilus* erlangt hat.

Der Schalenbau des Nautilus, auf welchen die herrschende Ansicht das grösste Gewicht legt, beweist dafür nach unserer Ansicht gar Nichts! Denn wir wissen jetzt durch die Phylogenie der vielkammerigen luftgefüllten Schale, dass diese bei allen älteren Cephalopoden vorhanden war, ebenso bei den Ahnen der heutigen Zweikiemer, wie der Vierkiemer. Die vergleichende Anatomie der Schale von *Nautilus* und *Spirula*, von *Belemnites* und *Sepia*, lässt darüber keinen Zweifel. Wenn zufällig die einzige Gattung *Nautilus* ausgestorben wäre, gleich ihren zahlreichen fossilen Verwandten von der silurischen bis zur cretassischen Zeit, so würde Niemand daran denken, bei ihr die doppelte Zahl der paarigen Kiemen, Atrien und Nieren anzunehmen; vielmehr würde Jedermann voraussetzen, dass sie von diesen wichtigen Organen des Palleal-Complexes nur ein Paar besessen habe, gleich *Spirula* und *Sepia*, und gleich allen übrigen Mollusken. Wenn wir daher hier die Behauptung aufstellen, dass fast alle ausgestorbenen Cephalopoden Zweikiemer waren (— mit einziger Ausnahme einer kleinen, erst spät zur Duplication jener Palleal-Organe gelangten *Nautiladen*-Gruppe —), so hat diese Behauptung ebenso viel (oder mehr) logische Berechtigung, als die gegenwärtig herrschende, entgegengesetzte Annahme.

Ferner ist noch zu berücksichtigen, dass auch die Tausende von fossilen Cephalopoden-Arten, deren Schalen wir kennen, sicher nur einen Bruchtheil des formenreichen Stammes dieser höchstentwickelten Mollusken-Classe bildeten. Wie jetzt, so haben gewiss auch in früheren Zeiten zahlreiche Cephalopoden gelebt, welche durch Rückbildung ihre Schale theilweise oder ganz eingebüsst hatten. Ferner haben sicher in palaeozoischer Zeit zahlreiche connectente Zwischenformen zwischen den ältesten Cephalopoden (*Archolenen*) und ihren *Promollusken*-Ahnen existirt. Unter diesen werden sich Uebergangsformen mit einer einfachen Kegelschale (gleich manchen *Pteropoden*) oder selbst mit einer einkammerigen, in symmetrischer Planospirale aufgerollten Schale (gleich *Bellerophon*) befunden haben. Viele palaeozoische Mollusken von unsicherer Stellung (namentlich sogenannte „Pteropoden", *Conularien* u. s. w.) sind vermuthlich primitive Cephalopoden gewesen. Die vielkammerige Schale der sogenannten „ältesten Cephalopoden" (der cambrischen *Endoceras*, *Piloceras*, *Orthoceras* u. s. w.) ist jedenfalls erst secundär aus einer primär-einkammerigen Schale älterer Vorfahren entstanden.

Auf Grund dieser morphologischen Erwägungen müssen wir die hergebrachte Classification der Cephalopoden aufgeben und vor Allem die Eintheilung in *Tetrabranchia* und *Dibranchia* fallen lassen. Denn die wichtigste morphologische Eigenthümlichkeit von *Nautilus* ist nicht die Duplicität der Kiemen-Paare, sondern der offene Trichter. Wir unterscheiden daher zunächst als zwei Subclassen die älteren *Tomochonien* und die jüngeren *Gamochonien.* Alle älteren Cephalopoden waren Tomochonia oder *Funnaperta,* mit „Spalttrichter": hr Trichterfuss (*Chonium*, *Funnus*, *Infundibulum*) bildete, wie bei *Nautilus*, ein konisches, dütenförmig zusammengerolltes Blatt; die beiden Hälften desselben (die Epipodial-Lappen) legten sich mit ihren Rändern über einander, waren aber nicht verwachsen. Diese Verwachsung trat erst später ein und führte zu der Bildung des „Rohrtrichters", welcher die jüngere Subclasse der Gamochonia oder *Funnoclausa* kennzeichnet; sie findet sich bei allen lebenden Cephalopoden, mit einziger Ausnahme des *Nautilus*; unter den ausgestorbenen fossilen Gruppen bestand dieselbe wahrscheinlich nicht allein bei den *Belemniten,* sondern auch bei den *Ammoniten.*

Wir unterscheiden weiterhin fünf Ordnungen in unserer Classe; davon kommen drei auf die Tomochonien (die *Archolenen*, *Teutholenen* und *Nautolcnen*); zwei gehören zu den Gamochonien (die *Octolenen* und *Decolenen*). Natürlich kann der Versuch dieser neuen Classification nur als provisorisch gelten, so lange uns die Organisation der älteren Cephalopoden noch so wenig bekannt und die wichtige Ontogenie des *Nautilus* ganz unbekannt ist. Vom phylogenetischen Gesichtspunkte aus verdient sie jedoch mehr Vertrauen, als die herrschende Eintheilung in Vierkiemer und Zweikiemer.

(§§ 314 und 315 auf S. 584 und 585.)

§ 316. Erste Ordnung der Cephalopoden:

Archolenae = Proteuthodes.

Cephalopoden mit dutenförmigem, offenem Trichter, mit ein Paar Kiemen und Nieren, mit einfachen Armen (Lappen des Propodiums), ohne Saugnäpfe. Schale ursprünglich einfach, kegelförmig, ungekammert; später am Scheitel mit beginnender Kammerbildung, aber mit completen Septen, ohne Sipho.

Die Ordnung der Archolenae (oder *Proteuthodes*) umfasst die hypothetische gemeinsame Stammform der Classe (*Archinautes*) und die verwandten ältesten Vertreter derselben, die sich noch eng an die *Promollusken*-Ahnen anschlossen; sie lebten in der cambrischen und silurischen Zeit, wahrscheinlich zahlreich.

§ 314. Hypothetisches System der Cephalopoden.

Ordnungen	Trichter-Bildung	Schalen-Bildung	Familien
I. Erste Ordnung: **Archolenae** (*Proteuthodes*) Tomochonia archinautica.	Trichter offen. Zwei Kiemen. Arme einfache Lappen des Propodiums. Septa fehlend oder complet, ohne Sipho	Schale konisch, orthaxon, ungekammert Schale planospiral, ungekammert Schale gekammert, pyramidal, ohne Sipho	1. *Archinautida* ⊙ (Cambrium). 2. *Bellerophontida* ? (Palaeozoisch) 3. *Conularida* (Palaeozoisch)
II. Zweite Ordnung: **Teutholenae** (*Palateuthyes*) Tomochonia dibranchia.	Trichter offen. Zwei Kiemen. Vier Paar einfache Arme, ohne Tentakeln. Schale meist orthaxon, konisch, mit Sipho	Schale mit weitem Sipho und einfacher weiter Mündung Schale mit engem Siphorohr und einfacher weiter Mündung Schale mit engem Mündungsspalte (Kopf ausserhalb)	4. *Endocerades* (Cambrium, Silur) 5. *Orthocerades* (Cambrium bis Trias) 6. *Gomphocerades* (Palaeozoisch)
III. Dritte Ordnung: **Nautolenae** (*Nautilades*) Tomochonia tetrabranchia.	Trichter offen. Vier Kiemen. Vier Paar kurze Armlappen, mit sehr zahlreichen Tentakeln. Keine Saugnäpfe. Schale meist planospiral, mit Sipho	Schale planospiral mit centralem oder subcentralem Sipho, mit kurzen Siphonal-Duten Schale planospiral, ganz involut, mit abaxialem Sipho, mit langen Siphonal-Duten	7. *Pronautilades* (Silur bis Trias) 8. *Eunautilades* (Trias bis Gegenwart) 9. *Aturiades* (Tertiaer)
Grenze zwischen den Tomochonien und Gamochonien.			
IV. Vierte Ordnung: **Octolenae** (*Octopodales*) Gamochonia octopoda.	Trichter geschlossen. Zwei Kiemen und zwei Nieren. Vier Paar Arme. Saugnäpfe sitzend, ohne Hornring. ——— *Stammgruppe der Octolenen*: Goniatiten der Devon-Zeit	IV A. **Ammonitaria** Schale gekammert, meist planospiral, mit engem abaxialem Sipho IV B. **Octopodaria** Schale ungekammert, planospiral, ohne Sipho, oder ganz verschwunden	9. *Goniatitida* (Devon bis Perm) 10. *Ammonitida* (Perm bis Kreide) 11. *Philonexida* (Nectonisch) 12. *Octopodina* (Benthonisch)
V. Fünfte Ordnung: **Decolenae** (*Decapodales*) Gamochonia decapoda.	Trichter geschlossen. Zwei Kiemen und zwei Nieren. Fünf Paar Arme. Saugnäpfe gestielt, mit Hornring. ——— *Stammgruppe der Decolenen*: Aulacoceriden der Trias-Zeit	V A. **Belemnaria** Innere Schale mit Luftkammern, orthaxon V B. **Spirularia** Innere Schale mit Luftkammern, planospiral V C. **Sepiaria** Innere Schale mit solidem Phragmoconus V D. **Loligaria** (Chondrophora) Innere Schale ohne Phragmoconus	13. *Aulacocerida* (Trias, Lias) 14. *Belemnitida* (Jura, Kreide) 15. *Spirulirostra* (Tertiaer) 16. *Spirula* (lebend) 17. *Belosepia* (Eocaen) 18. *Sepia* (lebend) 19. *Loligina* (lebend) 20. *Ommastrephina* (lebend)

§ 315. Hypothetischer Stammbaum der Cephalopoden.

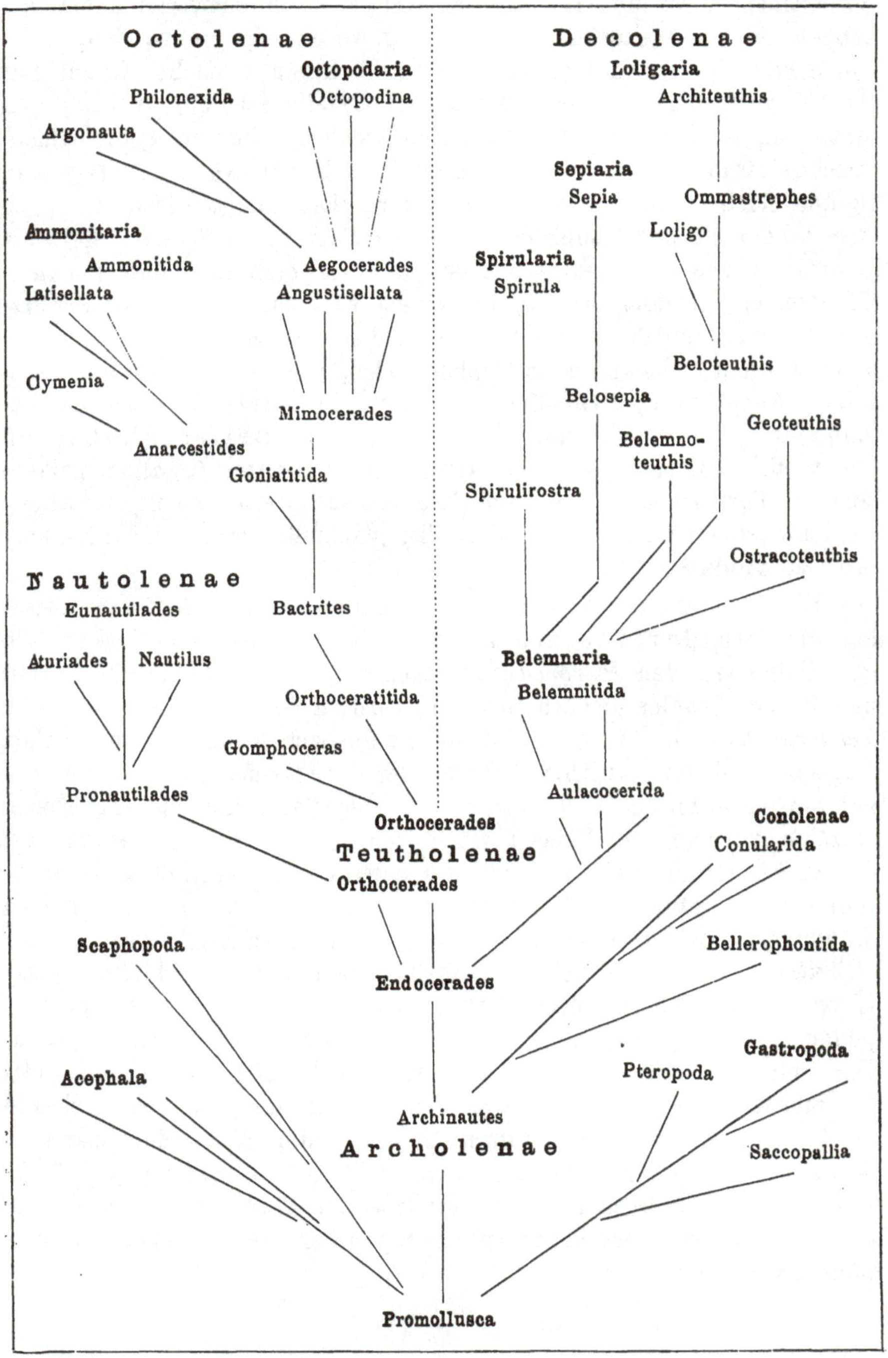

Die Archolenen besassen sicher einen offenen Trichter und nur ein Kiemen-Paar; die Arme werden wohl noch einfache, tentakelartige Lappen des verbreiterten Fussrandes gewesen sein, ohne Saugnäpfe. Die Schale der Stammform war vermuthlich ein einfacher Kegel mit gerader verticaler Axe (eine orthaxone „Patella-Schale"); bei anderen pyramidal, wie bei dem silurischen *Pugiunculus.* Aber auch die palaeozoische Gattung *Bellerophon*, welche gewöhnlich in die Nähe von *Fissurella*, zu den Gastropoden gestellt wird, gehört vielleicht zu dieser Gruppe; ihre scheibenförmige oder fast kugelige Planospiral-Schale, die vollkommen symmetrisch aufgerollt ist, zeigt in dem medianen Schalen-Schlitze, und in dem breiten, von einem Kielpaar eingefassten Schlitzbande eigenthümliche Auszeichnungen; diese passen gut zu dem Bilde jener ältesten einkammerigen Cephalopoden, welche die Theorie voraussetzt. Auch die specielle Schalen-Sculptur erinnert mehrfach an diejenige von *Argonauta* und *Ammonites.* Die Bellerophontiden finden sich (in mehr als 300 Arten) weitverbreitet in allen palaeozoischen Formationen, vom Cambrium bis zum Perm, wo sie erlöschen; am häufigsten sind sie im Kohlenkalk; jedenfalls waren sie schwimmende Mollusken.

Eine zweite oder dritte Gruppe von *Archolenen* bilden wahrscheinlich die Conulariden und verwandte palaeozoische Mollusken, die gewöhnlich zu den *Pteropoden* gerechnet werden. Allein die zarten und kleinen Schalen der echten Pteropoden (— die wir als pelagische *Tectibranchien* betrachten, S. 559 —) finden sich fossil nur im Tertiär. Dagegen sind die stattlichen Schalen der *Conulariden* (über 100 Arten) auf die palaeozoische Zeit beschränkt (vom Cambrium bis zum Perm, einzelne noch in der Trias); sie haben 20—30, einzelne sogar fast 40 cm Länge und zeichnen sich durch pyramidale Gestalt und eigenthümliche Sculptur aus. Die regelmässige Kreuzform ihrer vierlappigen Mündung findet sich auch bei silurischen Teutholenen wieder (*Lituites* u. A.). Die Schale enthält neben dem Conchiolin grosse Mengen von phosphorsaurem Kalk, was ausserdem nur bei Cephalopoden vorkommt, aber nicht bei Pteropoden und anderen Gastropoden. Die Spitze des orthaxonen Gehäuses enthält eine Anzahl von Luftkammern, welche durch concave Septen getrennt sind, wie bei den ähnlichen *Orthoceratiten.* Allerdings fehlt der Sipho der letzteren; derselbe ist aber auch bei den ältesten Formen dieser Gruppe theilweise nicht oder doch in ganz abweichender Form entwickelt (*Endoceras*, *Piloceras*). Ueberhaupt ist der Sipho kein nothwendiger Bestandtheil der Pneumatoconcha.

§ 317. Zweite Ordnung der Cephalopoden: Teutholenae = Palateuthyes.

Cephalopoden mit dutenförmigem, offenem Trichter, mit ein Paar Kiemen und Nieren, mit (vier Paar?) einfachen Armen, ohne Saugnäpfe (?). Schale vielkammerig, mit entwickeltem Sipho.

Die Ordnung der Teutholenen oder *Palateuthyen* gründen wir für diejenigen älteren, in der palaeozoischen Aera vorherrschenden Cephalopoden, welche sich noch zunächst an die Stammgruppe der *Archolenen* anschliessen, aber durch völlig entwickelte vielkammerige Schale mit Sipho unterscheiden. Den Hauptstamm dieser Ordnung bildet die mächtige Gruppe der Orthoceratiten (in weiterem Sinne). Die grosse, bisweilen 2 Meter lange Schale ist gewöhnlich orthaxon, kegelförmig, mit zahlreichen Luftkammern, die durch concave Septa getrennt werden. Der Sipho, welcher dieselben durchbricht, verhält sich sehr verschieden. Bei der wichtigen Familie der niederen Endoceratiden oder *Orthocerates vaginati*, die nur im Cambrium und Silur vorkommt, ist eigentlich noch kein echter Sipho vorhanden. Bei dem cambrischen *Piloceras* besteht die kegelförmige Schale aus mehreren konischen, in einander steckenden Duten, die Septum und Sipho zugleich darstellen. Bei dem untersilurischen *Endoceras* erfüllt der kegelförmige Visceral-Dom den grössten Theil des vielkammerigen Gehäuses; die Luftkammern umgeben denselben ringförmig. Wenn die ansehnliche Schale länger wird, zieht das wachsende Thier den Visceral-Dom aus dem Scheitel des konischen Gehäuses hervor und schliesst sich durch eine dutenförmige Kalkhülle von ihm ab; wenn diese sich fossil mit Gestein ausgefüllt findet, wird sie als „Spiess“ beschrieben. Besondere Kalksepten können die Dute mit der Innenwand der kappenförmigen Luftkammer verbinden. Die *Endoceraden* bilden die connectente Uebergangsgruppe von den *Archolenen* zu den *Teutholenen*.

Die Orthoceraden im engeren Sinne, welche die Hauptmasse des *Teutholenen*-Stammes bilden, besitzen schon einen echten Sipho. Der weite konische Visceral-Dom wird hier durch die wachsende Ausdehnung der Luftkammern eingeengt und durch ihre Septen perlschnurartig eingeschnürt; er bildet schliesslich eine enge Röhre, die mit zahlreichen, gegen den Scheitel (oder die Dorsalspitze des Gehäuses) gerichteten Siphonal-Duten sich umgiebt. Bei einem Theile der zahlreichen Orthoceraden-Genera beginnt das orthaxone Kegelgehäuse sich hornförmig zu krümmen (*Cyrtoceras, Phragmoceras*) und geht so allmählig durch spirale Aufrollung in die typische Form der folgenden Ordnung, der Nautiladen über.

Die palaeozoischen Thiere, welche die Schalen der *Orthoceraden* bildeten, sind wohl schon in der Bildung der Arme und im Verhältniss des Mantels zur Schale vielfach differenzirt gewesen. Während die echten *Orthoceratiten* eine weit offene Wohnkammer besassen, ist dieselbe bei den Gomphoceraden (dem orthaxonen *Gomphoceras* und dem cyrtaxonen *Phragmoceras*) zwar sehr weit und nimmt die grössere Hälfte der ganzen Schalenlänge ein; aber die Mündung ist sehr verengt und öffnet sich durch eine schmale Median-Spalte, welche am hinteren Ende eine erweiterte Oeffnung für den Trichter besitzt, am vorderen Ende einen Querspalt zum Austritte des Kopfes und der Arme; letzterer ist sogar bisweilen in mehrere symmetrische Lappen gespalten, die den einzelnen Armen zu entsprechen scheinen. Offenbar hat bei diesen merkwürdigen *Gomphoceraden* die Wohnkammer nur den Rumpf mit dem Visceral-Dom umschlossen, während sich Kopf und Arme ausserhalb derselben befanden. Die Arme dieser Thiere, ebenso wie diejenigen ihrer langgestreckten *Orthoceratiten*-Ahnen, sind jedenfalls ganz von denjenigen des heutigen Nautilus verschieden gewesen, wahrscheinlich lang und kräftig.

Die wichtige Stammgruppe der *Endoceraden* spaltete sich wahrscheinlich schon in cambrischer oder silurischer Zeit in mehrere Aeste. Den stärksten und in der palaeozoischen Aera herrschenden Zweig bildeten die Orthoceraden, mit der grossen Familie der eigentlichen *Orthoceratiten* und den davon abgeleiteten Nebenfamilien (den Typen von *Ascoceras*, *Cyrtoceras*, *Gyroceras*, *Lituites* u. s. w.). Aus dem *Gyroceras*-Zweige ging wahrscheinlich der Stamm der Nautolenen hervor, dessen *Nautiloiden*-Zweig später (am Ende der Perm-Periode?) die Duplication der Kiemen und Nieren erwarb. Der Stamm der Octolenen (die *Ammonitarien* und *Octopodarien* umfassend) ist sowohl durch die orthaxonen silurischen *Bactriten* als durch die spiraxonen devonischen *Goniatiten* mit den Endoceraden verknüpft. Unabhängig von jenen scheinen sich aus einem anderen Zweige der *Endoceraden* die *Aulacoceraden* der Trias entwickelt zu haben, die Stammformen der Decolenen.

§ 318. Dritte Ordnung der Cephalopoden:

Nautolenae = Nautilades.

Cephalopoden mit dutenförmigem, offenem Trichter, mit zwei Paar Kiemen und Nieren, mit vier Paar kurzen

Armlappen, die zahlreiche Tentakeln tragen, ohne Saugnäpfe. Schale vielkammerig, mit einfachen, pro-concaven Septen und mit Sipho.

Die Ordnung der Nautolenen oder *Nautiladen* — in dem beschränkten Umfang, in welchem wir sie hier aufführen — umfasst nur einen Theil von denjenigen Cephalopoden, die gewöhnlich als *Nautiloidea* im weiteren Sinne vereinigt werden. Wir betrachten als maassgebenden Typus dieser Ordnung den heute noch lebenden *Nautilus* und stellen ausserdem dazu nur diejenigen ausgestorbenen *Nautiloiden,* welche in der characteristischen Tetrabranchien-Structur mit ihm übereinstimmten. Der heutige Nautilus ist ausserdem der einzige von allen lebenden Cephalopoden, in welchem uns das ursprüngliche Verhältniss dieser höchst organisirten Mollusken zu ihrer eigenthümlichen vielkammerigen Schale bis heute erhalten ist. Die genaue Kenntniss seiner Organisation und Ontogenie ist daher von grösster Bedeutung für das morphologische und phylogenetische Verständniss der ganzen Classe und namentlich für die Erkenntniss der Beziehungen, welche zwischen den älteren Cephalopoden und ihren *Promollusken*-Ahnen einerseits, ihren *dibranchiaten* Epigonen anderseits bestehen. Die Beurtheilung derselben verlangt aber zugleich grosse Vorsicht; denn sicher ist nur ein Theil der Nautilus-Charactere als *primär* und herediv anzusehen; ein anderer Theil ist sicher adaptiv und beruht auf *secundärer* Specialisation. Eine vorsichtige kritische Erörterung dieser Beziehungen ist um so nothwendiger, als dieselben in sehr verschiedener und vielfach irrthümlicher Weise beurtheilt worden sind. Leider ist uns die Ontogenie des Nautilus, von welcher die wichtigsten Aufschlüsse zu erwarten sind, zur Zeit noch ganz unbekannt; wir sind daher ausschliesslich auf die morphologischen Ergebnisse der vergleichenden Anatomie angewiesen.

Die herrschende und schon seit langer Zeit eingebürgerte Auffassung des *Nautilus* erblickt in demselben den einzigen Ueberrest eines uralten und äusserst formenreichen Stammes, dem sämmtliche Cephalopoden mit einer äusseren Luftkammer-Schale angehören. Es werden daher nicht allein die 2500 fossilen Arten von *Nautiliten* zu diesem, schon seit cambrischer und silurischer Zeit bestehenden Stamme gerechnet, sondern auch die ähnlichen 4000 Arten von *Ammoniten.* Die auffallende Aehnlichkeit in der Schalenbildung beider Gruppen, sowie die Existenz von uralten Uebergangs-Formen zwischen Beiden (*Goniatiten* etc.) weist in der That auf einen monophyletischen Ursprung derselben hin. Nun unterscheidet sich aber *Nautilus* von allen anderen Cephalopoden nicht nur, sondern von allen übrigen Mollusken überhaupt, durch die Duplicität seines Palleal-Complexes; er allein besitzt zwei Paar von Ctenidien, Atrien und Nephridien, während sonst allgemein nur ein Paar existirt. Die äussere Aehnlichkeit im Schalenbau zwischen *Nautilus* und den fossilen *Nautiliten* und *Ammoniten* führte weiter zu dem gewagten Schlusse, dass auch alle diese ausgestorbenen Cephalopoden Vierkiemer gewesen seien. Diesen Schluss halten wir aus den angeführten Gründen für irrig, und sind vielmehr der Ansicht, dass der *Tetrabranchial*-Bau keine ursprüngliche Eigenthümlichkeit der ältesten Cephalopoden, sondern erst secundär aus deren *Dibranchial*-Bau entstanden ist, durch Spaltung des Palleal-Complexes (vergl. § 285). Wann diese Spaltung im Verlaufe der Erdgeschichte eingetreten ist, lässt sich natürlich durch die blosse Vergleichung der fossilen Schalen nicht bestimmen; diese liefern dafür gar keine Anhaltspunkte. Wir halten es für möglich, dass die Duplication der Ctenidien, Atrien und Nephridien erst spät stattgefunden hat. Als gegen Ende der Perm-Periode fast sämmtliche palaeozoische Nautiliten ausstarben, muss irgend eine bedeutende Veränderung der Existenz-Bedingungen die Ursache ihrer raschen Vernichtung und das Hinderniss ihres weiteren Fortlebens gewesen sein. Vielleicht wurde die Fortexistenz der mesozoischen Nautiliten-Reste dadurch ermöglicht und jenes Hinderniss dadurch überwunden, dass Respiration, Circulation und Excretion durch Verdoppelung ihrer Organe wesentlich erleichtert und gefördert wurden.

Zu Gunsten unserer Annahme müssen wir noch besonders betonen, dass gleich den tetrabranchien Nautiliten auch die sämmtlichen Dibranchier von ausgestorbenen (palaeozoischen) Ahnen abstammen müssen, welche gleichzeitig den typischen Bau der Zweikiemer und die Luftkammerschale von *Orthoceraden* besassen. Allerdings ist diese letztere schon bei den ältesten Dibranchien, von denen wir sichere fossile Reste besitzen (— *Belemniten* der Trias und Jura —) zu einer inneren geworden und vom Mantel umwachsen. Allein die lebende *Spirula* beweist deutlich, dass ihre Vorfahren ursprünglich eine äussere Schale besassen, und dass das Thier in der letzten Wohnkammer sass, wie bei *Nautilus*. Da die ältesten *Belemniten* (*Aulacoceras* in der Trias) wirklich Zweikiemer waren, so hindert uns Nichts in der Annahme, dass auch ihre *Orthoceratiten*-Ahnen (von cambrischer und silurischer Zeit bis zur Trias-Zeit fortbestehend) ebenfalls zu den Dibranchien gehörten. Indem die äussere Schale der Orthoceratiten von den beiden lateralen Mantellappen auf der antero-dorsalen Seite umwachsen und völlig eingeschlossen wurde, verwandelte sie sich in die innere Schale der *Belemniten* (Rückenschulpe).

Sehr wichtig für die Vergleichung dieser Verhältnisse ist die Lage von Nautilus in seiner Schale. Die Mündung der Schale wird, wenn das Thier in die Wohnkammer zurückgezogen ist, verschlossen von seiner Ventral-Fläche, in welcher vorn (der inneren Spiral-Axe zugewendet) die Kopfkappe liegt, jederseits dahinter die Armlappen mit den Tentakeln, und hinten (am Aussenrande der Schalenmündung) der Trichterfuss. Die horizontale Medianlinie, welche von der vorspringenden Vorderspitze der Kopfkappe zur Basis des Trichters geht, ist die verkürzte Principal-Axe. Senkrecht darauf steht die verlängerte Sagittal-Axe, welche vom Munde zum Scheitel des glockenförmigen Visceral-Doms geht; die Stelle im Grunde der Wohnkammer, wo der Scheitel sich in das Ende des Siphunkels fortsetzt, ist das Centrum der Dorsal-Seite. Demnach ist die abaxiale oder äussere Wand der Wohnkammer (— die bald als dorsale, bald als ventrale bezeichnet wird, und an welcher unten der Trichter anliegt —) die hintere oder *postero-dorsale*; dagegen ist die axiale oder innere Wand derselben (— an der unten die Kopfkappe anliegt —) die vordere oder *antero-dorsale*. Entsprechend kann auch in der Median-Ebene der symmetrischen Nautilus-Schale der „Aussenrand" als Trichterrand oder Hinterrand bezeichnet werden, der „Innenrand" als Stirnrand oder Vorderrand. Dagegen ist es unrichtig, einen von beiden als *dorsalen* und den anderen als *ventralen* zu bezeichnen; denn beide umfassen die gewölbte Rückenfläche des Thieres und sind somit dorsal. Kein Theil der Nautilus-Schale darf als ventraler bezeichnet werden, ausgenommen ihre Mündung.

Dass die typische planospirale Nautilus-Schale sich im Wesentlichen unverändert von der Silur-Zeit bis zur Gegenwart erhalten hat, beweist natürlich nicht, dass das von ihr umschlossene Thier keine bedeutenden Veränderungen erlitt. Im Gegentheil können wir nach Analogie anderer ähnlicher Fälle schliessen, dass im Inneren des äusserlich gleich bleibenden Körpers sich sehr wesentliche Veränderungen vollzogen. Die älteren *Pronautiladen* (vom Silur bis zur Trias?) werden eine lange Reihe von connectenten Uebergangsformen zwischen ihren palaeozoischen (dibranchien) *Teutholenen*-Ahnen (*Gyroceras*) und den späteren (tetrabranchien) *Eunautiladen* (von der Trias bis zur Gegenwart) gebildet haben. Als jüngere Nebengruppe zweigten sich von Letzteren die *Aturiaden* ab.

§ 319. Vierte Ordnung der Cephalopoden:

Octolenae = Octopodales.

Cephalopoden mit röhrenförmig geschlossenem Trichter, mit einem Paar Kiemen und Nieren, mit vier Paar Armen, die Saugnäpfe tragen. Schale ursprünglich ammonital, später meist rückgebildet, oder ganz verloren.

Die Ordnung der Octolenen oder *Octopodalen* (= *Octopoda*) erhebt sich über die vorhergehenden drei Ordnungen hauptsächlich durch die Verwachsung der beiden Trichterlappen, welche eine konische Röhre bilden; das *Tomochonium* hat sich in ein *Gamochonium* verwandelt. Die Octolenen theilen diesen Character mit der folgenden Ordnung der Decolenen, mit welchen sie gewöhnlich als Ordnung der *Dibranchia* vereinigt werden. Wir haben bereits gezeigt, wesshalb diese übliche Benennung nicht systematisch zu verwerthen ist; alle älteren Cephalopoden haben sicher auch nur ein Kiemen-Paar besessen (S. 521). Ausserdem unterscheiden sich die *Octolenen* durch zahlreiche und wichtige Eigenthümlichkeiten von den *Decolenen*, so dass neuerdings die Annahme eines getrennten Ursprungs beider Ordnungen der Gamochonien immer mehr an Wahrscheinlichkeit gewinnt. Alle *Octolenen* besitzen nur vier Armpaare; es fehlen ihnen die beiden characteristischen langen Fangarme der *Decolenen*; die Saugnäpfe der Arme haben keinen Hornring und sind nicht gestielt, wie bei Letzteren. Auch fehlt der eigenthümliche knorpelige Schliess-Apparat des Mantels, der diese auszeichnet. In einigen Verhältnissen des inneren Baues erscheinen die Achtarmigen niedriger, in anderen höher organisirt, als die Zehnarmigen; vor Allen aber fehlt ihnen die Schulpe oder die characteristische innere Schale der letzteren. Einige Knorpel-Platten, die in der Rückenwand mancher Octolenen vorkommen, sind selbständige Bildungen, und nicht auf den rudimentären Calamus von Loligarien oder von anderen Decolenen zurückzuführen.

Die wichtige Gattung Argonauta ist der einzige lebende Octolene, der eine äussere Schale besitzt; diese dünne Kalkschale ist planospiral, exogastrisch oder prosotrop aufgerollt (wie bei *Nautilus*); sie gleicht nicht nur in der äusseren Form, sondern auch in der speciellen Sculptur derjenigen mancher *Ammoniten*; sie unterscheidet sich aber auffallend von diesen durch den gänzlichen Mangel der Kammerbildung und des Sipho. Das Thier sitzt nur locker in der einfachen Wohnkammer, welche es auch leicht verlassen kann, und hält sich fest mittelst des vordersten Arm-Paares; diese sind lappenartig verbreitert und umfassen einen grossen Theil der Schale. Bisher nahm man gewöhnlich an, dass beide Armlappen die adaptive Schale bilden, und dass diese daher der äusseren, vom Mantel gebildeten herediven Schale der übrigen Cephalopoden nicht vergleichbar sei. Es hat sich aber jetzt herausgestellt, dass die Arme der *Argonauta* nur einen kleinen Bezirk (die „schwarze Schicht" der Aussenfläche) absondern und dass auch hier, wie gewöhnlich, der grösste Theil der Schale vom dorsalen Mantel producirt wird. Damit hat die neuere Hypothese an Gewicht gewonnen, wonach Argonauta von Ammoniten abstammt; sie würde der einzige lebende Octolene sein, welcher noch die heredive Schale bewahrt hat — wenn auch unter Verlust der Luftkammern und Septen, sowie des Sipho —; die übrigen Octolenen der Gegenwart hingegen, die *Octopodarien*, würden die Schale ihrer Ammoniten-Ahnen abgeworfen haben. Als Ursache dieser Verluste könnte veränderte Lebensweise angesehen werden, z. B. kriechende Ortsbewegung im Benthos, wobei die Schale nur hinderlich war.

Zu Gunsten der Abstammung der *Octopodarien* von *Ammonitarien* sprechen viele morphologische Thatsachen; die heutigen Octolenen können nicht von Decolenen abgeleitet werden, ebensowenig als letztere von ersteren. Von dem typischen „Schulp" der Zehnarmigen, dessen Phylogenese aus der Belemnarien-Schale klar vor Augen liegt, besitzen die Achtarmigen keine Spur. Dagegen deuten viele Eigenthümlichkeiten der Octolenen auf einen Ursprung aus Ammoniten hin, unabhängig von Decolenen. Man hat sogar in der speciellen Schalen-Sculptur von drei lebenden *Argonauta*-Arten so viel Aehnlichkeit mit drei verschiedenen (jüngsten) Ammoniten-Formen (aus der oberen Kreide) gefunden, dass man erstere polyphyletisch von letzteren ableiten wollte; man verglich *Argonauta hians* mit *Hoplites auratus*, *Argonauta tuberculata* mit *Scaphites conradi*, und *Argonauta argo* mit *Scaphites compressus*. Wenn diese Ableitung auch wahrscheinlich zu weit geht, so verdient doch jedenfalls die fragliche Hypothese die vollste Beachtung. Wenn man sie verwirft, so darf man nicht vergessen, dass jedenfalls alle nackten Octopodarien auch von beschalten Ahnen (Teutholenen) abzuleiten sind, ebenso gut wie alle Decolenen.

Die Stammesgeschichte der Ammonitarien, die wir aus den schon oben angeführten Gründen als *Dibranchien* betrachten, und die wahrscheinlich auch schon einen geschlossenen Trichter besassen, bietet der phylogenetischen Forschung eine Fülle der interessantesten Probleme. Da die Transmutation ihrer unzähligen Arten, und deren Verknüpfung durch connectente Zwischenformen sich durch alle Schichten der mesozoischen Formationen hindurch verfolgen lässt, liefern sie glänzende Beweise für die Descendenz-Theorie im Allgemeinen, und für viele wichtige Einzelfragen derselben im Besonderen. Die zahlreichen Familien der typischen mesozoischen Ammoniten sind aus älteren palaeozoischen Goniatiten hervorgegangen, und diese schliessen sich so eng an die älteren Nautiliten und deren Orthoceraden-Ahnen an, dass sie nur künstlich durch untergeordnete Merkmale (in der Lage des Sipho und der Gestalt der Septen) unterschieden werden können. Die meisten Ammoniten sind gleich den echten Nautiliten planospiral; aber unter den ältesten finden sich auch orthaxone Uebergangsformen (z. B. der silurische und devonische, *Orthoceras* nahe stehende *Bactrites*).

Die Ableitung der modernen und tertiären *Octopodarien* von mesozoischen *Ammonitarien* hat unseres Erachtens zur Zeit ebenso viel (oder mehr) Anrecht auf sorgfältige Prüfung, wie jede andere Hypothese. Man könnte vielleicht auch daran denken, *Argonauta* direct von älteren einkammerigen Cephalopoden (— z. B. den palaeozoischen *Bellerophonten*? —) abzuleiten; allein dann fehlen die mesozoischen Zwischenformen. Dass die Bewohner der Ammoniten-Schale die Organisation der heutigen Octopodinen besassen, dürfen wir ebenso gut (oder mit mehr Recht) vermuthen, als dass sie dem heutigen Nautilus glichen. Teutholene Ahnen (Endoceraden, § 317) müssen wir für Alle annehmen. Demnach würden wir in der Phylogenie der Octolenen als Haupt-Stufen etwa folgende ansehen können: 1) *Archolenen* (mit einkammeriger Schale, cambrisch); 2) *Endoceraden* (mit Orthoceras-Bildung, silurisch); 3) *Bactriten* (devonisch); 4) *Goniatiten* (carbonisch, permisch); 5) *Ceratiten* (Trias); 6) *Autammoniten* (Jura); 7) *Lytoceraden* (Kreide); 8) *Scaphiten* (Alttertiär); 9) *Argonauta* (Neutertiär und Modern); 10) die nackten *Octopodinen*.

§ 320. Fünfte Ordnung der Cephalopoden:

Decolenae = Decapodales.

Cephalopoden mit röhrenförmig geschlosssenem Trichter, mit einem Paar Kiemen und Nieren, mit fünf Paar Armen, die Saugnäpfe tragen. Schale urspünglich orthoceral, vom Mantel umwachsen, später rückgebildet.

Die Ordnung der Decolenen oder *Decapodalen* (gewöhnlich als Decapoda bezeichnet) umfasst den höchst entwickelten Zweig des Cephalopoden-Stammes. Der Trichter ist geschlossen wie bei den

Octolenen, und die vier Armpaare sind, wie bei diesen, mit Saugnäpfen bewaffnet; aber in vielen Einzelheiten der Organisation entfernen sie sich von denselben. Besonders ausgezeichnet ist diese Ordnung durch den Besitz von ein Paar adaptiven, langen Fangarmen oder Fangtentakeln, welche in eine besondere Scheide zurückziehbar und nur am Ende mit Saugnäpfen bewaffnet sind; sie fehlen den übrigen Cephalopoden. Die Saugnäpfe, welche diese und die vier herediven Armpaare tragen, sind gestielt und mit einem Hornring versehen. Der Mantel trägt ein Paar laterale Schwimmflossen und zeichnet sich durch einen eigenthümlichen knorpeligen Schliess-Apparat aus.

Alle lebenden Decolenen besitzen einen eigenthümlichen Schulp (*Sculpo*) oder eine sogenannte „innere Schale“; dieselbe liegt eingeschlossen in einer Schulptasche (*Sculpopera*) an der Vorderseite oder Frontalfläche des Visceral-Doms. Nur bei einer einzigen lebenden Gattung, der bedeutungvollen *Spirula*, liegt ein Theil der vielkammerigen (hier *Gyroceras*-ähnlichen) Schale noch frei, indem die beiden einschliessenden lateralen Mantellappen am Scheitel (oder Dorsal-Pol) nicht völlig verwachsen sind; hier zeigt sich deutlich, dass die Schale ursprünglich — bei den *Teutholenen*-Vorfahren — eine äussere war, und dass sie erst allmählig durch Reduction und Umwachsung seitens des Mantels zu einer inneren „Schwimmblase“ geworden ist.

Als Stammgruppe der Decolenen betrachten wir die mesozoischen Belemnarien, von denen die älteren *Aulacocerida* in der Trias-Zeit lebten, die jüngeren *Belemnitida* in der Jura- und Kreide-Periode. Die ansehnlichen Schalen derselben, welche über 1 Meter Länge erreichen, sind stets orthaxon und schliessen sich unmittelbar an die palaeozoischen Orthoceraden an, aus deren *Endoceras*-Ahnen auch sie hervorgegangen sind. Die Schale besteht aus drei Theilen: dem acralen *Rostrum*, dem gekammerten *Phragmoconus* und dem blattförmigen basalen *Pronostracum*. Die Spitze des kegelförmigen soliden Rostrum entspricht dem Scheitel der ursprünglichen Kegelschale und berührt nahezu den höchsten Theil des dorsalen Visceral-Doms. Der Phragmoconus stützt dessen Vorderwand und besteht aus einer geraden Reihe von Luftkammern, die durch horizontale Septen getrennt werden; diese stehen bei den *Aulacoceraden* noch entfernt (wie bei den Orthoceraden), bei den *Belemnitiden* schon dicht gedrängt; daher die Kammern dort geräumig, hier sehr niedrig sind. Die Grösse der Kammern nimmt von den obersten (ältesten) nach den untersten (jüngsten) beständig zu. Die vordere (frontale) Wand dieser letzteren verlängert sich nach unten in einen blattförmigen, dünnen und breiten Fortsatz, das Pronostracum. Werthvolle wohlerhaltene Abdrücke von älteren Belemnarien (*Belemnoteuthis* aus dem Jura) zeigen deutlich, dass die Lage dieses ursprünglichen Schulps in der Vorderwand des dorsalen Visceral-Doms bei diesen älteren Decolenen schon ganz dieselbe war, wie bei der heutigen Sepia.

Aus der Stammgruppe der älteren Belemnarien sind drei verschiedene Zweige (oder Unterordnungen) des Decolenen-Stammes hervorgegangen: die *Spirularien*, *Sepiarien* und *Loligarien*. Die Gruppe der Spirularien ist noch heute durch die lebende *Spirula* vertreten, deren vielkammerige, *Gyroceras*-ähnliche Schale in einer offenen Planospirale endogastrisch (oder opisotropisch) aufgerollt ist; der interne Siphunkel ist von langen Septal-Düten umschlossen. Die miocaene *Spirulirostra*, bei welcher nur der oberste (älteste) Theil der gekammerten Schale die beginnende Spiral-Involution besitzt, lehrt, wie *Spirula* aus älteren *Belemniten* mit gekrümmtem Phragmoconus entstanden ist.

Die Sepiarien haben zwar im Wesentlichen noch alle Theile des Schulps ihrer Belemniten-Ahnen conservirt; aber die Luftkammern sind nahezu verschwunden, indem die Septen sich nach vorn gesenkt und an einander gelegt haben; sie erscheinen als zahlreiche dünne Kalkblätter, welche dichtgedrängt über einander liegen, in der Richtung von oben und hinten nach vorn und unten absteigend. Die hintere Wand der jüngsten Kammer liegt in der unteren (basalen) Hälfte der Rückenwand der Schale frei, während die ganze Frontalwand des schildförmigen Schulps von einer breiten, über die Seitenränder vorragenden Conchiolin-Platte bedeckt ist; das obere Ende läuft in ein konisches, spitzes, rudimentäres Rostrum aus. Die eocaene Gattung *Belosepia* hat noch ein stärkeres Rostrum und geräumigere Luftkammern; sie erläutert den Uebergang von den mesozoischen *Belemniten* zu der heutigen *Sepia*.

Die Loligarien oder *Todarinen* (*Loligo*, *Onychoteuthis*, *Ommastrephes* u. A.) bilden den dritten und höchst entwickelten Ast des *Decolenen*-Stammes. Der langgestreckte cylindrische Körper, am Scheitel mit ein paar kräftigen Flossen ausgestattet, ist in vorzüglicher Weise der schnellen Schwimmbewegung des Raubthiers angepasst. Dem entsprechend ist hier die „innere Schale“ in eigenthümlicher Weise rückgebildet; sie ist in ein langes und schmales, eiförmiges oder pfeilförmiges Blatt verwandelt, welches bei den älteren Formen noch eine geringe Menge von (phosphorsaurem) Kalk enthält, bei den jüngeren bloss aus Conchiolin besteht. Der grösste Theil dieses elastischen dünnen Blattes (als *Calamus* oder *Gladius* bezeichnet) entspricht dem *Pronostracum* der Belemnarien, von denen die Loliginen abstammen; der Phragmoconus ist mehr oder weniger, bei den meisten ganz rückgebildet; sein Rest ist bisweilen noch als ein kleiner Hohlkegel an der oberen Spitze des Calamus (am Dorsal-Pol gelegen) erkennbar; das Rostrum ist verschwunden. Eine Anzahl fossiler Loligarien ist in Jura-Schichten nicht selten (besonders im Posidonien-Schiefer des oberen Lias); sie erläutern sehr schön den Uebergang von den Belemniten zu den Todarinen. Der Phragmoconus wird immer kleiner, während das Pronostracum entsprechend sich ausdehnt. Die Genera *Belemnoteuthis* (schon in der Trias), *Ostracoteuthis*, *Geoteuthis*, *Beloteuthis* u. A. illustriren verschiedene Stufen dieser interessanten Transmutation. Sie erreicht ihren höchsten Grad in den lebenden Loligarien der Genera *Onychoteuthis* und *Ommastrephes*, den vollkommensten und grössten aller Mollusken; der Riesenkrake *Architeuthis* erreicht eine Körperlänge von 5—6 Meter und hat Arme von 10—12 Meter Länge; er ist das grösste von allen wirbellosen Thieren.

Achtes Kapitel.

Systematische Phylogenie der Articulaten (Gliederthiere).

§ 321. Begriff der Articulaten.

(*Articulata* = *Arthrozoa* = *Annelida et Arthropoda.*)

PHYLON DER GEGLIEDERTEN CHORDALOSEN COELOMARIEN.

Coelomarien mit gegliedertem, dipleurem Körper, in dessen zahlreichen Metameren sich ursprünglich die gleiche Organisation wiederholt. Nerven-System ein gegliedertes Bauchmark, durch einen Schlundring mit einem Paar Cerebral-Knoten verbunden. Tegument mit einer Chitin-Cuticula, die meistens zu einem festen gegliederten Hautpanzer sich entwickelt. Ueber dem Darm ein Rückengefäss oder Dorsal-Herz.

Der Stamm der Gliederthiere oder *Articulaten* ist die formenreichste Hauptgruppe des Thierreichs und zugleich die höchstentwickelte Gruppe unter den wirbellosen Thieren. Dieses Phylon umfasst drei grosse und wichtige Subphylen oder Cladome: 1) die Ringelthiere (*Annelida*), 2) die Krustenthiere (*Crustacea*) und 3) die Luftrohrthiere (*Tracheata*). Die beiden letzteren sind nach unserer Ansicht zwei selbständige Stämme, welche sich (unabhängig von einander) aus dem ersteren entwickelt haben. Trotzdem die mannichfaltigen Formen der Tracheaten und Crustaceen in ihren höchst specialisirten Zweigen sehr weit aus einander gehen, ist es dennoch nach unserer Auffassung gerechtfertigt, jedes dieser beiden Cladome auf eine gemeinsame Stammform zurückzuführen, und ebenso beide

Stammformen wieder auf die Anneliden. Da nun auch diese letzteren auf eine gemeinsame Stammgruppe (*Archannelida*) zurückführbar sind, betrachten wir den ganzen Articulaten-Stamm monophyletisch, als eine natürliche Hauptgruppe der Coelomarien, welche aus einem Zweige des Vermalien-Stammes hervorgegangen ist; die ausgestorbenen *Helminthen* dieser Stammgruppe dürften in den heutigen *Frontoniern*, und zwar in den ältesten Formen der Nemertinen, ihre nächsten Verwandten besitzen. Nicht allein die gesammte Anlage des bilateralen Organismus, sondern auch jedes einzelne Organ-System der *Arthropoden* lässt sich durch Vererbung von denjenigen der älteren *Palanemertinen* ableiten. Als ältere Vorfahren dieser Letzteren sind dann jedenfalls die Rotatorien zu betrachten (*Trochozoen* und *Provermalien*; vergl. §§ 172 und 188).

§ 322. Anneliden und Arthropoden.

Als der Begründer der „Typen-Theorie" 1812 den ersten Entwurf zu einem natürlichen System des Thierreichs unternahm, erkannte er mit richtigem Scharfblick die eigenthümlichen Organisations-Verhältnisse der „gegliederten wirbellosen Thiere" und bildete aus ihrer Vereinigung eine von seinen vier grossen Hauptabtheilungen, den Typus der Articulata; er unterschied unter denselben als vier Classen: 1) Die *Anneliden*, 2) die *Crustaceen*, 3) die *Arachniden* und 4) die *Insecten* (— letztere mit Inbegriff der Myriapoden —). Zugleich wurden die eigenthümlichen Merkmale, durch welche sich alle diese Gliederthiere von allen übrigen Thieren unterscheiden, treffend hervorgehoben: Die äussere Gliederung des langgestreckten bilateralen Körpers und besonders seines festen Haut-Skelets, der innere Ansatz der Muskeln an dem letzteren, der Besitz eines dorsalen Herzens, und vor Allem die höchst characteristische Form des Central-Nervensystems, dessen Gehirn durch einen Schlundring mit einer ventralen Kette von segmentalen Ganglien zusammenhängt, dem gegliederten Bauchmark.

Die natürliche Einheit der Articulaten-Gruppe wurde 36 Jahre später wieder aufgelöst, indem man irrthümlich in der Organisation der *Anneliden* wesentliche, typische Unterschiede von derjenigen der übrigen *Articulaten* zu finden glaubte. Für die letzteren wurde jetzt (1848) der besondere Stamm der Gliederfüssler oder Arthropoda aufgestellt; nicht nur durch die Gliederung der Beine und die „Heteronomie" der Rumpfsegmente, sondern auch durch den Bau des Nervensystems und anderer Organe sollten die Arthropoden sich so weit von den Anneliden entfernen, dass die Aehnlichkeit beider Gruppen „ohne allen tieferen Zusammenhang" wäre. Die *Anneliden* wurden nunmehr in die bunte Sammelgruppe der *Vermes* zurückgestellt, die *Arthropoden* dagegen zum Range eines selbständigen „Typus" erhoben, gleichwerthig den Typen der *Vermes*, der *Mollusken* und *Vertebraten*. Als zwei Classen dieses Typus wurden die Crustaceen und Insecten unterschieden, letztere mit den drei „Hauptordnungen" der *Myriapoda*, *Arachnida* und *Hexapoda*.

Diese vollständige Trennung der *Anneliden* von den *Arthropoden* durch „ganz fundamentale Differenzen" war einer der grössten Rückschritte der neueren Systematik und hat 30 Jahre hindurch das Verständniss des Articulaten-Stammes in hohem Maasse erschwert; zugleich hat sie zu zahlreichen irrthümlichen Auffassungen ihrer Organisation und der morphologischen Beziehungen beider Classen verführt. Erst nachdem vor 22 Jahren der eigenthümliche Körperbau des *Peripatus* entdeckt und in diesem uralten Protracheaten das unmittelbare Bindeglied zwischen den *Anneliden* und *Myriapoden* nachgewiesen war, begannen einzelne Forscher die unnatürliche Arthropoden-Gruppe aufzugeben und zu der naturgemässen Auffassung des Articulaten-Stammes zurückzukehren. Dieselbe erscheint uns heute um so mehr geboten, als sich in neuester Zeit unsere diphyletische Auffassung der Arthropoden mit voller Klarheit als berechtigt erwiesen hat. Die ältesten Crustaceen (*Protrilobita*), deren nahe Anneliden-Verwandtschaft erst durch die Entdeckungen der letzten Jahre sicher nachgewiesen wurde, entfernen sich so sehr von den ältesten Tracheaten (den *Peripatiden*), dass wir beide Stammgruppen nicht auf einander zurückführen können, sondern von verschiedenen Formen von Chaetopoden-Ahnen ableiten müssen.

§ 323. Classification der Articulaten.

Die beispiellose Mannichfaltigkeit der Species-Bildung, durch welche die Gliederthiere alle anderen Thiere weit übertreffen, hat in diesem Stamme schon seit langer Zeit zu einem höchst detaillirten Studium der Systematik geführt. Seitdem uns die Descendenz-Theorie in dem „natürlichen System" der organischen Formen ihren wahren Stammbaum aufzusuchen gelehrt hat, ist auch das systematische Studium der Articulaten durch die Anwendung der phylogenetischen Methode auf eine höhere wissenschaftliche Stufe erhoben worden. Zugleich haben sich in neuester Zeit, auf Grund der grossen Bereicherung der phylogenetischen Urkunden, unsere Ansichten über die verwickelten Verwandtschafts-Beziehungen der grösseren und kleineren Gruppen wesentlich geklärt. Sowohl die grossen Fortschritte in der vergleichenden Anatomie und Ontogenie der Gliederthiere, als auch namentlich die wichtigen Entdeckungen ihrer Palaeontologie haben in neuester Zeit unser Verständniss dieses formenreichsten Thierstammes und seiner historischen Entwickelung wesentlich gefördert. Dennoch sind wir auch heute noch von einer allgemeinen Anerkennung der wichtigsten Verwandtschafts-Beziehungen weit entfernt; das zeigt schon der Umstand, dass selbst die besten neueren Lehrbücher die *Arthropoden*-Gruppe als einheitlichen „Typus" beibehalten und von ihren *Anneliden*-Ahnen gänzlich trennen, dass die natürliche Einheit der *Tracheaten*-Gruppe aufgelöst und die Arachniden mit den Merostomen verknüpft werden, dass die fundamentalen Beziehungen der *Archanneliden* (— als gemeinsame Stammgruppe aller Articulaten! —) und der *Trilobiten* (— als gemeinsame Stammgruppe aller Crustaceen! —) oft gänzlich verkannt werden. Wir halten es daher für wichtig, diejenige Ansicht von der phyletischen Verzweigung des Articulaten-Stammes, zu welcher wir durch die gleichmässige Berücksichtigung aller drei phylogenetischen Urkunden gelangt sind, in folgenden Sätzen kurz zusammenzufassen:

1) Die typische Hauptgruppe der Articulaten bildet einen natürlichen Stamm, dessen Wurzel in den Vermalien (*Nemertinen*) zu suchen ist, und weiterhin in den Rotatorien (*Trochozoen*). 2) Die gemeinsame Stammgruppe dieses monophyletischen Stammes bilden die Archanneliden (*Protodrilus*); aus ihnen sind zunächst die Chaetopoden hervorgegangen, und zwar als ältere die *Protochaeten* (mit uniserialen Parapodien), und aus diesen als jüngere die *Polychaeten* (mit biserialen Stummelfüssen). 3) Die übrigen Anneliden (*Stelechopoden* und *Hirudineen*) sind entweder von Chaetopoden oder direct von Archanneliden abzuleiten (vergl. §§ 325, 343, 344). 4) Die gemeinsame Stammgruppe aller Crustaceen bilden die cambrischen *Trilobiten*, welche sich durch die *Archiaspiden* direct an die *Polychaeten* anschliessen. Der Stamm dieser ältesten Krustenthiere hat sich schon frühzeitig in zwei divergente Hauptäste gespalten, die *Pygidiaten*, welche zu den übrigen Aspidonien hinüber führen, und die *Archicariden*, aus denen die *Phyllopoden* entstanden sind, die Stammgruppe der Caridonien. Als divergente Zweige sind aus diesen die Ostracoden, Cirripedien, Copepoden und Malacostraken hervorgegangen (vergl. §§ 325, 350, 351). 5) Die gemeinsame Stammgruppe aller Tracheaten sind die Protracheaten; ihr einziger lebender Vertreter, *Peripatus*, bildet den unmittelbaren Uebergang von den Chaetopoden (— *Protochaeten* —) zu den *Myriapoden*. Aus diesen letzteren sind als zwei divergente Hauptäste des Articulaten-Stammbaums die beiden formenreichen Classen den Thoracobanten entsprungen, einerseits die *Arachniden*, anderseits die *Insecten* (vergl. §§ 325, 355, 356).

§ 324. System der Articulaten.

Cladome	Subcladome	Classen	Ordnungen
A. Erstes Cladom: Ringelthiere. **Annelida.** Articulaten ohne gegliederte Beine, ohne Tracheen. Kopf aus zwei oder drei Metameren gebildet.	I. **Anneliderma** Ohne Borsten und Krallen, ohne Parapodien	1. **Archannelida** Mit Flimmerkleid	1. *Archidrilia* ⊙ 2. *Protodrilia*
		2. **Hirudinea** Ohne Flimmerkleid	3. *Branchiobdellea* 4. *Rhynchobdellea* 5. *Gnathobdellea*
	II. **Annelichaeta** Mit Borsten oder Krallen, meist mit Parapodien	3. **Chaetopoda** Nephridien segmental	6. *Protochaeta* 7. *Polychaeta* 8. *Oligochaeta* 9. *Spaniochaeta*
		4. **Stelechopoda** Nephridien fehlen	10. *Myzostomia* 11. *Arctisconia* 12. *Linguatonia*
B. Zweites Cladom: Krustenthiere. **Crustacea.** Arthropoden ohne Tracheen. Beine gegliedert. Kopf aus fünf Metameren gebildet	III. **Aspidonia** ohne Nauplius-Keim, mit einem präoralen Antennen-Paar	5. **Trilobita** Podien homonom	1. *Archiaspida* 2. *Pygidiata*
		6. **Merostoma** Podien heteronom	3. *Gigantostraca* 4. *Xiphosura*
	IV. **Caridonia** Mit Nauplius-Keim, mit zwei präoralen Antennen-Paaren	7. **Phyllopoda** (= Branchiopoda) Zahlreiche homonome Metameren	5. *Archicarida* 6. *Euphyllopoda* 7. *Cladocera* 8. *Ostracoda*
		8. **Pectostraca** (= Cirropoda) Festsitzend, hermaphrodit	9. *Cirripedia* 10. *Rhizocephala*
		9. **Copepoda** 4—5 Paar thoracale Ruderbeine	11. *Eucopepoda* 12. *Siphonostoma* 13. *Branchiura*
		10. **Malacostraca** Mit 20 fixen Somiten und 19 Podien-Paaren	14. *Leptostraca* 15. *Arthrostraca* 16. *Thoracostraca*
C. Drittes Cladom: Luftrohrthiere. **Tracheata.** Arthropoden mit Tracheen. Beine gegliedert. Kopf aus vier Metameren gebildet	V. **Opistobantes** (*Isozonata*) Metamerie homonom. Abdomen mit Füssen, vom Thorax nicht geschieden	11. **Protracheata** Nephridien segmental	1. *Onychopoda* ⊙ 2. *Onychophora*
		12. **Myriapoda** Nephridien reducirt	3. *Chilopoda* 4. *Chilognatha*
	VI. **Thoracobantes** (*Allozonata*) Metamerie heteronom. Abdomen ohne Füsse, vom Thorax geschieden	13. **Arachnida** Ohne Antennen. Sechs entwickelte Podien-Paare. Keine Flügel	5. *Solpugonia* 6. *Scorpidonia* 7. *Araneonia* 8. *Acaronia* 9. *Pantopoda*
		14. **Insecta** Mit Antennen. Sieben entwickelte Podien-Paare. Meistens zwei Flügel-Paare.	10. *Apterygota* 11. *Mordentia* 12. *Lambentia* 13. *Pungentia* 14. *Sorbentia*

§ 325. Stammbaum der Articulaten.

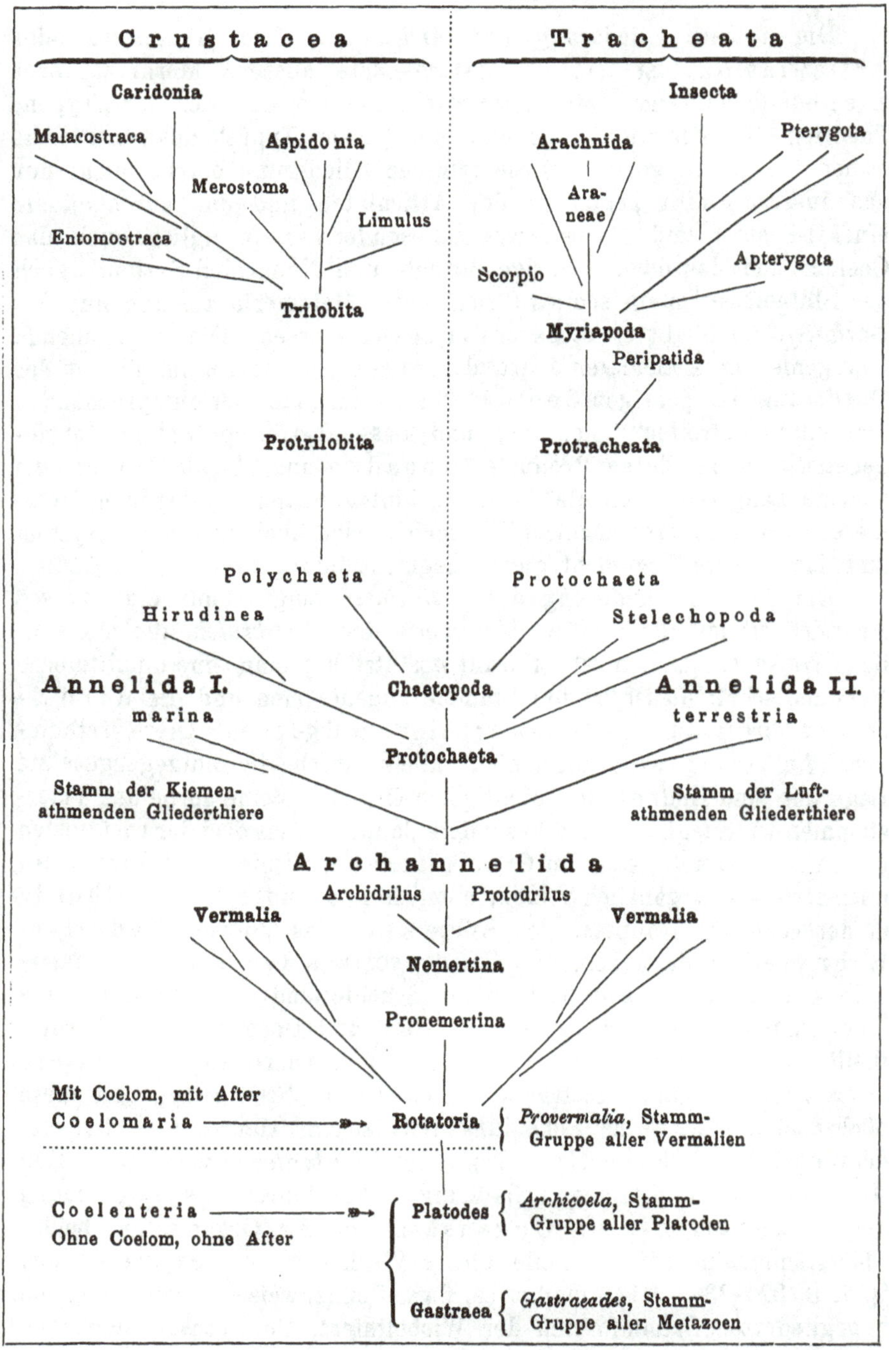

§ 326. Metamerie der Articulaten.

Die äussere Gliederung der *Articulaten*, ihre Metamerie oder Articulation, ist das hervorstechendste äussere Merkmal ihrer eigenthümlichen Organisation; sie wurde von dem Gründer der „Typen-Theorie" (1812) mit Recht benutzt, um diesem „Typus" des Thierreichs seinen Namen zu geben. Diese typische Gliederung betrifft nicht nur das äussere Chitin-Tegument der Articulaten und das subtegminale Muskel-System und Nerven-System, sondern ursprünglich auch das Coelom und das dazu gehörige Sexual- und Nephridial-System; auch das Blutgefäss-System schliesst sich dieser Metamerie an, und nur das Darm-System bleibt meistens davon ausgeschlossen. Die vergleichende Ontogenie der Articulaten lehrt, dass diese „Segmentbildung" mit der Gliederung der paarigen Coelom-Taschen (oder der entsprechenden „Mesoderm-Streifen") beginnt, und dass also ursprünglich (phylogenetisch) zuerst deren Producte (Gonaden und Muskeln) in eine paarige Längsreihe von gleichartigen, hinter einander gelegenen Metameren zerfielen; erst nachträglich schloss sich auch das Nervensystem und das äussere Tegument dieser Segmentbildung an.

Die äussere Gliederung der *Articulaten* zeigt somit eine grosse Aehnlichkeit mit der inneren Metamerie der *Vertebraten*, die auf ähnliche Weise entstanden ist. Darauf gestützt hat man eine unmittelbare Verwandtschaft dieser beiden Stämme angenommen und die Wirbelthiere direct von den Gliederthieren abgeleitet. Diese irrthümliche Auffassung wird aber nicht allein durch die entgegengesetzte Lagerung und Bildung der wichtigsten Organ-Systeme in beiden Thierstämmen widerlegt, sondern besonders dadurch, dass drei der wichtigsten und meist characteristischen Organisations-Verhältnisse der *Vertebraten* allen *Articulaten* gänzlich fehlen, nämlich I. die ungegliederte Chorda in der centralen Hauptaxe des Körpers, II. das dorsale Medullar-Rohr oberhalb derselben, und III. der ventrale Kiemendarm unterhalb der Chorda. Die horizontale Scheidewand, welche durch die longitudinale Chorda zwischen Markrohr und Darmrohr gelegt wird, theilt den Körper der Wirbelthiere in einen ventralen Rückenleib (*Episoma*) und einen gastralen Bauchleib (*Hyposoma*); und diese höchst characteristische Scheidung tritt schon frühzeitig in der bedeutungsvollen Chordula-Form der *Vertebraten*-Larve auf. Den *Articulaten* fehlt dieselbe vollständig. Wir führen die Begründung dieser fundamentalen Gegensätze in der Organisation beider Thierstämme im dritten Theile dieses Werkes weiter aus (vergl. dort §§ 7, 8, 32—33). Hier genügt es, darauf hinzuweisen, dass schon die ungegliederten Stammformen der Wirbelthiere, die *Prochordonier*, jene

Grund-Charactere derselben besitzen (Theil III, §§ 9, 10); dagegen fehlen sie den ungegliederten Stammformen der Gliederthiere, den *Rotatorien* und *Nemertinen* vollständig. Die Metamerie hat sich in den beiden Thierstämmen analog, aber ganz unabhängig von einander vollzogen.

Ueber die ursprüngliche Entstehung dieser Metamerie und ihre ersten Ursachen sind sehr verschiedene Hypothesen aufgestellt worden. Jedenfalls handelt es sich bei den *Articulaten*, ebenso wie bei den *Vertebraten*, um eine thatsächliche Wiederholung individueller Körpertheile und ihre catenale Verbindung in der Längsaxe; jedes einzelne Glied, Segment oder Metamer enthält in sich die characteristischen Organe des Thierstammes. Die vergleichende Ontogenie zeigt, dass der jugendliche Körper (— bald Larve, bald Embryo —) auf einer bestimmten frühen Bildungsstufe noch ungegliedert ist, und dass an dem hinteren Ende dieses Kopftheiles die Segmente, eines nach dem anderen hervorsprossen. Man könnte daher die Segment-Kette als einen Catenal-Cormus auffassen, als einen Thierstock, der sich aus einer Reihe gleichwerthiger ungegliederter Personen zusammensetzt, ähnlich der *Strobila* der „Ketten-Bandwürmer“ (*Syncestoden*, § 160); der *Scolex* dieser *Syncestoden* würde dem primären Kopfe (*Cephalis*) oder dem *Prosoma* der Articulaten entsprechen. Indessen besteht zwischen beiden Processen der *Terminal-Gemmation* (— die auch als „wiederholte unvollständige Quertheilung“ bezeichnet wird —) der wesentliche Unterschied, dass bei den Cestoden das jüngste Glied immer vorn vom Kopf (Scolex) gebildet wird, bei den Anneliden dagegen hinten vom vorletzten Gliede. Jedenfalls ist beiden Processen gemeinsam das fortgesetzte Körper-Wachsthum am hinteren Pole der Längsaxe. Ursprünglich kann aber auch an einem solchen verlängerten Wurmkörper Gliederung in Folge lebhafter schlängelnder Schwimmbewegung eintreten; so könnten bei den langen ungegliederten Nemertinen die beiden langgestreckten Coelom-Taschen in eine grosse Anzahl hinter einander gelegener Gonaden zerfallen sein, und mit diesen gleichzeitig die alternirenden Muskel-Segmente sich gesondert haben. Wenn nun auch wahrscheinlich die beginnende Gliederung des *Nemertinen*-Körpers mehr auf trophische, als auf solche motorische Ursachen zurückzuführen ist (§ 188), so lässt sich doch wohl denken, dass beide physiologische Ursachen combinirt zusammenwirken und dass auf ähnliche Weise die Metamerie der ältesten Anneliden entstanden sein könnte; die *Archanneliden* erscheinen den *Palanemertinen* sehr nahe verwandt und könnten direct von ihnen abgeleitet werden.

§ 327. Podien oder Extremitäten der Articulaten.

Als bewegliche Gliedmaassen, welche in erster Linie zur Locomotion, in zweiter Linie aber auch zu den verschiedensten anderen Functionen verwendet werden, sind bei der grossen Mehrzahl der Gliederthiere zahlreiche paarige Podien oder Füsse entwickelt. Nur der ältesten Anneliden-Classe, den *Archanneliden*, fehlen diese Extremitäten (— abgesehen von ein Paar frontalen „Primär-Tentakeln" —) noch vollständig, ebenso wie ihren Vermalien-Ahnen, den Nemertinen. (— Den Oligochaeten, Spaniochaeten und Hirudineen fehlen sie ebenfalls, hier aber wohl in Folge von Rückbildung. —) Bei den meisten Chaetopoden dagegen trägt jedes Metamer ein Paar solcher Anhänge, und zwar in Form von kurzen Stummelfüssen (*Parapodia*). Gewöhnlich sind dies kurze konische Papillen oder ungegliederte Ausstülpungen der Leibeswand; sie dienen als Träger von Chitin-Borsten, oft auch von Fühlern, Kiemen, Schuppen und anderen Anhängen. Ursprünglich stehen die segmentalen Parapodien der Borstenwürmer jederseits uniserial, in einer Längsreihe hinter einander, so bei den älteren Protochaeta (*Saccocirrida, Syllidea*). Meistens aber theilen sich dieselben gabelförmig in je einen dorsalen und einen ventralen Ast; und indem diese beiden Aeste nach oben und unten aus einander rücken, entstehen rechts und links zwei getrennte Längsreihen von Parapodien, dorsale und ventrale; so bei den biserialen Chaetopoden: Polychaeta (*Errantia* und *Tubicolae*). Dieser Unterschied der einfachen und der doppelten Längsreihe scheint uns deshalb hohe phylogenetische Bedeutung zu besitzen, weil er sich wahrscheinlich durch Vererbung auf die beiden divergenten Stämme der *Arthropoden* übertragen hat. Die Crustaceen haben ihre characteristischen gabeltheiligen Spaltfüsse wahrscheinlich von biserialen *Polychaeten* geerbt; ihr Endopodit entspricht dem ventralen, der Exopodit dagegen dem dorsalen Parapodium der Chaetopoden-Ahnen, und wie bei diesen trägt der letztere die Kiemen. Die Tracheaten hingegen, welche niemals die Gabelfüsse der Crustaceen zeigen, haben ihre ungetheilten Gliedmaassen von uniserialen *Protochaeten* erhalten; und die älteste Form der Tracheenthiere, *Peripatus*, besitzt sogar noch heute die einfachen Parapodien dieser Chaetopoden-Ahnen. Die Gliederung der Beine, welche die beiden *Arthropoden*-Stämme von der gemeinsamen Stammgruppe der *Anneliden* äusserlich trennt, ist also nicht durchgreifend und besitzt nicht den systematischen Werth, den man ihr früher zuschrieb. Die „Gliederfüsse" der Arthropoden sind aus den ungegliederten „Stummelfüssen" der Anneliden einfach dadurch hervorgegangen, dass die Chitin-Röhren des Hautskelets an den einzelnen Abschnitten der verlängerten Beine sich schärfer von einander absetzten und entsprechend auch die Muskeln in deren Innerem sich differenzirten. Durch functionelle Anpassung, im Verein mit progressiver Vererbung, sind die *Arthropodien* stufenweise und allmählich durch Abgliederung aus verlängerten *Parapodien* entstanden. Auch die terminalen Anhänge der Gliederfüsse, welche beide Arthropoden-Gruppen als Krallen u. s. w. in mannichfaltigster Form entwickeln, sind keine Neubildungen, sondern entweder aus „Hakenborsten" von Chaetopoden abzuleiten oder als umgebildete Endglieder zu betrachten.

§ 328. Körper-Regionen der Articulaten.

(Caput, Thorax, Abdomen.)

Die ausserordentliche Mannichfaltigkeit, welche die Articulaten in ihrer Körper-Gliederung entwickeln, wird in erster Linie durch die Ergonomie der Metameren bewirkt, die Arbeitstheilung der zahlreichen Segmente und ihrer Podien. In zweiter Linie ist aber dafür von hoher Bedeutung die Bildung von grösseren Segment-Gruppen oder „Körper-Regionen". Ganz allgemein sondert sich die Segment-Kette der Gliederthiere ursprünglich in zwei Hauptstücke: Kopf (*Caput*) und Rumpf (*Truncus*); dieser letztere zerfällt aber bei den höheren Articulaten (— und zwar in allen drei Cladomen! —) wieder in zwei Theile: Brust (*Thorax*) und Hinterleib (*Abdomen*). Die Segment-Gruppen, welche sich hier äusserlich scharf sondern und durch diese allgemein gebräuchlichen Namen unterschieden werden, sind aber keineswegs in allen Abtheilungen des Stammes homolog. Vielmehr beweist die vergleichende Ontogenie, dass sie von mehrfach verschiedenem Ursprung und Formwerth sind. Ausserdem lehrt uns dieselbe aber auch, dass wir kritisch die *primäre* und die *secundäre* Region-Bildung zu unterscheiden haben.

I. Primäre Körper-Regionen. Aus der vergleichenden Anatomie und Ontogenie der Articulaten ergiebt sich unzweifelhaft, dass allgemein das erste Segment der Metameren-Kette oder Strobila zu allen anderen in einem fundamentalen Gegensatze steht. Dieses vorderste Segment kann als Prosoma (= *Protosoma*), oder auch als Urkopf (= *Cephalis*) bezeichnet werden; es bildet bei den Larven der palingenetischen Anneliden für sich allein den ganzen Körper: Trochophora. Diese characteristische Keimform ist nach unserem biogenetischen Grundgesetze die erbliche Wiederholung einer uralten Ahnen-Form, der Trochozoen (§ 175). In gleicher Weise wie sich noch heute aus dem ungegliederten *Vermalien*-Organismus der Trochophora das gegliederte Annelid entwickelt, ist auch ursprünglich aus dem ungegliederten *Rotatorien*-Organismus der verlängerte Körper der *Pronemertinen* und aus diesem durch volle Ausbildung der Metamerie der gegliederte Rumpf der *Anneliden* entstanden. Anfangs erscheint diese Metameren-Kette, die wir dem *Prosoma* als Metasoma gegenüberstellen, nur als ein unbedeutender Anhang des letzteren (— vergleichbar dem „Schwanz" oder Fuss der *Rotiferen* —); erst allmählig wird dieselbe grösser und gewinnt selbständige Geltung, indem die einzelnen Metameren sich individualisiren. Unter diesen steht dann wieder das letzte Glied, als Endsegment oder *Telson*, in wesentlichem Gegensatze zu den übrigen, welche zwischen ihm und dem Urkopf neu gebildet werden. Das Telson trägt niemals Podien oder Gliedmassen, wenn man nicht die paarigen drüsigen „Afterzacken" am Hinterende der Archanneliden (*Protodrilus*) als Rudimente eines ältesten Parapodien-Paares betrachten will. Dagegen sitzen am Prosom ein paar „Primär-Tentakeln" (— als Erbstücke von den Vermalien-Ahnen —); und jedes der übrigen Segmente bildet ursprünglich ein Paar Parapodien. Die Embryonen der Arthropoden zeigen in diesem Stadium der Ontogenese wesentliche Uebereinstimmung mit den Larven der Anneliden; auch in dem wichtigen Umstande, dass das Wachsthum und die Differenzirung des Körpers beständig von vorn nach hinten fortschreitet; jedes neue Metamer entsteht am Vorderrande des Telson, zwischen ihm und dem vorletzten Segmente.

II. Secundäre Körper-Regionen. Der secundäre Kopf der Gliederthiere unterscheidet sich von ihrem Urkopf (*Cephalis* oder *Prosoma*) dadurch, dass er aus mehreren (2—5) Segmenten sich zusammensetzt, aus dem *Prosoma* selbst und aus den vordersten Metameren (I.—IV.) des *Metasoma*. Bei den Anneliden entsteht der secundäre Kopf, den wir auch als Hauptkopf (*Caput*) bezeichnen können, aus 2 (oder 3), bei den Tracheaten aus 4 (bei *Peripatus* 3), bei den Crustaceen allgemein aus 5 Segmenten. Immer steht aber das erste Kopfsegment, die Cephalis, in principiellem Gegensatze zu den folgenden; es trägt die Primär-Tentakeln, die sich bei den Tracheaten zu den Antennen entwickeln, bei den Crustaceen zu den Archantennen (oder dem „ersten Antennen-Paare"). Diese allein erhalten ihre Nerven vom Gehirn, alle übrigen Podien (vom ersten bis zum letzten Segment des Metasom) von den entsprechenden Ganglien des Bauchmarks. Das erste Segment des Metasom, welches bei allen Articulaten mit der Cephalis verschmilzt, trägt ursprünglich allein den Mund und wird daher auch als Mundsegment bezeichnet; es trägt bei den Crustaceen die Postantennen (das „zweite Antennen-Paar"), bei den

Tracheaten die Mandibeln. Die folgenden Kopfsegmente tragen die übrigen Mundtheile; sie verhalten sich bei den ältesten Crustaceen (Trilobiten) noch sehr einfach und gleichartig; bei den jüngeren Crustaceen differenziren sie sich in sehr verschiedener Weise. Bei den *Malacostraken* wird das IV. und V. Paar der Capital-Podien als vorderes und hinteres Maxillen-Paar bezeichnet; diese sind aber nicht homolog den gleichnamigen Mundtheilen der *Tracheaten*; denn deren beide Maxillen-Paare (Prämaxillen und Postmaxillen) entwickeln sich aus dem III. und IV. Paar der Kopfanhänge; sie sind auch phyletisch von jenen unabhängig entstanden. Ueberhaupt dürfen die Mundtheile der Crustaceen und Tracheaten nicht homologisirt werden, wie schon die Vergleichung ihrer ältesten Stammformen lehrt (*Triarthrus* und *Peripatus*); der Kopf der *Crustaceen* (mit 5 Metameren) ist schon in seiner ersten Anlage verschieden von demjenigen der *Tracheaten* (mit 4 Metameren); beide sind unabhängig von einander aus dem zweigliedrigen *Anneliden*-Kopf entstanden, durch Verschmelzung mit den (2 oder 3) ersten Metameren des Rumpfes.

Der Rumpf (*Truncus*) ist aus einer sehr variablen Zahl von Metameren zusammengesetzt; besonders bei den ältesten Gruppen unterliegt dieselbe grossen Schwankungen (Trilobiten, Phyllopoden, Myriapoden). Die Zahl der Segmente steigt hier von 20 auf 30—60, bei den jüngeren Myriapoden (Chilognathen) kann sie sogar auf mehrere Hundert steigen, indem durch secundäres Längenwachsthum immer neue Segmente gebildet werden (analog den Schlangen). Dann bleiben die Segmente auch meistens gleichartig, so dass man am Rumpfe nicht Brust und Hinterleib unterscheiden kann. Bei den höheren Gliederthieren dagegen wird die Zahl der Metameren reducirt und oft innerhalb grösserer Abtheilungen fixirt, und dann sondert sich meistens der Rumpf deutlich in Thorax und Abdomen, so bei einigen polychaeten *Anneliden* (Tubicolen) und bei den meisten *Arthropoden*. Die Arbeitstheilung der drei grossen Körper-Regionen wird dann meistens in der Weise geregelt, dass der Kopf die Sinnes-Organe und Mundtheile trägt, der Thorax die wichtigsten Locomotions-Organe und das Abdomen die vegetativen Eingeweide, die Organe der Ernährung und Fortpflanzung. Die Zahl der vereinigten Rumpfsegmente erscheint in der embryonalen Anlage, sowohl bei den *Malacostraken* als bei den *Thoracobanten*, ursprünglich auf 15 fixirt; davon kommen bei jenen höheren Crustaceen 8 auf den Thorax und 7 auf das Abdomen; bei den ältesten Arachniden (Solpugonien) und bei den Insecten 3 auf den Thorax, 10 (— bei den Scorpionen 12 oder 13 —) auf das Abdomen. Rechnet man dazu die Capital-Segmente (4 bei den Tracheaten, 5 bei den Crustaceen), so beläuft sich die Maximal-Zahl sämmtlicher Metameren bei den höheren Arthropoden auf 20. Auch die weitere Differenzirung von Thorax und Abdomen zeigt in den beiden Stämmen der Arthropoden vielfache Uebereinstimmung; aber auch diese Aehnlichkeiten beruhen nur auf Convergenz oder Homoplasie, nicht auf wahrer Homologie. Denn die höher differenzirten Crustaceen (*Merostomen* und *Malacostraken*) sind diphyletisch aus indifferenten, Anneliden ähnlichen Stammformen entstanden (*Trilobiten*); und ebenso auf der anderen Seite die thoracobanten Tracheaten (*Arachniden* und *Insecten*); die opisobanten Vorfahren der letzteren (*Myriapoden* und *Protracheaten*) haben ihren Ursprung aus einem anderen Zweige der Chaetopoden genommen. Wie sehr die täuschende äussere Aehnlichkeit in der Gliederung und Differenzirung der Körper-Regionen irre führen kann, zeigt das Beispiel des *Limulus*; seine Analogie mit den *Scorpionen* führte zu der irrigen Annahme, dass die *Arachniden* von den *Merostomen* abstammen.

§ 329. Palaeontologie der Articulaten.

Die palaeontologische Urkunde besitzt im Allgemeinen für die Stammesgeschichte der Gliederthiere einen geringen Werth, nicht zu vergleichen mit demjenigen der beiden anderen grossen Urkunden, der vergleichenden Anatomie und Ontogenie. Allerdings ist die Zahl von wohlerhaltenen Petrefacten, welche wir aus allen drei Cladomen des Stammes und besonders aus den beiden Gruppen der Arthropoden besitzen, nicht gering; aber sie berichten uns zum grössten Theile nur wenig über den historischen Entwickelungsgang des ganzen Stammes und die Divergenz seiner einzelnen Aeste und Zweig-Gruppen. Auch hier wieder tritt uns überall — und ganz besonders bei den terrestrischen Tracheaten — die bedauerliche „Unvollständigkeit der palaeontologischen Urkunden“ entgegen, welche durch die bekannten geologischen und biologischen Ursachen bedingt ist und auf welche beständig nicht genug hingewiesen werden kann. Auch hier ist die Zahl und das Gewicht ihrer negativen Lücken ungleich grösser als dasjenige ihrer mangelhaften positiven Daten (vergl. Theil I dieses Werkes, §§ 3—5; Theil II, §§ 9—11; Theil III, §§ 18 bis 21). Unter den drei Cladomen des Articulaten-Stammes ist der Reichthum und die Bedeutung der wohlerhaltenen Petrefacten weitaus am grössten unter den hartschaligen marinen *Crustaceen*, demnächst unter den festhäutigen terrestrischen *Tracheaten*, am geringsten unter den zarten weichhäutigen *Anneliden*.

I. Palaeontologie der Anneliden. Aus der vergleichenden Anatomie und Ontogenie der Articulaten ergiebt sich die zweifellose Thatsache, dass die *Anneliden* und zwar die hoch entwickelten *Chaetopoden*, die gemeinsame Stammgruppe aller Arthropoden bilden, ebenso wohl der marinen *Crustaceen* als der terrestrischen *Tracheaten*. Nun finden wir aber schon im Cambrium wohl erhalten und in reichster Entfaltung die fossilen Reste von zahlreichen Crustaceen — nicht allein die primitive Stammgruppe der *Trilobiten* und die regressive Ordnung der kleinen *Ostracoden*, sondern auch die hochentwickelte Ordnung der Palacariden (*Hymenocariden*), die Stammfamilie der *Malacostraken*. Ferner finden sich bereits im Silur fossile Reste von *Scorpionen* und von ältesten *Insecten*, also von hoch differenzirten Thoracobanten, welchen zahlreiche niedere Tracheaten (Myriapoden und noch früher Protracheaten) vorausgegangen sein müssen. Daraus folgt, dass schon in der cambrischen Periode die *Chaetopoden* dieselbe hohe Organisations-Stufe erreicht haben mussten, welche wir von ihren modernen Epigonen, den heutigen *Protochaeten* und *Polychaeten* genau kennen. Die Entstehung und Entfaltung des Anneliden-Stammes selbst fällt demnach spätestens in den ältesten Abschnitt der cambrischen, wahrscheinlich aber in die vorhergehende praecambrische oder laurentische Periode. Der weiche Körperbau der Anneliden und die zarte Beschaffenheit ihrer Cuticula schliessen jedoch für gewöhnlich ihre gute Erhaltung in fossilem Zustande aus. Wenn diese dennoch ausnahmsweise in sehr feinkörnigem Gesteine, wie im lithographischen Schiefer des Ober-Jura, stattgefunden hat, so sind doch die feineren systematischen Merkmale meist nicht zu erkennen. Für die Phylogenie der Anneliden sind dieselben ohne Werth, ebenso wie die versteinerten Kalkröhren (*Tubicola*), welche in allen Sedimentär-Schichten vorkommen; diese können ebensogut von ausgestorbenen *Vermalien* als von tubicolen Polychaeten herrühren. Die Abdrücke von sogenannten Nereiden (*Nereites*, *Phyllodocites*, *Crossopodia*, *Nemapodia* u. s. w.), welche in palaeozoischen Gesteinen häufig vorkommen und modernen Errantien (Polychaeten) sehr ähnlich sind, wurden neuerdings für Kriechspuren von Articulaten oder auch von Mollusken erklärt.

II. Palaeontologie der Crustaceen. Die feste Beschaffenheit des starken und verkalkten Chitin-Panzers macht die ausgestorbenen Crustaceen zur guten Conservirung in fossilem Zustande weit mehr geeignet, als die Anneliden und Tracheaten. Wir kennen daher zahlreiche und zum Theil sehr werthvolle Petrefacten dieses Stammes fast aus allen grösseren Abtheilungen desselben. Unter diesen sind von hervorragender Wichtigkeit I. die palaeozoischen Aspidonien (*Trilobiten* und *Merostomen*) und II. einige fossile Caridonien (*Archicariden* und *Palacariden*). Ihre phylogenetische Bedeutung wird unten bei der historischen Darstellung der einzelnen Gruppen erläutert und soll hier nur kurz in folgenden Sätzen hervorgehoben werden. I. Die palaeozoischen Trilobiten (die älteren *Archiaspiden* und die jüngeren *Pygidiaten*) sind von höchstem phyletischen Werthe, besonders seit in neuester Zeit ihre Podien-Bildung vollständig bekannt geworden ist (*Triarthrus* u. A.). Denn sie schliessen sich einerseits eng an ihre Chaetopoden-Ahnen an und decken den Ursprung des Crustaceen-Stammes auf; anderseits enthalten sie die Stammformen für beide Zweige dieses Stammes, die Aspidonien und Caridonien. II. Die palaeozoischen Merostomen erreichen einerseits in den colossalen Gigantostraca (*Eurypteriden* und *Pterygotiden*) die gewaltigste Entfaltung der Körpergrösse unter allen Articulaten; anderseits zeigen sie in den *Hemiaspiden* den Uebergang zu den mesozoischen *Limuliden*, unter denen der moderne Limulus als der einzige lebende Ueberrest — nicht allein der Xiphosuren, sondern der Aspidonien überhaupt erscheint. III. Die palaeozoischen Archicariden (*Protostraca*) sind zwar neben jenen reich entwickelten Aspidonien im Cambrium und Silur nur dürftig vertreten (durch einzelne *Branchipodinen* und *Estheriaden*); aber diese ältesten Reste von Phyllopoden (und von nahe verwandten *Ostracoden*) sind deshalb von hoher Bedeutung, weil sie sich einerseits eng an die ältesten Trilobiten (Archiaspiden) anschliessen, anderseits aber die gemeinsamen Stammformen aller Caridonien enthalten. IV. Die palaeozoischen Palacariden (die *Hymenocariden* im Cambrium, die *Ceratocariden* im Silur und Devon) sind ebenfalls sehr bedeutungsvoll; denn sie beweisen, dass in jenen ältesten Abschnitten der Palaeolith-Aera neben den niederen *Entomostraken* auch schon die Stammgruppe der höher entwickelten *Malacostraken* bestand, die wichtige Ordnung der Leptostraken oder *Phyllocariden*. Der einzige moderne Ueberrest dieser Stammgruppe, die heutige *Nebalia* bildet den unmittelbaren Uebergang von den älteren *Phyllopoden* zu den jüngeren *Schizopoden*. — Die zahlreichen fossilen Ueberreste von Crustaceen, welche neben diesen vier wichtigsten Gruppen schon im Silur und Devon, wie später in den mesozoischen und tertiären Formationen vorkommen, sind von geringerer phylogenetischer Bedeutung; doch liefern sie für die specielle Stammesgeschichte mehrerer kleinerer Gruppen (— namentlich der hoch entwickelten *Decapoden* —) interessante Belege.

III. Palaeontologie der Tracheaten. Die terrestrische Lebensweise dieser Luftrohrthiere, sowie ihre geringere Grösse und die zartere Körperbeschaffenheit lässt schon von vornherein keine grosse Ausbeute an palaeontologischen Urkunden erwarten; in der That ist dieselbe im Ganzen gering und von keinem grossen phylogenetischen Werthe. Von den beiden niederen Classen der Opisobanten haben die Protracheaten gar keine fossilen Reste hinterlassen; nur der einzige lebende Ueberrest derselben, *Peripatus*, liefert uns die wichtigsten Aufschlüsse über den Ursprung des ganzen Tracheaten-Stammes und seine Entstehung aus chaetopoden Anneliden; er besitzt für dessen Phylogenie dieselbe unschätzbare Bedeutung, wie *Amphioxus* für diejenige der Vertebraten. Die *Myriapoden*, welche den Uebergang von diesen Protracheaten zu beiden Classen der Thoracobanten vermitteln, haben nur wenige und meist ziemlich werthlose Petrefacten hinterlassen. Die ältesten bekannten Formen (*Archipolypoden*) finden sich im Devon und Carbon, gehören aber keineswegs zu den ältesten und niedersten Vertretern dieser Classe; diese müssen vielmehr schon in silurischer (— vielleicht schon in cambrischer —) Zeit gelebt haben, da sich im Silur schon hoch entwickelte Formen ihrer differenzirten Epigonen, der Thoracobanten finden. Unter diesen werden als besonders wichtig einige Reste von silurischen *Scorpionen* hervorgehoben; indessen können diese keineswegs als älteste Vertreter der Arachniden-Classe gelten; diese sind vielmehr unter den *Solpugonien* zu suchen, von denen wir keine Petrefacten kennen. Ihnen nahe verwandt dürften aber die ausgestorbenen carbonischen *Anthracomarten* sein; daneben kommen in der Steinkohle auch schon echte Weberspinnen (*Araneen*) vor. Was endlich die fossilen Insecten betrifft, so beträgt deren Artenzahl (ca. 2800) kaum mehr als 1 Proc. der heute lebenden Insecten-Arten (über 200 000). Die ältesten Hexapoden finden sich im Silur und Devon; auch sie sind ohne grosse Bedeutung für die Phylogenie der Classe (vergl. § 360).

(§ 330 auf S. 612.)

§ 331. Ontogenie der Articulaten.

Die vergleichende Keimesgeschichte der Gliederthiere ist eine phylogenetische Urkunde ersten Ranges und liefert uns die wichtigsten Aufschlüsse über ihre Entstehung, das Wesen ihrer Organisation und ihre Abstammung von ungegliederten Vermalien. Indessen kömmt es auch hier, wie überall, darauf an, das biogenetische Grundgesetz kritisch zur Aufhellung der Stammesgeschichte zu verwerthen und alle einzelnen ontogenetischen Thatsachen auf ihren *palingenetischen* oder *cenogenetischen* Werth zu prüfen. Als wichtigste Ergebnisse einer solchen vergleichenden Prüfung ergeben sich für alle älteren Articulaten folgende Sätze: I. Aus der *Gastrula* entwickelt sich ursprünglich (bei den palingenetischen *Anneliden*) eine frei schwimmende Larve, welche die Organisation der

§ 330. Historische Stammfolge der Articulaten.

Ordnungen der Gliederthiere	Arch. Per.	Palaeozoische Perioden				Mesozoische Perioden			Caenozoische Perioden	
	Cambr.	Silur	Devon	Carb.	Perm	Trias	Jura	Kreide	Terti.	Recent
I. **Annelida**	⊙	⊙	⊙	⊙	⊙	⊙	⊙	⊙	⊙	━
Archannelida	━	━	━	━	━	─	─	─	─	Protodrilus
Chaetopoda	?	─	─	─	─	━	━	━	━	━
II. **Crustacea**										
II A. Aspidonia										
1. Trilobita	━	━	━	─	─	+	+	+	+	+
2. Merostoma	─	━	━	─	─	─	─	─	─	Limulus
II B. Caridonia										
1. Phyllopoda	━	━	⊙	⊙	⊙	⊙	⊙	⊙	⊙	─
2. Ostracoda	─	─	━	━	─	─	━	━	━	─
3. Cirripedia	0	─	─	─	─	─	─	─	━	━
4. Copepoda	0	0	0	0	0	⊙	⊙	⊙	⊙	━
5. Leptostraca	─	━	━	━	━	─	─	─	─	Nebalia
6. Arthrostraca	0	?	─	─	─	─	─	─	─	━
7. Macrura	0	?	─	─	─	━	━	━	━	━
8. Brachyura	0	0	?	?	?	─	━	━	━	━
III. **Tracheata**										
III A. Protracheata	?	⊙	⊙	⊙	⊙	⊙	⊙	⊙	⊙	Peripatus
III B. Myriapoda	?	⊙	⊙	━	━	─	─	─	─	─
III C. Arachnida										
1. Solpugonia	?	⊙	⊙	━	⊙	⊙	⊙	⊙	⊙	Solpugida
2. Scorpidonia	0	─	⊙	━	⊙	⊙	⊙	⊙	⊙	━
3. Araneonia	0	0	?	─	⊙	⊙	⊙	⊙	⊙	━
III D. Insecta										
1. Apterygota	0	?	━	⊙	⊙	⊙	⊙	⊙	━	Thysanura
2. Archiptera	0	0	━	━	━	─	─	─	─	─
3. Orthoptera	0	0	─	━	━	━	━	━	━	━
4. Neuroptera	0	0	?	─	─	━	━	━	━	━
5. Coleoptera	0	0	0	0	0	─	─	─	━	━
6. Hymenoptera	0	0	0	0	0	?	━	━	━	━
7. Diptera	0	0	0	0	0	?	─	─	━	━
8. Lepidoptera	0	0	0	0	0	0	0	?	━	━

Rotatorien — und speciell der Trochophora besitzt (vergl. §§ 175 und 283). II. Dieser ungegliederte Vermalien-Organismus entspricht dem *Prosoma* oder dem „primären Kopfe" des Articulaten-Embryo und erscheint als palingenetische Wiederholung einer uralten Ahnen-Form aus der Classe der Trochozoen (§ 175). Gleich diesen besitzt der rundliche dipleure Körper einen einfachen Darm mit Mund und After, einen circoralen Wimperkranz, eine nervöse Scheitelplatte und ein Paar Protonephridien. (Zu beiden Seiten des Darmes lagen bei der entsprechenden Ahnen-Form ein Paar Gonaden, die später zu Coelom-Taschen wurden; vergl. S. 290.) III. Aus dem hinteren, aboralen Ende dieses *Prosoma* wächst ein Fortsatz hervor, welcher durch transversale Stricturen in eine Reihe von Ursegmenten zerfällt, das *Metasoma*. IV. Die Vermehrung dieser primitiven „Metameren" (auch „Urwirbel" genannt) erfolgt überall in der Weise, dass das Terminal-Segment (Endglied oder *Telson*) unverändert fort besteht und zwischen ihm und dem vorletzten Gliede neue Segmente eingeschaltet werden. Demnach ist das erste Segment des Metasoms, welches unmittelbar auf das Prosoma folgt, das älteste; jenes entwickelt sich zum *Metastomium*, dieses zum *Prostomium* des Anneliden-Kopfes. V. In jedem einzelnen Segmente des Anneliden-Körpers — nur mit Ausnahme des ersten (Cephalis oder Prostomium) und des letzten (Telson), entwickeln sich nunmehr gleichmässig die segmentalen Organe: ein Paar Coelom-Taschen, ein Paar Nephridien, ein Paar Ganglien u. s. w.

Dieser palingenetische Modus der Keimung besteht noch heute bei den meisten Anneliden, insbesondere den ältesten marinen Formen: Archanneliden, Protochaeten und Polychaeten; hier findet sich dann meistens eine Stufenreihe von pelagischen Larven-Formen, welche die *Trochophora*-Larve durch eine längere Metamorphose stufenweise in die erwachsene Chaetopoden-Form überführt. Anders verhält sich die Mehrzahl der limnetischen Anneliden (Oligochaeten und Hirudineen), sowie die terrestrischen Terricolen (Oligochaeten) und Arctisconien (Stelechopoden). Hier ist die Keimung mehr oder weniger stark cenogenetisch modificirt; an die Stelle der frei schwimmenden *Trochophora*-Larve tritt ein *Embryo*, welchem durch reichliche Ausstattung mit Nahrungsdotter eine längere Ausbildung innerhalb der Eihüllen ermöglicht wird. Dadurch wird eine cenogenetische Abkürzung der Keimung bewirkt, und die Bildung eines ventralen Keimstreifens, durch dessen Gliederung zahlreiche (ursprünglich nach einander entstandene) Ursegmente gleichzeitig angelegt werden. Dasselbe findet bei den meisten Tracheaten statt, offenbar ebenfalls in Anpassung an die terrestrische Lebensweise.

Die Ontogenie der Crustaceen erscheint wesentlich verschieden in den beiden Classen dieses Cladoms. Von den älteren Aspidonien ist sie uns nur durch *Limulus* bekannt, den einzigen lebenden Ueberrest dieser uralten, die palaeozoischen Meere bevölkernden Classe. Der Embryo desselben ist den ältesten fossilen Crustaceen, den cambrischen und silurischen *Trilobiten*, auf einer frühen Bildungsstufe so ähnlich, dass man ihn geradezu als die Trilobiten-Larve des *Limulus* bezeichnet hat; die ersten fünf Metameren gehen in die Bildung des primären Kopfes der Trilobiten ein, während die folgenden, unter sich gleichen Segmente den Anneliden-ähnlichen Rumpf zusammensetzen. Dagegen fehlt den *Aspidonien* jene höchst characteristische Larve der Caridonien, welche man als Nauplius bezeichnet hat und welche in allen Ordnungen dieser formenreichen Classe wiederkehrt. Als zuerst (1864) die allgemeine Verbreitung derselben nachgewiesen und gezeigt wurde, dass aus ihren drei Beinpaaren überall die drei ersten Podien-Paare der Crustaceen entstehen (I. erste Antenne, II. zweite Antenne, III. Mandibel), schloss man daraus auf eine rein *palingenetische* Bedeutung des *Nauplius* und glaubte in ihm das erbliche Urbild einer gemeinsamen Stammform aller Crustaceen zu erkennen. Erst später ergab sich dessen richtige Deutung: Nauplius ist nur insofern *palingenetisch*, als er in seiner Organisation die erblichen Character-Züge der Trochophora wiederholt, der Larve der Anneliden-Ahnen der Crustaceen; er ist aber zugleich insofern cenogenetisch, als in ihn typische „erworbene Crustaceen-Charactere zurückverlegt“ sind, mittelst phylogenetischer Retorsion. *Nauplius* besitzt daher für die Phylogenie der Crustaceen denselben Werth, wie *Veliger* für diejenige der Mollusken. (vergl. S. 517).

§ 332. Tegument und Skelet der Articulaten.

Die Hautdecke der Gliederthiere zeichnet sich allgemein durch die starke Neigung zur Ausscheidung von Cuticular-Hüllen aus und durch den damit verknüpften Verlust des ursprünglichen Wimperkleides. Letzteres hat sich nur bei den ältesten Anneliden, den primitiven *Archanneliden*, theilweise erhalten (als Erbstück von den Vermalien-Ahnen); ausserdem auch in den „Wimperkränzen“ ihrer Trochophora-Larven (als Erbgut von den *Rotatorien*-Ahnen). Dagegen ist das Flimmer-Epitelium in den beiden Arthropoden-Classen vollständig verschwunden, entsprechend der stärkeren Ausbildung der Chitin-Cuticula. Diese wird bei den Crustaceen oft noch bedeutend verstärkt durch Kalkeinlagerung. Die einfache Schicht der

Epidermis-Zellen, welche unter dieser Cuticula liegt und sie bei jeder Häutung aufs Neue abscheidet, wird daher auch oft (unpassend) als „*Hypodermis*“ bezeichnet. Dieselbe ist reich an mannichfaltig differenzirten Drüsen. Als besondere Producte solcher „Hautdrüsen“ entstehen die polymorphen Appendikeln der Articulaten, welche in grösster Mannichfaltigkeit als Haare, Borsten, Stacheln, Haken, Krallen, Schuppen u. s. w. ausgeschieden werden.

Unter der Epidermis (oder Hypodermis) aller Articulaten liegt ursprünglich eine dünne Connectiv-Platte, welche dem Corium oder der *Cutis* der übrigen Coelomarien entspricht und gleich diesem aus der oberflächlichsten Zellenschicht des Parietalblattes der Coelom-Taschen sich entwickelt. Dasselbe ist als Erbstück von den Vermalien-Ahnen überkommen und wie bei diesen aufs Engste mit dem Hautmuskelschlauch verbunden (§ 334). Die Gliederung dieses letzteren geht stets Hand in Hand mit derjenigen des äusseren Chitin-Skelets; sowohl am Körperstamm als an den Podien liegen die Muskeln demnach im Inneren der Röhren, welche die Skelet-Platten der einzelnen Glieder bilden. In der Differenzirung dieses locomotorischen Apparates lassen sich im Allgemeinen unter den Gliederthieren drei Stufen der Ausbildung unterscheiden: I. Stufe: Homonom gegliedertes Tegument der Anneliden: die Chitin-Decke bleibt dünn, biegsam und liefert kein eigentliches locomotorisches Skelet (ausgenommen die stützenden Borsten oder Krallen an den ungegliederten Stummelfüssen, den kurzen Parapodien); so bei den meisten *Anneliden* und bei den *Protracheaten* (Peripatus). II. Stufe: Homonom gegliedertes Haut-Skelet der älteren Arthropoden: die Chitin-Decke erhärtet und zerfällt in eine Kette von festen Ringen, die durch weiche und bewegliche Hautringe verbunden werden; die Rumpf-Segmente sowohl als ihre gegliederten Podien bewahren im Ganzen ihre gleichartige und einfache Bildung, so unter den Crustaceen die *Trilobiten* und *Phyllopoden*, unter den Tracheaten die *Myriapoden*. III. Stufe: Heteronom gegliedertes Haut-Skelet der jüngeren Arthropoden; die Chitin-Decke wird fester und in mannichfaltigster Weise durch Anpassung specialisirt. Sowohl die Rumpf-Segmente als ihre gegliederten Podien nehmen in den verschiedenen Körper-Regionen sehr verschiedene Form an (§ 328); so bei der grossen Mehrzahl der Arthropoden. Unter den Crustaceen erreicht das Chitin-Skelet die vollkommenste Ausbildung bei den *Merostomen* und *Malacostraken*, unter den Tracheaten bei den *Scorpidonien*, und besonders mannichfaltig bei den *pterygoten Insecten*.

§ 333. Respiratorien der Articulaten.

Die Respirations-Organe der Gliederthiere besitzen für die Morphologie und Phylogenie dieses Stammes eine hervorragende Bedeutung, ähnlich wie bei den Mollusken (§ 290). Im Allgemeinen lassen sich bezüglich der Athmungsweise drei Hauptgruppen von Articulaten unterscheiden: A. *Dermatopneusta*, mit Hautathmung, ohne besondere Respirations-Organe; B. *Branchiopneusta*, mit Kiemen; C. *Tracheopneusta* (= Tracheata), mit eigenthümlichen Luftröhren oder Tracheen. Diese letztere Bildung ist ausschliesslich dem Cladom der Tracheaten eigenthümlich, während die beiden ersteren Formen des Gaswechsels sowohl bei Anneliden als bei Crustaceen vorkommen.

A. **Dermatopneusta:** Articulaten ohne besondere Respirations-Organe; die Abscheidung von Kohlensäure und Aufnahme von Sauerstoff wird an der ganzen Oberfläche des Körpers durch die dünne Hautdecke vermittelt. Dieses einfache Verhältniss ist als ein ursprüngliches und primäres (— von den Vermalien-Ahnen durch Vererbung übertragenes —) zu betrachten bei der Classe der Archanneliden, der wichtigen gemeinsamen Stammgruppe aller Gliederthiere (*Archidrilia* und *Protodrilia*); vielleicht auch bei den Protochaeten, den ältesten Chaetopoden (*Saccocirrida*). Bei allen übrigen Anneliden, welchen Kiemen fehlen, ist deren Mangel wahrscheinlich secundär und durch Rückbildung zu erklären (so bei den *Oligochaeten*, *Hirudineen* und *Stelechopoden*. — Im Cladom der Crustaceen, die ursprünglich alle an den Beinen Kiemen besassen, ist deren Rückbildung bei vielen verschiedenen Gruppen der *Entomostraca* zu beobachten, besonders bei den kleinen und theilweise verkümmerten Formen der *Ostracoden* und *Copepoden*, auch bei vielen *Cladoceren* und *Cirripedien*; hier sind die Kiemen der älteren Vorfahren (Phyllopoden) verschwunden und der Gaswechsel geschieht durch die zarte Cuticula des dünnen Tegumentes. — Im Stamme der Tracheaten, die ursprünglich alle Tracheen besitzen, ist deren Rückbildung eingetreten bei einzelnen verkümmerten Myriapoden (*Pauropoden*) und in der Arachniden-Classe bei vielen kleinen *Acaronien*, besonders bei den verkümmerten parasitischen Milben und den marinen Halacariden; auch diese winzigen Gliederthiere athmen bloss durch das dünne Tegument.

B. **Branchiopneusta:** Articulaten mit dermalen Kiemen. Diese treten zuerst auf bei den Anneliden und sind sehr mannichfaltig entwickelt in der Classe der Chaetopoden, besonders bei den marinen *Polychaeten*. Gewöhnlich erscheinen die Kiemen dieser „Kiemenwürmer“ als fadenförmige, blattförmige, gefiederte oder kammförmige, bisweilen selbst baumförmig verästelte Anhänge der Parapodien. Je stärker die Verästelung dieser Cirren, Hautpapillen oder Hautfalten ist, desto grösser wird die Oberfläche, welche sie dem umspülenden Wasser zum Gaswechsel darbieten. Die beiden formenreichen Hauptgruppen der Polychaeten zeigen dabei den characteristischen Unterschied, dass sich bei den frei lebenden Raubwürmern (*Errantia*) Kiemen an den dorsalen Parapodien jedes Segmentes entwickeln (*Dorsibranchia*); bei den festsitzenden Röhrenwürmern (*Tubicolae*) hingegen nur an den vordersten Segmenten oder auch nur am Kopfe (*Capitibranchia*). Oft sind die Kiemen dieser Polychaeten, die reiche Blutzufuhr vom Körper erhalten, noch vom Flimmer-Epitel bedeckt. — Die Kiemen der Crustaceen, welche innerhalb dieses Cladoms die grösste Mannichfaltigkeit der Bildung entwickeln, sind keine Neubildungen, sondern Erbstücke von ihren *Anneliden*-Ahnen; wir leiten dieselben direct von den Parapodial-Kiemen der carnivoren und dorsibranchien Polychaeten ab. Wie bei diesen *Errantien* die Kiemen ursprünglich Anhänge der Dorsal-Parapodien sind, so bei den *Crustaceen* entsprechend Anhänge der Exopoditen, d. h. der dorsalen Spaltfuss-Aeste, welche jenen homolog sind. Den klaren Beweis dafür liefern die in neuester Zeit entdeckten Kiemenfüsse der ältesten Crustaceen, der Trilobiten (— speciell der *Triarthriden* —); diese zeigen ebensoviel Uebereinstimmung mit denjenigen der ältesten Caridonien (*Phyllopoden*), als mit den Parapodial-Kiemen vieler *dorsibranchien Polychaeten.*

C. **Tracheopneusta:** Articulaten mit Tracheen. Diese Luftröhren, welche in keiner anderen Gruppe des Thierreichs wiederkehren, sind ausschliesslich characteristisch für das Cladom der Tracheaten; ihre Anwesenheit genügt für sich allein, um die Zugehörigkeit irgend eines Gliederthieres zu diesem monophyletischen Cladom festzustellen. Die Tracheen sind cylindrische Röhren, welche ursprünglich durch besondere Luftlöcher (*Stigmata* oder *Spiracula*) auf dem Tegument ausmünden und von aussen direct athmosphärische Luft in das Innere des Körpers führen. Wie diese eigenthümlichen Organe der Luftzufuhr ursprünglich durch Anpassung an das Landleben entstanden sind, lehrt uns der bedeutungsvolle *Peripatus*, der einzige lebende Ueberrest der Protracheaten, der gemeinsamen Stammgruppe aller Luftrohrthiere. Die Tracheen-Büschel sind hier überall im Tegument vertheilt, münden durch sehr zahlreiche Luftlöcher der Haut allenthalben aus und besitzen noch vollständig den Character von einfachen tubulösen Hautdrüsen; als solche dienten sie bei den Chaetopoden-Ahnen der Tracheaten (— wahrscheinlich *Protochaeten* —) zur Haut-Secretion. Diese Function wurde anfänglich mit dem Gaswechsel combinirt (Transpiration); später trat der letztere ganz an ihre Stelle. Von dem diffusen Tracheen-System dieser *Protracheaten* lässt sich leicht das segmentale Tracheen-System ihrer *Myriapoden*-Ahnen ableiten und von diesem wiederum die einfachen Tracheen-Einrichtungen der ältesten Thoracobanten, (der *Solpugonien* unter den Arachniden, der *Apterygoten* und *Archipteren* unter den Insecten. In beiden Classen unterliegen dieselben den mannichfaltigsten progressiven und regressiven Umbildungen.

§ 334. Muskel-System der Articulaten.

Die Musculatur der Gliederthiere entwickelt sich, wie bei allen übrigen Enterocoeliern, aus der Wandung der paarigen Coelom-Taschen in der Weise, dass das parietale Blatt derselben die Muskeln der Leibeswand und der Podien liefert, das viscerale Blatt hingegen die Muskelwand des Darmrohrs. Da die mannichfaltige Differenzirung des Muskelsystems stets Hand in Hand mit derjenigen des Skeletes geht, in diesem Falle also mit der Gliederung der Chitin-Decke und ihrer Anhänge, so können wir hier zwei Hauptstufen in seiner phylogenetischen Ausbildung unterscheiden, I. die ältere und einfachere Stufe der *Anneliden* und II. die jüngere und complicirtere Stufe der *Arthropoden.* Indessen sind beide Stufen durch vielfache Mittelglieder eng verknüpft; die ältesten Formen der Arthropoden, sowohl die *Trilobiten* und *Phyllopoden* unter den Crustaceen, als die *Protracheaten* und *Myriapoden* unter den Tracheaten, schliessen sich in der einfacheren und homonomen Gliederung ihres Muskel-Systems unmittelbar an die *Chaetopoden*-Ahnen an. Die ursprüngliche Muskelbildung dieser letzteren lässt sich aber wieder unmittelbar von derjenigen ihrer Vermalien-Ahnen ableiten, der *Nemertinen.*

I. Stufe: Musculatur der Anneliden. Der starke „Hautmuskelschlauch" besteht, wie bei den Vermalien-Ahnen, aus zwei Hauptschichten, einer äusseren Schicht mit circularem und einer inneren Schicht mit longitudinalem Verlaufe der Fasern. Die äussere Ringmuskel-Schicht ist continuirlich, die innere Längsmuskel-Schicht dagegen mehrfach unterbrochen, besonders in den beiden Median-Linien (dorsaler und ventraler Mittellinie), ferner seitlich durch die Anordnung der Parapodien. Bei der Mehrzahl der Anneliden lassen sich daher zwei Paar starke Längsmuskeln unterscheiden, welche von Segment zu Segment gehen, eine Paar dorsale und ein Paar ventrale; diese können aber noch weiter in getrennte Bündel zerfallen. Besondere Podial-Muskeln entwickeln sich dann ferner zur

Bewegung der Parapodien und der an ihnen ansitzenden Appendikeln (Borsten, Haken, Cirren, Kiemen u. s. w.).

II. Stufe: Musculatur der Arthropoden. Die ältesten Gruppen beider Arthropoden-Stämme, die *Trilobiten* und *Phyllopoden* unter den Crustaceen, die Opisobanten (*Protracheaten* und *Myriapoden*) unter den Tracheaten, zeigen noch im grössten Theile ihrer Musculatur die ursprüngliche Homonomie der Gliederung, welche sie durch Vererbung von ihren *Chaetopoden*-Ahnen erhalten haben. Doch tritt die äussere Ringmuskel-Schicht schon zurück, während sich die innere Längsmuskel-Schicht um so stärker entwickelt. Die vier Hauptbündel der letzteren, ein Paar dorsale und ein Paar ventrale, gehen anfangs noch gleichmässig von Segment zu Segment; sie werden aber in den höher entwickelten Gruppen der Arthropoden um so stärker differenzirt und in den einzelnen Segmenten um so ungleichartiger ausgebildet, je mehr hier die Differenzen von Kopf, Thorax und Abdomen sich ausbilden, und an diesen drei Hauptabschnitten wieder die Unterschiede der einzelnen Metameren und ihrer polymorphen Gliedmassen.

§ 335. Nerven-System der Articulaten.

Alle Gliederthiere besitzen eine und dieselbe Form des Central-Nervensystems, ein gegliedertes Bauchmark, welches durch einen Schlundring mit dem oberhalb des Schlundes gelegenen Scheitelhirn oder Acroganglion verbunden ist. Diese typische Bildung des Nervensystems genügt für sich allein um den Stamm der *Articulaten* zu kennzeichnen und ist für denselben ebenso characteristisch, wie für den Vertebraten-Stamm das Rückenmark, für den Echinodermen-Stamm das pentaradiale Sternmark. Das Scheitelhirn der Gliederthiere ist ebenso ein Erbstück von ihren Vermalien-Ahnen und speciell von den Nemertinen, wie die beiden starken Längsstämme, welche von demselben ausgehen und unten zur Bildung des Bauchmarks zusammentreten. Schon bei vielen Nemertinen und Turbellarien (— ebenso wie bei den ältesten Mollusken, den Chitonen —) sind diese beiden parallelen Lateral-Nerven mit Ganglienzellen dicht belegt und durch zahlreiche feine Quer-Commissuren so verbunden, dass sie das sogenannte „Strickleiter-Nervensystem“ herstellen (vergl. S. 534). Diese primitive Form erhält sich bei einigen der ältesten Anneliden (Archanneliden), Crustaceen (Phyllopoden) und bei den ältesten Tracheaten (Peripatus). Gewöhnlich aber nähern sich die beiden Längsstämme unten auf der Bauchseite, wie es auch schon bei einigen Nemertinen, z. B. Drepanophorus der Fall ist. Indem sich in jedem Metamer

Ganglienzellen an den Commissur-Stellen beider Stränge anhäufen, entsteht ein „Bauchknoten" und durch Verschmelzung beider lateraler Knoten ein „Doppelganglion". Auch die beiden Längsstämme können sich in der Mittellinie der Bauchseite bis zur Verschmelzung nähren, und endlich die ganze Reihe der Kette der segmentalen Knotenpaare zu einem compacten Bauchmark zusammentreten, besonders im vorderen Körpertheile. Eine vollständige Fusion findet sich unter den Anneliden bei den *Myzostomien* und *Linguatonien*, unter den Crustaceen bei den *Branchiuren* und *Brachyuren*, unter den Tracheaten bei den *Araneen* und vielen *Insecten*. Ueberhaupt verhalten sich die drei Cladome der Articulaten in der Differenzirung des Bauchmarks und der davon abgehenden Nerven durchaus gleichartig. Das gilt auch von dem sogenannten „sympathischen Nervensystem", welches die Eingeweide versorgt, gewöhnlich einem unpaaren und zwei paarigen Stämmen, die vom Gehirn oder Schlundring abgehen. Im Allgemeinen gilt das Gesetz, dass die verschiedenartige Ausbildung des Bauchmarks gleichen Schritt mit der Differenzirung der Metameren hält. Eine bemerkenswerthe, uralte Eigenthümlichkeit zeigt das Bauchmark der *Archanneliden*, der ältesten unter den lebenden Gliederthieren; es liegt hier noch theilweise oder ganz in der Epidermis der Bauchdecke und bildet nur einen differenzirten Theil derselben. Gewöhnlich hat das Bauchmark diese ursprüngliche Lage verlassen und sich unter das Tegument zurückgezogen.

§ 336. Sensillen der Articulaten.

Die Sinnes-Organe zeigen im Stamme der Gliederthiere eine ausserordentlich mannichfaltige und verschiedenartige Ausbildung, entsprechend dem sehr verschiedenen Grade der Vollkommenheit, welchen ihre Seelenthätigkeit, in Anpassung an die divergenteste Lebensweise erreicht. Das phylogenetische Interesse dieser Sensillen-Bildung ist ist sehr gering, da sie grossentheils nur einzelnen Gruppen zukommen, offenbar polyphyletisch entstanden sind und keine Homologie innerhalb des ganzen Stammes zeigen. Als wirklich homologe Sensillen der Articulaten, welche als Erbstücke von den gemeinsamen Vermalien-Ahnen monophyletisch übertragen wurden, können wir jedoch mit Wahrscheinlichkeit nur zwei Paar Sinneswerkzeuge betrachten: I. Ein Paar Tentakeln am ersten Kopfsegment (Primär-Fühler, Antennen), und II. ein paar Ocellen oder einfache Augen. Möglicherweise sind auch ein Paar Riechgruben oder chemische Sensillen, welche am Kopfe vieler *Anneliden* vorkommen und von den „Kopfspalten" der *Nemertinen* abgeleitet werden können, die gemeinsamen Grundlagen, aus denen sich gewisse Geruchsorgane der Arthropoden entwickelt haben. Andere Male (z. B. bei den *Hirudineen*, *Insecten*) haben sich wieder besondere adaptive chemische Sensillen entwickelt. Uebrigens unterliegen auch jene beiden herediven Sensillen-Paare häufig der Rückbildung, während sich neben oder nach ihnen adaptive oder secundäre Sinneswerkzeuge von derselben Function entwickeln, ähnlich wie bei den Mollusken (§ 292).

I. Tastorgane. Ein Paar Frontal-Tentakeln oder Stirnfühler finden sich am vorderen Kopfsegment als schlanke, glatte oder geringelte Fäden schon bei den ältesten Anneliden (*Archanneliden*) und können als Erbstück von deren Vermalien-Ahnen (*Nemertinen*) betrachtet werden; sie kehren auch bei den meisten *Chaetopoden* wieder, unterliegen jedoch oft der Rückbildung (bei den *Oligochaeten*, *Spaniochaeten*, *Stelechopoden* und *Hirudineen*). Bei den meisten *Polychaeten* sind sie sehr entwickelt, und hier treten oft noch daneben adaptive Fühler oder Cirren an den einzelnen Segmenten auf. Durch Vererbung haben sich die Primär-Tentakeln von den Chaetopoden auf beide Stämme der Arthropoden übertragen und erscheinen hier als das (erste) Antennen-Paar; entsprechend der schärferen Articulation des ganzen Hautskelets werden auch diese mannichfach entwickelten „Fühlhörner“ hier deutlich gegliedert. Sie fungiren wahrscheinlich auch als Geruchsorgane. Durch völlige Rückbildung der Antennen zeichnet sich die *Arachniden*-Classe aus. Unter den *Crustaceen* besitzen die *Aspidonien* auch nur dieses eine Antennen-Paar; bei den *Caridonien* dagegen wird allgemein auch das zweite Paar der Capital-Podien zu Antennen umgebildet. Uebrigens fungiren als Tastorgane (— und vielleicht zugleich als chemische Sensillen —) bei vielen Arthropoden auch die Taster (*Palpi*), welche sich als gegliederte Fäden an den Kiefern entwickeln, ferner die Endglieder der Beine und andere Anhänge.

II. Augen. Als heredive Sehorgane, welche die Articulaten von ihren Vermalien-Ahnen (Nemertinen) durch Vererbung erhalten haben, können wir mit grosser Wahrscheinlichkeit ein Paar Ocellen oder einfache Kopf-Augen betrachten, welche oben im ersten Kopfsegment liegen und ihren Sehnerven vom Gehirn erhalten. Da solche einfache paarige Augen (mit einer Linse, Pigmentbecher und Sehnerv) schon bei Platoden (Turbellarien) und bei Vermalien (Rotatorien, Nemertinen u. A.) verbreitet sind, können wir annehmen, dass die gewöhnlichen Augen der Anneliden von ihnen abstammen; sie erreichen in den pelagischen *Alciopiden* eine besonders gute Ausbildung, und eine Structur, welche sich auch in den Ocellen des *Peripatus*, der *Myriapoden* und *Arachniden* wiederholt. Bei vielen Anneliden erscheinen statt eines Augen-Paares zwei (— selten mehrere —); bisweilen trägt jedes Segment ein Paar adaptive Augen; auch können solche an den Tentakel-Kiemen zahlreich auftreten (bei *Sabella*). Bei den Myriapoden und Arachniden wird ebenfalls die Zahl der Ocellen häufig multiplicirt (4—6 Paare).

Die Crustaceen und Insecten zeichnen sich dadurch aus, dass neben den herediven Ocellen am Kopfe noch ein Paar grosse adaptive Augen von zusammengesetztem Bau erscheinen, die eigenthümlichen „Facetten-Augen", mit facettirter Cornea. Da dieselben den älteren Tracheaten fehlen, müssen wir annehmen, dass sie diphyletisch entstanden sind, in den beiden Gruppen der Insecten und Crustaceen unabhängig von einander; unter den letzteren besitzen sie schon die ältesten, die Trilobiten und Phyllopoden. Die Facetten-Augen entwickeln sich im Embryo der Crustaceen später als das unpaare Stirnauge (Nauplius-Auge), welches bei den *Caridonien* oben auf der Stirn sitzt und als sehr characteristisch für diese Classe gilt; es ist bei den Entomostraken allgemein verbreitet und erscheint auch in den Jugendformen der Malacostraken, wo es später verschwindet. Aus dem dreitheiligen Bau des *Nauplius*-Auges, welches oft ein Paar laterale Pigment-Platten zeigt, sowie aus der wichtigen Thatsache, dass die älteren *Aspidonien* an seiner Stelle vielfach ein Paar genäherte Ocellen tragen, ziehen wir den Schluss, dass das unpaare Nauplius-Auge der Caridonien durch Verschmelzung von ein Paar primären Ocellen ihrer Polychaeten-Ahnen entstanden ist. Ob und wie die Facetten-Augen der Crustaceen und Insecten aus einfachen Augen entstanden sind, ist noch nicht klar. Rückbildung derselben kommt vielfach vor, besonders bei parasitischen Arthropoden, und bei solchen Arten, welche im Dunkeln leben, in Höhlen, unter der Erde u. s. w.

III. Gehör-Organe. Ein paar kugelige Gehörbläschen (*Otocysten* oder *Statocysten*) von derselben Bildung, wie bei vielen *Vermalien* und den meisten *Mollusken* (S. 537), finden sich auch bei einem Theile der *Articulaten* wieder, nämlich bei einzelnen Anneliden (*Polychaeten*) und bei den höheren Crustaceen, den *Malacostraken* (bei diesen oft noch auf dem älteren Stadium des offenen „Gehörgrübchens"). Da dieselben aber der grossen Mehrzahl und namentlich allen Tracheaten fehlen, ist es zweifelhaft, ob sie in einzelnen Gruppen selbständig entstanden oder in den anderen rückgebildet sind. Adaptive Gehörorgane eigenthümlicher Art, die sonst nirgends vorkommen, sind die *chordotonalen* und *tympanalen* Organe der Insecten, welche polyphyletisch in mehreren Ordnungen sich entwickelt haben.

§ 337. Darmsystem der Articulaten.

Der Darmcanal der Gliederthiere zeigt im Einzelnen eine höchst mannichfaltige Zusammensetzung und Gestaltung, entsprechend ihrer ausserordentlich verschiedenartigen Ernährungsweise. Allein diese unzähligen morphologischen und physiologischen Modificationen bieten nur sehr geringes phylogenetisches Interesse. Ueberall entwickelt sich das Darmrohr aus denselben drei Hauptabschnitten, welche auch schon die Vermalien-Ahnen der Articulaten besassen: 1) Der Vorderdarm oder Schlunddarm (*Stomodaeum*), 2) der Mitteldarm oder Magendarm (*Mesenteron*) und 3) der Hinterdarm oder Enddarm (*Proctodaeum*). Der erste und dritte Abschnitt entstehen auch bei den Articulaten allgemein als Einstülpungen des Tegumentes aus dem *Exoderm* und sind von einer dünnen (oft aber local sehr verdickten) Chitin-Cuticula ausgekleidet; der Mitteldarm allein wird vom *Entoderm* gebildet, entspricht also dem Urdarm der Gastrula und entbehrt der Chitin-Cuticula. Die relative Länge und Ausbildung aller drei Abschnitte unterliegt in den verschiedenen kleineren Gruppen der Gliederthiere den grössten Schwankungen.

I. Der exodermale Vorderdarm oder Schlunddarm kann bei vielen *Anneliden* in Form eines Rüssels vorgestülpt werden, oder er ist mit Kiefern bewaffnet (*Polychaeta*, *Gnathobdella*); auch kann der musculöse Pharynx Schlundtaschen und Speicheldrüsen produciren, oder sich zu einem complicirten Pharyngeal-Apparat ausbilden. Unter den *Crustaceen* ist der Vorderdarm kurz und einfach bei den niederen *Entomostraken*, lang und complicirt gebaut bei den höheren *Malacostraken*; diese zeichnen sich durch die mannichfache Differenzirung eines besonderen Kaumagens aus, in welchem starke Chitin-Zähne, Klappen, Platten u. dgl. zur Zerkleinerung der Nahrung dienen. Aehnliche Bildungen kommen auch bei einem Theile der Tracheaten (besonders *Insecten*) vor. Als besondere Abschnitte des Vorderdarms gliedern sich dann oft von einander ab die Mundhöhle, Schlundhöhle, Speiseröhre, Kropf, Vormagen, Saugmagen, Kaumagen u. s. w.

II. Der entodermale Mitteldarm oder Leberdarm ist bei der Mehrzahl der Gliederthiere von ziemlich einfacher Bildung und länger als die beiden exodermalen Abschnitte (I. und III.); er kann aber auch zu Gunsten der letzteren sehr verkürzt werden, am auffallendsten bei den höheren Malacostraken. Bei den Anneliden wird der Mitteldarm oft durch die transversalen Dissepimente, die ihn an der Leibeswand befestigen, in metamere Kammern getheilt, und indem diese sich seitlich ausstülpen, entstehen segmentale „Mitteldarm-Divertikel“ oder Leberschläuche (auch *Hepatopancreas* genannt).

Solche Leberbildungen, in höchst mannichfaltiger Zahl, Grösse und Ausdehnung, finden sich auch bei den meisten Arthropoden wieder; sie sind hier besonders stark entwickelt bei den höheren Crustaceen (*Malacostraken*) und bei den *Arachniden*; weniger ausgebildet sind sie bei den meisten Entomostraken, Myriapoden und Insecten. Bei vielen Insecten zerfällt der lange Mitteldarm in einen weiten, mit Drüsenschläuchen besetzten „Chylusmagen" und einen engen gewundenen Dünndarm.

III. Der exodermale Hinterdarm oder Enddarm (*Rectum*) ist gewöhnlich der kürzeste von den drei Darm-Abschnitten und zeigt die einfachste Bildung; doch kann er sich bisweilen auch sehr auf Kosten des Mitteldarms verlängern, so bei vielen *Malacostraken* und *Arachniden*. Die Tracheaten (nur Peripatus ausgenommen) zeichnen sich vor den übrigen Articulaten durch den Besitz langer exodermaler Drüsenschläuche aus, welche in den Anfang des Hinterdarms münden, der Malpighischen Röhren.

§ 338. Coelom-System der Articulaten.

Alle Gliederthiere sind ursprünglich echte Enterocoelier; sie entwickeln ihre echte „Leibeshöhle" aus ein Paar Coelom-Taschen und theilen dieselben durch transversale Gliederung in so viele Coelom-Kammern, als Metameren zur Ausbildung gelangen. Diese echte Metamerie des Coeloms findet sich ebenso allgemein in den Embryonen der *Arthropoden*, als bei den entwickelten *Anneliden*. Hier bleiben meistens die einzelnen Kammern durch transversale *Dissepimente* vollständig von einander getrennt; doch können sie durch deren Rückbildung auch theilweise verschmelzen, oder selbst zur Bildung einer einfachen grossen Leibeshöhle (*Megacoel*) sich vereinigen; so bei den *Spaniochaeten* und *Stelechopoden*. Die *Hirudineen* zeichnen sich dadurch aus, dass ihr Coelom zum Theil reducirt wird (durch Ausfüllung mit Muskeln und Connectiven), zum Theil mit dem Blutgefäss-System in offene Communication tritt (vergl. § 339). Bei den meisten Anneliden bleibt das dorsale und ventrale Mesenterium bestehen, welches das Darmrohr oben und unten an der Leibeswand befestigt, und welches ursprünglich aus der Verschmelzung der visceralen Wände der beiden an einander stossenden Coelom-Taschen entstand; selten unterliegt dieses „Gekröse" einer partiellen oder totalen Rückbildung (bei *Spaniochaeten*, *Stelechopoden* u. A.).

Die beiden Stämme der Arthropoden, ebenso wohl die *Crustaceen* als die *Tracheaten*, zeigen die ursprüngliche Metamerie des Coeloms nur in der embryonalen Anlage. Später werden die segmentalen Anlagen der zahlreichen paarigen Coelomtaschen theils rückgebildet, theils durch die Ausdehnung des *Lacunoms* verdrängt. Aber die *Coelotelien*, oder die *Mesoderm-Epitelien* der Coelom-Taschen entwickeln auch bei den *Arthropoden*, ebenso wie bei den *Anneliden*, die wichtigsten Anlagen des „mittleren Keimblattes"; aus dem Parietal-Blatt die Musculatur der Leibeswand und der Gliedmaassen, aus dem Visceral-Blatt die Musculatur der Darmwand und die Gonaden.

§ 339. Blutgefäss-System oder Lacunom.

Die meisten Anneliden zeichnen sich durch ein sehr entwickeltes Gefäss-System aus, dessen Inhalt ein (meist roth gefärbtes) Blut bildet; vollständig fehlt dasselbe nur der Classe der kleinen *Stelechopoden*, offenbar in Folge von Rückbildung. Als ursprüngliche und typische Centraltheile dieses Circulations-Apparates sind von phylogenetischer Bedeutung zwei parallele Median-Gefässe, von denen das dorsale über dem Darm verläuft, das ventrale unter demselben. Wir betrachten dieselben als Erbstücke von den Vermalien-Ahnen (*Nemertinen*). Beide Principal-Gefässe stehen gewöhnlich in jedem Metamer durch eine ringförmige Schlinge in Verbindung, welche den Darm umfasst. Die Fortbewegung des Blutes in dem geschlossenen Röhren-System erfolgt durch rhythmische Contractionen der musculösen Röhrenwände selbst; das dorsale Principal-Gefäss contrahirt sich in der Richtung von hinten nach vorn, das ventrale umgekehrt in der Richtung von vorn nach hinten. Oft entwickeln sich auch accessorische Herzen, indem einzelne Theile der Gefäss-Schlingen zu contractilen Bulbillen anschwellen. Bei grossen Anneliden erreicht das Circulations-System einen hohen Grad der Entwickelung, indem zahlreiche kleine Aeste von den Hauptgefässen in die verschiedenen Organe hineingehen. Häufig entwickelt sich an der Ventralseite des Bauchmarks noch ein zweites, unpaares oder paariges Ventral-Gefäss, das „Subneural-Gefäss". Sowohl bei den *Archanneliden* als bei den *Chaetopoden* erscheint der gefärbte Inhalt der Blutgefässe, das eigentliche „Blut", vollkommen getrennt von dem farblosen Inhalte des Coeloms (— dem *Coeloserum* —); bei den *Hirudineen* dagegen sind beide (offenbar secundär) in offene Communication getreten (§ 338).

Die Arthropoden verhalten sich auch in Beziehung auf das Blutgefäss-System, ebenso wie auf das Coelom, wesentlich verschieden von ihren *Anneliden*-Ahnen. Nur das Dorsal-Gefäss dieser letzteren wurde durch Vererbung auf sie übertragen und entwickelte sich zu dem gekammerten Dorsal-Herzen mit seinen segmentalen Ostien-Paaren. Der übrige Theil des Blutgefäss-Systems entwickelt sich zu einem System von wandungslosen Hohlräumen, einem Lacunoma. Die Entstehung und Ausbildung dieses „*Lacunen-Systems*“ erfolgt in beiden Cladomen der *Arthropoden* auf ähnliche Weise und nach demselben Modus wie bei den *Mollusken* (§ 294). Das *Lacunom* ist mithin in diesen verschiedenen Thiergruppen eine *analoge*, aber *nicht homologe* Einrichtung; diese ist polyphyletisch entstanden, und ebenso ist auch die ähnliche Reduction des Coeloms durch dieselbe als Convergenz zu beurtheilen. Uebrigens ist diese eigenthümliche Einrichtung sehr alt (— sicher cambrisch oder praecambrisch —); denn schon in den ältesten lebenden Vertretern beider Arthropoden-Classen sehen wir dieselbe ausgebildet, ebenso bei den *Phyllopoden* unter den Crustaceen, wie bei den *Peripatiden* unter den Tracheaten; und dasselbe galt sicher auch schon von den *Trilobiten.*

Maassgebend für die naturgemässe phylogenetische Beurtheilung des *Lacunoms*, sowie seines correlativen Verhältnisses zum *Coelom*, bleibt in erster Linie die fundamentale Thatsache, dass sich bei allen Articulaten dieses letztere ursprünglich aus ein Paar lateralen Coelom-Taschen entwickelt, das erstere dagegen nicht. Diese primitiven Coelom-Säcke zerfallen überall in gleicher Weise in die Doppel-Reihe der Ursegmente und beim Längenwachsthum des Körpers werden immer neue Metameren zwischen das letzte und vorletzte Glied eingefügt; das gilt ganz ebenso von den *Anneliden* (mit permanenter Sonderung der segmentalen „Leibeshöhlen“) wie von den *Arthropoden* (mit vorübergehender Segmentirung derselben). Die Ausbildung des *Lacunoms* erfolgt ausserhalb des *Coeloms.*

§ 340. Nephridien der Articulaten.

Die Excretions-Organe oder „Nieren“ erscheinen bei der grossen Mehrzahl der *Anneliden* in sehr characteristischer Form, als paarige Nephridien, welche sich in jedem Metamer wiederholen („Semental-Organe“ oder „Schleifen-Canäle“); sie fehlen vollständig nur der Classe der verkümmerten *Stelechopoden*, offenbar in Folge von Rückbildung. Bei einem Theile der *Chaetopoden* und *Hirudineen* können die Nephridien in einigen Metameren rückgebildet, in anderen um so stärker entwickelt oder selbst multiplicirt sein; öfter kommen 2 Paar, selten 4 Paar Nephridien auf die einzelnen Segmente (— vielleicht in Folge von Verschmelzung von 2—4 ursprünglich getrennten Segmenten? —). — Von diesen segmentalen „Rumpfnieren" wesentlich verschieden ist wohl die Kopfniere oder das *Protonephridium*; dieses erste Nieren-Paar, im Kopfe der Anneliden, ist wahrscheinlich ursprünglich eine (exodermale) Hautdrüse und homolog den *Pronephridien* ihrer älteren Vorfahren, der Platoden (*Turbellarien*) und Rotatorien (*Trochozoen*); das innere Ende derselben ist blindgeschlossen, ohne Trichter-Oeffnung. Dagegen bestehen die (mesodermalen) typischen Rumpfnieren in den einzelnen Metameren, oder die *Metanephridien*, ursprünglich aus drei Theilen: A. einem inneren „Flimmertrichter", der sich in die Leibeshöhle öffnet und die Producte von deren Epitel aufnimmt (Excrete und Geschlechtszellen), B. einem drüsigen, oft vielfach gewundenen Canal („Schleifencanal"), und C. einer musculösen Endblase („Harnblase"), die sich im Tegument nach aussen öffnet. Gewöhnlich liegen die beiden Oeffnungen jedes Nephridiums in zwei auf einander folgenden Segmenten, die innere (Flimmertrichter) im vorderen, die äussere (Harnöffnung) im hinteren Segment. Die allgemeine Ansicht geht dahin, dass von den beiden Functionen der Nephridien die excretorische die *primäre*, die sexuelle dagegen erst *secundär* hinzugekommen sei. Nach unserer Ansicht ist das Umgekehrte der Fall; die Nieren-Canäle (— sehr kurz und einfach bei den *Archanneliden*! —) waren ursprünglich nur einfache Gonoporen (entsprechend den kurzen lateralen Gonoducten der *Nemertinen*); erst nachträglich hat sich ihre harnabscheidende Function ausgebildet und weiter entwickelt. Auch giebt es viele Anneliden mit vollkommener Ergonomie der Nephridien; bei vielen tubicolen *Polychaeten* dienen die vorderen Canäle nur zur Harn-Abscheidung, die hinteren nur zur Ausführung der Geschlechtsproducte; seltener ist das Umgekehrte der Fall (z. B. bei *Capitelliden*).

Die Nephridien der Arthropoden haben fast allgemein starke Umbildung und Rückbildung erlitten. Nur in einer einzigen lebenden Form, in dem archaeischen *Peripatus*, hat sich die ursprüngliche Bildung der *Anneliden*-Ahnen bis heute unverändert erhalten. Dieser einzige moderne Ueberrest der Protracheaten besitzt noch in jedem Rumpf-Segmente ein Paar Nephridien, die sich im Wesentlichen gleich jenen der *Chaetopoden* verhalten. Wir dürfen vermuthen, dass dasselbe ursprüngliche Verhalten auch noch bei den Trilobiten bestand, der palaeozoischen Stammgruppe der Crustaceen; insbesondere bei jenen *Archiaspiden*, welche den *Polychaeten*-Ahnen noch so nahe verwandt erscheinen (*Oleniden*, *Triarthriden*). Bei den übrigen Crustaceen sind die segmentalen Nephridien grösstentheils verschwunden und nur 4 Paare derselben haben sich gewöhnlich in veränderter Form und Function erhalten: I. die Antennendrüse, welche an der Basis der zweiten Antenne ausmündet („grüne Drüse des Flusskrebses"), II. die „Schalendrüse", welche an der Basis der zweiten Maxille sich öffnet, III. die Spermaducte und IV. die Oviducte. Da diese beiderlei Geschlechtsleiter in verschiedenen Crustaceen-Gruppen sich an verschiedenen Metameren nach aussen öffnen, ist anzunehmen, dass sie aus verschiedenen segmentalen Nephridien hervorgegangen sind. Dasselbe gilt auch für die Tracheaten, bei welchen (— mit einziger Ausnahme des *Peripatus* —) die Nephridien im Uebrigen grösstentheils rückgebildet zu sein scheinen; doch sind wahrscheinlich auch die Speicheldrüsen hier aus modificirten Nephridien entstanden.

§ 341. Geschlechts-Organe der Articulaten.

Die Geschlechtsdrüsen (*Gonades*) stehen ursprünglich bei allen Gliederthieren in engster genetischer Beziehung zum *Coelom* und zu den *Nephridien*, ähnlich wie bei den Mollusken und Vertebraten. Doch bleibt dieses Verhältniss nur beim grössten Theile der Anneliden rein bestehen, während es bei den Arthropoden stark verändert wird. Bei der grossen Mehrzahl der gut entwickelten *Anneliden* zeigen die Geschlechts-Organe noch heute ein sehr einfaches und ursprüngliches Verhalten, so bei den meisten *Archanneliden* und *Chaetopoden* (namentlich Polychaeten). Die beiderlei Geschlechts-Producte entwickeln sich hier periodisch an bestimmten Stellen der Leibeshöhle aus deren Epitel (dem *Coelotelium*); sie fallen reif in dieselbe hinein und werden durch die Flimmertrichter der Nephridien aufgenommen und nach aussen abgeführt. Dagegen entwickeln sich bei den jüngeren und stärker umgebildeten Classen, den verkümmerten *Stelechopoden* und den parasitischen *Hirudineen*, directe Ausführgänge der Geschlechtsdrüsen; von diesen ist es zum Theil noch zweifelhaft, ob sie umgebildete Nephridien oder selbständige Neubildungen sind. Auch die Zahl, Form und Lage der Gonaden erleidet in diesen jüngeren Classen (— und ebenso bei einem Theile der *Oligochaeten* und *Spaniochaeten* —) mehrfache Modificationen; bei vielen regressiven Anneliden wird mit der Reduction der Metamerie und der Vereinfachung der Leibeshöhle auch die Zahl der Gonaden auf ein Paar reducirt, oder selbst nur auf eine einzige unpaare Geschlechtsdrüse (*Stelechopoda*). Die Vertheilung der beiderlei Gonaden auf die Personen der Anneliden unterliegt vielfachem Wechsel. Als ursprüngliches Verhalten (und als Erbstück von den Vermalien-Ahnen) betrachten wir den Gonochorismus; er findet sich bei den meisten *Archanneliden*, *Chaetopoden* und *Stelechopoden*. Dagegen hat sich (secundär) Hermaphroditismus entwickelt in folgenden Gruppen:

I. untèr den Archanneliden *Protodrilus*; II. unter den Chaetopoden einzelne (meist festsitzende) *Polychaeten* und alle *Oligochaeten*; III. unter den Stelechopoden die *Myzostomien*; IV. alle *Hirudineen*.

Die Arthropoden verhalten sich in der Bildung der Geschlechts-Organe sehr verschieden von ihren *Anneliden*-Ahnen, den Chaetopoden. In beiden divergenten Stämmen dieser Gruppe, ebenso bei den *Crustaceen*, wie bei den *Tracheaten*, werden ursprünglich nur ein Paar Gonaden gebildet und deren Producte werden durch ein Paar Gonoducte nach aussen abgeführt; letztere sind umgebildete Nephridien. Da jedoch die beiderlei Geschlechtsgänge in mehreren Arthropoden-Gruppen an verschiedenen Segmenten nach aussen münden (— z. B. bei allen Malacostraken die Oviducte am VI., die Spermaducte am VIII. Rumpf-Segment —), da ferner diese Mündung auch innerhalb grösserer Gruppen relativ constant ist, aber in entfernten Gruppen sehr verschieden, so darf man annehmen, dass von den zahlreichen segmentalen Nephridien der Anneliden-Ahnen diejenigen verschiedener Metameren in Gonoducte (polyphyletisch!) verwandelt worden sind. Dieselbe polyphyletische Entstehung gilt auch für die Begattungs-Organe (*Copulativa*), welche in den verschiedenen Arthropoden-Gruppen aus ganz verschiedenen Podien hervorgehen; und ebenso für die mancherlei accessorischen Genital-Organe, die von den *Crustaceen*, besonders aber von den *Tracheaten* in grösster Mannichfaltigkeit gebildet werden. In vielen Gruppen beider Stämme findet auch secundär eine mediane Verschmelzung der beiden, primär paarig entstandenen Gonoducte (im hinteren Theile) statt; es entsteht beim Weibchen eine einfache Vagina, beim Männchen ein einfacher Samengang (Ductus ejaculatorius).

Die phylogenetische Entstehung der einfachen Gonaden der *Arthropoden* aus den metameren Geschlechtsdrüsen (oder Coelomtaschen) ihrer *Anneliden*-Ahnen ist wahrscheinlich im Stamme der Gliederthiere auf ähnliche Weise erfolgt, wie im Stamme der Wirbelthiere. Auch hier sind die paarigen Keimdrüsen der *Cranioten* durch Zusammenfliessen von zahlreichen metameren Gonaden-Paaren der *Acranier* entstanden (vergl. Theil III, §§ 195—197); bei einigen der ältesten Cranioten (*Selachier*) bleibt die segmentale Anlage noch im Embryo erkennbar. In ähnlicher Weise zeigen auch noch einige alte *Myriapoden* eine deutliche Metamerie ihrer langgestreckten Gonaden, und zwar ebenso der Ovarien, wie der Spermarien.

Gonochorismus ist bei allen *Arthropoden*, wie bei ihren *Anneliden*-Ahnen, das ursprüngliche Verhältniss, und bei den meisten älteren Gruppen zeigen auch die Ovarien und die Spermarien wesentlich gleiche Bildung. Die Tracheaten behalten allgemein die

Geschlechtstrennung bei und zeigen nur selten individuelle Zwitterbildung. Dagegen ist in einigen Gruppen der Crustaceen durch Anpassung an festsitzende oder parasitische Lebensweise Hermaphroditismus entstanden, so bei den *Cirripedien* unter den Entomostraken und bei den parasitischen *Isopoden* unter den Malacostraken. Die besonderen Verhältnisse dieses secundären (bei den Isopoden proterandrischen) Hermaphroditismus, sowie das Auftreten von verkümmerten „complementären Zwergmännchen" bei einigen Cirripedien, erläutern sehr schön den phylogenetischen Uebergang vom *Gonochorismus* zum *Hermaphroditismus*.

§ 342. Erstes Cladom der Articulaten:

Annelida. Ringelthiere.

Stamm der homonom-segmentirten Gliederthiere.

Articulaten mit gleichartiger Gliederung, mit metameren Nephridien, ohne gegliederte Beine, ohne Tracheen. Kopf aus zwei oder drei Metameren zusammengesetzt. Primäre Larve: Trochophora.

Das Cladom der Ringelthiere (*Annelida*) oder Ringelwürmer (*Annulata*) ist die älteste von den drei Hauptgruppen dieses Stammes und umfasst die homonomen Articulaten, d. h. diejenigen Gliederthiere, deren zahlreiche Metameren im Ganzen gleichartig organisirt und wenig differenzirt sind (— ausgenommen das erste und letzte Glied der langen Segment-Kette —). Insbesondere zeigt der Kopf niemals jene höhere Ausbildung und complicirtere Organisation, welche die vollkommener entwickelten Arthropoden (sowohl *Crustaceen* als *Tracheaten*) auszeichnet. Zur Kopfbildung verschmelzen bei den Anneliden nur 2 (oder 3), dagegen bei den Tracheaten 4, bei den Crustaceen 5 Metameren. Ein weiteres wichtiges Merkmal, welches die *Anneliden* den *Arthropoden* schon äusserlich gegenüberstellt, ist der Mangel gegliederter Beine; entweder fehlen solche Gliedmaassen ganz, oder sie erscheinen als ungegliederte Stummelfüsse (*Parapodia*). Im Uebrigen können wir kein durchgreifendes Merkmal finden, welches alle *Anneliden* gegenüber allen *Arthropoden* auszeichnete; vielmehr finden wir in allen wesentlichen Zügen der inneren Organisation eine typische Uebereinstimmung zwischen beiden Hauptgruppen der Articulaten vor; die wirklich vorhandenen Unterschiede erklären sich einfach dadurch, dass die Anneliden eine ältere und tiefere, die Arthropoden eine jüngere und höhere Bildungsstufe eines und desselben Typus darstellen (vergl. oben § 322).

Im Subphylom der Anneliden unterscheiden wir vier verschiedene Classen (§ 343); von diesen stellen die Archanneliden (oder *Drilometren*) die älteste Classe dar; sie besitzen als die gemeinsame Stammgruppe aller Articulaten hervorragende Bedeutung und schliessen sich in ihrer einfachen Organisation noch unmittelbar an die Vermalien-Ahnen an (*Nemertinen* und *Rotatorien*). Durch die einfach gebauten *Protochaeten* (Saccocirrida) ist mit den Archanneliden eng verbunden die formenreiche Classe der Chaetopoden (oder *Chaetanneliden*); in diesen „Borstenwürmern", und besonders in der Hauptgruppe der marinen *Polychaeten*, erreicht der Anneliden-Typus seine höchste, vollkommenste und mannichfaltigste Ausbildung. Von diesen sind die beiden Ordnungen der *Spaniochaeten* (oder Echiuralien) und der *Oligochaeten* durch partielle Rückbildung abzuleiten. Stärker rückgebildet (meistens in Folge parasitischer Lebensweise) erscheint die dritte Classe, die Stelechopoden (oder *Paranneliden*); wir fassen unter diesem Begriffe die verkümmerten drei Ordnungen der kleinen *Myzostomien*, der *Arctisconien* (oder Tardigraden) und der *Linguatonien* zusammen. Gewöhnlich werden diese reducirten Gliederthiere als verkümmerte *Arachniden* betrachtet, obwohl ihnen alle characteristischen Merkmale dieser *Arthropoden* fehlen (insbesondere die gegliederten Beine und die Tracheen). Eigenthümlich entwickelt ist der Anneliden-Typus endlich in der vierten Classe, den Hirudineen (oder *Discanneliden*). Hier sind die Borsten und die Parapodien der Chaetopoden nicht mehr zu finden; dafür aber vermitteln characteristische Saugnäpfe die kriechende Locomotion, ähnlich den Trematoden. In ihrer inneren Organisation sind die Hirudineen mehrfach umgebildet, theils in progressiver, theils in regressiver Direction. Bezüglich der Phylogenie der einzelnen Organsysteme im Anneliden-Stamme ist überall der directe Anschluss an die Vermalien-Ahnen nachzuweisen, speciell an die ältesten Formen der Nemertinen, die *Palanemertinen*, und weiterhin an deren ältere Vorfahren, die primitiven Rotatorien (*Trochozoen*).

Das Tegument der Anneliden ist weicher und dünner als dasjenige der Arthropoden. Doch besteht dasselbe auch hier überall aus einer chitinösen Cuticula und einer darunter liegenden einfachen Schicht von Epidermis-Zellen, die auch hier (— wie bei den Arthropoden —) gewöhnlich unpassend als *Hypodermis* bezeichnet wird. Die ursprüngliche Flimmerdecke ist bei den meisten reifen Anneliden verloren gegangen; nur bei den primitiven *Archanneliden* hat sie sich theilweise erhalten, und ebenso bei den pelagischen Larven der meisten Chaetopoden (*Trochophora*). Die Epidermis ist reich an Drüsenzellen; auch die „Borstentaschen" der Borstenwürmer, in denen die characteristischen Chitin-Borsten entstehen, sind ursprünglich als Hautdrüsen aufzufassen. Diese Borsten (*Chaeta*) fehlen den Annelidermen, den beiden Classen der *Archanneliden* und der *Hirudineen*; ihr Mangel ist bei den ersteren als ursprünglicher oder primärer aufzufassen, bei den letzteren wahrscheinlich als secundärer (durch Rückbildung entstanden). In grösster Mannichfaltigkeit entwickeln sich die Borsten, als Locomotions- und Protections-Organe, in der Classe der Chaetopoden; meistens stehen sie hier gruppenweise auf besonderen Stummelbeinen (*Parapodia*). Die *Protochaeten* besitzen an jedem Segment ein Paar solche ungegliederte Füsse, die *Polychaeten* dagegen zwei Paare (ein dorsales und ein ventrales Paar). Bei diesen letzteren entwickeln sich an den Parapodien nicht allein sehr verschiedene Formen von Borsten, Stacheln, Haaren, Schuppen und anderen Cuticular-Gebilden, sondern auch Kiemen, Cirren, Tentakeln und andere Tegument-Appendikeln. Bei den rückgebildeten Stelechopoden sind nur wenige Borsten oder Haken vorhanden, meistens in Form von Krallen an den kleinen Stummelfüssen. Man kann die regressiven *Stelechopoden* und die progressiven *Chaetopoden* in der Gruppe der Annelichaeten vereinigen, gegenüber den borstenlosen Annelidermen.

Das Nervensystem der Anneliden verhält sich in seinen beiden Haupttheilen, Bauchmark und Schlundring, wesentlich ebenso wie bei den *Arthropoden*; nur ist seine Gliederung gewöhnlich gleichartiger, entsprechend der grösseren Homonomie der Segmente. Durch sehr primitive Beschaffenheit ist dasjenige der *Archanneliden* ausgezeichnet; es liegt hier theilweise noch ganz in der Epidermis selbst und erscheint nur als ein differenzirter Theil derselben; das ist auch theilweise noch bei einigen Formen der übrigen Anneliden der Fall. Das Gehirn oder der Scheitelknoten ist meistens von geringer Grösse, bei den *Spaniochaeten* und *Stelechopoden* stark rückgebildet; nur wenn die Sensillen des Kopfes (Augen besonders) stark entwickelt sind, wird auch das cerebrale Ganglien-Paar grösser. Durch einen engeren oder weiteren Schlundring hängt dasselbe mit dem Pedal-Ganglion zusammen, dem ersten Knoten-Paar des Bauchmarks. Letzteres erscheint meistens in sehr ursprünglicher Form, indem jedes Metamer sein eigenes Knoten-Paar besitzt; doch können auch oft die Knoten mehrerer Segmente (besonders in den ersten und letzten Glieder-Gruppen) verschmolzen sein. Vollständige Verschmelzung aller Theile des verkürzten Bauchmarks zu einem einfachen sternförmigen Ventral-Ganglion hat bei den *Myzostomien* und *Linguatonien* stattgefunden. Während die „Strickleiterform“ des Bauchmarks bei den ältesten Anneliden sich noch wie bei den *Nemertinen*-Ahnen verhält und die beiden Lateral-Stränge weit auseinander stehen, nähern sie sich bei den höheren Formen der Bildung der Arthropoden und können in der Mitte der Bauchseite verschmelzen.

Die Sinnesorgane der Anneliden schliessen sich durch ihre einfache Bildung im Allgemeinen an diejenigen ihrer *Vermalien*-Ahnen an; nur selten erreichen sie jene höhere Ausbildung, welche bei der Mehrzahl ihrer *Arthropoden*-Epigonen zu finden ist. Sehr allgemein sind in der Epidermis zweierlei Sinneszellen verbreitet, von denen die einen dem Tastsinne, die anderen dem Geruchsinne dienen. Bei der Mehrzahl der Anneliden sind dieselben besonders entwickelt auf den Fühlern oder Tentakeln, welche als einfache oder geringelte Fäden bald nur am Kopfe auftreten (Primär-Tentakeln), bald auch an jedem einzelnen Segmente (Cirren). Als besondere chemische Sinnesorgane oder Riechgruben sind bei den *Archanneliden* und *Chaetopoden* meistens ein Paar laterale Flimmergruben am Kopfe zu deuten (— wahrscheinlich von den „Kopfspalten" der *Nemertinen* abzuleiten —); oder zahlreiche becherförmige Sinnesorgane (bei den *Hirudineen* u. A.). Augen sind unter den Anneliden sehr verbreitet, meistens als ein oder zwei Paar Pigmentflecken auf dem Stirnlappen des Kopfes (bald mit, bald ohne lichtbrechende Linse); selten erlangen die Sehorgane einen complicirteren Bau (bei den pelagischen *Alciopiden*). Viel seltener erscheinen in diesem Cladom acustische oder statische Organe, in Form von ein Paar Gehörbläschen, welche dem Schlundringe aufsitzen (in einigen Gattungen der *Polychaeten*). Die besondere Bedeutung anderer „lateraler Sensillen", welche sich in einigen Gruppen der Chaetopoden und Hirudineen in segmentaler Anordnung wiederholen (ein Paar an jedem Metamer) ist unbekannt.

Das Muskelsystem bildet bei allen Anneliden einen kräftigen „Hautmuskelschlauch", welcher unmittelbar unter dem Tegument liegt. Diese „subcutane Musculatur" gleicht ursprünglich derjenigen der *Nemertinen* und ist von diesen Vermalien-Ahnen durch Vererbung übertragen. Sie besteht meistens aus zwei Hauptschichten, einer äusseren Ringfaser-Schicht und einer inneren Längsfaser-Schicht; letztere ist gewöhnlich in mehrere parallele Bündel zerfallen, meistens ein Paar dorsale und ein Paar ventrale. In den vier Längslinien zwischen denselben liegen bei den Chaetopoden typische Organe, in den beiden medianen das (dorsale und ventrale) Mesenterium und Blutgefäss, in den beiden lateralen die Borsten (und bei den Polychaeten die Parapodien). Zur Bewegung der Borsten und Parapodien entwickeln sich bei den *Chaetopoden* und *Stelechopoden* noch besondere Fussmuskeln. Die *Hirudineen* dagegen entwickeln besondere „Diagonal-Muskeln", sowie kräftige Saugmuskeln an ihrer Haftscheibe.

§ 343. System der Anneliden.

Classen	Ordnungen	Familien	Genera
I. Erste Classe: **Archannelida** (*Drilometra*) Stammringelwürmer. Borsten und Parapodien fehlen. Flimmerkleid. Metamerie homonom	1. **Archidrilia** Stammgruppe. Anschluss an die Vermalien (Rotatorien)	**Archidrilida** ⊙ Mit Blutgefässen	*Archidrilus* ⊙
		Dinophilida? Ohne Blutgefässe	*Dinophilus*
	2. **Protodrilia** Moderne Ueberreste der ältesten Stammgruppe	**Protodrilida** Mit flimmernder Bauchfurche	*Protodrilus*
		Polygordina Ohne Bauchfurche	*Polygordius*
II. Zweite Classe: **Chaetopoda** (= *Chaetannelida*) Borstenwürmer. Borsten und meist auch Parapodien vorhanden (meistens in grosser Zahl). Metamerie innen und aussen sehr entwickelt. Blutgefässe u. Nephridien sehr entwickelt	3. **Protochaeta** Parapodien klein, in ein Paar Längsreihen	**Saccocirrida**	*Saccocirrus*
		Syllidea	*Syllis*
	4. **Polychaeta** Parapodien sehr entwickelt, in zwei Paar Längsreihen (dorsalen und ventralen)	**Errantia** (*Dorsibranchia*) Frei, mit Kiefern und Rückenkiemen	*Spiomorpha*, *Opheliada*, *Amphinomida*, *Nereipoda*
		Tubicolae (*Capitibranchia*) In Röhren sitzend, ohne Kiefer, ohne Rückenkiemen	*Chaetopterida*, *Hermellida*, *Serpulida*, *Terebellida*
	5. **Oligochaeta** Parapodien fehlen. Metamerie permanent	**Limicolae** Gonoducte aus Nephridien entstanden	*Nais*, *Phreoryctes*
		Terricolae Gonoducte neben den Nephridien	*Criodrilus*, *Lumbricus*
	6. **Spaniochaeta** (Chaetifera) Parapodien fehlen. Metamerie nur in der Jugend vorhanden	**Echiurida** Kopflappen einfach, Sexus monomorph	*Echiurus*, *Thalassema*
		Bonellida Kopflappen gabeltheilig, Sexus dimorph	*Bonellia*
III. Dritte Classe: **Stelechopoda** (= *Parannelida*) Spinnenwürmer. Borsten oder Krallen vorhanden, in geringer Zahl (meist auch Parapodien). Metamerie sehr verkümmert. Blutgefässe und Nephridien fehlen	7 **Myzostomia** 5 Paar Parapodien	**Stelechopida** Darm einfach. Keine Saugnäpfe	*Stelechopus*
		Myzostomida Darm verästelt. 4 Paar Saugnäpfe	*Myzostoma*, *Eumyzostoma*
	8. **Arctisconia** (Tardigrada) 4 Paar Parapodien	**Echiniscida** Mit Rückenpanzer und Bein-Cirren	*Echiniscus*, *Emydium*
		Arctiscida Ohne Rückenpanzer und Bein-Cirren	*Arctiscus*, *Macrobiotus*
	9. **Linguatonia** 2 Paar Klammerhaken	**Linguatulida** (Pentastomida)	*Pentastoma*, *Linguatula*
IV. Vierte Classe: **Hirudinea** (= *Discannelida*) Egelwürmer. Borsten und Parapodien fehlen. Am Bauch eine terminale Haftscheibe	10. **Branchiobdella** Rest der Uregel	Mit Kiefern, ohne vordere Haftscheibe	*Branchiobdella*
	11. **Rhynchobdella** Rüssel-Egel	Ohne Kiefer, mit circoraler Haftscheibe	*Clepsine*, *Piscicola*
	12. **Gnathobdella** Kiefer-Egel. Blutgefässe münden in das Coelom	Mit Kiefern, mit frontaler Haftscheibe	*Nephelis*, *Hirudo*

§ 344. Stammbaum der Anneliden.

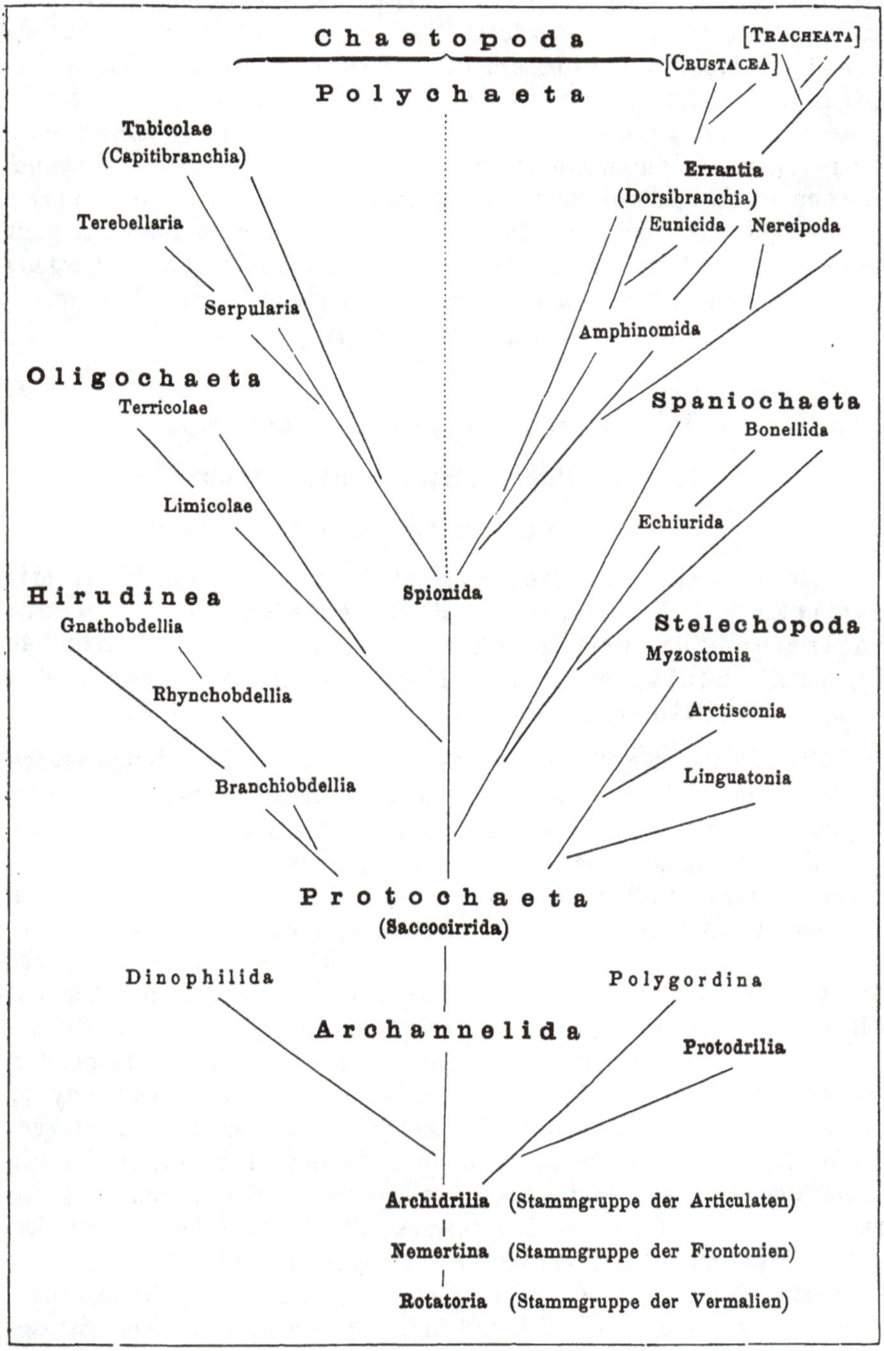

Die innere Organisation der *Anneliden* schliesst sich im Uebrigen eng an diejenige ihrer Vermalien-Ahnen, der *Nemertinen* an. Von diesen haben sie durch Vererbung den einfachen Darmcanal mit Mund und After erhalten, sowie die longitudinalen Blutgefässe (ein dorsales und ein ventrales). Der wichtigste Fortschritt besteht darin, dass die Metamerie des Coelom-Systems nunmehr vollständig durchgeführt wird. Der Zerfall der beiden Coelom-Taschen in eine paarige Reihe von Gonaden war schon bei den *Nemertinen* eingetreten; bei ihren *Anneliden*-Epigonen werden dieselben ganz getrennt und bilden segmentale Coelom-Höhlen; und der Ausführgang einer jeden entwickelt sich zu einem selbständigen Nephridium.

(§§ 343 u. 344 auf Seite 634 u. 635.)

§ 345. Erste Classe der Anneliden:

Archannelida. Stammringelwürmer.

Gemeinsame Stammgruppe aller Articulaten.

Anneliden ohne Borsten und ohne Parapodien, mit partiellem Flimmerkleid. Metamerie äusserlich wenig vortretend, innerlich sehr vollkommen und homonom. Coelom, Blutgefässe und Nephridien segmental, von primitiver Bildung.

Die Classe der Stammringelwürmer oder *Archanneliden* umfasst eine geringe Anzahl von kleinen marinen Anneliden, welche wegen der primitiven Einfachheit ihrer Organisation von hervorragender phylogenetischer Bedeutung sind. Wir dürfen sie als vereinzelte moderne Ueberreste der Archidrilien auffassen, jener ältesten hypothetischen Gruppe von Ringelthieren, welche wir als die gemeinsame Stammgruppe aller Gliederthiere, sowohl der *Anneliden* als der *Arthropoden* morphologisch reconstruiren können. Einerseits schliessen sich die Archanneliden an jene Vermalien an, welche wir als die älteren Vorfahren der Articulaten betrachten (*Rotatorien* und älteste *Nemertinen*), anderseits an die Protochaeten, die primitivsten Formen der *Chaetopoden*. Von jenen uralten Vermalien-Ahnen haben die Archanneliden folgende Eigenschaften durch Vererbung erhalten: 1) die bilaterale Symmetrie des Körpers; 2) die partielle Flimmerdecke des Tegumentes; 3) die einfache Bildung des Darmrohres, mit Mund am oralen und After am aboralen Pole der Längsaxe; 4) den typischen Coelomarien-Bau (Tetrablastica); 5) ein primitives Nervensystem, einen Schlundring, von welchem ein Paar Seitenstränge abgehen. Dagegen besteht die wichtigste neue Erwerbung, durch welche sich die Archanneliden über ihre Vermalien-Ahnen erheben, in der ausgebildeten Metamerie des Körpers, in der serialen Multiplication der Coelom-Taschen. Sowohl die Muskeln, die sich aus ihrem Parietal-Blatte, als die Gonaden und Mesenterien, die sich aus ihrem Visceral-Blatte entwickeln, bestimmen die beträchtliche Anzahl der Segmente, aus denen sich der gegliederte langgestreckte Körper zusammensetzt; und dieser entspricht auch die Zahl der Nephridien, die als echte „Segmental-Organe“ bei den Archanneliden schon dasselbe Verhalten, wie bei den Chaetopoden zeigen; sie durchbohren die transversalen Dissepimente, welche die einzelnen, äusserlich nicht getrennten Segmente, innerlich von einander scheiden. Durch diese vollständige innere Segmentirung unterscheiden sich die Archanneliden auch wesentlich von den ähnlichen Nemertinen, an welche ihre Organisation noch vielfach erinnert; ähnlich ist namentlich bei *Protodrilus* auch die gleitende Ortsbewegung, welche vorzugsweise durch das Flimmer-Epitel des Tegumentes bewirkt wird.

Protodrilus zeigt überhaupt unter den drei genauer bekannten Gattungen der Archanneliden die primitivsten Bildungs-Verhältnisse und kann somit als die phyletisch-älteste Form unter allen *Anneliden* und somit auch unter allen *Articulaten* betrachtet werden. Die zahlreichen Glieder des langgestreckten cylindrischen Körpers (der nur 4 mm Länge erreicht) sind ganz gleichartig. Stärker als bei allen anderen Gliederthieren ist die ursprüngliche Flimmerdecke des Körpers; nicht nur ist die tiefe mediane Bauchseite ganz mit Flimmerhaaren ausgekleidet, sondern auch die Bauchseite des Kopfes und die Oberfläche der beiden langen, *Spioniden*-ähnlichen Primär-Tentakeln. Ferner findet sich ein doppelter Flimmerkranz vor dem Munde, ein einfacher hinter demselben; und jedes der zahlreichen gleichartigen Rumpfsegmente ist am vorderen und hinteren Ende von einem Wimperkranz umgeben. Das Nervensystem von *Protodrilus* zeigt eine höchst wichtige und ganz primitive Bildung; sowohl die dorsale Scheitelplatte, als das ventrale, durch den Schlundring mit ihr verbundene Bauchmark liegen noch ganz oberflächlich in der Epidermis, und das ungegliederte epiteliale Bauchmark wird nur durch ein Paar Seitenstränge gebildet, welche beiderseits der Bauchfurche liegen und in der ganzen Länge gleichmässig mit Ganglienzellen belegt sind. Bei *Polygordius*, welchem die Bauchfurche fehlt, sind dieselben bereits in der ventralen Mittellinie zu einem unpaaren Bauchstrang zusammengetreten; auch ist hier das Flimmerkleid verschwunden und das Blutgefäss-System ist besser entwickelt; dorsales und ventrales Hauptgefäss sind durch segmentale Gefässringe verbunden. Dagegen fehlen die

Blutgefässe, ebenso wie die Dissepimente der Leibeshöhle bei *Dinophilus*, einem kleinen, nur mit 5—8 Paar Nephridien ausgestatteten Archanneliden. Die primitivere Organisation des Dinophilus erinnert einerseits an gewisse *Rotatorien*, anderseits zugleich an die *Trochophora*-Larven von Chaetopoden; vielleicht beruht dieselbe theilweise auf Rückbildung; vielleicht stellt sie aber auch theilweise einen modernen Ueberrest der Archidrilien-Bildung dar, der ältesten echten Anneliden-Form.

§ 346. Zweite Classe der Anneliden:

Chaetopoda. Borstenwürmer.

Progressive Hauptgruppe der Ringelthiere.

Anneliden mit Borsten, mit oder ohne Parapodien. Metamerie äusserlich und innerlich sehr entwickelt (bisweilen nur in der Jugend). Blutgefässe sehr entwickelt, mit dem Coelom nicht communicirend.

Die Classe der Borstenwürmer oder *Chaetopoden* bildet heutzutage die Hauptmasse des formenreichen Anneliden-Stammes und zugleich diejenige Gruppe desselben, in welcher seine characteristische Organisation am schärfsten ausgesprochen und am vollkommensten entwickelt ist. Der langgestreckte, ursprünglich cylindrische und Nematoden-ähnliche Körper besteht aus einer grossen Zahl von Metameren, welche bei den niederen Formen sehr gleichartig gebildet sind („homonom oder indifferent"), bei vielen höheren Formen dagegen mehr oder weniger ungleichartig („heteronom oder differenzirt"). Das äussere Merkmal, welches die Chaetopoden am auffallendsten von den beiden Classen der *Archanneliden* und *Hirudineen* unterscheidet, ist der Besitz von harten Chitin-Borsten (*Chaeta*), welche als cuticulare Secrete in besonderen Borstendrüsen der Epidermis gebildet werden. Dieselben kehren auch in der Classe der *Stelechopoden* wieder; aber diese rückgebildeten Anneliden unterscheiden sich von den älteren Chaetopoden sehr auffallend durch den gänzlichen Verlust der Blutgefässe und der Nephridien. Wir unterscheiden in der Classe der Chaetopoden vier Ordnungen; die gemeinsame Stammgruppe derselben bilden die primitiven *Protochaeta*, die formenreiche Hauptgruppe die *Polychaeta*; aus diesen sind als zwei divergente Zweige durch partielle Rückbildung die *Oligochaeta* und *Spaniochaeta* abzuleiten.

I. Erste Ordnung: **Protochaeta.** Diese kleine Gruppe, nur durch die Familie der *Saccocirrida* vertreten, enthält die einfachsten und ältesten Formen unter den heute lebenden Chaetopoden; sie kann als ein moderner Ueberrest jener laurentischen Stammgruppe der Classe betrachtet werden, aus welcher die übrigen Ordnungen derselben hervorgegangen sind. Die Protochaeten schliessen sich unmittelbar an die Ahnen-Gruppe der Archanneliden, speciell an *Polygordius* an: sie unterscheiden sich von diesen durch die einfachen Borsten, die nur in einer einzigen Reihe jederseits in sehr einfachen retractilen Borstenhöckern sitzen; man kann diese primitiven Parapodien als vorgestülpte Borstendrüsen betrachten. Der kleine Kopf trägt am Kopflappen ein Paar lange Protentakeln oder Primär-Fühler, ein Paar Augen und ein Paar Flimmergruben. Das Metastomium ist reducirt, aber noch deutlich vom ersten Rumpfsegment geschieden. Aus *Saccocirrus*-ähnlichen *Protochaeten* lassen sich zunächst die Stammformen der *Polychaeten* ableiten. Unter den letzteren schliessen sich namentlich die Sylliden durch ihre einfachen, uniserialen Parapodien direct an die Protochaeten an. Mehrere Syllideen zeichnen sich auch sonst durch primitive Organisation aus, und besonders durch die Neigung zur ungeschlechtlichen Vermehrung durch terminale (— selten laterale —) Knospenbildung (*Syllis*, *Autolytus* u. A.).

II. Zweite Ordnung: **Polychaeta.** Die formenreiche Hauptgruppe der Chaetopoden, überall im Meere verbreitet, mit zahlreichen Familien und Gattungen und mehr als 2000 lebenden Arten; auch fossile Arten (über 200) sind relativ gut erhalten. Die typische Anneliden-Organisation erreicht in dieser Ordnung den höchsten Grad der Vollkommenheit; die homonomen Metameren sind zahlreich und hoch entwickelt, insbesondere die Parapodien und ihre Anhänge. Das Metastomium ist reducirt und mit dem ersten Rumpfsegment verschmolzen. Die Ordnung zerfällt in zwei Unterordnungen, die frei lebenden Raubwürmer oder *Errantia* (= *Dorsibranchia* oder *Rapacia*) und die festsitzenden Röhrenwürmer oder *Sedentaria* (auch *Tubicolae*, *Capitibranchia*, *Limivora* genannt). Erstere leben von anderen Seethieren und besitzen einen gut entwickelten Kopf mit vorstülpbarem Rüssel und meist auch kräftigen Kiefern und Augen; letztere dagegen leben in Röhren eingeschlossen, ernähren sich von Schlamm oder Pflanzenresten und entbehren den Kiefer; auch ist der kurze Rüssel meistens nicht vorstülpbar; Augen fehlen oft. Die Borstenbedeckung der Polychaeten ist sehr mannichfaltig und reich entwickelt, besonders bei den *Errantien*. Gewöhnlich trägt jedes Metamer des langgestreckten vielgliederigen Körpers zwei Paar Stummelfüsse oder Parapodien, ein dorsales und ein ventrales Paar. Diese ungegliederten musculösen Beine sind aus den kleinen Borstenhöckern der Protochaeten hervorgegangen und zugleich die Locomotions-Organe, aus welchen sich die gegliederten Beine der *Arthropoden* entwickelt haben. Jedes Parapodium enthält gewöhnlich ein Bündel von langen Borsten und trägt lange bewegliche Cirren oder Rumpftentakeln. Die Rückenfüsse tragen ausserdem meistens fadenförmige, kammförmige oder verästelte Kiemen und oft auch Deckschuppen oder Elytren. Die Kiemen sind bei den meisten Raubwürmern an fast allen Segmenten entwickelt; bei den Röhrenwürmern dagegen fehlen sie den meisten, in der Röhre eingeschlossenen Segmenten, sind aber um so stärker vorn am Kopfe entwickelt. Auch findet bei vielen Sedentarien eine weitere Differenzirung von zwei oder drei heteronomen Segment-Gruppen statt, so dass man ähnlich wie bei den *Arthropoden* Kopf, Brust und Hinterleib unterscheiden kann. Als älteste Gruppe unter den lebenden Polychaeten sind die Spioniden oder *Spiomorphen* zu betrachten (*Spio, Aricia, Ophelia* etc.), sie stellen die verbindende Zwischengruppe zwischen den älteren *Protochaeten* und den jüngeren *Rapacien* dar. Aus den letzteren sind durch Anpassung an festsitzende Lebensweise die *Sedentarien* hervorgegangen.

III. Dritte Ordnung: **Oligochaeta.** Diese Gruppe der Borstenwürmer unterscheidet sich von ihren marinen Ahnen, den *Polychaeten* hauptsächlich durch den Mangel der Parapodien und den Verlust der Organe, die sich ausser den Borsten auf diesen Stummelfüssen entwickelt haben: Kiemen, Cirren, Elytren u. s. w. Auch sind die Borsten wenig zahlreich und sitzen unmittelbar in der Haut; gewöhnlich trägt jedes Metamer vier schwache Borstenbündel, ein Paar dorsale und ein Paar ventrale. Der Kopf ist wenig entwickelt, die Augen rudimentär oder fehlend. Die Ursache dieser Rückbildungs-Erscheinungen ist in den einfacheren Lebensbedingungen der Oligochaeten zu suchen; dieselben leben theils im Süsswasser: Limicolae oder Schlammwürmer (*Nais, Tubifex, Enchytraeus, Phreoryctes*), theils in der Erde: Terricolae (Familie der Erdwürmer oder Regenwürmer, *Lumbricida*. (Bei den *Terricolen* finden sich Nephridien auch in den Genital-Segmenten, bei den *Limicolen* dagegen nicht.) Die Oligochaeten sind sämmtlich Hermaphroditen und entwickeln sich direct, ohne Metamorphose, im Gegensatz zu ihren marinen Ahnen, den Polychaeten; diese sind meistens Gonochoristen und haben ihre ursprüngliche palingenetische Metamorphose zum grössten Theile gut conservirt.

IV. Vierte Ordnung: **Spaniochaeta** (= *Echiuralia* oder *Chaetifera*), mit den beiden marinen Familien der Echiurida (*Echiurus, Thalassema*) und der Bonellida (*Bonellia*). Diese kleine Gruppe wurde früher mit den Sipuncularien vereinigt (*Prosopygier* § 186); beide zusammen bildeten die Classe der Gephyreen, welche man für Zwischenformen zwischen *Helminthen* und *Echinodermen* hielt.

Die Ontogenie der Echiuralien hat aber gezeigt, dass ihre *Trochophora*-Larven denjenigen der typischen *Chaetopoden* gleichen, und dass auch das junge Annelid, das sich aus denselben entwickelt, alle Merkmale eines echten *Polychaeten* trägt. Jedoch die deutliche Gliederung der Larve (mit 15—20 homonomen Metameren) verschwindet während der Metamorphose, indem zugleich die postorale Kopfregion sich übermässig ausdehnt und der Kopflappen zu einem grossen, nicht retractilen Rüssel sich entwickelt (einfach bei den monomorphen *Echiuriden*, gabeltheilig bei den dimorphen *Bonelliden*). Bei den erwachsenen *Spaniochaeten* erscheint der sackförmige, cylindrische Körper ungegliedert, und auch am Bauchmark ist die Metamerie nur durch die Vertheilung der Nerven erkennbar. Sowohl von den ventralen Borsten als von den Nephridien sind gewöhnlich nur wenige Paare conservirt. Die Ursache der starken phyletischen Rückbildung der *Echiuralien* ist in ihrer Lebensweise (verborgen in Schlamm und Felslöchern) zu suchen; sie gleichen darin den *Sipuncularien*, denen sie durch Convergenz ähnlich geworden sind.

§ 347. Dritte Classe der Anneliden:

Stelechopoda. Spinnenwürmer.

Regressive Gruppe der verkümmerten Ringelthiere.

Anneliden mit Borsten oder Haken, mit oder ohne Parapodien. Metamerie wenig entwickelt, mit geringer Zahl der Segmente. Coelom einfach, ungegliedert. Blutgefässe und Nephridien fehlen ganz.

Die Classe der Spinnenwürmer oder *Stelechopoden* bilden wir für eine Anzahl von kleinen, offenbar rückgebildeten *Anneliden*, welche gewöhnlich als verkümmerte *Arachniden* betrachtet und an die *Acariden* angeschlossen werden. Wir vereinigen in dieser Classe die drei Ordnungen der Myzostomien (*Stelechus, Myzostoma*), der Arctisconien (*Arctiscus, Echiniscus*) und der Linguatonien (*Pentastoma, Linguatula*). Alle drei Ordnungen bilden isolirte, nur durch wenige Gattungen und Arten vertretene Gruppen, deren Organisation und Verwandtschaft sehr verschieden gedeutet worden ist. Für die herrschende Auffassung derselben, als *Arachniden*, sind keine sicheren Beweise zu finden; insbesondere sind die Stummelbeine ungegliedert und ähnlich echten Parapodien; auch fehlt jede Spur der characteristischen Tracheen. Dagegen deutet sowohl die äussere Gliederung als der innere Bau vielmehr darauf hin, dass dieselben aus verkümmerten

Chaetopoden hervorgegangen sind. Die Nephridien und Dissepimente sind verschwunden. Die offenbare Ursache dieser Degeneration liegt bei den *Myzostomien* und *Linguatonien* in der parasitischen Lebensweise, bei den *Arctisconien* in dem Zwergwuchs und der Ernährungs-Art.

I. Erste Ordnung: **Myzostomia**, Scheibenwürmer, mit den Familien der *Stelechopida* und *Myzostomida*; marine Schmarotzer auf der Haut von Crinoideen (§ 259). Der kreisrunde oder elliptische Körper (von höchstens 5 mm Durchmesser) bildet eine flache Scheibe ohne äussere Gliederung. Die ursprüngliche Metamerie wird aber deutlich durch fünf Paar starke musculöse Parapodien bewiesen und durch fünf Paar Nerven, welche das Bauchmark an diese entsendet. Jeder Stummelfuss trägt einen langen, vorstreckbaren Klammerhaken und einen Stützstab für denselben, sowie auch meistens mehrere Ersatz-Haken. Das Genus *Myzostoma* (mit 70 Species) trägt auf der Bauchseite zwischen den Parapodien vier Paar Saugnäpfe, welche dem einfacher gebauten *Stelechopus* fehlen; der Darmcanal ist bei letzterem einfach, gerade, bei ersterem mit verzweigten Seitenästen versehen. Die Geschlechter sind bald monoclinisch (*Stelechopus*, *Myzostoma*), bald diclinisch (*Dimyzostoma*). Nephridien und Blutgefässe fehlen; sie sind durch Rückbildung verloren gegangen. Wir leiten die Myzostomien von parasitischen Polychaeten (*Nereipoden*?) ab; sie stehen diesen näher als die Hirudineen.

II. Zweite Ordnung: **Arctisconia** (= *Tardigrada*, Bärthierchen oder Wasserbärchen). Sehr kleine (meist mikroskopische) Articulaten, welche theils im Wasser, theils in feuchter Erde, zwischen Moos und Staub, leben. Der gestreckt-eiförmige oder spindelförmige, meist abgeplattete Körper ist undeutlich gegliedert und trägt vier Paar kurze ungegliederte Parapodien, welche mit 2—4 kurzen Krallen bewaffnet sind. Die Vierzahl dieser Stummelbeine war die Ursache, dass man diese kleinen, träge sich bewegenden, hermaphroditischen *Anneliden* bisher zu den *Arachniden* stellte; es fehlen ihnen aber alle typischen Merkmale dieser gonochoristischen Arthropoden, insbesondere die Tracheen und die MALPIGHI'schen Gefässe. Die beiden stiletförmigen Mundstäbchen, welche aus den Saugröhren des Mundes hervorgeschoben werden können, lassen sich auf Kiefer von Polychaeten beziehen. Wir halten die *Arctisconien* für verkümmerte Chaetopoden, welche gleich den ähnlichen *Myzostomien* Blutgefässe und Nephridien verloren haben. Wir unterscheiden in dieser Ordnung zwei Familien; die höher organisirten Echinisciden (*Echiniscus*, *Emydium*) besitzen einen getäfelten Rückenpanzer und an jedem Bein einen langen Cirrus; diese Anneliden-Charactere sind verschwunden bei den mehr degenerirten Arctisciden (*Arctiscus*, *Macrobiotus*).

III. Dritte Ordnung: **Linguatonia**, mit der einzigen Familie der Zungenwürmer oder Linguatulida (Genera: *Pentastoma* und *Linguatula*). Diese kleine Gruppe von rückgebildeten Articulaten lebt parasitisch im Inneren von Wirbelthieren. Die Haut des bandwurmähnlichen, langgestreckten und abgeplatteten Körpers ist dicht geringelt. Als Reste von Gliedmaassen sind nur zwei Paar Klammerhaken hinter dem Munde vorhanden, sie können aus Hauttaschen (= Borstendrüsen) vorgestülpt werden und sind durch Chitinstäbe gestützt, wie bei den *Myzostomien.* Der einfache gerade Darmcanal öffnet sich vorn durch den Mund, hinten durch den After. Die getrennten Geschlechtsorgane zeigen keine characteristische Bildung. Zahlreiche Nerven, welche von dem unteren verdickten Theil des engen Schlundringes ausstrahlen, deuten auf eine ursprüngliche Zusammensetzung des Körpers aus zahlreichen Metameren hin. Blutgefässe, Nephridien, Tracheen fehlen vollständig. Die herrschende Vermuthung, dass diese „Zungenwürmer" zu den Arachniden (*Acariden*) gehören, ist unbegründet; wir halten sie für rückgebildete Chaetopoden.

§ 348. Vierte Classe der Anneliden:

Hirudinea. Egelwürmer.

ECTOPARASITISCHE GRUPPE DER SAUGENDEN RINGELTHIERE.

Anneliden ohne Borsten und ohne Parapodien, mit einer terminalen Haftscheibe an der Bauchseite. Metamerie äusserlich wenig oder nicht sichtbar, innerlich sehr deutlich. Coelom communicirt mit den Blutgefässen. Nephridien eigenthümlich entwickelt.

Die Classe der Egel (*Hirudinea* — auch als Egelwürmer, *Discannelida*, oder Scheibenwürmer, *Discophora*, bezeichnet —) wird durch eine Anzahl von Anneliden gebildet, welche in mehrfacher Beziehung sich von den drei anderen Classen des Stammes entfernen. Einerseits erscheinen dieselben durch parasitische Lebensweise rückgebildet, anderseits durch den complicirten Bau mancher Organe an die Chaetopoden, insbesondere an die *Oligochaeten* angeschlossen. Sie unterscheiden sich aber von den beiden vorhergehenden Classen durch den gänzlichen Mangel der Borsten und der Parapodien, worin sie mit den Archanneliden übereinstimmen. Dafür besitzen sie als characteristisches Locomotions-Organ eine musculöse Haftscheibe am hinteren Ende der Bauchseite, unterhalb des Afters. Eine zweite kleinere Saugscheibe, welche vom Kopflappen gebildet wird, besitzen fast alle Hiru-

41 *

dineen vorn am Munde (— nur *Branchiobdella* ausgenommen —). Indem die Egel sich abwechselnd mit dem hinteren und vorderen Saugnapfe fest ansaugen (ähnlich den Trematoden) und den musculösen Körper abwechselnd krümmen und strecken, kriechen sie behende nach Art der Spannraupen. Die Metamerie des Körpers tritt äusserlich nicht hervor; denn die zahlreichen (oft über hundert) feinen Ringe, welche die Haut segmentiren, entsprechen nicht den inneren Segmenten, deren Zahl meistens zwischen 20 und 30 beträgt; gewöhnlich kommen 3—5 Hautringe auf ein wahres Segment. Die Zahl der echten Metameren wird durch die segmentalen Nephridien und die Ganglien des Bauchmarks angegeben; jedoch sind sowohl am vorderen als am hinteren Ende des Körpers mehrere Segmente mit einander verschmolzen. Der Kopf ist rückgebildet, nicht scharf vom Rumpfe abgesetzt und trägt weder Fühler noch Cirren, wohl aber chemische Sensillen (becherförmige Geruchsorgane) und meistens auch Augen. Wesentlich entfernen sich die Hirudineen ferner von den Chaetopoden durch die Reduction der Leibeshöhle; diese wird zwar im Embryo als echtes Enterocoel angelegt, wie bei den übrigen Anneliden; später aber treten die beiden Coelomtaschen in offene Communication mit dem Blutgefässsystem, welches meistens rothes Blut enthält. Die ursprünglichen beiden Hauptstämme des letzteren, dorsales und ventrales Darmgefäss, sind nur selten noch Beide erhalten, so bei einigen Rhynchobdellen: (*Clepsine* u. A.). Hier ist das Coelom in 4 parallele longitudinale Leibeshöhlen getheilt, ein Paar mediane und ein Paar laterale; der dorsale Coelom-Sinus umschliesst das dorsale Blutgefäss, der ventrale Sinus das Bauchmark und den grössten Theil der Eingeweide; auch die Flimmertrichter der Nephridien öffnen sich in denselben. Bei den meisten Hirudineen wird der Hohlraum des Coeloms durch Wucherung von mesodermalem Parenchym (Muskeln und Connectiv) so reducirt, dass als grössere Reste desselben nur ein Paar laterale Gefässstämme erscheinen, sowie der ventrale Sinus, welcher das Bauchmark umschliesst. Ebenso wie durch diese secundären Umbildungen entfernen sich die Hirudineen von den Chaetopoden auch durch den complicirten Bau der hermaphroditen Geschlechtsorgane. Eierstöcke sind stets nur ein Paar vorhanden, Hoden dagegen mehrere Paare; die besonderen Ausführgänge der letzteren öffnen sich jederseits in einen Samenleiter, der vorn durch Knäuelbildung einen „Nebenhoden" herstellt und sich in einen musculösen „Ductus ejaculatorius" fortsetzt; dieser mündet durch einen medianen, vorstülpbaren Penis aus, unmittelbar vor der weiblichen Oeffnung. Die Entwickelung der kleinen Eier ist stark abgekürzt und cenogenetisch verändert; die freien, flimmernden

Trochophora-Larven der Vorfahren sind bei den Hirudineen durch abgekürzte Vererbung ganz verloren gegangen.

Die Organisation und Ontogenie der *Hirudineen* schliesst sich am nächsten an diejenige der Oligochaeten an, besonders der *Limicolen*, und man kann die ersteren von den letzteren durch Verlust der Borsten ableiten, durch Erwerbung der subanalen Haftscheibe und Reduction des Coeloms, welches mit den Blut-Lacunen in secundäre Verbindung getreten ist. Man könnte aber auch die Hirudineen aus einem ausgestorbenen Zweige der Archanneliden entstanden denken, durch Anpassung an ektoparasitische Lebensweise; in diesem Falle würde der gänzliche Mangel der Borsten ein primärer und nicht secundär durch Rückbildung bedingt sein. Von den drei Ordnungen der Hirudineen scheinen die kleinen Branchiobdellen (oder „Uregel") der Stammform der ganzen Classe, und zugleich den *Oligochaeten*, am nächsten zu stehen; sie besitzen noch keinen oralen Saugnapf. Die beiden anderen Ordnungen haben sich aus jener Stammgruppe divergent entwickelt, die Rhynchobdellen (*Clepsine*, *Piscicola*) durch Bildung des Rüssels, die Gnathobdellen (*Nephelis*, *Hirudo*) durch Ausbildung von 3 gezähnten Kieferplatten. Der Stirnlappen bildet bei den letzteren einen löffelförmigen Kopfschirm vor dem Munde; bei den Rhynchobdellen hat er sich zu einem completen, den Mund umgebenden Saugnapf geschlossen.

§ **349**. Zweites Cladom der Articulaten:

Crustacea. Krustenthiere.

Stamm der branchiaten Arthropoden.

Articulaten mit ungleichartiger Gliederung, mit reducirten Nephridien, mit gegliederten Beinen, welche Kiemen tragen, ohne Tracheen. Kopf aus fünf Metameren zusammengesetzt.

Das Cladom der Krustenthiere (*Crustacea*) umfasst die formenreiche Hauptgruppe der kiemenathmenden Arthropoden. Von den nächstverwandten *Anneliden* unterscheiden sich diese Gliederthiere durch die Gliederung der Beine, von den ähnlichen *Tracheaten* durch den Mangel der Tracheen und der eigenthümlichen, mit der Tracheen-Athmung verknüpften Organisation. Die Gliederung des Körpers ist bei den *Crustaceen* zwar gewöhnlich mehr oder weniger heteronom, wie bei den *Tracheaten*; allein bei einigen der ältesten und primitivsten Formen (*Archiaspiden* und *Archicariden*) ist dieselbe noch fast ebenso homonom, wie bei den meisten *Anneliden.* Unter diesen letzteren sind es die *Chaetopoden*, und speciell die Polychaeten, welche den ältesten Crustaceen am nächsten verwandt sind; wir können die letzteren von den ersteren einfach dadurch ableiten, dass wir die Parapodien der Anneliden sich verlängern und deutlich gliedern lassen, während die 5 ersten Segmente des Körpers zur Kopfbildung in nähere Beziehung treten. In neuester Zeit (1895) hat die vollständige Entdeckung der Fussbildung bei den ältesten Trilobiten (*Triarthrus* u. A.) uns zu der sicheren Ueberzeugung geführt, dass diese primitivsten *Archiaspiden* einerseits direct von *Polychaeten* abstammen, anderseits die gemeinsamen Stammformen beider Crustaceen-Classen enthalten, der *Aspidonien* und *Caridonien.*

Die zahlreichen (24) Ordnungen und (über 100) Familien der Crustaceen haben durch Anpassung an die verschiedenste Lebensweise im Laufe vieler Jahr-Millionen eine äusserst verschiedenartige Ausbildung und Umbildung erfahren, bald in progressiver, bald in regressiver Richtung. Einige der niedersten Gruppen sind sehr conservativ geblieben und haben sich nur wenig von der gemeinsamen Stammgruppe, den Archiaspiden, entfernt: die Trilobiten, Archicariden, Euphyllopoden und Leptostraken; andere Gruppen haben eine beträchtliche Körpergrösse und Vollkommenheit der Organisation erreicht: Merostomen und Malacostraken, vor Allen die Decapoden; wieder Andere sind zurückgeblieben oder auf eine tiefe Stufe der Entartung gesunken, bald durch festsitzende Lebensweise (Cirripedien), bald durch Parasitismus (Rhizocephalen, Siphonostomen, Entonisciden u. A.). Die Form und Zusammensetzung des Körpers und seiner Beine, und ebenso die Ausbildungs-Stufe der inneren Organe, sind bei den reifen Thieren dieser verschiedenen Gruppen so ausserordentlich verschieden, dass es nicht möglich ist, weitere allgemeine Kennzeichen ihrer Crustaceen-Natur zu definiren. Hier giebt einzig und allein die vergleichende Ontogenie Aufschluss, indem sie überall dieselbe Bildung der characteristischen Keimform nachweist, bei den Aspidonien des *Trilobium*, bei den Caridonien des *Nauplius.* Der wesentlichste Unterschied dieser beiden Classen der Crustaceen beruht gerade in dieser verschiedenen Keimbildung, und damit hängt der weitere Unterschied zusammen, dass die 5 Paar Capital-Beine in beiden verschieden differenzirt sind: Bei den ältesten Aspidonien (z. B. dem Trilobiten *Triarthrus*) ist nur das erste Paar zu einfachen geringelten Antennen ausgebildet, gleich denjenigen ihrer Polychaeten-Ahnen; die 4 folgenden Paare sind indifferente zweiästige Spaltfüsse mit basaler Kaulade, ähnlich den grösseren Thoracal-Podien des Rumpfes. Bei den ältesten Caridonien dagegen, z. B. den Phyllopoden *Branchipus* und *Apus*, sind die 5 Paar Kopfgliedmaassen schon in derselben characteristischen Weise differenzirt, wie bei allen anderen Krebsthieren: 2 Paar Antennen, 1 Paar Mandibeln und 2 Paar Maxillen. Wir müssen jedoch hinzufügen, dass dieser wichtigste morphologische Unterschied beider Classen eigentlich weiter nichts bedeutet, als dass die ältesten *Caridonien* (Phyllopoden) bereits jene Differenzirungs-Stufe der Classe erreicht hatten, welche den noch älteren *Aspidonien* (Trilobiten) fremd war; diese standen daher der Anneliden-Wurzel noch näher. Beiden Classen gemeinsam aber ist der wichtige Umstand, dass zur Bildung des characteristischen Crustaceen-Kopfes fünf Metameren, mit ebenso vielen Podien-Paaren, sich vereinigen, während bei ihren Anneliden-Ahnen nur zwei (oder drei) Somiten dazu verwendet werden.

Eine weitere wichtige Eigenthümlichkeit der Crustaceen, welcher dieses Cladom seinen Namen verdankt, besteht darin, dass gewöhnlich in die cuticulare Chitin-Decke des Körpers eine ziemliche Menge von Kalkerde abgelagert wird; der Chitin-Panzer der „Krustenthiere“ ist daher meistens dicker, härter und spröder als derjenige der beiden anderen Cladome, der weichhäutigen Anneliden und der dünnhäutigen Tracheaten. Indessen ist dieser Unterschied nicht durchgreifend, und dasselbe gilt von den Kiemen, die zwar bei den meisten, aber nicht bei allen Crustaceen als Athmungs-Organe fungiren; diese erscheinen uns ausserdem als alte Erbstücke von ihren Anneliden-Ahnen (den branchiaten Polychaeten).

Die Zahl der Metameren, welche in die Körperbildung der Crustaceen eingehen, beträgt bei der grossen Mehrzahl zwischen 10 und 20; davon kommen immer 5 auf den eigentlichen Kopf (*Caput*) und die übrigen auf den Rumpf (*Truncus*). Der letztere scheidet sich bei den meisten Krustenthieren wieder in zwei Hauptabschnitte, die stärkere Brust (*Thorax*, meistens mit 6—8 Segmenten) und den schwächeren Hinterleib (*Abdomen*). Jedoch fehlt dieser Unterschied sowohl bei vielen der ältesten Crustaceen (Archiaspiden, Phyllopoden u. A.), als auch bei manchen kleinen und rückgebildeten Formen. Häufig verschmelzen mit dem Kopfe einer oder mehrere der vordersten Brustringe, so dass dieser *Cephalothorax* dann 6—8 oder mehr Paar Gliedmaassen trägt. Die Bildung und Zahl dieser Anhänge selbst zeigt in diesem Cladom die grösste Mannichfaltigkeit; als allgemeiner und wichtiger Character kann nur der hervorgehoben werden, dass das erste Gliedmaassen-Paar, die Archantennen oder Vorder-Antennen, stets einfach und unverästelt bleiben, gleich den einfachen Kopftentakeln der Anneliden-Ahnen, von denen wir sie ableiten. Alle folgenden Beinpaare, vom zweiten bis zum letzten, sind ursprünglich zweiästige Spaltfüsse (*Schizopodia*); wir unterscheiden an denselben einen Schaft oder Basalstück (*Basipodit* oder Protopodit), einen unteren oder Innenast (*Endopodit*) und einen oberen oder Aussenast (*Exopodit*). Dieser letztere ist vom dorsalen, der erstere vom ventralen Parapodium der Anneliden-Ahnen abzuleiten; wie bei diesen Polychaeten, so trägt auch bei den meisten Crustaceen der Exopodit auf seiner Oberseite die polymorphen Kiemen.

Die Entwickelung der Articulation zeigt in den beiden divergenten Classen der Crustaceen insofern eine interessante Analogie, als dieselbe in den niedersten Gruppen derselben noch sehr homonom und Anneliden-ähnlich bleibt, in den höheren Gruppen dagegen stark heteronom wird; das gilt ebenso sowohl für die Somiten selbst, als für ihre Anhänge, die gegliederten Podien. Auch schwankt die Zahl der Metameren bei den älteren Gruppen in sehr weiten Grenzen (15—50 und mehr bei den *Trilobiten*, 15—60 und darüber bei den *Phyllopoden*); dagegen wird die Zahl constant fixirt bei den höheren und differenzirten Gruppen: Die *Merostomen* haben 12 Podien-Paare (5 Kopf- und 7 Brust-Beinpaare); die *Malacostraken* 19 Paar Gliedmaassen (5 capitale, 8 thoracale und 6 abdominale). Die auffallende Constanz der Podien-Zahl in diesen formenreichen Gruppen erklärt sich durch Vererbung von einer gemeinsamen Stammform; sie ist um so bemerkenswerther, als die einzelnen Somiten und ihre gegliederten Anhänge die grösste Mannichfaltigkeit ihrer Ausbildung in Folge von Anpassung an die verschiedensten Lebensbedingungen zeigen.

Innere Organisation der Crustaceen. Wie der gesammte Körperbau der Krustenthiere und ihre äussere Gliederung, so lassen sich auch alle wesentlichen Verhältnisse ihrer inneren Structur von denjenigen ihrer Chaetopoden-Ahnen ableiten. Unter den heute noch lebenden *Caridonien* sind es vor Allen die ältesten Phyllopoden, die Archicariden (*Branchipus*) und die Euphyllopoden (*Apus*) welche sich in allen anatomischen Beziehungen direct an die erranten Polychaeten anschliessen. Unter den ausgestorbenen *Aspidonien* dürfen wir dasselbe von den ältesten Trilobiten annehmen, den Archiaspiden (*Oleniden* und *Triarthriden*); denn diese stehen den Anneliden-Ahnen in der äusseren Gliederung und besonders in der Kopfbildung noch viel näher, als die Phyllopoden. Wenn wir bloss den anatomischen Bau dieser ältesten Crustaceen mit demjenigen der Polychaeten (*Spiomorphen*, *Nereipoden* etc.) vergleichen, so ergiebt sich vollkommene Uebereinstimmung in folgenden wesentlichen Verhältnissen: 1) Nervensystem (Gehirn, Schlundring und ventrale Ganglienkette); 2) Gefäss-System (dorsales Herz oder „vielkammeriges Rückengefäss“, mit segmentalen Spalten-Paaren, Richtung des Blutstroms von hinten nach vorn). 3) Darmcanal von einfachem Bau, mit exodermalem Vorderdarm, entodermalem Mitteldarm und exodermalem Enddarm; vorn Mund, hinten After. Die typische Lage und Beziehung dieser 3 Hauptorgane, ebenso wie ihr feinerer Bau, sind bei den ältesten Crustaceen noch ganz dieselben, wie bei ihren Anneliden-Ahnen, und wir sind zu der Annahme berechtigt, dass sie von ihnen direct durch Vererbung erhalten wurden.

Andere Organe der Crustaceen sind zwar ebenfalls von den Chaetopoden geerbt, sind aber durch Anpassung mehr oder weniger differenzirt und höher entwickelt, entsprechend der stärkeren Gliederung des Körpers und seiner Anhänge. In dieser Beziehung dürften folgende Transformationen als die wichtigsten anzusehen sein: 1) Das Muskel-System ist zwar in seinem Stammtheil von den Längsmuskeln der Anneliden abzuleiten (ein Paar dorsalen und ein Paar ventralen Rumpfmuskeln); aber entsprechend der Verdickung und scharfen Gliederung des Chitin-Panzers ist dasselbe viel stärker differenzirt; und noch mehr gilt dies von den sehr entwickelten Podial-Muskeln in den gegliederten Beinen der Crustaceen, im Gegensatze zu den einfachen Parapodien-Muskeln der Anneliden, aus denen sie entstanden sind. 2) Sensillen. Als Erbstücke von den Polychaeten haben die Crustaceen wahrscheinlich folgende Sinnesorgane erhalten: A. ein Paar Antennen (das vorderste Paar, nur durch schärfere Gliederung von den Primär-Tentakeln des Anneliden-Kopfes verschieden); B. ein Paar Augen (schon bei den ältesten Crustaceen beider Classen, Trilobiten und Phyllopoden, in zusammengesetzte Augen verwandelt). Dagegen ist es zweifelhaft, ob die (wenig bekannten) chemischen Sensillen und die (nur in einigen Gruppen vorkommenden) Gehörbläschen der Crustaceen selbständige, polyphyletische Erwerbungen oder Erbstücke von den Chaetopoden-Ahnen sind. 3) Coelom, Nephridien und Gonaden. Diese wichtigen, im engsten Zusammenhang stehenden Organe, welche bei den Anneliden regelmässige Metamerie und sehr primitive Bau-Verhältnisse zeigen, haben bei ihren Crustaceen-Epigonen die stärksten Veränderungen erlitten. Die metameren Coelom-Taschen sind durch Auflösung der trennenden Dissepimente zu einer einfachen Leibeshöhle zusammengeflossen, welche durch die Ausdehnung des Lacunoms stark reducirt wird. Von den segmentalen Nephridien haben sich (im günstigsten Falle!) nur 4 Paare erhalten: 1) die Antennen-Drüse, 2) die Schalen-Drüse, 3) die Oviducte und 4) die Spermaducte. Gonaden sind in beiden Geschlechtern stets nur ein Paar vorhanden; sie sind entstanden durch Zusammenfliessen der zahlreichen metameren Geschlechtsdrüsen der Anneliden-Ahnen.

§ 350. System der Crustaceen.

Classen	Legionen	Ordnungen	Familien	
Erste Classe: **Schildthiere** **Aspidonia** (= *Palaeostraca*) Crustaceen ohne Nauplius-Keim, mit einem präoralen Antennen-Paar	I. **Trilobita** Aspidonien mit zahlreichen, nicht oder wenig differenzirten kiementrag. Füssen	1. **Archiaspides** (*Protrilobita*)	*Olenida* *Triarthrida*	+ +
		2 **Eutrilobita** (*Pygidiata*)	*Asaphida* *Calymenida*	+ +
	II. **Merostoma** Aspidonien mit einer beschränkten Zahl von differenzirten Podien (meist 5 cephal. und 7 thoracale)	3. **Gigantostraca** (*Riesenkrebse*)	*Eurypterida* *Pterygotida*	+ +
		4. **Xiphosura** (*Poecilopoda*)	*Hemiaspida* *Limulida*	+ V
Zweite Classe: **Krebsthiere** **Caridonia** (= *Autostraca*) Crustaceen mit Nauplius-Keim, mit zwei präoralen Antennen-Paaren Erste Subclasse: **Entomostraca** (Legiones III, IV, V): Zahl der Somiten und Podien variabel	III. **Phyllopoda** (= BRANCHIOPODA) Entomostraken von primitivemCaridonien-Bau, meist mit Rückenschale	5. **Archicarides** (*Protostraca*)	*Crustannelida* — *Branchipodida*	+ V
		6 **Euphyllopoda** (*Branchiopoda*)	*Apodida* — *Estheriada*	V V
		7. **Cladocera**	*Daphnida* — *Polyphemida*	V V
		8. **Ostracoda**	*Cypridinida* — *Cytherida*	V V
	IV. **Cirripedia** (= PECTOSTRACA) Entomostraken mit Mantelschale, festsitzend, hermaphroditisch	9. **Lepadaria** (*Thoracica*)	*Lepadida* — *Balanida*	V V
		10. **Alcipparia** (*Abdominalia*)	*Alcippida* — *Cryptophialida*	V V
		11. **Rhizocephala** (*Centrogonida*)	*Peltogastrida* — *Sacculinida*	V V
	V. **Copepoda** Entomostraken ohne Mantelschale, mit 4—5 Paar thoracalen Ruderbeinen	12. **Eucopepoda**	*Calanida* — *Cyclopida*	V V
		13. **Siphonostoma**	*Corycaeida* — *Lernaeida*	V V
		14. **Branchiura**	*Argulida*	V
Zweite Subclasse: **Malacostraca** (Legiones VI, VII, VIII): Zahl der Somiten (20) und Podien (19 Paar) constant; Caput mit 5, Thorax mit 8, Abdomen mit 6 Beinpaaren	VI. **Leptostraca** (= PHYLLOCARIDA) Malacostraca phyllopoda von primitiver Organisation	15 **Palacarides**	*Hymenocarida* — *Ceratocarida*	+ +
		16. **Leptocarides**	*Nebalida*	V
	VII. **Arthrostraca** (= MALACOSTRACA EDRIOPHTHALMA) Ohne dorsalesCephalothorax-Schild, Augen sitzend	17. **Amphipoda**	*Crevettida* — *Hyperida*	V V
		18. **Laemodipoda**	*Caprellida* — *Cyamida*	V V
		19. **Anisopoda**	*Tanaida*	V
		20. **Isopoda**	— *Cymothoida* — *Asellida* — *Oniscida*	V V V
	VIII. **Thoracostraca** (= MALACOSTRACA PODOPHTHALMA) Mit dorsalem Cephalothorax-Schild, Augen gestielt	21. **Cumacea**	*Diastylida*	V
		22. **Stomatopoda**	*Squillida*	V
		23. **Schizopoda**	*Mysida* — *Euphausida*	V V
		24. **Decapoda**	*Macrura* — *Anomura* — *Brachyura*	V V V

§ 351. Stammbaum der Crustaceen.

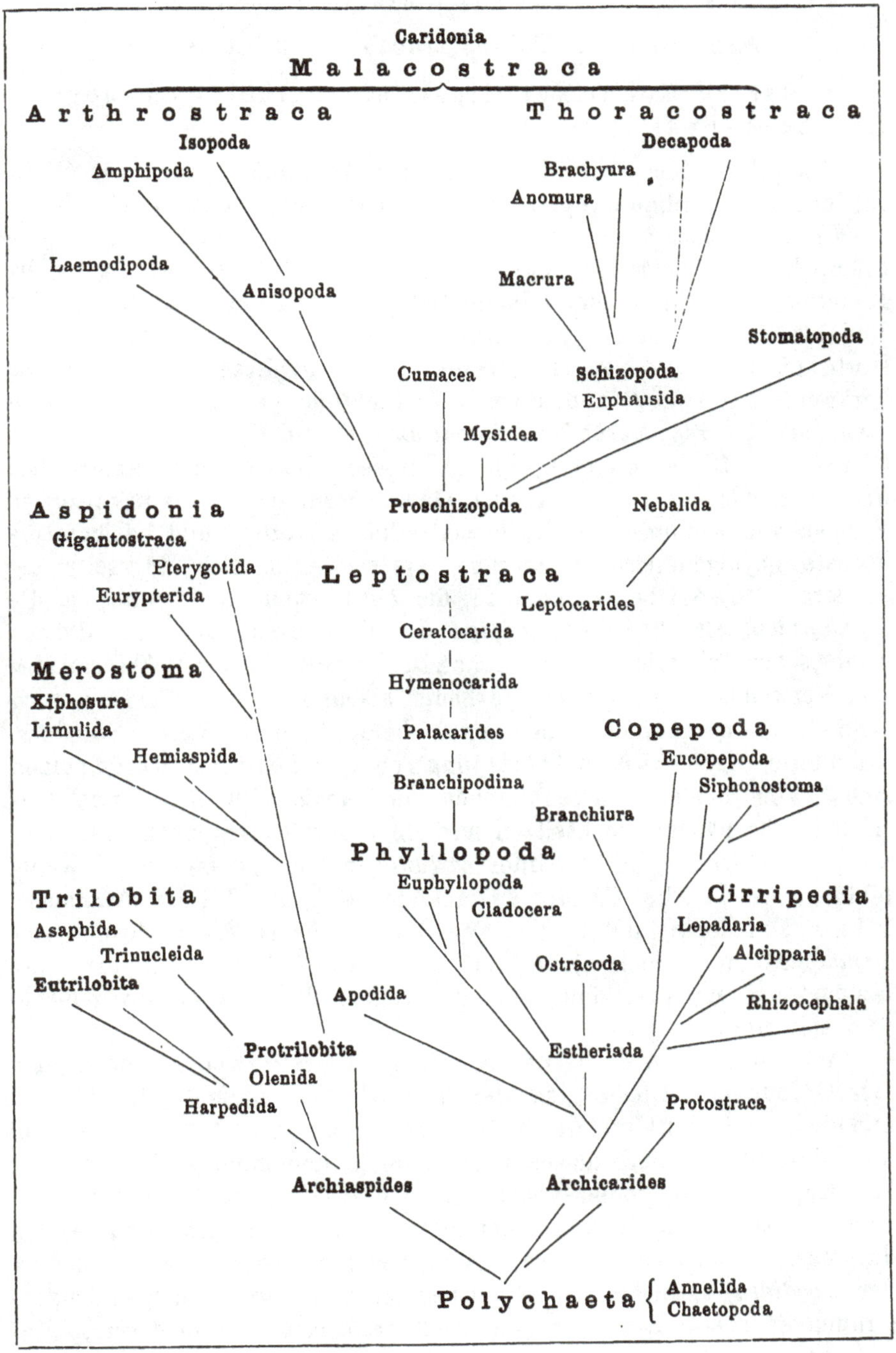

§ 352. Erste Classe der Crustaceen: Aspidonia (= Palaeostraca). Schildthiere.

Crustaceen ohne Nauplius-Keim, mit einem präoralen Antennen-Paar.

Die Classe der Schildthiere oder *Aspidonien* haben wir (1879) für jene merkwürdige Gruppe von Crustaceen aufgestellt, welche später (1890) als *Palaeostraca* bezeichnet worden sind. Von ihrer eigenthümlichen Organisation und Entwickelung besitzen wir genauere Kenntniss nur durch eine einzige lebende Articulaten-Gattung, den *Limulus* der Tropen-Meere. Aber durch eine Anzahl von ausgestorbenen nahen Verwandten (*Hemiaspida*) sind diese *Xiphosuren* eng verknüpft mit zwei Gruppen von sehr wichtigen palaeozoischen Crustaceen, mit den Riesenkrebsen (*Gigantostraca*) und den Dreitheilkrebsen (*Trilobita*). Diese letzteren, die in grossen Massen die cambrischen und silurischen Meere bevölkerten, sind neuerdings als die primitivsten Formen von sämmtlichen Crustaceen erkannt worden und besitzen die höchste phylogenetische Bedeutung; sie schliessen sich einerseits eng an deren Anneliden-Ahnen an, die *Polychaeten*; anderseits an die *Phyllopoden*, als die Stammgruppe der Caridonien. Die ältesten cambrischen Trilobiten sind die Archiaspiden (*Oleniden*, *Triarthriden* und Verwandte); wir dürfen sie heute als diejenigen primitivsten Crustaceen ansehen, aus denen beide Classen dieses Stammes, die älteren *Aspidonien* und die jüngeren *Caridonien*, hervorgegangen sind. Von beiden Classen stehen die *Aspidonien* den Anneliden-Ahnen noch näher; sie besitzen nur ein präorales Antennen-Paar und noch nicht jene typische Differenzirung in der pentameralen Kopfbildung, welche die Caridonien auszeichnet (mit 2 Paar Antennen, 1 Paar Mandibeln und 2 Paar Maxillen). Ebenso ist auch bei den *Aspidonien* noch nicht jene höchst characteristische Keimform des Nauplius zur Ausbildung gelangt, welche allen *Caridonien* gemeinsam zukommt.

Wir unterscheiden in der Aspidonien-Classe zwei Legionen und vier Ordnungen. Die Legion der Trilobiten umfasst die älteren und niederen Schildthiere, welche sich unmittelbar an die Anneliden-Ahnen anschliessen und gleich diesen noch ziemlich homonom gegliedert sind. Ihr Kopf trägt 5 Podien-Paare und ist scharf vom langgestreckten Rumpfe abgesetzt; dessen Metameren sind zahlreich und wenig differenzirt, ebenso die kurzen, denen der Phyllopoden (besonders der *Apodiden*) ähnlichen, zweispaltigen Kiemenfüsse. Von den beiden Ordnungen dieser Legion stehen die älteren, cambrischen *Archiaspiden* (oder *Protrilobiten*, ohne Pygidium) noch sehr nahe den Anneliden-Ahnen, während die jüngeren *Eutrilobiten* (oder *Pygidiaten*, mit autonomem Pygidium) einen wichtigen, reich differenzirten Theil der ältesten palaeozoischen Fauna bilden. Die Legion der grossen Merostomen unterscheidet sich durch auffallende und eigenthümliche Differenzirung der Metameren und ihrer Anhänge; die Gesammtzahl der fusstragenden Somiten beträgt hier fast constant 12; davon kommen 5 auf den Kopf, 7 auf den Thorax. Die älteren *Gigantostraken* besitzen ausserdem noch ein starkes Abdomen mit 6—7 fusslosen Gliedern, während dieses bei den jüngeren *Xiphosuren* auf 1—3 Glieder reducirt oder ganz rückgebildet ist.

Erste Legion der Aspidonien: **Trilobita;** älteste und indifferente Gruppe der Aspidonien, mit einer unbestimmten und wechselnden Zahl von gleichartigen Metameren; — die palaeozoische gemeinsame Stammgruppe aller Crustaceen. Sie erscheinen zahlreich entwickelt schon im Cambrium, massenhaft im Silur, abnehmend im Devon, einzeln noch im Carbon und im Perm. Man bezeichnet sie auch jetzt noch häufig als „die ersten Organismen, welche unseren Planeten bewohnt haben". In Wirklichkeit sind ihnen seit vielen Jahr-Millionen lange Reihen von *Anneliden-*, *Vermalien-* und *Coelenterien-*Ahnen vorausgegangen. Wir unterscheiden in dieser formenreichen Legion zwei Ordnungen, welche zwei wichtigen phyletischen Entwickelungsstufen des Stammes entsprechen, die älteren *Archiaspiden* und die jüngeren *Eutrilobiten.*

Erste Ordnung der Trilobiten: **Archiaspides** (oder *Protrilobita*). Wir stellen diese Ordnung für jene bedeutungsvolle älteste Gruppe der Trilobiten auf, welche noch kein eigentliches Pygidium besitzen und durch die vollständige Homonomie der zahlreichen Rumpf-Segmente und ihrer Phyllopoden-ähnlichen Anhänge sich unmittelbar an die Anneliden-Ahnen anschliessen; sie sind vorzugsweise im Cambrium, weniger im Silur vertreten. Die Familie der Triarthriden (*Triarthrus*, *Conocoryphe*, *Sao*, *Ellipsocephalus* u. A.) besitzt ein kurzes und breites, meist halbkreisförmiges Kopfschild, ohne Seitenhörner; dagegen ist dasselbe halbmondförmig, in ein Paar lange, nach hinten gerichtete Seitenhörner ausgezogen bei den Oleniden (*Mesonacis, Olenellus, Olenus*, *Paradoxides* u. A.). Bei allen diesen Archiaspiden besteht der Körper nur aus zwei deutlich geschiedenen Stücken, dem Kopfschilde (*Caput*), welches unten 5 Podien-Paare trägt (1 Paar Antennen und 4 Paar Gnathopodien) — und dem Rumpfe (*Truncus*), welcher aus 10—20 (meistens 12—15) gleichartigen Segmenten besteht und gleichgebildete, den Phyllopoden ähnliche Kiemenfüsse trägt. Bei dem trefflich conservirten Archiaspiden

Triarthrus trägt der Schaft jedes Beines (Basipodit) zwei Aeste; der innere (Endopodit) ist aus 7 Gliedern zusammengesetzt, der äussere (Exopodit) ist kammförmig und mit einer Reihe von starken Schwimmborsten gesäumt. Die letzten Somiten der Archiaspiden zeigen die beginnende Bildung des Pygidiums entweder noch gar nicht oder nur im ersten Anfang, in der Reduction von 2 oder 3 letzten Gliedern, oder in der Bildung eines Schwanzstachels (Telson).

Zweite Ordnung der Trilobiten: **Eutrilobita** (oder *Pygidiata*). Diese Hauptgruppe der Trilobiten zeigt mehr oder weniger deutliche Heteronomie der Rumpfsegmente und besitzt stets ein autonomes Pygidium, indem die hinterste Gruppe der Rumpfglieder (zwischen 3 und 30, meistens 6—12) zur Bildung eines festen Schwanzschildes verschmolzen ist. Meistens werden dann auch die abdominalen Gliedmaassen desselben wohl von den vorhergehenden thoracalen verschieden gewesen sein; doch sind diese erst von sehr wenigen Eutrilobiten theilweise bekannt. Die zahlreichen Familien und Gattungen der Eutrilobiten differiren namentlich in der speciellen Bildung des Kopfschildes, der Augen und des Pygidiums; sie erscheinen aber durch so zahlreiche und vermittelnde Uebergangsformen vollständig verknüpft, dass jede Classification derselben mehr oder weniger künstlich ist. Viele jüngere Trilobiten haben das protective Vermögen erworben, sich bauchwärts einzurollen, gleich den Gürtelthieren, Chitoniden und Kugelasseln. Die äussere Aehnlichkeit, welche viele Eutrilobiten mit manchen *Isopoden* zeigen, besitzt gar keine phyletische Bedeutung, ebenso wenig als die Aehnlichkeit zwischen Limulus und den tracheaten Arachniden.

Zweite Legion der Aspidonien: **Merostoma,** Stamm der hoch differenzirten Aspidonien, mit einer beschränkten und constanten Zahl von Metameren (12—18), und mit 12 Beinpaaren, von denen 5 auf den eigentlichen Kopf kommen, 7 auf den Thorax. Der erste Brustring ist (wie bei den Arthrostraken) mit dem Kopfe zu einem grossen Cephalothorax verschmolzen, so dass der folgende freie Thorax nur 5 oder 6 Paar Podien trägt. Die beiden Ordnungen dieser Legion unterscheiden sich dadurch, dass bei den *Gigantostraken* auf die Brust noch ein starkes fussloses Abdomen folgt (mit 6—7 Gliedern), während dieses bei den *Xiphosuren* auf 2—3 Glieder oder nur auf einen langen Endstachel (Telson) reducirt ist. Die Ordnung der Gigantostraca oder Riesenkrebse ist auf das palaeozoische Zeitalter beschränkt, vom Unter-Silur bis zum Carbon; dazu gehören die grössten von allen Articulaten; *Eurypterus* erreichte $^1/_2$, *Pterygotus* sogar $1^1/_2$ m Länge. Die Ordnung der Xiphosuren ist in der palaeozoischen Periode durch die *Hemiaspiden* vertreten, in der mesozoischen durch die *Limuliden.* Als letzter moderner Ueberrest derselben besitzt unser moderner *Limulus* besonderes Interesse.

Erste Ordnung der Merostomen: **Gigantostraca,** die beiden Familien der niederen *Eurypteriden* und der höher entwickelten *Pterygotiden*; beide von sehr kräftiger und langgestreckter Form, mit übereinstimmender Gliederung. Von den 18 Metameren des mächtigen Körpers kommen ursprünglich 5 auf den Kopf, 7 auf die Brust, 6 auf das Abdomen, an welches sich noch ein Telson (als rudimentäres 19. Segment) anschliesst. Da jedoch der erste Brustring mit dem Kopfe zu einem Cephalothorax verschmolzen ist, trägt der letztere 6 Podien-Paare. Von diesen bildet das erste bei den Eurypteriden ein kleines, fein gegliedertes Antennen-Paar, bei den Pterygotiden dagegen ein langes Scheerenfusspaar, dessen kräftige terminale Scheerenglieder scharf gezähnt sind. Die 4 folgenden Fusspaare (II.—V. Paar der Capital-Podien) sind bei *Pterygotus* gleichartige, schwache Griffel, aus 6—7 Gliedern zusammengesetzt; bei *Eurypterus* sind dieselben stärker und (II., III., IV.) mit Stacheln besetzt, V. länger und achtgliedrig. Das nun folgende Podien-Paar, das VI. am Cephalothorax, ist bei allen Gigantostraken achtgliedrig und durch besondere Grösse und Form ausgezeichnet; sein grosses plattenförmiges Basalglied dient als breite Kauplatte (Mala), schliesst seitlich die grosse mediane Unterlippe ein und bedeckt mit ihr zusammen nahezu die hintere Hälfte der ventralen Kopfseite. Die terminalen Glieder dieser grossen „Ruderfüsse“ sind dagegen sehr verbreitert und dienen als kräftige Schwimmbeine. Nach unserer Ansicht ist dieses Ruder-Paar (— gewöhnlich als VI. Paar der Kopffüsse gedeutet —) als erstes Paar der echten Thoracal-Füsse zu betrachten. Die folgenden 6 Paare der letzteren sitzen an den 6 freien, sehr breiten und kurzen Brustringen und sind, wie bei *Limulus*, in Kiemenfüsse verwandelt. Die beiden ersten Paare sind zur Bildung eines Operculum verschmolzen und verdecken grossentheils die folgenden Blattfüsse. Die 6 Abdominal-Ringe sind fusslos, nach hinten verschmälert; am letzten sitzt als „Telson“ bei Pterygotus eine ovale Schwanzflosse, bei Eurypterus ein starker Endstachel, wie bei *Limulus.*

Zweite Ordnung der Merostomen: **Xiphosura** (oder *Poecilopoda*), die beiden Familien der älteren *Hemiaspiden* und der jüngeren *Limuliden.* Letztere sind uns genau bekannt durch Limulus, den einzigen, heute noch lebenden Ueberrest der formenreichen Aspidonien-Classe. Die Gliederung und Differenzirung seines Körpers und seiner Gliedmaassen stimmt im Wesentlichen noch mit derjenigen der Gigantostraken überein und unterscheidet sich auffallend nur durch den Mangel des sechsgliedrigen Abdomens. Bei Limulus ist dasselbe nur noch durch den grossen Schwanzstachel angedeutet, welcher sich unmittelbar an einem Ausschnitte des hinteren Thorax-Randes inserirt. Aber die stufenweise Rückbildung des Abdomens wird deutlich durch die palaeozoischen Hemiaspiden demonstrirt, von denen die älteren (*Bunodes*, *Hemiaspis*) noch 3—5 getrennte und bewegliche Abdominal-Segmente zeigen, die jüngeren dagegen (*Belinurus*, *Prestwichia*) nur 2 oder 3 fest verschmolzene Somiten. Bei den Limuliden, welche schon in der Trias und häufig im Jura fossil vorkommen, ist das eigentliche Abdomen verschwunden und nur durch den langen Schwanzstachel vertreten. Das sechseckige Hintertheil des Körpers, welches gewöhnlich als Abdomen bezeichnet wird, entspricht nach unserer Auffassung dem Thorax den Gigantostraken, und wie bei diesen ist auch hier der erste Brustring mit dem Kopfe zu einem breiten Cephalothorax verschmolzen; die beiden nach hinten gerichteten Seitenhörner des letzteren erinnern an diejenigen ihrer *Trilobiten*-Ahnen. Auch die 12 Podien-Paare entsprechen sich in beiden Ordnungen der *Merostomen* vollständig. Die 5 ersten Paare (— ein Paar kleine präorale Scheeren-Antennen und 4 Paar laterale schlanke Scheerenfüsse —) sind echte Kopfgliedmaassen. Das VI. Paar, welches hinter dem Munde liegt und sich durch Gestalt und Gliederung sehr wesentlich von den vorhergehenden unterscheidet, ist das erste Paar der Thoracal-Podien. Das zweite Paar derselben ist zu einem grossen Kiemendeckel entwickelt (Operculum); die 5 folgenden Paare, welche von dem letzteren verdeckt werden, sind blattförmige Kiemenfüsse, gleich denjenigen von *Eurypterus*. So erscheint Limulus als das letzte Endglied einer langen phyletischen Entwickelungsreihe, die mit den Archiaspiden beginnt und sich durch die Trilobiten auf die Gigantostraken, von diesen auf Hemiaspiden, als nächste Vorfahren des Limulus, fortsetzt. Auch die Ontogenie des Limulus, mit ihrem characteristischen Trilobiten-Stadium, bestätigt diese Auffassung. Die äusserliche Aehnlichkeit, welche Limulus mit den Arachniden, besonders den *Scorpionen*, zeigt, hat nach unserer Ansicht gar keine phyletische Bedeutung (vergl. § 359).

§ 353. Zweite Classe der Crustaceen:

Caridonia (= Eucrustacea). Krebsthiere.

Crustaceen mit Nauplius-Keim, mit zwei präoralen Antennen-Paaren.

Die Classe der Krebsthiere oder *Caridonien* umfasst die echten Crustaceen im engeren Sinne, nach Ausschluss der *Aspidonien*.

Sie unterscheiden sich von diesen letzteren durch den Besitz von zwei präoralen Antennen-Paaren und durch die Entwickelung aus der höchst characteristischen Keimform des Nauplius. Auch die drei Kiefer-Paare (ein Paar Mandibeln und zwei Paar Maxillen) sind in einer typischen Form differenzirt, welche den Aspidonien fehlt. Im Uebrigen gehen die formenreichen sechs Legionen und 24 Ordnungen dieser Classe so weit auseinander, dass weitere gemeinsame Charactere derselben nicht angegeben werden können. Die Zahl der Metameren beträgt bei der grossen Mehrzahl der Caridonien zwischen 10 und 20; sie kann aber auch auf 30—60 und mehr steigen (*Euphyllopoden*) oder durch Reduction des Hintertheils auf wenige herabsinken (7 bei den *Ostracoden*); in rückgebildeten Reifethieren kann die Gliederung ganz verschwunden sein (*Rhizocephalen*, *Lernaeaceen*). In der gewöhnlichen typischen Gliederung des gut entwickelten Körpers kommen auf den Kopf fünf Metameren und Podien-Paare: I. Protantenna, II. Postantenna, III. Mandibula, IV. Praemaxilla, V. Postmaxilla. Die drei ersten Paare entstehen aus den drei Beinpaaren des Nauplius. Dagegen ist die Zahl der Rumpfsegmente, welche hinter dem Kopfe folgen, ebenso wie die Ausbildung der Podien an denselben, höchst mannichfaltig.

Als zwei Subclassen der *Crustaceen* wurden bisher gewöhnlich die Niederkrebse (*Entomostraca*) und die Oberkrebse (*Malacostraca*) unterschieden; indessen hat diese Eintheilung nur denselben äusserlichen Werth, wie die Gegenüberstellung der Wirbellosen und Wirbelthiere. Denn nur die Malacostraca repräsentiren eine natürliche Hauptgruppe, mit einer ganz constanten, erblichen Gliederung; der Körper besteht hier immer aus 20 Segmenten und trägt 19 Beinpaare (5 am Kopf, 8 am Thorax, 6 am Abdomen). Die Entomostraca dagegen bilden eine Collectiv-Gruppe, deren sehr verschiedene Legionen nur in dem einen negativen Merkmal übereinkommen, dass sie die constante und typische Gliederung der Malacostraken nicht besitzen. Es ist daher naturgemässer, die 10 Ordnungen der Entomostraken auf drei gesonderte Legionen zu vertheilen, die *Phyllopoden*, *Cirripedien* und *Copepoden*. Entsprechend kann man übrigens auch die 10 Ordnungen der Malacostraken in drei Legionen unterbringen: *Leptostraken*, *Arthrostraken* und *Thoracostraken*.

Erste Legion: **Phyllopoda** (= *Branchiopoda* im weiteren Sinne!). Gemeinsame Stammgruppe aller echten *Caridonien*, von primitivem Körperbau, eng anschliessend an die *Trilobiten* und an die *Polychaeten*-Ahnen. Wir vereinigen in dieser Legion vier verschiedene Ordnungen: 1) Archicarides oder *Protostraca* (mit nur einer lebenden Familie: *Branchipodina*); 2) Euphyllopoda oder typische *Phyllopoda* im engeren Sinne (mit den Familien der *Apodiden* und *Estheriaden*); 3) Cladocera (mit den Familien der *Daphniden* und *Polyphemiden*); 4) Ostracoda (mit den Familien der *Cypridiniden* und *Cytheriden*). Von diesen vier Ordnungen der Phyllopoden besitzt die erste das höchste Interesse, da sie die hypothetischen Archicariden oder Protostraca umschliesst, die wir als die gemeinsame Stammgruppe aller Caridonien betrachten. Unter allen jetzt lebenden Crustaceen stehen ihnen die Branchipodinen am nächsten; sie können als ein moderner, wenig veränderter Ueberrest der Stammgruppe betrachtet werden. Der langgestreckte Körper, ohne dorsalen Mantel, ist sowohl in der äusseren Form als im inneren Bau noch ganz Anneliden-ähnlich und kann ohne Schwierigkeit von der Gruppe der erranten *Polychaeten* abgeleitet werden. Anderseits führt *Branchipus* direct zu *Nebalia* hinüber, dem modernen Ueberrest der Leptostraca, der Stammgruppe der *Malacostraca*. Die drei anderen Ordnungen der Phyllopoden unterscheiden sich von den Branchipodinen durch die Ausbildung eines thoracalen Rückenschildes, welches durch mediane Zusammenfaltung zu einer zweiklappigen muschelähnlichen Schale wird. Unter den typischen Euphyllopoden, deren langgestreckter Körper in sehr zahlreiche (20 - 60) Metameren und Beinpaare gegliedert ist, erscheinen als älteste und wichtigste Familie die Apodiden (*Apus*, *Lepidurus*); sie führen nicht nur direct zu den Copepoden hinüber, sondern besitzen auch zu den ältesten Formen der anderen Legionen noch sehr nahe Beziehungen. Die volle Ausbildung der muschelähnlichen zweiklappigen Schale zeigen dagegen die Estheriaden (*Estheria, Limnadia*); von ihnen lassen sich sowohl die *Cladoceren* als die *Ostracoden* und *Cirripedien* ableiten. Die Cladoceren (*Daphniden* und *Polyphemiden*) gleichen Estheria-Larven mit 4—6 Paar thoracalen Schwimmfüssen. Noch stärker rückgebildet und verkürzt ist der Rumpf bei den kleinen Ostracoden (*Cypridiniden* und *Cytheriden*); hier folgen auf die 5 Paar Kopfgliedmassen nur 2 Paar Brustfüsse, so dass die Gesammtzahl der Podien-Paare auf 7 herabsinkt. Man hat neuerdings die Ostracoden direct auf *Trilobiten* zurückgeführt und als einen der ältesten Zweige des Crustaceen-Stammes hingestellt; nach unserer Ansicht stellen dieselben einen älteren Ast (— ebenso wie die *Cladoceren* einen jüngeren Ast —) jenes Phyllopoden-Zweiges dar, dessen modernen Ueberrest die heutigen *Estheriaden* bilden.

Zweite Legion: **Cirripedia** (= *Pectostraca*). Rückgebildete Hauptgruppe der sessilen Crustaceen, Hermaphroditen mit Kalkschale und verkümmertem Kopfe. Dieser abweichende Ast des Caridonien-Stammes ist durch Anpassung an festsitzende Lebensweise (— und ausserdem theilweise auch Parasitismus —) so eigenthümlich umgebildet, dass man die muschelähnlichen Thiere mit zweiklappiger Kalkschale früher für Mollusken hielt. Vollen Aufschluss über ihre wahre Natur und Verwandtschaft giebt nur ihre Ontogenie. Der typische *Nauplius*, der sich aus ihrem Ei entwickelt, besitzt die characteristischen drei Beinpaare; er verwandelt sich in eine *Estheria*-ähnliche oder *Ostracoden*-ähnliche Larve, welche hinter den typischen 5 Paar Kopfbeinen einen Thorax mit 6 Paar zweiästigen, Copepoden-ähnlichen Ruderbeinen besitzt („Cypris-Stadium oder Puppe"). Nachdem diese Cypris-Larve eine Zeit lang umhergeschwärmt ist, setzt sie sich mit dem Kopfende fest, wobei das erste Antennen-Paar als Haftscheibe und das Secret von ein Paar Cement-Drüsen in deren Basis als Kittmasse dient. Das zweite Antennen-Paar wird abgeworfen. Die drei folgenden Podien-Paare oder Kiefer (1 Paar Mandibeln, 2 Paar Maxillen) entwickeln sich mehr oder weniger. Die 6 Beinpaare des Thorax dagegen werden zu langen, vielgliedrigen „Rankenfüssen", die reich mit Borsten besetzt sind und mit dem Wasser Nahrung herbeistrudeln. Das Abdomen verkümmert oder verwandelt sich in einen Penis. Wichtige Kopf-Organe (Augen) und das Herz werden rückgebildet. Die Kalkschale des Mantels entwickelt sich in sehr mannichfaltigen Formen. Als drei Ordnungen dieser Legion unterscheiden wir die *Lepadarien*, *Alcipparien* und *Rhizocephalen*. Die Lepadarien (oder *Thoracica*) besitzen 6 Paar wohl entwickelte Rankenfüsse und sitzen bald mittelst eines starken Stieles fest, als Pedunculata (*Lepadida* und *Pollicipida*); bald ohne Stiel, mit einem basalen Schalenring und beweglichen Deckel, als Operculata (*Balanida* und *Coronulida*). — Die parasitischen Alcipparien (oder *Abdominalia*) tragen nur noch 3 Paar Rankenbeine und haben die 3 vorderen Paare verloren; bei den *Alcippiden* ist noch ein Rudiment des dritten Paares in Form eines Tasters vorhanden; bei den *Cryptophialiden* ist auch dies verschwunden. — Die Rhizocephalen (oder *Centrogoniden*), welche am Abdomen von Decapoden schmarotzen, erleiden den höchsten Grad der Rückbildung; sie verlieren während der regressiven Metamorphose nicht nur sämmtliche Gliedmassen, sondern auch Thorax und Abdomen, Darmcanal und Sinnesorgane. Der übrig bleibende Kopf entwickelt sich zu einem ungegliederten Sack, der bald länglich-wurstförmig ist (*Peltogastrida*), bald breit-citronenförmig (*Sacculinida*); er enthält fast nur die hermaphroditen Gonaden. Von dem vorderen Kopfende (oder dem rüsselförmig vorgestülpten Mund-Rudimente?) wachsen verzweigte Fäden aus, welche in das Fleisch des Wohnthieres eindringen und gleich einem Mycelium dessen Organe umspinnen, um daraus Nahrung aufzusaugen. Die Cypris-Larve der Rhizocephalen, mit ihren 6 Paar zweiästigen Ruderfüssen, gleicht derjenigen der übrigen Cirripedien. — Die Sechszahl und die Gliederung der dichtbehaarten Rankenbein-Paare hat Aehnlichkeit mit derjenigen mancher *Copepoden*; sie hat dazu geführt, die *Cirripedien* von dieser Legion abzuleiten. Nach unserer Ansicht beruht diese Aehnlichkeit nur auf Convergenz; wir glauben vielmehr, dass die Cirripedien von älteren, *Estheria*-ähnlichen Phyllopoden abstammen; vielleicht von derselben Gruppe der *Euphyllopoden*, welche auch den *Cladoceren* und den *Ostracoden* den Ursprung gegeben hat.

Dritte Legion: **Copepoda,** Ruderkrebse. Hauptgruppe der Plankton-Entomostraken, ohne dorsalen Mantel und Schale; ursprünglich mit 15 Metameren: 5 Paar Capital-Podien entwickelt, 5 Paar Thoracal-Podien zweiästig, mit borstigen Ruderplatten, 5 Abdominal-Somiten ohne Podien, mit terminaler Gabel (Furca), deren beide divergente Aeste lange Schwanzborsten tragen. Die Weibchen tragen ihre Eier in ein Paar äusseren Eiersäcken an der Basis des Abdomens mit sich herum. Wir unterscheiden in der formenreichen Copepoden-Legion drei Ordnungen, die *Branchiuren*, *Eucopepoden* und *Siphonostomen*. Die Branchiuren sind nur durch die kleine Familie der Karpfenläuse oder *Arguliden* vertreten (*Argulus*, *Gyropeltis*); sie erinnern in wichtigen Verhältnissen der

Organisation noch vielfach an ihre Phyllopoden-Ahnen und besonders an die *Apodiden*; sie theilen mit diesen die Bildung des Cephalothorax, der Brustfüsse und der beiden zusammengesetzten Seitenaugen; letztere sind bei den übrigen Copepoden verschwunden oder nur selten noch in Rudimenten erhalten (Pontelliden). Die Eucopepoden bilden die formenreiche Gruppe der „frei schwimmenden Ruderkrebse“, welche durch ihre ungeheure Massen-Entwickelung von grösster Bedeutung für die Oecologie des Plankton sind. Bei ihnen sind gewöhnlich alle 10 Podien-Paare wohl entwickelt, besonders bei der ältesten Familie, den *Calaniden*. Dagegen erleiden dieselben vielfache Umbildungen und Rückbildungen in der Ordnung der Siphonostomen oder *Ichthyophthiren*; diese „Fischläuse“, welche parasitisch auf der Haut und an den Kiemen von Fischen leben, verwandeln ihre Kiefer in stechende und saugende Mundwerkzeuge; die Ruderbeine sind zwar in der Jugend stets vorhanden, verkümmern aber später häufig; und auch die Gliederung des Thorax und Abdomens kann mehr oder weniger verschwinden, der Kopf verkümmern (*Chondracanthiden*, *Caligiden*); zuletzt erscheint das reife Thier (besonders das grössere Weibchen) als ein ungegliederter wurmförmiger Körper: *Lernaeiden*. Aber auch in diesen Fällen entwickelt sich stets aus dem Ei der characteristische Nauplius der Copepoden; die Larve wird erst später stufenweise rückgebildet.

Vierte Legion: **Leptostraca** (oder *Phyllocarides*). Uebergangs-Gruppe von den Phyllopoden zu den Malacostraken und zugleich gemeinsame Stammgruppe dieser Subclasse. Sowohl in der äusseren Gliederung des Körpers und seiner Anhänge, als in den wesentlichen Grundzügen der inneren Organisation zeigt diese interessante Legion eine so vollständige morphologische Mittelstellung zwischen den älteren Phyllopoden (*Branchipodinen*) und den jüngeren Malacostraken (*Schizopoden*), dass sie auch phylogenetisch das unmittelbare Verbindungsglied zwischen den beiden Subclassen der Caridonien herstellt. Im Allgemeinen erscheint die Differenzirung der Organe primitiver als bei den übrigen Malacostraken, welche man den *Leptostraca* auch passend als *Eumalacostraca* gegenüberstellen kann. Während die erbliche typische Segment-Zahl bei diesen letzteren stets 20 beträgt, besitzen die ersteren ein Abdominal-Segment mehr (8 statt 7), und dieses letzte überzählige Schwanzglied trägt eine Schwanzgabel (Furca), wie bei *Branchipus* und den Copepoden. Dagegen ist die typische Zahl der Beinpaare 19, wie bei allen Eumalacostraken (wenigstens in der Anlage), nämlich 5 capitale, 8 thoracale und 6 abdominale Podien. Wir theilen die Legion der Leptostraken in zwei Ordnungen ein, die älteren *Palacariden* und die jüngeren *Leptocariden*. Die palaeozoische Ordnung der Palacariden erscheint schon im Cambrium (!) mit der Familie der *Hymenocariden*; sie entwickelt sich reicher im Silur und Devon mit den Familien der *Ceratocariden* und *Peltocariden*. Im Carbon oder Perm scheint diese alte Stammgruppe der Malacostraken ausgestorben; als ein wenig veränderter Ueberrest derselben hat sich bis zur Gegenwart nur die wichtige Ordnung der Leptocariden erhalten, mit der einzigen Familie der *Nebaliden* (Nebalia und Paranebalia). Durch Verlust des letzten (21.) Metameres sind aus den Leptostraken die Proschizopoden hervorgegangen, die gemeinsamen Stammformen aller *Eumalacostraken*. Die

Entstehung dieser Urschizopoden aus einem Zweige der *Palacariden*, und ebenso die Spaltung der ersteren in die divergenten beiden Hauptäste des Malacostraken-Stammes, *Arthrostraca* und *Thoracostraca*, muss spätestens in der älteren Silur-Zeit stattgefunden haben; denn schon im oberen Silur und im Devon treten hoch entwickelte Vertreter beider Hauptäste auf, Isopoden (*Praearcturus*) und Amphipoden (*Amphipeltis*); und von den Decapoden sowohl Macruren (*Palapalaemon*) als Brachyuren (*Gitocrangon*).

Fünfte Legion: **Arthrostraca** (Ringelkrebse) oder *Eumalacostraca edriophthalma*. Dieser Hauptast des Malacostraken-Stammes ist aus einem silurischen Zweige der Proschizopoden durch Rückbildung der Augenstiele und des dorsalen Cephalothorax-Schildes hervorgegangen; daher erscheinen 7 (seltener 6) freie Thorax-Ringe gesondert; nur der erste Brustring ist mit dem Kopfe verwachsen. Meistens sind auch die Exopoditen an den Brustbeinen rückgebildet, so dass sie als einfache siebengliederige Gehfüsse erscheinen. Wir unterscheiden in dieser Legion vier Ordnungen, die *Anisopoden*, *Isopoden*, *Amphipoden* und *Laemodipoden*. Von diesen vier Gruppen erscheinen die Anisopoden, mit der Familie der „Scheerenasseln" (*Tanaida*) als die ältesten; sie schliessen sich einerseits eng an die alten *Proschizopoden*-Ahnen und an deren nächste Verwandte, die *Cumaceen*, an; anderseits vereinigen sie Merkmale der Amphipoden und der Isopoden, so dass sich die silurischen Stammformen dieser beiden Ordnungen direct von einem ausgestorbenen Zweige der Anisopoden ableiten lassen. Die Ordnung der Amphipoden umfasst die beiden Unterordnungen der microcephalen *Crevettiden* und der macrocephalen *Hyperiden*; die ersteren sind schon im Ober-Silur und Devon, reicher aber im Carbon vertreten; sie zeichnen sich durch laterale Compression des langen Abdomen aus, welches vorn 3 Paar Schwimmbeine, hinten 3 Paar Springbeine trägt; durch Rückbildung des Abdomen ist aus ihnen die Ordnung der Laemodipoda hervorgegangen, mit den Familien der *Caprelliden* und *Cyamiden*. Von einem anderen Zweige der Anisopoden ist die Ordnung der Isopoden oder Asseln abzuleiten, in welcher der Arthrostraken-Typus seine vollkommenste Bildungsstufe erreicht. Hier ist das Abdomen breit und kurz, durch dorsoventrale Depression ausgezeichnet und trägt Kiemen-Anhänge an den Endopoditen. Unter den heutigen Isopoden scheinen die Süsswasser-Asseln (*Asellida*) die ursprüngliche Bildung am meisten bewahrt zu haben; dagegen haben sich die Schmarotzer-Asseln (*Cymothoida*, *Bopyrida*, *Cryptoniscida*) durch Anpassung an parasitische Lebensweise auf Fischen und Krebsen vielfach regressiv entwickelt. Umgekehrt erheben sich die oceanischen *Idotheida* und *Serolida*, besonders aber die luftathmenden Landasseln (*Oniscida*), zu höheren Stufen der Vollkommenheit.

Sechste Legion: **Thoracostraca** (Panzerkrebse) oder *Eumalacostraca podophthalma*. Dieser zweite und höchst entwickelte Ast des Malacostraken-Stammes zeichnet sich durch die Ausbildung eines kräftigen dorsalen Cephalothorax-Schildes aus, welches meistens alle 13 Segmente des Vorder-Rumpfes bedeckt, seltener nur einen Theil der vorderen Segmente, so dass 3—5 hintere Brustringe frei bleiben. Die Augen sind gewöhnlich frei beweglich und sitzen auf Stielen; diese fehlen nur den *Cumaceen*. Wir unterscheiden in dieser Legion vier Ordnungen, zwei niedere (*Cumaceen* und *Schizopoden*), und zwei höher stehende (*Stomato-*

poden und *Decapoden*). Von diesen sind die Schizopoden als die ältesten zu betrachten, sowohl die *Mysideen* als die *Euphausiden*; beide Familien schliessen sich eng an die Proschizopoden- und Leptostraken-Ahnen an. Dasselbe gilt auch in anderer Beziehung von den Cumaceen, mit der einzigen Familie der *Diastyliden*; diese gleichen einerseits gewissen Decapoden-Larven, anderseits zeigen sie auch nahe Beziehungen zu den *Anisopoden* und den Stammformen der Arthrostraken. Einen alten Wurzelausläufer des Malacostraken-Stammes scheint die eigenthümliche Ordnung der Stomatopoden zu bilden, mit der einzigen Familie der *Squilliden*; sie zeigen in mancher Beziehung noch sehr primitive Charactere von Proschizopoden, während sie in anderer Hinsicht sich hoch differenzirt haben. Als vollkommenste Gruppe unter den Malacostraken, und überhaupt unter allen Caridonien, ist die Ordnung der Decapoden zu betrachten. Von ihren drei Unterordnungen schliessen sich die *Macruren* (namentlich die Penaeiden) unmittelbar an die Schizopoden-Ahnen an (Euphausiden); aus ihnen haben sich zunächst die *Anomuren* entwickelt, und aus diesen durch Rückbildung des Abdomens die kurzschwänzigen Krabben oder Taschenkrebse (*Brachyura*).

§ 354. Drittes Cladom der Articulaten:

Tracheata. Luftrohrthiere.

Stamm der tracheaten Arthropoden.

Articulaten mit ungleichartiger Gliederung, meist ohne Nephridien, mit gegliederten Beinen, mit Tracheen. Kopf aus vier Metameren zusammengesetzt.

Das Cladom der Luftrohrthiere oder *Tracheaten* ist die artenreichste von allen Hauptgruppen des Thierreichs und umfasst alle tracheen-athmenden Arthropoden. Durch die Ausbildung dieser ganz eigenthümlichen Luftröhren, welche in keiner anderen Thiergruppe wiederkehren, unterscheidet sich der Stamm der *Tracheaten* ebensowohl von dem ähnlichen Schwester-Stamme der *Crustaceen*, wie von der gemeinsamen Ahnen-Gruppe der *Anneliden*. Von den letzteren entfernen sie sich ausserdem durch die Gliederung der Beine, welche sie mit den ersteren theilen (*Arthropoda*). Aber die gegliederten Beine der Tracheaten sind stets ungetheilt und niemals zweispaltig, wie die characteristischen „Spaltfüsse" der Crustaceen. Ausserdem gehen in die Zusammensetzung des Kopfes bei den Crustaceen stets fünf, bei den Tracheaten dagegen nur vier Metameren und ebenso viele Podien-Paare ein; will man den Kopf beider Cladome vergleichen, so würde den Tracheaten das zweite Kopf-Segment fehlen, welches das „zweite Antennen-Paar" bei den Crustaceen trägt. Indessen ist diese

Vergleichung desshalb ohne tieferen morphologischen Werth, weil wir keinen ursprünglichen Zusammenhang beider Arthropoden-Stämme annehmen; vielmehr leiten wir, aus den oben (§ 322) erörterten Gründen, beide von zwei verschiedenen Gruppen der chaetopoden Anneliden ab. Die Vorfahren der *Crustaceen* waren wasserbewohnende Polychaeten, mit zwei Paar Längsreihen von Parapodien und mit Kiemen-Athmung; die Ahnen der *Tracheaten* dagegen waren landbewohnende Protochaeten, mit einem Paar Längsreihen von Parapodien und mit dermaler Luftathmung.

Der formenreiche Stamm der Tracheaten ist nach unserer Ueberzeugung monophyletisch zu beurtheilen; denn wir können die vier Classen desselben ohne Schwierigkeit auf eine einfache gemeinsame Urform zurückführen, ähnlich jenem bedeutungsvollen Peripatus, der noch heute den unmittelbaren Uebergang von den *Chaetopoden* zu den *Myriapoden* herstellt. Die uralte Classe der Protracheaten, welche der Peripatus vertritt, besitzt noch so hervorragend den Anneliden-Character, dass man diesen „Krallenwurm“ allgemein zu den Chaetopoden stellte, bis vor 22 Jahren sein primitives Tracheen-System entdeckt wurde. Peripatus besitzt noch ungegliederte Parapodien und segmentale Nephridien, gleich den Chaetopoden, während alle anderen Tracheaten gegliederte Beine und reducirte oder ganz umgebildete Nephridien haben. Dies gilt auch schon von den Myriapoden, welche die Zusammensetzung des Körpers aus einer grossen und unbestimmten Zahl von gleichartigen Metameren mit den *Protracheaten* theilen. In diesen beiden älteren Tracheaten-Classen ist der vielgliedrige Rumpf (Truncus) noch nicht in Thorax und Abdomen geschieden, und alle Metameren tragen ursprünglich ein Paar Gliedmaassen. Wir können daher diese beiden Classen in dem Subcladus der Opisobanten oder *Isozonaten* vereinigen.

Als Thoracobanten oder *Allozonaten* stellen wir den niederen Opisobanten die beiden höheren Tracheaten-Classen gegenüber, *Arachniden* und *Insecten*. Beide stimmen überein in der beschränkten Zahl der Metameren (17—20) und in der wichtigen Differenzirung von drei Hauptabschnitten des Körpers, Kopf, Brust und Hinterleib. Der Kopf (*Caput*) setzt sich bei allen Thoracobanten ursprünglich aus 4 Metameren und 4 Podien-Paaren zusammen (1 Paar Antennen und 3 Paar Kiefer); die Brust (*Thorax*) aus 3 Metameren mit 3 Brustbein-Paaren; der Hinterleib (*Abdomen*) aus 10 (bis höchstens 13) Metameren; diese tragen niemals entwickelte Beine, obgleich die paarigen Anlagen derselben — als Erbstücke von den *Myriapoden*-Ahnen — bei den Embryonen der Thoracobanten nachzuweisen sind. Die beiden Classen dieses Subcladoms sind nächstverwandt und unterscheiden sich wesentlich und durchgreifend eigentlich nur durch ein einziges wichtiges Merkmal: das Antennen-Paar, welches beide Classen von den Myriapoden geerbt haben, wird bei den Arachniden frühzeitig rückgebildet, während es bei den Insecten in mannichfaltigster Form ausgebildet wird. Daher besitzen die ersteren im entwickelten Zustande nur 6, die letzteren dagegen 7 Podien-Paare. Ausserdem zeichnen sich die meisten Insecten vor den übrigen Articulaten noch durch den Besitz von zwei thoracalen Flügel-Paaren aus; doch fehlen diese noch der ältesten und niedersten Legion der Classe, den Apterygoten.

Der aufsteigende Entwickelungsgang des *Tracheaten*-Stammes zeigt uns mithin eine vollkommene Parallele zu demjenigen des *Crustaceen*-Stammes. In beiden Arthropoden-Phylen schliessen sich die ältesten und niedersten Gruppen noch unmittelbar an die Anneliden-Ahnen an: dort die Protracheaten (*Peripatus*), hier die Protrilobiten (*Triarthrus*). Hier wie dort ist ursprünglich die Zahl der Metameren sehr ansehnlich und unbestimmt, noch sehr variabel innerhalb einer und derselben Classe (*Myriapoden* und *Trilobiten*); zugleich bleiben dieselben so gleichartig oder „homonom", dass nur Kopf und Endglied (Telson) sich wesentlich von den gleichgebildeten Rumpf-Metameren unterscheiden. Erst auf den höheren Stufen beider Stämme vollzieht sich dann allmählig jener Fortschritt der Organisation, welcher sich in der Beschränkung auf eine bestimmte Metameren-Zahl offenbart, sowie in deren Centralisation und Differenzirung. Als drei Hauptabschnitte des Körpers sondern sich gleichmässig in beiden Stämmen Caput, Thorax und Abdomen, der Kopf vorzugsweise mit den sensiblen Functionen beschäftigt, die Brust mit den motorischen, das Abdomen mit den vegetativen Thätigkeiten der Ernährung und Fortpflanzung. Sogar die constante Zahl der Metameren wird in den höheren Gruppen beider Stämme ähnlich fixirt; sie beträgt bei den Thoracobanten 17—20, bei den Malacostraken 19—20. Dass aber trotzdem beide Stämme sich unabhängig von einander entwickelt haben, geht schon daraus hervor, dass der Kopf bei den *Tracheaten* aus den vier, bei den *Crustaceen* aus den fünf ersten Metameren sich zusammensetzt. Ausserdem sind gerade die ältesten Formen beider Stämme, der Protracheate *Peripatus* und der Protrilobite *Triarthrus*, so sehr verschieden, dass sich keine von beiden Urformen auf die andere zurückführen lässt; beide müssen von verschiedenen Zweigen der *Chaetopoden*-Classe abgeleitet werden. Die gesonderte, diphyletische Entstehung beider *Arthropoden*-Stämme fällt schon in die cambrische oder praecambrische Zeit.

Innere Organisation der Tracheaten. Während sich der innere Körperbau der hochentwickelten Thoracobanten — ebenso der *Arachniden* wie der *Insecten* — vielfach differenzirt und hoch über denjenigen ihrer *Anneliden*-Ahnen erhebt, behält dagegen die Organisation der Opisobanten noch wesentlich den Character der letzteren bei. Das gilt nicht allein von den *Protracheaten*, die sich unmittelbar an die *Chaetopoden* anschliessen, sondern auch theilweise noch von den *Myriapoden*, welche den vollständigen Uebergang von den *Peripatiden* zu den ältesten Formen der Thoracobanten herstellen. Peripatus selbst, als der einzige lebende Ueberrest der Protracheaten, besitzt für den Nachweis dieses phyletischen Zusammenhanges unschätzbare Bedeutung; denn er zeigt eine vollkommene Mischung von den Character-Eigenschaften seiner *Chaetopoden*-Ahnen und seiner *Myriapoden*-Epigonen; er steht sogar in den wichtigsten Verhältnissen den ersteren noch näher als den letzteren. Eigentlich ist nur ein einziger bedeutungsvoller Vorgang aufzufinden, der die Transformation eines Chaetopoden-Zweiges in die Stammform der Tracheaten bewirkte; und das ist der Arbeitswechsel der Hautdrüsen, welcher sie aus secretorischen in respiratorische Organe verwandelte. Die zahlreichen einfachen Tracheen-Büschel des *Peripatus*, überall im Tegumente gleichmässig vertheilt, sind nichts Anderes, als Hautdrüsen der Anneliden-Ahnen, welche sich dem Gaswechsel angepasst haben. In engster Correlation zu dem Erwerbe dieser neuen Athmungs-Organe steht die Rückbildung der Blutgefässe und die Ausdehnung des Lacunoms auf Kosten des Coeloms, welche die Peripatiden ebenso wie die übrigen Tracheaten hauptsächlich von ihren Anneliden-Ahnen unterscheidet; von den Hauptgefässen der letzteren hat sich nur das dorsale erhalten und zu dem characteristischen „Dorsal-Herzen der Arthropoden" mit segmentalen Kammern und Ostien-Paaren umgebildet. Dagegen hat *Peripatus* in der Bildung des Nervensystems, des Hautmuskelschlauchs, der segmentalen Parapodien und Nephridien u. s. w. so vollständig den Character seiner *Chaetopoden*-Ahnen (— theilweise selbst älterer *Vermalien*-Ahnen —) beibehalten, dass er diesen näher zu stehen scheint, als den übrigen *Tracheaten*. Dennoch nähert er sich anderseits wieder so sehr seinen *Chilopoden*-Epigonen, dass deren Ableitung von den *Protracheaten* nicht zweifelhaft sein kann. Ebenso fest steht nach unserer Ueberzeugung die Descendenz beider Thoracobanten-Classen von den *Myriapoden*.

§ 355. System der Tracheaten.

Subcladen	Classen	Legionen	Ordnungen
A. Aeltere Tracheaten: **Opisobantes** (*Isozonata*). Metameren grösstentheils nicht differenzirt, in unbeschränkter und meist grosser Zahl (20—180, selten weniger). Thorax und Abdomen nicht geschieden, beide mit Podien	I. Classe: **Protracheata** Tracheen-Büschel überall im Tegument vertheilt. Nephridien paarweise in jedem Segment	1. **Onychopoda** ⊙ Coelom und Lacunom Chaetopoden-ähnlich	1. *Trachannelida* ⊙ (*Architracheata*)
		2. **Onychophora** Coelom und Lacunom Myriapoden-ähnlich	2. *Peripatida*
	II. Classe: **Myriapoda** Tracheen-Büschel paarweise segmental geordnet. Keine segmentalen Nephridien	3. **Chilopoda** Jedes Segment mit einem Fusspaar	1. *Prochilopoda* ⊙ 2. *Geophiloda* 3. *Symphyloda* 4. *Pauropoda*
		4. **Chilognatha** Jedes Segment mit zwei Fusspaaren	5. *Polyxenaria* 6. *Polyzonaria*
B. Jüngere Tracheaten: **Thoracobantes** (*Allozonata*) Metameren stark differenzirt, in beschränkter und meist geringer Zahl (10—18, selten bis 20). Thorax und Abdomen deutlich geschieden, nur der Thorax und Kopf mit Podien. (Die Anlagen der Pleopodien oder Abdominal-Podien — Erbstücke von den Myriapoden — kommen nicht oder nur an einzelnen Gliedern zur Ausbildung.) Keine segmentalen Nephridien	III. Classe: **Arachnida** (*Chelicerota*) Sechs ausgebildete Podien-Paare (3 capitale und 3 thoracale). Keine Antennen. Keine Flügel.	5. **Solpugonia** Kopf und 3 Thorax-Ringe geschieden	1. *Protarachnida* ⊙ 2. *Solpugida*
		6. **Scorpidonia** Cephalothorax getrennt vom gegliederten Abdomen	3. *Phrynacea* 4. *Scorpiodea* 5. *Chernetidea* 6. *Phalangidea*
		7. **Araneonia** Cephalothorax u. ungeglied. Abdom. getrennt	7. *Dipneumones* 8. *Tetrapneumones*
		8. **Acaronia** Cephalothorax und Abdom. verschmolzen	9. *Distigmaria* 10. *Astigmaria*
		9. **Pantopoda** Abdomen rudimentär	11. *Nymphonida* 12. *Pycnogonida*
	IV. Classe: **Insecta** (*Hexapoda*) Sieben ausgebildete Podien-Paare (4 capitale und 3 thoracale). Ein Paar Antennen. Ausserdem meistens 2 dorsale Flügel-Paare (am II. und III. Thorax-Ring).	10. **Apterygota** Flügellose Insecten (beissend).	1. *Archinsecta* 2. *Thysanura* 3. *Collembola*
		11. **Mordentia** Geflügelte Insecten mit beissenden Mundtheilen	4. *Archiptera* 5. *Orthoptera* 6. *Neuroptera* 7. *Strepsiptera* 8. *Coleoptera*
		12. **Lambentia** Leckende Insecten	9. *Hymenoptera*
		13. **Pungentia** Stechende Insecten	10. *Hemiptera* 11. *Phthiraptera* 12. *Diptera* 13. *Siphonaptera*
		14. **Sorbentia** Schlürfende Insecten	14. *Trichoptera* 15. *Lepidoptera*

§ 356. Stammbaum der Tracheaten.

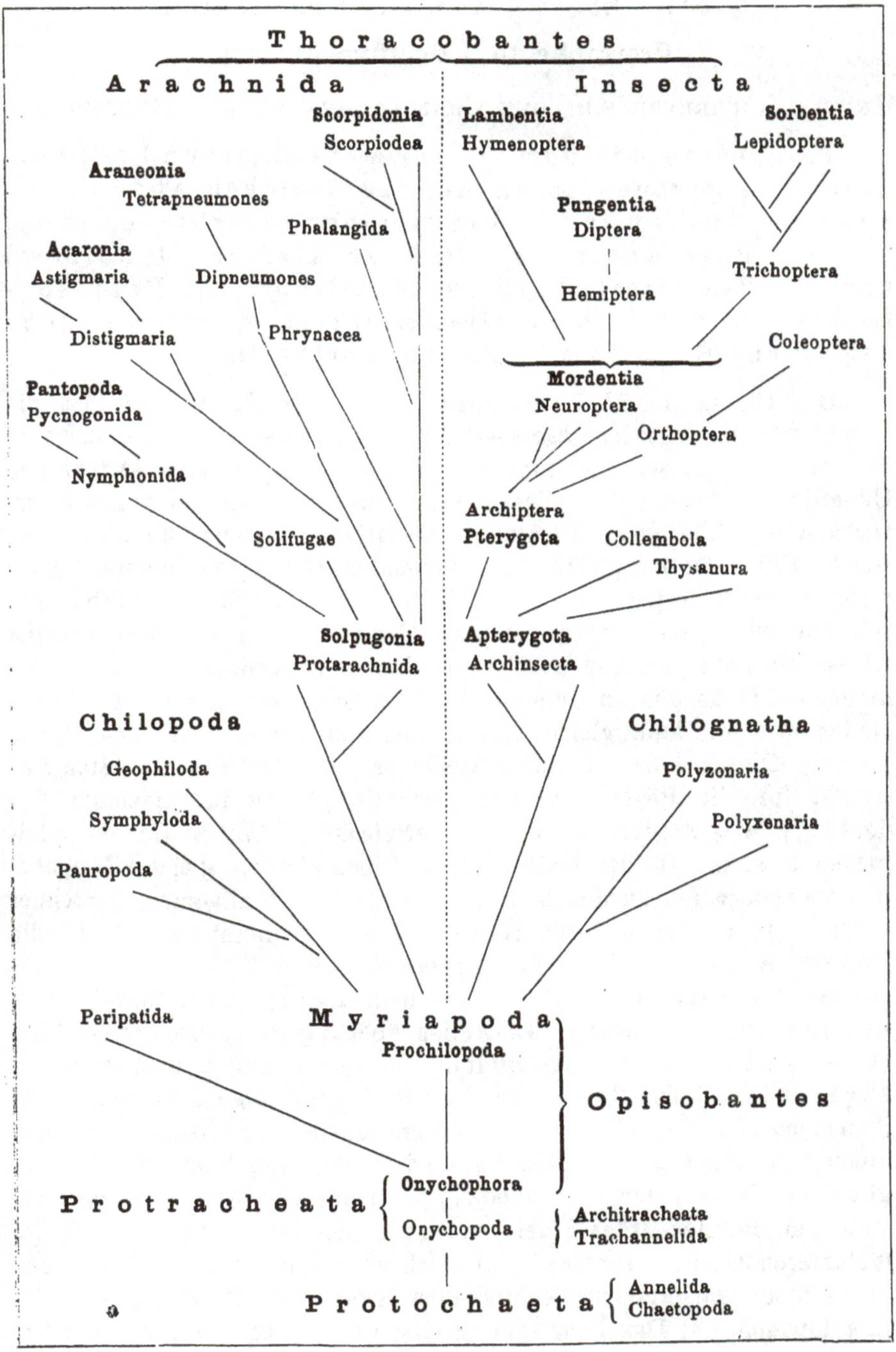

§ 357. Erste Classe der Tracheaten: **Protracheata. Urluftrohrthiere.**

UEBERGANGSGRUPPE VON DEN CHAETOPODEN ZU DEN MYRIAPODEN.

Tracheaten mit homonomer Metamerie und mit entwickelten Parapodien an den zahlreichen Abdominal-Somiten; Thorax und Abdomen nicht verschieden. Kopf mit ein Paar Antennen, ein Paar Kiefern (Mandibeln) und ein Paar Oral-Papillen (Maxillen). Ein Paar segmentale Nephridien an allen Metameren. Stigmen sehr zahlreich, überall im Tegument vertheilt.

Die Classe der Urluftrohrthiere oder *Protracheata* ist die älteste von den vier *Tracheaten*-Classen und umfasst die gemeinsamen Stammformen dieses umfangreichen Cladoms, sowie eine Anzahl von Uebergangsformen, welche dieselben mit ihren *Chaetopoden*-Ahnen direct verbanden. Alle diese ältesten Tracheaten besassen eine zarte und weiche Chitin-Decke, gleich ihren Anneliden-Ahnen; sie konnten daher nicht in versteinertem Zustande erhalten bleiben. Ein glücklicher Zufall hat uns jedoch einen einzigen Ueberrest dieser ausgestorbenen Classe bis heute am Leben erhalten, den merkwürdigen *Peripatus*, der in heissen Gegenden an dunklen feuchten Orten (unter Steinen, Baumrinden u. s. w.) lebt, gleich seinen nächsten Verwandten, den Myriapoden. Dieser letzte moderne Ueberrest des Protracheaten-Stammes besitzt für die Phylogenie desselben die gleiche fundamentale Bedeutung, wie *Amphioxus* für die Vertebraten, *Chiton* für die Mollusken u. s. w. In der Hälfte seiner Eigenschaften gleicht Peripatus den *Anneliden* (— zu denen er bis vor 22 Jahren allgemein gerechnet wurde —); in der anderen Hälfte dagegen schliesst er sich an die *Tracheaten* und speciell an die *Myriapoden* an.

A. Anneliden-Charactere des Peripatus, durch Vererbung von den *Chaetopoden*-Ahnen übertragen: 1) Die grosse Zahl (14—41) und die gleichartige Bildung der kurzen und breiten Rumpfsegmente. 2) Die Bildung der kurzen, kegelförmigen, ungegliederten Stummelfüsse, die sich paarig an jedem Rumpfsegment wiederholen; sie gleichen mehr den Parapodien der Anneliden, als den gegliederten Beinen der Arthropoden; die beiden Krallen, die jedes Bein statt der Borsten trägt, gleichen denen der Stelechopoden. 3) Die metameren Coxal-Drüsen, die sich an der Basis der Beine in den Segmenten wiederholen, entsprechen ganz den Borstendrüsen der Chaetopoden. 4) Das Paar der geringelten Antennen am Vorderkopf gleicht mehr den Primär-Tentakeln der Chaetopoden, als den Antennen der Arthropoden. 5) Der starke Hautmuskelschlauch, mit einer Ringfaser- und einer inneren Längsfaser-Schicht (— ein Paar dorsale und ein Paar ventrale Längsmuskeln —) stimmt überein mit dem der Anneliden, speciell der Hirudineen (— die Arthropoden haben die Ringmuskelschicht verloren —). 6) Die metameren Nephridien wiederholen sich gleichmässig in allen Segmenten und haben dieselbe Bildung, wie bei den Anneliden. 7) MALPIGHI'sche Gefässe, welche am Hinterdarm aller übrigen Tracheaten sich finden, fehlen dem *Peripatus*. 8) Der Bau der paarigen Augen gleicht im Wesentlichen demjenigen der *Alciopiden*.

B. Tracheaten-Charactere des Peripatus: 1) Die Bildung der Tracheen; überall in der Haut verbreitet liegen zahlreiche Luftlöcher (*Stigmata*), durch welche Büschel von engen, langen Luftröhren ausmünden. Dieselben sind aus Hautdrüsen der *Anneliden*-Ahnen (durch Arbeitswechsel) entstanden und bilden die Urform, aus der sich das bilaterale Tracheen-System der übrigen *Tracheaten* entwickelt hat. 2) Das Lacunom, ein wandungsloses Lacunen-System, welches mit Blut gefüllt ist, als geräumige „primäre Leibeshöhle" den Darm und die Geschlechts-Organe umschliesst, aber keine selbständigen Gefässstämme besitzt. 3) Das Dorsal-Herz, welches durch paarige, segmental geordnete Spalten das Blut aus einem Pericardial-Sinus aufnimmt; sowie 4) das Verhältniss dieses letzteren zum darunter gelegenen Lacunom, welches durch ein unvollständiges Transversal-Septum von ihm getrennt ist. 5) Die damit in Correlation stehende Reduction des Coeloms oder der „secundären Leibeshöhle"; diese wird zwar metamer angelegt, wie bei den Anneliden, und sendet Divertikel in die Parapodien; später verschwinden aber die Dissepimente und der gemeinsame Leibeshohlraum wird durch das Lacunom verdrängt. 6) Sowohl die Speicheldrüsen am vorderen, als die Analdrüsen am hinteren Ende sind modificirte Nephridien, von derselben Form wie bei den Tracheaten. 7) Ebenso schliesst sich die Bildung der paarigen Gonaden und ihrer Ausführgänge (die auch umgebildete Nephridien sind) an diejenige älterer Tracheaten an. 8) Die Kiefer und Oralpapillen des *Peripatus* entsprechen wahrscheinlich den Mandibeln und Maxillen der Tracheaten.

Die Ontogenie des *Peripatus* zeigt in gleicher Weise, wie seine Anatomie, eine bedeutungsvolle Mischung von Eigenthümlichkeiten der Anneliden (*Chaetopoden*) und Tracheaten (*Myriapoden*); sie bestätigt unsere Annahme, dass dieser bedeutungsvolle *Protracheate* die directe phyletische Verbindungs-Brücke zwischen beiden Classen herstellt. Natürlich ist dieser letzte moderne Ueberrest jener uralten Zwischen-

Classe nicht als der unveränderte „Stammvater der Tracheaten" anzusehen; er wird sich aber von diesem hypothetischen Stammvater nur wenig entfernen; und wir können uns leicht eine Reihe von Zwischenstufen vorstellen, welche von Protochaeten (— oder von *Chaetopoden* mit einer paarigen Reihe von Parapodien —) zu den Onychopoden (oder ältesten *Protracheaten*) hinüberführten. Die Entwickelung der letzteren aus den ersteren wird schon in der cambrischen Periode stattgefunden haben, da im Silur bereits hoch differenzirte Tracheaten (Scorpione) sich finden. Die Onychopoden (oder „*Trachanneliden*") werden namentlich in der Bildung des Lacunoms und Coeloms, sowie der Gonaden und Gonoducte, primitivere Verhältnisse gezeigt haben und den Anneliden ähnlicher gewesen sein, als der heutige *Peripatus*, der Vertreter der modernen Onychophoren.

§ 358. Zweite Classe der Tracheaten:

Myriapoda. Tausendfüsser.

Stammgruppe der Arachniden und Insecten.

Tracheaten mit homonomer Metamerie und mit entwickelten Condylopodien an den zahlreichen Abdominal-Somiten; Thorax und Abdomen nicht verschieden. Kopf mit ein Paar Antennen und mit drei Paar Kiefern. Segmentale Nephridien fehlen. Stigmen paarweise in jedem Rumpf-Segment.

Die Classe der Tausendfüsser oder *Myriapoden* betrachten wir als die gemeinsame Stammgruppe der Thoracobanten, der beiden Classen der *Arachniden* und der *Insecten*. Obwohl die letzteren heute den Myriapoden näher verwandt erscheinen als die ersteren, müssen wir doch beide Classen der Thoracobanten auf diese tiefer stehende Tracheaten-Classe zurückführen; das beweist deutlich ihre vergleichende Ontogenie. Anderseits schliessen sich in vielen wichtigen Beziehungen die *Myriapoden* enger an die *Protracheaten*, als an die Thoracobanten an; wir bringen diese bedeutungsvolle Thatsache dadurch zum systematischen Ausdruck, dass wir die beiden ersteren Classen im Subcladom der Opisobanten vereinigen und diese den letzteren gegenüberstellen. Ebenso wie die Protracheaten in phylogenetischer Hinsicht eine Verbindungsbrücke zwischen den älteren Anneliden und den jüngeren Myriapoden herstellen, ebenso vermitteln diese letzteren den phyletischen Uebergang zwischen den Protracheaten und den Thoracobanten.

A. Protracheaten-Charactere (— und zugleich erbliche Beziehungen zu deren Anneliden-Ahnen —) besitzen die Myriapoden hauptsächlich in der homonomen Gliederung des Körpers und seiner zahlreichen Anhänge. Ansehnlich und unbestimmt ist die Zahl der gleichartig gebildeten Metameren (bei der Mehrzahl zwischen 20 und 40, nicht selten über 100, bis 170 und darüber). Mit Ausnahme des Kopfes und des Telsons oder Endgliedes sind gewöhnlich alle Somiten gleichgebildet; Thorax und Abdomen sind nicht zu unterscheiden. Alle Metameren tragen ein Paar gegliederte Beine, und diese sind meistens kurz, von gleichartiger Bildung. Niemals werden die Podien so mannichfaltig differenzirt und specialisirt, wie es bei den meisten Thoracobanten der Fall ist. Auch in der inneren Organisation finden sich bei den älteren Myriapoden grossentheils einfachere und primitivere Verhältnisse, als bei den Thoracobanten.

B. Thoracobanten-Charactere zeigen die Myriapoden in den meisten Verhältnissen der inneren Organisation, besonders des Nervensystems, des Herzens und des Genital-Systems. Sie besitzen Malpighi'sche Gefässe, welche in den Enddarm einmünden. Die Kopfbildung gleicht derjenigen der Insecten, mit 1 Paar Antennen und 3 Paar Kiefern (— 1 Paar Mandibeln und 2 Paar Maxillen —); ebenso die Gliederung der Beine. Auch in vielen speciellen Einrichtungen ergiebt die vergleichende Anatomie nahe Beziehungen zwischen den älteren Myriapoden (*Chilopoden*) und den niedersten Insecten (*Apterygoten*); diese erklären sich einfach aus der Abstammung der letzteren von den ersteren. Dabei ist jedoch nicht zu übersehen, dass ähnliche (— wenn auch nicht so nahe —) Verwandtschafts-Beziehungen zwischen den Chilopoden und den primitivsten Arachniden (*Solpugiden*) sich nachweisen lassen.

System der Myriapoden. Wir theilen diese Classe in zwei Legionen und sechs Ordnungen. Die Legion der Chilopoden (oder *Syngnathoden*) ist die ältere Gruppe und zeigt das ursprüngliche Verhalten der Gliederung, indem jedes Metamer ein Beinpaar trägt. In der jüngeren Legion der Chilognathen (oder *Diplopoden*) tragen die meisten Somiten (mit Ausnahme der vordersten und hintersten) scheinbar je zwei Beinpaare; dieser Anschein entsteht dadurch, dass die Hautringe von je zwei Metameren mit einander verschmelzen. Als gemeinsame Stammgruppe der Myriapoden müssen wir eine hypothetische Ordnung der Prochilopoden annehmen, welche durch eine Reihe von Zwischenformen mit ihren *Protracheaten*-Ahnen (— den *Onychopoden* —) verbunden war. Gleich den letzteren wird dieselbe schon in cambrischer Zeit gelebt haben, da ihre hoch differenzirten Epigonen, die Scorpione, sich schon im Silur finden (— die devonischen und carbonischen *Archipolypoden* scheinen schon zu den *Diplopoden* hinüberzuführen —). Unter den lebenden Myriapoden scheinen die Geophiloden (oder *Scolopendren*) sich am nächsten an die Stammgruppe anzuschliessen. Die nahe verwandten *Scutigeriden* sind höher differenzirt, die kleinen Symphyloden (*Scolopendrella*) sind dagegen rückgebildet, und noch mehr die verkümmerten Pauropoden (*Pauropus*). Unter den Diplopoden scheinen die kleinen Polyxenarien (*Polyxenus*) eine ältere Gruppe zu vertreten; in den grossen Polyzonarien (*Iuliden, Polydesmiden, Glomeriden*) erreicht der Organismus der Myriapoden seine vollkommenste Specialisation.

§ 359. Dritte Classe der Tracheaten:

Arachnida. Spinnenthiere.

Hauptgruppe der cheliceroten Arthropoden.

Tracheaten mit heteronomer Metamerie, ohne entwickelte Podien an den Abdominal-Somiten. Thorax und Abdomen sehr verschieden. Kopf ohne Antennen, meist mit dem Thorax verschmolzen (beide zusammen mit sechs Podien-Paaren). Segmentale Nephridien fehlen. Stigmen in beschränkter Zahl (ein bis vier Paare).

Die Classe der Spinnenthiere oder *Arachniden* umfasst in ihrer gegenwärtigen Gestalt eine grosse Anzahl von Arthropoden, die in der entwickelten äusseren Körperform und inneren Organisation sehr weit auseinandergehen. Die 12 Ordnungen derselben divergiren morphologisch in weit höherem Grade als die 12 Ordnungen der Insecten, die eine viel grössere Zahl von Arten enthalten. Dennoch lassen sich Alle auf eine gemeinsame, *Solpuga*-ähnliche Urform zurückführen, und diese *Protarachniden* können wir in ähnlicher Weise von einer älteren *Myriapoden*-Form ableiten, wie die Urform der Insecten, das hypothetische *Archentomon*. Wenn wir von der abweichenden Legion der Pantopoden absehen, deren Stammverwandtschaft noch zweifelhaft ist, so erscheinen die übrigen vier Legionen dieser Classe nahe verwandt und der monophyletische Ursprung derselben nicht zweifelhaft. Ganz characteristisch erscheint für alle entwickelten *Arachniden* der Besitz von sechs Podien-Paaren, welche der Cephalothorax-Region angehören. Das nachfolgende Abdomen trägt, wie bei den *Insecten*, keine entwickelten Gliedmaassen; wohl aber zeigen die Embryonen in beiden Classen rudimentäre Anlagen derselben — Erbstücke von den gemeinsamen *Myriapoden*-Ahnen!

Die vergleichende Morphologie der beiden Thoracobanten-Classen zeigt uns im Wesentlichen eine vollkommene Uebereinstimmung, sowohl in der äusseren Gliederung als in der inneren Organisation des articulaten Körpers. Der Haupt-Unterschied besteht darin, dass der entwickelte Körper der Arachniden sechs, derjenige der Insecten sieben Podien-Paare trägt; es fehlt also den ersteren ein Bein-Paar der letzteren. Die vergleichende Ontogenie beweist klar, dass dieses fehlende Gliedmaassen-Paar die Antennen der Insecten sind; zugleich lehrt uns aber auch die sorgfältige Vergleichung der embryonalen Köpfe, dass die Anlagen der Antennen den Arachniden keineswegs absolut fehlen, wie allgemein angenommen wird. Vielmehr finden wir bei den Embryonen einiger der phyletisch ältesten Arachniden (vor Allen *Solpuga*!) die Antennen-Anlagen in den „flügelartigen" Seitentheilen der Kopflappen fast ebenso entwickelt, wie bei manchen Embryonen von älteren Insecten. Wir dürfen demnach annehmen, dass die ältesten Stammformen beider Thoracobanten-Classen in erster Linie dadurch divergent sich entwickelten, dass die präoralen Antennen sich bei den *Arachniden* regressiv, bei den *Insecten* dagegen progressiv umbildeten. Dabei ist es noch zunächst gleichgültig, ob wir beide Classen monophyletisch von einem gemeinsamen Zweige der *Myriapoden*-Ahnen ableiten, oder diphyletisch von zwei verschiedenen Zweigen. Erstere Annahme ist uns desshalb wahrscheinlicher, weil wir uns sehr gut eine gemeinsame Stammform beider Thoracobanten-Classen vorstellen können, die einen Körper mit 20 Metameren besass und bei der diese bereits in drei Hauptgruppen sich gesondert hatten: Kopf mit 4, Thorax mit 3 Podien-Paaren, und Abdomen mit den Rudimenten von 6—13 Pleopodien-Paaren. Von dieser gemeinsamen, aus einem Chilopoden-Aste hervorgegangenen Stammform der Thoracobanten entfernten sich die Arachniden hauptsächlich durch die Rückbildung der Antennen, und diese wurde dadurch bewirkt, dass der ventrale Mund an das vordere Körper-Ende verlagert und die präoralen Kopflappen nach oben verschoben wurden.

Gliederung des Arachniden-Körpers. Der Embryo lässt in seiner ursprünglichen Gliederung bei einigen Arachniden die Maximal-Zahl von 20 Ursegmenten erkennen; diese gelangen aber nur sehr selten zur Ausbildung, bei den langgestreckten *Scorpiodeen* (mit 12 bis 13 bleibenden Abdominal-Somiten). Bei den übrigen Arachniden werden gewöhnlich die 3 letzten Metameren frühzeitig rückgebildet, oder sind auch im Embryo ganz verschwunden, so dass nur 10 Abdominal-Segmente angelegt werden. Rechnet man dazu die constante Anlage von

4 capitalen und 3 thoracalen Segmenten, so ergiebt sich als typische Zahl der Metameren 17, wie bei den *Insecten*; besonders auffallend erscheint die Homologie bei den *Solpugiden*. Die Gliederung dieser ältesten Arachniden, und auch die der nächstverwandten Scorpiodeen, der *Thelyphoniden*, lehrt zugleich deutlich, dass die 7 typischen Paare der Kopfbrust-Gliedmaassen in beiden Thoracobanten-Classen sich vollkommen entsprechen, die 4 ersten kommen auf den Kopf, die 3 folgenden auf die Brust. Die 10 folgenden Abdominal-Segmente tragen zwar gewöhnlich in beiden Classen keine entwickelten Beinpaare, wohl aber die embryonalen Anlagen von solchen. Im Uebrigen werden die 17 Metameren des Körpers und ihre paarigen Extremitäten-Anlagen in den verschiedenen Gruppen der Arachniden-Classe ausserordentlich verschieden umgebildet (viel divergenter als bei den Insecten!), und diese Differenzen dienen auch in erster Linie zur Unterscheidung ihrer 5 Legionen und 12 Ordnungen.

I. Kopf der Arachniden. Derselbe ist ursprünglich ebenso aus vier Somiten zusammengesetzt und vom Thorax deutlich abgesetzt, wie bei den Myriapoden und Insecten. Diese primäre Sonderung tritt bei vielen Embryonen (z. B. von *Scorpidonien*) scharf hervor; sie erhält sich aber permanent nur in der ältesten Legion, bei den *Solpugonien*. Da die embryonalen Anlagen der Antennen überall früh rückgebildet werden und daher die Antennen am ausgebildeten Kopfe völlig fehlen, trägt derselbe nur 3 Gliedmaassen-Paare. Von diesen ist das erste der Oberkiefer (hier als „Kieferfühler" oder *Cheliceren* bezeichnet), den *Mandibeln* der Insecten homolog. Das zweite Paar, der Unterkiefer (hier „Kiefertaster" oder *Pedipalpen* genannt), entspricht den *Maxillen* der Insecten. Das dritte Paar, der Hinterkiefer (*Labiopalpus*, hier gewöhnlich als „erstes Beinpaar" unterschieden), entspricht den *Postmaxillen* oder der „Unterlippe" der Insecten. Dieses dritte Kiefer-Paar hat bei den ältesten Arachniden (*Solpugiden* und *Thelyphoniden*) noch seine besondere Bildung bewahrt; bei den übrigen Spinnenthieren nimmt dasselbe so sehr die Grösse und äussere Gestalt der 3 Brustfuss-Paare an, dass man den Arachniden oft allgemein „4 Paar Thoracal-Beine" zuschreibt und darin irrthümlich einen Haupt-Unterschied von den Insecten findet (mit 3 Paaren).

II. Thorax der Arachniden. Die Brust besteht hier ursprünglich ebenso constant aus drei Somiten, wie bei den Insecten; und wie bei diesen kann man diese 3 Ringe als Vorderbrust (*Prothorax*), Mittelbrust (*Mesothorax*) und Hinterbrust (*Metathorax*) unterscheiden, entsprechend auch ihre 3 Beinpaare als vordere, mittlere und hintere Brustbeine. Diese ursprüngliche Trennung der 3 Brustringe ist im Embryo vieler Arachniden sehr deutlich, erhält sich aber permanent nur in der ältesten Legion, den *Solpugonien.* In den beiden Legionen der *Scorpidonien* und *Araneonien* verschmelzen die 3 Brustringe unter einander und mit den 4 Kopfringen zur Bildung eines Cephalothorax. Die regressiven *Acaronien* zeichnen sich dadurch aus, dass auch das Abdomen mit dem Cephalothorax sich vereinigt, so dass der ganze Körper eine rundliche, ungegliederte Masse bildet.

III. Abdomen der Arachniden. Die ursprüngliche Zusammensetzung des Hinterleibes aus 13 Metameren, welche in den Embryonen mehrerer Familien deutlich hervortritt, bleibt nur in der Ordnung der *Scorpiodeen* zeitlebens erhalten. Die 7 vorderen Glieder sind hier verbreitert, enthalten den grössten Theil der Eingeweide und bilden das „Praeabdomen". An ihrer Bauchseite finden sich die Anlagen von 6—7 Paar Pleopodien; das zweite Paar derselben entwickelt sich zu den eigenthümlichen „Genital-Kämmen" (Organen des „Sexual-Sinnes"). Die 6 hinteren Glieder sind verlängert, schmal und bilden als „Postabdomen" den dünnen Schwanz, dessen letztes Glied die Giftdrüse enthält und den Giftstachel trägt. Bei den übrigen *Scorpidonien* ist das Abdomen kürzer und breiter, mit 10—12 (bei den *Phalangiden* nur 6) Segmenten. Bei den *Solpugiden* trägt jedes der 10 Hinterleibs-Glieder unten ein Paar Sternal-Platten, als Rudimente von Pleopodien. Der Hinterleib der *Araneonien* ist äusserlich ungegliedert und hängt mit dem Cephalothorax nur durch einen dünnen, kurzen Stiel zusammen; aber auch in dieser Legion erscheinen im Embryo noch 10—12 getrennte Ursegmente, und an einem Theile derselben Anlagen von Pleopodien; diejenigen des IV., V. und VI. Segmentes verwandeln sich in „Spinnwarzen". Bei den rückgebildeten *Acaronien* erscheint das Abdomen ganz ungegliedert und mit dem Cephalothorax zu einer Masse verschmolzen.

Die innere Organisation der Arachniden stimmt in allen wesentlichen Verhältnissen mit derjenigen der *Insecten* überein und ist von der gemeinsamen Stammgruppe der *Myriapoden* durch Vererbung erhalten. Die ursprünglichsten, diesen am meisten ähnlichen Einrichtungen zeigt der Körperbau der *Solpugonien*, in einigen Beziehungen auch derjenige der *Scorpidonien.* Dagegen ist die Organisation der *Araneonien* eigenthümlich specialisirt, und diejenige der *Acaronien* in hohem Maasse rückgebildet. Letzteres gilt auch von den *Pantopoden*, vorausgesetzt, dass diese Seethiere wirklich von echten, landbewohnenden Arachniden abstammen. Auch das characteristische Respirations- und Circulations-System der Arachniden zeigt in den älteren, der Stammform nächststehenden Gruppen wesentlich dieselbe Bildung, wie bei den Insecten und Myriapoden, nämlich Röhren-

Tracheen, welche durch mehrere Stigmen-Paare ausmünden; bei vielen kleineren Formen haben sich nur ein Paar Athemlöcher erhalten. Eine eigenthümliche Umbildung hat das Luftröhren-System bei einem Theile der höher entwickelten und specialisirten Arachniden erlitten, in den beiden Legionen der *Scorpidonien* und *Araneonien*; hier sind die gewöhnlichen tubulösen Tracheen in lamellöse verwandelt, in zahlreiche dünne Tracheen-Blätter, die gleich den Blättern eines Buches dicht gedrängt in besonderen „Lungensäcken" stehen. Jede solche „Tracheen-Lunge" — besser „Fächer-Trachee" — ist nichts weiter als ein Büschel von plattgedrückten Tracheen (der Vergleich derselben mit den Kiemen von *Limulus* beruht bloss auf oberflächlicher Aehnlichkeit). Bei den gewöhnlichen Weberspinnen (*Dipneumones*) finden sich unten am Abdomen 2 Paar Stigmen, welche in 2 Paar Tracheen-Büschel führen; die hinteren haben die ursprüngliche Röhrenform beibehalten, die vorderen sind in Blätter verwandelt. Bei den grossen Vogelspinnen dagegen (*Tetrapneumones*) sind auch die vorderen lamellös geworden. Ebenfalls 2 Paar Fächer-Tracheen besitzen die Taranteln oder *Phrynaceen*. Die echten *Scorpiodeen* dagegen haben 4 Paar Fächer-Tracheen, in welche die Luft durch 4 Paar Stigmen eintritt (an der Bauchseite des III.—VI. Abdominal-Segmentes). Sehr vereinfacht ist das tubulöse Tracheen-System unter den Acaronien bei den kleinen *Distigmarien*, und ganz verloren gegangen bei den verkümmerten *Astigmarien*. Ebenso fehlt es den *Pantopoden*.

Erste Legion: **Solpugonia** oder Urspinnen (= *Solifugae*): Arachniden mit der primitiven Metamerie der Thoracobanten, gleich derjenigen der Insecten: der Körper besteht aus 17 Segmenten, von denen 4 auf den Kopf kommen, 3 auf den Thorax, 10 auf das Abdomen. Alle drei Hauptabschnitte des Körpers bleiben deutlich getrennt, während bei allen übrigen Arachniden Kopf und Brust zu einem (7 Somiten enthaltenden) Cephalothorax verschmelzen. Diese älteste Spinnen-Gruppe ist in der Gegenwart nur noch durch eine einzige lebende Familie vertreten, welche trockene Wüsten in der Tropenzone beider Hemisphären bewohnt, die Solpugida oder *Galeodida*. Wir haben schon vor 30 Jahren hervorgehoben, dass diese merkwürdigen „Walzenspinnen" der ausgestorbenen Stammgruppe der ganzen Classe am nächsten stehen; viel näher als die Scorpione, welche man gewöhnlich als die ältesten Arachniden ansieht. Damals (1866) waren noch nicht die Embryonen der Solpuga bekannt, welche erst später (1887) beschrieben wurden; die beiden „räthselhaften, flügelförmigen Anhänge", welche sich oben auf deren Stirn erheben, und welche man bald den Rudimenten von Insecten-Flügeln, bald den lateralen Schalenklappen von *Asellus*-Embryonen verglichen hat, halten wir für Rudimente der Antennen, wie wir solche auch an den „Kopflappen" einiger Scorpidonien finden. Die 3 vorderen Podien-Paare, am Kopfe der Solpuga, vergleichen wir den 3 Kiefer-Paaren der Insecten; diefolgenden, unter sich gleichen 3 Beinpaare, welche an den 3 getrennten Thorax-Ringen sitzen, sind ebenfalls denen der Insecten homolog. Da auch das Abdomen der Galeodiden die 10 typischen Segmente der Insecten zeigt, entspricht sich nach unserer Ansicht die Gliederung beider Gruppen vollständig. Jedes Abdominal-Segment trägt an der Bauchseite ein Paar Sternal-Platten, die Rudimente der ancestralen Pleopodien; als Modificationen derselben erscheinen die Opercula der Stigmata und der Gonoporen. Auch in der inneren Organisation zeigen die Solpugiden noch viele Spuren hohen Alters, so namentlich in der Bildung der paarigen Gonaden und Augen, der Circulations- und Respirations-Organe. Während das Herz bei allen anderen Arachniden auf das Abdomen beschränkt ist, erstreckt sich dasselbe hier auch auf den Thorax; von den 8 Paar lateralen Herz-Ostien liegen die 2 ersten im II. und III. Brustring, die 6 folgenden in den 6 ersten Hinterleibs-Ringen. Die baumförmig verästelten Röhren-Tracheen münden durch 3 Paar Stigmen aus, von denen das erste am ersten Brustring liegt (!), die beiden folgenden am II. und III. Abdominal-Segment. In anderen Beziehungen dagegen erscheinen die Solpugiden hoch entwickelt und specialisirt, so in der starken Ausbildung der grossen Cheliceren, in der ventralen Annäherung der paarigen Beine und der Ausdehnung des sackförmigen Abdomen. Die Protarachniden, welche wir oben als die hypothetische Stammgruppe aller Arachniden bezeichnet haben, werden in den meisten Beziehungen den Solpugiden ähnlich gewesen sein, aber wahrscheinlich durch folgende Merkmale älterer Organisation sich unterschieden haben: I. Das Abdomen besass ein oder einige Somiten mehr (11—13), so dass die ursprüngliche Gesammtzahl der Metameren 18—20 betrug. II. Die 3 Kieferpaare am Kopfe besassen einfachere Bildung; vorn über denselben waren noch Rudimente der Antennen vorhanden. III. Dagegen waren die 3 thoracalen Bein-Paare kürzer und standen mehr seitlich (wie bei den Chilopoden). IV. Am Abdomen traten die Rudimente von (11—13? Paar) Abdominal-Füssen in Form von Sterniten stärker hervor; die ursprüngliche Gleichartigkeit der abdominalen und thoracalen Podien wird bei den älteren *Protarachniden* noch ähnlich gewesen sein, wie bei ihren *Chilopoden*-Ahnen. V. Das langgestreckte Rückenherz wird mindestens 10, wahrscheinlich aber 12—15 Kammern besessen haben (3 thoracale und 7—12 abdominale). VI. Entsprechend wird auch die Zahl der segmentalen Stigmen-Paare grösser gewesen sein, nämlich 11—16 (3 thoracale und 8—13 abdominale). VII. Die Tracheen-Büschel selbst werden aus einfachen, noch nicht verästelten Röhren bestanden haben. VIII. Das Bauchmark der *Protarachniden* wird nicht so centralisirt gewesen sein, wie dasjenige ihrer modernen *Solpugiden*-Ahnen, sondern vielmehr (besonders im Abdominal-Theil) wie bei den Scorpionen und den Chilopoden.

II. Zweite Legion: **Scorpidonia** oder Streckspinnen (auch als *Scorparia* oder *Arthrogastres* bezeichnet): Kopf und Brust sind zu einem ungegliederten Cephalothorax verschmolzen, der 7 Metameren enthält und 6 Podien-Paare trägt, während das gegliederte Abdomen aus 6—13 (meistens 10—12) deutlich getrennten Segmenten besteht. Diese Legion umfasst vier verschiedene Ordnungen: I. Erste Ordnung: Tarantulae (oder *Phrynacea*, auch *Pedipalpi* genannt), mit den beiden Familien der *Phryniden* und *Thelyphoniden*; sie stehen unter den lebenden Arachniden den *Solpugonien* am nächsten und haben noch am meisten Merkmale dieser Stammgruppe bewahrt, besonders in der Bildung des Herzens und der Kopflappen. Die 3 Segmente des Thorax, welche 3 gleiche Beinpaare tragen, sind noch theilweise getrennt. Die 3 Paare der Capital-Podien sind in der Weise differenzirt, dass die Cheliceren (= Mandibulae) Klauenkiefer bilden, die Pedipalpen (= Praemaxillae) starke Klauen (*Phrynida*) oder Scheeren (*Thelyphonida*), die Labiopalpen (= Postmaxillae) sehr lange, geisselförmige, geringelte Taster. Das plattgedrückte Abdomen, welches 11—12 getrennte Ringe zeigt, enthält vorn 2 Paar Fächer-Tracheen, die sich durch 2 Paar Stigmen an der Bauchseite des II. und III. Ringes öffnen. II. Zweite Ordnung: Scorpiodea (oder *Scorpionoidea*), echte Scorpione: Der langgestreckte Körper besteht aus 19—20 Metameren; die 4 Capital- und die 3 Thoracal-Segmente sind zu einem gedrungenen Cephalothorax verschmolzen. Das lange Abdomen zerfällt in ein breites Praeabdomen (mit 7 Segmenten) und ein schmales Postabdomen (mit 5–6 Segmenten); dessen letztes Glied bildet einen Giftstachel. Die Anlagen von 6—7 Paar Pleopodien (am Praeabdomen), welche beim Embryo auftreten, verschwinden später; nur die des zweiten Paares bleiben erhalten und entwickeln sich zu den Genital-Kämmen (Gonopectines); die der folgenden vier Paare (III.—VI.) betheiligen sich an der Umrandung der 4 Paar Stigmen, welche in 4 Paar Fächer-Tracheen führen. Am Kopfe sind sowohl die kleinen Cheliceren als die langen Pedipalpen mit Scheeren versehen; dagegen nehmen die Labiopalpen dieselbe Form an, wie die 3 gleichen Brustbein-Paare. In diesen und anderen Beziehungen, namentlich auch in der Bildung des Blutgefäss-Systems, des Herzens, des Darms und der Gonaden, erscheinen die Scorpione als hoch entwickelte und specialisirte Arachniden, viel weiter entfernt von den Stammformen der Classe als die *Phrynaceen* und *Solpugiden*; selbst die Bildung des gestreckten und vielgliederigen Abdomen kann (wie bei vielen Myriapoden) auf secundärer Verlängerung beruhen. Palaeozoische Scorpione, welche den heutigen Epigonen ziemlich ähnlich sehen, erscheinen schon im Ober-Silur (*Proscorpius*, *Palaeophonus*). Mithin müssen ihre *Solpugonien*-Ahnen schon in der unter-silurischen oder cambrischen Periode gelebt haben. III. Dritte Ordnung: Chernetidea (oder *Pseudoscorpioda*). Die Gliedmaassen dieser kleinen Scorpidonien, die wir für verkümmerte Reste älterer *Scorpiodeen* halten, verhalten sich wie bei diesen. Das breite Abdomen (mit 10—11 Segmenten) ist ohne Giftstachel; an seinem II. und III. Segment öffnen sich 2 Paar Stigmen, welche in einfache oder verästelte Röhren-Tracheen führen. IV. Vierte Ordnung: Phalangidea (oder *Opiliones*). Der ungegliederte Cephalothorax sitzt in seiner ganzen Breite dem dicken Abdomen an, welches 6—9 Segmente unterscheiden lässt. Die Cheliceren sind scheerenförmig; die Pedipalpen und Labiopalpen sind lange und dünne Fäden, gleich gestaltet den 3 Paar sehr verlängerten Brustfüssen. Die baumförmig verästelten Tracheen, welche an der Bauchseite des ersten Abdominal-Ringes durch ein Paar Stigmen münden, erinnern an die Solpugiden. Die *Gibocelliden* besitzen 2 Paar Stigmen (am II. und III. Bruststring) und ein Paar Spinndrüsen hinter der Genital-Oeffnung, welche den eigentlichen *Phalangiden* und *Gonyleptiden* fehlen. Diese alte Ordnung scheint einen modernen Ueberrest jenes Solpugonien-Astes darzustellen, aus welchem auch die Araneonien hervorgegangen sind.

Dritte Legion: **Araneonien** oder Weberspinnen (*Araneae* oder *Araneidea*). Kopf und Brust zu einem ungegliederten Cephalothorax verschmolzen, der 7 Metameren enthält und durch einen dünnen, kurzen Stiel mit dem eiförmigen ungegliederten Abdomen zusammenhängt; in der embryonalen Anlage des letzteren lassen sich 10—12 oder selbst 13 ursprüngliche Somiten nachweisen, so dass die Gesammtzahl der Archisomiten oder „Urwirbel" auch hier auf 20 steigt. Von den 7 Podien-Paaren des Cephalothorax ist das I. (Antennen) verschwunden, das II. (Cheliceren) zu Klauenkiefern mit Giftdrüse umgebildet, das III. (Pedipalpen) mit Kaulade und fünfgliedrigem, beinähnlichem Taster versehen, das IV. (Labiopalpen) von derselben Form, wie die 3 langen und dünnen, siebengliedrigen Brustbein-Paare (V., VI., VII.). Das Endglied dieser vier (zum Laufen und Weben dienenden) Beinpaare trägt zwei kammförmige Krallen und andere Anhänge. Der Embryo der Araneen bildet, ebenso wie derjenige der Scorpiodeen, an den ersten 6 Ursegmenten des Abdomen die Anlage von 6 Paar Beinen; die hintersten derselben (IV.—VI.) verwandeln sich in die characteristischen Spinnwarzen dieser Legion (3 Paar bei den *Dipneumones*, 2 Paar bei den meisten *Tetrapneumones*). Die Anlagen der 3 vorderen Pleopodien-Paare werden bei den Araneen rückgebildet. Die beiden Ordnungen dieser Legion unterscheiden sich hauptsächlich durch die Bildung des Tracheen-Systems. Die älteren und kleineren Dipneumones, bei welchen die Klaue der Cheliceren nach innen eingeschlagen wird, besitzen ein Paar Röhren-Tracheen und vor denselben ein Paar Fächer-Tracheen. Dagegen haben die jüngeren und grösseren Tetrapneumones, bei welchen die Klaue der Oberkiefer nach unten eingeschlagen wird, zwei Paar Fächer-Tracheen oder Tracheen-Lungen; diese öffnen sich unten an der Basis des Abdomen. Die formenreiche Legion der Araneen hat sich entweder direct aus einem Zweige der Solpugonien entwickelt, oder aus einem älteren Zweige der Scorpidonien, der noch tubulöse neben den lamellösen Tracheen besass.

Vierte Legion: **Acaronien** oder Milben (*Acarina*, *Acaroidca*). Der kleine, kugelige oder eiförmige, oft plattgedrückte Körper ist ungegliedert, Cephalothorax und Abdomen zu einer rundlichen Masse verschmolzen. Auch die innere Organisation zeigt meistens mehr oder weniger Spuren von Rückbildung, grösstentheils in Folge von Anpassung an Parasitismus. Während die älteren Formen der Milben im Ganzen noch die Organisation ihrer *Araneen*-Ahnen besitzen, verkümmert dieselbe bei den jüngeren, besonders bei den kleinsten und endoparasitischen Acarideen. Die Cheliceren der ersteren verwandeln sich bei den letzteren in Stechborsten oder Stilete, die Pedipalpen in einen Saugrüssel. Die 4 folgenden Beinpaare sind unter sich gleich gebildet, häufig die 2 vorderen nach vorn gerichtet, die 2 hinteren nach hinten; im Uebrigen unterliegt ihre Form und Grösse den mannichfaltigsten Umbildungen durch Anpassung an die Lebensweise. Wir theilen diese formenreiche Legion in zwei Ordnungen, *Distigmarien* und *Astigmarien*. Die Ordnung der Distigmarien (oder *Eutracheaten*) besitzt noch Röhren-Tracheen, welche durch ein Paar ventraler Stigmen ausmünden (bei den *Trombidien* und *Hydrachniden* vorn, bei den *Oribatiden*, *Ixodiden* u. A. hinten). Die Ordnung der stärker reducirten Astigmarien hat die Tracheen ganz verloren (*Tyroglyphiden*, *Sarcoptiden*, *Phytoptiden* u. A.).

Fünfte Legion: **Pantopoda** oder Asselspinnen (*Pycnogonida* im weiteren Sinne). Diese kleine Articulaten-Gruppe, welche auf Seepflanzen und Cnidarien-Stöcken kriechend und theilweise parasitisch lebt, nimmt eine sehr isolirte Stellung unter den Arthropoden ein. Der kurze, gedrungene Körper besitzt spinnenähnlichen Habitus und besteht aus höchstens 8 kurzen Segmenten, von denen das letzte fusslos ist. Die 7 Podien-Paare zerfallen in zwei Gruppen, 3 vordere und 4 hintere Beinpaare. Die 3 vorderen Paare sind schwach und kurz; das I. (Cheliceren?) trägt ein Paar kleine Scheeren, das II. (Pedipalpen?) ist tasterähnlich, das III. (Labiopalpen?) dient beim Männchen als Eierträger. Die vier folgenden Beinpaare (IV.—VII.) sind unter sich gleich, sehr lang und dünn, neungliedrig, und endigen mit einer Kralle. Sie enthalten lange, schlauchförmige Fortsätze des Magens, wie bei vielen Spinnen. Da sowohl Tracheen als Kiemen fehlen, lässt sich kein sicheres Urtheil über die wahre Stammverwandtschaft der Pantopoden fällen. Wir halten es für das Wahrscheinlichste, dass dieselben einen sehr alten Seitenzweig der *Solpugonien* bilden, der sich frühzeitig von den Protarachniden abgezweigt und durch Anpassung an marines Benthos-Leben eigenthümlich entwickelt hat. Dann würde das I. Podien-Paar den Cheliceren entsprechen, das II. den Pedipalpen, das III. den Labiopalpen, die drei folgenden (IV., V., VI.) den drei Brustbein-Paaren, und das VII. einem ersten Abdominal-Fusspaar. Weniger wahrscheinlich dünkt uns die Annahme, dass alle 7 Beinpaare den ursprünglichen 7 Podien-Paaren des Cephalothorax der Tracheaten entsprechen (4 capitalen und 3 thoracalen). Zu den Crustaceen stehen die *Pantopoden* nach unserer Ansicht in keiner directen phylogenetischen Beziehung.

§ 360. Vierte Classe der Tracheaten:

Insecta (= Hexapoda). Kerbthiere.

Hauptgruppe der geflügelten Arthropoden.

Tracheaten mit heteronomer Metamerie, ohne entwickelte Podien an den Abdominal-Segmenten. Kopf mit ein Paar Antennen und mit drei Paar Kiefern. Thorax (meist mit zwei Flügel-Paaren), stets mit drei Beinpaaren, vom Abdomen scharf geschieden. Segmentale Nephridien fehlen. Stigmen meistens in 10 Paaren (2 am Thorax, 8 am Abdomen).

Die Classe der Insecten oder *Hexapoden* ist die weitaus artenreichste von allen Thierclassen und spielt unter den landbewohnenden Gliederthieren dieselbe dominirende Rolle, wie die Crustaceen unter den meerbewohnenden. In phylogenetischer und morphologischer Beziehung ist diese polymorphe Thierclasse von ebenso hohem Interesse, wie in physiologischer und psychologischer Hinsicht. Denn einerseits offenbart uns dieselbe die grenzenlose Macht der Anpassung, indem alle Körpertheile nach den Gesetzen der teleologischen Mechanik, entsprechend den verschiedenartigsten Verrichtungen und Lebensbedingungen, in vollkommener Zweckmässigkeit umgebildet werden. Anderseits beweist sie uns ebenso klar die ausserordentliche Macht der Vererbung, indem trotz jener endlosen Mannichfaltigkeit der speciellen Bildung überall die wesentliche Gliederung und Zusammensetzung des Körpers dieselbe bleibt. Die Zahl der lebenden Insecten-Arten wird jetzt auf mehr als 400000 geschätzt; sicher bekannt sind bereits ungefähr 200000 Species. Davon kommen allein 90000 Arten auf die *Coleoptera*, 30000 auf die *Hymenoptera*, 24000 auf die *Diptera*, 20000 auf die *Lepidoptera* und 16000 Species auf die *Hemiptera*. Trotz dieser ungeheuren Formen-Zahl bewahrt der Körper der Insecten überall dieselbe Gliederung und Zusammensetzung, so daß er immer mit voller Sicherheit von jeder anderen Form der Articulaten unterschieden werden kann.

Gliederung des Insecten-Körpers. Die Gesammtzahl der Metameren, welche den Körper der Insecten zusammensetzen, beträgt in der embryonalen Anlage gewöhnlich 17, wie bei den *Arachniden* (vergl. S. 674). Doch sprechen einige Thatsachen dafür, daß ursprünglich 18 (— oder selbst 19—20? —) Ursegmente vorhanden waren. Von diesen kommen ausnahmslos die 4 ersten Somiten auf den Kopf, die 3 folgenden auf die Brust, die übrigen (10—11) auf den Hinterleib; doch werden von diesen Abdominal-Segmenten sehr oft mehrere rückgebildet oder verschmolzen. Die Zahl der activen Gliedmaassen beträgt ursprünglich bei allen Insecten 7 Paare; davon kommen 4 Paare auf den Kopf (1 Paar Antennen und 3 Paar Kiefer), und 3 Paar Beine auf die 3 Brustringe. Pleopodien oder Abdominal-Füsse sind bei den entwickelten Insecten gewöhnlich nicht vorhanden, wohl aber in der embryonalen Anlage nachweisbar; sie gleichen auch darin den *Arachniden* und deuten auf den gemeinsamen Ursprung beider *Thoracobunten*-Classen aus den *Myriapoden* hin (vergl. oben S. 663 und 675). — Dagegen besitzen die meisten Insecten am Rücken, am II. und III. Brustringe, 2 Paar eigenthümliche Anhänge, welche allen anderen Articulaten fehlen, die Flügel (*Alae* oder *Pteryges*). Dieselben fehlen ursprünglich auch der niedersten und ältesten Ordnung, den *Apteroten*, und sind also erst innerhalb der Classe erworben worden. Auch unter der Hauptmasse der geflügelten Insecten, den *Pterygoten*, werden die Flügel oft vermisst; dann beruht aber deren Mangel auf Rückbildung.

I. Kopf der Insecten. Die ursprüngliche Zusammensetzung des Kopfes aus vier Somiten ist bei vielen Insecten in der embryonalen Anlage erkennbar und wird ausserdem durch die 4 Gliedmaassen-Paare bewiesen, die constant am Kopfe ansitzen. Von diesen entspringt 'das erste Paar, die präoralen Fühlhörner oder *Antennae*, oben auf dem Scheitel und erhält seine Nerven vom Cerebral-Ganglion. Die 3 folgenden Paare sind die Kiefer (*Gnathi* oder *Gnathopodia*); sie stehen zu beiden Seiten der ventralen Mundspalte und erhalten ihre Nerven von dem Gnathal-Ganglion, oder dem unteren (ursprünglich aus drei Ganglien zusammengesetzten) Schlundknoten. Diese 3 Kiefer-Paare sind: A. die Oberkiefer (*Mandibulae*), B. die Unterkiefer (*Maxillae*) und C. die Hinterkiefer (*Postmaxillae*). Letztere sind an der Basis mehr oder weniger verwachsen und bilden ein unpaares Mittelstück am hinteren Mundwinkel, die sogenannte Unterlippe (*Labium*). Dagegen ist die Oberlippe (*Labrum*), welche dieser gegenüber am vorderen Mundwinkel liegt, nur eine abgegliederte Platte vom Vorderrande des frontalen Kopfschildes. Zu beiden Seiten des letzteren liegen gewöhnlich ein Paar grosse, zusammengesetzte Facetten-Augen (*Oculi*) und zwischen ihnen auf der Stirn drei kleine einfache Augen (*Ocelli*). Ausserdem trägt der Kopf auch gewöhnlich noch andere Sinnesorgane: Geruchsgrübchen an den Antennen, Geschmacksknospen an den Mundtheilen u. s. w.

II. Thorax der Insecten. Die Brust setzt sich bei allen Insecten constant aus drei Segmenten zusammen: A. Vorderbrust (*Prothorax*), B. Mittelbrust (*Mesothorax*) und C. Hinterbrust (*Metathorax*). Dieselben tragen auf der Bauchseite die drei typischen Beinpaare, die man entsprechend als Vorderbeine, Mittelbeine und Hinterbeine unterscheidet. Die Zahl und relative Grösse der gelenkig verbundenen Beinglieder vererbt sich innerhalb der ganzen Classe mit merkwürdiger Constanz; man unterscheidet fast überall fünf Stücke: 1) das rundliche Hüftglied (*Coxa*), 2) den kurzen Schenkelring (*Trochanter*), 3) den starken Oberschenkel (*Femur*), 4) das lange Schienbein (*Tibia*) und 5) den terminalen Fuss (*Tarsus*). Der Fuss besteht gewöhnlich wieder aus 5 Gliedern, von denen das letzte meistens ein Paar Krallen trägt, oft auch andere Anhänge. Ausserdem tragen die *Pterygoten* an den beiden hinteren Brustringen auf der Rückenseite die beiden Flügel-Paare; die Vorderflügel (*Prosopteryges*) sitzen an der Mittelbrust, die Hinterflügel (*Metapteryges*) an der Hinterbrust (vergl. unten S. 688). Bei den älteren und niederen Insecten (— und ebenso bei vielen Larven höherer Gruppen —) bleiben die 3 Brustringe deutlich getrennt und bewahren ziemlich gleiche Grösse und Form; so bei den Apteroten, Archipteren, Orthopteren, Neuropteren und Aphanipteren. Dagegen zeichnen sich die Coleopteren und Strepsipteren, bei denen bloss die Hinterflügel zum

Fliegen dienen, durch starke Entwickelung des Metathorax aus. Bei den übrigen Ordnungen ist der Mesothorax überwiegend entwickelt, und meistens verschmelzen die 3 Brustringe hier zu einer einheitlichen rundlichen Masse, welche sich scharf vorn vom Kopf und hinten vom Abdomen absetzt. Oft werden diese Einschnürungen so tief, dass die 3 Hauptabschnitte des Körpers nur durch dünne Stiele verbunden erscheinen, so bei vielen Dipteren, Hymenopteren, Lepidopteren u. A. Der Hohlraum des Thorax wird zum grössten Theile durch die kräftigen Muskeln ausgefüllt, welche zur Bewegung der 6 Beine und der 4 Flügel dienen.

III. Abdomen der Insecten. Die Zahl der Rumpfsegmente, welche in dieser Classe den Hinterleib zusammensetzen, wird gewöhnlich auf 10 angegeben, und diese sind im Embryo meistens deutlich zu erkennen. Bisweilen ist jedoch noch die Anlage eines elften Somiten nachweisbar. Gewöhnlich zeigt aber das entwickelte Insect eine geringere Zahl von Bauchgliedern, indem entweder die 2—3 hintersten Segmente verschmelzen oder (zu äusseren Genitalien) umgebildet werden; oder der vorderste Bauchring (selten mehrere) mit der Hinterbrust verschmelzen. Pleopodien oder freie Abdominal-Füsse trägt das Abdomen des entwickelten Insectes (*Imago*) nicht; um so interessanter ist es, dass die deutlichen Anlagen derselben neuerdings vielfach beim Embryo (— besonders bei Orthopteren und Coleopteren —) nachgewiesen sind, und zwar 8—10 Paare. Ausserdem halten wir auch die sogenannten „Afterfüsse“ der Raupen (— 8 Paare bei den *Panorparien*, 6—7 Paare bei den *Tenthredarien*, 2—4 Paare bei den *Lepidopteren* —) für echte Abdominal-Podien, d. h. für Erbstücke von *Opisobanten*-Ahnen (*Myriapoden*, weiterhin *Protracheaten*). Der Umstand, dass dieselben oft undeutlich oder gar nicht gegliedert sind, spricht nicht dagegen; denn auch die gegliederten Beine der Myriapoden (Condylopodien) sind ursprünglich aus den ungegliederten Stummelbeinen der *Protracheaten* entstanden, wie diese aus den Parapodien der *Anneliden*. Dazu kommt nun noch der wichtige Umstand, dass die ältesten unter den lebenden Insecten, die Campodinen (*Campodea*, *Japyx*), permanente Pleopodien besitzen (7—9 Paare); an der Innenseite dieser beweglichen „Griffel oder Hüftsporne“ liegen vorstülpbare Bläschen, welche den „Coxaldrüsen“ der *Myriapoden* und des *Peripatus*, sowie den „Borstendrüsen“ der Anneliden-Ahnen homolog sind. Wir betrachten diese rudimentären „Bauchfüsse“ als einen sicheren Beweis für unsere Annahme, dass die Insecten direct von *Myriapoden* abstammen. Wir glauben, darauf gestützt, ferner annehmen zu dürfen, dass die Larven aller älteren (palaeozoischen) und vieler jüngeren Insecten-Gruppen ursprünglich Raupen (*Erucae*) waren, mit 6—8 Paar Pleopodien (gleich den Raupen der *Panorparien* und *Tenthredarien*); und dass diejenigen modernen Insecten-Larven, welche keine Bauchfüsse mehr besitzen (*Tarmonen* und *Schadonen*), dieselben erst nachträglich verloren haben. Diese Annahme dünkt uns viel mehr wahrscheinlich, als die entgegengesetzte, dass die „Afterfüsse" der Raupen *adaptive* Neubildungen seien, ohne *heredive* Grundlage. Ob und wie weit auch andere Abdominal-Anhänge der Insecten (besonders die terminalen Griffel, Stacheln, Legeröhren, Tracheen-Kiemen u. s. w.) auf umgebildete Ueberreste von Pleopodien zurückzuführen sind, lässt sich zur Zeit nicht mit voller Sicherheit beurtheilen.

Mundtheile der Insecten (*Gnathi* oder *Gnathopodia*). Alle *Insecten* besitzen ursprünglich drei Paar Mundfüsse oder Kiefer, welche von ihren *Myriapoden*-Ahnen ererbt, aber in mannichfaltigster Weise den Functionen der Nahrungs-Aufnahme angepasst sind. Da die typische Umbildung derselben in den vier Legionen der *Pterygoten* sehr divergent, aber innerhalb jeder Legion erblich ist, benutzen wir diese anatomischen Unterschiede in erster Linie zu deren Characteristik und zur übersichtlichen Gruppirung der 12 Ordnungen (§ 360 E). Wir unterscheiden 4 Hauptformen der Mundbildung: A. beissende Mundtheile (*Mordentia*): Ordo I—VI; B. leckende Mundtheile (*Lambentia*): Ordo X; C. stechende Mundtheile (*Pungentia*): Ordo VII—IX; D. schlürfende Mundtheile (*Sorbentia*): Ordo XI und XII. Von diesen 4 Hauptformen stellt die erste die ursprüngliche Form dar, welche von den *Myriapoden* durch Vererbung auf ihre *Insecten*-Epigonen übertragen wurde, und von welcher sich die 3 übrigen Formen divergent ableiten lassen. Man kann auch die 2 ersten Formen (Beissende und Leckende) unter dem Begriffe der Kauenden zusammenfassen (*Masticantia*), und die 2 letzten Formen (Stechende und Schlürfende) unter dem Begriffe der Saugenden (*Sugentia*).

I. Beissende Mundtheile (*Mordentia*). Diese ursprüngliche Mundbildung finden wir in sehr mannichfaltiger Weise modificirt bei den sechs ersten Ordnungen unseres Systems (§ 360 E); sie ist unter den heute lebenden Insecten am meisten erhalten bei einem Theile der *Archipteren* und *Orthopteren*, dagegen mehr verkümmert bei den *Apteroten* und *Strepsipteren*, eigenthümlich entwickelt bei den meisten *Neuropteren* und *Coleopteren*. Da, wo sie die ursprüngliche Form am getreuesten bewahrt hat, schliesst sie sich unmittelbar an diejenige der *Myriapoden*-Ahnen an; die drei Kiefer-Paare werden, wie bei diesen, unterschieden als A. Oberkiefer (*Mandibula*), B. Unterkiefer (*Maxilla*) und C. Unterlippe (*Labium*, besser Hinterkiefer, *Postmaxilla*); sie sind ventrale Anhänge des II., III. und IV. Kopfsegmentes.

A. Die Oberkiefer (*Mandibulae*) sind bei den Insecten — im Gegensatze zu den zwei- oder dreigliedrigen Scheerenkiefern der Arachniden (*Cheliceroten*) — durch grosse Einfachheit der Form ausgezeichnet, ein Paar starke ungegliederte Kauplatten, deren Innenrand meist kräftig gezähnt ist; sie tragen niemals einen Palpus (wie ihn die Crustaceen besitzen). — B. Die Unterkiefer (*Maxillae*) oder „Vorderkiefer" (*Praemaxillae*) — auch als „erstes Maxillen-Paar" bezeichnet — besitzen bei gut entwickelten Beiss-Insecten eine sehr characteristische Zusammensetzung; jede Maxille besteht aus einem basalen Angelglied (*Cardo*) und einem darauf eingelenkten Stielglied (*Stipes*); dieses trägt drei neben einander stehende Anhänge, eine innere Kaulade (*Mala interna*), eine äussere Kaulade (*Mala externa*) und aussen einen mehrgliedrigen Kiefertaster (*Palpus maxillaris*). C. Die Hinterkiefer (*Postmaxillae*), oder das „zweite Maxillen-Paar", besitzen ursprünglich die gleiche Zusammensetzung, wie die vor ihnen stehenden Unterkiefer; sie unterscheiden sich von ihnen aber dadurch, dass die Basalstücke beider Antimeren in der ventralen Mittellinie mehr oder weniger verwachsen sind und ein unpaares Stück bilden, die Unterlippe (*Labium*). Während bei den älteren *Archipteren* und *Orthopteren* diese gleichartige Bildung der beiden Maxillen-Paare oft noch sehr deutlich ist, geht die Concrescenz beider Hinterkiefer bei den höheren *Neuropteren* und *Coleopteren* meistens so weit, dass an der unpaaren Unterlippe nur noch die beiden lateralen gegliederten Lippentaster (*Palpi maxillares*) die ursprüngliche Zusammensetzung aus einem Podien-Paar andeuten. Man unterscheidet dann die verwachsenen Cardines als Unterkinn (*Submentum*), die verschmolzenen Stipites als Kinn (*Mentum*), und bezeichnet die auf letzterem sitzenden Innenladen (*Intramalae*) als Zungen (*Glossae*), die Aussenladen (*Extramalae*) als Nebenzungen (*Paraglossae*). — Zu diesen drei wesentlichen, stets paarig angelegten Theilen der beissenden Mundtheile kommen dann meistens noch drei unpaare accessorische Theile, nämlich: D. die Oberlippe (*Labrum*), E. die Oberzunge (*Epipharynx*) und F. die Unterzunge (*Hypopharynx*). — D. Die Oberlippe (*Labrum*) ist eine einfache Chitin-Platte, welche den vorderen Mundwinkel von vorn und oben her bedeckt und meistens vom Vorderrande des Kopfschildes oder der Stirn beweglich abgegliedert ist (— sie entspricht nicht, wie man früher annahm, einem Podien-Paar —). — E. Die Oberzunge (*Epipharynx*) ist ein medianer Fortsatz an der inneren Fläche der Oberlippe. — F. Die Unterzunge (*Hypopharynx*) stellt einen entsprechenden unpaaren Fortsatz an der inneren Fläche der Unterlippe dar. Beide Fortsätze sind nur in einzelnen Gruppen stärker entwickelt, während die Oberlippe sehr allgemein verbreitet ist.

II. Leckende Mundtheile (*Lambentia*). Diese Bildung ist characteristisch für die formenreiche Ordnung der *Hymenoptera* und schliesst sich bei den niederen Formen derselben unmittelbar an die beissenden Mundtheile ihrer *Neuropteren*-Ahnen an. Sie entfernt sich von letzteren hauptsächlich dadurch, dass die beiden Maxillenpaare sich beträchtlich verlängern und zu einem leckenden Zungenapparat entwickeln. Bei den *Apidarien*, welche diese „Leckzunge" am höchsten ausgebildet haben und damit den Honigsaft aus den Blumen saugen, bildet ihren wichtigsten Theil die eigentliche Zunge (*Lingula*); sie stellt eine lange cylindrische Röhre oder Rinne dar, entstanden durch Verwachsung der inneren Lippenladen (*Glossae*); zu beiden Seiten derselben liegen die Nebenzungen, die langen äusseren Laden der Unterlippe (*Paraglossae*). Auch die Stielglieder und die verwachsenen Laden-Paare der getrennten lateralen Maxillen sind sehr verlängert. Während diese Leckwerkzeuge zum Saugen von Flüssigkeiten dienen, sind gleichzeitig die kräftigen Mandibeln auch zum Beissen und Kauen geeignet. Die Mundtheile der Hymenopteren stellen demnach in physiologischer Hinsicht eine sehr zweckmässige Vereinigung vom kauenden (*Masticantia*) und saugenden (*Sugentia*) dar.

III. Stechende Mundtheile (*Pungentia* oder *Haustellata*). Diese eigenthümliche Mundbildung, die sich bloss zum Aufsaugen flüssiger Nahrung eignet, findet sich in den drei Ordnungen der *Hemiptera*, *Diptera* und *Siphonaptera*. Zum Stechen dienen gewöhnlich 2 Paar nadelförmige, lange und dünne Stechborsten; das vordere (oder innere) Paar sind die Mandibeln, das hintere (oder äussere) die Maxillen. In der Ruhe liegen dieselben eingeschlossen in einer langen, oben offenen Rinne, die als Saugrohr oder Schöpfrüssel (Haustellum) dient; dies ist die umgebildete Unterlippe. Auch diese saugenden und stechenden Mundtheile sind in den einzelnen Gruppen der Pungentien vielfach modificirt. Am einfachsten verhalten sie sich bei den hemimetabolen *Hemipteren*, deren Taster gewöhnlich rückgebildet sind; das Saugrohr (*Labium*) stellt hier meistens einen 3—4-gliedrigen Schnabel dar, welcher nach unten gegen die Brust zurückgeschlagen werden kann. Dagegen erscheint der Rüssel der meisten *Dipteren* ungegliedert, am Ende oft fleischig, und oben nimmt an seiner Deckung die verlängerte Oberlippe Theil; ausserdem sind meistens mehrgliedrige Kiefertaster vorhanden, und zu den 4 gewöhnlichen Stechborsten tritt als unpaare fünfte der verlängerte Hypopharynx. Noch abweichender gestaltet sich das Saugrohr der Flöhe (*Siphonaptera*); zu seiner Bildung treten 5 verlängerte Leisten zusammen, die Oberlippe, die Oberkiefer und die 4-gliedrigen Labialtalpen; dagegen dienen zum Stechen oder Einschneiden die messerförmigen Maxillen, die ebenfalls 4-gliedrige Taster tragen. Ob und wie diese verschiedenen Formen der stechenden und saugenden Mundtheile (— die auch innerhalb der *Hemipteren-* und der *Dipteren-*Ordnung vielfach modificirt werden —) auf eine gemeinsame *Pungentien-*Grundform zurückzuführen sind, ist zur Zeit noch zweifelhaft.

IV. Schlürfende Mundtheile (*Sorbentia*). Am meisten abweichend von der ursprünglichen Mundbildung erscheint diejenige der Schmetterlinge (*Lepidoptera*); auch sie ist der Aufnahme flüssiger Nahrung angepasst, aber in ganz anderer Weise als bei den *Pungentien* und *Lambentien*. Der lange, meist spiralig aufgerollte Rüssel der Schmetterlinge besteht aus zwei Rinnen oder Halbröhren, den umgewandelten Maxillen, die sich zur Bildung des Saugrohrs an einander legen. Alle übrigen Mundtheile (Oberlippe, Oberkiefer, Unterlippe) sind gewöhnlich verkümmert; nur die 3-gliedrigen Lippentaster sind meist gut entwickelt. Dagegen sind die Kiefertaster meist rückgebildet, doch finden sie sich gut erhalten bei den niedersten Motten (*Micropteryginen*); diese haben auch zum Theil noch andere Kiefer-Reste erhalten und schliessen sich sowohl an die niedersten *Hymenopteren* (Tenthredarien) als an die gemeinsamen *Neuropteren-*Ahnen an. Zu letzteren wurden früher auch die *Trichopteren* gerechnet, welche aber gerade in der Bildung des Saugrüssels sich enger an die *Lepidopteren* anschliessen; hier entsteht derselbe durch Verwachsung beider Maxillen-Paare; von Beiden sind auch noch gegliederte Taster erhalten.

Die phylogenetische Bedeutung der Mundtheile für die Morphologie und Systematik der Insecten ist schon desshalb unschätzbar, weil nicht nur die angeführten Hauptformen derselben, sondern auch zahlreiche untergeordnete Modificationen sich sämmtlich auf eine und dieselbe Urform der beissenden Mundtheile zurückführen lassen, auf 3 capitale Podien-Paare, wie sie bereits bei den *Myriapoden-*Ahnen bestanden. Diese monophyletische Ableitung, die zuerst auf dem Wege der vergleichenden Anatomie gewonnen wurde, erfährt volle Bestätigung durch die später erlangten Zeugnisse der vergleichenden Ontogenie. Diese lehrt uns, dass in vielen Fällen (besonders bei *Dipteren*, *Hymenopteren*, *Lepidopteren*) die jungen Insecten als Larven die ursprüngliche *Mordentien-*Bildung zeigen, gänzlich verschieden von der späteren *Sugentien-*Bildung der Imagines. Die Verwandlung der ersteren in die letztere, wie sie während der biontischen Metamorphose Schritt für Schritt sich verfolgen lässt, ist ebenso auch ursprünglich in der Stammesgeschichte der Ordnungen erfolgt — ein glänzendes Beispiel für die hohe Bedeutung des biogenetischen Grundgesetzes.

Flügel der Insecten. Diese Flug-Organe sind für die Classe durchaus characteristisch und kommen ausserdem in keiner anderen Thierclasse vor; sie sind auch erst innerhalb dieser Classe entstanden. Die älteste Ordnung derselben, die Apterota oder *Apterygota*, ist vollkommen flügellos, und es findet sich weder in ihrer äusseren Gestalt noch in ihrem inneren Bau irgend eine Andeutung davon, dass sich in ihrer Vorfahren-Reihe geflügelte Formen befanden. Vielmehr sprechen viele anatomische und ontogenetische Thatsachen dafür, dass diese *Apteroten* unmittelbar von *Myriapoden* abstammen; der letzte moderne Ueberrest der Archinsecten, die *Campodinen*, schlagen noch heute die Verbindungs-Brücke zwischen beiden Classen. — Alle übrigen Insecten sind Pterygota oder *Pterygogenea* und stammen von einer gemeinsamen Ahnen-Form (*Protentomon*) ab, welche zuerst zwei Paar Flügel erworben hat; dieselben sitzen lateral oder dorsal an dem zweiten und dritten Thorax-Ringe; der erste Ring zeigt niemals eine Spur von Flügelbildung. Auch bei sehr vielen *Pterygoten* fehlen die Flügel, entweder vollständig oder theilweise (besonders häufig beim weiblichen Geschlecht); aber in allen diesen Fällen lässt sich der Nachweis führen, dass dieselben durch Rückbildung verloren gegangen sind; meistens sind wenigstens die Rudimente von einem, oder auch von beiden Flügel-Paaren erkennbar.

Die Insecten-Flügel (*Alae* oder *Pteryges*) sind ursprünglich dünne, blattförmige Hautduplicaturen, welche von sogenannten „Rippen oder Flügeladern" (*Venae*) durchzogen werden; d. h. zwischen ihren beiden an einander liegenden Chitin-Lamellen verlaufen enge Canäle, welche Tracheen, Blutgefässe und Nerven enthalten; ihre Anordnung ist höchst mannichfaltig und sowohl für grössere als kleinere Gruppen characteristisch (weil erblich!), daher von hoher systematischer Bedeutung. Die Phylogenese der Flügel (— die schon in silurischer Zeit bestanden: *Palaeoblattina*! —) ist schwierig zu erklären; unter den verschiedenen, darüber aufgestellen Hypothesen halten wir für die wahrscheinlichste ihre Entstehung aus blattförmigen Tracheen-Kiemen, wie sie noch heute die *Ephemera-Larven* besitzen. Diese beweglichen Respirations-Organe konnten sowohl zum Schwimmen verwendet werden, als auch zum Springen aus dem Wasser (wie bei fliegenden Fischen), und durch Arbeitswechsel können sie zu Flug-Organen geworden sein. Weniger wahrscheinlich dünkt uns die Annahme, dass die Flügel aus Fallschirmen entstanden, aus lateralen Hautfalten des Rückens, welche sich beim Sprunge baumbewohnender Insecten entwickelten (wie bei fliegenden Reptilien und Mammalien). Für ganz irrthümlich halten wir die Annahme, dass die Insecten-Flügel aus den Elytren oder Rückenschuppen von Anneliden-Ahnen hervorgegangen seien.

Als ursprüngliche und älteste Flügel-Bildung der Insecten betrachten wir diejenige vieler Archipteren: zwei Paar kleine, hyaline Flügel von gleicher Grösse und Form, mit wenigen Adern. Eine reichere Ausbildung erfahren dieselben bei den Libellen und Platypteren (Termiten), sowie bei den meisten Neuropteren. Schon bei vielen alten Archipteren (Ephemeriden) und einigen Neuropteren werden die Vorderflügel grösser, die Hinterflügel kleiner; und dieses Verhältniss ist allgemein bei den Hymenopteren und Lepidopteren, wo beide Flügel-Paare, fest an einander liegend, als einfache Platten wirken. Stärkere Differenzirung beider Flügel-Paare findet sich bei den meisten Orthopteren, vielen Hemipteren (Heteropteren) und allen Coleopteren; hier werden die Vorderflügel (*Prosopteryges*, *Alae anticae*) theilweise oder ganz in harte, unbewegliche Flügeldecken (*Elytrae*) verwandelt; die grösseren Hinterflügel (*Metapteryges*, *Alae posticae*) bleiben allein dünn, beweglich und werden in der Ruhe unter den Flügeldecken zusammengefaltet. Bei vielen Hemipteren (Homopteren) werden beide Flügel-Paare hart und pergamentartig. Die beiden Ordnungen der Trichopteren und Lepidopteren zeichnen sich dadurch aus, dass die Flügel dicht mit Haaren und (meist bunt gefärbten) Schuppen bedeckt werden. Bei den Dipteren sind die Vorderflügel allein als Flug-Organe ausgebildet, dagegen die Hinterflügel in Sinnesorgane verwandelt (Schwingkölbchen, *Halteres*); derselbe Process hat sich auch bei einigen Hemipteren vollzogen (Cocciden) und bei einzelnen Archipteren. Die kleinen Strepsipteren endlich sind dadurch ausgezeichnet, dass die Vorderflügel rudimentär und nur die Hinterflügel (beim Männchen) mächtig entwickelt sind; das Weibchen ist flügellos. Bei den Aphanipteren sind beide Flügel-Paare rückgebildet, aber ihre Rudimente noch erkennbar, als zwei Paar Plättchen an den beiden hinteren Brustringen. Auch in vielen anderen Fällen lassen sich bei flügellosen Pterygoten noch die Rudimente von einem oder von beiden Flügel-Paaren nachweisen, oft auch die verschiedenen Stufen der Rückbildung, sowie die bionomischen Ursachen derselben (am häufigsten Parasitismus). Für die specielle Phylogenie vieler Insecten sind diese Umbildungen der Flügel von hervorragender Bedeutung.

Innere Organisation der Insecten. Gleich der äusseren Gliederung und Zusammensetzung des Körpers sind auch die wesentlichen Verhältnisse des inneren Körperbaues bei den Insecten durch Vererbung von den Myriapoden zu erklären. In der That besitzt diese wichtige und formenreiche Classe nicht ein einziges Merkmal im inneren Körperbau, welches sie von den *Myriapoden*-Ahnen und von der Schwester-Classe der *Arachniden* trennte (vergl. oben S. 671 und

675). Es ist daher ganz natürlich, dass die Differential-Charactere dieser drei höheren Articulaten-Classen lediglich den Verhältnissen der äusseren Körper-Gestalt, der Gliederung und Podien-Bildung entnommen werden. Im Einzelnen zeigt natürlich auch der innere Körperbau der niederen und höheren Insecten eine unendliche Mannichfaltigkeit specieller Unterschiede, die durch Anpassung an verschiedene Thätigkeiten und Lebensbedingungen erworben wurden. Aber trotzdem ist auch hier — wie bei der äusseren Gliederung — die Macht der zähen Vererbung so gross, dass überall die wesentlichen Fundamente der Organbildung, und besonders der relativen Lagerung, erhalten bleiben.

Am Darm-System der Insecten ist bemerkenswerth die starke Ausdehnung und Differenzirung der beiden exodermalen Abschnitte, welche durch Tegument-Einstülpung entstanden und von einer Chitin-Cuticula ausgekleidet sind, des Vorderdarms (*Stomodaeum*) und des Hinterdarms (*Proctodaeum*); in den Anfang des letzteren münden stets sehr entwickelte Malpighi'sche Röhren ein, die als Excretions-Drüsen fungiren. Dagegen ist der entodermale Mitteldarm (*Mesodaeum*), durch Umbildung aus dem Urdarm der Gastrula entstanden, gewöhnlich sehr reducirt, oft auffallend kurz (ähnlich wie bei höheren Crustaceen). — Das Herz der Insecten, welches als „Rückengefäss" allein die Blutbewegung in dem wandungslosen Lacunom vermittelt, ist bei fast allen *Pterygoten* auf das Abdomen beschränkt und besitzt höchstens acht Kammern, Ostien-Paare und Flügelmuskel-Paare; oft ist deren Zahl reducirt. Dagegen findet sich bei mehreren *Apteroten* (Thysanuren) und bei einzelnen *Orthopteren* (Blatta) vorn noch eine neunte Kammer, welche im hinteren Thorax-Theile liegt (Anschluss an die *Myriapoden*). — Unter den übrigen inneren Organen zeigt die grösste Mannichfaltigkeit und die eigenthümlichsten Umbildungen das Tracheen-System. Auch hier wieder schliessen sich die *Apteroten* direct an die *Myriapoden*-Ahnen an, indem bei *Campodea*, *Machilis* u. A. die segmentalen Tracheen-Büschel isolirt bleiben, ohne Anastomosen. Bei anderen Apteroten (*Lepisma*, *Nicoletia*) und bei sämmtlichen *Pterygoten* haben sich zwischen denselben Anastomosen ausgebildet und gewöhnlich aus diesen ein Paar starke Längsstämme entwickelt. Bei vielen gut fliegenden Insecten sind dieselben stellenweise zu grossen Tracheen-Blasen angeschwollen.

§ 360 A. **Ontogenie der Insecten.** Die individuelle Entwickelungsgeschichte der Insecten bietet sowohl in ihrem ersten Abschnitte, der *Embryologie*, als im zweiten Abschnitte, der *Metamorphologie*, eine ausserordentliche Fülle von interessanten und mannichfaltigen Erscheinungen. Diese sind nur zum Theil von palingenetischem

Werthe, durch Vererbung von der Ahnenreihe bedingt, und zur Erkenntniss der Phylogenie verwerthbar; zum anderen Theile hingegen sind sie cenogenetischer Natur, durch Anpassung der einzelnen Entwickelungsstufen an die Bedingungen ihrer Lebensweise und Umbildung erworben, und daher für die Stammesgeschichte von geringem oder gar keinem Werthe. Die wichtigsten allgemeinen Erscheinungen in der Keimesgeschichte der Kerbthiere sind folgende: 1) Die Embryogenie der Insecten beginnt mit der Ausbildung einer Blastula und einer echten, durch Invagination daraus entstandenen Gastrula; wegen der centrolecithalen Eibildung entsteht dieselbe durch superficiale (oft eigenthümlich modificirte) Furchung und trägt den Character der *Perigastrula* (wie bei den verwandten Arthropoden). 2) Aus dem hinteren Theile des Urdarms entstehen durch Ausstülpung ein Paar laterale Coelomtaschen, die Anlagen der Leibeshöhle und der Gonaden; die Insecten sind somit echte Enterocoelier, gleich allen übrigen Articulaten. 3) Die segmentale Embryonal-Anlage tritt zuerst an der Bauchseite des Embryo als „ventraler Keimstreif" (ursprünglich mit 17—18 Metameren) hervor, während auf der Rückenseite der „dorsale Dottersack" liegt und allmählig resorbirt wird. 4) An der Bauchseite des Embryo erhebt sich, rings um den Keimstreifen, eine ringförmige Hautfalte und wächst über demselben zu einer doppelblättrigen Keimhülle zusammen; die innere Lamelle wird als Amnion (oder „Wasserhaut"), die äussere als Serolemma (oder „seröse Hülle") bezeichnet, wie bei der analogen Keimhülle der amnioten Wirbelthiere (vergl. Theil III, § 265). 5) Aus dem Exoderm des Embryo entwickeln sich: a) die Epidermis (= Hypodermis), b) das Nervensystem (Hirn, Schlundring und Bauchmark), c) die Tracheen (ursprünglich Hautdrüsen), d) Amnion und Serolemma, e) Stomodaeum und Proctodaeum (Vorderdarm und Hinterdarm, beide mit Chitin-Cuticula). 6) Aus dem Entoderm entsteht dagegen nur der Mitteldarm (Mesenteron) und seine Drüsen. 7) Aus dem parietalen Mesoderm (oder der äusseren Lamelle der Coelom-Taschen) entsteht das Corium und das Muskel-System; aus dem visceralen Mesoderm die Muskelwand des Darms, das Herz und die Gonaden. 8) Der Embryo zeigt bei vielen Insecten nicht allein an den 7 vorderen Segmenten die Anlagen der bleibenden Extremitäten (4 Paar capitale und 3 Paar thoracale), sondern auch an den Abdominal-Segmenten die Anlagen von Pleopodien oder von rudimentären Bauchfüssen (8—10 Paar) — ein sicherer Beweis der Abstammung der Insecten von den Myriapoden (vergl. oben S. 683).

Metamorphose der Insecten. Nur sehr wenige Insecten sind epimorph und schlüpfen in derselben Gestalt aus den Eihüllen, welche sie im geschlechtsreifen Zustande beibehalten. Diese Insecta ametabola (— ohne Metamorphose —) zerfallen in zwei Gruppen: I. Primär-ametabole sind nur die Apterota (*Archinsecta*, *Thysanura*, *Collembola*), jene ältesten Insecten, welche sich durch ursprünglichen Flügel-Mangel auszeichnen. II. Secundär-ametabole sind jene flügellosen Insecten, die von geflügelten Vorfahren abstammen, bei denen also der Flügel-Mangel (und somit auch der Mangel der Verwandlung) erst secundär erworben ist (flügellose Formen der Termiten und anderer *Archiptera*, der Aphiden und anderer *Hemiptera*, ferner die *Phthiraptera*). Gegenüber diesen wenigen *Insecta epimorpha* (ohne Verwandlung) können alle anderen Kerbthiere als *Insecta metamorpha* im weiteren Sinne bezeichnet werden; das junge, aus den Eihüllen schlüpfende Thier erscheint hier als eine flügellose Larve, welche erst durch mehr oder weniger auffallende Verwandlungen die Gestalt des geschlechtsreifen geflügelten Insectes erlangt (*Imago*). Die mannichfaltigen Formen dieser Metamorphose aber zerfallen wieder in zwei Hauptgruppen, die als incomplete und complete Verwandlung unterschieden werden. I. Unvollkommene Verwandlung (*Metamorphosis incompleta*). Die Larve verwandelt sich in die Imago ohne ruhendes Puppenstadium; während sie wächst und sich wiederholt häutet, wachsen mit zunehmender Grösse die Anlagen der Flügel und der Geschlechtsorgane; erst bei der letzten Häutung werden die Flügel voll entfaltet; so bei den Insecta hemimetabola (den drei Ordnungen der *Archiptera*, *Orthoptera* und *Hemiptera*). II. Vollkommene Verwandlung (*Metamorphosis completa*). Die Larve verwandelt sich nach wiederholten Häutungen in eine ruhende Puppe (*Pupa*, *Nympha* oder *Chrysalis*); während des kürzeren oder längeren Ruhestadiums derselben bilden sich die bleibenden Gliedmaassen allmählig aus, die Podien und die beiden Flügel-Paare. Auch im Inneren des Körpers vollziehen sich neben der Reifung der Geschlechtsorgane oft tiefgreifende Veränderungen; aus der gesprengten Puppenhülle schlüpft das geflügelte Insect (Imago) geschlechtsreif hervor; so bei den Insecta metabola (den drei Ordnungen der *Neuroptera*, *Strepsiptera* und *Coleoptera* unter den Mordentien; bei den fünf Ordnungen der *Diptera*, *Aphaniptera*, *Hymenoptera*, *Trichoptera* und *Lepidoptera* unter den Sugentien).

Larven der Insecten. Im Allgemeinen unterscheiden sich die *Larven* der Insecten von ihren *Imagines* durch folgende palingenetische Eigenschaften: 1) Die Gliederung des Körpers ist bei der Larve gleichartiger, die Metameren nicht so differenzirt wie bei der Imago. 2) Die Gliedmaassen (— sowohl die Antennen und Mundtheile am Kopfe, als die drei Paar Beine an der Brust —) sind kürzer und einfacher gebildet, weniger specialisirt. 3) Der Kopf ist relativ kleiner und weniger entwickelt, namentlich auch das Gehirn und die Augen. 4) Der Thorax ist schwächer, seine drei Ringe gleichartiger, seine Musculatur viel geringer (wegen Mangels der Flügel). 5) Das Abdomen ist relativ grösser, länger und stärker, seine Somiten äusserlich und innerlich gleichartiger organisirt; häufig zeigen sie noch die Anlagen der Abdominal-Podien, welche bei der Imago verschwunden sind. 6) Von den wichtigen inneren Organen zeigen sowohl Bauchmark und Musculatur, als Darm und Herz, oft in der Larve eine primitivere Beschaffenheit (namentlich eine grössere Zahl von gleichartigen Segmenten), als in der höher differenzirten Imago. In diesen und anderen palingenetischen Beziehungen steht unzweifelhaft die *Larve* den Myriapoden-Ahnen näher als die *Imago*, und diese Thatsache ist ganz im Einklange mit dem biogenetischen Grundgesetze.

Auf der anderen Seite ist jedoch zu bedenken, dass alle Insecten-Larven zugleich mehr oder weniger cenogenetisch umgebildet und ihren besonderen Existenz-Bedingungen seit Jahr-Millionen angepasst sind. Im Einzelnen ist daher die phylogenetische Beurtheilung derselben oft sehr schwierig und ihre Deutung oft sehr widersprechend. Im Allgemeinen können wir die zahlreichen Larven-Formen nach dem verschiedenen Verhalten ihrer Gliedmaassen in drei Gruppen vertheilen: 1) Raupen (*Erucae*), 2) Engerlinge (*Tarmones*) und 3) Maden (*Schadones*); die ersten haben Beine an Brust und Bauch, die zweiten bloss an der Brust, die dritten haben die Beine ganz verloren. — I. Die Raupen (*Erucae*) besitzen sowohl thoracale als abdominale Beine; diese letzteren werden gewöhnlich als Neubildungen betrachtet (besonders bei den Schmetterlings-Raupen); seitdem jedoch neuerdings die abdominalen Rudimente der ursprünglichen Myriapoden-Beine nicht allein bei den Embryonen vieler verschiedener Insecten, sondern auch bei vielen freien Larven, und permanent bei den *Campodinen* nachgewiesen sind, halten wir es für sehr wahrscheinlich, dass auch die „Afterfüsse“ am Abdomen aller Raupen als Erbstücke von älteren Ahnen zu betrachten sind, — sei es nun, dass dieselben direct von den Prochilopoden- und Apteroten-Ahnen durch continuirliche Vererbung übertragen wurden, oder dass sie durch Atavismus (latente Vererbung) wieder erschienen sind. Unter den Neuropteren haben die Raupen der Mecopteren (*Panorparien*) 8 Paar Bauchfüsse an den 8 ersten Abdominal-Segmenten, unter den Hymenopteren besitzen die ältesten Formen (*Tenthredarien*) 7 oder 6 Paar Bauchfüsse; dagegen zeigen die meisten Schmetterlings-Raupen nur 4 Paar „Afterfüsse“ („Pedes spurii“), am VI.—IX. Bauchring. Auch einige Archipteren und Dipteren haben noch kurze Pleopodien an den meisten (oder selbst allen?) Bauchringen erhalten. — II. Die Engerlinge (*Tarmones*) haben die abdominalen Füsse der Myriapoden und der älteren Insecten-Ahnen verloren und besitzen nur die typischen drei Paar Thoracal-Beine, in sehr verschiedener Entwickelung; dies ist der Fall bei der grossen Mehrzahl der *Hemimetabola*, deren Larven eine freie Lebensweise führen, ferner unter den *Metabola* bei den meisten Neuropteren und Coleopteren, den Strepsipteren und Trichopteren. — III. Die Maden (*Schadones*) haben sowohl die thoracalen als die abdominalen Beine durch Anpassung (an parasitische oder aquatische Lebensweise), oder in Folge übermässiger Brutpflege, ganz verloren; sie erscheinen als „fusslose Anneliden-ähnliche Würmchen“; dies ist der Fall bei der grossen Mehrzahl der Dipteren und Hymenopteren, ferner bei den Aphanipteren und bei einzelnen Formen anderer Ordnungen. Nach unserer Auffassung haben die Raupen die ursprünglichen Verhältnisse der Podien-Bildung am getreuesten bewahrt, während die Maden sie ganz verloren haben.

§ 360 B. **Palaeontologie der Insecten.** Die Zahl der ausgestorbenen Insecten, von welchen uns kenntliche fossile Reste erhalten worden sind, ist im Ganzen sehr gering und beträgt kaum 2800 Arten, also kaum 1 Procent von der Gesammtzahl der bekannten lebenden Arten, die mindestens auf 250 000 Species geschätzt wird. Diese auffallende Armuth an versteinerten Insecten erklärt sich theils aus der terrestrischen (und meistens fliegenden) Lebensweise der Kerbthiere, theils aus ihrer geringen Körpergrösse und zarten Beschaffenheit. Gewöhnlich sind auch nur einzelne Theile des Körpers (besonders Flügel) deutlich erhalten, seltener ganze Thiere; diejenigen kleinen Körpertheile aber, deren genaue Kenntniss am wichtigsten sein würde, die Mundtheile, sind nur selten deutlich erkennbar. Da ferner fast gar keine Insecten im Meere leben (— einzelne Hemipteren ausgenommen —), so enthalten auch marine Sedimente (z. B. die Kreide) nur sehr wenige fossile Reste derselben; die meisten finden sich in Süsswasser-Ablagerungen. Besonders reichhaltig sind: I. aus palaeozoischer Aera das Carbon, II. aus mesozoischer Zeit der Jura, III. aus caenozoischer Aera das Oligocaen (mit den zahlreichen, trefflich erhaltenen Bernstein-Insecten u. A.). Trotz dieser grossen Dürftigkeit der positiven Daten ergeben sich dennoch aus ihrer kritischen Verwerthung einige allgemeine Sätze über die historische Entwickelung der Insecten-Classe; und diese werden noch werthvoller, wenn wir die grossen negativen Lücken der Palaeontologie durch die Ergebnisse der vergleichenden Anatomie und Outogenie ergänzen. Folgende Sätze dürften die wichtigsten sein. (Vergl. § 360 G, S. 712.)

1) Die Classe der Insecten, als Ganzes betrachtet, hat in der Biologie des palaeozoischen Zeitalters nur eine sehr untergeordnete Rolle gespielt; viel bedeutender wird dieselbe in der mesozoischen, und ausserordentlich wichtig in der tertiären Zeit. 2) Von den 12 aufgeführten Ordnungen der Insecten existirte die Hälfte in der palaeozoischen Aera noch nicht; und von den 6 daselbst vertretenen Ordnungen erscheinen nur 3 primitive Ordnungen (mit sehr wenigen Arten) vor der Steinkohle, die 3 anderen erst im Carbon selbst. 3) Alle palaeozoischen Insecten (— vielleicht mit Ausnahme einiger ganz zweifelhafter Hemipteren: *Eugereon*?, *Fulgorina*? —) gehören zur Legion der Mordentien, welche die primitive Bildung der beissenden Mundtheile bewahrt haben. 4) Dagegen sind alle Insecten mit saugenden oder stark modificirten Mundtheilen (*Pungentia*, *Lambentia*, *Sorbentia*) erst später entstanden, während des mesozoischen Zeitalters (— die *Lepidopteren* vielleicht erst im Beginne der Tertiär-Zeit? —); eine Ausnahme bilden vielleicht die erwähnten carbonischen Hemipteren? (— von *Fulgorina* liegt nur ein einziger Flügel vor, ohne sicher bestimmbare Bildung —). 5) Die bekannten fossilen Insecten lassen sich sämmtlich in eine der 12 lebenden Ordnungen einreihen; jedoch ist bemerkenswerth, dass die älteren, palaeozoischen Insecten zum grossen Theil die Charactere ihrer Ordnung weniger scharf ausgeprägt zeigen, als die lebenden Epigonen; es finden sich darunter auch einige „synthetische oder collective Misch-Typen“, welche die Merkmale mehrerer moderner Ordnungen (Neuroptera, Orthoptera, Coleoptera) vereinigen, so die „*Palaeodictyoptera*“. 6) Die rasch zunehmende Differenzirung der Classe während des mesozoischen Zeitalters, besonders in der Jura-Periode, erklärt sich durch die entsprechende Differenzirung der Phanerogamen-Flora, mit welcher die Mehrzahl der Insecten direct oder indirect in innigen bionomischen Wechsel-Beziehungen steht. 7) Dieselbe Correlation, speciell zu den Blüthen der *Angiospermen*, erklärt auch die ausserordentlich reiche Entfaltung der Classe während der Tertiär-Zeit. 8) Die einzelnen Fragmente, welche wir von eigenthümlichen fossilen, besonders palaeozoischen Insecten kennen, sind nur mit grosser Vorsicht zur Reconstruction der ganzen Thiere und ihrer systematischen Beurtheilung zu verwerthen, um so mehr, da uns ihre Ontogenese ganz unbekannt ist; in dieser Beziehung dürften noch folgende Bemerkungen gerechtfertigt sein.

1) Das älteste fossile Insect, das wir kennen — und zugleich das einzige Glied der Classe, das wir aus der Silur-Zeit kennen! — ist *Palaeoblattina Douvillei* aus dem Mittel-Silur von Calvados; der einzige Ueberrest desselben ist ein Flügel, und dieser zeichnet sich durch sehr einfache und primitive Aderbildung aus, welche keine

sichere Bestimmung erlaubt; wahrscheinlich war dieses uralte Insect ein *Archipteron.* 2) Die wenigen und unbedeutenden Reste von Insecten, welche wir aus der folgenden devonischen Zeit kennen, scheinen sämmtlich zu den ältesten und niedersten Ordnungen der Mordentien zu gehören, den *Archipteren* und *Orthopteren.* 3) Diese beiden Ordnungen sind auch in der nachfolgenden carbonischen Zeit am reichsten vertreten; daneben erscheinen aber auch schon die höher entwickelten Epigonen dieser Ametabola, die *Neuropteren* und *Coleopteren*, die ältesten Metabolen. Dass die angeblichen carbonischen „Hemipteren" (*Fulgorina*?, *Phthanocoris*?) wirklich zu dieser Pungentien-Ordnung gehören, halten wir für zweifelhaft. 4) *Eugereon Böckingii* aus dem Perm, welches man früher als eine Zwischenform zwischen Neuropteren und Hemipteren betrachtete, scheint nach neueren Untersuchungen zu den Archipteren oder Orthopteren zu gehören. 5) Echte *Lepidopteren* scheinen erst in der Tertiär-Zeit aufzutreten; die angeblichen Vertreter dieser Ordnung, welche man im Jura zu finden glaubte, scheinen zu den *Trichopteren* oder *Neuropteren* zu gehören.

§ 360 C. **Classification der Insecten.** Die specielle Systematik der gewaltigen Insecten-Classe hat zur Unterscheidung von sehr zahlreichen Familien geführt, und diese werden gewöhnlich in eine verhältnissmässig geringe Zahl von Ordnungen gruppirt, früher gewöhnlich 7—8, neuerdings 12—16. Wir nehmen hier 12 Ordnungen an und vertheilen dieselben auf 5 Legionen (§ 360 E). Zur Characteristik derselben verwenden wir in erster Linie die Bildung der Mundtheile, demnächst die Differenzirung der Flügel, und endlich die Art der Entwickelung, mit oder ohne Metamorphose. Diese letztere wird neuerdings gewöhnlich in erste Linie gestellt und danach 2 oder 3 Subclassen unterschieden: I. Ametabola, Insecten ohne Verwandlung, und II. Metabola, Insecten mit Verwandlung; letztere werden dann wieder eingetheilt in zwei Gruppen: II. A. *Hemimetabola*, mit unvollkommener Verwandlung (ohne Puppen-Stadium), und II. B. *Holometabola*, mit vollkommener Verwandlung (mit ruhendem Puppen-Stadium). Indessen bilden diese Subclassen keine natürlichen Einheiten im phylogenetischen Sinne; denn erstens befinden sich unter den Ametabola zwei ganz verschiedene Kategorien: I. A. *Primäre Ametabola*, mit ursprünglichem, herediven Flügel-Mangel (*Apterota*), I. B. *Secundäre Ametabola*, mit nachträglich erworbenem Flügel-Verlust (*Phthiraptera* und viele einzelne Formen von flügellosen Hemimetabolen). Zweitens ist hervorzuheben, dass die Metamorphose der Insecten polyphyletisch entstanden ist, in mehreren Gruppen unabhängig von einander; auch ist dieselbe im Wesentlichen cenogenetisch, durch Anpassung an die Lebens-Bedingungen der jugendlichen Insecten secundär hervorgerufen; sie besitzt keineswegs jenen überwiegend palingenetischen Character, durch welchen z. B. die Metamorphose der Crustaceen eine so hohe Bedeutung für deren genealogische Classification erlangt hat.

Als zwei natürliche Subclassen der Insecten werden dagegen neuerdings mit vollem Rechte die älteren *Apteroten* und die jüngeren *Pterygoten* unterschieden. Die Subclasse der Apterota oder *Apterogenea* umfasst alle jene (— phyletisch ältesten —) Insecten, welche weder selbst Flügel tragen, noch in irgend einem Gliede ihrer Ahnen-Reihe geflügelte Vorfahren besitzen. Der Flügel-Mangel ist hier ein ursprünglicher oder herediver, direct von den *Myriapoden*-Ahnen durch Vererbung übertragen; und damit steht in Einklang, dass sie den letzteren auch in der Homonomie der äusseren Gliederung und in wichtigen Verhältnissen des inneren Körperbaues am nächsten stehen. Diese Subclasse der *Apteroten* (— oder Ordnung der Apterygoten —) umfasst drei kleine, aber interessante Familien, die primitiven Archinsecten (*Campodea*, *Iapyx*), die uralten Thysanuren (*Lepisma*, *Machilis*), und die stärker modificirten Collembolen (*Desoria*, *Degeeria*). Von diesen schliessen sich die Archinsecten (— und unter diesen vor Allen *Campodea* —) als die phyletisch ältesten unter allen lebenden Insecten am nächsten an ihre *Myriapoden*-Ahnen an. Man darf jedoch nicht (— wie jetzt oft geschieht —) die Symphyloden (*Scolopendrella*) als Vertreter dieser letzteren betrachten; denn diese kleinen Chilopoden sind vielfach rückgebildet (z. B. in der rudimentären Beschaffenheit der Mundtheile, der Tracheen u. s. w.). Vielmehr müssen wir die wahren, silurischen oder cambrischen Ahnen der Insecten in jenen älteren ausgestorbenen Chilopoden suchen, die als *Prochilopoden* die gemeinsame Stammgruppe aller *arthropoden Tracheaten* bildeten.

Die zweite Subclasse der Insecten, Pterygota (oder *Pterygogenea*), umfasst alle übrigen Ordnungen; alle diese „geflügelten Insecten" stammen von einem gemeinsamen Stammvater (*Protentomon*) ab, welcher zuerst zwei Flügel-Paare erworben hatte. Die grosse Mehrzahl der Pterygoten besitzt dieselben noch heute; die zahlreichen „flügellosen" Formen dieser Subclasse haben sie durch Rückbildung verloren. Alle älteren Ordnungen dieser Subclasse sind Mordentia und zeigen mehr oder weniger deutlich jene ursprüngliche Bildung der „beissenden Mundtheile", welche sie von ihren Apteroten-Ahnen, wie diese von ihren Chilopoden-Ahnen, durch Vererbung erhalten haben; das ist der Fall in den beiden hemimetabolen Ordnungen der *Archiptera* und *Orthoptera*, sowie in den drei holometabolen Ordnungen der *Neuroptera*, *Strepsiptera* und *Coleoptera*.

Die übrigen sechs Ordnungen der Pterygoten können wir jenen *Mordentien* als *Sugentien* gegenüberstellen, als Insecten mit saugenden Mundtheilen, geeignet zur Aufnahme flüssiger Nahrung. Wir theilen diese Gruppe wieder in drei divergente Legionen, die *Lambentien*, *Pungentien* und *Sorbentien*. Die Legion der Lambentien umfasst die „leckenden Insecten“, die formenreiche und hoch entwickelte Ordnung der *Hymenoptera* oder Immen; sie schliessen sich am nächsten an die Mordentien-Ahnen an, und zwar an die *Neuroptera*; sie haben deren beissende Mundtheile, mit kräftigen Mandibeln, beibehalten, aber aus den verlängerten Postmaxillen eine lange, zum Lecken von Säften geeignete Zunge gebildet. Ganz anders geformt sind die Mundtheile der Pungentien, der mächtigen Legion der stechenden Insecten (der drei Ordnungen der hemimetabolen *Hemipteren*, der holometabolen *Dipteren* und *Aphanipteren*); hier sind die verlängerten Postmaxillen (Labium) zu einem Saugrohr (Haustellum) geworden, in welchem 4 Stechborsten eingeschlossen sind, die nadelförmig umgebildeten Mandibeln und Maxillen. Einen langen Saugrüssel besitzt auch die Legion der Sorbentien (die beiden holometabolen Ordnungen der älteren *Trichopteren* und der jüngeren *Lepidopteren*); aber bei diesen schlürfenden Insecten wird das Saugrohr durch die beiden Maxillen gebildet, während die übrigen Mundtheile mehr oder weniger verkümmert sind.

§ 360 D. **Synopsis der Insecten-Ordnungen.** (Vergl. S. 710.)

I. Erste Ordnung: **Apterota** oder Urinsecten (= *Apterygota* oder *Apterogenea*). Gemeinsame flügellose Stammgruppe aller Insecten, von primitiver Organisation. Diese älteste Ordnung der Insecten-Classe umfasst alle Hexapoden, deren Flügelmangel ein ursprünglicher oder heredivér ist, in deren Ahnenreihe mithin keine geflügelten Insecten existirten. Sie sind zugleich echte Ametabola, da in ihrer Ontogenese jede Metamorphose fehlt. Auch in der äusseren Gestalt und inneren Organisation zeigen sie meistens so einfache und ursprüngliche Verhältnisse, dass wir sie ebenso in morphologischer, wie in ontogenetischer Beziehung als die Ueberreste der ältesten Insecten-Gruppe betrachten dürfen; sie schliessen sich unmittelbar an die Myriapoden-Ahnen an (*Prochilopoden*, *Symphyloden*), und sind namentlich durch die Campodinen (*Campodea*, *Iapyx*) eng mit ihnen verknüpft. Diese kleinen Archinsecten besitzen noch 10 gleichartige Abdominal-Segmente, und an den meisten derselben rudimentäre Pleopodien. Die segmentalen „Bauchfüsse“ erscheinen meistens in Gestalt von Griffeln oder Hüftspornen, an deren Innenseite bläschenförmige „Coxaldrüsen“ liegen, homolog denjenigen älterer Myriapoden (*Scolopendrella* etc.). Bei den übrigen

Apteroten sind diese Abdominal-Füsse — Erbstücke von den *Chilopoden*-Ahnen! — verschwunden oder nur in wenigen kleinen Rudimenten erkennbar. Die älteren Thysanura (*Lepisma*, *Machilis*) besitzen noch ein langgestrecktes Abdomen mit 10 Segmenten und gut entwickelte beissende Mundtheile (gleich den Mordentien). Dagegen ist das Abdomen der jüngeren Collembola (*Podura*, *Desoria* u. A.) verkürzt und verdickt, mit höchstens 6 deutlichen Somiten; an der Unterseite des vorletzten Hinterleibs-Ringes hat sich eine eigenthümliche Springgabel entwickelt, welche die kleinen (nur 1—3 mm langen) Poduriden zu hohen Sprüngen befähigt (Gletscherflöhe, *Desoria*, und Schneeflöhe, *Degeeria*). Die schwachen Mundtheile dieser Collembolen sind verkümmert und theilweise zum Saugen eingerichtet, ohne Palpen. Besonders bemerkswerth ist bei den Apteroten die primitive Einfachheit des Tracheen-Systems, dessen segmentale Büschel, wie bei den ältesten *Myriapoden* und *Arachniden*, meistens isolirt bleiben; nur selten werden sie durch Längsstämme verbunden. Auch die Augen sind gewöhnlich einfache Ocellen, selten Facetten-Augen (*Lepismiden*). Endlich ist besonders wichtig die auffallende Homonomie der Articulation bei den Campodinen, den ältesten aller lebenden Insecten; ihre gestreckte, *Myriapoden*-ähnliche Form hat sich durch Vererbung auf die flügellosen Larven vieler anderen Insecten übertragen, welche desshalb als Campodea-Larven bezeichnet werden. Das hypothetische *Archentomon*, die gemeinsame silurische Stammgattung aller Insecten, wird von *Campodea* nur wenig verschieden gewesen sein.

II. Zweite Ordnung: **Archiptera** oder Urflügler (= *Pseudoneuroptera* ss. restr.). Gemeinsame Stammgruppe aller Pterygoten. — Mordentien mit zwei Paar homonomen hyalinen Flügeln, ohne complete Metamorphose. Diese älteste Ordnung der geflügelten Insecten umfasst diejenigen Pterygoten, welche sowohl in der Bildung der beissenden Mundtheile, als auch in der gleichartigen, primitiven Structur der beiden Flügelpaare und in der einfachen Ontogenese (ohne vollkommene Verwandlung) die ursprünglichsten Verhältnisse bewahrt haben. Die Mundtheile der meisten Archipteren zeigen den primitiven Typus der Mordentien gut entwickelt; er schliesst sich unmittelbar an die vererbte Mundbildung der ältesten *Apteroten* und deren *Myriapoden*-Ahnen an; seltener sind die Mundtheile verkümmert (*Ephemeriden*). Die beiden Flügelpaare sind gleichartig, zarthäutig, glasartig und durchsichtig, von einem lockeren oder dichteren Geäder gestützt; meist sind die vorderen und hinteren Flügel von gleicher Grösse (*Odonaten* und *Termiten*); seltener sind die Hinterflügel kleiner oder ganz verkümmert (*Ephemeriden* und *Psociden*); bei den *Perliden* sind die Hinterflügel breiter und faltbar.

In einigen kleineren Gruppen sind die Flügel ganz verloren gegangen. Das Abdomen trägt oft 2 (seltener 3) lange Schwanzborsten oder Cercostyle, Erbstücke von den Apteroten-Ahnen. Die Ontogenese der Archipteren ist verschieden in den beiden Unterordnungen dieser Ordnung, bei den aquatischen *Amphibiotica* und den terrestrischen *Corrodentia*. Die Larven der Amphibiotica leben im Wasser und athmen durch Tracheen-Kiemen, die verschieden geformt sind; am interessantesten sind die blattförmigen Kiemen der *Ephemeriden*-Larven, weil aus ihnen vielleicht die Flügel der Pterygoten entstanden sind (vergl. oben S. 688). Die *Perliden* zeichnen sich dadurch aus, dass die büschelförmigen ventralen Tracheen-Kiemen ihrer Campodea-Larven oft noch an der wasserliebenden Imago persistiren. Bei den *Libelluliden* bilden die Tracheen-Kiemen meist 3 blattförmige Schwanz-Anhänge. [— Neuerdings hat man diese 3 Familien der Amphibiotica unnöthiger Weise zum Range von 3 Ordnungen erhoben: I. Ephemeroptera (= *Ephemerida*); II. Odonata (= *Libellulida*); III. Plecoptera (= *Perlida*). —] Keine von diesen drei Familien (oder Unterordnungen) ist als das reine Urbild der ältesten Archipteren zu betrachten; vielmehr müssen wir annehmen, dass deren Stammgattung, das Protentomon, und deren nächste Verwandte die primitiven Charactere dieser drei Gruppen gemischt besassen. Anderseits stehen dieser Stammgattung noch sehr nahe die terrestrischen Termitida, die Hauptgruppe der Corrodentia, deren Larven auf dem Lande leben und keine Tracheen-Kiemen besitzen. Als verkümmerte Seitenzweige dieser uralten Archipteren betrachten wir die kleinen, oft flügellosen *Psociden* und die parasitischen *Mallophagen*.

III. Dritte Ordnung: **Orthoptera** oder Gradflügler. — Mordentien mit zwei Paar heteronomen Flügeln, ohne complete Metamorphose. Diese alte Insecten-Ordnung, schon in palaeozoischer Zeit reich entwickelt, schliesst sich eng an die vorhergehende Stammgruppe der Archipteren an; sie theilt mit ihnen die primitive Bildung der beissenden Mundtheile und den Mangel einer vollkommenen Verwandlung. Dagegen entfernen sich die *Orthopteren* von ihren *Archipteren*-Ahnen durch die Differenzirung der Flügel; die hyalinen, zarten und dünnhäutigen Flügel der letzteren erlangen hier eine pergamentähnliche Härte und Festigkeit, und namentlich die schmäleren Vorderflügel der *Orthoptera* werden oft lederartig; sie können selbst zu harten Flügeldecken (*Elytrae*) werden, wie bei den *Coleoptera*. Dagegen bleiben die breiteren Hinterflügel meist dünnhäutig und können in eigenthümlicher Weise zusammengefaltet werden. Als zwei Unterordnungen der Orthopteren können die *Grylloptera* und und *Dermatoptera* unterschieden werden. Die Grylloptera oder

„Schrecken" bilden die formenreichste (über 2000 Arten umfassende) Hauptmasse der Ordnung; sie kommen zahlreich versteinert schon im Carbon vor, einzelne Formen auch im Devon (— oder selbst Silur? Palaeoblattina? —). Je nach der Bildung der Beine unterscheidet man unter den Gryllopteren drei Gruppen: Cursoria mit Laufbeinen (*Blattida*), Gressoria mit Schreitbeinen (*Mantida, Phasmida*) und Saltatoria mit Springbeinen (*Acridida, Locustida, Gryllida*). Die Letzteren haben sich durch hohe Specialisation am weitesten von der Stammform der *Grylloptera* entfernt, während die Blattiden (oder Blattarien) ihr am nächsten stehen. Den letzteren sehr nahe verwandt ist auch die Unterordnung der Dermatoptera, welche nur durch die kleine Familie der *Forficulida* vertreten wird. Diese unterscheiden sich dadurch, dass die rudimentären Vorderflügel zu kurzen, schuppenförmigen Flügeldecken geworden sind, ähnlich wie bei manchen Käfern (Staphylinen); die Hinterflügel werden der Länge und Quere nach vielfach gefaltet. Hierdurch, sowie auch durch andere Merkmale entfernen sich die *Forficularien* viel weiter von den ältesten Orthopteren (— und von deren *Archipteren*-Ahnen! —) als die *Blattarien*; es ist daher nicht zu billigen, dass man neuerdings die Dermatoptera (oder *Dermaptera*) nicht allein zum Range einer besonderen Ordnung erhoben, sondern sogar (auf einzelne anatomische Eigenschaften gestützt) als die primitivsten und ältesten unter allen lebenden Pterygoten hingestellt hat.

IV. Vierte Ordnung: **Neuroptera** oder Netzflügler (= *Planipennia*). Mordentien mit zwei Paar homonomen hyalinen Flügeln und mit completer Metamorphose. Diese alte (schon im Devon und Carbon vertretene) Ordnung ist sehr nahe verwandt der Ahnen-Gruppe der *Archiptera*, welche früher (unter dem unpassenden Namen der *Pseudoneuroptera*) mit ihr vereinigt war. In beiden Ordnungen ist sowohl der typische Bau der beissenden Mundtheile derselbe, als auch die gleichartige Bildung der beiden glasartigen Flügelpaare; diese sind hier wie dort sehr dünnhäutig, dicht netzförmig geadert und nicht faltbar. Dagegen entfernen sich die *Neuropteren* von ihren *Archipteren*-Ahnen durch die cenogenetische Ausbildung einer vollkommenen Metamorphose. Die sechsbeinige carnivore Larve verwandelt sich in eine ruhende Puppe, in welcher (wie bei den Käfern) bereits alle Theile der Imago zu erkennen sind. Als zwei Unterordnungen der Neuropteren (— nach Abtrennung der *Trichoptera* = XI. Ordnung —) kann man die *Megaloptera* und *Mecoptera* unterscheiden. Die älteren Megaloptera (*Chrysopida, Mantispida, Myrmeleonida, Sialida*) haben die ursprüngliche Bildung der kräftigen beissenden Mundwerkzeuge bewahrt, und ihre beiden

Maxillen-Paare sind nicht verwachsen; auch bleiben ihre Larven meistens Campodea-förmig. Die Mecoptera (= *Panorparia*) bilden dagegen durch Verwachsung der beiden Maxillen-Paare einen langen Rüssel oder Schnabel, und ihre eruciforme Larve (mit 8 Paar Afterfüssen an den 8 ersten Abdominal-Ringen) ist ähnlich den Raupen der Lepidopteren. Die *Panorpiden* nähern sich auch in anderer Beziehung den *Trichopteren*, welche von den Neuropteren zu den Schmetterlingen hinüberführen.

V. Fünfte Ordnung: **Strepsiptera** oder Kolbenflügler (= *Rhipiptera*). Mordentien mit rudimentären Vorderflügeln und grossen Hinterflügeln, mit completer Metamorphose. Diese kleine Ordnung wird nur durch eine einzige Familie gebildet, die *Stylopiden*. Die kleinen, nur 1—5 mm langen Thierchen leben parasitisch auf und in Hymenopteren. Nur das Männchen ist geflügelt, und zwar erscheinen die rudimentären Vorderflügel als kleine, an der Spitze aufgerollte Kolben, dagegen die Hinterflügel als grosse Platten, welche der Länge nach fächerförmig faltbar und an einem entsprechend langen Metathorax befestigt sind. Die beissenden Mundtheile sind mehr oder weniger verkümmert, die beiden Maxillen-Paare ähnlich wie bei den *Mecopteren* verwachsen. Die Verwandlung ist vollständig. Das grössere, beinlose und flügellose Weibchen ist madenförmig und bleibt eingeschlossen in der Puppenhülle (im Abdomen der Wohnthiere), wo es auch befruchtet wird. Man glaubte früher, die eigenthümlichen Strepsipteren an eine Gruppe der Käfer (besonders die *Meloiden*) anschliessen zu können; es ist aber mehr wahrscheinlich, dass sie aus einem Zweige der *Neuropteren* durch Anpassung an Parasitismus hervorgegangen sind.

VI. Sechste Ordnung: **Coleoptera**, Käfer (= *Eleutherata*). Mordentien mit inäqualen Flügeln (starren Elytren und faltbaren Hinterflügeln) und mit completer Metamorphose. Die grosse Ordnung der Käfer, die umfangreichste von allen Insecten-Ordnungen, umfasst mehr als 90000 Species; sie offenbart eine ausserordentliche Mannichfaltigkeit in der Umbildung der einzelnen Körpertheile durch Anpassung an die verschiedenste Lebensweise, während der typische Körperbau sich überall durch Vererbung beständig erhält. Wir leiten diese Ordnung von einem älteren (carbonischen?) Zweige der Orthopteren ab, unter denen sowohl die Gryllopteren (*Blattarien*), als die Dermatopteren (*Forficularien*) ihnen im Körperbau am nächsten verwandt sind. Der einzige wesentliche und durchgreifende Unterschied beider Ordnungen besteht darin, dass die Käfer eine vollkommene Metamorphose erworben haben; ihre verschieden gestaltete, meistens sechsbeinige Larve (*Tarmon* oder

„Engerling") besitzt kauende Mundtheile und verwandelt sich in eine ruhende Puppe, deren Gliedmaassen freiliegen. Die beissenden Mundtheile der Imago haben im Wesentlichen die ursprüngliche Bildung der Orthopteren-Ahnen beibehalten; nur ist die Bildung der Unterlippe vereinfacht, indem die Laden des zweiten Maxillen-Paares zu einer Ligula verwachsen sind. Die morphologischen Unterschiede der zahlreichen Käfer-Familien sind so unbedeutend, dass man vier Unterordnungen nur nach der Zahl der Tarsal-Glieder unterscheidet: I. *Pentamera* (die grosse Mehrzahl); alle 5 Glieder des Tarsus sind an allen 6 Füssen entwickelt; II. *Heteromera*: an den Hinterfüssen nur 4, sonst 5 deutliche Glieder; III. *Tetramera* (besser: *Cryptopentamera*), mit 4 entwickelten Gliedern; IV. *Trimera* (besser: *Cryptotetramera*), mit 3 deutlichen Tarsal-Gliedern.

VII. Siebente Ordnung: **Hemiptera** oder Halbflügler (= *Rhynchota*): Pungentien mit zwei entwickelten Flügel-Paaren, ohne complete Metamorphose. Diese Ordnung und die beiden folgenden (*Diptera* und *Aphaniptera*) stimmen überein in der eigenthümlichen Umbildung der stechenden Mundtheile (*Pungentia*). Die Unterlippe (aus den verwachsenen Hinterkiefern oder Postmaxillen gebildet) fungirt als ein Saugrüssel (*Haustellum*), und in diesem liegen vier nadelförmige Stechborsten, von denen die vorderen aus den Mandibeln, die hinteren aus den Maxillen entstanden sind. Unter den drei Ordnungen der Pungentien sind die *Hemipteren* die ältesten, vielleicht schon im Carbon durch fossile Formen vertreten (?); sie besitzen noch nicht die complete Metamorphose, welche die beiden anderen Ordnungen (*Dipteren* und *Aphanipteren*) später erworben haben. Die ältesten und niedersten Formen der *Hemipteren* schliessen sich unmittelbar an ihre *Archipteren*-Ahnen an. Ueberreste einer vermittelnden Uebergangs-Gruppe zwischen beiden Ordnungen scheinen noch heute die *Physopoden* darzustellen, die man als besondere Unterordnung (oder selbst Ordnung) unter dem Namen Thysanoptera abgetrennt hat. Die beiden Flügelpaare sind bei derselben noch gleichartig, sehr dünn und zart, mit wenigen Adern, ähnlich wie bei den Aphidoptera oder *Phytophthires* (den „Pflanzenläusen", *Aphiden* und *Cocciden*). Dagegen sind die beiden Flügel-Paare verdickt, gefärbt und pergamentartig bei den Homoptera oder *Cicadaria* (den „Zirpen", *Membracida*, *Fulgorida*, *Cicadida* etc.). Ganz verloren gegangen sind die Flügel in der rückgebildeten Gruppe der parasitischen Läuse, Phthiraptera oder *Pediculida*. Durch eigenthümliche Differenzirung beider Flügelpaare zeichnen sich die hoch entwickelten Wanzen aus: Heteroptera oder *Coridaria* (= *Hemiptera* im engeren Sinne); nur die Hinterflügel sind hier zart membranös, die Vorderflügel dagegen in „halbe Flügeldecken" verwandelt (*Hemielytrae*), im Basaltheil hornig, im Distaltheil häutig. Mit dieser Differenzirung der Flügel in den Unterordnungen der *Rhynchoten* sind theilweise characteristische Modificationen der stechenden und saugenden Mundtheile verknüpft; auch diese lassen sich leicht von den primitiven Verhältnissen der *Aphidopteren* ableiten, welche durch die *Thysanopteren* mit den *Archipteren* verknüpft werden.

VIII. Achte Ordnung: **Diptera** oder Zweiflügler (= *Antliata*): Pungentien mit entwickelten hyalinen Vorderflügeln, dahinter Schwingkölbchen, mit completer Metamorphose. Diese umfangreiche Ordnung, von der schon über 24000 Arten bekannt sind, zeichnet sich vor den meisten übrigen Insecten durch die eigenthümliche Differenzirung der beiden Flügel-Paare aus; nur die zarten membranösen Vorderflügel sind entwickelt, mit wenigen Adern; die Hinterflügel dagegen sind in Sinnesorgane verwandelt und erscheinen als „Schwingkölbchen" (*Halteres*). Indessen tritt ganz dieselbe Bildung auch schon bei einigen Rhynchoten auf, bei den männlichen *Cocciden* (Aphidopteren); und diese Uebereinstimmung erscheint uns um so wichtiger, als diese Cocciden zugleich die einzigen *Hemipteren* sind, welche eine complete Metamorphose (mit ruhendem Puppen-Stadium) erworben haben, gleich den *Dipteren*. Wir leiten daher diese letzteren von einem ausgestorbenen (wahrscheinlich in der Trias-Zeit lebenden) Zweige der *Aphidopteren* ab, welcher den Cocciden nahe stand. Die weiteren Unterschiede, welche man sonst noch zwischen *Hemipteren* und *Dipteren* hervorhebt, sind untergeordneter Natur und erklären sich phylogenetisch leicht dadurch, dass die ersteren eine ältere und niedere, die letzteren eine jüngere und höhere Entwickelungsstufe eines und desselben Stammes darstellen. So ist namentlich bei den Dipteren der Mesothorax stärker entwickelt (entsprechend der alleinigen Ausbildung der Vorderflügel), und alle drei Brustringe verschmelzen (ähnlich wie bei Hymenopteren) zu einem einheitlichen abgerundeten Stück, welches sowohl vorn gegen den Kopf, als hinten gegen das Abdomen scharf abgesetzt ist. Ferner tritt zu den 4 Stechborsten der *Hemipteren*-Ahnen (Mandibeln und Maxillen) bei den *Dipteren* noch eine fünfte unpaare Borste, die aus der unteren Schlundwand entspringt, der *Hypopharynx*. Eine directe Uebergangsform zwischen beiden Ordnungen scheint auch die pelagische (1891 beschriebene) *Hemidiptera Haeckelii* von Ceylon zu bilden; sie besitzt die Gliederung und Mundbildung der *Hemipteren* (Halobates-ähnlich), dagegen die Augen und Flügel der *Dipteren*. Die Larven der Dipteren sind meist fusslose Maden und verwandeln sich entweder in frei schwimmende, sehr bewegliche Puppen, oder in starre Tönnchen-

Puppen. Von den vier Unterordnungen der Dipteren sind die ältesten die Nemocera oder *Tipularia* (Mücken), mit langen, dünnen, vielgliedrigen Antennen und langem Rüssel. Die übrigen Dipteren sind Brachycera, mit kurzen, meist dreigliedrigen Antennen; die Hauptgruppe derselben bilden die *Muscarien* oder Fliegen, mit kurzem, fleischigem Rüssel. Die *Tanystomen* oder *Tabanarien* stehen zwischen den Muscarien und Tipularien, indem sie den langen Rüssel der letzteren und die gedrungene Gestalt der ersteren besitzen. Die Unterordnung der Pupipara oder Lausfliegen umfasst eigenthümliche, oft flügellose Parasiten, deren Larven sich im Uterus entwickeln und gleich nach der Geburt verpuppen.

IX. Neunte Ordnung: **Aphaniptera**, Flöhe (= *Siphonaptera*). Pungentien ohne entwickelte Flügel, mit completer Metamorphose. Die kleine Ordnung der *Pulicida* wurde bisher meistens als Unterordnung an die Dipteren angeschlossen und von einem älteren Zweige derselben durch Anpassung an parasitische Lebensweise abgeleitet. Die flügellosen *Aphanipteren* würden dann zu den geflügelten *Dipteren* in einem ähnlichen Rückbildungs-Verhältnisse stehen, wie die flügellosen Läuse (*Phthirapteren*) zu ihren geflügelten Hemipteren-Ahnen (*Aphidopteren*). Indessen ist diese Auffassung neuerdings zweifelhaft geworden, seitdem man grösseres Gewicht auf die Unterschiede gelegt hat, welche zwischen Dipteren und Aphanipteren im Bau des Thorax und der stechenden Mundtheile bestehen. Die 3 schmalen Brustringe sind bei den Flöhen frei und ziemlich gleichmässig entwickelt, während sie bei allen echten Dipteren zu einer Masse fest verschmolzen sind. Es fehlt den Flöhen das characteristische Haustellum, der Schöpfrüssel, welcher sowohl bei den Dipteren wie bei den Hemipteren durch die verwachsenen Mitteltheile der Unterlippe gebildet wird; diese bleiben vielmehr getrennt. Sowohl maxillare als labiale Palpen sind vorhanden, beide 4-gliedrig. Von den drei Stechborsten werden die beiden paarigen bald als Mandibeln, bald als Maxillen gedeutet; das unpaare Mittelstück (Glossarium) bald als Oberlippe, bald als Hypopharynx. Da die neuesten Deutungen der Mundtheile bei den Flöhen sich völlig widersprechen und die ontogenetische Begründung derselben fehlt, ist es zur Zeit unmöglich, zu sagen, ob dieselben von den *Dipteren* oder direct von den *Hemipteren* abzuleiten sind; oder sogar (wie Einige jetzt annehmen) von den *Coleopteren* (Platypsyllus). Sicher bleibt nur, dass die Aphanipteren von Pterygoten abstammen und nicht ursprüngliche Apteroten sind; denn sowohl am zweiten als am dritten Brustring finden sich ein paar laterale schuppenförmige Platten, welche nur als Rudimente der rückgebildeten beiden Flügelpaare gedeutet werden können. Wenn die Puliciden von älteren *Dipteren* abstammen, dann haben sie ihre complete Metamorphose von diesen durch Vererbung erhalten; wenn sie dagegen direct von einem Zweige der *Hemipteren* abstammen, dann haben sie dieselbe selbständig erworben.

X. Zehnte Ordnung: **Hymenoptera**, Immen oder Hautflügler (= *Piezata*). Lambentien mit zwei Paar homonomen, hyalinen Flügeln und mit completer Metamorphose. Die formenreiche Ordnung der Hymenopteren, von der gegen 30000 Arten bekannt sind, erscheint im wesentlichen Körperbau sehr einheitlich organisirt und unterscheidet sich von den übrigen Insecten hauptsächlich durch ihre leckenden Mundtheile, die gleichzeitig auch als kauende fungiren können; die *Lambentien* stellen also eine Combination der *Masticantien* und *Sugentien* dar. Bei den älteren Hymenopteren, welche sich an die Neuropteren-Ahnen anschliessen, überwiegt die ursprüngliche Bildung der beissenden Mundtheile, mit starken Mandibeln (*Tenthredarien*). Bei den jüngsten und am meisten specialisirten Gruppen (*Apidarien*) sind diese dagegen rückgebildet, und der wichtigste Mundtheil ist die verlängerte Unterlippe; die verschmolzenen inneren Laden derselben bilden die leckende Zunge (*Glossa*), die äusseren Laden, zu beiden Seiten, die Nebenzungen (*Paraglossae*). Die Kiefertaster sind meist sechsgliedrig, die Lippentaster viergliedrig. Die 3 Brustringe sind fest verschmolzen und bilden einen einheitlichen Thorax, der sich vorn vom Kopf und hinten vom Abdomen scharf absetzt, wie bei Dipteren und Lepidopteren. Die beiden Flügel-Paare besitzen gleichartige hyaline Structur, sind zarthäutig, durchsichtig und von wenigen Adern durchzogen, deren Verästelung von hoher systematischer Bedeutung ist. Die grösseren Vorderflügel sind mit den kleineren Hinterflügeln meistens durch hakenförmige Haftborsten so fest verbunden, dass Beide zusammen wie eine einfache Flügel-Platte wirken (ähnlich dem einfachen Dipteren-Flügel). Sowohl die Bildung der Flügel als der Mundtheile lässt sich bei den älteren und niederen Hymenopteren (*Tenthredarien*) direct von derjenigen ihrer *Neuropteren*-Ahnen ableiten; und dasselbe gilt auch von ihrer completen Metamorphose. Die Larven dieser ältesten Hymenopteren, der Blattwespen, sind eruciform, noch ganz ähnlich den Raupen der Schmetterlinge und der Panorparien; sie besitzen ausser den 3 Paar Brustfüssen noch 6—8 Paar Bauchfüsse (— ebenso viel wie die Mecopteren! —). Bei der Mehrzahl der Hymenopteren hat sich aber diese ursprüngliche Raupe phyletisch in eine fusslose Made (*Schadon*) verwandelt, entweder in Anpassung an parasitische Lebensweise oder an die reiche Verproviantirung, welche sie der sorgfältigen Brutpflege der Eltern verdankt. Diese ist am höchsten entwickelt in den bewunderungswürdigen Staaten der Aculeaten (*Formicarien* und *Apidarien*); hier erreicht auch die Arbeitstheilung der socialen Personen und die Intelligenz der politisch gebildeten Bürger-Classen den höchsten Grad unter allen wirbellosen Thieren. Dagegen schliessen sich die älteren Terebrantien (*Tenthredarien* und *Chalcidarien*) auf den niedersten Stufen noch eng an die *Neuropteren*-Ahnen an (*Panorparien*). Die terminale Legeröhre der Terebrantien hat sich bei ihren Aculeaten-Epigonen in einen Giftstachel verwandelt.

XI. Elfte Ordnung: **Trichoptera**, Schmetterlingsfliegen oder Pelzfliegen (*Phryganaria*). Sorbentien mit zwei Paar gleichartigen, behaarten oder beschuppten Flügeln und mit completer Metamorphose; Saugrüssel aus beiden Maxillen-Paaren gebildet. Diese interessante kleine Ordnung wird nur durch eine einzige Familie gebildet, die Pelzfliegen oder *Phryganiden*; sie stellt eine vollständige Uebergangs-Brücke her zwischen den beiden Ordnungen der älteren *Neuropteren* und der jüngeren *Lepidopteren*; und zugleich zeigt sie nahe Verwandtschafts-Beziehungen zu den ältesten Formen der *Hymenopteren*, den *Tenthredarien*. Von den Neuropteren-Ahnen (*Planipennien*), mit denen man sie früher vereinigte, haben die Trichopteren die meisten Verhältnisse im Körperbau durch Vererbung erhalten, sowie die complete Metamorphose. Sie entfernen sich aber von diesen *Mordentien*-Ahnen beträchtlich durch die Umbildung der Mundtheile, welche hier den Character der Sorbentien annehmen. Die Mandibeln verkümmern, während Unterkiefer und Unterlippe zu einem häutigen Rüssel verwachsen, geeignet zum Schlürfen von Säften; an demselben sitzen die grösseren (2—5-gliedrigen) Kiefertaster und die kleineren dreigliedrigen Lippentaster. Die Thoraxbildung (mit kurzem, ringförmigem Prothorax) gleicht derjenigen der Schmetterlinge, und wie bei diesen sind Flügel und Körper mit Haaren oder Schuppen bedeckt. Ursprünglich sind beide Flügel-Paare von gleicher Grösse und Bildung; meistens aber ist das hintere Paar grösser (— selten kleiner —) als das vordere, und dann ist es oft fächerförmig faltbar. Die Larven der Trichopteren leben meistens im Wasser, besitzen beissende Mundtheile, 3 Paar Brustfüsse, und tragen am Abdomen Tracheen-Kiemen, aber keine Abdominal-Füsse (wie die Larven der Panorparien und Lepidopteren). Die Rückbildung dieser Pleopodien ist wahrscheinlich dadurch bedingt, dass die Larven sich durch Zusammenspinnen von Fremdkörpern ein cylindrisches Gehäuse bauen („Futteral oder Köcher").

In dieser Röhre bleibt der lange Hinterleib versteckt. In der ganzen Organisation und besonders in der Bildung der Sorbentien-Mundtheile stehen die Trichopteren näher den *Lepidopteren* als den *Neuropteren*; sie unterscheiden sich von ersteren hauptsächlich dadurch, dass ihr Saugrohr von beiden Maxillen-Paaren gebildet wird.

XII. Zwölfte Ordnung: **Lepidoptera**, Schmetterlinge (= *Glossata*). Sorbentien mit zwei Paar gleichartigen beschuppten Flügeln und mit completer Metamorphose; Saugrüssel nur aus dem ersten Maxillen-Paar gebildet. Diese formenreiche, höchst entwickelte Insecten-Ordnung umfasst mehr als 20000 Arten und erreicht (namentlich in ästhetischer Beziehung, durch die prachtvolle Zeichnung und Färbung der grossen beschuppten Flügel) den höchsten Grad der Vollkommenheit unter den Gliederthieren. In allen wesentlichen Verhältnissen des Körperbaues zeigen die Schmetterlinge, trotz der unendlichen Mannichfaltigkeit der Flügelbildung, vollkommene Uebereinstimmung. Doch steht die Classe keineswegs ganz isolirt da; vielmehr schliesst sie sich in ihren niedersten Formen, den *Micropteryginen*, eng an drei andere Ordnungen an, die *Trichopteren*, *Neuropteren* und *Hymenopteren*. Die Uebereinstimmung der ältesten Formen von Lepidopteren (*Micropteryginen*) und von Hymenopteren (*Tenthrediniden*) ist in der Bildung der Mundtheile so gross, dass diese beiden, oben weit divergirenden Ordnungen hier unten sich unmittelbar berühren. Noch näher verwandt sind aber die Lepidopteren (besonders die *Pterophoriden* und *Tineiden*) den *Phryganiden*; sie unterscheiden sich hauptsächlich nur dadurch, dass das cylindrische Saugrohr bei den ersteren bloss von den an einander gelegten Maxillen gebildet wird, bei den letzteren dagegen durch die Verwachsung der Maxillen mit dem Labium. Doch dürfen wir diese nahe Verwandtschaft nicht in der Weise deuten, dass die *Lepidopteren* direct von einem Zweige der heutigen *Trichopteren* abstammen, sondern vielmehr in dem Sinne, dass beide Ordnungen der Sorbentien von einer gemeinsamen ausgestorbenen Ahnen-Form abstammen, welche der Ordnung der Neuropteren sich anschliessen würde, in nächster Nähe der Mecopteren oder *Panorparien*. Aus derselben oder aus einer nahe verwandten Gruppe werden auch die Stammformen der *Hymenopteren* hervorgegangen sein. Während den Letzteren die älteren Microlepidoptera (*Pterophorida*, *Tineida*) in der Bildung der Mundtheile noch sehr nahe stehen, entfernen sich von ihnen dagegen sehr weit die jüngeren Macrolepidoptera, und zwar sowohl die Nachtfalter (*Nocturna*) und die Dämmerungsfalter (*Crepuscularia*), als auch namentlich die Tagfalter (*Rhopalocera*). Hier sind fast alle Mundtheile verkümmert, mit Ausnahme der mächtig verlängerten Unterkiefer; diese halbröhrenförmigen Maxillen legen sich so an einander, dass sie zusammen ein cylindrisches, meist spiralig aufgerolltes Saugrohr bilden, die characteristische, der Blumenform der Phanerogamen angepasste Rollzunge der Schmetterlinge.

Die systematische Phylogenie der Insecten bietet innerhalb jeder der zwölf angeführten Ordnungen, ebenso wie in deren Verwandtschafts-Beziehungen, eine Fülle von interessanten Erscheinungen; und da diese sich nur mit Hülfe der Descendenz-Theorie erklären lassen, liefern sie ebenso viele indirecte Beweise für den Transformismus. Die verschiedenen Gesetze der Vererbung und Anpassung, deren Kategorien und Relationen wir zuerst vor 30 Jahren in unserer „Generellen Morphologie" zu erläutern versucht haben, finden in der Stammesgeschichte der Insecten eine Masse von einleuchtenden Beispielen. Ganz besonders gilt dies von den bedeutungsvollen Gesetzen der *progressiven Vererbung* und der *functionellen Anpassung* (vergl. § 17, S. 27). Die „Vererbung erworbener Eigenschaften" bewährt unter dem Einflusse der Natural-Selection ihre fundamentale Bedeutung hier überall, ebenso in der zweckmässigen Umbildung der Organe, wie in der entsprechenden Veränderung ihrer Functionen; die wunderbaren „Instincte" der Insecten sind nur zu erklären als erblich gewordene Gewohnheiten. Von besonderem Interesse ist in dieser Beziehung die analoge Transformation der Insecten und der Vögel. Wie bei diesen luftbewohnenden Wirbelthieren, so hat auch bei jenen geflügelten Gliederthieren die Anpassung an die fliegende Lebensweise zu einer unendlichen Mannichfaltigkeit in der speciellen Umbildung einzelner Körpertheile geführt; und dennoch bleiben die wesentlichen Verhältnisse der Organisation überall dieselben, ein glänzender Beweis für die conservative Macht der Vererbung.

§ 360 E. System der Insecten.

Erste Subclasse:	**Apterota**	(= Apterogenea)	Primär-Flügellose
I. **Apterota** Flügellose Insecten. Mit beiss. Mundtheilen	I. **Apterygota** Ursprünglicher Flügel-Mangel!	I A. Archinsecta I B. Thysanura I C. Collembola	*Campodeida* *Lepismida* *Podurida*

Zweite Subclasse:	**Pterygota**	(= Pterygogenea)	Primär-Geflügelte
Legionen	**Ordnungen**	**Subordnungen**	**Typofamilien**
II. **Mordentia** Beissende Insecten. Ursprüngliche Bildung der kauenden Mundtheile erhalten: Mandibeln kräftig, gezähnt. Maxillen und Postmaxillen gleichartig gebildet, jede mit Kauladen und Tastern	II. **Archiptera** (= *Pseudoneuroptera*) Al. 4 a. Mt. incp.	1. Ephemeralia 2. Odonata 3. Plecoptera 4. Corrodentia	*Ephemerida* *Libellulida* *Perlida* *Termitida*
	III. **Orthoptera** Al. dif. Mt. incp.	1. Grylloptera 2. Dermatoptera	*Blattida* *Forficulida*
	IV. **Neuroptera** Al. 4 a. Mt. cp.	1. Megaloptera 2. Mecoptera	*Chrysopida* *Panorpida*
	V. **Strepsiptera** Al. 2 post. Mt. cp.	1. Rhipiptera	*Stylopida*
	VI. **Coleoptera** Al. dif. Mt. cp.	1. Pentamera 2. Heteromera 3. Tetramera 4. Trimera	*Staphylinida* *Cantharida* *Chrysomelida* *Coccinellida*
III. **Pungentia** Stechende Insecten. Saugrohr aus den Postmaxillen gebildet. Maxillen und Mandibeln bilden 4 Stechborsten	VII **Hemiptera** (= *Rhynchota*) Al. 4 a. Mt. incp.	1. Thysanoptera 2. Aphidoptera 3. Homoptera 4. Phthiraptera 5. Heteroptera	*Physopoda* *Aphida* *Cicadida* *Pediculida* *Notonectida*
	VIII. **Diptera** Al. 2 ant. Mt. cp.	1. Nemocera 2. Tanystoma 3. Brachycera 4. Pupipara	*Tipulida* *Tabanida* *Muscida* *Hippoboscida*
	IX. **Aphaniptera** Al. rud. Mt. cp.	1. Siphonaptera	*Pulicida*
IV. **Lambentia** Leckende Insecten. Beissende Mandibeln und labiale Zunge	X. **Hymenoptera** Al. 4 a. Mt. cp.	1. Tenthredaria 2. Chalcidaria 3. Formicaria 4. Apidaria	*Tenthredinida* *Ichneumonida* *Formicida* *Apida*
V. **Sorbentia** Schlürfende Insecten. Saugrüssel aus den Maxillen gebildet, Mandibeln verkümmert	XI **Trichoptera** Al. 4 a. Mt. cp.	1. Phryganaria	*Phryganida*
	XII. **Lepidoptera** Al. 4 a. Mt. cp.	1. Microlepiptera 2. Geometraria 3. Noctuaria 4. Bombycaria 5. Sphingaria 6. Rhopalocera	*Tineida* *Phytometrida* *Agrotida* *Saturnida* *Sphingida* *Papilionida*

§ 360 F. Stammbaum der Insecten.

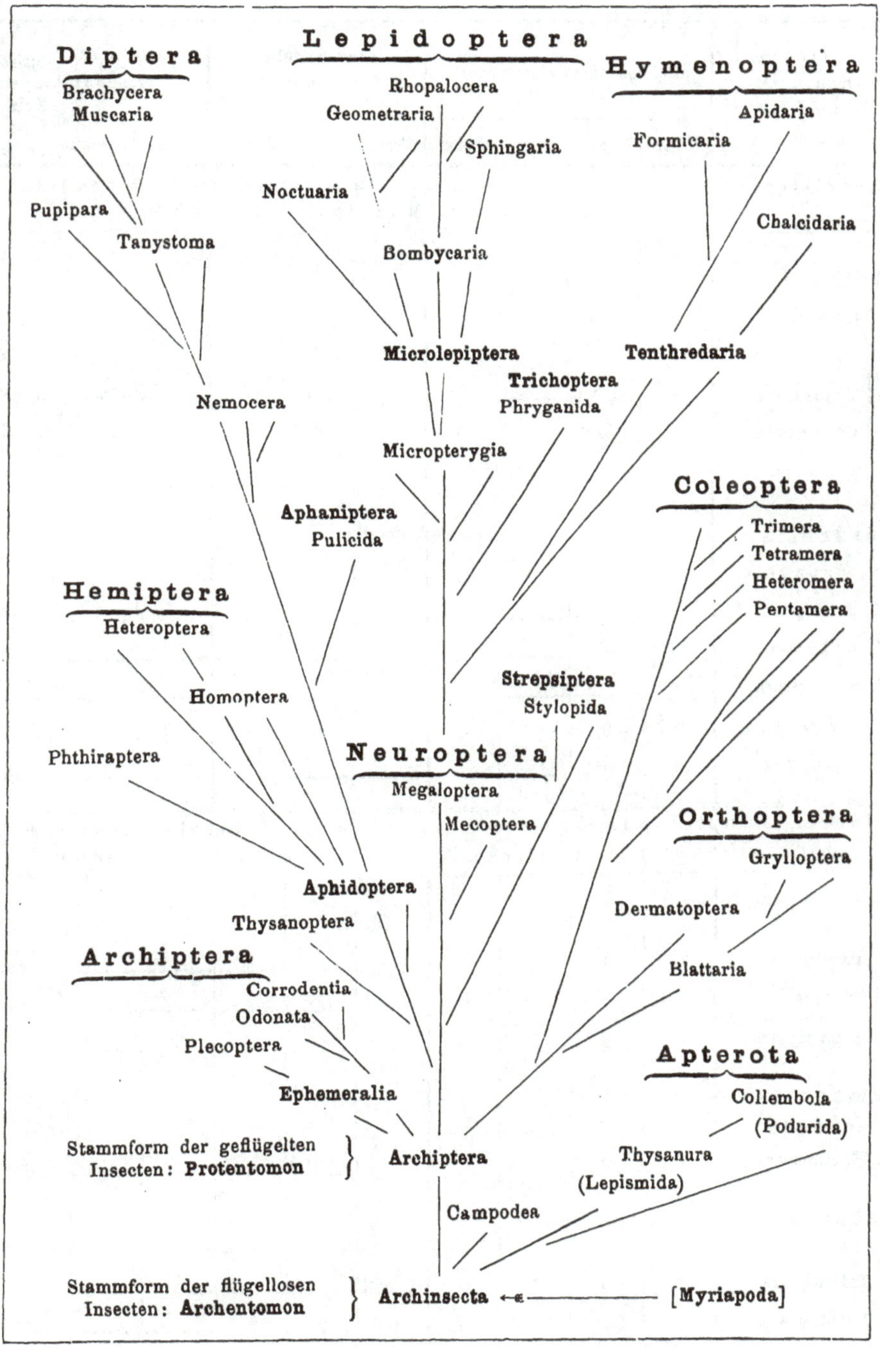

§ 360 G. Historische Stammfolge der Insecten.

5 Legionen und 12 Ordnungen der Insecten	Palaeozoische Perioden				Mesozoische Perioden			Caenozoische Perioden		Annähernde Species-Zahl der lebenden Insecten
	Silur	Devon	Carb.	Perm	Trias	Jura	Kreide	Terti.	Recent	
Aeltere Hauptgruppe der palaeozoischen Insecten, mit beissenden und wenig transformirten Mundtheilen (*Masticantia*).										
Apterota Flügellose										
I. **Archinsecta**	⊙	⊙	⊙	⊙	⊙	⊙	⊙	—	—	— X.00
I. **Thysanura**	?	⊙	—	⊙	⊙	⊙	⊙	—	—	— X.00
I. **Collembola**	0	0	0	0	?	?		—	—	— X.00
Mordentia Beissende										
II. **Archiptera**	—	—	━	—	—	━	—	━	━	— 4.000
III. **Orthoptera**	?	?	━	—	━	━	—	━	━	— 2.000
IV. **Neuroptera**	0	—	━	—	—	━	—	—	━	— 1.000
V. **Strepsiptera**	0	0	0	0	0	?	?	⊙	—	— X.00
VI. **Coleoptera**	0	0	—	—	━	━	—	━	━	90.000
Jüngere Hauptgruppe der mesozoischen und caenozoischen Insecten, mit saugenden und stark transformirten Mundtheilen (*Sugentia*).										
Pungentia Stechende										
VII. **Hemiptera**	0	0	?	?	⊙	—	—	━	━	16.000
VIII. **Diptera**	0	0	0	0	?	—	—	━	━	24 000
IX. **Aphaniptera**	0	0	0	0	0	?	?	⊙	—	X.00
Lambentia Leckende										
X. **Hymenoptera**	0	0	0	0	?	—	—	━	━	30.000
Sorbentia Schlürfende										
XI. **Trichoptera**	0	0	0	0.	—	—	—	━	━	— 1.000
XII. **Lepidoptera**	0	0	0	0	0	?	?	━	━	20.000

Register.

Frommannsche Buchdruckerei (Hermann Pohle) in Jena. — 1546

MIX
Papier | Fördert
gute Waldnutzung
FSC® C083411

Kolibri 360 GmbH
Ferdinand-Jühlke-Straße 7
99095 Erfurt, Deutschland
produktsicherheit@kolibri360.de